정영헌의

Final Cut Pro X

DIGITAL BOOKS
디지털북스

정 영 헌 (E-mail : fcpmaster@naver.com)

- 현재 미국 뉴욕시립대 방송과 교수로 재직 중
- 애플 파이널 컷 프로 X 10.4 공인 트레이너
- 파이널 컷 프로 강사 : CNN, NBC, FOX, Journalism School
- ESPN 로던 펠로우쉽 Instructor
- 동국 대학교 국제 협력교수
- 한대수의 MY NY 제작 감독
- Director of CUNY Study Abroad Program in South Korea

| 만든 사람들 |
기획 IT·CG기획부 **| 진행** 양종엽 **| 집필** 정영헌 **| 편집디자인** 이기숙 **| 표지 디자인** 이한

| 책 내용 문의 |
도서 내용에 대해 궁금한 사항이 있으시면
저자의 홈페이지나 디지털북스 홈페이지의 게시판을 통해서 해결하실 수 있습니다.
디지털북스 홈페이지 www.digitalbooks.co.kr
디지털북스 페이스북 www.facebook.com/ithinkbook
디지털북스 카페 cafe.naver.com/digitalbooks1999
디지털북스 이메일 djibooks@naver.com
저자 이메일 fcpmaster@naver.com

| 각종 문의 |
영업관련 dji_digitalbooks@naver.com
기획관련 djibooks@naver.com
전화번호 (02) 447-3157~8

정영헌의

Final Cut Pro X 마스터하기

개정판

정영헌의 파이널 컷 프로 X 마스터하기 ● 정영헌 저

Advanced Video Editing

- 본문 예제 파일 다운로드 (PW : FcpX0415YC) http://fcpx.co.kr
- FCP X 10.4.6 버전 기준

머리말

전문가로서의 기득권을 버려야하는 두려움과 새로운 걸 배워야만 하는 문제에 대한 고민

A.I.가 등장한 후 인공지능이 신문기사를 만들고, 어설프지만 비디오 편집까지 어느 정도 하는 것을 목격할 수 있습니다. 빠른 영상 기술의 발달로 HD는 어느새 한물간 포맷이 되어가고 있고, 휴대폰으로 4K 영상을 촬영하며 더 이상 DVD가 뭔지 모르는 영상 세대가 등장했습니다. 2017년 한국에서 세계 최초로 시작되고 있는 4K 영상 방송을 뒤로한 채 NHK에서는 이미 8K 방송을 시험 중입니다. 고화질에 대한 끝없는 도전은 이미 4K Raw파일을 일반 촬영 포맷에 포함시키고 HDR(High Dynamic Range)의 등장으로 일반 가정에서도 더 이상 단조로운 비디오 룩(Video Look)이 아닌 사람의 눈이 실제로 보는 것과 비슷한 밝기와 넓어진 색 대비 범위를 구현한 TV를 사용하게 되었습니다. 촬영 포멧의 발전은 영화나 영상 콘텐츠가 TV 화면에 표현되는 방식에 더욱 생생한 세부 묘사를 가져왔습니다. 하지만 상용화된 고화질 촬영 카메라와 HDR TV의 발달에 견주어볼 때 고용량 비디오 데이터를 처리하는 영상 편집 소프트웨어와 컴퓨터는 상대적으로 아직 많이 뒤처져 있습니다.
전통적 영상 편집 프로그램의 구조를 과감히 탈피한 혁명적 디자인의 Final Cut Pro X는 새로움 그 이상의 의미로 기존의 편집 방식을 뒤엎었습니다.

기존의 편집방식에 익숙한 많은 전문가들에게 오랫동안 사용한 편집 방식을 버리고 새로운 걸 배워야한다는 건 상당히 고통스러운 일입니다. 사용하는 프로그램을 바꾼다는 건 영상 편집을 단순히 취미로 하는 분에게는 큰 문제가 되지 않지만 직업으로서의 전문성을 요구하는 경우에는 수많은 시간을 들여 익힌 노력과 노하우가 사라지게 될지도 모른다는 불안감이 발생합니다. 편집 분야에서는 누구보다도 전문가라고 자부해왔던 저자 역시 이 새로운 프로그램을 익히면서 많은 시간을 예전의 습관을 버리는 데 사용했습니다. 하지만 받아들이기 편치 않았던 새로운 편집 워크플로우(Workflow)에 적응이 되고 달라진 인터페이스에 익숙해지면서 이 새로운 소프트웨어에 대한 많은 의문점들이 저절로 풀렸습니다.

출발이 다른 불합리함

파이널 컷 프로 X 프로그램을 이용해서 영상편집을 해야 하는 가장 큰 이유는 출발선이 다른 100m 달리기의 불합리함과 같은 경우입니다. 파이널 컷 프로 X의 64bit 작업속도는 기존의 32bit 편집 툴보다 훨씬 빠르고 강력하게 이루어지기 때문에 자동 렌더링 기능 등 여러 가지 새로운 기능에 익숙해지는 순간 100m 출발선이 아닌 마치 50m 지점부터 컴퓨터의 도움을 받아가며 결승점까지 다른 편집 툴 사용자 보다 먼저 달린다고 생각하시면 됩니다.

파이널 컷 프로 X는 사용하는 컴퓨터 하드웨어의 역량을 극대화하기 때문에 편집에 필요한 많은 기능들이 거의 모두 실시간으로 적용됩니다. 간단한 예로 사양이 같은 맥 컴퓨터에서 4K 파일과 Multicam 파일을 편집할 때 파이널 컷 프로 X에서는 이들을 실시간으로 플레이 하면서 바로 편집을 할 수 있지만, 기존의 다른 편집 프로그램들은 파일 변환(Transcoding) 또는 렌더링을 꼭 거쳐야 이 파일들을 편집용으로 사용할 수 있습니다. 최상의 하드웨어 호환을 기반으로 해서 항상 편집할 준비가 되어있는 소프트웨어와 편집을 하기 위해 파일 변환 등 다른 기술적 호환을 반드시 거쳐야하는 한 스텝 뒤떨어진 소프트웨어가 있을 때 사용자의 선택은 분명해집니다.

기존 방식의 한계

최근의 기록적인 영상물의 홍수와 함께 그 영상물을 처리해야하는 편집환경에도 많은 변화가 생기고 있습니다. 새로운 방식의 촬영포맷과 편집 포맷 그리고 결과물의 전달 구조까지 더 이상 한두 개의 방식만으로는 감당할 수 없는 멀티 포맷의 시대로 바뀌었습니다. 기존의 32bit 소프트웨어로 감당할 수 없는 편집기능의 한계점을 극복한 이 새로운 64bit의 파이널 컷 프로 X는 영상편집을 단순히 힘든 일이 아닌 즐거움으로 바꾸었습니다. 기존의 영상 편집 프로그램은 실제적인 영상편집을 하기 전에 수많은 셋업과 파일정리가 요구되기 때문에 이런 기술적 혼돈이 영상 편집을 처음 시작하는 학생들에게는 큰 장벽이 되었고 전문가 그룹에게는 자신들만이 할 수 있다는 소수의 특권의식으로 자리 잡는 문제를 발생시켰습니다. 파이널 컷 프로 X의 특징인 직관적인 인터페이스와 자동 셋업 기능은 영상 편집 분야를 소수 집단의 전유물이 아닌 모든 사람이 진입할 수 있는 평등한 분야로 확대시켰습니다.

결과적으로, 파이널 컷 프로 X의 직관적인 인터페이스는 기존의 트랙(Track) 구조의 전통적 편집 소프트웨어에 익숙한 전문가 그룹에게는 아마추어 분들이 사용하는 쉬운 프로그램으로 보이게 합니다. 반대로 초보자 그룹에게는 몇 주 간의 연습으로 간단하게 마스터할 수 있을 것 같은 어이없는 자신감을 주는 편집 툴입니다. 파이널 컷 프로 X는 많은 기능이 자동화되어 있고 단순한 인터페이스를 가지고 있습니다. 하지만 상급자용 기능은 그 단순한 인터페이스 뒤에 숨겨져 있기 때문에 처음 시작은 무척 쉽게 느껴지고 누구나가 쉽게 시작할 수 있지만 전문가로 가기 위해서는 엄청난 노력이 필요한, 애플사의 사용 철학이 숨겨져 있는 마스터하기 절대 쉬운 소프트웨어가 아닙니다.

영상 편집 입문자가 많이 범하는 실수 중에 무조건 빨리 해치우려는 습관이 있습니다. 일손이 빠른 건 좋지만 정확하게 자신이 원하는 편집을 하지 못하면 어설픈 빠름은 실수를 만드는 가장 큰 적이 됩니다. 전문 편집자의 의견을 반영한 여러번의 버전 업데이트를 통해서 파이널 컷 프로 X의 가장 큰 장점인 빠른 속도와 그 정확성에 이제는 안정성이 결합되었습니다. 영상 편집은 믿고 작업할 수 있는 빠르고 정확한 영상편집 프로그램을 사용해야 합니다. 파이널 컷 프로 X는 현존하는 여러 전문가용 편집 툴 중에서 가장 안정되고 빠르게 정교한 작업을 구현하는 편집 프로그램입니다.

고마운 사람들!

이 책은 절대 저 혼자만의 힘으로 완성된 게 아닙니다. 책이 완성되기까지 늘 변함없이 남편을 이해해주고 격려해준 아내 심수승, 늘 아빠를 웃게 해준 Erin이와 Tay에게 형식적인 말인 아닌 진심으로 가장 먼저 고맙다는 마음을 전합니다.

책안의 모든 내용을 꼼꼼하고 완벽한게 정리해준 채상민, 연안나, 여지훈, 조윤경, 이지현 그리고 저자를 대신해 한국에서의 모든 일을 도와준 구상범 교수, 새롭게 책의 표지를 디자인해준 미디어 아티스트 이한(HanLee)에게도 다시 한번 고맙다는 마음을 전합니다.

Final Cut Pro X는 그 어떤 영상 편집 프로그램보다 빠르고 효과적입니다. 하지만 이 새로운 Final Cut Pro X가 아무리 강력한 기능을 지닌 프로그램이라도 결국 그 사용자의 의지와 열정에 따라 창조되는 결과물이 달라집니다. 좋은 프로그램으로 영상클립을 신중히 생각하며 만들어가는 게 책임감 있는 영상작업이라고 믿습니다. 책임감 있는 창조적 영상작업을 위해 편집을 처음 접하는 분이나 이미 기존의 프로그램을 사용하던 전문가 모두에게 이 책이 새로운 도전을 위한 도움이 되길 바랍니다.

저자 정 영 헌

파이널 컷 프로 X 단축키

- Option+N 새 이벤트 만들기
- Shift+Command+1 이벤트 라이브러리 보이기/숨기기
- Command+N 새 프로젝트 만들기
- Shift+Command+N 새 프로젝트 폴더 만들기
- Option+Command+2 이벤트 브라우저를 리스트 뷰로 보기

- Shift+Command+I 컴퓨터로부터 파일 임포트하기
- Command+0 프로젝트 라이브러리 보이기/숨기기
- Shift+Command+F 뷰어를 전체 화면으로 보기
- Shift+Command+8 오디오 미터 보이기/숨기기
- S 스키머 켜기/끄기
- Shift+S 오디오 스키밍 켜기/끄기
- Shift+? 플레이헤드 주변 미리보기

- Command+T 디폴트 트랜지션(Transition) 적용하기
- Shift+Z 클립 또는 윈도우 창, 타임라인 크기 최적화하기
- Command++ 선택된 타임라인 또는 뷰어 줌 인하기
- Command+- 선택된 타임라인 또는 뷰어 줌 아웃하기
- Command+H 파이널 컷 프로 X 숨기기
- Command+Q 파이널 컷 프로 X 종료하기

- Command+0 프로젝트 라이브러리와 타임라인 사이 이동하기
- Shift+Command+2 타임라인 인덱스 보이기/숨기기
- Command+드래그 이벤트나 프로젝트 드래그해서 이동하기
- Shift+Command+N 새 프로젝트 폴더 만들기
- Command+delete 선택된 아이템 휴지통으로 이동하기
- Option+Command+K 키보드 단축키 명령 편집 창 (Command Editor)

- Command+I 카메라로부터 임포트하기
- Shift+Command+L 파일로부터 임포트하기
- Option+Command+G 오디오와 비디오 클립 싱크하기
- Command+클릭 클릭한 클립 연속으로 선택하기
- X 한 클릭의 전체 길이 한 구간으로 선택하기

- Option+X 시작점과 끝점 표시 지우기

- Command+D 복사하기
- Command+C 카피하기
- Option+ V 연결된 클립으로 복사하기
- Option+Command+V 이펙트 복사하기

- Control+Y 스키머 정보(Info) 보이기/숨기기
- Option+Shift+N 이벤트 브라우저에서 클립 이름 보이기/숨기기
- F 클립 또는 선택된 구간 즐겨찾기(Favorite)로 지정하기
- Delete 클립 또는 선택된 구간 무시하기(Reject) 지정하기
- U 클립에 즐겨찾기(Favorite) 또는 무시하기(Reject)로 지정한 Rating 지우기
- Control+F 즐겨찾기(Favorite)로 지정한 모든 클립들 보이기
- Control+Delete 무시하기(Reject)로 지정한 모든 클립들 보이기
- Control+X 즐겨찾기(Favorite) 또는 무시하기(Reject)로 지정 되었거나, 키워드가 추가된 클립을 제외한 모든 클립들 보이기
- Control+0 선택된 클립(들)의 모든 키워드 지우기
- Command+F 검색창 열기
- Shift+Command+K 새 키워드 컬렉션(Keyword Collection) 만들기
- Option+Command+N 새 스마트 컬렉션(Smart Collection) 만들기

- I 클립의 시작점(In)으로 지정하기(인포인트)
- Shift+I 플레이헤드를 클립의 시작 지점으로 이동시키기
- Option+I 시작점(In) 지우기
- O 끝점 지정하기(아웃 포인트)
- Shift+O 플레이헤드를 클립의 마지막으로 이동시키기

- X 플레이헤드나 스키머가 위치한 곳의 클립 전체를 선택하기
- N 스내핑 켜기/끄기
- S 스키머 켜기/끄기
- Shift+S 오디오 스키밍 켜기/끄기

- E 붙여넣기(Append)
- D 겹쳐쓰기(Overwrite)
- Shift+D 백타임 겹쳐쓰기(Backtime Overwrite)
- W 인서트(Insert)
- Shift+W 백타임 인서트(Backtime Insert)
- Q 연결된 클립 만들기
- Shift+Q 백타임 연결된 클립 만들기
- Option+1 오디오와 비디오를 편집할 수 있는 모드
- Option+2 비디오만 편집할 수 있는 모드
- Option+3 오디오만 편집할 수 있는 모드
- Shift+? 현재 플레이헤드가 있는 주변 재생하기

- Y 오디션(Audition) 열기
- Command+Y 오디션(Audition) 클립 만들기

- M 스키머나 플레이헤드가 위치한 곳에 마커 추가하기
- Shift+M 선택된 마커의 마커 정보 창 열기
- Option+M 마커를 추가하고 마커 정보 창 열기
- Control+; 플레이헤드를 이전 마커로 이동하기
- Control+' 플레이헤드를 다음 마커로 이동하기
- Control+M 스키머나 플레이헤드가 위치한 곳의 마커 지우기

- Option+G 컴파운드 클립 만들기
- Shift+Command+G 컴파운드 클립 해체하기
- Command+[타임라인 히스토리에서 한 단계 뒤(위)로 이동하기
- Command+] 타임라인 히스토리에서 한 단계 앞(아래)으로 이동하기

- V 타임라인에서 선택한 클립(들) 활성화/비활성화하기

- Shift+/ 편집 포인트 주변 미리보기
- A 선택 툴(Arrow tool) 선택하기
- T 트림 툴(Trim tool) 선택하기
- Control+E 정밀 편집기(Precision editor) 보이기/숨기기
- Control+S 오디오 클립과 비디오 클립 확장하기/취소하기
- , 또는 . 선택된 아이템 한 프레임 왼쪽 또는 오른쪽으로 이동시키기
- Shift+, 선택된 아이템 10 프레임 왼쪽으로 이동하기
- Shift+. 선택된 아이템 10 프레임 오른쪽으로 이동하기
- Shift+X 선택된 편집 포인트를 스키머나 플레이헤드가 위치한 곳으로 이동시키기

- Command+G 선택된 클립들 연결된 스토리라인으로 만들기
- Option+[시작점부터 스키머가 있는 지점까지 트림하기
- Option+] 끝점부터 스키머가 있는 곳까지 트림하기
- Option+\ 선택된 구간 트림하기
- Control+D 선택된 클립(들)의 길이 조절하기

- Option+Command+A 선택된 오디오 클립들 자동 향상시키기
- Control+S 오디오/비디오 클립들 확장하기/취소하기
- Control+Shift+S 오디오 트랙을 비디오로부터 분리시키기
- Command+4 인스펙터 켜기/끄기
- Command+8 오디오 향상(Audio enhancements) 섹션 보이기/숨기기
- Option+3 오디오 부분만 가져오기
- Shift+F 타임라인의 클립과 맞는 이벤트 브라우저 클립 찾기
- Control+= 선택된 클립의 볼륨 1 dB 키우기
- Control+- 선택된 클립의 볼륨 1 dB 내리기
- Option+S 선택된 클립 솔로하기
- Option+Command+G 클립들을 컴파운드 클립으로 싱크하기
- Control+Z 서브프레임 오디오 디스플레이 켜기/끄기
- Option+Command+V 모든 이펙트를 선택된 클립 또는 클립들에 붙여넣기
- Option+클릭 키프레임을 볼륨선에 추가하기

- Command+ , (콤마) 설정 창(Preference settings) 열기
- Command+9 백그라운드 태스크 창(Background tasks window) 열기
- Command+J 프로젝트 속성 창(Project Properties) 열기
- Command+T 디폴트 오디오/비디오 트랜지션 적용하기

- Shift+Control+R 전체 프로젝트 렌더하기
- Control+R 선택된 구간 렌더하기

- Command+4 인스펙터 창 열기/닫기
- Option+Command+V 이펙트를 선택된 클립(들)에 붙여넣기

- Shift+Z 뷰어에 맞게 이미지 사이즈를 조절하기
- Shift+T 스크린 상에 트랜스폼(Transform) 컨트롤들 보이기

- Option+; 애니메이션 에디터(Animation editor)에서 이전 키프레임으로 이동하기

- Option+' 애니메이션 에디터(Animation editor)에서 다음 키프레임으로 이동하기
- Control+V 타임라인 비디오 애니메이션 보이기
- Control+A 타임라인 오디오 애니메이션 보이기
- Option+K 선택된 비디오/오디오 애니메이션에 키프레임 추가하기
- Shift+C 스크린 상에 트림/잘라내기/이동하기(Trim/Crop/Move) 컨트롤들 보이기

- Command+5 이펙트 브라우저 보이기/숨기기

- Shift+H 스키머나 플레이헤드가 위치한 곳에 있는 클립의 스피드를 정지화면으로 바꾸기
- Command+R 리타임 에디터 보이기/숨기기
- Option+Command+R 클립의 속도를 보통으로(100 %) 설정하고 클립 속도에 관한 모든 세팅을 지운다.
- Option+클릭 플레이헤드를 움직이지 않고 클립 선택하기
- C 스키머가 위치한 곳의 클립 선택하기

- Command+5 필터 이펙트 브라우저 열기/닫기
- Option+Command+B 컬러 밸런스(Color Balance) 켜기/끄기
- Option+Command+M 클립들 사이 색상 매치하기
- Command+7 히스토그램(Histogram) 열기/닫기
- Shift+Command+7 웨이브폼 모니터(Waveform monitor) 열기/닫기
- Option+Command+7 벡터스코프(Vectorscope) 열기/닫기
- Command+6 컬러 보드(Color Board) 열기/닫기
- Control+Command+C 컬러 보드에서, 컬러 (Color) 섹션 열기/닫기
- Control+Command+S 컬러 보드에서, 채도(Saturation) 섹션 열기/닫기
- Control+Command+E 컬러 보드에서, 노출(Exposure) 섹션 열기/닫기
- Command+A 타임라인이나 브라우저에 있는 모든 것을 선택하기

- Command+E 익스포트 파일, 현재 사용중인 프로젝트를 고화질의 퀵타임(Quicktime) 무비로 내보내기

FINAL CUT PRO X

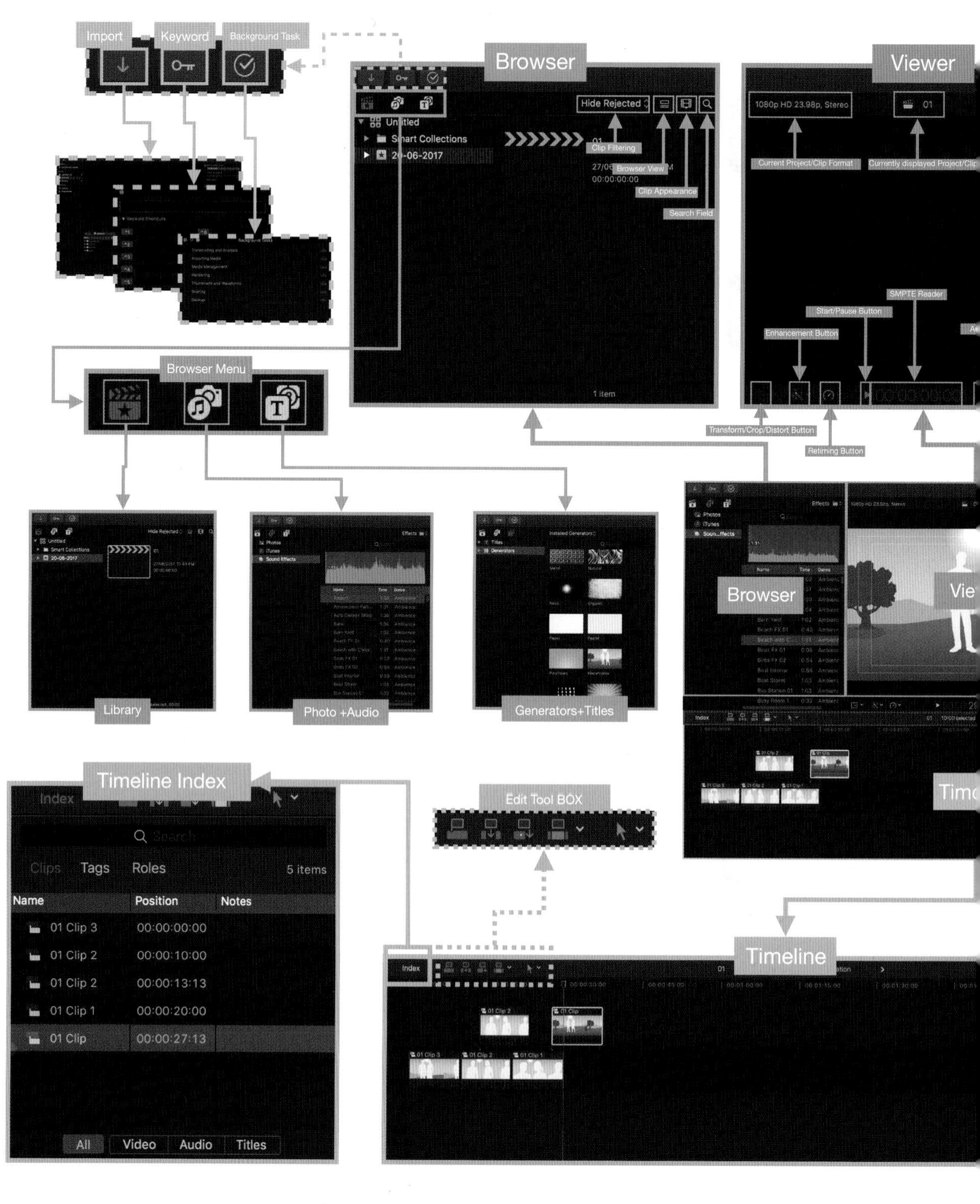

LAYOUT V. 10.4

Video Scope
Video Inspector
Audio Inspector
Fit
View
Zoom Level
View Options
Video Angles
Audio Meter
Play Full Screen
Info Inspector
Inspector
Inspector
01 Clip
Compositing
Blend Mode
Normal
Opacity
100.0 %
Transform
Crop
Distort
Spatial Conform
Share Inspector
Browser/Effect Browser
Skimming
Solo
Snapping
Transition Browser
Effect Filter Browser

Chapter

01

파이널 컷 프로 X 시작하기

비디오는 전자신호로 이루어져있다. 영상이란 TV 또는 영화관에서 보여지는 시그널의 의미로서 통용되어 왔지만, 근래에 와서는 컴퓨터의 사용이 널리 보급되면서 비디오는 전자적으로 출력되어 보여지는 모든 영상 즉, 옥외광고 전광판, 휴대폰, 자동출납기 등을 지칭하는 포괄적 의미로 재해석 되고 있다.

스마트폰의 사용과 더불어 우리 모두가 비디오 클립의 생산에 익숙하지만 사용하는 카메라에 따라 만들어지는 비디오가 어떤 규약과 합의에 의한 포멧인지는 잘 모른다. 파이널 컷 프로 X로 비디오 편집을 시작하기전 영상 전문가의 입장에서 우리가 다룰 비디오가 어떤 구조를 지니고 있는지에 대한 이해는 꼭 필요하다.

Section 01 비디오에 관한 일반적인 이해

Understanding General Video Format

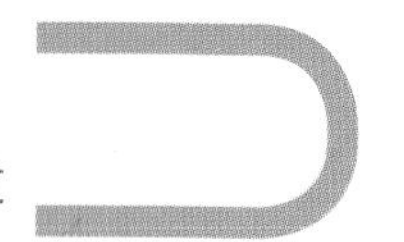

비디오를 이해하기 위해서는 비디오의 구성 요소인 프레임 레이트(Frame Rate), 해상도(Resolution), 스캐닝 시스템(Scanning System), 화면 비율(Aspect Ratio)에 대해서 먼저 알아야한다.

Unit 01 프레임 레이트 Frame Rate

비디오에서 매 초당 보이는 이미지의 장면 개수, 즉 프레임이 재생되는 속도를 프레임 레이트(Frame Rate)라고 한다. 인간의 눈은 최소 1초당 8프레임 이상이 되어야 이 연속되는 이미지들을 하나의 자연스러운 동작으로 인식할 수 있지만 여전히 깜박임이나 끊김 현상을 느낄 수 있기 때문에 최소 1초당 16프레임이 되어야 끊김 없는 동영상으로 인식된다. 그러나 일반적으로 24~30프레임은 되어야 깜박임 현상을 배제한 하나의 영상물로 인식할 수 있기 때문에 영화에서는 24fps(frames per second, 1초당 프레임 수)이 사용되고, TV에서는 30fps가 사용된다. 특히, 화면 내에서 움직임이 빠를수록 자연스러운 움직임을 위해 더 많은 프레임 수가 필요하다. 왜냐하면 프레임 속도가 높을수록 더 매끄러운 동작을 표현할 수 있기 때문이다. 이런 이유 때문에 많은 스포츠 영상물들은 1초당 60개 이상의 프레임으로 촬영하기도 하고, 아주 느린 슬로우 모션이 필요할 경우에는 초당 1000프레임 이상으로 찍기도 한다.

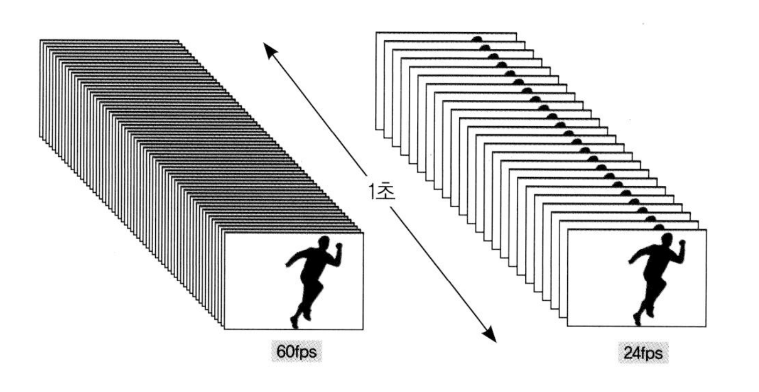

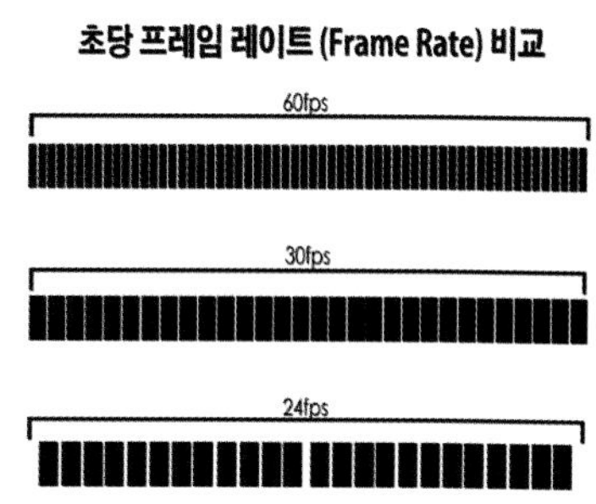

프레임 레이트	사용 용도
60 fps (59.94 fps)	미국 또는 한국과 같은 NTSC 포맷을 기본으로 하는 나라에서 사용하는 하이프레임 레이트 (High Frame Rate) 예) 스포츠 영상, 슬로우 모션
50 fps	유럽의 PAL방식에서 사용하는 720P의 기본 프레임 레이트
30 fps (29.97 fps)	미국 또는 한국과 같은 NTSC 1080p 또는 1080i 방식으로 촬영할때 사용하는 프레임 레이트
25 fps	유럽의 PAL 1080p 또는 1080i 방식에서 사용되는 프레임 레이트
24 fps (23.98 or 23.976 fps)	영화 촬영 시 사용하는 프레임 레이트

Unit 02 해상도 Frame Resolution

우리나라에서 사용되는 30fps(초당 30 프레임)은 1초에 30장의 연속된 이미지를 본다는 의미이다. 이렇게 각각의 그림 1장을 프레임(Frame)이라고 하고, 그 프레임의 크기에 따라서 SD, HD, 4K 등의 순으로 분류한다. 다음 그림을 보면 얼마나 다양한 크기의 스크린 유형이 있는지 알 수 있다. 480으로 표시된 일반 SDTV(Standard Definition, 720×480)와 달리 HDTV(High Definition)는 큰 2개의 구역, 1080p(1920×1080)와 720p(1280×720)으로 되어 있는 것을 볼 수 있다. 가장 큰 이미지 구역인 4K(3840×2160) 이미지는 우리가 많이 사용하는 1080p(1920×1080)의 4배의 화상도를 가진다.

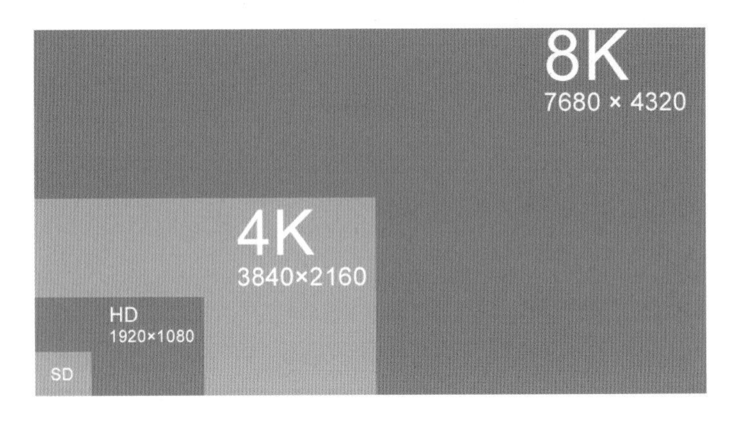

64bit 시스템을 기반으로 새롭게 만들어진 파이널 컷 프로 X는 4K 해상도를 가진 비디오 클립도 실시간으로 편집 가능하게 해준다. 컴퓨터의 사양이 구형일 경우 4K 클립을 Proxy로 만들어서 편집한 후 나중에 원본 4K 클립과 다시 연결시켜서 마스터 파일을 만드는 작업 방식도 가능하다.

UHD VS. 4K

많은 사람들이 UHD(Ultra High Definition)와 4K를 혼동해서 사용한다. 둘 다 약 4000개의 픽셀이 가로로 있기 때문에, 흔히 두 가지 화면 비율, 4096×2160과 3840×2160을 묶어서 4K라고 부른다. 하지만 사실 UHD라는 말을 뺀 4K는 4096×2160가 Cinema 4K, 즉 영화용, 전문 방송용을 가리키며, TV용은 UHD 4K 즉 3840×2160을 사용한다.

화소(Pixel)의 의미

영상 화면을 이루고 있는 가장 작은 요소의 점으로서 밝기와 색에 대한 정보를 담고 있다. 이 화소들이 모여 하나의 해상도선을 만들고 그 선들이 모여 한 장의 비디오 이미지인 프레임을 만든다.

보통 HDTV라고 하는 1080i 또는 1080p는 가로 1920개의 화소와 세로 1080개의 화소로 구성되어 있는 이미지를 의미한다. 화소가 많이 들어있는 디지털 영상이 그렇지 않은 영상보다 그림이 더 선명하게 보인다.

디지털 이미지를 줌 인(Zoom in)하면 보이는 화소(Pixel)

저화질과 고화질은 이미지가 가지고 있는 화소(Pixel)의 개수에 따라 결정된다. 저화질의 이미지를 크게 키우거나 큰 화면으로 늘려서 보면 이미지가 뭉개진 듯한 결과가 발생한다. 그 이유는 비디오 파일이 가지고 있는 화소의 개수는 변하지 않고 단지, 화소의 크기가 더 커지면서 큰 화면을 채우기 때문이다.

- **화소Pixel 가 많은 고화질의 이미지가 큰 스크린에서 보여질 경우:** 큰 화면을 채울 수 있는 화소들의 숫자가 많기 때문에 이미지가 선명한 영상을 유지한다.
- **화소Pixel 가 적은 저화질의 이미지가 큰 스크린에서 보여질 경우:** 큰 화면을 채우기 위해 화소들의 크기가 억지로 커지면서 이미지가 뭉개진 듯 보인다.

가장 많이 사용하는 HD 비디오 포맷인 1080p은 한 프레임에 2백만 개의 화소가 있다(가로 1920×세로 1080 = 2,073,600. 약 2M).
우리가 흔히 사용하는 디지털 카메라에서 볼 수 있는 7메가(M) 화소(Pixel)라는 말은 이 스틸 이미지의 프레임 안에 약 7백만 개의 화소가 있다는 의미이다. 스틸 이미지에서는 한 프레임을 사용 기준으로 하기 때문에 높은 데이터 레이트(Data Rate)에 대한 부담이 덜하다. 따라서 아주 높은 화소수를 가진 이미지를 만들어도 용량 처리에는 큰 문제가 없다.
사진과 달리 동영상인 HD 비디오는 한 프레임이 아닌 1초에 30 프레임을 사용 기준으로 하기 때문에 2백만 개의 화소 X 30 프레임/ 1초로 계산하면 1초에 약 6천만 개의 화소가 필요하다는 계산이 나온다. 이런 이유로 비디오 프레임의 화소수를 스틸 이미지에서처럼 20M 또는 그 이상으로 올리기 힘들다. 기술적으로 4K 카메라와 HD 카메라 제작에는 많은 차이가 없기 때문에 시중에서 4K 카메라와 모니터가 이미 대세로 자리잡았다. 작은 화면으로 4K 이미지를 볼 때에는 큰 장점이 없지만, 비용면에서 큰 차이가 없기 때문에 미래를 대비하는 느낌으로 4K 영상을 촬영하는 것이 좋다.

Unit 03 인터레이스드 이미지 Interlaced Image 와 프로그레시브 이미지 Progressive Image

비디오 해상도를 설명할 때나 방송 방식을 표시하는 사양을 보면 1080i 또는 720p와 같이 숫자 뒤에 i 또는 p가 붙는 것을 볼 수 있다. 이때 i는 인터레이스드(Interlaced)를 의미하며 p는 프로그레시브(Progressive)를 의미한다. 숫자 1080과 720은 해상도의 가로선 개수를 뜻한다.

하나의 프레임은 두 개의 필드, 즉 TV의 홀수선(upper)과 짝수선(lower)으로 이뤄져 있다. 프로그레시브는 한 장의 완성된 그림이란 뜻이고, 인터레이스드는 두 개의 필드(field)가 교차되어 보이는 반쪽짜리 그림을 의미한다. 그러므로 인터레이스드된 TV의 30프레임은 실제로는 반쪽짜리 60프레임으로 보이며, 완성된 한 프레임은 두 개의 필드로 구성되는 것이다.

Interlaced 방식 이미지의 예

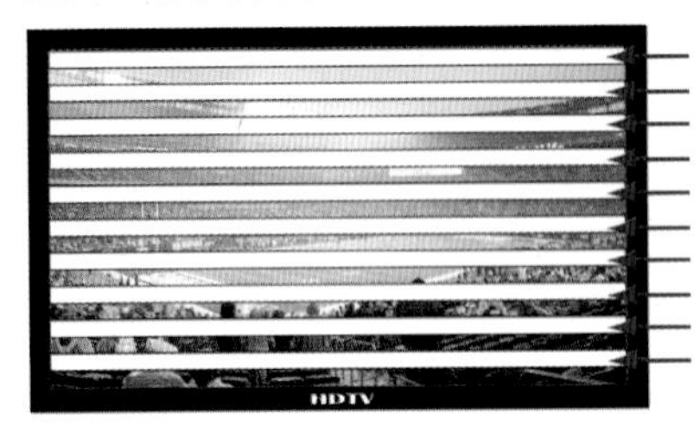

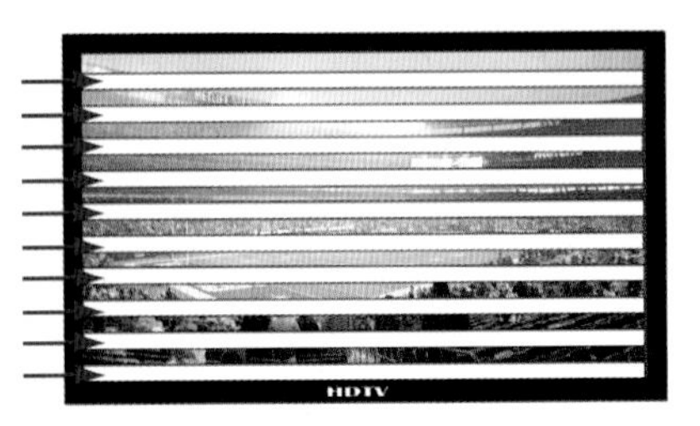

홀수 주사선(Odd line) - Field One / 짝수 주사선(Even line) - Field Two

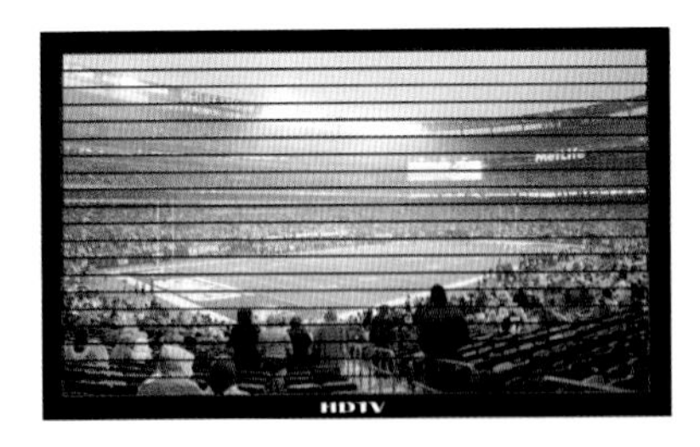

▲ 인터레이스드(Interlaced)의 이미지의 예: 완성된 한 프레임은 두 개의 필드로 구성되어있다.

Progressive 방식 이미지의 예

완성된 프레임(Full Frame) - Frame One / 완성된 프레임(Full Frame) - Frame Two

두 개의 프레임이 합쳐진 완성된 프레임

▲ 프로그레시브(Progressive) 이미지의 예: 프로그레시브 비디오 시그널은 한 장의 완성된 그림이 연속적으로 보이기 때문에 인터레이스드 방식보다 더 많은 영상 정보를 가진다.

인터레이스드 비디오는 반쪽짜리 프레임인 2개의 필드로 구성되어 있으며, 그 2 필드가 번갈아가면서 캡처된다. 단점으로는 빨리 움직이는 화면을 정지된 이미지로 만들 경우, 2개의 필드(주사선)가 불완전하게 합쳐지면서 프로그레시브 형식인 컴퓨터 화면에서는 물결무늬(Line Twitter) 현상 등이 나타나기도 한다. 2개의 필드가 하나의 프레임으로 구성된 인터레이스드 이미지와는 달리, 한 번에 전체 비디오 프레임을 캡처하는 프로그레시브 방식은 인터레이스 방식에 비해 더 좋은 화질의 영상을 구현하고 텍스트나 스틸 이미지를 이 방식으로 사용할 경우 훨씬 부드럽고 깨끗한 결과를 만들 수 있다.

물결무늬(Line Twitter) 현상

결론적으로, 인터레이스드는 점차 프로그레시브 형식으로 전환되고 있는 실정이다. 요즘 출시되는 컴퓨터와 LCD모니터 및 TV는 모두 프로그레시브 출력 방식을 채택하여 매 프레임당 모든 가로선을 보여준다. 그리고 인터넷 상에서 YouTube 또는 Vimeo 등에서 다운로드되는 비디오는 모두 프로그레시브 형식으로 압축되어 실행된다. 아이폰, 아이패드 등의 애플 기기와 이동식 비디오 기기에서 출력되는 비디오 역시 모두 프로그레시브 형식이다.

주의사항 인터레이스드 비디오로 최종 편집을 마무리해야 할 때 주의사항

한국의 방송 시그널은 1080i60가 대부분이다. 프로그레시브 형식으로 작업한 프로젝트는 이 방송 규격으로 다시 변환시켜줘야 한다. 하지만 대부분의 비디오 편집이 프로그레시브 모드 화면인 컴퓨터 모니터를 보면서 진행되고 있기 때문에 실제 방송 출력 방식인 인터레이스드(1080i60) 영상을 정확히 표현하기 위해서는 TV용 모니터를 사용해서 방송될 영상물을 확인해야 한다.

가끔 프로그레시브 모니터로 인터레이스드 비디오를 출력할 경우 가로 해상도가 줄어들거나 앞의 그림처럼 잔상(Motion Artifact)이 발생하기도 한다. 이러한 현상은 녹화된 영상을 슬로우 모션으로 재생할 때 쉽게 발생한다. 인터레이스드 비디오는 꼭 TV 모니터로 확인해야 한다는 것을 명심하자.

디인터레이싱(Deinterlacing)이란 반쪽짜리 그림인 필드 2개를 합쳐서 한 장의 완성된 그림인 프레임으로 변환하는 것이다. 인터레이스드 모드로 촬영된 잔상이 많은 영상물을 편집 프로그램에서 디인터레이싱(Deinterlacing) 필터를 사용해 프로그레시브 모드 영상으로 바꾸는 작업을 최근 들어 많이 하고 있다. 하지만 두 개의 필드 중 하나를 삭제할 경우 해상도가 줄어드는 현상이 발생해 영상의 질이 저하된다는 단점이 있다. 반대의 개념인 인터레이싱(Interlacing)은 프로그레시브 모드 영상을 인터레이스드 모드로 바꾸는 것을 의미한다.

Unit 04 화면 비율 Aspect Ratio

모든 비디오는 직사각형 모양으로 녹화된다. 화면 비율(Aspect Ratio)이란 이 직사각형 이미지의 가로, 세로의 비율을 뜻한다. 1950년대 대부분의 영화에서 사용된 4:3 화면 비율로 인해, 당시 텔레비전이 개발될 때 텔레비전의 카메라 렌즈는 4:3 형식이 되었고 표준 텔레비전 방송의 화면 비율도 자연스럽게 같은 4:3 비율이 되었다. 모든 HD 비디오는 16:9 화면 비율 방식을 사용해서 이미지를 캡처하고, 예전의 SD 비디오는 16:9와 4:3의 화면 비율이 함께 사용되었다.

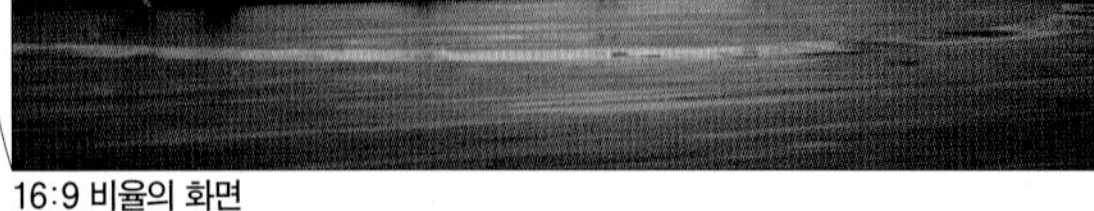

16:9 비율의 화면

4:3 비율의 화면

4:3 비율의 이미지를 16:9 비율 화면안에 채우면 나타나는 필러박스(Pillar box)

16:9 비율 이미지를 억지로 4:3 비율의 화면으로 바꾸었을 때 나타나는 화면왜곡

Unit 05 비디오 포맷 Video Format

영상 편집에서 많이 사용되는 기본적인 비디오 포맷에 대해 알아보자.

인터레이스드 모드 비디오에 사용되는 필드 레이트는 프레임 레이트의 2배이며, 모든 인터레이스드 방식의 프레임은 2개의 필드로 이루어져 있다. 60개의 필드는 30개의 프레임을 의미하고, 방송에서는 30개의 프레임이 29.97 프레임 레이트로 표시된다. 다음에서 사용되는 숫자 60은 NTSC 필드 레이트인 59.94를 의미한다.

전형적인 비디오 포맷	전형적인 SD 포맷	480i60	'480'은 가로선의 개수를 의미하고, 'i'는 인터레이스드 방식을 의미한다.
		480p60	'480'은 가로선의 개수를 의미하고, 'p'는 프로그레시브 방식을 의미한다.
	전형적인 HD 포맷	720p60	'720'은 가로선의 개수를 의미하고, 'p'는 프로그레시브 방식을 의미한다.
		1080i60	'1080'은 가로선의 개수를 의미하고, 'i'는 인터레이스드 방식을 의미한다. 60은 필드 레이트를 의미한다.
		1080p30	'1080'은 가로선의 개수를 의미하고, 'p'는 프로그레시브 방식을 뜻한다. 끝의 30은 프레임 레이트를 의미하는데 정확한 프레임 레이트는 29.97이다.
		1080p24	'1080'은 가로선의 개수를 의미하고, 'p'는 프로그레시브 방식을 뜻한다. 24는 프레임 레이트를 의미한다.
	4K (UHD)	4096×2160 (3840×2160)	

▶ 많이 사용되는 비디오 포맷

테잎 기반 카메라의 포맷

최근에 레코딩 미디어 포맷의 비약적인 발전에 의해 테잎 기반 레코딩 포맷은 거의 사용되지 않으니 참고로 알아두자.

⊙ DV NTSC SD 포맷

디지털 컴포넌트 비디오와 디지털 오디오를 6mm(1/4인치)폭의 테잎에 4:1:1 방식으로 압축하여 기록하는 비디오 방식이다. DV NTSC 형식을 사용하는 카메라는 Sony PD170, Panasonic AG-DVX100, Canon XL2 등이 있다.

⊙ HDV HD 포맷

6mm 미니 DV테잎에 HD인 영상과 음성을 기록 재생하는 방식이다. 영상 압축은 MPEG-2 형식을 따르며, 15프레임을 하나로 묶어서 압축하는 GOP 방식을 사용한다.

⊙ DVCPRO HD

DVCPRO HD는 DVCPRO100으로도 알려져 있으며 4:2:2 색 샘플링을 사용하여 영상을 기록한다. 4:2:2 비압축 방식의 색 샘플링을 사용하여 각각의 화소가 XDCAM이나 HDV 포맷의 화소보다 더욱 우수하다.

파일 기반 카메라의 포맷

⊙ XDCAM

2003년에 소니가 개발한 비디오 시스템으로 테잎이 아닌 디스크에 녹화되는 형식을 의미한다. 처음 두 세대, XDCAM과 XDCAM HD는 프로페셔널 디스크(PFD)를 기록 매체로 사용하고, 3세대 XCDCAM EX는 솔리드 스테이트 SxS 카드를 사용한다. HDV 방식과 비슷한 MPEG2 방식과 GOP(Group of Pictures)을 사용한다. XDCAM 형식을 사용하는 카메라는 SONY PDW-F355, SONY PDW-F800, SONY XDCAM EX1, PMW-EX3 등이 있다.

⊙ H.264

최근 가장 많이 사용되는 비디오 포맷으로 H.264/MPEG-4 압축 방식을 사용한다. Canon 5D 또는 7D, Nikon D7000, 아이폰 또는 아이패드가 이 포맷을 이용해 비디오를 촬영한다. 높은 압축률로 파일 사이즈는 작지만, 화질은 여전히 뛰어난 특징을 가지고 있기 때문에 편집이 끝난 동영상 역시 이 코덱을 이용해서 웹용 비디오를 만든다.

⊙ AVCHD Advanced Video Coding High Definition

AVCHD 포맷은 Sony와 Panasonic에 의해서 개발된 고압축방식이다. 이 포맷은 최근 많은 소비자와 전문가용 비디오 카메라에 폭넓게 사용되고 있다. 압축을 풀어서 편집을 해야 했던 이 포맷이 최근 지원되는 많은 플러그인과 빠른 컴퓨터의 속도로 인해 실시간으로 편집이 가능한 포맷으로 바뀌었다. AVCHD 포맷을 사용하는 카메라로 소니 HXR-NXCAM, Panasonic AG-HMC150 등이 있다.

⊙ Motion JPEG

Motion JPEG 또는 Photo JPEG 포맷은 가장 오래된 비디오 압축 포맷 중의 하나이지만 여전히 많은 카메라에서 사용되고 있다. H.264 포맷이 출시된 이후로 전문가용 카메라에는 더 이상 많이 사용되지 않지만, 아직도 아마추어용의 디지털 카메라에서는 많이 사용된다. Panasonic UMIX DMC-GF1이 이 포맷을 사용한다.

⊙ XAVC와 XAVC S

Sony에서 개발한 XAVC 코덱은 4K와 HD, 프록시를 모두 포함하는 가장 최신 비디오 포맷이다. XAVC 포맷은 프로페셔널 사용자들을 위한 MXF 파일 래퍼와 일반 컨슈머 용자들을 위한 XAVC S 즉 MP4 방식의 압축 방식 비디오 코덱을 제공한다. 파이널 컷 프로에서 제공되는 Pro Video Formats 파일을 자동 업데이트하면 다른 소프트웨어의 지원 없이 네이티브 포맷으로 편집할 수 있다.

Unit 06 비디오 포맷별 용량과 데이터 전송 속도 Data Rate

데이터 전송 속도(데이터 데이트, Data Rate)는 시간당 데이터가 처리되는 속도를 의미한다. 비디오 파일의 용량이 커질수록 그만큼 처리 속도가 늘어난다. 그렇기 때문에 각각의 비디오 포맷들은 그에 따른 데이터 레이트를 필요로 한다.

비디오 포맷	초당 평균 데이터 용량(MB/s)	시간당 평균 데이터 용량(GB/h)
DV NTSC or PAL	3.75	13
DVCPRO-50	7.5	27
Uncompressed 10-bit	26.5	96
AVCHD	1.5~3.0	10.8까지
DVCPRO HD	15	54
HDV	3.75	13
XDCAM EX	5.2	19
AVC-Intra 100	14	51
HDCAM SR	최대 237	834
RED (Native)	28 또는 38	137
DSLR (Canon 5D, 7D)	5	18
ProRes Proxy	5.6	20
ProRes 422	18.1	66
H.264 (iPhone)	2.5	9

비디오 포맷과 데이터 용량

디지털 비디오 파일은 다른 미디어 파일과 비교했을 때 상대적으로 용량이 매우 크다. 요즘 많이 사용하는 Canon 7D의 촬영 포맷인 H.264의 경우 1초에 5MB의 저장공간을 필요로 하며 1시간에 약 18GB의 공간을 차지한다. 이런 고용량의 데이터를 실시간으로 읽어야 하는 비디오 편집에서는 데이터 전송 속도가 빠른 하드드라이브가 필요하다.

편집 시에 자주 발생하는 드롭 프레임(dropped frame) 에러는 비디오 파일이 저장된 하드드라이브가 그 비디오 파일을 읽고 재생하기에 충분하게 빠르지 않다는 것을 의미한다.

비압축된 HD CAM 비디오 파일은 초당 평균 2037MB의 데이터 전송속도를 요구하기도 하는데, 일반적으로 사용되는 외장용 하드드라이브(USB, FireWire)의 속도로는 충분한 재생 속도를 확보할 수 없기 때문에 실시간으로 비디오 클립을 재생할 수가 없다.

컴퓨터와 하드드라이브를 어떻게 연결하느냐에 따라서도 데이터 전송 속도가 달라질 수 있기 때문에 용도에 따라 USB 연결 방식부터 고가의 광섬유(Fiber Optic) 방식 등의 연결 방식이 사용된다.

위의 표는 컴퓨터와 하드드라이브 연결 형식에 따른 실제 데이터 레이트를 보여준다. 보통 하드드라이브 회사에서 표시하는 데이터 레이트와 실제 사용에서 나타나는 데이터 레이트에는 많은 차이가 있다. 실험실에서 계산된 수치보다는 실제적인 사용치를 바탕으로 하드드라이브를 사용하는 것을 권장한다. 위의 표에서는 숫자를 간결하게 표현하기 위해 초당 메가바이트(MB/s)의 수로 나타냈다.

참조사항 데이터 레이트 계산 방법

*8Mbit = 1MB, 8메가비트는 1메가바이트이다.

25Mbit=3.125MB이다. 예를 들어 1초에 25Mbit을 요구하는 데이터 레이트로 1시간 정도의 촬영을 할 경우, 데이터 평균 용량을 계산 해보면 25Mbit은 3.125MB으로 3.125MB 곱하기 3,600초를 하면 11,250MB이다. 이것을 GB으로 환산하면, 1시간에 약 11GB의 용량이 촬영에 필요하다는 것을 알 수 있다.

25Mbit 데이터 레이트로 1시간 촬영할 경우: 25Mbit/s X 3,600s/hr
= 3.125MB X 3,600s/hr = 11,250MB/hr = 11GB/hr
1000MB은 1GB이다.

연결 종류	데이터 전송 속도
USB2	약 35 MB
USB3	300 MB
USB 3.1 (USB-C, Thunderbolt 3)	600 MB
FireWire 400	20~25 MB
FireWire 800	40~55 MB
eSATA	75~90 (노트북일 경우) MB 120~160 (워크스테이션일 경우)MB
PCIe	175~200 (노트북일 경우) MB 275~350 (워크스테이션일 경우) MB
SFP 광채널 케이블(Dual)	약 800 MB
Thunderbolt	초당 최대 1.25 GB
Thunderbolt 2	초당 최대 2.5 GB

연결 방식에 따른 데이터 실제 전송 속도

많은 초보 편집자들이 USB 외장 하드드라이브를 이용해서 비디오 편집을 하는데 앞의 도표에서 보듯이 실제적인 USB 외장 하드드라이브의 데이터 전송속도는 35MB/s에 불과하다. 이렇게 느린 하드드라이브를 사용해서 비디오 파일을 재생할 경우 드롭 프레임(Drop Frame) 에러가 자주 발생하기 때문에 편집에 많은 제약이 따른다.
파이널 컷 프로에서 요구하는 외장 하드드라이브는 최저 FireWire 800 또는 USB 3 이상을 사용할 것을 권한다. 상대적으로 느린 USB 2 외장 하드드라이브는 하나의 백업 하드드라이브(Back Up Hard Drive) 또는 일반적인 컴퓨터 데이터를 다룰 때는 아주 편리하지만 파이널 컷 프로 비디오 편집에서의 사용은 더 이상 권하지 않는다.
최근에 USB 3.1이 새로 나왔다. 기존의 USB 3.0 을 USB 3 Gen(Generation) 1이라고 지칭하고 새로 나온 USB 3.1을 USB 3 Gen 2라고 구분지어서 부르기도 한다. 새로 나온 USB 3.1의 이론상 전송속도는 기존 USB 3.0 전송속도의 두 배로, 5Gbps 의 두 배 즉 10Gbps라고 할 수 있다. 앞서 말한 것처럼 1byte가 8bit인 것을 생각하면 1250 MB/s의 속도임을 알 수 있다. 예전 버전인 USB 2.0와 비교해보자면, 12GB의 4K 영화를 옮긴다고 할 때 USB 2.0은 약 41분이 걸리는 반면 USB 3.1은 약 6분이 걸린다. 최근 컴퓨터 중에 USB 3.1 포트만 가지고 나오는 컴퓨터도 있을 정도다. 위의 표는 이론상의 속도가 아닌 실제 편집 현장에서 측정한 전송속도이다.

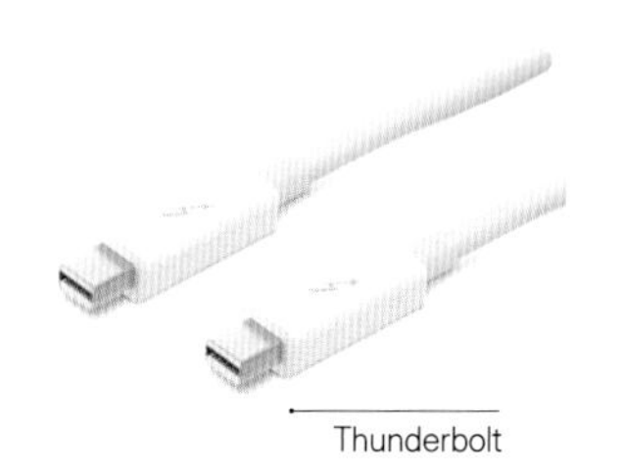
Thunderbolt

FireWire

USB2 mini 케이블

eSata 케이블

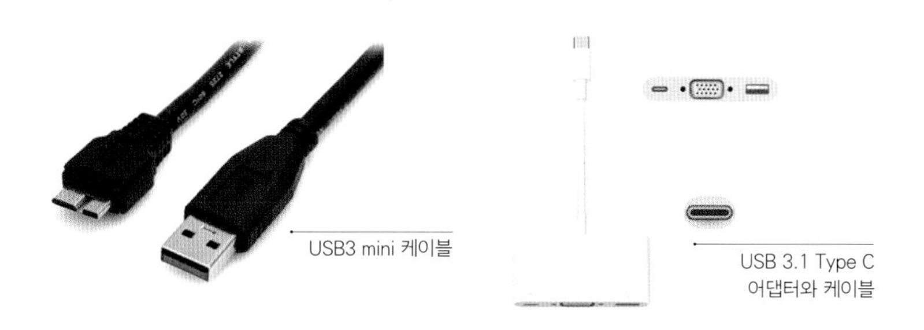

USB3 mini 케이블

USB 3.1 Type C 어댑터와 케이블

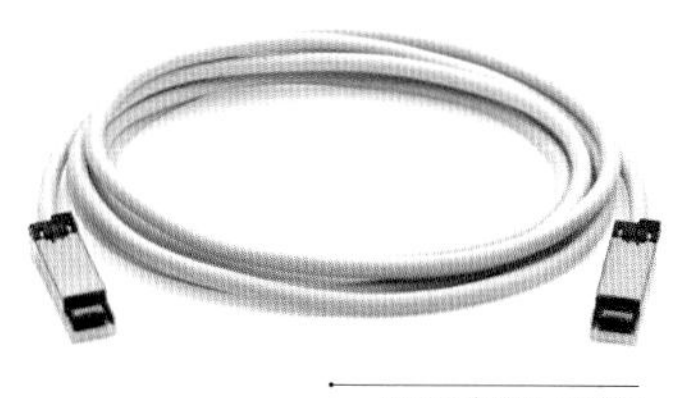

SFP 광채널 케이블

참조사항 사용하는 외장 하드드라이브에서는 높은 데이터 레이트를 실시간으로 전송하기 때문에 드롭 프레임 에러가 발생하지 않는다. 특히 Thunderbolt는 USB2보다 40배, FireWire 800보다는 최대 25배의 속도로 데이터를 전송하고 USB3는 USB2보다 최대 10배 정도의 속도로 데이터를 전송하기 때문에 Final Cut Pro X로 편집 시에는 이 Thunderbolt 또는 USB3 외장 하드드라이브 사용을 권장한다.

Unit 07 4K 카메라와 파이널 컷에서의 워크플로우 4K Camera Workflow

4K란?

4K 해상도, 혹은 UHD (Ultra HD) 라고도 불리는 4K 카메라는 HD 카메라의 해상도(1920X1080)에 비해 4배(2160X4096/ 2160X3840)나 높은 해상도를 가진다. 현재까지도 HD카메라나 HD모니터가 영상 산업 시장의 주를 이루고 있지만, 앞으로 차세대 고화질 해상도를 가진 4K 제품들이 계속해서 나올 예정이다.

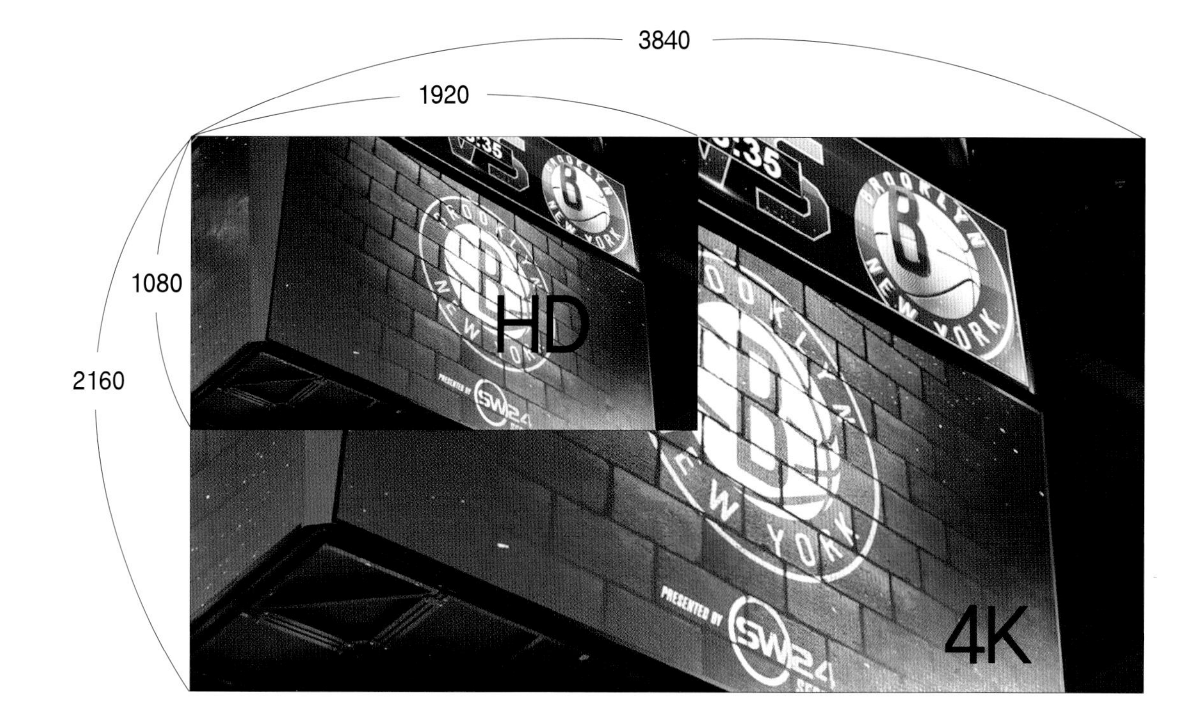

4K 카메라의 종류

- **전문가용 4K급 이상의 카메라:** 전문가용 4K UHD 카메라는 실제 프로페셔널 프로덕션 현장에서 쓰인다. 미국의 메이저급 영화, 방송사에서도 앞다퉈 4K 영상물을 제작하고 있다.

Canon C500

RED EPIC

Arri Alexa

Sony F55

- **소비자용 DSLR & 미러리스 카메라:** 소비자용 카메라도 4K가 보급되고 있다. DSLR이나 미러리스 카메라도 4K 화질의 카메라들이 마켓에 소개되고 있으며, 영상 종사자가 아니더라도 쉽게 4K카메라를 구입해서 더 나은 화질의 비디오를 촬영할 수 있게 되었다.

Sony A7 III

Blackmagic Design 4K

• 모바일 4K 카메라

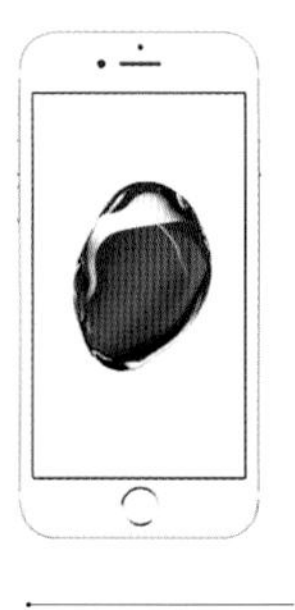

iPhone Xs

Galaxy 10

GoPro HERO7

현재 새롭게 출시되는 대부분의 모바일 제품들은 모두 4K 카메라 패키지가 장착되어 있다. 이를 통해 작은 모바일 디바이스로도 선명하고 질 높은 영상을 촬영할 수 있게 되었고, Youtube, Vimeo를 비롯한 많은 웹스트리밍 비디오 사이트들도 이미 4K 서비스를 시작하고 있다. 모바일 제품뿐만 아니라 한국에서 '액션캠'으로 유명한 Wearable camera들도 4K 카메라를 내놓고 있으며, 고프로(Go Pro), 소니 등의 액션카메라는 4K의 화질로 역동적인 화면을 촬영할 수 있어 많은 소비자층을 보유하고 있다.

UHD의 장점

최신 4K 촬영 파일들은 10bit 또는 12bit으로, 기존의 8bit로 촬영된 파일들에서 보였던 Color 구현의 한계에서 벗어나, Color Sampling으로 표현하는 명암비가 확대되고 색감 영역이 넓어졌다.

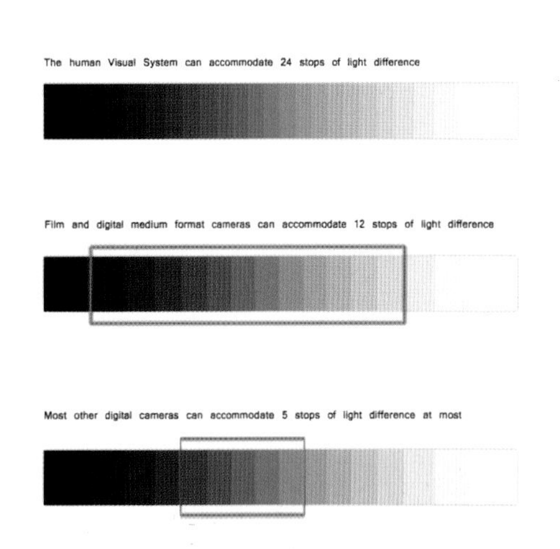

• **Dynamic Range란?**: 색의 가장 어두운 부분에서부터 가장 밝은 부분까지의 범위를 말한다. 흔히 DR이라고 줄여서 말한다.
• **HDR(High Dynamic Range)란?**: 기존의 색감과 명암의 한계를 넓힌 미디어 기록방식이다. 옆의 그림에서 사람이 식별할 수 있는 명암비와 HDR 표현 구간 그리고 예전의 8 bit 환경 구간을 표시하였으니 비교 바란다.

기존에 HDR은 사진에서 세 가지 각 다른 노출로 찍은 다음, 이 레이어들을 합쳐서 좀 더 넓은 명암비를 표현하기 위해 사용된 용어였다. 하지만, 비디오에서는 기존의 8bit color sampling에서 10bit 또는 12bit으로 이미지를 구현해서 실제 사람의 눈으로만 볼 수 있는 구간까지 근접한 영역을 말한다.

넓은 색영역 (Wide Color Gamut)

색영역에 대해서 말할 때 자주 사용되는 두 가지 용어가 있는데 바로 REC.709(BT.709) 그리고 REC.2020(BT.2020)이다. 국제전기통신연합, ITU (International Telecommunication Union)에서 만든 용어로, 이 조직에서 권장하는 HDTV를 위한 해상도, 재생률, 색공간을 규정하기 위해 사용된다. 4K 컬러 표현 규격인 BT.2020은 기존의 HD TV 색 영역의 거의 두 배 이상이다. 물론 사람이 보는 색 영역보다는 작지만 예전에 비해 엄청난 색 표현감이 구현된 것을 알 수 있다. Final Cut Pro에서는 바로 이 BT.2020 규격을 지원한다.

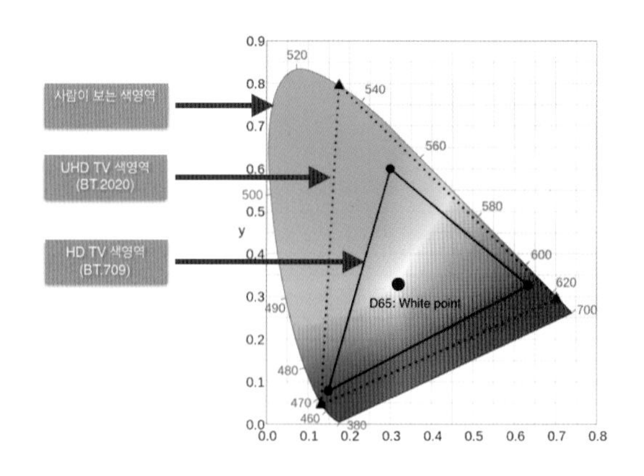

UHD 디스플레이 스펙

- **계조(bit depth)**: 가장 어두운 부분에서 가장 밝은 부분까지 이르는 색의 연속성이다. 그라데이션을 연상하면 쉽게 이해할 수 있을 것이다. Dynamic Range가 범위라면 계조는 구간별 연속성이 핵심이다.

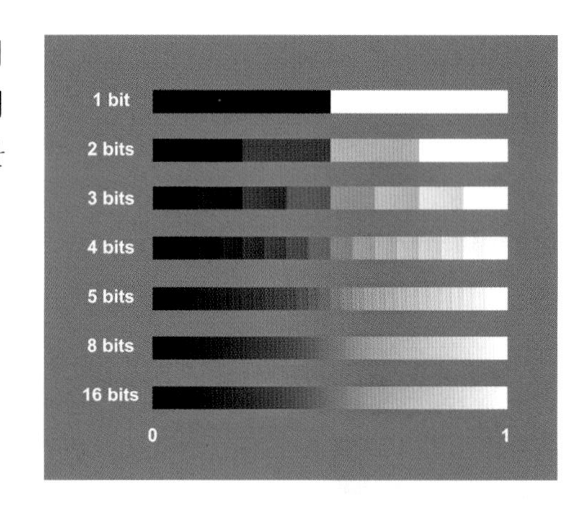

Bit 별 구현할 수 있는 색감 개수:

- **8bit color signal(Home HD) vs. 10bit color signal(UHD)**: 8bit와 10bit의 색감 표현 능력차이는 기하급수적으로 달라진다. 기존에 사용되던 8bit color sampling은 약 1,600백만 개의 색감이 표현되고 10bit은 1조가 넘는다. 8bit은 HD에서 사용되던 컬러 표현 방식이고 10bit은 초고화질 고가의 카메라에서 사용되던 방식으로 4K 카메라에 많이 사용된다.

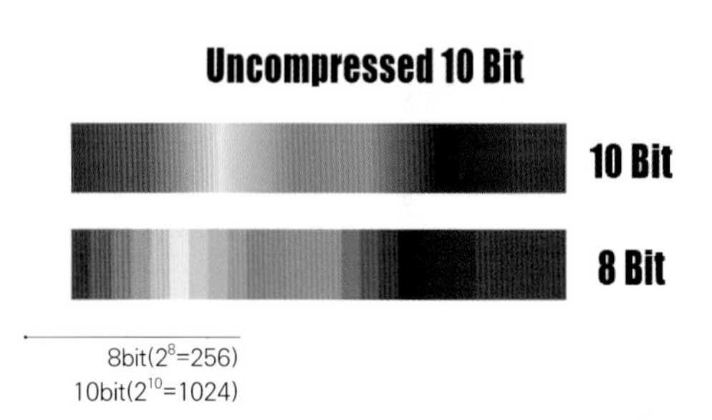

8bit(2^8=256)
10bit(2^{10}=1024)

- **8bit color: 256의 가능한 8bit 이진수(2^8)**: 삼원색(RGB)의 각 컬러를 256단계로 분리해서 표현하는 방법: 256×256×256 (R×G×B) = 16,777,216가지의 색 표현
- **10bit color: 삼원색(RGB)의 각 컬러를 1,024단계로 분리해서 표현하는 방법(2^{10})**: 1024×1024×1024 (R×G×B) = 1조가 넘는 색 표현
- **12bit color: 삼원색(RGB)의 각 컬러를 4,096단계로 분리해서 표현하는 방법(2^{12})**: 4,096×4,096×4,096(R×G×B) = 68조가 넘는 색 표현

4K 프로젝트 셋업

4K 비디오 파일을 선택하여 편집할 때에는 Video Properties를 잘 확인하고 4K로 설정해야 한다. 프로젝트 시작 전에 포맷, 해상도, 프레임 레이트까지 잘 체크되어 있는지 확인하길 바란다. Final Cut Pro 10.3부터 Color Space에서 새로 지원되는 Rec.2020을 볼 수 있다. 이때 주의할 점은 라이브러리 생성 시 먼저 라이브러리 셋업에서 Wide Gamut으로 지정을 해줘야만 프로젝트 셋업에서 마찬가지로 Wide Gamut으로 바꿀 수 있다는 것이다.

이렇게 작업한 프로젝트는 마스터 파일을 만들 때 Color Space가 Wide Gamut - Rec.2020으로 Export 되는 것을 다시 확인할 수 있다. 물론 모니터가 4K를 지원하지 않을 경우에 육안으로 확인이 어려울 수도 있다. 하지만 Color Correction을 하거나 렌더링을 걸 경우, 색 영역이 Wide Gamut으로 넓혀진 상태이기 때문에 좀 더 많은 색을 바탕으로 새로운 색이 구현되기 때문에 완성된 색감의 결과는 훨씬 부드러워진다.

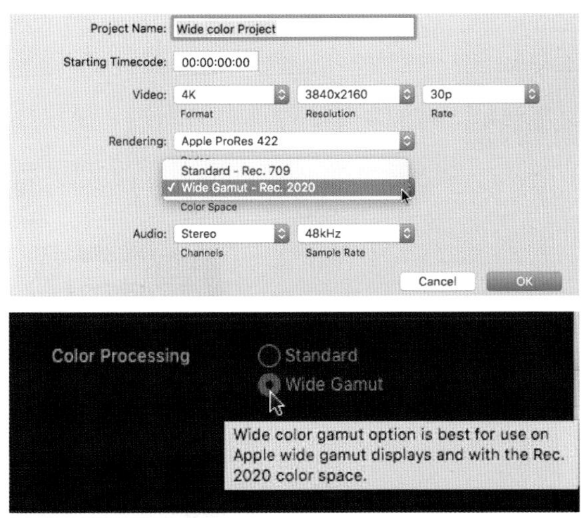

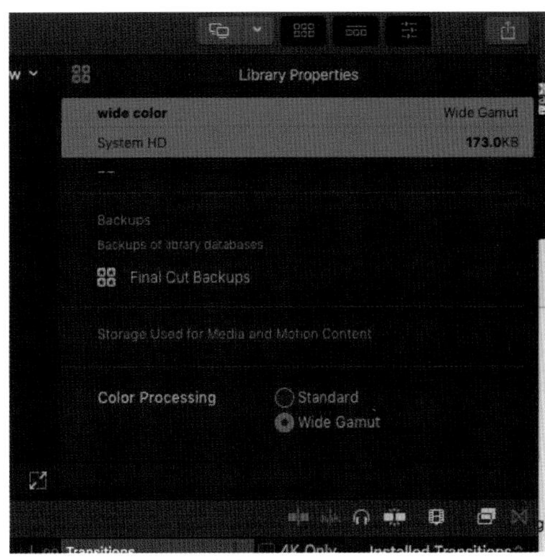

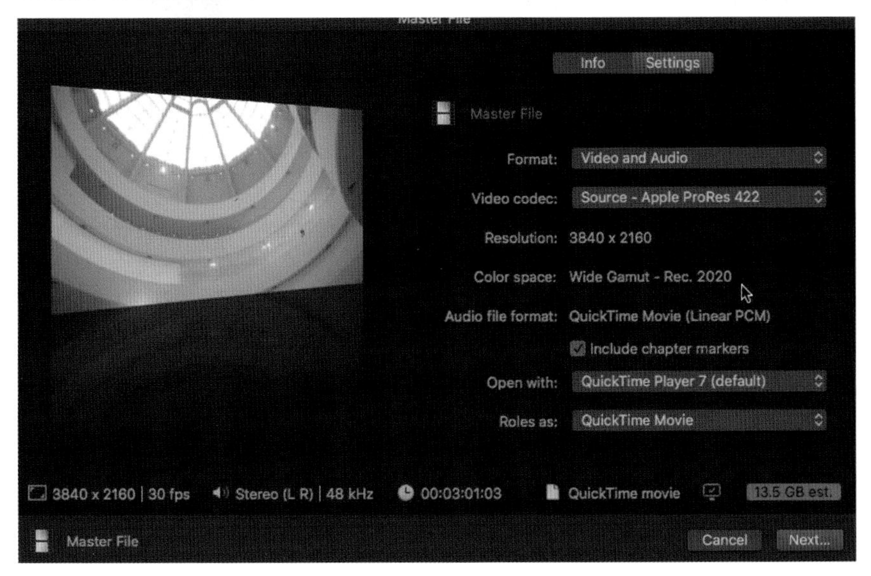

Section 02 편집 워크플로우

Editing Workflow

비디오 편집을 하기 위해서는 먼저 편집 순서를 이해하는 것이 중요하다. 사용할 비디오 클립과 디지털 이미지를 임포트한 후, 편집 소프트웨어에서 분류하여 필요한 부분을 선택하고 다듬어서 스토리를 만든다. 타임라인에서 만들어진 스토리는 마스터 무비 파일로 익스포트되어 방송용 프로그램 또는 DVD나 웹사이트를 통해 공유된다.

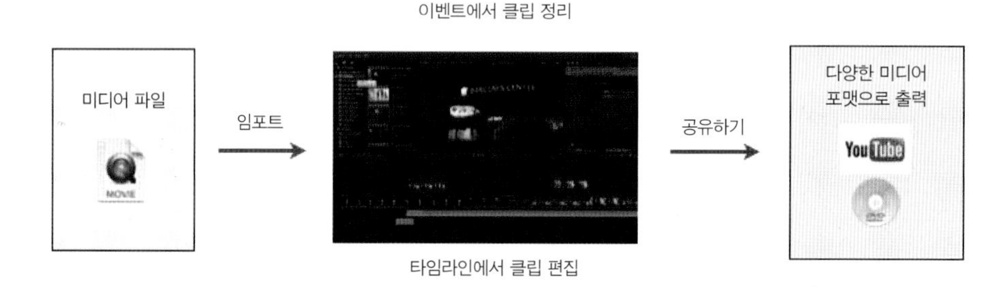

▶편집의 시작과 순서

편집 과정은 간략하게 5단계로 분류할 수 있다.

01 파일 임포팅 Importing

첫 번째 단계는 컴퓨터에 파이널 컷 프로 셋업과 필요한 비디오 파일을 캡쳐하고 사용할 음악과 그래픽 이미지 또는 디지털 사진 등을 준비하는 단계이다. 매킨토시에 설치되는 파이널 컷 프로는 카메라나 덱(Deck)에서 디지털비디오를 읽은 후 하드드라이브에 파일로 캡쳐하고 저장한다.

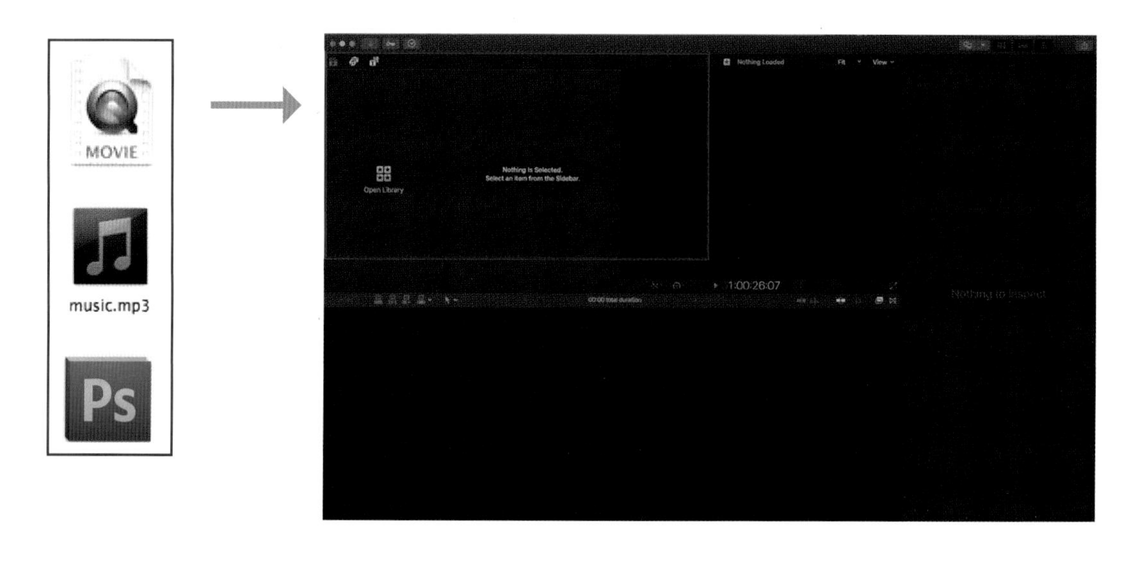

가편집 단계 Rough Cut

두 번째 단계는 이벤트 브라우저로 가져온 미디어 클립을 필요한 부분만을 다시 정리해서 타임라인으로 모으는 가편집 단계이다.

03 정밀 편집 단계 Fine Cut

세 번째 단계는 가편집된 영상물을 정교하게 편집하는 정밀 편집 단계이다.

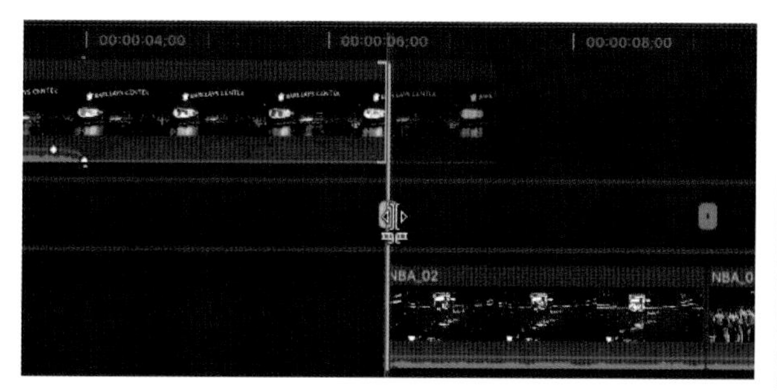

영상 효과 및 음향 효과 Finishing

네 번째 단계는 마무리 단계로서 편집된 영상에 음향 효과, 색보정, 그래픽을 추가하는 단계이다.

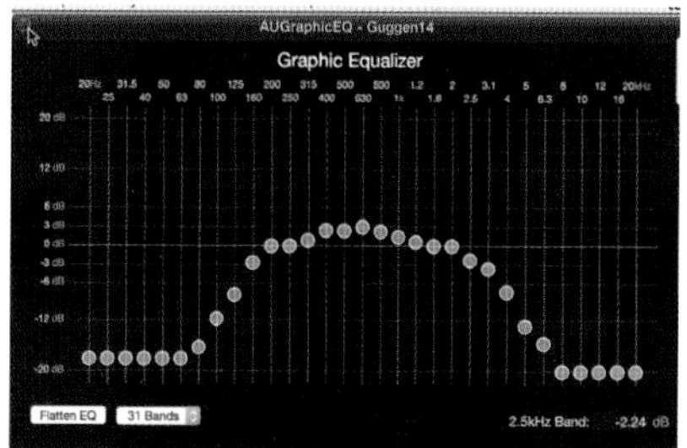

 파일 내보내기 Share

다섯 번째 단계는 편집이 끝난 결과물을 퀵타임 무비 파일(QuickTime Movie)이나 DVD, 웹 비디오 등으로 출력하는 단계이다.

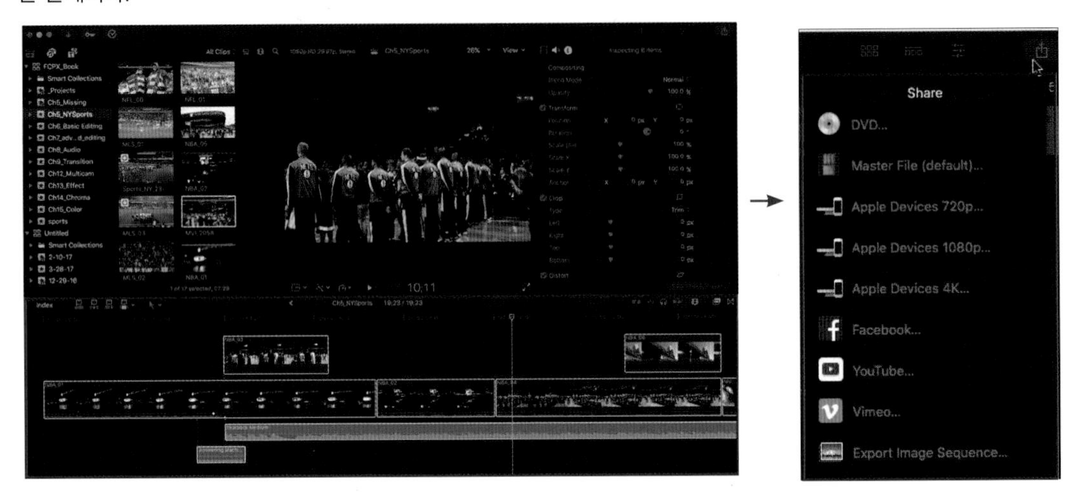

참조사항

편집 순서는 결과물을 만들기 위해 가장 능률적인 방식으로 순서를 찾는 중요한 과정이다.
많은 초보자가 편집 과정에서 먼저 필터 효과를 여러 클립에 적용하고 사운드를 믹싱하면서 내용의 완성과 상관없는 부분에 시간을 소비한 후, 막상 결과물에서는 필터 효과와 여러 가지 화면전환 효과를 다시 삭제하는 불필요한 과정을 거치는 실수를 한다.
편집은 시간의 활용도에 창의성이 결합되므로, 꼭 '내용을 먼저 완성한 후 영상효과를 적용한다'는 순서를 지키자. 물론 편집 중간에 한두 번의 영상효과와 음향효과를 시도해보며 결과물에 대한 시각적 효과를 미리 테스트할 수는 있지만, 너무 많은 시간을 불필요하게 낭비하지 않기를 바란다.

Section 03 파이널 컷 프로 X 설치 Installing Final Cut Pro X

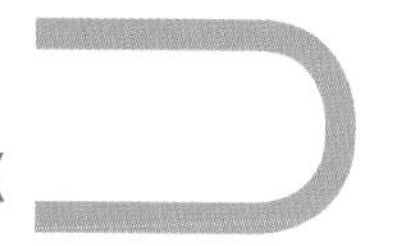

Unit 01 최소 시스템 요구 사항 System Requirement

현재 사용되고 있는 대부분의 맥킨토시는 듀얼 코어 이상의 CPU를 사용하기 때문에 CPU가 파이널 컷 프로 X설치에 큰 문제가 되지 않는다. 하지만 OS가 10.13.6 이상이어야 파이널 컷 프로 10.4.6가 설치된다.

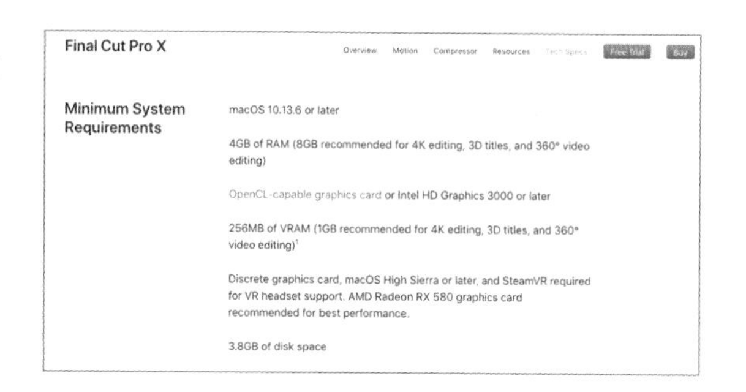

Unit 02 파이널 컷 프로 X 설치하기

파이널 컷 프로 X는 예전의 소프트웨어들처럼 CD나 DVD로는 구입할 수 없고, 애플 앱스토어에서만 구입 가능하다. 무료로 30일 평가판을 다운로드해서 사용해볼 수 있으니 실제 구입 전에 이를 이용해 한번 체험해보도록 하자. 평가판은 실제 파이널 컷 프로 X와 사용면에서 전혀 다른 점이 없다.

01 데스크톱 아래에 보이는 Dock에서 앱스토어 아이콘을 클릭해 앱스토어로 가자.

02 앱 스토어에서 Final Cut Pro X를 찾은 후, 이를 구입해 설치하자.

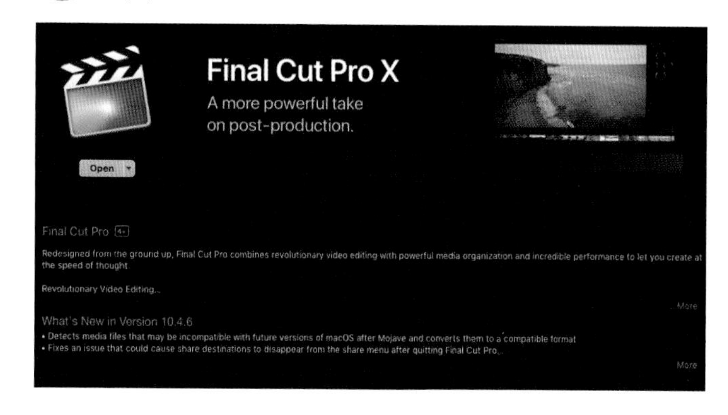

지금 저자가 사용하는 Final Cut Pro X는 10.4.6이다. 이미 Final Cut Pro X 구버전이 설치되어 있다면 이 최신 버전으로 업데이트해야 한다. 업데이트가 잘 안 될 경우 어플리케이션 폴더에 있는 구버전의 Final Cut Pro X를 먼저 쓰레기통(Trash)으로 버린 후 업데이트하면 된다. Final Cut Pro X를 버리더라도 사용 중인 라이브러리와 프로젝트에는 아무 상관을 주지 않고 새 버전이 열릴 때 이 라이브러리와 프로젝트를 새 버전의 파일로 업데이트해준다. 구버전의 Final Cut Pro X는 새 버전의 Final Cut Pro X 프로젝트를 열지 못한다.

Final Cut Pro X 교육용 프로 앱 번들

학생이나 학교에 일하시는 분들은 Final Cut Pro X 교육용 프로 앱 번들로 5개의 소프트웨어를 묶어서 ₩259,900에 살 수 있으니 참조하기 바란다.

Final Cut Pro X, Logic Pro X, Motion 5, Compressor 4, MainStage 3
https://www.apple.com/us-hed/shop/product/BMGE2Z/A/pro-apps-bundle-for-education

Unit 03 파이널 컷 프로 X 추가 파일

파이널 컷 프로 X에 설치되는 사운드 이펙트와 비디오 포맷이 자동으로 설치되지 않았을 경우, 애플 웹사이트에서 수동으로 찾아서 설치 가능하다. 단, 사용하는 시스템 버전에 따라서 설치 되는 파일이 바뀔 수 있다. 예를 들면 프로 비디오 포맷 2.1은 OS 10.14.3 이상 일 경우에만 설치가 가능하다.

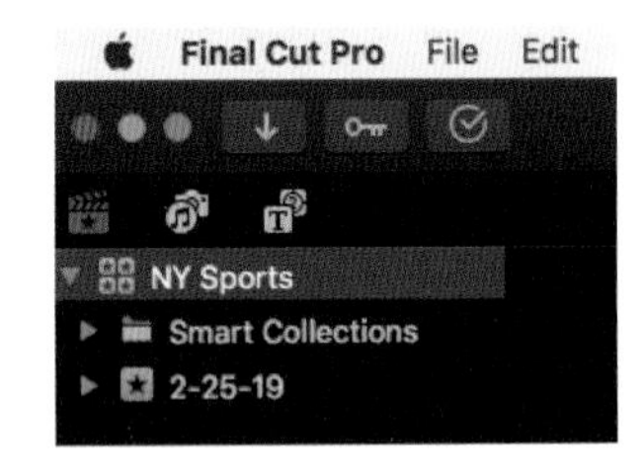

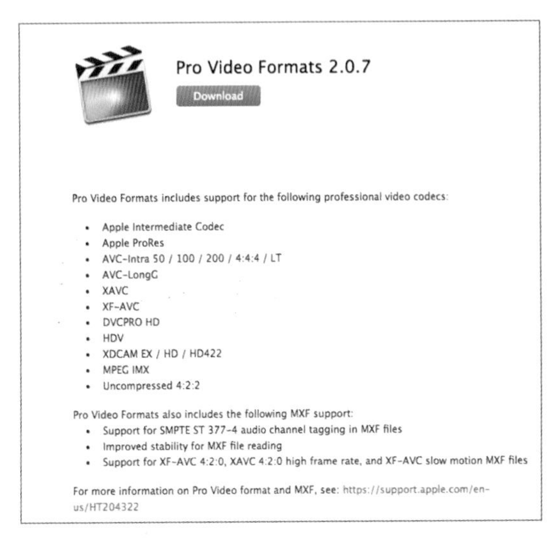

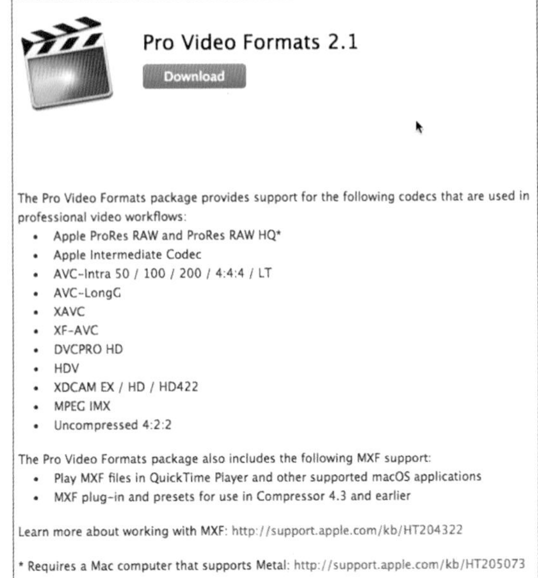

Section 04 파이널 컷 프로 X 열기

설치된 파이널 컷 프로 X는 파인더의 Application 폴더에 존재한다. 먼저 Application 폴더에 있는 이 파이널 컷 프로 X 아이콘을 데스크톱 화면 아래에 있는 독(DOCK)에 드래그해서 독에 등록한 후 쉽게 열 수 있게 하자.

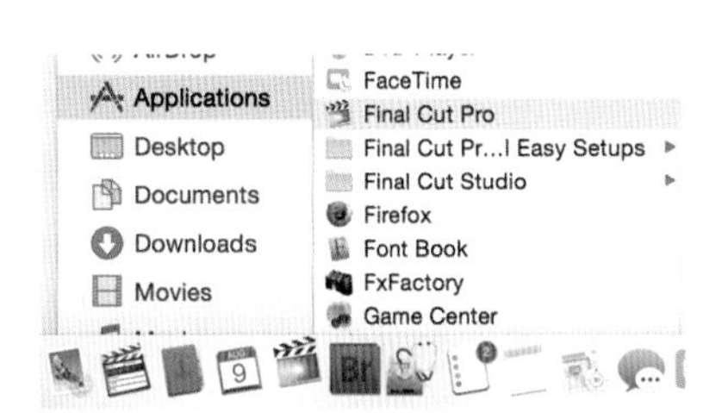

방법 1 독(Dock)에 등록된 파이널 컷 프로 X 아이콘을 클릭하면 열린다.

방법 2 Application 폴더에 있는 파이널 컷 프로 X 아이콘을 더블클릭한다.

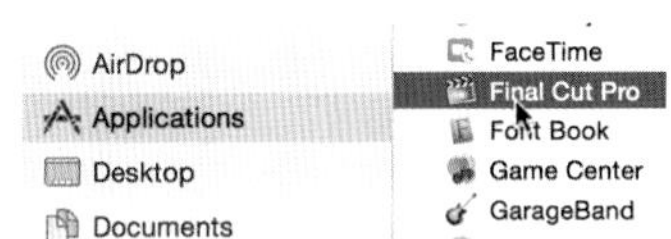

방법 3 독(Dock)에 등록된 파이널 컷 프로 X 아이콘을 Ctrl + Click을 하면 최근에 사용한 라이브러리의 리스트가 보인다.

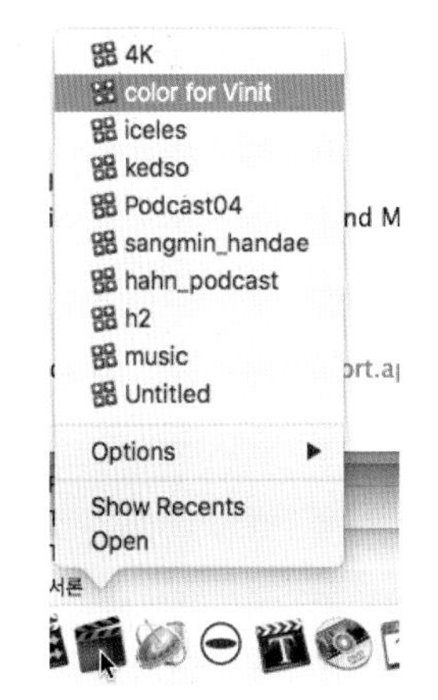

참조사항 Open Library창이 열리면 원하는 라이브러리를 선택해서 열 수도 있고 창 아래에 있는 Location 버튼을 이용해서 원하는 라이브러리를 파인더에서 찾아서 열 수도 있다. 물론 New를 선택해서 새 라이브러리를 만들 수도 있다.

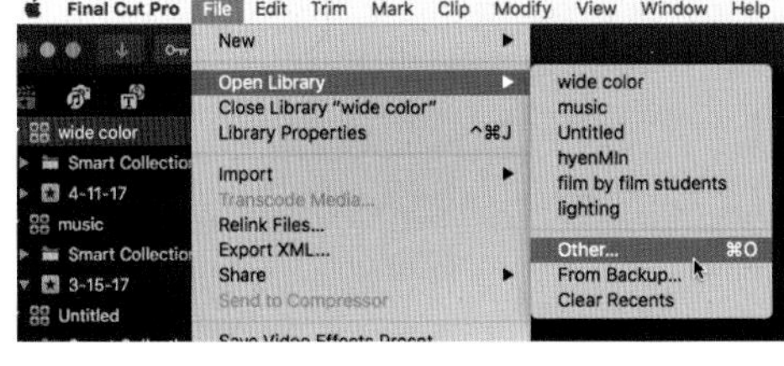

Open Library

Which library would you like to open?

Select one or more libraries to open from the list of recent libraries. To open a different library, click Locate. Open a New Library by clicking New.

Library Name	Date Modified	Location
music	Apr 11, 2017, 6:22 PM	System HD
hyenMin	Feb 6, 2017, 10:21 PM	Young's HD
film by film students	Feb 6, 2017, 5:39 PM	System HD
lighting	Feb 6, 2017, 5:39 PM	System HD

Locate... New... Cancel Choose

Section 05 파이널 컷 프로 X의 인터페이스 미리보기

파이널 컷 프로 X는 사용자가 툴보다 편집에 집중할 수 있도록 인터페이스를 쉽고 편리하게 만들었다. 파이널 컷 프로는 기본적으로 하나의 창으로 된 어플리케이션이지만, 다양한 브라우저들과 편집 공간들, 인스펙터, 그리고 팝업 메뉴들을 통해 편집에 필요한 모든 기능을 한 곳에서 보고 사용 가능하게 만들었다. 이러한 파이널 컷 프로 X의 인터페이스에 대한 자세한 내용은 Chapter 02에서 다루어볼 것이다. 이 섹션은 앞으로 자세히 배울 파이널 컷 프로 X의 인터페이스를 간단하게 소개하는 것을 목적으로 하겠다.

Unit 01 파이널 컷 프로 X의 기본 창

1) 파이널 컷 프로 X를 구성하는 기본 3 Windows

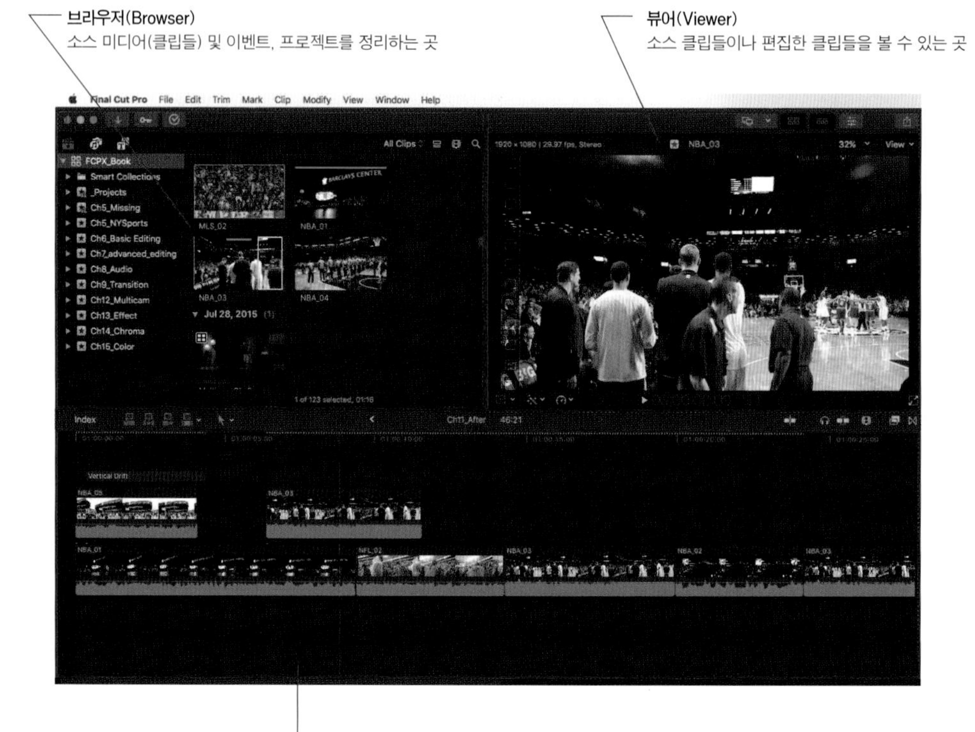

2) 파이널 컷 프로 X를 구성하는 기본 5 Windows

참조사항 타임라인 왼쪽의 인텍스(Index)창은 타임라인에 사용된 클립을 리스트로 보여주고 롤(Roles)과 오디오 레인(Audio Lanes) 등의 옵션을 이용해서 편집시 클립을 분리 또는 그룹으로 모아 볼수있게 하는 창이다.

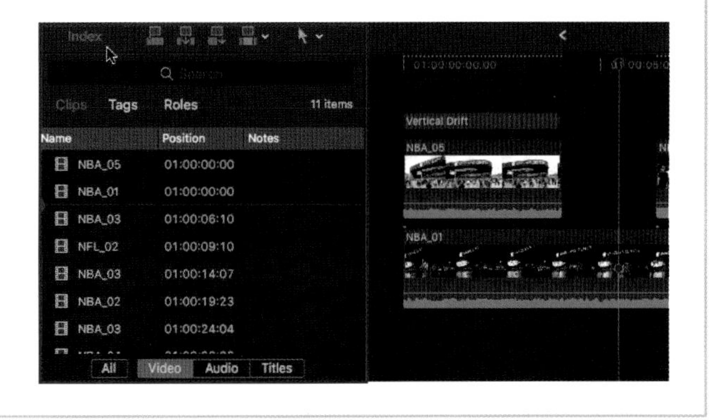

3) 세 가지 다른 작업 창 모드

작업 환경에 따라 작업 창 모드를 바꿔서 파이널 컷 프로를 이용할 수 있다. 인스펙터 창 위에 있는 세 아이콘을 적절히 사용해서 작업 창 모드를 바꿔보자.

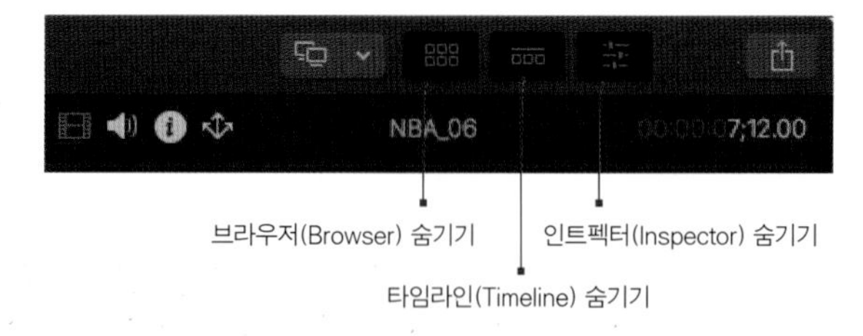

▲ 스탠다드 모드

▲ 타임라인 창이 없는 모드

▲ 브라우저 창이 없는 모드

참조사항 듀얼모니터 모드

듀얼모니터를 사용할 경우, 듀얼 모니터 셋업 버튼을 이용해서 작업 창을 설정할 수 있다.

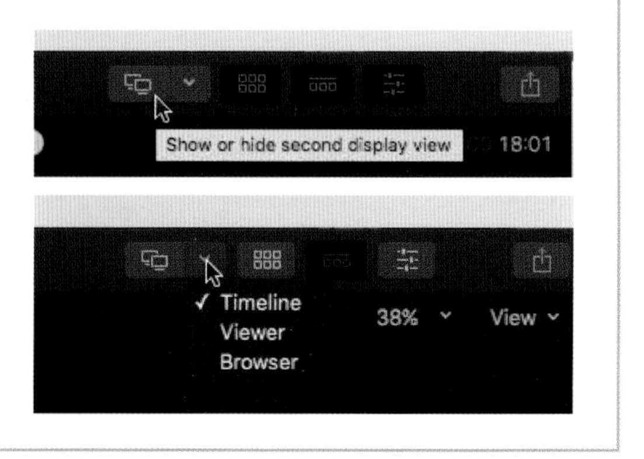

Section 06 파이널 컷 프로 X의 미디어 관리 방식

파이널 컷 프로 X는 직관적인 편집 환경을 지향하기 때문에 기존의 편집 소프트웨어와는 다른 미디어 관리 방식을 가진다. 개인 작업 위주의 통합 폴더 라이브러리 방식이 하나 있고, 모든 파일을 링크해서 사용하는 서버 개념의 미디어 관리 방식이 있다.

많은 초보자가 다른 편집 프로그램에서 사용하는 프로젝트 개념을 바로 가져 와서 사용하기 때문에 용어상의 착오가 가끔 발생하는데 파이널 컷 프로에서는 라이브러리가 다른 편집 프로그램에서 사용하는 프로젝트인것이다. 파이널 컷 프로에서 사용되는 프로젝트라는 용어는 다른 편집 프로그램에서 사용하는 시퀀스(Sequence)라고 생각하면 된다. 즉 다른 편집 프로그램에서 사용하는 프로젝트라는 용어는 파이널 컷 프로에서 라이브러리라고 생각하면 된다.

프로젝트의 시작은 하드 드라이브의 아무 장소에 마스터 폴더인 라이브러리를 만들고 그 안에 있는 중간 폴더인 이벤트를 만든후 사용할 클립을 가져와서 타임라인(Timeline)인, 프로젝트 클립에서 편집을 하는 구조이다. 통합 폴더 라이브러리 안에 중간 폴더인 이벤트(Event)가 있고 그 안에 각종 클립과 프로젝트(Project) 클립이 있다고 이해하면 된다.

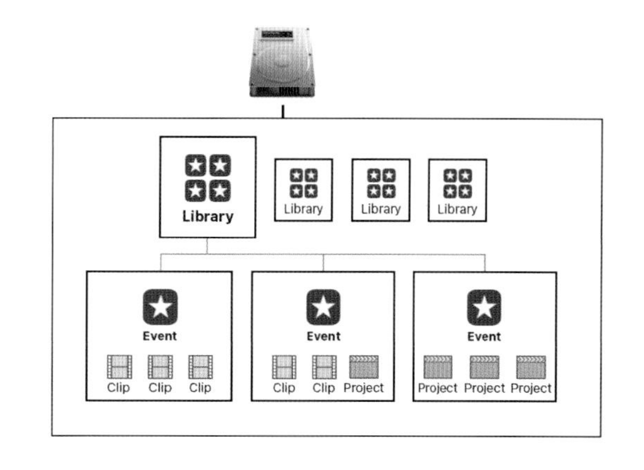

Final Cut Pro X		다른 편집 프로그램 용어
라이브러리(Library)	↔	프로젝트(Project)
이벤트(Event)	↔	빈(Bin) 또는 폴더(Folder)
프로젝트(Project)	↔	시퀀스(Sequence)

⊙ 라이브러리

- 이벤트 파일과 프로젝트 파일을 통합한 마스터 폴더, 사용된 모든 파일은 이 라이브러리에 들어있다.
- 모든 프로젝트는 반드시 라이브러리에서 시작한다.

⊙ 이벤트

모든 미디어와 프로젝트를 저장하는 라이브러리 다음의 중간 폴더이다. 즉, 마스터 폴더 안의 또다른 작은 폴더라고 생각하면 된다.

⊙ 프로젝트

편집 과정을 기록하는 파일. 편집 작업은 타임라인으로 보여준다. 이 프로젝트 파일은 이벤트에 저장되며 최적화된 파일(고해상도: Optimized Media), 프록시 미디어(저해상도: Proxy Media), 렌더 파일(Render file) 등이 각각 이 프로젝트 파일 안에 통합 저장된다. 프로젝트 파일은 따로 존재하지 않고 반드시 라이브러리 안에 있기 때문에, 라이브러리 파일을 오픈하지 않으면 이 프로젝트를 볼 수 없다.

⊙ 브라우저

사용 중인 라이브러리, 이벤트, 프로젝트, 미디어를 정리하는 창(window)이다.

⊙ 미디어

편집 작업에 사용되는 비디오, 오디오, 사진, 제너레이트 등의 실제 파일을 지칭한다.
사용법과 저장된 위치에 따라 3가지로 나뉜다.

- Managed Media: 사용하는 라이브러리에 실제로 저장되어 있는 디지털 파일
- External Media: 가상 파일로서 실제 파일은 외부의 장소에 있고 그 연결위치(Link)만 기억하는 껍데기 파일로써 편집자가 자신의 파일 서버로 사용하는 하드드라이브가 있을 경우나 또는 여러 명의 편집자가 서버에 연결해서 편집해야 할 경우 주로 사용된다.
- Generated Media: 프로젝트 안에서 새로 만들어진 파일들. 어떤 필터 효과가 적용된 파일의 렌더링이 끝나면 새로운 파일이 그 프로젝트 파일 안에 저장된다. 최적화된 파일(고해상도: Optimized Media) 프록시 미디어(저해상도: Proxy Media) 렌더 파일(Render file) 등이 있다.

Unit 01 라이브러리와 그 위치

라이브러리는 다음 그림과 같이 라이브러리 리스트와 브라우저의 두 창으로 나눠진다. 라이브러리(Library)는 현재 갖고 있는 모든 이벤트와 클립을 볼 수 있는 곳이다.

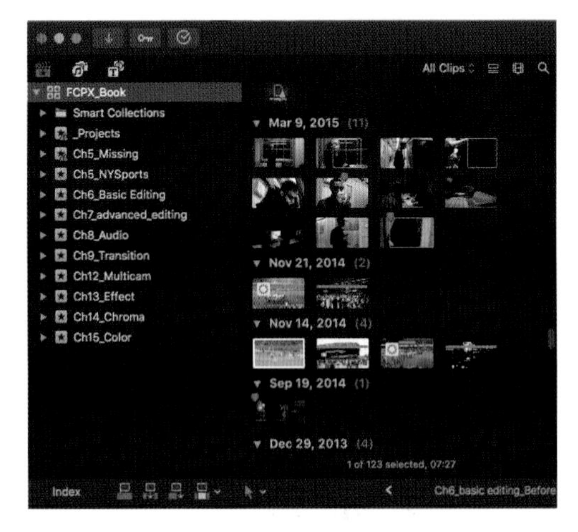

각 이벤트 안에 있는 클립들은 그 이벤트를 선택하면 브라우저 창에서 보인다.

파이널 컷 프로 X에서는 미디어 클립이 특정한 프로젝트에 소속되지 않는 대신 이 라이브러리(Library)라는 통합된 미디어 데이터베이스 안의 이벤트에 저장된다. 라이브러리(Library) 안에 있는 이벤트(Event)는 클립들이 정리되어 있는 곳이고 프로젝트(Project)는 여기에서 클립을 가져와서 타임라인을 통해 편집을 하게 된다. 이벤트는 최상위 라이브러리 폴더 안에 있는 중간 폴더 개념이고 프로젝트는 그 안에 있는 하나의 파일 개념이다. 이 새로운 미디어 데이터베이스 개념 중 가장 중요한 것은 사용중인 라이브러리에 임포트된 모든 미디어들은 그 안에 있는 모든 프로젝트에서 사용이 가능하다는 것이다. 즉 여러 개의 프로젝트가 하나의 데이터베이스인 이벤트 브라우저에 있는 클립을 같이 공유할 수 있다. 좀 더 자세한 내용은 다음 장에서 도표로 설명하겠다.

프로젝트가 있는 곳

⊙ 프로젝트 파일은 두 군데에서 정리가 된다. 첫 번째는 파이널 컷 프로가 자동으로 분류해주는 스마트 콜렉션 안에 위치하게 되고, 두 번째는 지정된 이벤트 폴더안에 실제 프로젝트 데이터 파일이 있게 된다. 프로젝트 파일은 단순히 이벤트 안에 위치하고 프로젝트 라이브러리는 더 이상 존재하지 않는다.

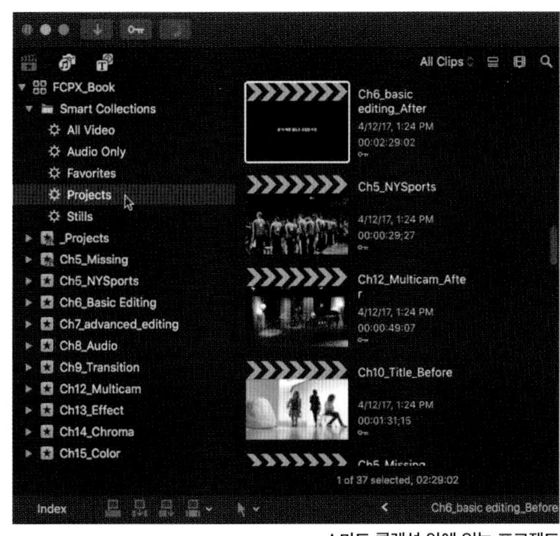

스마트 콜렉션 안에 있는 프로젝트

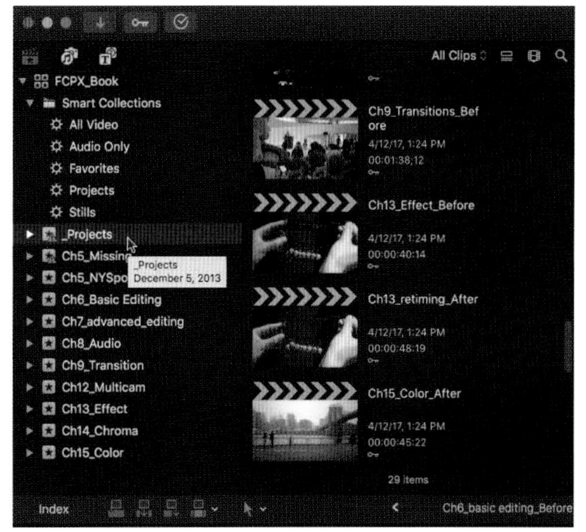

이벤트 안에 저장된 프로젝트

Unit 02 이벤트와 프로젝트의 관계

이벤트(Event)와 프로젝트(Project)는 파이널 컷 프로 X 편집 프로그램을 처음 접하는 사용자에게 생소한 개념일 수 있다. 이벤트는 사용할 미디어 클립을 임포트(Import)해서 정리한 후 아이콘으로 볼 수 있는 장소이고 프로젝트는 그 클립들을 타임라인으로 가져와서 실제 편집하는 곳이라고 생각하면 쉽다. 즉 이벤트(Event)와 프로젝트(Project)는 서로 독립된 개념으로 분리되어 있지만 프로젝트(Project)는 이벤트(Event) 없이 존재할 수는 없다.

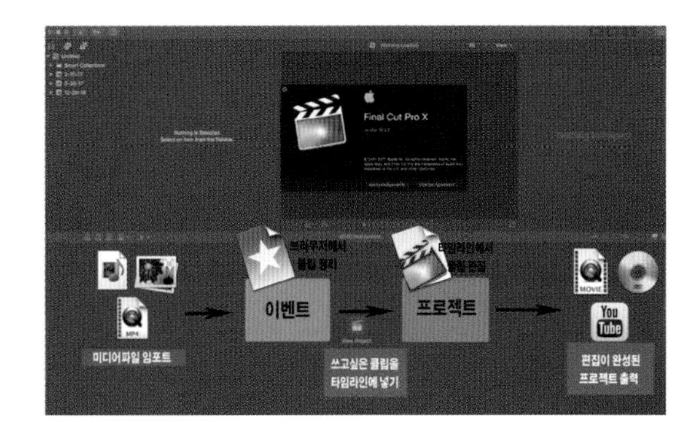

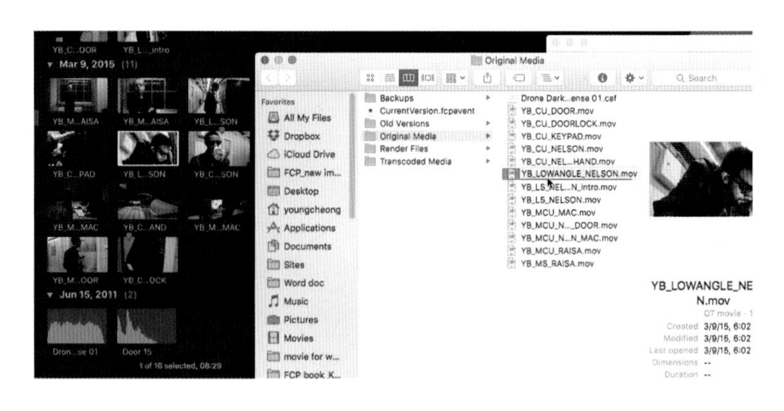

먼저 파이널 컷 프로 X의 이벤트에 임포트된 미디어 클립과 하드드라이브에 있는 실제 미디어 파일의 상호관계에 대해 알아보자. 이벤트 브라우저 창에 보이는 임포트된 모든 클립들은 하드드라이브에 있는 실제 미디어 파일과 연결되어 있는 하나의 가상 파일이다. 이벤트에 있는 이 클립은 그 자체가 미디어 파일은 아니고 단지 미디어 파일과 연결을 기억하는 가상 파일이기 때문에 파이널 컷 프로에서 이런 클립에 어떠한 효과를 줘도 이 클립과 연결된 실제 클립에는 아무런 변화를 주지 않는다.

예를 들어 이벤트 안에 있는 이 가상의 클립을 지우거나 색깔 등을 바꾸는 필터 효과를 주어도 이 클립의 소스(Source) 파일, 즉 원본 파일은 하드드라이브의 이벤트 폴더 안에 원상태로 남아 있다. 필터 효과 등을 받은 클립은 새로운 렌더 파일을 만들어서 그 원래의 파일을 대체한 결과를 보여준다. 파인더(Finder)에서 하드드라이브의 이벤트 폴더 안에 있는 미디어 파일을 직접 삭제하면 이벤트와 프로젝트 안의 클립과 연결이 사라지게 된다. 이렇게 실제 소스 파일이 사라진 클립은 파이널 컷 프로에서 오프라인(offline)으로 표시되어 사용할 수 없게 된다.

Unit 03 라이브러리 실제 위치

브라우저에서 선택되어 있는 FCPX Book 라이브러리가 하드드라이브 어디에 위치해 있는지 알아보자. 파이널 컷 프로 윈도우 안에서 보이는 모든 파일들은 하드드라이브에 있는 실제 파일에 연결된 가상 파일들이다.

 라이브러리를 파인더에서 열어보자.

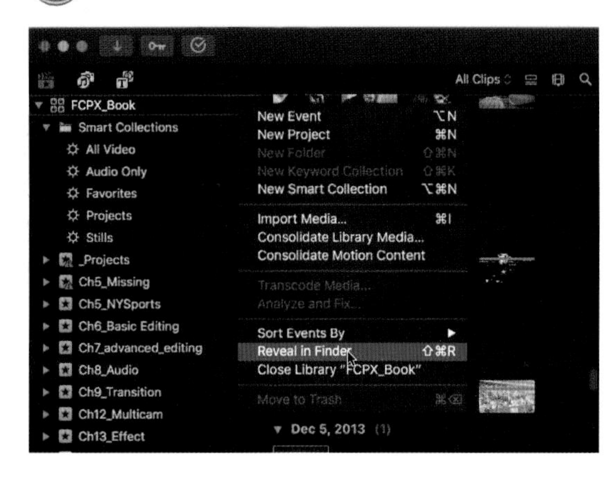

 라이브러리의 위치를 파인더에서 확인할 수 있다.

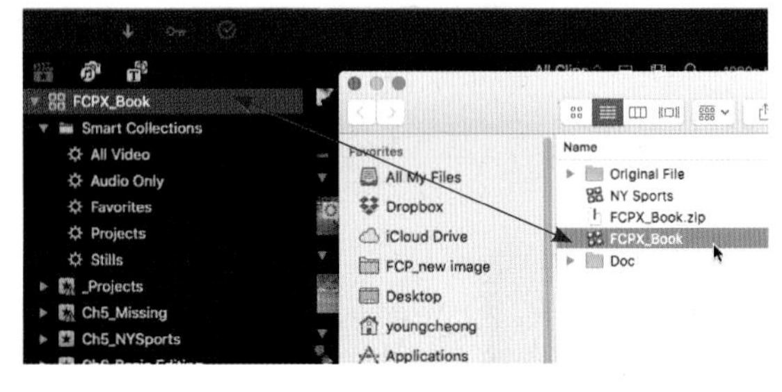

파인더에서 라이브러리 파일 패키지 안을 볼 수 있다.

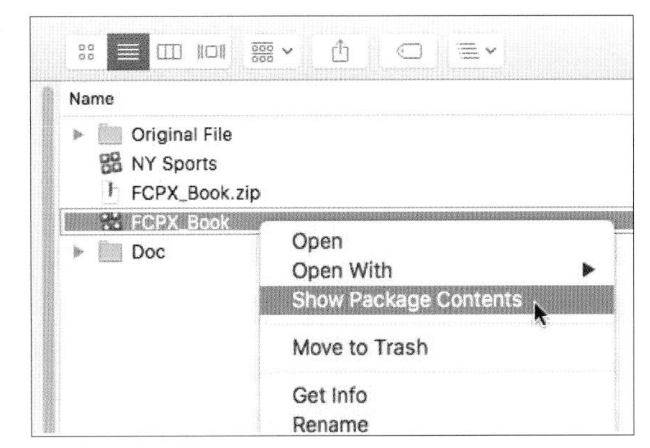

04

파인더에서 열려진 라이브러리 파일 패키지 안과 파이널 컷 프로에서 보이는 라이브러리 안의 리스트 라이브러리는 파일처럼 보이지만 실제 구조는 사용된 모든 클립과 이벤트, 프로젝트 등이 모두 포함되어 있는 하나의 통합된 저장공간이라고 할 수 있다.

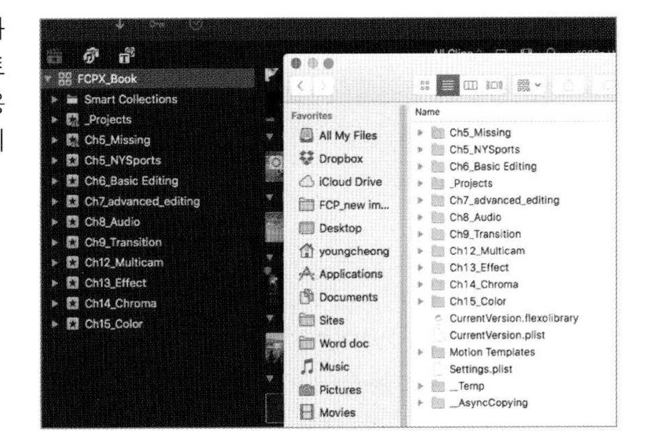

05

사용 중인 라이브러리도 언제든지 닫을 수 있다. FCPX는 라이브러리 파일 하나만 관리하면 되는 구조이기 때문에 저장된 미디어의 백업과 관리가 쉬워졌고 편집 시 각 라이브러리를 하나의 파일처럼 쉽게 열고 닫을 수 있기 때문에 여러 개의 라이브러리를 마치 각각의 프로젝트처럼 열고 닫으면서 사용할 수 있다.

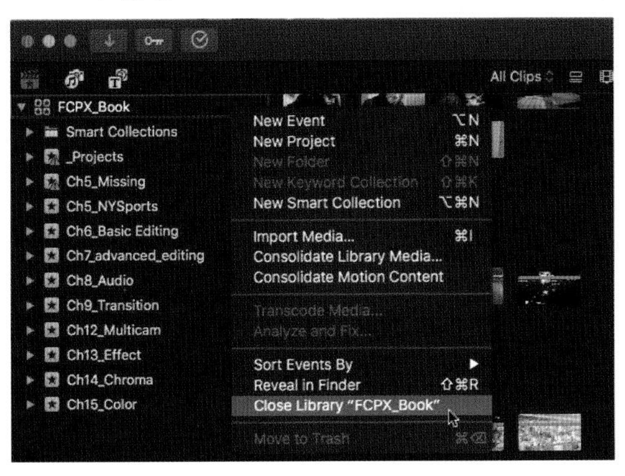

모든 라이브러리가 닫힌 아무것도 없는 파이널 컷 프로 X.
중간 폴더인 이벤트 안에 여러 개의 프로젝트를 만들 수 있기 때문에 여러 이벤트 안에 각각의 프로젝트를 만들지 말고 하나의 이벤트 안에 여러 프로젝트를 만들어 두면 작업 도중 프로젝트를 찾기 쉽다.

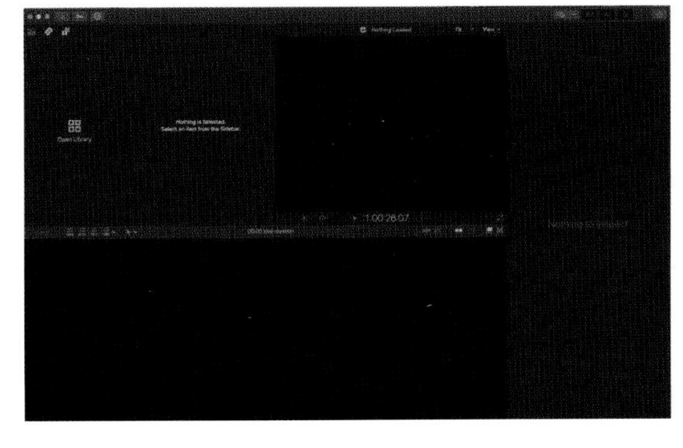

Unit 04 사용된 클립의 위치

Final Cut Events 폴더 안에 있는 여러 가지 하위 폴더와 파일에 대해서 알아보자.

이벤트에 임포트되어 있는 클립의 원본 파일 위치.

파이널 컷 프로 X의 이벤트에서 보이는 클립은 하드드라이브의 이벤트 폴더 안에 있다. 이벤트 폴더 안 Original Media 폴더 안에 같은 이름의 파일로 존재한다. 아래의 그림을 보면 알 수 있듯이, 하드드라이브에 이벤트인 Ch6_Basic Editing 폴더가 있고, 그 안에 Original Media란 폴더가 있고, 그 안에 실제 클립이 존재한다.

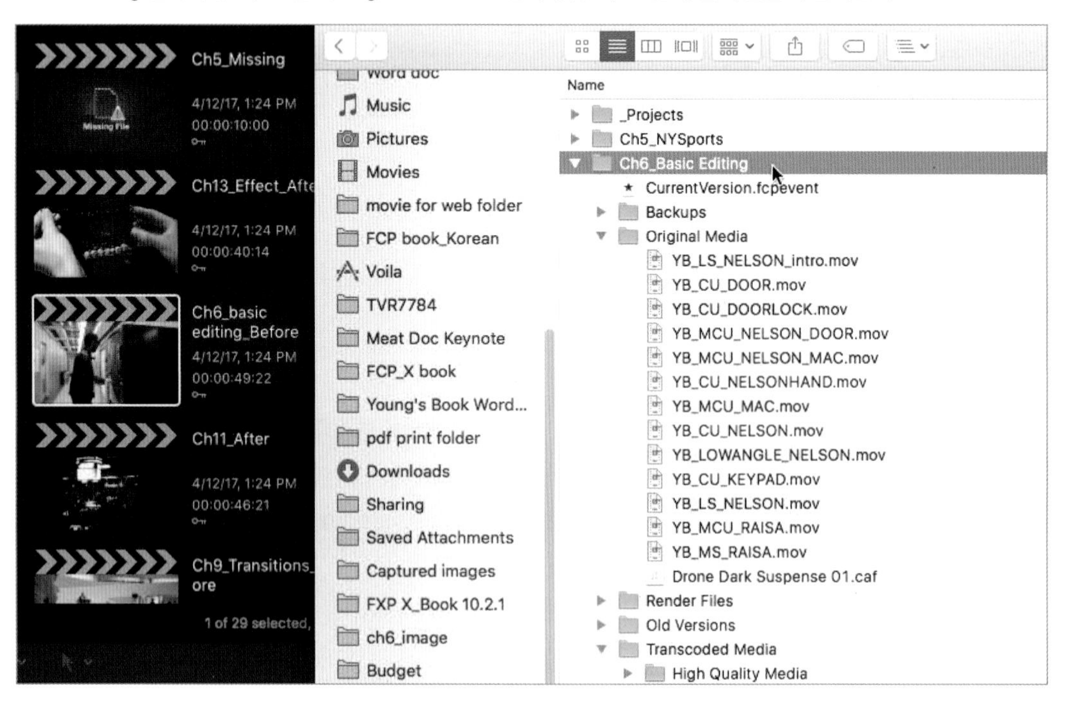

Unit 05 Final Cut Event 폴더의 구성

파일들이 저장되는 방법: 이벤트나 프로젝트를 처음 만들면, 이와 관련한 파일들과 폴더들이 자동적으로 하드드라이브에 생성이 된다. 라이브러리에 있는 이벤트는 하드드라이브에 똑같은 이름의 폴더로 존재하게 되고 임포트된 파일들은 파일들이 저장되도록 설정한 장소에 따라 Original Media 폴더에 복사 또는 링크된 형식으로 저장된다.

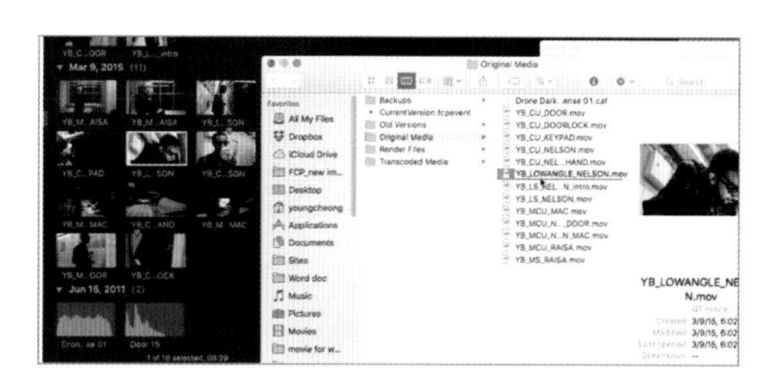

- **CurrentVersion.fcpevent:** 이벤트 데이터를 저장하는 주 파일이다.
- **Backups:** 마지막으로 저장된 이벤트 데이터가 15분보다 오래된 경우 자동으로 이벤트 데이터의 백업 파일을 저장하는 곳.
- **Old Versions:** 지금 사용하는 이벤트가 이전 버전에서 만들어져 업데이트되었을 경우 업데이트 하기 전의 이벤트 데이터를 저장한다.
- **Original Files:** 임포트한 미디어 파일을 저장하거나, 원본 파일과 연결된 가상 미디어 파일을 저장한다.
- **Render Files:** 프로젝트상에서 렌더링된 파일은 그 프로젝트가 있는 이벤트 안의 이 Render 폴더에 저장된다.
- **Shared Items:** 지금은 보이지 않지만 프로젝트를 Export인 쉐어(Share)하면 그 데이터가 저장된다.
- **Transcoded Media:** 변환된 미디어 파일을 저장하는 폴더. 임포트 시 미디어 변환을 시키면 생성된다.
  - **High Quality Media:** 고해상도 파일을 저장한다.
  - **Proxy Media:** 저해상도 파일을 저장한다.

주 의 사 항 하드드라이브에 있는 파이널 컷 프로 X의 라이브러리 속 이벤트 폴더에서 파일을 임의로 옮기지 않도록 주의하자. 파이널 컷 프로에 있는 이벤트나 프로젝트는 하나의 폴더로서 소스 클립 외에 데이터 베이스에 기능을 하기 때문에 폴더 안에 파일이 사라질 경우 전체 폴더, 즉 라이브러리나 그안의 프로젝트가 열리지 않는 등의 문제가 발생할 수 있다.

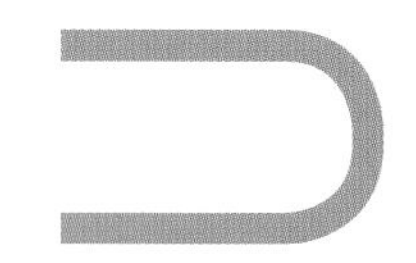

Section 07 파이널 컷 프로 X 초기화하기

파이널 컷 프로의 환경 설정을 초기화시키는 이유는 편집 작업을 하는 도중 발생하는 여러 가지 환경 설정값과 렌더링 또는 임포트된 파일로 인한 문제를 고치기 위해서이다. 파이널 컷 프로의 환경 설정을 초기화시키면 파이널 컷 프로 처음 설치 후 단계로 돌아간다. 모든 환경 설정 값들이 초기화되기 때문에 편집자가 원하는 설정을 새롭게 할 수 있고 여러 번 바뀐 설정값에 의해 발생되었던 문제들이 사라지게 된다. 시스템을 새로 설치하는 것이 아니라 단지 기존에 있던 파이널 컷 프로 User Preferences를 삭제함으로 사용 중인 프로그램을 초기화하는 것이다.

Final Cut Pro Preferences 파일 두 개 지우기

Macintosh HD 〉 User 〉 Library 〉 Preferences 〉 com.apple.FinalCut.LSSharedFileList.plist.
Macintosh HD 〉 User 〉 Library 〉 Preferences 〉 com.apple.FinalCut.plist

파이널 컷 프로의 환경 설정을 초기화시키기 위해서 먼저 사용 중이던 파이널 컷 프로 X를 종료해야 한다.

Option & ⌘키를 같이 누른 상태에서 화면 아래에 있는 독(Dock)에서 또는 Application에서 FCPX 아이콘을 클릭하자.

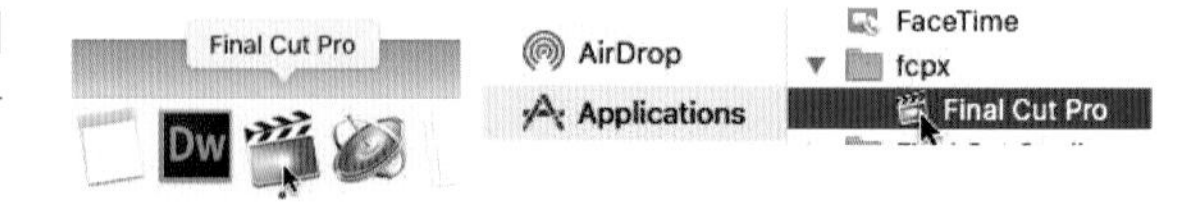

03 열면 기본 설정으로 돌릴 것인지를 묻는 창이 뜬다. Delete Preferences를 클릭하자.

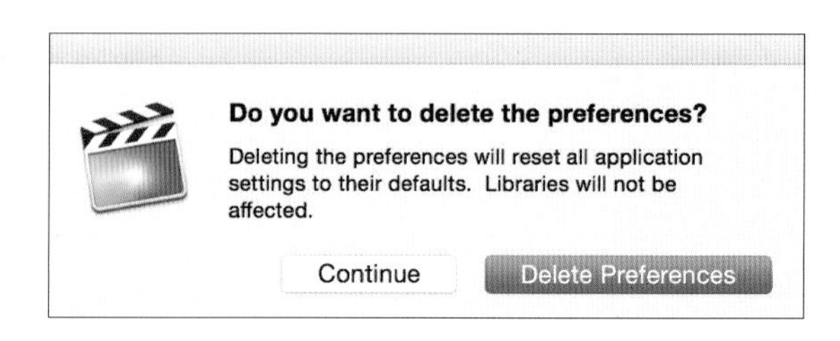

기본 설정으로 셋업된 파이널 컷 프로가 열린다.

수동으로 Final Cut Pro Preferences 파일 지우기

시스템 관리를 위해 사용자 라이브러리(Library)가 숨겨져 있기 때문에 파인더(Finder)에서 Go to the folder를 이용해서 숨겨진 폴더를 먼저 보이게 해야 한다.

Option을 누른 상태에서 파인더(Finder) 메뉴의 Go를 클릭하면 숨겨져 있던 Library 폴더 아이콘이 보인다. Library 폴더 아이콘을 선택하자.

아래에 선택된 두 개의 파일들은 Trash로 드래그하거나 ⌘ + Delete를 이용해 지워주자.

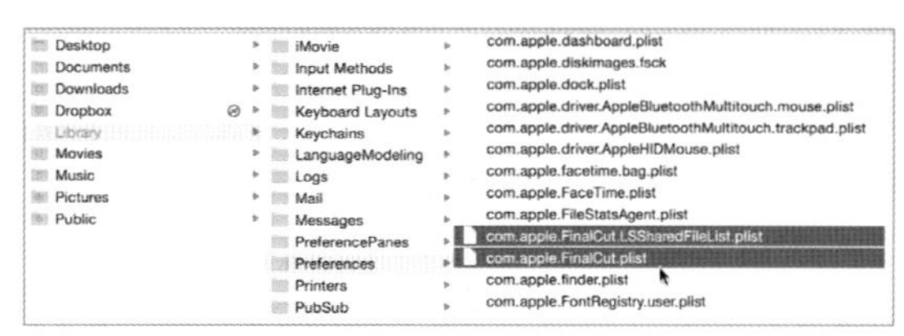

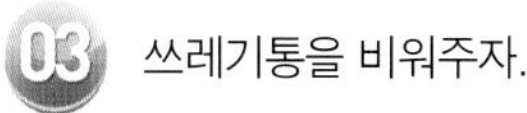

쓰레기통을 비워주자.

이 Preferences의 파일들은 시스템 파일들이 아니라 단지 각 소프트웨어의 사용자 지정을 기억하는 파일이다. 삭제 후에도 해당 소프트웨어를 여는 순간 초기화되어 자동으로 다시 생성되기 때문에 이 파일들이 삭제되는 것에 대해 걱정할 필요가 없다. 상급 사용자들은 자신들이 원하는 파이널 컷 프로 X 셋업을 만든 후, 이 셋업을 기억하는 Preferences 파일들을 저장해뒀다가 위에서 보이는 폴더에 있는 이 파일들과 교체해서 자신이 원하는 환경설정을 항상 같게 유지하기도 한다.

Section 08 파이널 컷 프로 X의 프로젝트 자동 저장 기능 Auto-Save

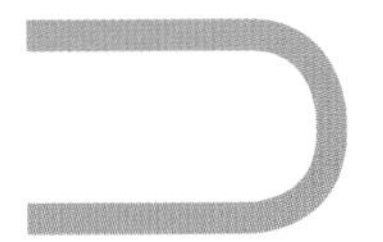

파이널 컷 프로 X의 새로운 기능 중 사용자가 가장 생소하게 느끼는 큰 부분은 작업 과정을 Save&Save As하지 않아도 된다는 것이다. iPhoto나 iTunes등과 같은 프로그램들처럼 최근 작업한 내용이 자동으로 저장이 되기 때문에 작업 과정에서 매번 Save를 해야 했던 부담을 덜게 되었고, 프로그램이 꺼짐으로 인한 저장 여부를 걱정하지 않아도 되게 되었다. 예전의 Save As 기능처럼 다른 이름으로 프로젝트를 저장하고 싶으면, 프로젝트를 복사(Duplicate)하면 된다. 이 부분에 대한 자세한 내용은 Chapter 04에서 다룰 것이다.

어플리케이션은 "문서(파일) 기반 어플리케이션"과 "문서(파일)에 기반하지 않은 어플리케이션"으로 구분해서 두 가지 타입의 어플리케이션으로 분류한다.

마이크로소프트(Microsoft)의 워드(Word)처럼 문서에 기반한 어플리케이션은 해당 어플리케이션과 문서가 서로 독립적인 기능을 한다. 워드가 열려 있어도 그 문서를 따로 저장하지 않으면 어플리케이션이 종료되는 순간 이 문서는 없어져버린다. 하지만 문서에 기반하지 않은 어플리케이션에서는 어떤 문서를 따로 열거나 저장하지 않고 모든 것은 어플리케이션 자체에 데이터 파일처럼 같이 저장된다. 예를 들어 iTunes, photos 또는 파이널 컷 프로 X는 열거나 저장할 수 있는 문서를 따로 가지고 있지 않다. 모든 연결된 파일은 어플리케이션이 열릴 때 함께 열리고 모든 데이터는 어플리케이션의 한 부분으로써 같이 존재한다. 그래서 문서를 따로 저장하지 않고 어플리케이션을 종료해도 이 문서는 항상 저장된 상태로 어플리케이션에 존재한다.
문서에 기반하지 않은 어플리케이션인 파이널 컷 프로 X에서는 프로젝트 열기(Open Project)나 프로젝트 저장하기(Save Project) 명령이 존재하지 않는다. 혹시라도 프로그램이 꺼지거나, 컴퓨터가 꺼져서 아니면 실수로 save를 누르지 않고 프로그램을 종료했어도 걱정할 필요가 없다. 파이널 컷 프로 X가 파인더에서 사용한 모든 클립과 프로젝트의 위치를 항상 기억하기 때문에, 사용자는 사소한 기술적 문제보다는 편집에 더 집중 할 수가 있다.

Section 09 라이브러리 파일의 특징

라이브러리 파일은 파일명 뒤에 확장자가 숨겨진 패키지 파일이다. Ctrl + Click으로 자세히 정보보기 하면 숨겨진 확장자가 보인다.

FCPX_Book

Name	Date Modified	Size	Kind
_AsyncCopying	Jun 22, 2015, 4:14 PM	--	Folder
_Temp	Jun 14, 2017, 10:10 AM	--	Folder
_Projects	Jun 14, 2017, 1:14 AM	--	Folder
Ch5_Missing	Jun 5, 2017, 2:50 PM	--	Folder
Ch5_NYSports	Jun 12, 2017, 4:00 PM	--	Folder
Ch6_Basic Editing	Jun 7, 2017, 5:21 PM	--	Folder
Ch7_advanced_editing	Jun 14, 2017, 10:10 AM	--	Folder
Ch8_Audio	Jun 5, 2017, 3:38 PM	--	Folder
Ch9_Transition	Yesterday, 8:21 PM	--	Folder
Ch12_Multicam	Yesterday, 8:21 PM	--	Folder
Ch13_Effect	Jun 13, 2017, 11:50 AM	--	Folder
Ch14_Chroma	Jun 12, 2017, 2:22 AM	--	Folder
Ch15_Color	Jun 14, 2017, 1:04 AM	--	Folder
CurrentVersion.flexolibrary	Jun 14, 2017, 10:10 AM	188 KB	Final C...tabase
CurrentVersion.plist	Jun 12, 2017, 2:19 AM	307 bytes	Proxy Plist
Effects.map	Jun 10, 2017, 5:15 PM	2 KB	Document
Motion Templates	May 24, 2017, 5:53 PM	--	Folder
Settings.plist	Jun 13, 2017, 11:40 PM	360 bytes	Proxy Plist
sports	Jun 7, 2017, 4:25 PM	--	Folder

패키지 파일이기 때문에 콘텐츠 보기를 하면 라이브러리 파일 안에 여러 구조가 보인다. 이렇게 확장자를 가리고 그 안에 콘텐츠를 숨긴 이유는 복잡한 데이터베이스 구조를 가진 파일이기 때문에 사용자가 함부로 데이터 구조 베이스를 바꾸지 못하도록 숨겨둔 것이다.

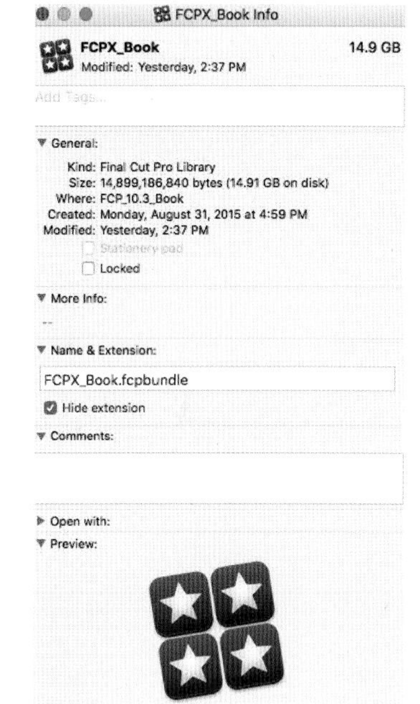

Chapter 01 요약하기

간략하게 비디오의 구성 요소인 프레임 레이트(Frame Rate), 해상도(Resolution), 스캐닝 시스템(scanning system), 화면 비율(Aspect Ratio)에 대해서 알아보았다. 특히 4K 비디오 편집에 최적화되어 있는 파이널 컷 프로의 특징 중 하나인 Wide Gamut 즉 확장된 색영역을 지원하는 장점과 HDR(High Dynamic Range)에 관한 소개를 하였다. 가장 중요한 부분인 파이널 컷 프로 X의 인터페이스 소개 그리고 라이브러리, 이벤트와 프로젝트의 개념 정의 그리고 상관관계와 저장되는 장소에 대해서 자세히 배워보았다.

Chapter

02

파이널 컷 프로 X 인터페이스

Final Cut Pro X Interface

Section 01 라이브러리

라이브러리는 파이널 컷의 미디어를 관리하는 곳으로 기존의 NLE(Non-linear Editing: 비선형편집시스템) 소프트웨어들과 달리 여러 가지 파일이 합쳐져 하나의 아이콘으로 보이는 통합 패키지 파일이다. 편집자들은 라이브러리를 모든 파일을 통합하여 관리하는 마스터 폴더의 개념으로 이해하는 것이 중요하다. 라이브러리에는 이벤트(Event)와 프로젝트(Project)로 나뉘는 하위 개념의 폴더들이 존재하는데, 이벤트는 편집에 쓰일 파일들이 저장되어 있는 곳이고, 프로젝트는 이벤트에 있는 파일들을 가져와서 타임라인을 사용해서 편집을 한 기록을 표시하는 파일이다. 라이브러리는 이 두 하위 폴더들을 정리하고 관리하는 곳이다.

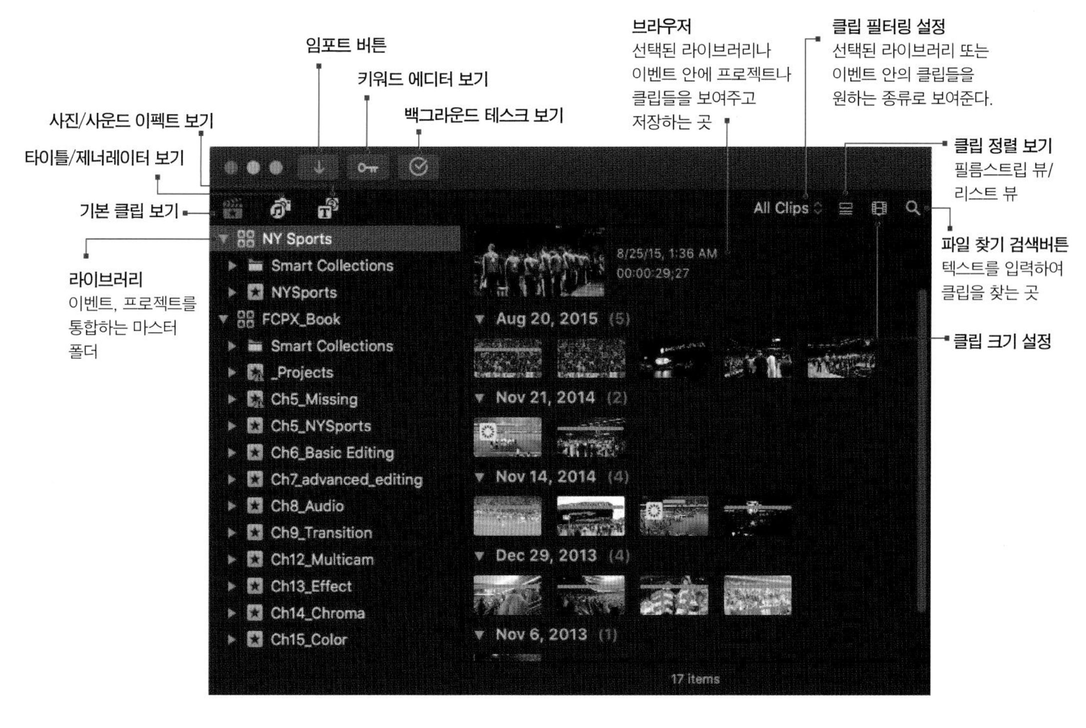

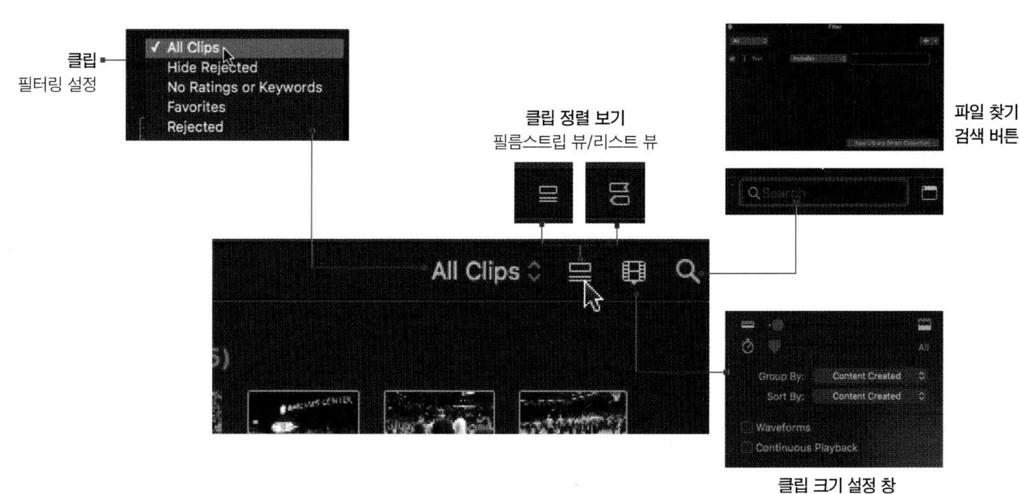

브라우저 창에는 클립과 사진/음악 그리고 타이틀/제너레이터를 보여주는 세 가지 옵션이 있다. 타이틀 클립을 사용하기 위해서는 반드시 타이틀 보기 브라우저에서 선택해야 한다.

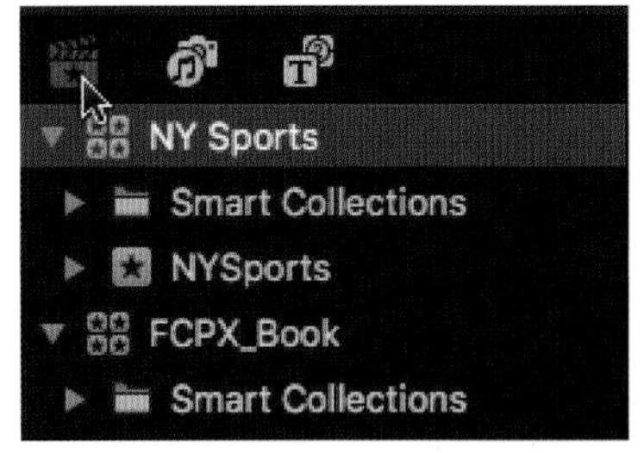

기본 클립 보기

사진/사운드 이펙트 보기

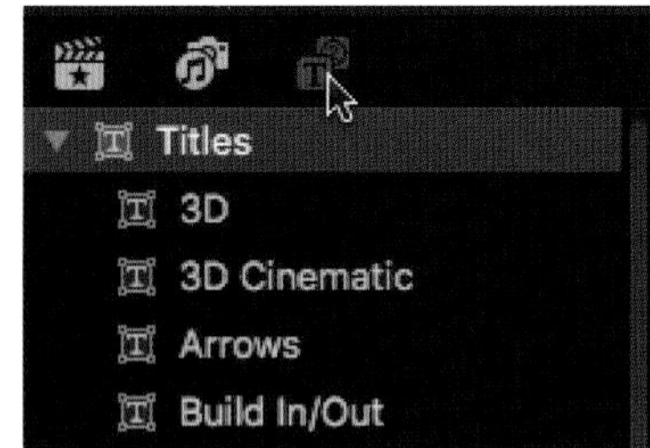

타이틀/제너레이터 보기

참조사항 도표로 알아보는 라이브러리 개념 잡기

각각의 드라이브는 오직 하나의 파이널 컷 프로젝트 폴더를 가지는 개념이었으나, 업데이트된 10.1 버전은 기존의 프로젝트 라이브러리의 기능을 모두 없애고 더 큰 개념의 라이브러리를 만들어 이벤트 안에도 여러 개의 프로젝트를 만들 수 있게 했다. 만들어진 프로젝트들은 이벤트 안에서 사용된 클립들과 함께 리스트된다.

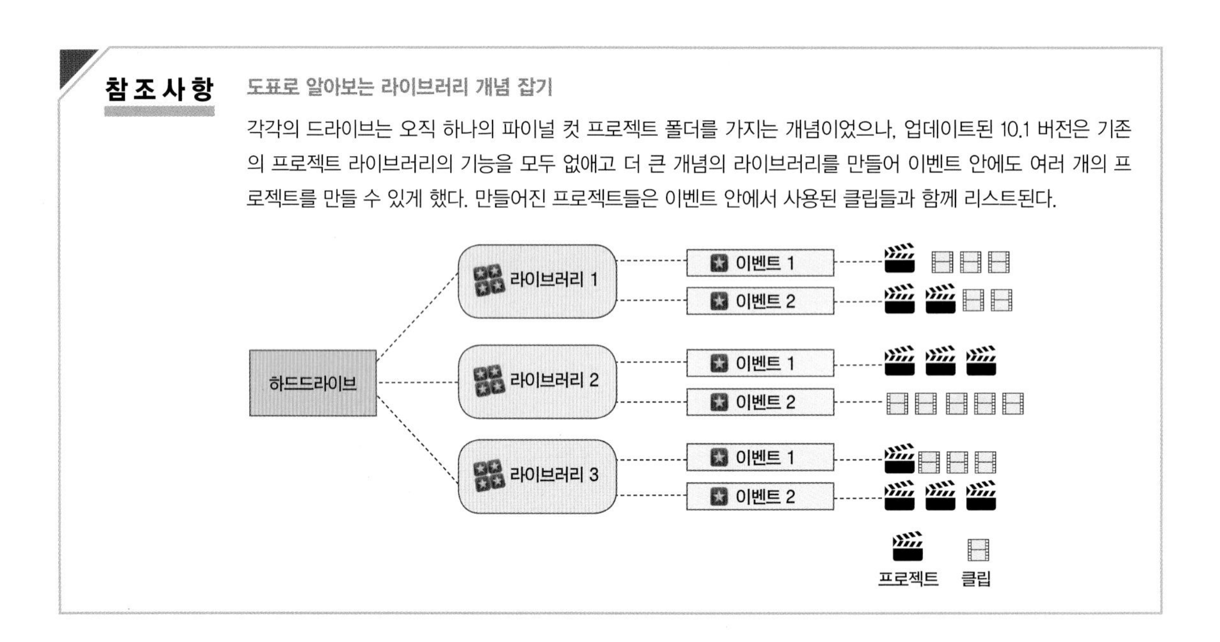

Unit 01 새 라이브러리 만들기 Creating a New Library

라이브러리는 편집자가 사용하는 모든 미디어 파일과 프로젝트 파일 등을 저장하는 종합 마스터 폴더이다. 라이브러리는 프로젝트를 시작할 때 가장 처음으로 만드는 마스터 폴더로 이후에 사용되는 모든 파일들 그리고 렌더링되어서 새롭게 만들어지는 파일들이 이 안에 있게 된다. 물론 미디어 서버가 있을 경우, 실제 파일을 가져와서 사용하지 않고 실제 파일과의 연결만 해주는 가상 파일을 사용하여 라이브러리를 구성할 수 있지만 초보자에게는 사용할 모든 파일들을 복사한 후 가져와서 작업을 시작하기를 권한다.

Application 폴더에 있는 파이널 컷 프로 X를 더블클릭해서 열자.

02 처음 열리는 파이널 컷 프로 X는 아래와 같다. 만약 이전에 파이널 컷 프로 X를 사용했다면 다음 단계로 넘어가도 된다.

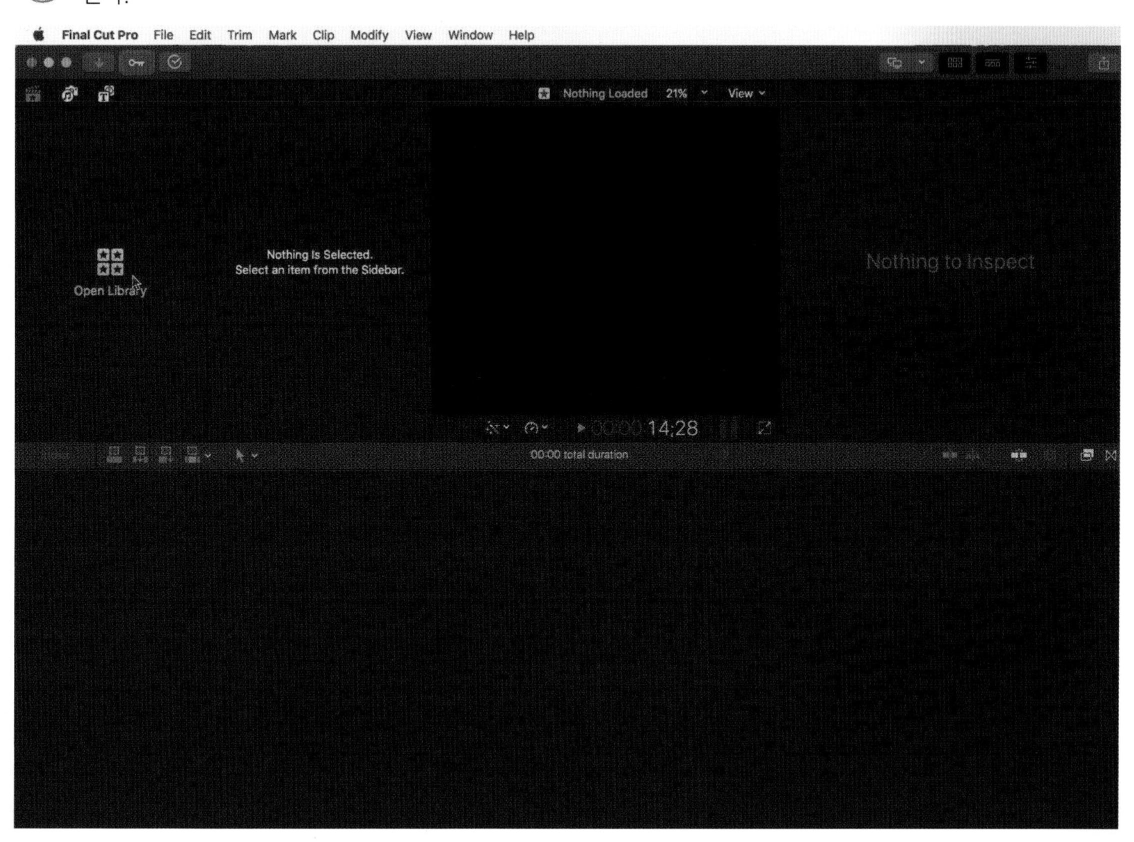

예시 파일을 시작한 후의 레이아웃 모습

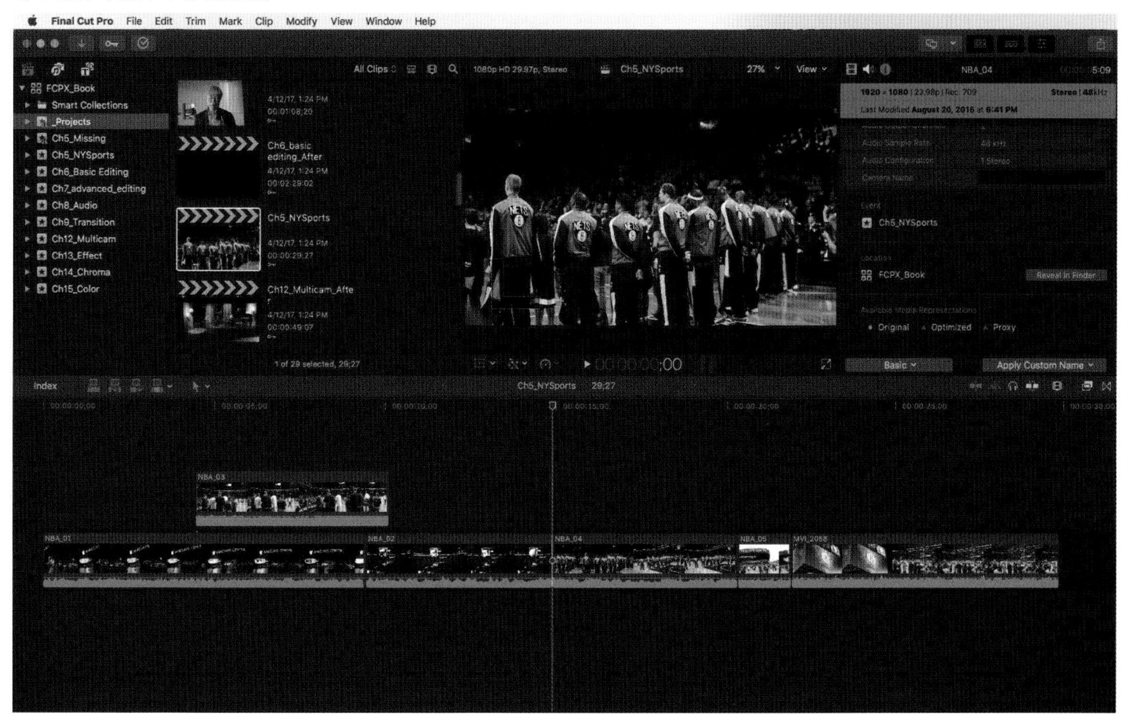

편집을 시작하기 위해서는 가장 먼저 라이브러리를 만들어야 한다. 파이널 컷 프로를 오픈한 뒤, File 〉 New 〉 Library를 선택하자.

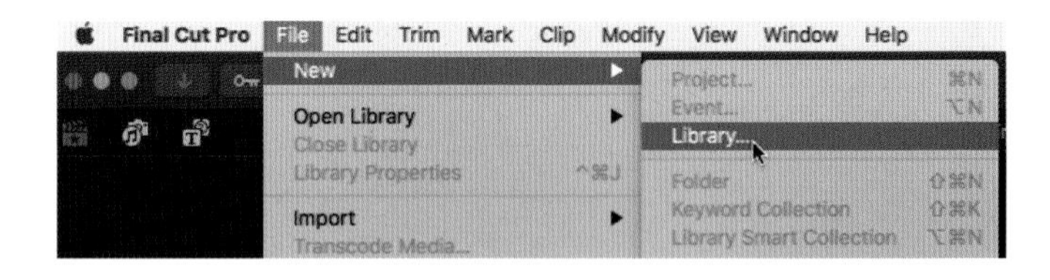

Save라는 창에서는 저장될 라이브러리의 위치를 선택하고 이름과 태그 등을 설정할 수 있다(라이브러리는 보통 시스템 드라이브 안 Movies 폴더에 저장되도록 셋팅되어있다). NY Sports라는 라이브러리를 만들어보자.

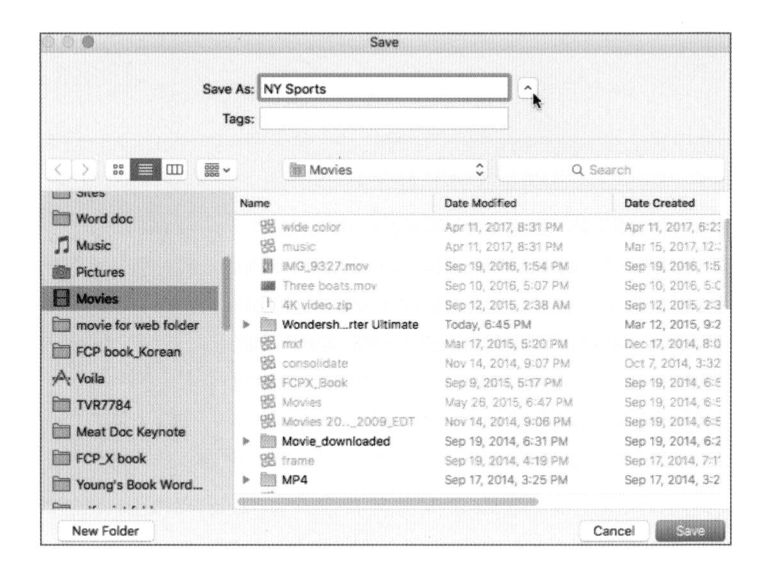

새로운 라이브러리가 만들어지면 파이널 컷 프로 X에 자동적으로 Smart Collections 폴더와 생성된 날짜가 표기된 이벤트 폴더가 생성된다.

참조사항

Smart Collections를 열면 클립들이 각 구간별로 5가지로 자동 정리되어 있는 것이 보인다.

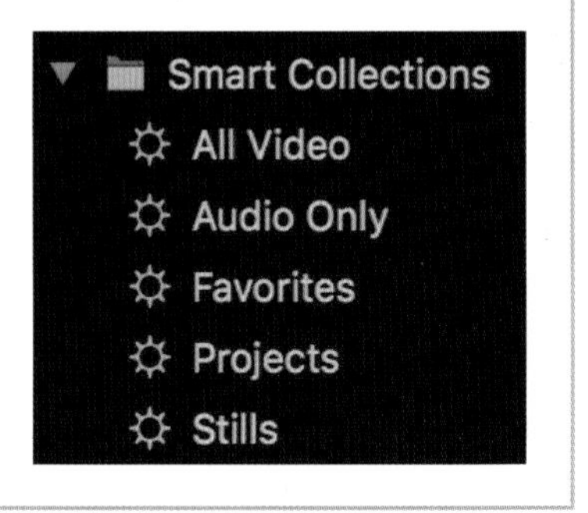

Section 02 이벤트

Events

이벤트는 마스터 폴더인 라이브러리 안에 있는 서브 폴더이다. 파이널 컷 프로로 가져온 원본 미디어 파일들을 정리할 수 있는 공간인데, 사용할 미디어 파일들을 임포트하고, 정리하여 편집 시 효과적으로 사용할 수 있도록 해보자.

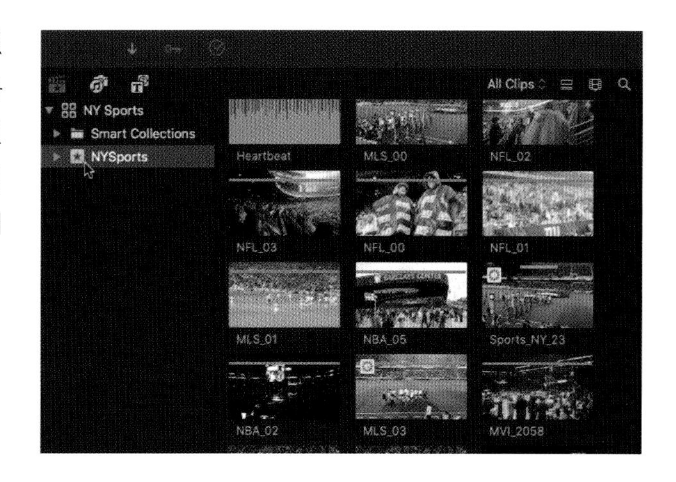

참조사항 두 개의 컴퓨터 모니터를 사용할 때의 디스플레이 옵션(Dual Display)

파이널 컷 프로는 하나의 모니터로 볼 때 가장 이상적이긴 하나, 두 개의 모니터를 이용해 프로젝트를 확장해서 볼 수도 있을 것이다.

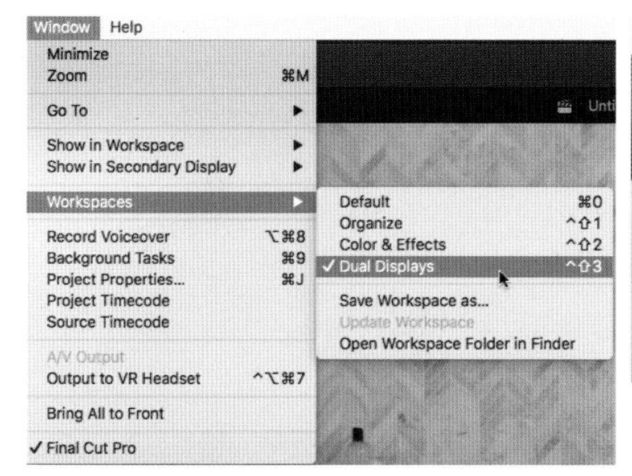

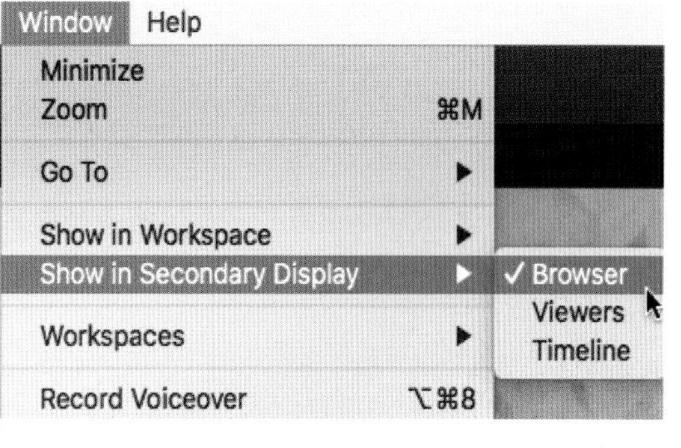

▲ 메인 모니터

▲ 보조 모니터(Second Monitor)

Window 보기 메뉴에서 아래 3가지를 많이 사용한다.
Window 〉 Show in Secondary Display 〉 Browser: 라이브러리 리스트와 브라우저를 두 번째 모니터에 보이게 한다.
Window 〉 Show in Secondary Display 〉 Viewers: 뷰어(Viewer)와 이와 관련한 컨트롤들을 두 번째 모니터에 보이게 한다.
Window 〉 Workspaces 〉 Default: 하나의 모니터를 사용하든 두 개의 모니터를 사용하든 상관 없이 파이널 컷 원래의 기본 상태로 되돌려준다.

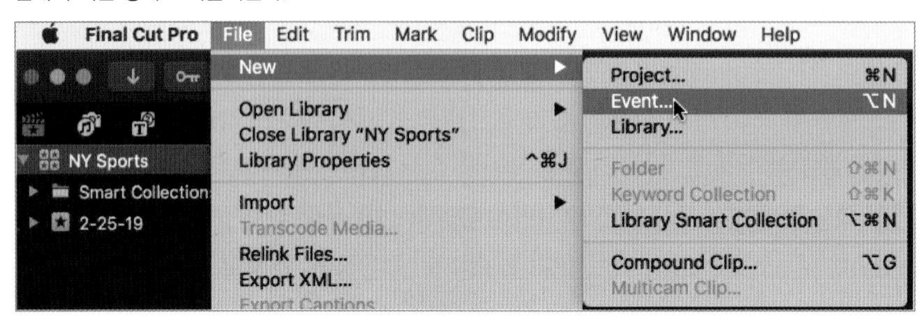

두 개의 모니터가 연결되어 있더라도 각각의 모니터에 분리된 창을 띄우려면 시스템(System Preferences) 창에서 Mirror image를 해제시켜줘야 한다.

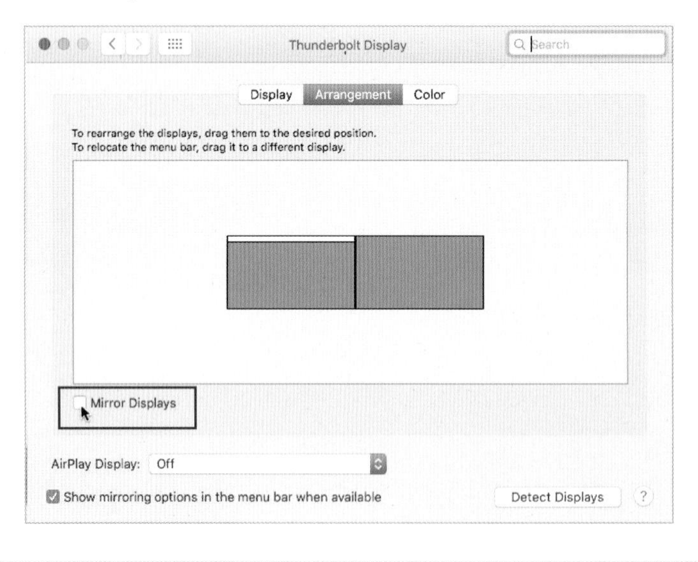

Unit 01 이벤트 폴더 만들기

File 〉 New 〉 Event 경로로 새로운 이벤트를 Sports란 이름으로 만들어보자.

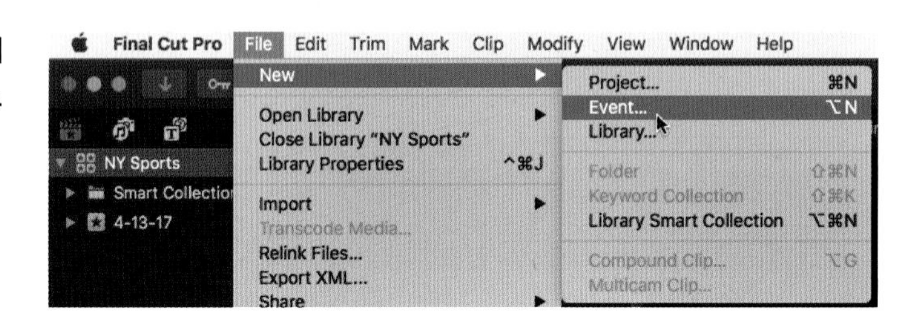

라이브러리 안에 새로운 이벤트가 만들어진다.

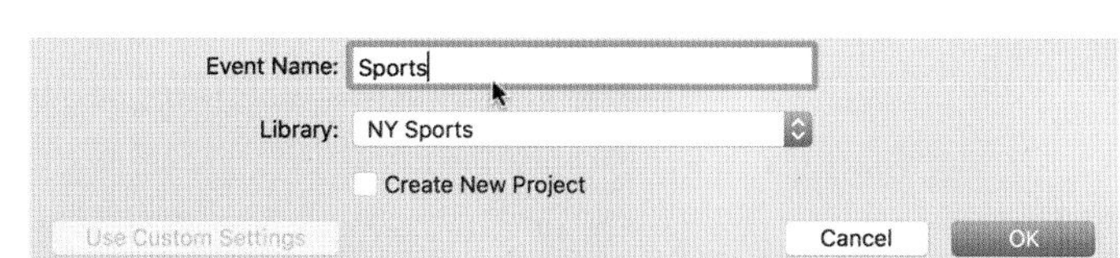

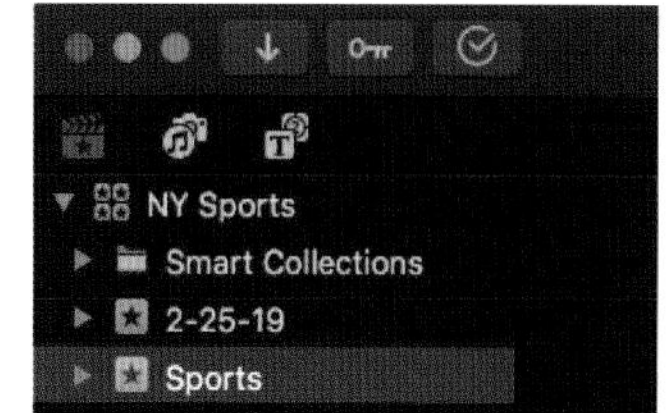

03 이미 만들어진 이벤트의 이름을 바꿀 때는 해당 이벤트를 하이라이트한 다음 엔터(리턴) 키를 쳐서 원하는 이름으로 바꾸면 된다. 여기서 필자는 라이브러리를 만들면 자동으로 만들어지는 이벤트의 이름을 바꾸어보았다(자동으로 만들어지는 이벤트의 이름은 라이브러리가 만들어진 날짜를 따른다).

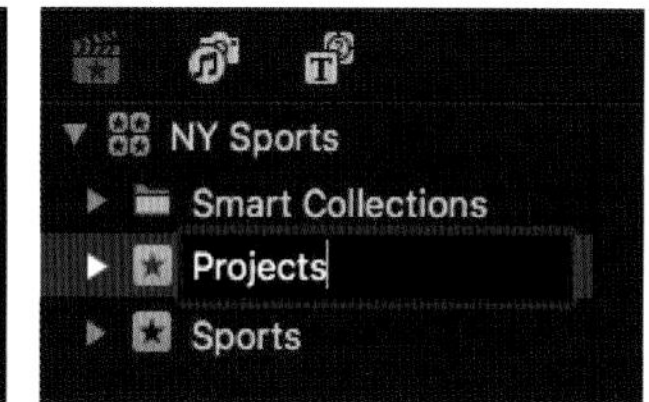

Unit 02 클립들을 이벤트로 가져오기 Importing

Final Cut Pro X로 미디어 클립을 가져오는 방법에는 크게 네 가지가 있다.

① 카메라나 메모리카드에서 바로 파일을 가져오는 방법
② 하드디스크에 있는 폴더로부터 파일을 가져오는 방법
③ 응용 프로그램으로부터 파일을 가져오는 방법
④ 파일을 드래그 앤 드롭으로 가져오는 방법

파일 가져오기에 대한 더 자세한 내용은 Chapter 3에서 다루겠다. 이 따라하기에서는 책에서 제공된 파일들을 가져와서 사용하는 것에 대해서만 설명하겠다.

01 아직 아무 파일도 임포트하지 않은 경우라면 하드디스크로부터 파일들을 가져오기 위해 아래와 같이 이벤트 브라우저의 중앙에 보이는 Import Media 아이콘을 클릭하면 된다.

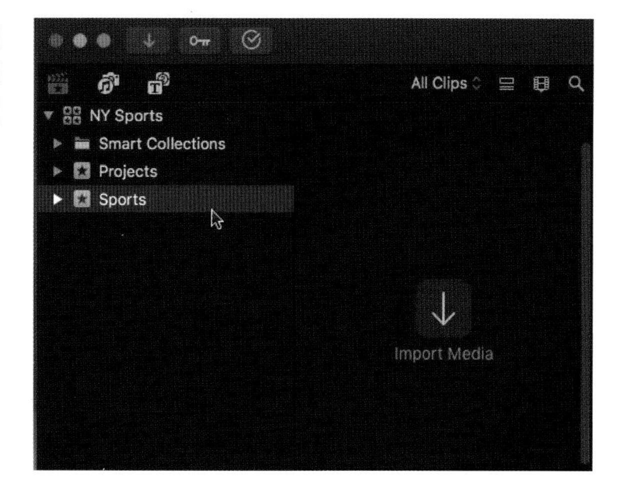

그러나 FCPX로 이미 파일을 불러온 적이 있을 경우, 위의 Import Media 아이콘은 더 이상 뜨지 않을 것이다. NYSports이벤트를 선택한 후 Ctrl + Click해서 단축 메뉴에서 Import Media(파일 가져오기)를 선택하자.

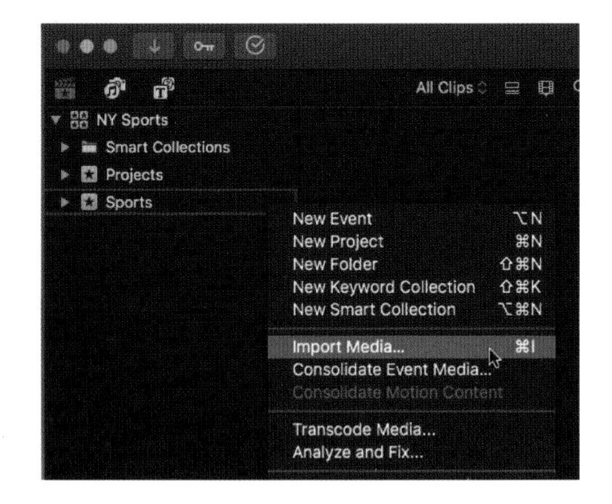

이외에도 상단 Toolbar에 위치한 Import버튼을 누르면 Import Media 창을 불러올 수 있다.

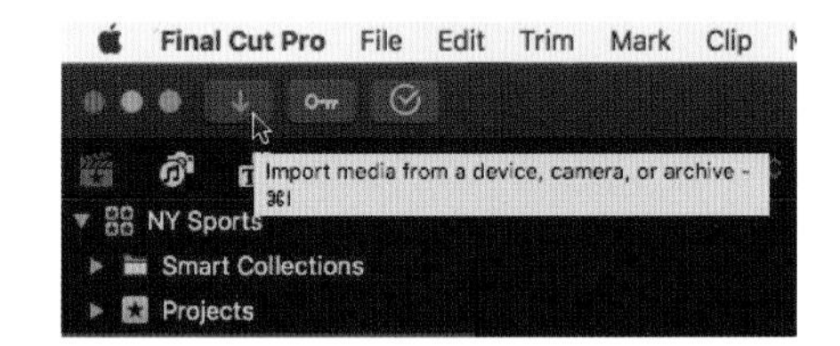

02 Media Import 창이 뜨면 따라하기 책 부록으로 제공된 NY_Sports 폴더를 선택하자. 다운로드한 이 폴더는 자신의 하드드라이브에 위치하고 있을 것이다.

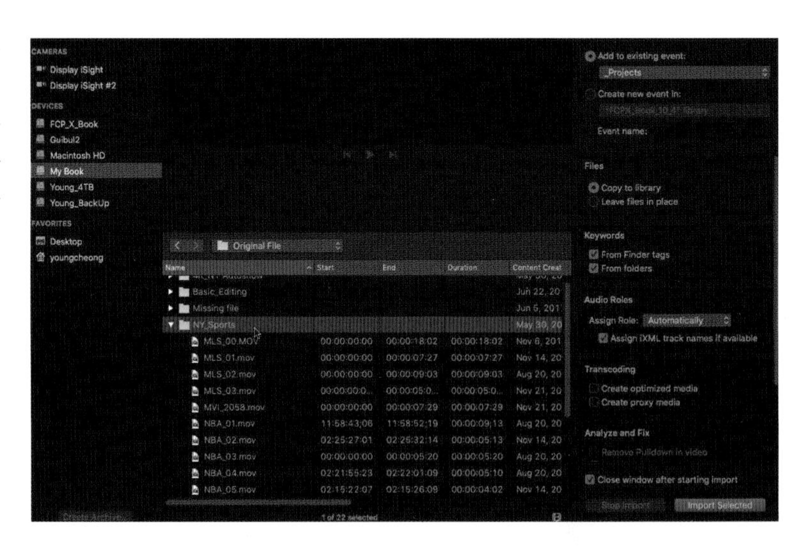

파일을 선택해서 하나씩 가져올 수 있지만 파일들이 저장되어 있는 폴더를 선택하면 그 폴더 안에 있는 모든 파일들을 이벤트로 불러올 수 있다.

원하는 폴더 또는 파일들을 다 선택했다면 임포트 설정을 아래와 같이 바꿔 준 후 아래에 있는 Import 버튼을 클릭하자.

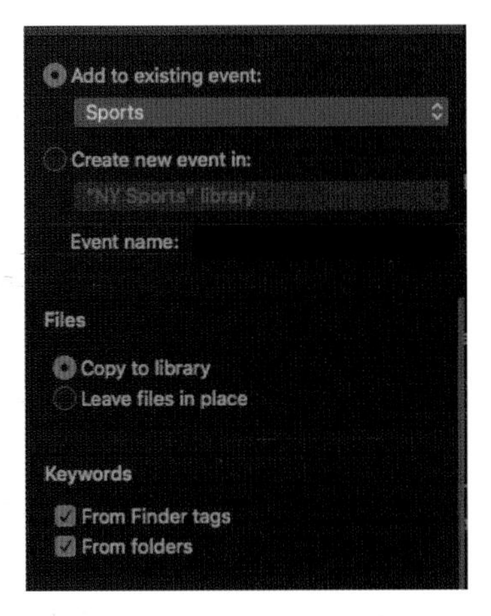

비디오 클립들의 작은 아이콘들이 바로 브라우저에 뜬다. 브라우저는 이벤트 안의 임포트된 클립들을 보여준다.

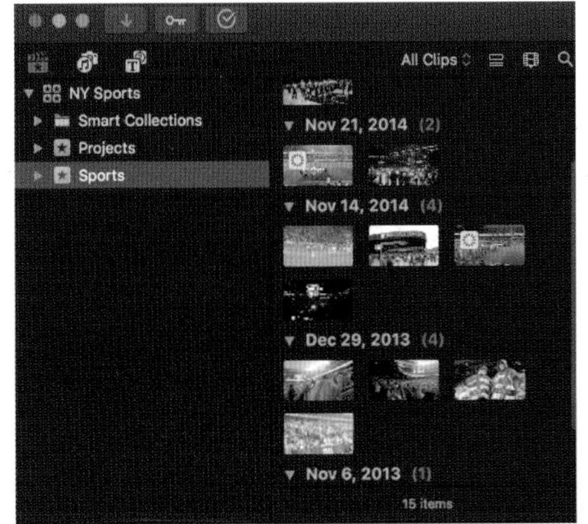

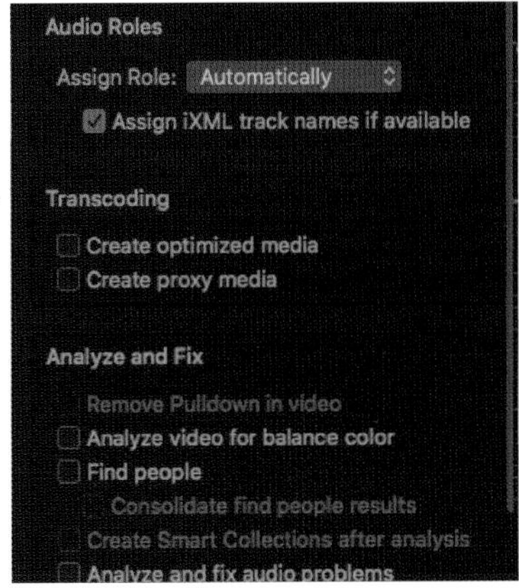

05 브라우저에 있는 클립들이 날짜별로 정리되어 보인다. 클립 그룹화 옵션을 무시하기(None)로 선택해서 브라우저에 있는 모든 클립을 날짜 · 구간별로 분리되지 않게 하자. 브라우저 창에서 Ctrl + Click하면 나오는 팝업 창에서 None을 선택하자. 클립 크기 설정 창에서 그룹설정을 None으로 선택해도 된다. 이 팝업 창에 보이는 옵션은 클립이 아니 콘으로 보이는 필름스트립 뷰(Filmstrip View)에서 보이는 옵션이다.

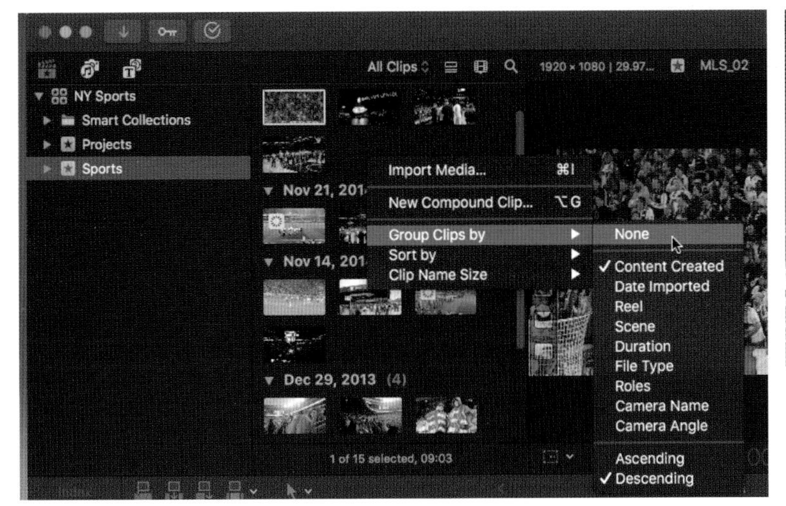

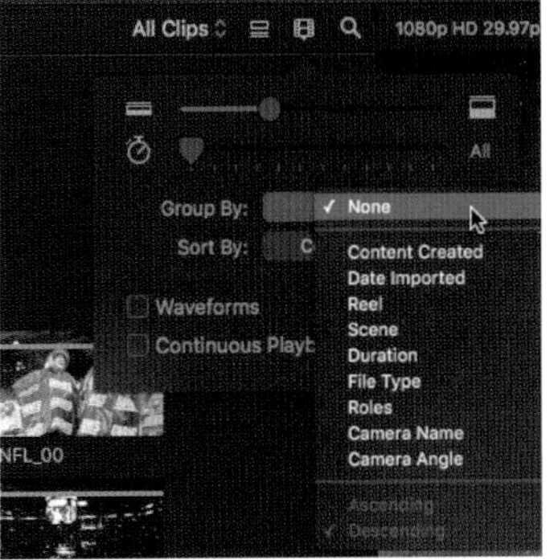

참조사항 백그라운드 작업(Background Task)

여러 가지 작업 진행상황을 시각적으로 보여준다. 파이널 컷 프로가 백그라운드에서 무슨 작업을 하는지 알 수 있게 해주는 아이콘이다.

이 백그라운드 작업(Background Task) 창은 현재 파이널 컷 프로의 백그라운드에서 진행 중인 모든 작업의 진행상태를 보여준다. 이때, FCPX는 파일을 가져오기, 파일들의 색상과 관련된 문제들을 분석, 파일 최적화 등의 작업을 수행한다. 파이널 컷 프로 X에서는 "백그라운드 프로세싱(Background Processing)"이라는 새로운 기능이 있어 파일을 임포트하는 중에도 편집 작업이 가능하다.

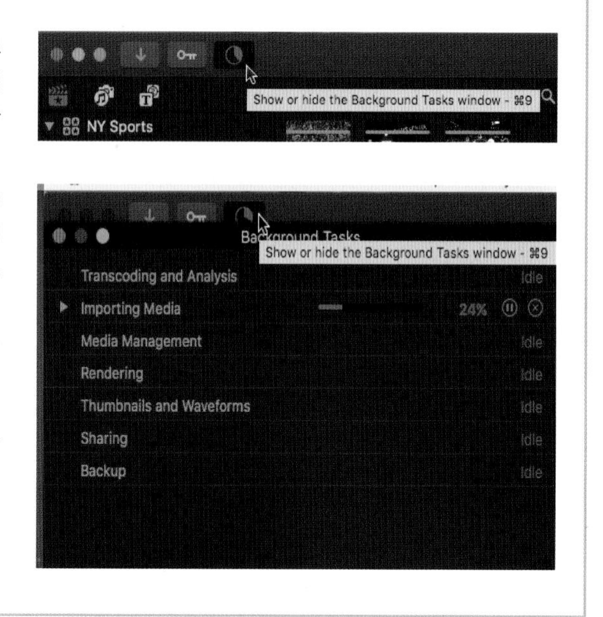

Unit 03 클립 아이콘 크기와 길이 조절하기

브라우저로 가지고 온 클립 아이콘은 작은 썸네일 크기로 볼 수도 있고, 리스트 뷰(List View)로도 보일 수 있다. 필름스트립 뷰(Filmstrip View)로 만든 다음, 클립 크기 설정 창을 연다. 여기에서 사용자가 원하는 크기로 클립 아이콘 크기와 길이 보기를 조절할 수 있다.

리스트 뷰와 필름스트립 뷰 차이

브라우저는 클립들을 필름스트립(Filmstrip View) 형식으로 보여줄 수도 있고 리스트 뷰(List View)형식으로 보여줄 수도 있다. 조절 아이콘은 상단에 있다.

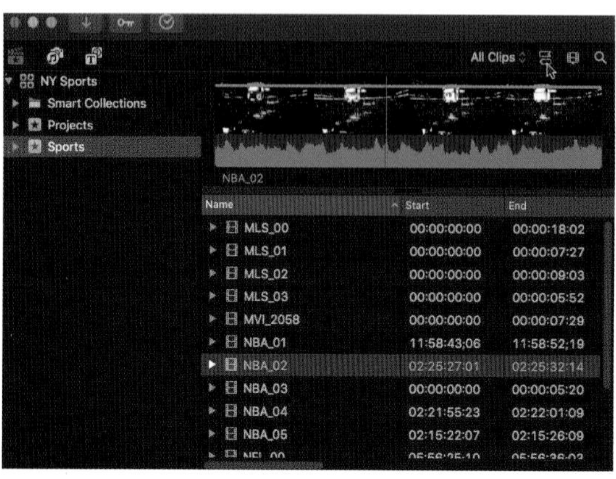

리스트 뷰(List View)

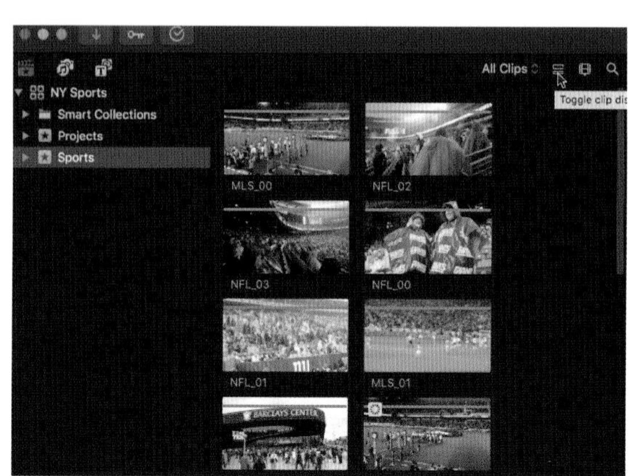

필름스트립 뷰(Filmstrip View)

클립 크기 설정 창을 연다. 클립이 아이콘으로 보이는 필름스트립 뷰 옵션에서 진행해야 한다.

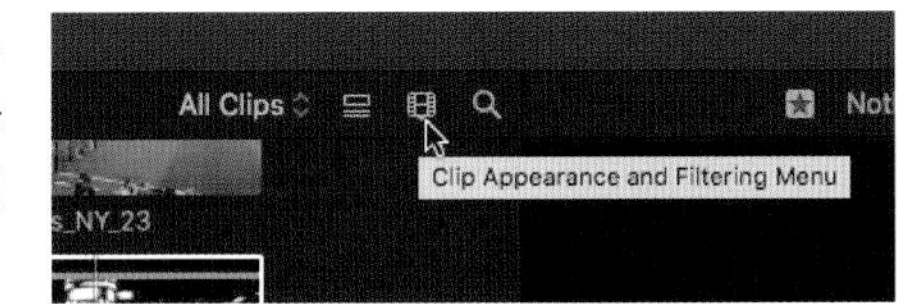

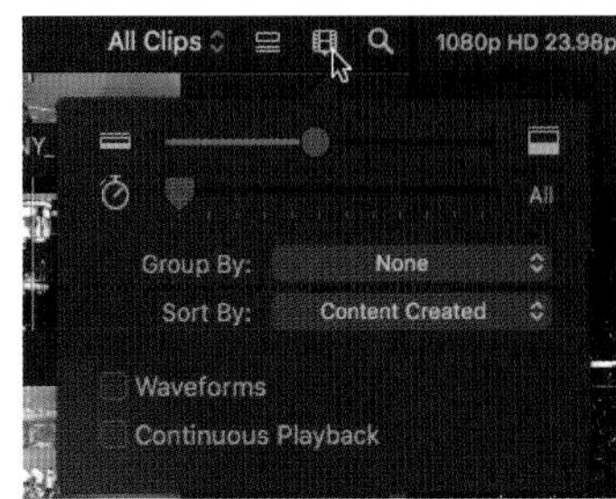

02 길이 조절 바를 왼쪽으로 보내면 클립 길이표시가 하나의 아이콘 모양으로 바뀐다. 이렇게 브라우저 창 안의 클립을 하나의 아이콘으로 보는 걸 추천한다.

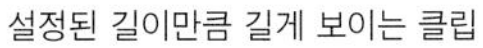
설정된 길이만큼 길게 보이는 클립

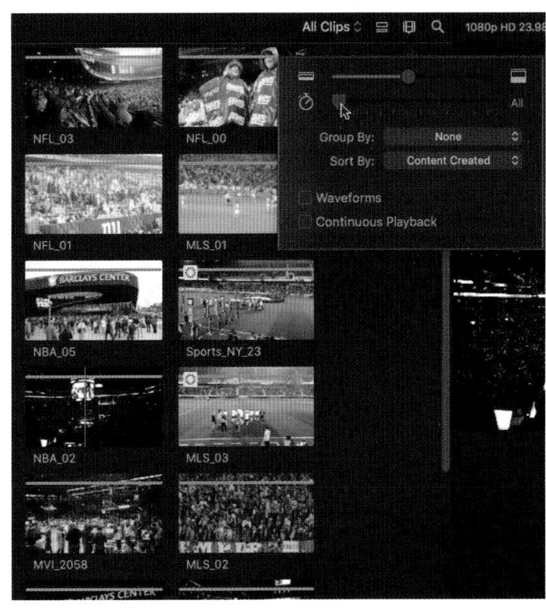

한 프레임의 길이인 아이콘으로 보이는 뷰

03 클립모양 조절 탭에서 클립 높이 조절 바를 왼쪽으로 보내면 클립의 아이콘 크기가 작아진다.

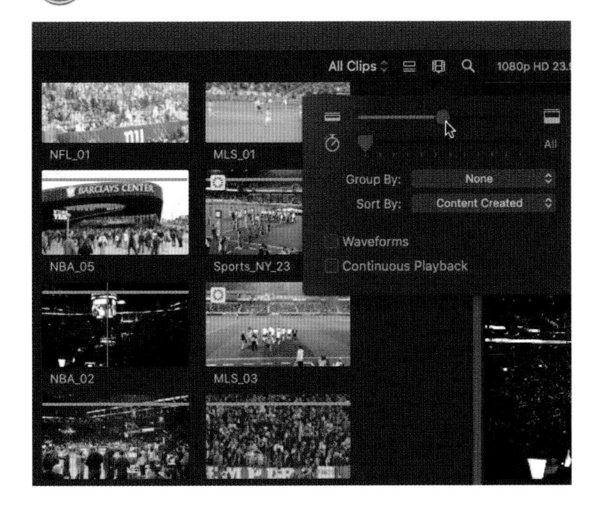

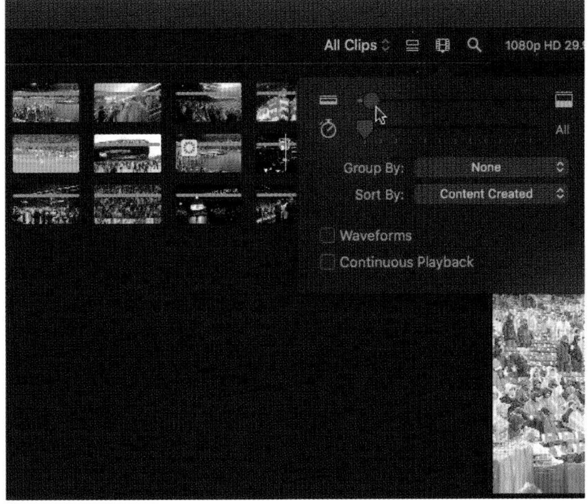

클립 아이콘에서 소리를 나타내는 오디오 웨이브폼(파형)을 보려면 Waveforms를 클릭해서 선택하면 된다.

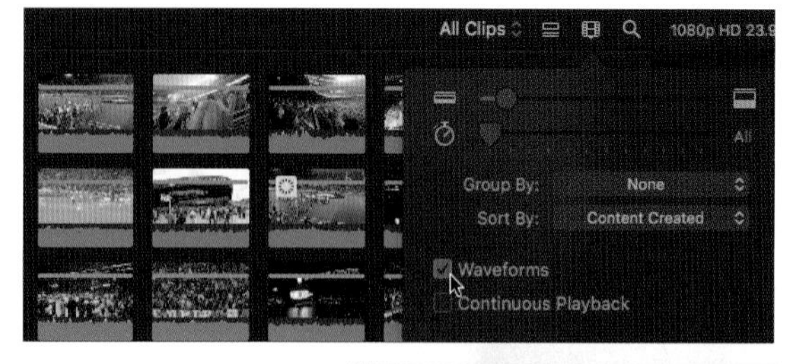

Unit 04 리스트 뷰 List View 자세히 보기

브라우저는 선택된 이벤트나 컬렉션의 클립들을 보여주는 기능을 하거나 이벤트나 컬렉션을 필터링한 결과를 보여주는 창이다. 필름스트립 뷰(Filmstrip View)는 썸네일이나 필름스트립 아이콘 형태로 이벤트에 있는 모든 클립을 보여준다. 리스트 뷰(List View)는 이벤트의 콘텐츠를 데이터베이스에 저장된 목록과 목차(리스트) 형태로 보여준다. 편집 시 리스트 뷰를 원하는 대로 조절해서 필요한 정보를 한눈에 볼 수 있게 하자.

클립 정렬 보기 버튼을 누르자. 브라우저 창의 보기 옵션이 아이콘 뷰에서 리스트 뷰(List View)로 바뀐다. 누를 때마다 필름스트립 뷰(Filmstrip View)에서 리스트 뷰(List View)로, 혹은 그 반대로 바뀐다.

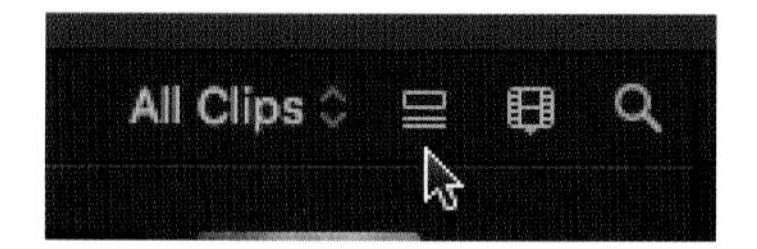

리스트 이름(column) 탭 중에서 Name을 클릭해서 클립들이 이름 순서대로 보이게 하자.

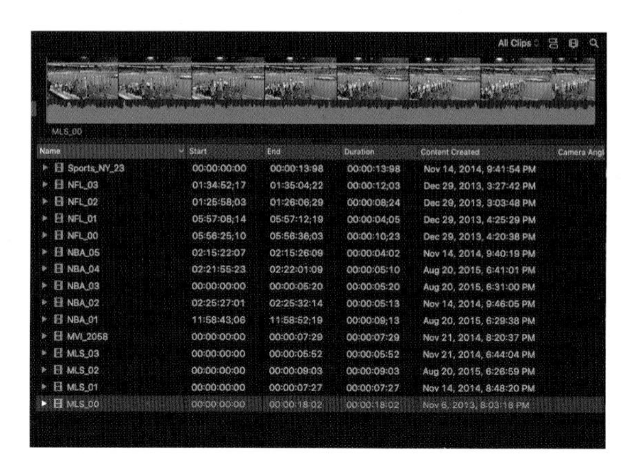

03 리스트 이름(column)탭 중에서 Duration 탭을 마우스로 잡아서 Name 옆으로 드래그하자. 사용자가 보고 싶은 정보를 순서대로 정렬할 수 있다.

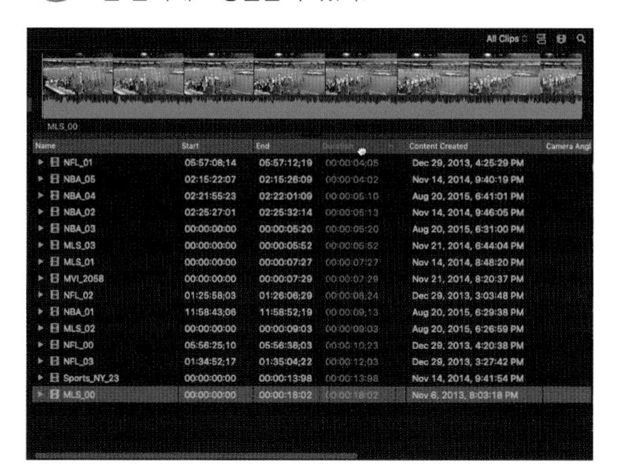

리스트 탭 위에서 Ctrl + Click 하면 팝업 메뉴가 뜬다. 팝업 메뉴에 있는 Content Created(파일 만들어진 날)에 체크가 안 되게 하자.

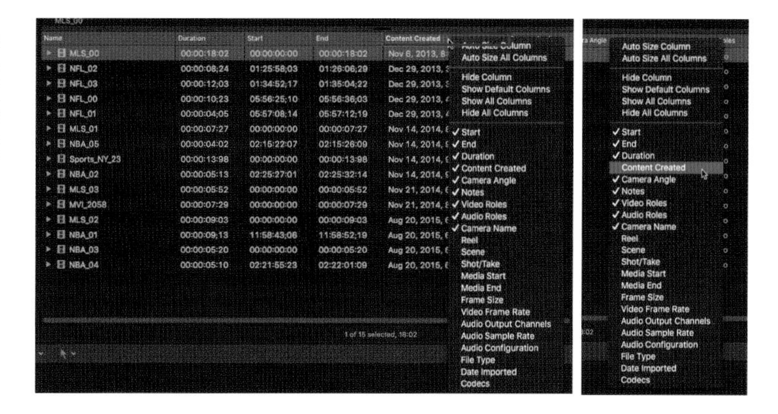

여러 정보 구간 중 Content Created 구간이 리스트에서 사라진다. 이렇게 필요 없는 정보 구간을 삭제할 수도 있다.

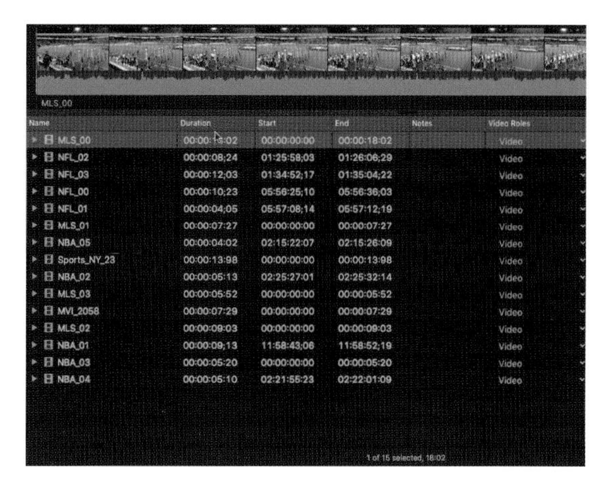

Section 03 뷰어

Viewer

화면 오른쪽 위에 위치한 뷰어는 미디어 재생 및 미리보기를 할 수 있는 곳이다. 뷰어는 활성화된 브라우저의 클립을 보여준다. 또한 타임라인에서 스키머(Skimmer: 훑어보기)나 플레이헤드(playhead)가 위치해 있는 클립을 화면으로 보여준다. 타임라인으로 클립을 가져오기 전 미리보기로 클립의 내용을 분석해서 어떤 클립인지를 아는 게 중요하다. 어느 정도 클립 보기 옵션을 정리했으면 이젠 각 클립을 플레이해서 그 내용을 뷰어(Viewer) 창에서 미리보기하자.

창 오른쪽 위에 위치한 화면크기 조절 버튼을 통해 화면의 크기를 변경할 수 있다. ⌘와 + 또는 -를 이용해 화면을 확대 또는 축소할 수 있으며, Shift + Z를 누르면 화면의 크기는 현재 창 크기에 자동으로 맞춰진다.

Unit 01 스키머Skimmer와 플레이헤드Playhead

스키머를 사용하면 플레이헤드의 위치에는 영향을 주지 않으면서 마우스를 자유롭게 움직여 클립을 미리보기할 수 있다.

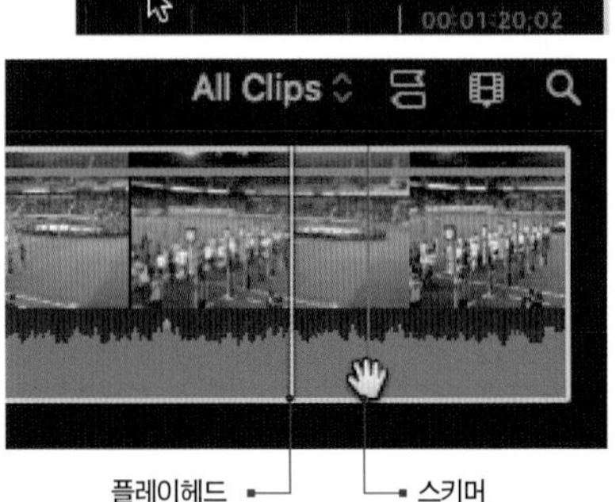

스키머(Skimmer: 훑어보기)

FCPX는 새로운 플레이헤드라고 할 수 있는 스키머(Skimmer) 기능을 가지고 있다. 스키머를 사용하면 플레이헤드의 위치에는 영향을 주지 않으면서 마우스를 자유롭게 움직여 클립을 미리 볼 수 있다. 미리보기에서 스키머는 플레이헤드보다 우선이다. 스페이스바를 누르면 플레이헤드가 있는 위치가 아니라 스키머가 있는 위치로부터 재생이 시작되고, 인서트 등의 편집을 할 때에도 플레이헤드가 있는 위치가 아닌 스키머가 있는 위치를 중심으로 편집이 된다.

플레이헤드(Playhead)

재생지점 표시선인 플레이헤드는 브라우저에서 이벤트 클립을 플레이할 때와 프로젝트 타임라인에서도 사용할 수 있다. 플레이헤드는 얇은 회색의 세로선으로써 현재 플레이헤드가 위치해있는 프레임의 썸네일 이미지를 바로 보여주고 이 플레이헤드의 위치는 중앙에 있는 타임코드 정보 창에 나타난다.

스키머(Skimmer)에 대한 좀 더 자세한 내용은 6장에서 다루겠다.

브라우저를 아이콘이 보이는 필름스트립 뷰로 바꾸자. 필름스트립 뷰 보기 버튼을 클릭한다.

02 마우스를 MLS_00 클립 위로 가져가면 오른쪽에 있는 뷰어 창에서 그 클립의 미리보기가 뜬다.

03 파이널 컷 X의 기본 설정인 스키머(Skimmer)는 마우스 커서가 올라간 클립을 훑어보기 해주는 기능이다.

마우스로 클릭한 지점은 플레이헤드로 바뀐다. 마우스를 단순히 클립 위로 올리면 스키머(훑어보기) 표시선인 살색 라인이 보인다.

스키머를 잠시 비활성화시켜 보자. 활성화되어 있는 파란색의 스키머(Skimmer) 버튼을 클릭해서 회색의 비활성화 상태로 만들자.

05 클립 위의 스키머(Skimmer) 아이콘이 사라졌다.

06 키보드에서 스페이스 바를 눌러 클립을 플레이하자. 재생을 시작하거나 멈추려면 스페이스바를 누르면 된다. 클립재생 시 뷰어 창에 있는 플레이 버튼을 클릭해도 되지만, 저자는 스페이스 바 사용을 권한다.

참조사항 J-K-L키를 이용해서 플레이백을 컨트롤할 수도 있다; L=앞으로 재생(Play Forward), J=뒤로 재생(Play Backward), K=일시정지(Pause). 또한 재생 속도를 두배로 하기 위해서는 L이나 J를 두번 누르면 된다. 더 빠른 속도로 재생하고 싶으면 키를 더 누르면 된다.

07 마우스를 MLS_00 클립 위로 가져가면 오른쪽에 있는 뷰어 창에서 그 클립의 미리보기가 뜬다.

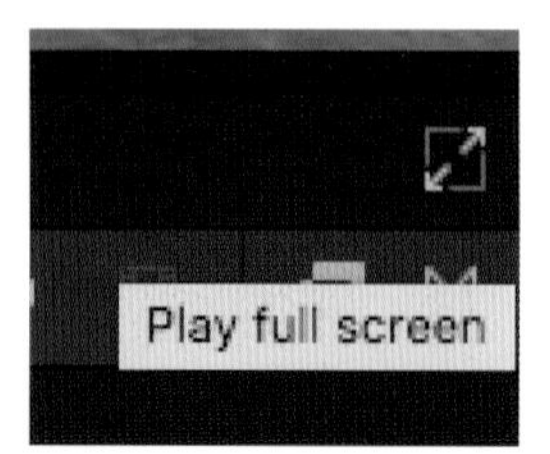

뷰어 창이 전체보기로 바뀌면서 클립의 미리보기가 모니터의 전체화면으로 바뀐다.

키보드의 Esc 키를 눌러서 원래 화면 크기로 돌아오자.

Unit 02 화면 크기 조절과 타이틀 세이프Title Safe 보기 옵션

01 화면크기 조절 버튼을 클릭해서 미리보기 화면을 25% 로 작게 만들자.

02 다시 화면크기 조절 버튼을 클릭해서 미리보기 화면을 200% 로 크게 만들어 보자.

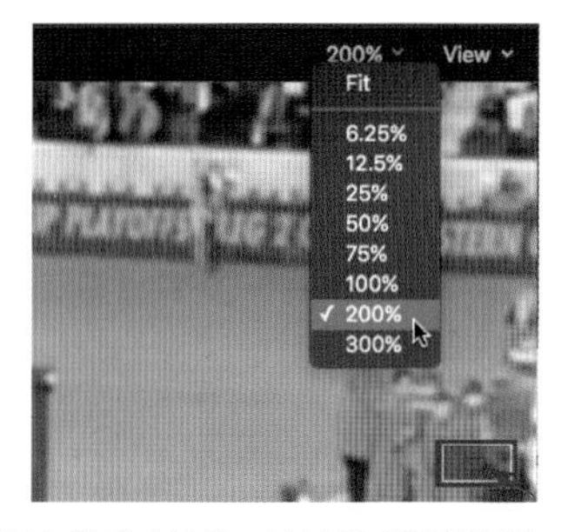

원래의 클립 크기에서 현재 보이는 부분을 빨간색 박스로 표시해준다. 이 화면 크기 표시로 화면이 얼마나 줌 인 되었는지 알 수 있다.

화면 크기를 최적화 시켜주는 Fit을 선택하자(Shift + Z). 미리보기 화면 크기가 사용하는 모니터에 맞추어 최적화된다.

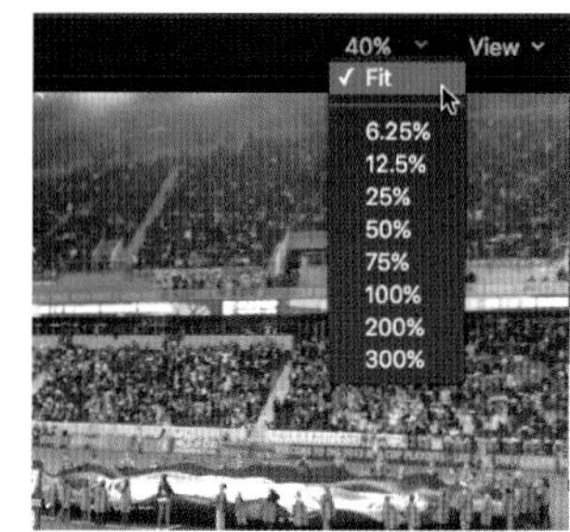

이와 별도로 ⌘ +, − 로 줌 인, 줌 아웃할 수 있다.

뷰어 창 옵션을 열어서 타이틀 세이프 가이드라인이 보이게 하자.

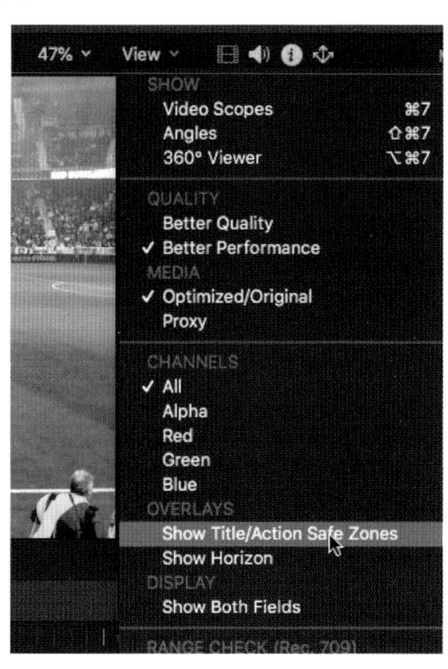

뷰어 창에 타이틀 세이프 가이드라인이 보인다.

06 원래의 플레이 셋업으로 돌아가자. 비활성화되어 있는 스키머(Skimmer) 버튼을 클릭해서 다시 활성화시키자.

아직은 스키머가 익숙하지 않더라도, 꼭 사용해야 하는 기능이기 때문에 활성화시킨 후 미리보기를 하기를 권한다.

07 스키머가 익숙해질 때까지 브라우저에 있는 여러 클립을 반복해서 플레이해보자.

참조사항 오디오 스키머만 비활성화시킬 수도 있다. 스키머(Skimmer)가 비디오클립을 훑어보기할 때 그 클립의 소리를 듣고 싶지 않으면 오디오 스키머만 따로 비활성화시키면 된다(Shift + S).

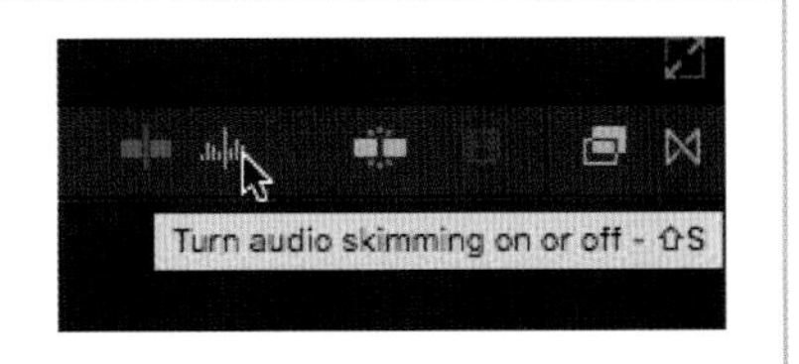

참조사항 만약 단축키가 적용이 안된다면 혹시 자판이 영문 자판이 아닌 한국 자판으로 설정되어 있는지 확인하고 반드시 영문 자판 상태로 바꾸자.

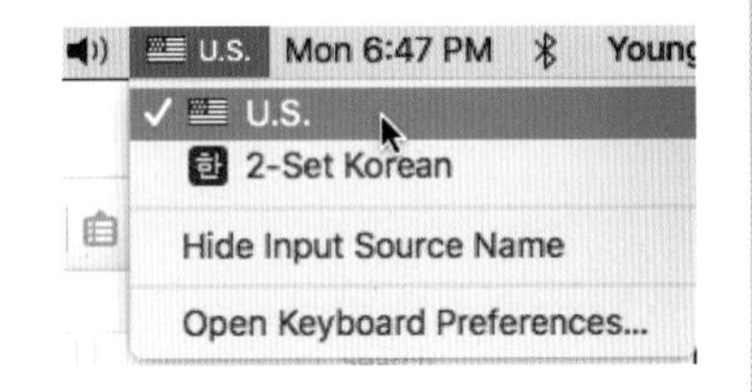

Section 04 프로젝트

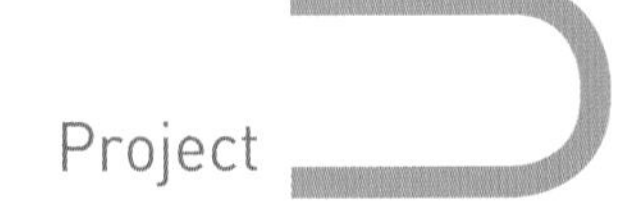

Project

프로젝트는 임포트한 영상들을 이용해서 실제 편집을 하는 공간이다. 프로젝트는 이벤트에 소속되며 프로젝트를 만들 경우 프로젝트 타임라인이 자동적으로 생성된다.

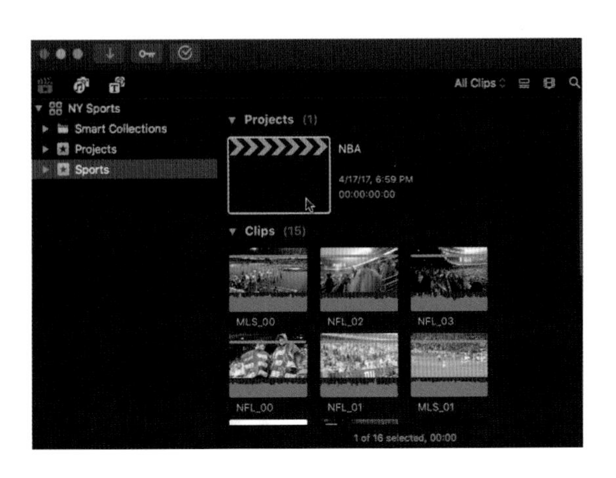

Unit 01 새 프로젝트 만들기

라이브러리를 만들 때에 새 이벤트가 자동으로 함께 만들어진 것을 기억할 것이다. 하지만 프로젝트는 따로 지정하여 만들어주어야 한다. 편집에 필요한 프로젝트를 만드는 방법은 세 가지가 있다.

새 프로젝트 만들기

❶ 메뉴에서 프로젝트 만들기

메뉴에서 File>New>Project를 선택하여 프로젝트를 만들자.

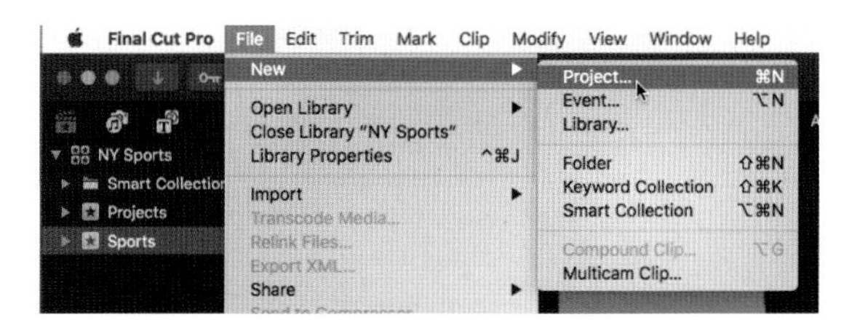

❷ 옵션 메뉴에서 프로젝트 만들기

Ctrl키를 누른 상태에서 이벤트를 누르자. 옵션 중 New Project를 선택하여 프로젝트를 만들면 된다.

❸ Shortcut(단축키)으로 프로젝트 만들기

키보드 단축키, ⌘ + N을 사용하여 새로운 프로젝트를 만들 수 있다

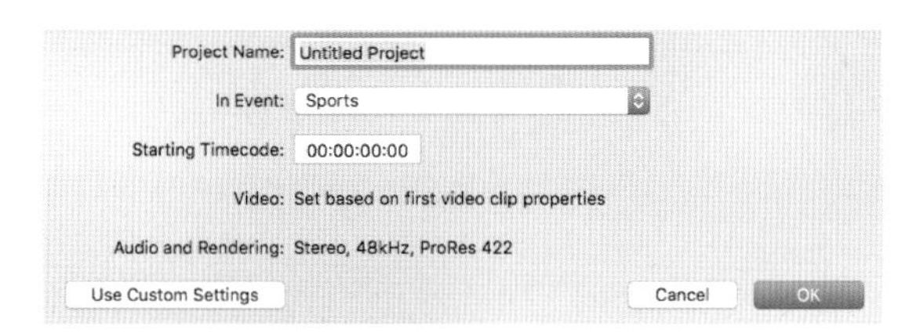

새 프로젝트 설정 창이 뜬다. 이 창의 가장 위에서 프로젝트의 이름을 설정할 수 있다.
새 프로젝트 이름을 NBA라 적어보자. 이 부분은 사용자가 기억할 수 있는 다른 이름으로 해도 상관 없다.

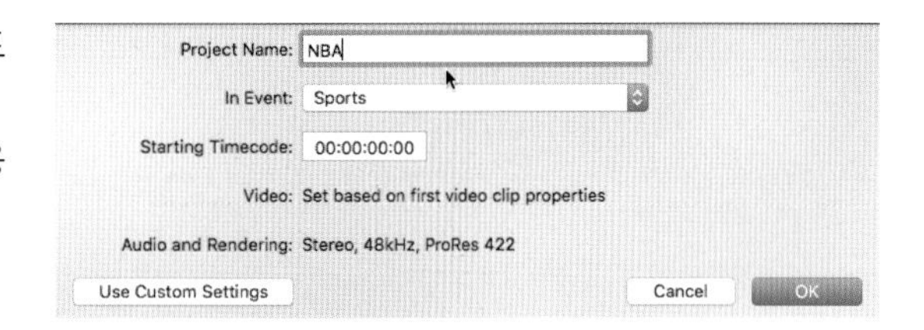

기본 저장 이벤트의 이름이 Sports인지 확인하자. 클립들은 어떠한 이벤트에서 가져와서 어떠한 프로젝트에 사용되든 상관이 없지만 모든 프로젝트들은 반드시 하나의 이벤트와 링크되어 있어야 한다.

Starting Timecode 구간은 프로젝트의 시작하는 타임코드를 바꿀 수 있게 해준다.

05 기본 설정은 사용되는 첫 번째 비디오 클립에 맞춰 프로젝트 포맷이 바뀌게 되어 있지만 사용자가 원하는 정확한 비디오 포맷이 있다면 사용자 지정으로 설정을 바꿀 수 있다. 1080p HD로 지정하자.

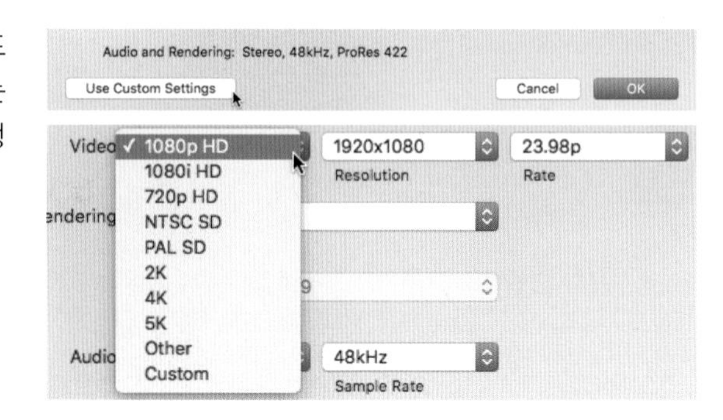

06 Audio 구간에서 Custom(사용자 지정) 항목을 체크하면 원래의 오디오 설정인 써라운드(Surround: 트랙이 여섯 개인 오디오)를 스테레오(Stereo)로 변경할 수 있다.

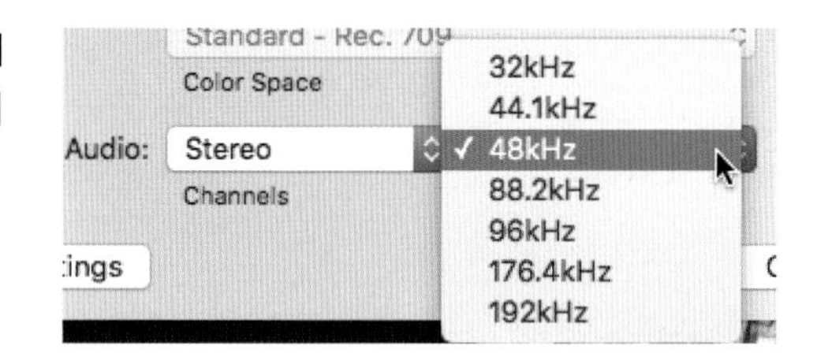

07 완성된 프로젝트 설정 창이다. 설정이 아래와 같다면 OK를 클릭하자.

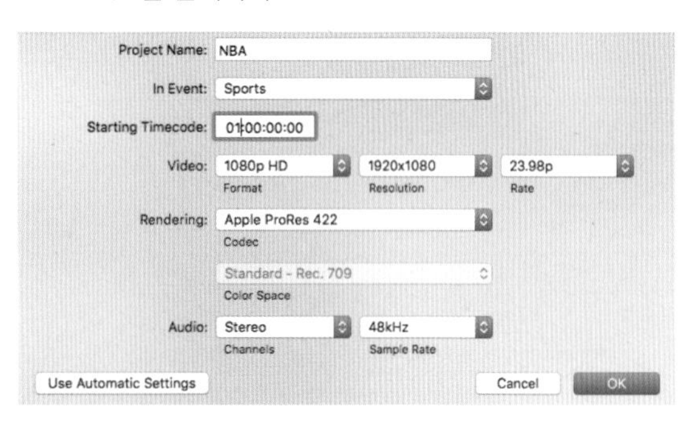

새로 만든 프로젝트가 열린다. 아직은 아무런 클립이 사용되지 않았기 때문에 빈 타임라인이 보인다.

참조사항 새 프로젝트에서 사용할 편집포맷(Rendering format) 선택방법

- 만약 저장공간이 편집 성능이나 내보내기 속도보다 더 중요하다면, 카메라의 촬영 포맷인 네이티브 포맷을 이용하자.
- 사용 중인 맥이 구형이거나 하드디스크 공간에 여유가 별로 없다면 ProRes 422 Proxy 또는 LT 를 선택하는 것이 카메라 네이티브 포맷을 바로 편집하는 것보다 좀 더 좋은 방법이다.
- 만약 충분한 저장공간이 있고 비디오 화질이 매우 중요하다면 미디어를 ProRes422 또는 ProRes422 HQ로 최적화 시킨 후 사용하는 것이 가장 좋은 선택이다.

Apple ProRes 4444 XQ
Apple ProRes 4444
Apple ProRes 422 HQ
✓ Apple ProRes 422
Apple ProRes 422 LT
Uncompressed 10-bit 4:2:2

Section 05 프로젝트 타임라인

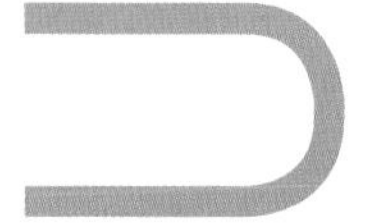

Project Timeline

파이널 컷 프로의 프로젝트에서 가장 중심이 되는 부분은 바로 타임라인(Timeline)이다. 타임라인은 편집이 실제로 일어나는 장소인데 이곳에서 클립들을 조합하고 원하는 결과를 만들 수 있다. 하나의 프로젝트 당 하나의 타임라인만 존재한다.

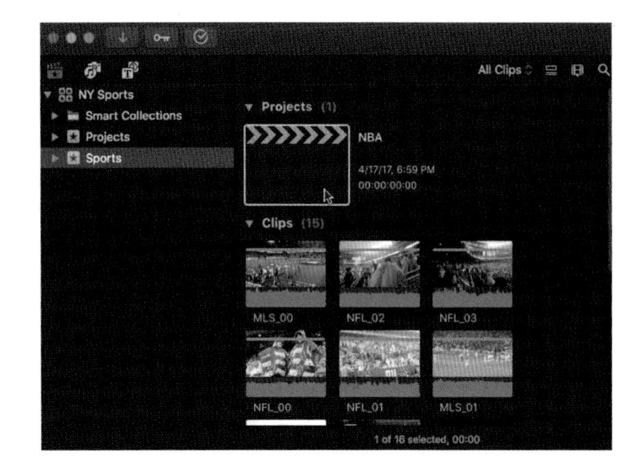

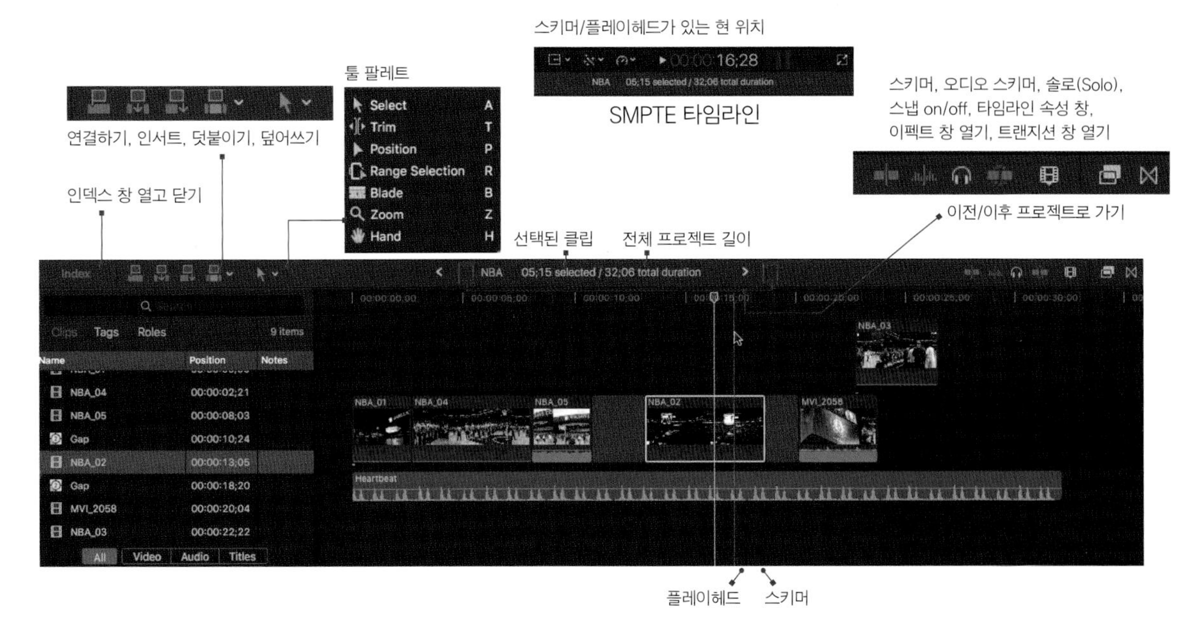

Unit 01 간단한 편집하기

아래는 지금부터 진행될 간단한 편집 과정이다.

① 이벤트에서 클립을 미리보기해서 그 클립을 사용할 것인지를 결정한다.

② 전체 클립 또는 클립에서 시작점(Start: I)과 끝점(End: O)을 표시해서 사용할 부분을 정한다.

③ 이벤트에 있는 선택한 클립을 프로젝트 타임라인으로 가져온다.

④ 프로젝트 타임라인에서 클립의 순서를 바꿔준다.

⑤ 스토리가 완성될 때까지 이 편집 과정을 반복한다.

NBA 프로젝트를 만들면 자동적으로 타임라인이 열리게 된다.

라이브러리 아이콘보기 바로 옆에 있는 타임라인 인덱스(Index)버튼을 누르자. 타임라인에 있는 클립과 적용된 이펙트 등의 목록을 보여주는 창이 열린다. 혹은 Shortcut키, Shift + ⌘ + 2를 눌러서 타임라인 인덱스를 열고 닫을 수 있다.

일반적인 편집의 시작은 브라우저에서 클립을 미리보기 해서 그 클립을 사용할 것인지를 결정하는 것이다. 아래와 같은 기본 레이아웃(Layout)에 타임라인 인덱스가 보이는지 확인하자. 타임라인 인덱스는 편집 과정에 많은 도움이 되기 때문에 꼭 사용하기를 권한다.

타임라인 인덱스(Index)가 숨겨진 모습

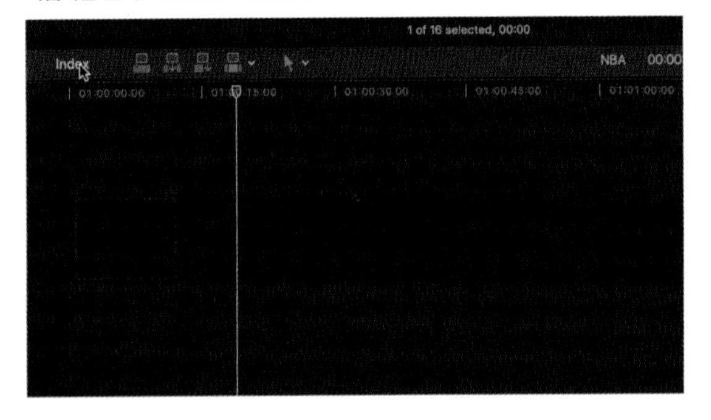

타임라인 인덱스(Index)가 열린 모습

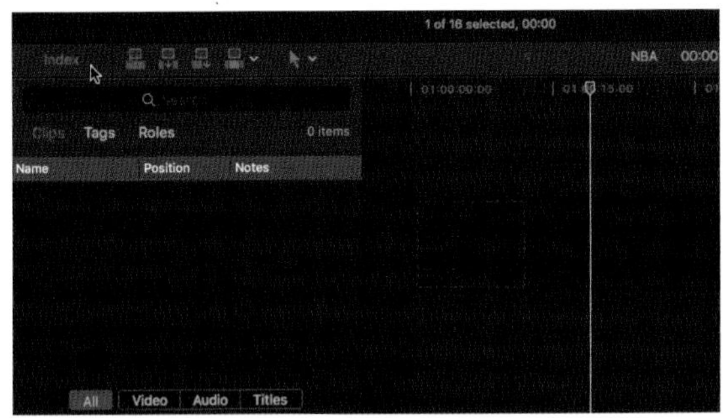

참조사항 원래의 파이널 컷 X 기본 구조 창(Layout)으로 되돌아가기

파이널 컷 X의 구조 창을 작게 또는 자신이 원하는 형태로 만든 후 원래의 셋업 모습으로 되돌리고 싶으면 메인 메뉴에서 Window 〉 Workspaces 〉 Default 을 선택한다

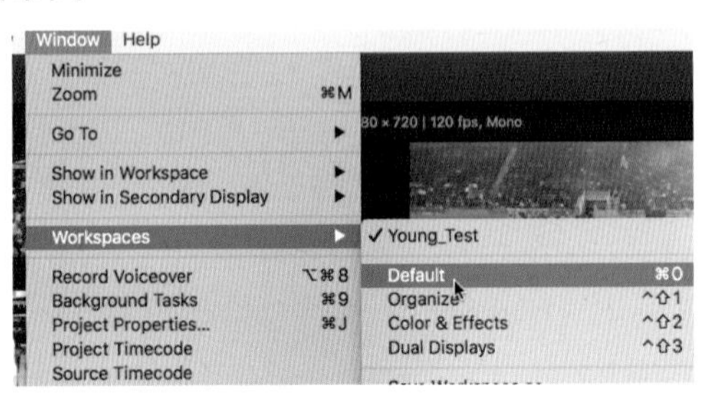

클립을 빠른 속도로 훑어보고 싶다면 스키머(Skimmer)가 활성화된 상태에서 클립 위로 마우스를 움직여보면 된다. NBA_01클립을 클릭해서 선택한다.

선택된 클립은 노란색으로 테두리가 생기며 하이라이트된다.

참조사항 스키밍이 활성화되어 있으면 타임라인 왼쪽 위에 있는 스키밍 아이콘이 파란색으로 표시된다.

05 덧붙이기(Append: E) 버튼을 누르자. 이벤트 브라우저에서 선택된 클립이 타임라인의 끝에 붙는다. 아직은 타임라인에 아무런 클립이 없기 때문에 처음 시작점으로 들어가서 붙는다.

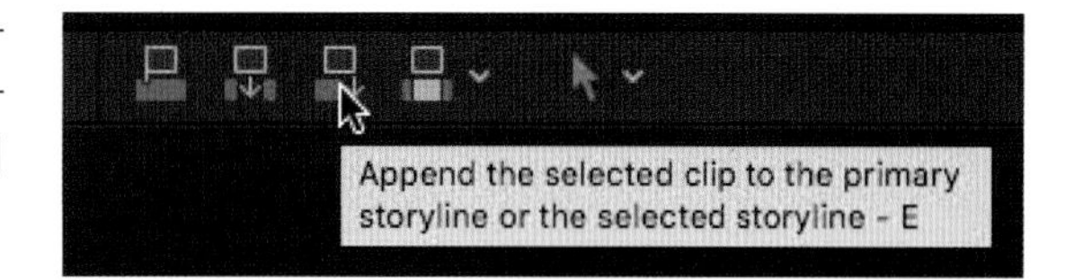

06 선택된 NBA_01 클립이 타임라인으로 덧붙이기(Append: E) 되었다. 프로젝트 타임라인은 단순히 타임라인이라고 부르는데 그 이유는 파이널 컷 프로 X에서 타임라인은 오직 하나의 프로젝트만을 가지기 때문이다.

NBA_03 클립을 선택한 후 덧붙이기(Append: E) 버튼을 누르자.

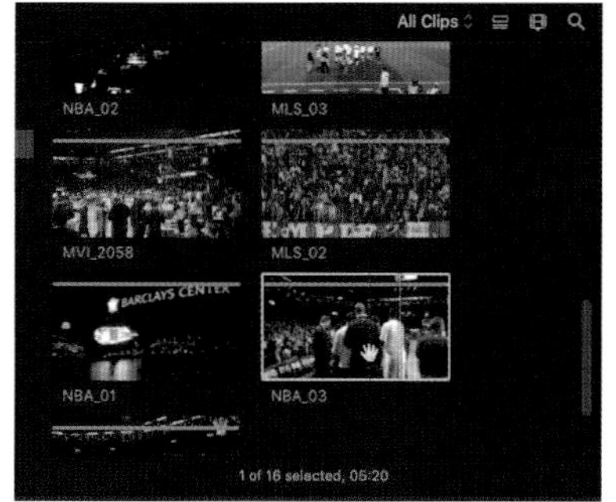

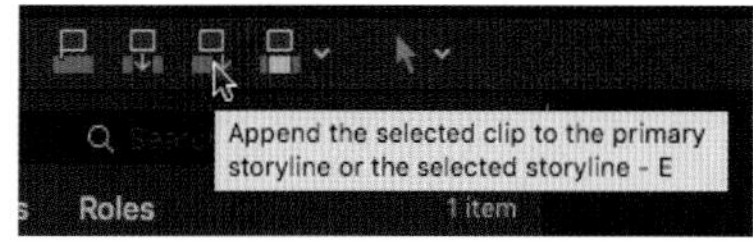

08 선택된 NBA_03 클립이 지금 타임라인의 끝인 NBA_01 클립 바로 옆에 붙는다.

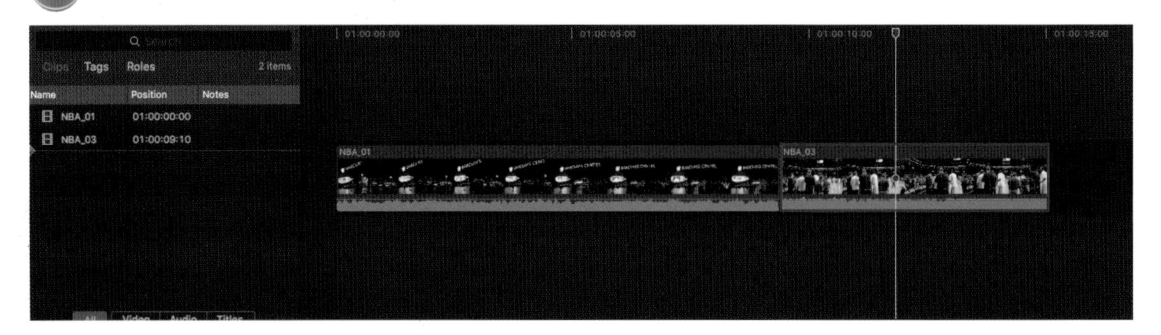

09 이벤트 브라우저에서 마우스로 드래그해서 NBA_04와 NBA_02를 동시에 선택하자.  + Click하여 순차적으로 두 개의 클립을 동시 선택할 수 있다.

10 덧붙이기(Append) 버튼을 누르자(단축키 E).

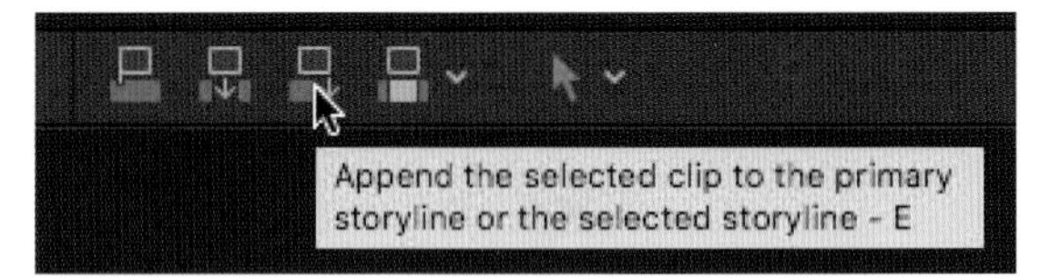

11 NBA_04와 NBA_02 클립이 동시에 타임라인으로 덧붙이기된다.

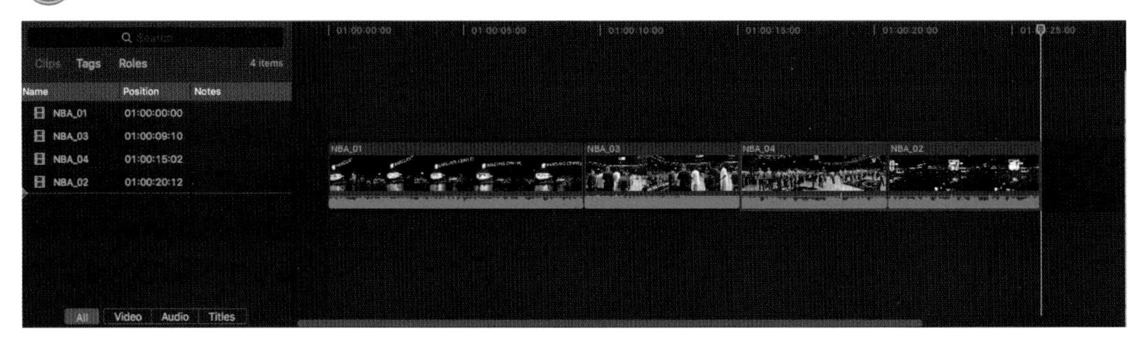

NBA_05 클립을 마우스로 중간 부분만을 선택해보자.

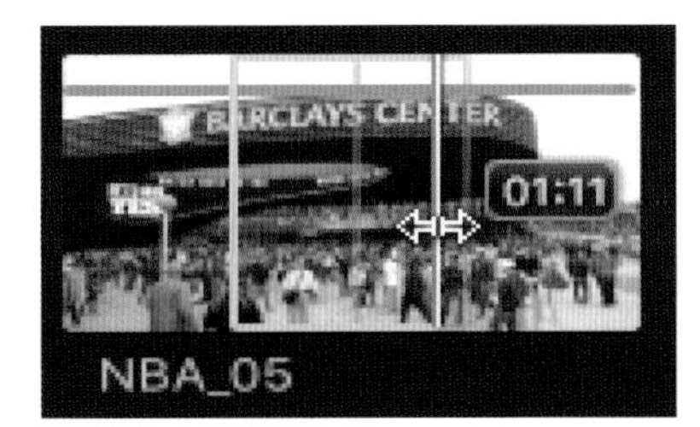

덧붙이기(Append: E) 버튼을 누르자.

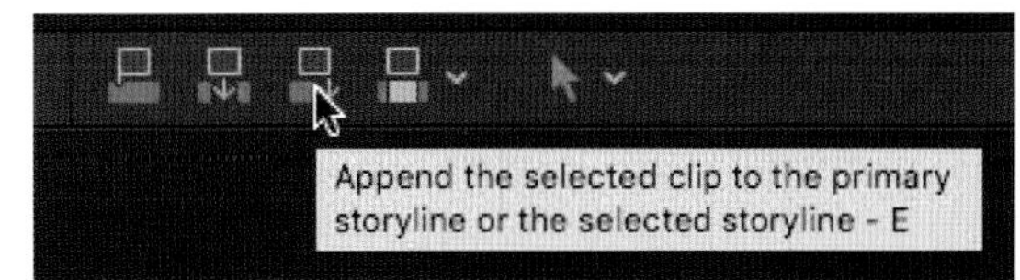

선택된 NBA_05 클립 중간 부분만이 타임라인으로 덧붙이기된다.

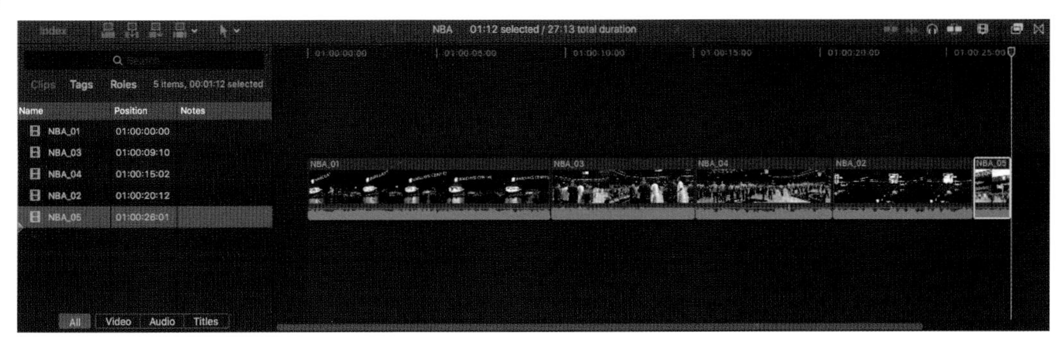

참조사항 클립 선택 해제

실수로 NBA_05 클립전체가 선택되면 브라우저 안의 빈 공간을 다시 클릭하여 클립 선택을 해제시키거나 메뉴에서 Mark〉 Clear Selected Ranges 또는 Option + X를 이용하여 클립 선택을 해제할 수 있다.

❶ 전체 클립이 선택된 상태

❷ Mark 〉 Clear Selected Ranges 를 선택하면 클립 선택 해제가 된다.

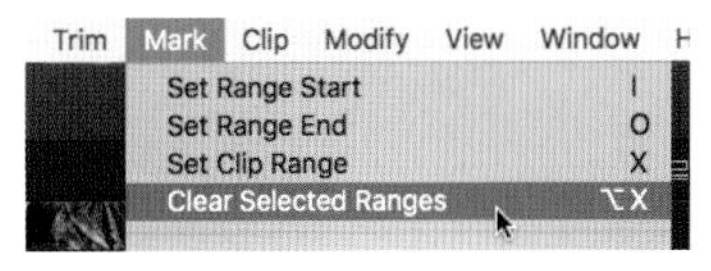

❸ 클립 선택 해제가 되어서 클립에 노란색 선택 표시가 사라진다.

❹ 클립 선택 해제 후 마우스로 클립 중간 부분을 클릭한 상태에서 마우스를 옆으로 드래그하면 드래그된 구간이 다시 선택된다.

MVI_2058 클립의 앞쪽 지점으로 마우스를 가져간 후 키보드에서 I(시작점: Start)를 타입한다. 스키머가 있던 지점이 선택 시작점으로 바뀌었다.

***시작점, 끝 지점 수정하기**
사용하고자 하는 부분이 잘못 선택되었다면, 시작점 혹은 끝 지점을 지우고 다시 선택할 수 있다.
시작점을 지울 경우: Option + I
끝 지점을 지울 경우: Option + O

MVI_2058 클립 뒷 부분으로 마우스를 가져간 후 키보드에서 O를 타입한다. 스키머가 있던 지점이 선택되어 끝 지점으로 바뀌었다.

시작점 설정을 위한 키보드의 단축키는 I이고 끝점 설정을 위한 단축키는 O이다. 이렇게 마크된 영역을 우리는 "선택된 영역"이라고 부른다.

덧붙이기(Append: E) 버튼을 누르면 I(시작점: Start)와 O(끝 지점: End)로 선택된 부분이 타임라인 끝으로 덧붙이기된다.

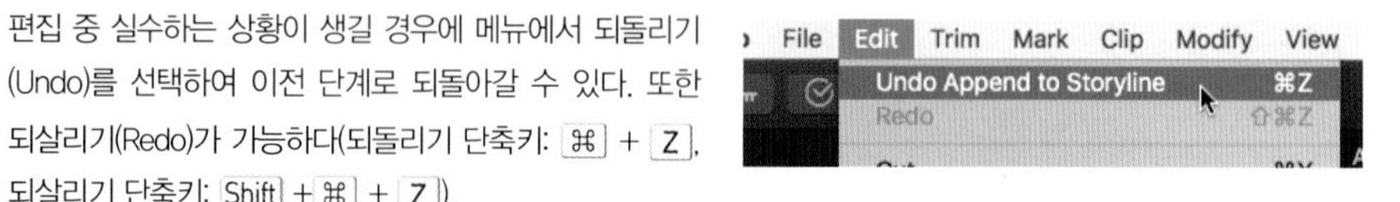

참조사항

편집 중 실수하는 상황이 생길 경우에 메뉴에서 되돌리기(Undo)를 선택하여 이전 단계로 되돌아갈 수 있다. 또한 되살리기(Redo)가 가능하다(되돌리기 단축키: ⌘ + Z, 되살리기 단축키: Shift + ⌘ + Z).

Section 06 타임라인 인덱스

Timeline Index

타임라인 인덱스(Timeline Index)는 타임라인의 왼쪽에서 타임라인에서 사용된 클립들의 목록을 보여주는 기능이다. 여기에는 클립 이름이나 길이, 마커, 키워드 등이 주로 보인다. 창 아래의 필터 버튼을 이용하거나 검색창을 이용해 나열된 리스트를 걸러낼 수도 있고, 특정한 키워드들로 간단히 찾고자 하는 파일을 찾을 수 있다. 좀 더 자세한 타임라인 인덱스 창 사용법은 7장에서 설명하겠다.

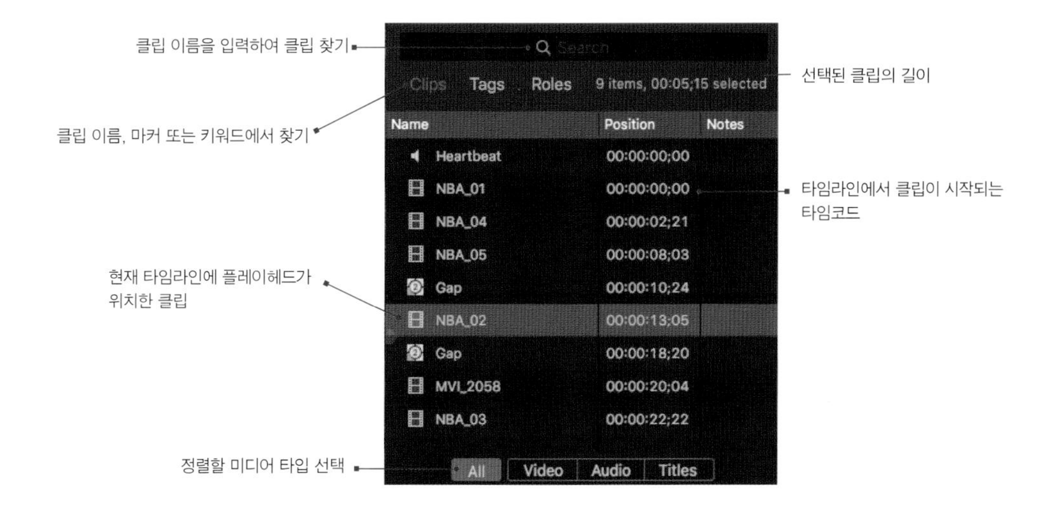

01 타임라인 인덱스(Timeline Index)창에서 NBA_03 클립을 선택하자. 타임라인 인덱스 창이 안 보이면 단축키(⌘ + F)를 누르면 된다. 타임라인에 있는 NBA_03 클립이 선택되는 것을 확인할 수 있다.

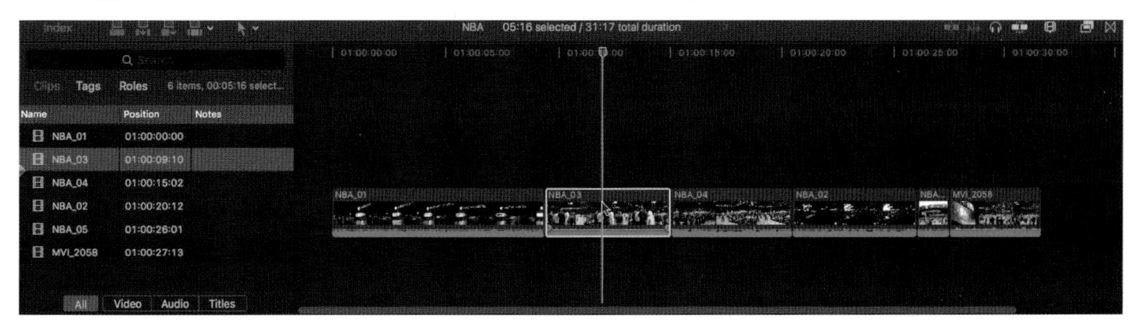

02 이번에는 타임라인에 있는 NBA_04 클립을 마우스로 클릭하자. 마찬가지로 인덱스 창에 있는 NBA_04 클립이 회색으로 바로 선택되면서 타임라인에서 일어나는 일을 함께 보여준다.

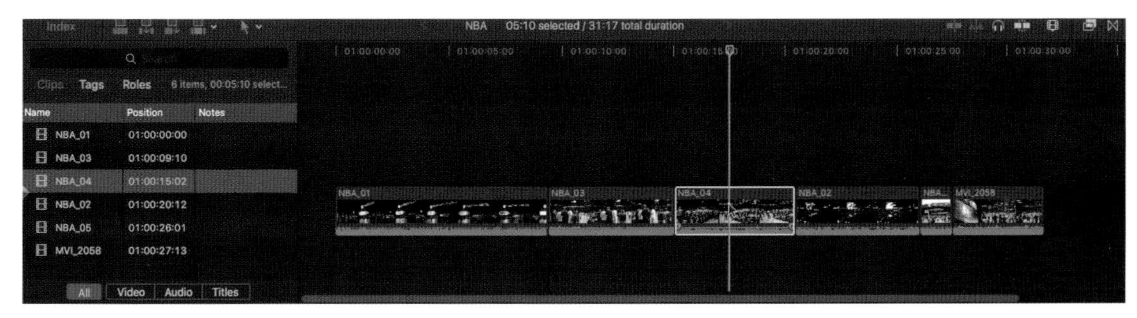

NBA_04 클립 위에 있는 마우스를 약간 오른쪽으로 이동시켜 보자. 빨간색의 스키머(훑어보기)가 이동하면서 뷰어 창에서 현재의 프레임을 보여준다.

인덱스 창에 있는 클립의 순서를 확인해보자. NBA_02 클립이 4번째에 있다.

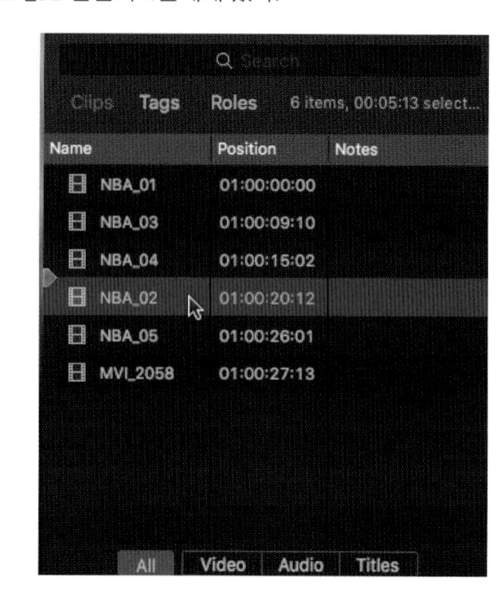

네 번째에 있는 NBA_02 클립을 NBA_04 옆으로 이동시켜 보자. 먼저 타임라인에 있는 NBA_02 클립을 선택하자.

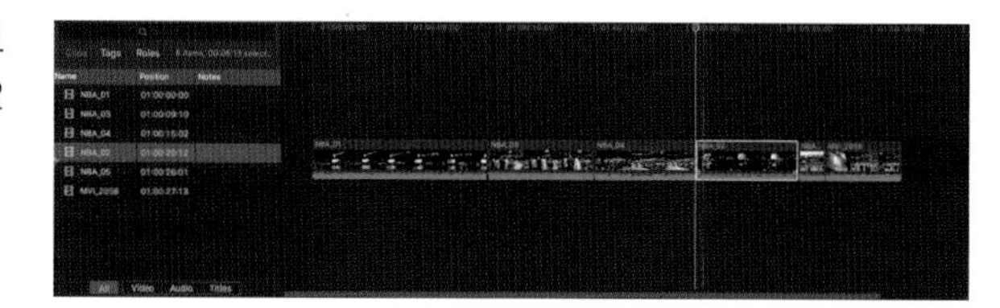

06

NBA_02 클립을 마우스로 잡은 상태에서 NBA_04 옆으로 이동시키자.

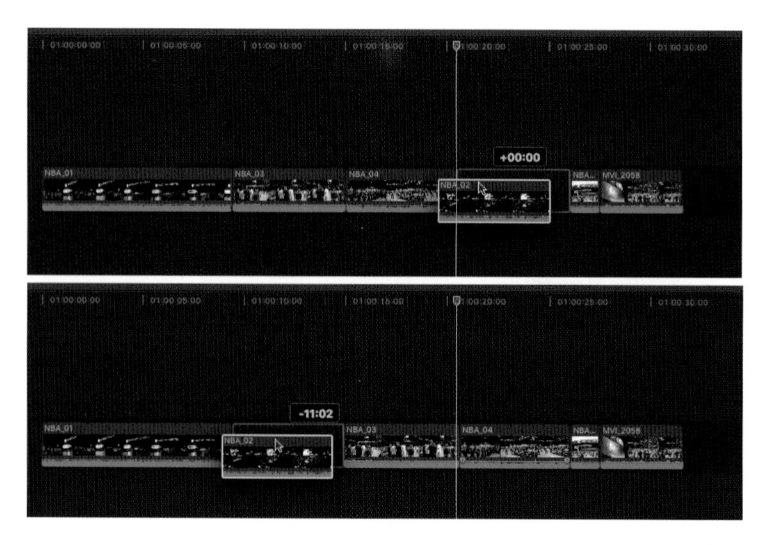

NBA_02 클립이 이동이 잘 되었으면 인덱스 창에서 두 번째에 위치하는 게 확인된다.

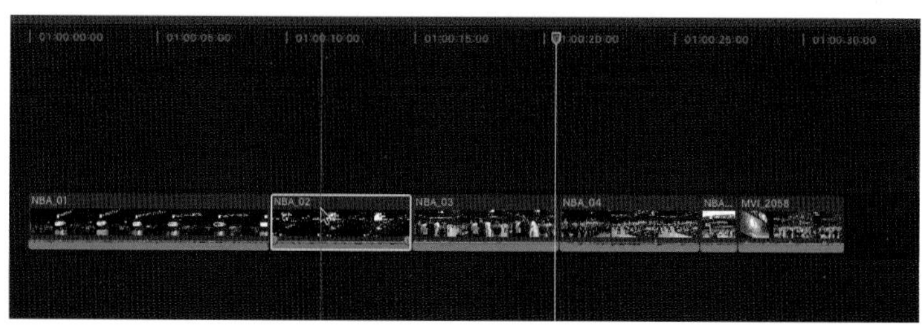

NBA 프로젝트와 상관 없는 NFL클립을 지워보자. NBA_02를 선택한 상태에서 키보드에 있는 큰 Delete를 누르면 클립이 간단히 지워진다.

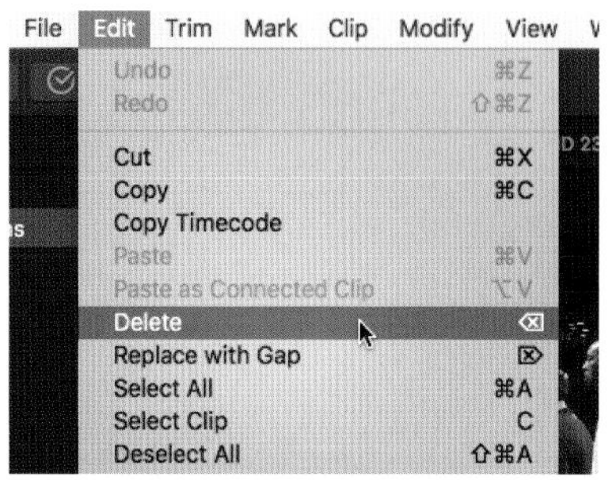

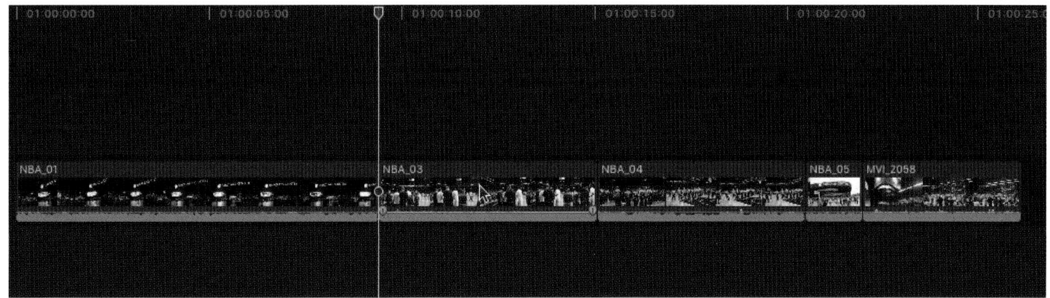

파이널 컷 프로 X의 타임라인은 클립들이 마치 자석처럼 쉽게 붙으므로 클립을 이동할 때 불필요한 공백갭(Gap)이 생기지 않는다. 클립을 쉽게 관리할 수 있기 때문에 클립 충돌이나 싱크 문제를 미연에 방지할 수 있다.

Undo를 해보자(⌘ + Z).

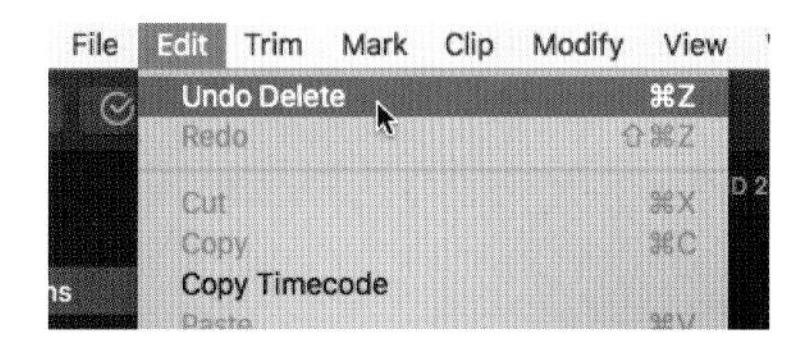

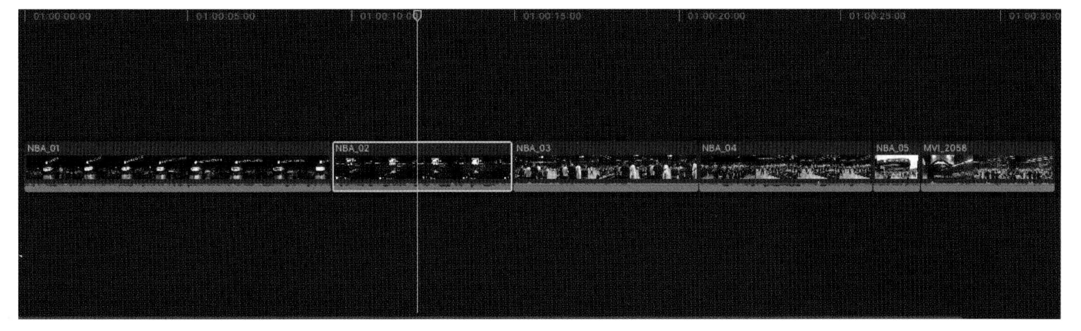

참조사항 Snapping(스냅핑)

편집을 할 때 여러 샷들을 자르고 붙이게 된다. 이때 편집이 필요한 부분을 편집자가 결정하여 편집점(Editing Point)을 찾는다(타임라인과 뷰어 창에서의 각 클립의 시작 프레임과 끝 프레임, 마크(Mark)된 지점, 클립과 클립 사이 등).

스냅핑(Snapping)은 이런 편집점을 잘 활용할 수 있게 돕는 기능이다. 가령 한 클립에 끝 지점을 선택하고 싶을 때 스냅핑 기능이 활성화되어 있으면 플레이헤드가 편집점 15프레임 주변으로 갔을 때 자동으로 그 클립의 끝 지점으로 가게 해주는 기능이다.

프로젝트 타임라인의 오른쪽 위 코너를 보면 on/off로 선택하는 버튼들 중 Snapping 버튼을 찾을 수 있다. 키보드 단축키 N 키를 잠시 누르고 있음으로써 일시적으로 스냅핑을 on/off할 수 있다.

Section 07 대쉬보드

Dashboard

대쉬보드의 가장 큰 역할은 클립이 플레이될 때 현재의 시간을 타임코드로 보여주는 것이다. 그리고 렌더링의 진행 정도와 오디오 미터를 시각적으로 보여준다.

화면 중앙에 있는 대쉬보드에서 오디오 미터 창 열기 버튼을 클릭해서 타임라인 옆에 오디오 미터 창을 열어보자.

오디오 미터 창의 크기가 작으면 타임라인과의 경계선을 왼쪽으로 드래그하면 더 커진다. 클립을 플레이해서 오디오의 볼륨이 어떻게 보이는지 확인하자.

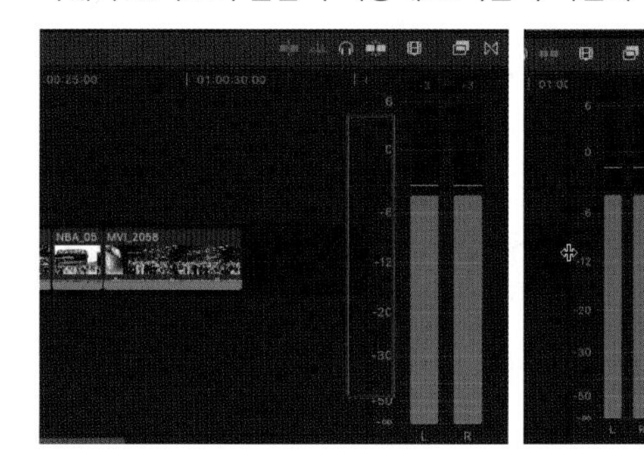

타임라인에 있는 NBA_02 클립을 선택하자.

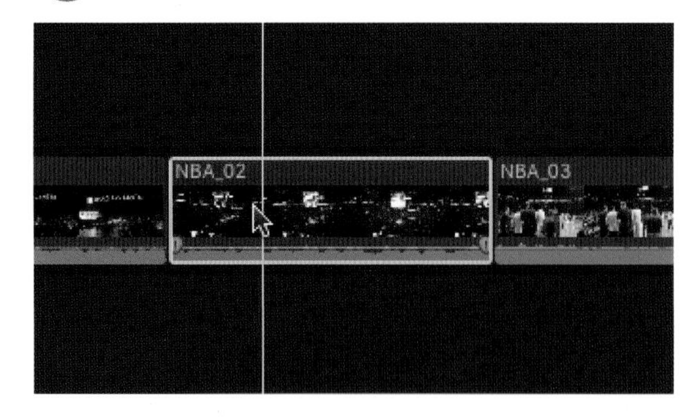

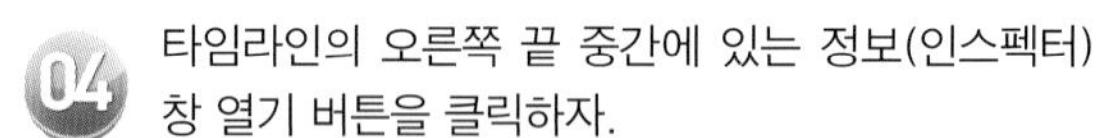
타임라인의 오른쪽 끝 중간에 있는 정보(인스펙터) 창 열기 버튼을 클릭하자.

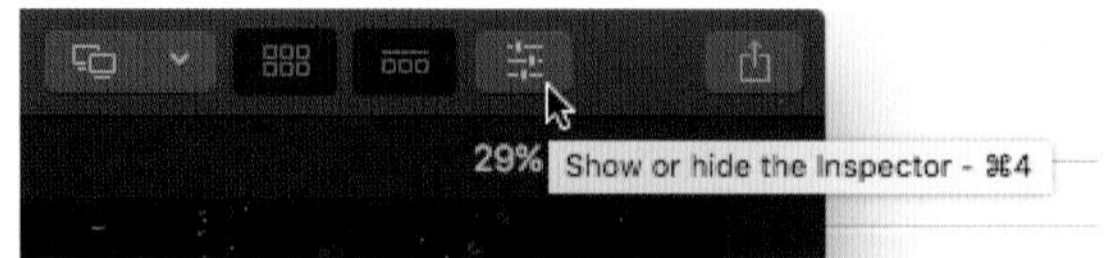

뷰어 창 옆에 클립의 정보와 간단한 효과 작업을 할 수 있는 인스펙터(Inspector) 창이 열린다.

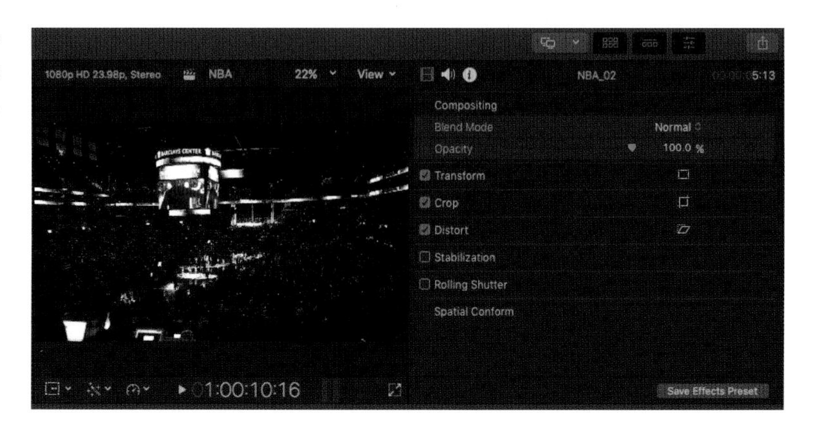

Section 08 인스펙터 Inspector

인스펙터 창은 클립들을 수정할 수 있는 기능을 가지고 있다. 또한 이벤트 브라우저나 타임라인에 있는 클립의 더 많은 정보, 즉 메타데이터에 대한 상세한 정보를 볼 수 있는 곳이기도 하다. 클립의 미디어 형태에 따라 인스펙터 창은 다른 정보들을 보여준다. 어떤 파일이 선택되었느냐에 따라 조금씩 다르지만 보통 인스펙터 창은 다음과 같은 네 가지로 나누어진 탭을 가진다.

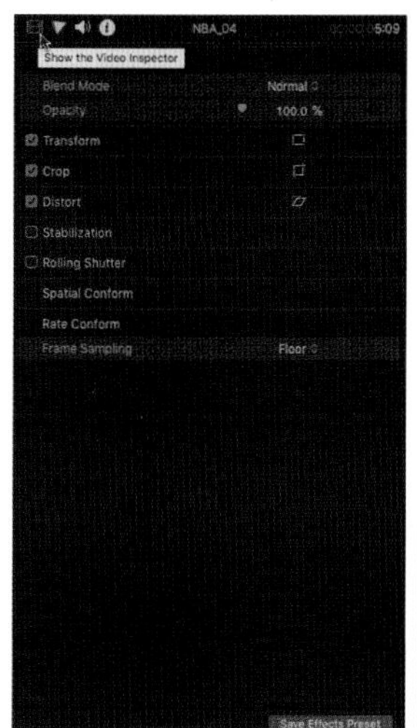

Video: 비디오와 관련된 정보를 담고 있다. 비디오에 적용된 모든 효과들은 이 곳에 나타나는데 적용된 영상 효과와 화면 크기 조절 등의 효과를 키 프레임과 함께 사용 가능 하다.

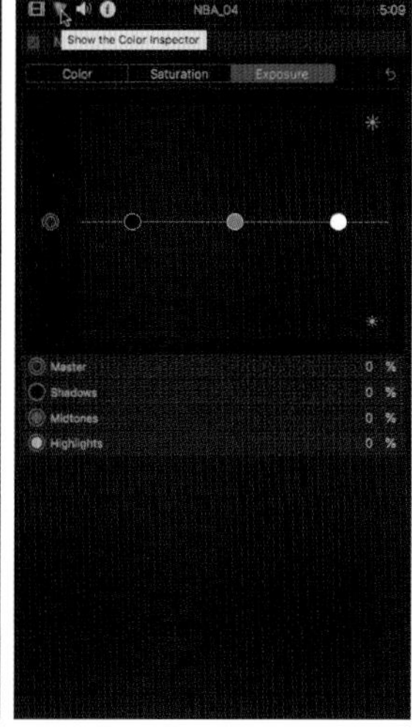

Color: 선택된 클립의 색과 밝기의 속성을 조절할 수 있다.

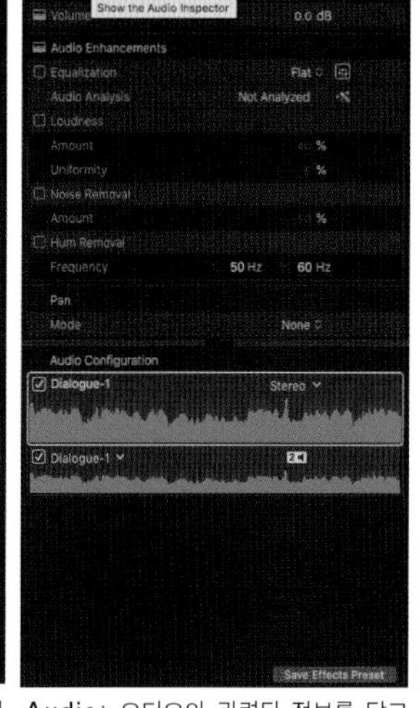

Audio: 오디오와 관련된 정보를 담고 있다. 오디오에 적용된 모든 효과들이 이 곳에 나타나고 볼륨조절과 오디오 필터 편집도 가능하다.

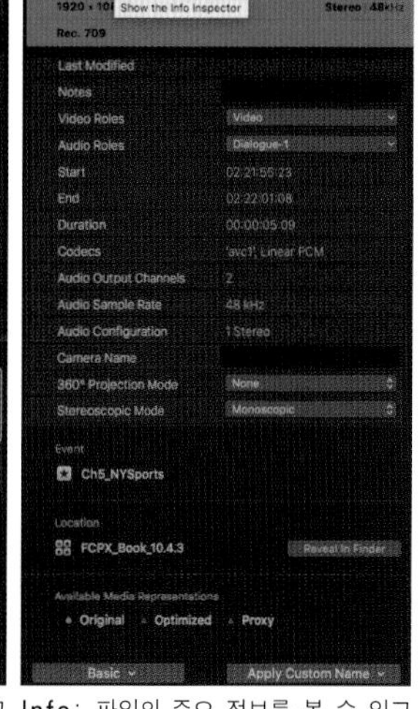

Info: 파일의 주요 정보를 볼 수 있고 클립에 대한 기능(Role)을 지정할 수도 있다.

인스펙터(Inspector) 창의 세 번째 탭인 Audio탭을 클릭해서 NBA_02클립의 오디오 정보를 보자.

02 NBA_02 클립의 볼륨을 무음이 되게 하기 위해 볼륨 바를 왼쪽 끝으로 옮겨보자.

참조사항

인스펙터 상단부분을 더블클릭 하면 인스펙터 부분이 타임라인까지 확장된다.

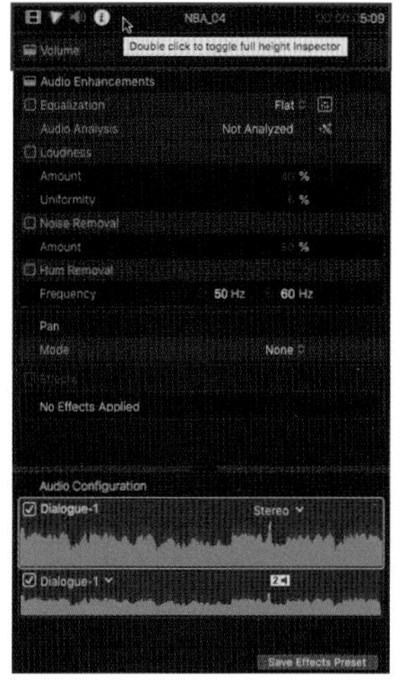

타임라인에 있는 NBA_02의 볼륨 조절선이 맨 밑으로 내려간 것이 보인다. 옆의 클립들과 비교해서 보면 알기 쉽다.

타임라인에 있는 클립의 오디오 볼륨 조절선이 잘 안 보이면 화면 인스펙터 창 밑에 있는 클립 크기 조절 버튼을 클릭해보자.

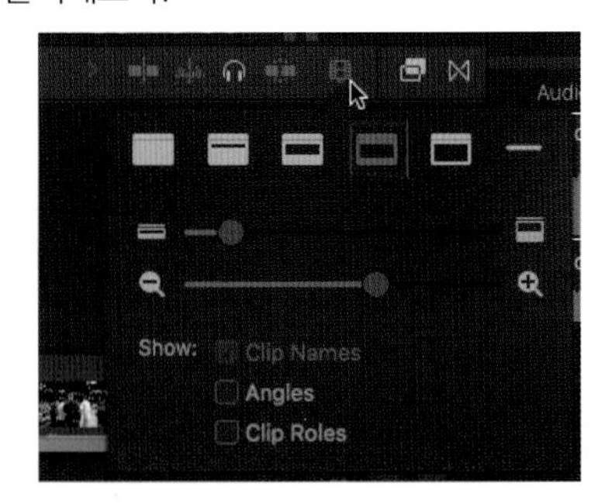

클립이 보이는 모습을 선택할 수 있는 Clip Appearance 창이 열린다. 팝업 창의 맨 위에 클립의 모습들을 선택할 수 있는 아이콘들 중 네 번째 아이콘을 선택하자. Clip Height를 조절해 클립의 높이도 조금 크게 만들어보자.

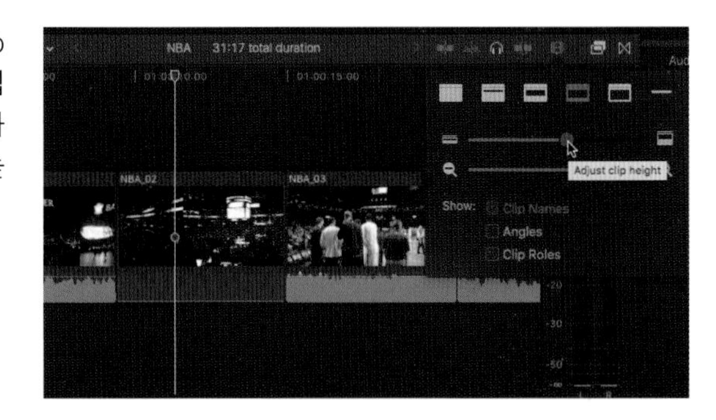

참조사항 타임라인 클립 아이콘 크기 조절 옵션

타임라인 창의 오른쪽 아래에 있는 아이콘 크기 조절 버튼을 클릭하면 클립의 아이콘 모습을 설정하는 Clip Appearance 창이 뜬다. 이 창은 타임라인에 있는 클립들을 어떤 크기로 보여줄 것인지에 관한 세 가지 옵션을 제공한다.

- **아이콘 기본 형태**: 오디오와 비디오 구간이 각각 다른 6개의 아이콘 보기 옵션 중에서 하나를 선택하면 된다. 비디오 구간의 미리보기 크기가 선택한 아이콘에 따라 달라진다.
- Clip Height(**클립 높이**): 조절 바로 클립의 높이(크기)를 설정한다.
- Timeline Zoom Level: 타임라인 창 클립의 구간을 줌 인 또는 줌 아웃으로 조절한다.
- Clip names: 이 항목을 체크함으로써 클립들에게 클립 이름을 보이게 할 수 있다.

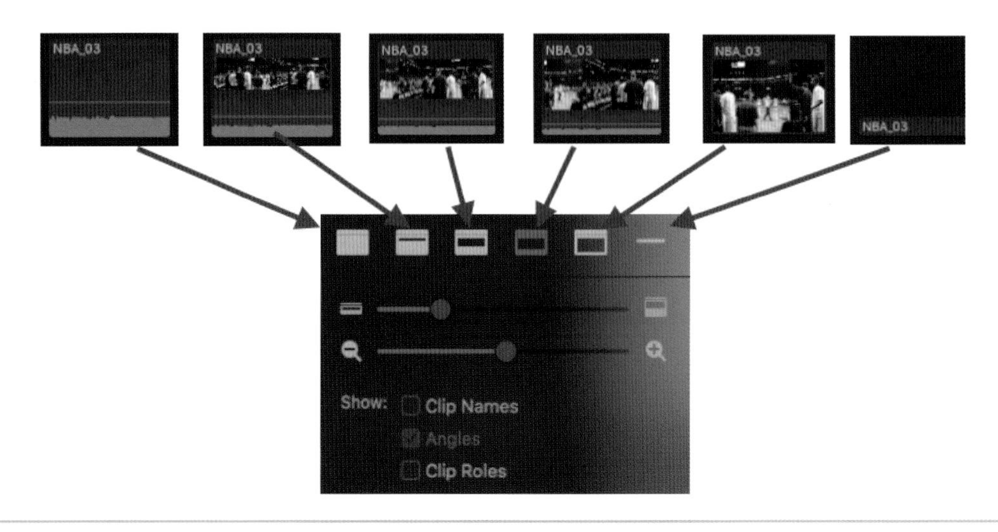

Section 09 편집 버튼

Edit Buttons

지금까지는 덧붙이기(Append)만을 사용해서 간단한 편집을 해보았다. 다음 따라하기에서는 편집 시 많이 사용하는 다른 주요 편집 버튼을 이용해서 진행해 보겠다.

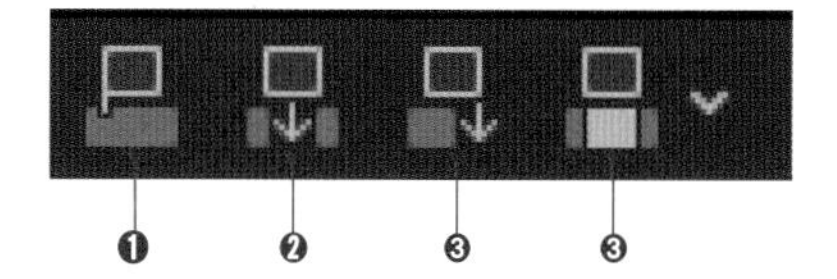

네 가지 주요 편집 버튼과 샷컷

❶ 기본 트랙(프라이머리 스토리라인) 위나 아래로 클립을 붙여주는 기능(Connect: Q)
❷ 클립 사이나 클립 중간 사이로 새로운 클립을 집어넣어주는 기능(Insert: W)
❸ 타임라인 끝으로 클립을 붙여주는 기능(Append: E)
❹ 덮어쓰기(Overwrite: D)

연결하기(Connect: Q) - 인서트(Insert: W) - 덧붙이기(Append: E) - 덮어쓰기(Overwrite: D)
이 버튼들의 자세한 사용 방법은 6장에서 다시 다루겠다.

01 타임라인에 있는 NBA_01 클립 위 중간 정도 지점에 플레이헤드를 위치시키자.

이벤트 브라우저에서 NBA_03 클립을 클릭해서 선택하자.

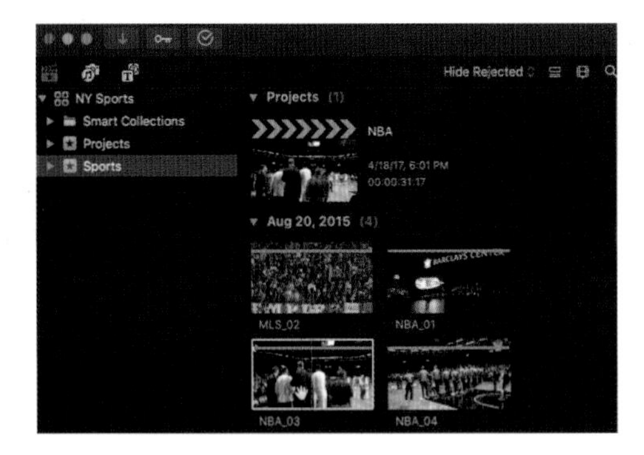

툴 바에 있는 연결하기(Connect: Q) 버튼을 클릭하자.

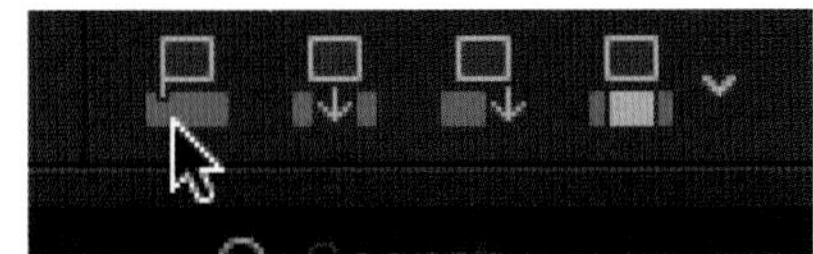

NBA_03 클립이 NBA_01 클립 위로 연결된다. 파이널 컷 X에서는 트랙을 하나만 사용하기 때문에 이 기본 트랙에 위치하지 않은 클립들은 기본 트랙(프라이머리 스토리라인) 위나 아래로 연결(세컨더리 스토리라인)된다.

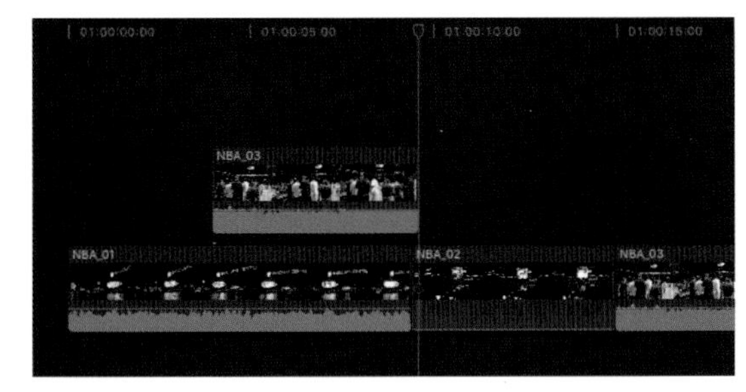

마우스로 NBA_03 중간 지점을 클릭해서 플레이헤드를 중간 지점 정도에 위치시키자.

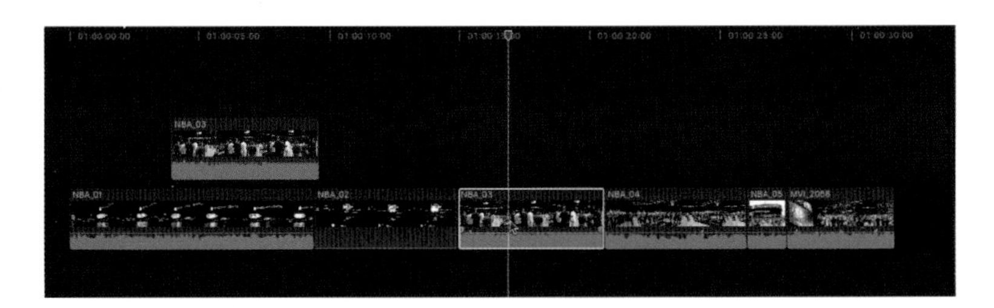

이벤트 브라우저에서 NBA_02 클립을 클릭해서 선택하자.

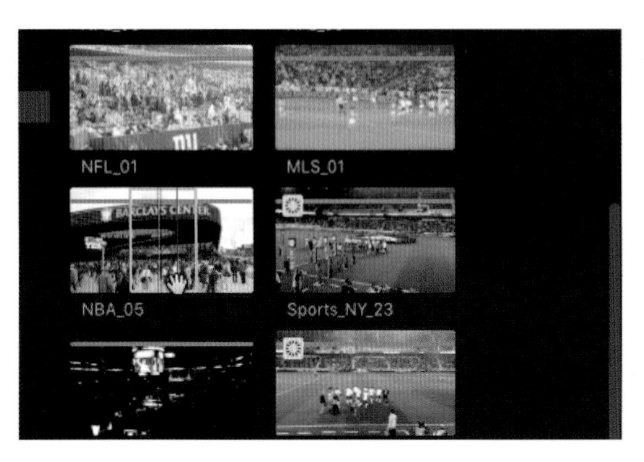

툴 바에 있는 인서트(Insert: W) 버튼을 클릭하자.

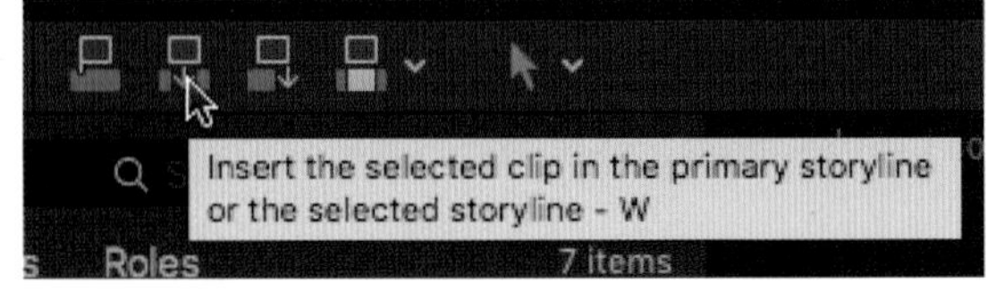

NBA_05 클립이 NBA_03 클립 중간 지점에 삽입되었다.

마우스로 NBA_03클립과 NBA_04 클립 사이를 클릭해서 플레이헤드를 두 클립 사이에 위치시키자. 키보드의 ▲/▼ 위/아래 화살표를 이용해서 클립 사이로 플레이헤드를 옮길 수도 있다.

10 이벤트 브라우저에서 NBA_01 클립을 클릭해서 선택하자.

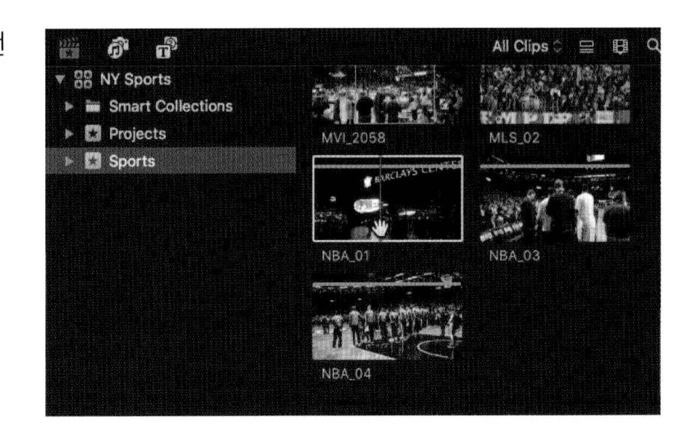

11 키보드에서 덮어쓰기 단축키인 D를 누르자(Overlay). 브라우저의 NBA_01클립이 타임라인의 NBA_05클립으로 덮어쓰기되었다. 덮어쓴 구간은 브라우저에서 선택한 그 길이만큼이다.

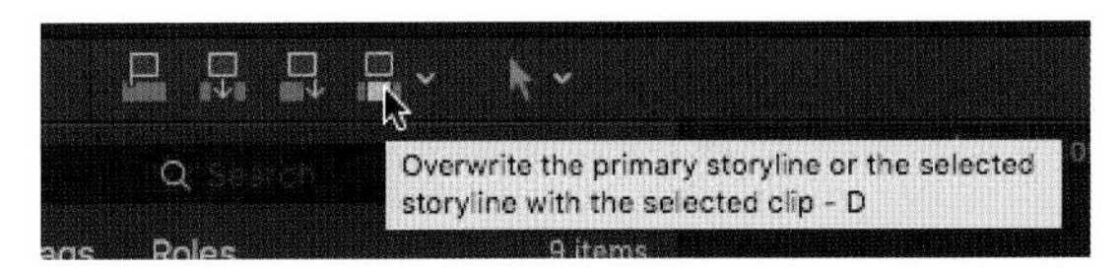

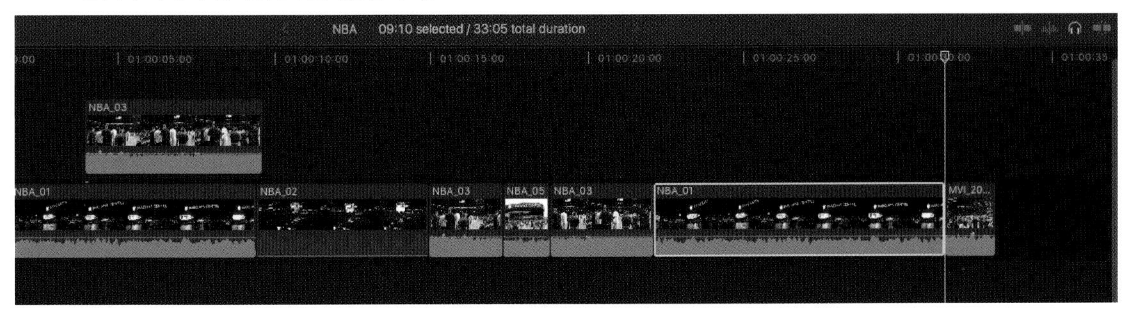

참조사항 **편집 시 스키머와 플레이헤드의 우선순위**

편집 시에 빨간색 선으로 표시되는 스키머는 회색 선의 플레이헤드보다 우선해서 편집 포인트로 사용된다. 아래의 예를 보면 스키머가 플레이헤드보다 약간 앞에 위치하고 있는데 이 경우에 겹쳐쓰기를 하면 빨간색 선으로 표시되는 스키머를 기준으로 하여 편집이 진행된다. 플레이헤드가 위치한 클립부터 그 다음 클립까지 덮어쓰기된다. 스키머가 클립과 클립 사이에 위치하면 빨간색으로 노란색으로 바뀐다.

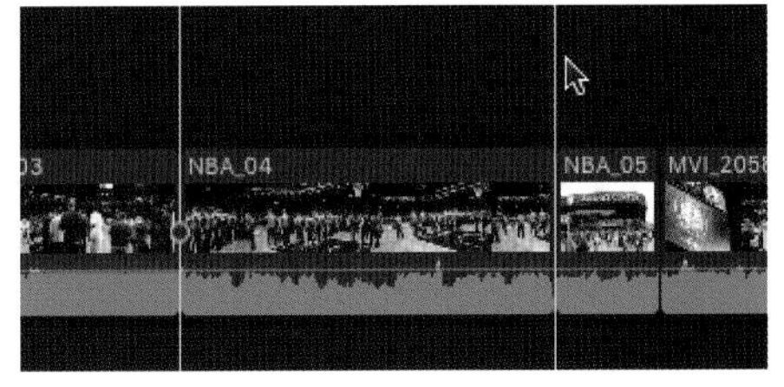

Section 10 클립 지우기

타임라인에 있는 필요 없는 클립들을 지울 수 있다. 타임라인에 있는 클립을 지우거나 그 외의 다른 효과를 적용해도 브라우저에 임포트되어 있는 원본 클립에는 아무런 영향이 없다.

01 타임라인에서 프라이머리 스토리라인(Primary Storyline)에 있는 NBA_03클립을 선택한 후 키보드에서 Delete 버튼을 누르자.

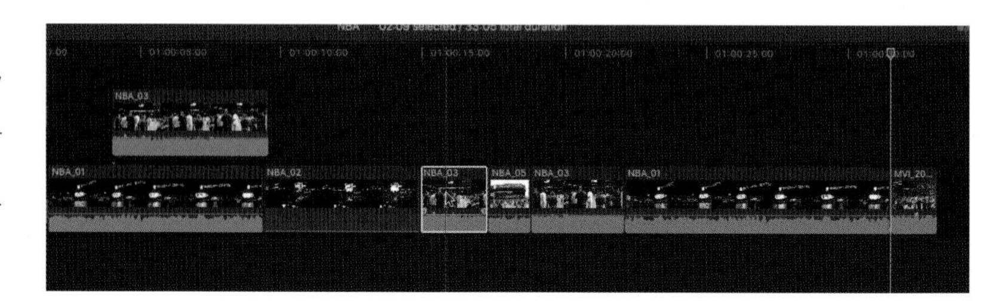

02 NBA_03 클립이 지워지고 자동으로 그 공간이 사라진다. 이렇게 클립들 사이의 빈 공간을 남기지 않는 마그네틱 타임라인(Magnetic Timeline) 기능이 파이널 컷 프로 X에는 활성화되어 있다.

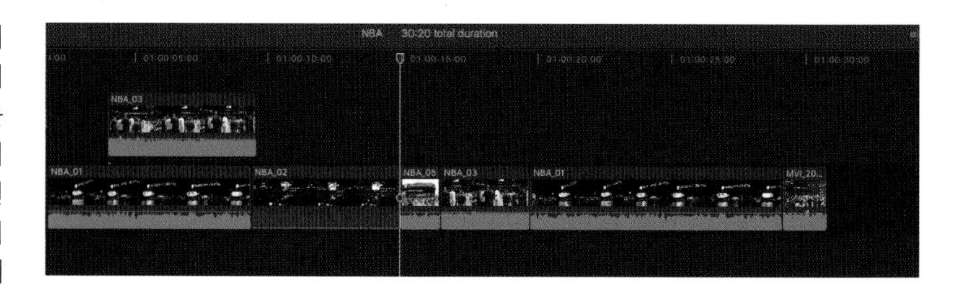

03 더 이상 필요 없는 NFL_02와 NBA_03 클립을 동시에 선택해보자. ⌘ 버튼을 누른 상태에서 마우스로 클립을 클릭하면 여러 개의 클립을 동시에 선택할 수 있다.

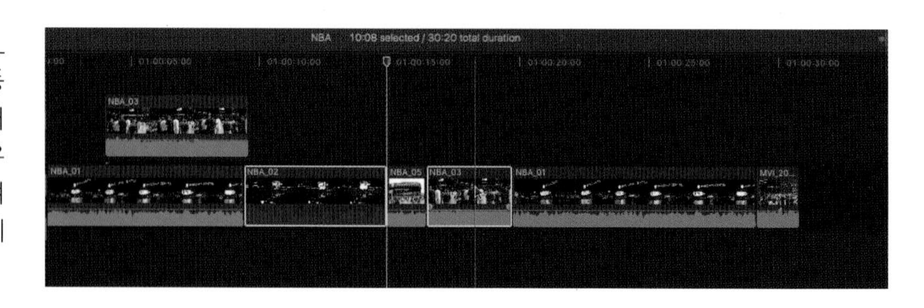

04 Delete 버튼을 누르자. 선택된 NFL_02와 NBA_03 클립이 동시에 지워졌다.

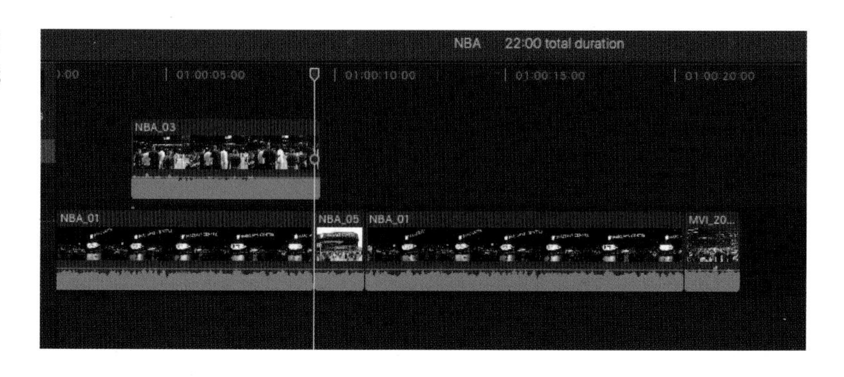

타임라인 제일 앞에 있는 NBA_01 클립을 선택하자. 이 클립에는 바로 위에 NBA_03 클립이 있는 것을 확인하자. 키보드의 큰 Delete 버튼을 누르면 NBA_01과 함께 NBA_03이 지워지는 것을 볼 수 있다.

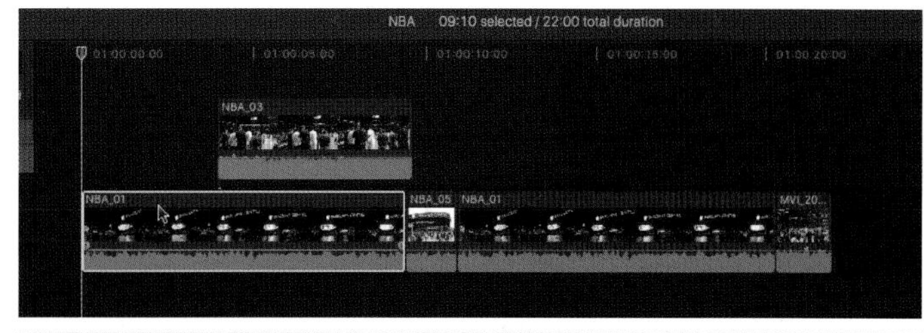

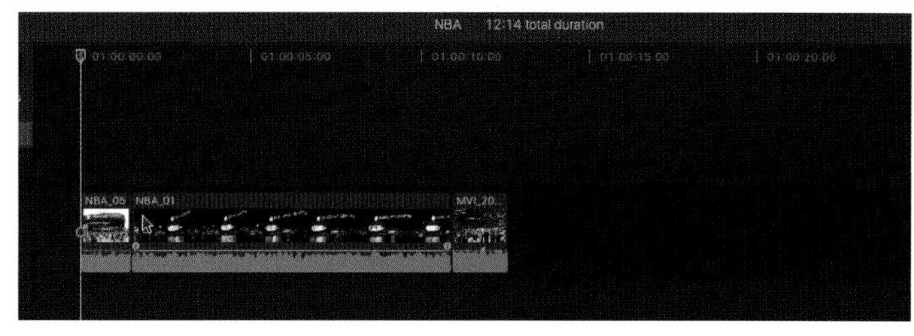

되돌아가기를 해보자.

작은 Delete 버튼을 눌러서 NBA_01을 지워보자. 그러면 Content만 지워지고 갭(Gap)이 생겨서 다른 것에는 영향을 끼치지 않는다.

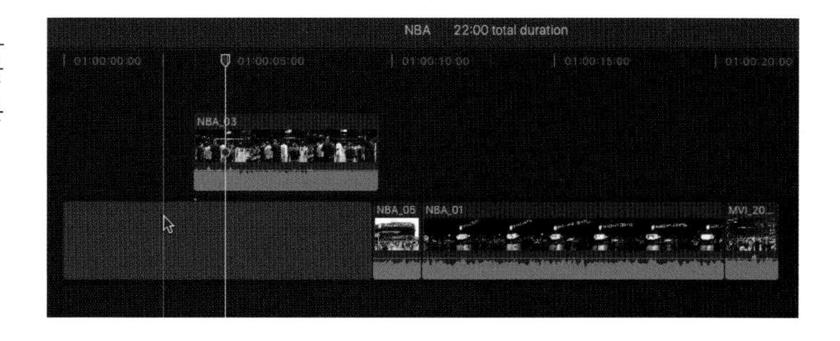

Chapter 02 요약하기

지금까지 파이널 컷 프로 X 를 사용해서 간단한 편집을 해보았다. 개인적인 생각이지만, 처음 파이널 컷 프로 편집 프로그램을 접하는 사용자는 왜 이런 방식으로 편집을 진행하는지에 관한 궁금증과 이해가 좀 더 필요하다고 생각된다. 무작정 따라하기보다는 저자가 진행하는 편집 방식에 대한 이해를 찾으면서 앞으로 진행될 각 챕터에서 설명하는 각 버튼의 사용 방법과 인터페이스를 익힌다면 좀 더 빨리, 자연스럽게 파이널 컷 프로 X가 익숙해질 것이다.

Chapter

03

임포팅

Importing: 미디어 가져오기

외부 환경에서 편집할 미디어를 파이널 컷 프로로 가져오는 것(Import)은 비디오 편집 과정 중에서 필수적으로 이해해야 하는 중요한 순서이다. 편집에 사용할 미디어를 Final Cut Pro X로 가져오는 방법은 크게 네 가지로 나눌 수 있는데 임포팅 과정을 설계한 FCPX 개발 엔지니어들은 먼저 편집 비디오 포맷을 파일 기반 카메라(DSLR 또는 iPhone, RED 포맷 등의 카메라)로 설정해서 그 부분에 많은 편리성을 집중하였다. 하지만 여전히 테잎 포맷을 지원하기 때문에 파일 캡쳐(Capture) 시 FireWire를 사용하는 DV NTSC나 HDV 비디오 포맷의 임포팅이 가능하다. 파이널 컷 프로 X는 파일 기반 카메라를 기반으로 디자인되었기 때문에 파일을 임포트할 때 가장 효과적인 워크플로우를 체감할 수 있다.

Section 01 클립 임포팅의 전반적인 이해

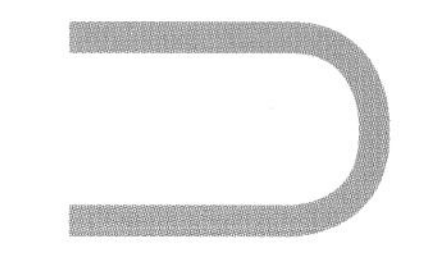

파일을 라이브러리로 가져오는 방법은 간략하게 두 가지로 구분할 수 있다. 첫 번째로 임포트 창을 이용하는 방법과 두 번째로 파인더에서 파일을 드래그해서 가져오는 방법이다.

또한 임포팅하는 클립들을 간략하게 네 가지 임포팅 소스로 구분할 수도 있다.

미디어
(하드드라이브 또는 미디어 카드)에 저장된 파일을 가져오기

카메라
(파일과 테이프 기반)에서 파일을 가져오기

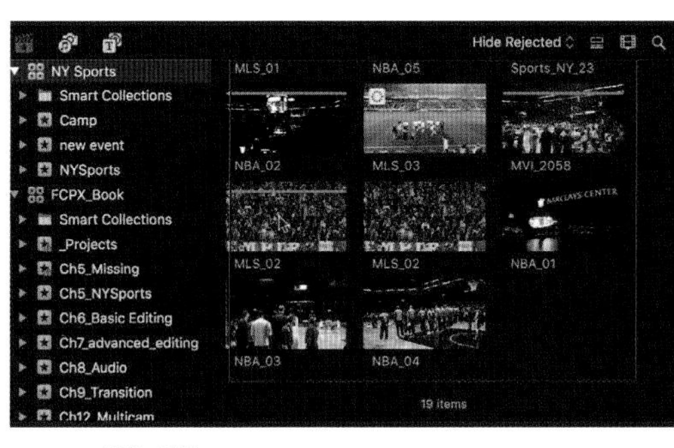

라이브 녹화
(연결된 카메라)에서 라이브로 파일을 가져오기

XML 파일
(XML 파일을 지원 하는 다른 어플리케이션)에서 파일을 가져오기

파인더에서 파일을 드래그해서 가져오기

참조사항 **MPEG Streamclip 미디어 파일 컨버팅 프로그램**

혹시 자신의 카메라가 파이널 컷 프로 X에서 지원이 안된다면, MPEG Streamclip 같은 다른 미디어 파일 컨버팅 프로그램을 통해 파일을 변환시켜 임포트해야 한다.

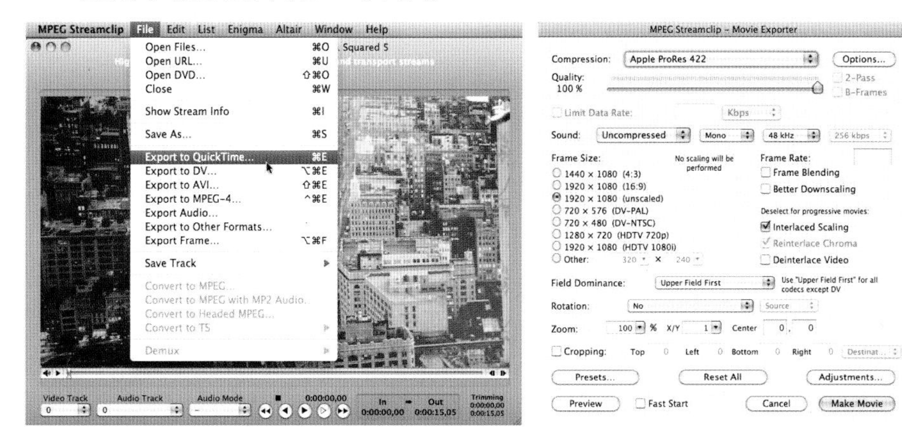

MPEG Streamclip 프로그램을 www.Squared5.com 에서 무료로 다운로드받아 설치할 수 있다.
http://www.squared5.com/svideo/mpeg-streamclip-mac.html
MPEG Streamclip 사용법은 다운로드한 이 책의 부록에 있으니 참조하기 바란다.

Unit 01 미디어 임포트 창 Media Import Window

아직까지는 전문 영상 작업에서 사용되고 있지만, 파일 기반이 아닌 비디오 테잎 방식은 점차 사라질 편집 작업 방식이다. 하여 이 부분에 대한 FCPX의 입장은 아직 HDCAM SR 등의 테잎을 사용하는 많은 전문 영상 제작자들에게 다소 논란의 여지를 남겼다. 만약 이런 비디오 테잎을 캡처해야 한다면 전문 영상 캡쳐 카드 개발사인 Blackmagic Design, AJA 또는 Matrox 회사에서 개발된 외장 캡쳐 카드를 이용해서 비디오 테잎 포맷을 FCPX에 파일로 임포트할 수 있다.

미디어 임포트 창의 사용 방법은 임포트할 미디어를 사이드 바(Sidebar)에서 선택한 후 브라우저 창에서 확인하고 임포팅 셋업 창에서 원하는 셋업으로 만든 후 임포트 버튼을 눌러서 가져오는 아주 간단한 구조이다.

임포팅 셋업 창(Import Settings)
클립을 임포팅할 때 저장장소, 메타데이터, 문제점 고치기 등의 셋업을 하는 장소. 클립을 선택한 후 아래쪽의 임포트 버튼을 누르면 선택된 클립들이 백그라운드 데스크를 사용하여 실시간으로 이벤트로 임포팅된다. 만약 테잎에서 임포팅을 하게 되면 임포팅 중지는 이 창을 닫으면 된다.

사이드 바(Sidebar)
연결된 미디어와 카메라를 보여주는 곳. 자주 찾는 장소는 파인더의 Favorite 구간처럼 따로 만들 수 있다. 아래에는 원본 저장 기능인 아카이브(Archive)를 만들어주는 버튼이 있다.

브라우저 창(Browser Pane)
선택한 디바이스나 미디어 카드 안의 클립들을 보여준다. 사용자의 편리에 따라 필름스트립 뷰나 리스트 뷰로 볼 수 있고 클립을 하나 또는 그룹으로 선택할 수 있다. 2장에서 배운 클립 크기 조절도 가능하다.

Unit 02 백그라운드 태스크 Background Tasks

파이널 컷 프로 X의 가장 큰 장점 중 하나는 다른 편집 프로그램들과는 달리 임포트 과정과 파일 변환 과정을 백그라운드에서 진행되게끔 만든 것이다. "Background"란 말은 파이널 컷 프로가 파일들을 임포트하고 분석하고 접근하는 등의 일이 진행되는 동안에도 다른 편집 작업을 할 수 있다는 뜻이다. 파이널 컷 프로 X에서는 다른 프로그램과는 달리 임포트가 끝나기를 기다릴 필요 없이 파일이 임포팅되는 중에 파일 미리보기와 편집을 거의 즉각적으로 시작할 수 있고 그 파일 변환 진행상황 역시 백그라운드 작업상황 모니터를 통해 계속 확인할 수 있다.

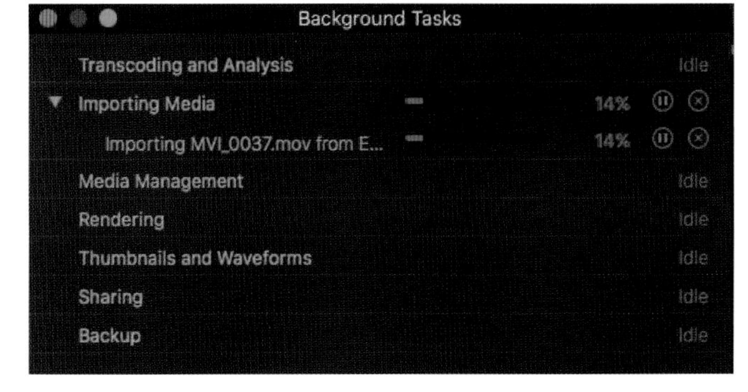

Unit 03 파이널 컷 프로 X에서 지원되는 카메라

파일을 임포트하기 앞서 먼저 내가 갖고 있는 카메라, 또는 파일이 파이널 컷 프로 X에서 지원이 되는지 확인할 필요가 있다. 사용 중인 카메라의 호환성 문제는 애플 웹사이트에서 확인할 수 있다.

링크 - https://support.apple.com/en-us/HT204203

Section 02 임포트 설정 창

Import Preferences

어떤 방법으로 다양한 미디어를 FCPX에 임포트할 수 있는지와 여러 가지 포맷에 대한 자세한 파일 임포트 방법을 지금부터 알아보자.

단순하게 생각하면 임포팅이란 카메라 또는 컴퓨터에서 만들어진 파일들을 파이널 컷 프로 X가 읽을 수 있는 파일형식으로 변환하는 과정을 말한다. 파일을 데스크톱에 있는 이벤트 폴더로 가져오지 않고 단순히 파이널 컷 프로 X에서 사용할 파일이 있는 위치로 그 링크만 만드는 경우도 있고, 직접 파일을 이벤트 폴더로 가져오는 경우도 있는데 각각의 장단점에 대해서도 알아보겠다.

여러 옵션 중 가장 중요한 것은 첫 번째 Files 구간의 두 옵션이다. 파일을 복사하기(Copy) 옵션으로 가져올 것인지 아니면 파일 링크(Leave files in place)만 선택해서 편집에 사용할 미디어 파일을 단순히 연결해서 가상의 파일을 만들어 사용할 것인지 결정하자. 초급자는 Copy to Library storage location로, 상급자는 Leave files in place 로 하기를 추천한다.

또 다른 옵션인 파일 변환(Transcoding)을 선택하면 압축된 파일을 비압축방식의 편집용 ProRes422 파일로 만들어서 시스템에 최적화된 편집을 할 수 있게 해준다. 여기에서 설정된 임포트 옵션은 파인더에서 클립을 이벤트로 드래그해서 임포트할 때 똑같이 적용된다.

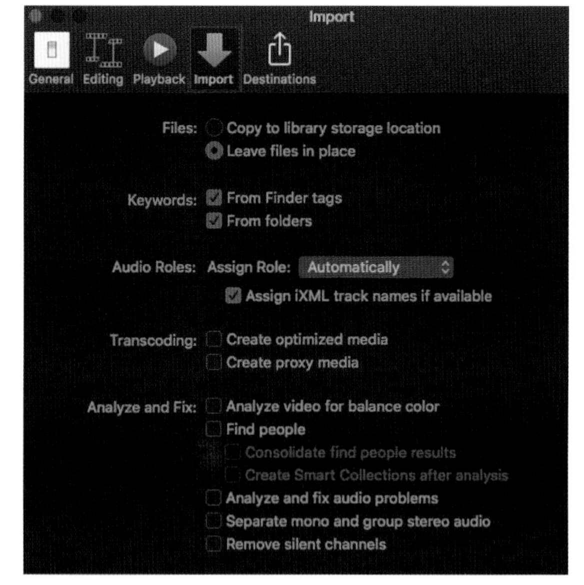

파이널 컷 프로 preferences창

임포트 방식 중 파인더에서 클립을 드래그해서 가져오는 것을 선호할 경우, 항상 이 임포트 설정 창에서 셋업을 확인해두자.

Unit 01 임포팅 설정 창 열기

임포팅 설정 창을 열기 위해서는 메뉴바에서 Final Cut Pro 〉 Preferences 클릭하거나 단축키인 ⌘+, 를 누른다.

열려진 기본 설정(Preferences)창은 편집(Editing) 설정 구간을 먼저 보여준다.

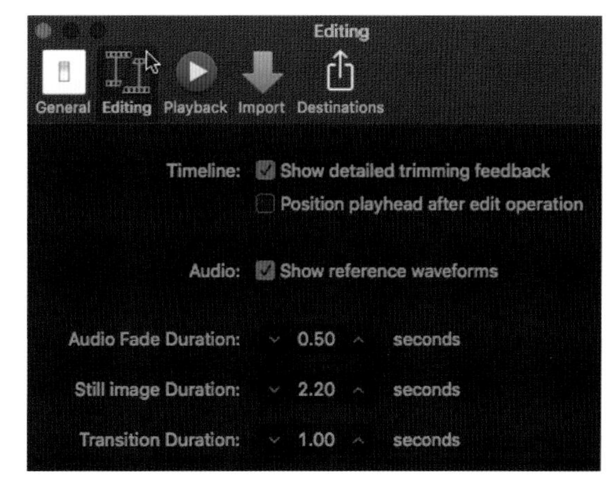

세 번째에 있는 Import 아이콘을 클릭해서 기본 설정 창을 가져오기(Import)옵션 창으로 바꿔주자. 이제 임포트 설정(Import Preferences) 창이 열린다. 다음 섹션에서 임포트(Import) 설정 창에 있는 각각의 옵션에 대해 좀 더 자세히 알아보겠다.

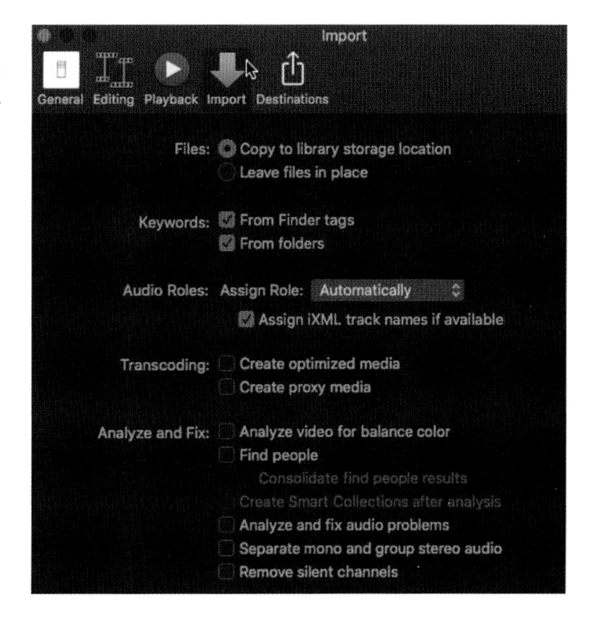

Unit 02 임포트 설정 창 알아보기

실제적인 파일 임포팅을 하기 전에 파이널 컷 프로 설정 창(Preferences)에 있는 임포트(Import) 셋업을 먼저 확인하는 게 중요하다. 지금부터 파이널 컷 프로 설정 창에 대해서 알아보도록 하자.

Unit 02.1 파일 가져오기 옵션 Files

Files: Copy to library storage location
Leave files in place

1 라이브러리로 파일 복사 또는 링크만 걸기 (Copy or Leave)

첫 번째 Copy to library storage location 항목을 선택하면, 임포트되는 모든 미디어 파일이 이벤트 폴더에 복사되어서 저장된다. 이 옵션은 임포트하는 모든 미디어 파일들을 한 장소에 모아주는 아주 편리한 기능이다. 개인으로 파이널 컷 프로 X를 처음 시작하는 사람은 모든 파일들을 한 곳으로 복사해주는 이 옵션을 선택하는 것을 권한다. 주의할 점으로는 이 옵션으로 클립을 임포트하면 모든 파일들의 복사본이 새로 만들어지기 때문에 많은 저장 용량이 필요하게 된다.

두 번째 옵션인 Leave in place를 선택하면, 임포팅되는 클립은 실제 원본 파일이 이벤트로 복사되지 않고 원본 파일과의 연결을 기억하는 가상의 클립 아이콘이 이벤트 폴더 안에 생긴다. 만약 서버가 공유된 환경에서 여러 명의 편집자들이 파일을 각자 컴퓨터로 복사하지 않고 서버에 링크만 걸어서 사용하고 싶으면 Leave in place 옵션을 선택하면 된다. 주의할 점은 이렇게 원래의 클립에 링크만 걸어서 사용하다 실수로 원본 클립을 삭제하거나 위치를 옮길 경우 오프라인(Missing clip) 클립으로 바뀌니 조심해야 한다.

⊙ 예: 복사하는 옵션과 링크만 거는 옵션으로 파일을 임포트 했을 때의 차이점

파일이 임포트된 라이브러리 안의 실제 폴더를 살펴보자. 브라우저에서 클립을 선택하여 Ctrl + Click한 후, Reveal in Finder를 선택하면 실제 라이브러리 안을 볼 수 있다.

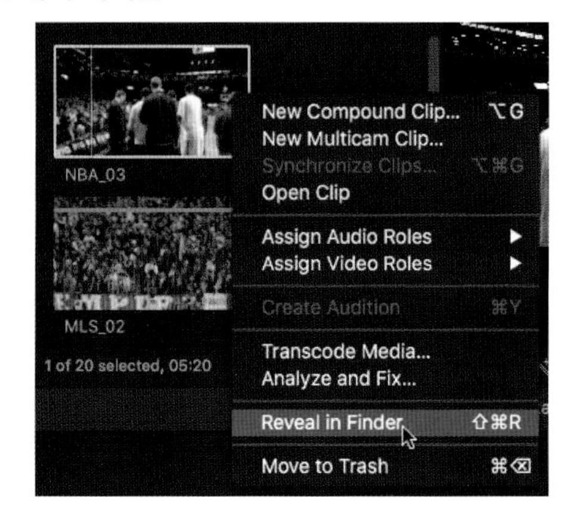

❶ 파일을 복사하는 옵션

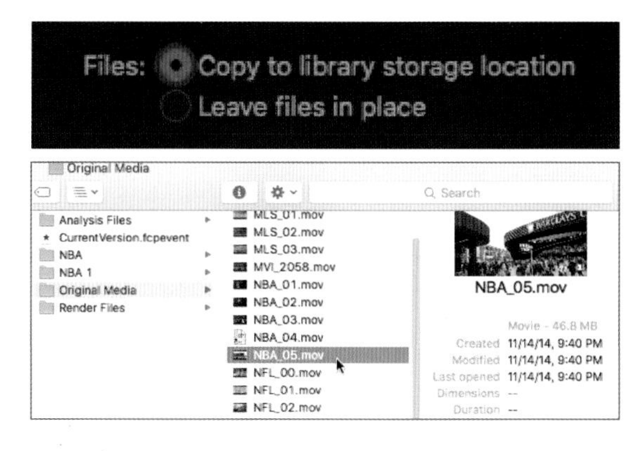

❷ 파일에 링크만 거는 옵션

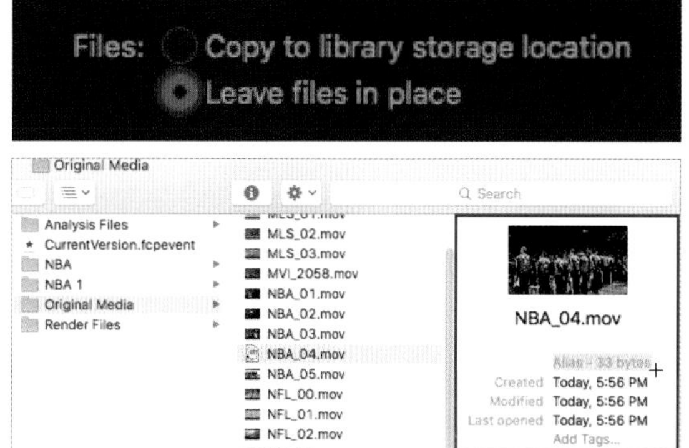

링크만 걸린 옵션에서는 파일 아이콘이 퀵타임 아이콘이고 파일사이즈가 91 bytes인 가상파일(Alias)로 표시된다.

임포트된 두 개의 파일 중 링크만 걸었을 경우 링크를 기억하는 가상의 파일로 만들어지고, 복사를 선택한 경우에는 원래 파일과 똑같은 파일이 이벤트 폴더 안에 새롭게 만들어진다. 두 개의 아이콘을 자세히 비교해보면, 링크된 가상의 파일은 화살표가 있는 아이콘으로 표시되고, 같은 클립을 복사한 복사본은 그 클립의 한 프레임이 아이콘으로 표시되고 파일 사이즈도 원본 클립과 동일하다.

Tip 가상 클립의 원본 파일 찾기

파인더(Finder)에서 가상 클립을 선택한 후 Ctrl + Click한 후, 팝업 메뉴에서 Show Original을 선택하면 원래의 클립을 보여준다.
Finder란 맥에서 하드드라이브 또는 시스템 위치를 가리킨다.

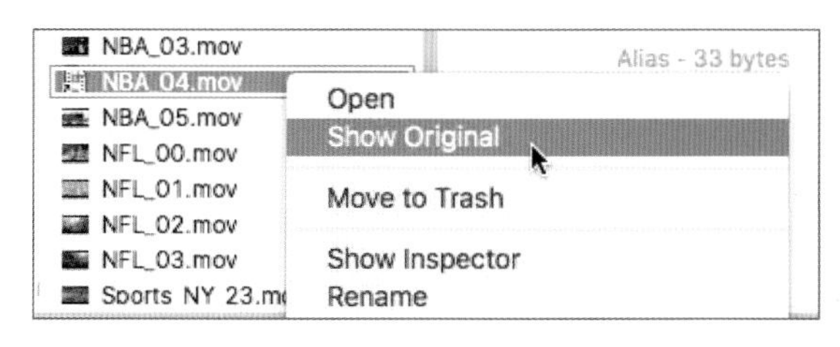

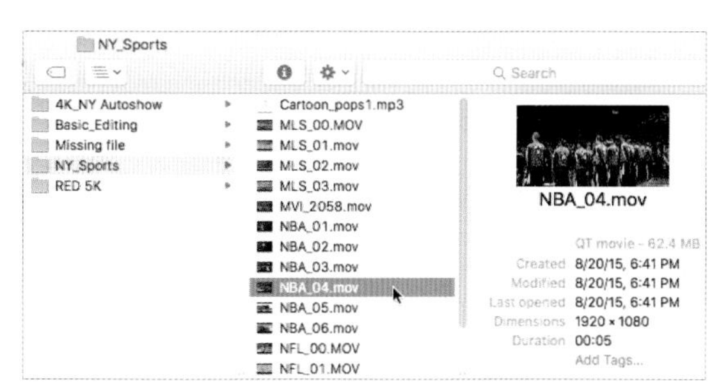

Unit 02.2 파일 변환 Transcoding

64bit용 소프트웨어인 파이널 컷 프로 X는 GPU(그래픽 카드)와의 연동을 극대화하기 때문에 H.264 등의 카메라 촬영 포맷을 임포트한 후 특별한 파일 변환 없이 바로 편집할 수 있다. 그러나 압축이 많이 된 특정한 비디오 포맷들은 복잡한 압축 알고리즘으로 인해 후반 작업 시 그래픽 효과들을 적용하거나 편집이 끝난 후 프로젝트를 출력(Export)하는 데 있어서 파일을 다시 변환해야 하기 때문에 렌더링에 많은 시간이 걸린다.

이러한 문제를 미리 해결하기 위해 FCPX는 파일을 임포트할 때 미디어의 포맷을 비압축 방식의 편집용 ProRes 422 코덱으로 변환할 수 있는 옵션을 제공한다. 이 변환 과정은 백그라운드 방식으로 진행되므로 결과를 기다릴 필요 없이 파일이 임포팅되는 중에 사용자가 편집을 시작할 수 있다.

Transcoding: ☑ Create optimized media
☐ Create proxy media

1 Create Optimized Media(미디어 최적화하기)

미디어를 최적화한다는 것은 파일 변환(Transcode)을 의미하는데, 카메라의 촬영 포맷인 H.264 또는 AVCHD 포맷을 편집용 포맷인 애플 ProRes 422로 바꾸어준다. 이렇게 편집용 코덱으로 바꾸어진 파일의 특징은:

① 편집 시 좀더 효율적으로, 안정적으로 사용할 수 있다.
② 8bit 가 아닌 10bit의 컬러 구조를 가지게 된다.
③ 잠재적으로 좀 더 좋은 화질의 화소를 가지게 된다.
④ 최종 마스터 파일을 만든 후, 다른 포맷으로 변형할 때 압축된 촬영 포맷보다 더 빨리 진행할 수 있다.

주의사항 파일 최적화는 하드드라이브에 있는 원본 파일에는 아무런 영향을 미치지 않고 ProRes422 코덱의 새로운 파일이 하나 더 만들어지는 것이다. 주의해야 할 점은 비압축 방식의 또 다른 파일이 만들어지는 것이기 때문에 이 파일들이 저장될 많은 하드드라이브 용량이 필요하다.

2 Create Proxy Media(프록시 미디어 만들기)

또 다른 항목인 프록시 미디어 옵션은 선택 시 애플 ProRes 422 Proxy 코덱을 사용하여 그 미디어의 또 다른 저화질 복사본 파일을 만드는 것이다. 저자는 많이 사용하지 않는 옵션인데 성능이 느린 데스크톱이나 랩탑을 사용하여 오프라인에서 편집을 수행할 때 필요한 옵션이다. 여러 클립을 동시에 사용하는 멀티캠 편집에서는 필수적으로 사용해야 하는 코덱이다.

참조사항 네이티브, 최적화, 프록시 미디어 클립의 장단점

파이널 컷 프로 X에는 임포팅 옵션의 선택에 따라서 미디어 파일의 복사본을 최대 세 개까지 만들 수 있다. 이 세 가지의 클립은 촬영된 파일의 복사본 파일이지만 서로 다른 코덱을 가지는 클립들이다.

❶ 카메라 네이티브(Camera Native): Original Media 폴더에 있는 원래의 촬영 포맷 파일
❷ 최적화(Optimized): Transcoded Media 폴더에 있는 고화질의 ProRes 422 포맷 파일
❸ 프록시(Proxy): Transcoded Media 폴더에 있는 저화질 ProRes Proxy 포맷 파일

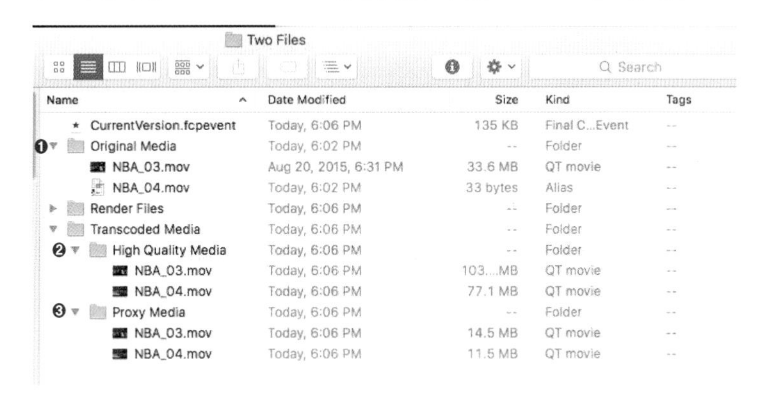

- 네이티브(Native) 미디어: 카메라에서 촬영 포맷 비디오 클립을 말한다. 예를 들면 AVCHD, H.264, DV, HDV, XDCAM 포맷이 네이티브 미디어의 포맷들이다. 카메라의 네이티브 포맷으로 편집할 경우 저장공간에 가장 많은 여유가 생긴다. 그러나 DSLR카메라에서 만든 H.264 코덱의 파일은 압축이 많이 되어 있는 포맷이라 바로 편집할 경우 좀 빠른 성능의 컴퓨터를 필요로 한다.

- 최적화(Optimized) 미디어: ProRes 422 포맷의 비디오 클립을 말한다. 미디어를 임포트할 때 "Optimize Media" 옵션을 선택하면 FCPX가 원래 비디오 클립을 Apple ProRes 422 또는 HQ로 자동 변환시켜서 새로운 파일을 하나 더 만든다. 이 최적화된 클립은 편집 시 드롭 프레임(Drop Frame)을 발생시키지 않고 최상의 화질을 보장하나 많은 저장공간을 필요로 한다(한 시간 분량의 ProRes 422 클립 = 약 60GB).

- 프록시(Proxy) 미디어: 저사양 맥에서 편집하기 적합한 Apple ProRes Proxy 포맷의 비디오 클립을 말한다. 화질은 조금 떨어지지만 프록시 미디어의 크기가 ProRes 422의 4분의 1 정도이기 때문에 느린 컴퓨터로 네이티브 포맷을 편집할 때보다는 훨씬 부드러운 영상재생을 실현한다. 프록시 클립으로 편집을 끝낸 후 원래의 클립으로 다시 연결만 하면 된다(한 시간 분량의 프록시 클립: 약 18GB).

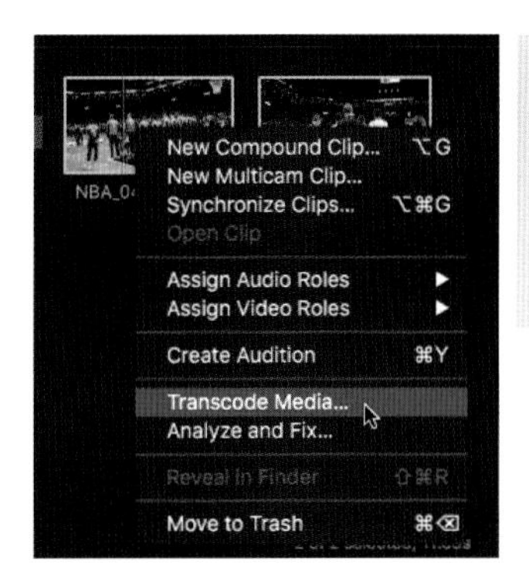

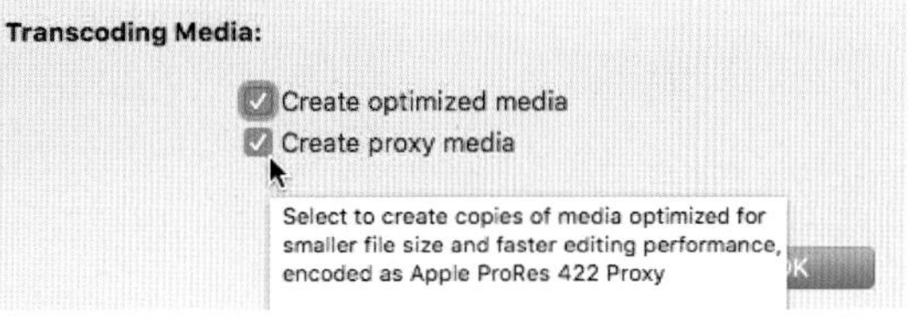

모든 카메라 포맷들이 최적화가 필요한 것은 아니다. DV와 AVC-Intra, XDCAM등의 포맷은 편집용 미디어 포맷들이기 때문에 최적화하지 않고도 바로 편집할 수 있다. 클립을 임포트할 때 최적화 옵션이 선택되지 않는다면 이는 지금 가져올 비디오 포맷이 이미 편집용 네이티브 포맷이고 ProRes 422로 변환시키지 않고도 바로 편집에 사용 가능하다는 의미이다. 그런 이유로 임포트되는 파일이 DV, DVCAM, DVCPRO HD, XDCAM 등의 네이티브 포맷 파일이라면, 이 항목이 선택되어 있더라도 트랜스코딩(변환)이 따로 되지는 않는다.

ProRes 422는 ProRes Proxy보다 훨씬 높은 비트 레이트를 가지고 있어서 ProRes 422의 화질이 ProRes Proxy의 화질보다 우수하다. 이는 색보정(color correction)이나 크로마 키 이펙트, 영상에 모션 효과를 줄 때 확연히 드러난다. 그러나 일반 카메라의 이미지를 이펙트를 많이 쓰지 않고 단순히 캡처하고 편집만 하는 경우라면, 최적화 미디어와 프록시 미디어 사이의 차이점을 거의 느낄 수 없을 것이다.

주의사항 **편집할 클립 포맷 선택하기**

만약 3가지의 다른 포맷으로 클립들이 모두 임포트되어 있다면 이들 중 하나의 포맷을 선택해서 편집을 할 수 있다. 사용하는 맥의 성능에 따라 네이티브(촬영포맷) 클립, 최적화된 클립 또는 프록시 클립파일 중 하나를 뷰어 창에서 선택하면 된다. 최적화(Optimized)된 클립이 이미 있으면 네이티브 파일보다 우선해서 재생된다.

프록시 파일을 이용해서 편집하고 싶다면 뷰어 창 보기 옵션에서 Proxy을 선택하면 된다.
네이티브, 최적화된 클립을 사용해서 편집하고 싶다면 Original/Optimized을 선택하면 된다.

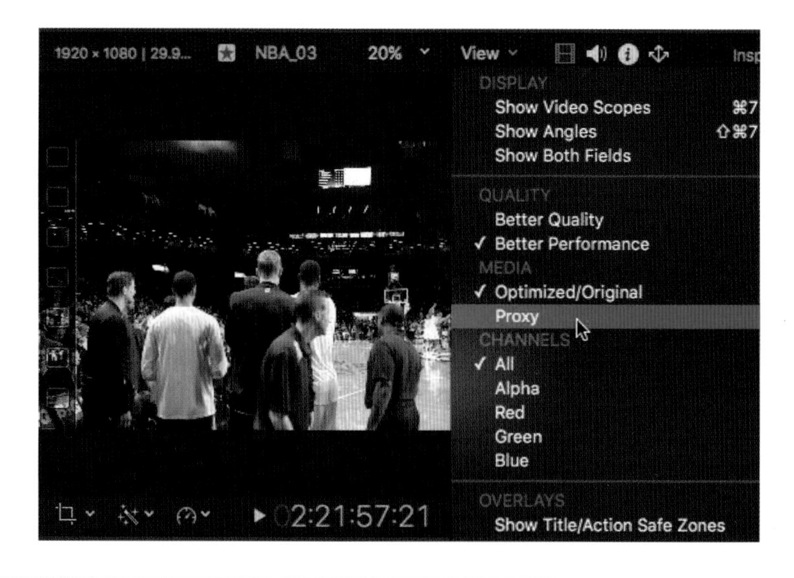

Unit 02.3 키워드 컬렉션 Keywords

키워드는 파이널 컷 프로에서 손쉽게 파일들을 정리하고 찾게 할 수 있는 데이터 베이스 기능 중의 하나인데 좀 더 자세한 설명은 5장에서 다루겠다.

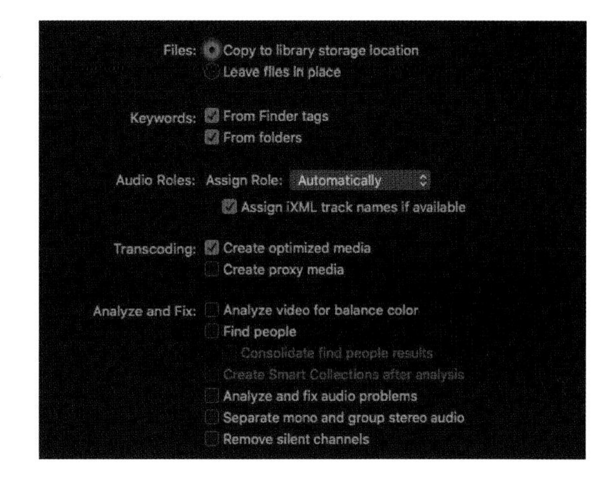

1 From Finder tags

파일 정리를 위해 파인더에서 사용한 메타 테이터인 태그(Tag)를 키워드로 가져오는 옵션. 각 파일에 지정된 태그가 하나의 키워드로 적용된다.

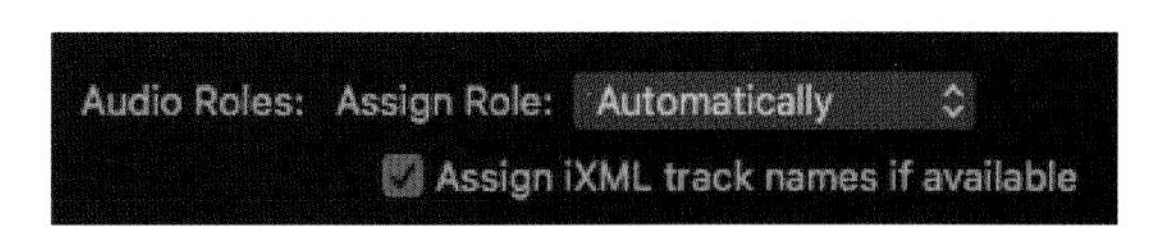

2 From Folder

임포트한 폴더 이름이 키워드로 만들어진다. 만일 폴더를 선택하지 않고 그 안에 있는 파일을 직접 선택하면 폴더 이름이 키워드로 만들어지지 않는다. 이 항목을 선택하면 미디어가 원래 저장되어 있는 폴더의 이름이 키워드 카테고리로 정리된다.

Unit 02.4 오디오 Audio

오디오 파일에 들어있는 메타데이터를 공유하는 옵션이다. 예를 들어 16 비트 또는 24 비트 오디오 파일 포맷 종류 등등의 종류를 다룬 오디오 편집 소프트웨어와 공유한다.

Audio Roles: Assign Role: Automatically
Assign iXML track names if available

Unit 02.5 분석 후 고치기 Analyze and Fix

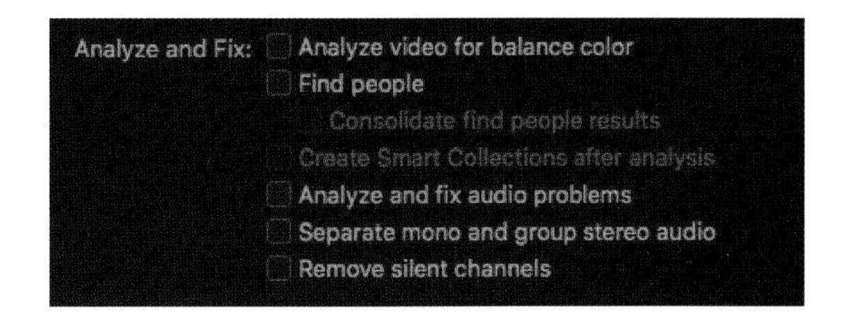

1 Analyze for balance color(컬러 밸런스)

잘못된 컬러 이미지인 컬러캐스트(Color Cast) 문제와 너무 높은 명암(contrast)과 관련한 문제점이 있으면 이 부분 역시 자동으로 고칠 수 있다. 파일 임포트 시 색감 문제점을 찾아서 자동으로 그 문제를 해결해주는 기능이지만 파일을 분석할 때 시간이 많이 걸리기 때문에 모든 파일을 먼저 분석하는 것보다는 파일을 임포트한 후에 필요한 파일만 따로 선택해서 분석하기를 권한다.

2 Find people(인물 찾기)

클립의 샷(shot) 안에 몇 명의 인물들이 있는지 또는 어떤 종류의 크기 샷(클로즈업 샷, 미디엄 샷)인지를 구별해준다. 하지만 iPhoto에 있는 얼굴인식 기능은 아니기 때문에 클립 안에 어떤 사람이 있는지를 구분해주는 것은 아니다.

"Consolidate find people results"는 사람들이 프레임 안에 평균 몇 명이나 있는지 알고 싶을 때 선택하면 되는 기능이다.

3 Create Smart Collections after analysis(비디오 클립 분석 후 스마트 컬렉션 만들기)

앞에서 언급한 인물찾기 기능 등의 결과를 더 유용하게 쓰고 싶을 때 이 항목을 선택하길 권한다. 이 항목을 선택하면 이벤트 안에서 스마트 컬렉션을 이용해 비슷한 클립들을 빠르게 정리할 수 있다.

FCPX에서는 비디오뿐만 아니라 오디오의 일반적인 문제점 역시 자동으로 분석한 후 고칠 수가 있다. 오디오 분석은 비디오 분석과 달리 굉장히 빠르게 진행되므로 오디오 분석 설정 창의 세 가지 항목을 다 선택해서 오디오의 문제점을 미리 고치기하는 걸 권한다.

4 Analyze and fix audio problems(오디오 문제 분석하고 고치기)

이 항목을 선택하면, 오디오 트랙을 분석해 잡음이나 웅웅거리는 소리, 소리 크기가 다른 문제점(Noise, Hum, Loudness)들을 찾아내 자동적으로 고쳐준다. 이 오디오 자동 고침 기능은 클립을 임포트한 후 언제라도 지울 수 있고 분석에 시간이 많이 걸리지 않기 때문에 임포트할 때 이 옵션을 꼭 선택하길 권한다.

5 Separate mono and group stereo audio(모노와 그룹 스테레오 오디오 분리)

이 기능은 오디오 채널들을 분석하고 분류해준다. 음악이나 사운드 효과를 위해서는 스테레오 형식의 믹스 방법이 좋으나 인터뷰에서는 모노 형식이 좋다. 인터뷰는 각각의 목소리를 각각의 채널을 통해 녹음해야 하고, 오디오는 듀얼채널 모노 형식으로 임포트해야 한다.

6 Remove silent channels(무음 채널 지우기)

최근에 많이 사용되는 Sony PMW350 같은 전문가용 카메라는 오디오 트랙을 네 개까지 사용할 수 있지만 일반적인 카메라의 경우 보통 오른쪽과 왼쪽으로 분리해서 두 개의 트랙을 사용하여 오디오 트랙을 구성한다. 이 옵션을 선택하면 이들 오디오 채널 중 사용되지 않은 오디오 채널을 FCPX가 자동으로 지워준다. 하나의 레코더만 사용해서 한쪽의 채널로만 오디오를 녹음할 경우 사용되지 않은 다른 트랙은 임포트 시 자동으로 삭제되어서 사용된 오디오 트랙만 임포트된다.

Section 03 파일 임포트하기

Importing Files

많이 사용하는 DSLR 카메라에서부터 메모리 카드를 사용하는 비디오 카메라는 메모리카드가 연결되는 순간 자동으로 인식되어 임포트 창이 열린다. 미디어 카트가 있는 카메라를 파이널 컷 프로에 직접 연결하기보다는 미디어 카드 리더기를 통해서 파이널 컷 프로와 연결하면 파이널 컷 프로는 미디어 카드 자체를 카메라와 동일시한다.

그외 Red 카메라의 5K와 Raw 파일 포맷 또는 Sony XDCAM 등의 다양한 비디오 포맷까지 플러그인을 설치하면 간편하게 파일을 선택해서 임포팅할 수 있다. 각 카메라 제조사의 웹페이지에서 필요한 파이널 컷 X 플러그인을 확인해서 설치하기 바란다.

4가지 종류의 파일 임포트 시작 방법

① 임포트 미디어 버튼(Import media button) 이용하기

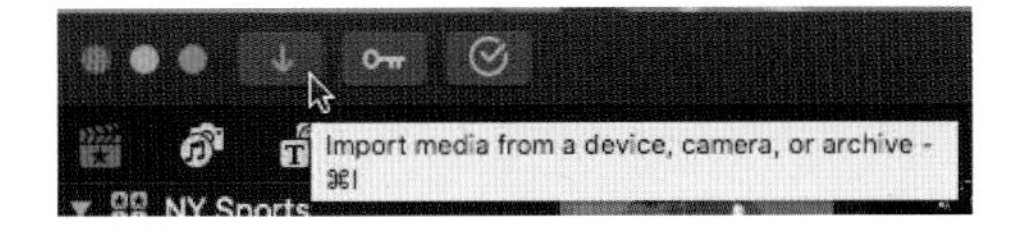

② 메뉴에서 File 〉 Import 〉 Media 선택하기

③ 라이브러리 또는 이벤트를 Ctrl + 클릭한 후 팝업 메뉴 이용하기

④ 새로 만들어진 이벤트 브라우저에는 임포트 파일 버튼이 있다.

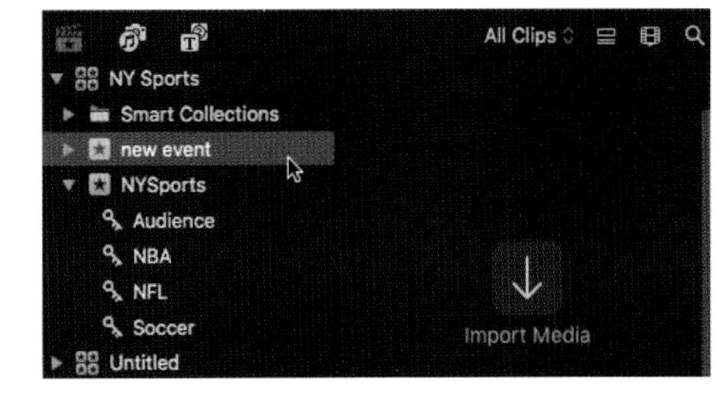

Unit 01 촬영된 미디어 파일 임포팅 Importing Files

DSLR 카메라 또는 AVCHD 비디오 카메라에서 촬영한 비디오 파일을 임포트하는 방법은 무척 간단하다. 촬영한 미디어카드를 맥에 연결하는 순간 오픈된 파이널 컷 프로 X는 자동으로 이 카드를 인식한 후 Media Import 창을 오픈한다.

주의사항 촬영된 미디어 카드에서 클립을 임포트할 때는 파이널 컷 이벤트 폴더로 파일들 링크하기(Leave files in place) 옵션이 비활성화되고 무조건 파일을 라이브러리(Copy to library)로 복사하게 만든다. Offline 파일을 방지하기 위해 촬영된 메모리 카드에서는 무조건 파일을 복사하게 만드는 아주 똑똑한 기능이다.

참조사항 DSLR 카메라에서 많이 사용하는 촬영포맷인 H.264 비디오 파일은 놀라운 압축율 때문에 촬영과 웹용 포맷으로는 아주 훌륭하지만 편집용으로 사용하기에는 렌더링의 제약이 따른다. 물론 H.264 비디오 파일을 FCPX에서 그대로 사용할 수도 있지만 임포트할 때 파일 최적화를 시켜 압축된 파일을 ProRes422코덱으로 변환해서 편집을 진행하면 나중에 컬러 보정과 모션 그래픽을 적용시킬 때 렌더링이 빨리 된다는 장점이 있다.

Sony A9

Panasonic GH5

Canon 80D Canon 5D Mark 4

SDHC 메모리 카드

Compact Flash 메모리 카드

Sony NXCAM 비디오 카메라

Sony HDC-CX12

Panasonic HMC40

주 의 사 항 자동으로 뜨는 Media Import 창

FCPX가 켜져 있는 상태에서 임포팅할 SDHC나 CF메모리카드를 USB 카드 리더기로 컴퓨터에 연결시킨 후 SDHC나 CF 메모리카드가 인식이 되면 Media Import 창이 자동으로 뜨게 된다. 보통 파일 임포팅이 익숙해진 후에는 열린 Media Import창에서 다음 단계를 시작하지만 이 책의 따라하기에서는 열린 Media Import창을 먼저 닫아주고 다시 이벤트 브라우저 창에서 시작을 하기 바란다.

컴퓨터에 메모리 카드를 연결하면 자동으로 Photos 창이 뜰 수도 있다. 이럴 경우 Photos 어플리케이션을 먼저 종료하고, 파이널 컷 프로 X에서 임포팅을 하는 것을 권한다.

먼저 사용할 이벤트 또는 라이브러리를 결정한 후, Ctrl + 클릭하면 뜨는 팝업 창에서 Import Files를 선택한다(⌘+I).

카메라 임포트 창이 열린다. 왼쪽에 위치한 카메라 리스트에서 임포트할 카메라 또는 미디어카드 아이콘을 선택한다.

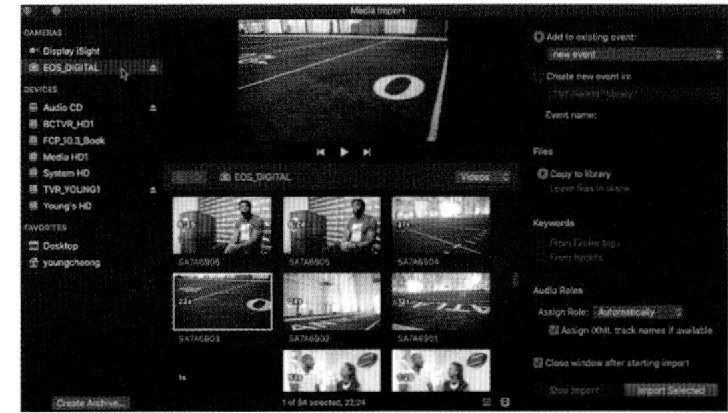

예제의 그림에는 캐논 EOS 시리즈인 5D 카메라로 촬영된 SD카드가 연결되어 있다.

참 조 사 항

미디어 카드에서 하드 드라이버로 파일을 복사 시 팁! 미디어 카드에 있는 파일들을 하드 드라이브 안에 새로운 Folder를 만들어 옮겨놓지 않고 그대로 사용하는 경우가 있다. 이 경우, 파이날 컷에서 파일을 하드 드라이버로 부터 임포트할 때 임포트 창은 이 하드 드라이브를 비디오 카메라로 인식해서 그 안에 있는 모든 클립을 정리하지 않고 보여주는 문제가 생긴다. DSLR 또는 다른 비디오 카메라에서 사용된 미디어카드를 복사할 경우 항상 하드 드라이브 안에 새 폴더를 만든 후 그 안에 저장 하자.

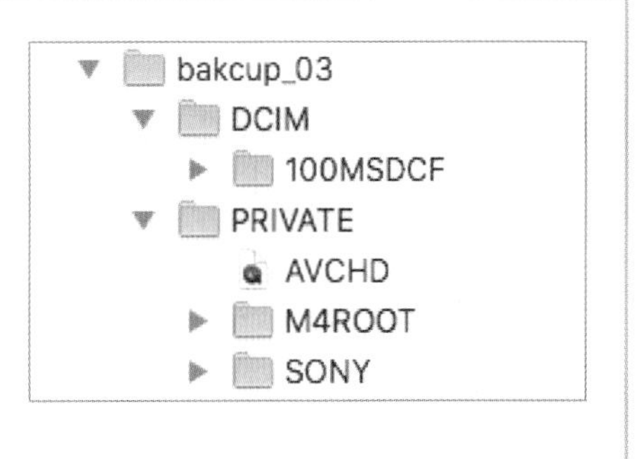

03 임포트 창 미리보기 구간에서는 클립들의 아이콘이 보인다. 이 썸네일들을 스키밍(훑어보기)하거나, 클립을 마우스로 선택한 후 프리뷰 창의 중간에 있는 플레이백 컨트롤을 이용해 클립들을 프리뷰할 수도 있다.

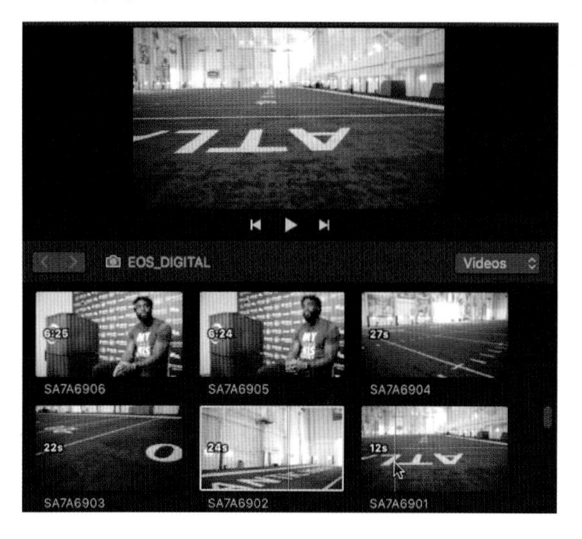

아이콘들 위의 시간표시는 각각의 클립들의 시간 길이를 나타낸다.

참조사항

임포트 창 오른쪽 아래에 있는 클립 아이콘 크기 조절 바를 이용해서 클립 아이콘의 길이를 조절할 수 있고 오디오 웨이브폼을 같이 보여주는 옵션이 선택 가능하다. 또한 이미 한번 임포트된 클립은 숨겨주는 기능도 활성화시킬 수 있다.

저자는 클립이 긴 필름 스트립 모양보다는 작은 아이콘으로 보이는 것을 선호하기 때문에 클립 길이(Duration) 조절 바를 왼쪽 끝으로 설정하고 클립 사이즈(Clip Size) 조절은 중간으로 설정해서 클립 이름도 같이 보길 원한다.

임포트하고 싶은 클립의 아이콘들을 선택한다. Shift + Click이나 ⌘ + Click을 이용해 여러 개의 클립을 동시에 선택해서 임포트할 수 있다.

참조사항 카드 안에 있는 모든 클립을 임포트할 경우에는 전체 선택(⌘ + A)을 해준다.

이전에 한번 임포트된 클립 아이콘 위에는 아래와 같이 흰색 선들이 나타난다.

05 최종 확인 창인 임포트 옵션창에서 원하는 설정과 옵션들을 확인하자. 시작할 때 지정한 이벤트가 설정 임포트 이벤트로 지정되어 있다. 임포트 옵션 창에 있는 여러 옵션에 관한 자세한 설명은 이전 임포팅 설정 섹션을 참조하기 바란다.

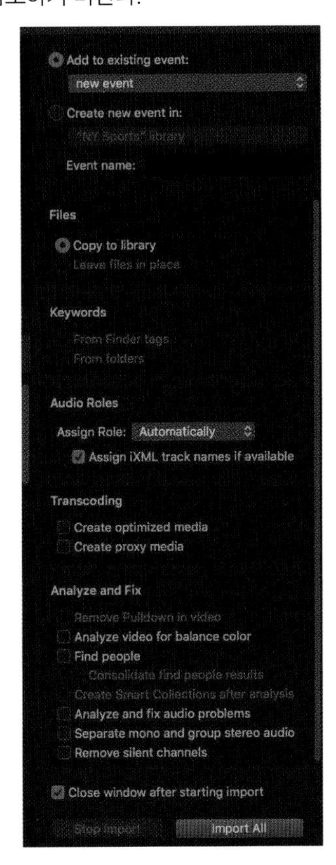

06 트랜스코딩, 비디오, 오디오 분석 설정을 아래와 같이 선택하고 Import를 클릭한다.

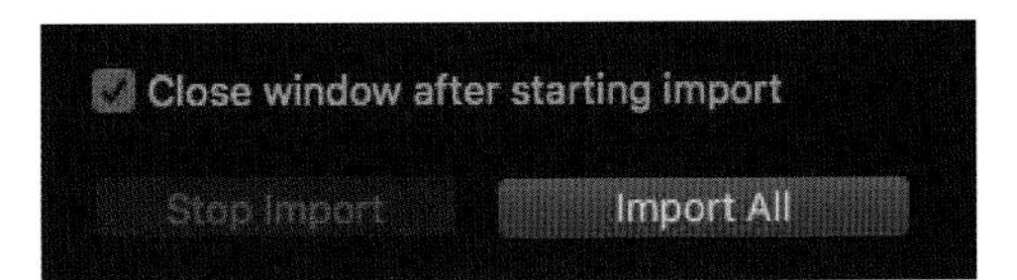

임포트 창의 옵션들에 대한 더 자세한 설명은 이전의 "Import Settings" 섹션을 참조하도록 하자.

임포트되는 클립 왼쪽 아래에 흰색 원이 보이면서 현재 백그라운드에서 이 클립이 임포트되는 상태를 알려준다.

주 의 사 항

클립 왼쪽 아래에 흰색 원이 보이면 아직 이 클립은 미디어카드에서 라이브러리로 복사되고 있는 중이므로 절대 미디어 카드를 강제로 꺼내기(Eject) 또는 파이널 컷 프로를 종료하면 안된다. 이럴 경우 임포트가 진행 중이던 클립들을 다시 임포트해야 한다.

선택한 클립들이 브라우저로 임포트되고 임포트 창이 닫힌다. 브라우저 창에 임포트된 클립들이 보인다. 자신이 사용하는 메모리카드에 따라 아래에 있는 클립의 이름이 달라질 수 있다.

여러 번 반복해서 클립들을 임포트해야 할 경우는 Close window after starting import 체크박스를 비워두면 클립 임포트 후에도 임포트 창이 열려있게 된다.

참조사항 클립들을 임포트할 파일을 저장할 이벤트는 언제라도 새로 지정할 수 있다.

- Create New Event(새로운 이벤트 만들기)를 선택해서 새로운 이벤트로 클립을 임포트해도 되고 기존에 있는 이벤트 중 하나를 최종 임포트 옵션 창에서 다시 지정할 수 있다.

❶ **기존에 존재하는 다른 이벤트로 클립을 임포트할 경우**: Add to existing event에서 사용할 이벤트를 변경할 수 있다.

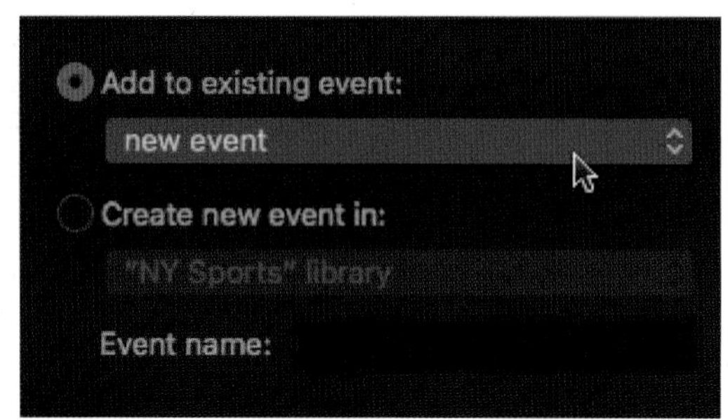

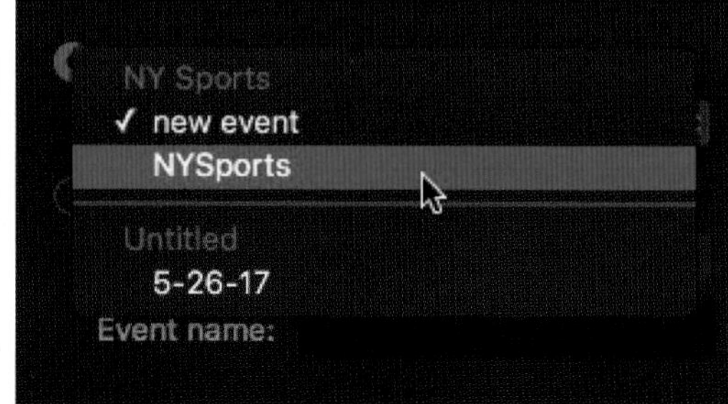

❷ **새로운 이벤트를 만들어서 클립을 임포트할 경우**: Create New Event를 선택해서 새 이벤트를 만들 수 있다.

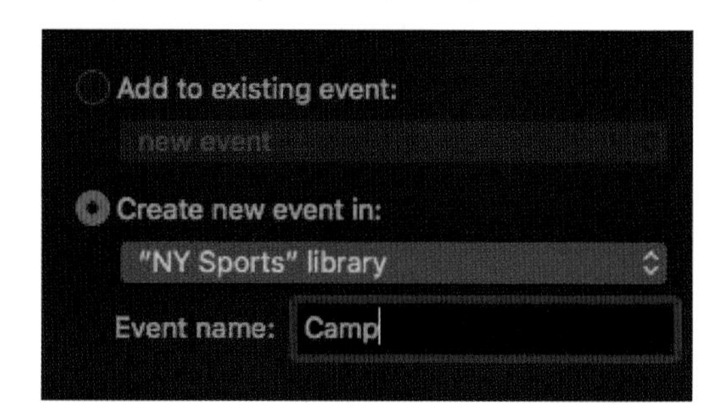

- **사용할 라이브러리 선택**: 여러 개의 라이브러리가 열려 있을 경우 임포트 설정 창에서 저장 라이브러리를 언제든지 바꿀 수있다.

참조사항 백그라운드 태스크(Background Tasks) 창

백그라운드 태스크란 임포트 과정이 진행될 때 진행과정을 확인할 수 있는 창을 말한다. 화면 중간 대쉬보드(Dashboard)에 위치한 백그라운드 태스크 버튼(Background Task Button)을 클릭하면 아래와 같이 진행과정을 보여준다(단축키 ⌘ + 9).

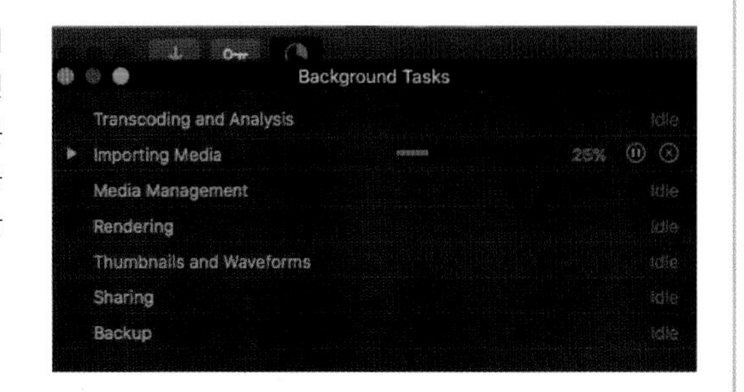

임포팅이 여전히 진행 중인 경우, 백그라운드 태스크 인디케이터는 완성도를 가리키는 정도를 흰색 원으로 알려준다. 작업이 완료되었면 체크 표시로 바뀐다.

참조사항 내장용 웹캠인 FaceTime HD 카메라나 연결된 iPhone에서도 손쉽게 클립을 임포트할 수 있다. 방식은 미디어카드에서 파일 가져오기와 동일하니 참조하기 바란다.

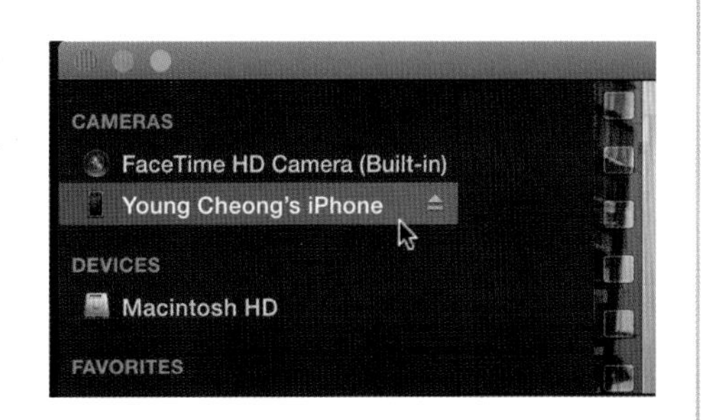

참조사항 미디어 카드를 제거(eject)할 수 없는 경우

FCPX에서 소스 클립을 임포트할 때 파일 최적화 옵션을 선택했다면 새로운 파일이 백그라운드에서 만들어진다. 이럴 경우 이 미디어카드는 아직 사용 중이기 때문에 Eject(카드 제거)를 할 수 없다. 파일 최적화가 끝나지 않았다면 아래와 같이 미디어 카드를 제거할 수 없다고 알리는 창이 뜬다.

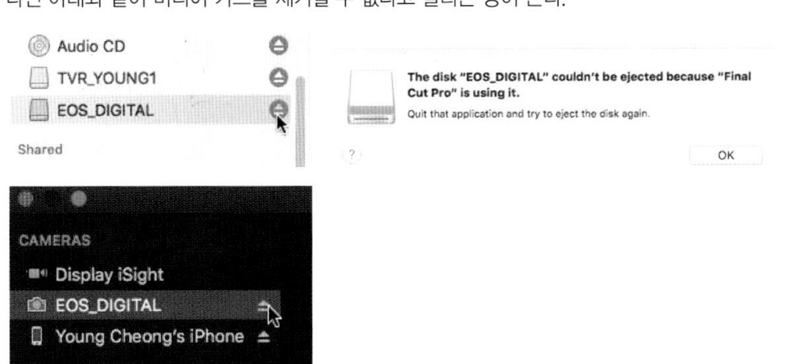

Unit 02 데스크톱에서 임포트하기 Drag & Drop Importing

가져오기 하고 싶은 파일을 파인더(데스크톱)에서 또는 iPhoto 등의 응용 프로그램에서 바로 드래그해서 가져올 수 있다. 이때 가져오는 파일은 이전에 셋업한 임포트 preferences의 설정에 맞추어 임포트된다.

파인더(데스크톱)에서 이벤트 아이콘 위로 드래그해서 임포트하기

임포트할 파일이 있는 폴더를 파인더에서 열어서 선택한다. 부록으로 제공된 FCP_X_Book_Young〉 Original File〉 4K_NY_Autoshow 폴더 안에 있는 클립들을 선택하자.

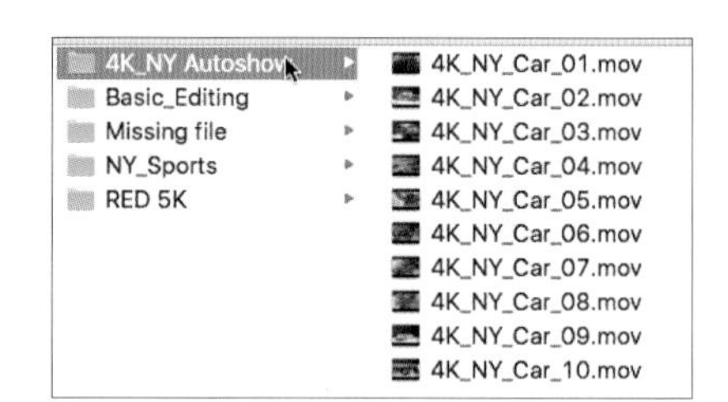

4K_NY_Autoshow 안에 있는 클립들을 선택한 후 브라우저 또는 이벤트 아이콘 위로 드래그하면 파일이 임포트된다. 추가되는 클립 개수 만큼의 숫자와 녹색 사인이 보인다.

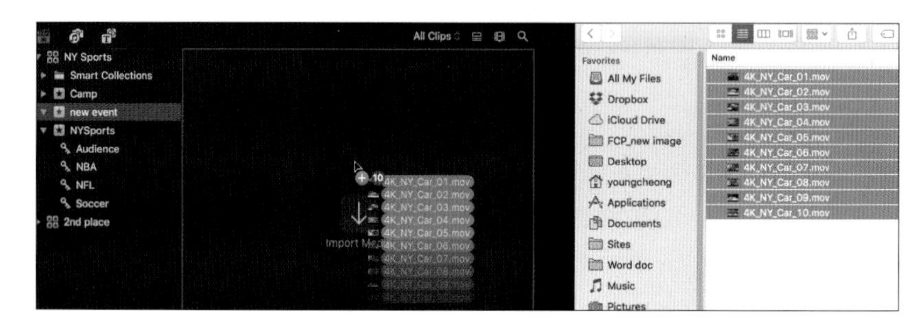

라이브러리 아이콘 위로 클립들을 바로 드래그하면 임포트가 되지 않는다. 클립들을 데스크톱에서 드래그할 때에는 항상 이벤트 아이콘 또는 브라우저 위로 가져와야 한다.

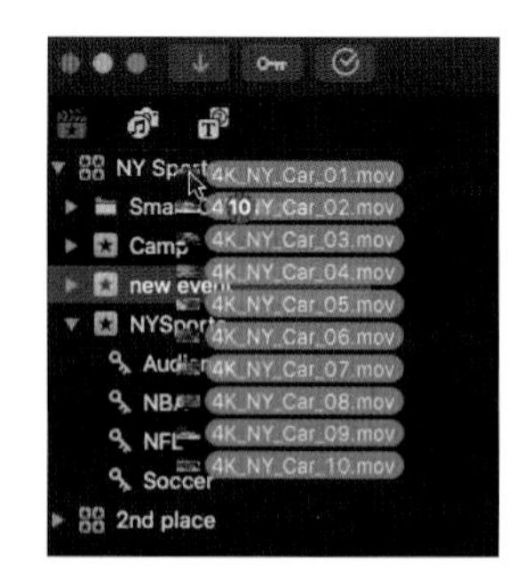

Tip 많이 추천하지는 않지만 파인더(데스크톱)에서 파일들을 파이널 컷 프로 x 타임라인 위로 드래그해도 파일들이 임포트된다. 그리고 이 클립들은 현재 선택되어 있는 이벤트에 저장된다.

파인더(데스크 톱)에서 브라우저로 직접 드래그한 클립은 이전에 설정해둔 임포트 창 셋업을 따른다. 사용되는 모든 미디어 파일은 임포트된 후에도 최적화와 분석이 언제나 가능하기 때문에 시간이 많이 걸리는 분석(Analyze)작업은 파일을 가져온 후 사용할 파일만 선택해서 나중에 분석하기를 권한다.

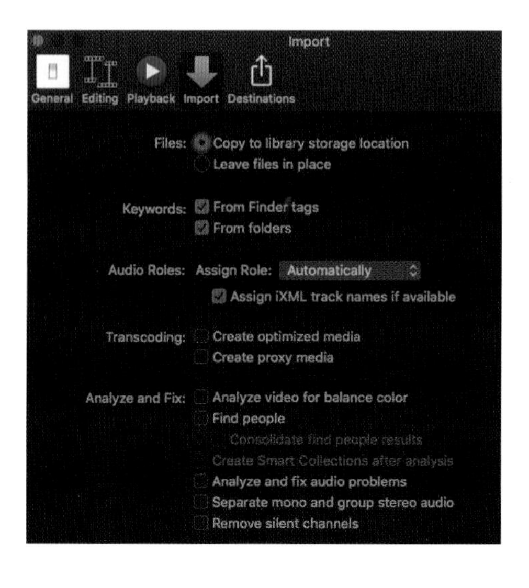

Unit 03 테잎 기반 캠코더Tape-Based Camera에서 임포팅하기

miniDV 또는 HDV 포맷 테잎을 사용하는 카메라는 예전보다 많이 사용하지 않는 추세이다. 하지만 아직도 FireWire 포트를 사용해서 비디오 테잎을 컴퓨터로 임포트해야 하는 경우가 있기 때문에 FCPX 에서는 비디오 테잎을 임포트할 수 있는 기능이 지원된다.

"Import Settings" 섹션에서 설명한 바와 같이 똑같은 설정과 옵션들을 적용해서 미디어 임포트 창을 연 후 테잎을 플레이하면서 실시간으로 클립을 캡처할 수 있다. 임포트 방식은 플레이 앤 캡처이기 때문에 따로 부가적인 설명은 하지 않겠다.

테잎 기반 비디오 카메라

HDV 테잎

Sony HDV 비디오 카메라

Canon HDV 비디오 카메라

참조사항 MiniDV와 HDV 포맷

한국에는 SONY 캠코더가 보편화되어 있어서 파이어 와이어(FireWire)가 IEEE1394a (FireWire 400) 또는 SONY에서 이름붙인 iLink 등으로 더 알려져 있다.

대부분의 DV카메라는 4 pin을 사용하며 Mac 컴퓨터는 6 pin 또는 9 pin을 사용한다. 2011 이후의 많은 맥 컴퓨터 모델은 파이어 와이어(FireWire) 포트가 없기 때문에 이 썬더볼트 어댑터를 사용해서 비디오 클립을 읽을 수 있다.

FireWire 800 (9 pin)

FireWire 400 (좌측: 6 pin, 우측: 4 pin)

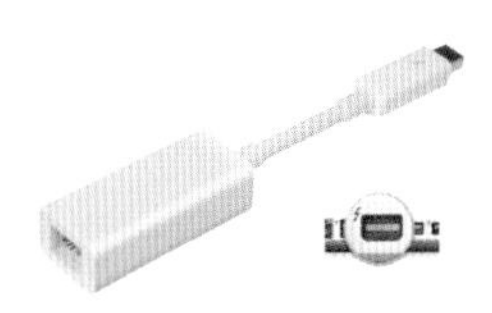
썬더볼트 어댑터

Section 04 애플 어플리케이션에서 임포트하기

FCPX는 애플 어플리케이션인 Photos, iTunes, GarageBand와 호환된다. 이 프로그램들 안에 있는 음악 파일이나, 이미지, 동영상 파일을 FCPX 창 안에 내장된 콘텐츠 브라우저로 바로 불러올 수 있다. 연동된 어플리케이션에서 파일을 가져올 때에는 미디어에 임포터 창을 사용하지 않고 라이브러리 상단에 있는 Photos and Audio side bar를 사용한다.

Unit 01 iTunes에서 음악파일 임포트하기

01 바로 전 섹션에서 배운 Photo 브라우저에서 사진파일 가져오기와 비슷한 방식으로 파인더 안의 음악 폴더나 iTunes 안의 오디오 파일을 같은 방식으로 임포트할 수 있다. Music and Sound 브라우저를 통해 FCPX가 제공하는 여러 가지 사운드 효과 파일이나 아이튠즈 라이브러리에 있는 MP3 파일들을 모두 사용할 수 있다.

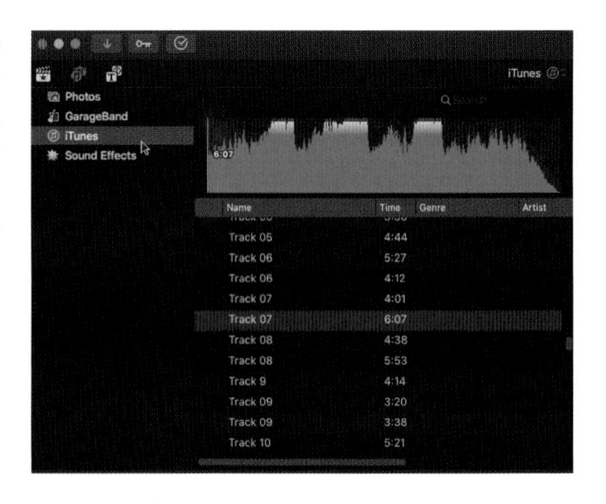

Section 05 SONY XDCAM 파일 임포트하기

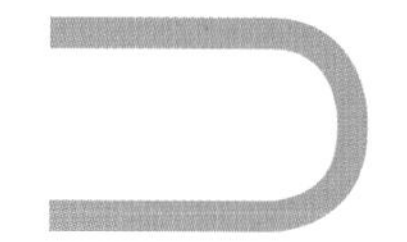

방송 비디오 포맷으로 가장 많이 사용되는 소니의 4K용 XAVC 또는 XDCAM 포맷의 파일 가져오기 방법을 알아보자.

Pro Video Formats 파일을 설치한 Final Cut Pro X 는 Sony XAVC, XAVC S, XDCAM, XDCAM HD, and XDCAM EX를 네이티브 포맷으로 지원한다. 파이널 컷 10.2 버전부터는 따로 플러그인을 설치하지 않고도 이런 Sony의 XAVC와 XDCAM 포맷을 바로 임포트해서 편집할 수 있다.

Pro Video Formats 2.1

Download

Unit 01 XAVC 포맷이란?

4K 영상 포맷을 위해 소니에서 2012년도에 개발한 Mpeg-4 AVC 방식의 촬영 포맷이다. 사용하는 카메라 기종에 따라 최고 12-bits의 4:4:4 의 비압축 컬러 샘플링으로 파일을 만든다. 대표적으로 F5 또는 F55 카메라는 4K 방송 촬영용으로 많이 쓰인다. 프로용의 XAVC와 더불어 소비자용 촬영 포맷으로 XAVC-S를 이용하는 A7s 와 FDR-AX100등의 카메라가 최근에 소개되었다.

Sony F5/F55 카메라

Sony A7s DSLR 카메라

FDR-AX100캠코더

4K 영상 촬영에 사용되는 Sony XQD 카드

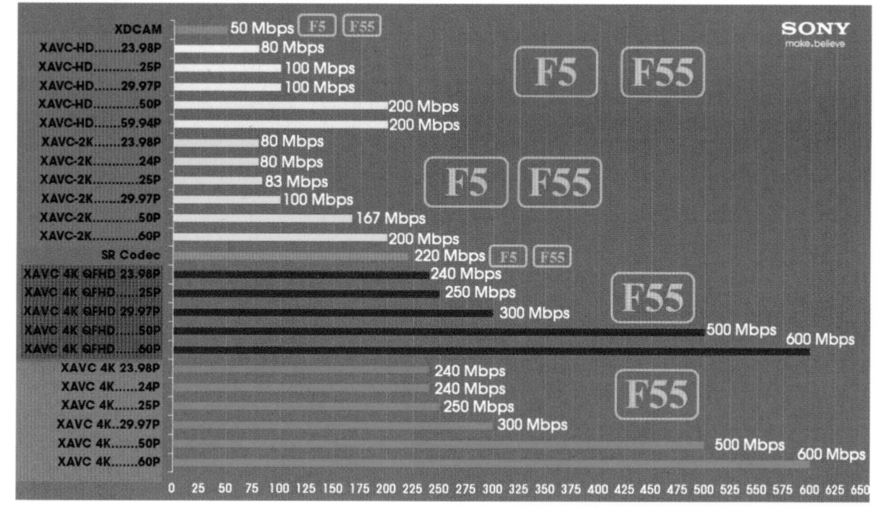

XAVC 카메라 데이터 레이트

Unit 02 XDCAM 포맷이란?

SONY XDCAM 포맷은 XDCAM, XDCAM EX, XDCAM HD, XDCAM HD422 이렇게 네 가지 종류로 분류된다. 소니 XDCAM EX카메라는 저장매체로 SxS card를 사용하고 XDCAM HD와 XDCAM HD422 방식은 저장매체로 프로페셔널 광학디스크를 사용한다. FCPX에서 XDCAM 포맷 파일을 가져오기 위해서는 먼저 소니에서 제공하는 트랜스퍼 소프트웨어 플러그인을 설치한 후 FCPX에서 임포트를 클립들을 통해 이벤트로 가져올 수 있다.

▶Sony SxS 카드

Sony의 SxS 카드 리더기를 이용해서 파일을 읽는다.

SxS 카드에서 영상파일을 불러들이는 방법에는 USB 케이블을 Sony의 SxS 카드 리더기로 연결한 뒤 파일을 불러들이는 방법이 백업에 용이하기 때문에 직접 카메라를 Mac에 연결하는 방법보다 더 선호된다.

참조사항 ExpressCard 어댑터와 SDHC Card

소니의 SxS 카드의 비싼 가격 때문에 많은 프로덕션에서 SxS card 대신 ExpressCard 〉 어댑터와 함께 저렴한 SDHC 카드를 사용한다. SDHC 카드는 SxS card에 비해 가격이 많이 저렴하기 때문에 많이 사용되지만 SxS 카드보다는 약간 느리다는 단점이 있다. 또한 소니의 SxS 카드 리더기를 이용할 수 없기 때문에 캡쳐 시 일반 USB 카드 리더기를 사용해야 한다.

⊙ **XDCAM HD 디스크:** XDCAM HD 디스크는 파이어와이어 케이블을 덱이나 디스크 드라이브 리더를 맥에 연결해서 클립을 임포트한다.

❶ XDCAM 프로페셔널 디스크 드라이브 리더기

Sony PDW-U1 과 PDW-U2

❷ XDCAM HD422 프로페셔널 디스크 드라이브 덱

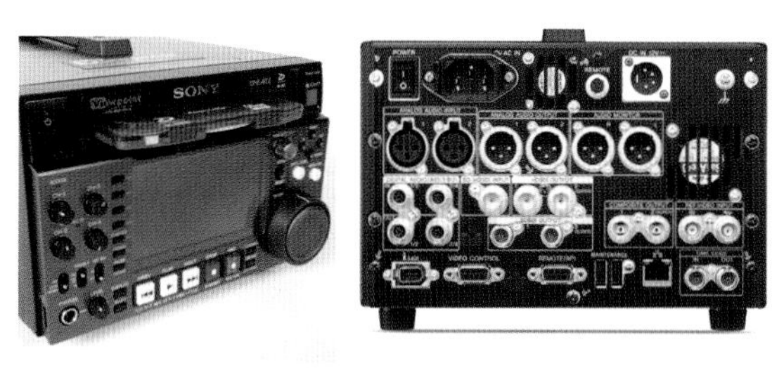

Sony PDW-F1600

Unit 03 XDCAM 드라이브 설치하기

1 시스템 자동 업데이트를 통해 Pro Video Formats 2.0.7 이후 버전을 설치하면 파이널 컷 프로 XDCAM 등의 여러 가지 전문가용 비디오 코덱을 자동으로 인식한다. 더 이상 번거롭게 플러그인과 드라이브를 설치하지 않아도 여러 가지 전문가용 비디오 코덱을 인식할 수 있는 것이다. 또는 Apple 웹사이트에서 직접 다운로드해서 설치해도 된다.

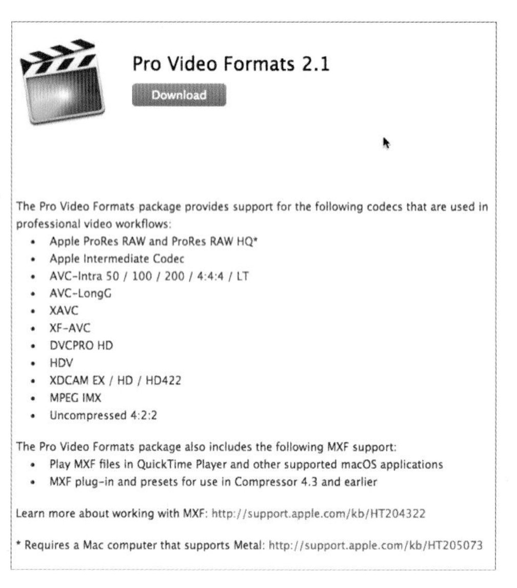

2 Pro Video Formats 2.0.7 이후 버전이 설치되어 있어도 계속 SxS 카드가 인식이 안되면 예전처럼 각각의 플러그인을 설치해야 한다.

SONY PDW-F1600 이나 PDW-HD1500 덱에서 파일을 임포트해야 할 때 설치하던 3가지 플러그인은 다음과 같다.

소니 DZK-LT2 플러그인
SxS 카드 Driver
i.LINK FAM Driver

이 소프트웨어는 소니 웹사이트에서 무료로 다운로드받을 수 있다.

❶ 소니 PDZK-LT2 플러그인: 소니에서 제공하는 파이널 컷 프로 X용 XDCAM 파일 플러그인 소프트웨어다.
PDZK-LT2 - Camera Import Plug-In Version 1.0 for Final Cut Pro X

② SxS Card Driver: 맥에서 SxS 카드를 인식하게 해준다.
SxS Device Driver Version 2

Driver Downloads for Windows & MAC

Click on one of the tabs below to see the latest information on the most up-to-date drive charge unless otherwise specified. Your products will run best, and have the greatest fu latest version of software.

SxS Device Driver | XQD Device Driver

SxS Device Driver File Information
Last Updated: February 3, 2015

Before downloading any SxS Device Driver, please read the following agreement.
Download Software License Agreement

▸ Windows

▸ MAC
- File Name : SxS_Drv_Installer_mac_v200.dmg
- Version : 2.0.0.06260
- Size : 743,265 byte

③ i.LINK FAM Driver: 맥에서 XDCAM덱을 FireWire를 통해 인식하게 해준다.
i.LINK FAM driver for Mac OS X version 2.3.4

참조사항

다운로드한 파일들이 설치가 안 될 경우

소프트웨어 설치를 할 때 경고 표시창이 뜨면 시스템 셋업 창(System Preferences)에서 Security & Privacy 셋업을 아래의 그림처럼 아무 곳에서나 파일을 다운로드받은 후에도 열리게 해주는 Anywhere로 바꿔주면 된다.

시스템 셋업 창(System Preferences)

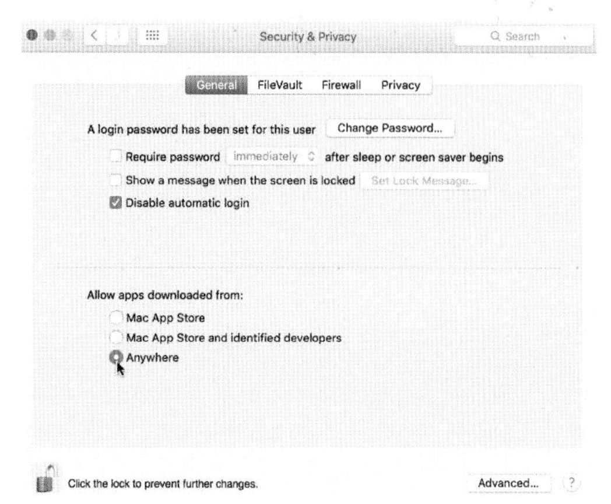

Security & Privacy 셋업

Anywhere로 바꾸면 시스템이 불안전해질 수 있다는 팝업 메뉴가 뜬다. Allow From Anywhere를 클릭해준다.

Choosing "Anywhere" makes your Mac less secure.

This selection will be reset automatically if unused for 30 days. Instead, you can allow an individual application from an unknown developer by control-clicking its icon and choosing "Open".

Allow From Anywhere | Cancel

Unit 04 Sony Catalyst Browse를 이용한 파일 임포트

소니 카메라와 덱을 위해 만든 통합된 파일 임포트 툴인 Catalyst Browse 2017를 사용해서 파일을 따로 임포트한 후 파이널 컷 프로로 다시 클립을 가져와도 된다. 소니는 이전에 여러 가지 플러그인으로 여러 편집 프로그램 안에서 파일 호환을 시키고 소니 카메라에서 만든 파일을 임포트하게 했으나 이제는 Catalyst Browse를 통해서 임포트, 편집, 컬러 조절까지 하게 만들었다. 사용 방법은 파이널 컷 미디어 임포트 창과 비슷한 구조를 가지는데 단순하게 파일을 가져와서 Sony S-Log와 RAW 파일의 컬러 색재현율(Color Gamut)을 Sony 기준에 맞춰서 적용하는 데 편리하다.

좀 더 전문적으로 Sony XVAC 코덱을 다루기 위해서는 업그레이드 버전인 Catalyst Prepare를 구매해서 사용해야 한다.

Feature	Catalyst Browse	Catalyst Prepare
Format		
DPX	✓	✓
Open EXR	✓	✓
DNxHD		✓
ProRes (Mac Only)	✓	✓
XAVC Intra	✓	✓
XAVC Long GOP	✓	✓
XAVC S	✓	✓
XDCAM formats	✓	✓
SStP	✓	✓
H.264	✓	✓
Wav		✓
MP3 render		✓

Unit 05 XDCAM 파일 임포트하기

소니에서 제공하는 XDCAM 플러그인을 설치한 이후에는 XDCAM 임포팅 과정이 섹션 04에서 배운 메모리 카드 방식 비디오 카메라(File-Based Cameras)에서 임포트하기 과정과 동일하다. 따라서 자세한 내용은 섹션 04를 참조하기 바란다.

Mac 컴퓨터에 덱이나 미디어 카드 리더기를 연결한 후, 임포트할 클립이 있는 SxS 카드를 집어넣자.

툴 바에서 임포트 미디어 버튼을 클릭한다(⌘ + I).

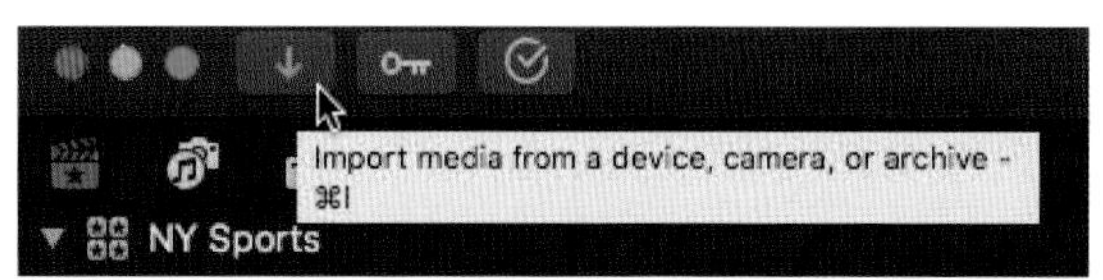

03 카메라 임포트 창이 열린다. 이 클립들을 스키밍(훑어보기)하거나, 클립을 마우스로 선택한 후 프리뷰 창의 중간에 있는 플레이백 컨트롤을 이용해 클립들을 프리뷰할 수도 있다.

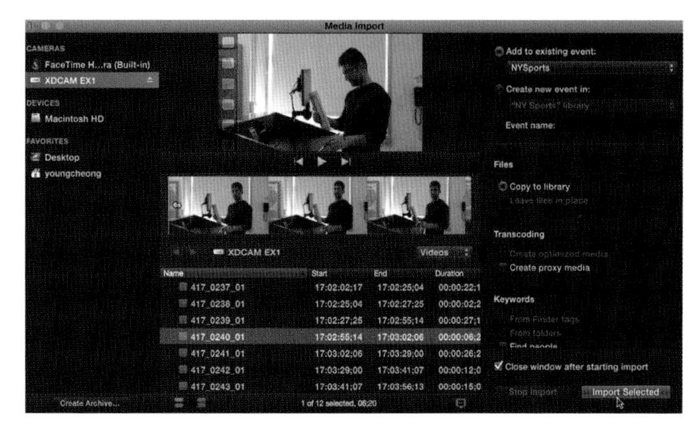

04 임포트 옵션 창에서 원하는 설정과 옵션들을 확인하자.

임포트할 클립들을 선택한 후, 임포트 창의 아래에 보이는 Import Selected 버튼을 클릭하면 선택한 클립들이 임포트된다.

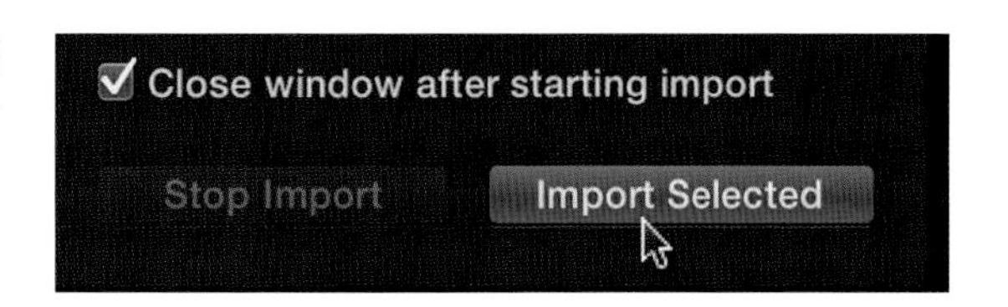

XDCAM 임포트는 이전 섹션 04에서 배운 파일 임포트하기와 동일하기 때문에 그 부분을 참조하면 된다.

Section 06 RED 카메라 파일 임포트하기

파이널 컷 프로에서는 요즘 4K나 5K촬영에 가장 많이 사용되는 RED 카메라의 R3C 코덱의 파일을 읽거나 임포트하는 게 무척 쉽다. FCPX에서는 그래픽카드의 GPU 효율성을 극대화했기 때문에 특별한 장비 없이 RED Raw 파일을 원 상태 그대로 작업할 수 있다. 주의할 점은 촬영된 RED Raw 파일은 사이즈가 크게 때문에 오래된 컴퓨터로 작업할 때에는 Proxy 포맷으로 변환해서 편집을 하고 끝난 후 원본 파일로 교체해야 한다.

RED 카메라 파일 코덱을 인식하게 하기 위해서는 먼저 RED APPLE WORKFLOW INSTALLER Version11.0 을 설치해야 한다. 무료로 RED.com에서 다운로드할 수 있다.

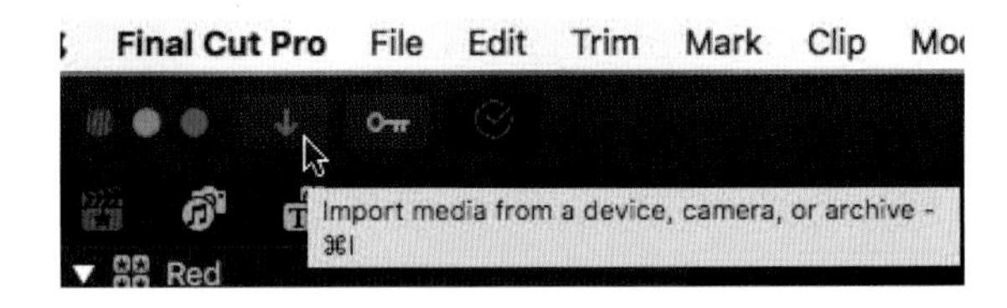

01 임포트 미디어 버튼을 클릭한다(⌘ + I).

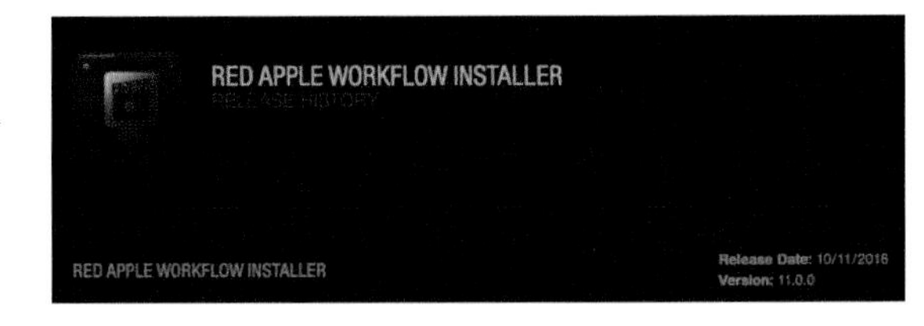

02 임포트할 파일을 선택한 후 Import Selected 버튼을 누르자. 부록 안 RED 5K라 폴더에 샘플용 RED파일이 들어있다.

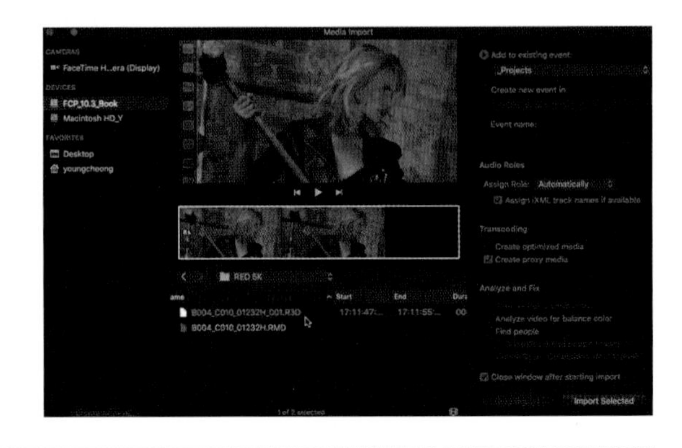

주의사항 Transcoding 부분을 선택하지 않기를 권한다. RED RAW 파일을 임포트할 때 PorRes422나 프록시 파일을 따로 만들 필요 없다. 파일 사이즈가 크기 때문에 임포트한 후에 브라우저에서 각 클립을 원하는 색감으로 클립 셋팅을 다시 적용한 후 PorRes422나 프록시 파일을 만들기를 권한다.

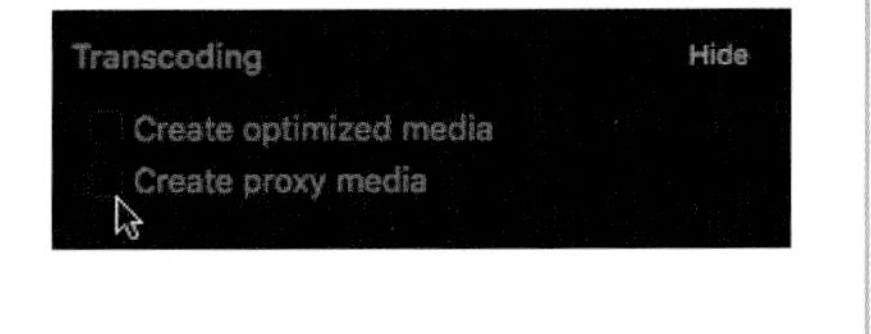

브라우저에 임포트된 파일을 선택한 후 인스펙터 창에서 Info 탭을 눌러서 파일에 대한 자세한 정보를 확인하자.

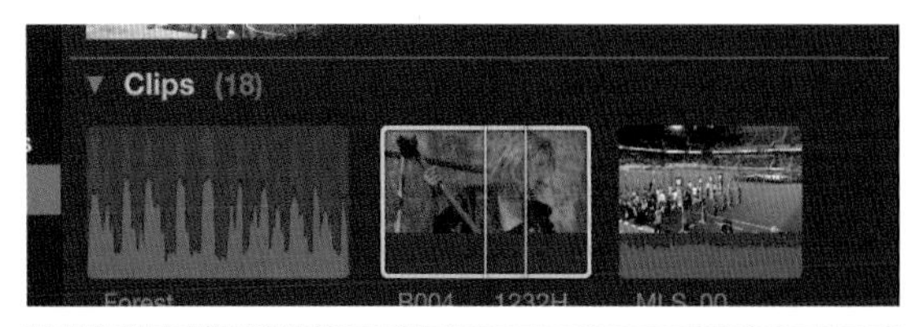

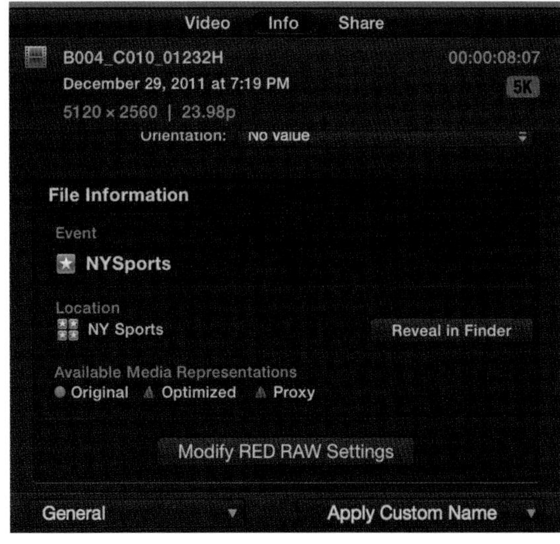

Modify RED RAW Setting 버튼을 눌러서 원하는 클립 설정을 선택한다.

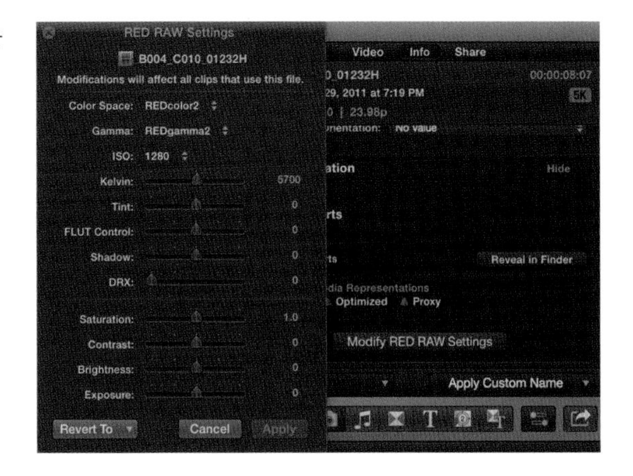

Color Space를 촬영 카메라나 원하는 색감으로 조절할 수 있다.

컬러 스페이스 조절이 끝났으면 원하는 클립을 다시 선택해서 Trancode Media를 적용하자.

07 RED RAW 클립은 이렇게 컬러 스페이스 조절을 적용한 후에 그 프록시 클립을 만들어서 편집한다. 편집이 끝난 후에 다시 원래의 RED RAW 클립으로 연결해 주는 순서를 따른다. 사용하는 컴퓨터의 성능에 따라 PorRes422로 만들어서 편집을 진행할 수도 있다.

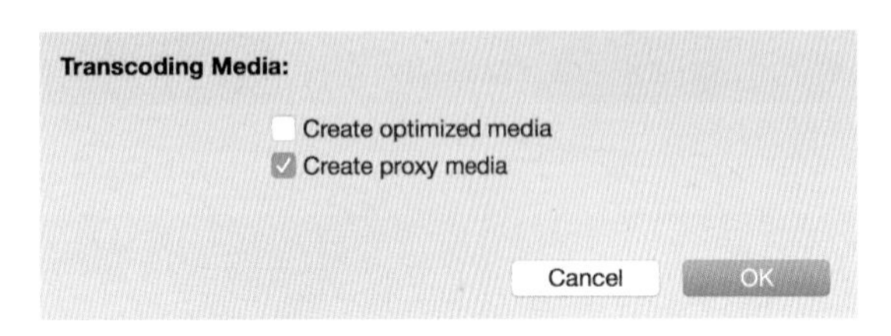

08 뷰어 창에서 플레이할 미디어의 화질을 선택할 수 있다.

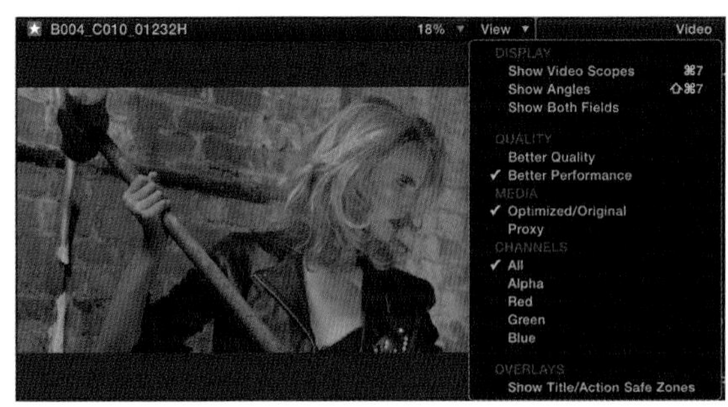

Section 07 최적화 클립 만들기

Transcoding Media

임포트된 클립들을 다시 최적화시켜 비압축 방식의 편집용 ProRes 422 또는 프록시 파일로 만들 수 있다. 이 파일 최적화는 클립들을 임포트할 때 자동으로 최적화되게끔 선택할 수 있지만 이렇게 임포트된 클립 중에서 필요한 클립만 선택해서 따로 최적화할 수도 있다.

미디어 최적화는 파일 변환(Transcode)을 의미하는데 카메라의 압축 촬영 포맷인 H.264 또는 AVCHD 포맷을 편집용 비압축 포맷인 ProRes 422로 바꾸어주는 것이다. 이렇게 편집용 코덱으로 바뀐 클립은 편집 시 최상의 화질을 보장하고 영상 효과를 주었을 때 렌더링이 훨씬 빨라진다. 하지만 압축 촬영 포맷에 비해 많은 저장 공간을 필요로 하는 단점이 있다(한 시간 분량의 ProRes 422 클립 = 약 60GB). Proxy 클립은 가장 압축이 많이 된 작은 데이터 용량의 파일로서, 여러 개의 클립을 동시에 플레이해야 하는 멀티캠 편집에 많이 사용한다.

❶ 최적화(Optimized)된 클립: Transcoded Media 폴더에 있는 고화질의 ProRes422 포맷 파일
❷ 프록시(Proxy) 클립: Transcoded Media 폴더에 있는 저화질의 ProRes422 Proxy 포맷 파일

01 브라우저에서 변환하고 싶은 파일들을 선택한 후 Ctrl + Click해서 Transcode Media를 선택하자.

Transcoding Media 창이 뜨면 Create optimized media(ProRes422) 또는 프록시 파일 만들기를 선택한 후 OK를 클릭한다.

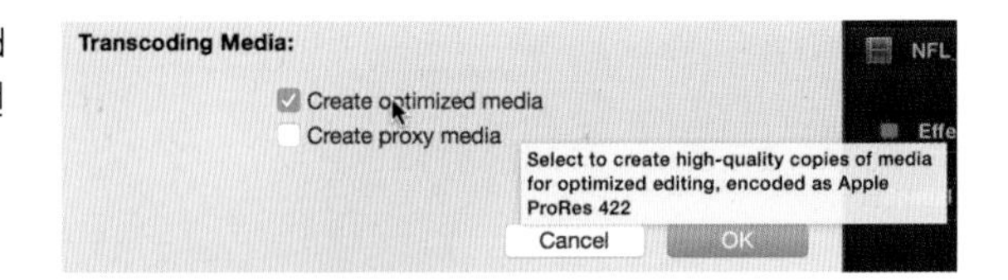

참조사항 이미 한번 변환된 클립들은 더 이상 변환이 필요 없기 때문에 Transcoding Media 창에서 Create optimized Media 옵션이 비활성화된다.

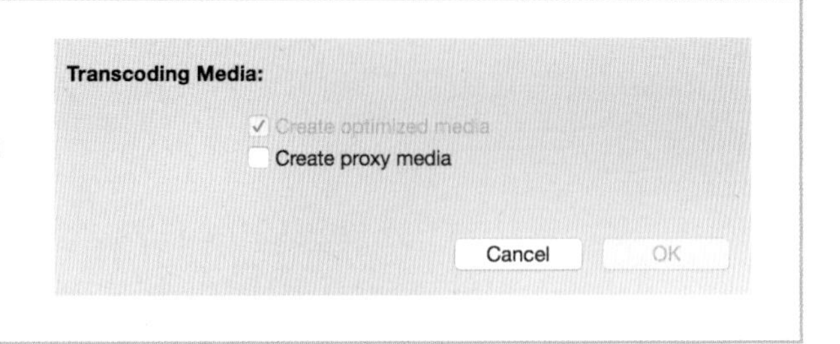

03 화면 중앙의 대쉬보드에서 백그라운드 렌더링이 일어나는 것을 확인할 수 있다. 더 자세한 진행상황을 알고 싶으면 백그라운드 태스크(Background Tasks) 버튼을 누르면 된다.

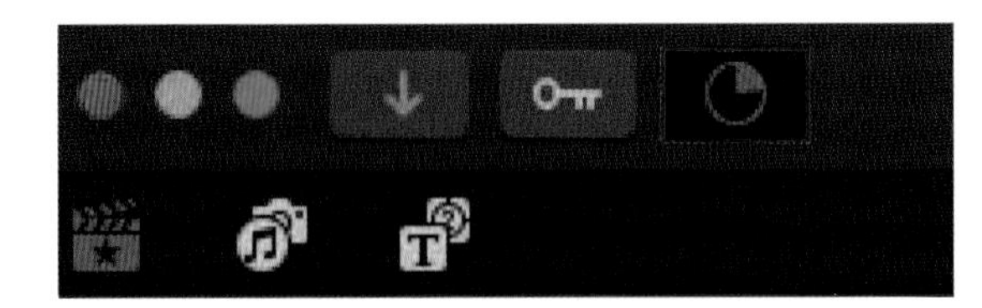

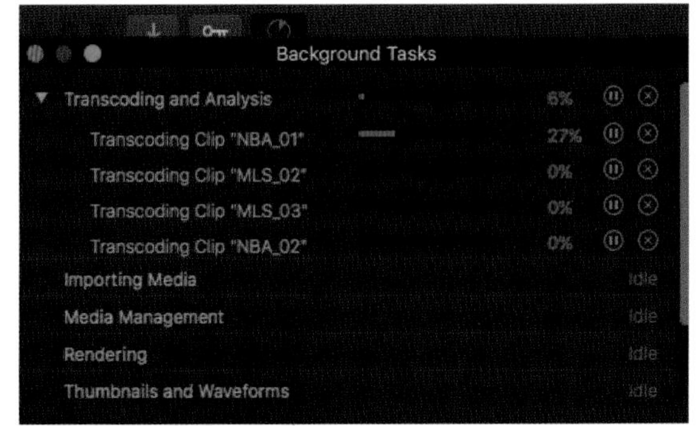

04 파일 변환이 끝나면 라이브러리 안에 Transcoded Media 폴더가 자동으로 생긴다. 각 폴더 속에 최적화 클립 또는 프록시 클립이 생긴다.

Name	Date Modified	Size	Kind	Tags
▶ Analysis Files	Aug 24, 2015, 9:44 PM	--	Folder	--
★ CurrentVersion.fcpevent	Today, 8:36 PM	635 KB	Final C...Event	--
▶ NBA	Today, 8:36 PM	--	Folder	--
▶ NBA 1	Today, 8:36 PM	--	Folder	--
▶ Original Media	Today, 7:14 PM	--	Folder	--
▶ Render Files	Jun 1, 2017, 5:31 PM	--	Folder	--
▼ Transcoded Media	Today, 8:36 PM	--	Folder	--
▼ High Quality Media	Today, 8:36 PM	--	Folder	--
NBA_04.mov	Today, 8:36 PM	77.1 MB	QT movie	--
▼ Proxy Media	Today, 8:36 PM	--	Folder	--
NBA_04.mov	Today, 8:36 PM	11.5 MB	QT movie	--

Proxy media

Optimized media

Section 08 콘텐츠 자동 분석 후 안정화시키기 Analyze and Fix

파일을 임포트할 때, 모든 파일을 분석하고 안정화시키려면 시간이 너무 많이 든다는 단점이 있다. 따라서 클립들을 먼저 임포트한 이후에, 필요한 클립들만 선택해서 분석하고 안정화시키면 촬영 중에 발생한 컬러 밸런스(Color Balance) 문제나 오디오의 노이즈 문제를 효율적으로 고칠 수 있다.

브라우저에서 분석해서 고치고 싶은 파일을 선택한 후 Ctrl + Click해서 Analyze and Fix를 선택한다.

Analyze and Fix 창이 뜨면 원하는 체크 박스를 선택한다.

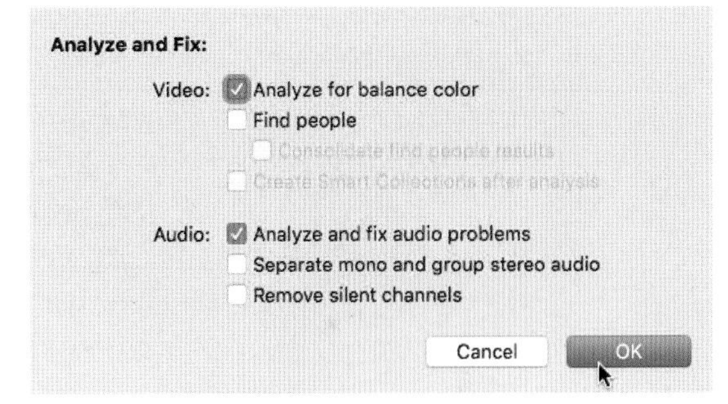

이벤트가 저장되어 있는 하드드라이브의 Kpop 이벤트 폴더 안에 Analysis Files라는 새로운 폴더가 생긴다. 지금 이 폴더에는 클립의 색상 그리고 카메라 흔들림에 대한 분석을 기록한 메타데이터 파일이 저장되어 있다.

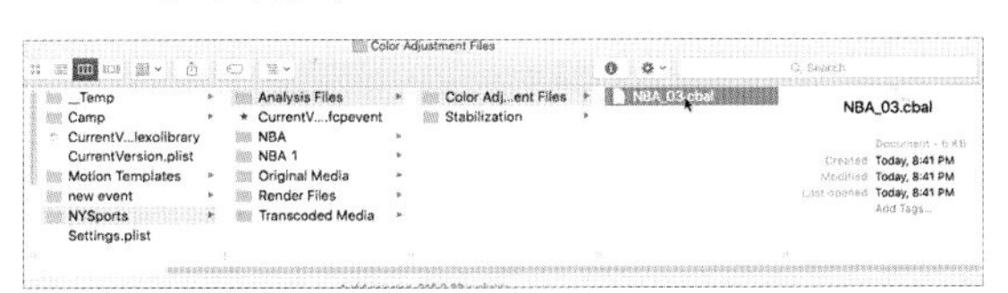

화면 중앙에 있는 컬러와 오디오 개선 옵션을 이용해서 문제를 분석하여 고쳐도 같은 메타데이터가 같은 장소에 저장된다.

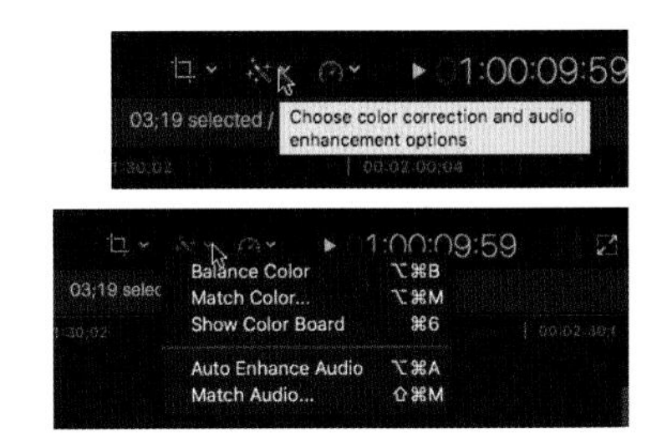

Chapter 03 요약하기

파일 기반 촬영 포맷을 중심으로 설계된 파이널 컷 프로 X에서는 여러 방식의 클립 임포팅을 문제없이 실행할 수 있다. 사용자 본인이 여러 가지 촬영 미디어 포맷을 직접 임포트해서 사용해 보기를 권한다. 파일을 드래그 앤 드롭으로 임포트할 때는 먼저 임포트 설정 창을 미리 확인해두자.

Chapter

04

라이브러리, 이벤트, 프로젝트 관리하기

Managing Libraries, Events and Projects

챕터 02에서 우리는 파이널 컷 프로 X를 열고 새 이벤트를 만든 후 브라우저에 클립을 임포트했고, 가져온 클립을 새로 만든 프로젝트의 타임라인으로 가져오는 간단한 편집을 해보았다. 그리고 챕터 03에서는 여러 가지 클립 임포팅의 방법에 대해서 자세히 배워보았다.

챕터 04에서는 라이브러리의 개념과 이벤트, 프로젝트를 관리하는 방법에 대해 알아보게 된다. 라이브러리는 새로운 통합 폴더의 개념으로 편집에 사용된 클립, 이벤트, 프로젝트 모두가 라이브러리라는 큰 틀 안에 관리된다. 파이널 컷 프로를 처음 접하는 초보자들이 많이 하는 실수가 바로 라이브러리와 프로젝트를 착각하는 것이다. 파이널 컷 프로에서 프로젝트 파일이란 통합 폴더인 라이브러리 안에 있는 하나의 데이터일 뿐이다. 보통 프로젝트를 복사한다는 말은 사용된 모든 클립이 있는 라이브러리를 복사한다는 말이다.

라이브러리 하위 개념인 이벤트는 많은 클립을 사용할 때 파일 관리를 용이하게 해준다. 한두 개의 클립을 사용할 경우 클립을 정리하는 일이 큰 문제가 되지 않지만, 규모가 큰 프로젝트로 많은 클립을 사용할 경우 사용자가 클립을 쉽게 찾을 수 있게 정리하지 않으면 클립을 찾는데 많은 시간을 허비하게 되는 문제가 발생할 수 있다. 따라서 이번 챕터에서는 이미 사용 중인 이벤트와 프로젝트를 라이브러리를 통해 효과적으로 관리하는 방법에 대해 자세히 알아보겠다.

Section 01 라이브러리

라이브러리는 이벤트와 프로젝트를 통합한 마스터 폴더 개념의 파일 구조를 가진다. 예를 들면, 배송된 포장 박스 안에 하나 또는 여러개의 선물이 들어있다고 생각해보자. 배달 박스가 라이브러리이고 그 안에 있는 선물을 감싸고 있는 작은 포장박스가 이벤트, 최종적으로 보이는 선물이 우리가 사용할 프로젝트 또는 클립인것이다.

Unit 01 도표로 알아보는 라이브러리의 개념

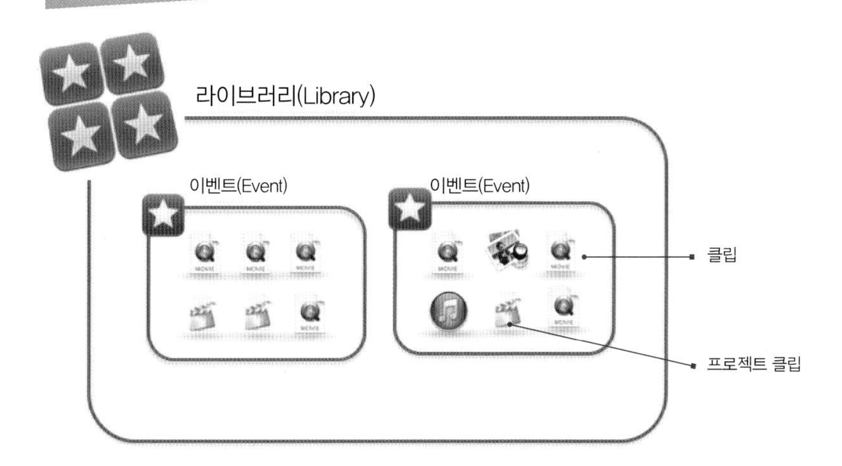

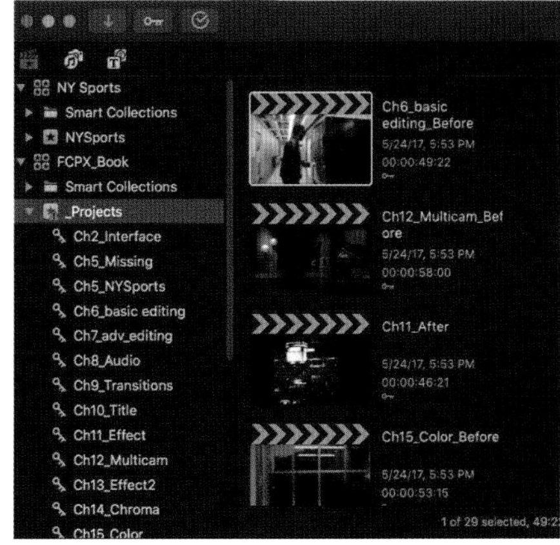

이벤트란?

라이브러리 아래에 있는 이벤트는 모든 미디어와 프로젝트를 저장하는 중간 폴더의 개념이다. 파이널 컷에서 보이는 이벤트는 실제 라이브러리 파일을 파인더에서 열어서 비교해보면 쉽게 이해가 갈 것이다. 각 이벤트는 파인더에서는 하나의 폴더로 보인다고 이해하면 된다.
예제 파일을 파인더(Finder)에서 열어서 비교해보자.

프로젝트란?

실제 타임라인에서 편집을 한 과정의 기록이 프로젝트 파일이다. 이 프로젝트 파일은 이벤트 안에 저장된다. 프로젝트 파일은 라이브러리 파일 안에 있는 데이터이다. 한 마디로 라이브러리 안에 이벤트가 존재하고 그 이벤트 안에 프로젝트가 존재하게 된다.

Unit 02 라이브러리의 특징과 장점

⊙ 라이브러리는 모든 것을 통합한 마스터 폴더이다.

라이브러리는 모든 것을 통합하고 아우르는 마스터 폴더이다. 컴퓨터를 예로 들자면 모든 프로그램과 파일들이 집합해 있는 드라이브라고 할 수 있겠다. 라이브러리 안에는 하위개념 폴더인 이벤트, 프로젝트가 위치하며 편집에 사용될 클립들도 함께 소속된다. 라이브러리를 통해 많은 양의 이벤트, 프로젝트, 클립들을 손쉽게 정리하고 이용할 수 있다.

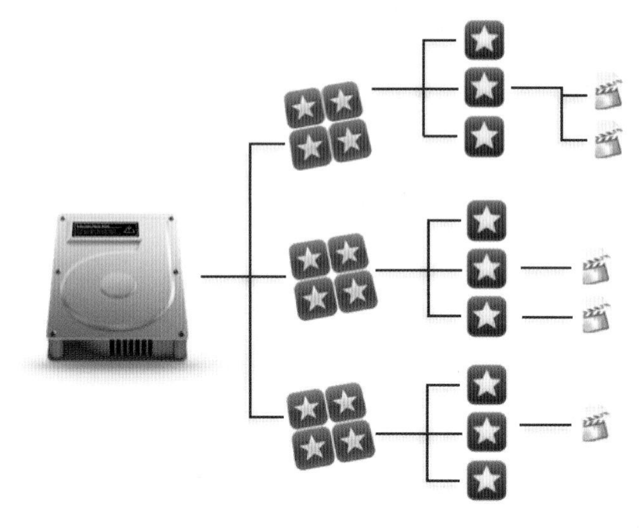

하드드라이브 〉 라이브러리 〉 이벤트 〉 프로젝트, 클립

⊙ 라이브러리는 언제든지 열고 닫을 수 있다.

파이널 컷 프로에서 브라우저 상에 많은 양의 라이브러리가 있어 혼동이 된다면 라이브러리를 닫고, 필요한 경우에 다시 열 수 있다. 큰 프로젝트를 진행하는 경우, 라이브러리를 많이 만들어 편집을 하는 경우가 있는데, 이런 경우 라이브러리를 손쉽게 열고 닫아서 편집의 우선순위를 정하여 진행할 수 있다.

⊙ 라이브러리는 사용자가 원하는 장소에 저장할 수 있다.

라이브러리 기능이 생기기 전, 이벤트와 프로젝트 파일들은 지정된 곳에만 저장할 수 있었다(예: Movies폴더). 그러나 라이브러리는 데스크톱, 외장하드 혹은 원하는 폴더 안 등등까지 사용자가 원하는 장소에 저장할 수 있으며 수의 제한 없이 무한정으로 만들 수도 있다.

⊙ 사용 중인 라이브러리라도 파이널 컷이나 파인더에서 이름을 언제든지 바꿀 수 있다.

진행하고 있는 라이브러리의 이름을 바꿔야 하는 경우가 생긴다면, 저장의 문제 등을 개의치 않고 편하게 라이브러리 파일 이름을 바꿀 수 있다.

⊙ 라이브러리 복사가 용이하다.

라이브러리를 복사해야 하는 경우, 라이브러리는 물론 이벤트, 프로젝트 또 사용된 모든 미디어가 함께 복사되기 때문에 다른 컴퓨터에서 작업을 해야 하는 경우에 라이브러리만을 복사해서 작업할 수 있다. 라이브러리의 복사는 파인더에서 그 라이브러리 아이콘을 복사하면 된다.

Unit 03 라이브러리의 실제 위치 확인하기 Reveal In Finder

파이널 컷 프로 안의 라이브러리가 실제 사용자의 하드드라이브 어디에 위치하는지 쉽게 확인할 수 있다.

원하는 라이브러리를 선택한 후, Ctrl + Click한다. 단축 메뉴에서 Reveal in Finder를 클릭하자.

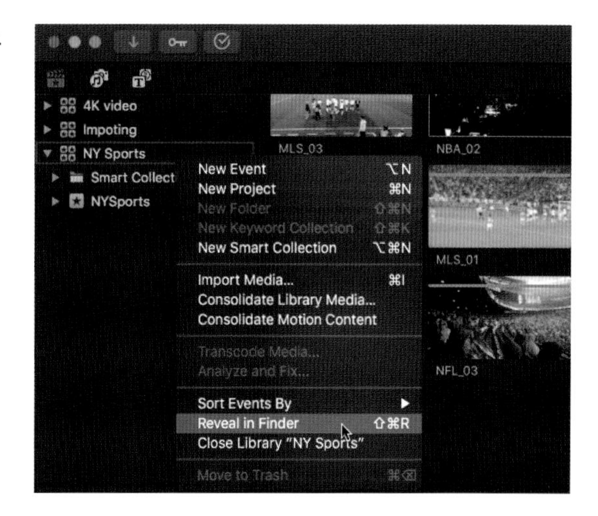

라이브러리 파일이 저장된 파인더 윈도우가 열려서 실제 라이브러리 파일을 보여준다.

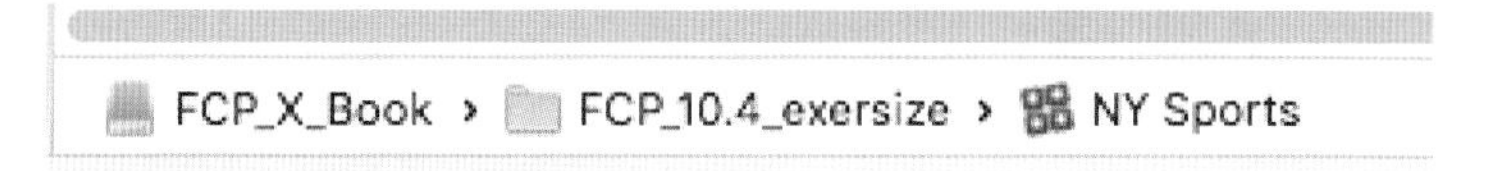

Tip 마우스를 라이브러리 아이콘 위에 3초 이상 가져다 두면 노란색 팝업 창이 뜨면서 이 라이브러리의 저장경로를 보여준다.

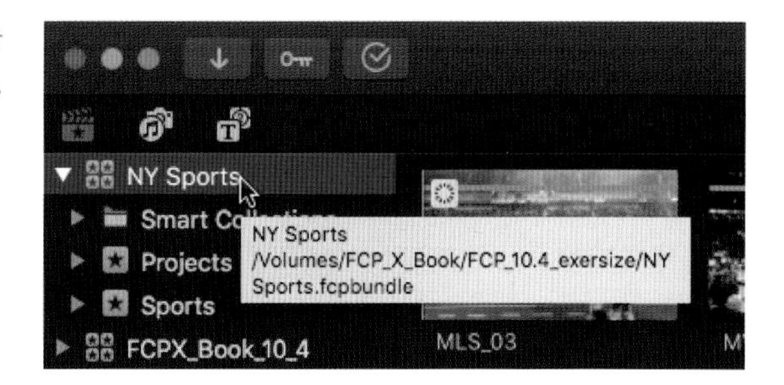

Unit 04 라이브러리 안의 숨겨진 구조 보기 Show Package Contents

라이브러리 파일은 여러 가지 파일들이 합쳐져 만들어진 패키지 파일이다. 그리고 이 패키지 파일을 하나의 아이콘으로 만들어서 그 안의 구조를 숨겨놓았다. 사용자가 실수로 라이브러리 안의 여러 가지 메타 데이터를 손댈 경우 더 이상 이 파일들이 상호 연결되지 않기 때문에 이러한 실수를 방지하고자 통합 폴더를 가려놓은 것이다. 하지만 사용자가 그 라이브러리 안의 실제 파일들을 확인하고 싶을 경우 "Show Package Contents"를 이용해서 숨겨져 있는 라이브러리 파일 안의 패키지 구조를 확인할 수 있다. 그리고 라이브러리 안 database의 이벤트, 프로젝트, Original media 등의 미디어 소스들을 직접 확인할 수 있다.

파인더에서 라이브러리 아이콘을 선택한 후 Ctrl + Click하자. 단축 메뉴 창에서 Show Package Contents를 선택하자.

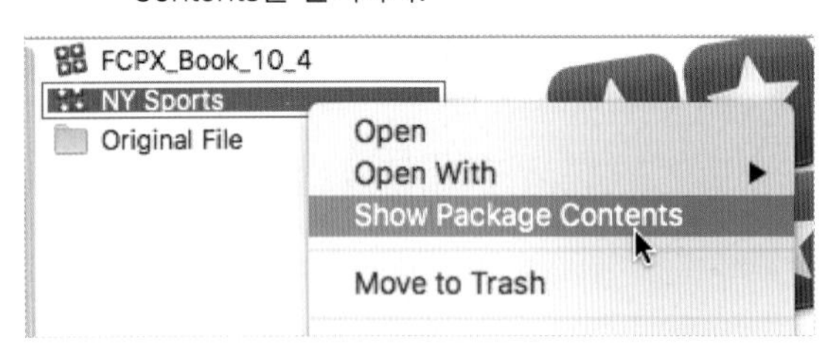

열린 라이브러리 파일 안의 통합구조를 확인하자. 사용 중인 실제 라이브러리 파일 안의 여러 데이터 파일을 절대로 함부로 옮기거나 지우지 말자. 이렇게 손상된 라이브러리 파일은 더 이상 파이널 컷 프로에서 읽히지 않는다.

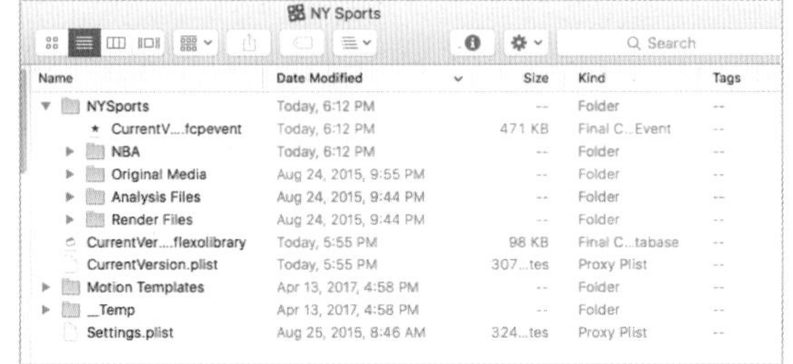

Unit 05 라이브러리 설정 창 Library Properties

라이브러리 설정 창은 이 라이브러리가 저장되어 있는 장소를 기본적으로 알려준다. 하지만 그보다 중요한 것은 백업 옵션과 파일저장 옵션을 변경할 수 있고 그 외에 사용 중인 파일을 프록시나 ProRes422로 통합해서 저장해주는 옵션도 있다.

라이브러리를 선택한 후 메뉴에서 File 〉 Library Properties를 선택한다.

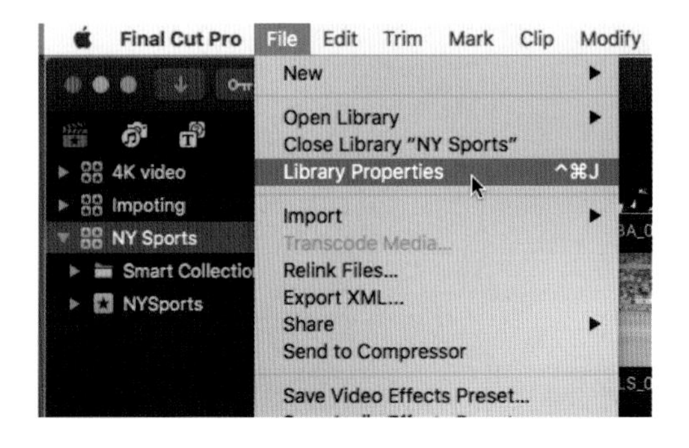

인스펙터 창에 라이브러리 설정 창이 나타난다.

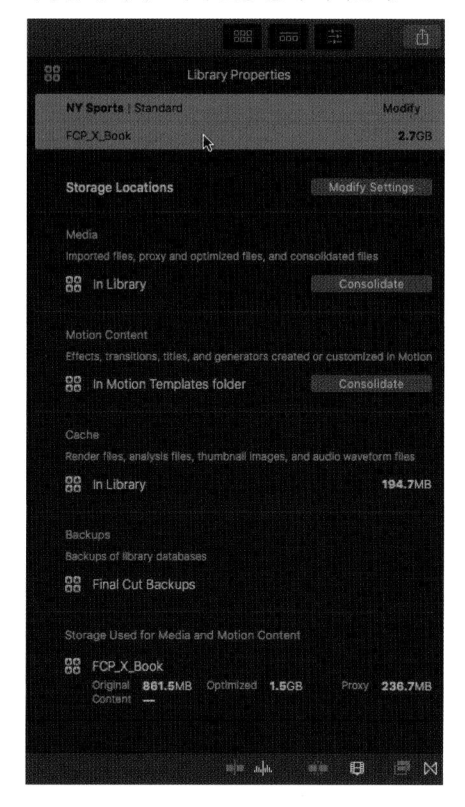

Modify Settings 버튼을 클릭하자.

미디어 저장 Modify 창이 열린다.

- Media: 임포트되는 클립이 저장되는 곳
- Motion Content: 사용자가 만든 이펙트가 저장되는 장소
- Cache: 아이콘 또는 웨이브폼의 정보 파일이 저장되는 곳
- Backups: 이 라이브러리의 백업 파일이 지정된 장소에 15분 간격으로 저장된다.

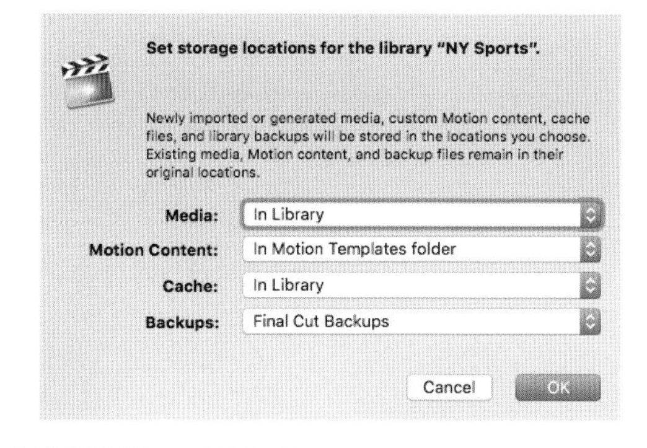

Backups 구간을 클릭해서 백업 장소를 원하는 곳에 지정할 수 있다. 기본 설정은 사용자의 Movies 폴더이다.

백업(Backups)은 항상 이 라이브러리가 저정된 하드드라이브 이외의 장소에 저장해야 사용 중인 하드드라이브에 문제가 생겨도 다시 라이브러리 파일 복구가 가능하게 된다. 지금 바꾸는 셋업은 지금부터 적용되기 때문에 이전에 저장된 파일은 원래의 위치에 계속 있게 된다.

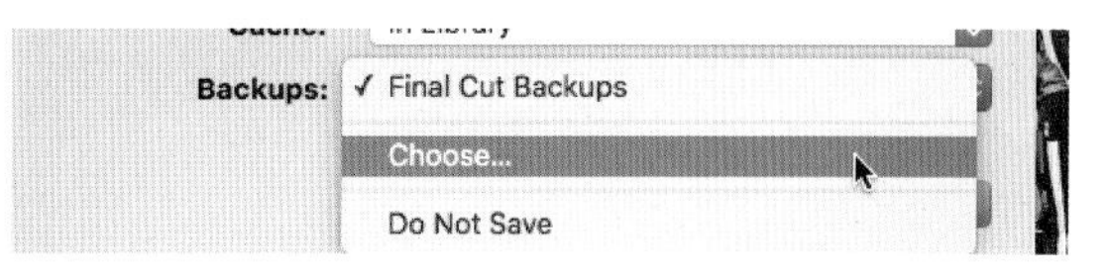

참조사항 Do Not Save를 선택하면 백업 파일이 만들어지지 않는다. 또한 백업은 데이터베이스인 라이브러리 파일만을 저장하는 것이지 실제 미디어 파일은 백업하는 것이 아니다. 그러므로 사용된 모든 미디어 파일을 백업하고 싶다면 파인더에서 사용된 파일들을 다른 장소에 저장해두어야 한다.

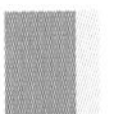

Unit 06 라이브러리 관리하기 Managing Library

Unit 06.1 라이브러리 열고 닫기

파이널 컷 프로의 라이브러리는 언제든지 열고 닫을 수 있다.

라이브러리 리스트가 많아 불편하거나 사용하지 않는 라이브러리를 닫고 싶을 때는:

- 라이브러리 아이콘을 Ctrl + Click하여 팝업 메뉴 창에서 Close Library를 누른다.
- 또는 닫을 라이브러리를 선택하고 메뉴로 가서 File 〉 Close Library를 선택하면 된다.

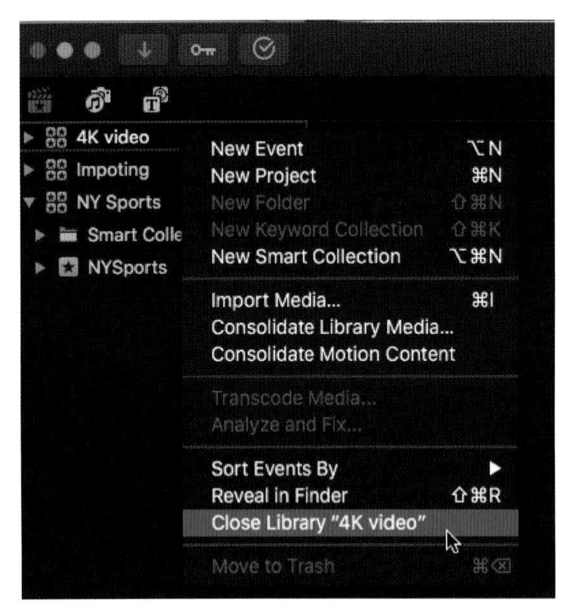

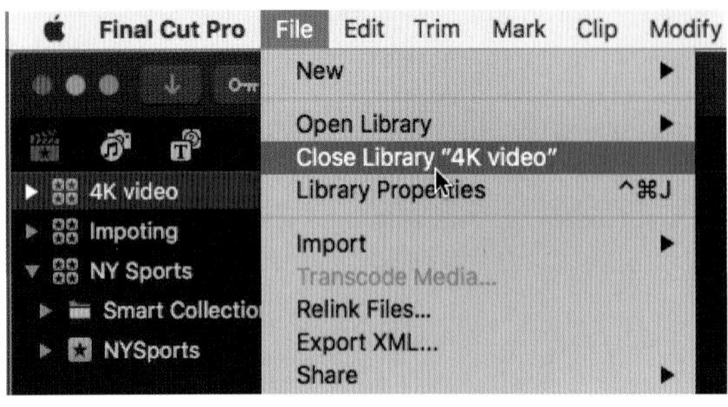

라이브러리를 닫은 것처럼 원하는 라이브러리를 언제든지 불러와 열 수 있다.

메뉴의 FIle 〉 Open Library를 클릭하고 원하는 라이브러리를 찾아서 연다(⌘ + O).

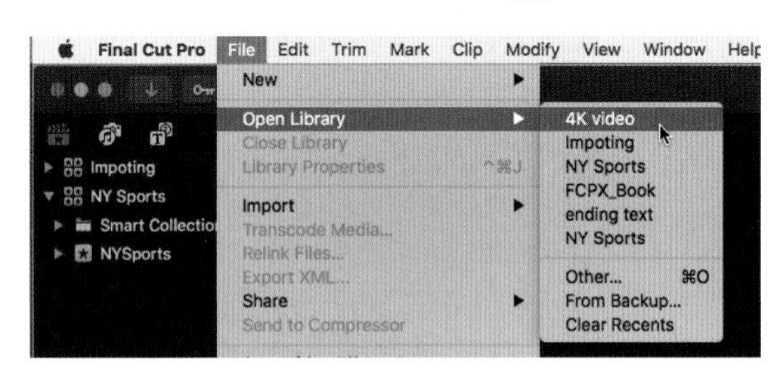

Option 버튼을 누르고 독에 있는 파이널 컷 프로 아이콘을 클릭하면 기존에 사용했던 라이브러리를 열거나 또는 새로운 라이브러리를 만들 수 있는 옵션 창이 뜬다.

오픈 라이브러리 창: Option + Click Final Cut Pro 아이콘

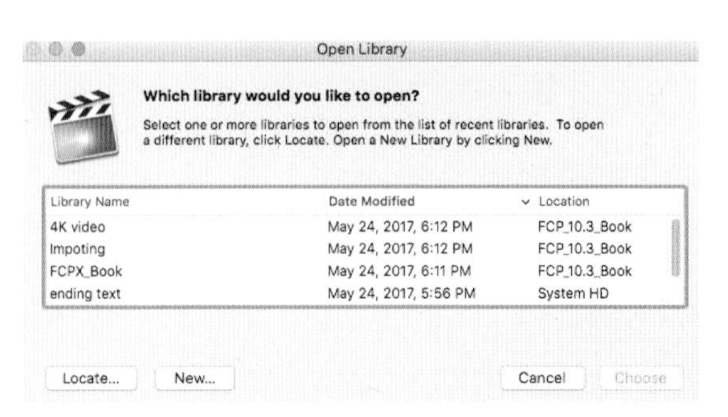

Unit 06.2 백업 라이브러리 열기

저장된 백업 라이브러리를 열면 지정한 이전 버전으로 되돌아간다.

File 〉 Open Library 〉 From Backup

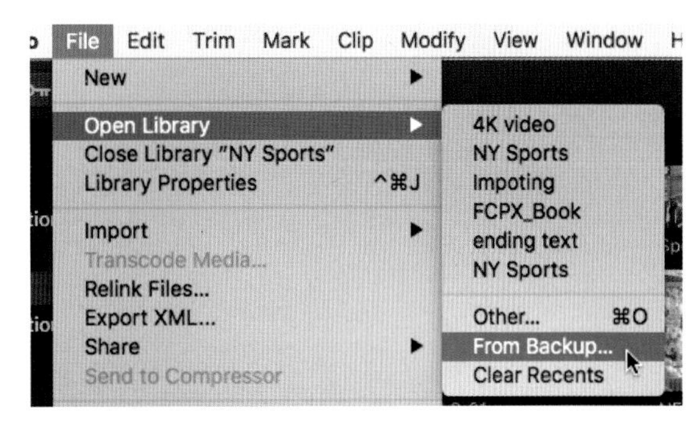

열린 백업파일 선택 창에서 돌아가고 싶은 이전 버전을 선택하면 된다.

Unit 06.3 라이브러리 지우기와 복사하기

라이브러리 지우기와 복사하기는 반드시 파인더에서 진행해야 한다. 복사할 라이브러리를 선택해서 Ctrl + Click해서 Duplicate을 선택하면 된다. 지울 때는 라이브러리 아이콘을 쓰레기통으로 보내기(Move to Trash) 하면 된다. 다른 하드드라이브에 복사하고 싶을 땐 라이브러리 아이콘을 간단하게 드래그하면 된다.

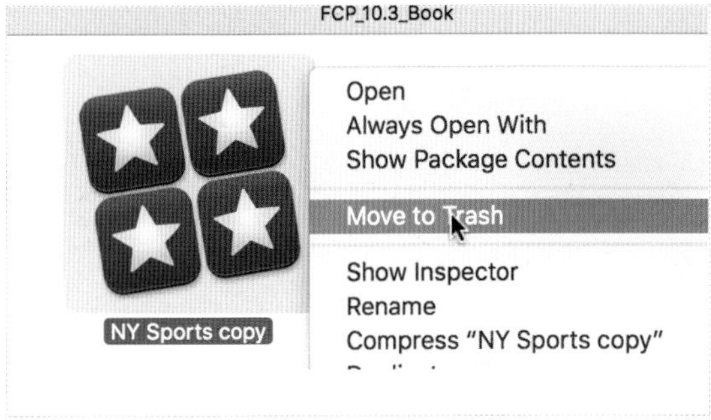

Section 02 이벤트Event와 브라우저Browser

브라우저는 사용 중인 라이브러리, 이벤트, 프로젝트, 미디어를 정리하고 보여주는 창(window)이다. 미디어와 프로젝트를 저장하는 중간 폴더의 개념인 각 이벤트는 브라우저 창을 통해 사용될 미디어와 프로젝트 파일을 보여준다. 선택한 이벤트나 라이브러리에 따라서 브라우저 창 안의 내용이 업데이트된다. 이 브라우저 창 안에서 보이는 클립들은 실제 클립이 아닌 하드드라이브에 저장된 파일의 연결 아이콘이기 때문에 파이널 컷에서 이 클립에 어떤 영상 효과를 주거나 컷을 해도 실제 원본 클립에는 아무런 변화가 생기지 않는다.

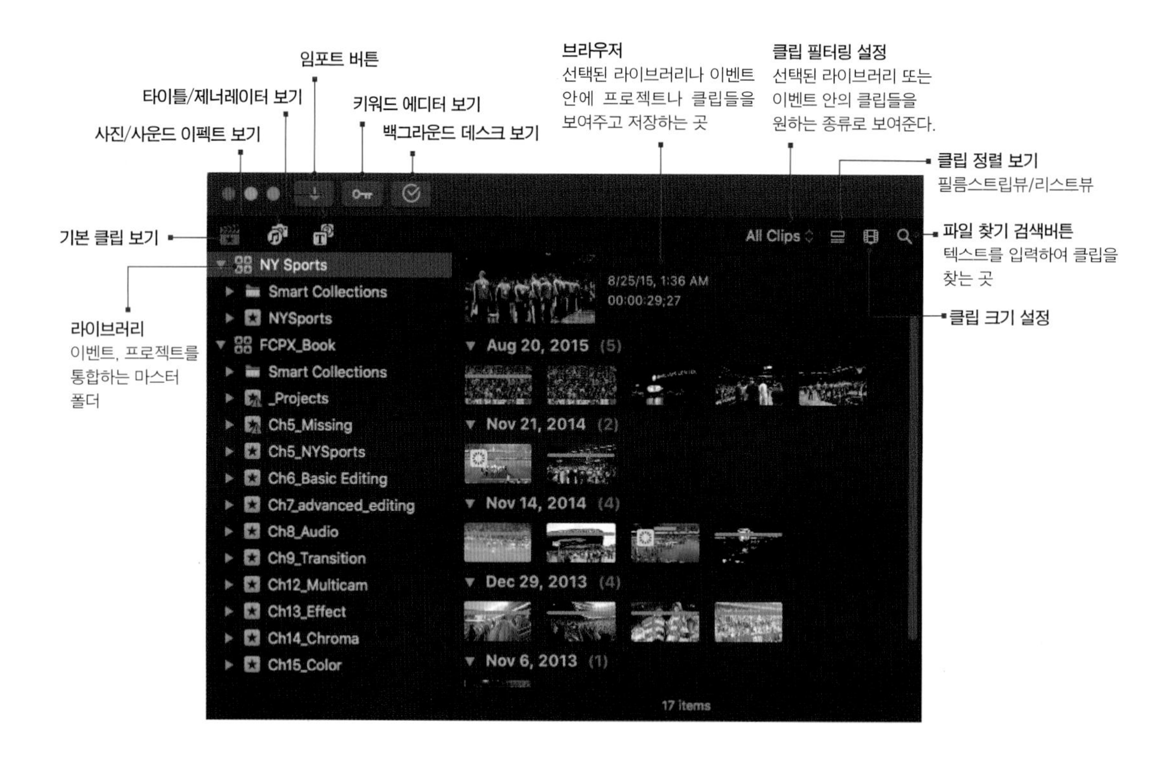

Unit 01 이벤트와 클립을 정리하는 옵션들

파이널 컷 프로 X의 이벤트 보기 설정과 클립 보기 설정은 개인의 작업 스타일대로 보기를 바꿀 수 있다. 이름순으로 이벤트 또는 클립들을 정리할 수 있고 이벤트 폴더를 따로 만들어서 행사별로 정리할 수도 있다. 이벤트나 클립을 날짜순으로 정리할 수도 있는데 자신이 원하는 보기 스타일로 이벤트와 클립들을 정리해보자. 꼭 저자의 이벤트 보기 정렬 스타일이 아니더라도 자신이 필요한 정보가 있다면 그걸 기준으로 정렬해서 이벤트 보기 설정을 진행하자.

이벤트 정리

- **Sort Events by Date:** 이벤트들을 날짜에 따라 그룹별로 정리한다.
- **Sort Events by Name:** 이벤트들을 이름에 따라 그룹별로 정리한다.
- **Ascending:** 순차순(A -Z)
- **Descending:** 역차순(Z-A)

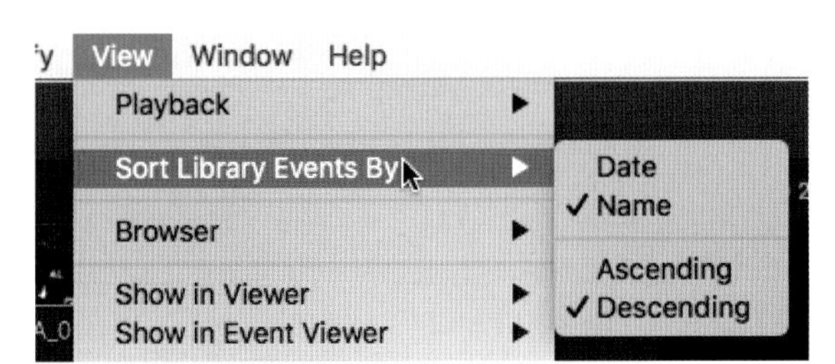

클립 정리

- **Group Clips By:** 저자는 클립들을 모두 보여주는 None 옵션을 선호한다.

· Content Created: 클립들을 촬영 날짜에 따라 그룹짓기
· Date Imported: 클립들을 임포트된 날짜 순으로 그룹짓기
· Reel: 클립들을 릴에 따라 그룹짓기
· Scene: 클립들을 장면에 따라 그룹짓기
· Duration: 클립들을 길이에 따라 그룹짓기
· Film Type: 클립들을 필름 타입에 따라 그룹짓기
· Roles: 클립들을 롤 기능에 따라 그룹짓기
· Camera Name: 클립들을 카메라 이름에 따라 그룹짓기
· Camera Angle: 클립들을 카메라 앵글에 따라 그룹짓기
· Ascending: 순차순(A -Z)
· Descending: 역차순(Z-A)

- **Sort By:** 저자는 클립들을 만들어진 순서대로 보여주는 Content Created 옵션을 선호한다.

· Content Created: 촬영 날짜에 따라 정렬하기
· Name: 이름순으로 정렬하기
· Take: 테이크순으로 정렬하기
· Duration: 길이순으로 정렬하기
· Ascending: 순차순(A~Z)
· Descending: 역차순(Z~A)

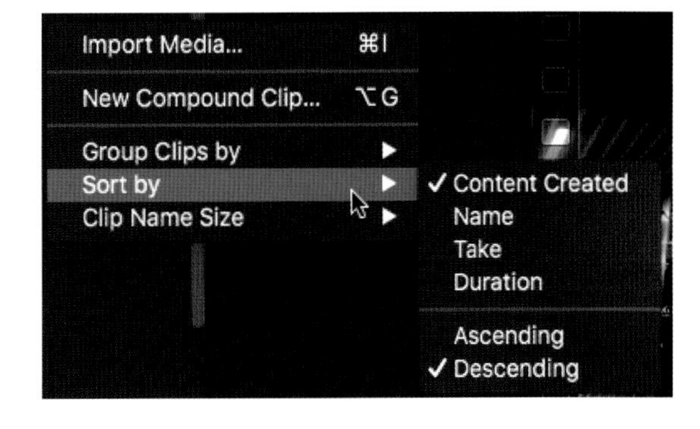

이 클립 정렬방식은 클립보기를 리스트 뷰로 바꾸면 적용되지 않는다.

Unit 02 라이브러리의 이벤트 목록 정렬하기

먼저 파이널 컷 프로 X를 열면, 연결된 모든 라이브러리와 만들어진 이벤트 그리고 프로젝트가 보인다. 아래의 그림처럼 저자가 보여주는 파이널 컷 프로의 이벤트와 독자의 이벤트 화면이 같지 않을 것이다. 그것은 각자 사용하는 컴퓨터와 연결되어 있는 라이브러리가 다르기 때문이다. 지금부터 사용할 따라하기에서는 저자가 사용하는 이벤트의 아이콘과 독자가 사용하는 이벤트가 같다는 가정 하에 이벤트의 사용법을 설명하겠다.

지금 저자가 만드는 이벤트 보기 옵션은 이벤트안에 있는 모든 클립들이 날짜와 사용빈도 등에 상관 없이 모두 보이게 하는 것이다. 따라하기를 하면서 달라지는 보기 옵션을 숙지하고 자신이 가장 편하게 클립들을 볼 수 있는 옵션을 찾아내자.

파이널 컷 프로 X를 열자. 이전의 챕터 02와 챕터 03을 따라했다면 지금 저자가 사용하는 화면과 같을 것이지만 자신의 파이널 컷 프로 X를 실행시켰을 때 아래의 그림과 같지 않을 수 있다는 점을 이해하고 자신이 사용할 이벤트를 하나 따로 만들어서 따라하기를 적용해도 된다.

왼쪽에 있는 NY Sports 라이브러리에는 1개의 이벤트가 있다. 새로 3개를 만들어서 정리해보자. NY Sports 라이브러리를 선택한 후 Ctrl + Click해서 New Event를 만들자.

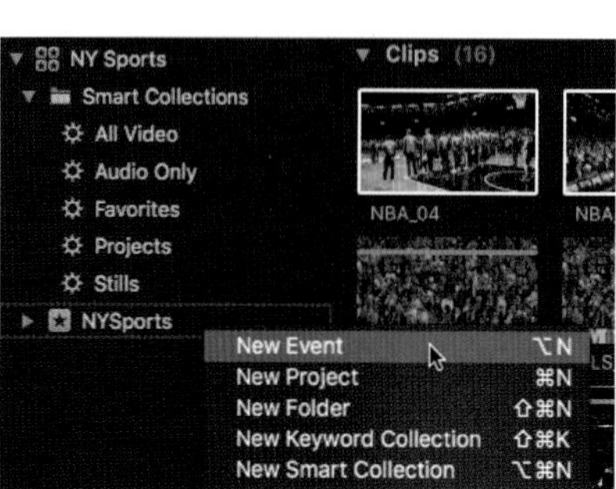

새 이벤트 만들기 팝업 창이 뜨면, 이벤트 이름을 정해주자.

위 과정을 2번 더 반복해서 NY Sports 라이브러리에 Smart Collections 이외에 총 4개의 이벤트가 있게 하자.

라이브러리인 NY Sports를 Ctrl + Click해서 Sort Events By에서 Name에서 Date으로 바꾸면 이벤트 순서가 바뀌는 것을 볼 수 있다.

브라우저 창에서 Ctrl + Click하면 나오는 팝업 메뉴에서 다음 보기 옵션인 Group Clips By 〉 None을 선택하자.

Sort By 〉 Content Created를 선택, 아래에 보이는 Descending(알파벳 내림차순) 옵션도 선택하자.

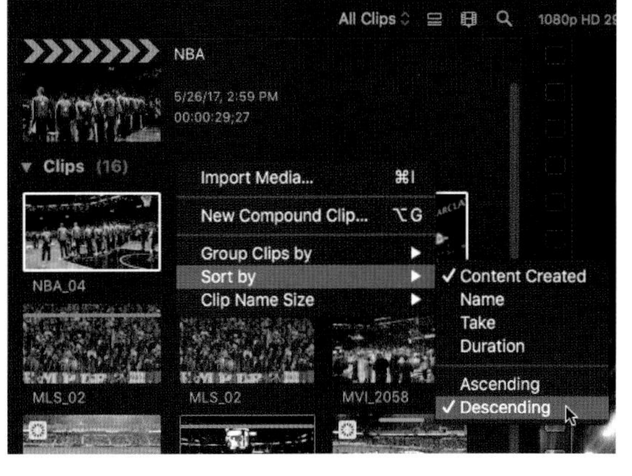

08 따라하기의 모든 옵션이 제대로 적용되면 지금 화면처럼 클립 아이콘들이 정리될 것이다.

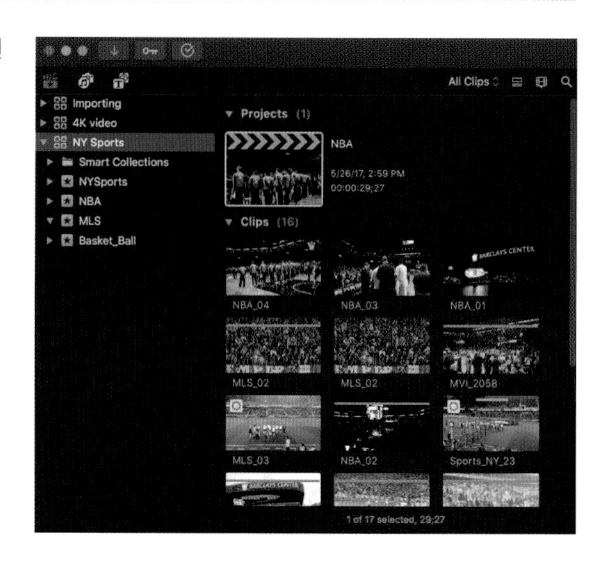

참조사항 이벤트를 정리할 때, 이벤트를 클립, 사진, 음악, 그래픽 등으로 분류해서 이름을 만들면 클립들을 정리하기가 편리해진다. 파이널 컷 프로에서 이벤트를 정리할 수 있는 곳은 총 세 군데인데 한 곳은 바로 방금 따라한 브라우저 창이고, 나머지 두 군데는 메뉴에서 Viewer 〉 Browser 〉 Group Clips By 아니면 브라우저 창 우측 상단에 있는 클립 크기 설정에서 할 수 있다.

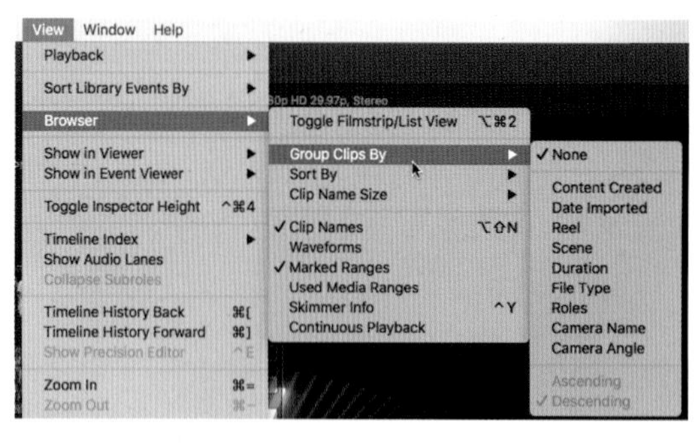

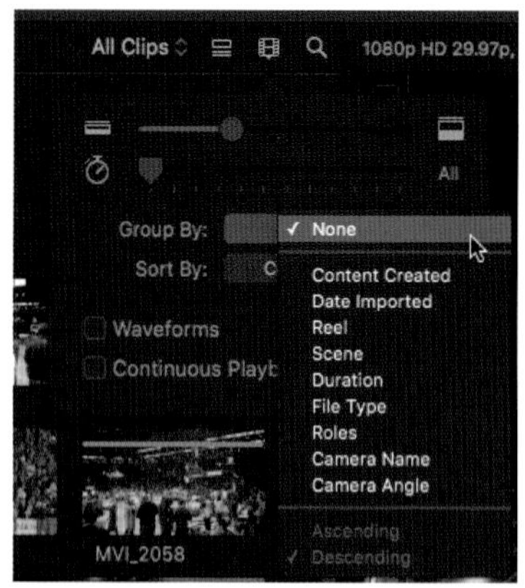

참조사항 이벤트 이름 변경하기

라이브러리 안에 있는 이벤트의 이름을 클릭하면 새로운 이름으로 변경할 수 있다. 혹은 하이라이트한 다음 엔터를 치면 바꿀 수 있다.

Unit 03 다른 이벤트로 클립 복사 또는 이동시키기

파일을 이동한다는 것은 원본 파일이 다른 이벤트로 이동되고 본래의 이벤트에는 그 파일이 더 이상 남아 있지 않는 반면에, 복사가 된다는 것은 원본 파일은 원래 있던 이벤트에 남아 있고, 복사본이 따로 이동하고자 하는 이벤트에 생기게 되는 것이다.

이벤트 안에 있는 클립들을 다른 이벤트로 드래그하면 클립이 한 이벤트에서 다른 이벤트로 이동한다. 클립을 복사해야 할 때는 클립을 Option 키를 누른 상태에서 드래그해야 한다.

- 클립 복사하기: 클립을 다른 이벤트로 Option + 드래그한다.
- 클립 이동하기: 클립을 다른 이벤트로 드래그한다.

Unit 03.1 클립 이동하기

NYSports 이벤트 안에 있는 NBA_01 클립을 선택하자.

NBA_01 클립을 NBA 이벤트로 드래그한다.

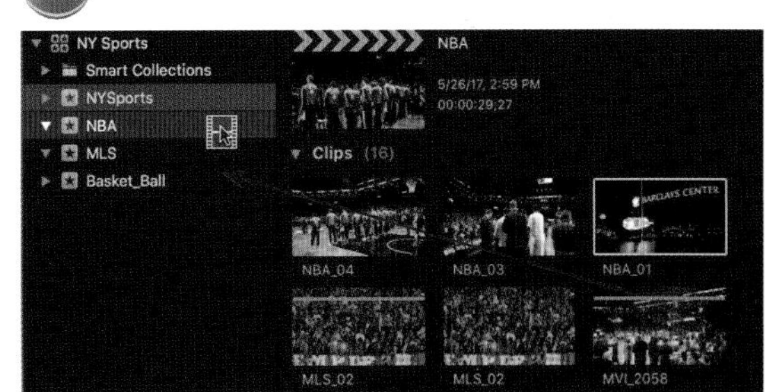

NBA_01 클립이 NBA 이벤트로 이동했다.

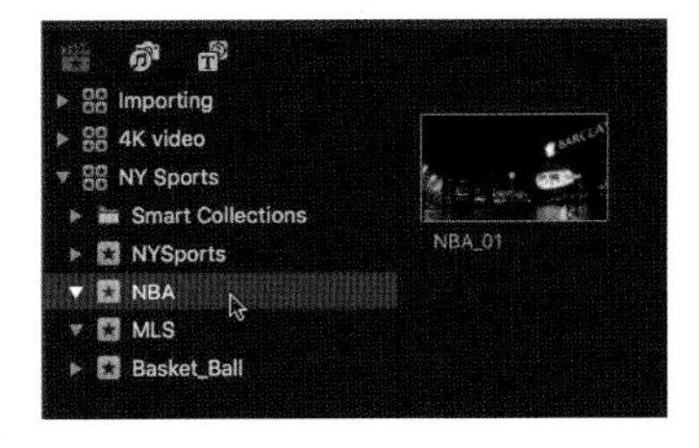

NYSports 이벤트 안에 있는 NBA_01은 사라진다.

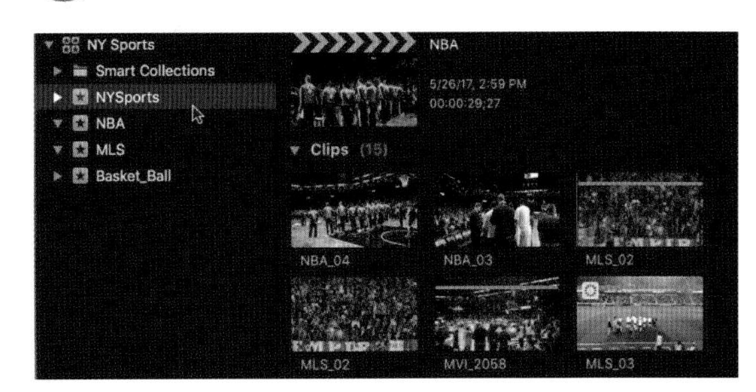

Tip ⌘ 버튼을 누른상태에서 마우스로 다른 클립을 클릭하면 여러 개의 클립을 동시에 선택할 수 있다.

Unit 03.2 클립 복사하기

01 NYSports 이벤트 안에 있는 NBA_02 클립을 선택하자.

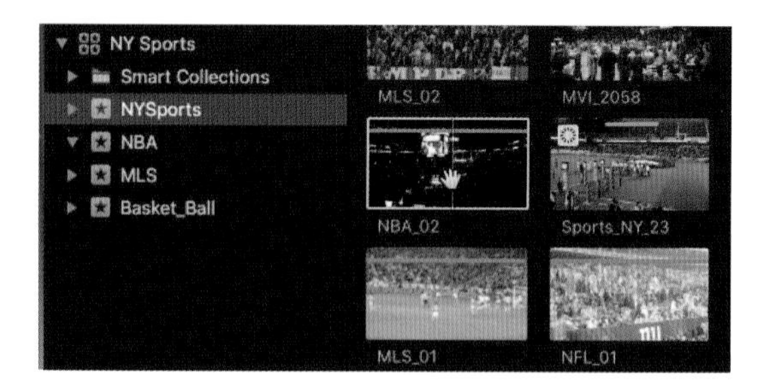

02 NBA_02 클립을 NBA 이벤트 아이콘 위로 옮긴 후 Option 버튼을 누르자. "⊕" 사인이 생기면서 클립이 복사된다.

주의사항 Option 버튼을 누른 상태에서 클립을 드래그하면 클립의 한 부분이 선택되지만 클립을 드래그할 수 없다. 반드시 클립을 드래그하다가 마지막에 Option 버튼을 눌러주어야 한다. 만약에 Option 버튼부터 눌렀다면 X 버튼을 눌러서 파일 부분 선택 상황에서 전체 선택 상황으로 바꿀 수 있다.

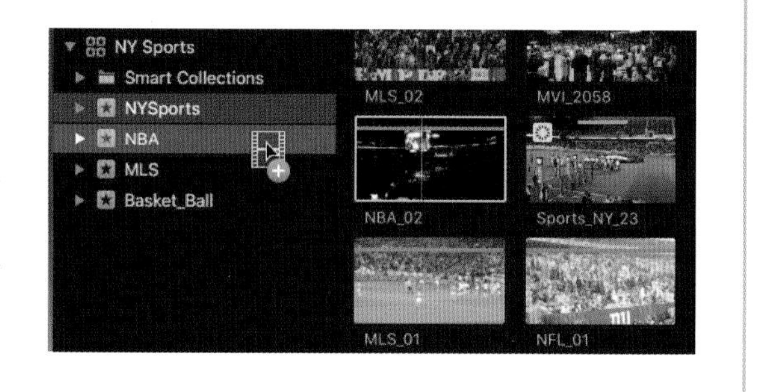

03 NBA 이벤트를 열어보면 복사된 NBA_02 클립이 보인다. 그리고 원래 있던 NBA_02 클립은 계속 NYSports 이벤트 안에 존재한다. 만약 Option 버튼을 클릭하지 않고 그냥 클립을 드래그했다면 클립이 복사되지 않고 이벤트로 이동한 후 기존의 이벤트에서는 사라진다.

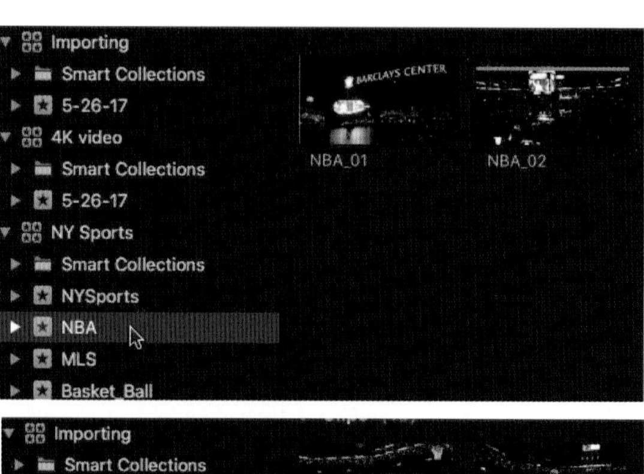

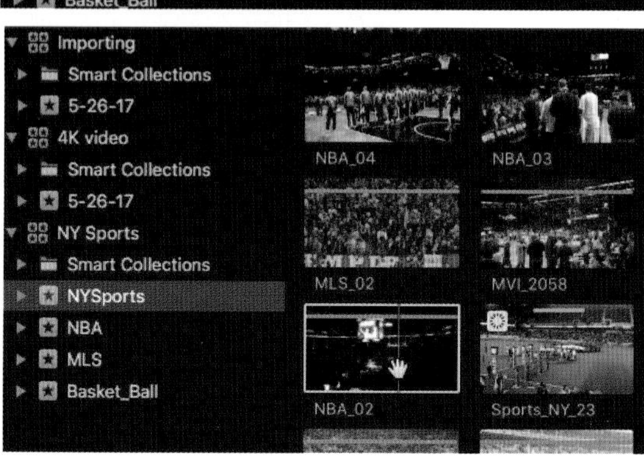

참조사항 라이브러리 간의 클립 이동과 클립 복사의 차이점

다른 라이브러리의 이벤트로 클립을 드래그하면 미디어 파일들은 새로운 라이브러리에 복사된다. 클립 복사를 한다는 것은 원본 파일들을 이동시키는 것이 아니라 사본을 하나 더 만든다는 것이다. 이는 미디어를 모두 한 곳에 모으기 위한 안전한 방법이지만 같은 파일을 두 개씩 가지고 있는 것이나 마찬가지이므로 더 많은 저장공간을 필요로 하게 된다.

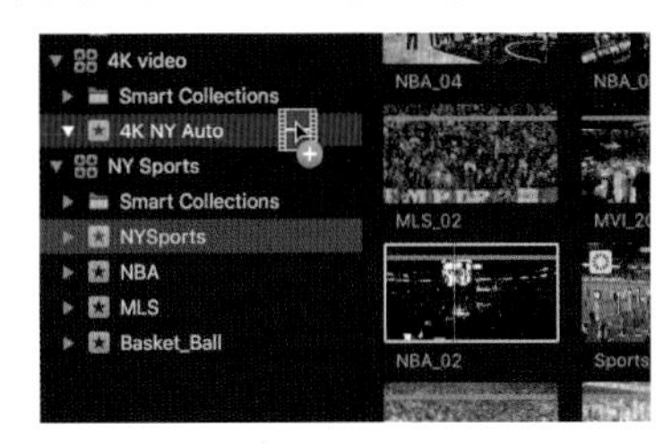

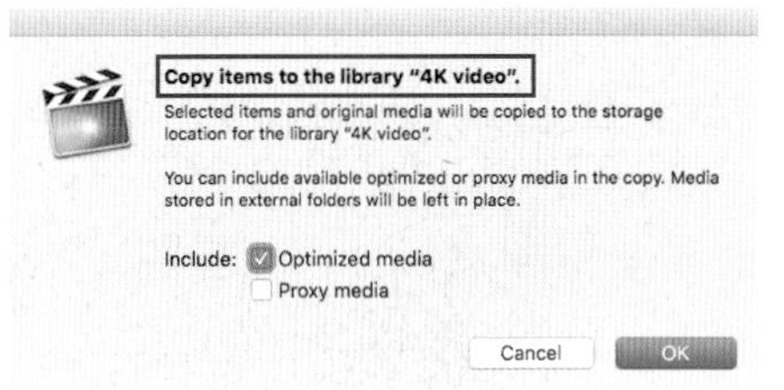

클립을 다른 라이브러리에 있는 이벤트로 이동시키고 싶으면, 선택된 클립들을 ⌘를 누른상태에서 다른 이벤트 위로 드래그해야 한다(⌘ + 드래그, 다른 라이브러리로 이동). 이동하면 기존의 라이브러리의 이벤트에 있던 미디어 파일들이 사라진다.

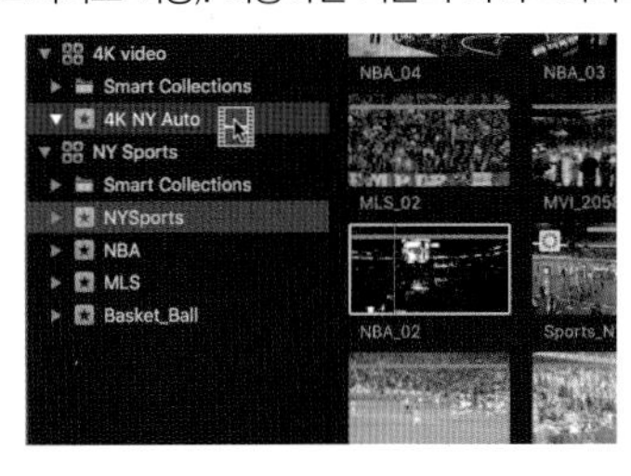

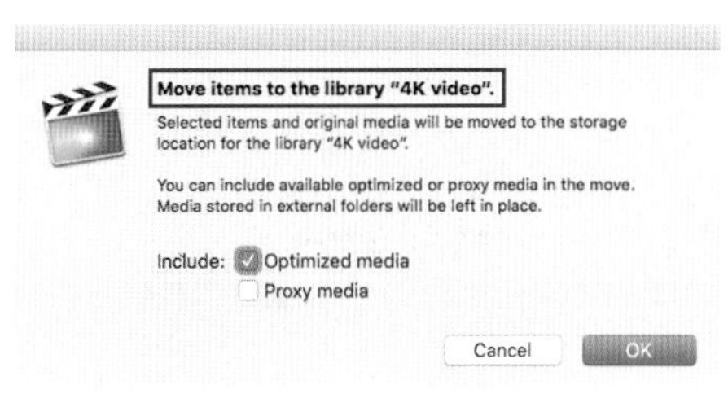

Unit 04 가상 클립을 원본 클립으로 다시 만들기 Consolidate Event Files

클립을 임포트할 때 원본 파일을 똑같이 이벤트로 복사하거나 가상 파일을 만들어 실제 파일과 연결만 할 수도 있다. 가상 파일을 만들 경우, 디스크의 저장공간을 절약할 수 있지만 이 가상 클립들을 다른 이벤트 폴더로 이동시킬 경우 실제 파일이 아닌 가상 파일만 백업이 되는 문제가 생긴다. 작업이 끝난 후 모든 미디어 파일을 한 곳에 모아서 백업을 하고 싶을 때는 가상 파일이 아닌 실제 파일이 필요하다. 사용 중인 가상 파일을 원본 파일로 바꾸는 방법을 알아보자.

먼저 4K video 라이브러리에 있는 4K NY Auto 이벤트에 두 개의 클립을 하나는 복사로 다른 하나는 가상 파일로 임포트해보자. 4K video 라이브러리는 3장에서는 따라하기로 만든 라이브러리다. 사용자는 자신이 따로 만든 라이브러리를 사용하여 이 따라하기를 진행해도 된다.

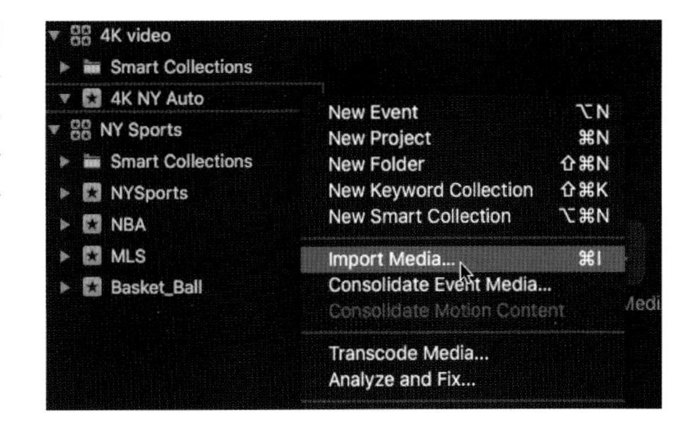

첫 번째 클립은 Leave files in place 옵션으로 임포트해서 가상파일을 만들자.

03 두 번째 클립은 Copy to library 옵션으로 임포트해서 복사된 실제파일을 만들자.

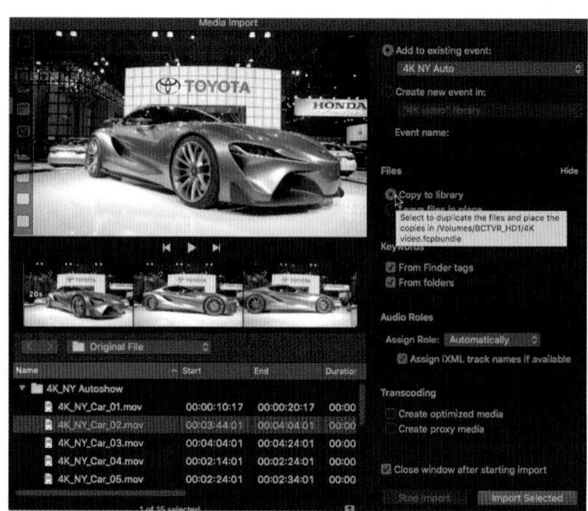

04 이벤트에 임포트된 두클립을 비교해보자.

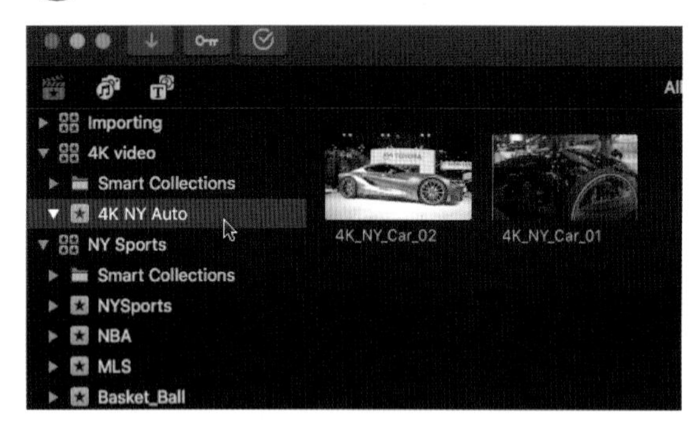

05 라이브러리를 선택한 후 Ctrl + Click해서 Reveal in Finder를 선택한다.

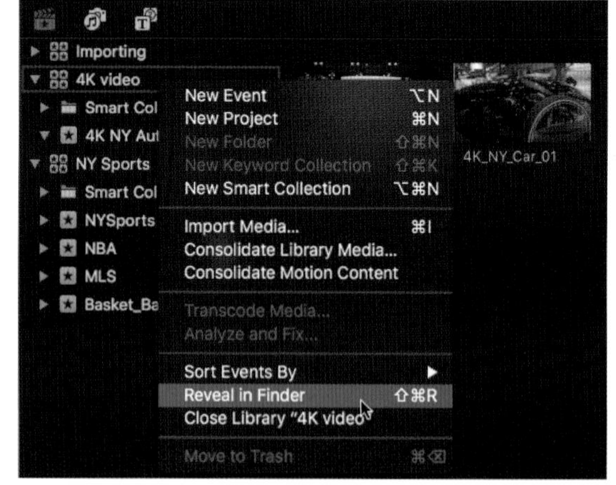

06 실제 라이브러리 파일이 파인더에서 보이면 Ctrl + Click해서 Show Package Contents를 선택하자. 이 기능은 이벤트에 있는 클립과 연결되어 있는 파인더의 실제 클립이 있는 곳을 보여준다.

하드드라이브에 있는 이벤트 폴더가 열리면 Original Media 폴더에 있는 두 클립을 비교해보자.

- 4K_NY_Car_01.mov는 가상 파일이다: 원본 파일과의 연결을 표시하는 화살표가 보인다(External Media).
- 4K_NY_Car_02.mov는 실제파일이다: 원본 파일이기 때문에 클립의 프레임이 아이콘으로 보인다(Managed Media).

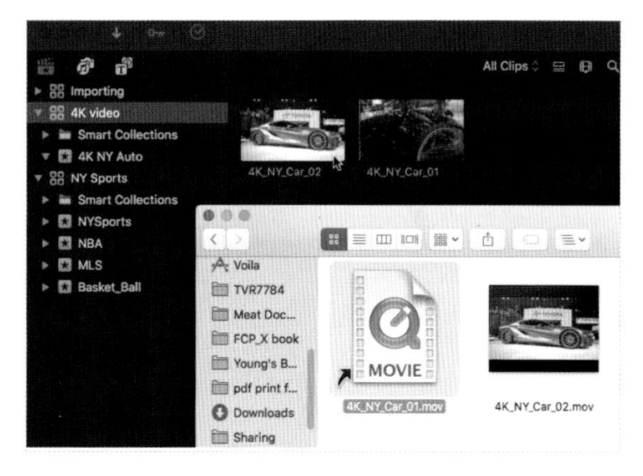

08 파일이 위치한 곳과 연결만 되어 있는 가상 파일인 4K_NY_Car_01 클립을 실제 파일로 바꿔보자. 가상 클립이 있는 4K NY Auto 이벤트를 선택한 후 Ctrl + Click해서 단축 메뉴에서 Consolidate Event Files를 선택한다.

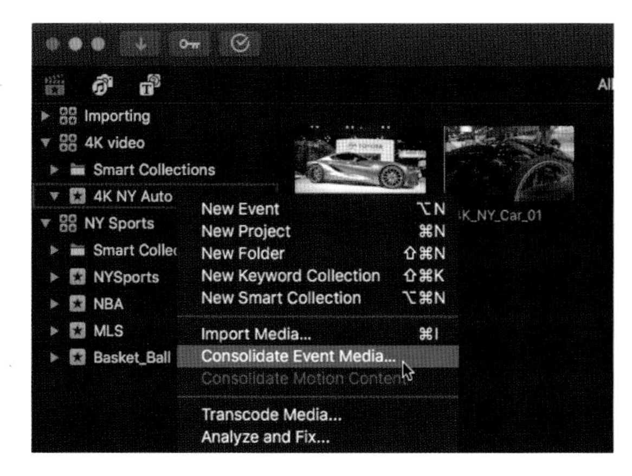

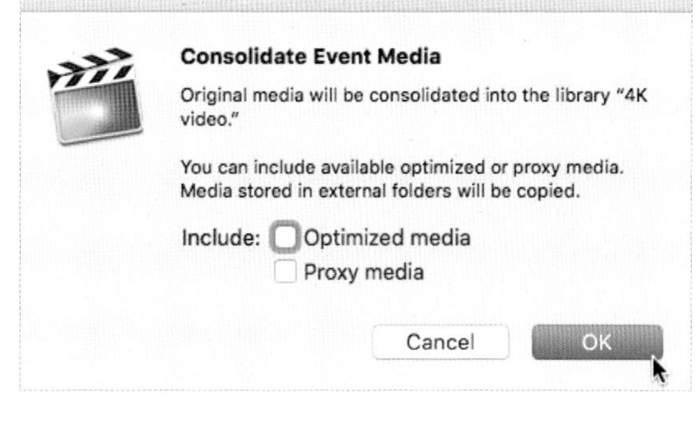

다시 파인더의 이벤트 폴더에 있는 가상 파일 4K_NY_Car_01 클립을 확인해보면 실제 클립으로 바뀐 걸 확인할 수 있다.

Unit 05 이벤트 전체를 다른 라이브러리로 복사하기 Copy Event to Library

사용 중인 이벤트를 다른 라이브러리로 복사할 수 있다. 이벤트를 복사하면 그 이벤트 안에 있는 클립들도 모두 복사된다.

01 라이브러리에서 복사하고 싶은 이벤트를 선택한다.

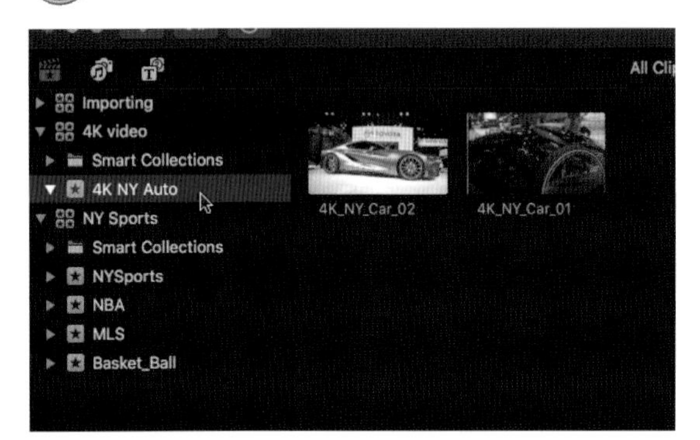

02

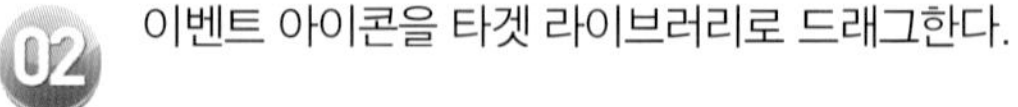

이벤트 아이콘을 타겟 라이브러리로 드래그한다.

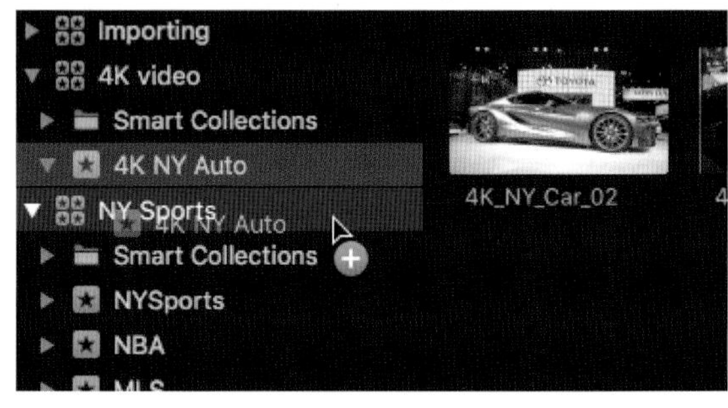

03 Copy Event 윈도우가 뜨면 Optimize media와 Proxy media를 체크하지 말고 OK를 클릭하면 된다.

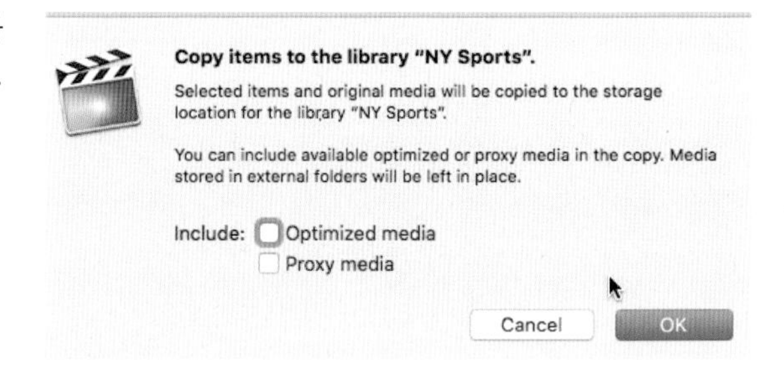

04 선택된 이벤트 안에 모든 소스파일이 지정된 타겟(Target) 라이브러리로 복사된다. 큰 용량의 비디오 파일을 복사할 경우 시간이 오래 걸릴 수도 있다.

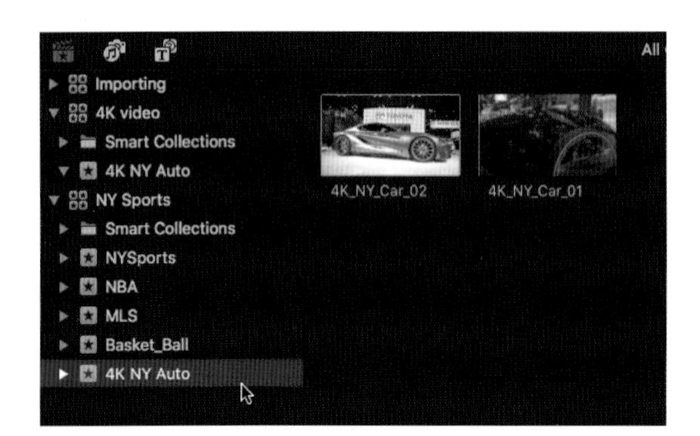

Tip 여러 개의 이벤트를 동시에 선택해서 다른 라이브러리에 한번에 같이 복사할 수도 있다. 또한 이벤트를 드래그하지 않고 메뉴에서 File 〉 Copy Event to Library를 선택해서 이벤트를 복사할 수도 있다.

Unit 06 이벤트 이동하기 Move Event to Library

하나의 라이브러리에 두 개 이상의 이벤트가 있을 때 그 중 하나의 이벤트를 다른 라이브러리로 이동시킬 수 있다. 이벤트를 복사하는 것과 이동하는 것은 전혀 다른 개념이다. 복사를 한다는 것은 하나의 이벤트를 여러 개의 장소에 만드는 것이고 이동을 한다는 것은 한 이벤트를 원래 있던 장소에서 새로운 장소로 옮겨가게 하는 것이다. 이벤트 이동을 하면 원래의 장소에 있던 그 이벤트는 더 이상 그곳에 존재하지 않는다.

01 이벤트 라이브러리에서 다른 곳으로 이동할 이벤트를 선택한다.

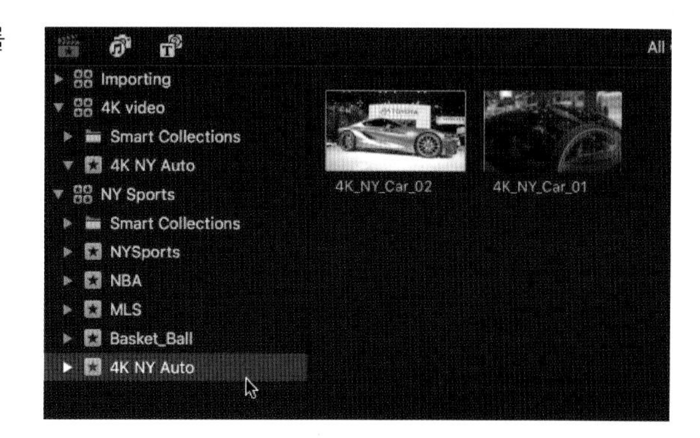

02 메뉴에서 File 〉 Move Event to Library 선택한다. 보내고 싶은 타겟 라이브러리를 지정하자.

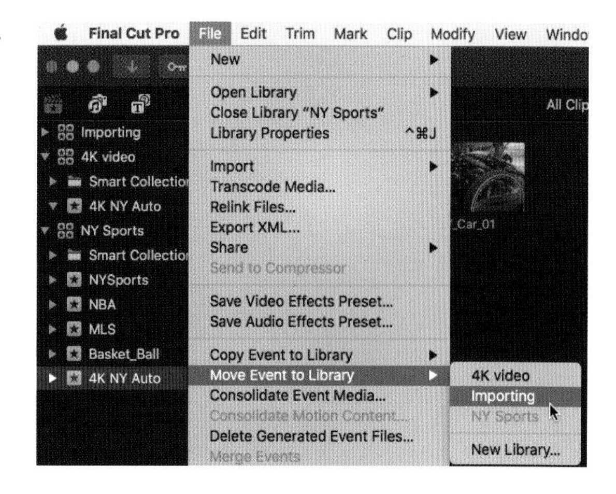

03 원래 있던 라이브러리의 이벤트가 다른 라이브러리로 이동된다.

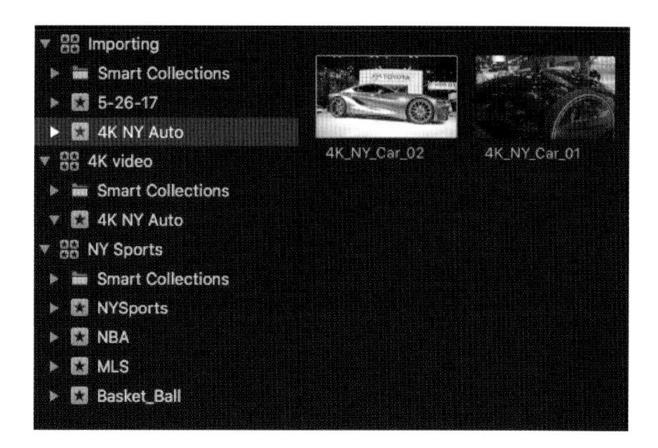

Unit 07 여러 개의 이벤트를 통합하기 Merge Events

프로젝트들이 너무 커질 경우 하나의 하드 디스크에 모든 미디어가 저장되지 못하고 여러 곳에 나누어서 저장되는 경우가 있다. 이럴 경우, 여러 개의 이벤트들을 하나로 병합해서 모든 클립들을 한 곳에 모을 수 있다.

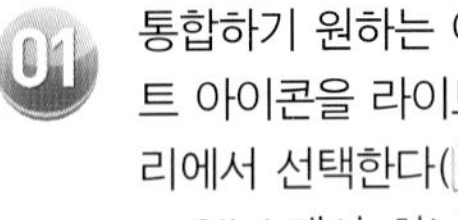

01 통합하기 원하는 이벤트 아이콘을 라이브러리에서 선택한다(Ctrl + Click해서 하나 이상의 이벤트를 선택해 보자).

02 File 〉 Merge Events 클릭한다.

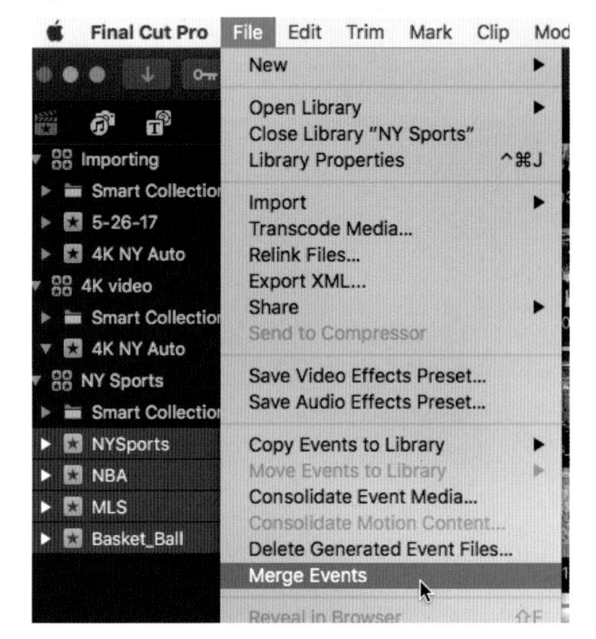

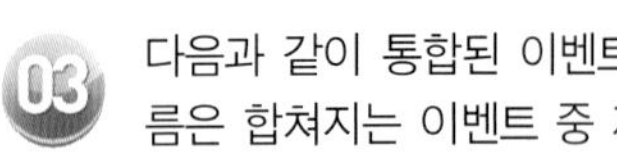

03 다음과 같이 통합된 이벤트가 나타난다. 이벤트 이름은 합쳐지는 이벤트 중 제일 위에 있는 이름으로 바뀐다.

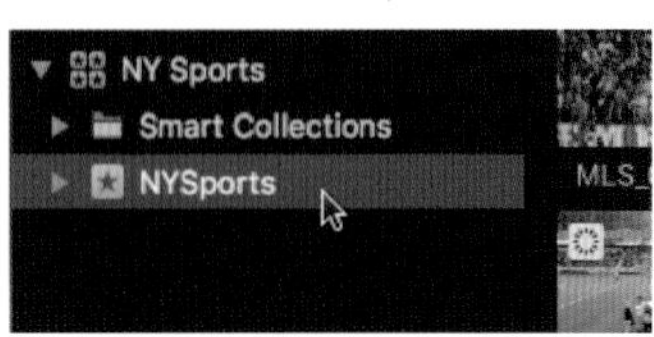

선택된 이벤트 안에 클립들은 통합된 하나의 이벤트 안으로 모두 이동된다.

Unit 08 이벤트 삭제하기 Move Event to Trash

이벤트를 휴지통으로 이동하는 것은 이벤트를 지운다는 개념이지만 실제적으론 휴지통(Trash)으로 이벤트 파일을 옮기는 것이다. 완전히 삭제하려면 파일을 휴지통으로 보낸 후, 휴지통을 비워야 한다.

지우기(휴지통으로 이동하기)는 되돌리기(Undo)가 가능하다. 따라서 이벤트를 삭제한 후에도 파일이 영구적으로 삭제되기 전에 다시 그 지운 파일을 가져와야 한다면 Undo(단축키 ⌘ + Z)를 사용하거나 휴지통에서 지워진 파일을 다시 파이널 컷 프로 이벤트 폴더로 가져오면 된다.

이 따라하기를 하기 전에 Merge한 이벤트를 Undo 한다. 라이브러리 안에서 삭제할 이벤트를 마우스 오른쪽 키 또는 Ctrl + Click을 한 후 Move Event to Trash를 선택하면 된다(단축키 ⌘ + Delete).

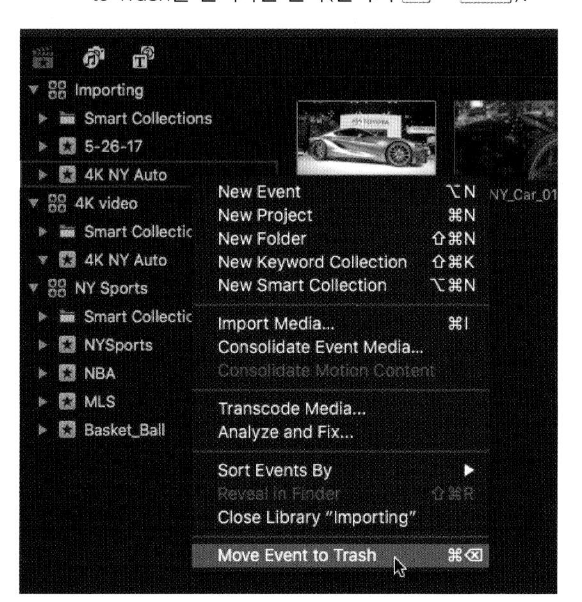

이 이벤트를 지울 것인가 물어보는 창이 뜨면 Continue 버튼을 누르자. 이때 이벤트뿐만이 아니라 이벤트 안에 있는 모든 클립들도 휴지통으로 이동한다.

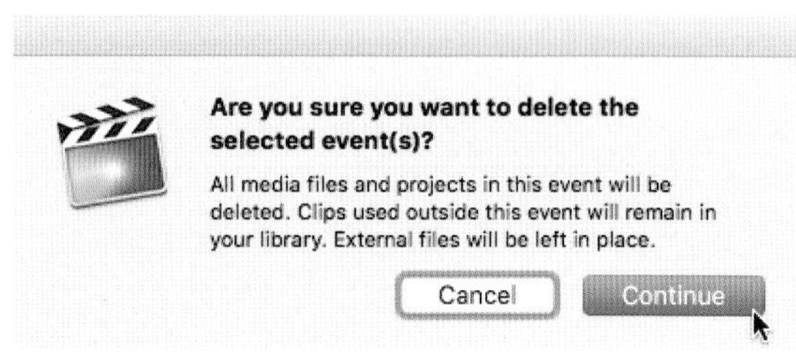

참조사항

현재 지우는 이벤트 안에 있는 클립이 다른 이벤트에 있는 프로젝트에도 사용되고 있으면 이 이벤트가 지워진 후에도 다른 프로젝트에서 사용된 클립들은 사용된 다른 이벤트 안으로 복사되고 그 외의 파일만 지워진다. missing 파일을 만들지 않으려는 FCPX의 기술적 노력이 엿보이는 기능이다.

이벤트가 지워진 것을 확인할 수 있다.

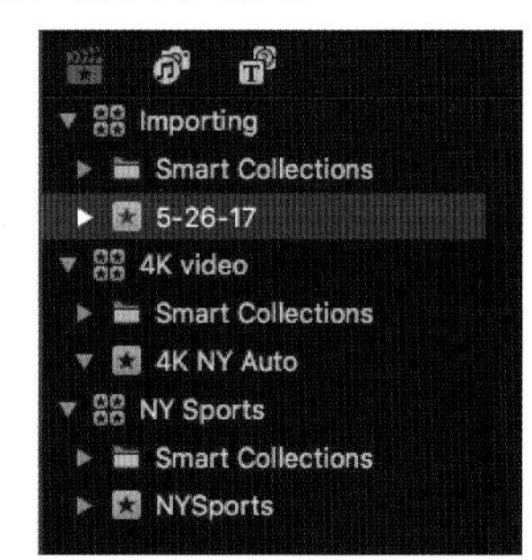

삭제한 이벤트를 다시 복원시키려면, 파이널 컷 프로를 실행한 상태에서 메인 메뉴>Undo Move Event to Trash하면 된다(단축키 ⌘ + Z).

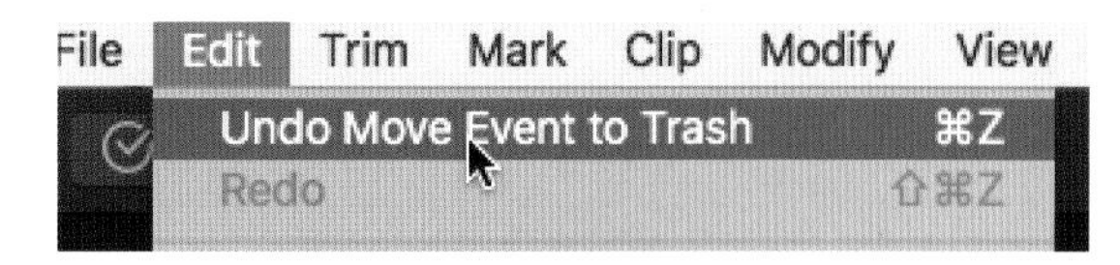

지워졌던 이벤트가 다시 복원되었다.

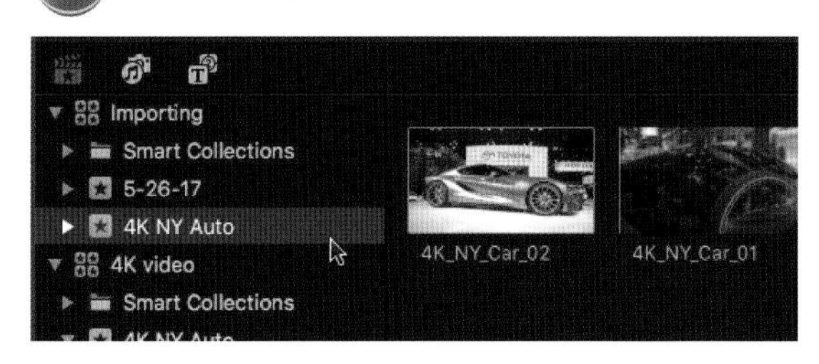

참조사항 지워진 이벤트를 영구적으로 삭제하고 싶다면 휴지통을 비우면 된다.

Section 03 프로젝트 관리하기

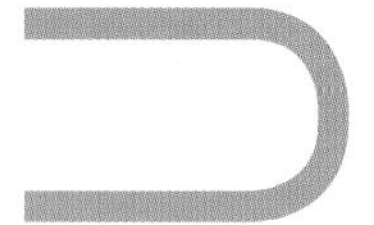

Managing Projects

프로젝트는 실제 편집 과정의 기록이고 그 기록을 타임라인을 통해서 보여주는 하나의 파일이라고 보면 된다. 프로젝트 파일은 구조상 이벤트 안에 있고 개수의 제한은 없다. 이 섹션에서는 프로젝트를 하나의 클립처럼 다루는 방법에 대해서 알아보겠다.

Unit 01 라이브러리에서 프로젝트 열기

01 라이브러리에서 열고 싶은 프로젝트 아이콘을 더블 클릭하면 프로젝트가 열린다.

02 프로젝트가 열리면 타임라인 왼쪽 위에 열린 프로젝트의 이름이 표시된다.

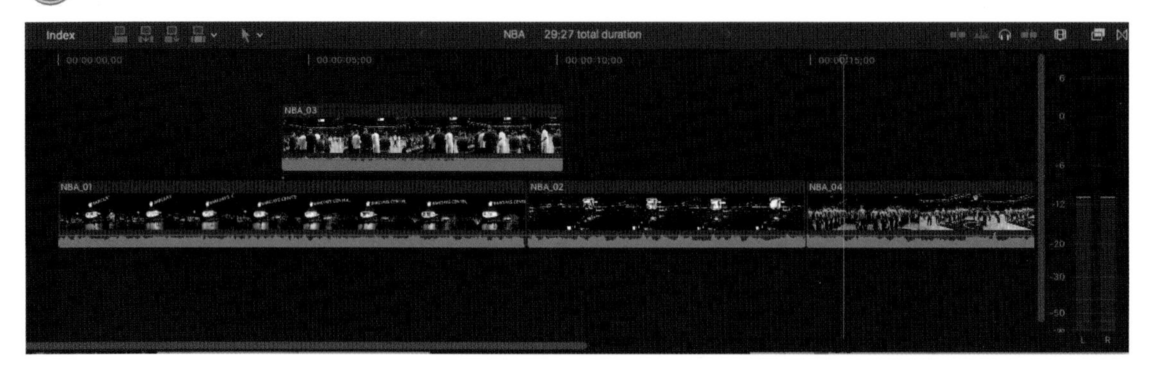

Unit 02 새 프로젝트 만들기 Create a New Project

모든 프로젝트는 지정하는 라이브러리와 이벤트를 기준으로 생성이 된다. 이 챕터에서는 새 프로젝트를 저장할 이벤트를 먼저 선택한 후 단축 메뉴를 이용해서 그곳에 새 프로젝트를 만들어볼 것이다.

01 프로젝트를 저장하고자 하는 NYSports 이벤트를 먼저 Ctrl + Click해서 팝업 메뉴 창에서 새 프로젝트(New Project)를 선택한다.

Tip 저장할 이벤트를 선택한 후, 메뉴에서 File 〉 New 〉 Project를 클릭해도 된다(단축키 ⌘ + N).

02 새 프로젝트 설정 창이 뜬다. 이 창의 가장 위에서 프로젝트 이름을 "Soccer"로 설정하자.
이 부분은 사용자가 기억할 수 있는 다른 이름으로 만들어도 상관 없다.

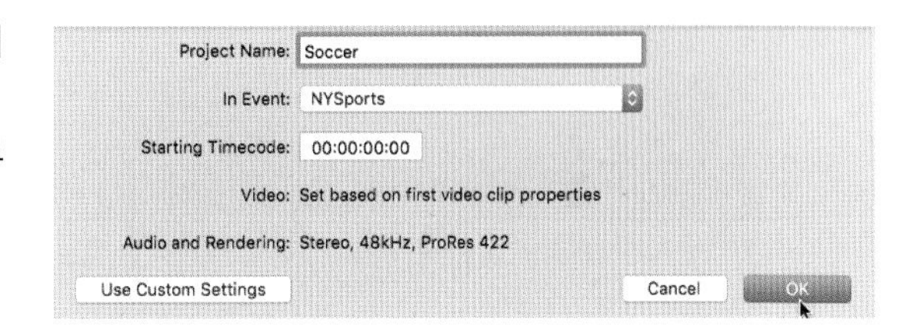

03 왼쪽의 Use Custom Settings 버튼을 클릭해서 조절한 프로젝트 설정 창이다. 설정이 아래와 같다면 OK를 클릭하자.

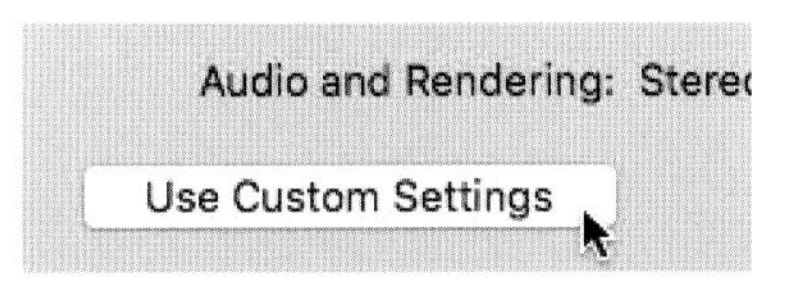

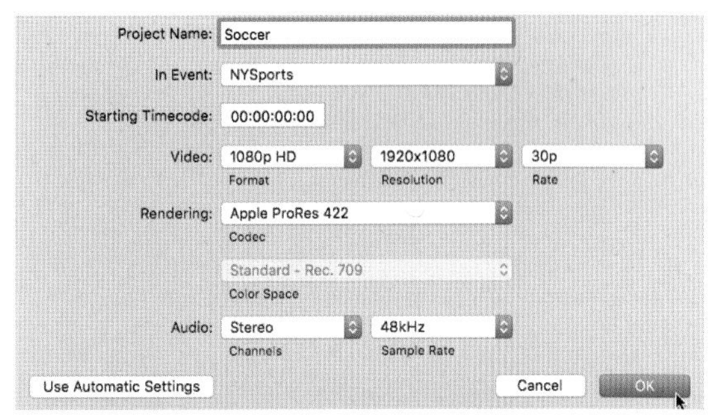

04 새로 만든 Soccer라는 프로젝트가 브라우저에 보인다.

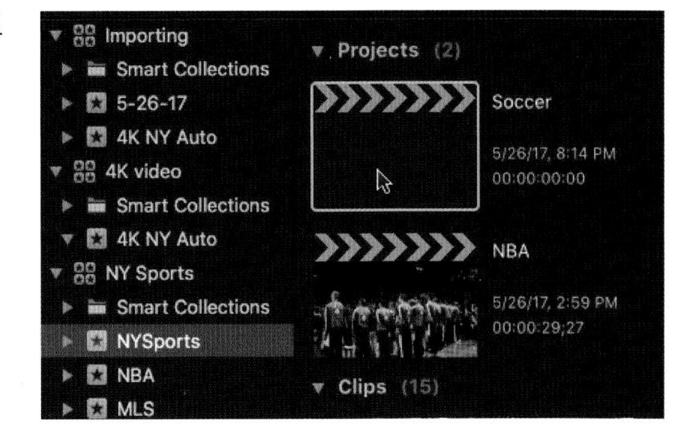

새 프로젝트를 더블클릭해보자. 아직은 아무런 클립도 편집이 되지 않았기 때문에 비어있는 타임라인이 보인다.

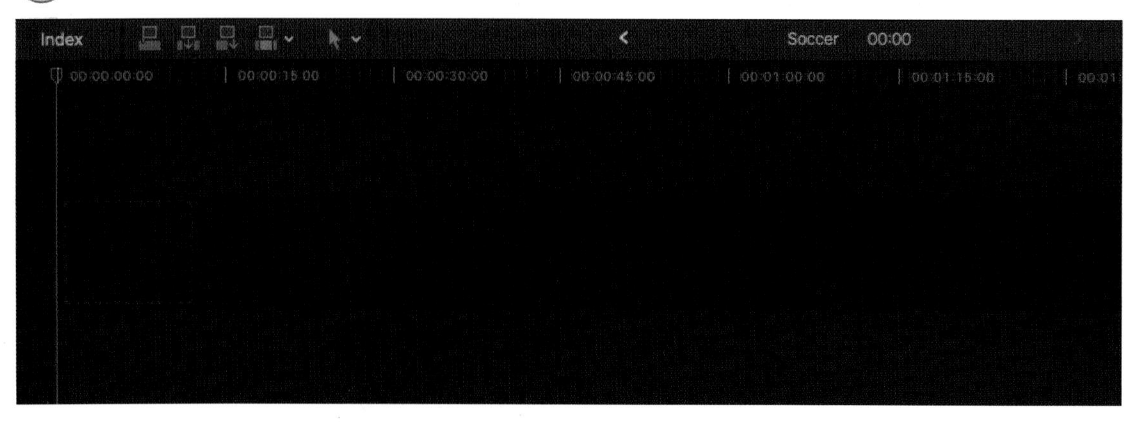

Unit 03 프로젝트 설정 변경하기 Project Properties

사용 중인 프로젝트의 설정을 프로젝트 설정 창에서 언제라도 원하는 셋업으로 바꿀 수 있다.

새로 만든 Soccer라는 프로젝트를 브라우저에서 선택한 후 타임라인 오른쪽 위에 있는 인스펙터 버튼을 클릭하자.

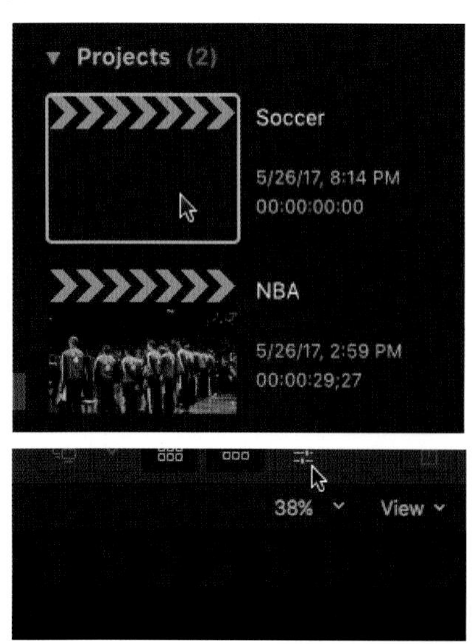

참조사항 프로젝트를 브라우저에서 선택한 후 메뉴에서 Widow〉 Project Properties를 선택해도 설정 창이 열린다(⌘+J).

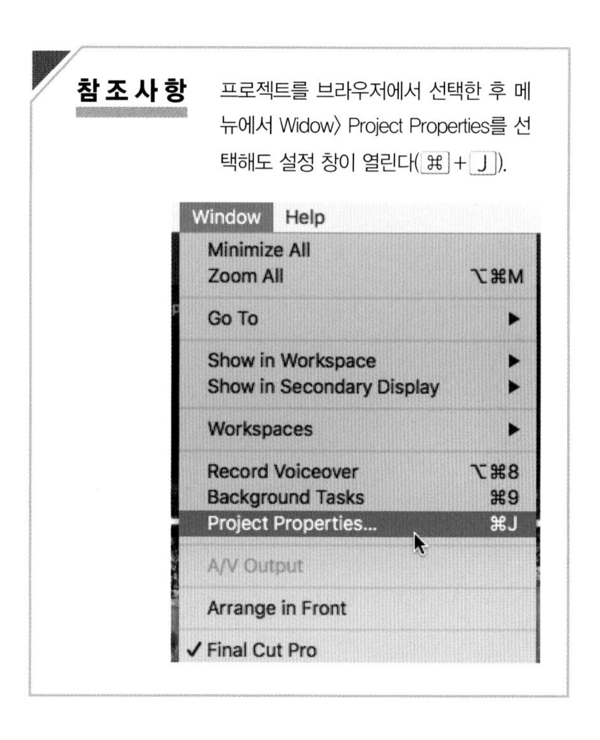

화면 오른쪽 위의 인스펙터 창 안에 프로젝트 정보 창이 열린다. 프로젝트 설정을 변경하기 위해 Modify Settings 버튼을 누르자.

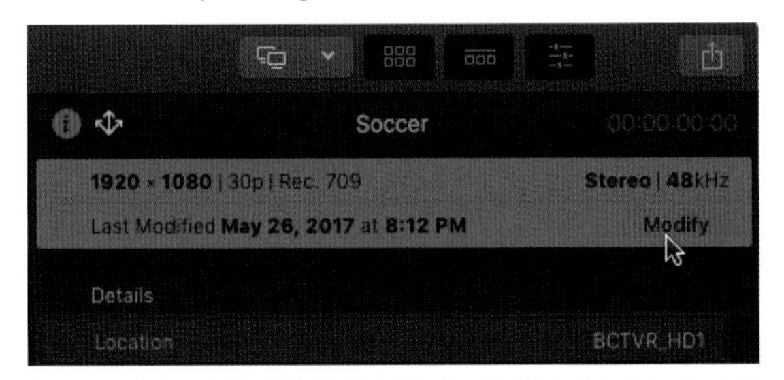

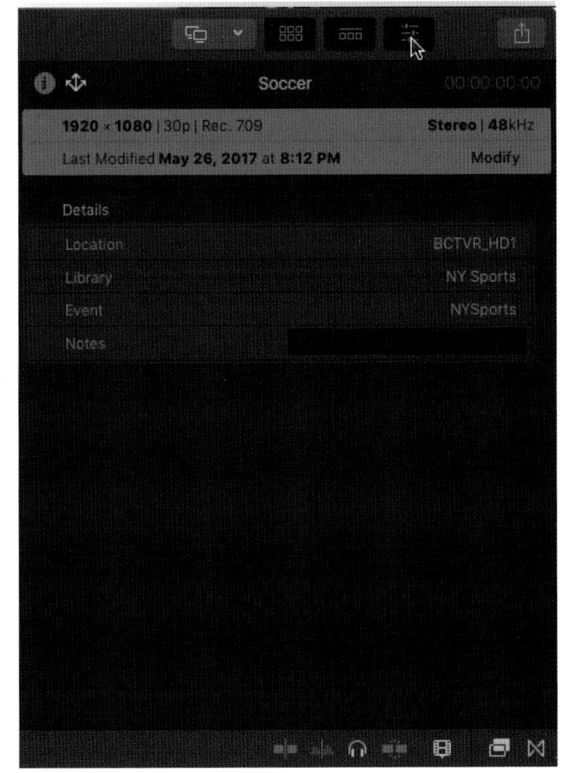

다음과 같이 프로젝트 설정 변경 창이 열렸다.

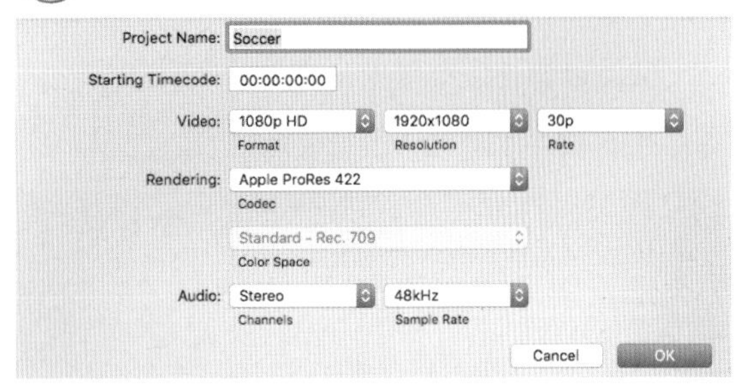

- Name: 프로젝트 이름 설정
- Starting Timecode: 시작 타임코드 설정
- Video Properties: 프로젝트의 프레임 사이즈, 해상도, 프레임 레이트 설정
- Audio Channels: 프로젝트의 오디오 출력을 스테레오와 서라운드 중 선택
- Audio Sample Rate: 프로젝트 오디오의 샘플레이트 설정
- Render Format: 프로젝트 오디오의 샘플레이트 설정

원하는 설정을 변경하고 OK를 클릭하면 사용 중인 프로젝트의 셋업이 바뀐다.

주의사항 새로 만든 타임라인에 클립이 추가되었을 경우 모든 설정을 계속 바꿀 수 있지만 프레임 레이트는 설정된 후 더 이상 바꿀 수가 없다.

예를 들면 1080p 프로젝트를 4K로 설정을 바꿀 수 있지만 어떤 클립이 이미 타임라인에 들어온 후에는 설정된 프레임 레이트는 더 이상 바꿀 수가 없다.

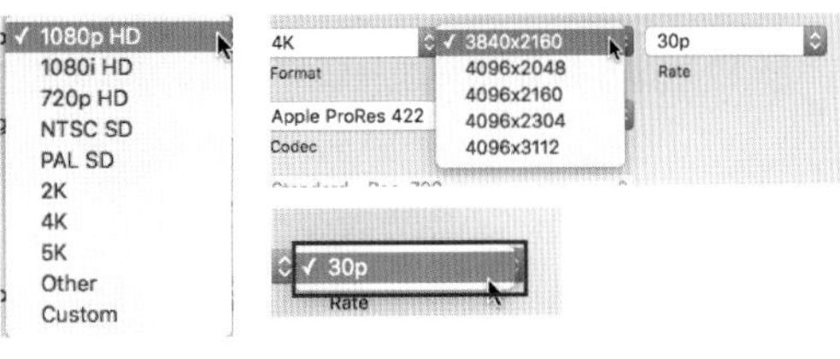

Unit 04 타임라인에 있는 클립을 다른 프로젝트로 복사하기

NYSports 이벤트에 두 개의 프로젝트가 있다. NBA 프로젝트에서 클립들을 복사해서 Soccer 프로젝트로 복사해보자.

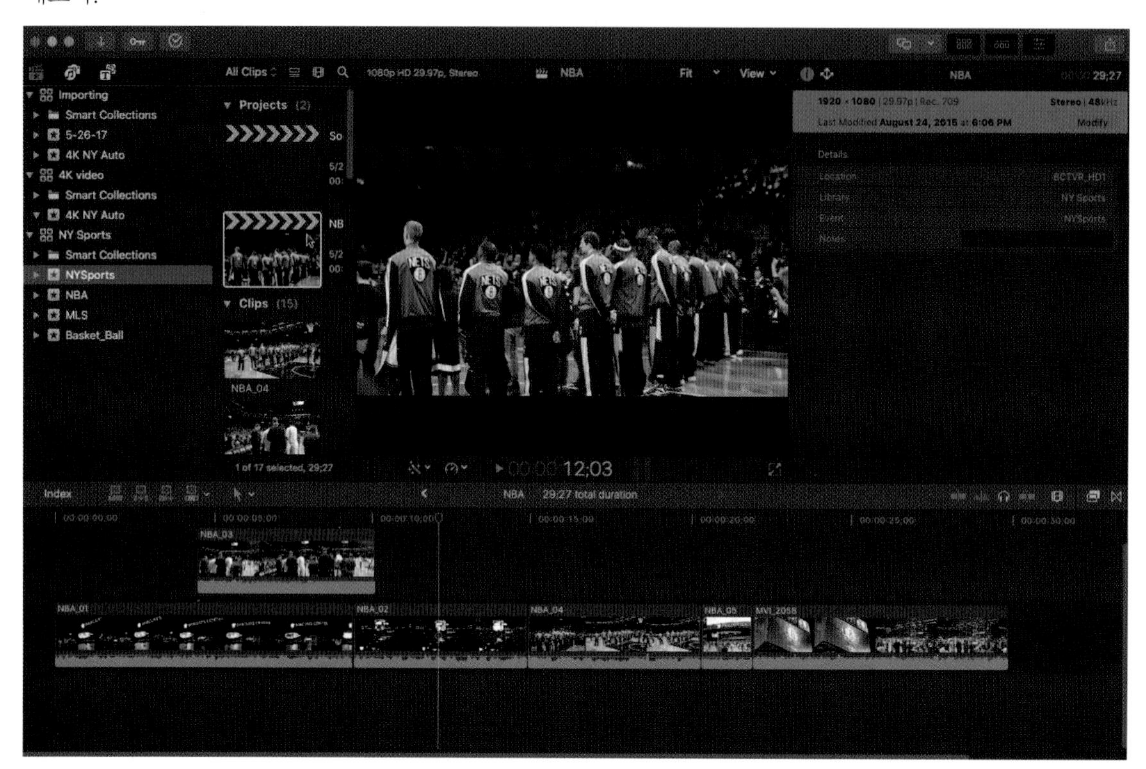

01 브라우저에서 NBA 프로젝트를 더블클릭해서 타임라인에서 NBA 프로젝트가 열려있는 것을 확인하자.

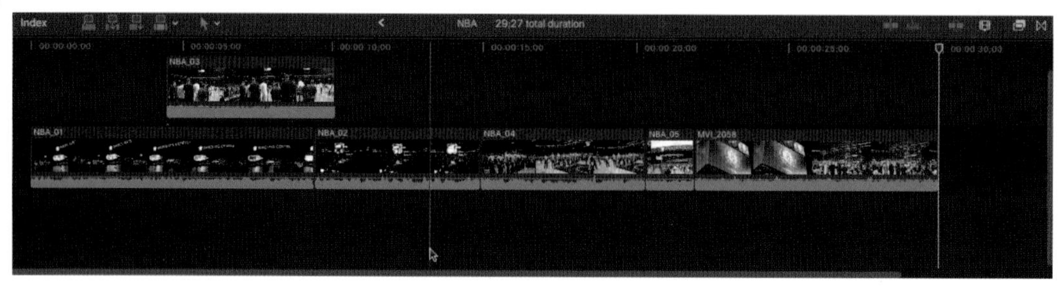

타임라인에서 복사하길 원하는 클립들을 선택하고 복사(단축키 ⌘ + C)를 누르자.

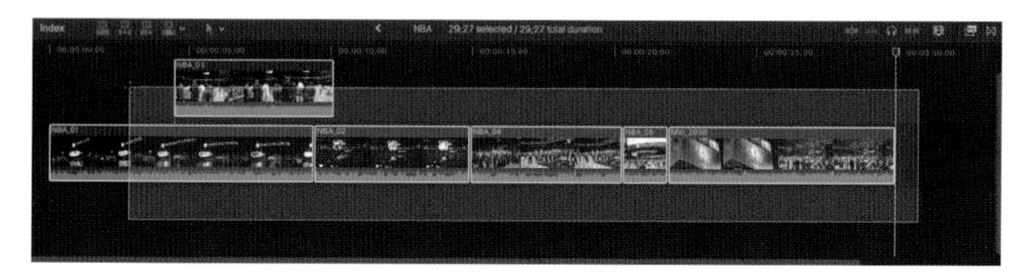

클립을 복사시키고 싶은 Soccer프로젝트를 더블클릭하여 빈 타임라인이 보이게 열어보자.

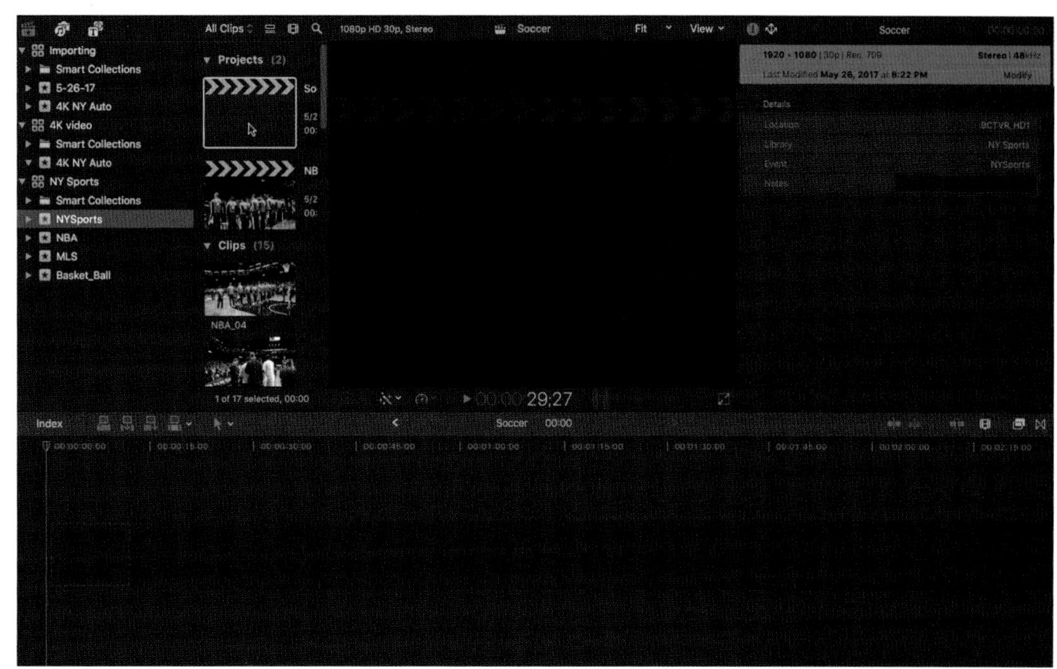

Soccer 프로젝트 타임라인에 클립을 붙여넣자. 플레이헤드 또는 스키머를 위치시킨 후 복사 단축키 ⌘ + V를 누른다(Edit 〉 Paste). 클립은 스키머를 기준으로 타임라인에 복사된다.

NBA 프로젝트에 있던 클립들이 새로운 Soccer 프로젝트에 복사가 되었다.
이전에 프로젝트에서 렌더(Render)가 이미 돼있었던 클립일지라도, 이 복사된 클립들은 새로운 프로젝트에서 렌더를 다시 해야 할 수도 있다.

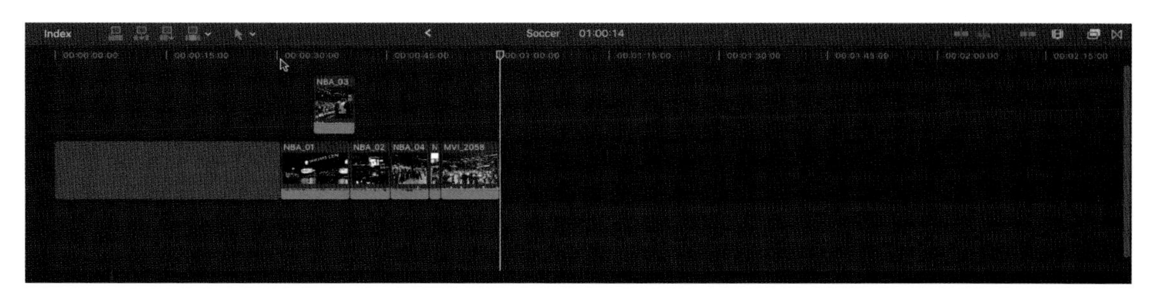

참조사항 **타임라인 히스토리(Timeline History)**

파이널 컷은 한번에 하나의 프로젝트만 열 수 있다. 하지만, 파이널 컷에서 타임라인 히스토리 기능을 통해서 프로젝트끼리 빠르게 전환해서 열 수 있다. 이전에 열었던 프로젝트가 없으면 타임라인 히스토리 버튼은 비활성화된다.

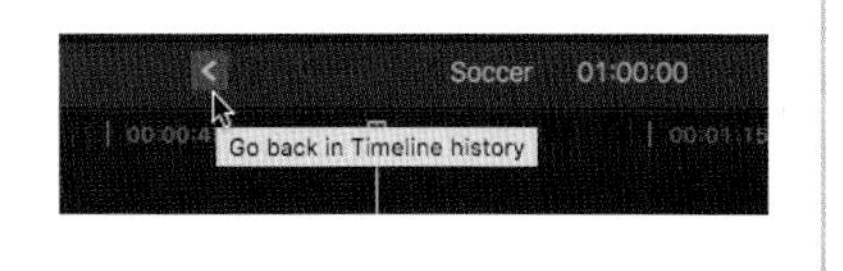

Unit 05 프로젝트 복사하기Duplicate Projects와 프로젝트 스냅샷Project Snapshot

프로젝트 복사하기(Duplicate Project) 기능은 선택된 프로젝트의 모든 것을 똑같이 복사본으로 만들어서 같은 내용의 새로운 프로젝트로 만드는 것이다. 이렇게 복사된 프로젝트 파일을 편집이 진행되는 날짜에 맞춰서 하나의 백업파일로 사용할 수도 있다.
특히 프로젝트 스냅샷은 사용된 멀티캠 클립이나 컴파운드 클립에 변화를 주어도 전혀 상관을 받지 않는 하나의 독자적인 파일이다.

- **프로젝트 복사:** 원래의 프로젝트와 똑같은 프로젝트 파일을 만들지만 사용된 멀티캠 클립이나 컴파운드 클립에 변화가 생기면 그 부분이 같이 업데이트된다(⌘ + D).

- **프로젝트 스냅샷:** 원래의 프로젝트와 똑같은 프로젝트 파일을 만든다. 독자적인 파일이기 때문에 만든 날짜로 백업이 된 프로젝트 파일이다. 하지만 잠금이 된 것이 아니기 때문에 이 프로젝트 스냅샷을 고치고 싶으면 타임라인에서 계속 편집할 수 있다(Shift + ⌘ + D).

NBA 프로젝트 아이콘을 선택한 후 마우스 오른쪽 키 또는 Ctrl + Click하여 팝업 메뉴에서 Duplicate Project를 선택하자(⌘ + D).

NBA 프로젝트가 복사되었다. 같은 이름을 사용할 수 없기 때문에 복사된 NBA 프로젝트 옆에 숫자 "1"이 붙는다.

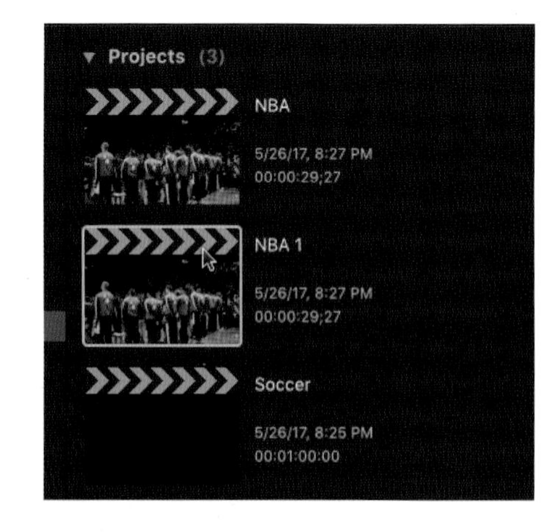

참조사항 프로젝트를 다른 라이브러리의 이벤트로 드래그해서 다른 장소에 프로젝트 복사하기(Duplicate Project)를 할 수 있다.

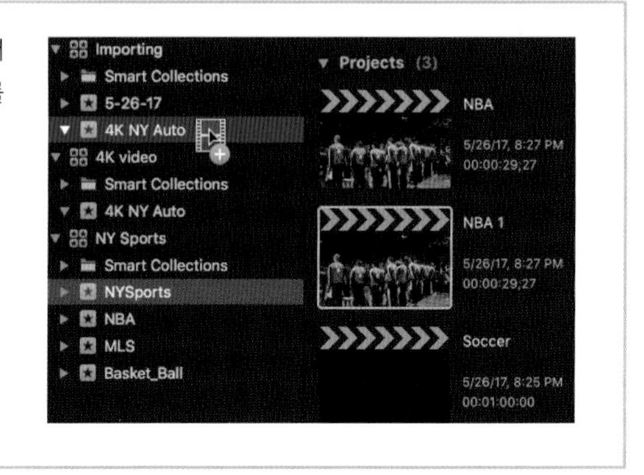

Unit 06 다른 라이브러리로 프로젝트 이동하기 Moving Projects

이벤트 이동하기와 같은 개념인데 이동을 한다는 것은 하나의 프로젝트를 원래 있던 장소에서 새로운 장소로 옮겨가게 하는 것이다. 이동을 한 후에는 원래 있던 장소에 더 이상 그 프로젝트가 존재하지 않는다.

라이브러리에서 NBA 프로젝트를 선택한다.

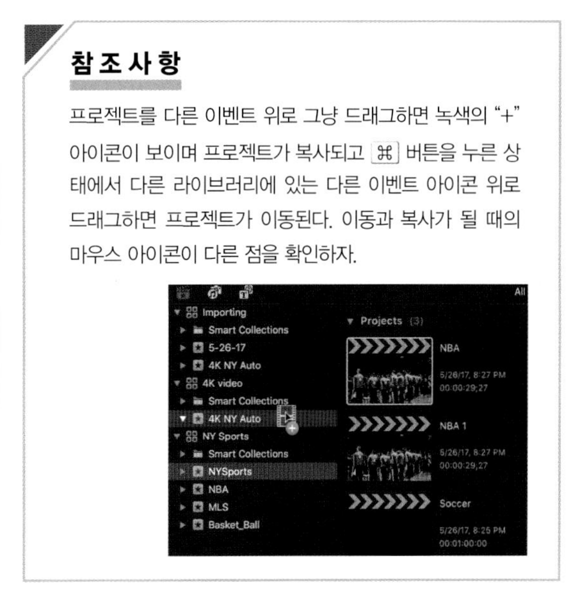

참조사항

프로젝트를 다른 이벤트 위로 그냥 드래그하면 녹색의 "+" 아이콘이 보이며 프로젝트가 복사되고 ⌘ 버튼을 누른 상태에서 다른 라이브러리에 있는 다른 이벤트 아이콘 위로 드래그하면 프로젝트가 이동된다. 이동과 복사가 될 때의 마우스 아이콘이 다른 점을 확인하자.

메뉴에서 File 〉 Move Project to Library를 클릭한다.

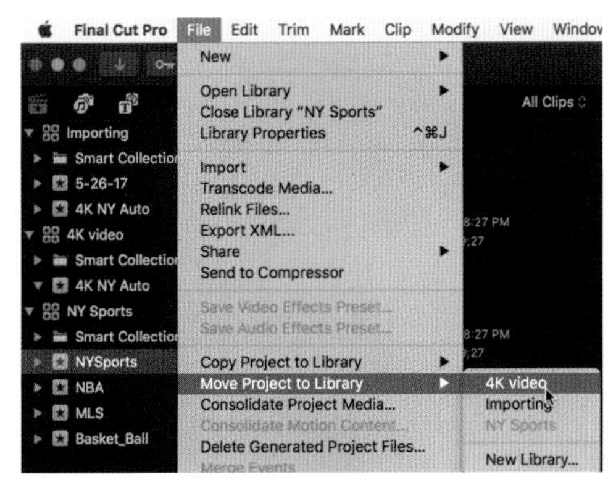

참조사항

프로젝트를 ⌘ + 드래그하면 NBA 프로젝트가 다른 이벤트로 이동된다.

프로젝트가 다른 이벤트로 이동된다는 창이 뜬다. Optimized Media 옵션을 선택하지 말자. 기본 설정으로 할 경우 큰 사이즈의 ProRes422 파일이 생성된다.

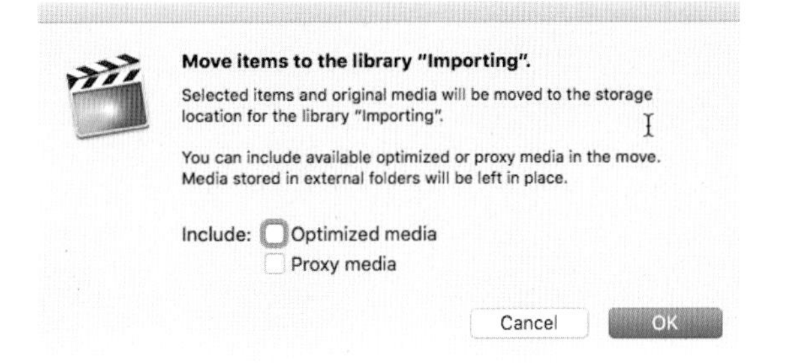

다음과 같이 4K 라이브러리에 있는 이벤트로 NBA 프로젝트가 이동되었다. 사용된 클립들은 이동하지 않고 복사되어서 두 군데에서 존재하게 된다.

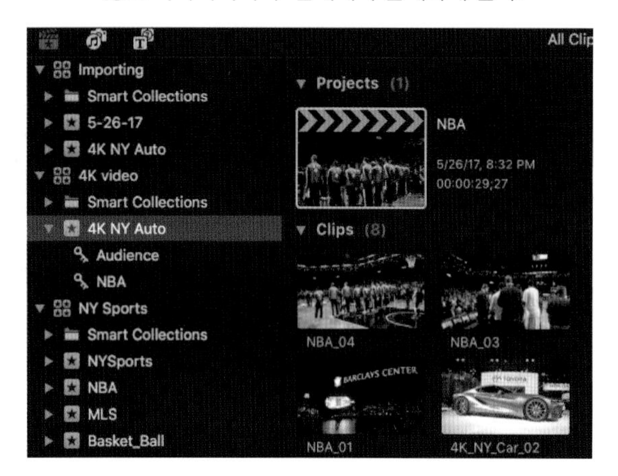

원래의 NYSports 이벤트를 확인해보면 NBA 프로젝트가 사라진 걸 확인할 수 있다.

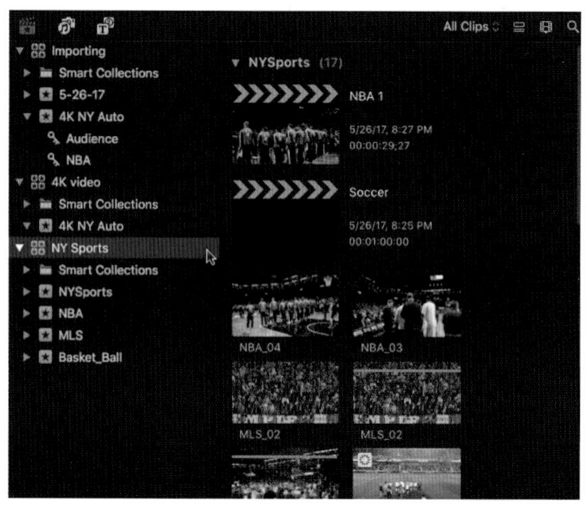

참조사항

파인더에서 4K NY Auto 이벤트로 이동된 프로젝트를 확인해보면 사용된 모든 비디오 클립들이 같이 복사된 걸 확인할 수 있다. 즉 프로젝트는 이동하지만 사용된 클립들은 복사가 된다.

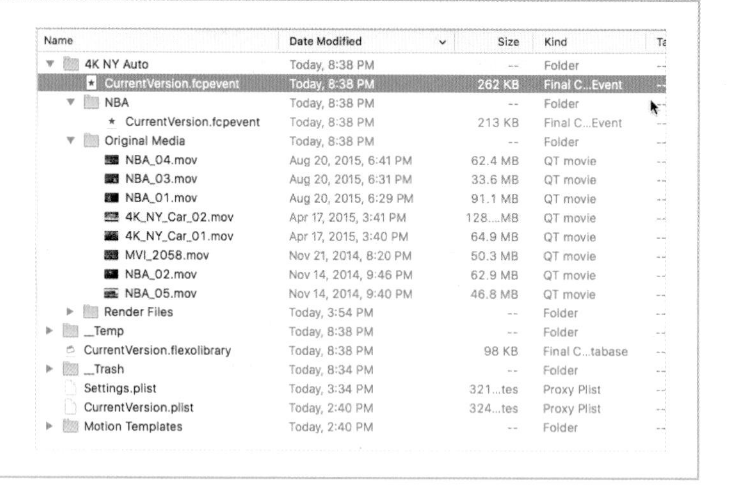

Name	Date Modified	Size	Kind
4K NY Auto	Today, 8:38 PM	--	Folder
CurrentVersion.fcpevent	Today, 8:38 PM	262 KB	Final C...Event
NBA	Today, 8:38 PM	--	Folder
CurrentVersion.fcpevent	Today, 8:38 PM	213 KB	Final C...Event
Original Media	Today, 8:38 PM	--	Folder
NBA_04.mov	Aug 20, 2015, 6:41 PM	62.4 MB	QT movie
NBA_03.mov	Aug 20, 2015, 6:31 PM	33.6 MB	QT movie
NBA_01.mov	Aug 20, 2015, 6:29 PM	91.1 MB	QT movie
4K_NY_Car_02.mov	Apr 17, 2015, 3:41 PM	128....MB	QT movie
4K_NY_Car_01.mov	Apr 17, 2015, 3:40 PM	64.9 MB	QT movie
MVI_2058.mov	Nov 21, 2014, 8:20 PM	50.3 MB	QT movie
NBA_02.mov	Nov 14, 2014, 9:46 PM	62.9 MB	QT movie
NBA_05.mov	Nov 14, 2014, 9:40 PM	46.8 MB	QT movie
Render Files	Today, 3:54 PM	--	Folder
_Temp	Today, 8:38 PM	--	Folder
CurrentVersion.flexolibrary	Today, 8:38 PM	98 KB	Final C...tabase
_Trash	Today, 8:34 PM	--	Folder
Settings.plist	Today, 3:34 PM	321...tes	Proxy Plist
CurrentVersion.plist	Today, 2:40 PM	324...tes	Proxy Plist
Motion Templates	Today, 2:40 PM	--	Folder

06

되돌리기(⌘ + Z) 해서 NBA 프로젝트를 원래의 위치인 NYSports 이벤트로 되돌리자.
FCPX에서 프로젝트 이동을 Undo(되돌리기)하면 파인더에서 복사된 모든 클립들은 다시 사라진다.

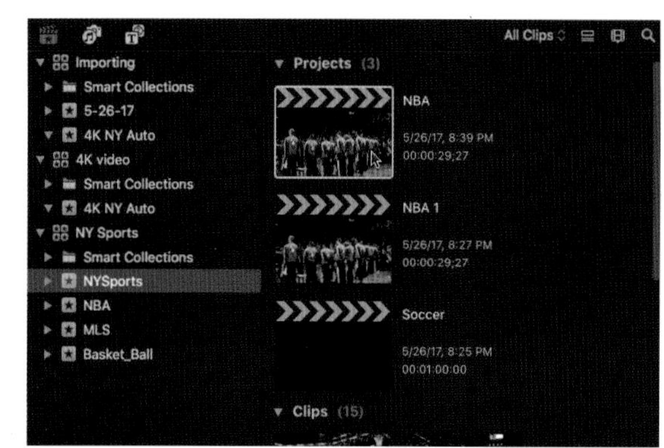

Name	Date Modified	Size	Kind	Tags
_Trash	Today, 8:39 PM	--	Folder	--
4K NY Auto	Today, 8:39 PM	--	Folder	--
CurrentVersion.fcpevent	Today, 8:39 PM	262 KB	Final C...Event	--
Original Media	Today, 8:39 PM	--	Folder	--
4K_NY_Car_02.mov	Apr 17, 2015, 3:41 PM	128....MB	QT movie	--
4K_NY_Car_01.mov	Apr 17, 2015, 3:40 PM	64.9 MB	QT movie	--
Render Files	Today, 3:54 PM	--	Folder	--
CurrentVersion.flexolibrary	Today, 8:39 PM	98 KB	Final C...tabase	--
_Temp	Today, 8:38 PM	--	Folder	--
Settings.plist	Today, 3:34 PM	321...tes	Proxy Plist	--
CurrentVersion.plist	Today, 2:40 PM	324...tes	Proxy Plist	--
Motion Templates	Today, 2:40 PM	--	Folder	--

Unit 07 프로젝트의 미디어 파일 통합하기 Consolidate Project Files

규모가 큰 프로젝트를 편집하다 보면 여러 개의 하드드라이브에서 파일을 사용하게 된다. 파일들을 여러 곳에서 가져와서 사용한 경우 이들을 한 장소로 모아서 일일이 저장하는 것은 쉬운 일이 아니다. 하지만 파이널 컷 프로 X에서는 간단한 방법으로 사용된 모든 클립들을 한 곳으로 통합할 수 있다.

프로젝트 미디어를 통합한다는 것은 하나의 프로젝트에 사용된 여러 미디어가 각기 다른 하드 디스크로부터 왔을 때 이 미디어들을 한 곳으로 모으는 것이다.

주의: 현재 사용 중인 NBA 프로젝트의 모든 미디어 파일은 한 디스크에 있기 때문에 통합 기능을 사용할 수가 없다. 꼭 연습하고 싶다면 설정으로 다른 외장 하드드라이브에 있는 클립 하나를 NBA 프로젝트 타임라인으로 추가하면 미디어파일 통합하기를 해볼 수 있다.

프로젝트 라이브러리에서 NBA 프로젝트를 선택하자.

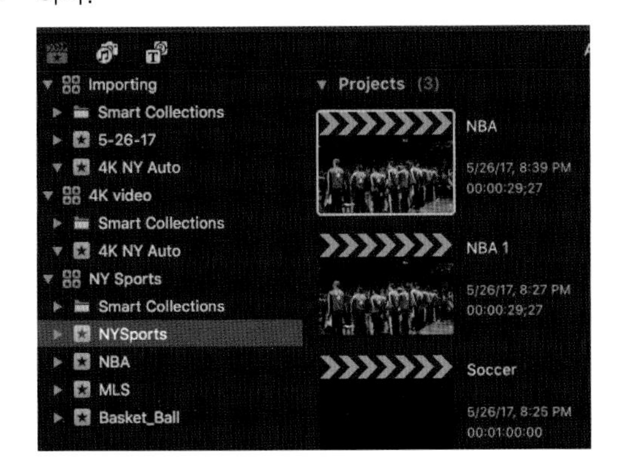

메뉴에서 Files 〉 Consolidate Project Files를 선택하자.

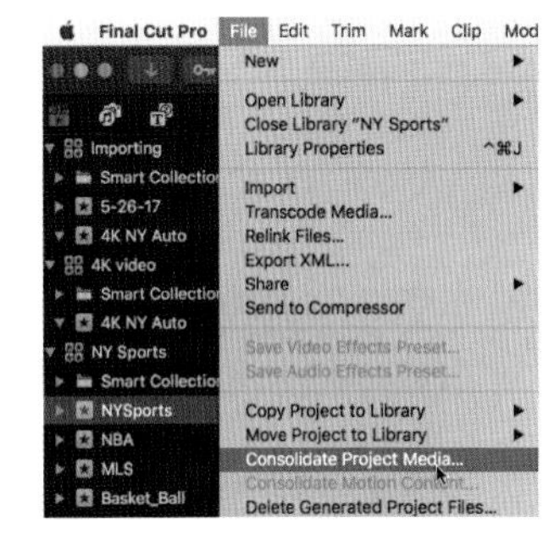

참조사항 "There are no files to Consolidate" 경고창이 뜬다면, NBA 프로젝트의 모든 미디어 파일은 한 디스크에 이미 있기 때문에 통합할 수가 없다는 뜻이다.

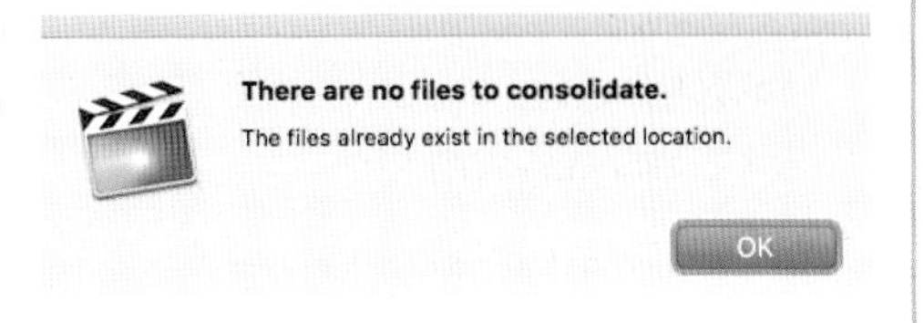

다음과 같이 Consolidate Project Media 창이 열렸다.

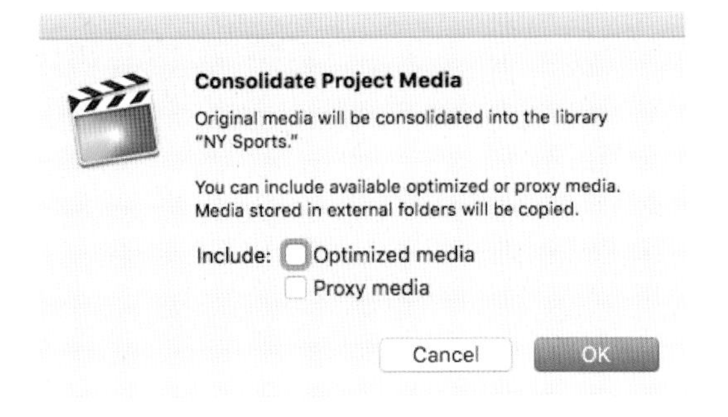

OK를 클릭하면 프로젝트가 저장된 하드드라이브와 같은 장소에 통합된 이벤트들의 폴더가 저장된다.

Unit 08 프로젝트 삭제하기 Move Project to Trash

프로젝트를 휴지통으로 이동하는 것은 앞에서 배운 이벤트 지우기와 같다. 휴지통(Trash)으로 프로젝트 파일을 옮기는 것이기 때문에 완전히 삭제하려면 다시 휴지통을 비워야 완전히 지워지는 것이다.
따라하기에서 Soccer 프로젝트가 없으면 새로운 프로젝트를 하나 만들어서 지우기를 진행해도 된다.

01 프로젝트 라이브러리에서 삭제하길 원하는 Soccer 프로젝트를 선택한다. Soccer 프로젝트를 Control + Click해서 단축 메뉴에서 Move to Trash를 선택하자. 또는 메뉴에서 File 〉 Move Project to Trash를 선택해도 된다(지우기: ⌘ + Delete).

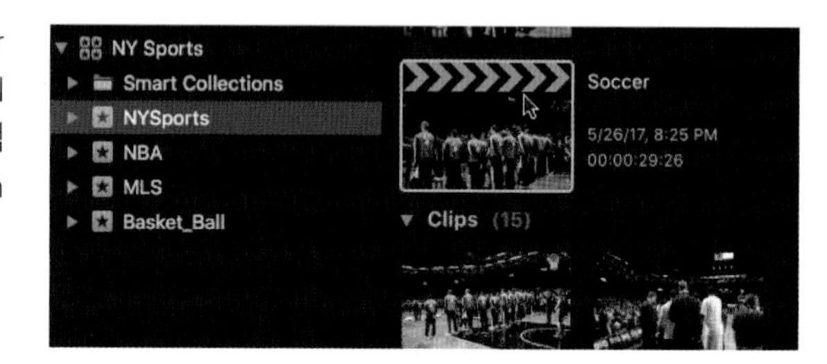

Soccer 프로젝트가 삭제되었다.

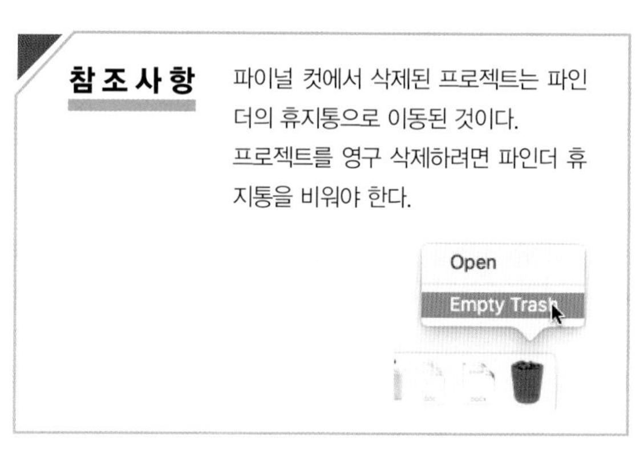

Unit 09 프로젝트 렌더 파일 지우기 Delete Render Files

편집 과정에서 만들어진 많은 렌더 파일들은 많은 공간을 차지할 수 있기 때문에 편집이 끝난 후에는 필요 없는 렌더 파일을 꼭 지워주어야 한다. 또한 현재 작업 중인 프로젝트에 문제가 생기면 보통 첫 번째 고치는 과정이 사용된 렌더 파일들을 지우는 것이다. 프로젝트가 완성된 후에는 필요 없는 렌더 파일들을 지워서 라이브러리의 크기를 줄여주자.

프로젝트 폴더의 렌더 파일을 파인더에서 확인해보면 여러 렌더 파일이 편집 과정에서 자동으로 생성된 것을 확인할 수 있다.

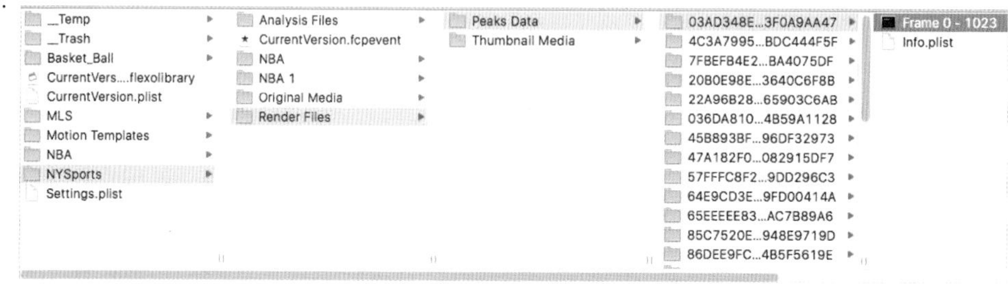

현재 사용 중인 NBA 프로젝트가 생성한 렌더 파일들을 지우는 방법을 배워보자.

NYSports 이벤트에서 NBA 프로젝트를 선택하자.

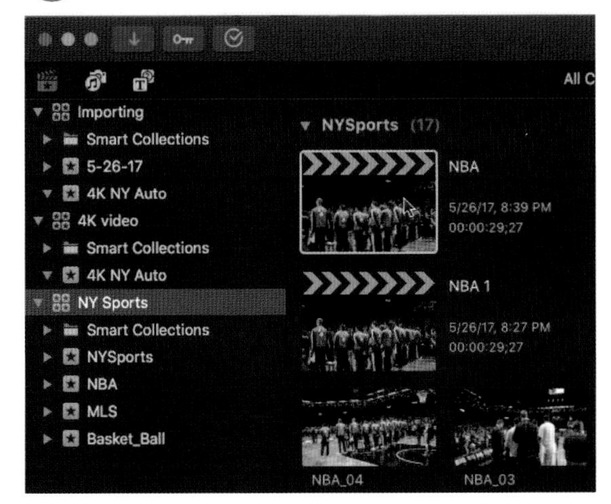

메뉴에서 File〉 Delete Generated Project Files(렌더 파일들 지우기)를 선택하자.

렌더 파일 지우기 창이 뜨면 파일들 지우기 옵션 중 하나인 Delete Render Files 선택한 후 OK를 클릭한다. 모든 렌더 파일들을 지웠더라도, 파이널 컷 프로 X가 필요한 렌더 파일들을 다시 자동으로 만들어 주기 때문에 크게 걱정할 필요는 없다. Generated Media를 지울 때, 라이브러리, 이벤트 또는 프로젝트를 선택함에 따라서 그 단위별로 만들어진 렌더 파일들이 삭제된다. 렌더링 된 파일 중 모든 파일을 지울 것인지 사용되지 않은 파일만 지울 것인지 선택할 수 있다.

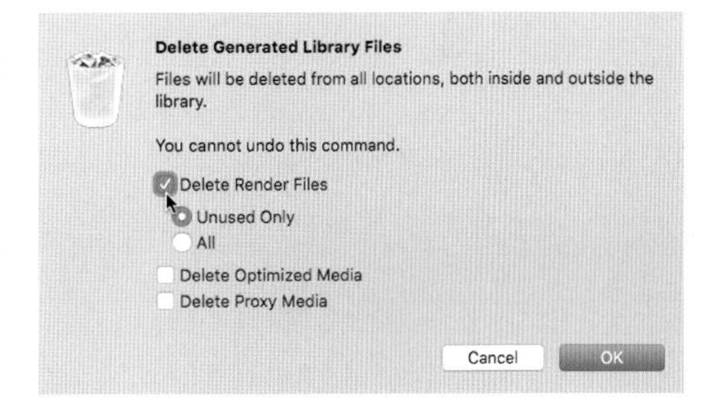

Chapter 04 요약하기

파이널 컷 프로 X는 기존의 다른 편집 소프트웨어와는 완전히 다른 방식으로 미디어 자료, 이벤트 그리고 프로젝트를 관리한다. 통합된 마스터 폴더 개념의 라이브러리 안에서 이벤트와 프로젝트를 포함하는 구조여서 초보자도 라이브러리를 쉽게 관리할 수 있다. 편집이 진행되는 프로젝트 파일과 폴더 개념의 이벤트는 이동과 복사 그리고 백업까지 쉽게 가능하기 때문에 사용자는 이 챕터에서 배운 내용들을 꼭 익혀서 여러 형태로 발생할 수 있는 미디어 오프라인 같은 문제점을 미리 방지하기 바란다. 또한 FCPX는 프로젝트를 자동으로 저장하기 때문에 시스템 오류가 나거나 전원 이상의 문제로 인해 저장하지 않은 파일을 잃어버리는 경우는 더 이상 발생하지 않는다.

Chapter

05

클립 정리하기

Organizing the Clips

비디오 테잎을 사용하지 않고 파일 기반의 카메라를 사용해서 촬영하는 요즘의 프로덕션의 특징은 촬영 시 많은 클립을 만들기 때문에 편집 과정에서 먼저 이 클립들을 키워드(Keyword)나 그 외 다른 데이터 방식을 이용해서 정리해야 할 필요가 있다. 어떤 클립들이 어디에 있는지, 그 클립의 특징은 무엇인지, 그리고 이들을 찾기 쉽게 분류하는 것은 실제 컷을 시작하기 전에 반드시 해야 하는 아주 중요한 과정이다.

초보 편집자는 주로 간단한 편집 프로젝트를 다루기 때문에 한 프로젝트에서 사용하는 클립의 숫자가 아주 적다. 그래서 사용할 클립을 찾기가 쉽고 어떤 클립이 어떤 내용인지 잘 알 수 있지만 30분 이상 되는 프로젝트를 편집하게 되면 다루는 클립의 숫자가 여러 이벤트에 존재하게 되고 숫자도 몇백 개 이상 될 수 있기 때문에 찾기 쉽게 분류하지 않으면 편집 도중에 원하는 클립을 찾느라 많은 시간을 소비하게 된다.

이 5장의 목적은 브라우저(Browser) 안에 있는 미디어를 정리한 후 사용할 클립들을 한 번의 클릭으로 쉽게 찾아낼 수 있게 하는 것이다. 이 클립들을 사용하기 쉽게 자신이 원하는 방식으로 재정리, 통합하는 것을 따라하기로 익힌 후 필요한 미디어를 효과적으로 걸러내고 원하는 미디어를 찾는 법을 알아볼 것이다. 하지만 지금부터 배울 메타테이터를 이용한 클립 정리가 굉장히 어렵게 느껴지고 먼저 몇 개의 클립을 사용해서 실제적인 편집을 빨리 해보고 싶다면 이 5장을 건너뛰고 6장부터 시작해도 된다. 하지만 전문적인 편집자가 되기 위해서는 꼭 알아두어야 하는 편집 기술 내용이니 시간을 조금 여유 있게 가지고 키워드와 스마트 컬렉션에 대해 완전히 이해하기 바란다.

Section 01 메타데이터란? Metadata

파이널 컷 프로에서는 메타데이터를 사용해 모든 미디어 관리를 한다. 메타데이터의 가장 일반적인 정의는 "데이터에 관한 데이터 혹은 데이터 위의 데이터"이다. 쉽게 설명하면 눈으로 볼 수 없는 제품을 설명하는 정보라고 말할 수 있다. 예를 들면 어떤 사용 설명서 안에 있는 정보는 그 제품과 관계된 모든 정보를 가지고 있지만 그 제품 자체는 아닌 것이다. 많은 사람을 분류할 때 성별, 나이, 신체적 특징, 이름, 그 외의 그 사람들이 좋아하는 것에 대한 정보 등으로 구분할 수 있다. 이렇게 개인이 지닌 특징을 이용해서 그들을 그룹화 시킬 수 있거나 찾을수 있을 때 이렇게 사용되는 정보를 하나의 메타데이터(metadata)라고 할 수 있다.
메타데이터(metadata)를 이용해서 사람을 구분할 수 있듯이 미디어 클립들 역시 그 클립의 이름 또는 다른 특성을 알고 있다면 쉽게 분류해서 찾을 수 있기 때문에 이런 메타데이터의 사용은 편집과정에서 매우 중요한 위치를 차지한다.

파이널 컷 프로에는 아래와 같은 세 가지 종류의 메타데이터가 있다.

- **파이널 컷 프로 메타데이터:** 파이널 컷 프로가 미디어 소스파일을 인식하고 분석하기 위해 만든 데이터로써, 클립을 임포트(import)할 때 자동으로 미디어의 문제점들을 찾아내서 기록한다.

- **사용자 메타데이터:** 클립들을 편집자가 개인적으로 정리함으로써 더 빠르고 쉬운 작업을 위해 편집자에 의해 클립들에 추가된 데이터로써, 클립에 즐겨찾기나 좋아하는 부분 표시, 이름 키워드(Keywords), 스마트 컬렉션(Smart Collections) 등을 포함한다.

- **카메라 메타데이터:** 촬영 시 저장된 미디어 파일에 기록되어 있는 데이터로써 사용된 카메라, 촬영장소, 촬영 날짜, 클립의 길이, 타임코드, 프레임 속도와 크기 등의 정보를 담고 있다.

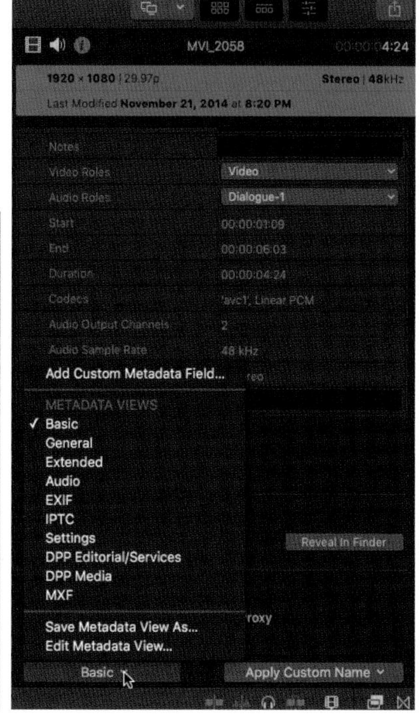

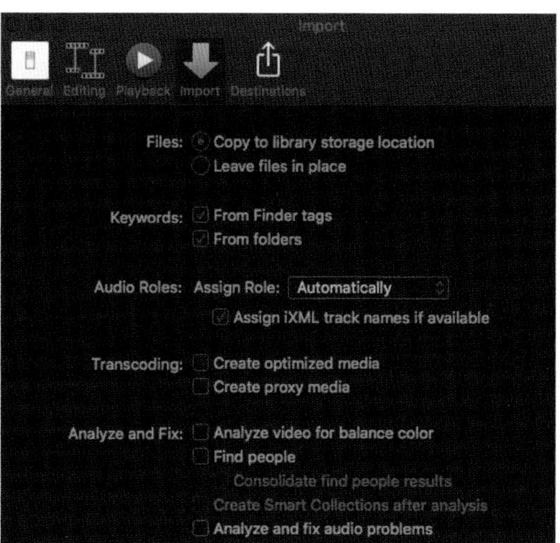

클립에 나타나는 메타데이터의 예

브라우저에 있는 녹색과 파란색의 선들은 각각 클립에 적용한 키워드(Keyword)와 즐겨찾기(Favorite) 그리고 무시하기(Reject)를 표시한다.

메타데이터는 파일을 가져오는 동안 자동으로 그 파일에 기록되기도 하고 사용자가 키워드를 클립에 태그(tag)함으로써 직접 자신의 메타데이터를 입력할 수도 있다. 기록된 메타데이터는 검색창에서 하나의 단어로 필요한 정보를 검색해서 찾고자 하는 클립을 쉽게 찾아낼 수도 있다.
또한 클립들의 사용가치를 평가해 이 클립들을 사용할 것인지, 하지 않을 것인지 빠르게 결정할 수도 있다. 사용자는 파이널 컷 프로 안에서 이렇게 메타데이터를 이용해 클립을 쉽게 분류하고, 걸러내고, 검색하고, 정보를 찾아낼 수 있도록 조직적으로 정리한다.

스마트 컬렉션 폴더

모든 라이브러리에는 스마트 컬렉션 폴더가 있는데 파이널 컷 프로는 사용되는 모든 클립, 오디오 파일, 즐겨찾기 클립, 프로젝트, 스틸 이미지의 5가지 기본 카테고리로 구분해준다. 물론 여기에 더 많은 키워드로 스마트 컬렉션을 추가해서 클립들을 쉽게 찾을 수도 있다.

Section 02 브라우저 Browser

브라우저(Browser)란 이벤트 폴더 안에 속한 프로젝트와 클립들을 볼 수 있는 곳이다. 파이널 컷 프로의 브라우저는 기본적으로 필름스트립 뷰로 설정되어있다. 필름스트립 뷰는 클립들을 쉽게 훑어볼 수 있는 아이콘 형식이고, 리스트 뷰는 클립의 자세한 데이터를 확인할 수 있는 행과 열로 나열되어 있다.

Unit 01 필름스트립 뷰 Filmstrip View

즐겨찾기(Favorite) 또는 무시하기(Reject)로 레이팅(Rating)되었거나, 키워드, 또는 분석 태그가 적용된 클립 구간이 각기 다른 색으로 표시된 수평선으로 표시된다.
녹색: 즐겨찾기(favorite) 빨간색: 무시하기 (Reject)
파란색: 키워드 태그

Unit 02 리스트 뷰 List View

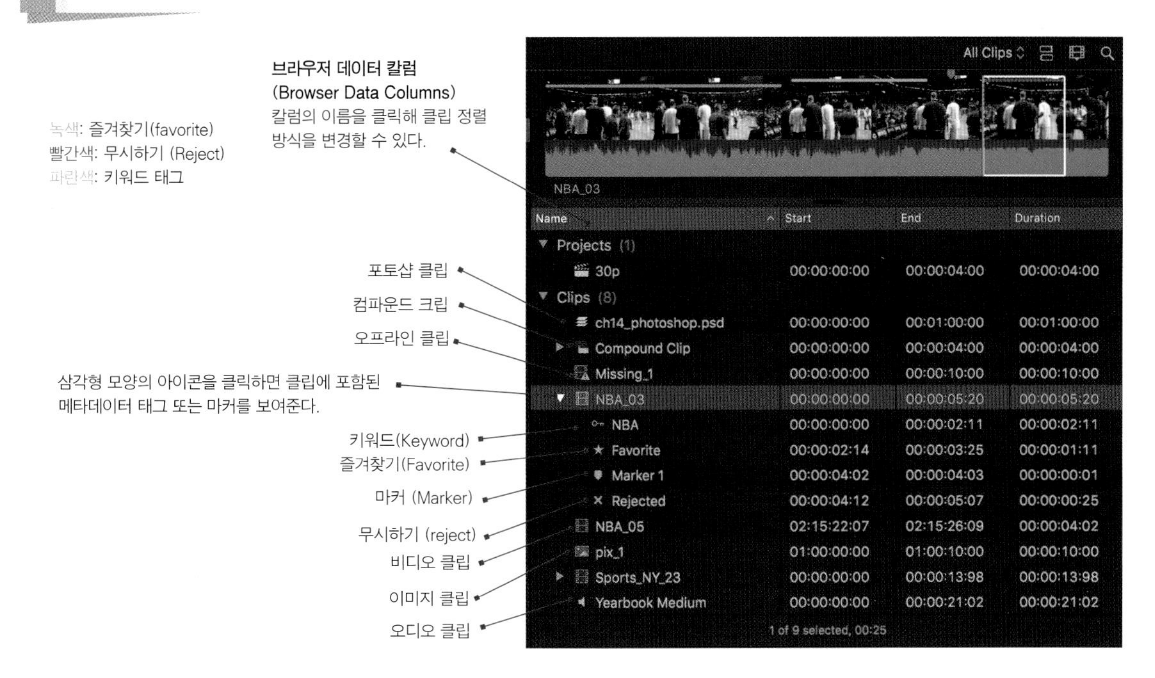

Unit 03 브라우저 창의 아이콘들

이벤트 브라우저 창의 왼쪽을 보면, 이벤트 브라우저 안에 각각의 클립 아이템과 함께 메타데이터 아이콘을 볼 수 있을 것이다. 이러한 아이콘들은 파일의 종류 및 지정된 역할을 표시해준다.

프로젝트 파일을 나타낸다.

클립(clip): 미디오 파일의 아이콘으로 임포트된 대부분의 미디어를 나타낸다.

오디오 클립(Audio Clip): 오디오만으로 구성된 미디어 클립을 나타낸다(예: aiff, mp3, wav.).

그래픽(Graphic): 싱글레이어의 그래픽 파일 포맷의 클립을 나타낸다(예: Jpeg).

오프라인 클립(Offline Clip): 노란색 경고 아이콘은 현재 연결된 하드드라이브에 저장되어 있지 않은 링크가 사라진 클립이다.

혼합 파일(Compound Clip): 여러 개의 다른 클립들이 합쳐진 클립이다.

포토샵 파일처럼 여러 레이어가 있는 그래픽 클립을 나타낸다.

클립에 붙여진 메타데이터 정보들의 종류—키워드 태그(keyword tags), 레이팅 태그(rating tags), 마커(markers)—를 나타내는데 이는 클립 아이콘의 왼쪽에 있는 삼각형 모양 아이콘을 클릭하면 클립의 아래에 뜬다.

마커(Marker): 클립에 마크한 지점을 나타낸다.

즐겨찾기(Favorite): Favorite으로 추가한 클립이나 클립의 구간을 나타낸다.

무시하기(Reject): 사용자가 좋지 않다고 표시한 클립이나 클립의 구간을 나타낸다.

키워드(Keyword): 키워드 태그를 붙인 클립이나 클립의 구간을 나타낸다.

분석 키워드(Analysis Keyword): 분석 키워드 태그(Analysis Keyword Tag)를 붙인 클립이나 클립의 구간을 나타낸다.

Unit 04 리스트 뷰 설정하기

2장에서도 간단하게 언급된 이벤트 브라우저의 보기 옵션은 임포트된 클립들을 아이콘으로 보여주는 필름스트립 뷰(Filmstrip View) 보기와 많은 메타데이터를 카테고리 형식으로 보여주는 리스트 뷰(List View) 보기 형식으로 나눌수 있다. 이벤트 브라우저의 필름스트립 보기는 찾는 클립을 바로 아이콘으로 볼 수 있으므로 미디어의 내용을 쉽게 확인할 수 있다. 여러 클립의 분류 및 검색이 가능한 리스트 보기에서는 메타데이터를 바로 확인할 수 있기 때문에 클립에 대한 자세한 정보를 보고 싶을 경우에는 이 리스트 보기 옵션이 더 효과적이다.

먼저 지금까지 사용한 필름스트립 뷰(Filmstrip View)를 리스트 뷰(List View)로 바꿔서 브라우저 창에서 그 클립에 관한 메타데이터를 읽어보자.

01 Ch5_NYSports 이벤트를 열어보자. 챕터 04까지 따라하기를 했다면, NYSports 라이브러리가 자신의 파이널 컷 프로에 있을 것이다. NYSports 이벤트가 없는 독자들은 저자가 제공하는 FCPX_Book 라이브러리 안에 있는 Ch5_NYSports 이벤트를 사용하자.

02 브라우저 아래에 있는 리스트뷰 버튼을 클릭하자. 브라우저 창의 보기 옵션이 아이콘 뷰어에서 리스트 뷰어로 바뀐다. 하나의 버튼으로 두 가지 뷰어 옵션을 관리하기 때문에 현재 보이는 브라우저 창의 상태에 따라 아이콘의 모양이 바뀐다(⌘ + Option + 2).

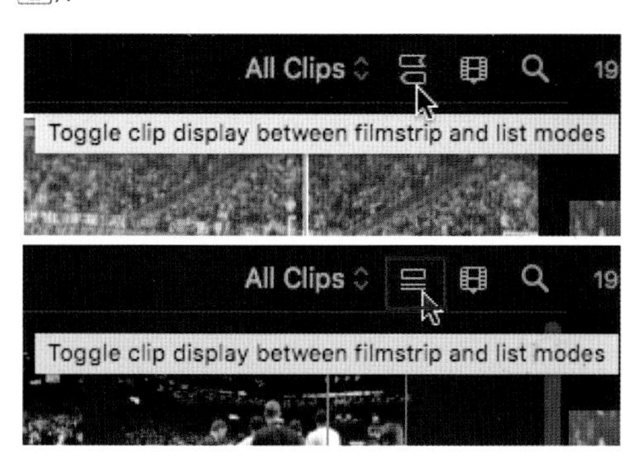

03 NBA1 클립을 클릭해서 미리보기를 해보자. 클립을 선택하면, 창 위에 필름스트립이 나타나 훑어보기(스키밍), 재생, 또는 마크가 가능하다.

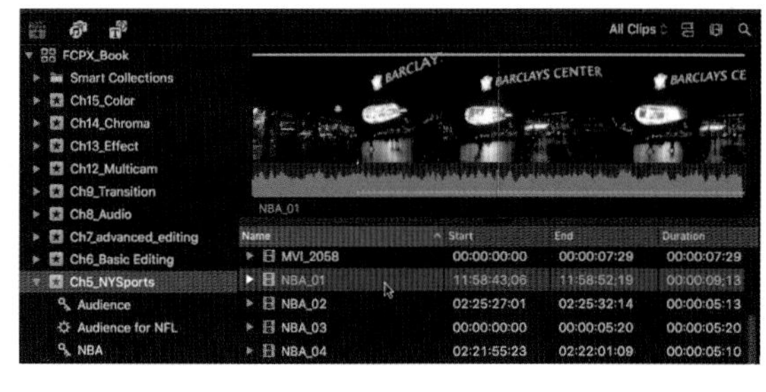

참조사항 만약 클립 이름이 안 보인다면 메뉴에서 View 〉 Browser 〉 Clip Nams를 선택하면 된다.

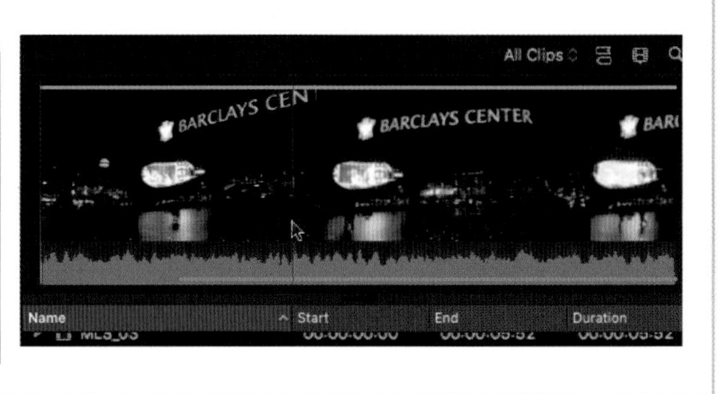

필름스트립의 클립 위에서 스키머의 위치 정보 보여주기 옵션을 선택하자(Ctrl + Y).
View 〉 Browser 〉 Skimmer Info

클립 위에서 스키머(Skimmer)의 현재 위치 정보가 보인다.

마우스 커서 아래에 스키머의 정보를 볼 수 있다. 저자는 리스트 뷰(List View)에서 이 스키머의 현재 정보 보기를 항상 켜둔다.

Unit 05 이벤트 브라우저에서 텍스트 크기Text Size 변경하기

클립 이름을 표시하는 중간 크기의 글씨를 크게 해서 볼 수도 있다.
메뉴에서 View 〉 Browser 〉 Clip Name Size 클릭, 작게(Small), 중간(Medium), 크게(Large) 중에서 선택할 수 있다.

작게(Small)

Name	Start	End	Duration
MVI_2058	00:00:00:00	00:00:07:29	00:00:07:29
NBA_01	11:58:43;06	11:58:52;19	00:00:09;13
NBA_02	02:25:27:01	02:25:32:14	00:00:05:13
NBA_03	00:00:00:00	00:00:05:20	00:00:05:20

크게(Large)

Name	Start	End	Duration
MLS_03	00:00:00:00	00:00:05:52	00:00:05:5
MVI_2058	00:00:00:00	00:00:07:29	00:00:07:2
NBA_01	11:58:43;06	11:58:52;19	00:00:09;1
NBA_02	02:25:27:01	02:25:32:14	00:00:05:1

Unit 06 필름스트립 뷰에서 오디오 웨이브폼 숨기기

클립 아래 부분에 있는 소리파형 보기를 숨겨서 비디오 부분을 더 크게 만들 수 있다.
메뉴에서 View 〉 Browser Waveforms 선택하자.

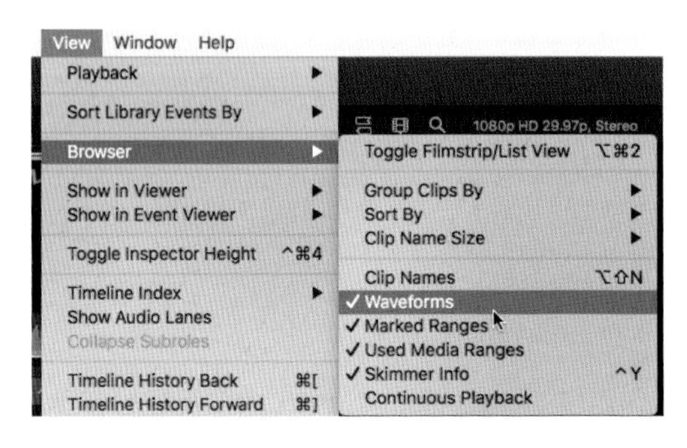

오디오 웨이브폼이 보이는 클립

오디오 웨이브폼이 사라진 클립

클립 위에 있던 오디오 웨이브폼이 없어졌다.

Unit 07 클립 순서 정리하기

브라우저에 보이는 각 열들을 숨기거나, 크기 조정 등의 설정 그리고 클립이 보이는 순서를 탭을 클릭해서 변경할 수 있다.

메뉴의 뷰어(View) 옵션에서는 자신이 원하는 여러 가지 보기 형식으로 윈도우 상단의 탭을 이용해서 클립의 정보를 확인할 수 있다. 뷰어에 있는 여러 보기 옵션을 바꿔서 다른 점을 확인해보자.
리스트 뷰는 클립의 이름 리스트를 기본 옵션을 사용해 클립 순서를 만들어서 보여준다. 하지만 다른 기준으로, 예를 들어 클립이 만들어진 날짜 순서 또는 클립의 길이 순서 등을 사용해 클립을 재정리할 수 있다. 같은 탭을 두 번 누르면 역순으로 정렬된다.

먼저 클릭한 Name탭을 다시 클릭해서 알파벳 순서 반대로 클립이 정렬되게 해보자. 이름이 역순으로 바뀌었다.

Name	Start	End	Duration
NFL_00	05:56:25;10	05:56:36;03	00:00:10;23
NBA_06	00:00:28;09	00:00:35;21	00:00:07;12
NBA_05	02:15:22:07	02:15:26:09	00:00:04:02
NBA_04	02:21:55:23	02:22:01:09	00:00:05:10
NBA_03	00:00:00:00	00:00:05:20	00:00:05:20
NBA_02	02:25:27:01	02:25:32:14	00:00:05:13
NBA_01	11:58:43;06	11:58:52;19	00:00:09;13
MVI_2058	00:00:00:00	00:00:07:29	00:00:07:29
MLS_03	00:00:00:00	00:00:05:52	00:00:05:52
MLS_02	00:00:00:00	00:00:09:03	00:00:09:03
MLS_01	00:00:00:00	00:00:07:27	00:00:07:27
MLS_00	00:00:00:00	00:00:18:02	00:00:18:02

1 of 17 selected, 09;13

Content Created(만든 날짜) 탭을 클릭해서 클립들이 만들어진 날짜 순서대로 보이게 하자. 클립의 정렬 순서가 날짜 순으로 바뀐다.

Name	Start	End	Duration	Content Created
Yearbook Medium	00:00:00:00	00:00:21:02	00:00:21:02	May 11, 2007, 7:5
MLS_00	00:00:00:00	00:00:18:02	00:00:18:02	Nov 6, 2013, 8:03
NFL_02	01:25:58;03	01:26:06;29	00:00:08;24	Dec 29, 2013, 3:0
NFL_03	01:34:52;17	01:35:04;22	00:00:12;03	Dec 29, 2013, 3:27
NFL_00	05:56:25;10	05:56:36;03	00:00:10;23	Dec 29, 2013, 4:2
NFL_01	05:57:08;14	05:57:12;19	00:00:04;05	Dec 29, 2013, 4:2
MLS_01	00:00:00:00	00:00:07:27	00:00:07:27	Nov 14, 2014, 8:4
NBA_05	02:15:22:07	02:15:26:09	00:00:04:02	Nov 14, 2014, 9:4
Sports_NY_23	00:00:00:00	00:00:13:98	00:00:13:98	Nov 14, 2014, 9:41
NBA_02	02:25:27:01	02:25:32:14	00:00:05:13	Nov 14, 2014, 9:4
MLS_03	00:00:00:00	00:00:05:52	00:00:05:52	Nov 21, 2014, 6:44
MVI_2058	00:00:00:00	00:00:07:29	00:00:07:29	Nov 21, 2014, 8:2

1 of 17 selected, 07;12

Unit 08 클립의 칼럼Column 카테고리 숨기기

각각의 칼럼 카테고리는 그 클립이 가지고 있는 정보를 보여준다. 하지만 필요 없는 내용의 정보는 카테고리 열에서 숨길 수 있다.

01 브라우저 창에서 숨기길 원하는 Content Created 카테고리 열의 탭(머리글) 위에서 마우스 오른쪽 키 또는 Ctrl + Click해서 단축메뉴를 연다.

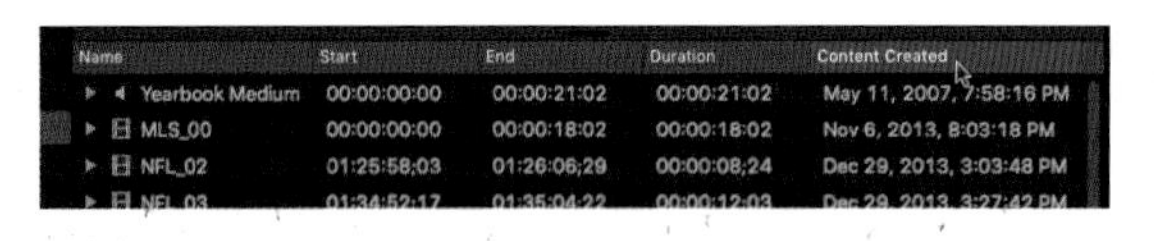

02 팝업 메뉴가 뜨면 Hide Column을 클릭한다.

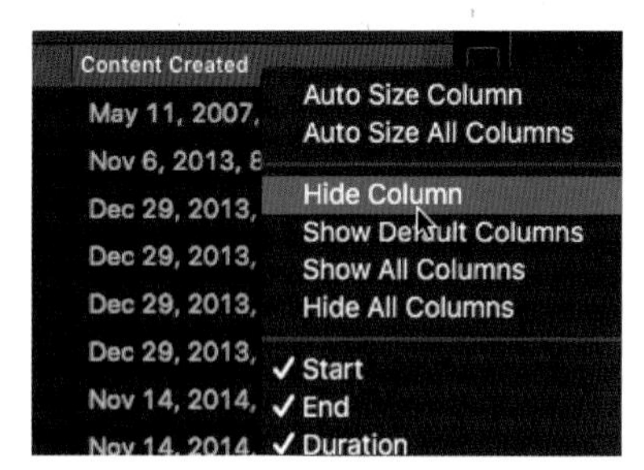

03 Content Created 카테고리 열이 더 이상 보이지 않는다.

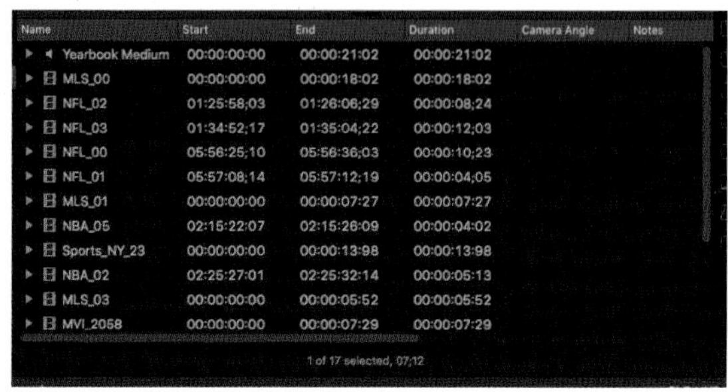

Unit 09 클립의 숨겨진 칼럼Column 카테고리 보이기

01 카테고리 열 머리글 위치에 마우스 오른쪽 키 또는 Ctrl + Click해서 팝업 메뉴를 연다.

02 팝업 창에서 보여지길 원하는 Content Created 카테고리 열을 클릭한다.

03 Content Created 카테고리 열이 다시 보인다.

Section 03 파이널 컷 프로의 메타데이터 Metadata

리스트 뷰를 이용해 이벤트에 있는 클립의 메타데이터를 쉽게 볼 수 있다. 이 메타데이터는 파일을 가져오는 동안 자동으로 그 파일에 기록된 것도 있고 사용자가 키워드를 클립에 태그함으로써 직접 메타데이터를 입력할 수도 있다. 검색창에서 메타데이터를 이용해서 찾고자 하는 클립을 쉽게 찾을 수도 있다. 또한 클립들의 사용가치를 평가해 이 클립들을 사용할 것인지 하지 않을 것인지 빠르게 결정할 수도 있다. 사용자는 파이널 컷 프로 안에서 이렇게 메타데이터를 이용해 클립을 쉽게 분류하고, 걸러내고, 검색하고, 정보를 찾아낼 수 있도록 조직적으로 정리할 수 있다.

▶ 사용자가 설정하는 5가지 메타데이터 종류

1 노트 Notes

사용자가 입력한 설명 내용들을 가리키는 말로 나중에 그 파일들을 검색할 때 유용하게 쓰인다.

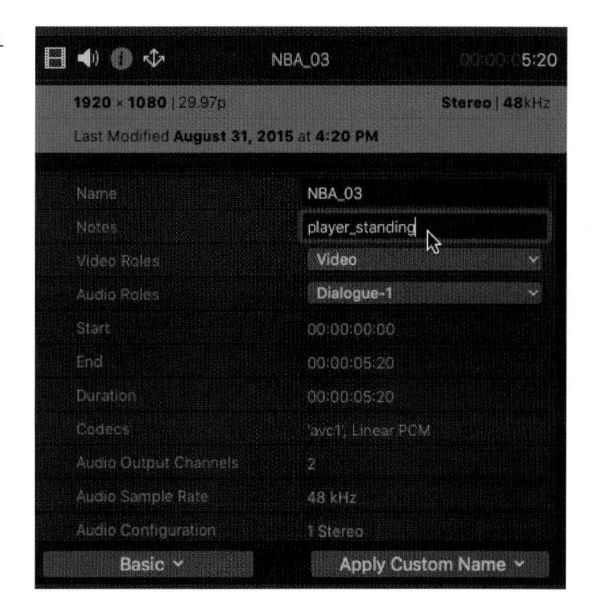

2 마커 Markers

마커는 편집 과정에서 편집자가 기억해야 될 지점을 표시하는 기능이다.

파란색: 일반적인 마커 표시
녹색: 완성된 마커 표시(Completed)
빨강색: 아직 해야 할 일(To-Do) 마커 표시

bad shot
Completed 01:00:21:22 Delete Done

3 즐겨찾기 Favorite 나 무시하기 Reject

파일에 좋아하는 클립과 좋아하지 않는 클립의 표시를 마크하면 이를 통해 파일들을 분류하고 다시 그룹으로 만들어 정리를 할 수 있다. 좋아하는 클립과 좋아하지 않는 클립으로 간단하게 클립들을 구분한다.

Mark	Clip	Modify	View	Window

Set Range Start	I
Set Range End	O
Set Clip Range	X
Clear Selected Ranges	⌥X
Favorite	F
Reject	⌫
Unrate	U

즐겨찾기(F, Favorite), 지정 취소하기(U, Remove Ratings), 무시하기(Delete, Reject)

4 검색어 Keywords 키워드

모든 클립의 이름 또는 클립 전체나 구간에 특정한 단어를 사용해서 쉽게 찾을 수 있도록 해주는 데이터베이스 같은 개념의 단어 조합이다.

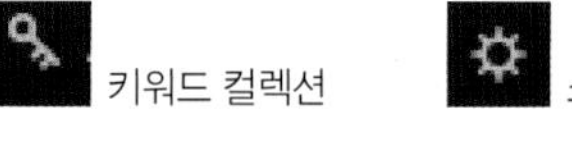
키워드 컬렉션

스마트 컬렉션

5 롤 Roles

롤은 비디오와 오디오로 클립을 분류해서 기본 5개 또는 자신이 원하는 카테고리로 클립을 지정해서 분류한다. 다른 메타데이터들을 서로 기능적으로 조금씩 겹쳐지는 부분이 있으나 롤은 노트(Notes)처럼 시간에 대한 정보가 없고, 하나의 클립 전체에 적용이 된다.

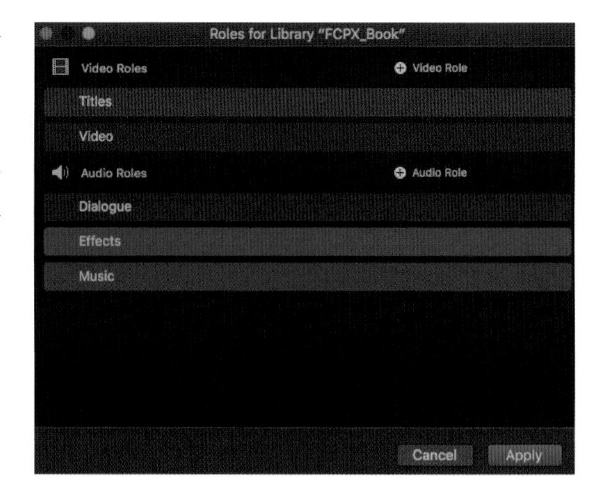

Section 04 클립 레이팅하기 Clip Ratings 즐겨찾기 Favorite 또는 무시하기 Reject 로 지정하기

사용자는 좋아하는 클립을 선택한 후 클립의 일부분이나 전체를 즐겨찾기(Favorite)로, 또는 사용할 필요 없는 클립을 무시하기(Reject)로 지정할 수 있다. 따라서 길이가 긴 클립을 여러 부분으로 나누어서 사용하고 싶을 때 클립의 한 부분을 즐겨찾기 또는 무시하기로 지정해서 사용하면 필요한 부분을 찾을 때 효과적이다. 매우 간단하고 기본적인 사용법으로 클립들을 가장 빠르게 분류할 수 있는 편리한 기능이다.

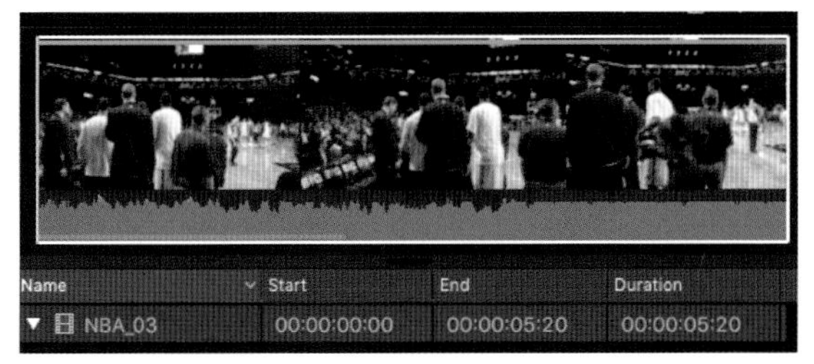

전체 선택

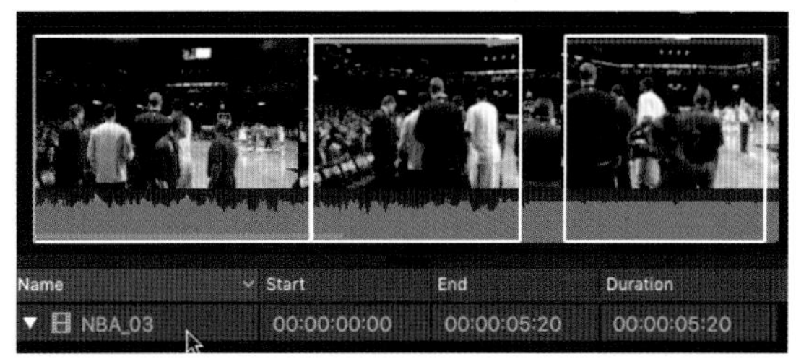

구간 선택

Unit 01 즐겨찾기 Favorite 클립

01 브라우저에서 즐겨찾기(Favorite) 클립으로 지정하고 싶은 NBA_01 클립을 선택하자.

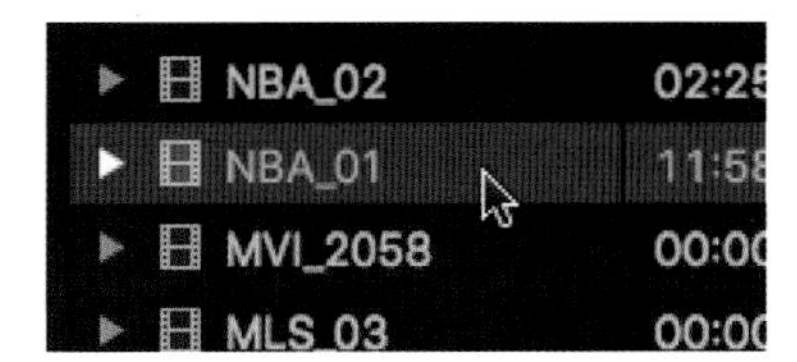

02 메뉴에서 Mark 에 있는 즐겨찾기(Favorite) 버튼을 클릭하자(단축키: F).
좀 더 익숙해지면 일일히 메뉴 창을 오픈하는 것보다는 단축키(F)를 사용하는 것이 더 편하다.

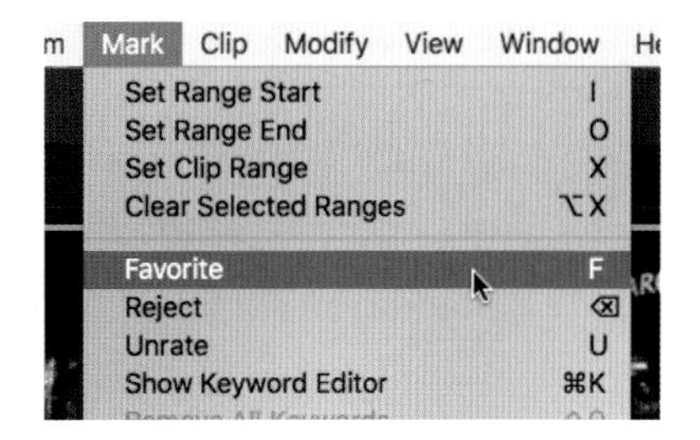

03 다음과 같이 즐겨찾기(Favorite)가 지정된 구간에 녹색 수평선이 생기고 클립에 Favorite이란 녹색 별 아이콘이 포함된다.

녹색 선이 표시된 클립은 사용자가 좋아하는 즐겨찾기(Favorite) 클립으로 지정되었고 이후에 즐겨찾기(Favorite) 카테고리에서 쉽게 찾을 수 있다.

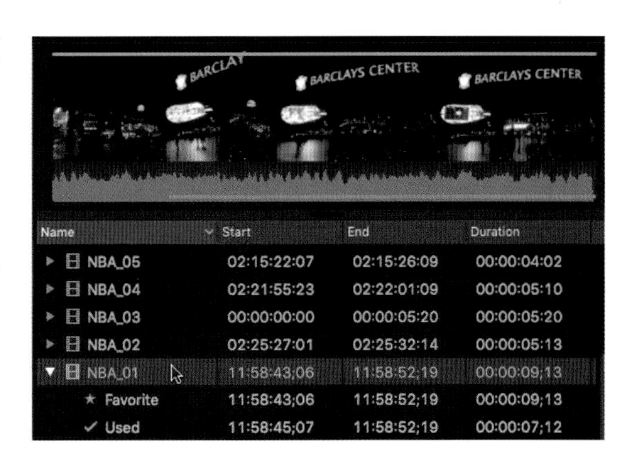

Tip 타임라인에 열린 프로젝트에 사용되었는지를 알려주는 주황색의 "Used" 표시

지금 브라우저에 있는 클립이 타임라인에 열린 프로젝트에 사용된 경우 주황색의 "Used" 표시가 있다.

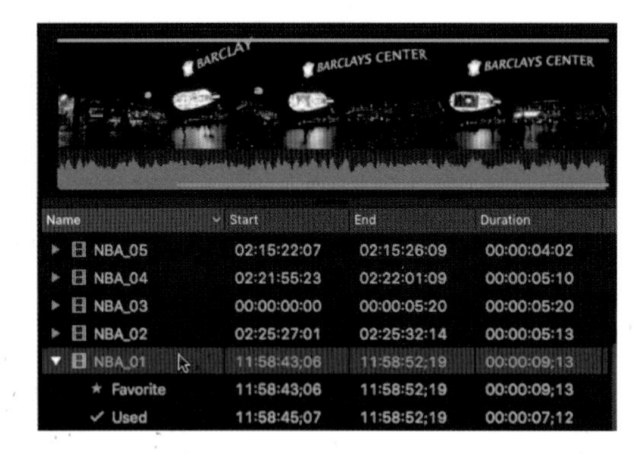

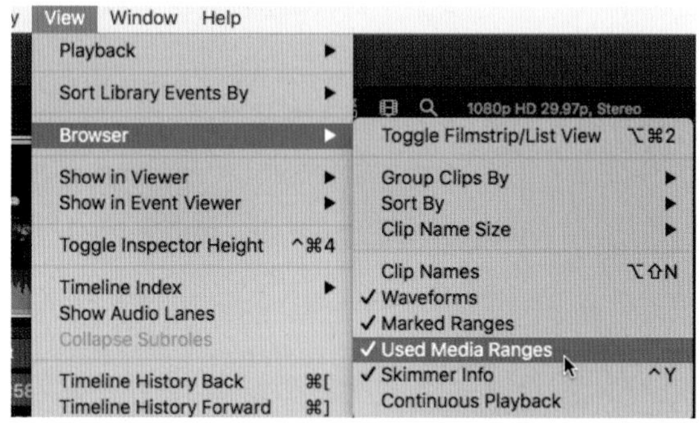

어렇게 하기 위해서는 View 창에서 Browser 〉 Used Media Ranges가 체크되어 있어야 한다.

브라우저에 있는 클립이 타임라인에 열린 프로젝트에 사용되지 않은 경우 주황색의 "Used" 표시가 없다.

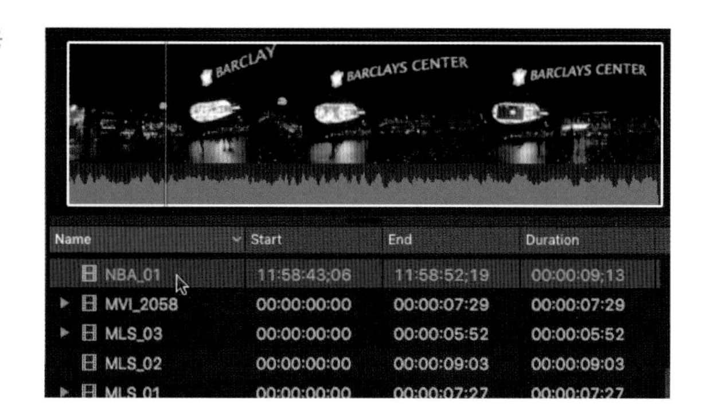

Unit 02 무시하기Reject 클립

사용하고 싶지 않거나 문제가 있는 클립을 무시하기(Reject)로 지정해보자. 필요 없는 클립이나 그 클립의 한 부분을 가장 손쉽게 지정한 후 숨길 수 있다. Delete 버튼은 브라우저 창에서만 클립을 Reject로 지정하는 데 사용되고 타임라인에서는 사용 중인 클립이 삭제되니 주의하자.

무시하기(Reject)로 지정하기 원하는 NBA_02 클립을 선택하자.

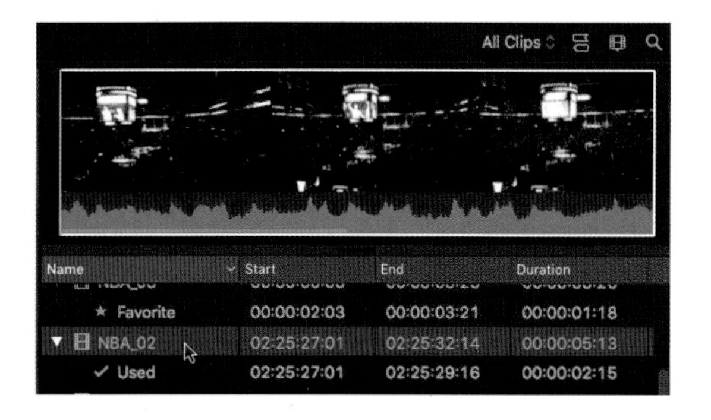

단축키 Delete를 누르자. 또는 메뉴에서 Mark 〉 Reject를 누르자(클립을 지우는 ⌘ + Delete키와 헷갈리지 않도록 주의).

Mark Clip Modify View Window
Set Range Start I
Set Range End O
Set Clip Range X
Clear Selected Ranges ⌥X
Favorite F
Reject ⌫
Unrate U
Show Keyword Editor ⌘K

03 다음과 같이 무시하기(Reject)가 지정된 클립의 전체 구간에 빨간색 수평선이 나타난다.

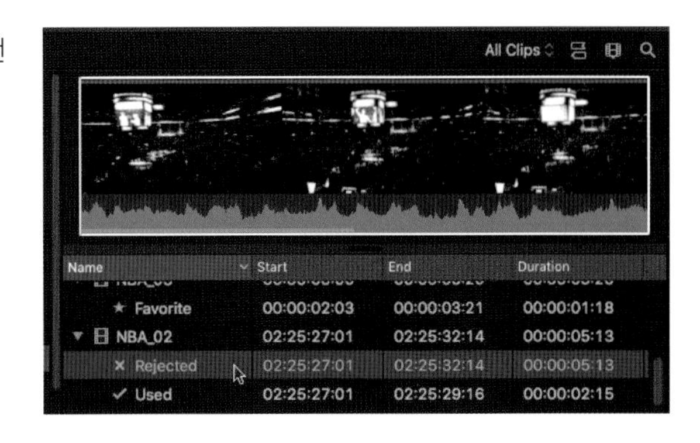

Unit 03 클립 전체 선택을 지정 해제하기

클립 전체가 선택되어 있어서 필요한 어떤 한 부분만을 선택할 수 없을 때는 단축키 Option + X를 눌러서 전체 클립 선택 지정 해제를 시켜준 후 다시 필요한 부분을 마우스로 드래그해서 선택하면 된다.

01 NBA_03 클립의 비디오 구간을 클릭하면 보통 전체 구간이 선택된다.

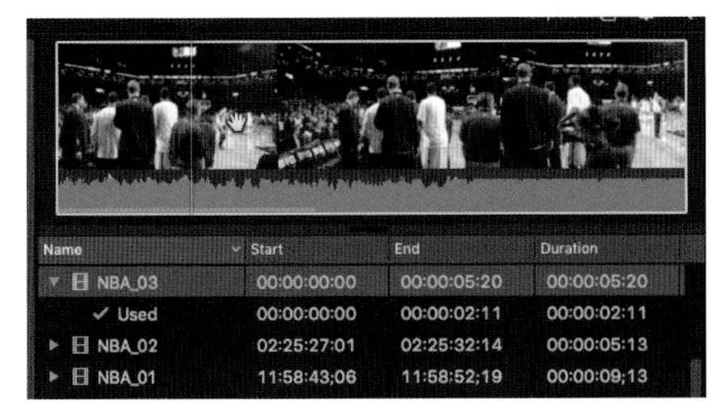

02 메뉴에서 Mark 〉 Clear Selected Ranges를 하면 (Option + X) 클립 선택 지정해제가 된다.

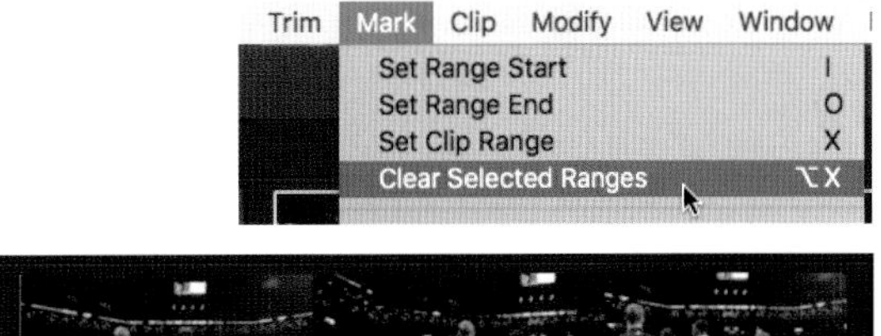

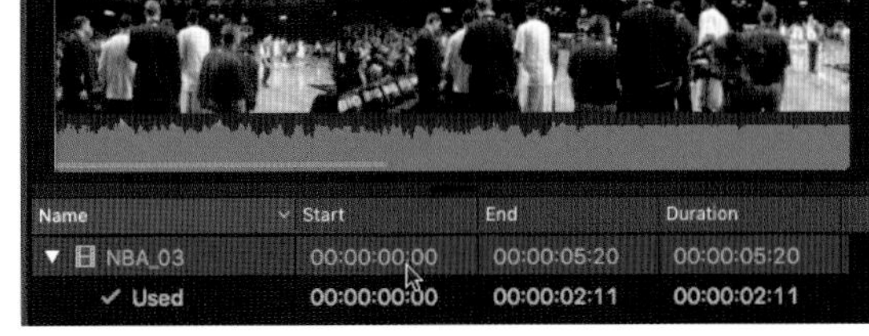

03 이제 해제된 클립의 원하는 부분만 선택하여 즐겨찾기(Favorite)를 지정해보자.

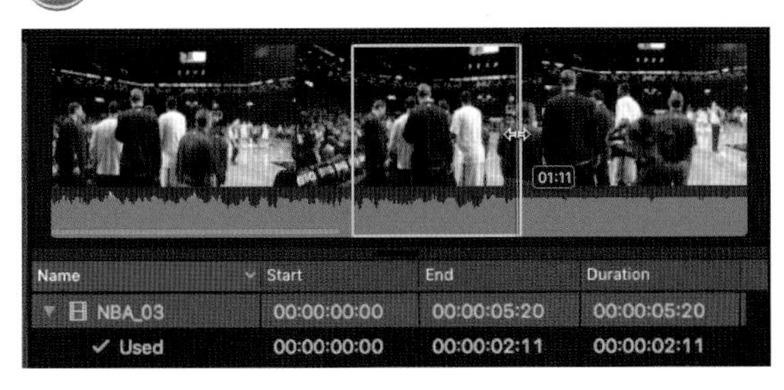

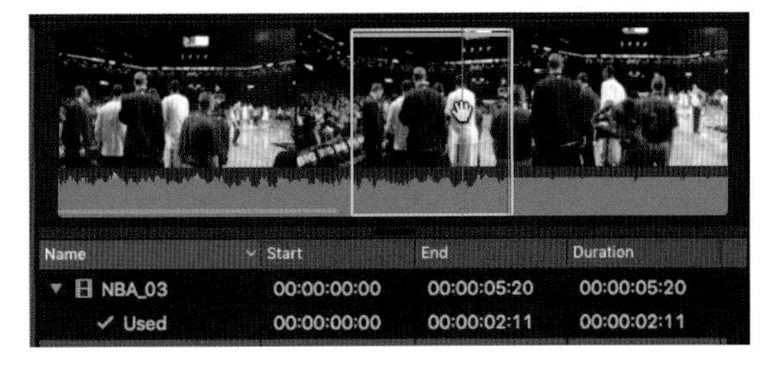

참조사항 클립 이름 아래에 보이는 즐겨찾기나 무시하기 아이콘을 클릭해서 클립에서 이미 지정된 구간만을 다시 쉽게 선택할 수 있다.

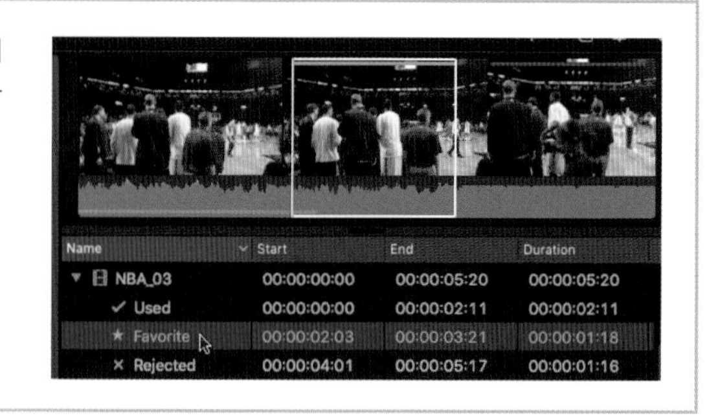

Unit 04 즐겨찾기 또는 무시하기로 지정한 클립들만 보기

초보자들이 가장 많이 하는 질문 중 하나가 바로 브라우저 창에 있는 클립들이 사라져서 보이지 않는다는 것이다. 브라우저 창은 보통 임포트된 모든 클립을 보여주지만 사용자의 선택에 의해서 원하는 클립들만을 볼 수 있는 기능이 있다. 여기에 총 여섯 가지 옵션이 있다.

브라우저 창 왼쪽 위에 보여주기 필터 메뉴가 있다.

- **All Clips:** 모든 클립들 보이기(단축키 Ctrl + C)
- **Hide Rejected:** 무시하기로 선택된 클립들 숨기기(단축키 Ctrl + H)
- **No Ratings or Keywords:** 즐겨찾기나 무시하기로 지정된 클립들이나 키워드를 가진 클립들 모두 숨기기(단축키 Ctrl + X)
- **Favorites:** 즐겨찾기로 지정한 클립들만 보이기(단축키 Ctrl + F)
- **Rejected:** 무시하기로 지정한 클립들만 보이기(단축키 Ctrl + Delete)
- **Unused:** 사용되지 않은 클립만 보이기(단축키 Ctrl + U)

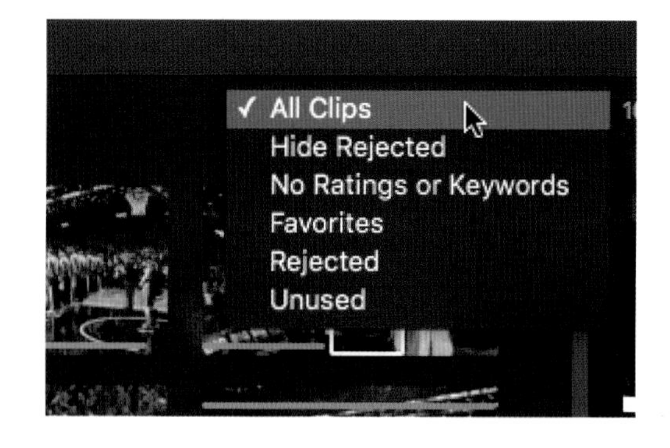

클립에 간단한 사용자의 메타데이터를 지정한 후 클립들을 브라우저에서 원하는 대로 보이게 하는 것은 가장 손쉽게 클립들을 관리하는 효과적인 방법이다.

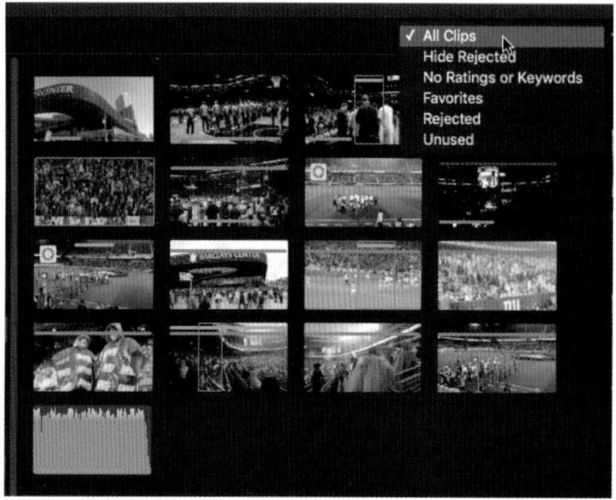

All Clips 를 선택한 경우

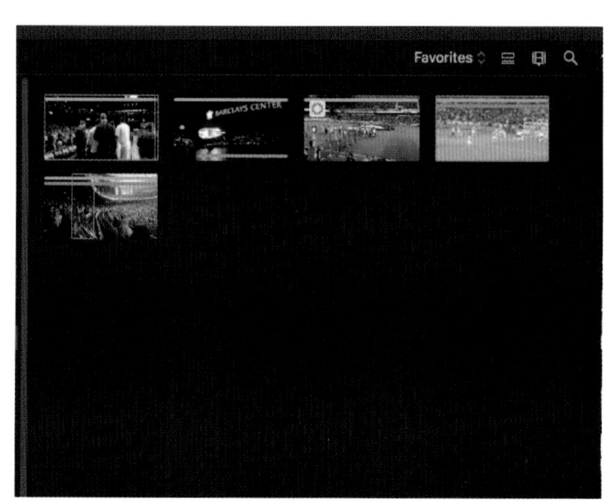

Favorites 를 선택한 경우

Unit 05 적용된 레이팅 제거하기

만약 이미 즐겨찾기 혹은 무시하기로 지정한 클립이나 구간을 취소하고 싶거나, 실수로 원하지 않는 클립에 즐겨찾기나 무시하기를 적용시키는 경우가 생길 수가 있다. 이 때는 간단하게 해당 클립을 선택한 후 레이팅(Rating) 제거하기를 클릭해서 적용되어 있는 즐겨찾기나 무시하기를 취소할 수 있다.

다시 필름스트립 뷰(Filmstrip View) 보기로 전환해서 클립을 확인하자. 물론 리스트 뷰(List View) 보기 형식에서 해도 상관없지만 좀 더 직접적으로 결과를 보기 위해서 클립 보기 형식을 바꾸는것이다.

레이팅(Rating)을 제거할 수 있는 단축키 U를 사용해서 적용된 즐겨찾기나 무시하기를 제거할 수 있다.

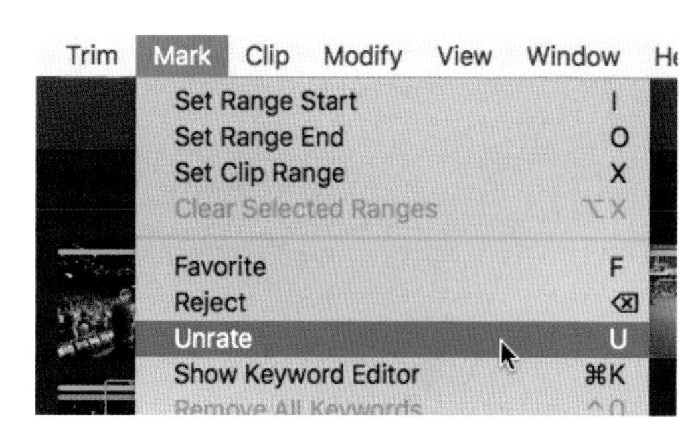

참조사항 클립 전체 선택과 부분선택

클립 전체가 선택된 경우 레이팅(Rating) 제거하기는 클립 전체에 있는 모든 레이팅을 제거한다.

클립의 한 부분이 선택된 경우 레이팅(Rating) 제거하기는 그 부분에 있는 레이팅만을 제거한다.

참조사항

클립 전체 선택하기 단축키는 "X"이다. 이렇게 하면 클릭한 하나의 클립 전체가 선택된다.

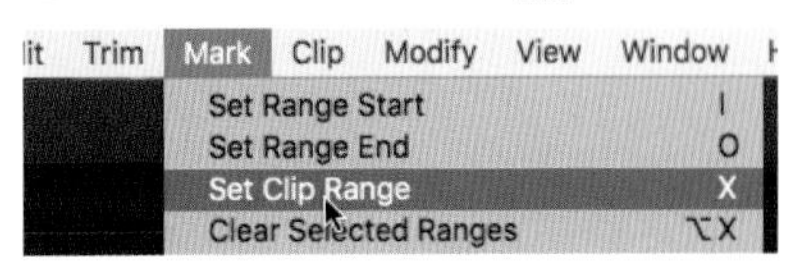

Option + X는 선택된 클립의 모든 부분을 선택 해제한다.

반면, 브라우저 창에 있는 모든 클립을 선택하고 싶다면, ⌘ + A로 할 수 있다. 클립의 한 구간이 아닌 브라우저 창에 있는 모든 클립이 선택된다.

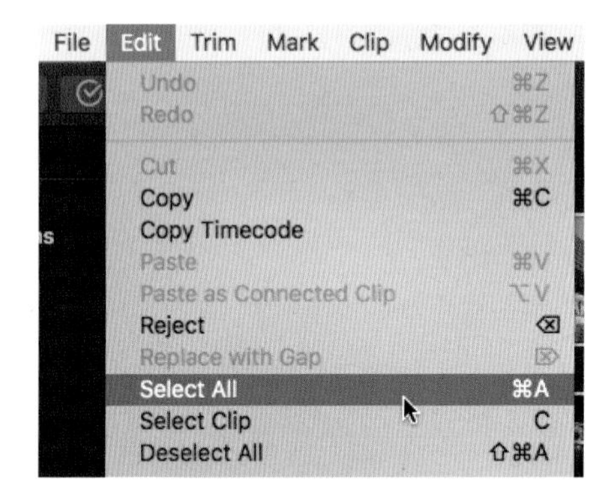

참조사항

메뉴에서 View 〉 Browser 에서 Used Media Ranges 체크를 없애면, 브라우저 창에 있는 클립들의 사용된 구간을 표시하던 주황색 라인이 더 이상 보이지 않게 된다.

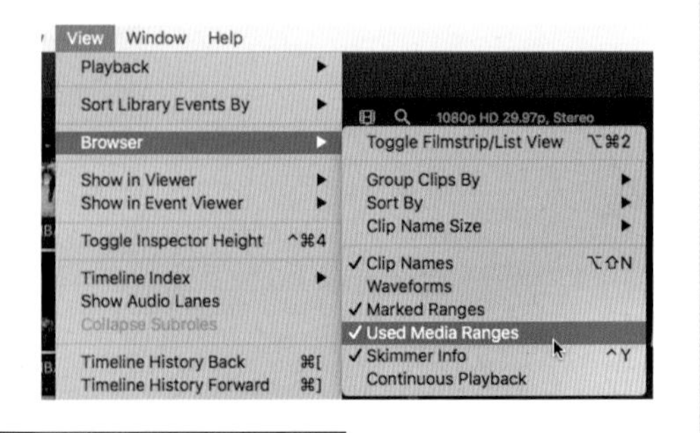

체크된 상태

체크를 푼 상태

Section 05 키워드 컬렉션

Section 05. 키워드 컬렉션부터 이 챕터 끝까지의 내용은 분명 중요하지만 상급 편집자들을 위한 내용으로 본인이 아직 편집이 익숙지 않다면 이 부분을 뛰어넘고 바로 6장으로 가도 무방하다. 키워드 컬렉션은 편집자가 클립을 확인한 다음 자신이 원하는 설명을 키워드로 그 클립에 입력하고 지정하는 과정이다. 즉 키워드는 편집자가 클립에 입력한 그 클립을 설명하는 단어의 내용이다. 키워드 컬렉션은 해당 이벤트와 관련한 특정한 키워드를 가지고 있는 모든 클립들의 리스트를 말한다. 키워드를 입력하는 것은 간단한 작업이지만 나중에 미디어를 정리하고, 분류하고, 찾는 데에 있어서 엄청난 도움을 준다.

파이널 컷 프로가 자동으로 만들어주는 기본 5개의 키워드 컬렉션 이외에 사용자는 이벤트 안에 하나의 폴더처럼 그룹으로 클립들을 분류하기 위해 여러 가지 키워드 컬렉션을 만들어 사용한다. 사용자가 지정한 각 키워드별로 클립에 지정한 후 이 정보를 이용해서 클립들을 분류할 수 있기 때문에 사용자는 이 키워드 컬렉션을 이용해서 많은 클립들을 작은 그룹으로 분류하고 그 키워드 컬렉션 폴더 안에서 쉽게 그 클립을 찾을 수 있다. 파일을 임포트할 때 그 파일이 있는 폴더 이름을 키워드로 지정할 수도 있다. 또한 파인더에서 지정할 수 있는 여러 가지 컬러의 태그(Tag)도 하나의 키워드로 지정할 수 있다.

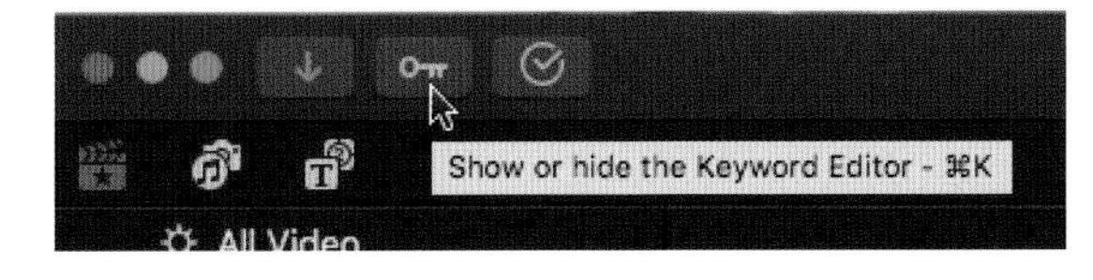

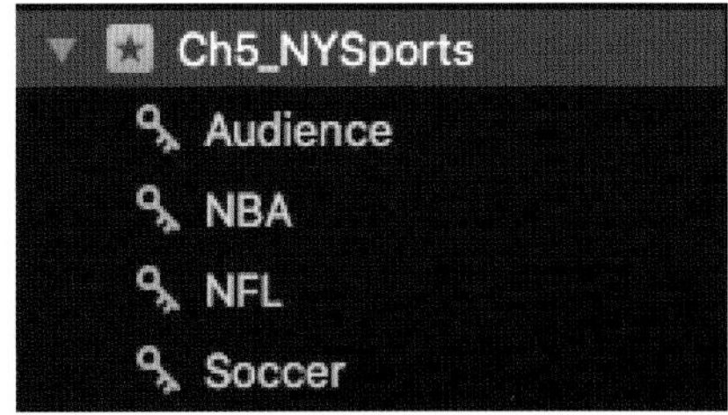

Ch5_NYSports 이벤트에 키워드 컬렉션을 4개 만들어서 17개의 클립을 키워드별로 정리해보겠다.

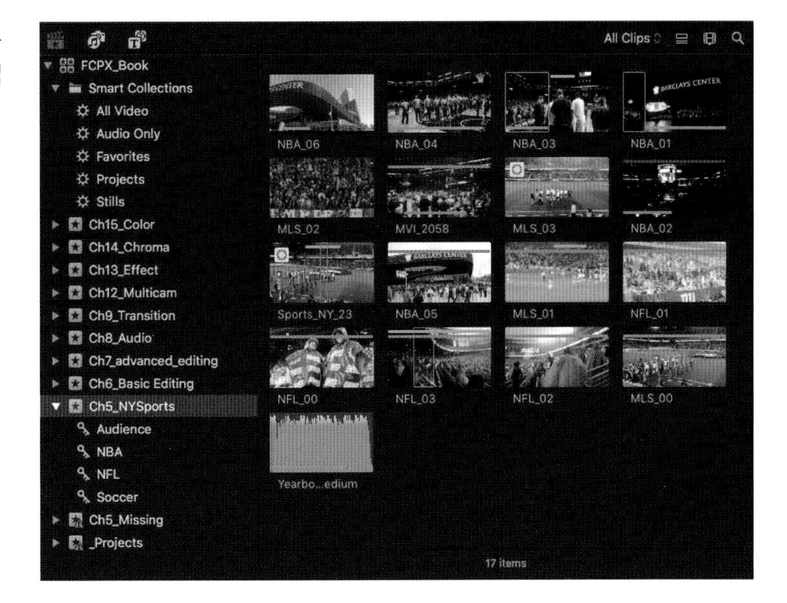

Audience 키워드 컬렉션: 2개의 클립

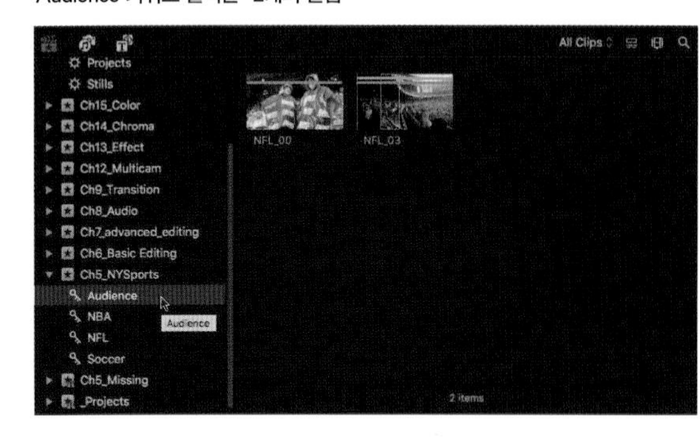

NBA 키워드 컬렉션: 7개의 클립

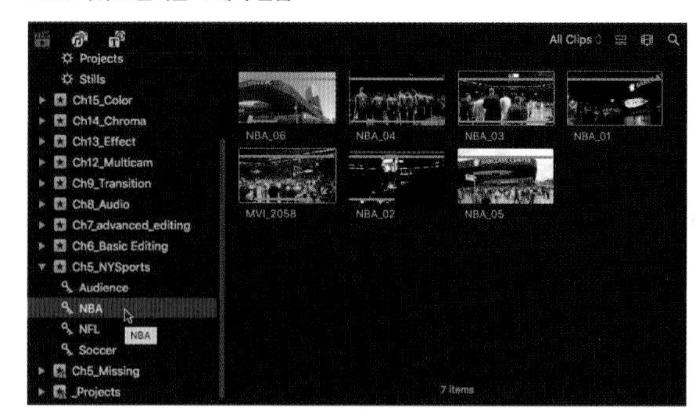

NFL 키워드 컬렉션: 4개의 클립

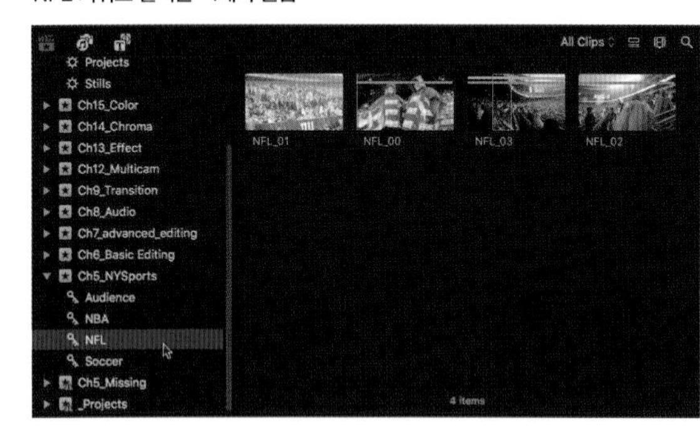

Soccer 키워드 컬렉션: 3개의 클립

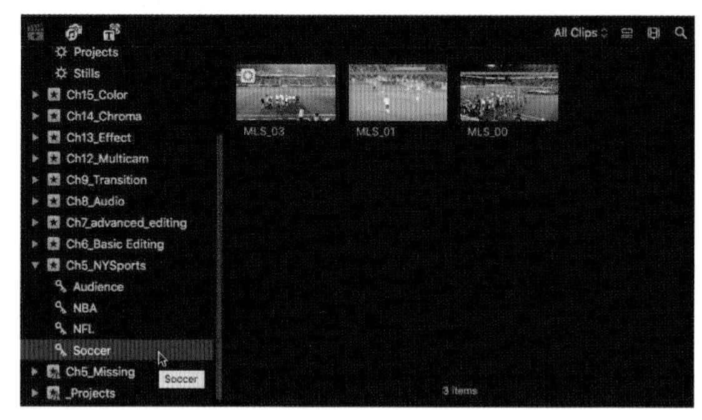

참조사항 각 이벤트와 클립의 자세한 정보를 보고 싶으면 리스트 뷰를 사용하길 권장한다.

Unit 01 새로운 키워드 컬렉션 만들기

필름스트립 뷰인지 확인한 후 브라우저에서 NBA_01 클립을 선택한다.

툴 바에 위치한 키워드 편집(Keyword Editor) 버튼을 클릭한다(⌘ + K).

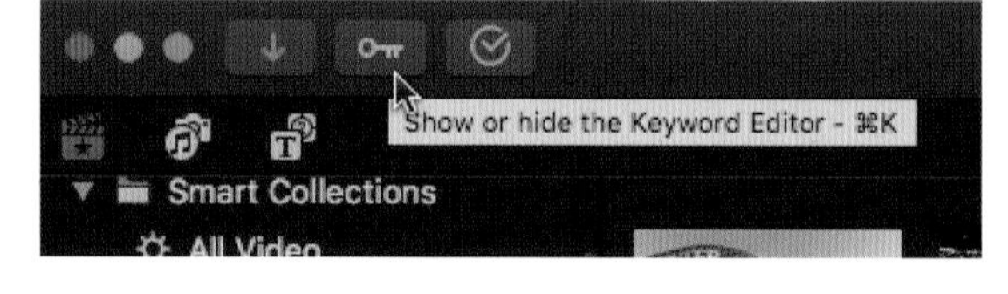

키워드 컬렉션 창이 열리면 키워드 숏컷 보기를 선택해서 모든 키워드가 있는지 확인하자.

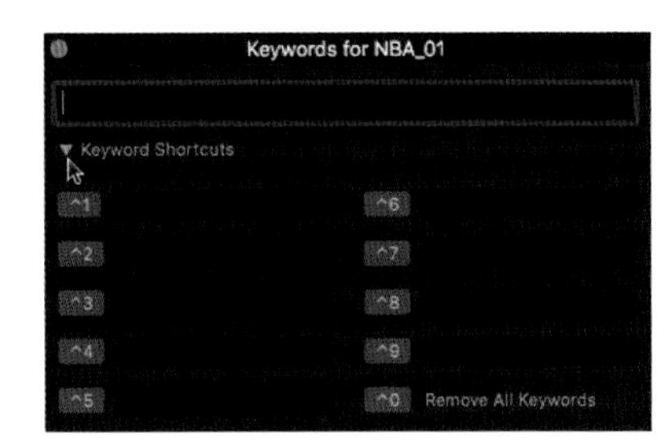

키워드 컬렉션이 설정된 클립은 그림과 같이 클립 위에 파란색 수평선이 생긴다. 그리고 새로 설정된 키워드가 파일 정보 박스 안에 나타난다.

"NBA" 키워드를 넣고 리턴을 누른다.

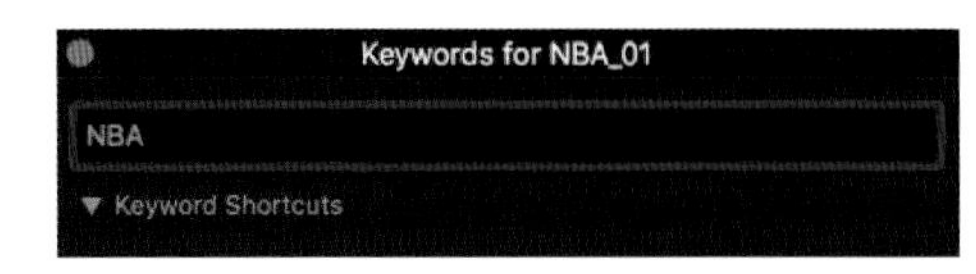

이벤트 아래에 방금 전에 만든 NBA 키워드 컬렉션이 보인다. "NBA" 키워드 컬렉션 아이콘을 클릭하면 이 키워드가 적용된 클립이 그 브라우저에 보인다. 지금은 이 키워드가 적용된 클립이 하나이기 때문에 "NBA_01"만 있다.

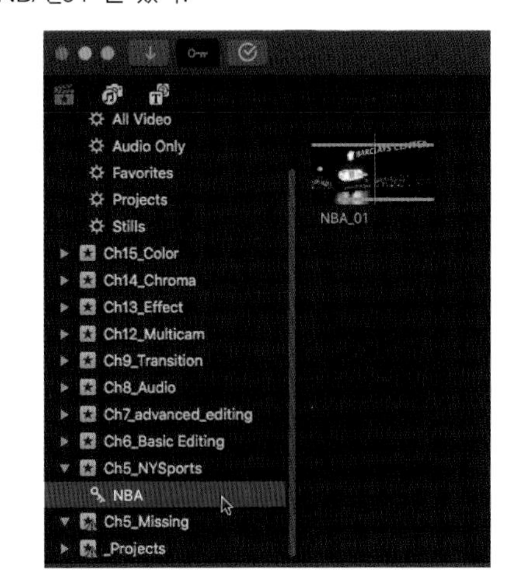

참조사항

클립을 훑어보기(스킴)할 때 메뉴에서 View 〉 Browser 〉 Show Skimmer Info(Ctrl + Y) 가 선택되어 있어야 해당클립의 키워드 컬렉션 내용이 스키머 위의 정보 창에 나타난다.

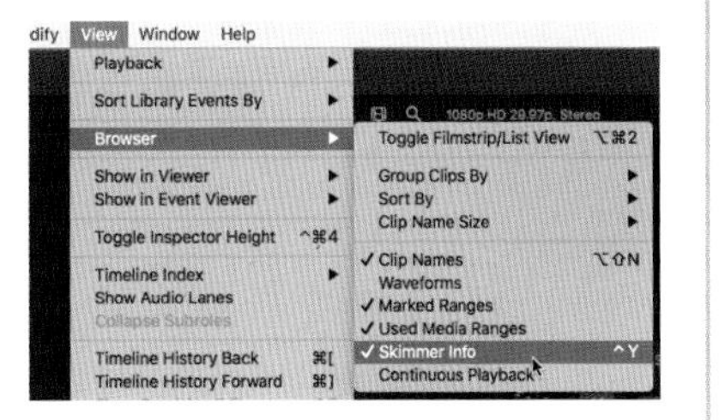

위 그림에서 클립 이름, 키워드, 타임코드 현재 위치가 순서대로 나타나는 것을 볼 수 있다.

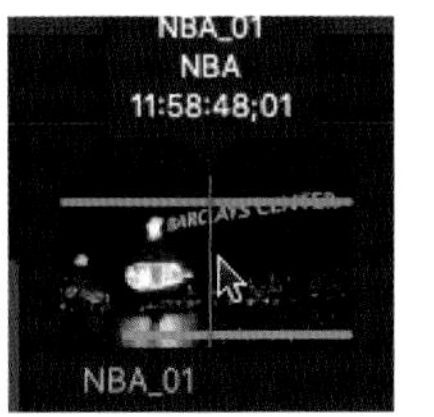

리스트 뷰에서는 각 클립에 키워드가 설정되어 있을 때 클립 이름 앞에 삼각형의 아이콘이 생긴다. 아이콘을 눌러 어떠한 키워드가 설정되어 있는지 확인할 수 있다.

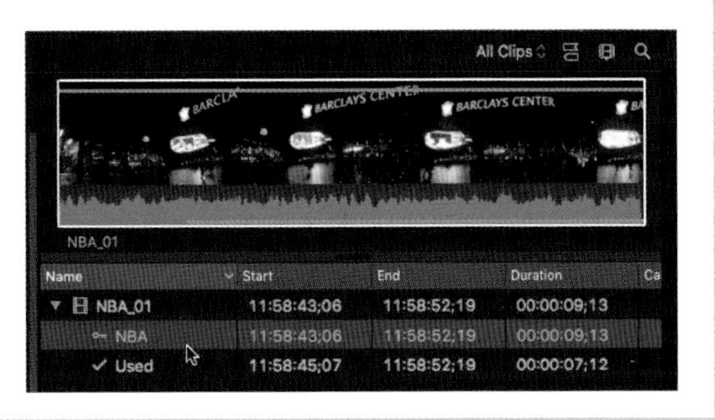

Unit 02 클립 구간에 키워드 입력하기

키워드는 클립 전체뿐만 아니라 클립의 특정 구간에 지정할 수 있다(Ctrl + 숫자).

01 이벤트에서 NBA_02 클립 중 원하는 부분을 마우스로 드래그해서 선택한다. 다음과 같이 선택이 지정된 구간은 노란색 테두리로 하이라이트된다. 마우스 또는 In /Out 단축키를 사용해서 선택한다.

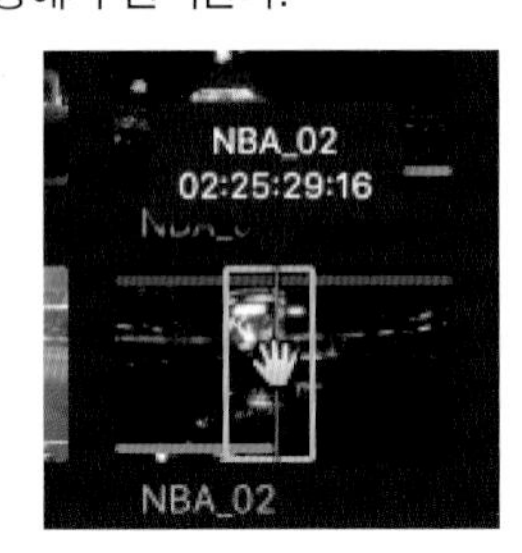

02 이미 지정된 키워드 버튼 혹은 단축키(Ctrl + 1)를 눌러주자. 선택된 구간에만 키워드가 지정되었다.

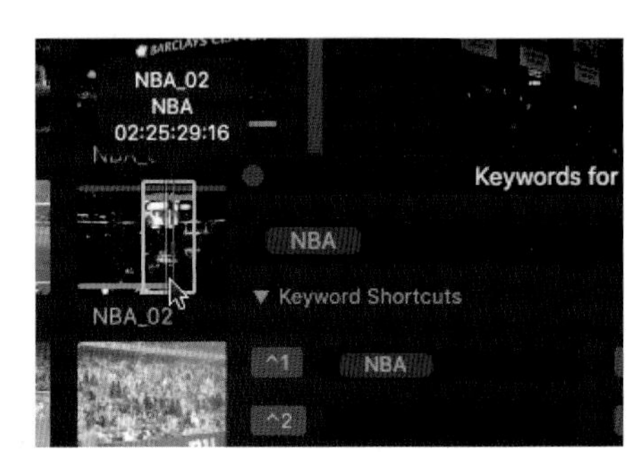

03 여러 개의 클립을 ⌘ 버튼을 누른 상태에서 선택하자.

키워드 컬렉션 창이 안 보이면 ⌘ + K를 눌러서 창을 확인하자.

04 지정된 키워드 단축 버튼을 눌러 주자(Ctrl + 1). 선택된 클립에 키워드가 지정되었다.

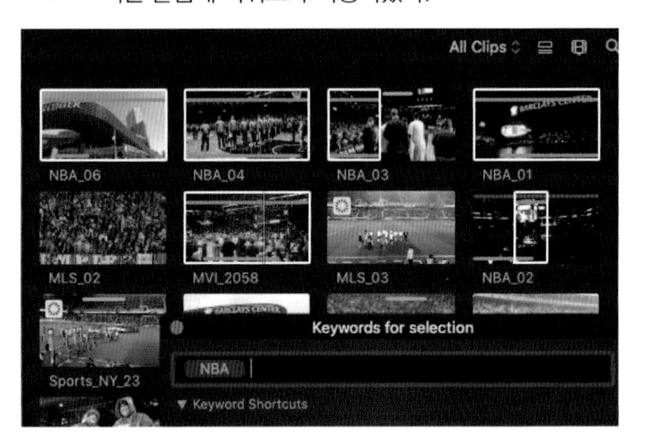

Unit 03 단축키를 사용해서 키워드 입력하기

여러 개의 클립에 키워드를 쉽게 입력하기 위하여 지정된 키워드 적용 단축키를 이용해보자. 키워드 에디터(Keyword Editor) 버튼을 눌러 키워드 편집 창을 연 후에 따라하기를 해야 한다.

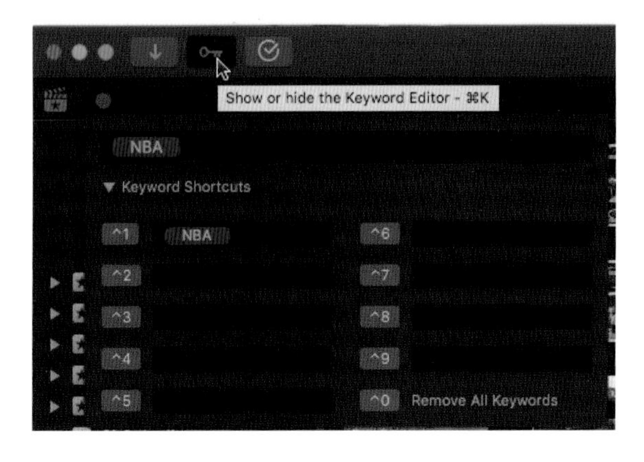

키워드 단축키(Keyword Shortcuts) 옵션을 열어준다. 그림에서 키워드 단축키(Keyword Shortcuts) 밑에 9개의 칸이 있다. 이 칸은 원하는 키워드 단축키를 만드는 곳이다.

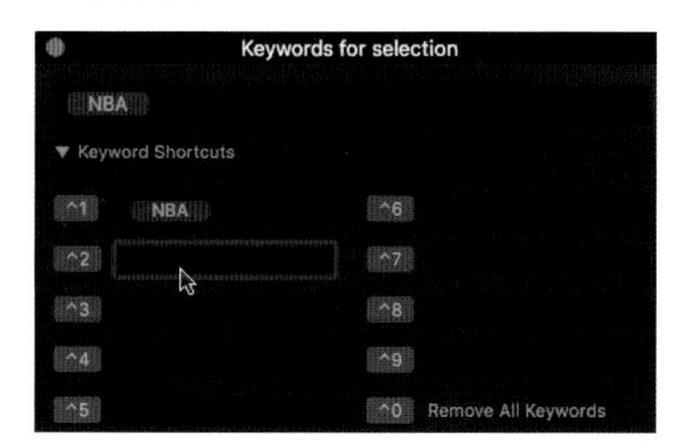

두 번째 칸에 "NFL" 이라는 키워드를 입력하자. 이전에 사용한 키워드는 첫 칸에 이미 설정되어 있다. 키워드를 입력했으면 엔터(Enter)키를 누르자. 엔터(Enter)키를 눌러야만 키워드가 지정된다.

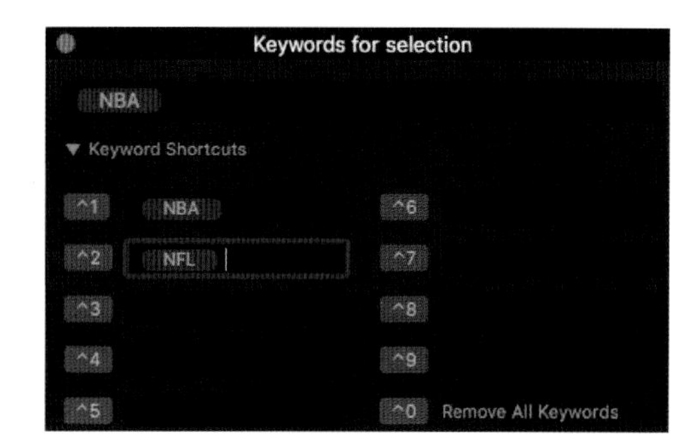

지금 입력된 "NFL" 이라는 키워드는 단축키 Ctrl + 2로 다른 클립에 바로 적용할 수 있다. NFL 이름을 가진 여러 개의 클립을 선택한 후 단축키 Ctrl + 2를 누르자.

지정된 "NFL" 이라는 키워드는 선택된 클립들 위에 파랑색 선으로 모두 표시된다.

참조사항 이렇게 만들어진 키워드 단축키가 더 이상 필요 없으면 키워드 에디터(Keyword Editor)창에서 이름을 클릭한 후 Delete 키를 이용해 지울 수 있다.

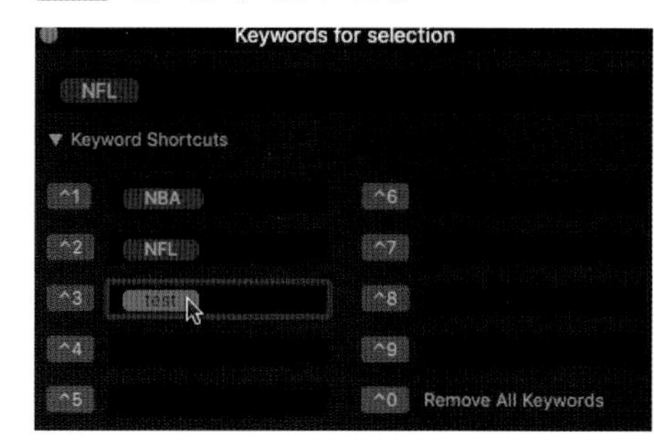

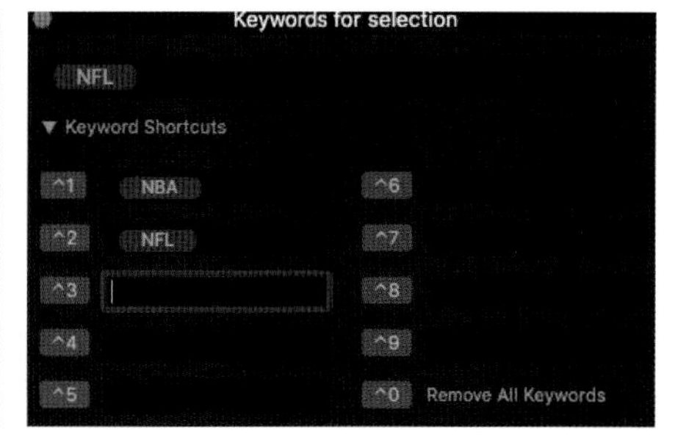

Unit 04 클립을 키워드 컬렉션 위로 드래그해서 키워드 입력하기

새로운 키워드 컬렉션을 Ch5_NYSports 이벤트에 만들자. 아이콘을 Ctrl + Chick 단축창이 뜨면 "New Keyword Collection"을 선택하자.

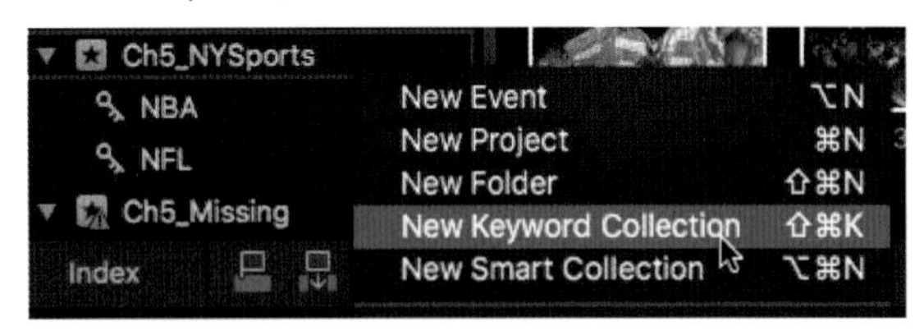

새로 생긴 키워드 이름을 "Soccer"라고 입력하자.

브라우저에서 MLS라는 이름을 가진 클립을 선택한다. 선택된 클립들을 이미 생성되어 있는 "Soccer" 키워드 컬렉션 아이콘 위로 드래그해보자. 다음과 같이 ⊕ 아이콘이 생기는 것을 볼 수 있다. 선택된 클립에 키워드가 모두 지정된다.

이벤트 안에 방금 만든 3개의 키워드가 하나의 그룹 폴더처럼 클립들을 키워드에 맞춰 분류한다. 각 키워드별로 클립을 분류하기 때문에 많은 클립을 사용할 때는 이 키워드 컬렉션을 이용해서 클립을 편리하게 찾을 수 있다.

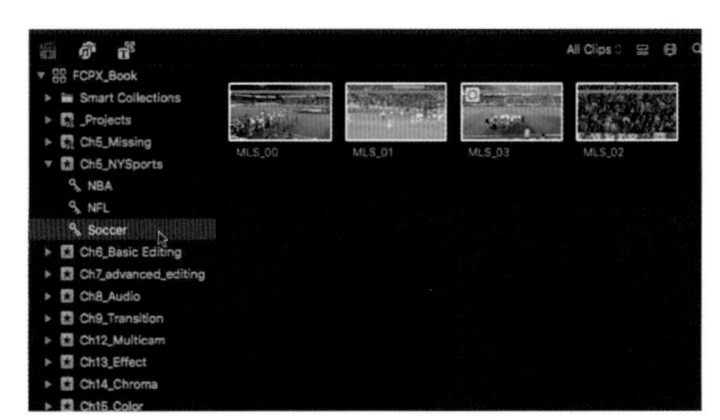

참조사항 클립을 원하는 키워드 컬렉션 위로 드래그하지 않고, 지정된 단축키를 사용해서 바로 키워드를 설정할 수 있다. 그림을 보면, " ^2: Ctrl + 2", " ^3: Ctrl + 3" 의 단축키로 설정할 수도 있다.

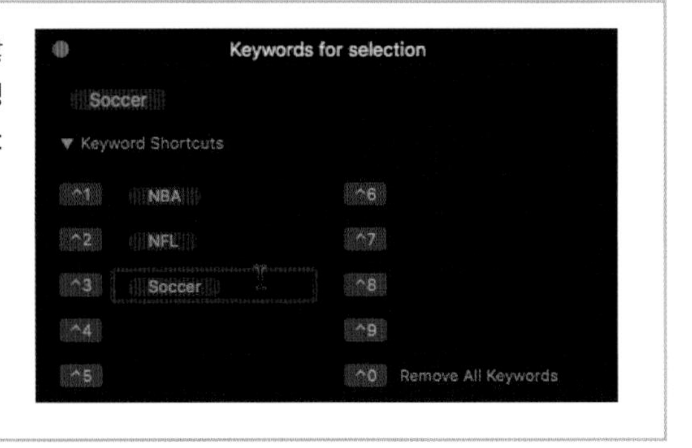

Unit 05 키워드 컬렉션 지우기

만들어진 키워드 컬렉션을 삭제할 수 있다. 키워드 컬렉션을 지우면 이벤트 라이브러리에 있는 키워드 컬렉션 아이콘뿐만 아니라 컬렉션 안에 있는 클립들의 키워드도 같이 지워진다. 클립에 적용되어 있던 키워드 컬렉션만 지워지는 것이지 그 클립이 지워지는 것은 아니다. 클립은 여전히 이벤트 브라우저 안에 있다.

Soccer 키워드 컬렉션을 마우스 오른쪽 키로 클릭한다(Ctrl + Click).
단축창에서 "Delete Keyword Collection"를 선택한다.(⌘ + Delete)

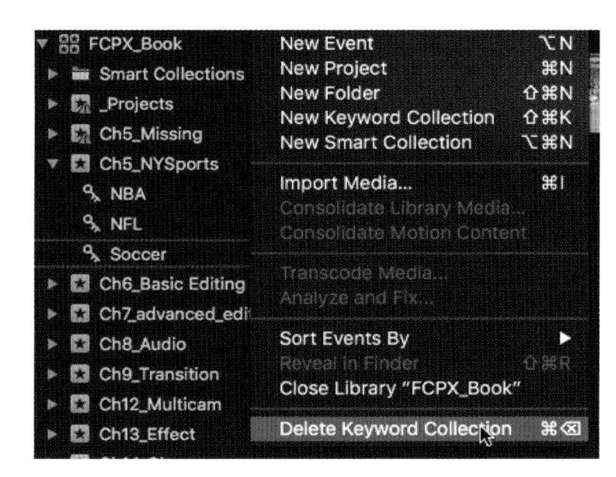

"Soccer" 키워드 컬렉션이 지워졌다.

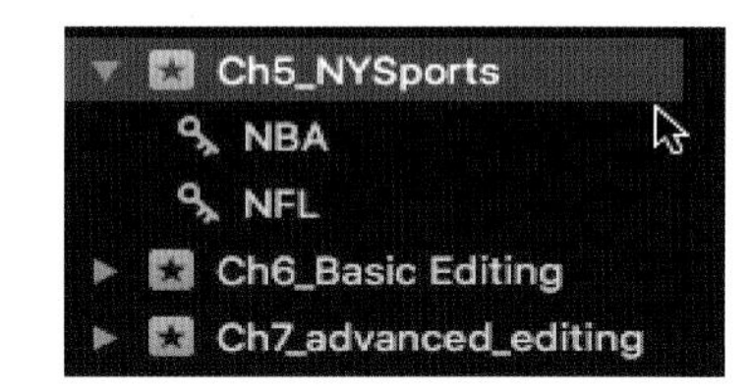

지워진 키워드 컬렉션은 되돌리기가 가능하다. 메뉴에서 Edit〉Undo... 를 선택하자.

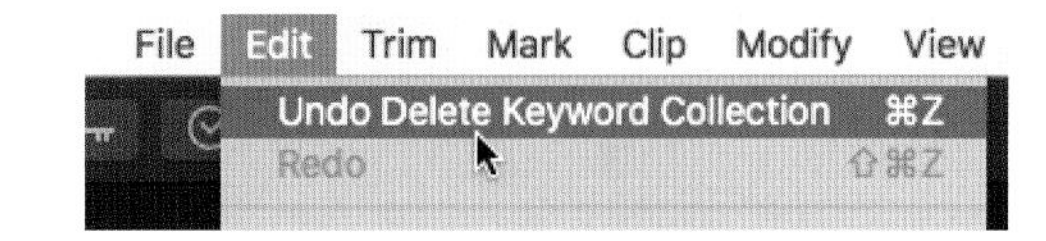

지워진 키워드 컬렉션이 다시 나타난다.

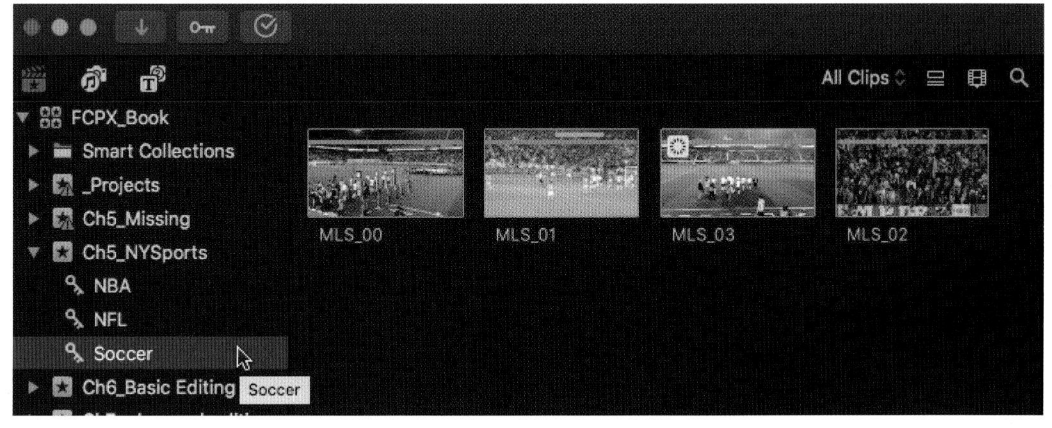

Unit 06 클립에 지정된 키워드 컬렉션 지우기

보통은 지운다는 개념으로 Delete 버튼을 누르는데 이는 브라우저 창에 있는 클립에 무시하기(Reject)라는 레이팅을 지정하는 것이기 때문에 클립에 지정된 키워드 컬렉션을 지우기 위해서는 꼭 "Ctrl + 0"를 눌러야 함을 기억하기 바란다.

먼저 라이브러리에서 키워드 컬렉션이 적용된 NBA_01클립을 선택하자.

메뉴에서 Mark 〉 Remove All Keywords 선택하자(단축키: Ctrl + 0).

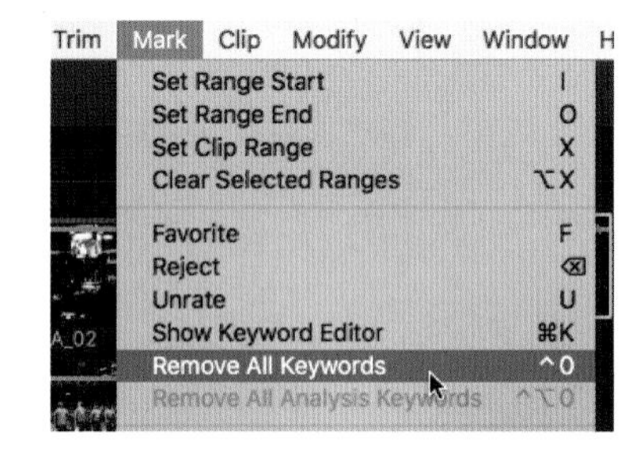

NBA 키워드 컬렉션에 소속되어 있던 NBA_01클립이 사라졌다.

이 키워드가 소속되어 있는 이벤트를 선택하면 키워드 컬렉션이 사라진 클립이 보인다.

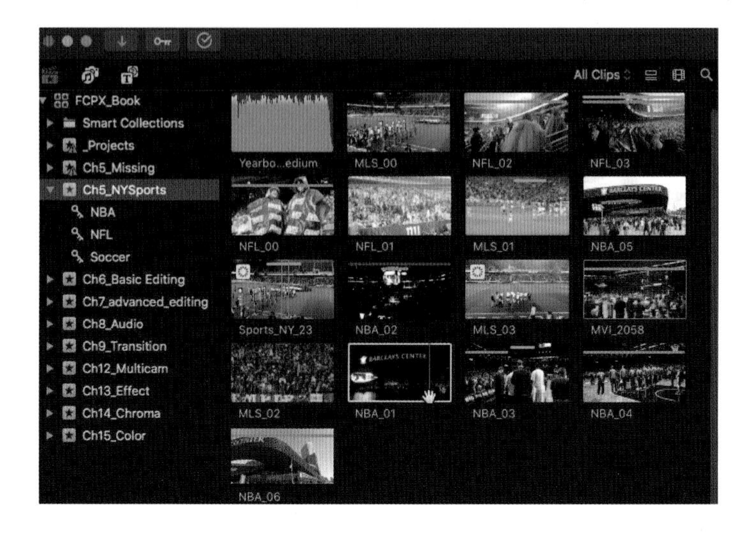

Section 06 스마트 컬렉션

Smart Collection

파이널 컷 프로는 미디어를 임포트할 때 자동으로 이를 분석하고 클립들을 분류 기준들에 따라 스마트 컬렉션(Smart Collection)으로 재분류한다. 스마트 컬렉션은 통합된 검색어 그룹이라고 할 수 있다. 클립을 검색할 수 있는 여러 가지 분류 기준을 이용해서 클립에 자동으로 저장되는 키워드의 조합들이다.

스마트 컬렉션의 중요한 특징

- 키워드나 그 외의 메타데이터를 이용한 검색 결과를 스마트 컬렉션이라 한다.
- 스마트 컬렉션은 새로운 클립들을 불러오거나 이벤트에 새로운 키워드가 추가될 때에 생기며, 자세한 검색을 할 수 있게 해준다.
- 스마트 컬렉션은 여러 개의 이벤트들을 검색할 수 있으나, 항상 하나의 이벤트 안에만 저장된다.

파이널 컷 프로에서는 사용자가 직접 클립에 키워드를 입력하고, 즐겨찾기(Favorite) 또는 무시하기(Reject)로 지정할 수도 있고, 사용자 노트를 적어서 필요한 정보를 지정할 수 있다. 마치 파인더에서 파일을 검색할 때 파일 이름과 파일 크기 그리고 만들어진 날짜를 충족하는 파일들만 교집합 형식으로 보이게 하여 찾을 수 있듯이 파이널 컷 프로에서도 모든 검색정보를 합쳐서 좀 더 정밀한 통합검색을 할 수 있다.

검색창: 클립을 검색할 수 있는 여러 가지 분류 기준

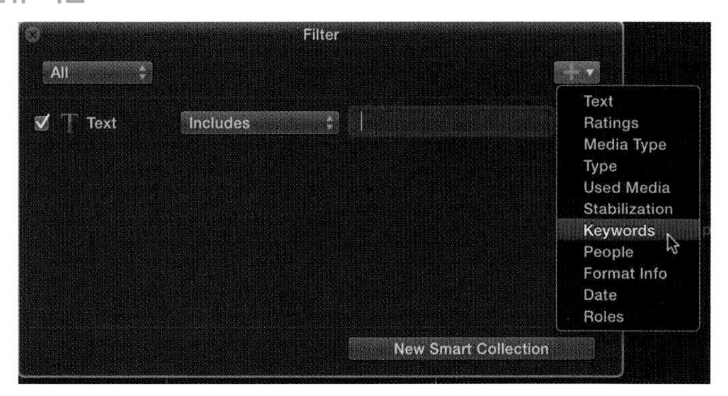

Text: 클립에 지정되어 있는 이름, 마커, 릴 등의 정보를 사용한다.

Ratings: 즐겨찾기(Favorite) 또는 무시하기(Reject)의 분류 기준을 사용한다.

Media Type: 비디오 클립, 오디오 클립, 사진 등으로 구분한다.

Type: 타임라인에서 사용되는 여러 종류의 클립 중 오디션, 컴파운드 또는 프로젝트 클립으로 분류한다.

Used Media: 프로젝트에 사용된 클립인지 아닌지를 구분한다.

안정화 Stabilization: 클립을 분석할 때 그 클립이 얼마나 흔들렸는지에 대한 정보를 제공한다.

키워드 Keywords: 사용자가 지정한 특정 단어를 검색어로 사용한다.

인물 People): 어떤 종류의 샷인지 분석한 결과, 롱샷, 클로즈업을 보여 준다.

포맷 정보 Format info: 어떤 종류의 파일인지를 분석한 결과를 보여준다.

날짜 Date: 파일이 만들어진 날짜의 구간을 표시한다.

롤 Role: 클립에 지정된 고유 기능을 이용하는 검색이다.

찾기 필터가 선택되면 찾기 창에 현재 활성화된 필터의 아이콘이 다음과 같이 나타난다.

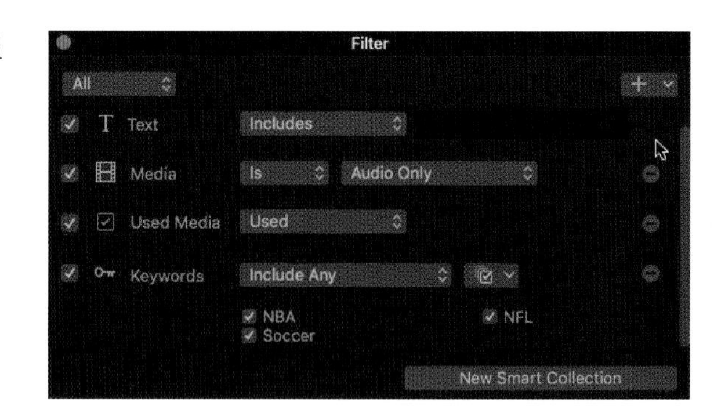

Unit 01 스마트 컬렉션으로 분류하기

브라우저 창 오른쪽 위에 있는 파일 찾기, 돋보기 아이콘을 클릭하자(⌘ + F). 서치 버튼 옆에 있는 Toggle Filter HUD 버튼을 클릭하자.

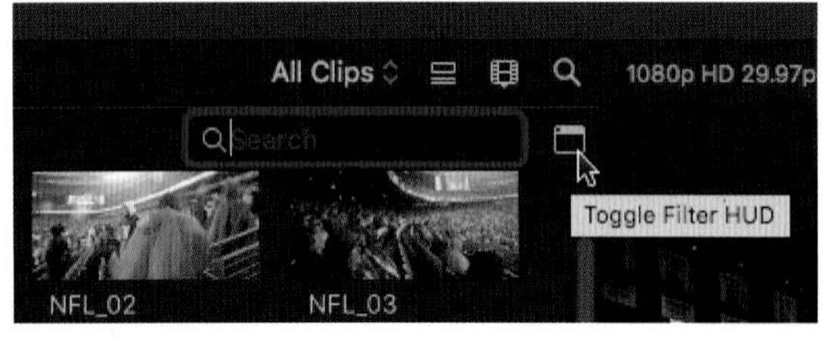

다음과 같은 기본 찾기 창(Filter)이 열린다.
이 필터 창에서 찾고자 하는 검색 결과를 텍스트, 키워드, 미디어 종류, 클립의 포맷 등을 이용해서 찾을 수가 있다.

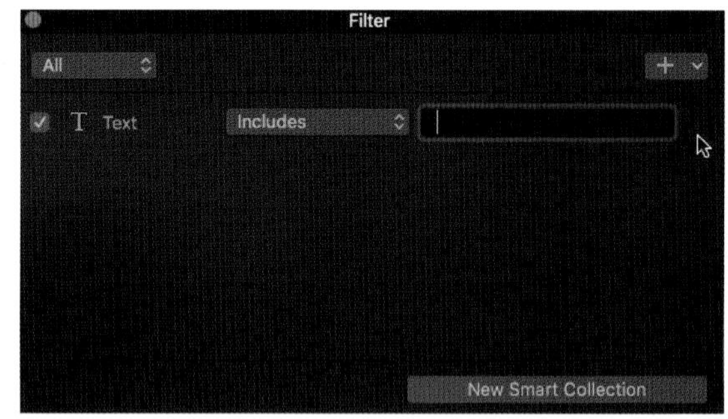

기본 설정에서는 텍스트 구간만 보인다. 오른쪽 위에 위치한 + 버튼을 누르면, 새로운 검색 필터 기준을 더할 수 있다. 카테고리에서 Keyword를 선택하자.

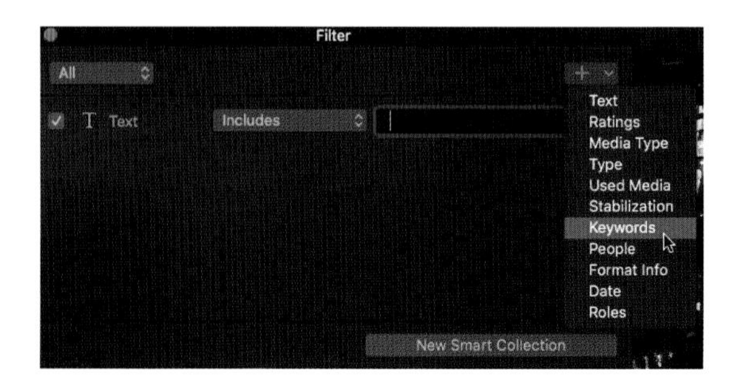

키워드를 선택하면 다음과 같이 키워드란이 생성이 되고, 현재 만들어져 있는 키워드 리스트가 나타난다.

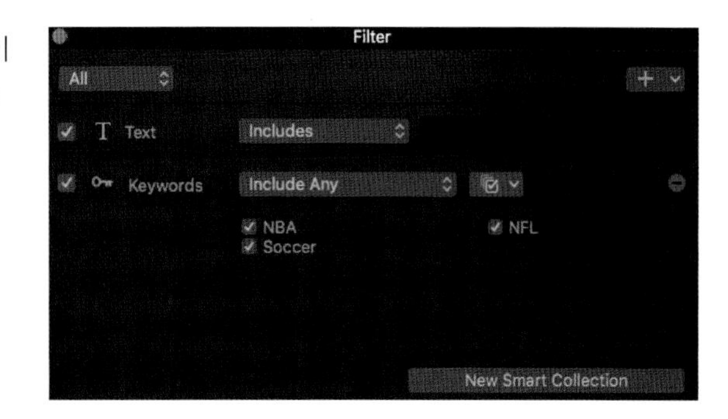

주 의 사 항 검색 카테고리 지우기

카테고리에서 + 버튼을 누르면 기존의 검색 카테고리에 새로운 검색 카테고리가 하나 더 추가된다. 만약에 원치 않는 검색 카테고리가 추가되었으면 각 검색 카테고리 오른쪽에 위치한 지우기(–) 버튼을 클릭하면 해당 검색 카테고리가 지워진다.

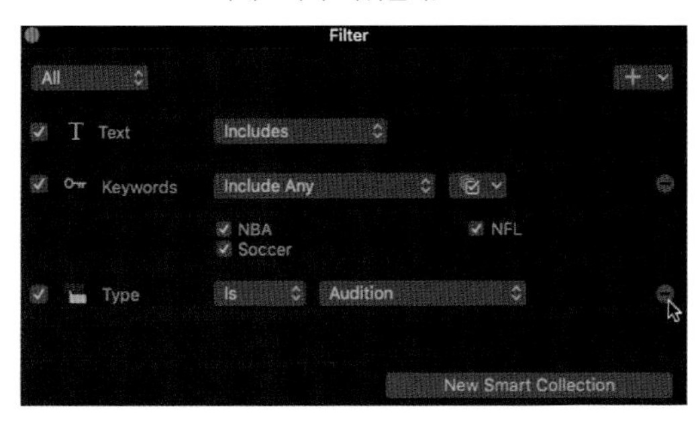

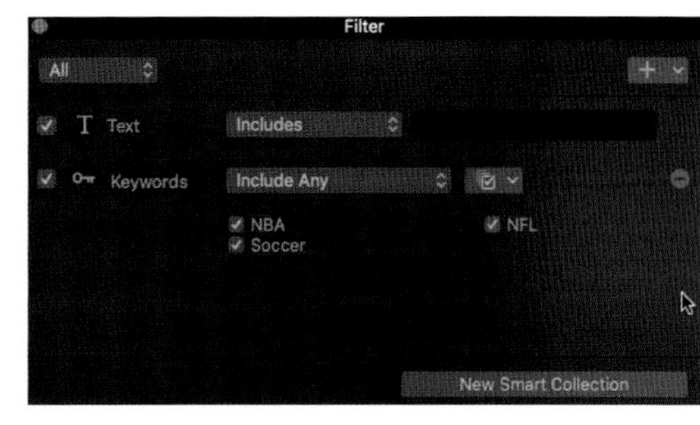

스마트 컬렉션에 원하는 키워드가 포함된 클립만 보기 위해서 원하는 키워드만 선택하자. NAB 와 Soccer 만 선택되게 하자. 다른 키워드는 선택을 해제한다. 그 다음 New Smart Collection 버튼을 클릭하자.

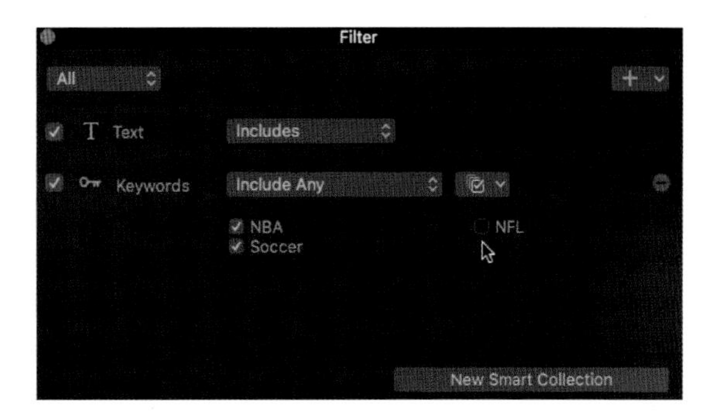

새로운 스마트 컬렉션이 생긴다. 새로 생긴 Untitled 스마트 컬렉션의 이름을 NBA_Soccer 로 바꿔보자. 그럼 거기에 소속된 모든 클립이 보인다.

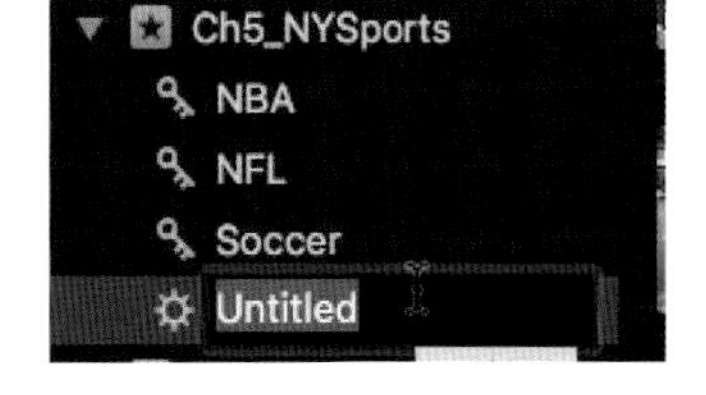

NBA나 Soccer의 키워드를 가진 모든 클립이 스마트 컬렉션 안으로 분류되어 보인다.

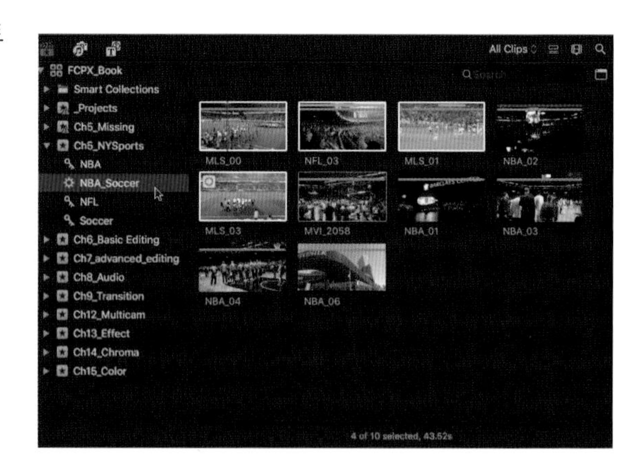

참조사항

검색 필터 지우기

스마트 컬렉션 검색창 오른쪽 끝을 보면 어떤 키워드가 이 스마트 컬렉션에 적용되었는지 알 수 있다. 카테고리에서 + 버튼을 누르면 기존의 검색 카테고리에 새로운 검색 카테고리가 하나 더 추가되고 이 창 위에 그 검색 카테고리 아이콘이 표시된다.

만약 너무 많은 키워드를 적용하면 일치되는 클립이 없을 수도 있다. 이런 경우 검색창 오른쪽 끝 위에 위치한 X를 클릭하면 적용된 모든 검색 필터를 지울 수 있다.

찾기 창을 리셋시키고 싶으면 브라우저 창의 찾기 옵션 초기화 시키기 버튼을 누르자. 여러 가지 적용된 결과가 다시 처음의 글자(Text)만 있는 창으로 되돌아간다.

예 현재 4개의 클립 찾기 옵션이 지정된 클립 찾기 창 모습과 지정된 옵션의 각 아이콘들

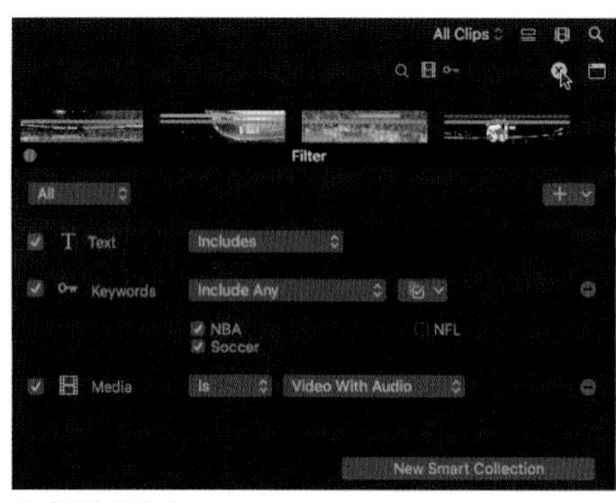

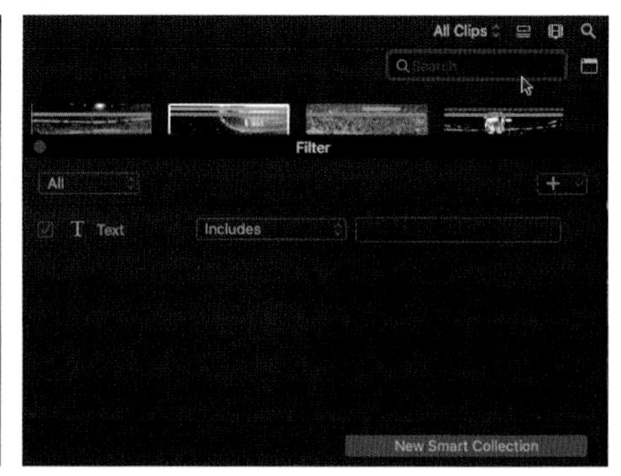

초기화된 찾기 창

Unit 02 스마트 컬렉션 변경하기

라이브러리에서 스마트 컬렉션 아이콘을 더블클릭하면 스마트 컬렉션의 필터 창이 다시 열리는데, 이 창에서 필터의 검색 결과를 변경할 수가 있다.

검색 필터 창이 뜨면 이번에는 Include All 로 바꿔보자. 그 후 따로 저장할 필요 없이 닫기 버튼을 누른다.

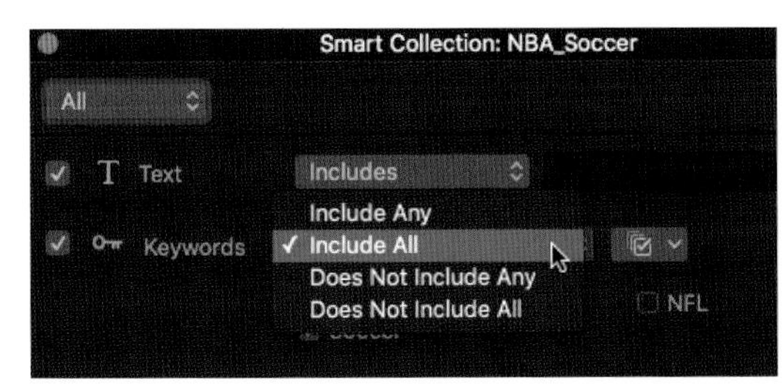

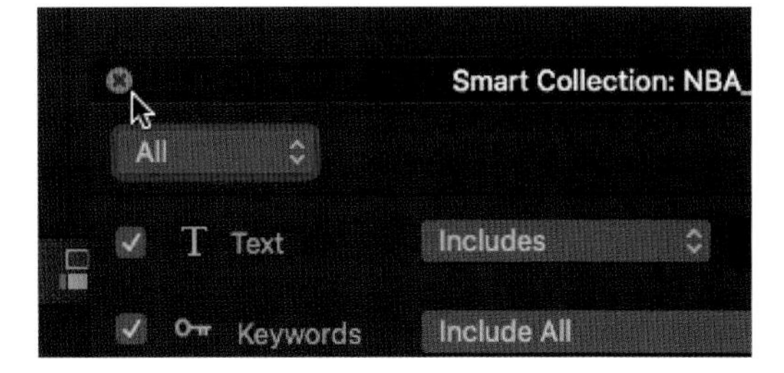

새로운 찾기 결과에 이제는 아무 클립도 보이지 않는다.

스마트 컬렉션은 라이브러리 안에 있는 클립찾기 결과를 보여주는 결과물이며 이 결과물은 스마트 컬렉션의 변경된 찾기 옵션에 따라 업데이트된다.

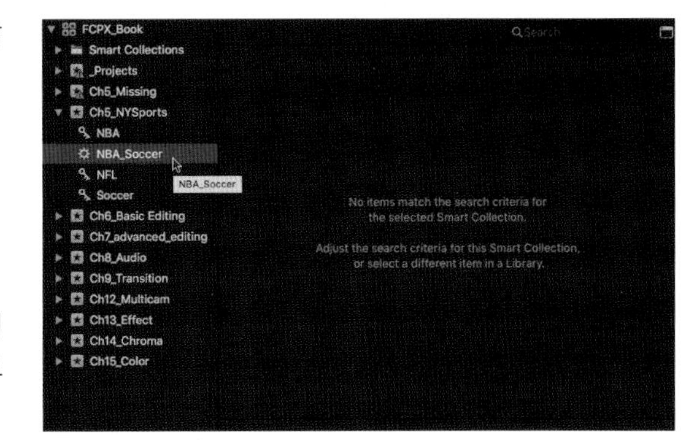

Unit 03 스마트 컬렉션 지우기

스마트 컬렉션 역시 이벤트와 키워드 컬렉션 경우에서 보듯이 하나의 클립처럼 삭제할 수 있다. 스마트 컬렉션을 지우더라도 파일 필터링 기록이 없어진 것이지 실제 클립이 삭제된 것은 아니다. 여러 가지 클립 찾기의 결과물인 스마트 컬렉션은 사용자가 여러 가지의 키워드나 또는 그 외 클립의 특성을 이용해서 클립을 찾기 편하게 분류하는 강력한 기능이다. 단축키는 ⌘ + Delete 버튼이다.

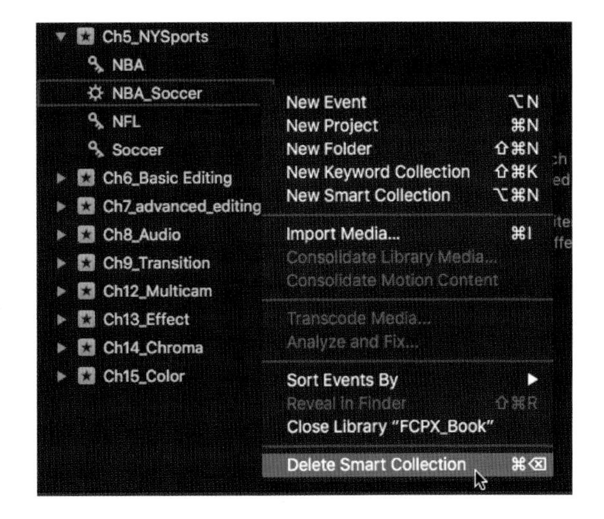

Section 07 롤

파이널 컷 프로 X에서 사용되는 가장 강력한 기능 중 하나가 롤(Roles)과 오디오 레인(Audio Lanes)의 기능이다. 롤은 텍스트를 기반으로 해서 여러가지 컬러 라벨을 적용한후 사용중인 클립을 분리해내는 메타데이타(Metadata)이다. 비디오와 오디오에 각 한 번씩 지정될 수 있는 롤(Role)은 언제든지 지정, 변경, 삭제될 수 있다. 지정된 롤은 단순한 메타데이타이기 때문에 실제 클립의 속성에는 아무 변화를 주지 않는다. 롤을 사용해야 하는 가장 중요한 이유는 트랙을 사용하지 않는 파이널컷 타임라인에서 사용된 클립들은 카타고리별로 정리해서 마치 여러 트랙중 원하는 트랙만 활성화 시켜 분리해 볼수 있는 기능때문이다. 또한 편집을 끝낸후 마스터 파일을 만드는 과정인 Share(내보내기)에서 롤을 사용해서 원하는 클립들만 분류해서 따로 출력을 가능하게 해주기 때문에 롤의 사용은 포토 에서 각 레이어를 따로 또는 합쳐서 저장할수 있는 기능과 같이 편집과정에서 무조건 사용을 해야하는 기능이다.

파이널 컷 프로는 각 클립을 임포트(import)할 때 5개의 기본적인 역할 중 하나를 지정하여 그 클립의 역할을 분류한다. 롤은 편집과정에서 클립들을 분류하는 또 다른 방법인데 예를 들면, 타이틀 클립만 보고싶으면 이 역할을 하는 클립들만 보이게 분리할 수 있다. 그리고 편집이 끝난 후 마스터 파일을 만들때 필요하지 않은 클립을 걸러내는데 중요하게 사용된다.

롤은 분석 키워드(Analysis Keyword)처럼 사용되는데 이는 파이널컷 X가 롤을 각각의 임포트되는 클립에 자동적으로 부여하기 때문이다.

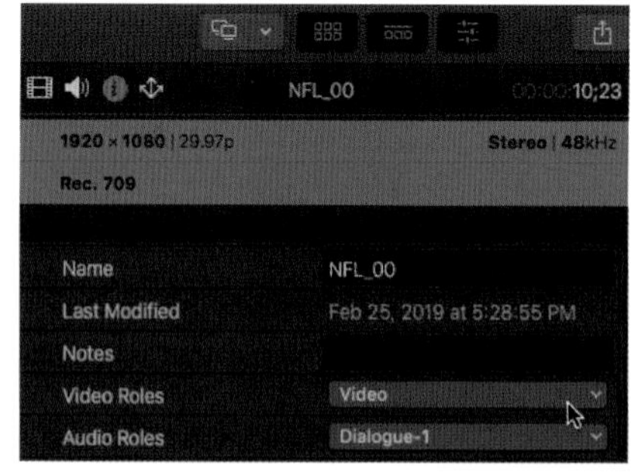

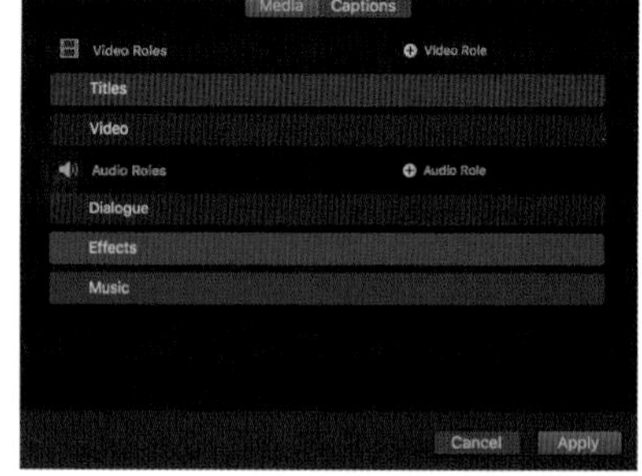

미디어롤과 캡션롤로 구분되는 롤

5개의 미디어 롤 종류: 비디오 클립은 비디오(Video), 타이틀(Titles)로 적용 가능하다.

오디오 클립은 대화(Dialogue), 음악(Music), 음향효과(Effects)로 분류할 수 있다. 자막을 담당하는 캡션롤은 챕터 10장에서 자세히 설명하겠다.

타임라인에 있는 인텍스창의 여러 롤중 하나를 클릭하면 선택된 롤로 지정된 클립들이 한번에 선택되고 바뀐 색상으로 그 선택을 확인할수 있다.

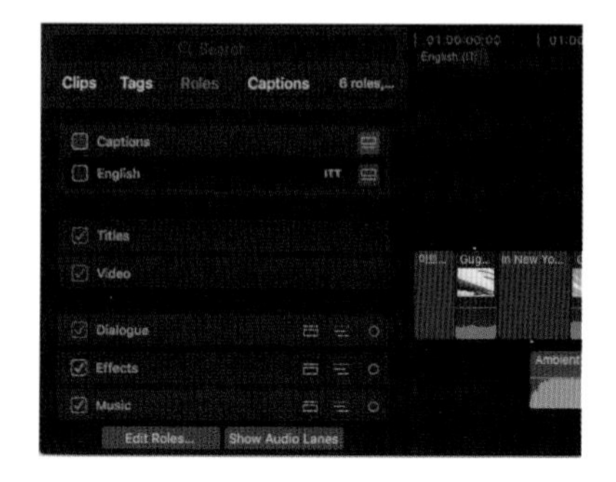

롤의 특징

- 하나의 클립은 그 클립에 적용된 오직 하나의 롤만 가진다. 만약 두 개 이상의 롤이 리스트에 보인다면, 이는 해당 클립이 비디오와 오디오 컨텐츠를 가진 표준 클립이거나 여러개의 클립들이 합쳐진 클립이란 뜻이다.
- 편집, 삭제 가능한 마커(Marker), 레이팅(Rating), 키워드 등의 다른 메타데이터와는 달리 롤은 편집만이 가능할 뿐 클립에서 이 정보를 제거할 수 없다. 모든 클립은 5가지 중 무조건 하나의 롤로 분류된다.

레인(Lanes)의 특징:

- 같은 롤을 지닌 클립들을 타임라인에서 그룹으로 보여주거나 또는 같이 분리해서 보여준다.
- 오디오를 편집할 때 가장 효과적으로 사용된다.
- 스토리라인을 사용하지 않고 서로 붙어 있는 클립들을 바로 트림(Trim)할 수 있게 한다.

Unit 01 롤 Role 보기

01 브라우저에서 클립을 Ctrl +Click 한후 팝업창에서 Assign Audio Role 혹은 Assign Video Role으로 오디오 혹은 비디오의 롤을 지정할 수 있다. NFL_02 클립의 롤은 Video와 Dialogue로 기본 지정되어 있는걸 확인해보자.

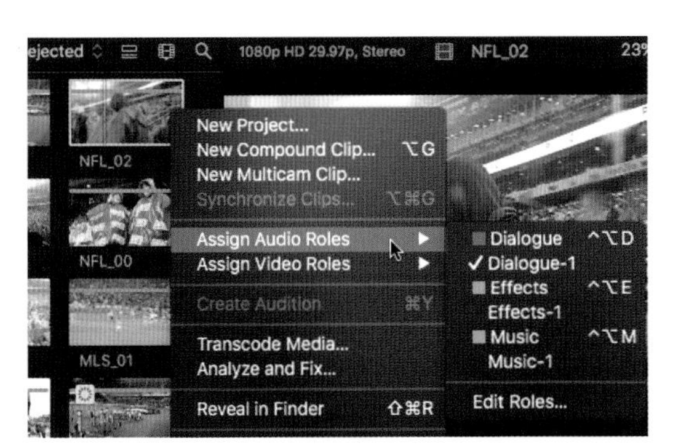

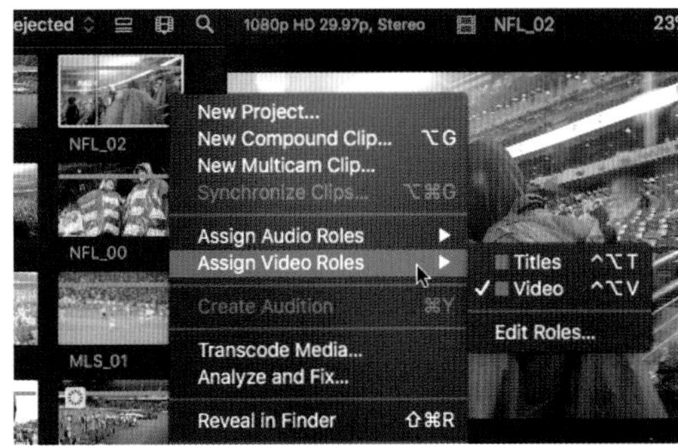

02 인스펙터(Inspector) 열기 버튼을 눌러서 인스펙션 창을 열자. 이 인스펙터 창에서 클립의 기본 정보를 확인할 수 있다. 이미 열려 있다면 이 과정은 패스하자.

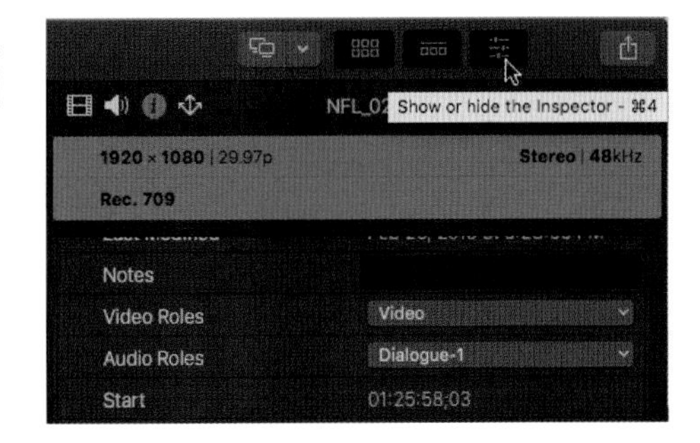

03 보통 인스펙터 창이 열리면 비디오창이 먼저 보인다. 다시 Info탭을 클릭하자.

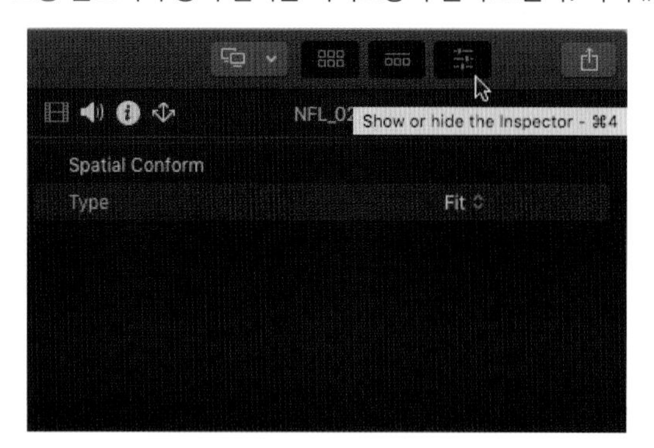

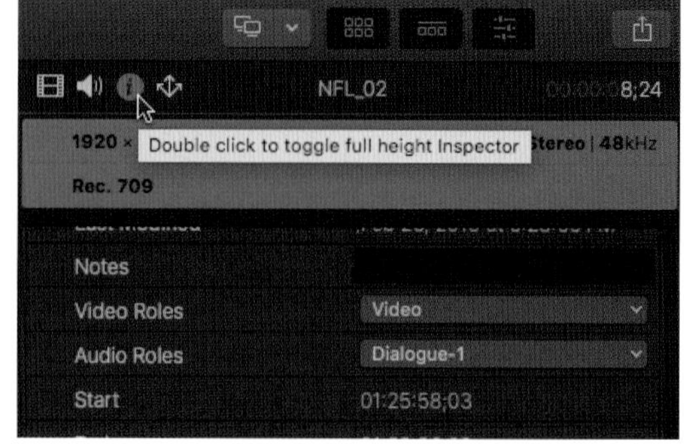

04 이 인스펙터 창에서 롤(Role)을 확인할수 있고 사용자의 분류에 따라 클립이 다른 롤로 지정 될 수 있다.

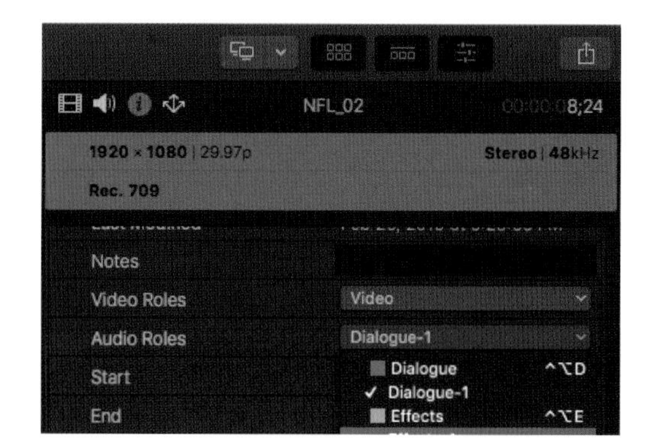

Unit 02 롤 Role 변경하기

클립에 있는 롤(Role)은 인스펙터 창, 브라우저, 메인 메뉴에서 확인할 수 있지만 가장 쉽게 인스펙터 창에서 확인한 후 그 클립에 지정된 롤(Role) 역할까지 여기에서 바꿀 수 있다. 아래의 3곳 중 한 곳에서 원하는 클립을 다른 롤로 지정할 수 있다.

롤을 변경할 수 있는 세 가지 방법

⊙ **인스펙터 창:** 롤(Roles) 구간을 클릭하면 보기 옵션 선택이 가능하다.

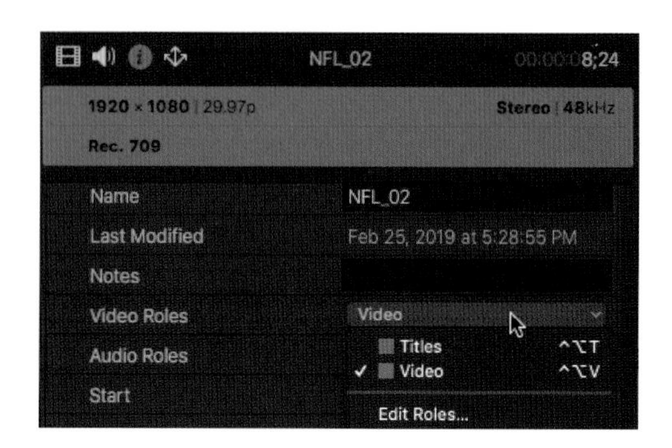

⊙ **브라우저:** 리스트 뷰로 클립 보기를 설정했을 경우, 선택된 클립의 롤 구간에서 변경 가능하다.

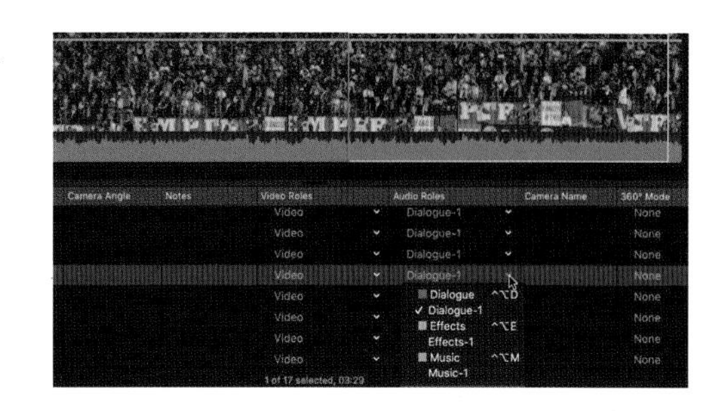

⊙ **메인 메뉴:** Modify 〉 Assign Audio Roles 혹은 Assign Videos Roles 선택 가능하다.

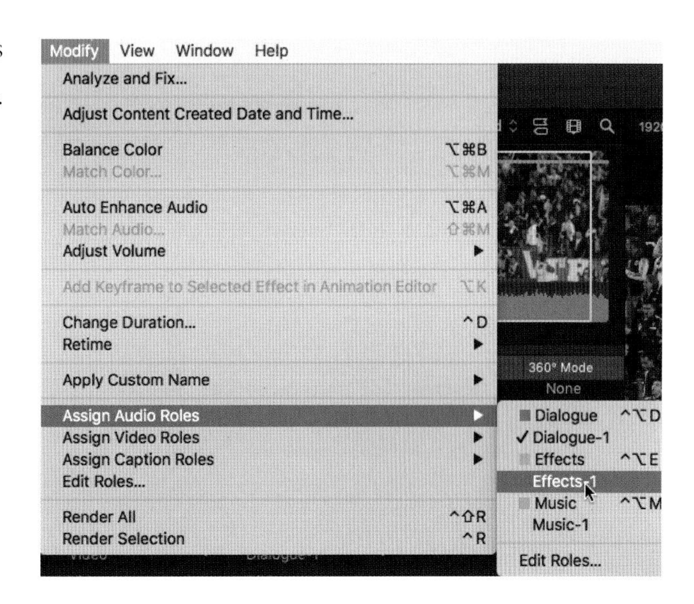

01 브라우저에서 MLS_01클립을 선택하자.

02 인스펙터창에서 지정된 롤을 확인하자. MLS_01클립은 기본적으로 사운드 부분이 대화(Dialogue)로 지정되어있다. 이렇게 B-Roll로 사용될 클립이라 사운드는 대화처럼 사용되지 않을것이다. 그래서 편집시 다른 카테고리로 분류해서 나중에 이 카타고리만 따로 선택할수 있게 하는 것이다.

03 오디오 롤 구간에 있는 작은 삼각형을 클릭해서 팝업 메뉴가 뜨면 롤을 Effects로 바꿔주자. Effects 구간에 기본 Sub-Roll인 Effects-1을 선택하자. Sub-Roll은 필요에 의해 여러개를 만들수도 있다.

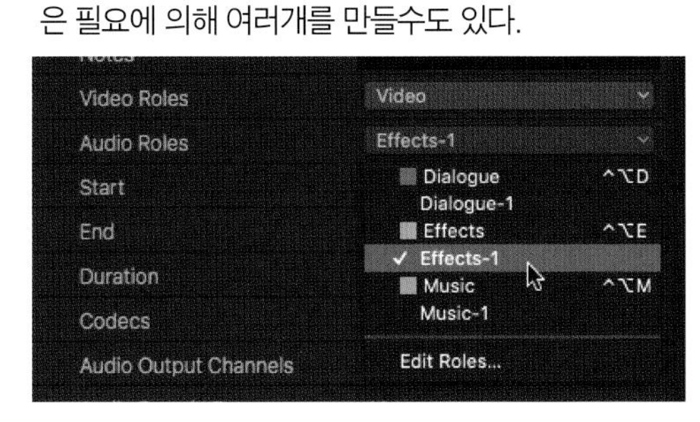

다른 롤을 가진 여러개의 클립들을 동시에 선택해서 지정된 롤을 바꿀수있다. 브라우저에서 아래와 같이 4개의 MSL_1,2,3,4 클립을 동시에 선택해보자. 방금 전 롤을 바꾼 MLS_01만 Audio 롤이 Effect이고 나머지는 기본 설정인 Dialogue 이다.

Tip 클립을 여러개 동시에 선택 할려며 ⌘ 키를 누른 상태에서 클립을 클릭하면 연속으로 선택된다.

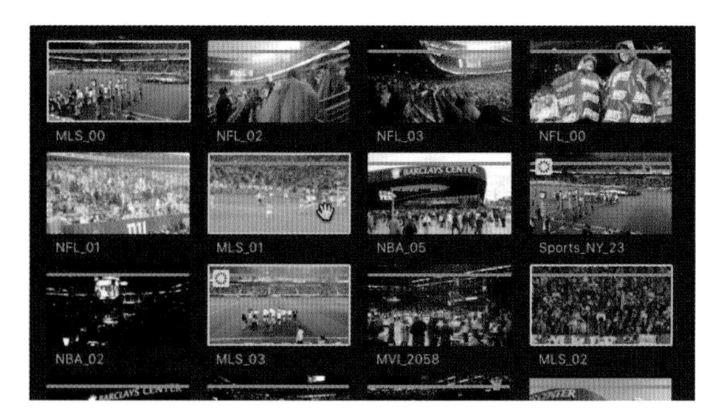

05 브라우저나 타임라인에서 다른 롤을 가진 여러 개의 클립들을 동시에 선택했다면, 롤은 인스펙터에서 "Mixed"라는 항목으로 표시된다. 그러나 이 항목은 또 다른 롤을 의미하는 것이 아니라 선택된 클립들이 제각기 다른 롤을 지정받았다는 것을 나타낼 뿐이다.

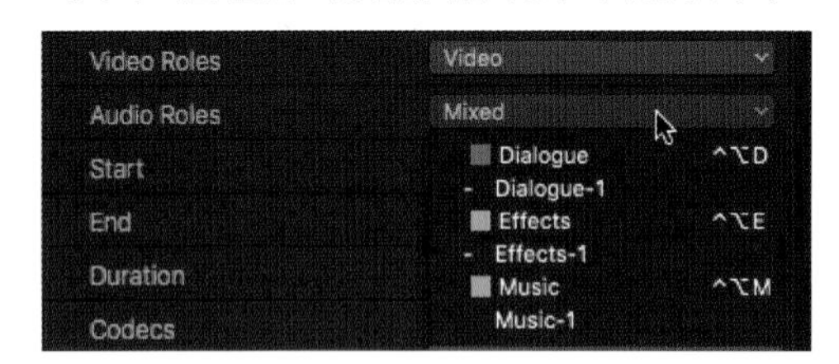

Effects 구간에 기본 Sub-Roll인 Effects-1을 선택하자. 선택된 4개의 클립은 Effects-1로 롤이 지정되었다.

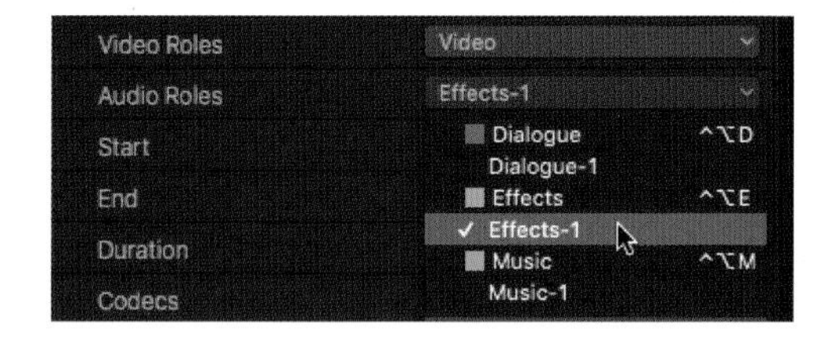

Unit 03 롤 Role 추가하기

파이널 컷 프로 X 는 다섯 개의 기본 롤을 가진다. 하지만 사용자가 원하는 스타일의 여러 가지 롤을 직접 만들어 클립에 지정할 수 있다. 메인 메뉴에서 Modify 〉 Edit Roles을 선택해서 롤 편집 창(Role Editor window)을 연 후 필요한 카테고리를 추가할 수 있다.

롤 편집 창에는 5개의 기본 롤(Roles)이 두 개의 카테고리로 보인다.

⊙ 비디오 롤(VIDEO ROLES) - 비디오(Video), 타이틀(Titles)

⊙ 오디오 롤(AUDIO ROLES) - 대화(Dialogue), 음악(Music), 음향효과(Effects)

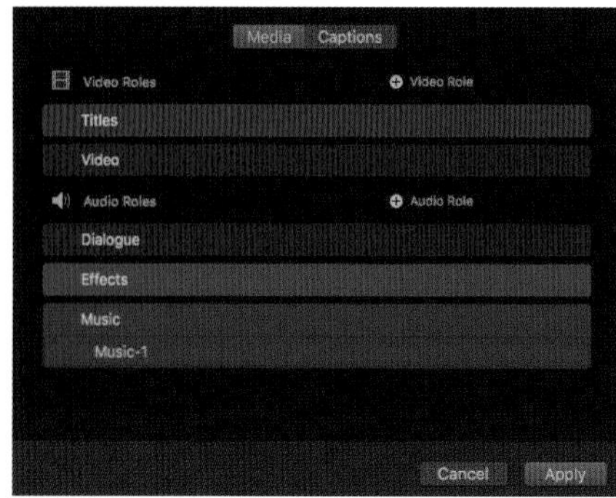

기본 5개의 롤만 있는 롤 편집 창 (Role Editor window)

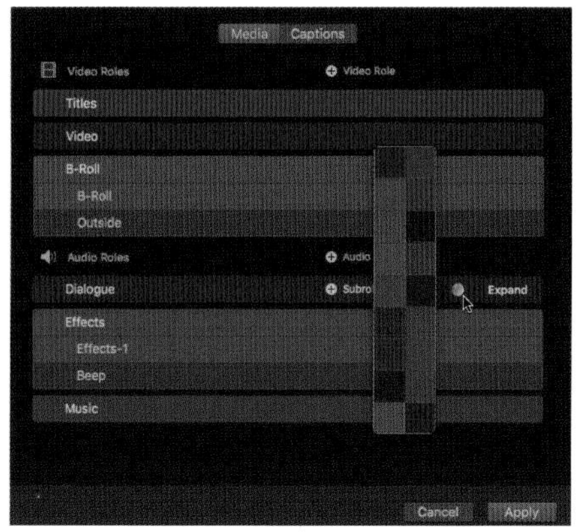

추가된 롤과 서브롤이 있는 롤 편집 창 (Role Editor window)

롤 편집 창을 열려면 메인 메뉴에서 Modify 〉 Edit Roles을 선택한다.

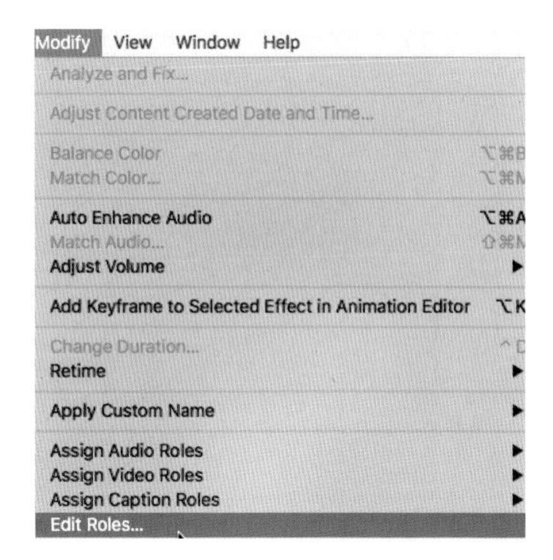

다음과 같이 롤 편집 창(Role Editor)이 열린다.

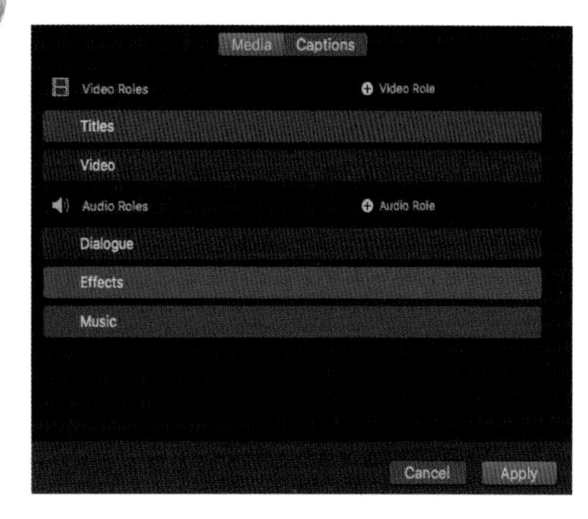

03

왼쪽에 있는 ⊕ 버튼을 클릭하면 오디오 롤(New Audio Role)이나 비디오 롤(New Video Role)을 추가할수 있다. 클릭해서 새로운 롤을 만들자.

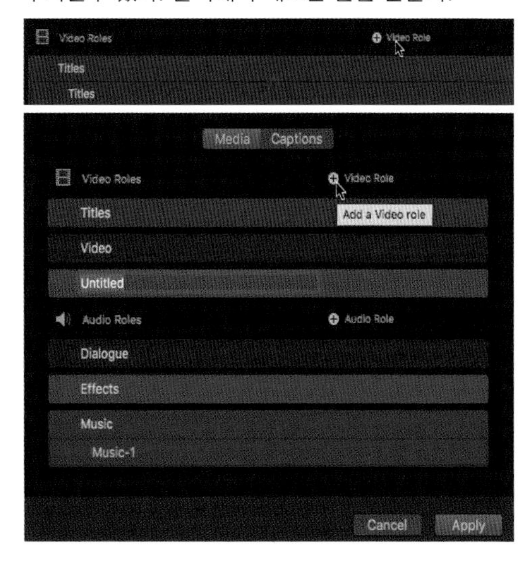

새로운 비디오 롤의 이름을 B-Roll이라고 바꾸자.

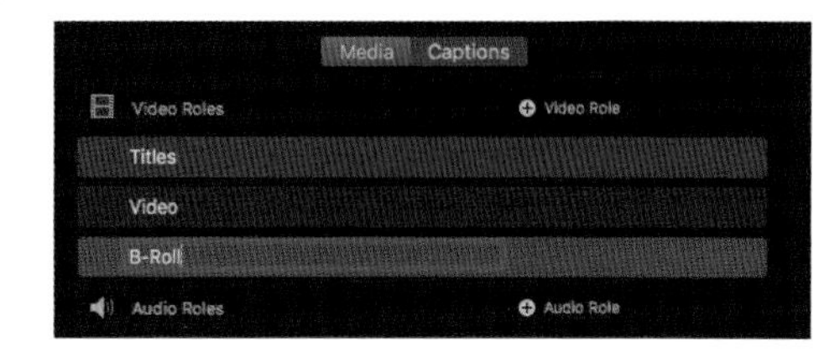

기본 롤 구간에 서브롤(Subrole)을 추가해보자. 롤 편집창에는 기본 롤 구간에 서브롤을 위한 칸이 있다. 각 롤은 하나의 서브롤을 자동으로 가지고 있고 사용자가 원하는 만큼 더 많은 서브롤을 추가할 수 있다.

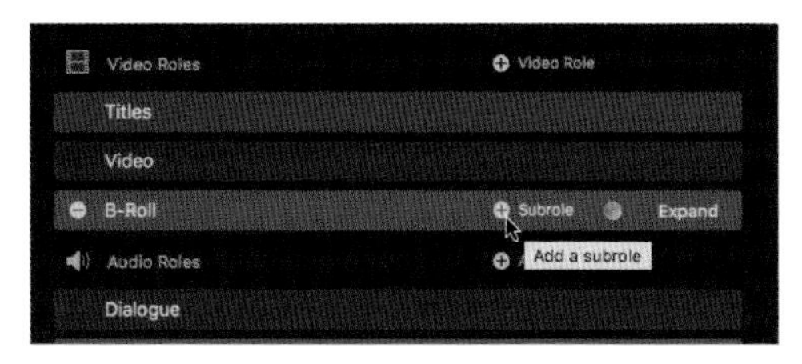

새로 만든 B-roll 구간에서 서브롤 만들기 버튼을 클릭하자. 서브롤(Subrole) 이름을 "Outside" 로 하자. 기본 서브롤(Subrole)에 추가되어 총 2개의 서브롤(Subrole)이 생겼다.

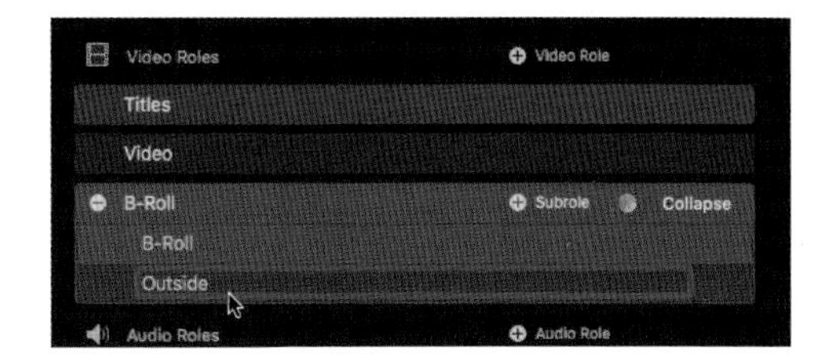

이번에는 Audio Roles을 바꿔보자. Effects Role 밑에 새로운 서브롤을 만들자. 비디오와 마찬가지로 진행한 후 Beep이라고 이름을 바꾼 후 Apply 한다.

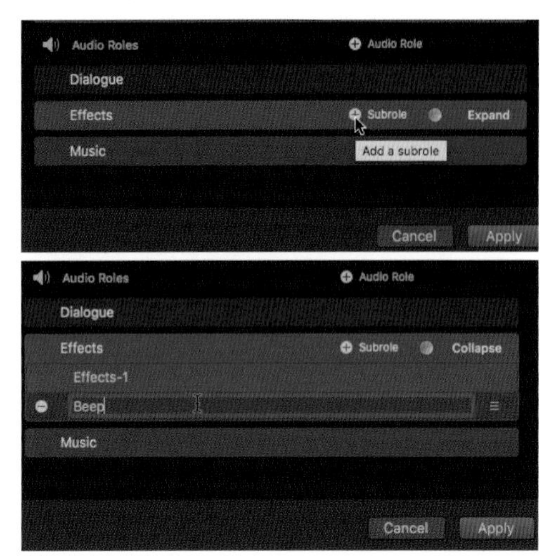

메뉴에서 Modify 〉 Edit Roles을 선택하자. 지금까지 잘 따라왔다면 이처럼 보일 것이다.

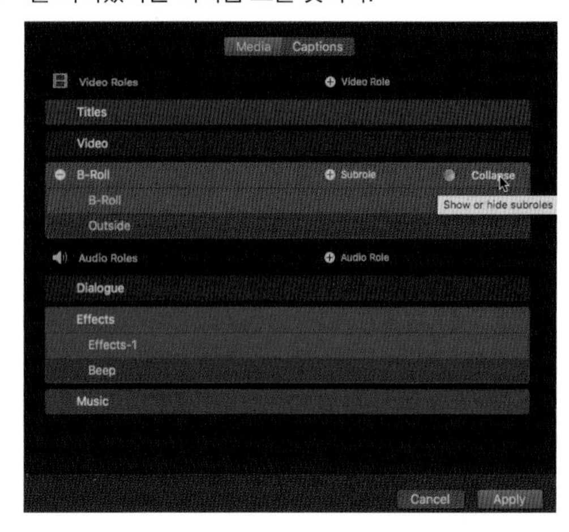

롤 편집 창에서 추가된 모든 롤들과 서브롤들은 모든 롤 팝업 메뉴에 리스트된다. 특정한 롤이나 서브롤들을 편집자가 추가했을 때 팝업 메뉴의 리스트가 어떻게 보이는가를 확인할 수 있다.

참조사항

서브롤 지우기 버튼, 서브롤 가리기 버튼, 롤 구간 색깔 지정 버튼, 서브롤 순서 바꾸기 버튼

Unit 04 타임라인에서의 롤 Role

타임라인에서 사용된 모든 클립의 지정된 롤을 확인할 수 있고 그 롤에 지정된 클립들만을 따로 분류해서 선택할 수 있다.

모든 클립들 위에 롤의 정보가 보이게 아이콘 보기 옵션을 바꿔보자. 아이콘 크기 조절 창에서 Clip Roles를 선택하자.

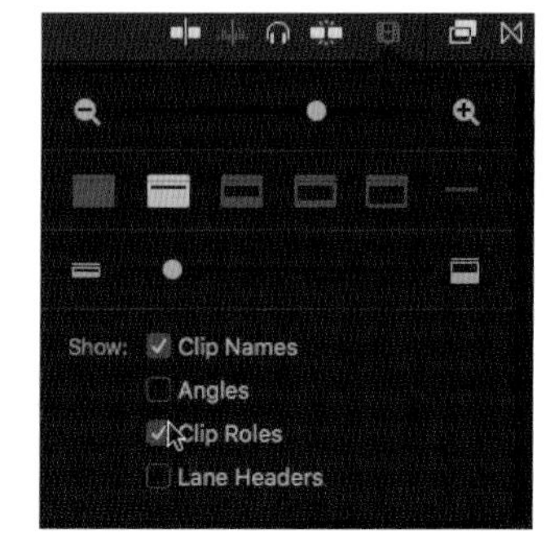

아이콘 크기 조절 버튼을 클릭하면 클립의 아이콘 모습을 설정하는 Clip Appearance 창이 뜬다. 이 창은 타임라인에 있는 클립들을 어떻게 보여줄 것인지에 관한 세 가지 옵션을 제공한다. Clip Roles를 선택하면 클립 위에 지정된 롤이 보인다.

타임라인에 있는 클립 위에 지정된 롤(Role)의 이름이 보인다.

이전

이후

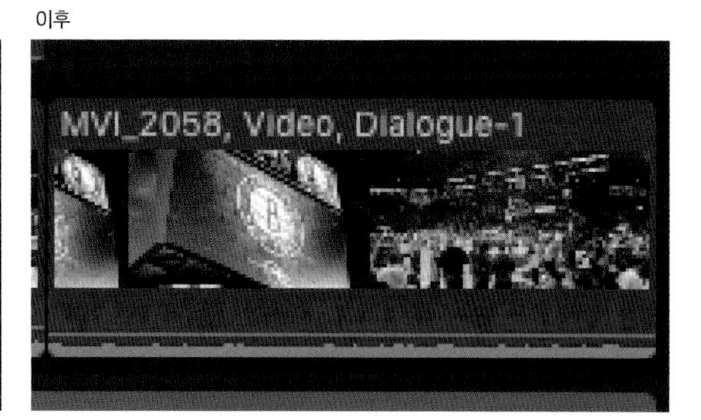

03

인덱스(Index)창 보기 버튼을 눌러서 타임라인 왼쪽에 인덱스창이 보이게 하자. 인덱스창에서 롤(Roles)탭을 클릭해서 지정된 롤이 타임라인에 보이게하자

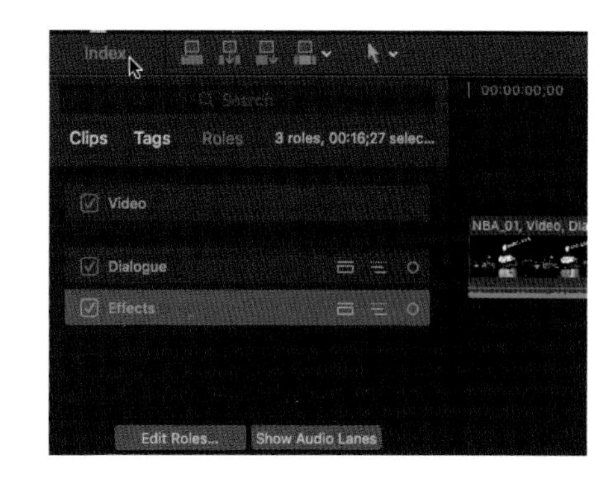

04

롤(Roles) 카테고리에서 두번째 Dialogue를 선택하자. 타임라인에 있는 클립 중 Dialogue로 지정된 모든 클립이 선택된다.

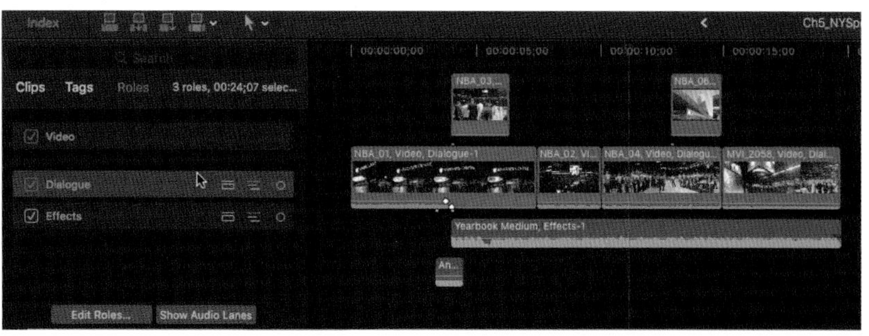

두번째 이펙트(Effects) 카테고리를 선택하면 타임라인에 있는 클립중 이펙트(Effects)로 지정된 클립들만 선택된다. MLB_01클립 하나만이 이펙트(Effects) 카테고리임을 알수있다.

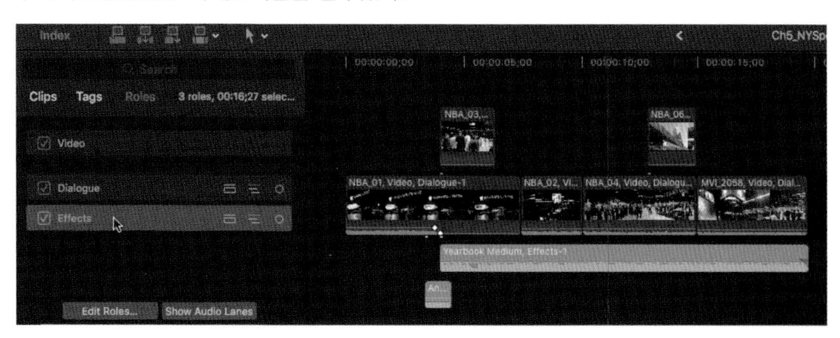

06 이펙트(Effects) 카테고리 왼쪽의 롤 구간 비활성화 버튼을 선택하면 이 롤 카테고리의 클립들만 한번에 모두 비활성화 된다.

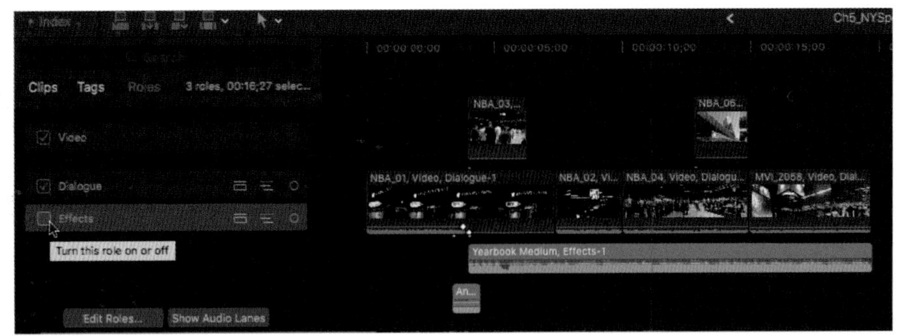

롤 구간 비활성화 버튼을 다시 선택해서 이 롤 카테고리의 클립들을 모두 다시 활성화시키자. 롤 사용이 끝났으면 클립 보기옵션에서 다시 Clip Roles 설정을 없애자. 오디오 레인에 대해서는 8장 오디오 편집에서 자세히 다루겠다.

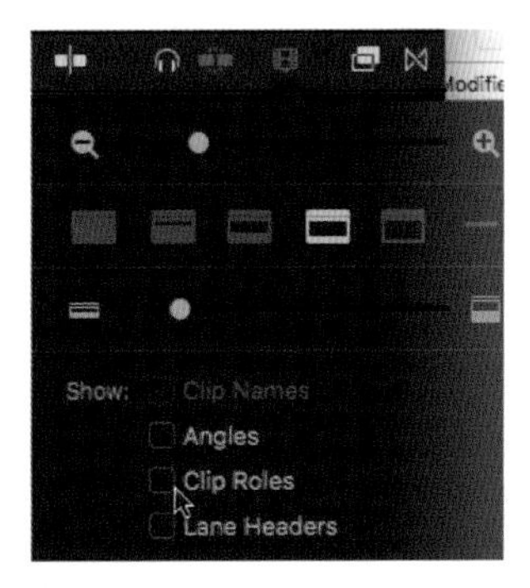

08 타임라인의 클립위에 있던 롤의 정보가 사라진다.

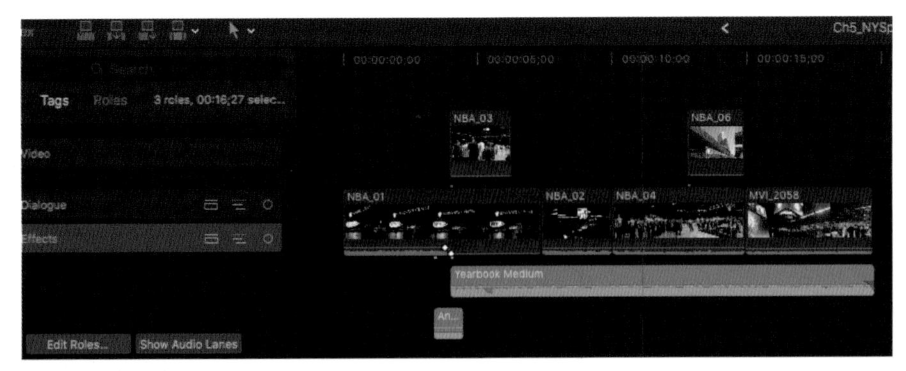

참조사항

사용된 그래픽이나 클립(이벤트클립, 타임라인 클립, 프로젝트 등)의 정보를 보기 위해 가장 먼저 이용해야 할 공간은 인스펙터(Inspector)창이다. 원하는 대상을 선택하고 인스펙터의 "info"탭을 선택하면 속성(Properties)이라고 불리는 이 클립에 관한 많은 정보가 뜰 것이다. 이런 정보를 여러 가지로 분류하고 재지정해서 많은 클립을 다룰 때 사용자가 원하는 클립들을 원하는 카테고리별로 분리할 수도 있고 또한 쉽게 찾을 수도 있다.

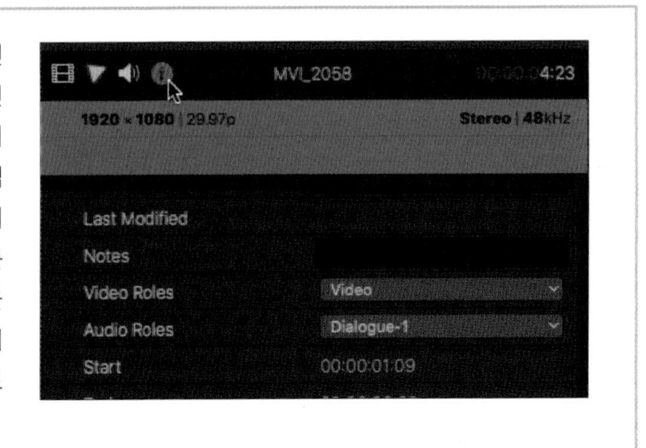

Section 08 파일 다시 연결하기

Relink Files

편집 과정에서 실수로 연결해서 사용하던 미디어 클립을 파인더에서 지웠을 경우, 클립 이름이 바뀐 경우, 원본 클립이 다른 폴더로 이동을 하게 된 경우 등에는 파이널 컷 프로 X가 더 이상 원본 파일의 위치를 인식할 수 없게 되고, 링크가 깨진 클립은 미싱 파일(Missing File)로 바뀐다.

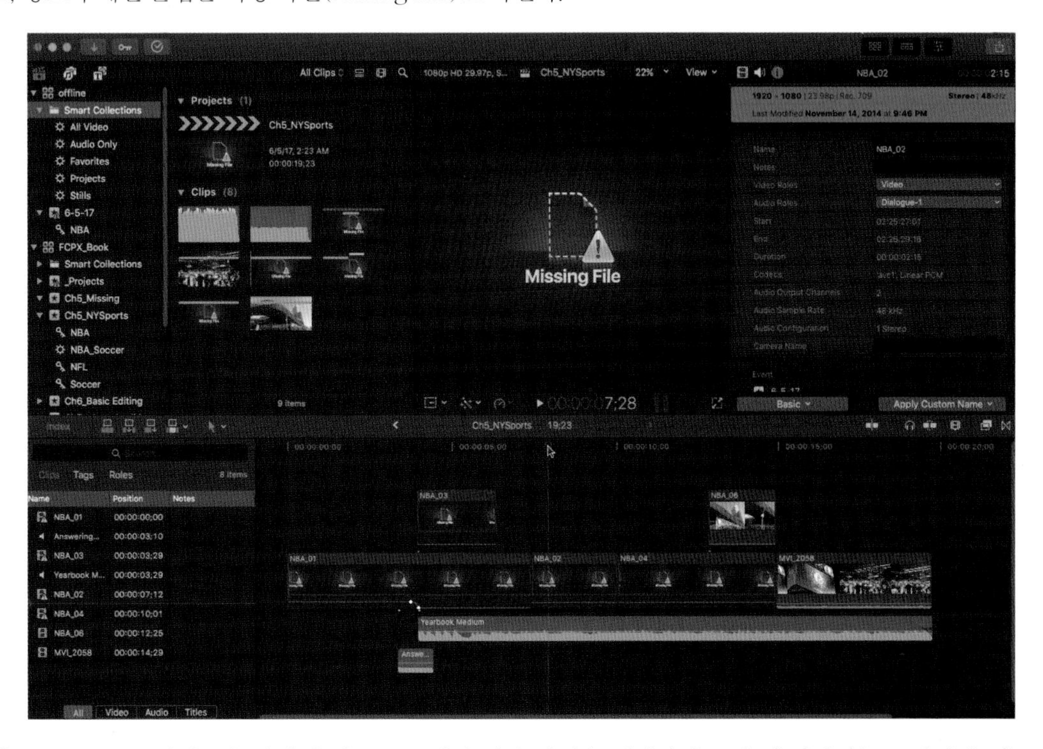

미싱 파일(Missing File) 아이콘은 파이널 컷 프로 X에서 원본 파일을 인식하지 못할 때 나타나는 표시이다. 이 경우 파일 다시 연결하기(Relink Files) 기능을 사용하여 원래 링크되어 있던 미디어 파일을 Missing File 아이콘과 다시 연결해주어야 한다(기존에 있었던 클립과 똑같은 파일로만 재연결이 가능하다. 이름이 똑같은 파일이 있다면 위치와는 상관 없이 다시 브라우저에 있는 클립 아이콘과 연결할 수가 있다).

Projects 이벤트에서 Ch5_Missing 프로젝트 파일을 더블클릭하여 연다. 타임라인에 Missing_1 미싱 클립을 확인할 수 있다.

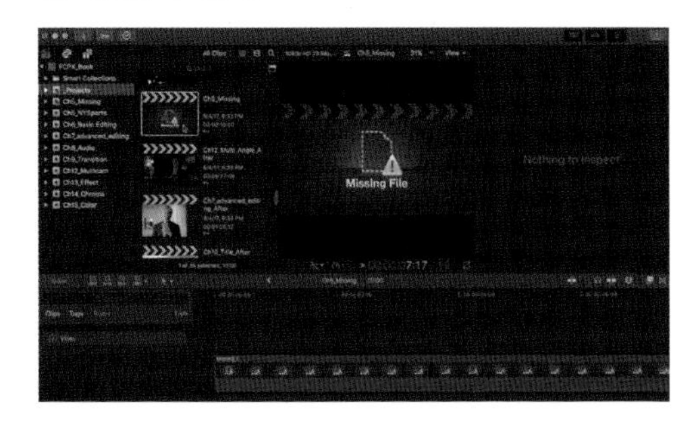

타임라인에 있는 미싱 클립을 선택한 후 Ctrl + Click 해서 팝업 메뉴에서 Reveal in Browser를 선택하자. (Reveal in Browser: 클립을 브라우저에서 보기)

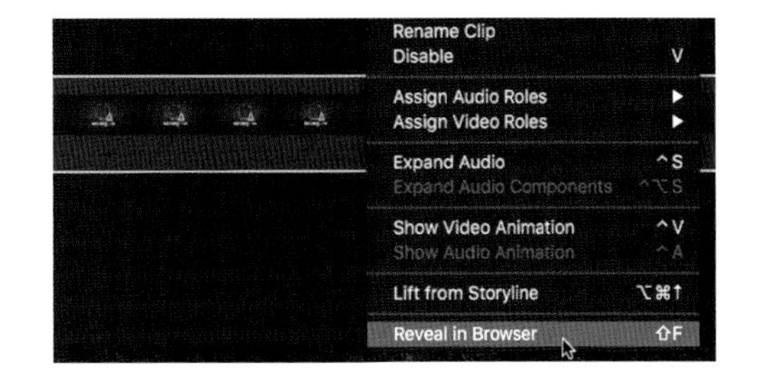

브라우저에서 원본 파일이 사라진 Ch5_Missing 이벤트를 클릭해보자. 이벤트 안에 있는 Missing_1 파일을 다시 연결(Relink)해보자.

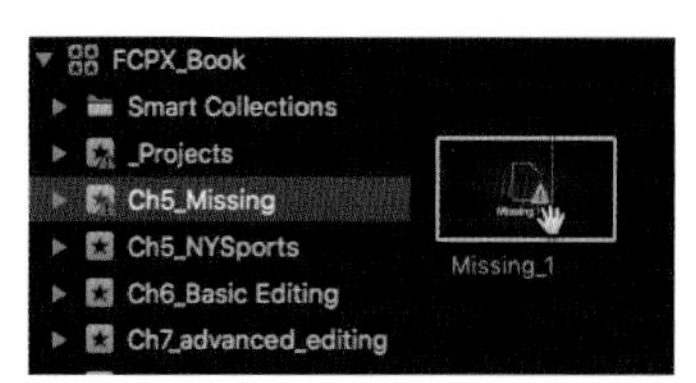

원본 클립의 위치를 확인해보자. Missing_1 클립을 마우스 오른쪽 키(Ctrl + Click)로 클릭해서 Reveal in Finder를 선택하자.

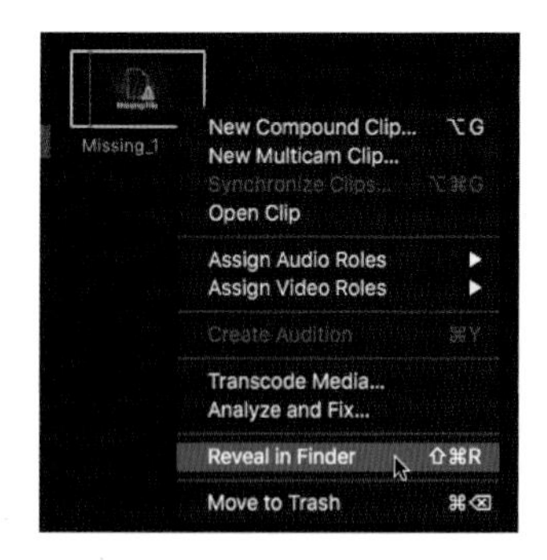

05 파인더가 열리면서 라이브러리를 확인할 수 있다. 하지만 원래 있던 Original Media 폴더에 있는 파일이 지워져서 아무것도 보이지 않는다.

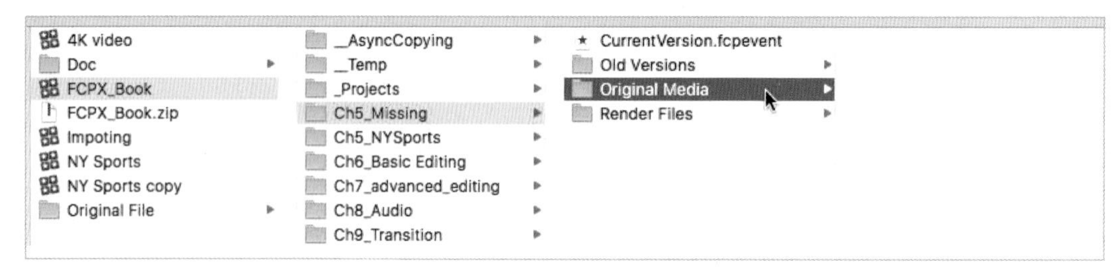

06 브라우저에서 Missing_1 클립을 선택한 후 메인 메뉴에서 File 〉 Relink Files... 를 선택하자.

참조사항 브라우저가 아닌 프로젝트 타임라인에서도 미싱 클립을 바로 선택해서 클립을 재연결(Relink Files)할 수 있다.

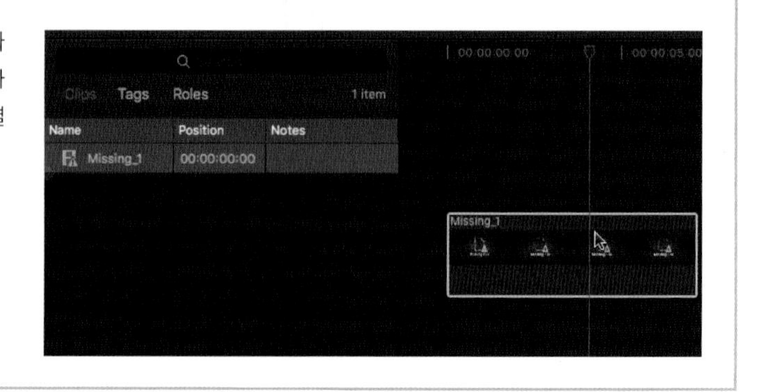

다음과 같은 Relink Files 창이 열린다.

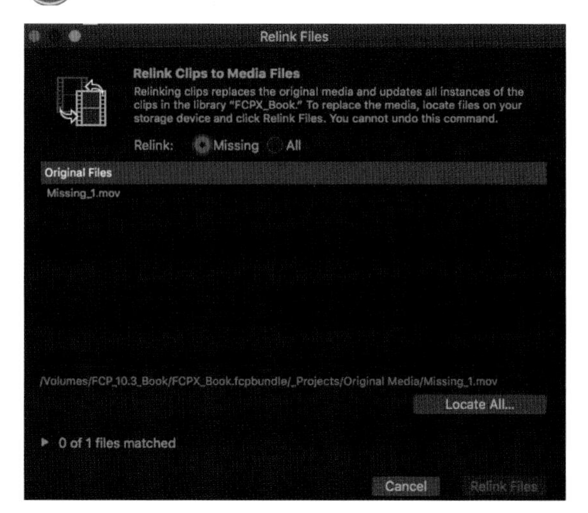

다시 연결(Relink)할 book 클립을 선택한 후 Locate Selected 버튼을 클릭하자.

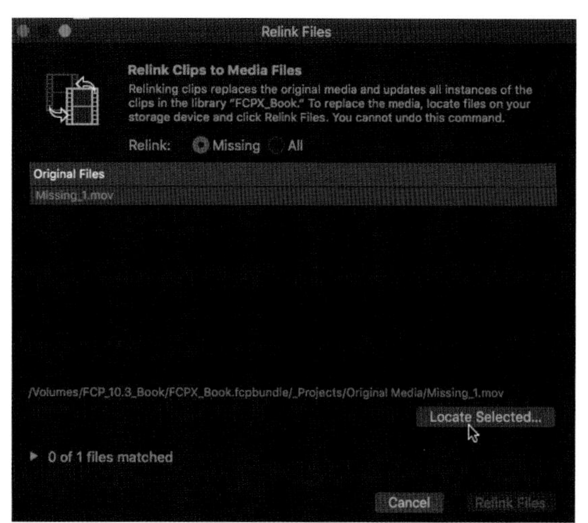

09 부록으로 제공된 Missing_1 파일을 Missing file 폴더에서 선택한 후 아래에 있는 Choose 버튼을 클릭하자.

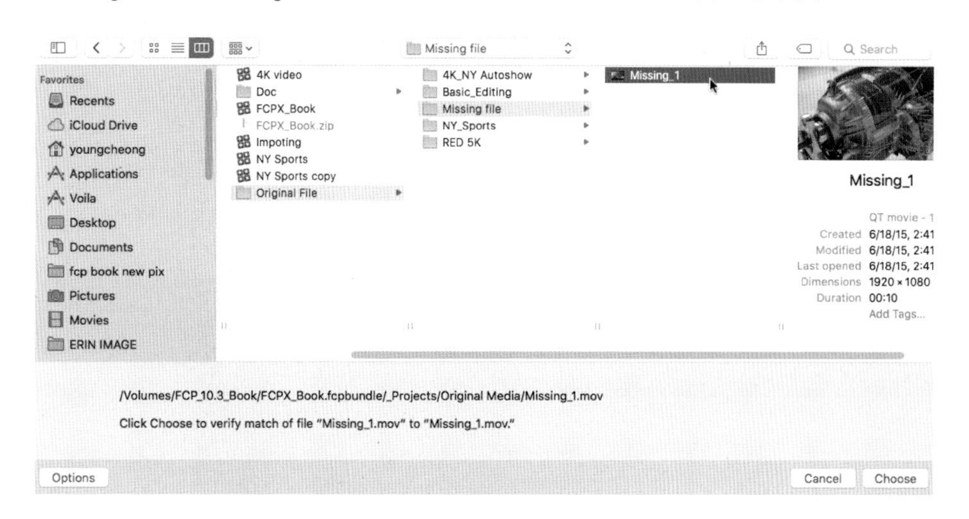

참조사항

다시 연결(Relink)할 클립이 기존의 클립과 같아야 한다. 혹시 기존의 클립과 다른 클립을 선택할 경우 다음과 같이 연결할 수 없다는 메세지 창이 뜬다.

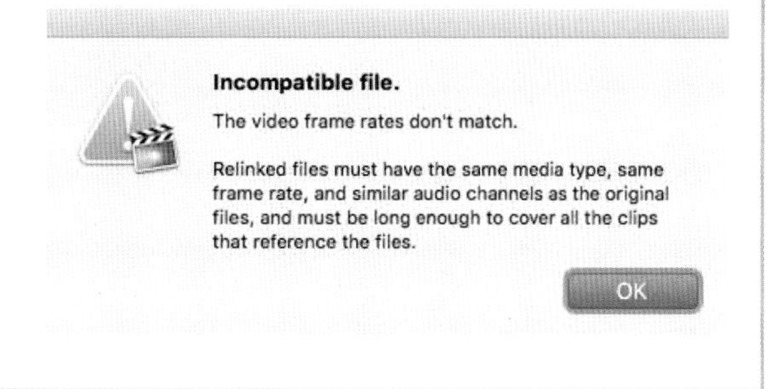

다음 그림과 같이 연결할 파일이 아래 File Matched 리스트에 생겼다. Relink Files 버튼을 클릭하자.

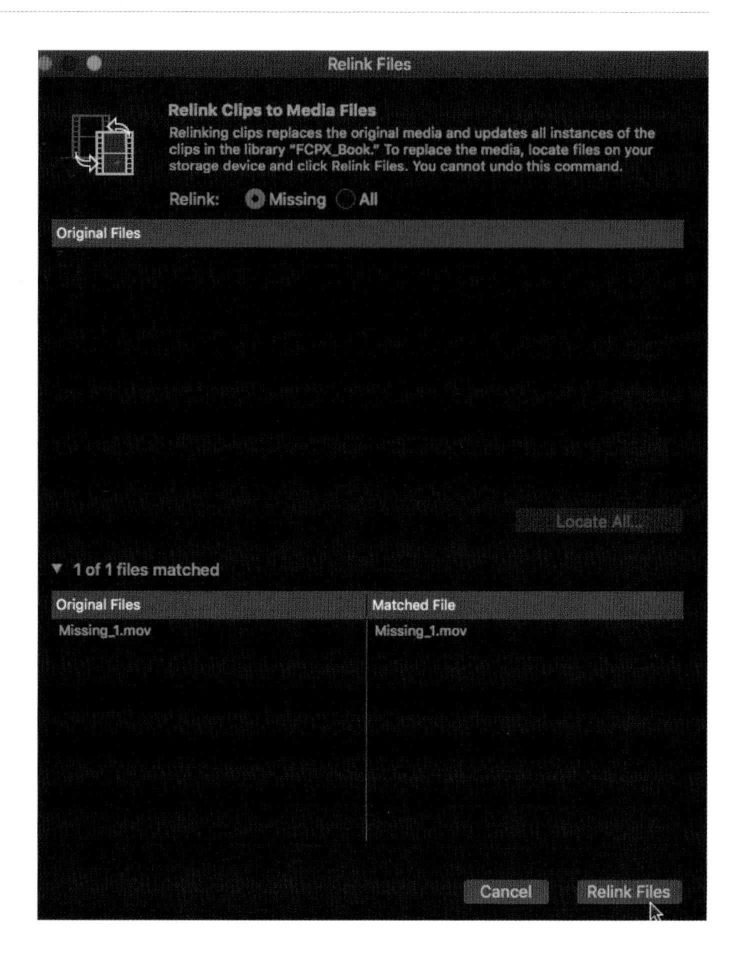

11 다음과 같이 연결이 사라져 인식을 못했던 Missing_1 클립이 다시 인식되었다.

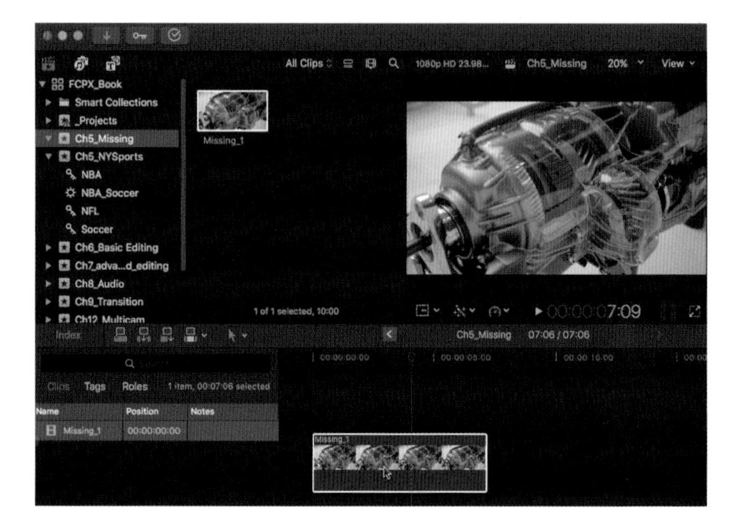

12 클립이 제대로 연결되었는지 확인해보자. Missing_1 클립을 마우스 오른쪽 키(Ctrl + Click)로 클릭한 후 Reveal in Finder를 선택하자.

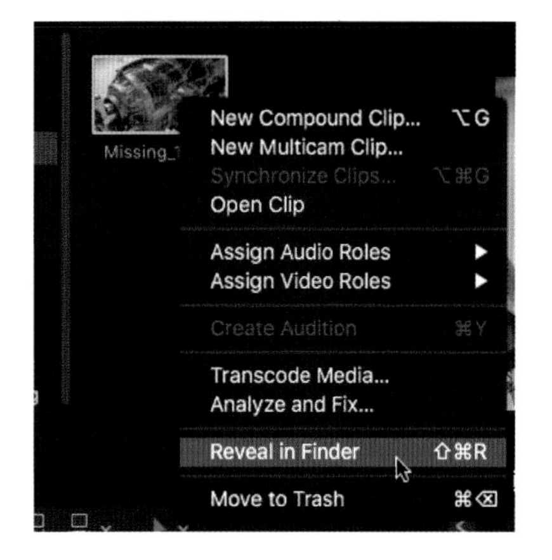

13 파인더에 있는 부록 폴더에는 방금 전 다시 연결한 Missing_1 파일이 보인다. 원래의 라이브러리가 아닌 파일을 새로 가져온 장소를 보여준다.

Chapter 05 요약하기

챕터 05에서는 파이널 컷 프로 X의 가장 중요한 특징 중 하나인, 필요한 미디어를 쉽게 찾고 정리해주는 즐겨찾기,키워드 검색기능, 스마트 컬렉션, 롤 기능 등에 대해서 자세히 다루어 보았다. 또한 이벤트 안에 있는 클립들을 분류하고 검색하는 방법에 대해서도 자세히 알아봤다. 많은 클립들을 찾기 쉽게 자신이 원하는 방식으로 정리, 통합하는 것은 본격적인 편집에 앞서서 꼭 익혀두어야 하는 중요한 편집 준비과정이다. 중요하지만 편집을 위한 준비 과정이라 초보자에게는 다소 지루하게 다가올 수도 있다. 그러나 파일정리가 익숙해지면 사용할 클립을 찾는 데 시간이 단축되기 때문에 상급자로 가기 위해서 꼭 익혀둬야 하는 기술이다.

Chapter

06

기본 편집 Basic Editing

기본 편집도구를 사용해 영상을 타임라인에서 가편집하는 방법을 배워보자. 가편집(Rough Cut)이란 편집자가 일련의 순서에 맞추어 클립들을 타임라인에 모으는 과정을 일컫는다. 편집자들은 편집을 할 때 각자 편한 방법으로 편집을 시작할 수 있다. 영상 편집자가 본인의 스타일에 맞는 효과적인 방법으로 원하는 결과를 만드는 것이 편집의 궁극적인 목표이므로 어떤 방법이 무조건 옳거나 틀리다고 할 수는 없다.

파이널 컷 프로 X는 하나의 트랙을 프라이머리 스토리라인(Primary Storyline)이란 개념으로 사용하기 때문에 예전의 편집 소프트웨어와는 완전히 다른 새로운 편집 방식의 패러다임을 소개한다. 파이널 컷 프로 7 혹은 프리미어에 익숙한 편집자들은 새로운 편집과 기능들에 익숙해지기 위해 시간이 필요하겠지만 일단 이 새로운 스타일의 타임라인에 익숙해지면 편집 과정에서 자주 발생했던 클립들이 밀리거나 싱크가 깨지는 등의 여러 가지 문제점들을 더 이상 걱정하지 않아도 된다.

파이널 컷 프로 X에서 편집을 시작할 때 사용할 수 있는 방법은 여러 가지가 있지만 크게 두 가지로 나눌 수 있다. 첫째, 비디오 클립을 브라우저에서 필요한 부분을 선택한 후 타임라인(Timeline)에 드래그해서 편집을 시작하는 방법, 둘째, 비디오 클립을 뷰어(Viewer)창에서 보면서 필요한 부분만 선택한 후 단축키를 이용해 타임라인으로 가져와 편집하는 방법이다. 저자가 생각하기에는 파이널 컷 프로 X의 기본 편집 부분에서는 무조건 4개의 단축키를 사용해서 클립을 타임라인으로 일단 가져와서 편집을 시작하는것이 더 편리하다고 느껴진다.

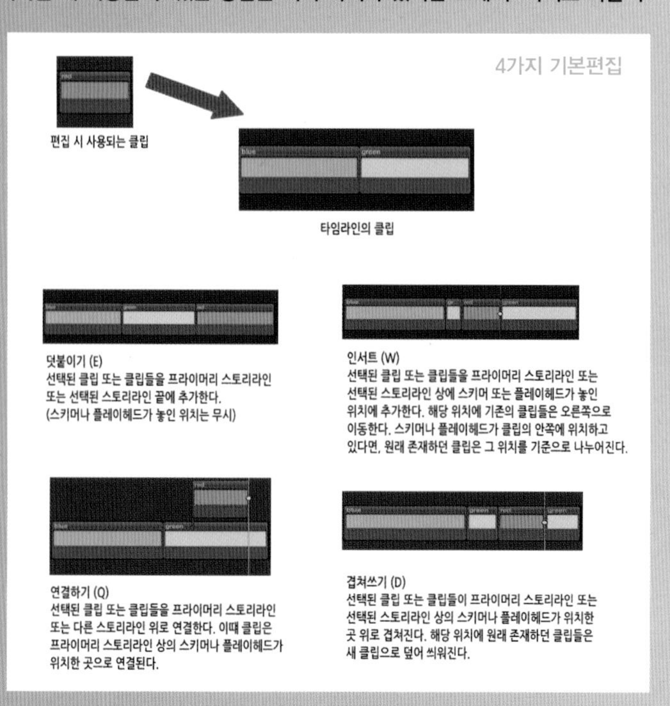

Section 01 타임라인 이해하기

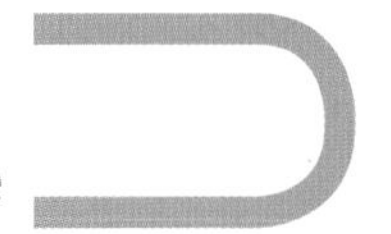

Understanding Timeline

비디오 편집 작업이 실질적으로 이루어지는 타임라인을 살펴보도록 하자. 프로젝트 타임라인(Project Timeline)은 완성할 프로젝트에 사용될 클립들을 정리해서 위치시키는 장소이다. 파이널 컷 프로 X는 이전 버전인 파이널 컷 프로 7을 포함한 다른 비디오 편집 소프트웨어들과는 다르게 드래그 앤 드롭 방식보다는 단축키를 이용해서 클립들을 타임라인에 가져와서 프로젝트를 완성해 나가는 것이 더 편리하다.

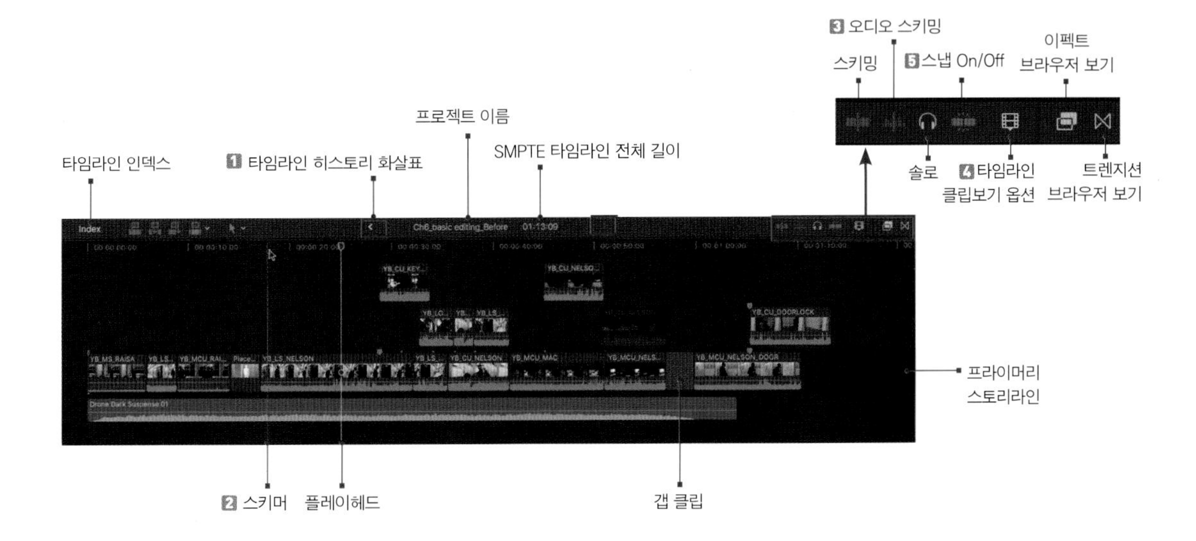

1 타임라인 히스토리 Timeline History: 이 화살표들은 프로젝트 라이브러리(Project Library)창을 열 필요가 없이 이전이나 다음 프로젝트로 빠르게 전환할 수 있게 해준다. 이 기능은 파이널 컷 프로 X를 연 후 선택한 프로젝트들(백그라운드에서 활성화되어 있는)에만 해당한다. 왼쪽의 뒤로 가기 화살표를 눌러 이전에 작업하던 저장된 프로젝트로 돌아갈 수 있으며(단축키 ⌘ + [) 오른쪽 앞으로 가기 화살표를 눌러 이후에 작업하던 저장된 프로젝트로 돌아갈 수 있다(단축키 ⌘ +]).

2 스키밍 Skimming: 스키밍은 마우스를 클립의 위로 움직일 때 클립을 마우스에 위치와 속도에 따라 재생해서 보여주는 기능이다. 현재 재생되는 위치는 클립 위에 분홍색의 스키밍 바(Skimming Bar)로 표시된다.

3 오디오 스키밍하기 Skimming Audio: 오디오 스키밍은 편집자가 소리 없이 화면만 스키밍해서 보고 싶을 때 오디오 스키밍을 끄고 켤 수 있게 해준다.

4 솔로 Solo: 선택된 클립의 오디오 부분만 들리고 다른 선택되지 않은 클립의 소리는 뮤트된다.

5 스냅 Snap: 스냅 기능이 켜져 있으면 편집 포인트 주변으로 마우스를 가져갔을 때 편집 포인트, 플레이헤드, 클립들의 경계선, 마커들, 키프레임을 자동으로 찾아주는 기능이다.

▶ 타임라인에 있는 클립들의 특징

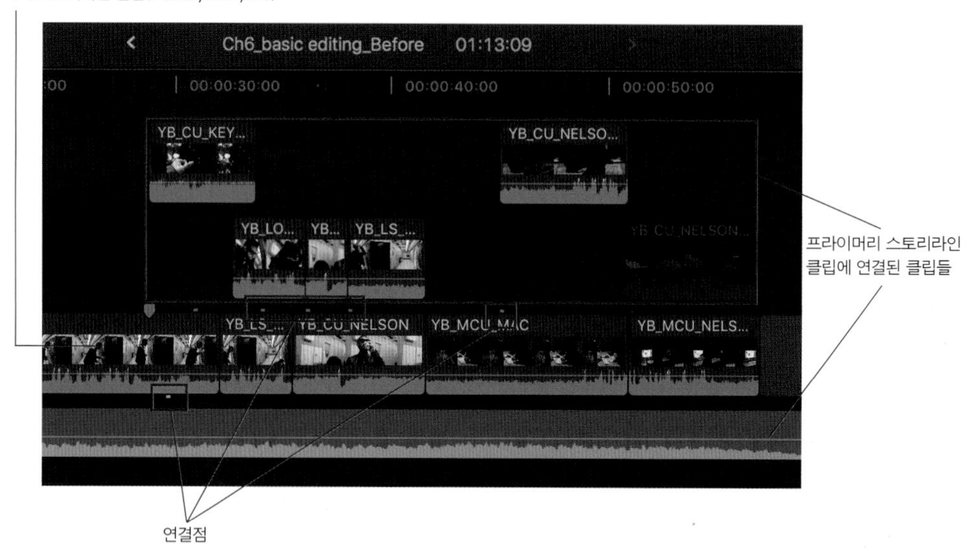

- 연결된 클립들(Connected Clips)은 스토리라인에 있는 주요 클립의 어느 위치에 연결되어 있는지를 보여주는 연결선을 가지고 있다. 주요 클립 상 연결된 포인트는 여기에 연결되어 있는 클립을 움직일 때 같이 움직일 것이다. 연결선의 위치는 기본적으로 연결된 클립의 첫 프레임에 연결되어 있다.
- Option + ⌘를 누른 상태에서 연결선을 클릭해 연결된 클립의 다른 지점 위로 다시 이 연결선을 이동시킬 수 있다. 이 연결선의 위치를 움직일 때, 이 연결선만 다시 지정되고 타임라인은 변화가 없다.
- 오디오 트랙을 가지고 있는 비디오 클립은 오디오와 비디오 파트를 하나로 뭉쳐서 하나의 클립으로 다루게 된다.
- 프라이머리 스토리라인 상에 존재하는 클립은 꼭 비디오 클립일 필요는 없다. 오디오 클립도 이 곳에 위치시킬 수 있다.

주의사항

타임라인 히스토리(Timeline History)는 파이널 컷 프로 X를 실행시킨 후 열어본 모든 프로젝트나 컴파운드 클립의 리스트를 보여준다. 타임라인 히스토리는 프로젝트들과 컴파운드 클립들 사이를 빠르게 이동할 수 있게 해주고, 프로젝트 라이브러리로 돌아가지 않고도 프로젝트들을 살펴볼 수 있게 해준다.

Section 02 편집과 재생에 관한 설정 Preferences

편집을 시작하기 전에 파이널 컷 프로에서 두 가지의 설정 창을 확인해야 한다. Final Cut Pro > Preferences 또는 ⌘ + ,(콤마)를 이용해 설정 창을 열어볼 수 있다.

- 편집 설정(Editing Preferences)
- 재생 설정(Playback Preferences)

편집 설정과 재생 설정의 여러 가지 옵션에 대해서 챕터 06에서 자세히 알아보겠다. 편집의 설정 창을 설명하는 이번 섹션이 너무 복잡하다고 생각되면, 따라하기를 먼저 시작한 후 나중에 실제 편집 셋업이 필요한 경우 다시 이 부분을 사전식으로 참조할 수도 있다.

Unit 01 편집 설정 Editing Preferences

아래의 Editing Preference창은 편집을 위한 옵션들을 보여주는 편집 설정 창이다.

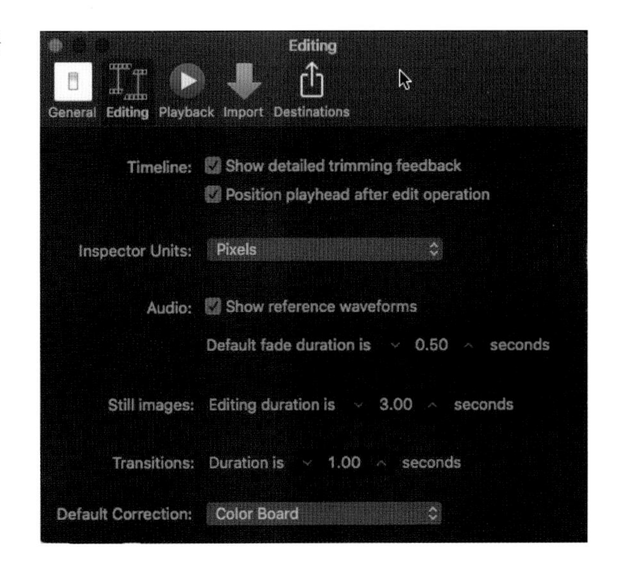

1 Timeline 타임라인

- **Show detailed trimming feedback:** 트리밍(Trimming)하고 있는 클립들을 뷰어(Viewer)에 나타냄으로써 트리밍하는 작업을 훨씬 수월하게 만들어 준다. 이 항목은 선택해두는 것이 좋다.
- **Position playhead after edit operation:** 클립을 타임라인으로 가져와 편집이 일어나면 플레이헤드는 현재 있는 위치에서 새로 들어온 클립의 맨 끝으로 이동된다.

2 Inspector Units:

인스펙터 창에서 키프레임을 넣을 때 보는 수치를 픽셀로 할지 전체 사이즈에서 퍼센트로 할지를 결정한다.

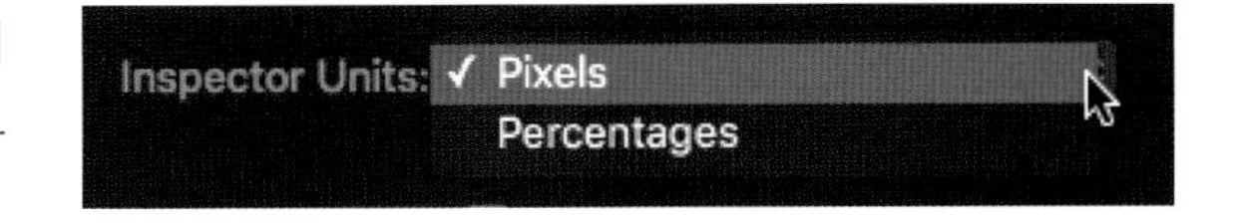

3 Audio 오디오

◉ **Show reference waveforms:** 이 항목을 선택하면 웨이브폼 표시를 최고 볼륨 레벨에 맞추어서 흐릿한 흰색으로 실제 오디오의 웨이브폼(waveform)뒤에 숨겨진 이미지처럼 보여준다. 이 항목은 실제로 오디오 레벨에 영향을 미치는 것이 아니라 단순한 디스플레이를 하는 기능만 수행한다.

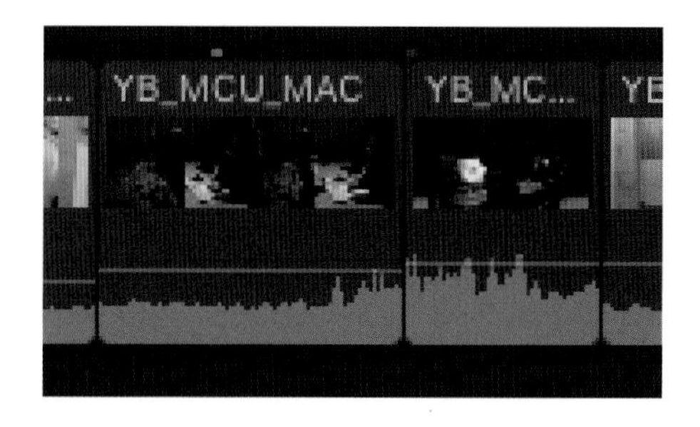

4 **Still images:** 임포트된 스틸 컷들의 디폴트(Default) 길이를 설정한다. 렌더링을 할 것인지 한다면 정지 후 몇 초 후에 할 것인지를 사용자 임의대로 다시 설정 가능하다.

5 **Transitions:** 트랜지션의 기본 설정 길이는 1초로 지정되어 있지만 이 길이 역시 사용자 임의대로 다시 설정 가능하다.

Unit 02 재생 설정 Playback Preferences

재생에 관한 설정에서 가장 중요한 것은 백그라운드로 렌더링을 할 것인지 선택할 수 있다는 점이다. 그리고 플레이되는 클립의 화질을 자신이 사용하는 맥의 성능에 맞게 조절할 수 있다.

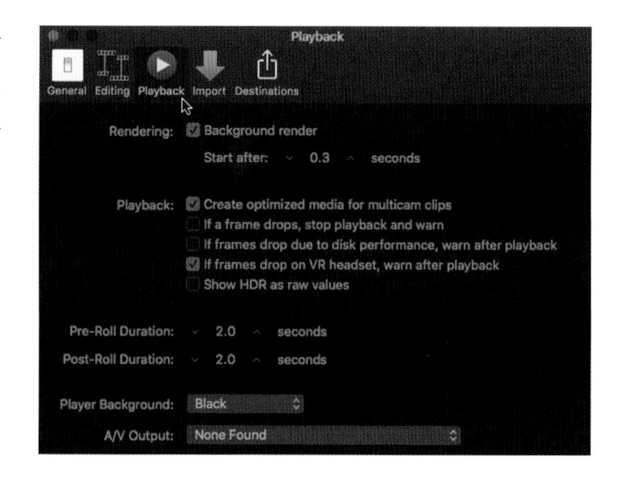

1 **렌더링 Rendering:** 파이널 컷 프로 X의 가장 큰 특징인 백그라운드 렌더링을 활성화 또는 비활성화할 수 있는 곳이다. 또 대기 시간 몇 초 후에 백그라운드 렌더링을 시작할 것인지 설정할 수 있다. 백그라운드 렌더링은 파이널 컷 프로 X의 큰 장점 중에 하나지만 사용하는 컴퓨터의 CPU가 느리다면 이 기능을 꺼두는 것이 더 좋다.

2 플레이백 Playback

⊙ 클립을 임포트(import)할 때 만들어진 프록시 클립과 최적화된 클립 그리고 원본 클립 중 사용할 클립 하나를 선택할 수 있다.

⊙ **If a frame drops, stop playback and warn:** 드롭 프레임이 발생했을 때 정지한 후 이를 알려준다.

⊙ **If a frame drops due to disk perforamnce, warn after playback:** 드롭 프레임이 발생했을 때 이를 알려준다. 높은 데이터 레이트(rate)를 사용하는 비디오 클립을 느린 하드드라이브에서 읽을 경우, 드롭(drop) 프레임이 발생하기 쉽다.

3 프리롤 Pre-Roll Duration과 포스트롤 Post-Roll Duration: 사용된 클립의 시작점 이전 부분을 프리롤이라고 하고 끝부분 이후 부분을 포스트롤이라고 한다. 기본 설정은 플레이헤드 부근에서 자동으로 플레이할 때 플레이헤드 2초 전에서 플레이가 되고 플레이헤드 2초 후에 정지한다.

4 플레이어 백그라운드 Player Background: 비디오 클립이 보이는 뷰어의 백그라운드 색상을 정하는 곳이다. 기본은 까만색이고 흰색이나 투명한 백그라운드로 설정 가능하다. 백그라운드가 흰색이라도 어디까지나 플레이될 때의 기준이고 파일을 엑스포트할 때는 까만색으로 바뀐다.

Unit 03 일반 설정 General Preferences

1 Time Display: 스키머(Skimmer)나 플레이헤드(Playhead)가 있는 위치를 대쉬보드(Dashboard)에 보여주는 형식으로 설정할 수 있는 곳이다.

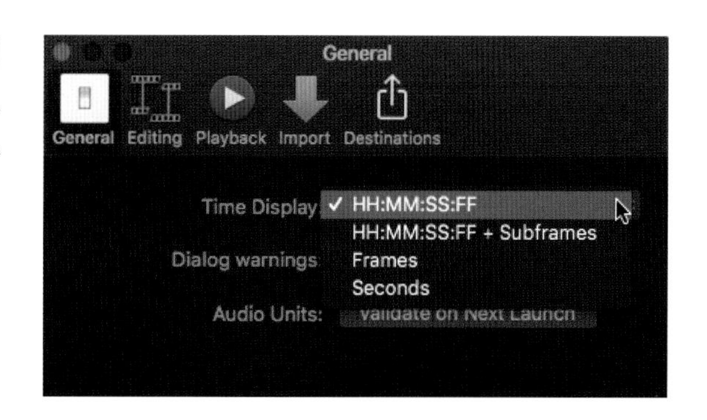

아래와 같이 4가지의 다른 타임코드 옵션들이 있다.

⊙ **Timecode 타임코드:** 비디오 편집 시 가장 많이 사용하는 방식이다. 시간:분:초:프레임

⊙ **Timecode+subframes 타임코드와 서브프레임:** 오디오 편집을 할 때 사용하는 옵션으로 서브프레임(subframe)은 비디오 프레임의 80분의 1로 설정할 수 있다.

⊙ **Frames 프레임:** 전체 프레임 갯수를 보여주는 이 옵션은 짧은 애니메이션에 가장 적합하다.

⊙ **Seconds 초:** 1분보다 짧은 프로젝트에 사용한다.

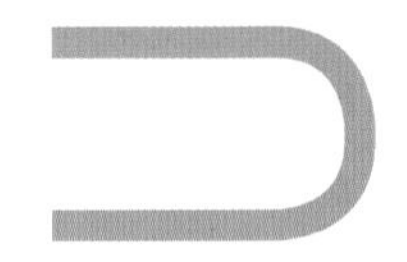

Section 03 클립 재생하고 보기

Unit 01 플레이헤드 Playhead

프로젝트 타임라인이나 브라우저에서 클립을 플레이할 때 보이는 현재의 위치점인 플레이헤드는 얇은 회색의 세로선으로 클립 위에 표시된다.

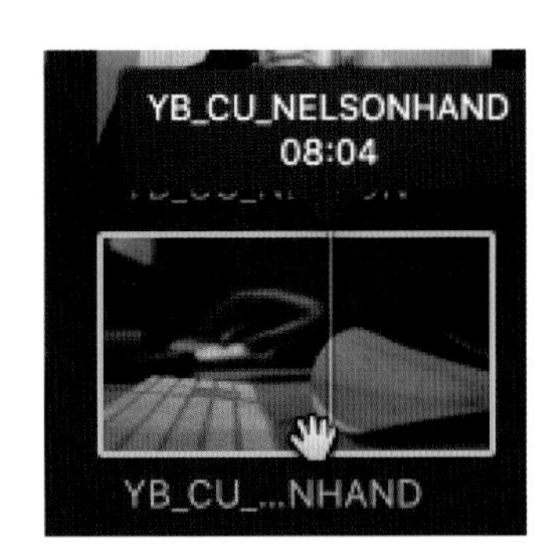

플레이헤드는 주로 고정되어 있으나 클립이나 타임라인을 클릭해서 위치를 바꿀 수 있다. 그리고 클립이 재생될 때, 현재의 위치에 따라 자동으로 움직인다. 스키머 위치를 알려주는 타임코드의 정보가 작은 검정색 창에 잠시 나타난다.

현재 브라우저에서 디스플레이되고 있는 클립에는 노란 색깔의 테두리가 둘러져 있고, 뷰어 상단에서 선택되어 플레이 되는 클립의 이름과 아이콘을 확인할 수 있다.

타임라인에서 클립과 클립이 만나는 편집점으로 이동하려면 키보드의 ▲/▼(위/ 아래) 화살표 키를 사용해 플레이헤드를 이동시킬 수 있다.

타임라인에서 플레이헤드의 색깔은 정지모드에서는 회색이나 재생모드에서는 빨간색으로 변한다.

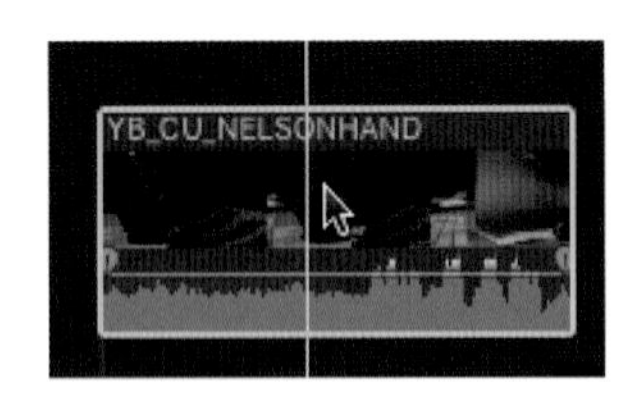

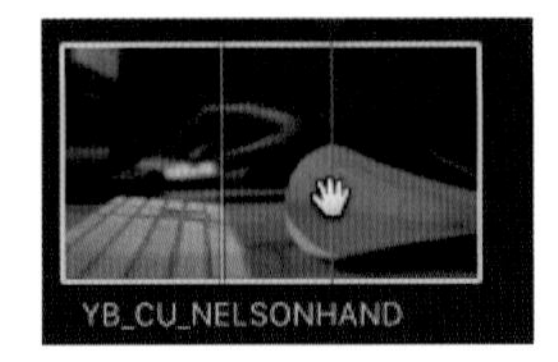

⊙ 스키머가 활성화되어 있으면 스키머가 빨간색이 되고 플레이헤드는 회색이 된다.

⊙ 스키머가 비활성화되어 있으면 플레이헤드는 항상 빨간색이다.

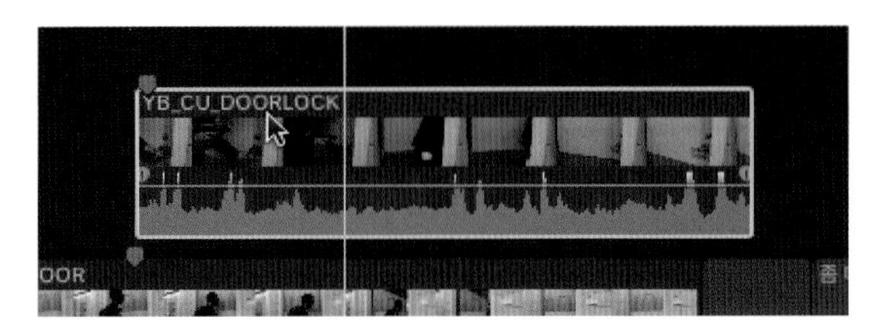

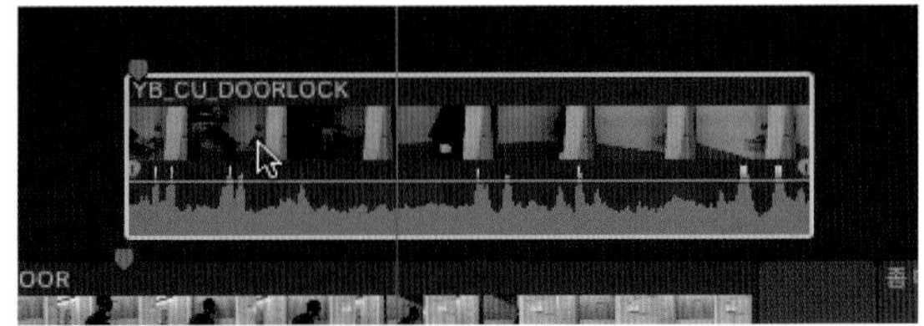

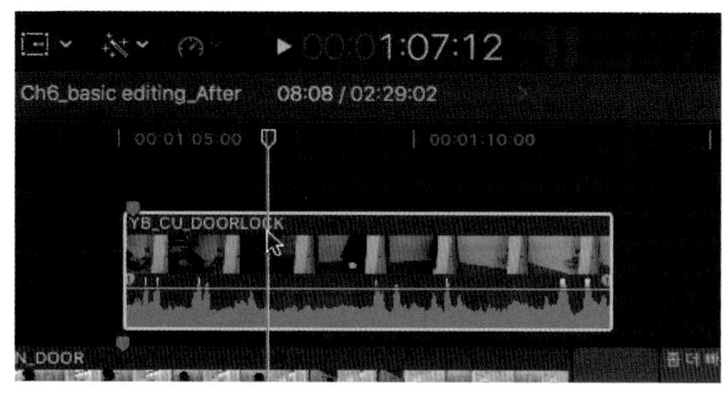

타임라인의 클립과 플레이헤드
타임라인상에서 SMPTE 리더는 플레이헤드가 위치한 곳의 타임 포지션을 보여 준다.

브라우저의 클립과 플레이헤드
SMPTE 리더는 클립이 시작하는 부분부터 플레이헤드가 위치한 곳의 상대적인 타임 포지션을 보여 준다.

주의사항 플레이헤드 고정시키기

스키머를 클릭할 때, 플레이헤드가 이 위치로 움직이지 않도록 고정하고 싶다면, Option 키를 누르고 클릭하면 플레이헤드가 움직이지 않는다. 이 Option 키는 클립들을 마크할 때나 이펙트 작업을 할 때 매우 유용하게 쓰이는 기능이다.

Unit 02 스키머Skimmer로 클립 훑어보기

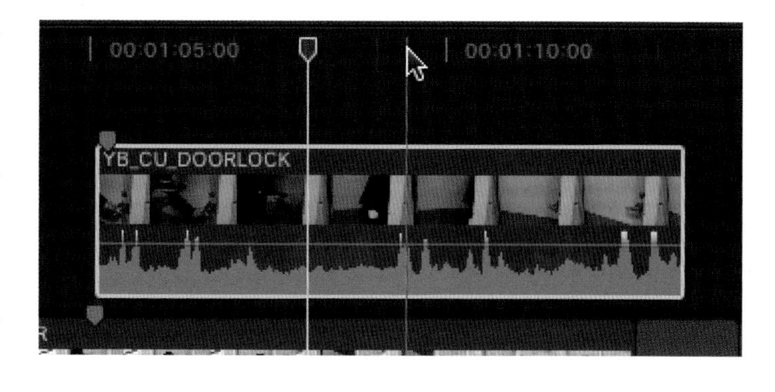

파이널 컷 프로 X의 가장 큰 특징 중 하나인 스키머(Skimmer)는 사용하면 실제 플레이헤드의 위치에는 영향을 주지 않으면서 마우스를 자유롭게 움직여 클립을 미리 볼 수 있다. 스키머의 좋은 점은 현재의 플레이헤드 위치를 유지하면서도 단순히 마우스를 움직임으로써 하나의 클립 안에 여러 프레임을 빠르게 확인할 수 있다는 점이다. 만약 스키머 사용이 익숙지 않으면 초반에는 스키머 기능을 꺼두어도 좋을 것이다.

▶스키머의 특징

⊙ 스키머는 클립의 재생을 멈추었을 때 플레이헤드가 흰색으로 변하는 것과 다르게 항상 빨간색을 띤다.
⊙ 편집자가 움직이는 마우스 커서의 모든 움직임을 그대로 따라 움직인다.
⊙ 편집 시 스키머는 플레이헤드보다 우선이다.
⊙ Space Bar를 누르면 플레이헤드가 있는 위치가 아니라 스키머가 있는 위치로부터 클립이 재생된다.
⊙ 줌(Zoom)을 하면 플레이헤드가 있는 위치가 아닌 스키머가 있는 위치를 중심으로 확대된다.
⊙ 스키밍(Skimming)을 켜거나 끄려면 타임라인의 오른쪽 위 코너에 위치한 스키밍 버튼을 클릭해서 켜거나 끌 수 있다(단축키: S).
⊙ 오디오 스키밍(Audio Skimming)만을 on/off하려면 스키밍 버튼 옆에 위치한 오디오 스키밍의 버튼을 클릭한다(단축키: Shift + S).

▶주의해야 할 스키머의 기능

인서트(Insert), 연결하기(Connect), 또는 겹쳐쓰기(Overwrite) 편집을 할 때에는 스키머의 활성화 여부와 이를 타임라인에서 사용하느냐에 따라서 다양한 결과가 나온다.

⊙ 스키머를 활성화시켜 타임라인에서 사용할 때에는 스키머가 있는 위치에 새로운 클립을 위치시키며 편집이 이루어진다.
⊙ 스키머가 활성화되어 있으나 타임라인에서 사용하지 않을 때에는 플레이헤드가 있는 위치에 새로운 클립을 위치시키며 편집이 이루어진다.
⊙ 스키머가 활성화되어 있지 않으면 플레이헤드가 있는 위치에 새로운 클립을 위치시키며 편집이 이루어진다.

Unit 03 클립 스키밍 Clip Skimming

클립 스키밍은 타임라인의 여러 클립들이 겹치는 구간에서 위 아래의 클립 중 마우스가 위치한 곳의 클립을 뷰어 창에서 보게 해주는 편리한 기능이다.

View Window Help
Playback ▶
Sort Library Events By ▶
Browser ▶
Show in Viewer ▶
Show in Event Viewer ▶
Toggle Inspector Height ^⌘4
Timeline Index ▶
Show Audio Lanes
Collapse Subroles
Timeline History Back ⌘[
Timeline History Forward ⌘]
Show Precision Editor ^E
Zoom In ⌘=
Zoom Out ⌘-
Zoom to Fit ⇧Z
✓ Zoom to Samples ^Z
✓ Skimming S
✓ Clip Skimming ⌥⌘S
✓ Audio Skimming ⇧S
Snapping N
Enter Full Screen ^⌘F

단축키 Option + ⌘ + S를 사용하거나 메인 메뉴에서 View 〉 Clip Skimming를 선택함으로써 이 기능을 켜거나 끌 수 있다.

- **클립 스키밍 끄기 Clip Skimming off 로 되어 있을 경우:** 기본 설정으로 타임라인에서 마우스를 움직일 때, 클립들 위에 빨간 스키머 바가 나타나고, 빨간 스키머바의 움직임에 따라 해당하는 모든 클립들이 함께 재생된다. 제일 위에 위치한 클립만 보여준다.
- **클립 스키밍 켜기 Clip Skimming on 로 되어 있을 경우:** 위나 아래에 어떤 클립이 있든 상관 없이 스키머가 위치한 곳의 클립을 보여준다. 모든 클립들이 마우스의 움직임에 따라 함께 플레이된다.

클립 스키밍이 켜져 있으면 마우스가 위치하는 클립을 보여준다.

Unit 04 여러 가지 클립 재생Playback 방법

실제 편집을 할 때, 개별 프레임들을 하나씩 보면서 최적의 편집 포인트를 찾을 수 있다. 여러 가지 클립 재생 방법을 배워서 상황에 맞게 클립을 재생해 보자. 편집 시 가장 많이 사용하는 방식은 스페이스 바를 눌러서 플레이시키고 한번 더 눌러서 일시정지하는 것이다. 프레임 단위로 움직이고 싶으면 화살표 버튼을 눌러서 플레이 하면 된다.

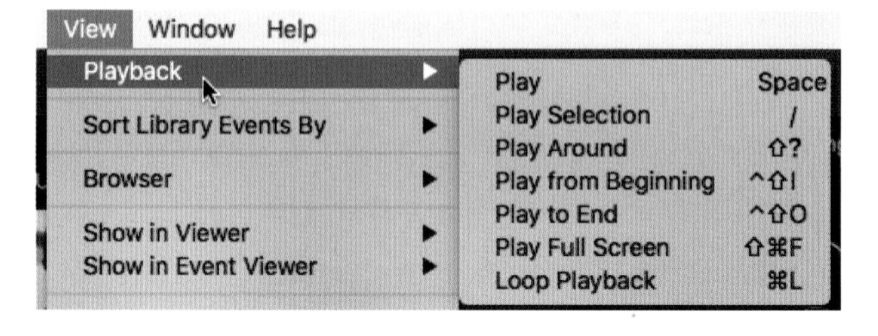

- **Play:** 현재 플레이헤드가 놓은 위치에서 재생한다.
- **Play Selection:** 선택된 클립의 첫 부분부터 끝까지 재생한다. 특정한 클립이나 구간을 재생할 때 사용하면 좋은 기능이다.
- **Play Around:** 현재 플레이헤드가 놓은 위치에서 앞 뒤 몇 초간을 재생한다. 프리롤(pre-roll)과 포스트롤(post-roll) 설정을 직접 지정할 수 있다.
- **Play from Beginning:** 플레이헤드가 놓은 위치를 무시하고 클립이나 타임라인 시작 지점에서 재생한다.
- **Play to End:** 선택된 클립이나 구간에 놓인 플레이 헤드의 현재 위치에서부터 끝까지 재생한다. 클립이나 구간의 전체를 다 확인할 필요 없이 어떻게 그 클립이나 구간이 끝나는지 확인하고 싶을 때 유용한 기능이다.
- **Play Full Screen:** 비디오를 전체 화면에 꽉 차게 바꾸어준다.

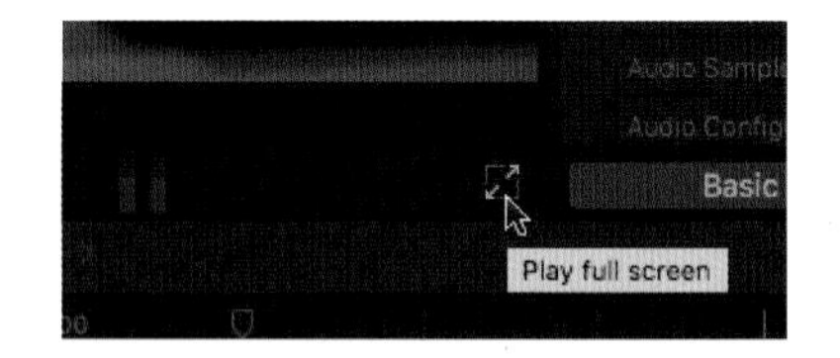

- **Loop Playback:** 트리밍을 계속 진행하면서 특정 구간을 끊임없이 반복하여 재생할 수 있게 해준다.

▶플레이백(Playback)을 컨트롤하는 단축키

- Space Bar : 재생을 시작하거나 멈춤
- Shift + Ctrl + I : 클립을 처음부터 재생
- / : 노란색 테두리로 선택된 클립의 구간만 재생
- Shift + / : 만약 특정한 범위를 지정하지 않았더라도, Shift + (/) 슬래쉬를 누르면 현재 플레이헤드가 위치한 곳의 앞 뒤 2초가 재생된다.

⊙ J, K, L: 모든 전문가용 소프트웨어에서 쓰이는 단축키이다. J,L의 경우 누르는 숫자에 비례해 더 빠른 속도로 재생된다.

- J = 뒤로 재생(Play Backward)
- L = 앞으로 재생(Play Forward)
- K = 일시 정지(Pause)

Section 04 클립 구간 선택하기

시작점(I), 끝점(O)포인트를 이용해 선택영역을 지정하고 이를 타임라인에서 편집할 수도 있고, Range Selection을 통해 클립의 범위를 지정하고 타임라인에서 이를 편집할 수도 있다. 클립을 선택 해제하고 싶다면 클립들 사이에 있는 브라우저의 빈 공간을 클릭하면 된다.

▶클립 선택과 구간 선택의 다른 점

⊙ **클립 선택 Clip selection:** 클립 전체 선택과 범위 선택 - 단순히 클립 선택

⊙ **구간 선택 Range selection:** 클립의 특정한 영역 선택 - 시작점과 끝 지점으로 선택

클립(Clip) 선택

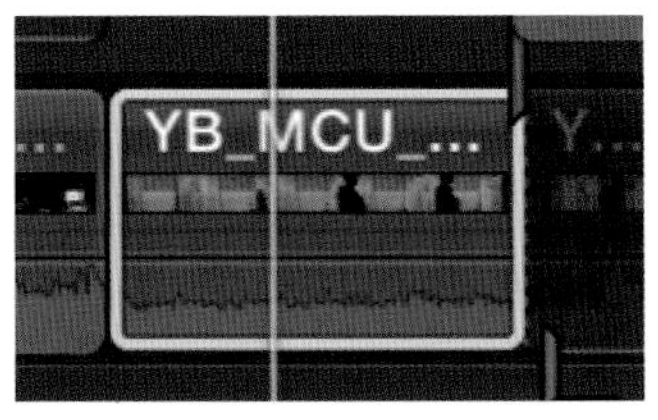

- 클립을 선택하면 선택된 클립에 노란색의 테두리가 생긴다.
- 클립 위로 마우스를 위치시키고, C를 누르면 클립이 선택된다.

구간(Range) 선택

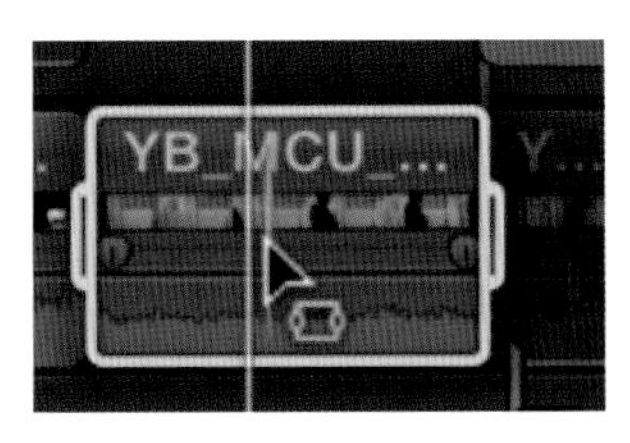

- 클립 구간을 선택하면 선택된 구간에 코너들이 둥근 노란색의 테두리가 생기고, 선택된 구간의 양 옆에 핸들이 있다.
- 클립 위로 마우스를 위치시키고, X를 누르면 전체 클립이 하나의 구간으로 선택된다. 마우스 커서를 구간 툴(Range Tool)로 바꿀 수도 있다(이벤트 브라우저에도 사용이 가능하다).

Section 05 마커

Marker

마커(Marker)는 원하는 내용을 필요한 곳에 표시를 할 수 있는 기능이다. 마커는 이벤트 브라우저나 타임라인 상의 어떤 클립에든 적용 가능하다.

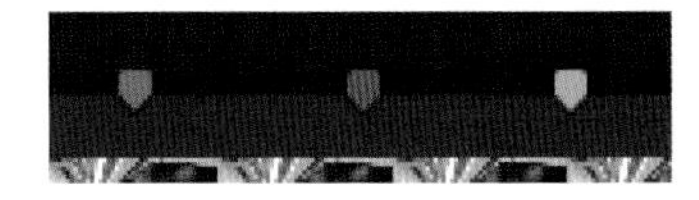

⊙ 파란색 마커: 일반적인 마커 표시

⊙ 빨간색 마커: 해야 할 일(To-Do) 표시

⊙ 초록색 마커: 완성된 마커 표시

마커는 브라우저나 타임라인에 있는 클립들에 적용할 수 있다. 만약 브라우저에 있는 클립에 마커를 추가했다면, 이는 필름스트립 뷰(Filmstrip view)와 리스트 뷰(List view)모두에서 보인다. 또한, 브라우저의 클립에 추가된 마커는 클립과 함께 타임라인으로 이동한다.

- ⊙ 파이널 컷 프로 X의 마커는 항상 클립에만 적용되고 타임라인 자체엔 존재하지 않는다.
- ⊙ 클립에 붙여진 마커는 뷰어 창에선 보이지 않는다.
- ⊙ 마커는 클립이 재생되는 동안 실시간으로 추가할 수도 있다.

Unit 01 마커 추가하고 수정하기

이벤트 브라우저에서든 타임라인에서든, 마커를 추가하고 변화시키는 과정은 똑같지만 단축키 M을 사용해 마커를 표시한다.

▶마커를 추가하는 방법

메인 메뉴 〉 Mark 〉 Markers 〉 Add Marker(단축키: M) 메인 메뉴에서 마크 기능을 찾아서 클립 위에 마크를 할 수 있지만 이 방식은 추천하지 않는다. 너무도 쉬운 단축키이기 때문에 단축키 "M"을 꼭 외워서 필요할 때 바로 M을 눌러 사용하자.

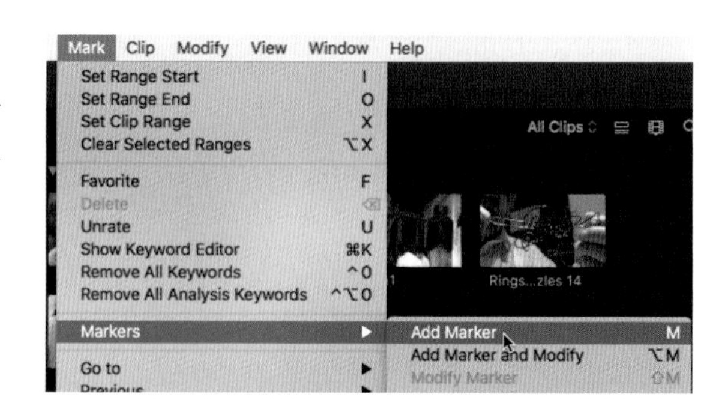

01 따라하기를 위해 사용할 프로젝트, Ch6_basic editing_Before를 라이브러리에서 열자.

_Projects 〉 Ch6_basic editing_Before

타임라인에서 스키머를 첫 번째 클립인 YB_MS_RAISA 클립 위로 위치시키자(타임코드 01:00:01:08).

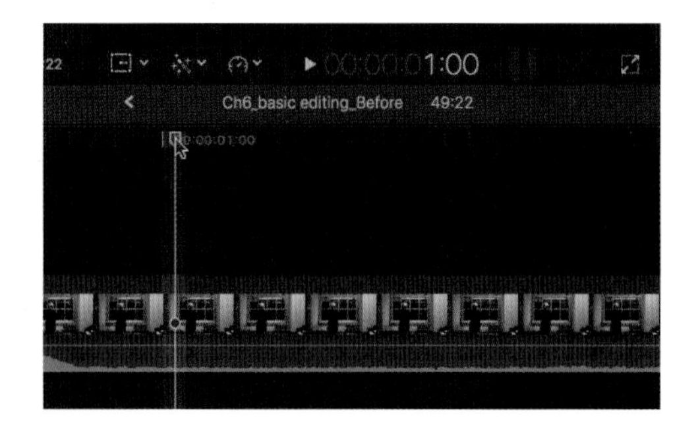

단축키 M을 눌러서 마커를 추가하자. 마커가 추가되면, 파란색 마커 아이콘이 스키머가 놓인 곳에 나타난다.

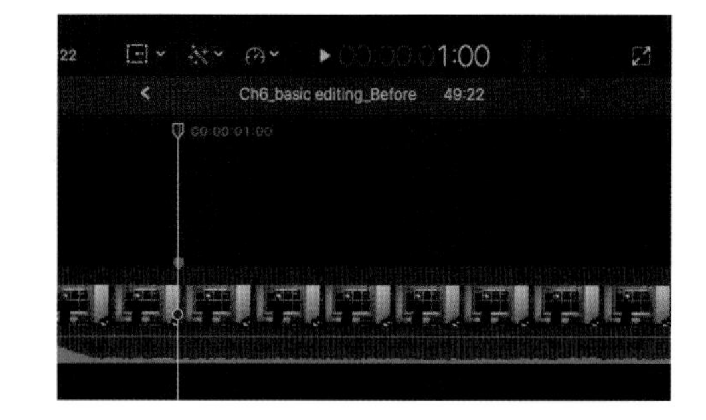

마우스로 마커를 더블클릭해서 마커 편집 창을 연다. Marker 1라는 기본 이름을 다른 이름으로 바꿔보자. 이 따라하기에 보이는 기본 마커 이름은 사용자마다 다를 수 있다. 처음 지정되는 마커는 Marker 1, Marker 2, 등으로 순차적으로 이름이 붙는다. 마커 사용을 더욱 효율적으로 하기 위해 이 기본 이름을 사용자가 원하는 이름으로 변경할 수 있다.

마커 창에서 텍스트 입력 구간에 원하는 마커의 이름을 Start라고 입력하고, Done 버튼을 클릭하거나 키보드에서 Return을 누르면 마커 이름이 변경된다.

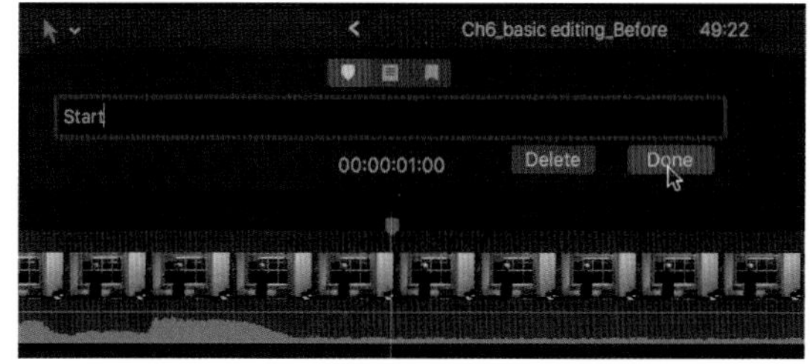

마커 창은 프로젝트 안에 마커가 위치하는 곳의 정확한 타임코드를 보여준다. 또한 지금 선택한 마커를 지울 수 있는 삭제(Delete) 버튼과 상단에 보통의 파란색 마커를 해야 할 일 표시인 빨간색 마커로 색을 바꿔주는 해야 할 일 표시(Make To Do Item) 버튼도 있다.

Unit 02 해야 할 일 마커 To-do Marker

보통의 마커는 파란색이지만 빨간색과 초록색 마커도 있다. 빨간색 마커는 완성되지 않은 해야 할 일(To-Do) 표시를 가리키고, 초록색 마커는 이미 완성이 된 이전의 해야 할 일(To-Do)아이템을 가리킨다.

해야 할 일 마커(To-Do Marker)는 편집자가 어떤 작업을 하려고 표시해 놓은 것으로, 해야 할 일을 상기시켜 준다.

다음 단계를 따라하며 마커를 해야 할 일 마커(To-Do Marker)로 바꾸어보자.

방금 전에 만든 connect 마커를 더블클릭해서 마커 창을 열고, 마커 이름 편집란 상단에 보이는 두 번째 "To Do"버튼을 클릭하자. 마커가 해야 할 일 마커(To-Do Marker)로 바뀌면서, 마커의 색깔이 빨간색으로 바뀐다. Done 버튼을 클릭하자.

참조사항 타임라인 왼쪽 인덱스 창에서 마커를 선택할 수도 있다.

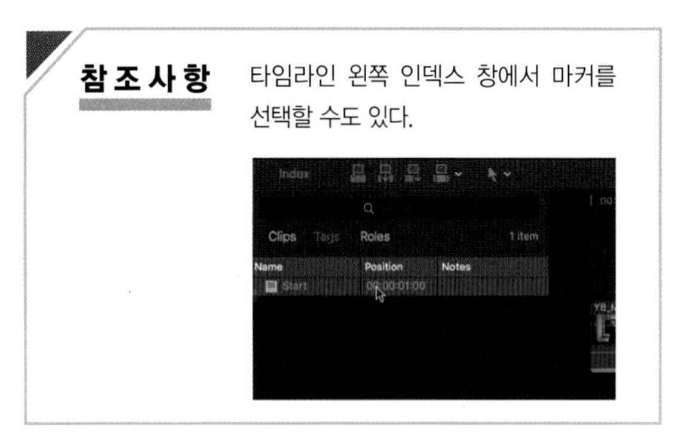

02 마커 편집 창이 닫히면서 타임라인에 빨간색 마커가 생성된다.

참조사항 마커 이동하기

파이널 컷 프로 X에서는 마커를 마우스로 드래그할 수 없기 때문에 이동이 가능하지만 실제로 마커를 이동해서 사용하기보다는 마커를 복사한 후 붙여넣기하는 게 더 효율적인 사용방법이다.
마커를 밀기, 이동하기 위해서는 마커를 클릭하고 메뉴에서 Nudge를 선택한 다음, 둘 중 하나의 방법을 따라하면 된다. Mark 〉 Markers 〉 Nudge Markers Right (또는 Left)

- Ctrl + .(마침표): 마커가 한 프레임 오른쪽(뒤)으로 이동한다.
- Ctrl + ,(쉼표): 마커가 한 프레임 오른쪽(뒤)으로 이동한다.

Unit 03 마커 삭제하기 Delete Marker

마커를 지우는 방법은 아래와 같이 여러 가지가 있다.

⊙ 마커를 더블클릭하면 뜨는 마커 창의 Delete를 선택.

⊙ 마커를 Ctrl + Click하고 팝업 창에서 Delete 선택.

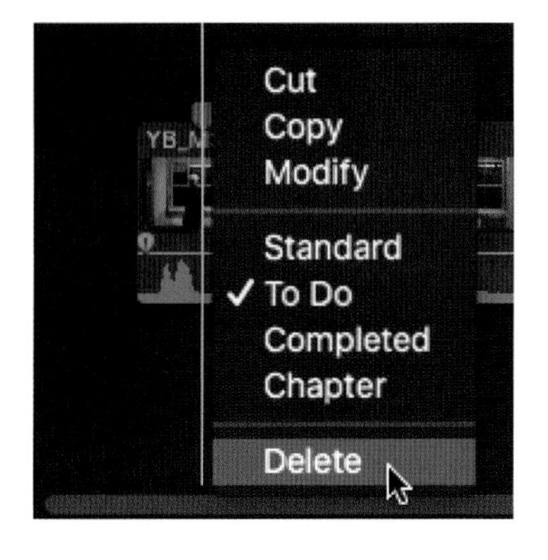

⊙ 마커를 선택하고 메인 메뉴에서 Marker〉 Markers〉 Delete Marker를 선택(단축키 Ctrl + M).

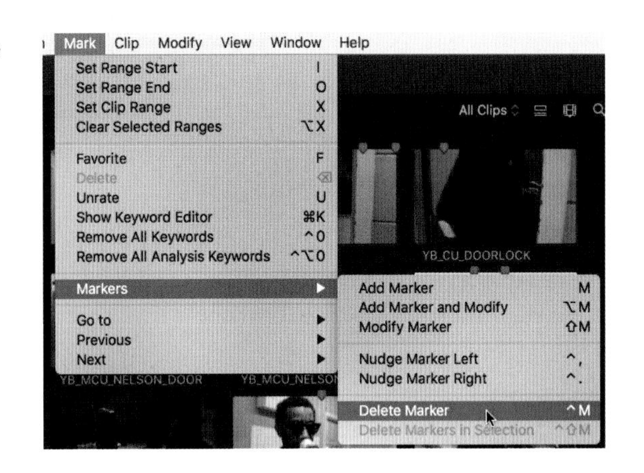

01 플레이헤드를 두 번째 클립, YB_LS_NELSON 위에 아무 곳으로나 이동시킨 후 M을 눌러 새로운 마커를 추가해준다. 연습을 위해 몇 개 이상 추가해서 지워보자(현재 타임코드 위치: 01:00:09:03).

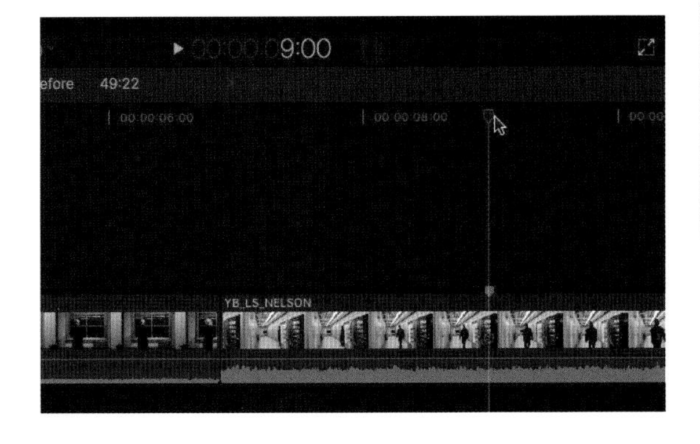

참조사항

만약 타임라인 인덱스 창이 보이지 않는다면, 아래에 보이는 타임라인 인덱스 버튼을 눌러 창을 열어준다.

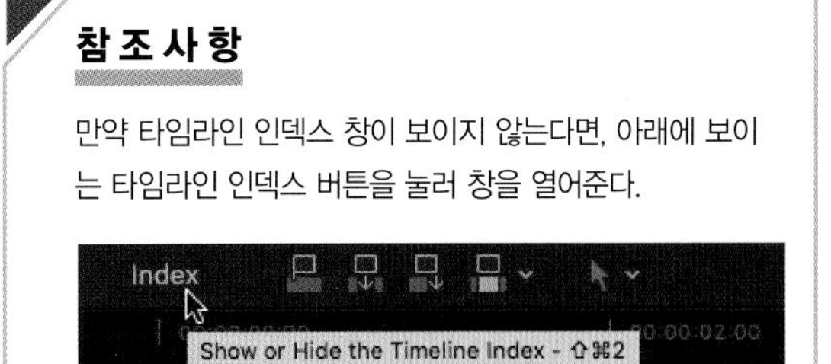

02 타임라인 인덱스 창에서 새로 만든 마커를 선택한다. 사용자의 화면에 이 마커 이름이 없으면 본인이 선택하고 싶은 다른 마커를 선택해서 따라하기를 계속한다(사용자에 따라 새로 추가한 마커의 이름은 Marker 10과 다를 수 있다).

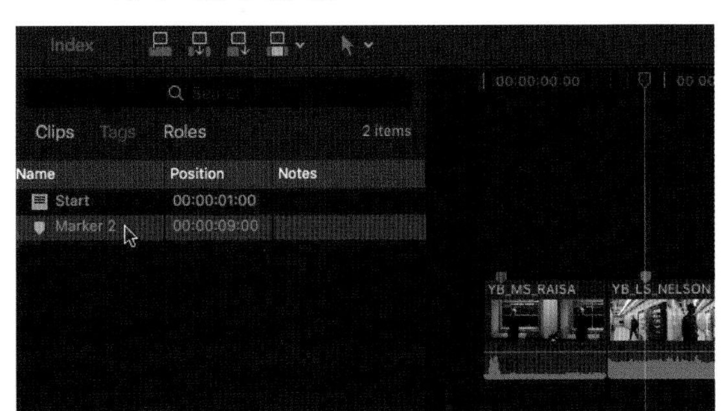

03 삭제할 마커를 Ctrl + Click하고 팝업 창에서 Delete(또는 단축키 Ctrl + M)을선택하자.

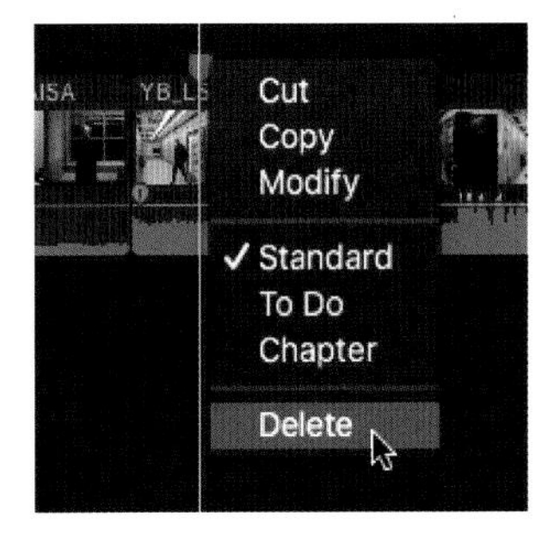

다음과 같이 Marker10이 삭제되었음을 타임라인 인덱스 창과 타임라인에서 확인할 수 있다.

참조사항 마커와 관련한 단축키 정리

- 마커를 추가하는 방법: M
- 마커를 지우는 방법: Ctrl + M
- 마커 창 열기: 마커를 더블클릭 (Option + M)
- 다음 마커로 이동: Ctrl + '
- 이전 마커로 이동: Ctrl + ;

키보드

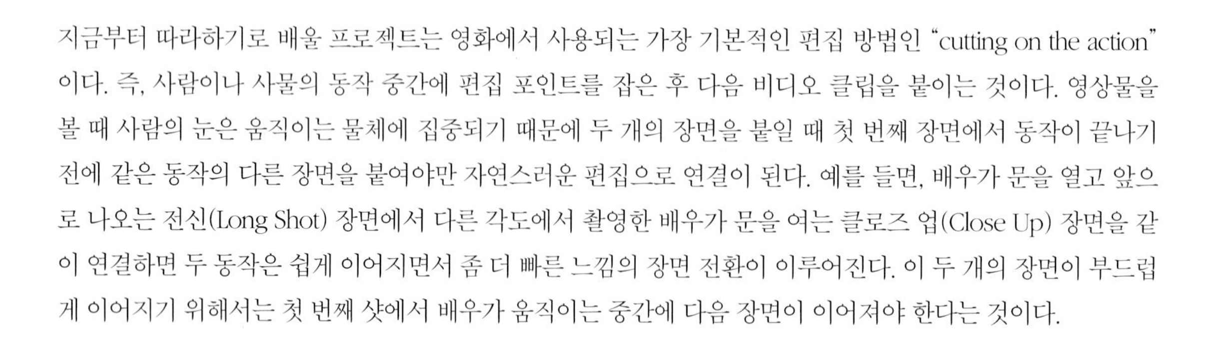

Section 06 기본 4가지 편집 스타일

지금부터 따라하기로 배울 프로젝트는 영화에서 사용되는 가장 기본적인 편집 방법인 "cutting on the action"이다. 즉, 사람이나 사물의 동작 중간에 편집 포인트를 잡은 후 다음 비디오 클립을 붙이는 것이다. 영상물을 볼 때 사람의 눈은 움직이는 물체에 집중되기 때문에 두 개의 장면을 붙일 때 첫 번째 장면에서 동작이 끝나기 전에 같은 동작의 다른 장면을 붙여야만 자연스러운 편집으로 연결이 된다. 예를 들면, 배우가 문을 열고 앞으로 나오는 전신(Long Shot) 장면에서 다른 각도에서 촬영한 배우가 문을 여는 클로즈 업(Close Up) 장면을 같이 연결하면 두 동작은 쉽게 이어지면서 좀 더 빠른 느낌의 장면 전환이 이루어진다. 이 두 개의 장면이 부드럽게 이어지기 위해서는 첫 번째 샷에서 배우가 움직이는 중간에 다음 장면이 이어져야 한다는 것이다.

여러 클립의 연결 상황에 따라 다른 편집 방식이 필요하기 때문에 파이널 컷 프로 X에서는 삽입하기(insert), 덧붙이기(append), 덮어쓰기(overwrite), 연결하기(connect), 대체하기(replace)라는 다섯 가지의 방법으로 클립을 프로젝트에 추가할 수 있다.

새롭게 추가된 대체하기(Replace) 기능은 파이널 컷 프로 이전 버전의 Replace Edit의 기능과는 완전히 다른 것으로 단순히 클립을 대체하는 것뿐만 아니라 사용하는 클립의 길이에 맞춰 시작점과 끝점 프레임을 조절해 준다. 이러한 편집 기술들은 스크린상의 버튼들을 클릭, 키보드의 단축기를 이용, 메뉴 아이템에서 선택, 드래그 앤 드롭을 통해 각기 다양한 방법으로 활용할 수 있다.

▶파이널 컷 프로 X의 기본 4가지 편집 스타일

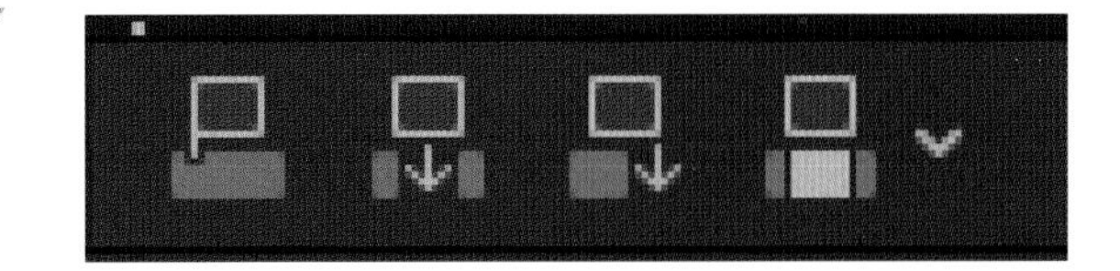

1 연결하기 Connect: 프라이머리 스토리라인 트랙 위에 다른 클립을 연결시킨다(단축키 Q).

2 삽입하기 Insert: 타임라인에 스키머(Skimmer) 또는 플레이헤드(Playhead)가 있는 위치에 클립을 집어 넣고 삽입되는 클립 길이만큼 기존의 클립을 오른쪽으로 밀어낸다(단축키 W).

3 덧붙이기 Append: 타임라인의 끝, 즉 마지막 클립의 옆으로 클립을 추가시킨다(단축키 E).

4 덮어쓰기 Overwrite: 타임라인에 있는 클립을 덮어씌운다(단축키 D).

Unit 01 덧붙이기 Append

덧붙이기(Append)는 플레이헤드와 스키머의 위치와 상관 없이 단순히 스토리라인 끝에 클립을 붙여 넣는 기능이다.

프라이머리 스토리라인 끝에 클립을 덧붙이는 것이 기본 설정이지만, 그 외의 다른 스토리라인 끝에 새로운 클립을 붙이고 싶으면 그 스토리라인(클립이 모여진 조합)을 먼저 선택한 후 덧붙이기를 하면 된다. 스토리라인(Storyline)에 관한 설명은 7장에서 자세히 설명하겠다.

따라하기를 위해 사용할 프로젝트는 Ch6_basic editing_Before이다.
따라하기의 모든 프로젝트는 _Projects이벤트에 있다.

CH6_Basic Editing 이벤트에서 YB_MCU_NELSON_DOOR 클립을 선택하자.

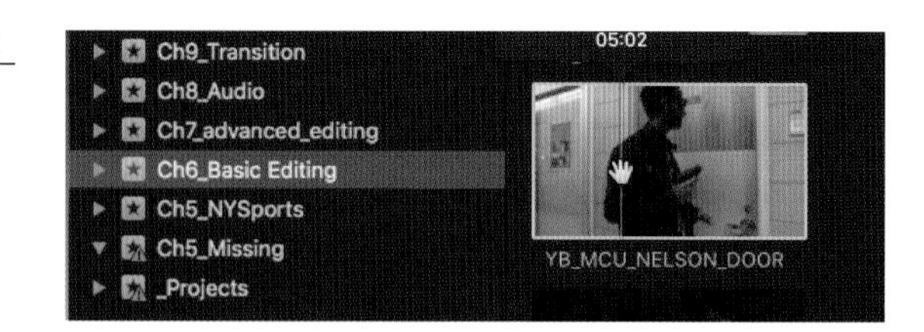

타임라인에 있는 클립들을 확인하고 스키머의 위치도 확인하자.

툴 바에서 붙여넣기(Append) 아이콘을 클릭하자(단축키: E).

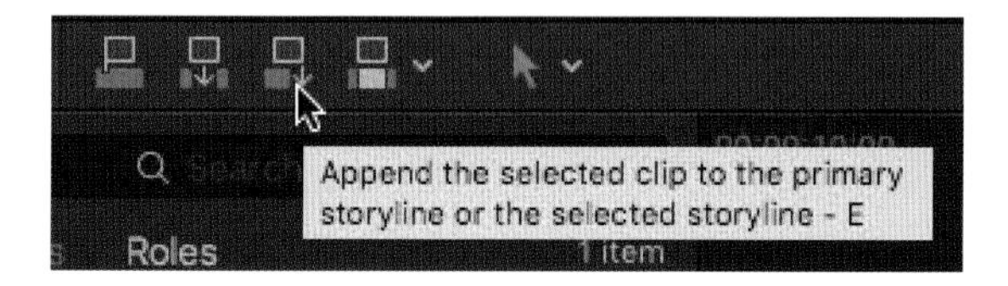

다음과 같이 타임라인의 클립 끝에 새로운 클립이 추가되었음을 확인할 수 있다.

덧붙이기(Append)는 플레이헤드와 스키머의 위치와 상관 없이 무조건 스토리라인 끝에 새로운 클립이 붙여넣어진다. 편집할 때 가장 많이 사용하는 단축키이고 브라우저에서 먼저 타임라인으로 클립을 가져온 후 원하는 위치로 클립을 이동시키는 게 가장 많이 사용하는 편집 패턴이다.

Unit 02 삽입하기 Insert

인서트(Insert) 기능은 타임라인의 클립들 사이 플레이헤드가 위치한 곳으로 집어넣는 작업을 말한다. 만약 플레이헤드가 두 개의 클립 사이에 있다면 새로운 클립은 이 두 개의 클립 사이로 들어가게 된다. 만약 플레이헤드가 한 클립의 중간에 있다면, 인서트 명령은 클립을 두 개의 파트로 나누고 그 사이로 집어넣는다. 인서트 과정은 항상 프로젝트의 전체 길이를 변경한다.

새로운 클립을 첫 번째와 두 번째 클립 사이에 인서트하는 스텝들을 따라하며, 인서트하는 방법을 배워보도록 하자. 자주 사용하지는 않지만 가끔 필요해지는 기능이니 숙지해두자.

▶3 포인트 편집(3 Point Edit)〉

현재 따라하기는 편집 방식에서 가장 많이 사용하는 3포인트 편집 방식(3 Point Editing)이다.
3포인트 편집을 사용하면 스토리라인 또는 이벤트 클립에서 전체 클립이 아닌 정확하게 원하는 구간 만큼만 선택을 해서 편집을 할 수 있다.

타임라인의 시작점(I) 그리고 이벤트 브라우저에서 시작점과 끝점, 총 3개의 편집 포인트를 사용해 편집하는 방식이다. 시작점을 표시하지 않으면 스키머 또는 플레이헤드가 시작점을 대신한다.

타임라인 첫 번째 클립 다음에 같은 액션의 클로즈업(Close up) 샷을 집어넣을 것이다.

첫 번째와 두 번째 클립 사이(타임코드 01:00:06:21) 지점에 플레이헤드를 놓자.

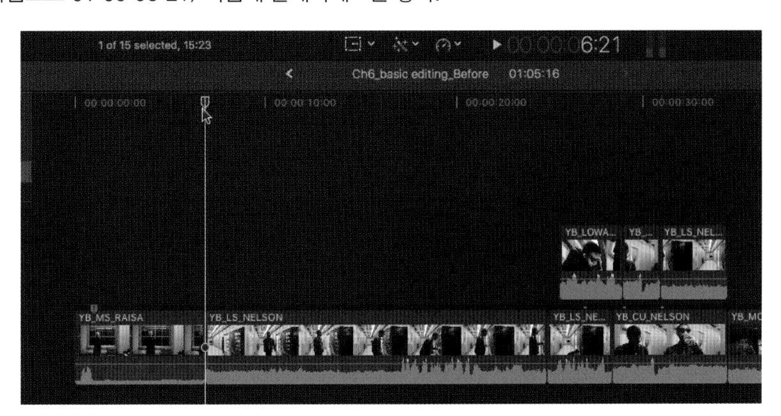

참고사항 마우스를 사용하지 않고 키보드의 위 또는 아래 화살표 버튼을 사용하면 클립 사이의 편집 포인트를 선택하기 쉽다. 위 화살표는 이전 편집 포인트로 이동하고 아래 화살표는 다음 편집 포인트로 이동한다.

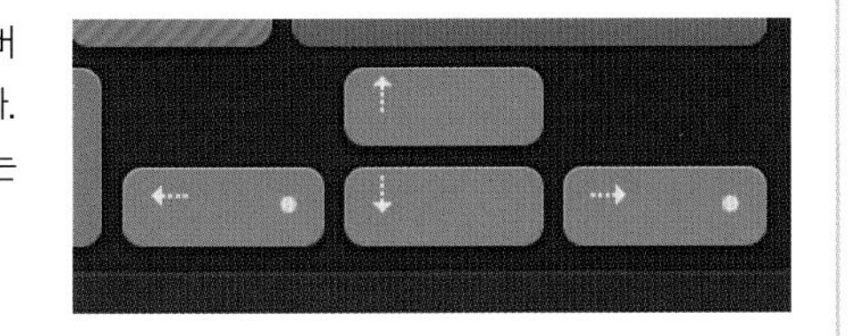

브라우저에서 YB_MCU_RAISA 클립을 선택한다.

시작점(In, 단축키 I)를 눌러 클립 시작점으로 설정한다.(타임코드 참조)

04

끝점(Out, 단축키 O)를 눌러 배우가 돌아본 후를 끝점으로 설정한다. 클립 내에 원하는 구간이 설정되었다.

05

Insert 아이콘을 클릭, 또는 Edit 〉 Insert 또는 단축키 W를 눌러, 위에서 선택한 구간을 타임라인의 스토리라인에 인서트한다.

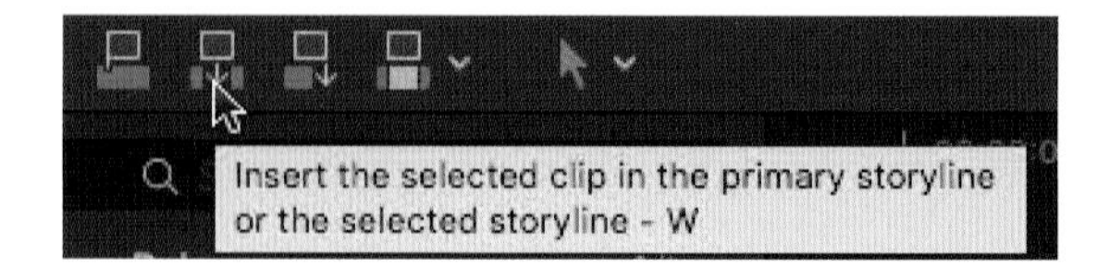

아래와 같이 첫 번째와 두 번째 클립 사이, 플레이헤드를 위치시킨 부분에 YB_MCU_RAISA 클립에서 선택한 부분이 인서트된다. 클립이 인서트되면서 오른쪽에 있는 클립들을 새로 들어온 클립의 길이만큼 밀어낸다. 인서트를 사용할 경우 어떠한 클립도 지워지지 않는다.

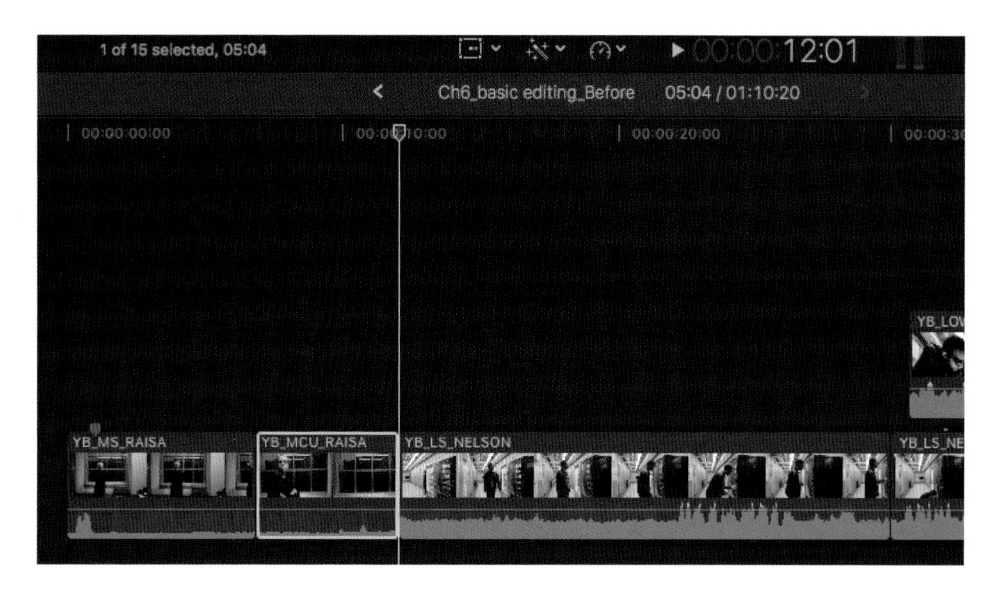

▶시작 포인트와 끝 포인트 단축키

⊙ **클립이 사용될 시작점:** 스키머나 플레이헤드를 위치한 후 I

⊙ **클립이 사용될 끝점:** 스키머나 플레이헤드를 위치한 후 O

따라하기에서는 총 3개의 포인트가 사용되었는데, 브라우저에 있는 클립에서 시작 포인트와 끝 포인트가 사용되었고 타임라인에서 스키머의 위치가 인서트의 시작 포인트로 사용되었다.

Unit 03 연결하기 Connect

클립 연결하기는 파이널 컷 프로 X의 새로운 기능으로, B-roll, 인서트샷, 음향효과 등을 넣을 때 꼭 필요하다. 연결된 클립은 기준 트랙(프라이머리 스토리라인)에 연결되는 클립이고, 연결된 스토리라인은 하나 또는 여러 개의 클립들이 뭉쳐서 기준 트랙(프라이머리 스토리라인)에 연결된 뭉쳐진 클립들이다.
다음 단계를 따라하며 클립들을 프라이머리 스토리라인에 연결하는 방법을 배워보도록 하자.

⊙ 동작에 맞춰 편집하기 Cutting on Action

편집의 가장 기본이자 가장 많은 연습을 요하는 동작연결을 클립 연결하기로 쉽게 해결해보겠다.
세 번째 클립을 보면 자판기에 돈을 넣은 후 버튼을 누르는 지점이 있다. 여기에 자판을 클로즈업으로 찍은 장면을 와이드 샷 동작에 맞춰서 편집하겠다.

세 번째 클립 위에(타임코드 01:00:26:19) 지점에 플레이헤드를 위치시키자. 배우의 손이 자판기에 닿기 전의 순간에 마크를 하자. 이 부분에 다른 클립을 연결시킬 것이다.

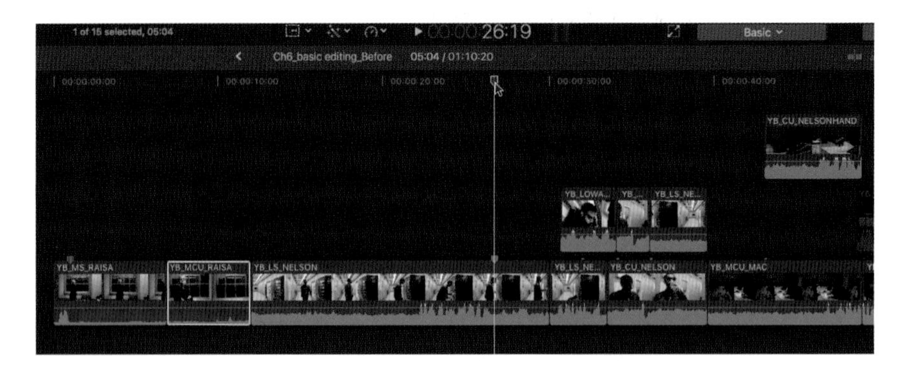

브라우저에서 YB_CU_KEYPAD 클립을 선택해보자. 시작점(In, 단축키 I)를 눌러 첫 클립 시작점을 04:01로 설정한다. 사용할 부분은 마찬가지로 배우의 손이 닿기 전의 클로즈업이다. 끝점은 설정하지 않아도 된다. 사용하고 싶은 부분까지의 끝점을 지정할 수도 있지만 타임라인에 클립을 가져온 후 다시 조절할 수 있다.

참조사항 **마커 지점으로 바로가기**

인덱스 리스트에서 각각의 마커를 클릭하면, 타임라인에서 플레이헤드가 각각의 마커가 위치한 곳으로 이동한 것을 확인할 수 있다.

타임라인 인덱스에서 원하는 마커를 클릭하고 Space Bar를 누르면 그 마커가 위치한 부분부터 프로젝트가 플레이된다. 플레이헤드는 프로젝트 상의 마커의 위치로 가고, 재생이 시작된다. 이 기능은 클립이 있는 영역의 주요 콘텐츠를 빠르게 리뷰하고 싶을 때 아주 유용하다.

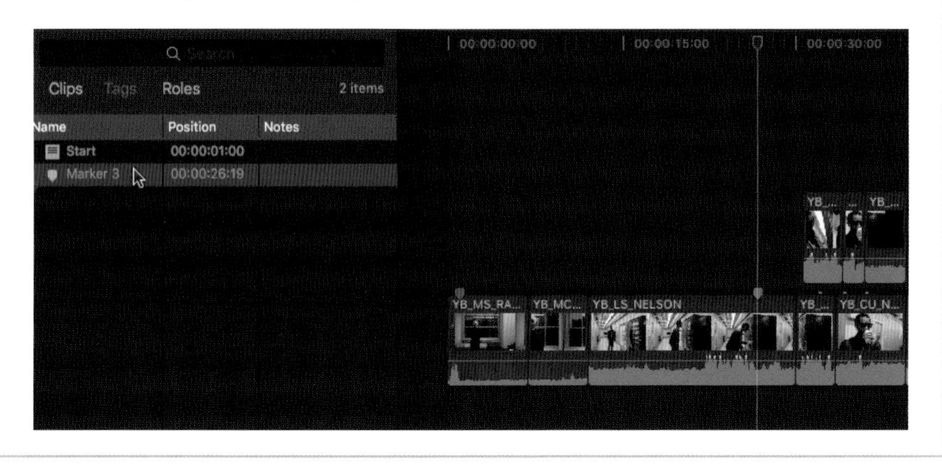

Connected edit 버튼을 클릭하자(단축키 Q).

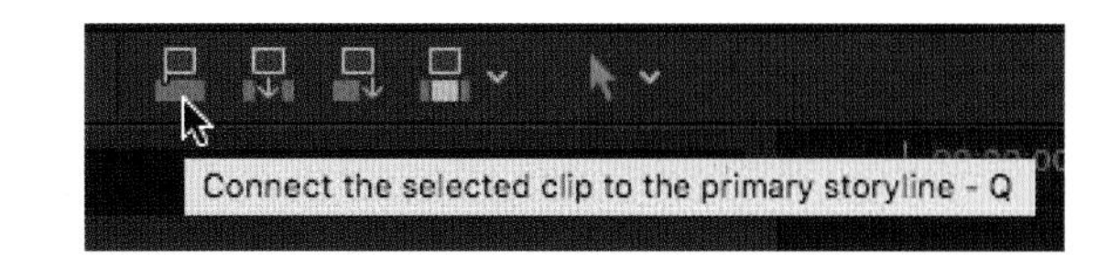

04 다음과 같이 새로운 클립이 프라이머리 스토리라인에 연결되었다. 연결된 클립들 사이에는 이를 연결한 연결선이 보인다. 마그네틱 타임라인의 장점 중 하나로써, 새로 연결되는 클립과 이미 타임라인 상에 존재하던 클립의 위치 충돌이 일어나지 않기 때문에 어떠한 경우에도 클립들의 위치가 밀리지 않는다.

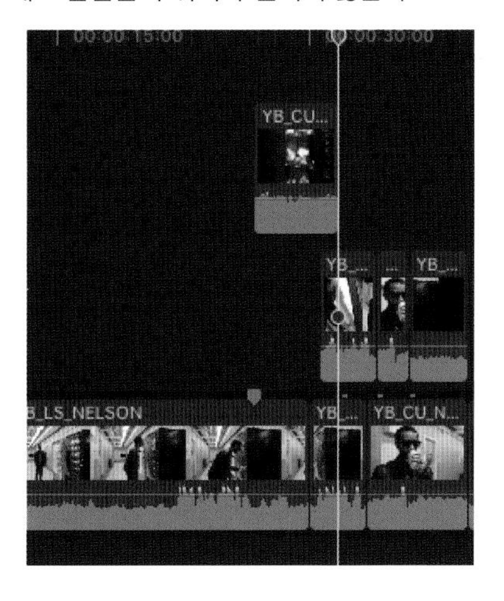

참조사항

프라이머리 스토리라인에 있는 클립과 연결된 세로 선들이 프라이머리 스토리라인과 연결된 클립의 관계를 보여준다. 연결점(Connection Point)을 새로 지정하려면 연결된 클립 위로 스키머를 가져간 후 Option + ⌘ + Click을 해서 프라이머리 스토리라인에 있는 클립과 연결점을 새로 지정할 수 있다.

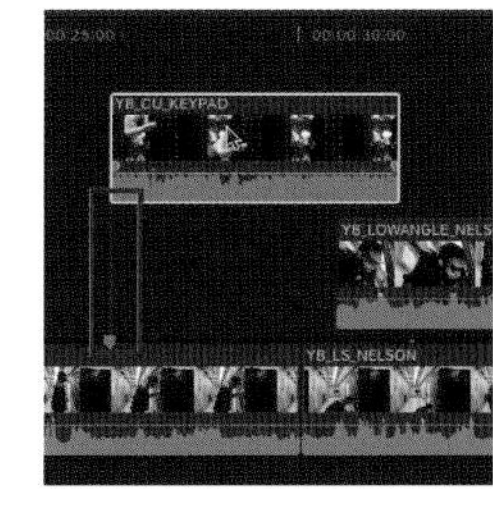

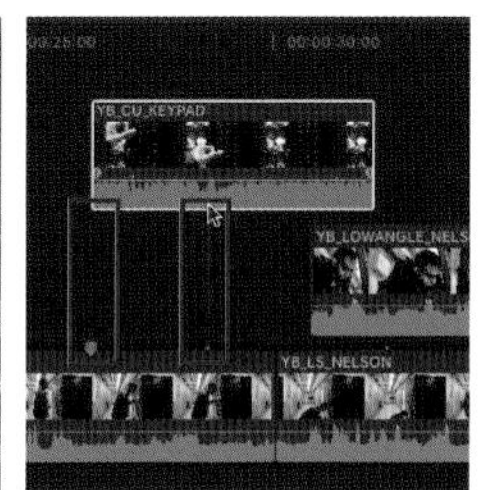

같은 클립이지만 연결점이 바뀐 모습

클립 연결하기를 한번 더 해보자.
타임라인의 마지막 클립 위 타임코드 약 01:01:03:05 정도에 스키머를 놓자. 배우가 문의 손잡이를 잡기 바로 전의 지점이다.

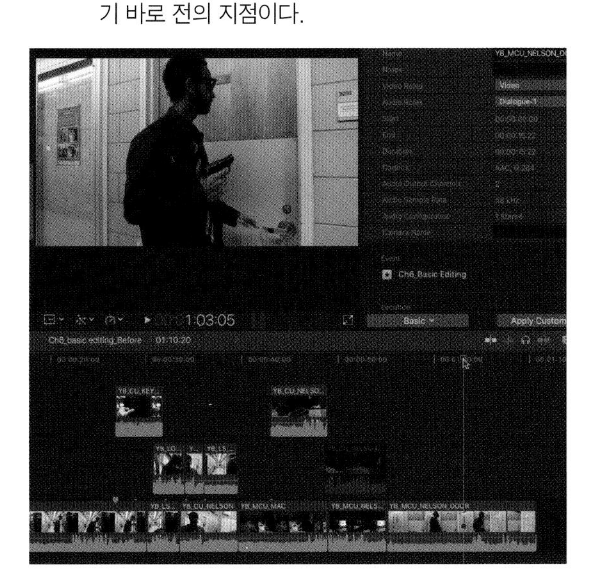

브라우저에서 YU_CU_DOOR 클립을 선택해 시작점을 타임코드 02:06으로 지정해준다.

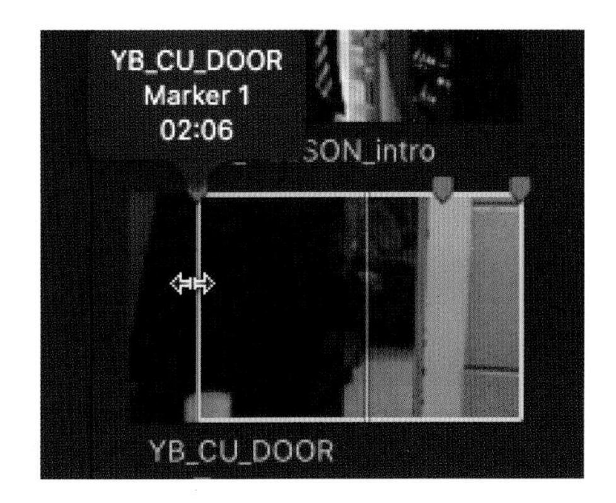

Connect 단축키 Q를 눌러 보자.

YU_CU_DOOR 클립이 프라이머리 스토리라인 위에 연결된다.

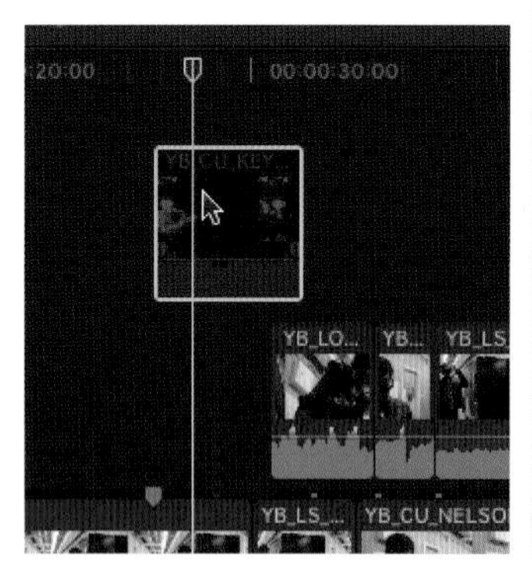

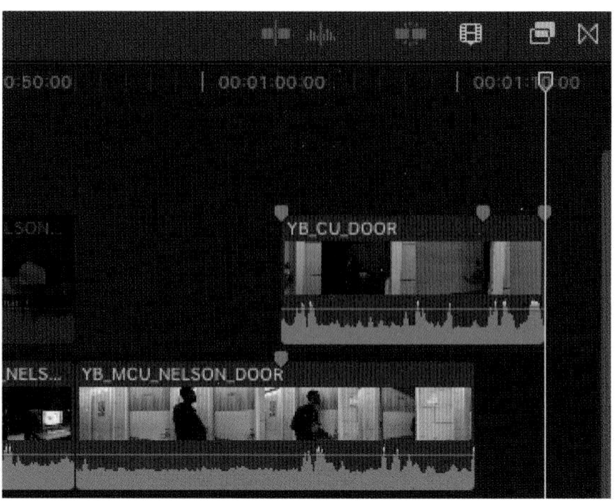

참조사항 클립 활성화(Enable)와 비활성화(Disable)

클립을 보이거나 보이지 않게 설정하려면, V를 누르거나 클립을 클릭하고 팝업 창에서 Enable을 선택하면 된다. 클립이 비활성화 되면 타임라인에 더 이상 보이지 않고, 렌더링이 되지 않고, 소리가 나지 않으며, 내보내기를 할 수 없다. 클립을 비활성화(Disable) 해도 클립은 여전히 그 자리에 위치해 있지만, 마치 그곳에 없는 것처럼 된다. 보통의 클립들을 사용가능한 활성화된(Enabled) 클립들이라 부르고 보이지 않게 하거나 사용 가능하지 않게 한 클립을 비활성화(Disabled) 클립이라 부른다. 활성화된 클립은 타임라인 상에서 밝고 선명하게 보이는 반면, 비활성화된 클립은 어둡고 희미하게 보인다.

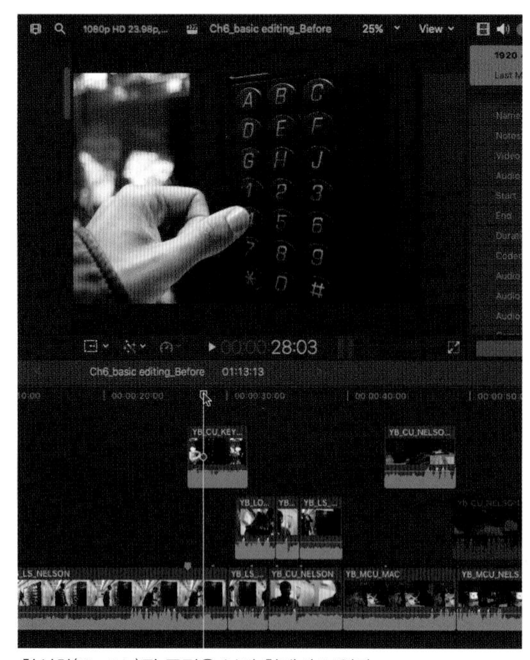

활성화(Disable)된 클립은 뷰어 창에서 보인다.

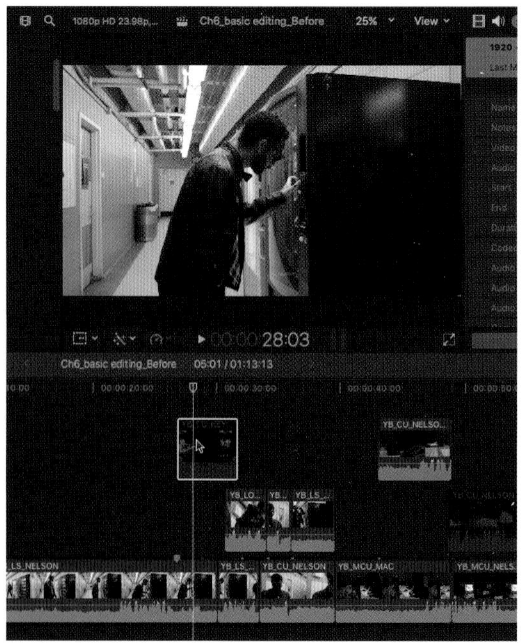

비활성화(Disable)된 클립은 뷰어 창에서 보이지 않는다.

Unit 04 덮어쓰기 Overwrite

덮어쓰기(단축키: D)는 선택한 이벤트 브라우저의 클립의 구간 길이만큼 타임라인에 있는 클립을 겹쳐쓰기한다. 덮어쓰기(단축키: D) 옵션은 타임라인에 있는 것과 새로운 클립을 교체하는 것이다. 프로젝트의 끝에 있는 클립을 편집하지 않는 이상, 덮어쓰기(단축키: D)는 삽입하기와 다르게 프로젝트의 길이를 변경하지 않는다.

타임라인에서 덮어쓰기할 곳을 스키머로 표시하자. 첫 번째 클립과 두 번째 클립 사이의 시작점 위로 플레이헤드를 위치시키자. 키보드의 위 아래 화살표를 사용하면 각 클립의 시작점을 잘 찾아준다.

브라우저의 YB_CU_DOOR 클립에서 배우가 문을 잡는 장면에서부터 클립의 구간을 선택해준다. 첫 번째 마커에 스키머를 가져간 후 시작점을 설정하는 단축키 I를 누른다.

시작점

두 번째 마커에 스키머를 가져간 후 끝점을 설정하는 단축키 O를 누르자.

끝 지점

참조사항

이벤트 브라우저에 있는 클립이 작아서 잘 안보이면 클립 구간 크게 보기 옵션을 이용해서 클립의 크기 표시를 늘려준다. 클립 구간 크게 보기 옵션으로 클립의 아이콘 뷰가 바뀌면 필요한 구간을 선택할 때 효과적이다.

덮어쓰기 단축키 D를 누르자. 다음과 같이 YB_CU_DOOR 클립이 지정해준 다른 클립 시작점부터 덮어 씌워졌다.

덮어쓰기는 타임라인의 클립(들)위에 덮어쓰기를 하는 것이므로 스토리라인의 전체 길이는 변하지 않는다. 클립이 들어간 자리에 있었던 기존의 클립(부분)들은 지워진다.

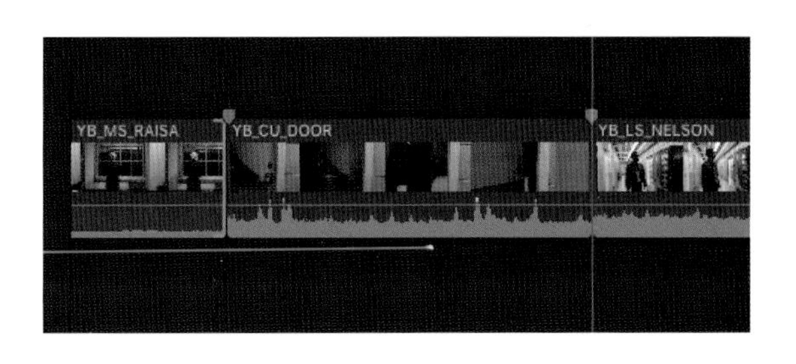

참조사항 한 클립의 아무 지점에서 끝점 지정 단축키 "O"를 누르면, 자동으로 클립의 맨 앞부분은 시작점이 되고 그 지점이 끝점으로 표시가 된다. 클립과 클립 사이에 플레이헤드가 있을 경우 오른쪽 클립의 첫 프레임이 보이는 상태기 때문에 이 경우 O를 이용한 끝점 잡기가 되지 않는다.

- "Option + X" 을 누르면 선택구간이 해제된다.

참조사항 백타임 편집 (Backtime Editing)

3포인트 편집과 비슷한 형식이지만 이벤트 브라우저에 있는 클립에 시작점(In Point)이 아닌 지정된 끝점(Out Point)을 타임라인에 있는 스키머나 플레이헤드로 맞춰서 클립을 집어넣거나 연결하는 방식이다. 스포츠에서 골을 넣는 끝장면을 기준으로 맞춰서 틀립을 집어넣는다고 생각하면 이해가 쉽다. 지정된 시간 안에서 시작은 중요하지 않고 반드시 끝장면을 보여줘야 할 때 사용되는 방식이다.

- Shift + D: 백타임 겹쳐쓰기(Backtime Overwrite)
- Shift + Q: 백타임 연결하기(Backtime Connect)

일반적으로 클립을 연결했을 때

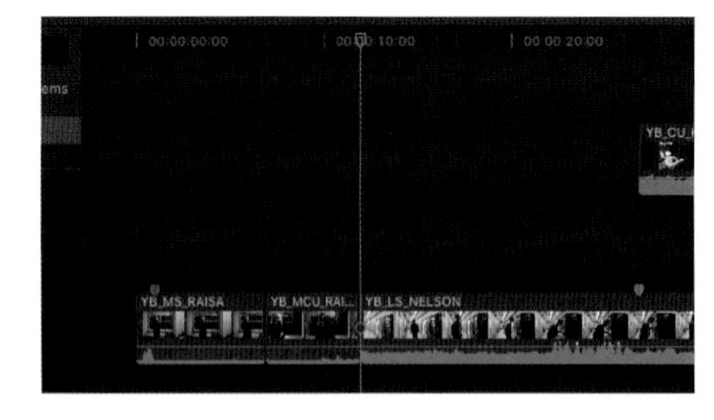

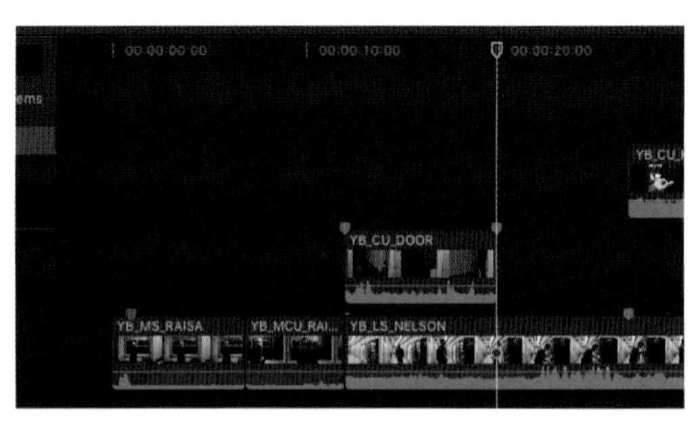

백타임 편집으로 클립을 연결했을 때

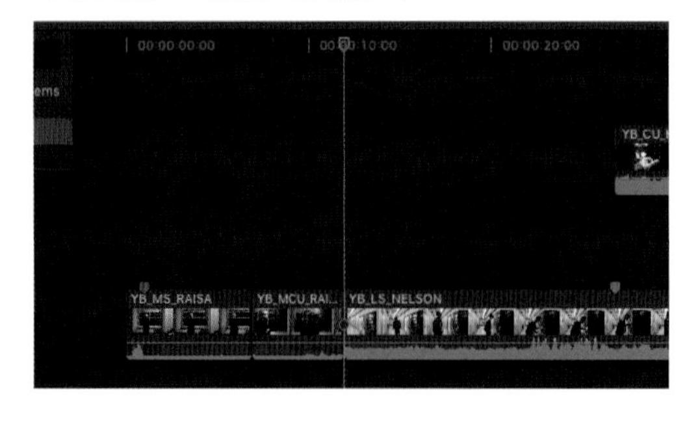

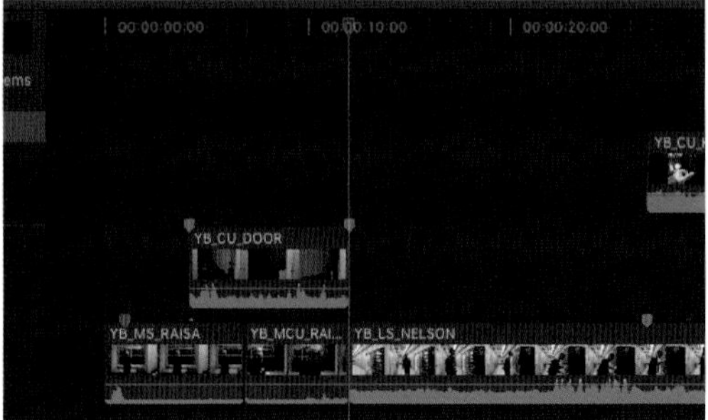

연결하기 기능과 동일하지만 사용되는 클립의 끝부분을 기준으로 연결하는 것이다. 스토리라인의 편집 기준점인 플레이헤드나 스키머를 기준으로 왼쪽으로 클립이 연결된다.

Section 07 클립의 선택된 구간 삭제하기

Delete Range Selection

프라이머리 스토리라인에 있는 클립들을 미세하게 트리밍할 때 어떤 부분을 삭제하거나 클립을 분리하고 또는 그 사이에 어떤 공간을 집어넣어야 할 수도 있다. 파이널 컷 프로는 두 클립 사이의 빈 공간을 채우기 위해 갭을 빈 공간에 넣기도 하고 클립을 지운 후 갭으로 그 부분을 고정시키기도 한다.

Unit 01 빈 공간 없이 지우기 Delete

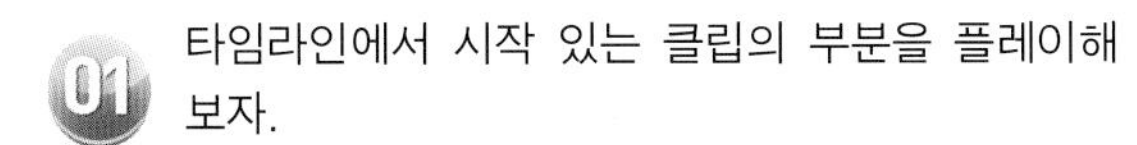

01 타임라인에서 시작 있는 클립의 부분을 플레이해 보자.

02 Tools 팝업 메뉴에서 Range Selection을 선택, 또는 단축키 R을 사용해 구간 선택 툴을 사용한다.

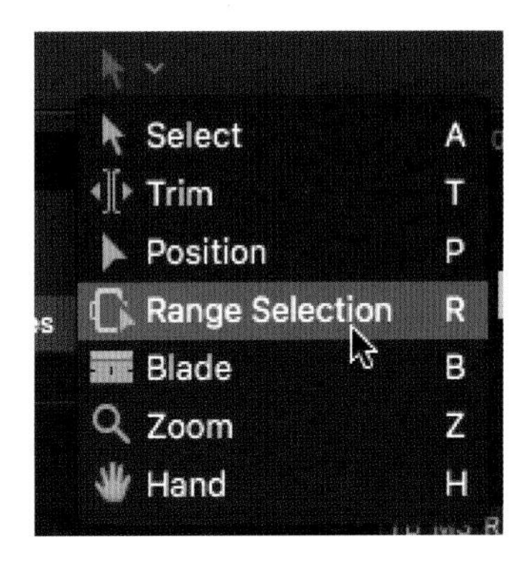

03 마우스를 드래그해서 02:25초만큼 구간을 지정해 주자.

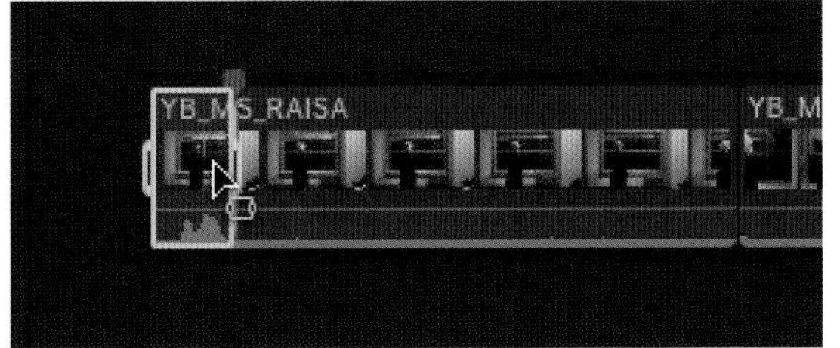

04 프로젝트 클립의 선택된 구간을 지우려면, 키보드의 Delete를 누르면 된다. 선택된 구간을 Delete를 사용해 삭제하면, 프로젝트의 길이가 선택된 구간의 길이만큼 줄어든다.

참조사항 프로젝트에 존재하는 클립을 통째로 지우고 싶다면, 클립 자체를 선택하고 Delete를 누른다. 구간선택(Range Selection) 툴을 사용해 여러 클립에 걸쳐 구간을 선택하고, 이 선택된 구간에 해당하는 모든 콘텐츠를 삭제할 수도 있다.

Unit 02 갭을 남기면서 지우기 Shift+Delete

클립에서 선택된 구간을 들어올려서 그 콘텐츠를 지우는 방법도 있다. 이 경우, 프로젝트의 길이는 변하지 않고, 갭 클립이 빈 구간을 채우게 된다.

01 프라이머리 스토리라인에 있는 마지막 클립

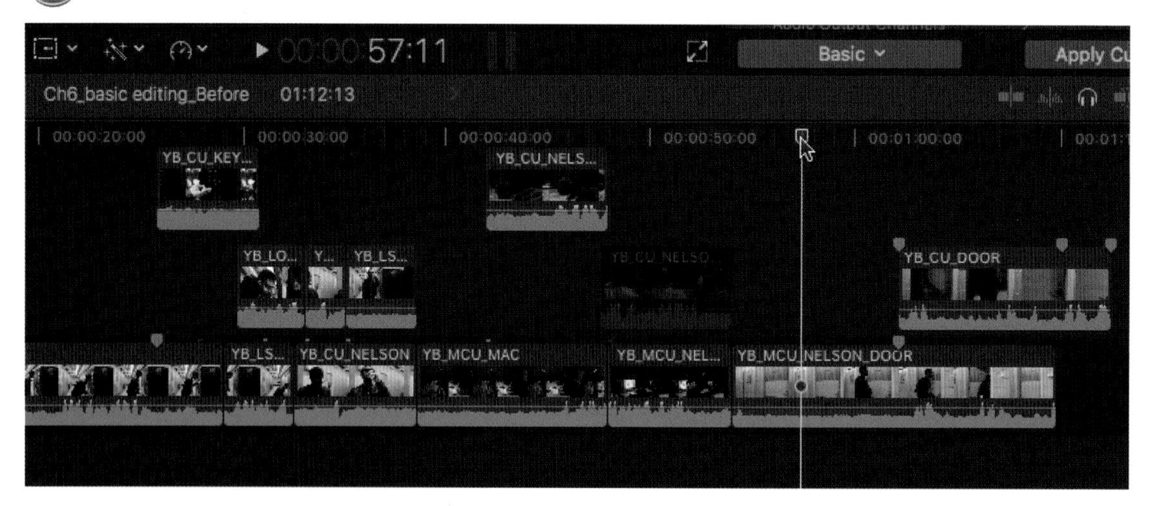

02 툴 바에서 블레이드 툴을 선택해보자(단축키: B).

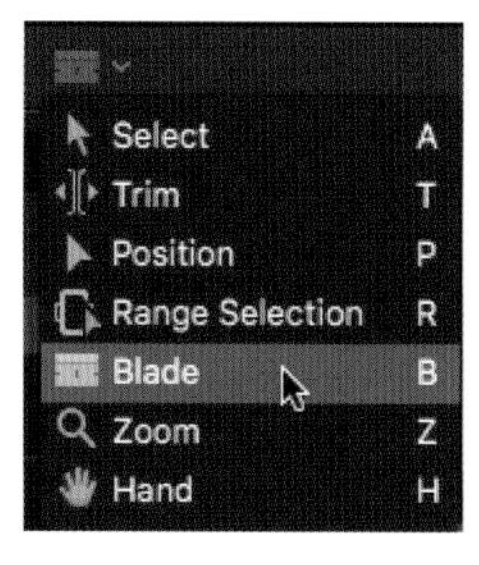

03 타임라인의 마지막 클립(YB_MCU_NELSON_DOOR)의 시작 부분(타임코드 57:11)을 자른다. 아래와 같이 클립이 두 부분으로 나눠진다.

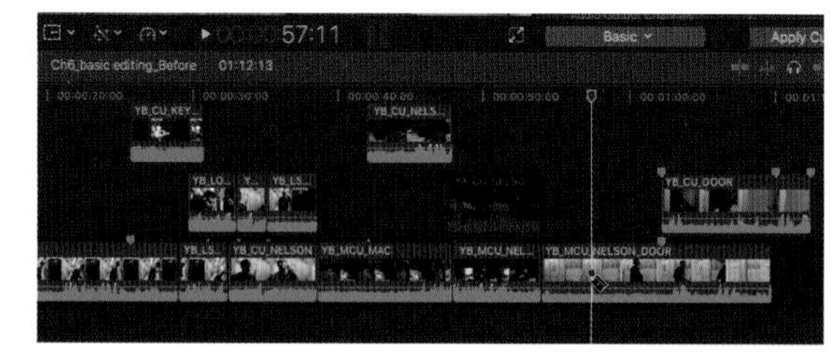

04 사용이 끝난 블레이드 툴을 선택(Select) 툴로 바꿔 준다(단축키: A).

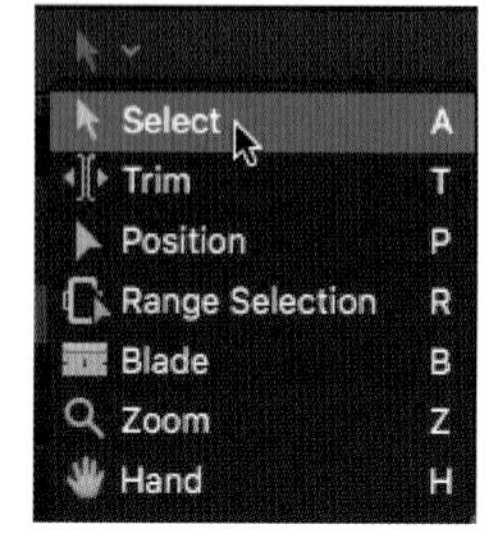

05 선택 툴로 바뀌었으면, 다시 잘린 앞 부분 클립을 선택하자.

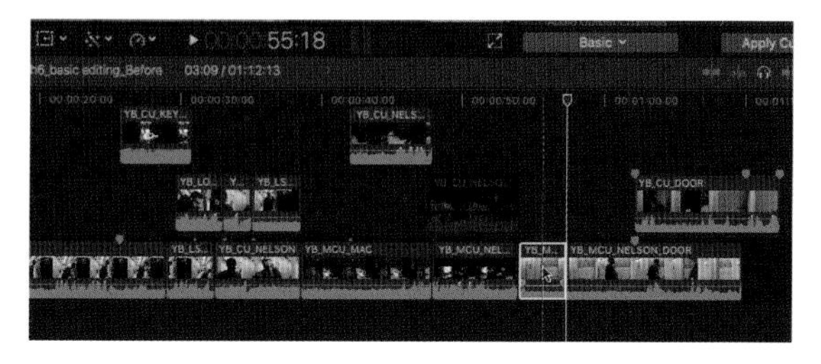

Shift + Delete 또는 키보드 중간 섹션에 있는 작은 Delete 버튼을 누르면 클립이 삭제된다(Shift + Delete: 갭을 남기고 지우기).

지워진 클립을 표시하는 진한 회색의 갭(gap) 클립이 남는다.

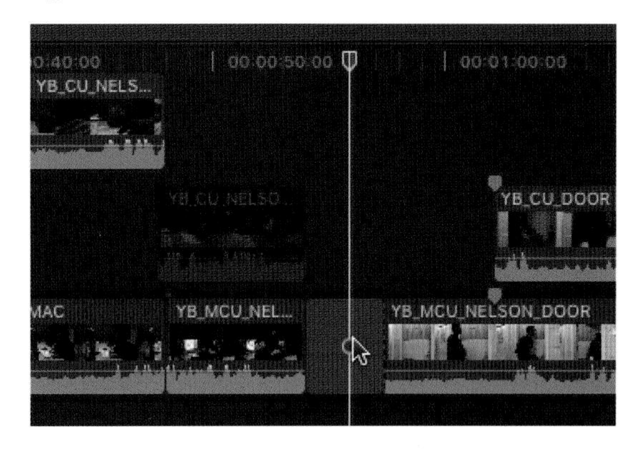

참조사항

남겨진 갭을 지우고 싶으면 갭을 선택한 후 다시 일반 지우기를 하면 된다(큰 Delete 버튼: 갭을 안 남기고 모두 지우기).

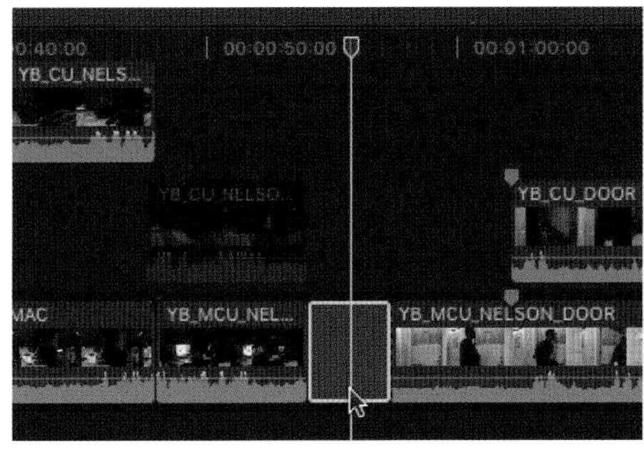

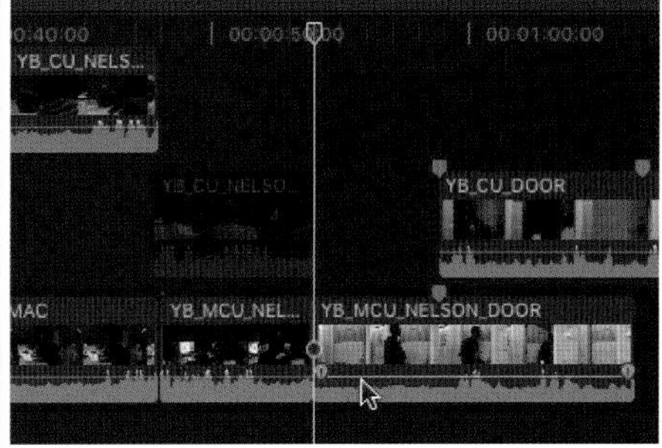

참조사항

연결된 클립의 구간 지우기

Range 툴 선택 또는 단축키 R을 눌러 타임라인에서 지우고 싶은 구간을 선택, Edit 〉 Delete 또는 Delete 키를 누른다. 아래의 경우처럼 프라이머리 스토리라인에 있는 클립이 아닌 연결된 클립에서 클립의 구간을 지우면 클립이 두 개로 나눠진다.

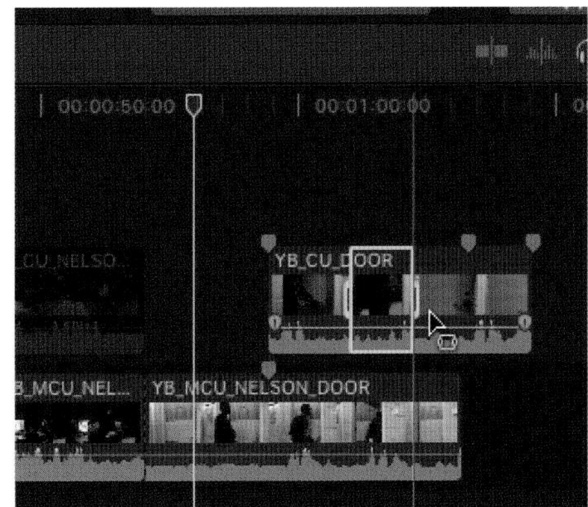

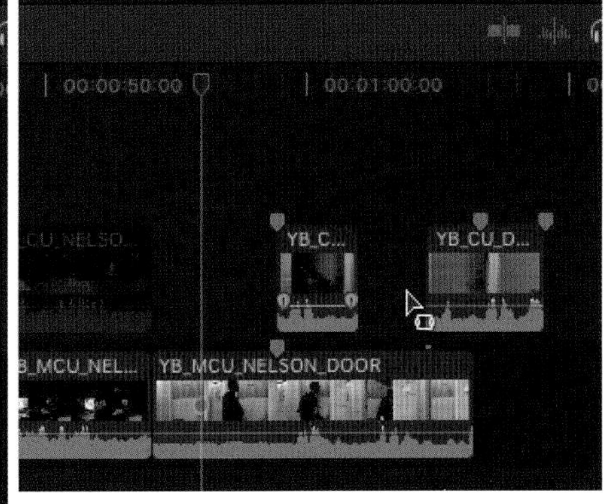

프라이머리 스토리라인에 있는 클립 구간을 지우면, 지워진 부분이 자동으로 메꾸어지기 때문에 잘려진 두 클립 사이의 갭이 발생하지 않는다. 하지만 Shift + Delete를 사용하면 갭이 남겨지면서 그 구간이 삭제된다.

참조사항 **연결된 클립 지우기**

프라이머리 스토리라인 클립에 연결된 클립이 있을 경우에 프라이머리 스토리라인 클립을 선택해 지우면 연결된 클립들이 같이 지워진다. 하지만 Shift + Delete 또는 작은 Delete 버튼을 누르면 갭과 연결된 클립들은 남는다.

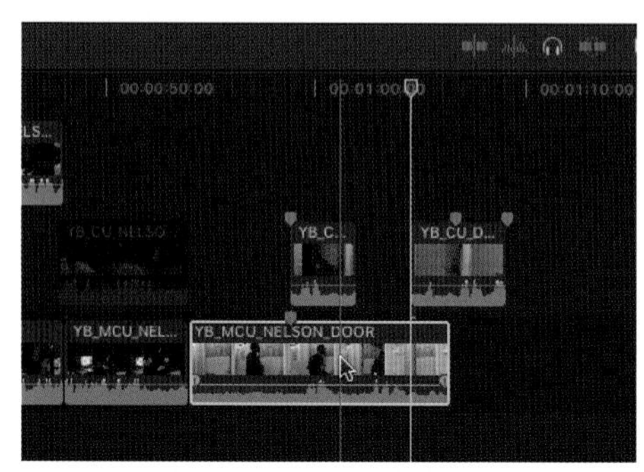

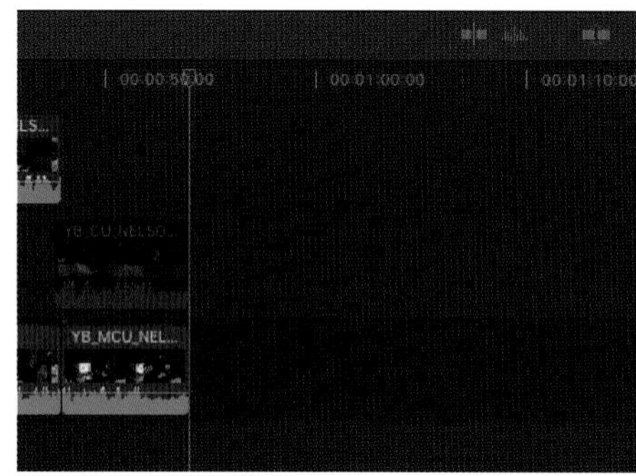

일반적인 Delete의 경우

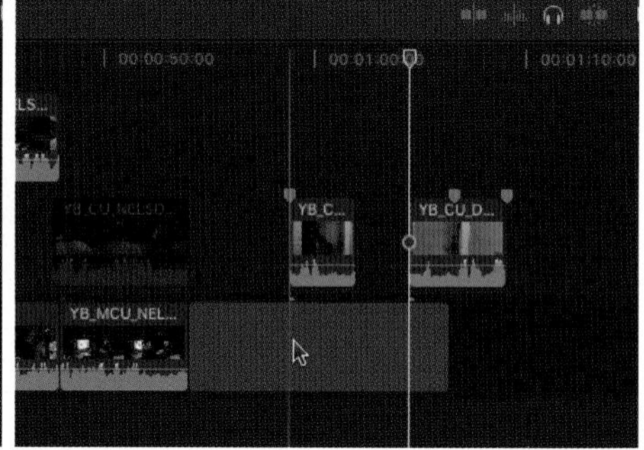

Shift + Delete의 경우

Section 08 대체하기

Replace

대체하기는 선택된 클립을 프로젝트 타임라인에 이미 위치해 있는 다른 클립과 대체하는 작업이다. 클립 대체하기를 진행할 때에는 대체하기(Replace), 시작점부터 대체하기, 끝부분부터 대체하기, 대체하고 오디션(Audition)을 추가하기 옵션 중 한 가지를 반드시 한 가지를 선택해야 한다.

클립을 대체하는 작업은 선택의 옵션에 따라 프로젝트의 전체 길이에 변화를 줄 수도 있고 그렇지 않을 수도 있다.

타임라인 마지막에 연결되어 있는 YB_CU_DOOR 클립을 다른 클립으로 대체해보자. YB_CU_DOOR은 끝날 때 문 손잡이가 잘리는 문제가 있기 때문에 비슷한 다른 클립으로 대체하는 것이다.

YB_CU_DOOR 클립을 클릭한 후, Ctrl + D를 눌러 클립 구간의 길이가 얼마인지 확인해보자. 아래 그림을 보면 알 수 있듯이 YB_CU_DOOR 클립의 길이는 10:08이다.

이제 브라우저에서 YB_CU_DOORLOCK 클립을 선택해서 01:26에 시작점을 표시하자. 문 손잡이를 잡기 바로 전의 지점이다.

이제 Ctrl + D를 눌러, 클립 구간의 길이가 얼마인지 확인해보자. YB_CU_DOORLOCK클립의 선택된 길이는 8:05이다.

타임라인에 잊는 YB_CU_DOOR의 길이를 확인해보면 7:21임을 알 수 있다.

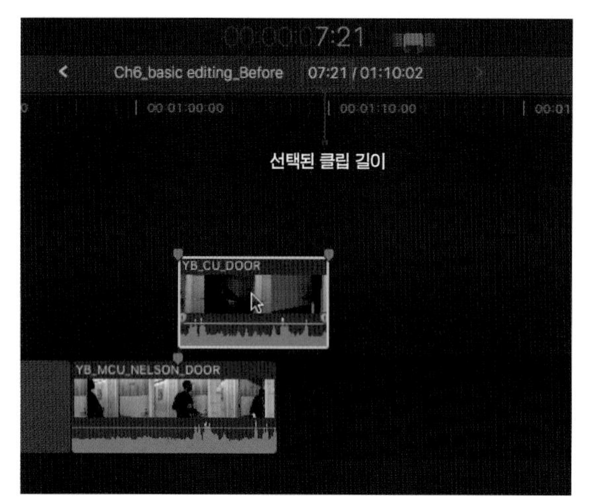

브라우저에서 선택된 YB_CU_DOORLOCK클립을 타임라인의 마지막 연결된 클립 바로 위에 드래그해 보자.

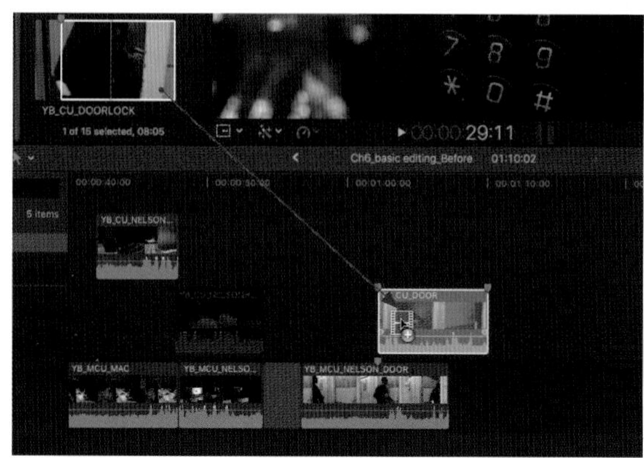

참조사항

바꿀 클립을 타겟 클립 위로 드래그하지 않고 타임라인의 빈 공간으로 드래그하게 되면 가져온 클립이 타임라인에 추가되어 교체가 아닌 연결된 클립으로 바뀐다.

다음과 같이 클립을 어떤 방식으로 대체할 것인가를 선택하는 팝업 창이 뜬다. 대체하기(Replace)를 선택하자. 가져오는 클립의 길이와 상관 없이 존재하는 클립을 대체한다.

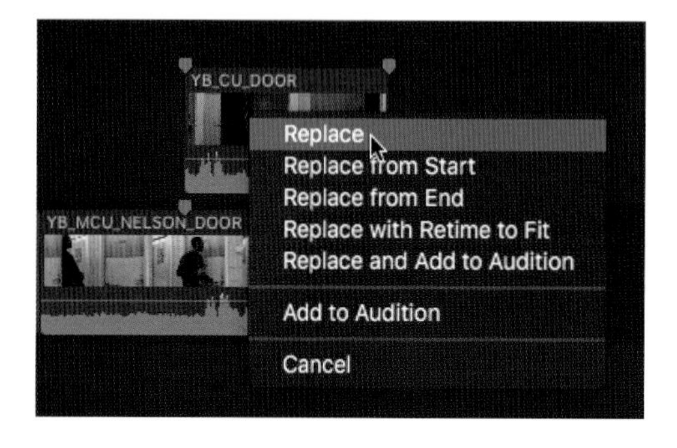

대체된 클립을 확인하자. 새로 대체된 클립의 길이에 따라 타임라인의 길이가 변경된다.

여기서 주의할 점은 Replace(대체하기)와 Replace from Start(시작점부터 대체하기)의 차이점이다. Replace는 브라우저에서 선택한 클립의 길이가 우선시되고 Replace from Start는 타임라인에 있는 클립의 길이가 우선시 된다. 예를 들어 3초짜리 클립을 브라우저에서 타임라인에 있는 2초짜리 클립에 가져와 Replace from Start를 하면 타임라인의 클립 길이가 우선시되기 때문에 브라우저에서 가져온 클립은 2초까지 쓰이게 된다. 타임라인에 있는 편집점들을 변형시키지 않기 위해 편집 시 Replace보다는 보통 Replace from Start를 자주 사용한다.

참조사항

a. 대체하기(Replace): Shift + R

새로운 클립이 이미 존재하는 클립을 길이와 관계 없이 대체한다.

예 브라우저에서 3초짜리 클립을 타임라인에 있는 2초짜리 클립의 공간으로 대체하면 타임라인의 전체 길이가 1초 더 늘어난다.

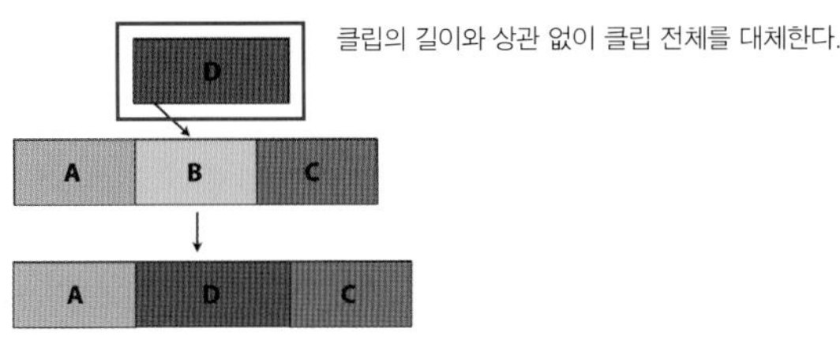

새로운 클립의 길이가 기존 클립보다 길기 때문에 전체 시퀀스 길이가 늘어났다.

b.시작점부터 대체하기(Replace from Start): Option + R

1) 새 클립이 원래의 클립보다 길이가 길 경우: 새 클립이 원래 있던 클립을 첫 프레임부터 시작해서 대체한다. 이는 원래 존재하던 클립의 길이 때문으로 시퀀스의 길이를 변하지 않게 하기 위해서이다.

예 브라우저에서 3초짜리 클립을 타임라인에 있는 2초짜리 클립의 공간으로 시작점부터 대체하기 하면 3초짜리 클립에서 앞에서부터 2초만 사용되고 나머지 1초는 그냥 사용되지 않는다. 타임라인의 전체 길이가 같다.

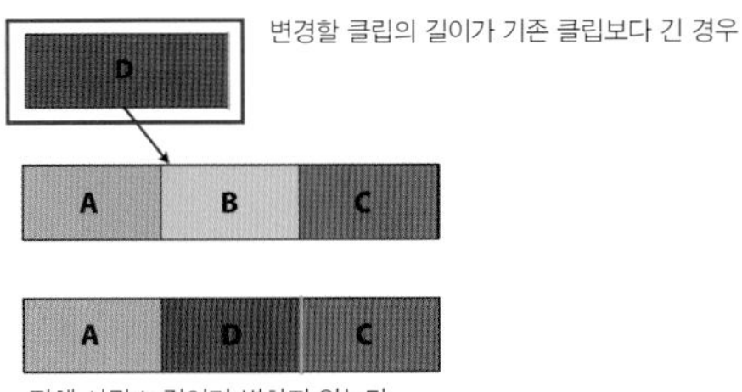

전체 시퀀스 길이가 변하지 않는다.

2) 새 클립이 원래의 클립보다 길이가 짧은 경우: 새 클립의 길이가 충분히 길지 않다고 알리는 경고창이 뜬다.

예 브라우저에서 1초짜리 클립을 타임라인에 있는 2초짜리 클립의 공간으로 시작점부터 대체하기 하면 1초만 사용되고 나머지 1초의 공간은 그냥 사용되지 않는다. 타임라인의 전체 길이가 짧아진다.

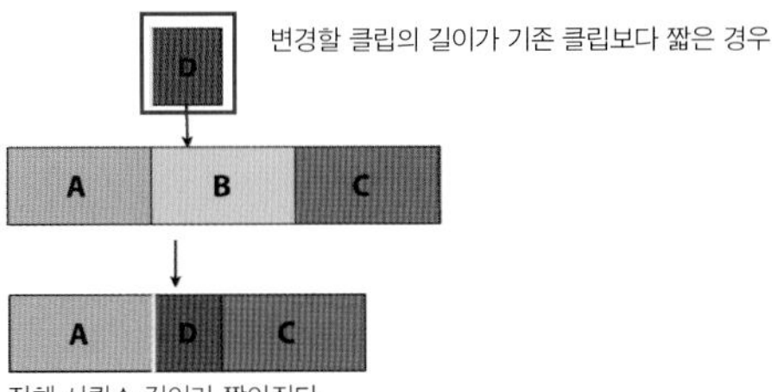

전체 시퀀스 길이가 짧아진다.

따라서 시퀀스는 클립을 대체한 이후 짧아진다.

c.끝점부터 대체하기(Replace from End)

1) 새 클립이 원래의 클립보다 길이가 길 경우: 새 클립이 원래의 클립을 맨 마지막 프레임부터 시작하여 원래 클립의 길이만큼 대체한다. 이는 시퀀스의 길이가 변하지 않게 하기 위함이다.

예 브라우저에서 3초짜리 클립을 타임라인에 있는 2초짜리 클립의 공간으로 끝점부터 대체하기 하면 3초짜리 클립에서 뒤에서부터 2초만 사용되고 나머지 1초는 그냥 사용되지 않는다. 타임라인의 전체 길이가 같다.

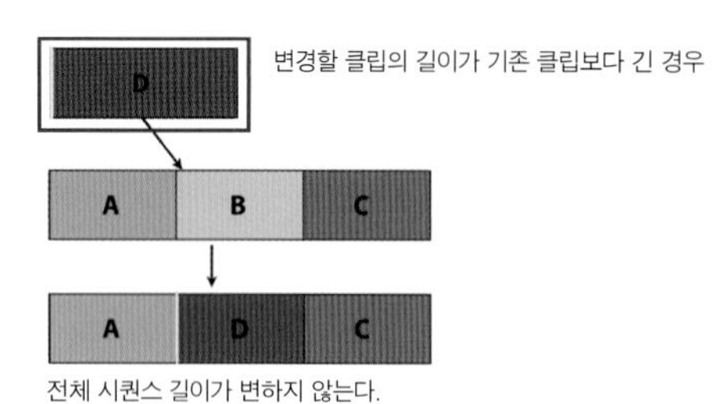

Replace(Shift + R): 브라우저에 있는 선택된 소스 클립의 길이만큼 대체한다. 새로 대체된 클립의 길이에 따라 스토리라인의 길이가 변한다.

Replace(Option + R): 타임라인에 있는 클립의 길이만큼 대체한다. 새로 대체된 클립의 길이와 상관 없이 스토리라인의 길이가 변하지 않는다.

Section 09 클립을 드래그 Drag 해 타임라인에 추가하기

이벤트에 있는 모든 클립을 타임라인으로 드래그해서 연결하기(Connect)할 수 있다.

음악 파일을 브라우저에서 선택한다. 이 음악은 분위기를 추가하기 위해 타임라인에 넣어주는 클립이다. 단축키 X 를 누르면 클립 전체가 쉽게 선택된다.

02 음악 파일을 드래그해서 타임라인의 맨 앞에 있는 클립에 맞춰 위치시킨다.

클립을 타임라인으로 드래그해서 사용하는 방법은 예전에 많이 사용되었는데, 지금은 단축키 Q를 사용해서 클립을 타임라인으로 가져오는 걸 선호한다.

Section 10 타임라인에서 클립 위치 바꾸기

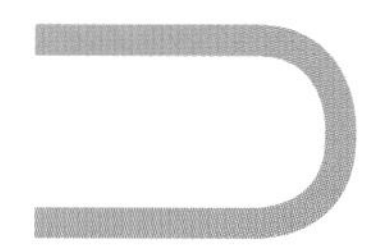

편집 과정에서는 자주 타임라인에 있는 클립의 위치를 바꿔야 할 때가 있다. 아래의 예제를 통해 클립들 간의 위치를 바꾸는 과정을 배워보자.

첫 번째로 세 번째 클립 YB_LS_NELSON의 앞쪽 부분을 자른다. 그 다음 플레이헤드를 자를 지점 위에 위치시킨 후, 자르기(단축키 ⌘ + B)를 사용해서 그 지점을 자른다. 앞 섹션에서 배운 블레이드 툴(B)을 사용하는 경우도 있다.

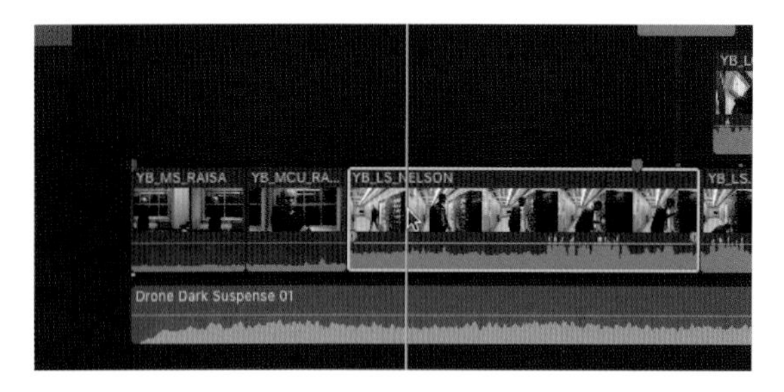

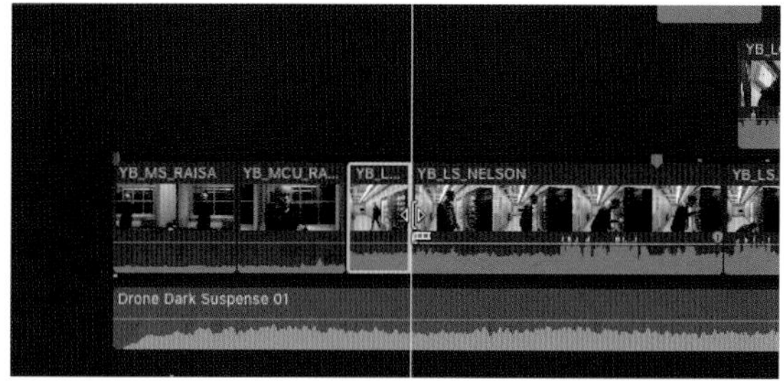

02 세 번째 클립과 두 번째 클립의 위치를 바꿔보자. 마우스로 세 번째 클립을 선택하자.

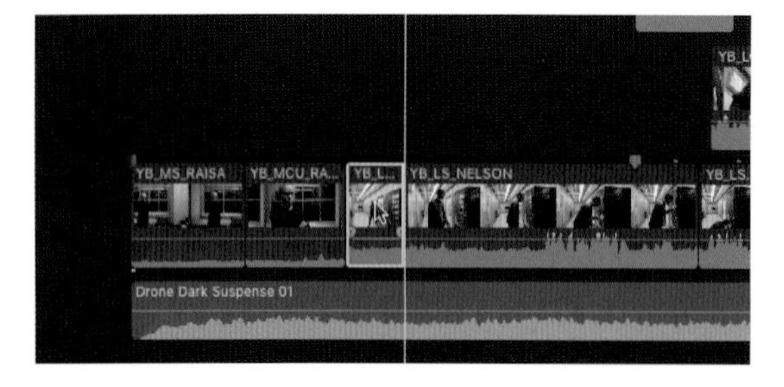

마우스로 선택된 세 번째 클립을 두 번째 클립 왼쪽 옆으로 이동해보자(첫 번째와 두 번째 클립 사이).

두 클립의 위치가 바뀌었다. 마그네틱 타임라인의 장점으로 중간에 갭이 발생하지 않고 두 클립이 교체되었다.

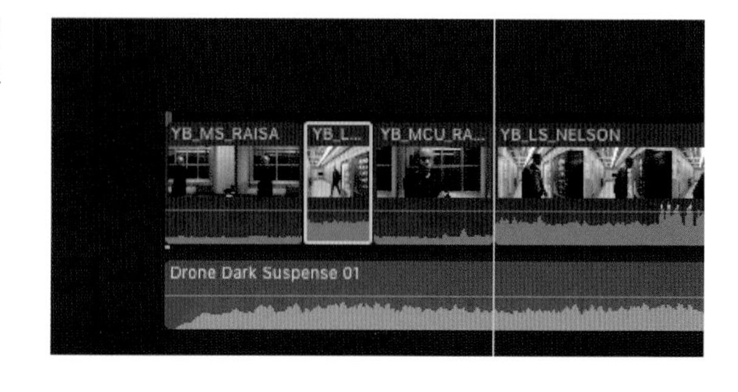

참조사항 클립들 간의 위치 바꾸기는 서로 멀리 떨어져 있는 위치라도 상관없다. 프라이머리 스토리라인에 있는 클립을 옮길 경우 그 클립에 연결된 클립도 같이 움직인다.

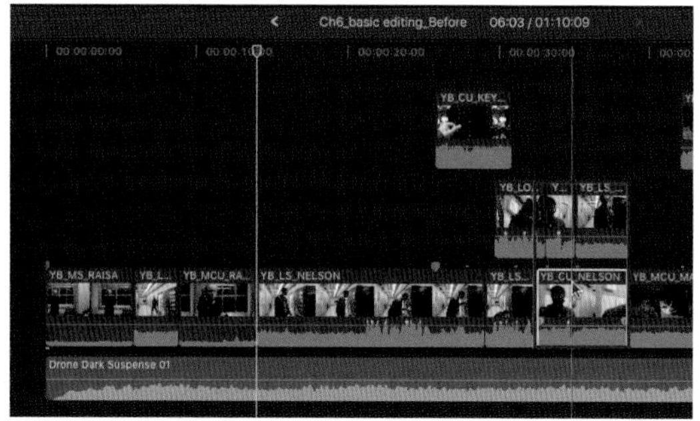

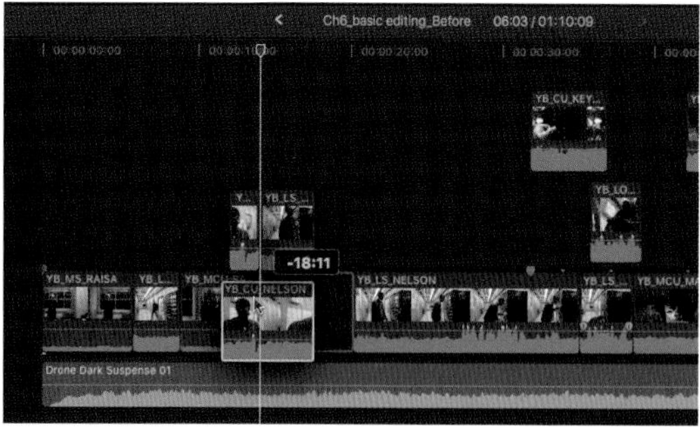

Section 11 플레이스홀더

편집 시 나중에 필요한 클립이 들어갈 빈 공간을 표시하는 플레이스홀더는 갭(gap)과 비슷하지만 사용자에게 필요한 정보를 따로 표시할 수 있기 때문에 좀 더 유용한 툴이다.

갭 클립은 단지 빈 공간의 길이만 채울 뿐 아무런 정보도 제공하지 않는다. 하지만 플레이스홀더는 인스펙터(Inspector)창에서 설정을 통해 해당 클립이 실내샷인지 실외샷인지, 밤에 찍은 씬인지 낮에 찍은 씬인지, 또는 몇 명의 인물이 해당 씬에 보이는지를 알려줄 수 있다. 또한, 인스펙터에서 특정한 노트를 남길 수도 있다.

그럼 이제 프로젝트에 플레이스홀더를 추가해보자.

01 세 번째 클립과 네 번째 클립 사이로 플레이헤드를 위치시킨다. 이때 키보드의 위/아래 화살표(↑/↓)를 이용하면 클립과 클립 사이로 쉽게 이동할 수 있다.

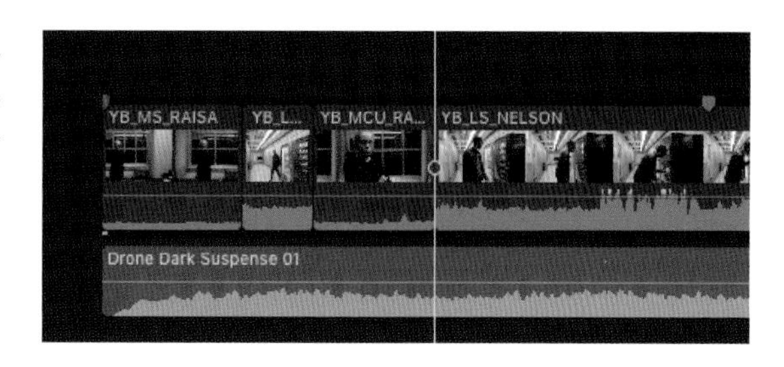

메뉴에서 Edit 〉 Insert Generator 〉 Placeholder를 선택한다.

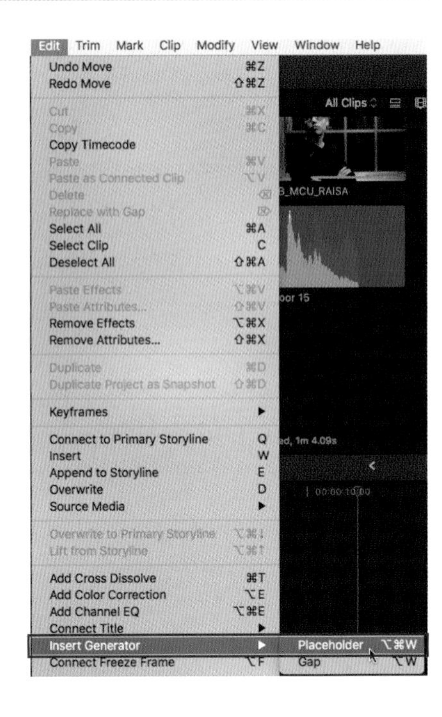

플레이스홀더가 인서트된다.

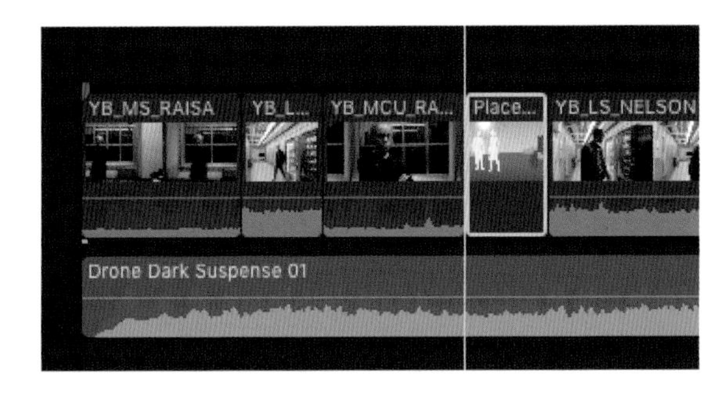

타임라인에서 플레이스홀더 클립을 선택한 후 인스펙터 창을 연다.

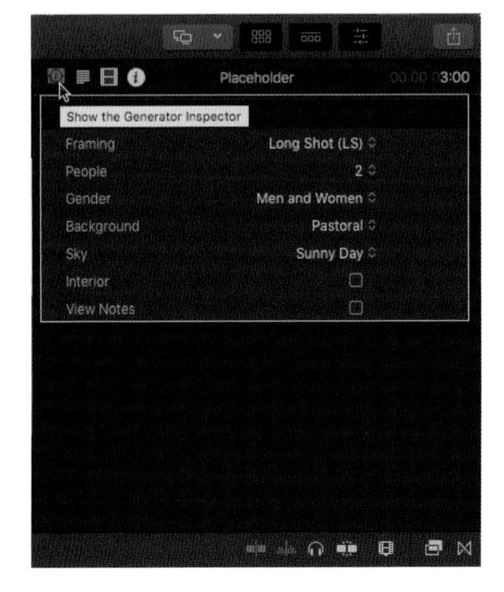

인스펙터 창을 열기 전에 타임라인에서 플레이스홀더 클립이 선택되어 있어야 입력한 내용이 뷰어 창에서 바로 프리뷰된다.

아래와 같이 플레이스 홀더의 내용을 바꾼다.

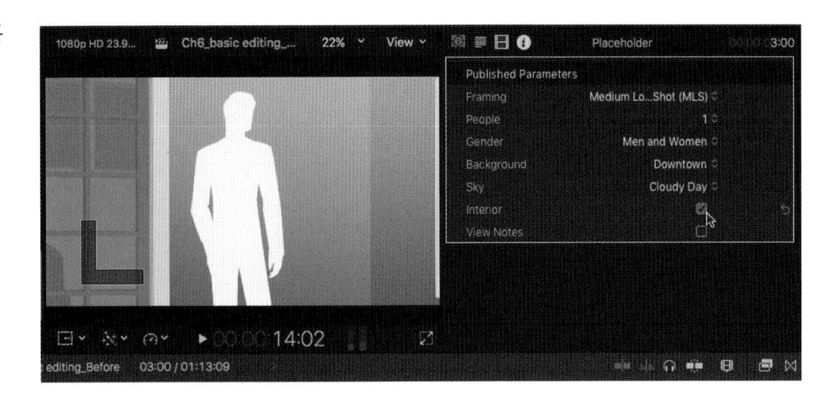

참 조 사 항 플레이스홀더에 있는 입력 사항을 초기화시키기

Published Parameters 구간 끝에 마우스를 가져간 후 옵션 팝업 창을 열어 Reset Parameter를 선택하면 입력된 내용이 초기화된다.

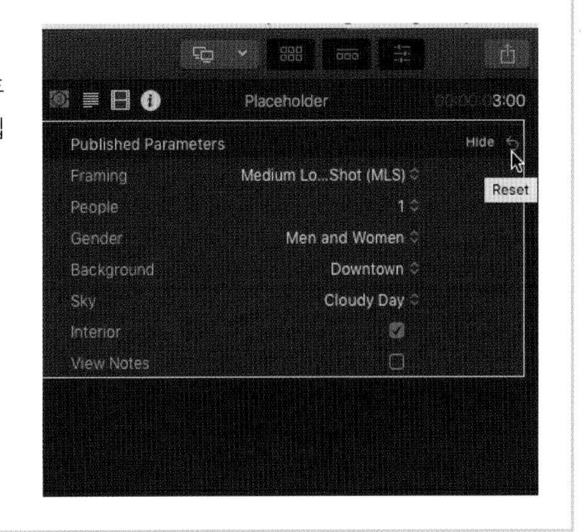

06 제너레이터 인스펙터에서 다음과 같은 사항들을 입력한 다음, View Notes를 체크해서 노트를 만들 수 있게 한다. 인스펙터에서 변경한 모든 항목들은 뷰어에서 보이기 때문에 이를 확인할 수 있다.

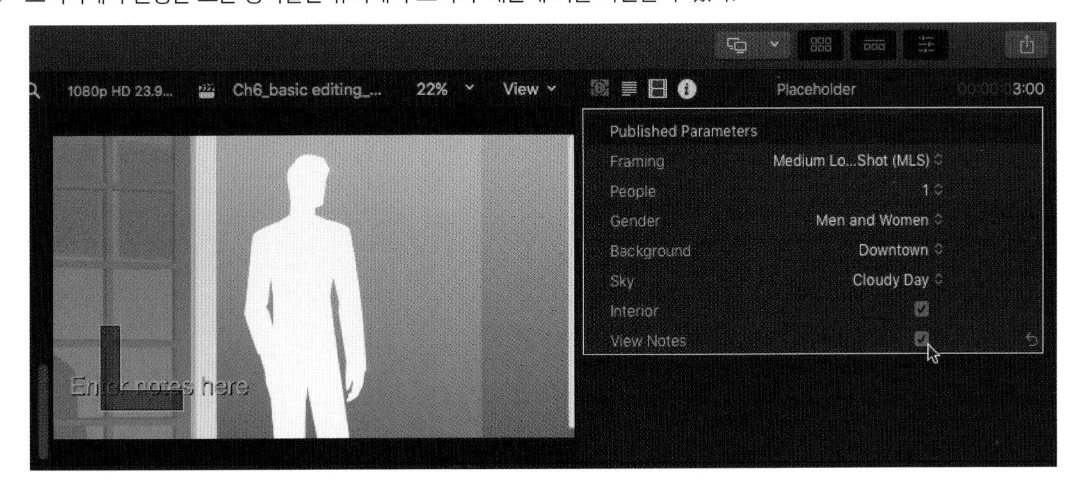

텍스트 인스펙터(Text Inspector) Text란의 "Enter notes here"라고 쓰여진 공간에 노트하고 싶은 내용을 입력한다.

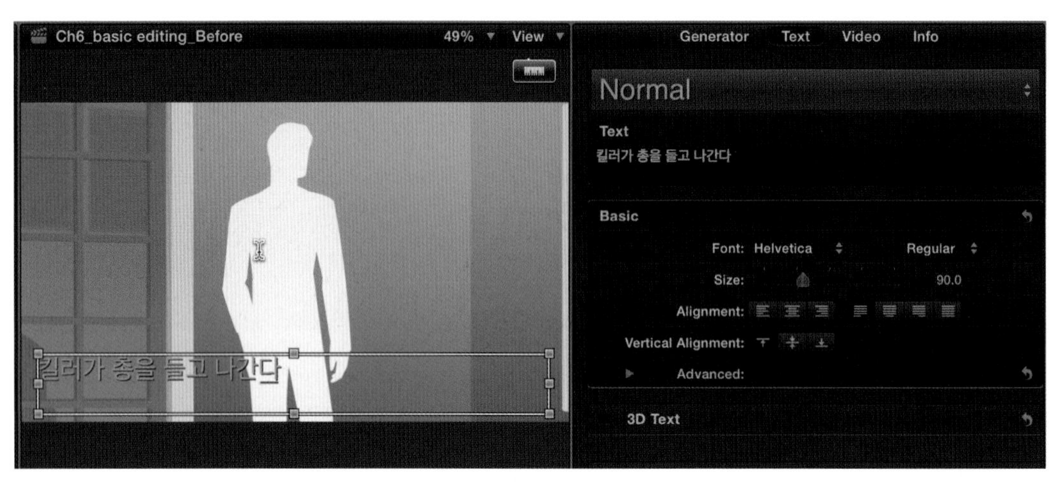

참조사항 플레이스홀더를 제너레이터 브라우저(Generators Browser)에서도 드래그해서 가져올 수 있다.

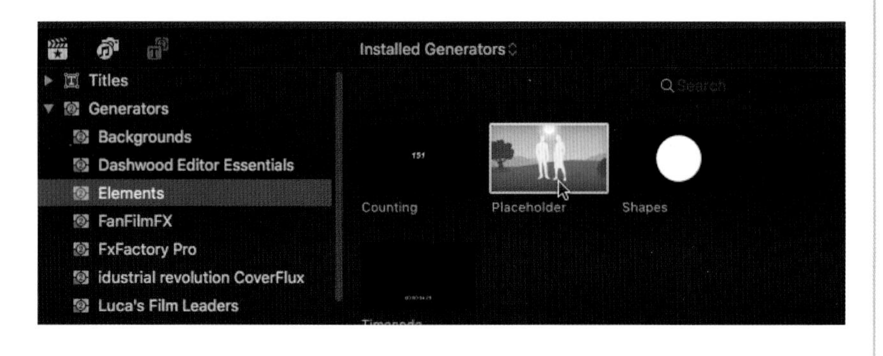

Chapter 06 요약하기

이번 챕터 06에서는 비디오 편집에서 가장 기본적인 4가지 편집 방식인 삽입하기, 덧붙이기, 덮어쓰기, 연결하기에 대해 자세히 알아보았다. 파이널 컷 프로 X에서 편집 시 많이 사용되는 4가지 방식의 클립 대체하기(Replace) 기능과 타임라인에서 지워진 클립의 빈 공간을 대체하는 갭(Gap)의 소개, 그리고 빈 클립에 자세한 노트 표시가 가능한 플레이스홀더(Placeholder)의 사용법도 배워보았다. 갭과 플레이스홀더는 가편집 시 필요한 클립이 아직 다 모아지지 않았을 때 대체안으로 잠시 사용될 수 있다. 그 외에도 편집에 필수적으로 사용되는 표시 기능인 마커(Marker)와 전체 클립이 아닌 클립의 구간 부분을 선택하는 방법도 배워 보았다.

Memo

Chapter

07

고급 편집

Advanced Editing

이전 챕터 06에서 기본적인 편집 툴을 가지고 전반적인 편집 기술을 익혔다면 이번 챕터 07에서는 트리밍을 이용한 정교한 편집 방법을 배워보도록 하겠다.

편집 단계를 분류할때 가편집(Rough Cut)과 본편집(Fine Cut)으로 나누어서 설명을 하는데, 이전 챕터에서 배운 기본 편집방식은 가편집에서 많이 사용되고 지금부터 배우는 트리밍(Trimming)은 본편집에서 많이 사용된다.

가편집(Rough Cut)이란 스크립트에 맞춰 사용할 클립들을 타임라인에 적당히 모은 상태를 말한다. 실제로 가편집 과정은 전체 편집 과정에서 많은 시간을 차지하지는 않는다. 가편집이 끝난 후의 실제적인 편집 단계를 일컫는 본편집(Fine Cut) 단계에서 대부분의 편집자들이 많은 시간을 소요한다.

본편집(Fine Cut) 단계에서는 여러 가지 트리밍 툴(Trimming Tool)을 이용해 한두 프레임 단위의 세밀한 편집을 해야 하는데 단순한 선택 툴의 사용보다는 좀 더 효과적이고 전문적인 편집방식인 트리밍 툴(Trimming Tool)의 사용이 필수적이다. 트리밍 툴은 2개 이상의 편집 포인트를 한번에 수정할 수 있기 때문에 처음에는 복잡하게 느껴지지만 사용 방법을 잘 익혀두면 복잡한 과정의 편집을 한두 번의 단계로 아주 효율적으로 할 수 있다.

예를 들어, 두 클립이 붙어 있는 편집 포인트를 적당한 트리밍 툴로 움직여 하나의 클립이 늘어날 때 다른 쪽 클립의 길이를 자동적으로 줄어들게 할 수도 있다. 물론 지금 소개되는 트리밍 툴을 사용하지 않고도 본편집을 할 수 있지만 한번에 끝날 수 있는 과정을 여러 번의 단순 편집 툴 사용으로 시간을 많이 소요할 수 있기 때문에 전문 편집자로 가는 과정에서 트리밍 툴의 기능과 사용은 필수라고 할 수 있다.

지금부터 파이널 컷 프로 X에서 제공하는 기본적인 4가지 트리밍 툴인 리플(Ripple) 편집 툴, 롤(Roll) 편집 툴, 슬립(Slip) 편집 툴, 슬라이드(Slide) 툴을 여러 가지 편집 상황에 맞추어 사용해보면서 각각의 사용 방법에 대해 자세히 알아보겠다. 그리고 하나의 트랙만 사용하는 프로그램의 특성상 어쩔 수 없이 많이 사용되는 컴파운드 클립(Compound Clip)기능과 파이널 컷 프로 X에 새롭게 소개되는 오디션(Audition)에 관해서도 설명을 하겠다.

Section 01 트리밍

트리밍(Trimming)은 클립들을 간단하게 편집한 후 초기 상태의 프로젝트를 정밀하게 다듬는 작업을 말한다. 프로젝트를 타임라인에서 재생할 때는 클립의 편집된 부분만이 보이나, 편집자는 원본 미디어 파일의 모든 프레임을 브라우저에서 확인할 수 있다.

지금까지는 원하는 클립들을 대충 선택하고 이를 프로젝트의 타임라인에 모았다면 이제는 사용된 클립들의 원래의 시작점과 끝점이 그 콘텐츠나 위치의 면에서 최선인지, 그리고 다음 클립과의 연결은 얼마나 자연스러운지를 확인해야 한다. 한 클립의 길이를 늘리기 위해, 그 클립의 앞뒤로 얼마나 많은 수의 프레임을 추가할 수 있느냐는 원본 미디어파일의 내용물이 얼마만큼 더 사용 가능한가에 달렸다. 클립에 표시된 선택 부분이 아닌 사용되지 않고 남는 프레임을 핸들(Handle)이라고 부른다.

참조사항 핸들(Handles)이란?

핸들은 사용된 클립의 시작점(In)의 이전과 끝점(Out)의 이후에 위치한 여유분의 비디오를 말한다. 예를 들어, 브라우저에 있는 10초짜리 비디오 클립에서 중간 부분 4초만 타임라인에 사용되었다면 사용된 부분을 기준으로 앞부분과 뒷부분으로 여유분인 핸들이 존재한다.
아래 그림을 보면, 윗 클립의 끝부분 이후에 회색으로 표시된 섹션이 핸들인데 이는 타임라인에는 나타나지 않으나 그 클립 안의 여유분의 비디오이다. 아래에 위치한 클립의 시작점 이전에 회색으로 표시된 영역도 핸들이다.

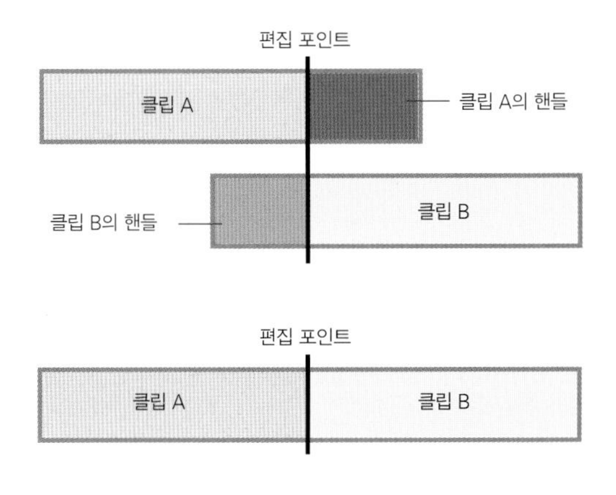

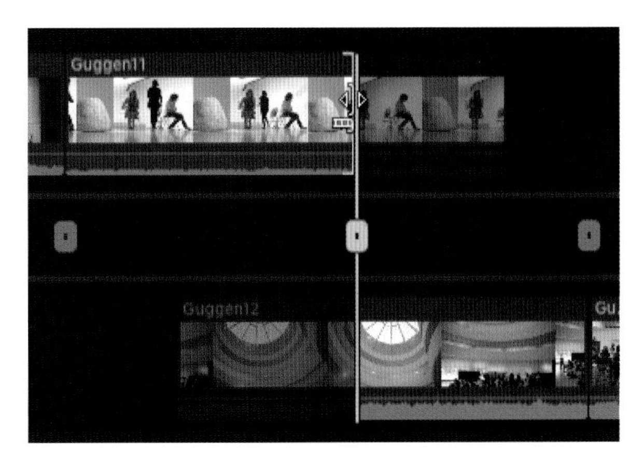

두 클립의 편집 포인트에서 끝부분과 시작부분을 보면 어둡게 보이는 핸들이 보인다. 이 엔딩 포인트의 위치를 왼쪽, 오른쪽으로 조절할 수 있는데, 노란 선은 현재 사용되고 있는 끝 지점이고 그 옆의 어두운 클립 부분은 사용 가능한 핸들이다. 보통의 트랜지션을 사용하기 위해서는 눈으로 보이는 끝 지점 이외의 핸들이 필요하다.

빨간색으로 표시되는 클립의 끝 지점은 이 클립의 시작이나 끝이라는 표시이다. 더 이상의 핸들이 없다는 것이다.

Section 02 트리밍 Trimming 보기 옵션 설정 확인

파이널 컷 프로의 트리밍 기능을 사용하기 전에 먼저 설정 창(Preferences)을 열고, 편집과 재생 구간에 대한 옵션을 자신의 스타일에 맞게 바꿔준다. 이전 챕터에서 이미 설정 창에 대한 자세한 설명을 했기 때문에 여기서는 트리밍을 위한 설정만 다시 확인해보기로 하겠다.

Final Cut Pro 〉 Preferences를 선택하거나 단축키 ⌘ + ,(콤마)를 누르면 설정 창을 열 수 있다. 편집 창과 재생 창을 차례로 클릭해서 아래와 같이 설정이 되어 있는지 확인해보자.

⊙ 편집 Editing 설정 창

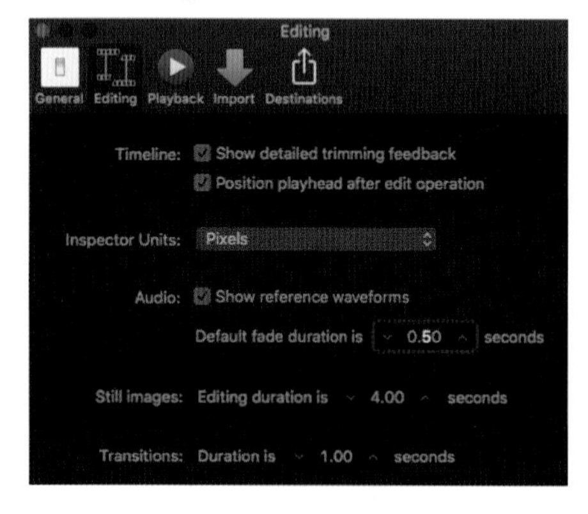

⊙ 재생 Playback 설정 창

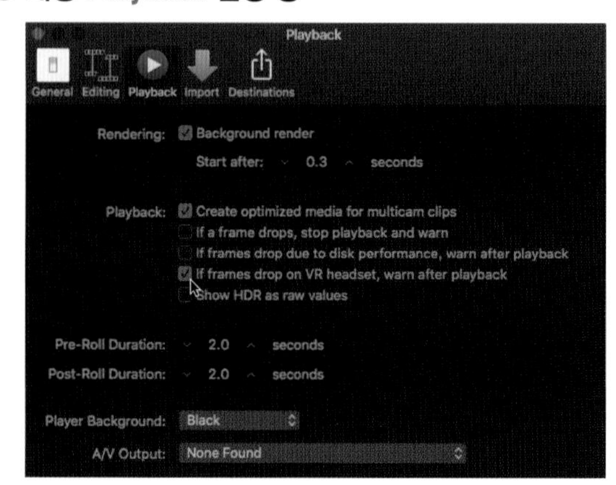

플레이헤드 주변에서 비디오를 재생시키는 옵션인 Play Around를 사용할 때, 플레이헤드 몇 초 전 또는 몇 초 후까지 클립을 재생할 것인지 결정하는 Pre-Roll(플레이헤드 이전의 클립 부분)과 Post-Roll(플레이헤드 이후의 클립 부분) 길이를 원하는 대로 설정한다.

Section 03 트림 툴

Trim Tool

트림 툴은 클립 두 개가 붙어있는 편집 포인트를 한번에 조절할 수 있기 때문에 여러 번에 걸쳐서 해야 하는 편집 작업을 한 단계의 실행으로 가능하게 해준다.

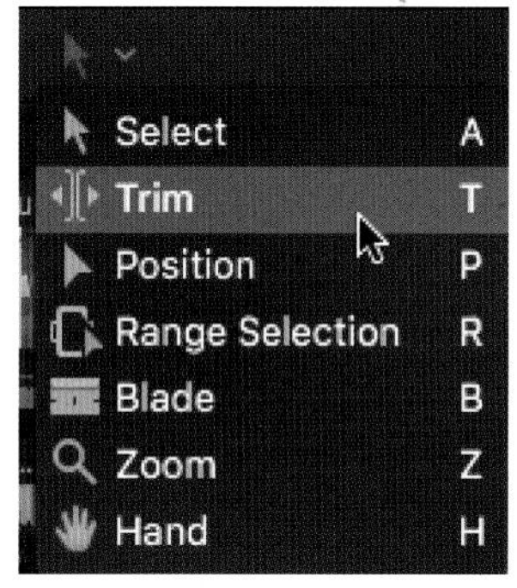

툴 선택 메뉴

파이널 컷 프로 X는 아래와 같은 네 가지의 기본적인 트림 기능을 모두 갖추고 있다.
리플(Ripple) 편집을 할 때에는 기본 선택 툴(Selection tool) 모드에서 사용하고, 그 외에 롤(Roll), 슬립(Slip), 슬라이드(Slide) 편집을 할 때에는 트림 툴(Trim tool) 모드에서 사용한다.

시작점 리플(Ripple)

끝점 리플(Ripple)

롤(Roll)

슬립(Slip)

슬라이드(Slide)

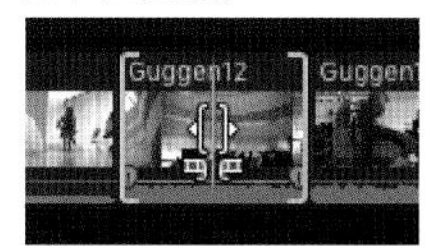

⊙ 리플 Ripple

리플 편집 툴에서는 클립의 좌우 시작점이나 끝점을 움직여 클립의 길이를 줄이거나 늘일 수 있다.
리플 툴을 이용해서 클립을 왼쪽으로 당기면 당겨진 클립은 짧아지고, 시퀀스 전체 길이 또한 당겨진 클립의 길이만큼 줄어든다. 하지만 변화된 클립 이외의 모든 부분은 그대로이다.

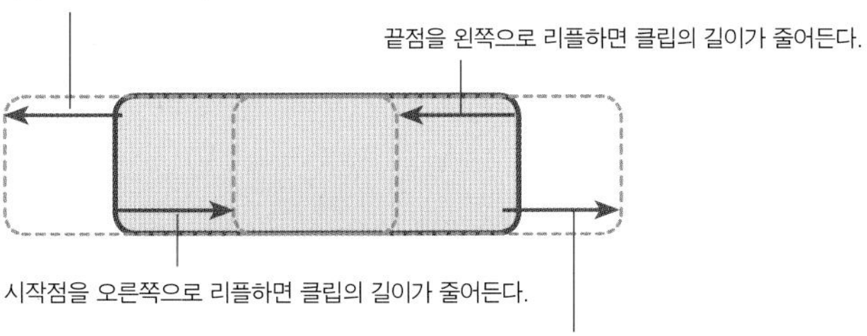

1 오른쪽에 있는 클립의 끝점을 리플할 경우

2 왼쪽에 있는 클립의 시작점을 리플할 경우

주의사항 클립의 시작점을 리플할 경우, 클립의 끝점을 리플할 경우와 반대로 마우스를 오른쪽으로 드래하면 클립의 길이가 줄어들고, 왼쪽으로 드래그하면 클립의 길이가 늘어난다.

⊙ 롤 Roll

롤 편집 툴은 두 클립 사이의 편집 포인트를 좌우로 움직여 편집된 상태의 시퀀스의 길이를 그대로 유지하면서 두 클립의 길이를 동시에 조정하는 편집 기능이다.

오른쪽 그림처럼 두 클립 사이를 롤(Roll) 편집 툴을 이용해 오른쪽으로 움직이면 왼쪽 클립은 늘어나고 오른쪽의 클립은 앞에서부터 줄어들게 된다. 따라서 롤(Roll) 툴을 사용하는 동안 시퀀스 전체 길이에는 아무런 변화가 없게 된다.

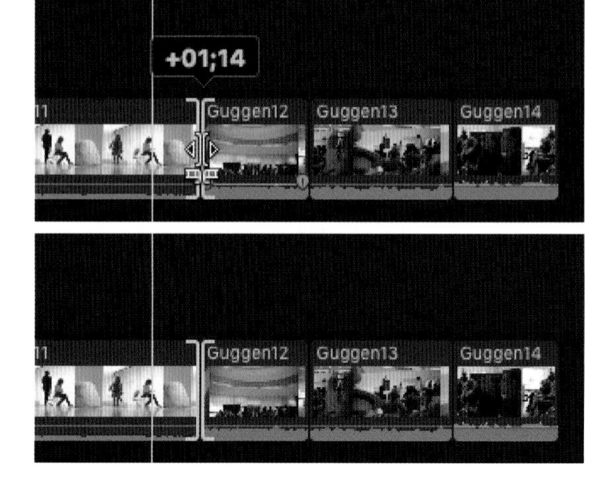

슬립 Slip

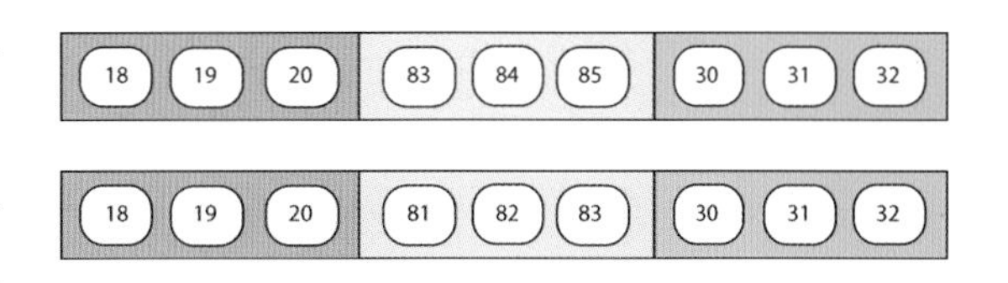

타임라인에서 가운데 클립을 위치 변화 없이 내용만 바꿀 수 있는 기능이다. 이 슬립(Slip) 툴을 사용하면 슬립된 클립의 시작점과 끝부분에 변화가 생기지만 그 클립의 위치와 시퀀스 전체의 길이에는 아무 변화도 생기지 않는다.

예를 들어 아래의 그림과 같이 83번째 프레임에서 시작해 85번째의 프레임으로 끝나는 클립을 슬립(Slip)툴로 당기면 좀 더 앞의 프레임인 81번째 프레임에서 시작한다. 타임라인에서 사용된 클립의 길이와 원래 있던 위치에는 아무런 변화가 없지만 그 내용만 바뀐다.

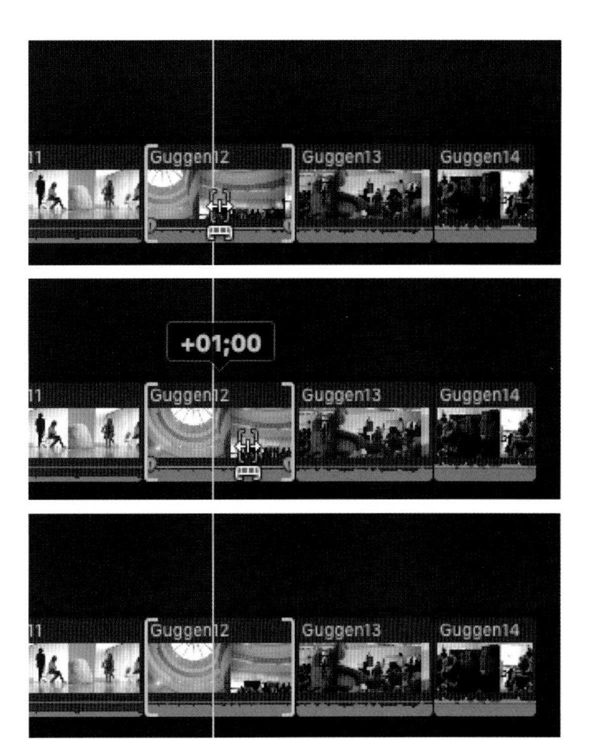

클립을 슬립(Slip) 툴을 이용해 왼쪽으로 돌리면 그 클립의 시작점이 더 빨라진다. 반대로 오른쪽으로 돌리면 시작하는 프레임이 원래의 시작 프레임보다 뒤쪽으로 이동한다. 두 클립 가운데에서 슬립(Slip)된 클립의 위치에는 변화가 없고 클립의 시작과 끝 포인트가 바뀌었다.

슬립 툴을 쉽게 이해하기 위해 예를 들어보면, 커다란 드럼통을 제자리에서 오른쪽 왼쪽으로 돌리는 경우를 생각하면 된다. 드럼통을 돌릴 때 보이는 면은 달라지지만 보이는 면적과 드럼통 전체의 위치는 변화가 없다.

슬라이드 Slide

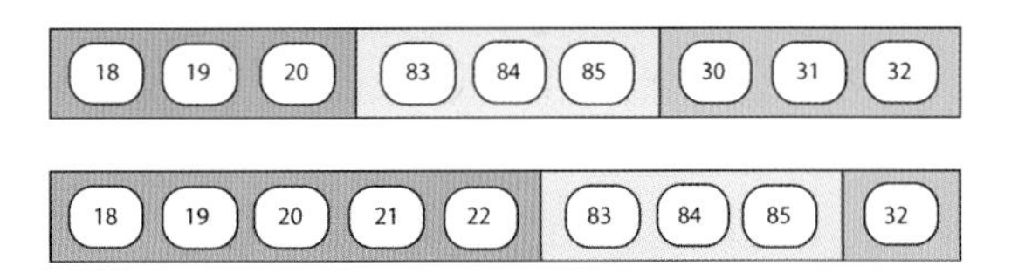

세 개의 클립 가운데 있는 클립을 오른쪽 또는 왼쪽으로 움직여 앞과 뒤의 클립에 변화를 주는 기능이다. 시퀀스의 길이에는 변화가 생기지 않고 슬라이드 된 클립의 앞 클립과 뒷 클립에 변화가 생긴다(참고로 저자는 거의 사용하지 않는 기능이다).

두 클립 사이에 있는 클립을 오른쪽으로 슬라이드(Slide)하면 그 클립의 위치는 원래보다 좀 더 오른쪽으로 위치하게 된다. 하지만 슬라이드된 클립의 첫 프레임과 마지막 프레임에는 아무런 변화가 없다. 대신 양쪽에 있던 클립들이 하나는 길어지고 다른 하나는 짧아졌다.

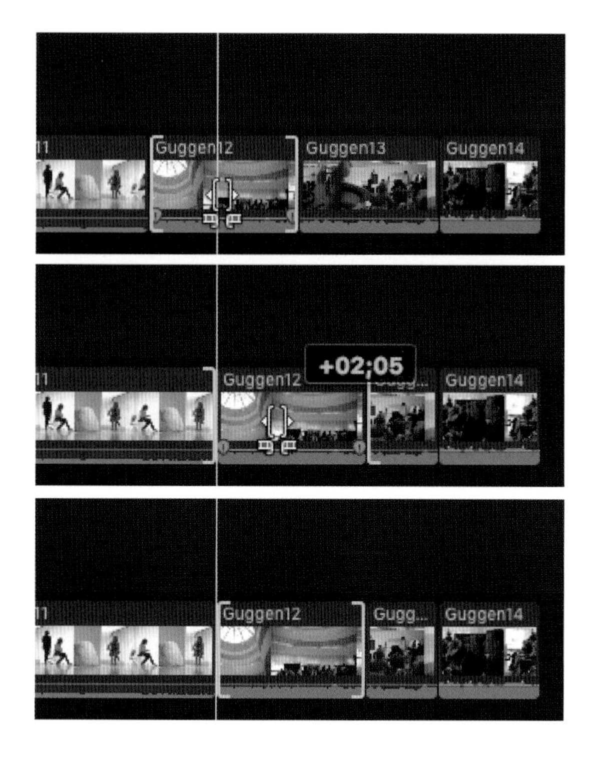

Unit 01 리플Ripple: 클립의 끝 지점을 늘이거나 줄이기

리플 편집으로 타임라인에 위치한 여러 클립들 사이에 있는 하나의 클립을 좌우로 움직여 클립의 길이를 줄이거나 늘일 수 있다. 리플 편집 기능은 또한 필요 없이 길어진 샷의 끝 부분을 트림할 수 있고, 삭제된 미디어만큼의 갭을 자동적으로 메워준다.

프로젝트 Ch7_adavanced_editing_Before을 열어서 프로젝트를 확인해보자. 가편집이 막 끝난 상태이기 때문에 아직 많은 부분에 트리밍이 필요하다. 두 번째 클립인 Guggen2 클립의 시작점에는 카메라가 올라가며 흔들리는 필요 없는 장면이 있다. 이 필요 없는 부분들을 리플 툴을 이용해 트림하는 방법을 아래의 스텝을 따라 배워보자.

Projects Event에서 프로젝트 Ch7_adavanced_editing_Before를 열어보자. 프로젝트의 아이콘 이미지는 업데이트된 프로젝트의 상태에 따라 다를 수도 있다.

타임라인에서 Guggen2 클립의 시작 지점을 선택 툴(Select tool) 모드에서 클릭한다. 다음과 같이 마우스 포인터가 리플 편집 아이콘으로 바뀐다. 리플 편집 아이콘인 작은 필름스트립(filmstrip)의 모양이 왼쪽을 향해 있는지 오른쪽을 향해 있는지 살펴보자. 만약에 실수로 클립 사이를 더블클릭해서 정밀 편집기(Precision Editor Mode)가 열리면 Esc 버튼을 눌러서 일반 편집 모드로 돌아오자.

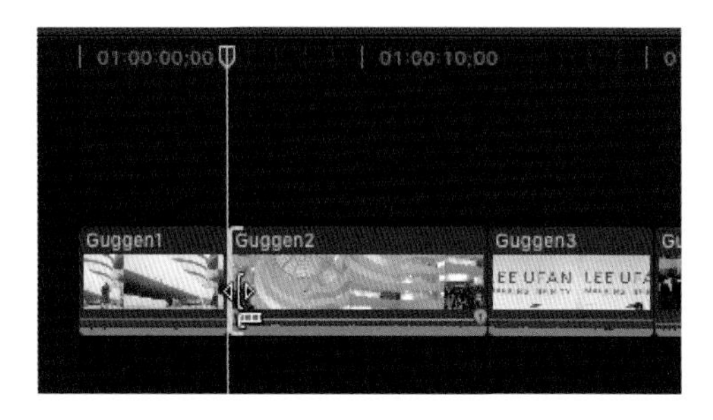

주 의 사 항

리플 아이콘이 Guggen1 클립에 있으면, 첫 번째 클립인 Guggen1 클립을 트리밍하게 된다. 아래는 Guggen1이 선택되어 있는 경우를 보여준다.

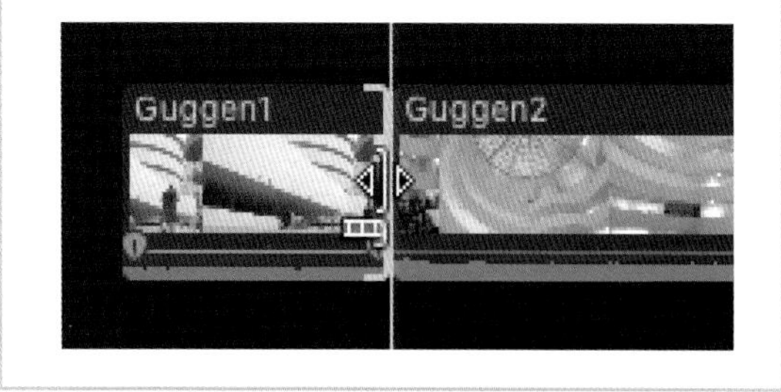

시작점을 오른쪽으로 3초만큼 드래그하자. 리플이 될 때, 클립 위에 정보 창이 뜬다. 마우스를 오른쪽으로 드래그하면 + 아이콘이 뜨고, 왼쪽으로 드래그하면 – 아이콘이 뜬다. 리플이 완성되어 두 번째 클립의 시작점이 3초만큼 줄어든다.

주 의 사 항

편집 포인트를 움직일 때 나타나는 숫자(프레임과 초)는 그 클립의 시간의 길이를 나타낸다.
두 개의 타임코드 중 왼쪽에 보이는 타임코드는 현재 클립의 길이를 나타내고, 오른쪽에 보이는 옅은 회색의 타임코드는 줄어들거나 늘어나는 클립의 길이를 나타낸다.

리플이 끝난 후 새로운 시작점을 확인해보면, 흔들리던 카메라 샷이 지워진 것을 확인할 수 있다.

리플 편집 전의 시작 프레임

리플 편집 후의 시작 프레임

참조사항 키보드를 이용한 리플 편집

파이널 컷 프로 X의 다른 많은 기능들이 그렇듯 꼭 드래그를 이용해 리플 편집을 할 필요는 없다. 숫자를 입력하거나 키보드의 단축키를 이용해서도 편집이 가능하다.

❶ 리플 편집을 하고 싶은 클립의 한 끝을 선택한다. 노란색으로 하이라이트된 부분이 편집을 하게 될 부분이다.

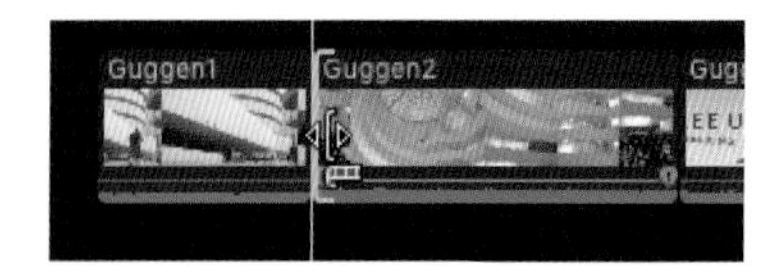

❷ 키보드에서 [+]나 [−]를 눌러 대쉬보드에 있는 타임코드를 리플 모드로 바꾼다.

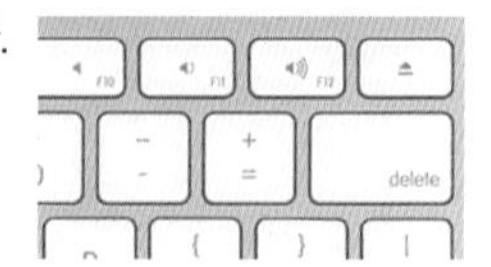

❸ 클립의 늘이거나 줄이고 싶은 길이를 타입해 넣는다.

주의사항 클립의 시작점과 끝점을 선택하지 않았을 경우, 트리밍 모드가 아닌 플레이헤드를 움직이는 모드로 설정된다. 숫자 옆에 아이콘을 확인하면 트리밍 모드인지 플레이헤드를 움직이는 모드인지 확인할 수 있다. 플레이헤드를 움직이는 모드면 입력한 숫자만큼 플레이헤드의 위치가 바뀐다.

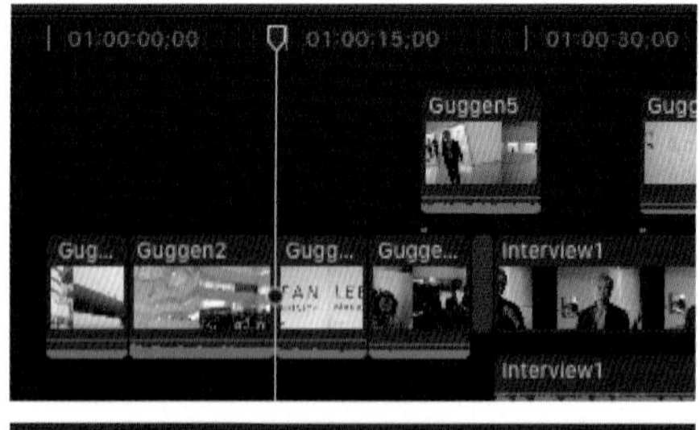

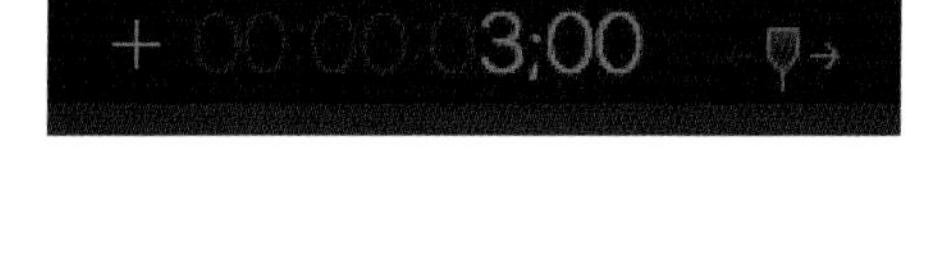

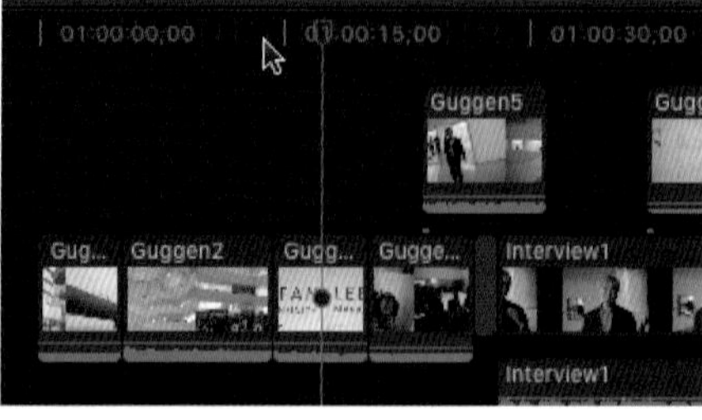

Unit 02 롤Roll: 붙어있는 두 편집 포인트 조절하기

롤 편집 툴은 편집된 상태의 시퀀스 길이를 그대로 유지하면서 두 클립 사이의 편집 포인트를 좌우로 움직여 붙어있는 두 클립의 길이를 동시에 조절하는 편집 기능이다.
롤 툴은 편집이 어느 정도 완성되어 있는 타임라인에서 전체 구간의 길이에 변동을 주지 않고 부분적으로 어떤 클립 하나만 또는 그 주변만 고치고 싶을 때 유용하게 사용된다.

지금부터 시작할 롤 편집과 슬립(Slip), 슬라이드(Slide)편집에서는 트림 툴(Trim)로 변경해줘야 한다.
타임라인에 있는 Guggen3와 Guggen4 클립을 재생해보면, Guggen3의 사용된 길이가 너무 길다. Guggen3의 길이를 줄이는 동시에 Guggen4 클립의 길이를 롤 기능을 이용해 동시에 늘려보도록 하자.

툴 바에 있는 툴 선택 메뉴를 열고, 트림(Trim) 툴을 선택한다(단축키 T).

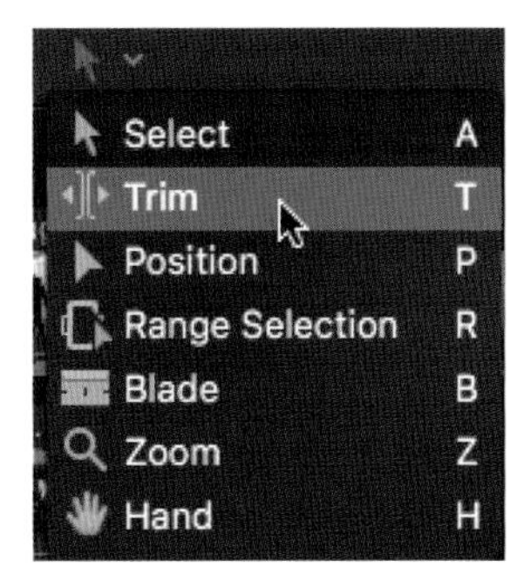

트림 툴이 선택되면 툴 바의 아이콘이 아래와 같이 트림 아이콘으로 바뀐다. 현재는 선택 툴 모드가 아닌 트림 툴 모드인 것을 확인할 수 있다.

타임라인에서 롤 편집을 하고 싶은 부분, Guggen3 클립과 Guggen4 클립 사이를 클릭한다. 양쪽의 편집 포인트가 모두 선택된 것을 확인할 수 있다.

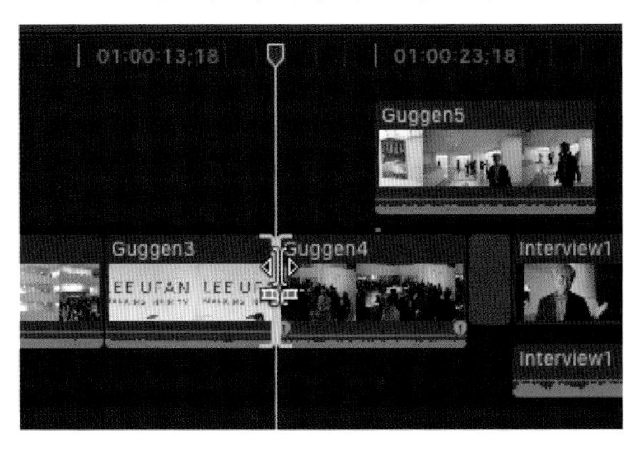

선택된 편집점을 왼쪽으로 1초 정도 드래그하자. Guggen3의 끝점이 1초만큼 줄어들고, Guggen4의 시작점은 1초 정도 늘어난다.

참조사항 키보드를 이용해 롤(Roll) 편집하기

롤 편집도 꼭 마우스로 드래그할 필요 없이 숫자를 입력하거나 키보드의 단축키를 이용해서도 편집이 가능하다.

❶ 클립들 사이에 롤 편집을 하고 싶은 편집 포인트를 선택한다.

❷ 키보드에서 [+]나 [−]를 눌러 대쉬보드에 있는 타임코드를 롤 모드로 바꾼다.

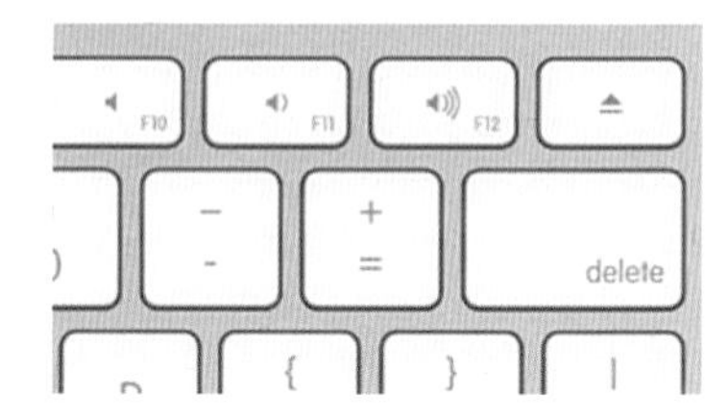

❸ 원하는 만큼 숫자를 입력한다.

❹ 편집 포인트가 입력한 숫자만큼 롤되어 편집 포인트는 새로운 위치로 이동하고, 두 클립의 총 길이는 변하지 않는다.

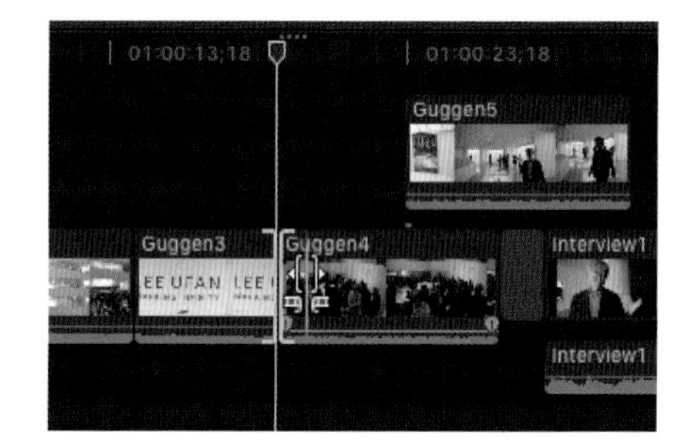

참조사항 클립의 길이 확인하는 방법

세 개의 타임코드가 보인다. 왼쪽의 노란색 타임코드가 클립의 길이를 나타낸다.
하나 또는 여러 개의 클립들을 타임라인에서 선택한 다음 [Ctrl] + [D]를 누르면, 선택된 클립들의 총 길이가 대쉬보드에 나타난다. 그 다음 300을 기입하고 엔터를 치면 그 클립 길이가 3초가 되는 것을 볼 수 있다.

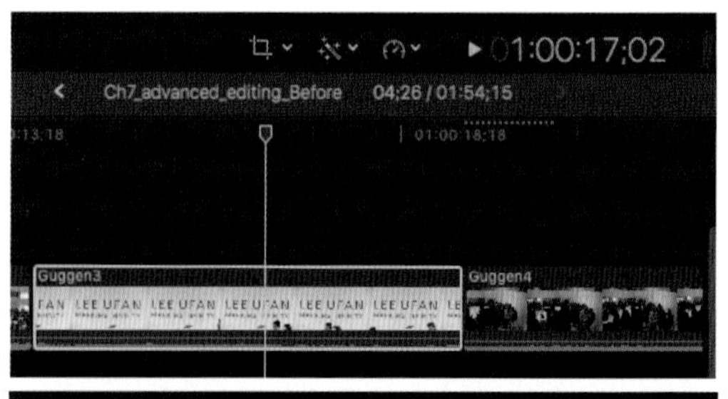

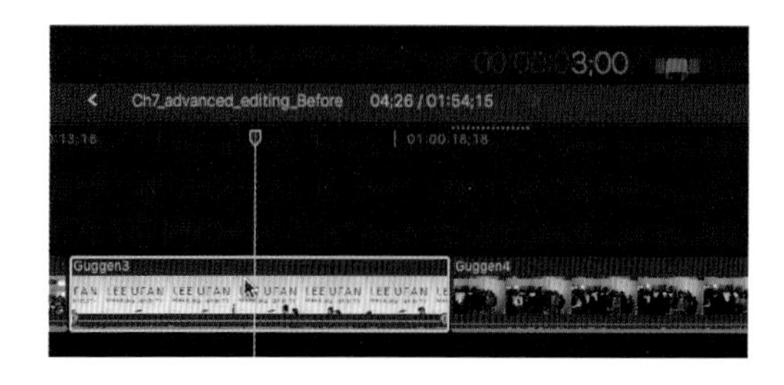

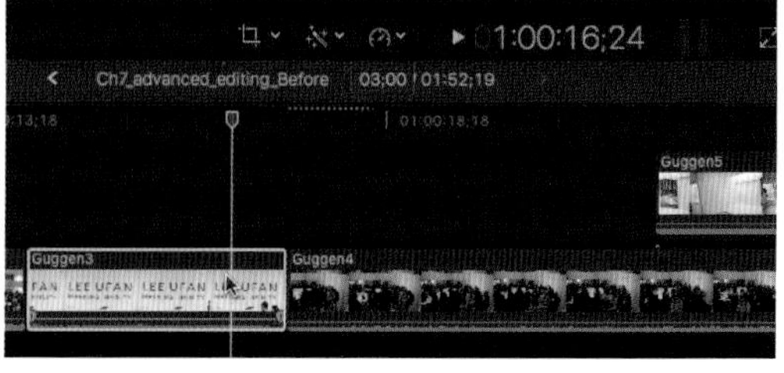

Unit 03 슬립 Slip: 시작점 In과 끝점 Out 포인트 동시에 조정하기

클립을 슬립한다는 것은 사용된 클립의 구간 길이를 유지하면서 클립을 마치 필름 롤처럼 돌려서 사용된 클립의 첫 부분과 끝 부분을 바꾸는 것이다.
슬립 편집을 처음 시작하기 전, 파이널 컷 프로 설정 창에서 "Show detailed trimming feedback" 항목을 선택해 두는 것을 잊지 말자.

여전히 트림 툴 모드인지 툴 선택 창에서 확인하자.

02 클립 Guggen5을 재생해보면, 처음 시작하는 부분에 카메라 흔들림이 있다. 이 클립을 왼쪽으로 롤시켜서 시작하는 부분을 더 부드럽게 만들어보자. 클립을 선택하면 뷰어 창에 현재 선택된 클립의 시작점과 끝점의 프레임을 보여준다.

참조사항 슬립 편집을 할 때에 양 쪽 클립 보이기("two-up" display)는 클립이 슬립됨에 따라 새로운 시작점과 끝점을 보여준다.

03 클립 위에 있는 롤 아이콘을 확인한 후, 왼쪽으로 클립을 2초만큼 슬립하자. 뷰어 창에 새로운 시작점과 끝점의 프레임이 보인다. 클립을 슬립 툴을 이용해 왼쪽으로 드래그하면 그 클립의 시작점이 원래의 시작점보다 더 뒤에서 시작한다. 반대로 오른쪽으로 드래그하면 시작하는 프레임이 원래의 시작 프레임보다 더 앞 지점에서 시작한다.

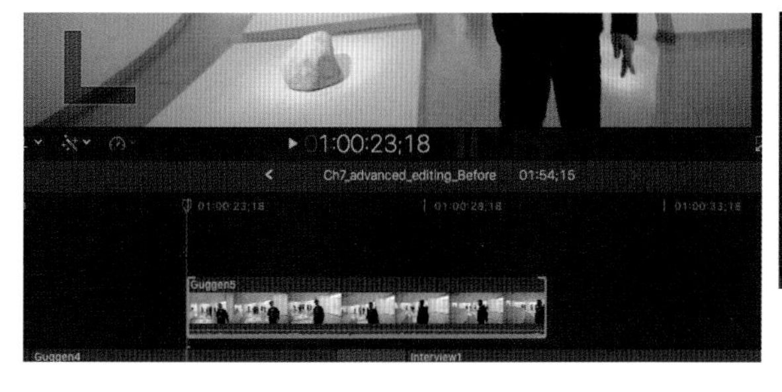

클립의 위치는 변함이 없고 클립의 시작점과 끝점의 변화와 함께 안의 내용이 2초만큼 바뀌었다.

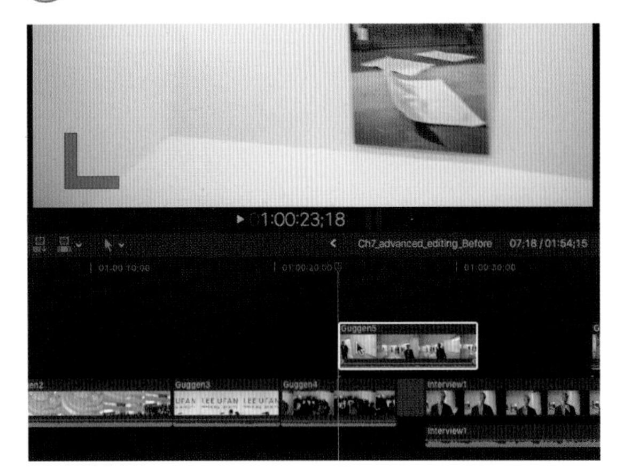

참조사항

드래그를 하면 시간을 나타내는 숫자가 뜬다. 이 숫자는 시작점과 끝점을 얼만큼 움직였는지를 말해준다. 선택된 클립의 시작점과 끝점 가장자리에 나타나는 노란색 표시선은 슬립 편집을 나타낸다. 드래그함에 따라 시작점이나 끝점이 빨간색으로 변하면 해당 클립의 시작점이나 끝점에 사용 가능한 미디어가 더 이상 없음을 의미한다.

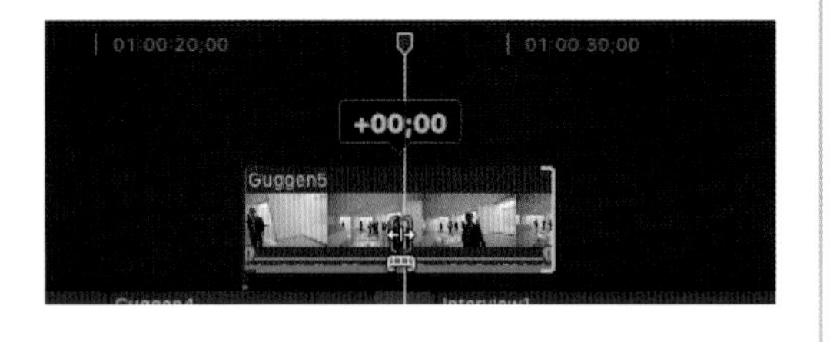

슬립 툴의 사용은 중요하기 때문에 슬립 편집을 한 번 더 연습해보도록 하자.
첫 번째 클립 Guggen1을 재생해보자. 어떤 남자가 화면 중앙에 나타나는 불필요한 장면이 보일 것이다. 이 클립을 슬립시켜 이 남자가 지나간 후의 프레임으로 시작점을 변경하자.

슬립을 하는 동안 클립의 새로운 시작 프레임과 끝 프레임이 보인다.

클립의 위치와 길이는 변함이 없고 클립의 내용만 바뀌었다. 슬립 편집을 하기 전 시작 프레임에서는 남자가 화면의 중간 지점에서 걸어갔지만, 편집 후에는 남자가 더 이상 화면의 중앙에 위치하지 않는다.

Unit 04 슬라이드 Slide

세 개의 클립 중 가운데 있는 클립을 오른쪽 또는 왼쪽으로 움직여 앞과 뒤의 클립에 변화를 주는 툴이다. 시퀀스의 길이에는 변화가 생기지 않고 슬라이드 된 클립의 앞 클립과 뒷 클립에 변화가 생긴다. 슬라이드 편집을 하면 클립의 콘텐츠나 길이는 변하지 않고 타임라인 상에서의 클립의 위치만 이동한다.

Guggen12, Guggen13, Guggen14 클립들을 재생해보면, Guggen12 클립이 너무 길다는 것을 알 수 있다. 슬라이드 편집을 이용해 Guggen13 클립을 왼쪽으로 이동시켜 Guggen12 클립의 길이를 줄이고, 동시에 Guggen14 클립을 늘려보자.

여전히 트림 툴 모드인지 툴 선택 창에서 확인하자.

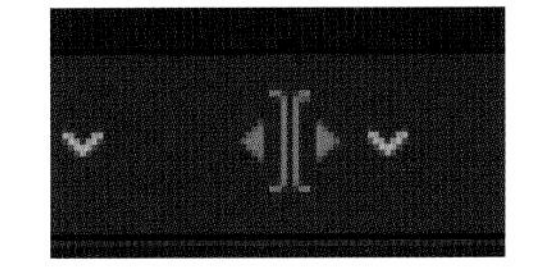

Guggen13 클립을 선택하면 슬립 아이콘이 먼저 클립 위에 나타난다.

Option 을 누르면 마우스 포인터가 슬라이드 아이콘으로 바뀐다. 드래그하는 동안 Option 키를 놓으면 해당 클립의 앞뒤 장면이 뷰어 창에 보인다.

04 슬라이드 아이콘을 왼쪽으로 1초만큼 슬라이드하자. 드래그에 따라 나타나는 숫자는 클립을 타임라인에서 클립을 움직이는 시간의 크기를 나타낸다.

05 마우스 버튼에서 손을 떼면 슬라이드하는 클립은 타임라인 상의 새로운 위치에 존재하게 된다.

클립을 슬라이드할 때 맞물린 클립들은 해당 클립의 위치 변화에 따라 길어지거나 짧아진다. 만약 해당 클립을 왼쪽으로 이동시키면 해당 클립 앞에 위치한 첫 번째 클립은 짧아지고, 해당 클립의 뒤쪽 혹은 오른쪽에 위치한 세 번째 클립은 길어질 것이다. 이때 이 세 클립의 총 길이는 변하지 않고 프로젝트의 총 길이도 변하지 않는다는 것을 알아두자.

참조사항 해당 클립의 앞 뒤로 존재하는 클립은 해당 클립을 움직이는 만큼 생기는 빈 공간을 채울 수 있을 만큼의 충분한 미디어를 반드시 가지고 있어야 한다. 이를 핸들(handles)이라고 부른다. 핸들이 부족할 때, 슬라이드는 멈추고 클립 위의 노란색 하이라이트가 빨간색으로 변하면서 더 이상 사용 가능한 미디어가 없음을 알려준다.

▶트림 툴(Trim Tool) 사용 시 대쉬보드의 아이콘 비교

타임 디스플레이 - 스키머나 플레이헤드의 위치를 보여준다. 또한 편집 툴을 사용할 때 설정값을 입력할 수 있다.

백그라운드 테스크
백그라운드에서 작업되는 상황을 보여 준다.

▶ 01:01:50;11

- **오디오 미터**

클립 이동하기

+ 00:00:00;00

클립을 선택한 후 + 또는 – 입력 후 숫자 입력

클립 길이 보기/변경하기

00:00:05;16

클립을 선택한 후 Ctrl + D를 누르면 클립의 길이를 보여준다.
+ 또는 – 입력 후 숫자 입력

플레이헤드 위치 정하기

00:00:00;00

Ctrl + P 입력 후 위치 입력

플레이헤드 이동하기

+ 00:00:00;00

클립이 선택되지 않은 상태에서
+ 또는 – 입력

리플(Ripple)

+ 00:00:00;00

클립의 시작점 또는 끝점을 선택 후
+ 또는 – 입력 후 숫자 입력

롤(Roll)

+ 00:00:00;00

트림 툴(T) 모드에서 클립의 편집점을 선택 후
+ 또는 – 입력 후 숫자 입력

슬립(Slip)

+ 00:00:00;00

트림 툴(T) 모드에서 클립을 선택 후
+ 또는 – 입력 후 숫자 입력

슬라이드(Slide)

+ 00:00:00;00

트림 툴 모드에서 클립을 Option + 클릭으로 선택 후, 클립 이동하기와 같은 아이콘 + 또는 – 입력 후 숫자 입력

Section 04 정밀 편집기

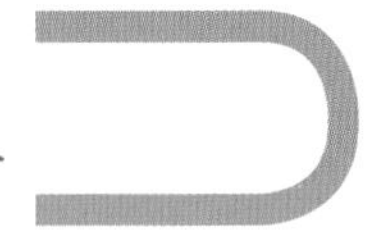

Precision Editor

파이널 컷 프로 X의 타임라인에는 새로운 트리밍 툴인 정밀 편집기(Precision Editor) 기능이 있다. 이 기능은 앞 뒤 클립의 확장된 뷰를 보여주는 두 개의 층으로 열리며, 숨겨진 핸들(Handle)을 볼 수 있기 때문에 미리보기와 함께 대강의 결과를 미리 짐작할 수 있다.

이를 활성화시키려면, 타임라인에서 트림하고자 하는 편집 포인트를 더블클릭하거나, 편집할 부분을 선택하고 단축키 Ctrl+E를 누르면 된다. 이 모드를 그만두려면 Esc 버튼을 누른다.

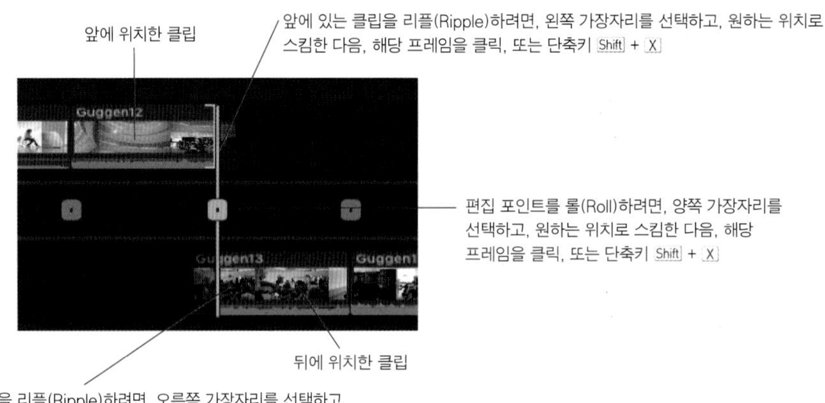

리플(Ripple)을 하려면, 가장자리 중 한 쪽을 드래그하고, 롤(Roll)을 하려면 핸들을 드래그하자.

정밀 편집기는 두 클립의 확장된 뷰를 보여준다. 이때 이전 클립은 위쪽에, 뒤에 오는 클립은 아래쪽에 위치하게 된다. 각각의 클립에서 더 밝아 보이는 부분은 타임라인에서 보이는 실제 사용된 부분이다. 어두운 부분은 각 클립에서 타임라인에서 직접적으로 쓰이지 않은, 트리밍을 할 때 쓰여지는 핸들(handles)이다.

툴 선택 창에서 선택(Select) 툴을 선택하자(단축키 A)를 타입해도 된다.

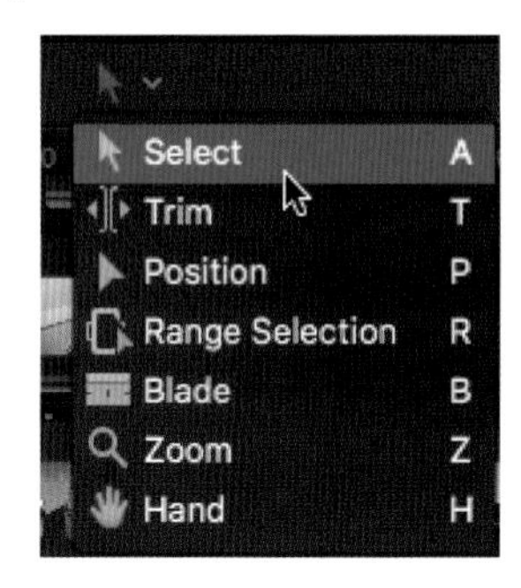

클립 Guggen11, Guggen12 사이를 더블클릭해 보자.

정밀 편집기(Precision Editor)가 열린다. 이 두 클립들 사이의 편집 포인트를 재생하려면 포인터를 상위에 위치한 클립과 아래에 위치한 클립 가운데 회색으로 표시된 영역으로 움직여, Space Bar를 눌러 재생을 할 수 있고, 재생을 멈출 수도 있다.

Guggen11클립의 끝점을 왼쪽으로 1초 12프레임 정도 줄이면 아래와 같이 리플 편집이 이루어진다.

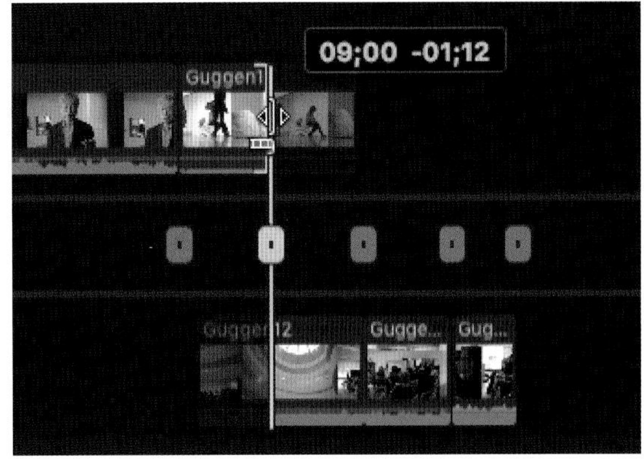

사용된 클립의 부분은 밝게 보이고, 사용되지 않은 클립의 남는 부분인 핸들(Handle)은 어둡게 보인다.

정밀 편집기를 닫으려면 키보드 상에서 Esc 버튼 또는 Return을 누르면 된다.

정밀 편집기는 기본 트림 툴과는 다른 새로운 방식의 트림 편집을 할 수 있는 편리한 툴이다. 정밀 편집기를 통해 편집하는 클립 부분의 다른 숨겨진 부분을 볼 수 있기 때문에 편집자는 편집 결과를 미리 예측하고 트리밍을 할 수 있다.

참조사항 정밀 편집기에서 롤(Roll) 모드 사용하기

중간에 있는 큰 회색 바 위를 마우스로 클릭하면, 리플(Ripple) 모드에서 두 개의 편집 포인트를 동시에 조절하는 롤(Roll) 모드로 바뀐다. 이때 마우스 포인터를 클립들 사이에 있는 회색 바에서 움직이고 클릭하고 재생해야 한다. 만약 포인터를 트랙 위에서 클릭하면 편집 포인트가 포인터가 있는 위치로 이동하여 편집되어 버리기 때문에 주의해야 한다.

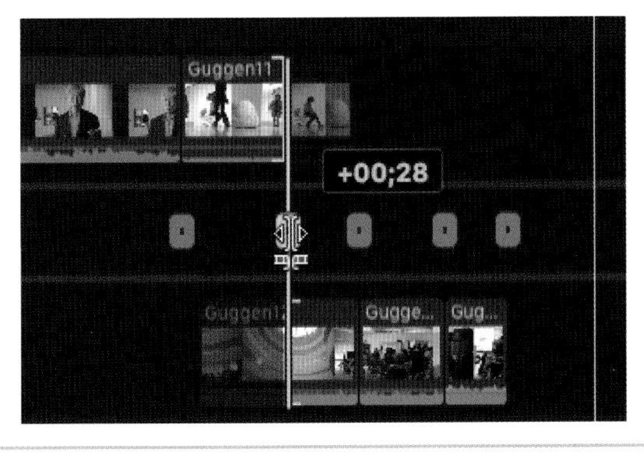

Section 05 컴파운드 클립

Compound Clip

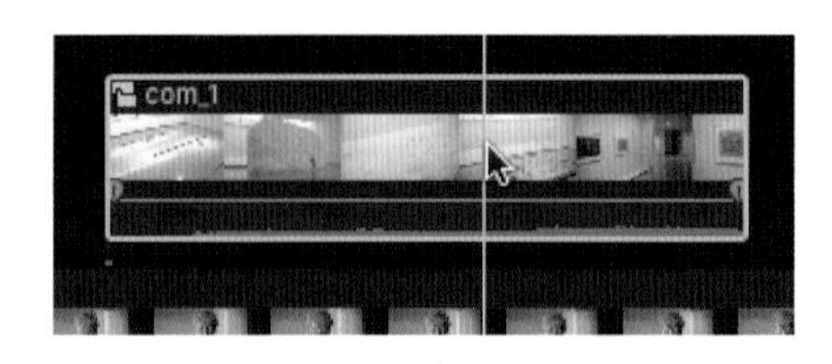

편집을 하다 보면 여러 개의 클립이나 스토리라인을 하나의 그룹으로 만들어야 하는 경우가 있다. 파이널 컷 프로 X에서는 컴파운드 클립이라는 새롭게 추가된 기능을 활용해 여러 개의 클립을 하나로 묶어 복잡한 프로젝트를 깔끔하게 관리할 수 있다. 이 컴파운드 클립은 파이널 컷 프로 7의 네스팅(nested sequence)과 비슷하지만 훨씬 유용한 기능이다. 컴파운드된 파일을 움직이거나 컴파운드 파일에 이펙트를 적용하는 작업 등은 다른 일반적인 클립에서의 방식과 비슷하다. 참고로 레이어가 두 개 이상인 포토샵 파일을 임포트하면 이 파일 역시 컴파운드 클립으로 바뀐다. 즉 컴파운드 클립은 여러 개의 클립들을 가진 하나의 폴더가 마치 한 개의 클립처럼 보이는 것이다. 이 기능은 같은 스타일의 자막 타이틀에서 여러 명의 이름을 반복해서 사용할 때 하나의 컴파운드 클립 안에서 한 레이어만 바꾸어 사용할 수 있기 때문에 많이 사용된다.

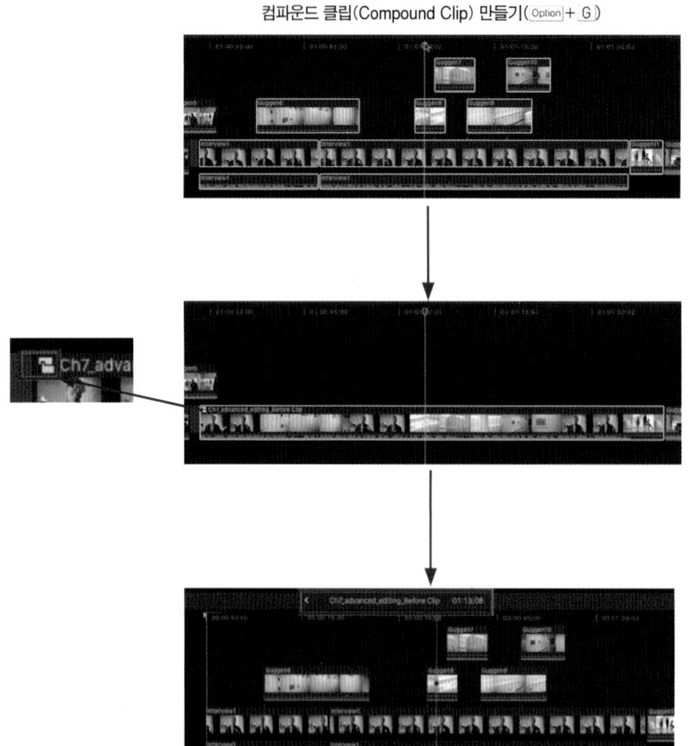

컴파운드 클립 위에 있는 아이콘을 클릭 또는 클립을 더블클릭하면 타임라인에서 컴파운드 클립을 열 수 있다.

타임라인에서 열려진 컴파운드 클립 이름을 보여주고 이름 옆에 있는 이전으로 돌아가기 버튼을 이용해서 열려진 컴파운드 클립을 닫을 수 있다.

▶ 컴파운드 클립의 특징

- 컴파운드 클립은 하나의 클립처럼 이동시킬 수 있고, 트리밍을 할 수 있고, 이펙트를 적용시킬 수 있다.
- 컴파운드 파일을 구성할 클립들을 타임라인 상에서 열어서 보고 편집할 수 있다.
- 컴파운드 클립은 다른 컴파운드 클립 안에 위치시킬 수 있다.
- 컴파운드 클립을 스토리라인에 위치시킬 수 있다(⌘ + G).
- 컴파운드 클립에는 트랜지션을 적용할 수 없지만, 컴파운드 클립을 이루는 개별 클립들에는 적용 가능하다.

Unit 01 타임라인에서 컴파운드 클립 생성하기

01 연결되어 있는 네개의 클립, Guggen 7,8,9,10을 하나로 묶어서 컴파운드 클립을 만들어보자.

02 마우스로 드래그해서 동시에 클립 Guggen7, 8, 9, 10을 선택한다.

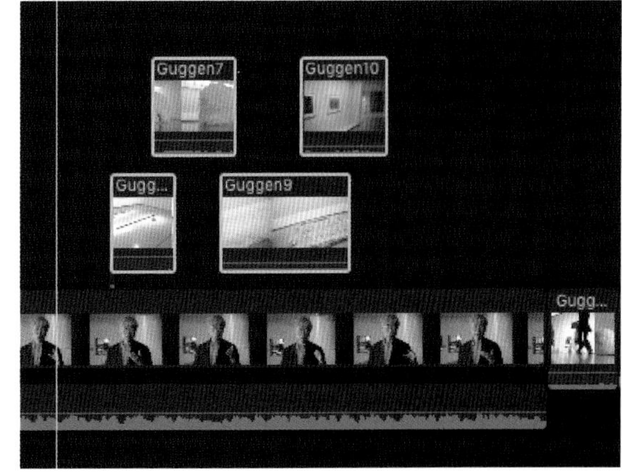

03 선택된 클립들 위에서 Ctrl + Click, 팝업 창에서 New Compound Clip을 선택한다(단축키 Option + G).

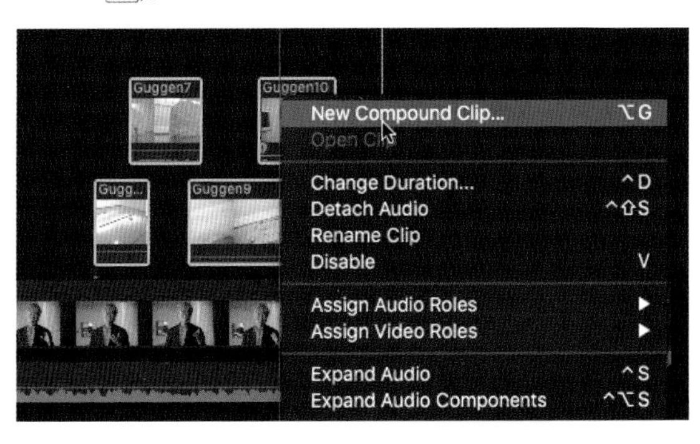

04 이름 넣기 창이 뜨면 아래와 같이 타입한 후 OK를 누르자.

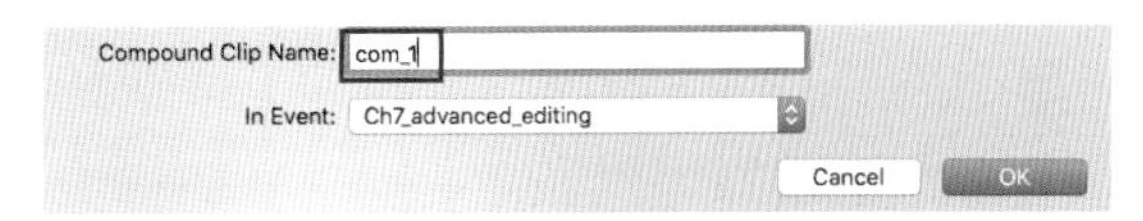

다음과 같이 여러 개의 클립이 하나의 클립이 되었다. 클립들을 합쳐 컴파운드 클립으로 만들 수 있다.

참조사항 컴파운드 클립임을 나타내는 아이콘은 컴파운드 클립 안쪽에 보인다. 이 컴파운드 클립들은 일반 클립과 비슷한 기능을 가진다. 하나의 통합된 클립으로서 필터나 효과들을 이 안에 있는 모든 클립에게 적용시킬 수도 있다. 또한, 같은 컴파운드 클립은 여러 개의 다른 프로젝트에 계속 쓰일 수가 있다.

06 타임라인에서 만들어진 컴파운드 클립을 아무 곳이나 더블클릭하면, 컴파운드 클립이 하나의 프로젝트 파일처럼 열리고 그 안의 콘텐츠를 볼 수 있다.

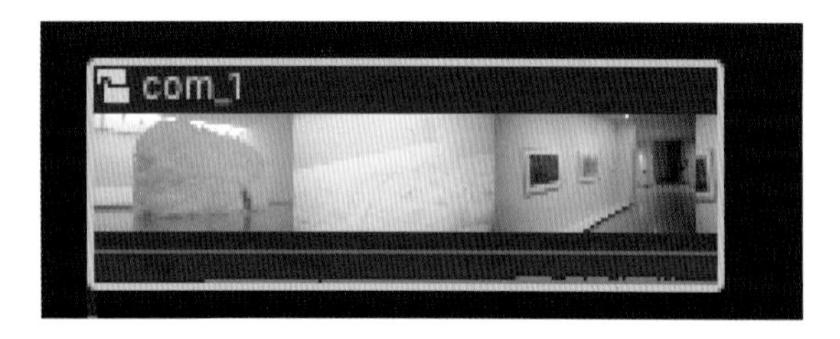

참조사항 컴파운드 클립을 선택하고 팝업 창에서 "Open Clip"를 클릭해도 위와 같은 결과를 얻을 수 있다.

07 컴파운드 클립이 타임라인에 펼쳐져 보인다.

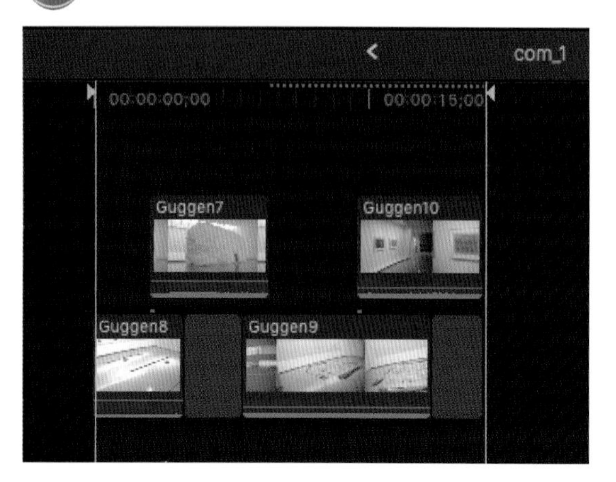

08 타임라인의 왼쪽 위에 보이는 이전 프로젝트로 돌아가기 버튼을 클릭하자.

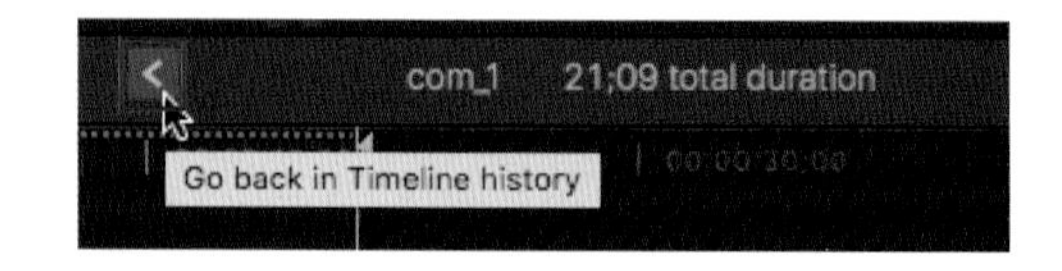

열려진 컴파운드 클립이 닫히고, 사용중이던 원래의 프로젝트 파일이 타임라인에 열린다.

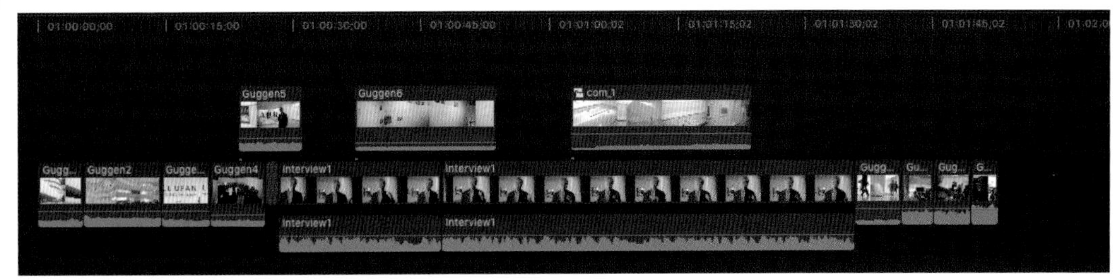

Unit 02 컴파운드 클립 분리하기

컴파운드 클립을 구성하는 개별 클립들을 다시 분리해서 원래의 상태로 되돌리고 싶다면, 아래를 보며 따라해 보자.

방금 새로 만든 컴파운드 클립을 클릭해 선택한다.

메인 메뉴에서 Clip > Break Apart Clip Items을 선택해준다(단축키 Shift + ⌘ + G).

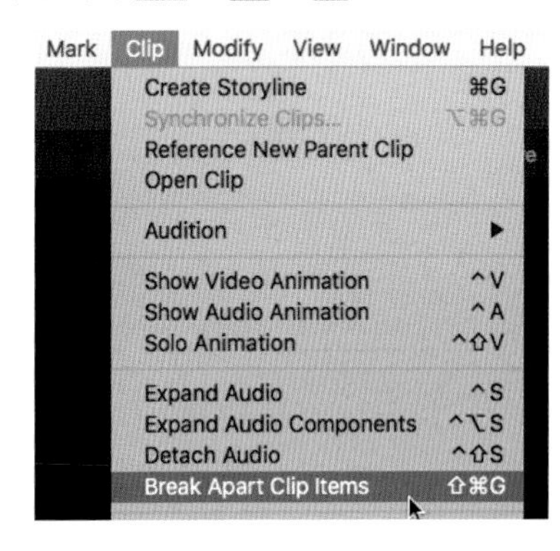

뭉쳐져 있던 하나의 컴파운드 클립이 다시 원래의 네 개의 클립으로 돌아갔다.

Section 06 스토리라인

파이널 컷 프로 X의 장점인 마그네틱 타임라인(Magnetic Timeline)은 여러 개의 트랙을 사용하지 않고 하나의 트랙을 기본 편집 스토리 라인으로 이용한다. 하지만, 편집을 진행하는 과정에서 필연적으로 프라이머리 스토리라인(Primary Storyline)위에 많은 B-Roll들을 연결시키게 된다. 이렇게 연결된 여러 개의 클립을 뭉쳐서 부가적인 스토리라인(Secondary Storyline)으로 변환하면 복잡한 타임라인이 깔끔하게 정리되고, 컴파운드 클립처럼 사용할 수 있다. 파이널 컷 프로에서는 이러한 연결된 클립들을 부가적인 스토리 라인으로 추가할 수 있으며, 이렇게 추가된 클립들을 하나의 그룹으로 움직일 수 있다.

Unit 01 부가적인 스토리라인 Secondary Storyline 의 특징

부가적인 스토리라인은 연결된 클립과 비슷한 종류로 하나 또는 여러 개의 클립들이 함께 그룹지어져 프라이머리 스토리라인에 연결된 또 다른 스토리라인이라고 할 수 있다. 부가적인 스토리라인은 연결된 클립들에는 없는 여러 가지 장점을 가지고 있다.

- 부가적인 스토리라인은 여러 개의 클립을 함께 그룹으로 만들 수 있다. 클립들 자체는 굳이 연결되지 있지 않아도 되고, 클립들 사이에 갭이 있을 수도 있다. 스토리라인이 만들어질 때 클립들 사이의 빈 공간은 두 번째 스토리라인에서 갭 클립들로 메워지게 된다.
- 프라이머리 스토리라인에 적용되는 특성들이 부가적인 스토리라인에도 그대로 적용된다. 이펙트들은 부가적인 스토리라인 전체에 적용되지 않고, 이에 위치해 있는 개별 클립에 적용되어 그룹 안에 있는 클립들을 개별적으로 조절할 수 있다. 이펙트를 전체 클립에 적용하고 싶으면 컴파운드 클립을 만들어 사용할 수 있다.
- 연결된 클립들에게 트랜지션(Transition)을 적용하면 클립이 부가적인 스토리라인(Secondary Storyline)으로 바뀐다. 연결된 클립들 사이에 트랜지션(Transition)을 적용하고 싶다면 이 클립들을 스토리라인(Secondary Storyline)으로 만들어야 한다.

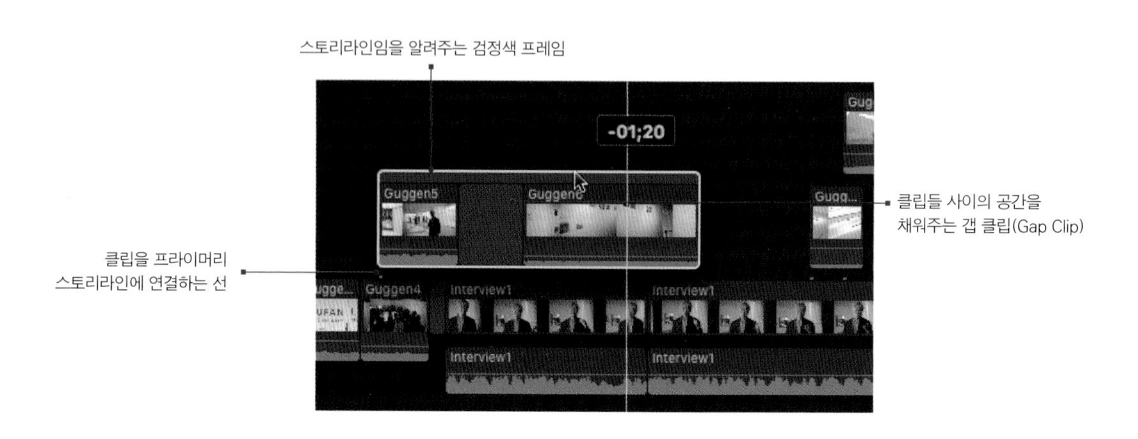

Unit 02 부가적인 스토리라인 Secondary Storyline 만들기

01 프라이머리 스토리라인에 연결되어 있는 클립들은 각각 독립적인 클립들이다. 따라서 클립들을 이동하거나 제거할 때 배열의 위치가 바뀔 수 있다. 이 두 클립을 하나의 스토리라인으로 묶어보자. 두 클립 사이의 빈 공간은 갭 클립으로 바뀔 것이다. Guggen5, Guggen6 두 개의 클립을 선택하자.

02 선택된 클립 중 하나를 Ctrl + Click하면 팝업 창이 뜨는데 여기서 Create Storyline를 선택하면 새로운 스토리라인이 생성된다.

메인 메뉴에서 Clip > Create Storyline을 선택해도 된다(⌘ + G).

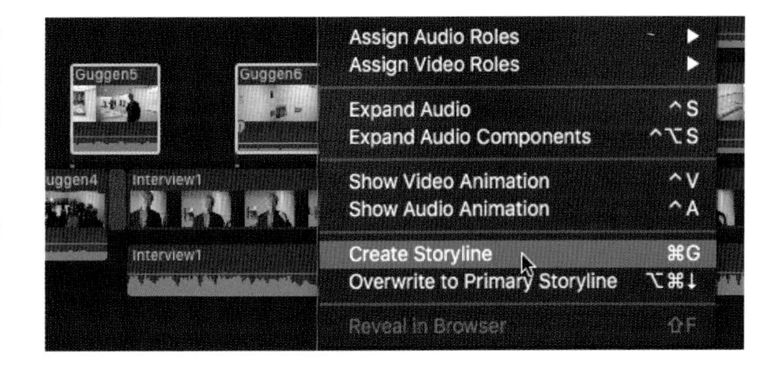

03 아래와 같이 새로운 스토리라인이 프라이머리 스토리라인 위쪽으로 생성되었다.

스토리라인 표시: 뭉쳐진 클립 그룹위에 진회색의 띠가 생긴다.

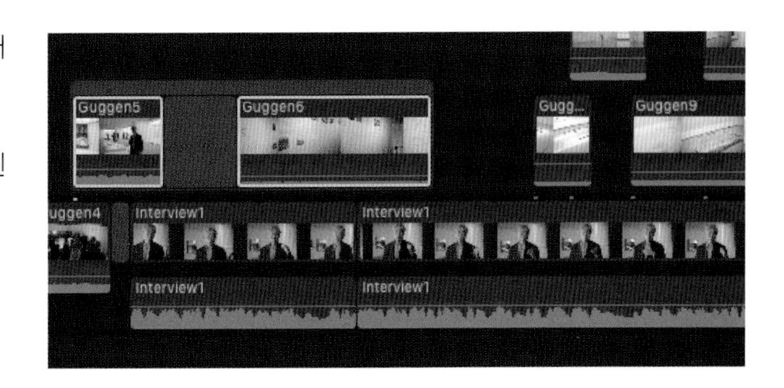

04 만들어진 부가적인 스토리라인을 선택해서 오른쪽으로 2초 정도 움직여보자. 이 스토리라인에 들어있는 모든 클립들이 하나의 클립처럼 함께 움직인다.

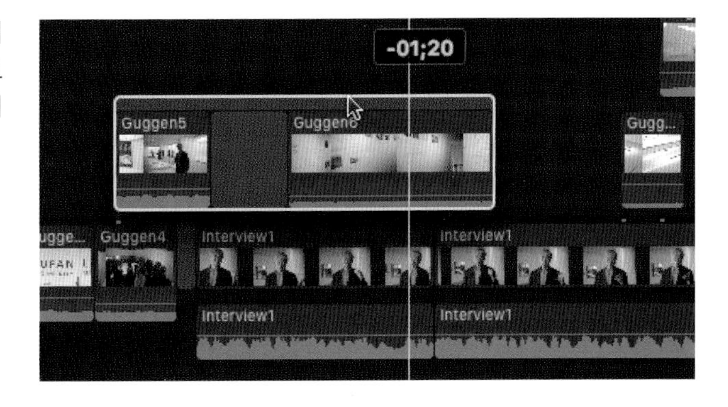

참조사항 새로운 스토리라인에 클립 붙이기(append)

브라우저에서 가져오고 싶은 파일을 선택한 상태에서 E를 누르면 플레이헤드나 스키머를 따로 위치시키지 않아도 클립은 자동으로 선택된 스토리라인의 끝에 덧붙여진다.

클립을 덧붙이기(append)할 때 새로운 스토리라인에 클립을 추가하고 싶다면, 반드시 그 스토리라인을 먼저 선택해야 한다(새로운 스토리라인을 선택하고 싶을 때는 새 스토리라인 위의 구간을 나타내는 선을 클릭하면 된다).

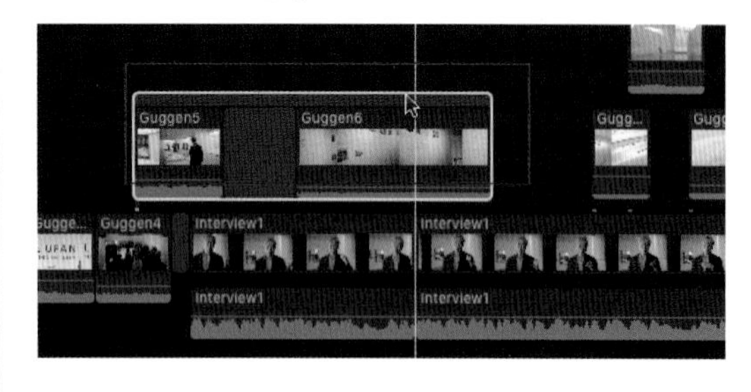

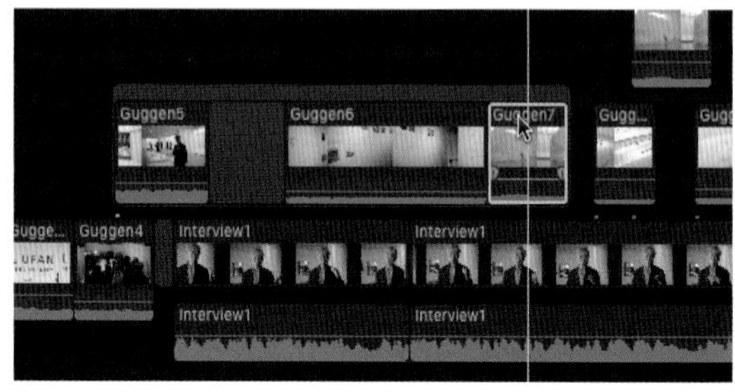

Unit 03 부가적인 스토리라인 Secondary Storyline 해체하기

01 새로 만들어진 스토리라인을 원래의 상태로 되돌려 보자. 먼저 부가적인 스토리라인을 선택한다.

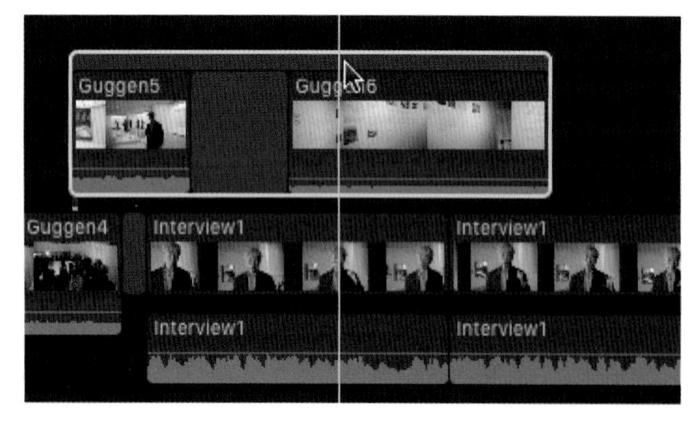

주의사항 스토리라인을 클릭하지 않고 그 안의 클립을 선택하면 해제되지 않는다.

02 메인 메뉴에서 Clip > Break Apart Clip Items을 선택한다(단축키 Shift + ⌘ + G). 저자는 Ctrl + Click한 후 뜨는 팝업 메뉴 사용을 선호한다.

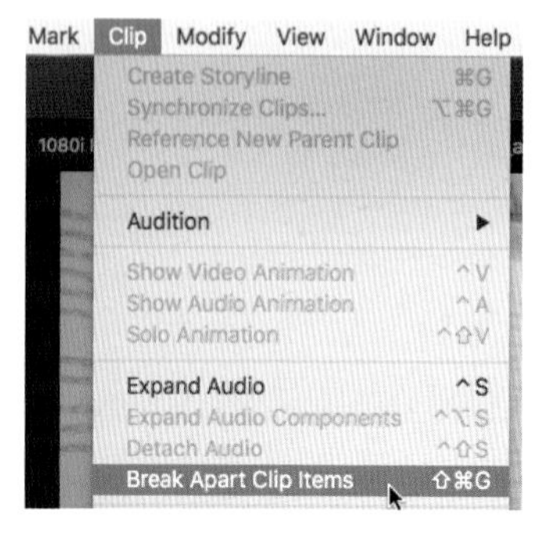

03 다음과 같이 새로운 스토리라인을 형성하던 두 개의 클립, Guggen5, Guggen6가 다시 분리되어 프라이머리 스토리라인에 연결된 클립으로 바뀌었다.

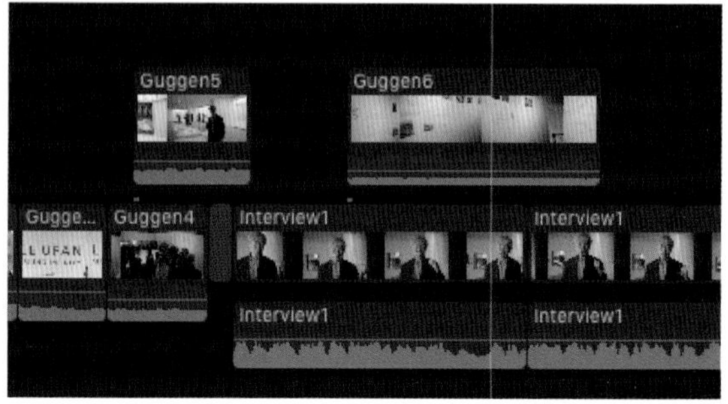

Unit 04 연결된 클립을 프라이머리 스토리라인으로 내리기

스토리라인 위로 연결된 클립을 기준 스토리라인으로 내려서 복잡한 타임라인을 깔끔하게 정리할 수 있다. 이제 연결된 클립을 선택하고 프라이머리 스토리라인으로 내리는 것을 배워보도록 하자. 스토리라인에 있는 클립을 정리할 때에 많이 사용하는 단축키이기 때문에 꼭 외워두기를 바란다(⌘ + Option + ↓).

01 Guggen6 클립을 선택한다.

02 선택된 클립을 Ctrl + Click하면 팝업 창이 뜬다. 여기에서 "Overwrite to Primary Storyline"을 선택하거나, ⌘ + Option + ↓를 누르면 클립이 프라이머리 스토리라인으로 내려온다.

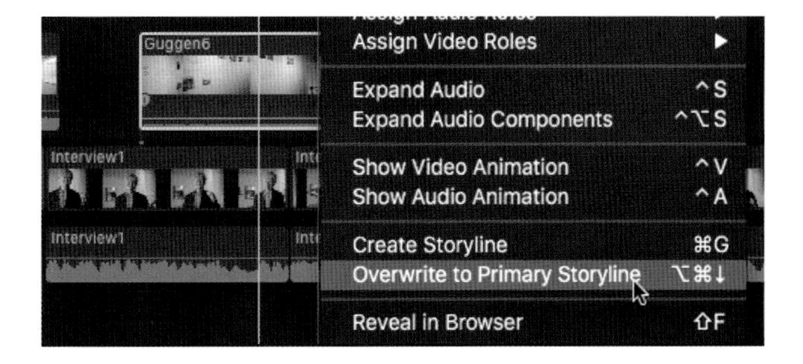

03 Guggen6 클립이 타임라인으로 겹쳐쓰기(Overwrite)되었다. 프라이머리 스토리라인에 있던 기존의 클립은 오디오/비디오 트랙으로 분리되었고 비디오 트랙은 덮어쓰기 되었다.

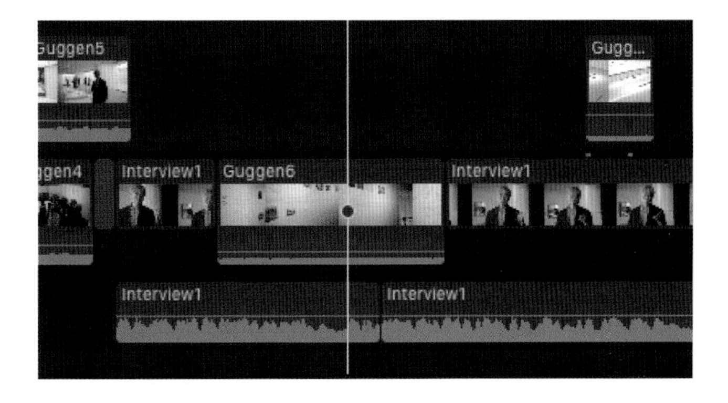

반대로 프라이머리 스토리라인에 있는 클립을 위로 들어올릴수도 있다. Guggen6 클립을 다시 선택해서 연결된 클립으로 만들어보자.

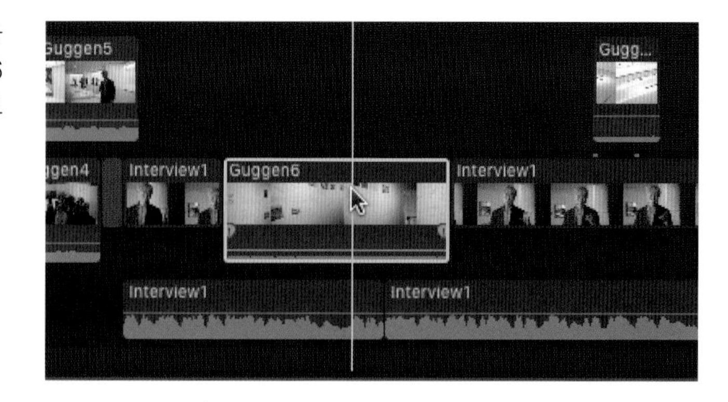

05 Guggen6 클립을 Option + Click을 한 후, 팝업 창에서 Lift From Primary Storyline을 선택해보자.

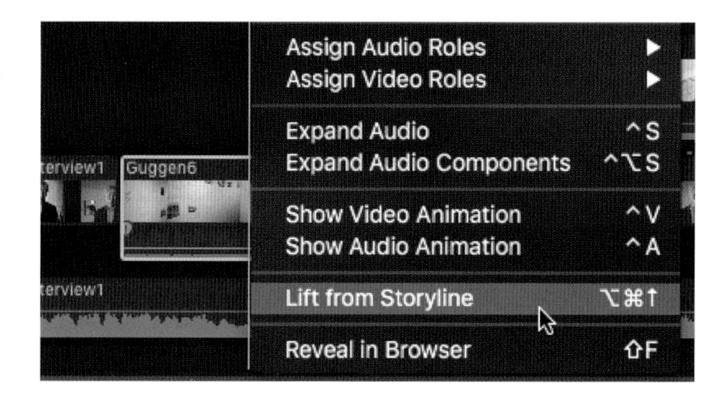

06 Guggen6 클립은 프라이머리 스토리라인 위로 다시 들어올려진다. 클립이 있던 프라이머리 스토리라인의 공간은 갭으로 바뀌었다.

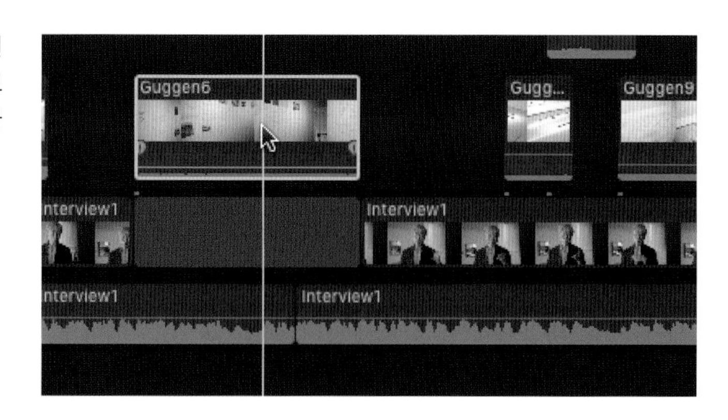

07 트림 툴을 이용해서 갭을 원래의 클립으로 채우자. 트림 툴을 선택하자.

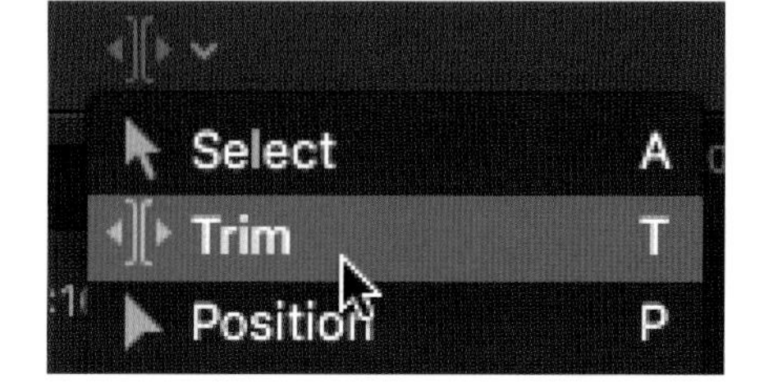

08 갭과 Inteview1 클립 사이를 선택하자. 두 클립 사이를 움직이는 롤 기능이 적용된다.

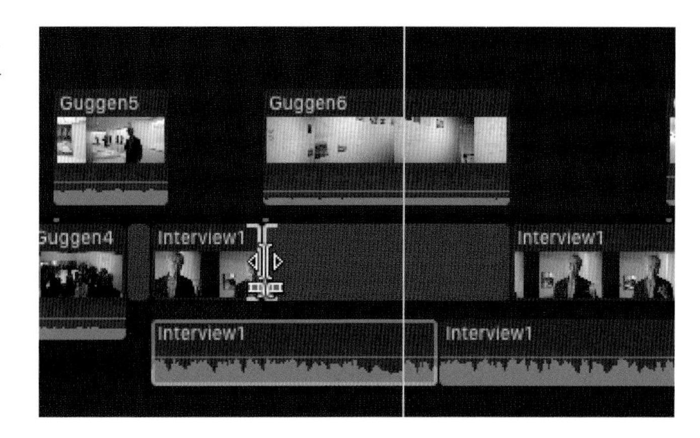

09 클립 사이를 롤 툴로 오른쪽 다음 클립까지 드래그하면 클립 사이의 갭이 사라진다.

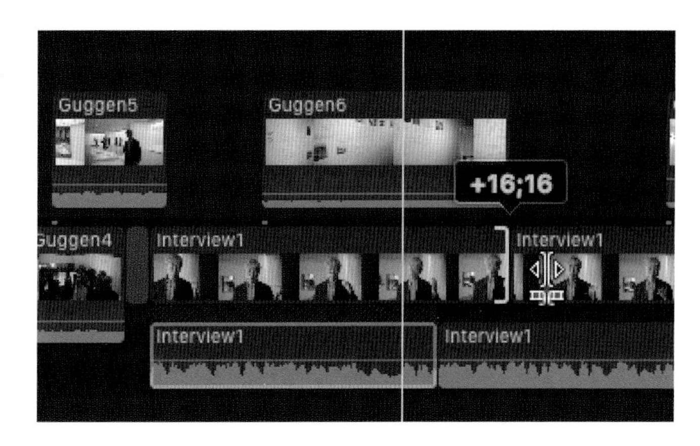

Section 07 오디션

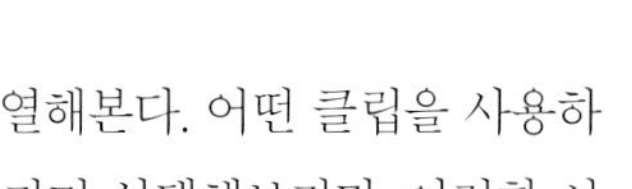

Audition

편집 작업을 할 때 편집자는 여러 개의 클립들을 스토리에 맞게끔 바꿔가며 배열해본다. 어떤 클립을 사용하는 것이 좋을지, 어떻게 교체하는 게 좋을지 판단하기 위해 여러 번 클립을 바꿔가며 선택해보지만, 이러한 시도들은 특별하게 기록되지 않고 단지 편집자의 기억으로만 남게 된다.

최종 편집 이전에 여러 클립을 사용해서 가편집을 하고, 다시 그 가편집을 되돌리고, 사용된 클립 이외의 다른 클립을 사용해서 스토리를 바꿔가며 여러 번 되돌리는 과정 등이 편집과정에서 발생한다. 파이널 컷 X의 오디션 기능, 즉 여러 클립을 하나로 묶어 미리보기할 수 있는 기능으로 편집 과정에서 일어나는 시행착오를 최소화할 수 있다.

⊙ 다양한 클립들을 하나의 오디션에 그룹으로 만들 수 있다.

⊙ 오디션은 이벤트 브라우저와 타임라인에서 만들 수 있다.

⊙ 오디션 아이콘이 보이는 클립은 하나 이상의 클립이 그 그룹 안에 있다는 의미이다.

오디션은 여러 개의 다른 클립들의 그룹을 일컫는 것으로 타임라인에서 하나의 독립된 클립처럼 다뤄진다. 이 오디션 기능은 최적의 샷을 찾을 때까지 클립을 차례대로 하나씩 바꿔가며 보여준다.

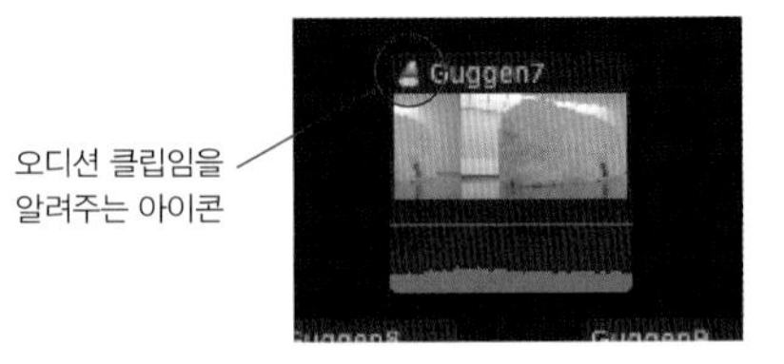

오디션 클립은 프라이머리 스토리라인(Primary Storyline)이나 두 번째 스토리라인(Secondary Storyline)에 연결된 클립(Connected Clip)으로서 위치할 수 있다. 또한, 하나 또는 여러 개의 오디션 클립들을 컴파운드 클립(Compound Clip)에 집어넣을 수도 있고, 이 컴파운드 클립 역시 오디션으로 추가될 수 있다.

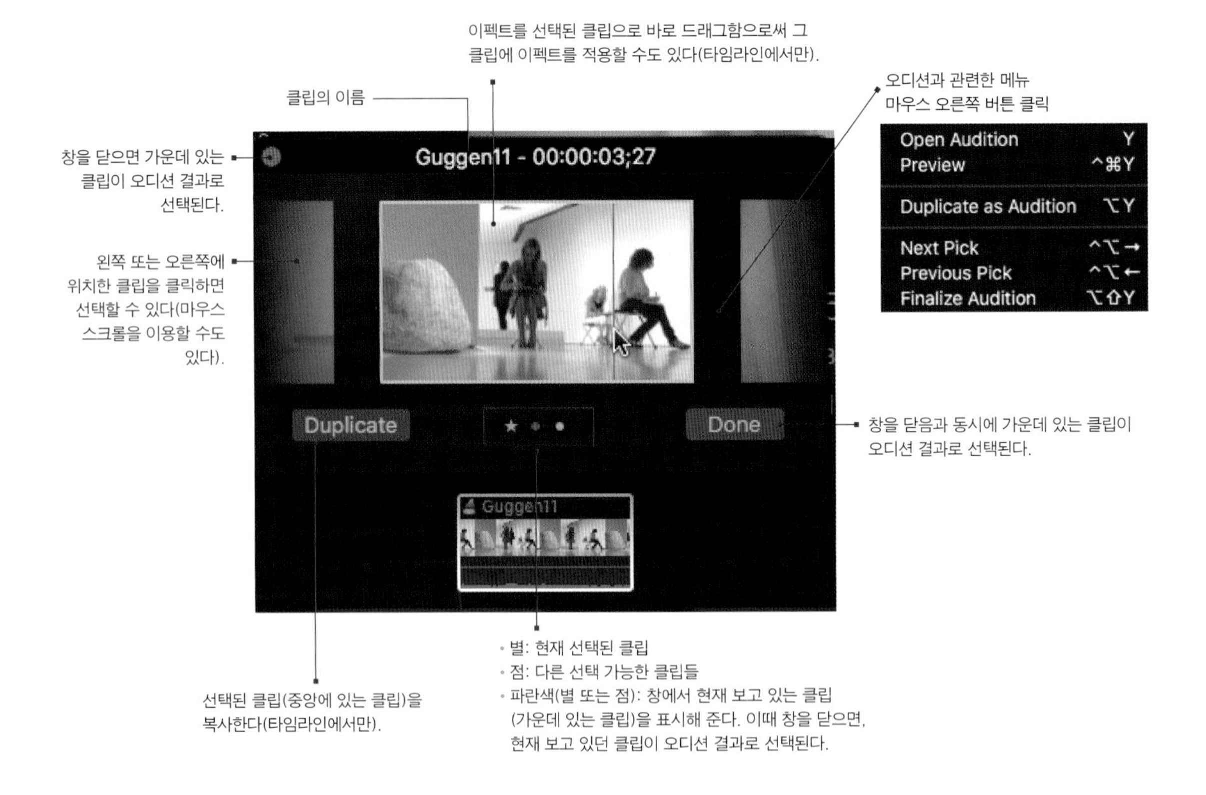

▶오디션 클립의 특징

⊙ 같은 클립에 여러 가지 다른 이펙트를 적용한 다양한 버전의 미리보기를 가질 수 있다.

⊙ 백그라운드 음악을 위한 다른 오디오 클립(음악)들을 바꿀 수 있게 해 준다.

⊙ 오디션 아이콘으로 마크된 클립도 단순한 클립들처럼 편집 가능하다; 트림(trim), 마커(Marker), 키워드(Keyword) 추가하기, 이펙트(effect) 추가하기, 편집 등.

⊙ 일반 클립, 컴파운드 클립(Compound Clip), 타이틀(Title) 등 어떠한 클립이든 오디션으로 추가할 수 있다.

Unit 01 오디션 클립 만들기

타임라인에 있는 Guggen7 클립을 다른 샷으로 교체하고 싶을 때 클립과 교체하고 싶은 다른 클립을 타임라인에 존재하는 클립 위로 드래그해 와서 오디션클립으로 만들어 스토리에 가장 잘 어울리는 클립으로 바꾸자.

브라우저의 클립에서 오디션 클립 만들기에 사용할 Guggen11 클립의 구간을 약 4초 정도 선택해준다.

이 선택한 클립을 비교해보고 싶은 스토리라인의 Guggen7 클립 위로 드래그한다. 초록색 플러스 사인이 있는 아이콘이 뜨면, 마우스 버튼을 놓아도 된다.

03

다음과 같이 여러 옵션들을 선택할 수 있는 팝업 창이 뜬다. 여기에서 Add to Audition 항목을 선택하자. 브라우저에서 가져온 클립의 구간이 오디션에 추가된다.

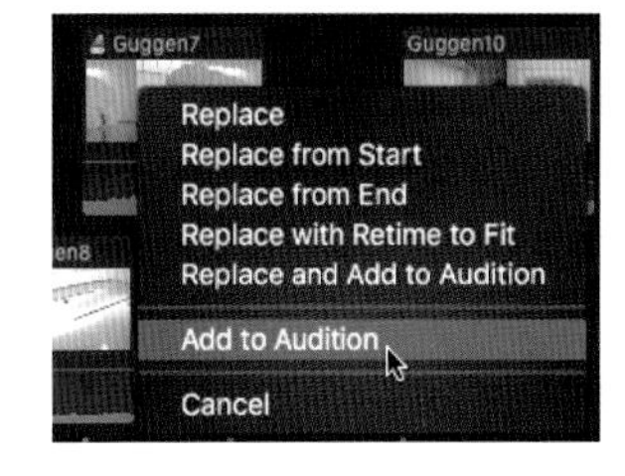

두 개의 클립이 포함되어 있는 오디션 클립이 만들어졌다. 클립 이름이 있는 부분을 자세히 보면, 작은 스포트라이트 아이콘이 보인다.

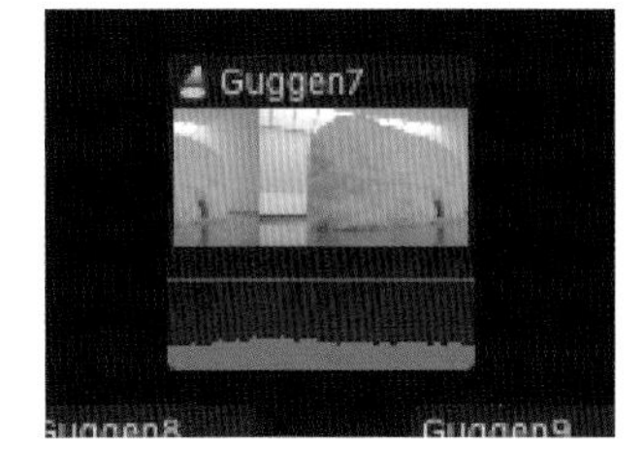

05

이 과정을 반복해 오디션 클립에 이벤트 클립을 하나 더 추가할 수 있다. 먼저 이벤트에 있는 Guggen10 클립을 타임라인의 Guggen7 클립 위로 드래그해보자.

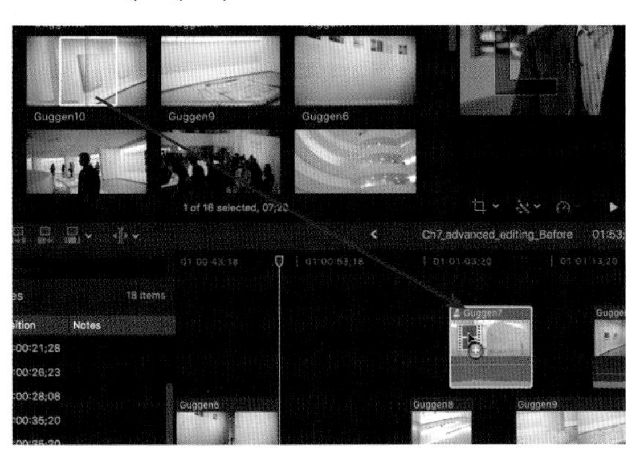

06

팝업 창이 뜨면 Add to Audition 항목을 선택하자.

브라우저에서 가져온 클립이 오디션 클립에 하나 더 추가된다. 이제 이 오디션 클립 안에는 총 3개의 클립이 존재한다.

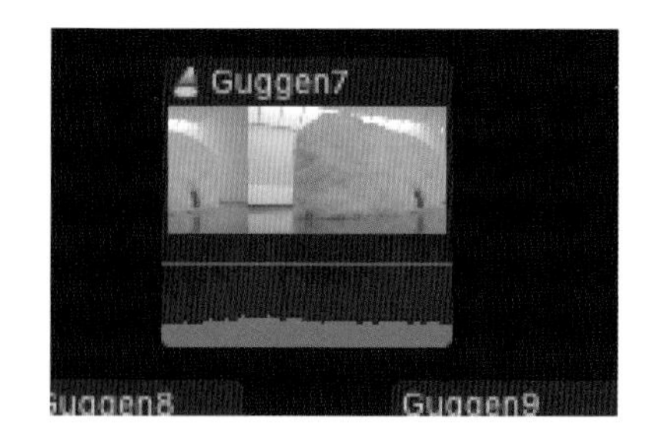

Unit 02 오디션 클립 창 미리보기 Audition Preview

오디션 기능을 활용하는 가장 좋은 방법은 그 씬을 둘러싼 클립들과 함께 실시간으로 재생해보는 것이다. 오디션 미리보기(Audition Preview)기능을 이용하면 오디션 클립이 자동 재생된다. 그리고 현재 선택된 클립과 다른 클립들을 바꾸어보면 클립이 바뀔 때마다 자동으로 되돌아가 그 부분을 재생해서 보여준다.

파이널 컷 프로 X의 오디션 클립안을 보려면, 오디션 스포트라이트 아이콘을 클릭하자.

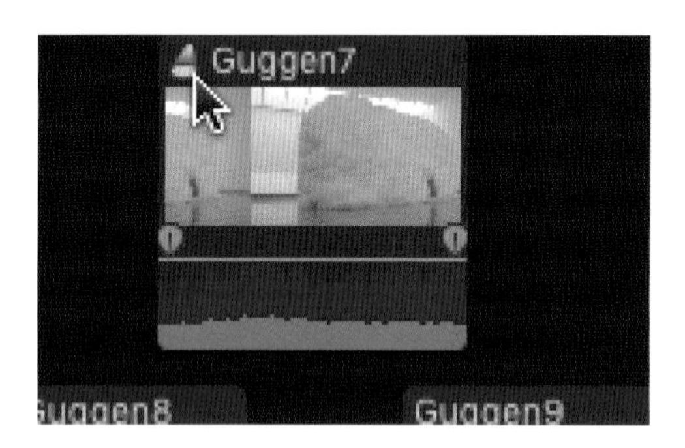

오디션 클립 보기 창 안 아래쪽에 보이는 파란색 별 표시는 현재 선택한 클립을 지칭하고, 다른 회색 원형 아이콘은 다른 선택 가능한 클립을 지칭한다.

03 오디션 창의 스포트라이트 된 부분에서 현재의 클립을 스키밍해 보자. 오른쪽 화살표 키를 누르면 그 다음 클립으로 바뀌고 이를 스키밍해 볼 수도 있다. 오디션 창 뿐만이 아니라 타임라인 창에서도 오른쪽/왼쪽 화살표 키를 이용해 클립들을 바꾸어볼 수 있고, 다른 점을 비교해 볼 수 있다.

오디션 클립을 미리보기하기 위해서는 해당 클립을 Ctrl + Click하고, 팝업 메뉴 창에서 Audition > Preview를 한다.

Preview가 선택되었으면, 오디션 창이 열리고 플레이헤드는 자동적으로 오디션 클립에서 씬의 이전의 포인트를 가리키게 된다. 씬을 새로운 클립으로 선택해서 바꾸고 오디션 창을 닫으려면, 원하는 클립을 찾은 다음 Done을 클릭하거나, 해당 클립을 더블클릭하면 된다.

오디션을 완성하기 위해서, 새로 선택된 클립을 Ctrl + Click하고, 팝업 창에서 Finalize Audition을 선택하거나, 단축키 Shift + Option + Y를 사용한다.

팝업 창에서 Finalize Audition을 선택하면 이 클립에 있던 오디션 아이콘이 사라지고 보통의 클립으로 바뀐다. 프라이머리 스토리라인에서 클립들을 오디션해 볼 수도 있다. 그러나 만약 길이가 다른 새로운 클립을 선택하게 되면, 그 클립 이후의 나머지 프로젝트 상의 타임라인 클립들이 밀릴 수도 있기 때문에 주의해야 한다. 오디션 클립들을 이런 식으로 미리보고 편집자는 하나의 클립을 다른 클립과 비교해 보며 어떤 것이 스토리에 더 나은 클립인지 알 수 있게 된다.

참조사항

오디션 클립창 안에 있는 클립을 지울려면 여러 개의 클립 중 필요 없는 클립이 중간에 보일 때 Delete 버튼을 누르면 현재 보이는 클립이 지워진다.

Section 08 포지션 툴

마그네틱 타임라인의 특성상 선택 툴을 사용해서 클립을 옮길 경우 빈자리가 생기지 않고 클립이 원 위치에 있는 클립과 교체가 되는 경우가 있다. 하지만 포지션 툴을 사용하면 클립을 원하는 위치에 강제적으로 위치시킬 수 있다. 클립이 옮겨간 빈 자리는 갭 클립(Gap Clip)으로 교체된다. 이 포지션 툴은 편집이 어느 정도 진행된 이후, 타임라인에 있는 여러 클립들의 그룹을 한꺼번에 강제적으로 이동시켜야 하거나, 전체 시퀀스에서 타임라인에 변화를 주지 않고 단 하나의 클립을 이동시키고 싶을 때 사용된다.

Unit 01 포지션 툴을 사용해서 여러 클립을 이동시키기

01 툴 선택 창에서 포지션(Position)을 선택한다(단축키 P).

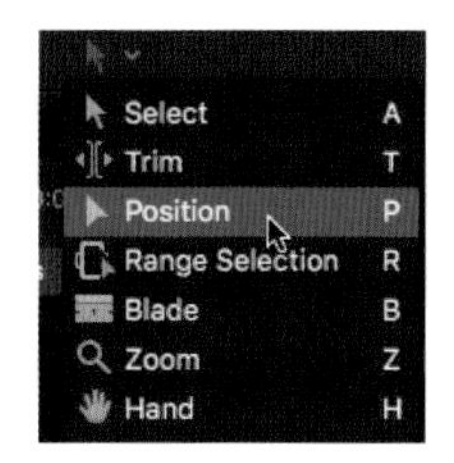

02 Interview1 클립 이후에 있는 모든 클립을 마우스로 드래그해서 선택하자.

선택된 클립들 위 아무 곳이나 클릭해 드래그함으로써 선택된 클립들을 모두 한꺼번에 이동시킬 수 있다. 위에서 선택한 클립들을 2초 01 프레임 정도 오른쪽으로 이동시키자. 클립을 이동시킬 때, 클립이 옮겨지는 거리를 표시하는 정보 창이 뜨니 이를 확인할 수 있다.

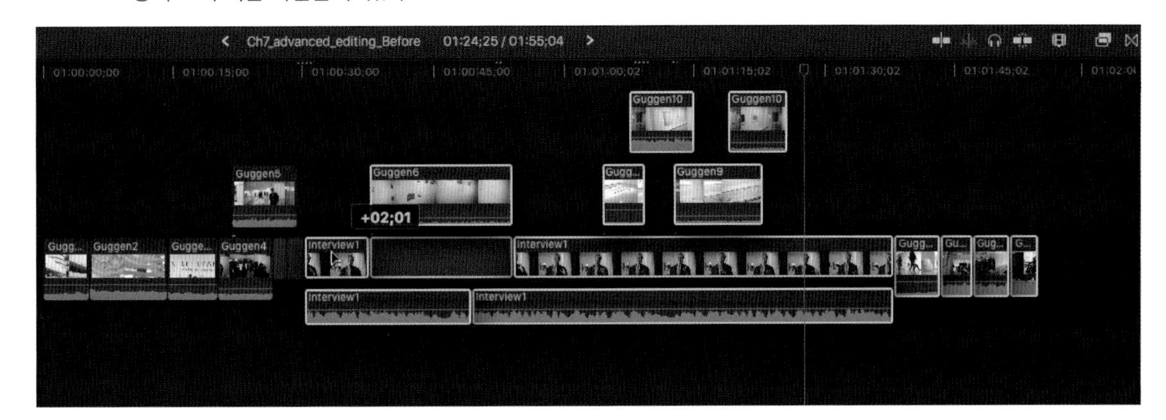

04 아래와 같이 인터뷰 클립 이후에 위치하는 모든 클립들이 약간 뒤쪽으로 모두 위치가 변경되었다. 클립들이 2초 01 프레임 이동한 만큼을 갭 클립이 채우므로, 새로운 갭 클립이 생겼다.

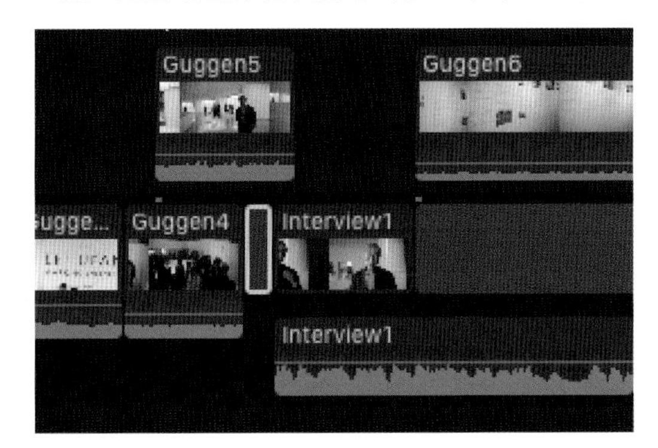

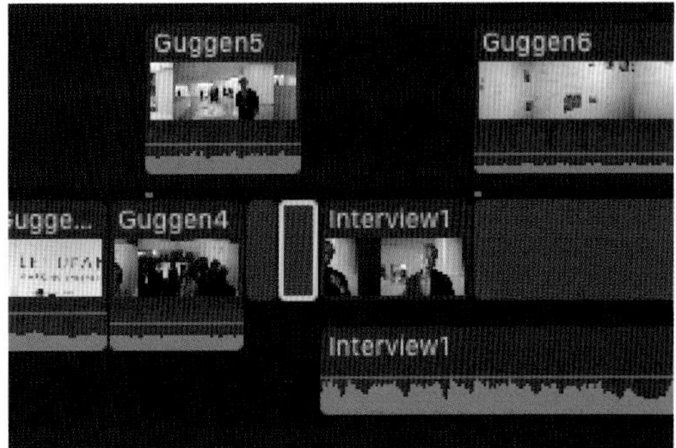

Unit 02 포지션 툴 사용해서 프라이머리 스토리라인에서 클립 이동시키기

포지션 툴을 이용해 Guggen11과 13클립 사이에 있는 Guggen12 클립을 선택한다.

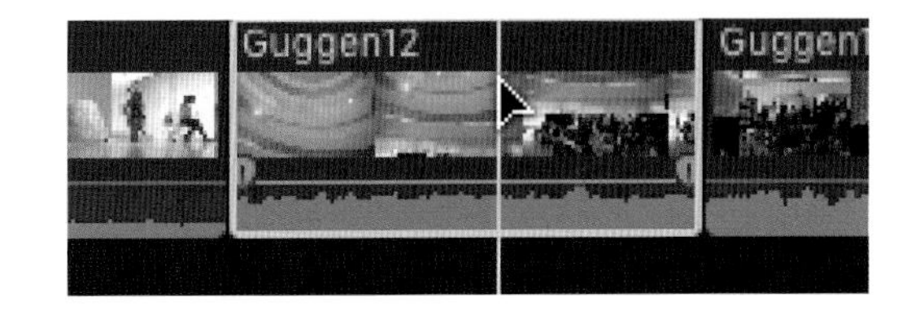

Guggen12 클립을 위쪽으로 드래그한다.
클립을 프라이머리 스토리라인에서 연결된 클립으로 바꿀 때는 포지션 툴을 사용해야 한다. Guggen12 클립이 연결되며 드래그한 곳에 위치하게 된다. Guggen12 클립이 있던 자리는 갭 클립이 채우게 된다. 선택 툴을 사용해서 클립을 위로 드래그하면 빈 공간인 갭 클립이 안 생기므로 타임라인의 시퀀스 구조가 바뀌게 된다.
Shift를 누른 상태에서 클립을 위로 드래그해야 클립이 움직이지 않고 원래 위치에서 수직으로 올라간다. 그냥 클립을 드래그할 시에는 클립이 좌우로 움직일 수가 있으므로 조심해야 한다.

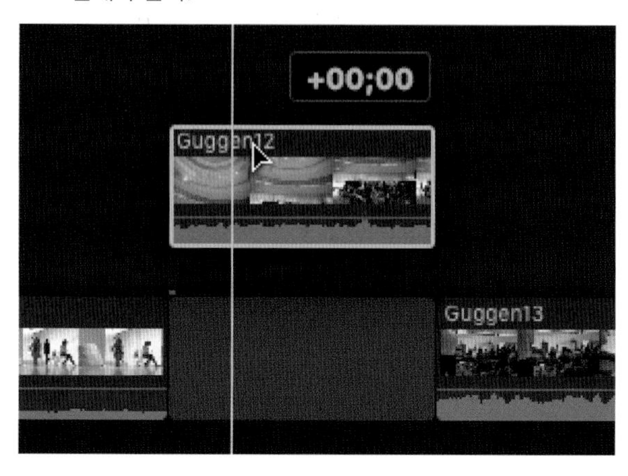

Guggen13 클립을 선택하자.

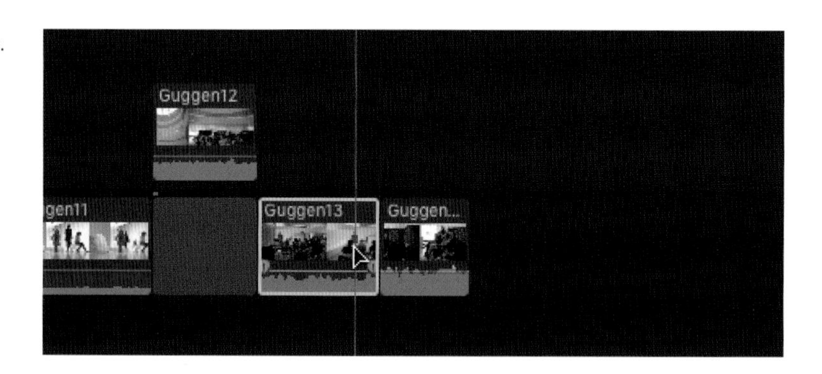

Guggen13 클립을 선택해 포지션 툴로 마지막 클립의 뒤쪽으로 이동시킨다. 포지션 툴을 사용하면, 클립을 원하는 곳 어떤 곳으로든 이동시킬 수 있고, 원래 클립이 있던 자리는 역시 갭 클립이 채우게 된다.

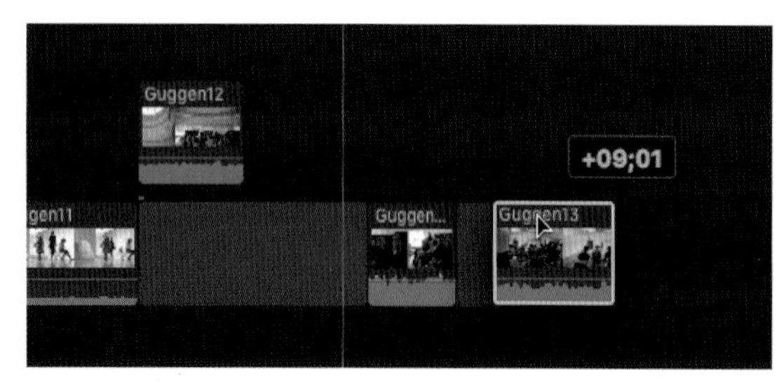

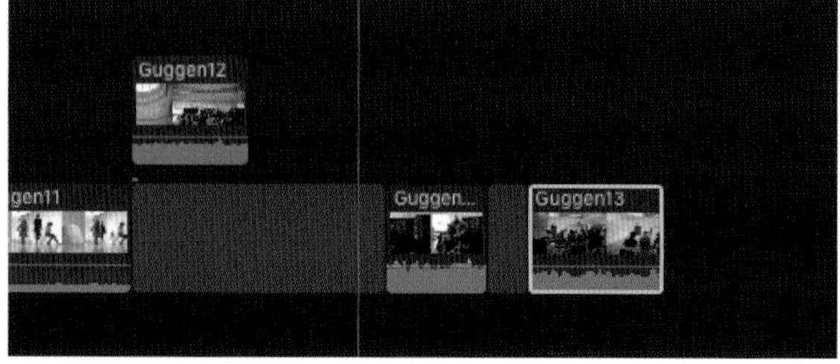

참조사항 클립 선택을 해제하고 싶다면 Unselect All(Shift + ⌘ + A)하거나, 타임라인의 회색으로 된 영역 중 아무 곳이나 클릭하면 된다.

Section 09 타임라인에서 클립 복사하기

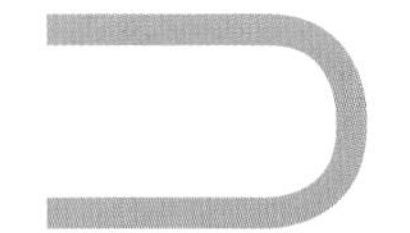

편집 과정에서 타임라인에 있는 클립을 복사해서 사용해야 하는 경우가 종종 발생한다. 클립을 같은 스토리라인에 복사할 수도 있고, 프라이머리 스토리라인에 연결된 클립으로 복사할 수도 있다.

먼저 사용 중인 포지션 툴을 선택 툴로 바꿔주자.

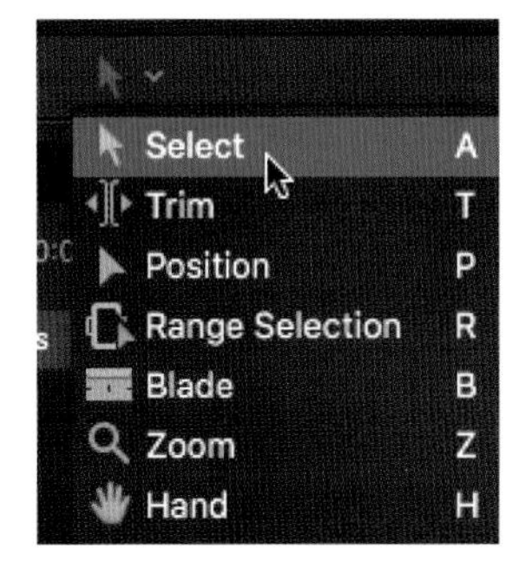

Guggen11 클립을 선택하고, 메인 메뉴에서 Edit 〉 Copy 또는 단축키 ⌘ + C를 누른다. 클립이 복사되었다.

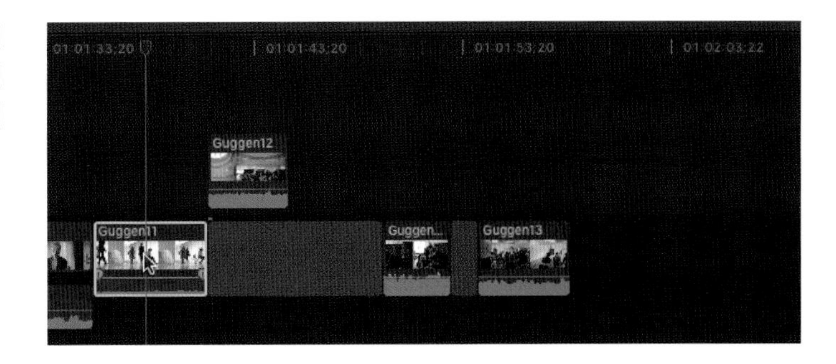

복사된 클립을 위치시키고 싶은 곳, 마지막 클립의 바로 뒤쪽에 스키머를 가져간다.

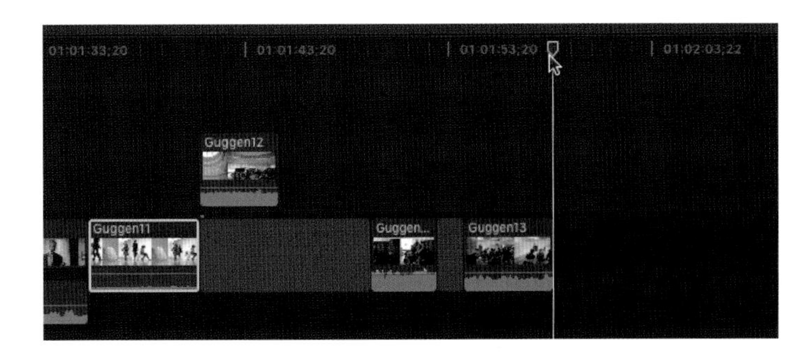

메인 메뉴에서 Edit 〉 Paste 또는 단축키 ⌘ + V를 하면 복사된 클립이 스키머가 있는 곳, 즉 마지막 클립의 끝쪽에 붙여넣기 된다.

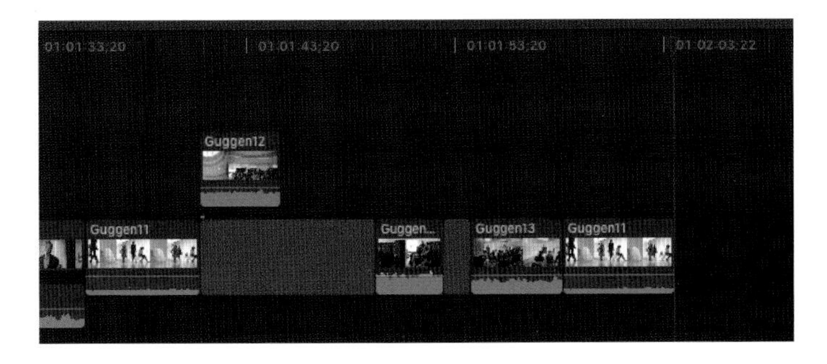

스키머를 원래 Guggen13 클립이 있던 위치, 즉 현재 갭 클립(Gap clip)이 존재하는 곳으로 가져가자.

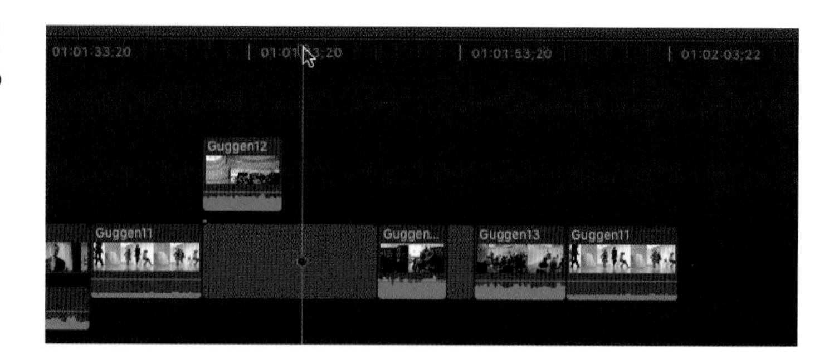

앞에서 클립을 복사한 상태에서 Option + V를 누르면, 아래와 같이 클립이 스키머가 위치한 갭 클립의 위쪽에 연결되어 붙여넣기 된다.

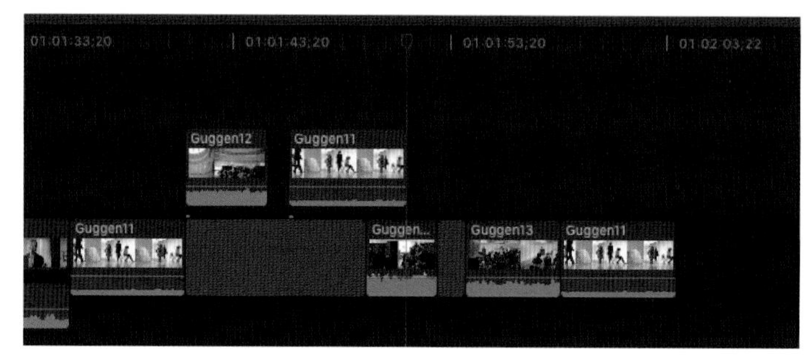

- Option + V: 연결된 클립으로 복사하는 기능. 프라이머리 스토리라인에 변화가 생기지 않는다.
- ⌘ + V: 프라이머리 스토리라인에 있는 클립을 복사하면 프라이머리 스토리라인에 클립을 붙여넣기 되고, 연결된 클립을 복사하면 연결된 클립으로 붙여넣기 된다. 즉, 원래의 클립의 위치에 따라 복사되는 클립의 위치가 결정된다.

Section 10 여러 클립이 있는 구간을 삭제하기

단순하게 클립 하나를 삭제하는 것이 아니라 여러 개의 클립이 모여 있는 한 구간을 삭제해야 하는 경우가 있다. 이런 경우, 여러 클립이 복잡하게 연결되어 있는 구간을 블레이드(Blade) 툴로 잘라서, 없애고 싶은 구간에 있는 모든 클립들을 삭제해보자.

- 클립 하나 자르기: ⌘ + B
- 클립 모두 자르기: Shift + ⌘ + B

블레이드(Blade) 툴을 선택하자.

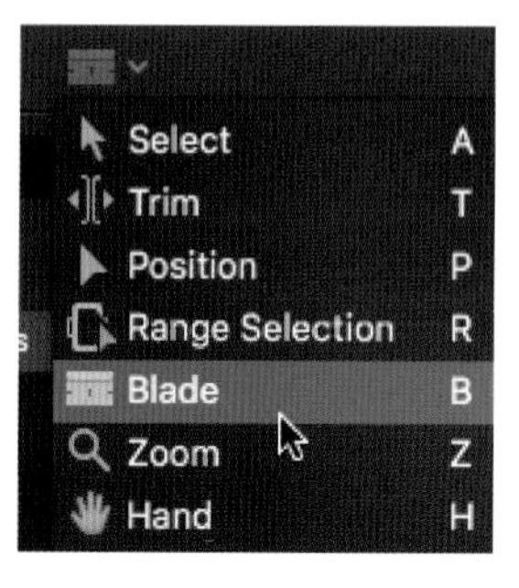

아래와 같이 타임라인에 있는 여러 클립들을 확인한 후 Guggen12와 그 아래 위치한 갭 클립을 블레이드를 이용해서 한꺼번에 잘라보자.

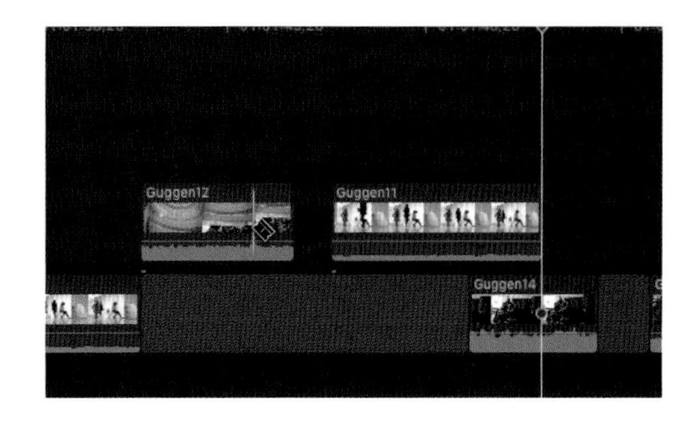

03

Shift로 누르면 블레이드가 양날의 모두 자르기 모드로 바뀐다. 스키머가 있던 곳을 중심으로 스키머 선상에 있는 클립들이 아래와 같이 모두 잘린다. 블레이드 기능의 단축키인 Shift + ⌘ + B를 눌러도 된다.

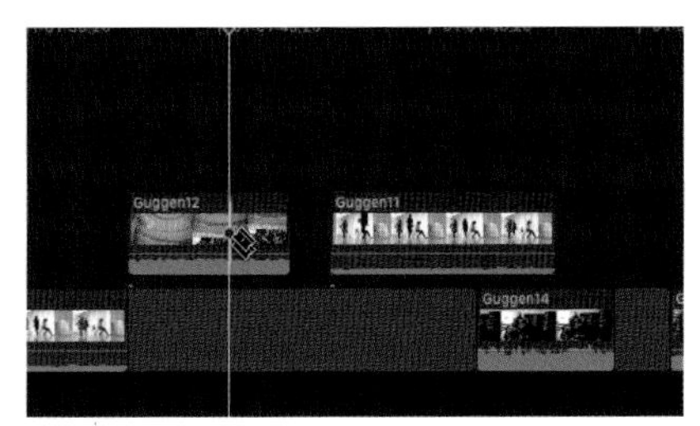

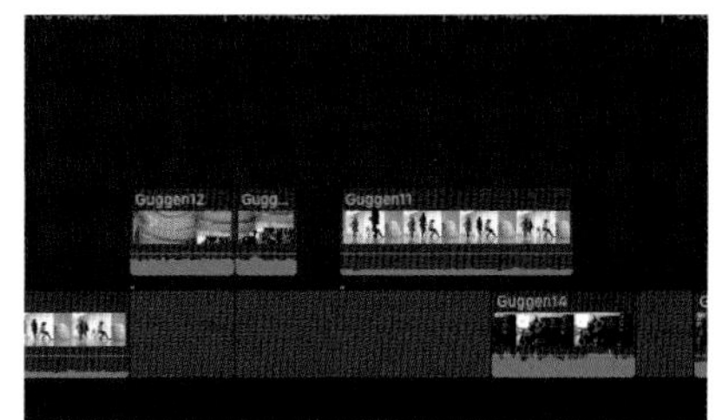

04

스키머를 Guggen11 클립 위로 이동시키고, 또 한 번 ⌘ + Shift + B를 눌러보자.

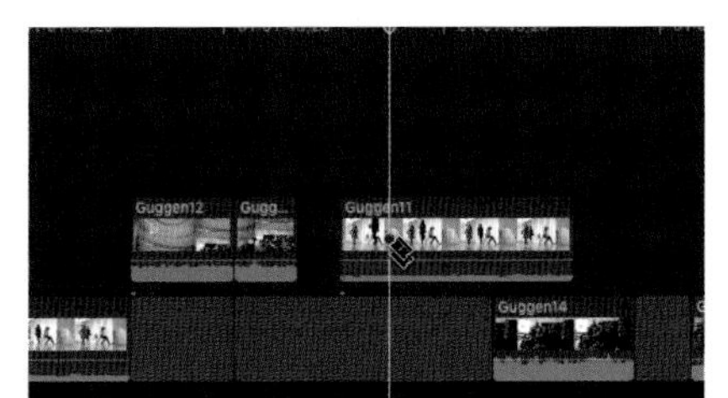

다음과 같이 Guggen11 클립도 잘렸다.

06

다시 선택 툴을 선택하자.

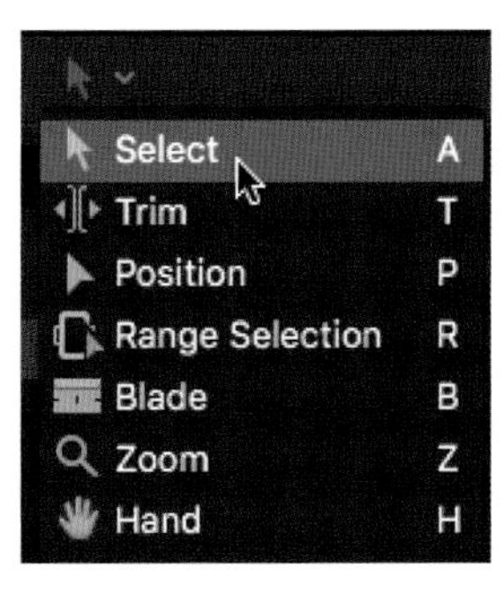

잘린 클립 구간들 중 지우고 싶은 클립 세 개를 아래와 같이 마우스로 드래그해 다시 한 번 선택해 보자.

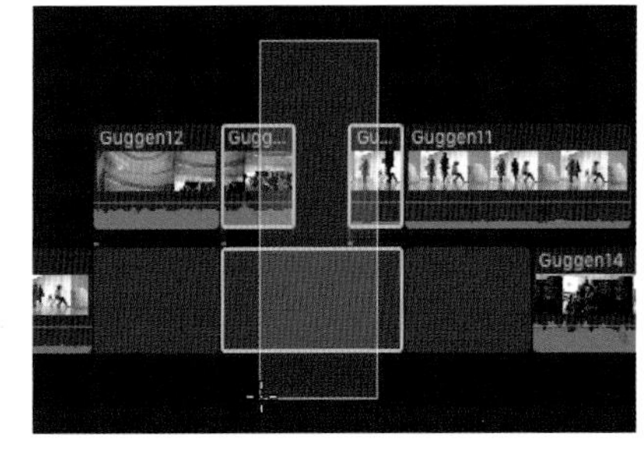

08 클립 세 개를 선택한 후 Delete를 누르면, 다음과 같이 선택된 세 개의 클립들만 삭제된다.

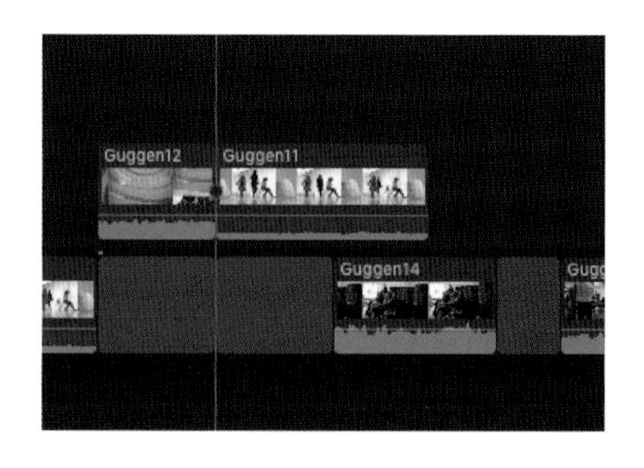

프라이머리 스토리라인에 있는 클립들과 연결된 클립들을 동시에 지울 때는 블레이드 툴을 이용해 클립들을 자른 다음에 지우는 것이 효과적이다.

Section 11 연결된 클립이 있는 프라이머리 스토리라인 클립 지우기

01 프라이머리 스토리라인에 있는 세 개의 클립을 아래와 같이 선택해보자. 프라이머리 스토리라인에 있는 첫 번째 갭 클립은 위로 연결된 클립을 가지고 있다.

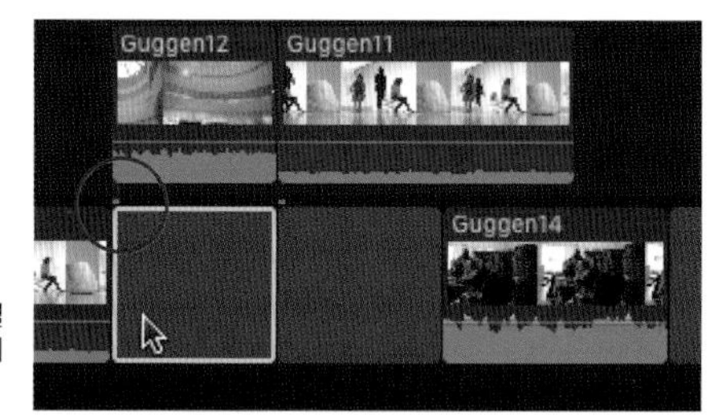

주의 : 스토리라인에서 클립을 지울 때는 항상 클립에 연결된 클립이 있는 지 확인해 연결된 클립을 실수로 지우는 일을 방지하자.

02 키보드의 Delete 버튼을 누른다. 다음과 같이 선택된 클립과 그 클립에 연결되어 있던 클립들은 모두 삭제된다.

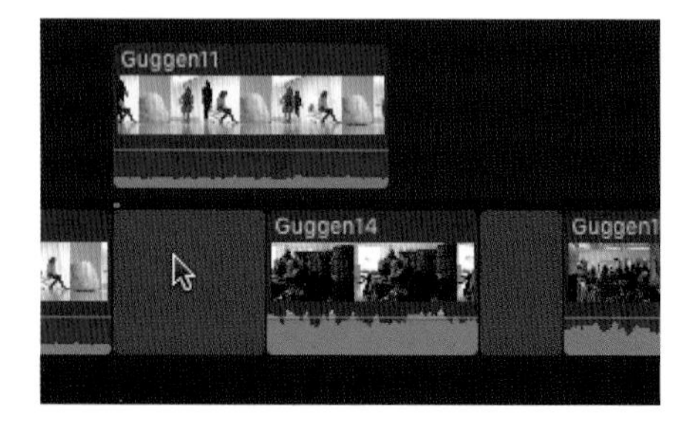

03 Guggen11 클립을 갭이 아닌 그옆의 클립으로 연결해보자. 연결점을 바꾸는 것은 Option + ⌘를 누른 상태에서 마우스로 연결된 클립을 클릭하면 된다.

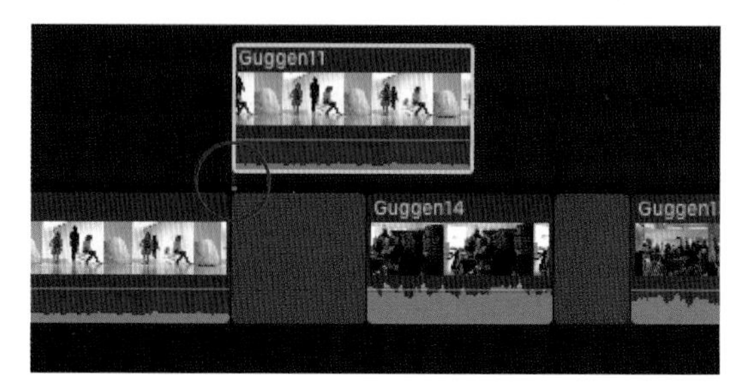

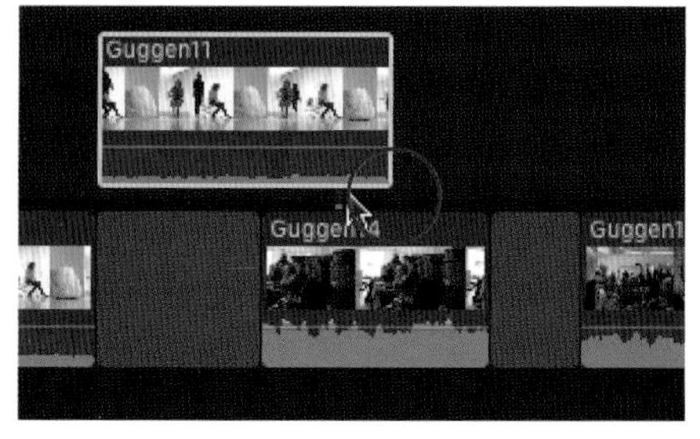

연결점이 바뀌었다. 연결점을 바꾸는 단축키는 Option + ⌘ + Click이다.

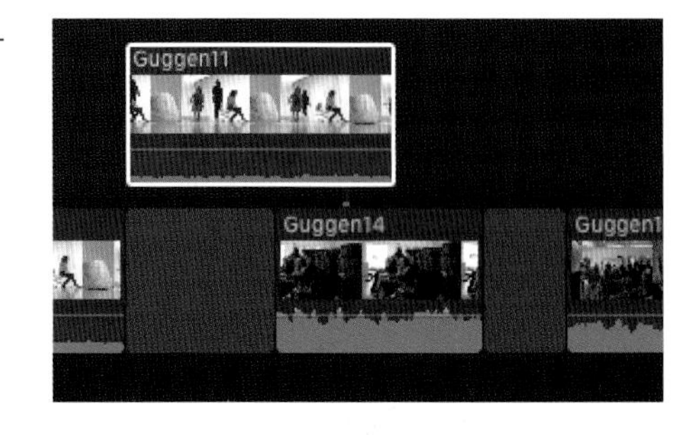

갭을 선택해서 지우자(Delete).

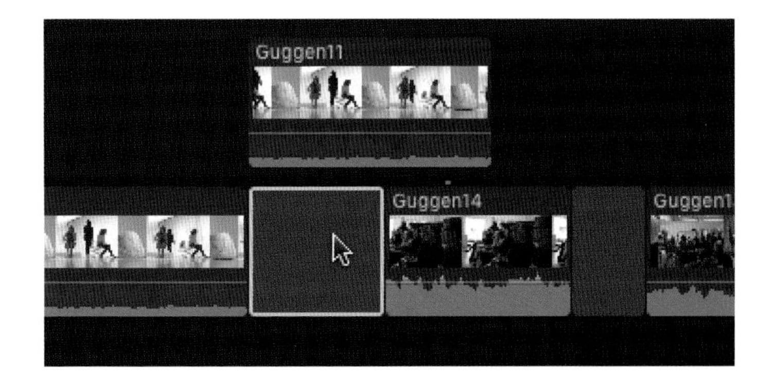

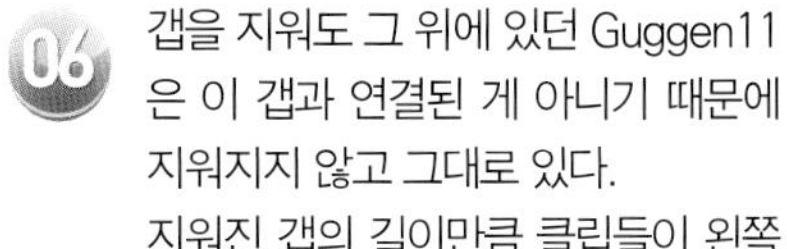

갭을 지워도 그 위에 있던 Guggen11은 이 갭과 연결된 게 아니기 때문에 지워지지 않고 그대로 있다.
지워진 갭의 길이만큼 클립들이 왼쪽으로 다 움직여서 빈 공간을 남기지 않는다.

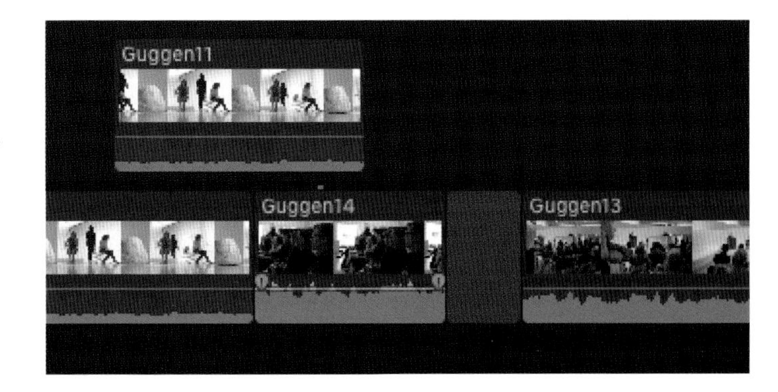

Chapter 07 요약하기

이전 6장과 이번 7장에서 다룬 편집의 전반적인 방식과 상급자용 기술은 모든 편집 툴에 공통적으로 사용되는 기술이고 또한 편집의 핵심이라고 할 수 있다. 복잡한 과정의 편집을 한두 번의 단계로 아주 효율적으로 진행하는 이 트리밍 단축키 사용과정은 처음 편집을 배우는 사용자에게는 조금 어렵게 느껴질수도 있지만 충분한 연습과 함께 익숙해지는 과정이 전문 편집가로 가는 가장 좋은 길이라 생각된다. 그 외에도 이 7장에서는 파이널 컷 프로 X에 새롭게 소개된 오디션(Audition)과 타임라인에서 할수 있는 여러 가지 편집 외의 기능에 대한 컨셉을 소개했다. 그 어떤 챕터보다 중요한 챕터이니 소개된 내용을 단 하나도 놓치지 말고 습득하기 바란다.

Chapter

08

오디오 편집

Audio Editing

영화나 드라마 또는 다큐멘터리 등의 프로그램을 볼 때, 시청자는 움직이는 영상을 통해 스토리에 대한 정보를 전달받지만 영상과 같이 들리는 오디오를 통해 전달되는 이야기를 느끼게 된다.

좋은 오디오는 시청자에게 더욱 큰 감동을 주고 나쁜 오디오는 더 이상 프로그램을 시청할 수 없게 만들어버린다. 영상 편집 시 많은 편집자들이 오디오의 중요성에 대해 너무 잘 알고 있기 때문에 오디오 편집은 항상 전체 편집 과정 중에서 가장 중요하고 조심해서 다루어지는 부분이기도 하다. 파이널 컷 프로 X에서는 이 오디오 편집을 더욱 수월하고 효과적으로 다루기 위해 많은 자동 고침 기능과 편리하고 직관적인 인터페이스를 제공한다.

이 챕터 08에서는 먼저 클립의 오디오 레벨을 여러 가지 방법을 통해 조정하는 법을 배워보겠다. 그리고 Music and Sound 창에서 음악을 가져와 백그라운드 음악으로 사용하는 방법, 더 자연스러운 음향 전환을 위해 오디오 트랜지션을 적용하는 법, 필요한 오디오를 간단하게 보이스오버(Voice over)해서 간단한 나래이션 클립 만들기, 마지막으로, 프로덕션 과정에서 발생하는 일반적인 오디오 문제들을 이펙트를 이용해서 고치는 방법에 대해서 알아보겠다.

Section 01 오디오 기본 이해하기

Understanding Audio Basics

파이널 컷 프로 X에서는 디지털 오디오(Digital Audio) 포맷 dB를 사용하여 오디오 수치를 나타낸다. 파이널 컷 프로에서는 0dB을 디지털 오디오로 표현할수 있는 가장 높은 소리라고 지정한다. 사용되는 오디오 미터를 보면 사운드 레벨이 피크(Peak) 레벨인 0dB 이상으로 올라갈 수 있지만 0dB 과 6dB 사이의 구간은 방송에 부적합한 디지털 노이즈를 발생시키는 구간으로 간주해서 무조건 고쳐야 된다는 것을 명심하자.

0dB과 6dB 구간의 사운드 레벨을 가진 클립의 문제점은 컴퓨터 스피커를 이용해서 작업하면 조금 덜 민감하게 들릴 수 있으나 이 오디오 파일을 DVD나 웹용 무비 파일로 압축하면 아주 심하게 변형되어 큰 잡음으로 바뀐다. 그렇기 때문에 어떠한 경우라도 사운드 레벨이 0dB 이상으로 올라가서는 안된다는 것을 기본 수칙으로 기억해야 한다.

사운드 레벨이 0dB 위로 올라간 방송에 부적합한 높은 사운드

01:01:02;19

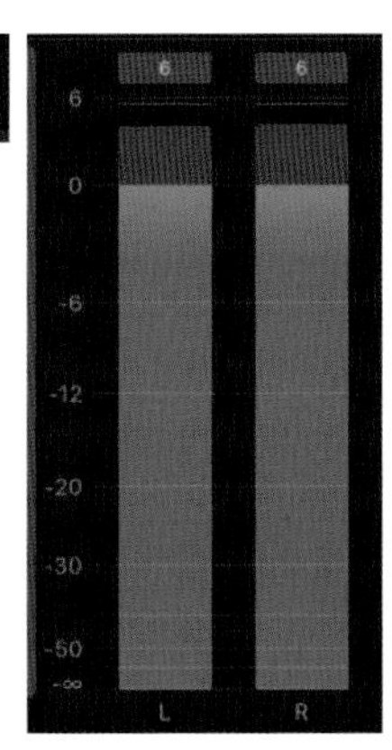

사운드 레벨이 −6dB 와 −12dB 사이인 적절한 오디오 레벨의 예

01:01:03;03

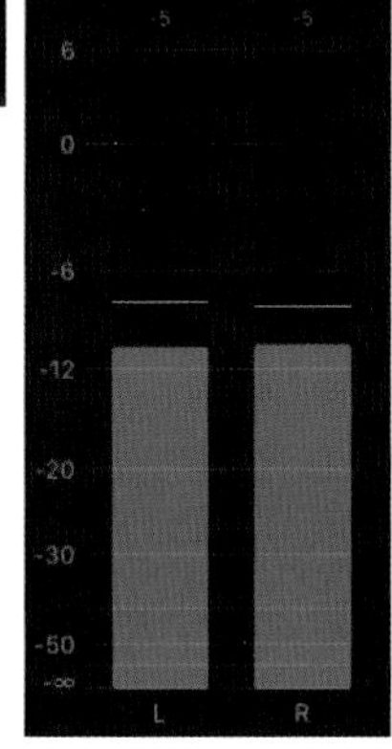

주의사항 방송 부적격 오디오 레벨 확인하기

0dB이 넘는 오디오의 레벨은 파일을 내보내기(Export) 전, 최종 오디오 믹스 과정에서 반드시 확인해서 조정해야 한다.

미터기의 위에 있는 빨간 불은 오디오의 소리가 너무 크다는 것을 알려주는 신호이다. 오디오 레벨이 0dB을 넘으면, 첫째로 오디오 미터 위의 빨간불이 들어오고, 둘째로 피크 홀드 인디케이터가 빨간색으로 빛난다. 편집자가 이를 확인했음을 확실히 하기 위해, 빨간불은 편집자가 시퀀스를 다시 재생하기 전까지 계속 켜진 상태로 있다. 이 오디오 미터(Audio Meter)를 늘 확인해서 최종적으로 파일을 내보낼 때(Export)는 오디오 레벨이 절대 0 dB을 넘지 않도록 주의하자.

Unit 01 샘플링 Sampling 과 샘플 레이트 Sample Rate 란?

샘플링(Sampling)은 소리를 캡처하고 측정해 아날로그인 오디오 시그널을 디지털 포맷으로 변환시키는 것을 의미하며 주파수(Frequency)란 일정 시간 동안 주기적인 현상이 몇 번 일어났는지를 뜻하는 것이다.
샘플 레이트(Sample Rate)는 1초 동안 소리를 몇 번으로 나누어 그 과정을 샘플링했는지에 대한 수치이다. 샘플 레이트가 100Hz라고 한다면 1초에 100번의 주기로 아날로그인 오디오 시그널을 샘플링했다는 의미이다. 샘플 레이트의 수치가 높아질수록 음질은 좋지만 저장되는 파일의 용량이 커진다는 단점이 있다. 인간의 청각 능력은 초당 가장 낮게는 20사이클부터 가장 높게는 20,000 사이클로 정의된다.

일반 샘플 레이트와 주파수 범위

	샘플 레이트(Sample Rate)	주파수(Frequency Response)
사람이 들을 수 있는 소리	-	20-20,000 Hz
AM 라디오	11.025 kHz	20-5,512Hz
웹사이트	22.050 kHz	20-11,025 Hz
FM 라디오	32 kHz	20-16,000 Hz
CD 오디오	44.1 kHz	20-22,050 Hz
DVD, 비디오 포맷	48 kHz	20-24,000 Hz
오디오 마스터 녹음 포맷	96 kHz	20-48,000 Hz

20,000 Hz 이상되는 주파수를 가진 소리는 사람의 귀로 인지하기 어렵다.

Unit 02 비트 뎁스 Bit Depth 란?

비트 뎁스(Bit Depth)란 볼륨 변화의 표현 폭을 나타내는 수치로서 오디오 파일의 음량 표현 범위를 나타내는 값이다. 비트 뎁스(Bit Depth)로 사용되는 음량의 범위는 다이내믹 레인지(Dynamic Range)로 표현된다.
다이내믹 레인지(Dynamic Range)는 사용되는 볼륨 변화의 표현 폭중 최고음과 최저음의 차이를 일컫는다. 다이내믹 레인지(Dynamic Range)가 크다는 것은 볼륨 레벨 간에 차이가 많이 난다는 것을 의미한다. 예를 들어 오디오 파일에서 가장 큰 소리를 100이라 하고 가장 낮은 소리를 1이라고 하면 이 사이에 다이내믹 레인지(Dynamic Range)는 99단계가 있다는 것이다.
비트 뎁스(Bit Depth)가 클수록 소리의 다이내믹 레인지(Dynamic Range)가 더욱 명확해지고 볼륨 표현 범위의 해상도 역시 넓어지게 된다. 반대로 비트 뎁스(Bit Depth)가 작을수록 소리의 강약의 차이가 더 좁아지게 된다. 하지만 비트 뎁스(Bit Depth)가 올라갈수록 그 파일의 사이즈 역시 커진다.

- **8bit depth:** 다이내믹 레인지(Dynamic Range)가 0dB - 96dB를 나타낸다. 이렇게 작은 구간영역은 파일 사이즈를 작게 만들기 때문에 웹용으로 사용하기에 적당하다.
- **16bit depth:** 다이내믹 레인지(Dynamic Range)가 0dB -124dB 를 나타낸다. 일반적인 비디오 레코딩에 사용되는 형식이다.
- **24bit depth:** 다이내믹 레인지(Dynamic Range)가 0dB -143dB 를 나타낸다. 프로페셔널 오디오나 마스터 믹싱 작업을 할 때 사용한다.

▶ 일반적인 CD와 비디오 포맷의 오디오 형식

- **CD 오디오 포맷:** Aiff, Wav 16 Bit – 44.1 kHz
- **비디오에 사용되는 오디오 포맷:** Aiff, Wav, Mov 16Bit – 48 kHz

참조사항 오디오 스키밍(Audio Skimming)

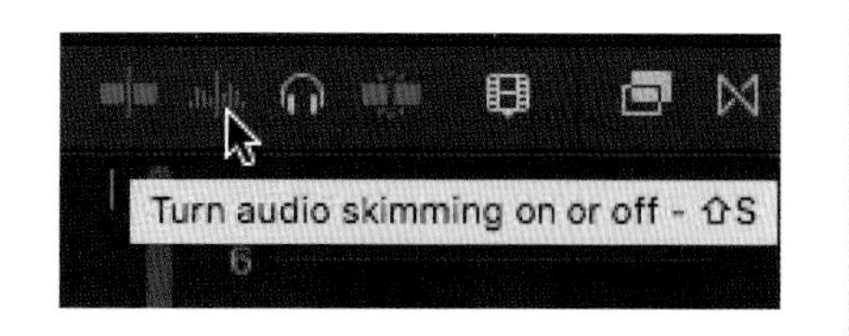

오디오 스키밍은 파이널 컷 프로 X의 아주 유용한 기능 중의 하나이다. 클립에서 비디오를 훑어볼 수 있듯이, 오디오도 훑어보기가 가능하다. 이는 클립의 소리가 어떤지 아주 빠르게 리뷰할 수 있도록 해준다. 오디오 스키밍을 활성화하기 위해서는 오디오 스키밍 아이콘이 파란색으로 바뀌어져 있는지 확인하자(Shift+S).

Section 02 오디오 추가하기

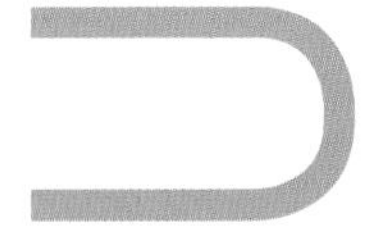

Adding Audio

오디오를 믹스하는 법을 배우기 전에 우리가 사용할 오디오 클립 가져오기를 먼저 배워보도록 하자. 뮤직 라이브러리가 있는 Music and Sound창은 iTunes 소스 폴더를 포함하고 있고 음악과 음향 효과를 소스 폴더에서 프로젝트 타임라인으로 바로 가져올 수 있게 해준다.
아래의 따라하기를 통해 배경 음악과 음향 효과를 추가하는 법을 배워보도록 하자.

Ch8_Audio_ Before 따라하기 프로젝트를 열자.

02 프로젝트가 열리면 인터뷰가 있는 타임라인의 중간 지점 Guggen5 클립부터 플레이해보자. 인터뷰가 시작되는 지점에 백그라운드 음악을 연결해보자.

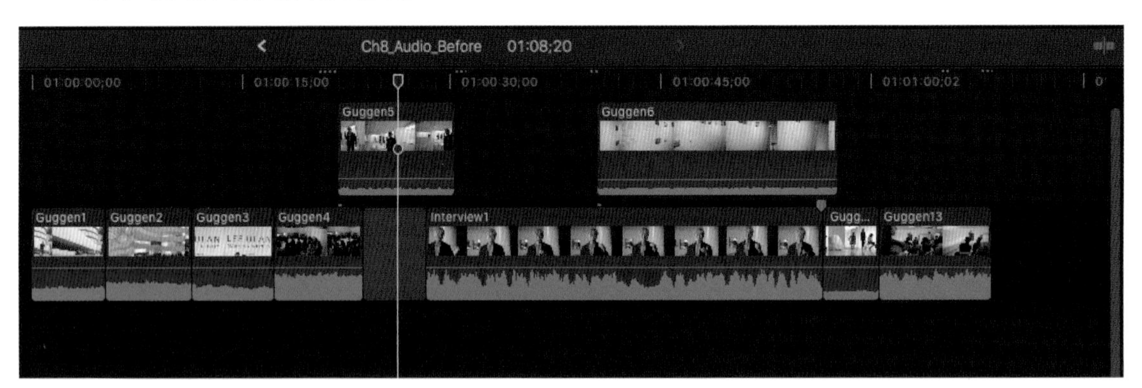

03 오디오 사이드 바를 클릭하자. Apple에서 제공하는 배경 음악과 음향 효과 파일이 리스트로 보인다.

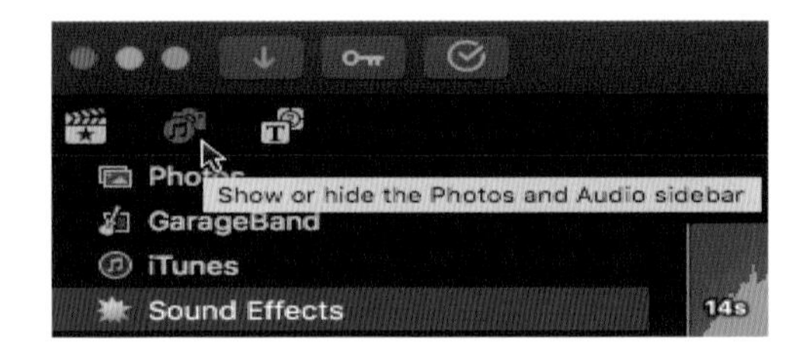

오른쪽 폴더 보기에서 Effects 대신 iLife Sound Effects를 골라서 선택한다.

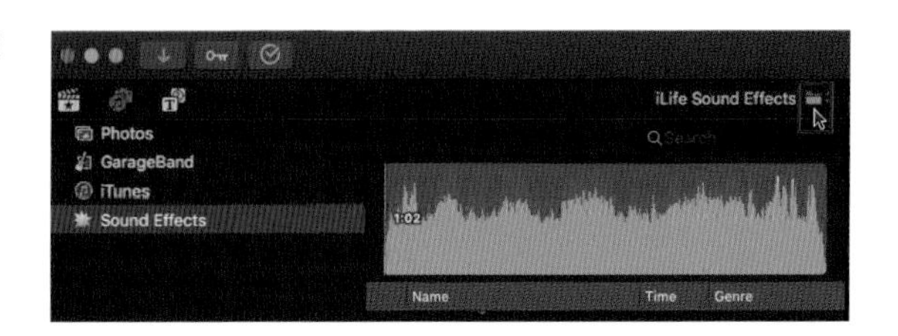

창 위 오른쪽에 있는 파일 찾기에서 "Piano Ballad"을 타입하자. 만약 이 클립이 보이지 않으면, 부록으로 제공되는 예제파일 폴더 안에 이 파일이 있기 때문에 이 파일을 따로 임포트해야 한다.

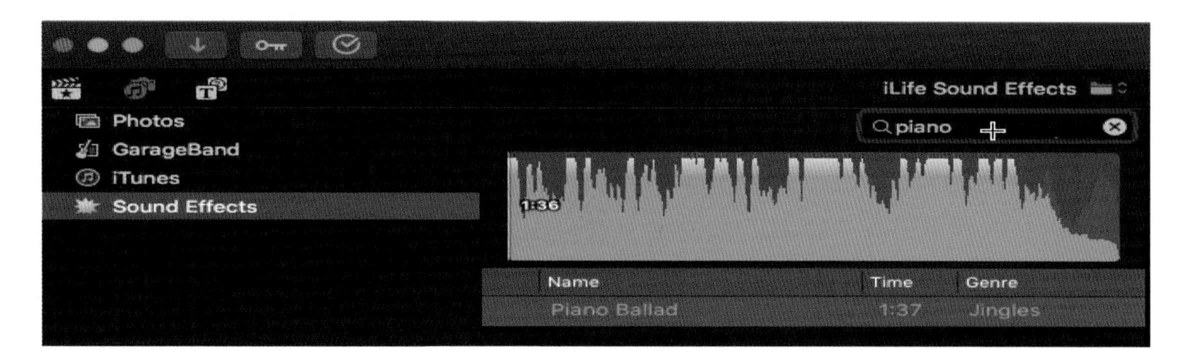

06 클립을 잡아서 타임라인의 Guggen5 클립 밑으로 드래그하자.

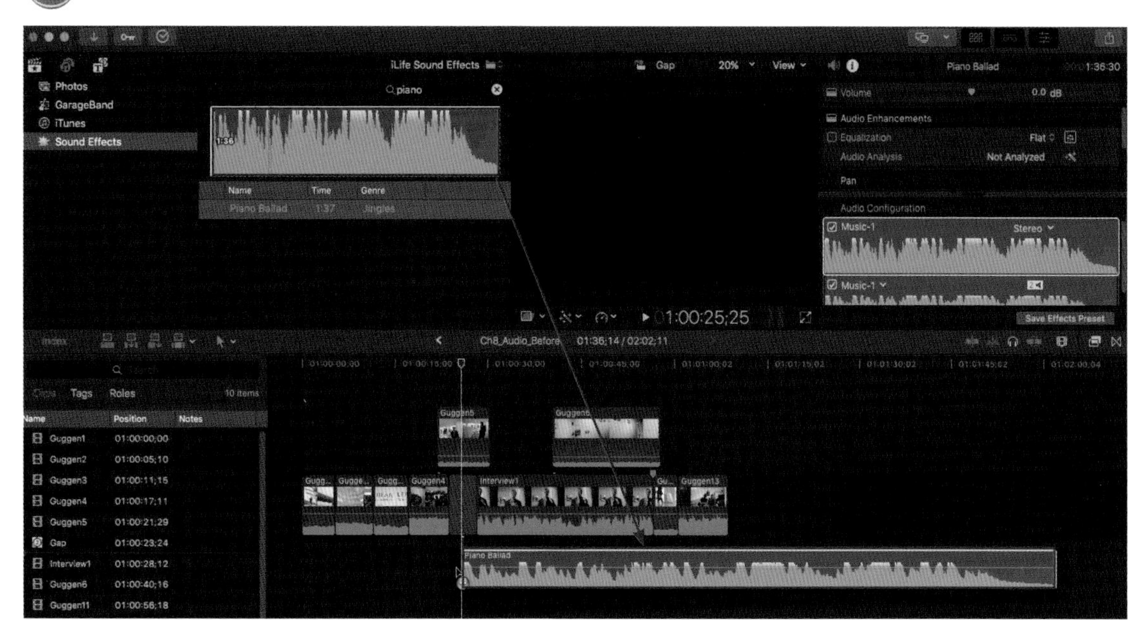

Piano Ballad 클립이 타임라인에 들어오면 Shift + Z를 클릭해서 타임라인 전체보기를 하자. Piano Ballad 클립의 길이를 확인할 수 있다.

08 Piano Ballad 클립 끝을 왼쪽으로 드래그해서 비디오 클립 끝과 맞춰주자.

참조사항 브라우저에 음악 파일이 있으면 타임라인으로 가져와도 된다.

❶ 타임라인에서 스키머를 Interview 클립이 시작하기 바로 전으로 위치시킨다.

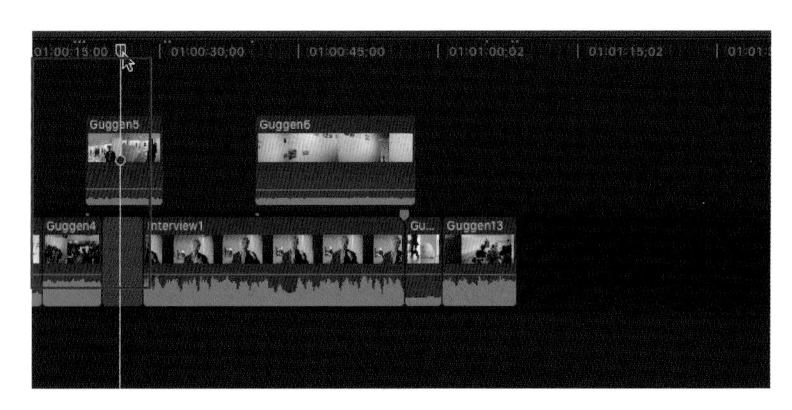

❷ 브라우저에서 사용할 클립을 선택하자.

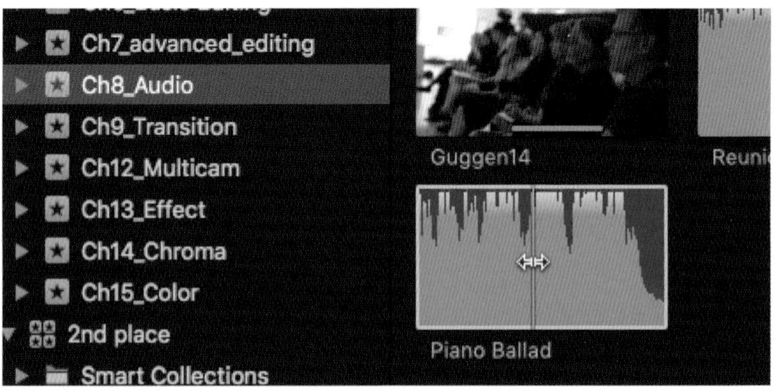

❸ 그 이후 붙여넣기(단축키 Q)를 사용해서 타임라인으로 클립을 가져와도 된다.

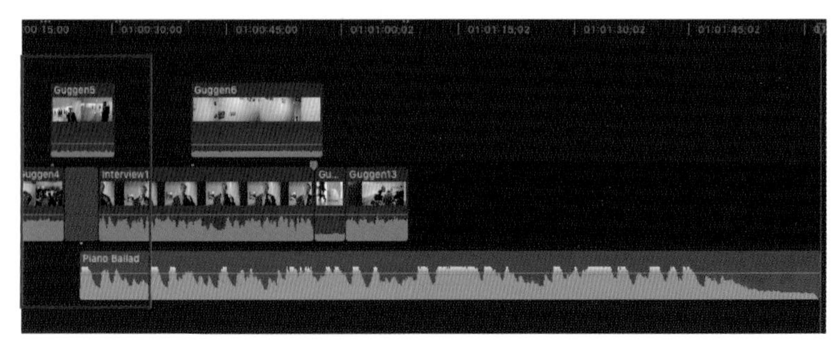

Section 03 오디오 레벨 보기

Audio Level

오디오 볼륨 레벨과 게인(Gain)은 오디오 미터기를 이용해서 측정한다. 파이널 컷 프로에는 두 가지의 오디오 미터 보기가 있는데 작은 버전은 대쉬보드의 오른쪽에 위치해 있고 큰 오디오 미터 창은 타임라인의 오른쪽에 위치한다.

Unit 01 오디오 미터 Audio Meters

대쉬보드의 오른쪽에 있는 미터기는 플레이되는 클립의 오디오 볼륨을 나타내고 이 미터기를 클릭하면 타임라인의 오른쪽 아래에 있는 더 큰 창에서 오디오 미터를 볼 수 있다.

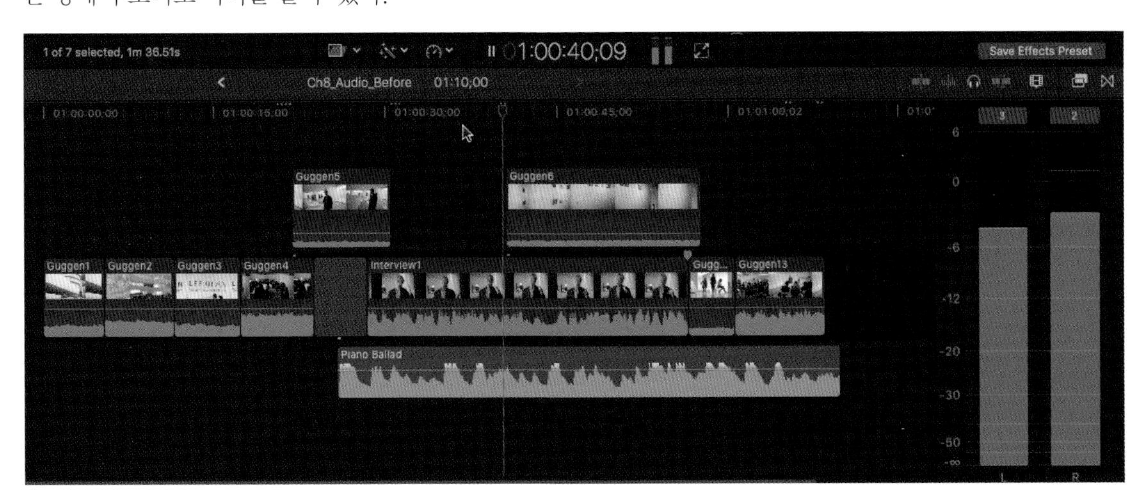

녹색 오디오 레벨 바들은 플레이를 하는 동안 끊임없이 움직인다. 움직이는 녹색 바들 위로 피크 홀드 인디케이터(Peak Hold Indicator)라고 부르는 흰색 얇은 선이 보이는데 이는 파이널 컷의 오디오 미터가 피크 레벨을 측정하기 때문이다. 이 인디케이터는 재생 시 일 초 단위로 오디오의 가장 큰 소리의 레벨을 가리킨다.

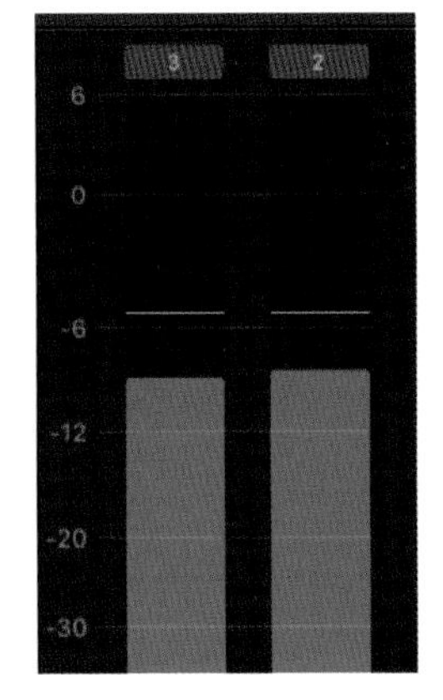

Unit 02 오디오 미터 더 크게 보기

툴 바에 위치한 프레임 인디케이터 옆 오디오 미터를 클릭한다.

02 타임라인 오른쪽에 더 큰 오디오 미터 창이 열린다.

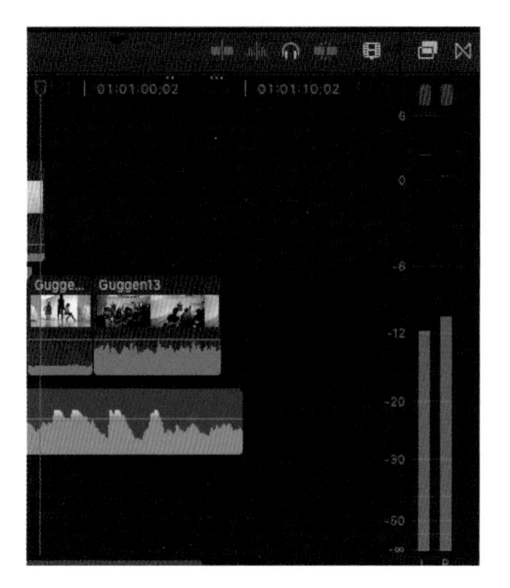

03 오디오 미터 창과 타임라인 사이의 경계선을 왼쪽으로 드래그하면 오디오 미터 창이 더 크게 보인다.

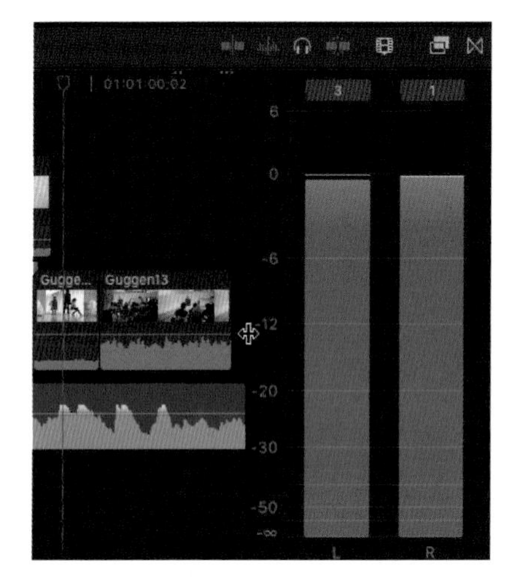

04 아래와 같이 타임라인이 정리되었다.

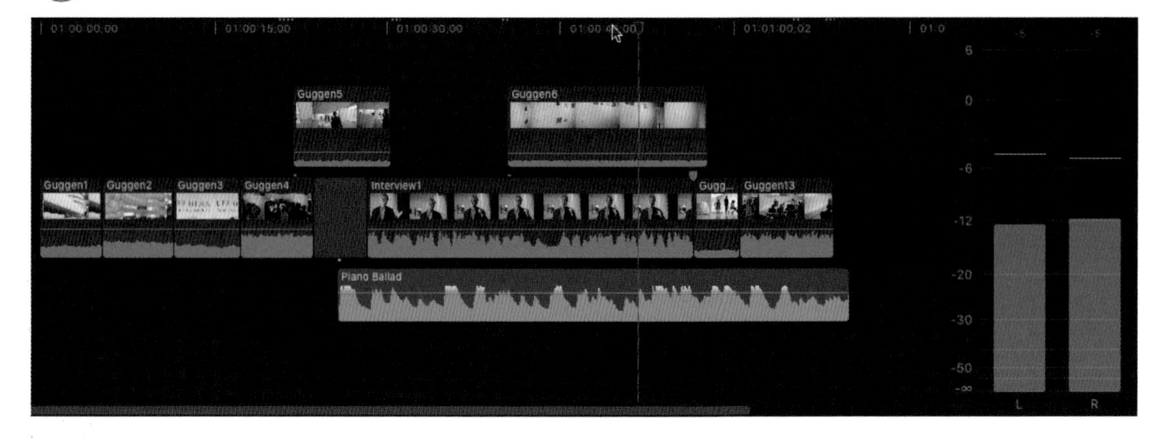

참조사항 스테레오 셋업을 가진 프로젝트는 두 가지의 오디오 미터를 보여주고, 서라운드 셋업을 가진 프로젝트는 여섯 개의 오디오 미터를 보여준다. 프로젝트 셋업을 확인하면 오디오 미터의 셋업을 알 수 있다.

Project Name: Ch8_Audio_Before
Starting Timecode: 01:00:00;00 Drop Frame
Video: 1080i HD (Format) 1920x1080 (Resolution) 29.97i (Rate)
Rendering: Apple ProRes 422 (Codec)
Standard - Rec. 709 (Color Space)
Audio: ✓ Surround / Stereo 48kHz (Sample Rate)
Cancel OK

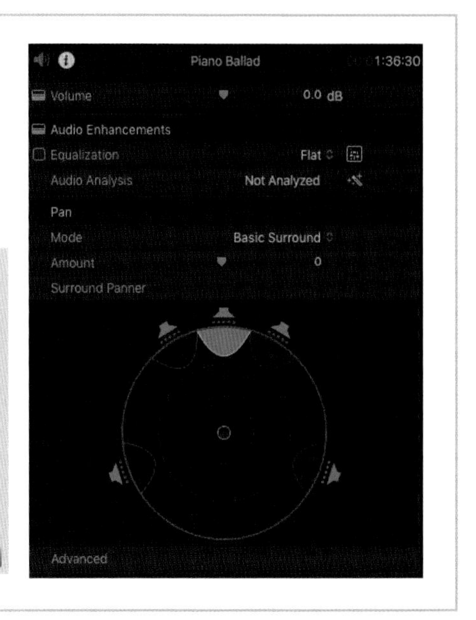

Section 04 볼륨 조절하기

Volume Control

Unit 01 클립의 볼륨 조절 바를 이용해서 볼륨 조절하기

마우스 포인터를 수평으로 된 볼륨 컨트롤 라인에 가져가면 화살표가 조절 포인터 아이콘으로 바뀌고, 데시벨(dB) 정보를 담은 깃발 같은 아이콘이 뜨는 것을 볼 수 있다. 볼륨을 원하는 데시벨만큼 드래그해 조절하자. 클립 안의 볼륨 컨트롤을 드래그해서 조절하는 것은 원래 볼륨 레벨에 맞춰 상대적으로 조절을 하는 것이다. 아이콘 안에 보이는 데시벨(dB)의 숫자는 원래 오디오 레벨에 비교해 볼륨이 그 숫자만큼 증가되거나 감소되었음을 나타내는 것이다. 참고로 ⌘ 버튼을 누르고 오디오 레벨 선을 조절하면 1데시벨(dB)씩 움직일 수 있다.

오디오 클립에 있는 검정색의 오디오 레벨 선을 이용해서 오디오 Reunion 클립의 오디오 레벨을 조절해보자.

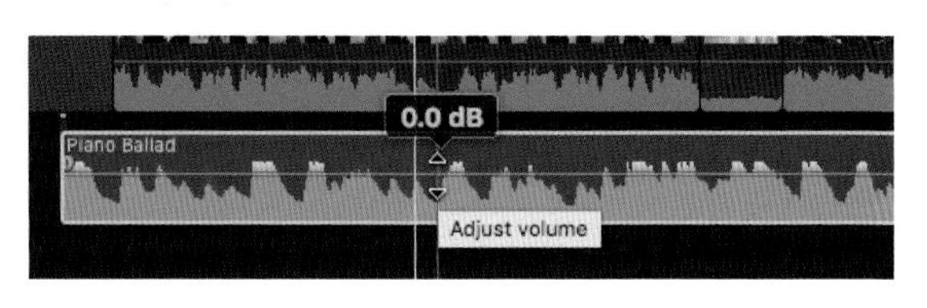

-16dB까지 볼륨 조절 바를 낮춰보자. 볼륨 조절이 끝났으면, 클립을 재생해서 소리를 확인해보자.

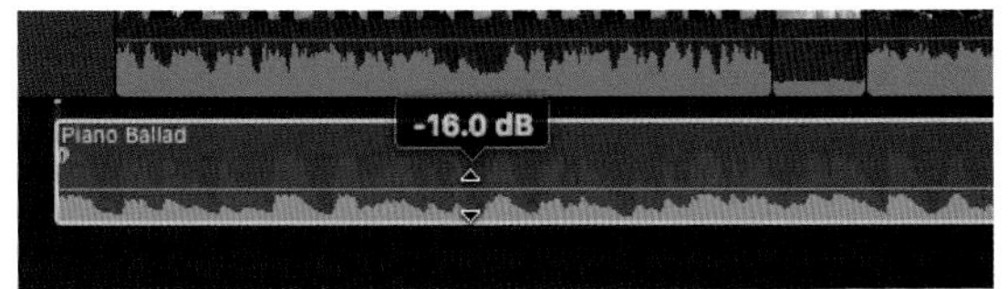

오디오 클립을 재생해서 확인할 때는 항상 오디오 미터기에서 오디오 레벨을 확인하는 일은 꼭 필요한데 이는 미터기가 클립의 아웃풋 dB 레벨을 보여주기 때문이다.

참조사항 오디오 트랙이 너무 작게 보여서 볼륨 조절이 힘들다면, 클립 보기 옵션에서 오디오 트랙이 크게 보이는 옵션을 선택하자.

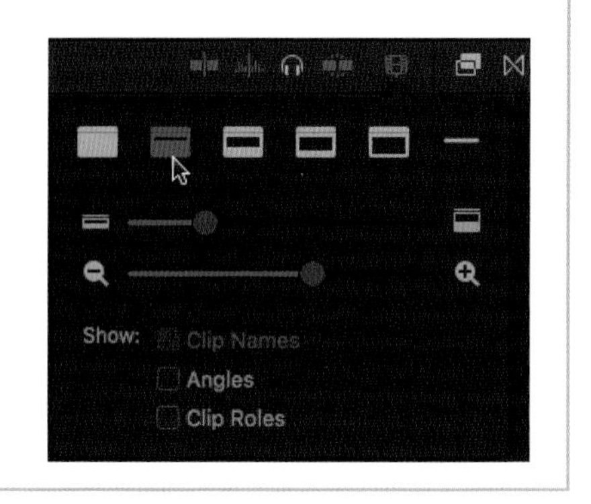

Unit 02 구간 선택 툴 Range Selection 을 이용하여 볼륨 조절하기

오디오 클립에서 원하는 구간을 구간 선택 툴(Range Selection)을 이용해서 쉽게 조절할 수 있다. 조절되는 구간은 자동으로 키프레임이 생성되어 부드러운 연결을 도와준다.

01 구간 선택 툴(단축키 R)을 이용하여 오디오 볼륨을 조절하기 원하는 부분을 선택하자.

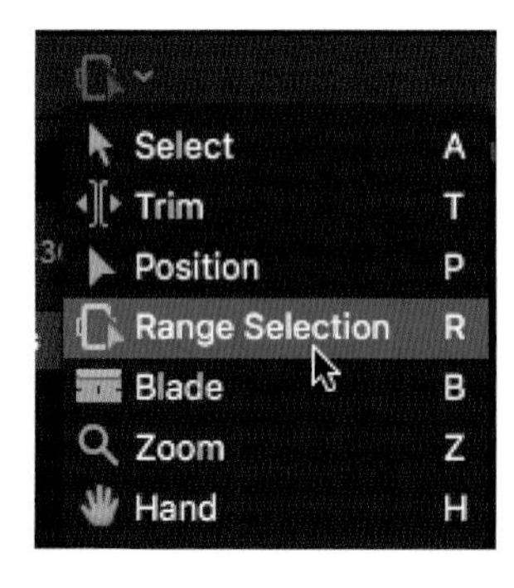

02 인터뷰 클립이 끝나고 다음 클립이 들어오는 부분에서 음악 클립의 구간을 4초 정도 선택한다.

03 구간이 선택되었으면 그 구간 안에 있는 볼륨 조절 바를 -6dB만큼 올려보자.

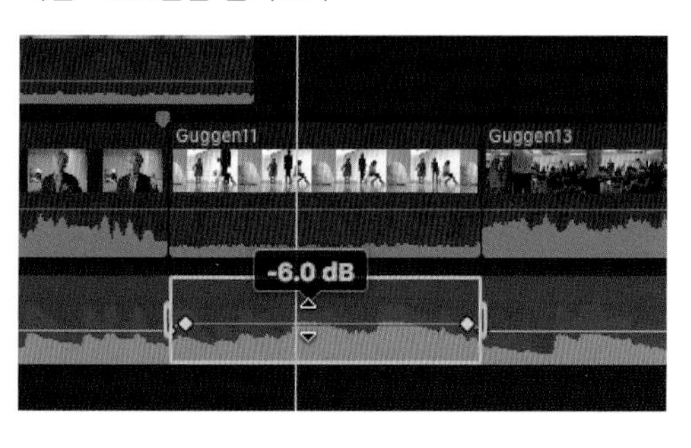

04 구간 선택 툴 사용이 끝났으면 다시 선택 툴(Selection)을 선택해서 작업을 하자.

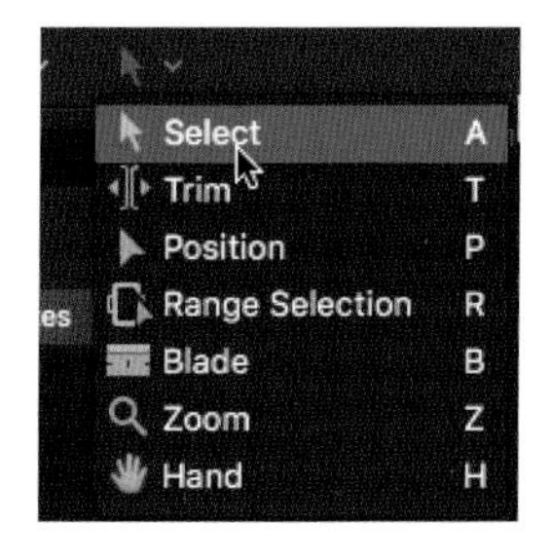

클립을 선택할 때 구간 선택 툴을 사용하면 전체 클립이 아닌 특정 구간만 선택되기 때문에 이후의 따라하기에서는 꼭 선택 툴을 사용해야 한다.

다음 그림과 같이 선택된 부분만 볼륨이 올라갔다. 이때, 수평선에 4개의 다이아몬드 모양의 키프레임이 생겼다.

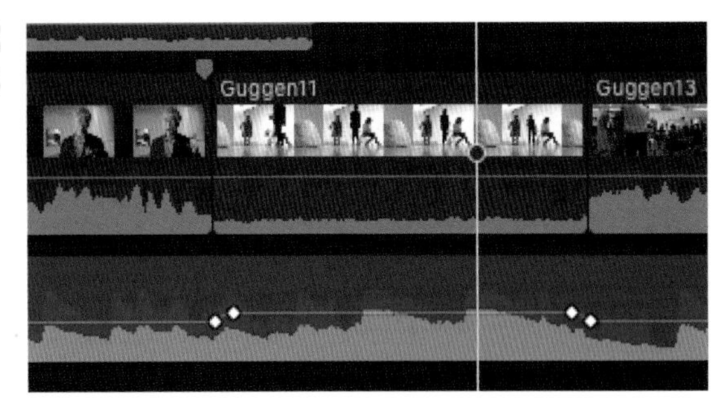

참조사항

마우스를 사용하지 않고도 선택된 구간의 볼륨을 메뉴나 단축키를 사용해서 조절할 수 있다.

프로젝트 안에 있는 클립들의 상대적인 볼륨은 유지하면서, 프로젝트의 전체적인 오디오 레벨을 키우거나 줄여야 할 경우도 있을 것이다. 이때, ⌘ + A를 사용해 모든 클립들을 선택하고, Ctrl + =과 Ctrl + –를 사용해 클립의 볼륨을 1dB씩 키우거나 줄일 수 있다.

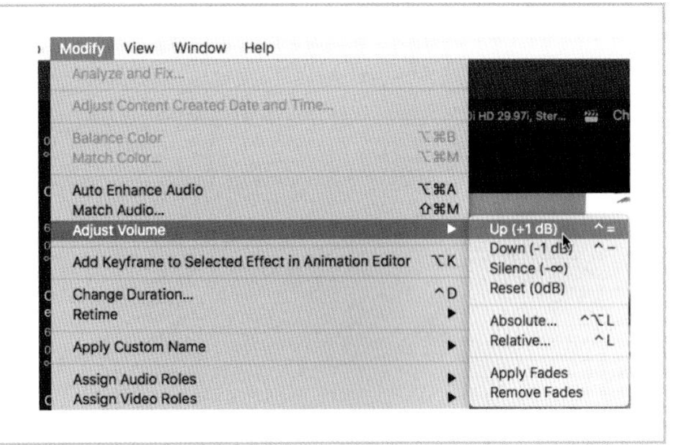

Unit 03 인스펙터를 이용하여 볼륨 조절하기

오디오 클립의 정보 창인 인스펙터 창에서 오디오 볼륨을 조절할 수도 있다.

볼륨을 조절할 오디오 클립, Piano Ballad를 선택하자. 주의점은 플레이헤드가 아래의 그림과 같이 키프레임 사이에 있어야 한다.

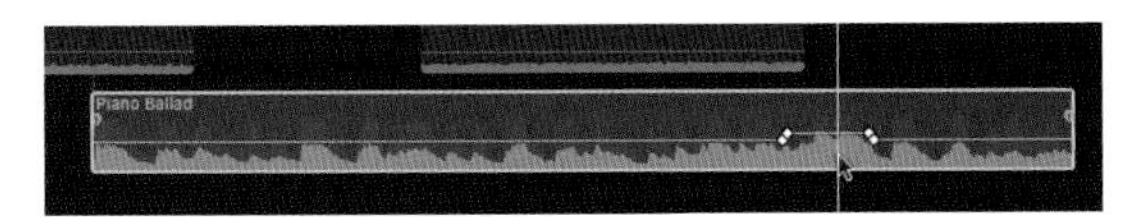

인스펙터 아이콘을 클릭하여 인스펙터 창을 열자.

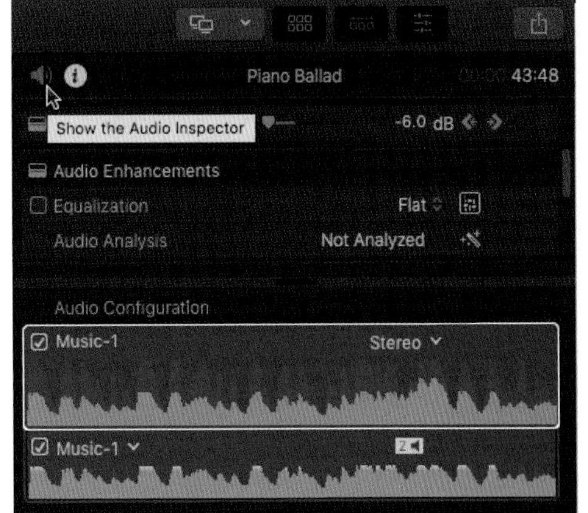

 Volume and Pan 섹션에서 볼륨을 5까지 올려보자.

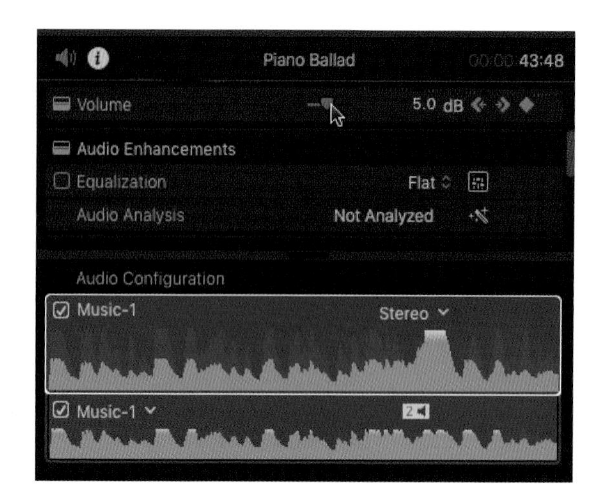

04 볼륨을 올리면, 오디오 클립에 새로운 키프레임이 생기고, 최고 데시벨이 5까지 올라간 것이 보인다.

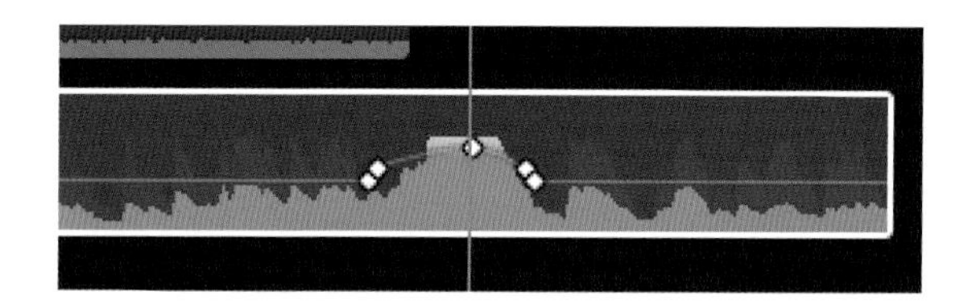

05 이제 오디오 볼륨을 내려보도록 하자.

06 아래와 같이 오디오 클립에 새로운 키프레임이 생기고, 선택된 지점의 볼륨이 -39dB까지 내려갔다. 바뀐 변화에 따라서 오디오 볼륨이 올라가고 내려가는 것을 확인해보자.

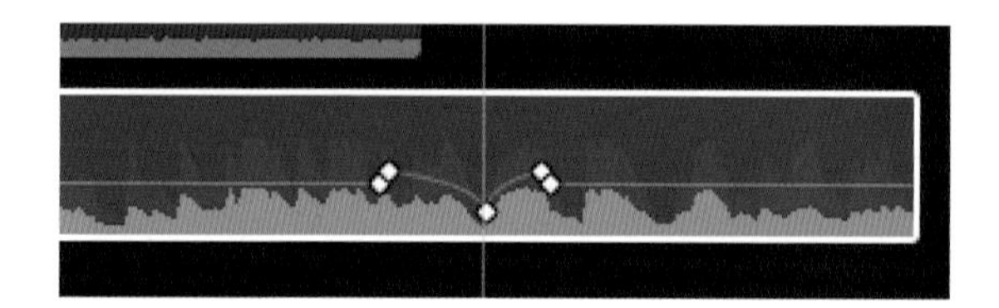

참조사항 오디오 인스펙터 창의 위쪽에는 Volume and Pan 컨트롤이 있다. 볼륨 슬라이더(Volume)의 오른쪽에 위치하는 것은 볼륨을 나타내는 숫자란이다. 이 숫자 위로 마우스 포인터를 움직이면 파란색으로 변하며 화살표가 숫자의 위 아래로 나타난다.

Unit 04 볼륨 초기화하기 Reset Volume

01 클립들의 볼륨을 조절하기 전 원래의 0dB 레벨로 리셋하려면 하나 또는 여러 개의 원하는 클립들을 선택한 다음, 인스펙터(Inspector)의 오디오(Audio) 볼륨과 팬(Volume and Pan) 컨트롤 패널 오른쪽에 위치한 꺾인 화살표 모양의 Reset 아이콘을 클릭하면 된다. 이 경우에는 리셋을 하기 전에 Piano Ballad 클립이 클릭되어 있는 것을 확인하자.

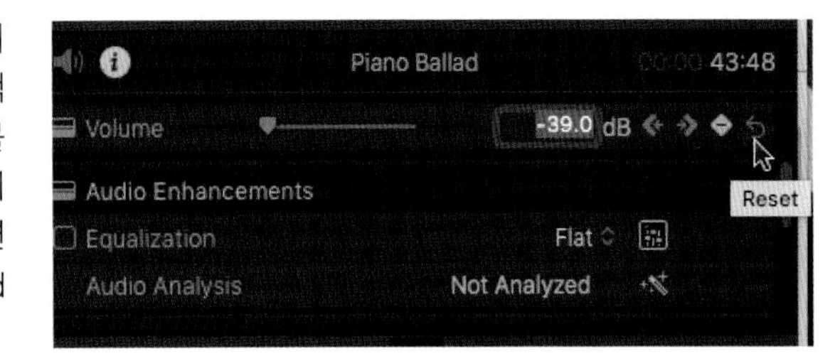

02 오디오 클립의 변경사항들이 초기화되었음을 다음과 같이 확인할 수 있다.

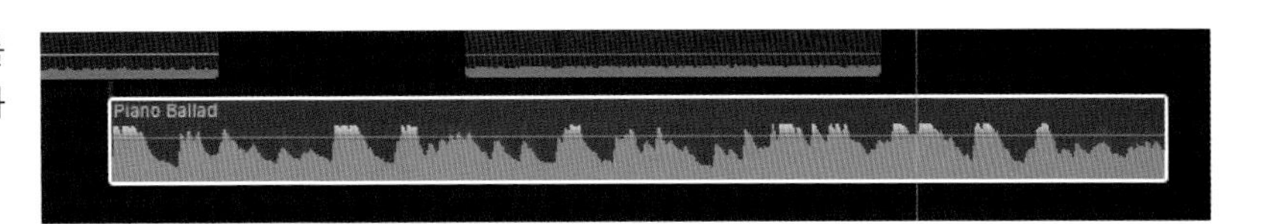

03 ⌘ + Z를 눌러 오디오 리셋 효과를 Undo 하자.

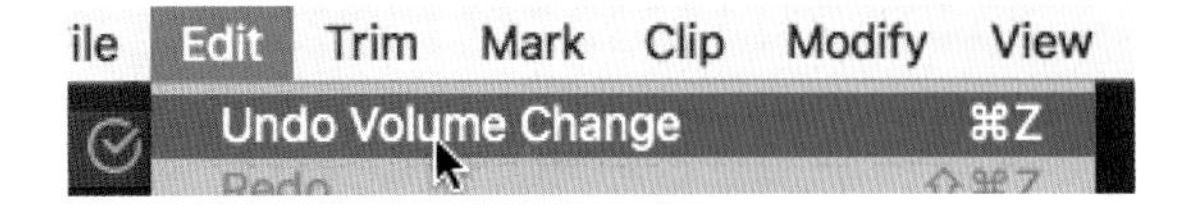

Unit 05 선택된 클립의 상대적 또는 절대적 볼륨 조절

01 Piano Ballad 클립이 선택된 것을 확인하자.

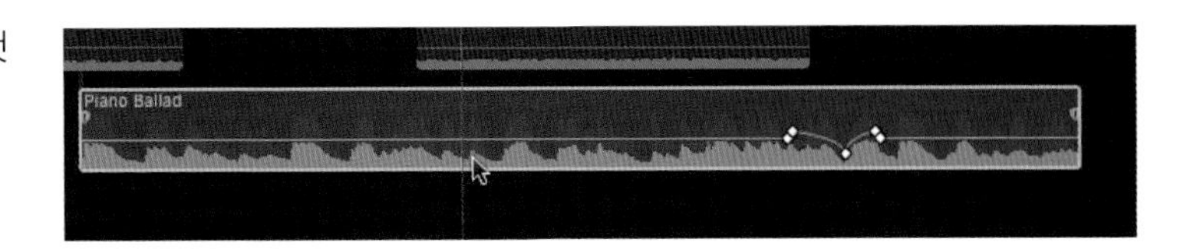

02 앞부분의 볼륨을 낮춰보자. 첫 번째 키프레임이 나오기 전까지의 구간만 볼륨이 조절이 되는 것을 확인할 수 있다.

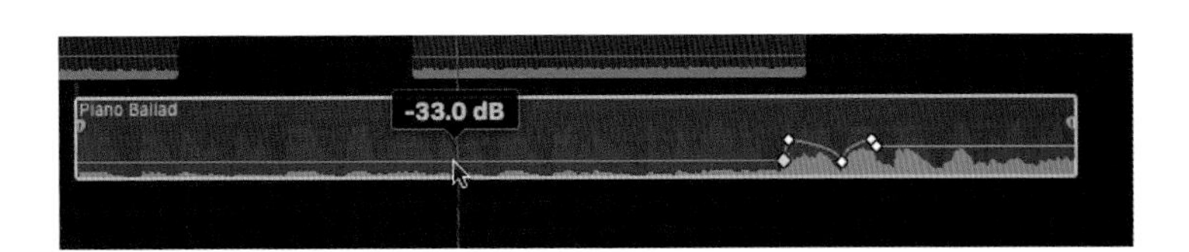

03 전체가 선택된 것을 확인한 상태에서 Modify 툴에 있는 Relative를 선택한다.

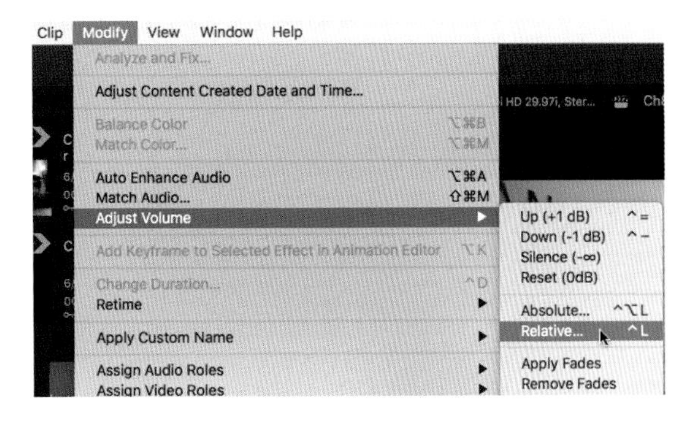

대쉬보드가 볼륨을 조절할 수 있는 기능으로 바뀐다.

키보드로 10을 입력한 후 Enter 키를 친다.

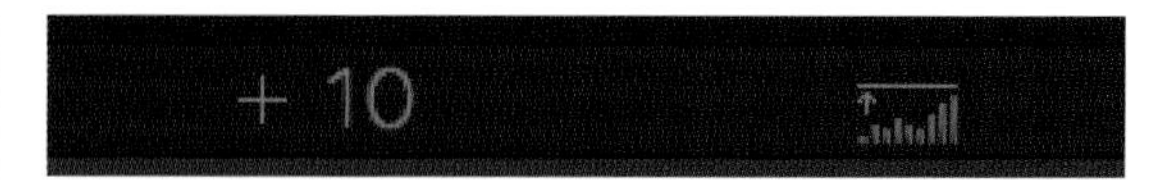

전체 구간의 볼륨이 10dB만큼 올라간 것을 볼 수 가 있다. 기존에 있던 키프레임의 구조가 그대로 유지된다.

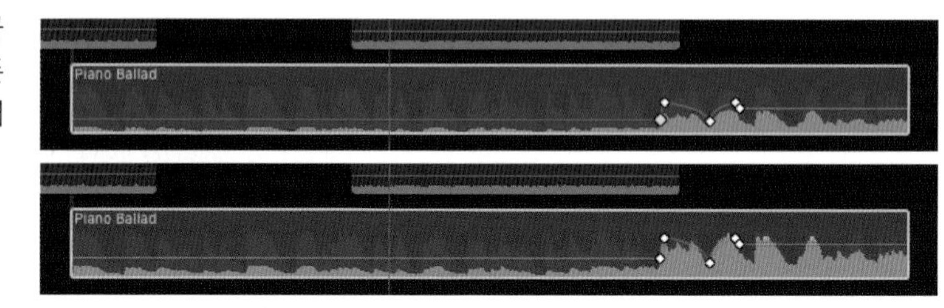

07
클립이 선택된 상태에서 Modify 툴에서 Absolute를 선택한다.

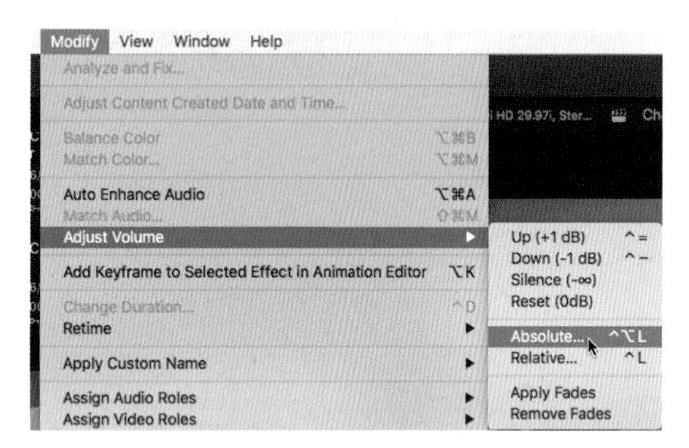

대쉬보드가 절대적 볼륨 조절 모드로 바뀐다.

키보드로 -10을 입력한 후 Enter 키를 친다.

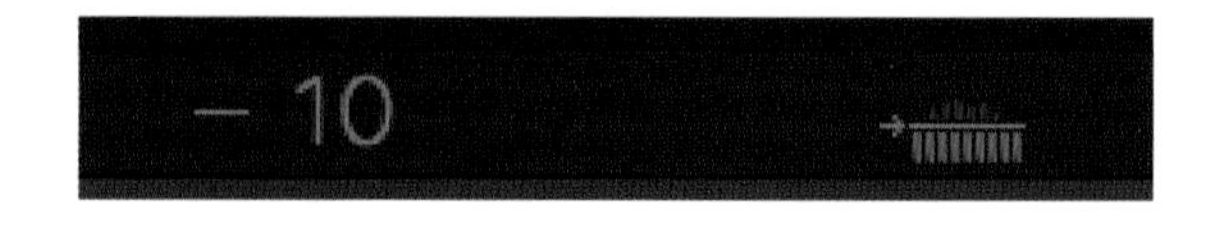

선택된 클립의 볼륨 전체가 -10으로 된 것을 확인할 수 있다.

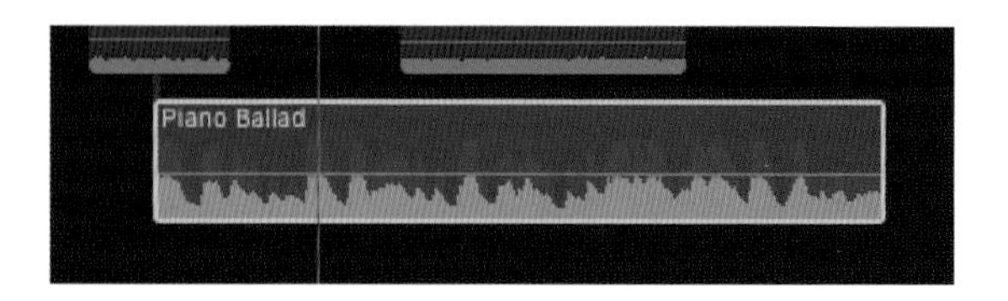

참조사항

- 상대적 볼륨 조절(Relative): 적용 되어있던 키프레임의 구조를 유지하면서 볼륨을 조절하는 것.
- 절대적 볼륨 조절(Absolute): 적용 되어있던 키프레임의 구조를 초기화 개념으로 지운 후 새로운 볼륨 값을 일률적으로 적용하는 것.

Section 05 오디오 페이드

Audio Fade

오디오 클립에는 소리를 서서히 키워주는 페이드 인(fade-in)과 소리를 서서히 사라지게 하는 페이드 아웃(fade-out)을 적용할 수 있다.

Piano Ballad 오디오 클립에 마우스를 올려 놓으면 클립의 양쪽 끝에 다음 그림과 같이 페이드 핸들이 나타난다.

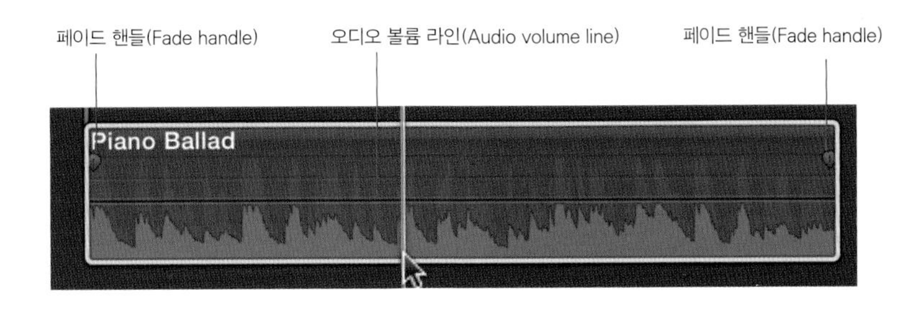

02 클립 앞쪽의 페이드 핸들을 오른쪽으로 드래그해서 페이드 인을 해보자.

오른쪽으로 이를 약 2초만큼 드래그해 보자. 이때 작은 박스 안에 페이드 인 길이가 나타난다.

04 페이드 핸들을 Ctrl + Click하면 이 옵션들을 볼 수 있다. 부드러운 스타일인 +3dB로 설정되어 있는지 확인해보자.

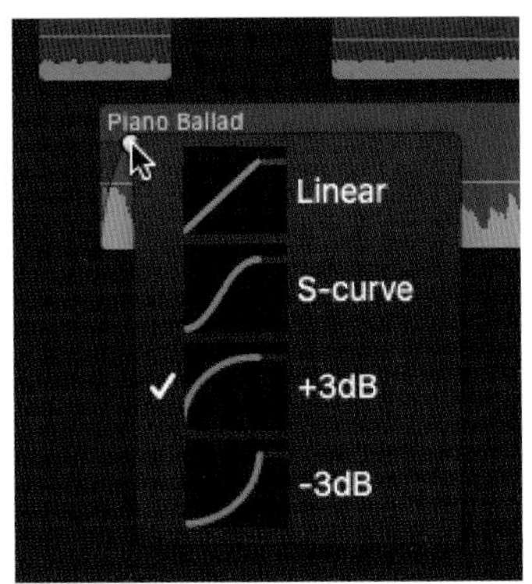

클립 끝쪽에 있는 페이드 아웃 핸들을 잡아서 2초 정도 왼쪽으로 드래그하자.

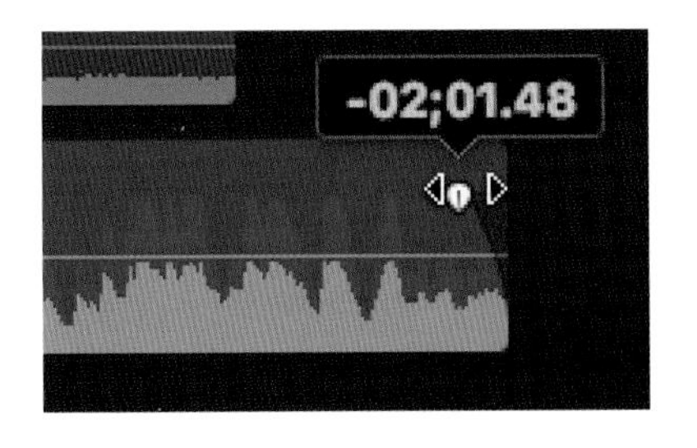

적용된 페이드 아웃 소리가 조금 더 부드럽게 사라지는 S-curve 방식으로 바꾼다.

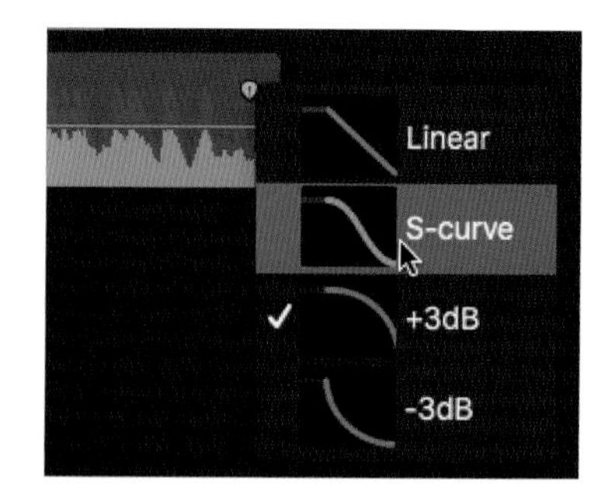

S-curve 적용한 후 오디오 레벨 모습을 확인하자.

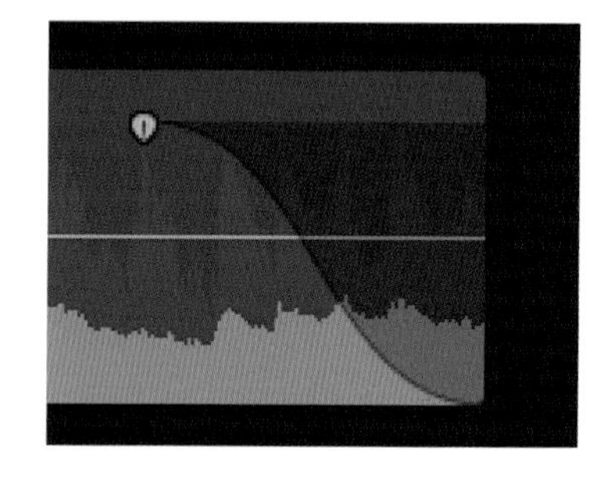

Section 06 클립 솔로 Solo, 뮤트 Mute 하기

하나의 클립 또는 여러 개의 선택된 클립들의 소리만 켜놓고, 다른 클립의 소리들은 들리지 않게 뮤트하는 법을 배워보자(솔로 기능 단축키: Option + S).

위의 그림처럼 버튼이 파란색으로 빛나면 솔로가 켜져 있는 것이다.

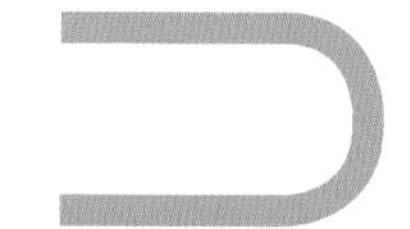

타임라인에서 음악클립과 믹싱된 인터뷰 클립을 음악 없이 인터뷰 클립의 오디오만 들을 수 있다. Interview1 클립을 선택해보자(솔로 기능은 클립 구간에 쓸 수 없다).

 타임라인의 오른쪽 위에 위치하는 솔로(Solo) 버튼을 클릭하자.

03 선택되지 않은 모든 클립들은 회색으로 변하고, 오디오 기능이 꺼진다. 솔로 기능은 클립의 비디오에는 영향을 주지 않고 오디오에만 적용된다. 솔로 버튼이 노란색으로 바뀌면, 선택되지 않은 클립들은 회색으로 표시된다. 비디오는 여전히 보이지만, 오디오만 비활성화되어 소리가 들리지 않게 된다.

04 모든 오디오를 다시 들리게 하려면, 타임라인 오른쪽 위 코너에 있는 솔로 버튼을 누르면 된다(단축키: Option + S).

참조사항 클립이나 여러 개의 선택된 클립들의 오디오와 비디오를 모두 끄기가 가능하다.
숨기고 싶은 클립들을 선택하고 V를 누른다. 모든 선택된 클립들이 희미하게 변하고, 타임라인에서는 여전히 보이긴 하나, 재생을 할 때에나 파일을 내보내기 할 때에는 오디오/비디오 모두 꺼진다. V를 다시 누르면, 꺼졌던 클립들의 비디오와 오디오가 켜지고, 정상적으로 작동한다.

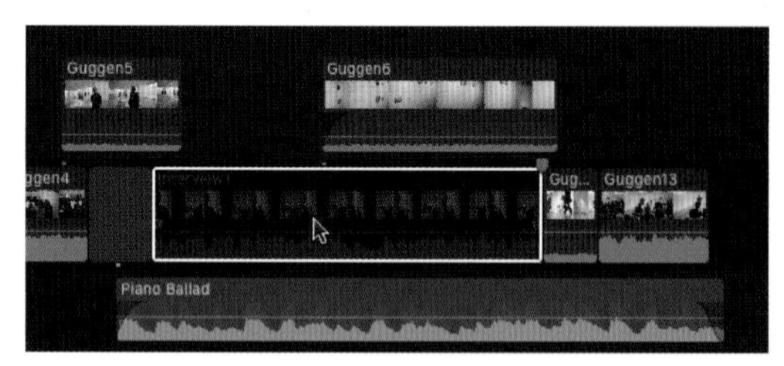

위는 V를 눌러 비활성화시킨 Interview1클립의 모습이다.

솔로(Solo) 기능이 적용된 Interview1 클립의 모습이다.
Enable과 Disable 기능은 오디오나 비디오 클립 모두에 적용되나, 솔로 기능은 오디오 클립에만 적용된다.

Section 07 오디오 키프레임

Audio Keyframe

키프레임이란 어떤 클립을 재생할 때, 인위적으로 생기는 변화의 포인트를 지정한다. 인위적으로 볼륨을 올리거나 낮추고, 또는 비디오 클립에 애니메이션 효과를 넣을 때 특히 많이 사용된다. 즉, 키프레임은 "재생 시 변화의 포인트"라고 할 수 있다. 만약 재생 시 아무것도 변하지 않으면 키프레임을 쓸 일이 없을 것이다. 재생을 하는 동안 오디오 레벨 등 무언가를 바꾸고 싶다면, 키프레임을 사용한다. 키프레임의 특징은 "시작하는 포지션"과 "끝나는 포지션"이 항상 짝으로 사용한다. 키프레임은 꼭 오디오만을 위한 기능은 아니다. 모든 클립 이펙트, 트랜지션, 그리고 고유의 설정들은 키프레임을 사용해 설정한다.

아래는 오디오 레벨과 관련해 키프레임을 설정하는 두가지 방법이다.

❶ 볼륨 라인을 이용해 타임라인에서 설정하기(키프레임 추가하기: Option + 클릭)

❷ 인스펙터(Inspector)에서 설정하기

Unit 01 타임라인에서 키프레임 설정하기 Adding Keyframe

01 인터뷰가 끝나고 다음 장면에서 키프레임을 사용해 음악의 소리를 조금 높여볼 것이다. 타임라인에서 정밀 편집을 할 때 S를 눌러서 스키머를 끄고 작업 효율성을 높이는 것도 하나의 방법이다.

02 인터뷰 클립 상의 타임코드 55초 지점에 스키머를 위치시켜보자. 마우스커서를 볼륨 조절 바에 가져가면 작은 정보 창이 뜨며, 현재의 데시벨이 -10임을 알려준다.

Option 키를 누르고, 마우스 커서를 볼륨 조절 선 위에 가져가면, 마우스 커서 옆에 작은 다이아몬드 모양의 키프레임 만들기 아이콘이 보인다.

03 Option + 클릭을 하면 스키머가 있는 지점에 키프레임이 추가된다(플레이헤드가 있는 지점이 아님을 주의하자).

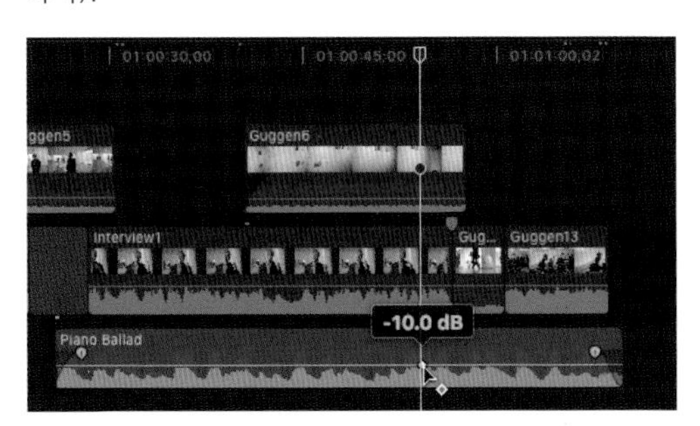

04 Guggen12 클립의 중간 지점(타임코드 약 58초)에서 Option + Click을 해 두 번째 키프레임을 추가해준다.

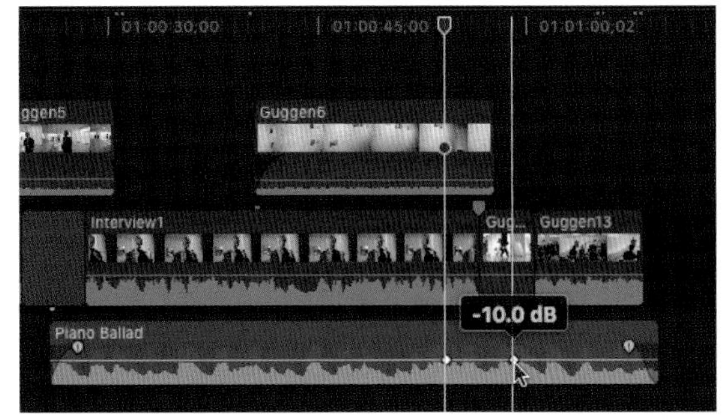

05 Guggen13 클립의 시작하는 지점에 Option + 클릭을 해 세 번째 키프레임을 추가해 준다. 아래와 같이 Piano Ballad 클립에 키프레임이 세 개 생겼다.

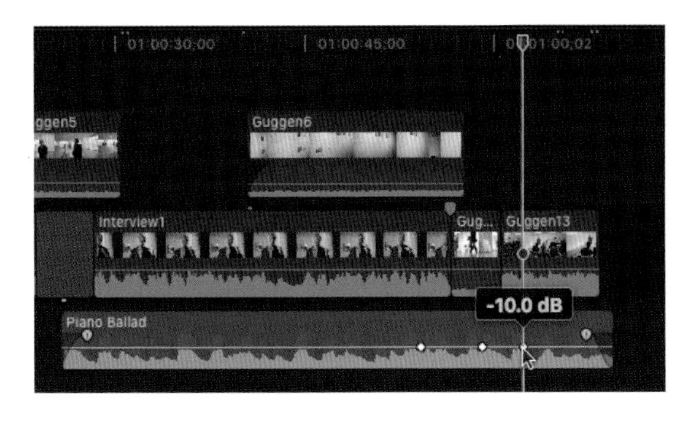

06 중간에 있는 키프레임을 클릭해서 선택하자. 선택된 키프레임은 진한 노란색의 다이아몬드 아이콘으로 강조되어 표시된다. 현재 데시벨이 -10이다.

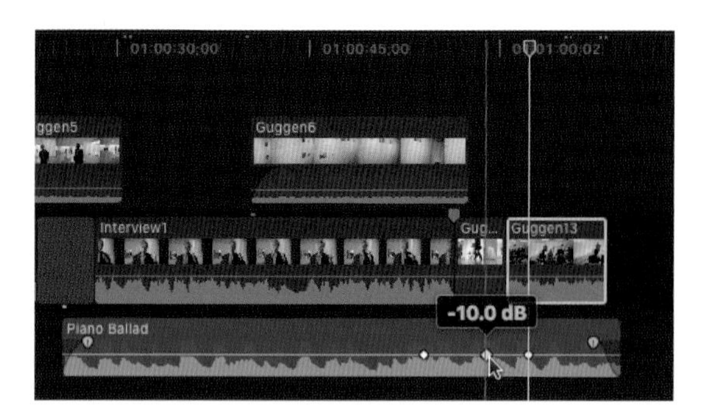

07 선택한 키프레임을 -1dB까지 위로 올려보자.

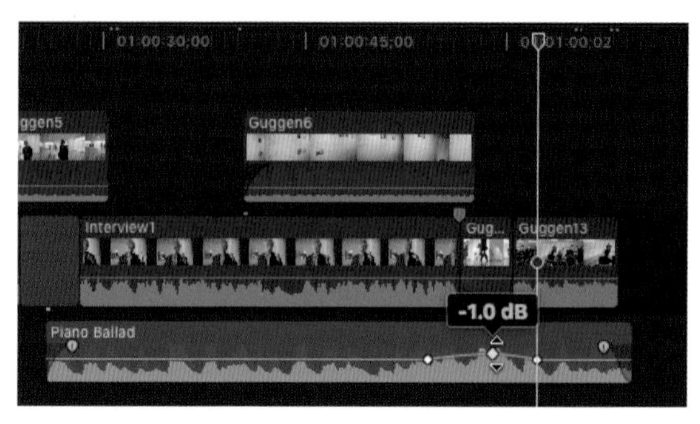

Unit 02 인스펙터에서 키프레임 설정하기

인스펙터(Inspector)에서도 키프레임 설정, 조정, 삭제가 가능하다. 타임라인에서 키프레임을 바로 설정하는 것이 더 편리하지만 인스펙터를 사용하면, 파이널 컷 프로 X에 존재하는 모든 키프레임들을 함께 조절하거나 초기화시킬 수 있다.

인스펙터를 이용해 키프레임을 추가하는 법을 배워 보자.

01 새로운 키프레임을 Guggen13 클립 위에 추가해 보자. 먼저 타임코드 01:01:05:00 정도에 플레이헤드를 가져가자. 타임라인에서 원하는 곳을 마우스로 클릭하면 플레이헤드가 해당 위치로 이동한다.

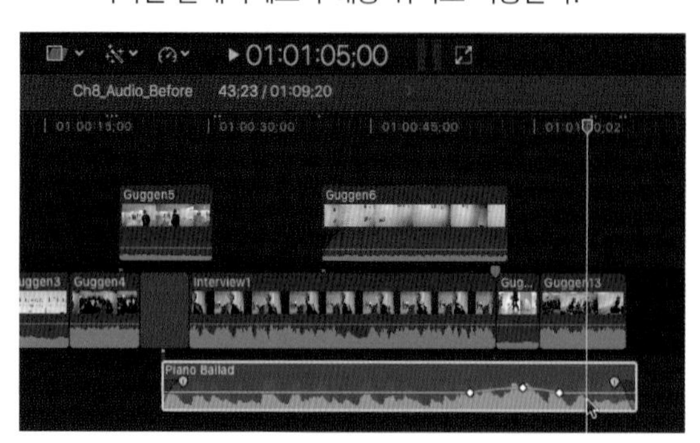

02 오디오 인스펙터 창을 연다. 인스펙터 볼륨 슬라이더 오른쪽에 있는 회색 다이아몬드 모양의 아이콘이 보일 것이다.

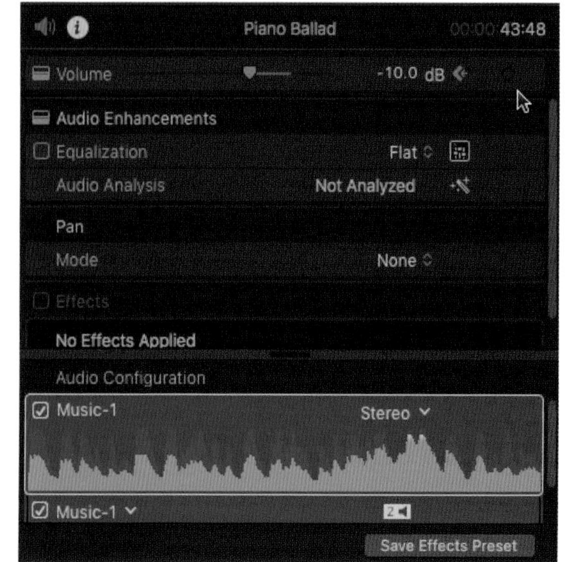

03 회색 + 사인이 있는 아이콘에 마우스 커서를 가져가면 회색의 플러스 사인이 키프레임 추가 아이콘으로 바뀐다. 이 아이콘을 클릭하면 키프레임이 추가된다.

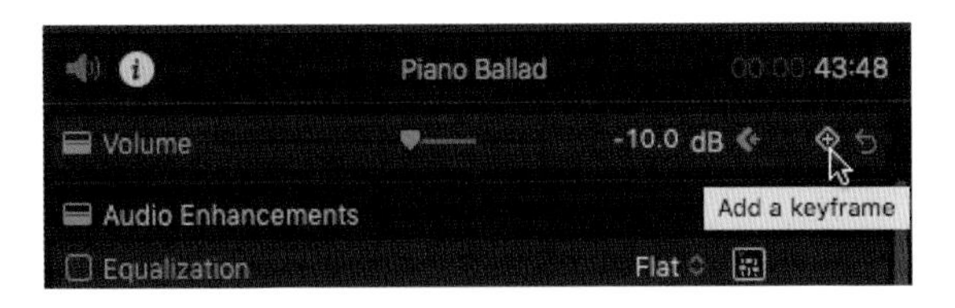

04 아래와 같이 네 번째 키프레임이 플레이헤드가 위치한 곳에 추가되었다.

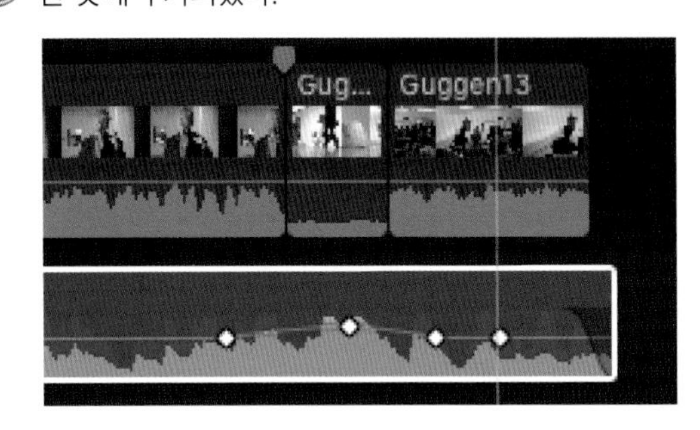

05 타임코드 01:01:06:00 쯤을 마우스로 클릭해서 플레이헤드를 위치시키자. 이 플레이헤드가 위치한 곳에 다음 키프레임을 추가해보자.

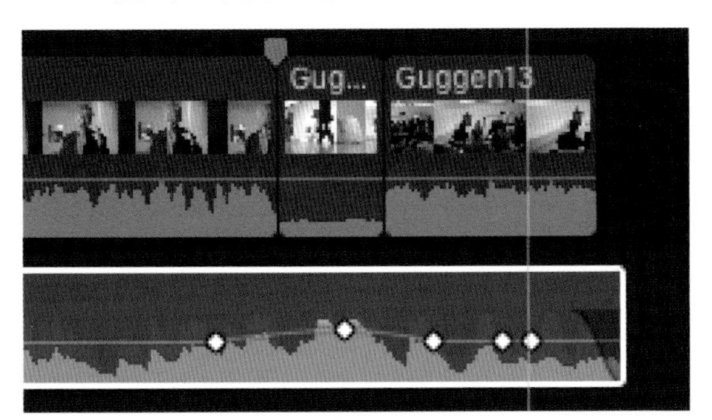

06 인스펙터의 회색 키프레임 아이콘을 다시 누른다.

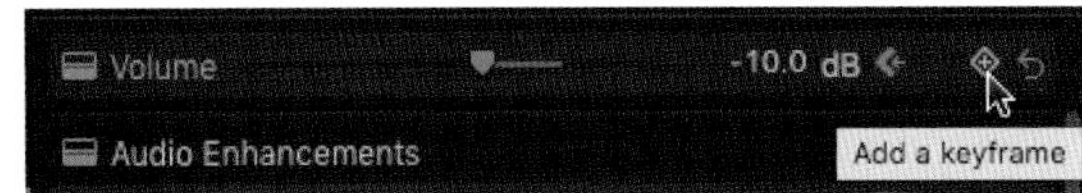

07 다음과 같이 새로운 키프레임이 추가된다.

08 인스펙터 창에서 볼륨 조절 슬라이더를 -3까지 올려보자.

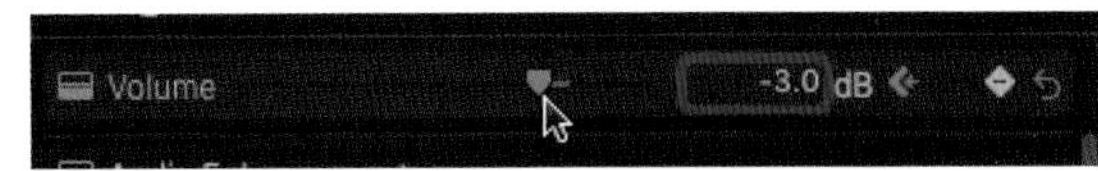

09 다음과 같이 타임라인 상의 클립의 마지막 키프레임의 볼륨이 -3까지 위로 올라간 것을 확인할 수 있다.

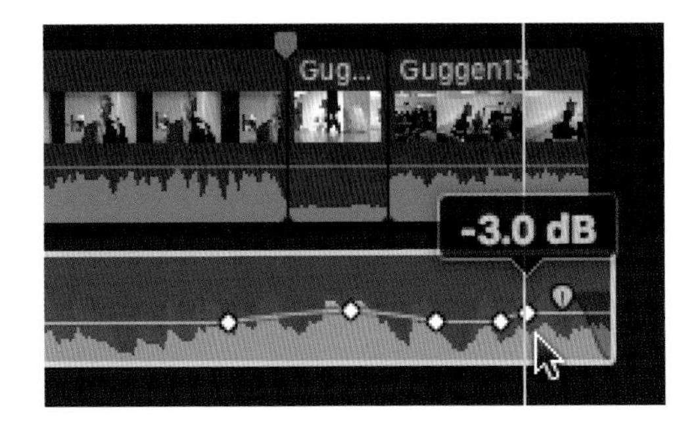

Unit 03 인스펙터에서 키프레임 이동/삭제하기

하나 이상의 키프레임을 설정하면 오른쪽, 왼쪽을 가리키는 작은 화살표 모양의 아이콘이 키프레임 아이콘 버튼 옆쪽으로 나타난다.
이 화살표를 클릭하면 현재의 키프레임에서 이전(왼쪽 화살표 클릭), 다음(오른쪽 화살표 클릭) 키프레임으로 플레이헤드가 이동한다. 인스펙터 창에서 키프레임을 선택하고 이전 또는 이후 키프레임으로 이동할 수 있지만 FCPX가 익숙해지면 좀 더 직관적인 타임라인에서 단축키를 이용해서 원하는 키프레임으로 이동하는 것을 추천한다.

- Option + ;: 현재 위치 이전 키프레임으로 이동
- Option + ': 현재 위치 이후 키프레임으로 이동

인스펙터를 이용해 플레이헤드를 다른 키프레임으로 이동시켜 이 키프레임을 삭제해보자.

01 다음과 같이 현재 플레이헤드가 마지막으로 조절된 키프레임에 위치해 있다. Piano Ballad 클립이 선택되어 있는 걸 확인하자.

02 키프레임 아이콘 왼쪽에 보이는 이전 키프레임으로 이동하기 버튼을 클릭해보자.

03 플레이헤드가 이전의 키프레임, 즉 4번째 키프레임으로 다음과 같이 이동한다.

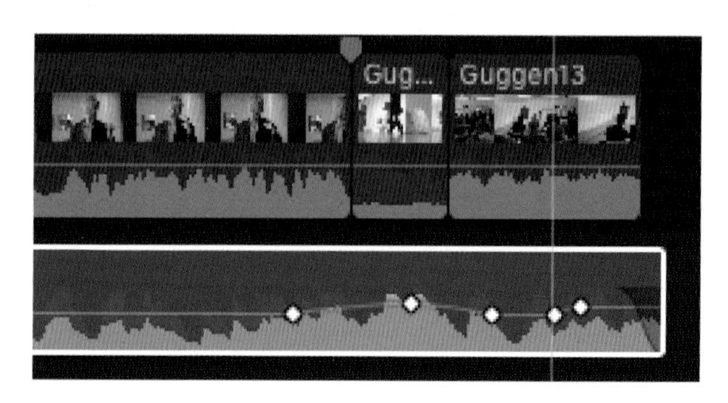

04 이제 키프레임 지우기 아이콘을 클릭해 플레이헤드가 놓인 4번째 키프레임을 삭제해보자. 플레이헤드가 키프레임 위에 위치해 있어야만 키프레임 지우기 버튼이 활성화된다.

05 다음과 같이 오디오 클립 상의 4번째 키프레임이 삭제되어 보이지 않는다.

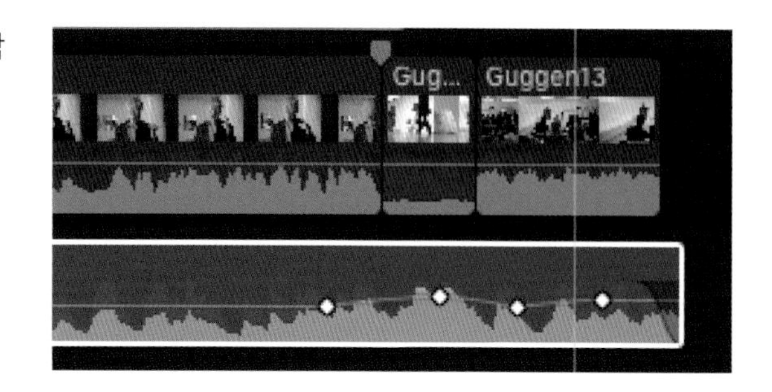

06 세 번째 키프레임을 Ctrl + Click해서 지워보자.

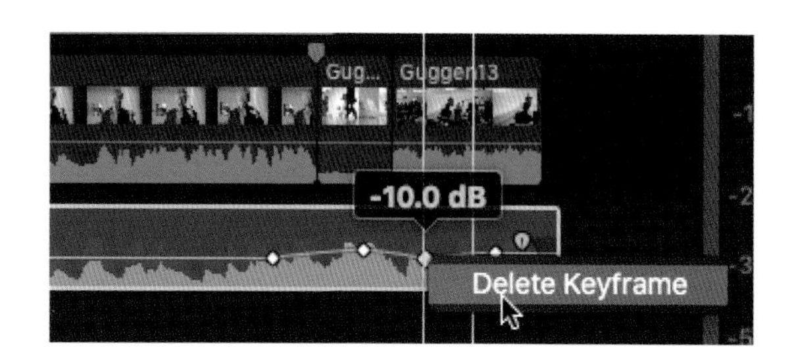

07 키프레임이 삭제된 것을 확인할 수 있다.

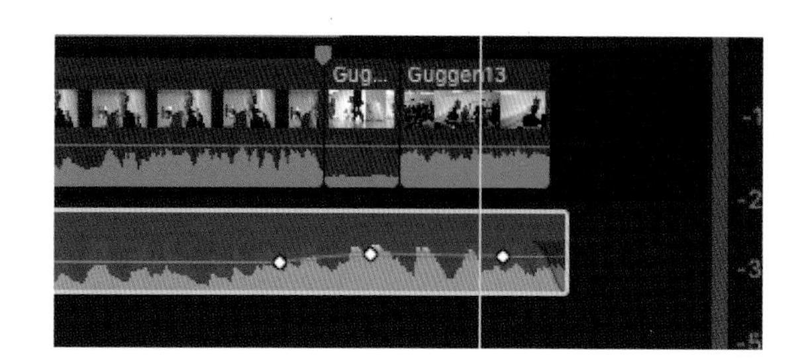

참조사항 키프레임들이 위치한 구간을 선택해서 여러 개의 키프레임을 한꺼번에 지우는 것은 불가능하고, 한번에 하나의 키프레임만 지울 수 있다. 모든 키프레임을 다 지우고 싶으면 인스펙터 Reset Parameter를 사용해야한다.

▶ 키프레임 정리

- 키프레임의 타이밍을 바꾸려면, 키프레임을 볼륨라인에 따라 옆으로 드래그하면 된다.
- 키프레임이 위치한 곳의 볼륨을 바꾸려면, 키프레임을 위나 아래로 드래그하면 된다.
- 키프레임을 삭제하려면, 키프레임을 Ctrl + Click해서 Delete Keyframe을 선택하면 된다. 그냥 Delete 키를 누르면, 키프레임이 아닌 그 클립이 삭제되기 때문에 키프레임이 선택되었음을 반드시 확인해야 한다. 선택된 키프레임에는 노란 색 테두리가 둘러진다.
- 키프레임 기능은 볼륨뿐만 아니라 이펙트, Pan 등에도 적용할 수 있다.

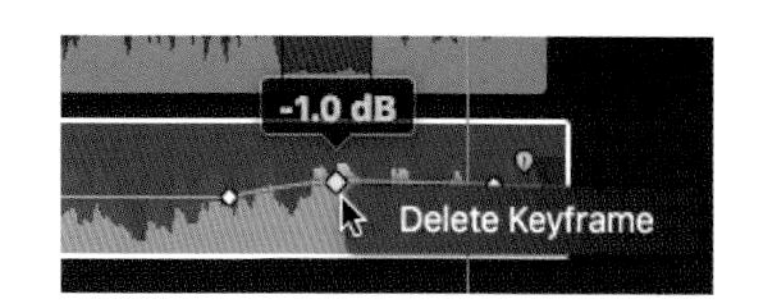

Section 08 고급 오디오 편집

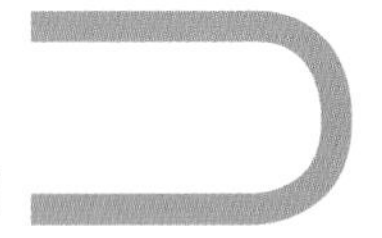

Advanced Audio Editing

Unit 01 오디오와 비디오 트랙 분리해서 가져오기

오디오를 편집하는 과정은 비디오를 편집하는 과정과 같다. 편집 버튼들 옆의 트랙 선택 팝업 메뉴에서 Video Only를 선택하면 오디오와 비디오를 다 포함하고 있는 클립에서 비디오만 가져올 수 있고(단축키 Option + 2), Audio Only를 선택하면 오디오만 가져올 수 있다(단축키 Option + 3).

이벤트 브라우저에서 클립을 타임라인으로 가져올 때, 비디오 트랙과 오디오 트랙을 분리해서 가져올 수 있다. 편집을 하다보면, 오디오 트랙이 필요 없는 비디오 클립을 B-roll로 사용해야 할 경우가 많다. 이벤트 브라우저에 있는 클립 중 하나의 클립을 비디오 트랙만 가져오는 것을 연습해보자.

01 타임라인에서 클립을 넣을 곳, Guggen13 클립 위 타임코드 01:01:05:00에 플레이헤드를 위치시키자.

02 브라우저에서 Guggen14 클립을 선택하자.

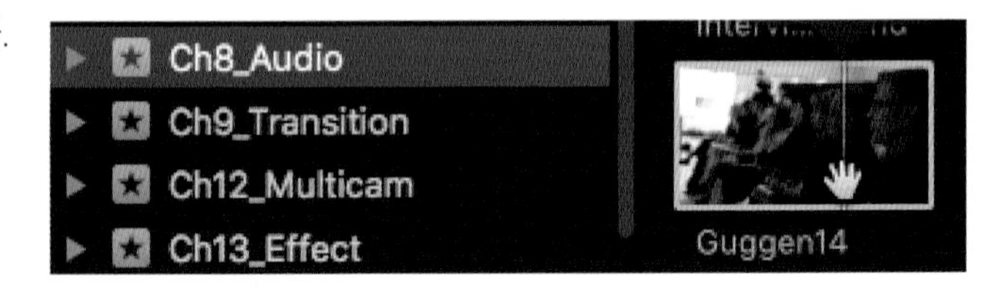

편집 버튼 옆의 트랙 선택 팝업 창을 열어서 비디오 클립만 선택하는 옵션, Video Only를 선택해준다.

참조사항 오디오와 비디오 트랙을 분리해 가져오는 세 가지 옵션의 아이콘들

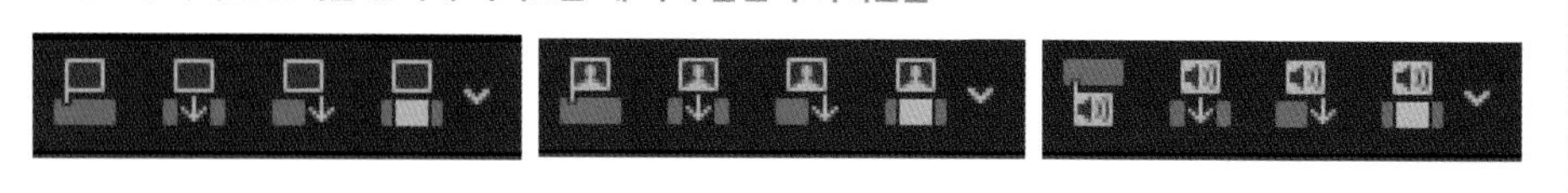

편집 버튼에서 클립 연결하기(Connect) 버튼을 누르자(단축키: Q).

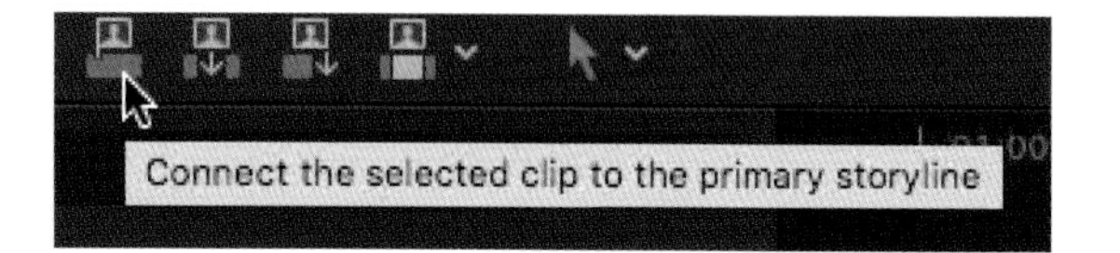

05 오디오 트랙이 없는 Guggen14 클립 비디오 트랙만이 Guggen13 클립에 연결되었다.

06 오디오 클립을 Guggen14 클립보다 길어지게끔, 4초 정도 뒤쪽으로 드래그해서 늘려보자.

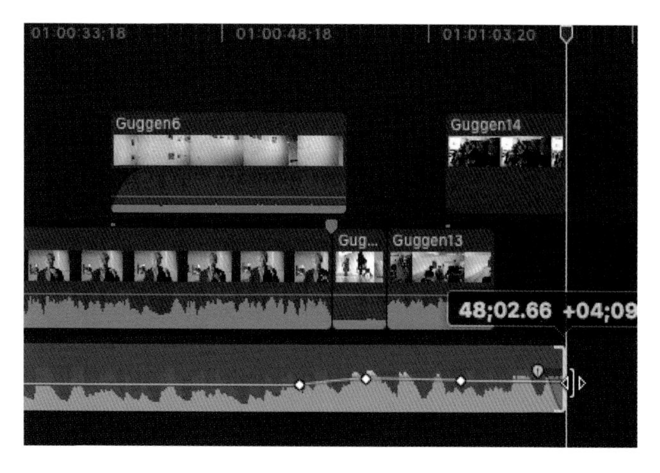

프로젝트를 재생해보자. Guggen13 클립이 재생되면서 오디오가 계속 이어지며 자연스럽게 Guggen14 클립으로 연결되어 리액션 샷처럼 보인다.

Unit 02 오디오 편집용 타임코드

파이널 컷 프로에는 네 가지의 타임코드 보기 옵션이 있다. 프레임을 기준으로 일 초에 24 또는 30 프레임을 보여주는 옵션보다 더욱 정밀한 오디오 편집을 위해서 서브프레임을 보기 옵션으로 사용할 수 있다.

01 Final Cut Pro 〉 System Preferences을 클릭(단축키 ⌘ + ,), 설정 창을 열어 보자.

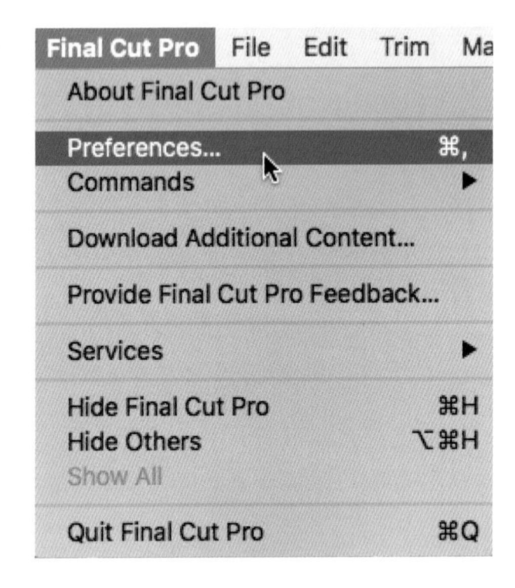

설정 창에서 타임 디스플레이(Time Display) 옵션을 타임코드(HH:MM:SS:FF)에서 타임코드(HH:MM:SS:FF) + 서브프레임(Subframe)으로 바꾸어주자.

타임 디스플레이 옵션을 타임코드 + 서브프레임으로 바꾸면, 오디오를 연결된 클립들에서 한 프레임의 80분의 1로 편집 가능하게 된다(서브프레임은 오디오의 하나의 프레임을 80개로 나눈다).

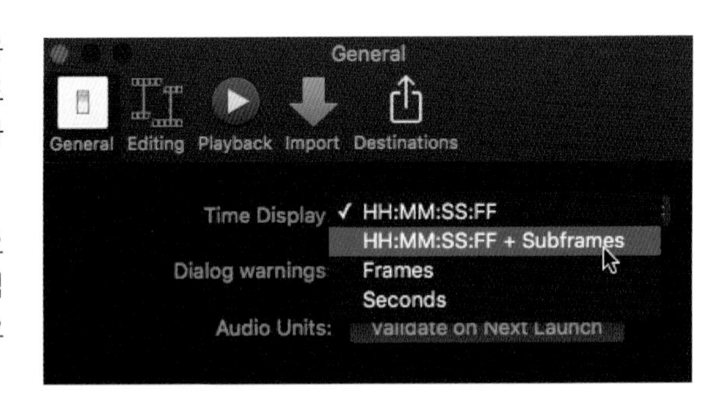

대쉬보드를 보면 타임코드가 [시:분:초:프레임:서브프레임(hours:minutes:second:frames.subframes)]으로 표시됨을 확인할 수 있다.

서브프레임을 사용한다는 것은 비디오 편집보다 80배로 정교한 편집을 할 수 있다는 것을 의미한다. 비디오 편집을 할 때 사용할 수 있는 가장 작은 크기는 하나의 프레임이다. 따라서, 초당 30 프레임을 촬영했을 경우, 비디오를 편집할 수 있는 가장 짧은 길이는 30분의 1초이다. 같은 프레임 속도에서, 편집 가능한 오디오의 길이는 2400분의 1초이다.

오디오 편집이 끝나면 다시 원래의 타임코드 보기로 되돌아가자.

Unit 03 오디오와 비디오 트랙 확장하기 Expand Audio/Video

오디오와 비디오를 하나의 클립으로 묶어서 사용하는 파이널 컷 프로 X에서는 오디오의 웨이브폼을 확인할 때, 오디오 부분을 분리해서 사용하는 것이 웨이브폼을 볼 수 있는 좋은 방법이다. 클립을 확장하는 방법은 다음과 같다.

⊙ 오디오 웨이브폼을 더블클릭함으로써 해당 클립을 확장시킬 수 있다

⊙ 하나 또는 여러 개의 클립을 타임라인에서 선택한 후, Clip 〉 Expand Audio(단축키 Ctrl + S).

브라우저에서 Guggen14 클립을 선택한다.

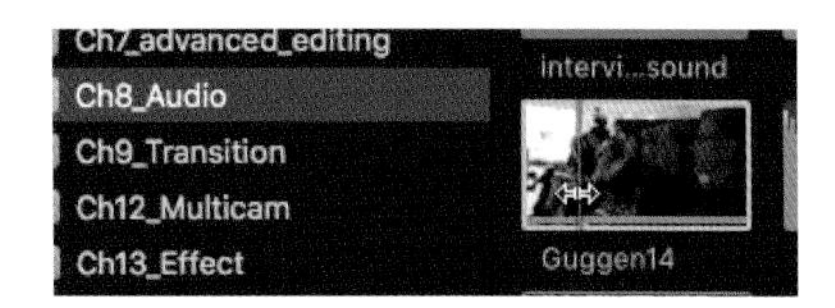

이번에는 편집 버튼 옆 트랙 선택 팝업 메뉴에서 비디오, 오디오 트랙 모두를 선택하는 옵션, All을 선택해보자.

편집 버튼에서 붙여넣기(Append)를 클릭한다.

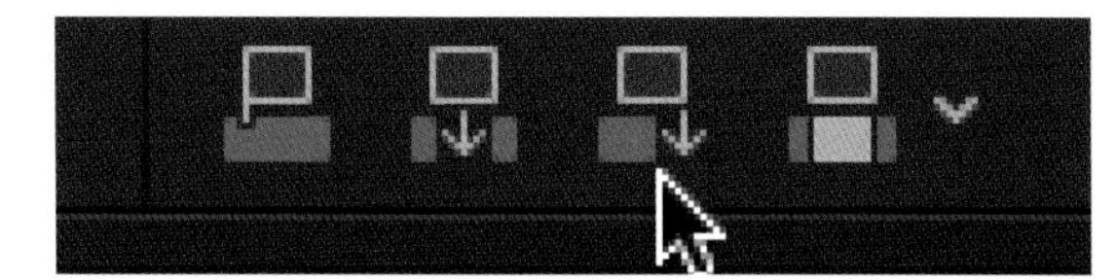

04 비디오와 오디오를 모두 포함하는 Guggen14 클립이 프라이머리 타임라인의 맨 끝에 자동으로 붙여넣기 된다.

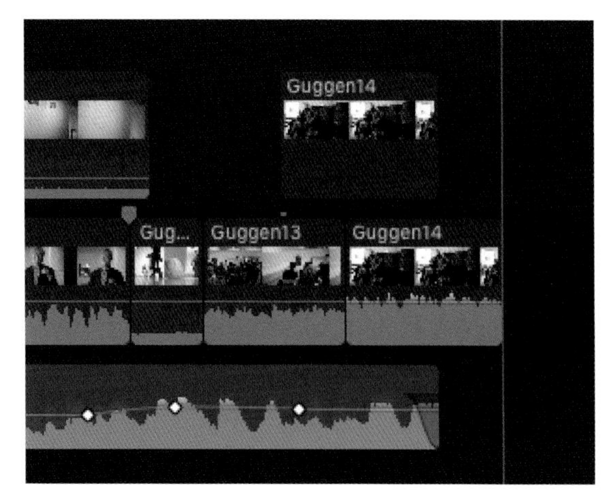

참조사항 붙여넣기 기능을 사용하면 플레이헤드나 스키머의 위치에 상관 없이, 선택된 클립이 자동적으로 프라이머리 스토리라인의 맨 끝에 붙여넣기 된다.

05 Guggen13 클립과 이에 연결된 Guggen14 비디오 클립, 그리고 맨 끝에 붙여넣기 된 Guggen14 클립을 선택하자.

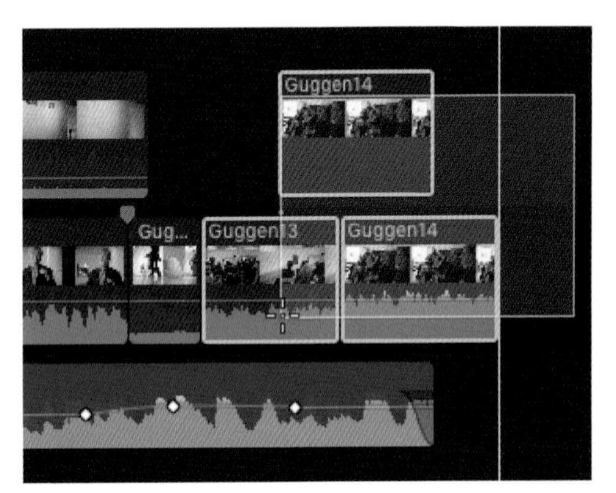

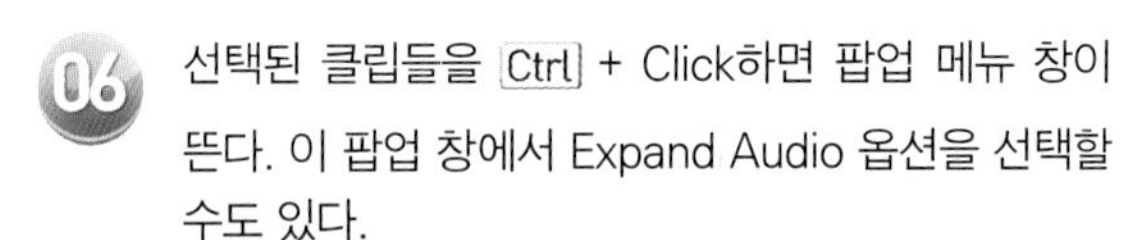

06 선택된 클립들을 Ctrl + Click하면 팝업 메뉴 창이 뜬다. 이 팝업 창에서 Expand Audio 옵션을 선택할 수도 있다.

참조사항 메인 메뉴에서 Clip〉Expand Audio항목을 선택 (단축키 Ctrl + S).

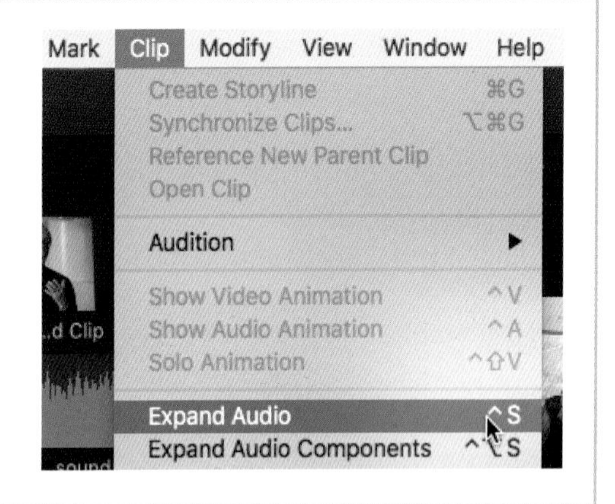

07 아래와 같이 프라이머리 타임라인 상에 존재하는 Guggen13, 14 클립의 오디오 비디오 트랙이 따로 확장되어 보인다. Guggen13에 연결된 Guggen14 클립은 비디오만 있으므로 이 기능에 해당하지 않는다.

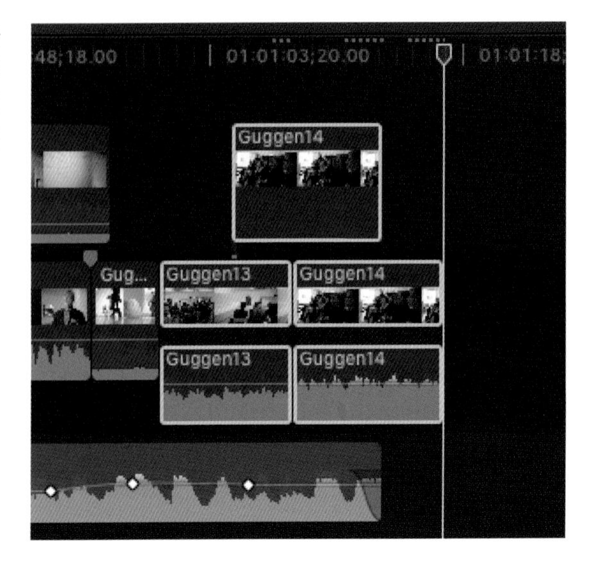

08 Guggen14 클립의 오디오 트랙만 따로 선택해서 약 3초 정도 줄여보자.

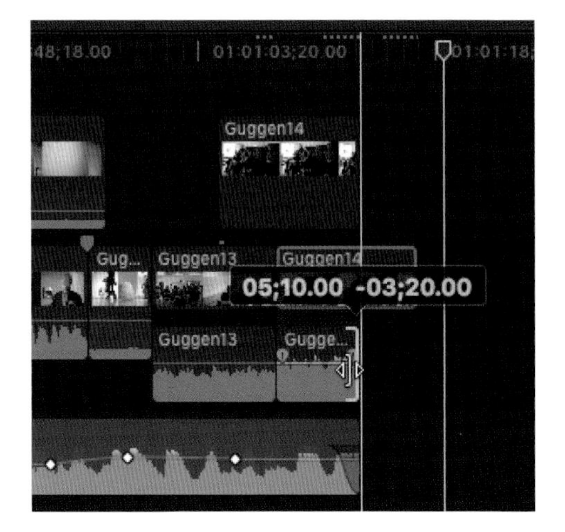

비디오 트랙에는 영향을 주지 않고 오디오 트랙만 줄여졌다. 확장된 Guggen14 클립을 선택하자.

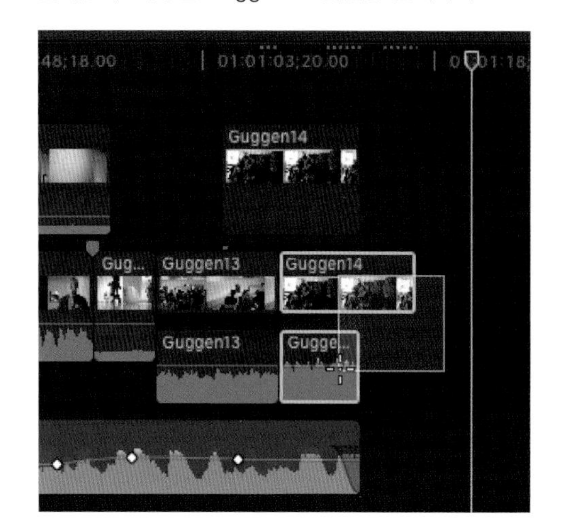

10 선택한 클립을 Ctrl + 클릭하면 팝업 창이 뜬다. 여기에서 Collapse Audio/Video 옵션을 선택하자(단축키 Ctrl + S).

확장되었던 클립이 원상태로 복귀되었다. 다시 합쳐진 오디오와 비디오를 자세히 보면, 이전에 오디오 트랙이 사라진 부분은 색깔이 어둡게 표시된다.

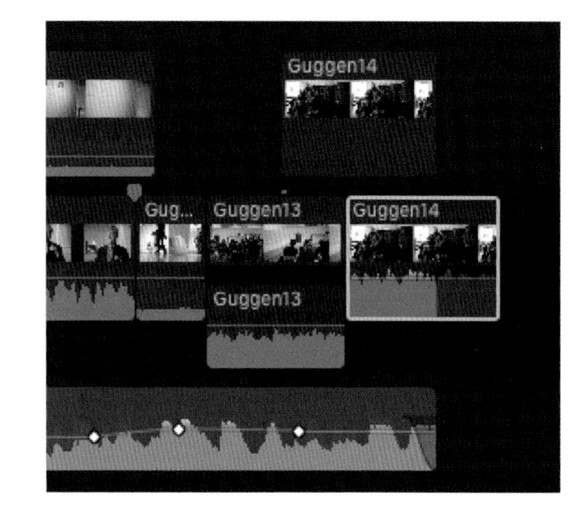

Unit 04 오디오 레인(Audio Lanes)을 이용하여 편집하기

오디오 레인(Audio Lanes)이란?

가장 효과적인 방법으로 오디오 트랙을 타임라인에서 분리시킨 후 각 레이어에 지정된 롤을 입력해서 오디오 편집을 도와주는 기능이다. 이 기능은 단순하게 오디오와 비디오 파트를 한 클립에서 분리한 게 아니라 사용된 여러 가지 오디오의 롤에 초점을 맞춰 사용자가 원하는 트랙으로 각 오디오 부분을 정리해서 편집할 수 있다.

⦿ 일반적인 타임라인 모습이다. 오디오와 비디오가 합쳐져서 하나의 클립으로 보인다.

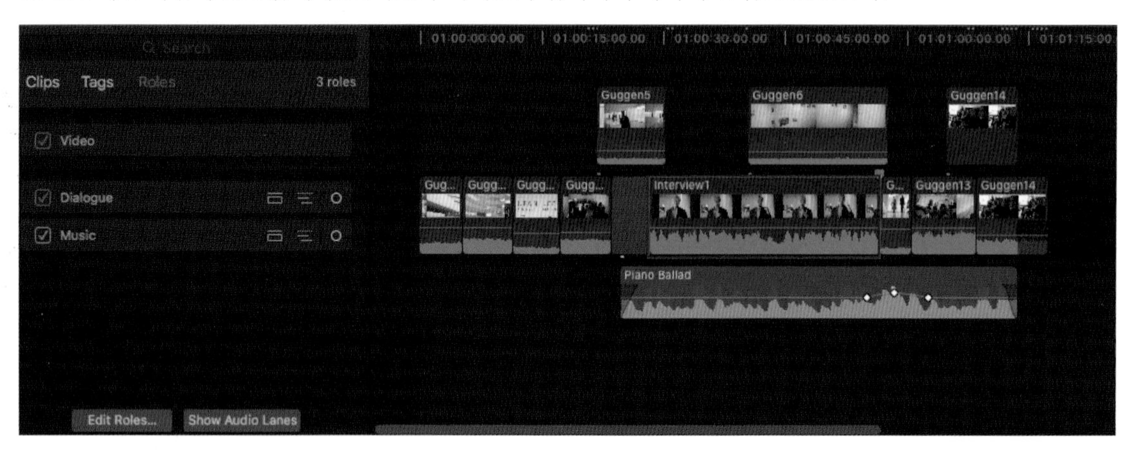

⦿ 오디오와 비디오가 분리된 타임라인이다. 분리된 오디오 클립이 각 원래의 비디오 클립 밑에 있다. 단순히 Expand된 모습이다.

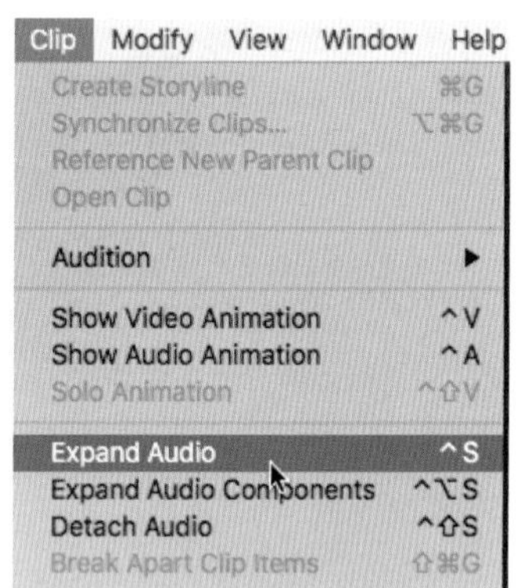

⦿ 오디오 레인이 적용된 타임라인 모습이다. 모든 오디오 클립들이 프라이머리 타임라인 기준 밑으로 내려온다. 상단은 비디오, 하단은 오디오로 분리된다.

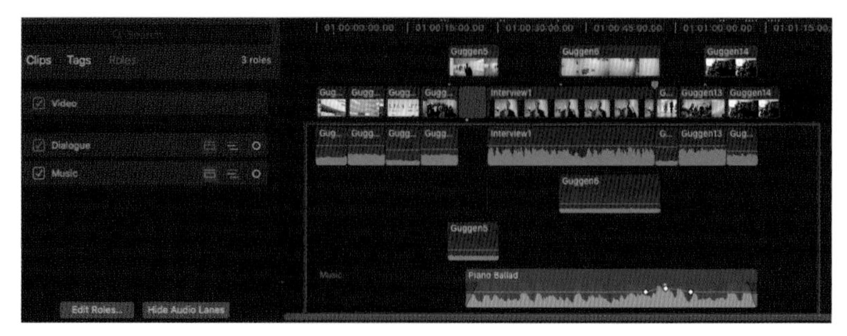

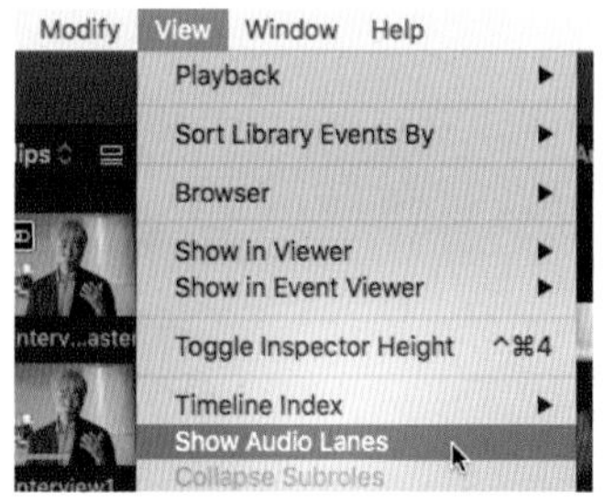

메인 메뉴에서 View〉 Show Audio Lanes을 선택한다.

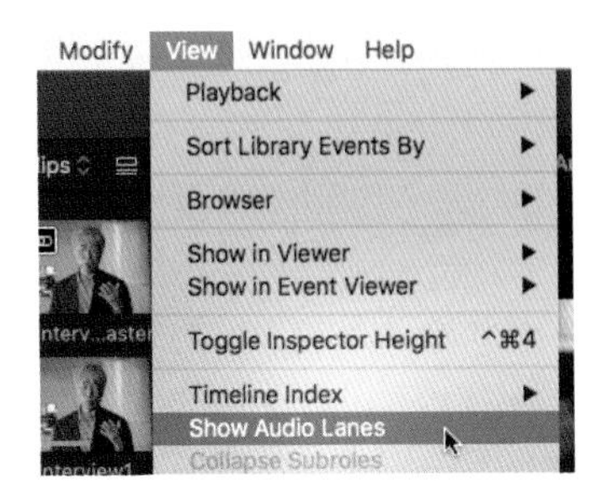

02 Audio Lanes이 활성화되면서 모든 오디오 클립들이 프라이머리 타임라인 기준 밑으로 내려온다. 상단은 비디오, 하단은 오디오로 분리된다.

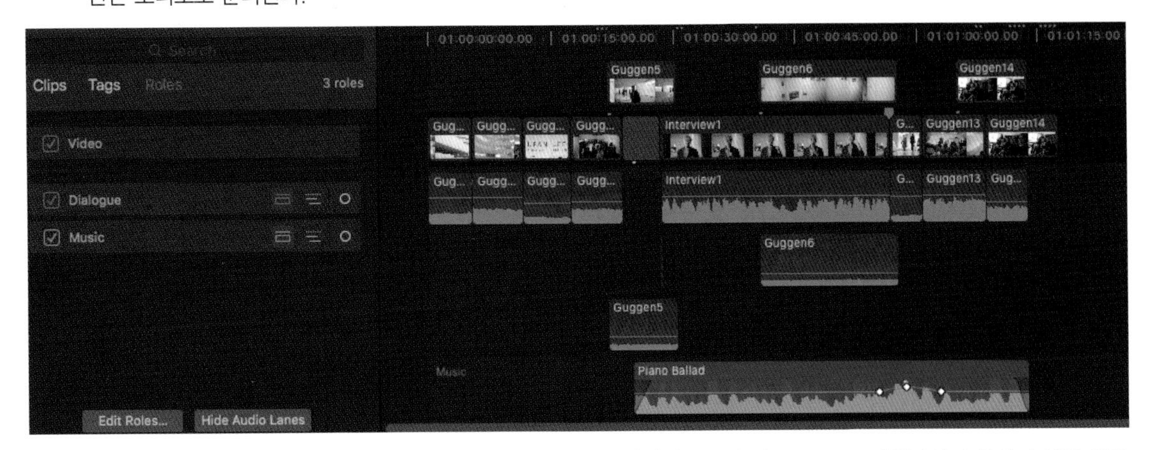

오디오와 비디오가 합쳐진 클립에서 보여지지 않던 Overlap 혹은 사라진 부분들이 Magnetic 타임라인의 특성과 상관 없이 자유롭게 믹싱을 가능하게 한다.
상급자 레벨에서는 각 오디오와 비디오를 여러 가지 롤로 지정해서 사용한다. 예를 들면 오디오 레인을 활용해서 Background Music, 배우 A의 목소리, 배우 B의 목소리, 사운드 효과 등 각 지정된 롤이 하나의 트랙으로 분리되어서 편집 시 또는 파일을 Export 할때, 직관적으로 정리할 수 있다.

Guggen11 오디오 부분만 오른쪽으로 늘려보자. Guggen11과 Guggen13의 오디오가 Overlap되는 것을 볼 수 있다.

왼쪽에 있는 Hide Audio Lanes를 선택하자.

확장된 오디오, 비디오 트랙들이 다시 합체되었다. 여기서 주의할 점은 Guggen11의 오디오 수정 부분이 확인되지 않는다는 것이다.

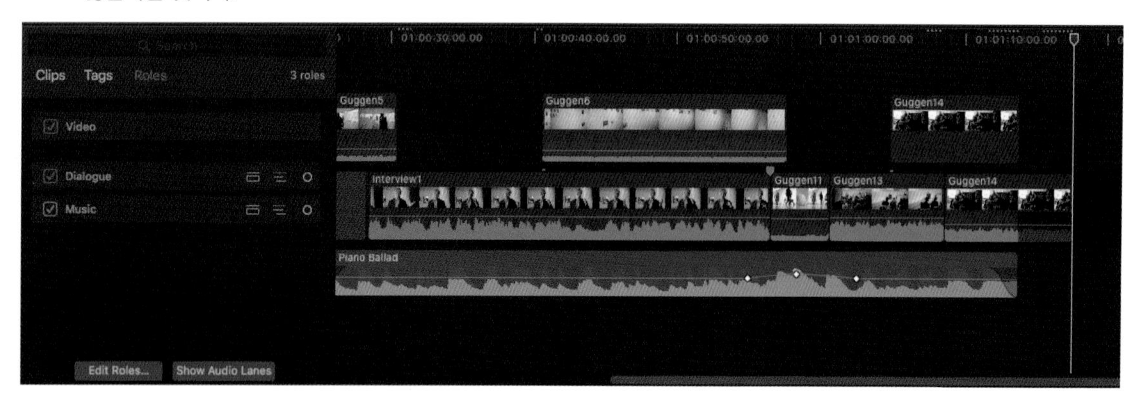

Audio Lane이 보일 때와 안 보일 때를 비교할 수 있다.

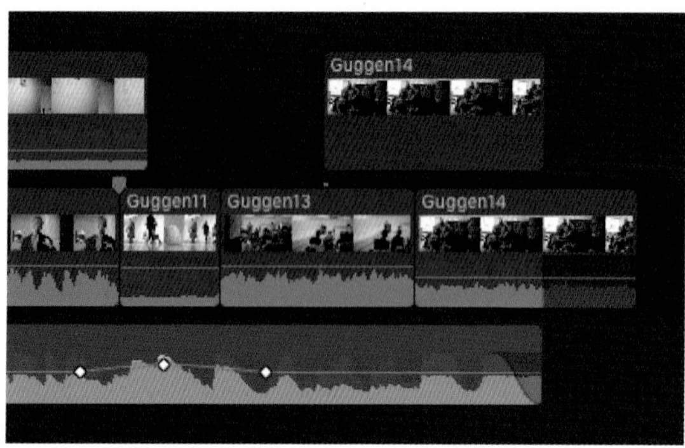

▲ 오디오 레인이 안 보이는 경우

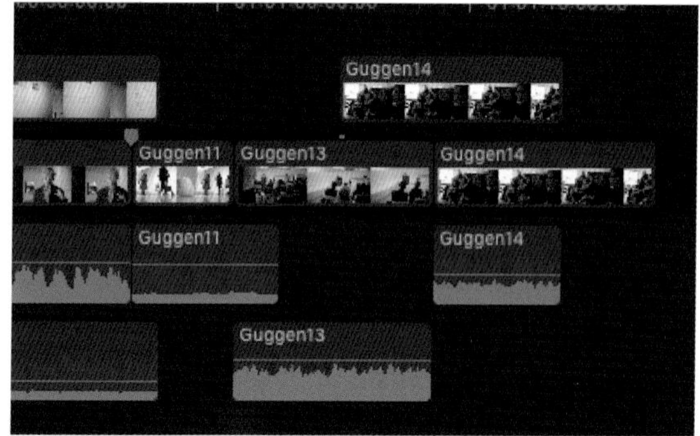

▲ 오디오 레인이 보이는 경우

Unit 05 오디오 분리하기 Detach Audio

오디오 분리하기(Detach Audio) 옵션은 단순히 오디오와 비디오 트랙을 확장해서 보는 옵션인 Expand Audio/Video와 달리 오디오와 비디오가 함께 있는 클립을 각각의 독립된 클립으로 완전히 분리시키는 기능이다. 오디오와 비디오가 분리된 클립은 편집 시 싱크가 깨질 수 있기 때문에 항상 주의해서 사용해야 한다.

타임라인에 있는 Guggen13 클립과 Guggen14 클립을 선택하자.

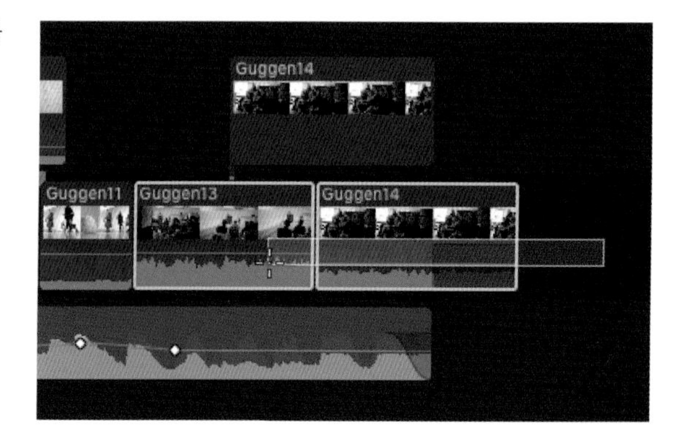

Clips 〉 Detach Audio 또는 단축키 Ctrl + Shift + S 를 누르자.

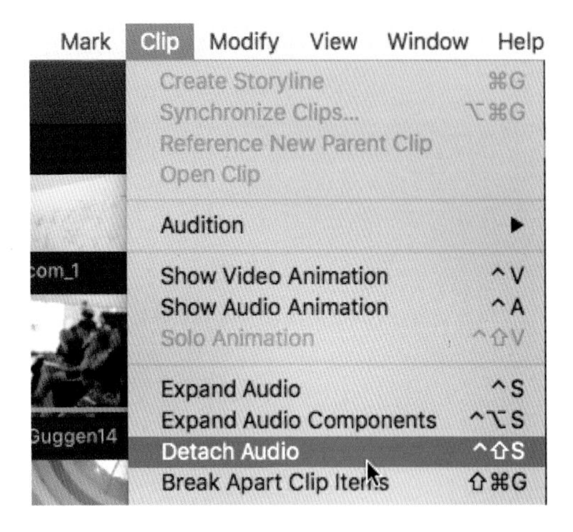

참조사항 선택한 클립 위를 Ctrl + Click하면 팝업 창이 뜬다. 이 팝업 창에서 Detach Audio 옵션을 선택해도 된다.

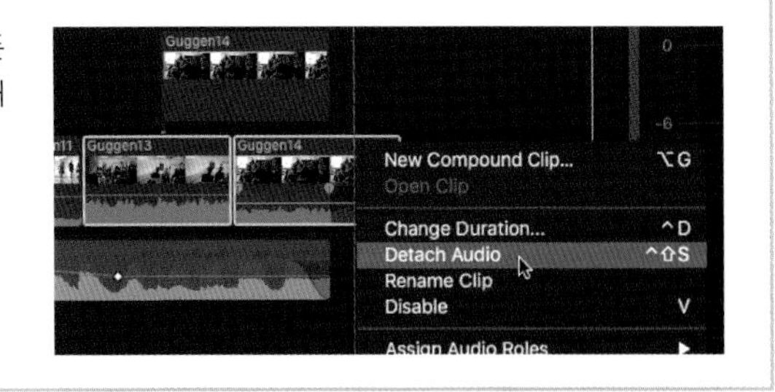

다음과 같이 클립들에서 비디오 트랙과 오디오 트랙이 따로 분리되었다.

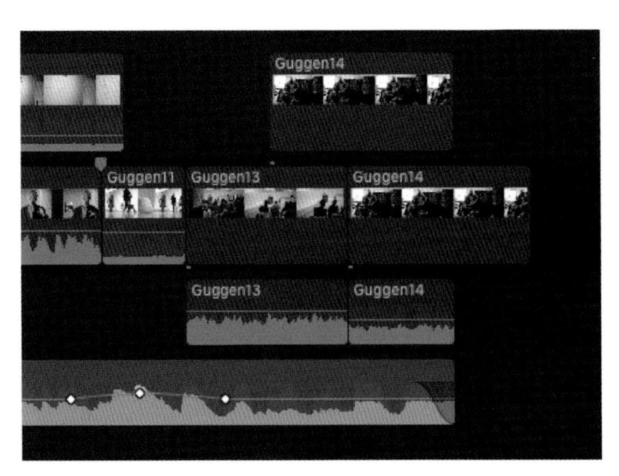

주의 : 이때, 클립에서 오디오 부분은 분리되었기 때문에, 비디오 클립에는 오디오가 없다.
이렇게 분리된 오디오 클립은 Undo를 하지 않는 이상 다시 싱크를 맞춰 합칠 수가 없다. 만약 다시 합치고 싶다면, 컴파운드 클립으로 만들어야 한다.

Guggen13과 14 클립의 분리된 오디오 트랙들을 선택한 후, 오른쪽으로 조금 이동시켜보자. 비디오와 분리된 오디오 클립은 독립적으로 움직인다.

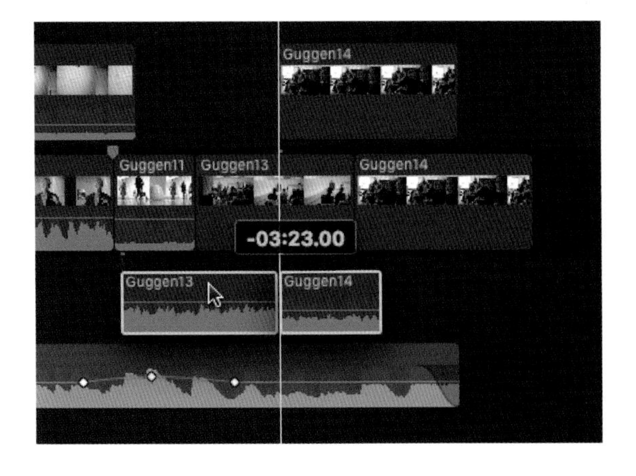

05 Guggen13, 14 클립을 선택한 채로 키보드에서 Delete 버튼을 누르면, 두 오디오 클립이 삭제된다.

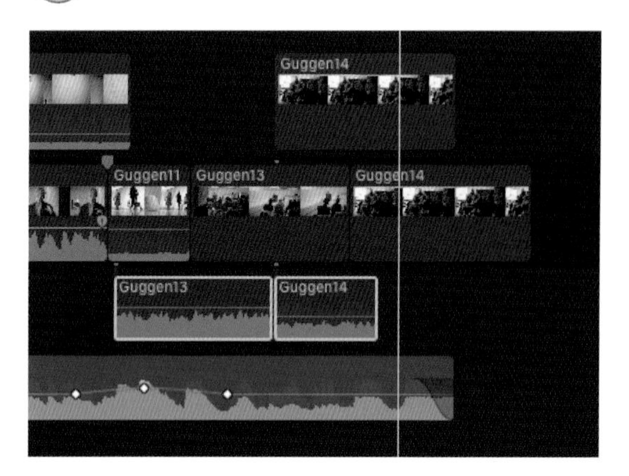

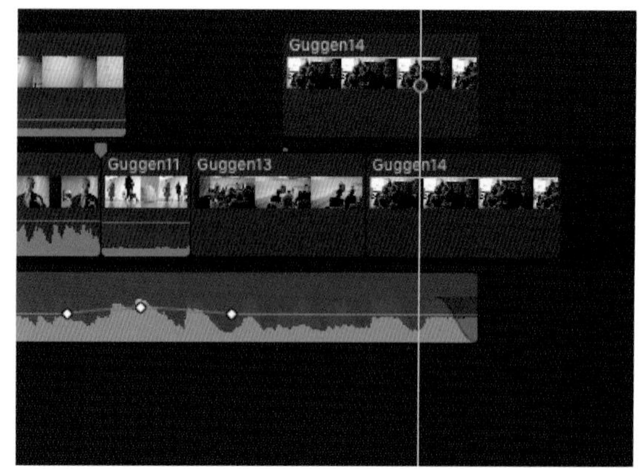

참조사항 분리된 오디오 클립들과 비디오 클립들을 다시 합치려면 컴파운드 클립을 만들어야 한다. 선택된 Guggen13, 14 클립 위를 Ctrl + Click하면 팝업 창이 뜨는데 이 팝업 창에서 New Compound Clip 옵션을 선택하자.

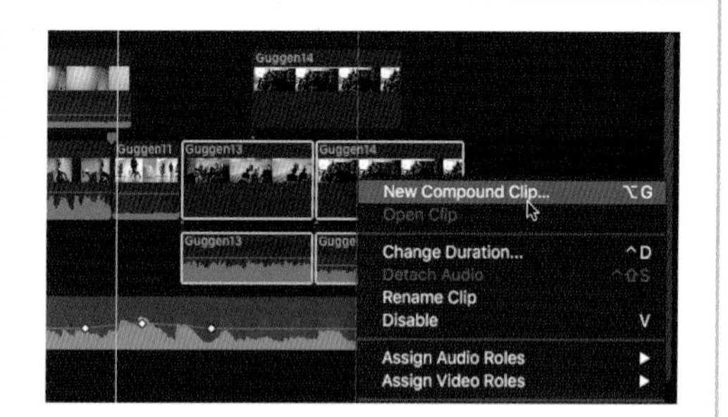

새로운 컴파운드 클립이 만들어졌다. 주의할 점은 해당 예시에서는 오디오 클립들을 이동시켰기 때문에 분리했던 오디오, 비디오 클립들을 다시 컴파운드 클립으로 만들어 합치더라도 오디오와 비디오 싱크가 깨져 맞지 않는다.

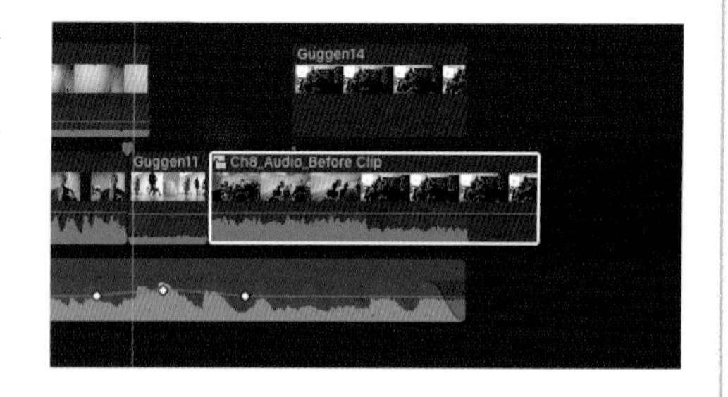

Unit 06 싱크가 맞지 않는 클립을 원래의 클립으로 대체하기 Replace

사라진 오디오 클립과 이 비디오 클립의 싱크를 맞추기는 어렵다. 싱크가 깨진 클립을 원래의 클립으로 대체하는 것이 다시 클립의 싱크를 맞추는 가장 수월한 방법이다.

오디오가 사라진 Guggen14 클립을 선택한 후, Ctrl + Click해 팝업 메뉴를 띄우자. 팝업 메뉴에서 Reveal in Browser를 선택하자.

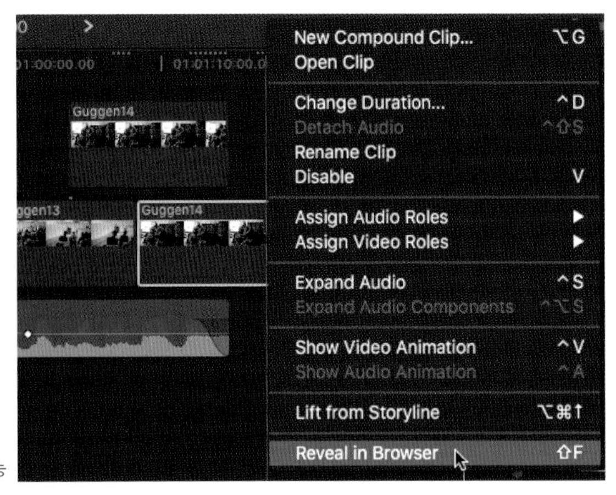

Reveal in Browser: 브라우저에서 클립 찾아주기 기능

브라우저에서 Guggen14 원본 클립을 선택하자.

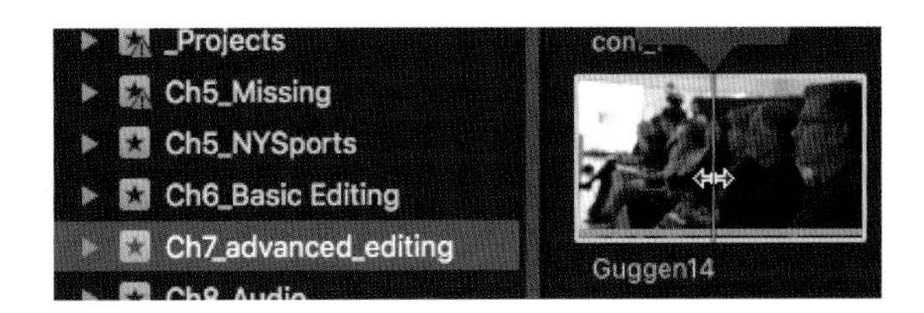

브라우저에서 선택한 Guggen14 원본 클립을 타임라인 상의 싱크가 사라진 Guggen14 클립 위로 드래그한다. 클립 대체하기(Replace: 단축키 Option + R)를 쓰는 것이 훨씬 편할 것이다.

대체하기(Replace) 옵션 창이 뜨면 Replace를 선택해준다.

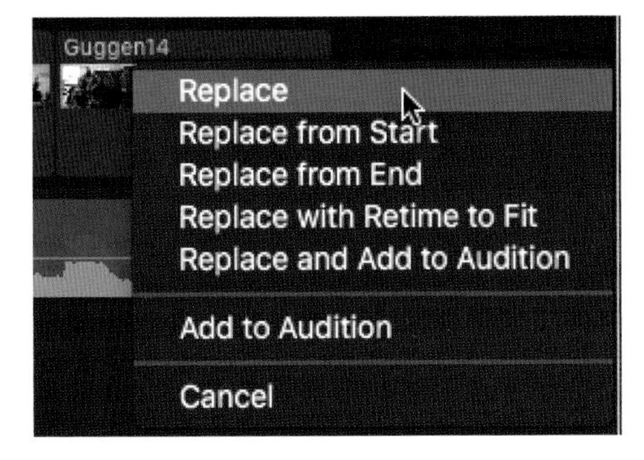

오디오가 있는 원래의 클립으로 대체되었다.

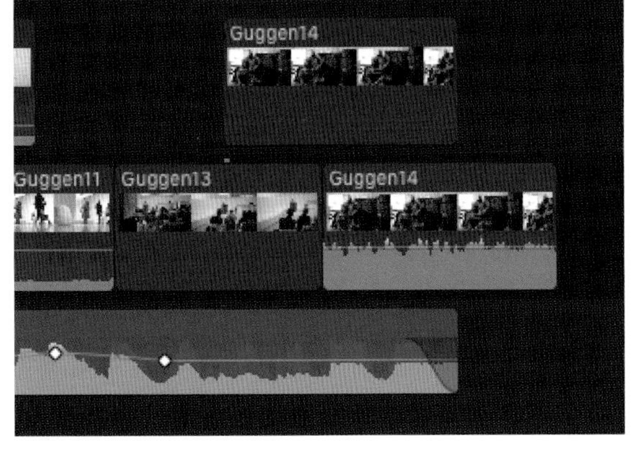

Section 09 프로젝트 설정 창에서 오디오 설정하기

프로젝트 라이브러리에서 프로젝트를 선택한 후, 인스펙터(Inspector)창에서 그 프로젝트의 오디오 속성들(Audio Properties)을 조절할 수 있다.

Unit 01 프로젝트 설정 창 열기

라이브러리에서 Project Event 안에 있는 Ch8_Audio_Before을 선택하자.

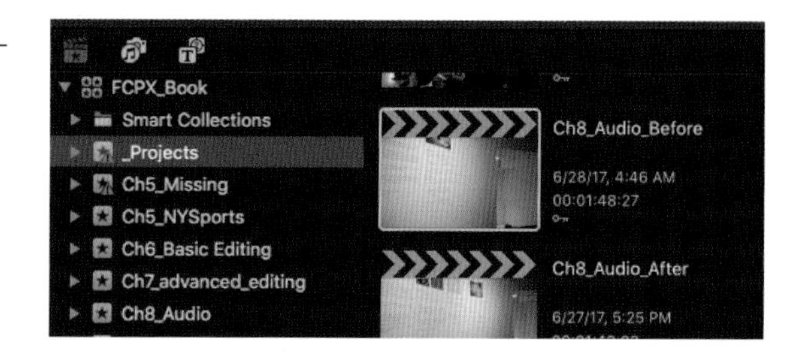

02 속성(Properties) 창에 보이는 인스펙터 창의 오른쪽 아래 코너에 보이는 스패너 모양의 아이콘으로 보이는 사용자 지정 설정 버튼을 누르자.

참조사항 만약 인스펙터 창의 속성창이 보이지 않는다면 메인 메뉴에서 File 〉 Project Properties 선택, 또는 단축키 ⌘ + J 를 누르자. 만약 프로젝트 라이브러리가 열려져 있지 않았다면, 프로젝트 라이브러리 창이 열리고, 인스펙터(Inspector)가 열리면서 프로젝트의 속성들(properties)이 보인다.

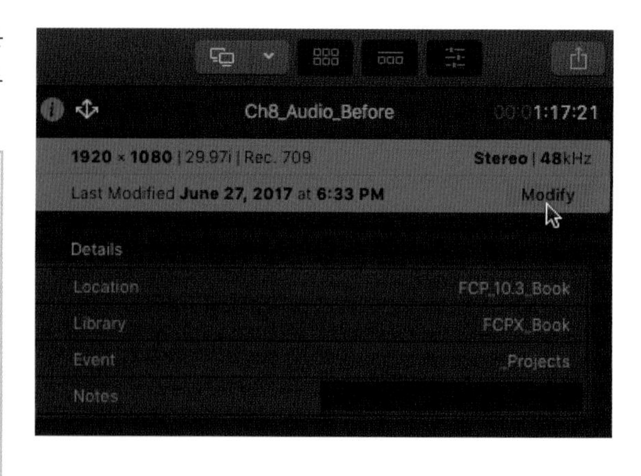

03 오디오와 렌더 속성(Audio and Render Properties)의 설정들 중 오디오 채널(Audio Channels)을 스테레오(Stereo)를 선택해준다. 오디오 샘플 레이트(Sample Rate)과 렌더 포맷(Render Format)도 설정할 수 있다. 설정이 확인되면 창 아래에 있는 OK 버튼을 눌러 창을 닫아주자.

Unit 02 팬 Pan 과 스테레오 Stereo 조절하기

팬(Pan)은 소리의 좌우 방향성을 조절하는 것인데 이를 위해서는 최소한 두 개 이상의 스피커가 필요하다. 스테레오(Stereo) 사운드는 두 개의 스피커를 이용해서 왼쪽과 오른쪽을 분리하는 것이고, 서라운드(Surround) 사운드는 다섯 개 이상의 스피커를 사용해서 소리에 공간감을 주는 셋업이다.

타임라인에 있는 Guggen14 클립을 선택하자.

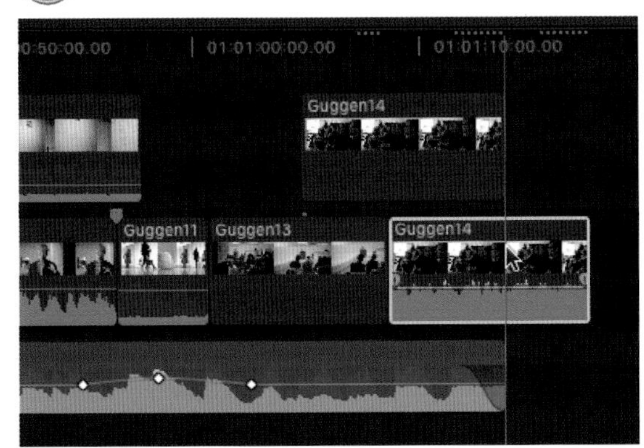

인스펙터 창에서 오디오 탭 안에 있는 Audio Configuration을 보이게 하자. 스테레오 모드인지 확인하자. 클립에 따라서 왼쪽, 오른쪽 균일하게 들리게 하기 위해서 듀얼 모노 모드를 사용하기도 한다.

볼륨 탭에 있는 팬 모드(Pan Mode)를 보면 None이 선택되어 있음을 확인할 수 있다. 이를 클릭해 옵션 창을 연 후, 스테레오 왼쪽/오른쪽(Stereo Left/Right) 옵션을 선택하자.

Pan Amount 옆에 있는 팬 슬라이더를 오른쪽 끝 100까지 드래그해보자.

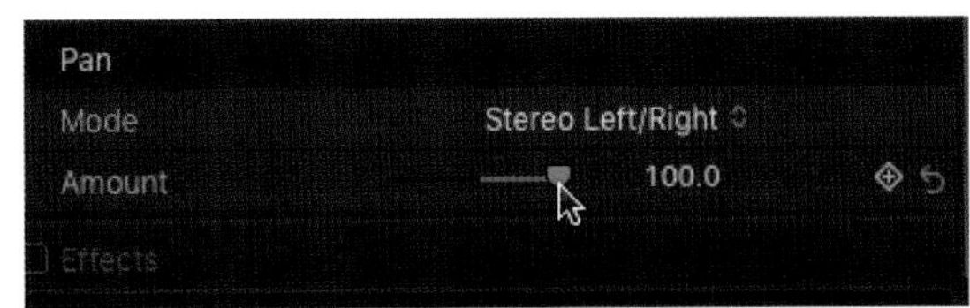

주의사항

오디오 인스펙터에서 Pan Amount slider를 오른쪽에서 왼쪽으로 이동시켜 음악을 각각의 스피커들 사이에서 움직이게 조절한다. 중앙에서 오른쪽으로 팬시킬수록, Pan Amount의 숫자는 커지고, 왼쪽으로 움직일수록 이 숫자는 줄어든다.
오디오 미터에서 오디오의 레벨들도 오른쪽 왼쪽 미터들 사이에서 늘어나고 줄어듦을 볼 수 있다. 그리고 Pan Amount slider가 중앙에 위치하면, 이 오디오 레벨들이 양쪽의 미터에서 똑같이 나타난다.

Guggen14 클립을 재생해보자. 오디오 소리가 설정한 대로 스테레오로 오른쪽으로만 사운드가 들리는지 확인해본다. 만약 배경음악 때문에 소리를 확인하기가 힘들다면 Guggen14 클립을 솔로시키는 것이 좋은 해결책일 것이다. Guggen14 클립을 클릭해 선택하자.

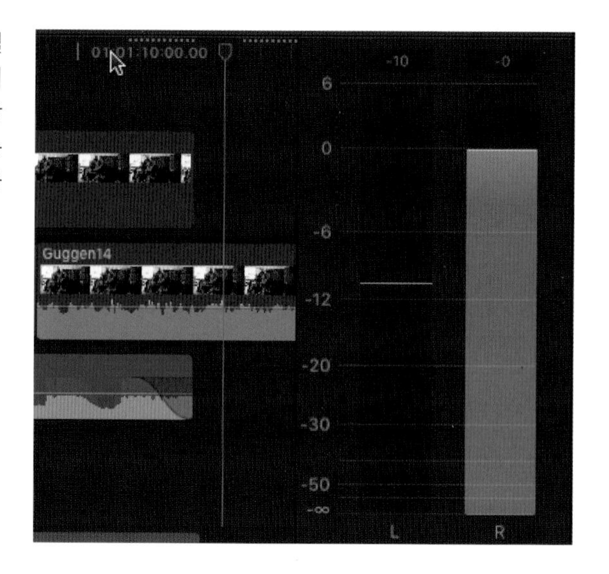

06

타임라인 왼쪽 위쪽에 보이는 버튼들 중 솔로(Solo) 버튼을 클릭하자. Guggen14 클립을 솔로시킴으로써 해당 클립의 사운드만 들리고, 클립이 밝게 보인다. 사운드가 있는 클립 중에 비활성화된 다른 클립들은 회색으로 처리된다.

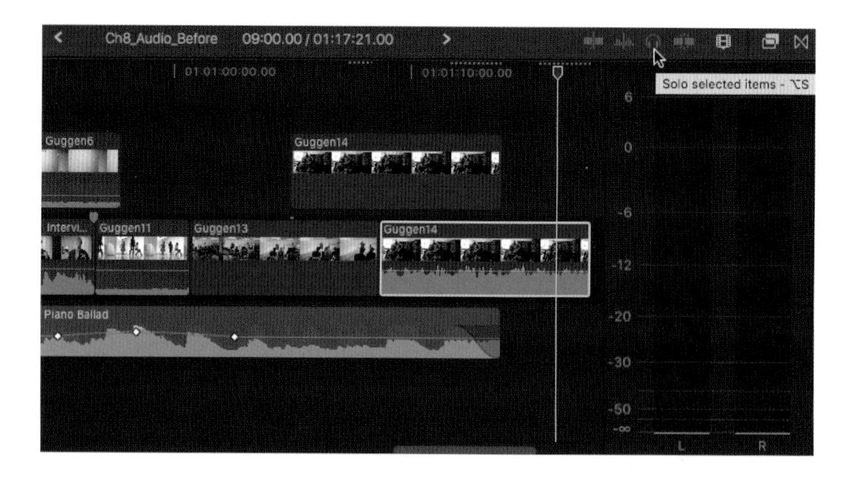

07

Guggen14 클립을 다시 재생해보자. 타임라인의 오른쪽에 보이는 오디오 미터 창을 확인해보자. 볼륨 레벨이 팬을 한 이후, 오른쪽에서만 보이고, 따라서 오른쪽 스피커에서만 소리가 나오는 것을 알 수 있다.

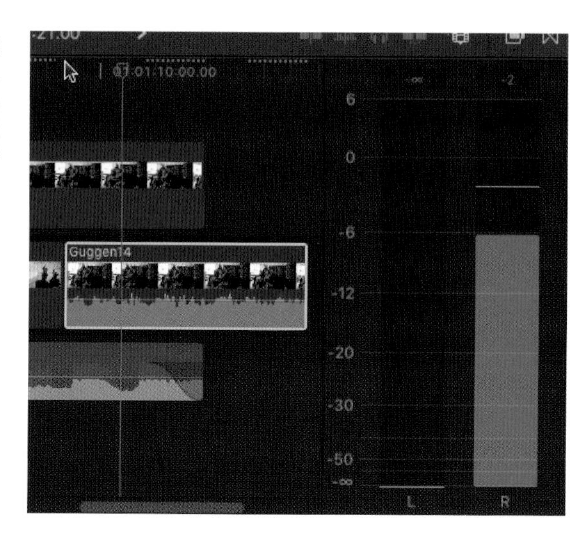

08 사운드 체크가 끝났다면, 다시 솔로 버튼을 눌러, Guggen14 클립의 솔로를 해제하고 다른 클립들을 다시 활성화시켜준다.

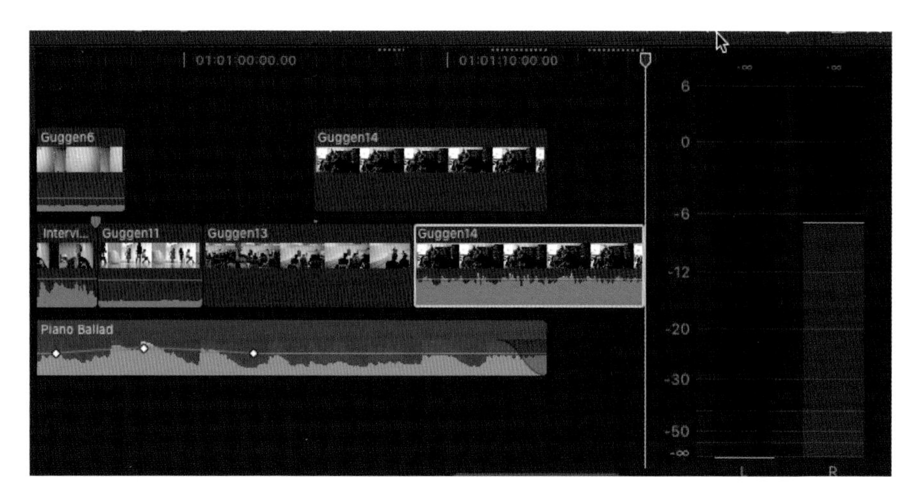

Section 10 오디오 문제 해결하기 Audio Enhancements

파이널 컷 프로는 오디오 향상(Audio Enhancement)이라고 부르는 몇 가지의 툴을 가지고 있다. 이 기능은 단순히 타임라인에서 클립을 선택하면, 파이널 컷 프로가 자동적으로 그 클립이 가지고 있는 오디오의 문제점을 고쳐주는 기능이다.
파일을 파이널 컷 프로로 불러오는 과정에서도 이미 몇몇의 오디오 문제점을 분석하고 고치는 과정을 거쳤을 지도 모르나, Audio Enhancement 툴들을 이용해 더 많은 오디오 문제점을 쉽게 고칠 수 있다.

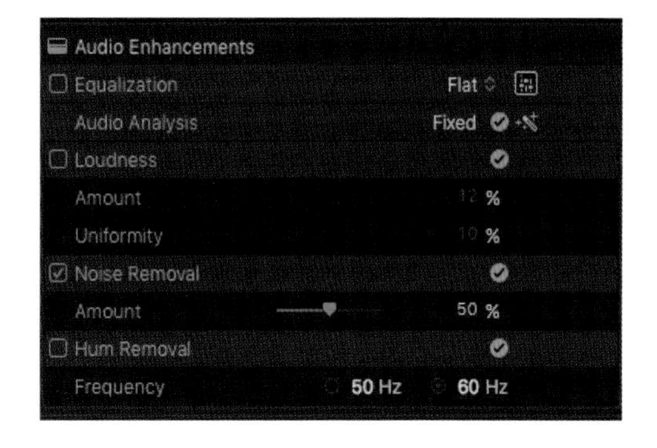

- **Loudness:** 클립의 볼륨을 실제로 조절하지는 않으면서, 압축(Compressor)효과를 적용해서 오디오 시그널의 피크 포인트들을 낮춘다. 이를 통해 클립의 소리가 균일해지면서 다이내믹 레인지(Dynamic Range)가 줄어들고 클립의 소리가 전체적으로 커진다.
- **Background Noise Removal:** 파이널 컷 프로가 오디오 내의 계속되는 노이즈 시그널(Noise Signal)을 발견해서 사용자가 원하는만큼 잡음을 줄여준다.
- **Hum Removal:** 전기 방해(electrical interference)때문에 발생하는 노이즈가 클립에서 발견되면, 파이널 컷 프로는 이를 자동으로 고칠 수 있고, 사용자는 이 노이즈가 50Hz(유럽)인지 60Hz(북미)인지를 설정해주면 된다.

오디오 문제 해결 기능은 이벤트 브라우저에 있든 타임라인에 있든 상관 없이 클립을 선택한 후 적용시킬 수 있다.

이벤트 브라우저에 있는 interview1 클립을 선택하보자.

인스펙터에서 Audio Enhancements 안에 Audio Analysis 칸에서 리셋 버튼 왼편에 마우스 커서를 가져가면 Show라는 글자가 뜬다. 이를 클릭해보자.

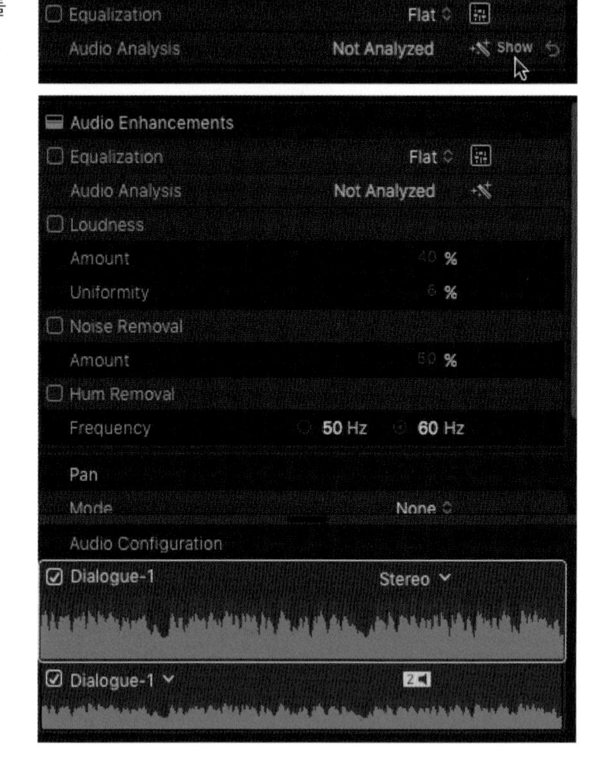

오디오 향상(Audio Enhancements)란에 오디오 분석(Audio Analysis) 칸의 오른쪽에 보면 오디오 향상 인스펙터를 열 수 있는 마술봉 버튼이 보인다. 이를 클릭해보자.

자동으로 오디오의 문제점을 분석한 후 고쳐준다.

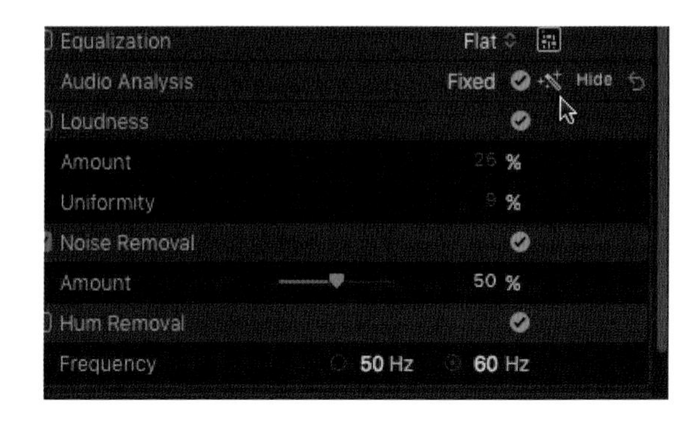

적용된 Noise Removal을 끄면, 자동으로 고쳐진 문제점이 다시 되돌아온다.

문제가 있음을 알 수 있다. 아래와 같이 오디오 향상 인스펙터 창에 노란색의 경고 아이콘은 파이널 컷 프로가 고침 기능을 켜길 권장하는 표시이다.

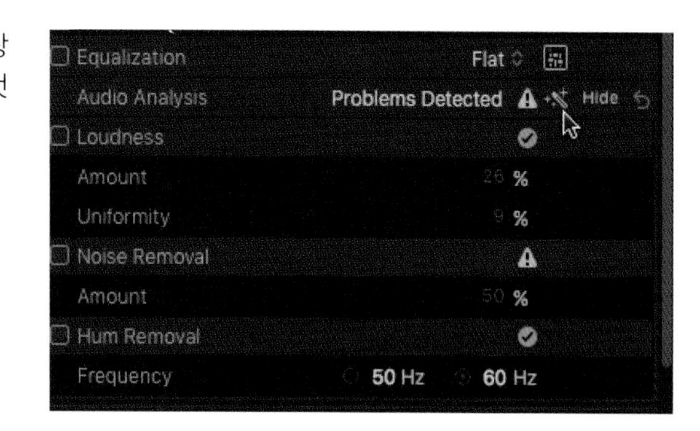

원하는 만큼의 Background Noise Removal 효과를 조절해보자. 다만, 너무 효과를 높인다면 인공적인 느낌이 들 수 있으므로 주의하도록 하자.

오디오 향상 창에서 오디오 문제점을 고친 후, 오디오 인스펙터 창으로 돌아가서 보면, 오디오 분석란에 아무런 문제점이 발견되지 않았다는 문구가 새로 떠있음(No Problems Detected)을 볼 수 있다.

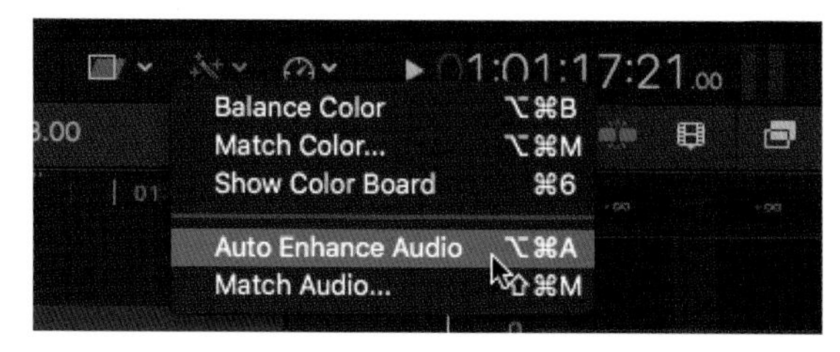

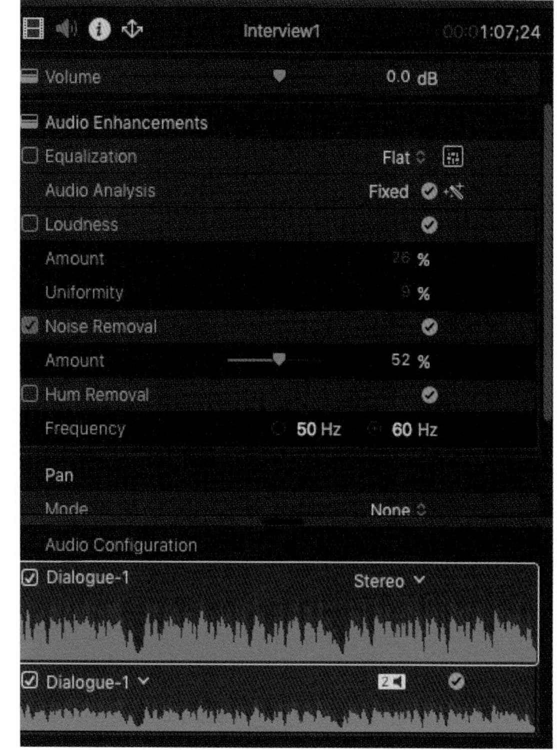

참조사항 자동 오디오 향상 (Auto Enhance Audio) 기능이 필요하다면, Audio Enhancements Inspector 창의 아래에 위치한 Auto Enhance 버튼을 클릭해 발견된 모든 종류의 오디오와 관련된 문제점을 한꺼번에 고칠 수 있다.

Section 11 오디오 이퀄리제이션 Audio Equalization

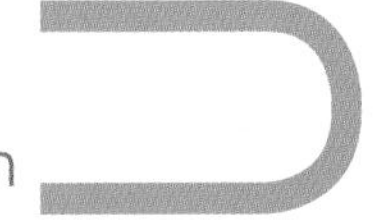

이퀄리제이션(EQ)은 오디오 클립 내의 다양한 오디오 주파수(frequency)에 맞추어 각기 다른 볼륨 설정을 하는 과정을 말한다. 이퀄리제이션은 오디오 분석 후 필요한 부분만 고치는데 가장 많은 곳에 쓰이고, 여러 가지 다른 환경에 적용할 수 있는 아주 많은 종류의 EQ 프리셋들이 있다.
이퀄리제이션을 통해 원하지 않는 주파수 대의 소리를 이퀄리제이션 기능을 통해 지울 수 있고, 중간톤의 주파수를 더 강조해서 목소리가 선명하게 들리도록 만들 수 있다.

Unit 01 이퀄리제이션 프리셋 EQ Presets 적용하기

파이널 컷 프로는 오디오 인스펙터 내에, 모든 오디오 클립을 위한 고유의 이퀄라이저를 가지고 있다. 프리셋을 선택해서 적용할 수 있고, 매뉴얼로 주파수 볼륨을 조절할 수도 있으며 클립들의 주파수 맵을 서로 매치시킬 수도 있다.

타임라인에서 Guggen14 클립을 선택해보자.

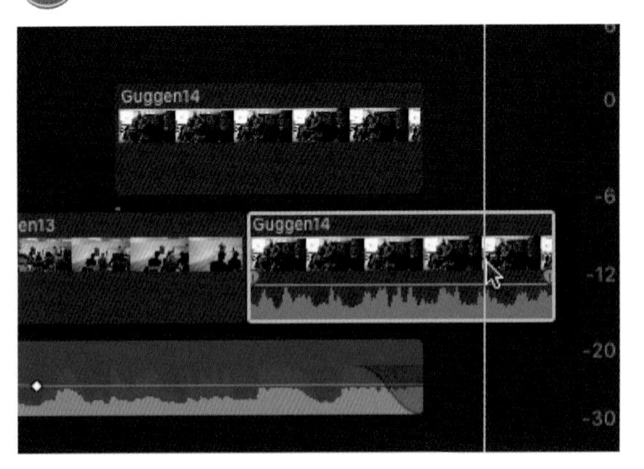

오디오 인스펙터(Audio Inspector)를 연다. 오디오 향상(Audio Enhancements) 섹션에서 이퀄리제이션(Equalization)란을 확인하여 열자.

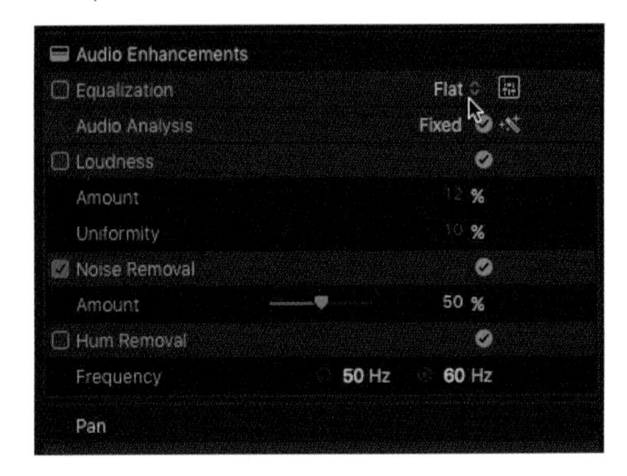

팝업 창의 리스트에서 원하는 프리셋을 설정해주면 EQ 프리셋이 클립에 적용된다.

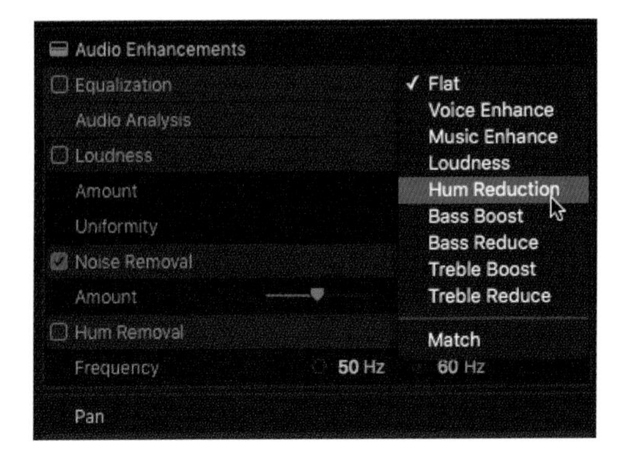

Unit 02 매뉴얼로 EQ 설정하기

오디오 인스펙터의 Audio Enhancements 섹션에서, Graphic Equalizer 버튼을 누른다.

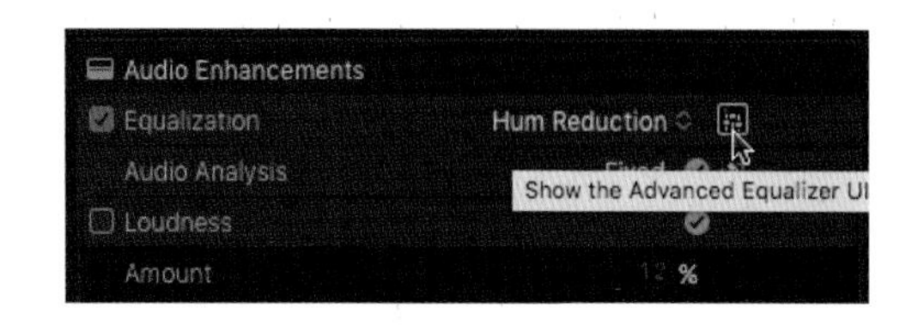

그래픽 이퀄라이저(Graphic Equalizer) 창이 열린다.

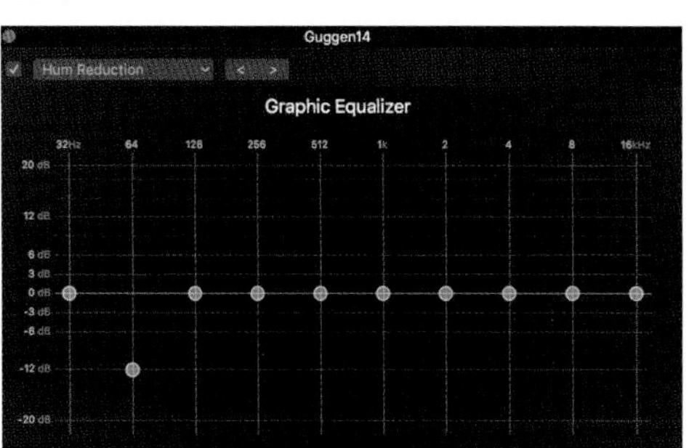

03 Frequency Bands 팝업 메뉴를 열고 기본 셋업인 10Bands에서 조금 더 정교한 주파수 컨트롤이 가능한 31Bands로 바꿔주자.

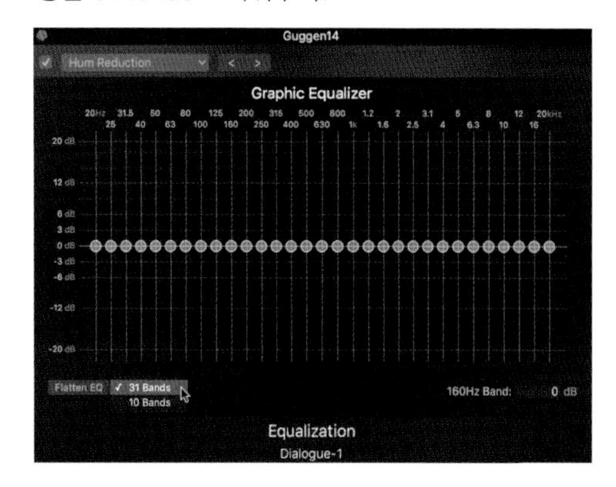

04 각각의 독립적인 볼륨 슬라이더를 조절해, 클립 안의 다양한 frequency에 볼륨을 맞출 수 있다.

더 왼쪽에 위치한 슬라이더일수록 낮은 frequency를 컨트롤하고, 오른쪽에 위치한 슬라이더일수록 높은 frequency를 컨트롤한다.

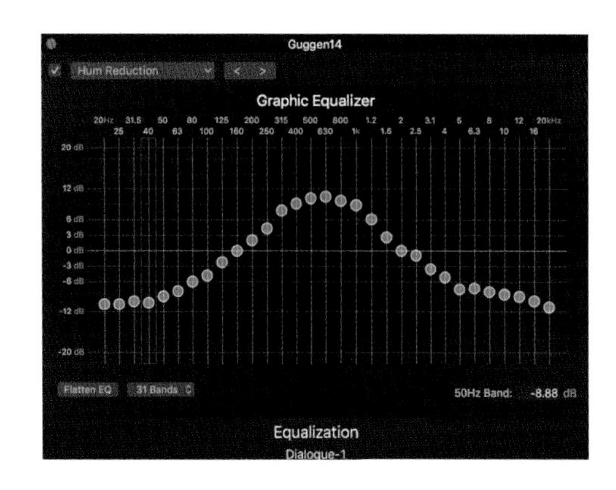

참조사항 여러 개의 볼륨 슬라이더들 주변에 박스를 드래그해서 만들고, 이 슬라이더들 중 아무 슬라이더를 움직이면, 박스내의 모든 슬라이더들이 함께 움직인다. 파란 선을 없애려면 박스 상단의 빈 공간을 클릭하면 된다.

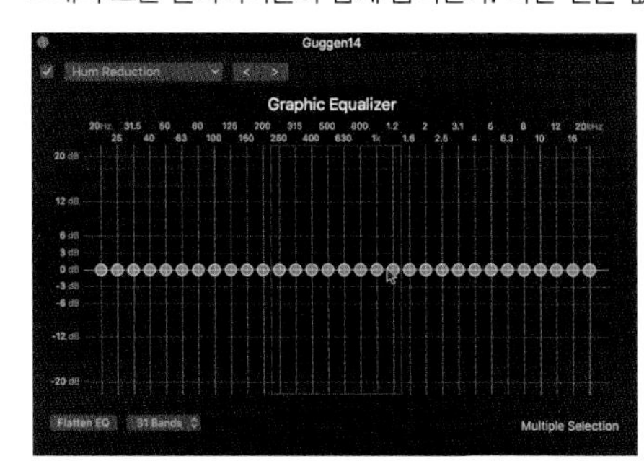

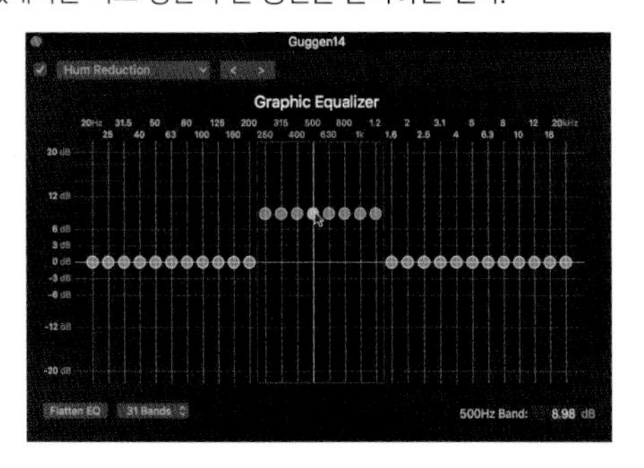

05 왼쪽 위 코너에 위치한 닫기 버튼을 눌러 그래픽 이퀄라이저(Graphic Equalizer)를 닫아주자.

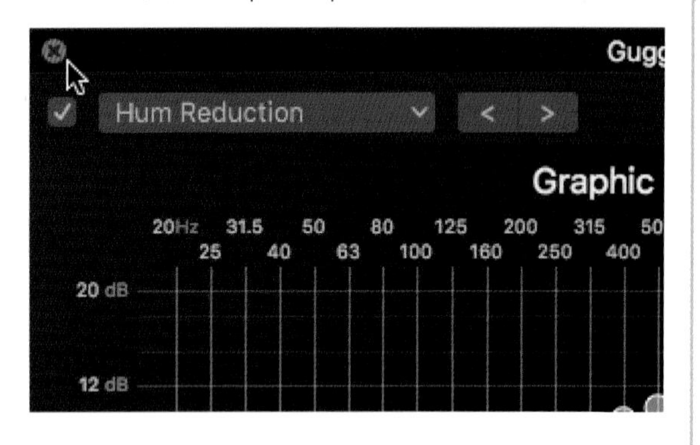

참조사항 모든 슬라이더를 디폴트로–중간에 위치–리셋시키려면, Flatten EQ를 클릭하면 된다.

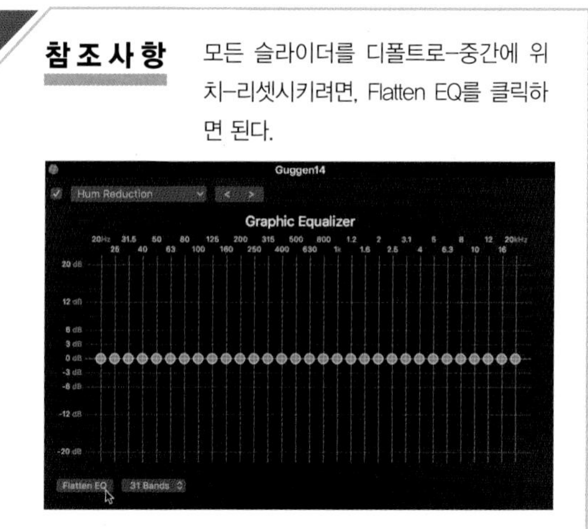

06 Equalization 값이 기본값에서 변형된 값으로 바뀐 것을 볼 수 있다.

참조사항 Audio Enhancements 섹션의 맨 오른쪽에 위치한 버튼을 클릭해 팝업 창을 열어보자. Reset Parameter를 클릭하면 모든 변경된 사항들이 초기화된다.

Unit 03 오디오 EQ 다른 클립에 매치하기

파이널 컷 프로에서는 원하는 한 클립의 소리와 다른 클립의 소리를 서로 매치시킬 수 있다. 클립들이 분석될 때 주파수 맵(frequency map)이 기록되는데, 이는 여러 가지 다른 주파수에 따른 상대적인 볼륨들을 분석한다. 클립으로부터 분석된 이 설정은 다른 클립으로 복사해서 적용시키는 것이 가능하다.

타임라인에서 Guggen14 클립이 선택되어 있는지 확인하자.

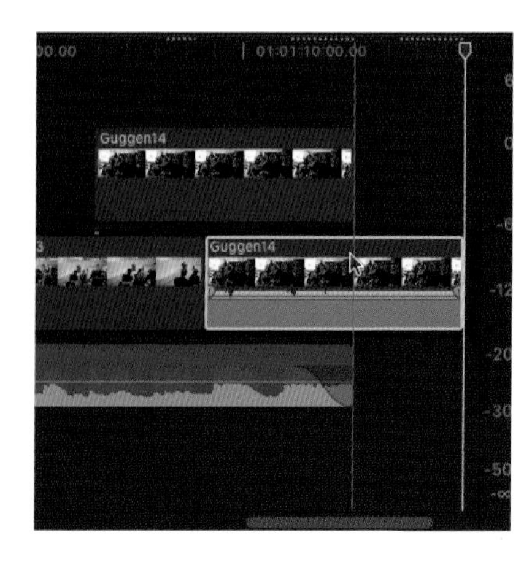

02 오디오 인스펙터(Audio Inspector)를 연다. 오디오 향상(Audio Enhancements)란에서, Equalization의 옵션 창을 클릭해서 열어준다.

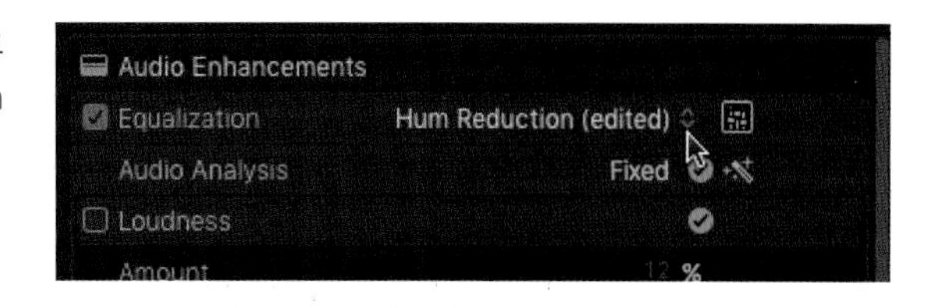

03 팝업 창에서 Match를 선택한다.

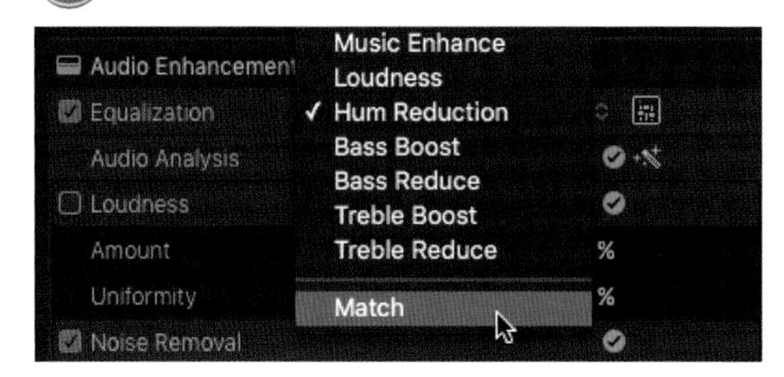

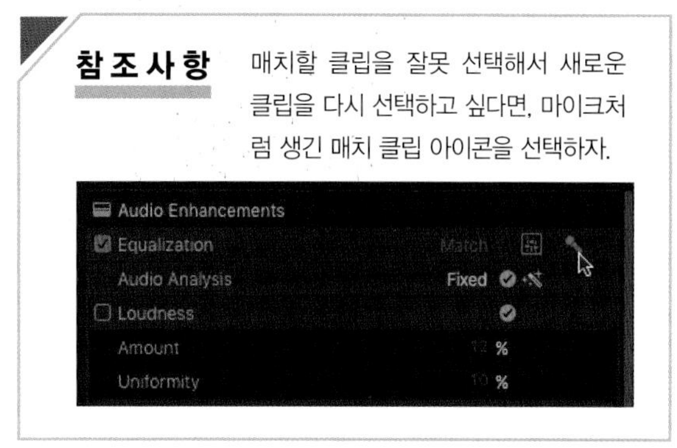

참조사항 매치할 클립을 잘못 선택해서 새로운 클립을 다시 선택하고 싶다면, 마이크처럼 생긴 매치 클립 아이콘을 선택하자.

04 매치할 클립인 Guggen14 클립을 선택한다.

05 다음과 같이 매치 오디오(Match Audio)창에 선택된 두 클립이 보인다. 이 두 클립의 오디오가 매치될 것이다. 창 아래에 보이는 Apply Match 버튼을 누르면, 왼쪽 창에 보이는 먼저 선택한 클립의 frequency map이 오른쪽 창에 보이는 나중에 선택한 클립에 적용될 것이다.

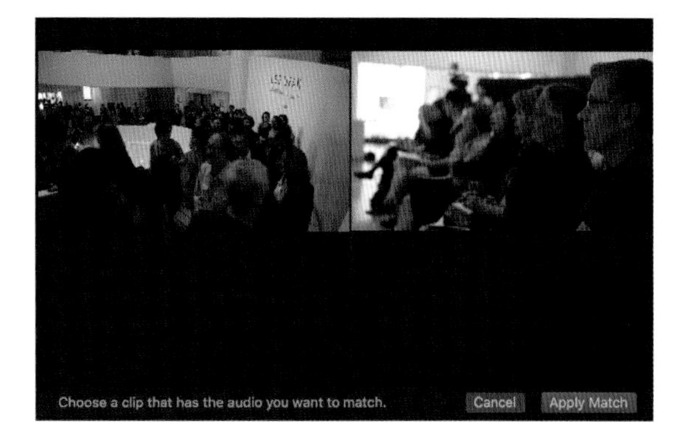

06 두 클립의 오디오가 매치되어 오디오를 들어보면 소리의 높낮이가 비슷하게 들릴 것이다.

Section 12 DSLR 비디오 클립과 분리된 오디오 싱크하기 Double-System Clip

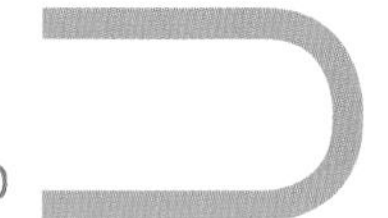

파이널 컷 프로 X 에서는 더블 시스템 클립(Double-System Clip)을 이용해서 두 클립을 묶을 수 있다. 더블 시스템 클립이란 말은 오디오와 비디오가 다른 장비로 각각 녹음(녹화)된 클립을 일컫는다. 최근에 많이 사용하는 DSLR 카메라를 들 수 있는데, 촬영 시 자체에 있는 마이크로 싱크할 때 비교할 사운드를 녹음하고 실제 사용할 오디오는 다른 디지털 오디오 레코더로 녹음하는 경우가 그렇다. 이렇게 다른 두 소스의 클립을 싱크를 하는 가장 쉬운 방법은 파이널 컷 프로 X의 자동 싱크 기능을 이용하는 것이다.

싱크 포인트는 마커가 될 수도 있고, 매치하는 타임코드, 파일 생성 날짜, 오디오 콘텐츠가 될 수도 있다. 만약 아무런 매치하는 요소가 없다면, 파이널 컷 프로에서 수동으로 두 클립에 마커를 지정해서 이 클립들을 싱크할 수도 있다. 이후 싱크된 두 클립은 컴파운드 클립(Compound Clip)으로 만들어지며 하나의 클립처럼 사용 가능하다.

01 이벤트 브라우저에서 Interview1 오디오 클립과 Interview 비디오 클립을 드래그해서 선택한다. Interview_sound 오디오 클립은 디지털 레코드로 분리해서 녹음한 소스 오디오 파일이고, Interview1 비디오 클립은 DSLR 카메라로 촬영했기 때문에 오디오가 좋지 않다.

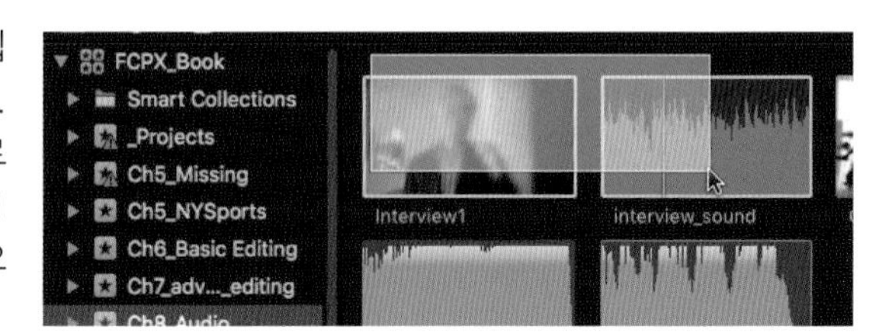

참조사항

- 만약 클립들이 두 개의 다른 이벤트들에 저장되어 있다면, 둘 중 하나의 클립을 이동시켜 같은 이벤트에 위치시키는 것이 좋다.
- 마커하고 싶은 프레임에 스키머나 플레이헤드를 놓고 M을 눌러 마커를 추가한다.

선택된 클립들 위를 Ctrl + Click하면 팝업 창이 뜬다. 팝업 창에서 Synchronize Clips를 선택하면 오디오 클립과 비디오 클립을 싱크시킬 수 있다(단축키 Option + ⌘ + G).

선택된 클립

오디오 싱크 옵션 창이 뜨면 확인한 후 OK를 클릭하자.

새로 만들어진 컴파운드 클립은 이벤트 브라우저에 저장된다. 클립의 이름은 "비디오 클립의 이름-Synchronized Clip"으로 표시된다. 이벤트 브라우저에서 이 새로 만들어진 클립을 선택하고 Play 버튼을 눌러 플레이해보자. 클립을 재생해보면서 싱크가 맞는지 확인한다.

각 클립 전체가 선택되어 있는 것을 확인하자.

인스펙터 창에서 싱크가 되어 있는 것을 확인하자.

싱크된 컴파운드 클립을 Ctrl + Click한 후 단축메뉴에서 Open in Timeline을 선택하자.

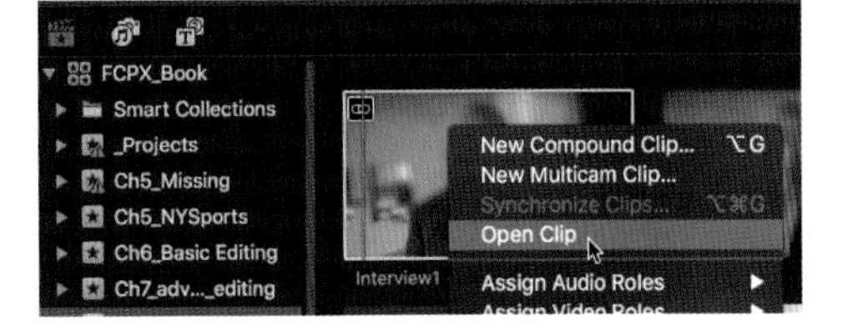

07 클립이 타임라인에 열린다. 클립을 재생해 싱크가 잘 맞는지 확인해보자.

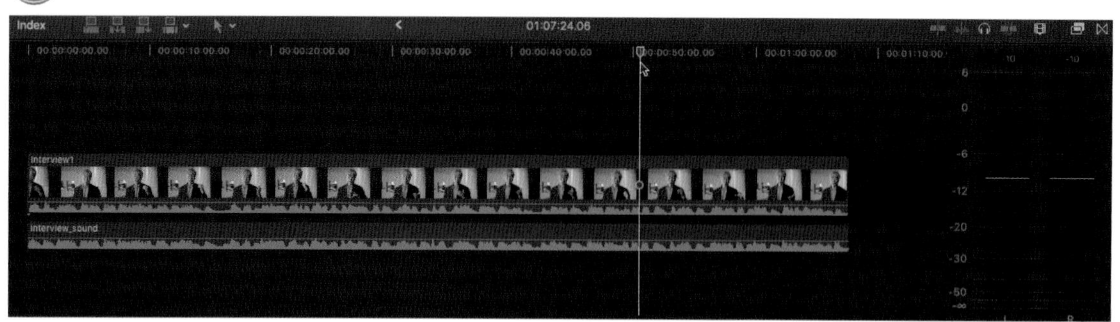

08 Go back in Timeline history를 클릭하면 원래 작업 중인 프로젝트로 돌아간다.

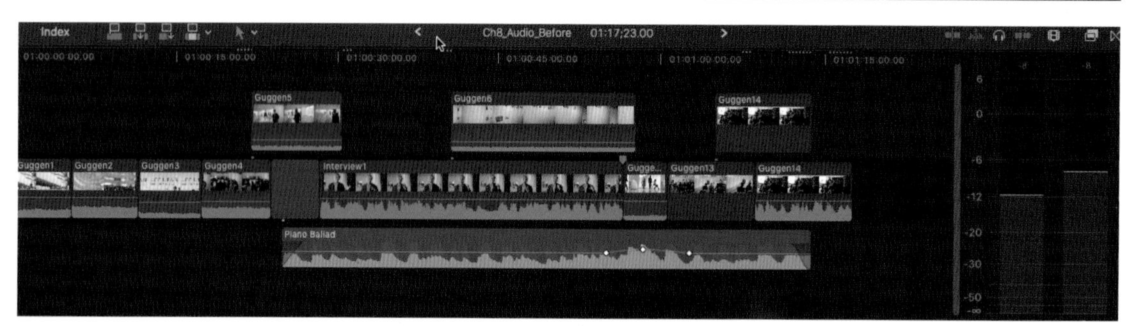

참조사항 싱크가 잘 맞지 않을 때는 오디오 트랙을 조금씩 움직이며 직접 싱크를 맞추는 방법도 있다.

Section 13 오디오 채널 선택하기

Channel Configuration

싱크된 클립은 원래 비디오 클립에서 온 저음질의 오디오 트랙과 싱크된 좋고 음질의 오디오 트랙을 함께 가지고 있다. 더 이상 사용하지 않을 비디오 파일의 오디오를 비활성화시키고 고음질의 싱크된 오디오 채널만을 재생시 하자.

현재 싱크해 새로 만들어진 컴파운드 클립 Interview master 클립에는 두 개의 오디오 채널이 존재한다. 이 중 비디오 클립에 포함되어 있는 오디오 채널을 비활성화시켜보자.

01 이벤트 브라우저에서 Interview master 클립을 선택하자. 싱크된 클립이름은 Interview1-Synchronized Clip이다.

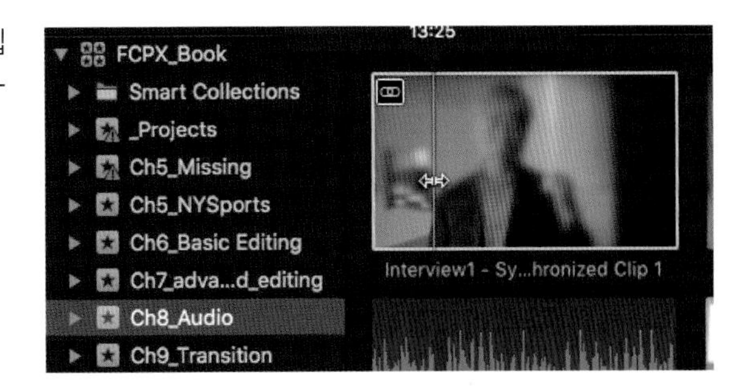

03 두 개의 클립이 싱크로되어 있는 컴파운드 클립인 Interview master 클립을 선택한 후 단축키 E를 누르거나 덧붙이기(Append) 버튼을 누르자.

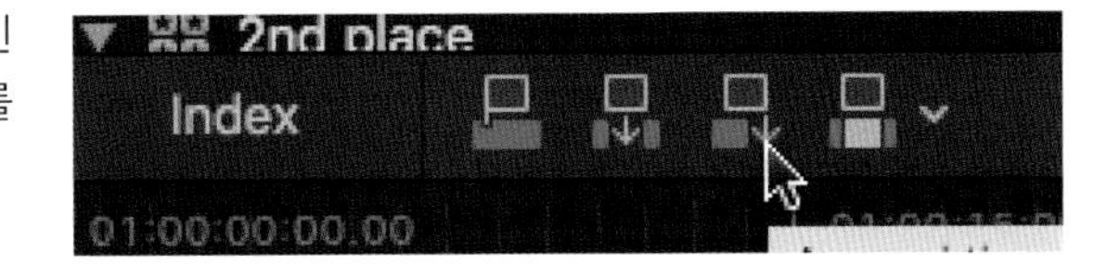

02 인스펙터 창의 오디오 인스펙터를 열어보자. 인스펙터는 해당 클립과 관련한 모든 채널들을 보여준다. 채널들 옆에 체크박스에 체크한 채널들만 활성화되어 재생 시 이 채널들만 들을 수 있다.

체크되어 있지 않은 불필요한 채널들은 삭제된 게 아니라 뮤트되어 사운드가 들리지 않을 뿐이다. 이를 다시 들으려면, 파란색 체크박스를 체크해 채널을 켜면 된다.

이러한 작업들은 또한 하드 디스크에 저장되어 있는 소스 미디어에는 전혀 영향을 미치지 않는다.

다음과 같이 선택된 클립의 구간이 타임라인의 맨 끝에 붙여넣기된다.

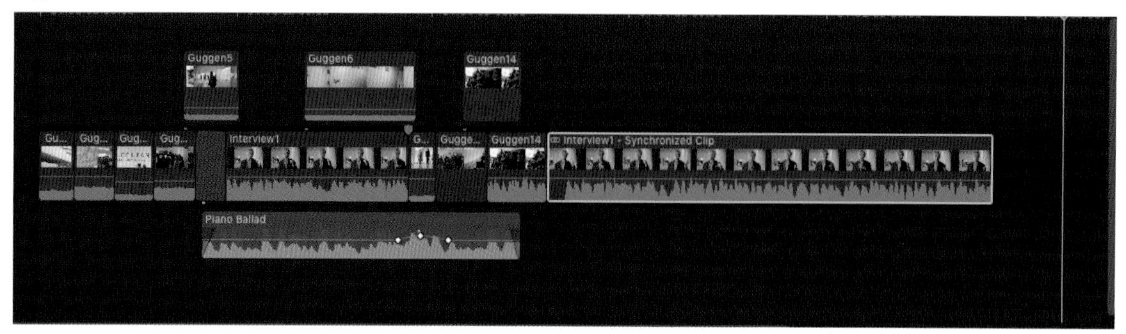

05 컴파운드 클립을 원하는 만큼 줄여보자. 다른 클립들처럼, 이 컴파운드 클립도 클립을 편집하거나 삭제가 가능하다.

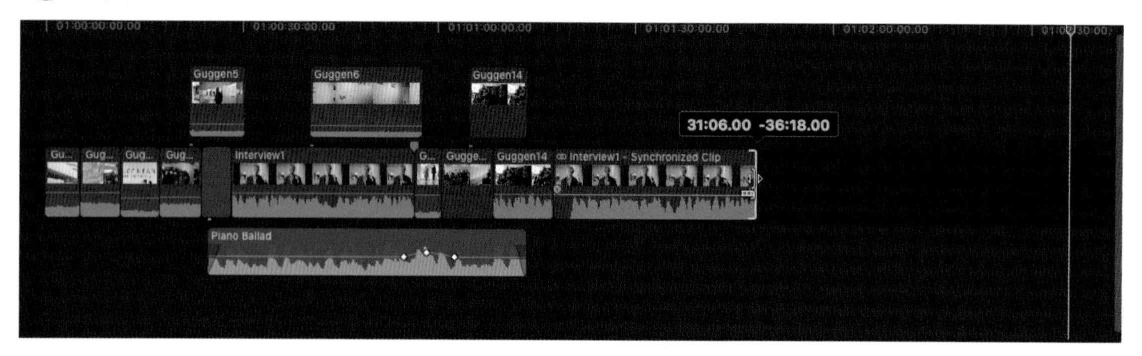

06 원래 비디오 파일에 있던 오디오 클립은 비활성화되어 더 이상 들리지 않는 것을 확인해보자.

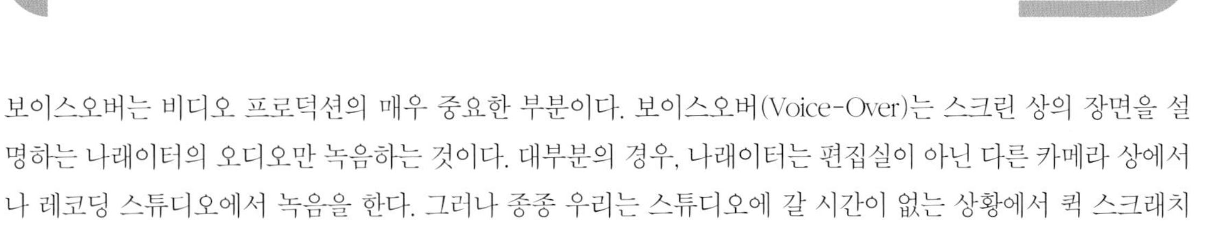

Section 14 보이스오버Voice-Over 클립 만들기

보이스오버는 비디오 프로덕션의 매우 중요한 부분이다. 보이스오버(Voice-Over)는 스크린 상의 장면을 설명하는 나래이터의 오디오만 녹음하는 것이다. 대부분의 경우, 나래이터는 편집실이 아닌 다른 카메라 상에서나 레코딩 스튜디오에서 녹음을 한다. 그러나 종종 우리는 스튜디오에 갈 시간이 없는 상황에서 퀵 스크래치 트랙(Quick Scratch track, 임시로 또는 편집 초기에만)을 만들어야 할 때가 있다. 오디오를 지금 당장 녹음하여 임시로 프로젝트를 완성해서 내보내야 한다면, 파이널 컷 프로에서는 보이스오버 레코드를 다음과 같이 쉽게 할 수 있다.

타임라인에서 두 번째 클립의 중간 지점에 플레이헤드를 올려놓는다.

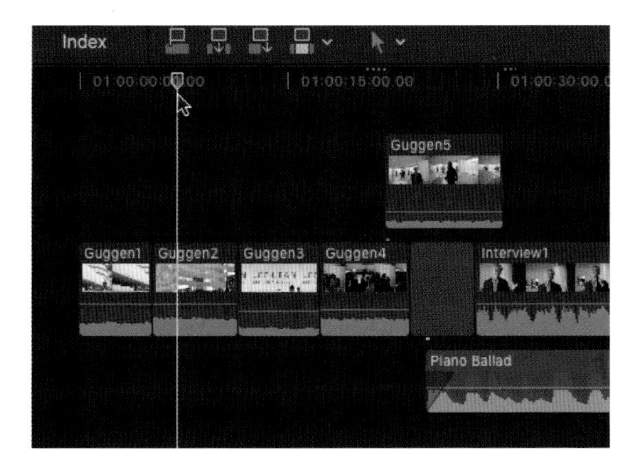

Window > Record Voiceover를 클릭하자.

03 다음과 같이 보이스오버 창이 열리면 Advanced 옵션을 클릭하자.

- **Input Gain**: 레코딩 레벨을 조절한다.
- **Name**: 파일 이름을 지정한다.
- **Input**: 레코딩을 할 때 사용할 마이크(MIC)를 지정한다.
- **Monitor**: Monitor를 체크하면, 레코딩을 하면서 그 소리를 들을 수 있다. 오디오를 모니터하면 재생되는 다른 클립들의 소리도 같이 녹음되기 때문에 선택하지 않는 것이 좋다.
- **Gain**: 모니터를 on 했을 때, gain 슬라이더를 이용해 아웃풋 볼륨을 조절할 수 있다.
- **Event**: 보이스오버 클립을 저장하는 이벤트를 지정한다.

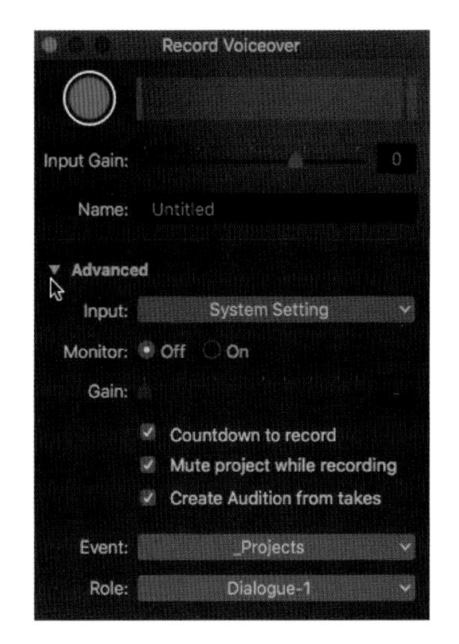

클립이 저장될 이벤트를 Ch8_Audio로 선택해준다.

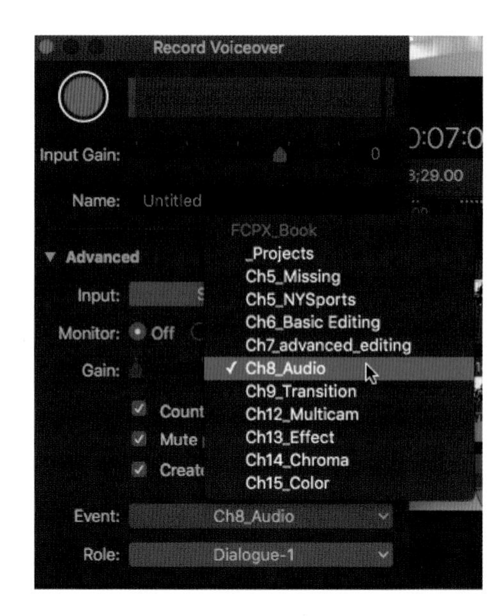

05 사운드 인풋 장비(Input Device)를 통해 마이크를 선택하자. 녹음을 할 장비를 Display Audio 또는 Built-in Microphone으로 선택하자.

참조사항 인풋 장비 선택 옵션은 자신이 사용하는 맥의 종류나 연결된 장비에 따라 달라질 수 있다.

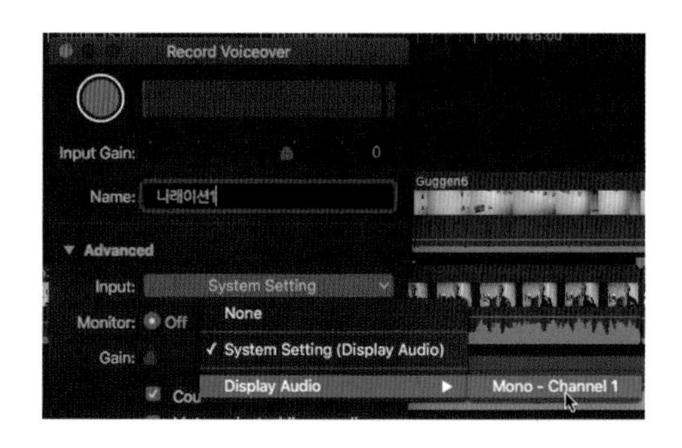

06 레코딩 버튼을 눌러 녹음을 시작하자.

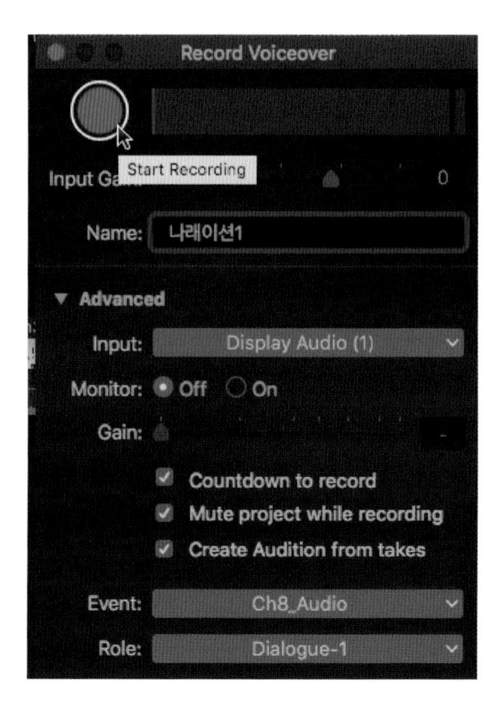

3초간의 카운트다운이 끝나면 녹음할 말을 말하자.

녹음을 끝내고 싶을 때는 레코딩 버튼을 다시 누르거나 Space Bar를 누른다. 타임라인에 녹음한 새로운 Voice 클립이 생성되었다.

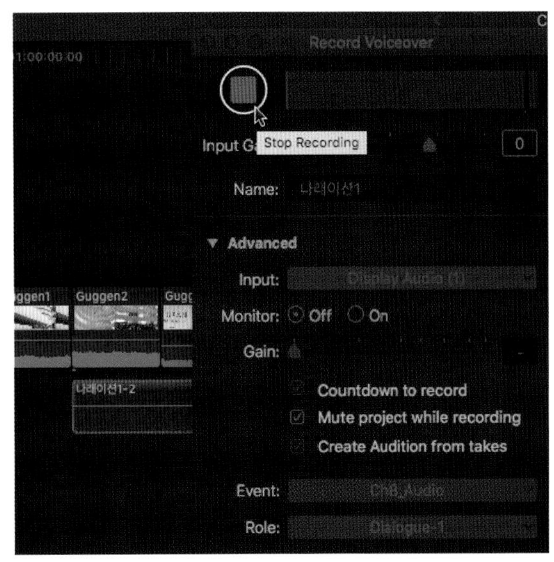

09 녹음을 중단하고 보이스오버 창을 닫으면 타임라인에 새로운 오디오 클립이 생성된 게 보인다.

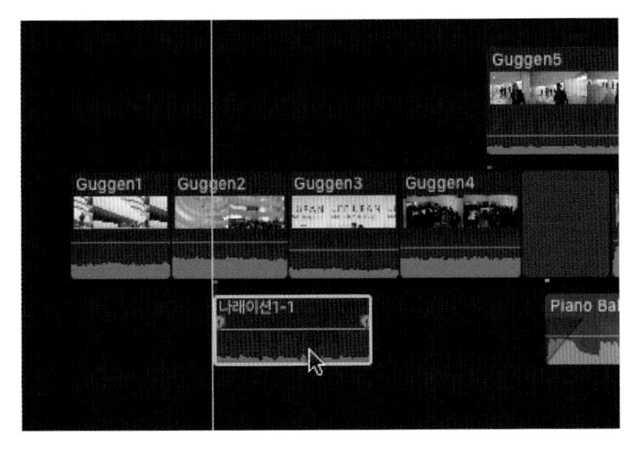

이 보이스오버 클립은 지정된 Ch8_Audio 이벤트에 저장된다. 물론 이 저장 장소는 레코드 오디오(Record Audio)창의 이벤트를 설정함으로써 바꿀 수 있다.

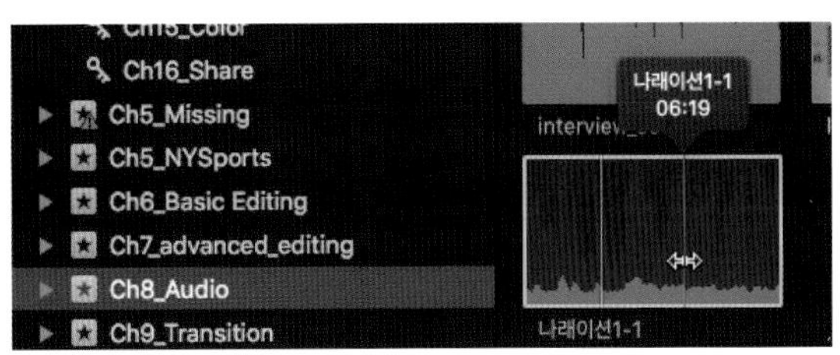

Chapter 08 요약하기

챕터 08에서는 클립의 오디오 레벨을 오디오 미터(Audio Meters)를 통해 읽는 법과 이를 기준으로 오디오 레벨을 여러 가지 방법을 통해 조정해보았다. 클립 솔로(Solo), 뮤트(Mute)하기 등 오디오를 다룰 때 필수적으로 사용해야 하는 여러 기능과 여기에 키프레임을 설정해서 정밀한 조절을 적용했다. 또한 여러 오디오 이펙트중 오디오 이퀄리제이션(Audio Equalization)의 사용 방법에 관해 자세하게 알아보았다.

Chapter

09

트랜지션 : 장면전환 효과

Transitions

Section 01 트랜지션 기본 이해하기
Understanding Transitions

Unit 01 트랜지션이란?

트랜지션(Transition)이란 장면전환 효과를 의미한다. 클립과 클립을 이어주고 장면을 전환시켜주는 트랜지션은 영상 편집 과정에서 사용되는 중요한 기능인데 두 클립 사이를 연결해주는 다리 역할이라고 할 수 있다. 트랜지션은 스토리를 이어가는 과정에서 하나의 이미지나 사운드에서 또 다른 이미지나 사운드로 부드러운 전환을 만들어준다. 비디오 클립이 끝남과 동시에 새로운 비디오 클립을 시작하게 하는 컷(Cut)은 특별한 효과로 간주되지 않지만 어떻게 보면 가장 많이 사용하는 트랜지션이라고 할 수 있다. 그리고 영상 효과를 지닌 트랜지션 중 가장 흔하게 사용되는 것은 두 비디오 클립을 자연스럽게 오버랩시키는 크로스 디졸브(Cross Dissolve)이다. 트랜지션은 그 스타일에 따라 여러 종류로 분류할 수 있는데 대표적으로 장면과 장면을 오버랩시키는 디졸브(Dissolve) 효과, 장면이 바뀔 때 특정한 모양을 사용해 장면을 전환하는 아이리스(Iris) 효과, 장면을 밀어내는 듯 전환하는 와이프(Wipe)효과 등이 있다.

- 컷(cut)은 두 개의 다른 클립의 장면과 장면 사이를 영상 효과 없이 그냥 부드럽게 이어지게 붙인 효과를 말한다. 관객이 눈치 채지 못하게 부드럽게 이어지는 컷이 훌륭한 장면전환이라고 간주된다.

- 디졸브(Dissolve)는 시간이나 공간 상의 변화를 의미한다. 이전 장면으로부터의 전환이나 현장에서 주의를 환기시키고 싶을 때 디졸브 기능을 쓴다.

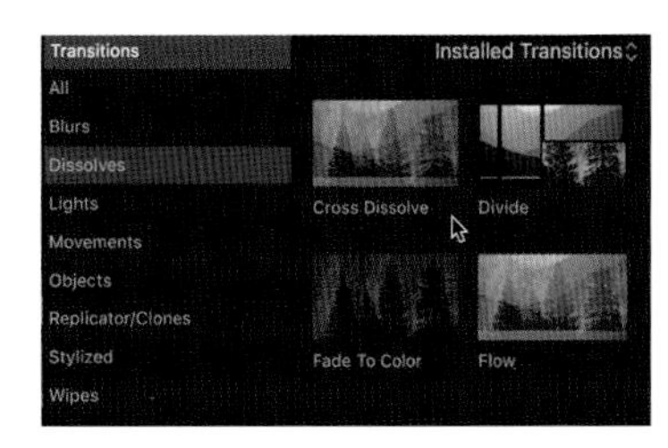

- 와이프(Wipe)는 현재 장면에서 완전히 다른 장면으로 전환하는 기능을 한다. 스토리의 흐름을 완전히 강제적으로 끊고 싶을 때 이 와이프(Wipe)를 사용한다.

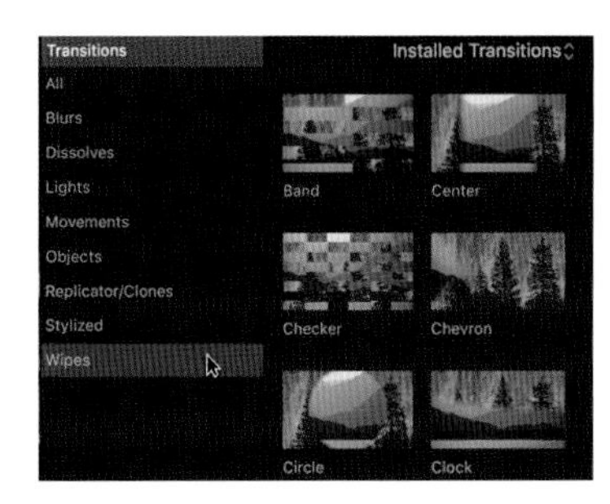

영화에서 자주 사용하는 카메라 플래쉬 효과는 이 트랜지션 다음 장면이 과거 회상임을 관객들에게 자연스럽게 알게 해준다. 이렇게 편집자의 역할은 영상의 스타일에 따라 장면과 장면이 바뀔 때 어떤 트랜지션이 필요한지, 그리고 적용한 트랜지션이 영상과 적절한 조화를 이루는지를 판단하는 것이 중요하다.

Unit 02 핸들 Handle 이란?

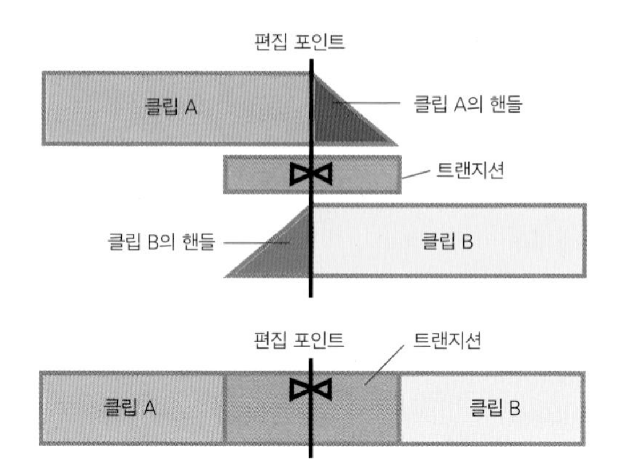

핸들은 사용된 클립에서 시작하는 부분 이전과 끝나는 부분 이후의 사용될 수 있는 여분의 클립 부분을 말한다.

트랜지션은 두 개의 영상클립이 서로 겹쳐지면서 생기는 장면전환을 의미하기 때문에 편집 포인트를 기준으로 영상 클립의 전, 후에 트랜지션을 적용할 추가 공간이 필요하다.
아래의 타임라인에 사용된 클립과 이벤트 브라우저에 있는 원래 클립을 비교해보면 타임라인에 사용된 클립이 오리지널 클립 길이에서 얼마큼 사용되었는지 알 수 있다. 노란색 테두리는 클립의 끝에 핸들이 남아있다는 뜻이고, 빨간색 테두리는 더 이상 여분의 핸들이 없다는 뜻이다. 즉 오른쪽 클립 끝은 핸들이 남아있기 때문에 트랜지션을 적용할 수 있고 왼쪽의 시작 지점은 핸들이 없기 때문에 트랜지션을 적용할 경우 클립이 짧아지는 오버랩이 일어난다.

타임라인에 사용된 클립

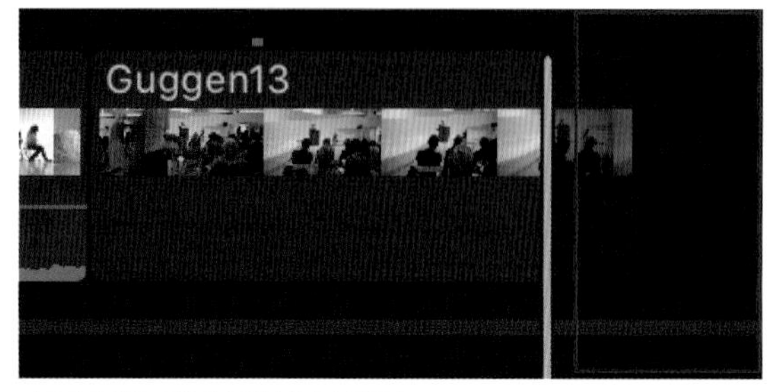

사용되지 않은 여분의 클립 부분이 보인다.

이벤트 브라우저에 있는 원래 클립

Unit 03 풀 오버랩 Full Overlap 이란?

미디어의 끝 부분이나 시작 부분에 충분한 핸들이 없으면 트랜지션을 적용하기 위해 타임라인에 사용된 클립의 부분을 줄여서 강제적으로 핸들을 만든 후, 장면 전환을 적용하는 것이다. 이 경우, 트랜지션이 적용된 클립의 길이가 짧아진다.

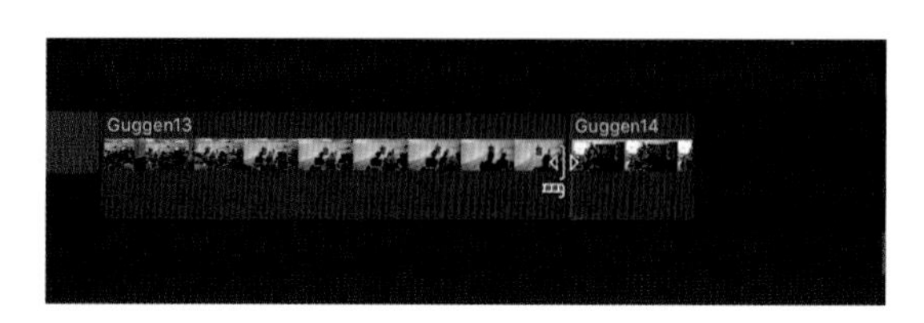

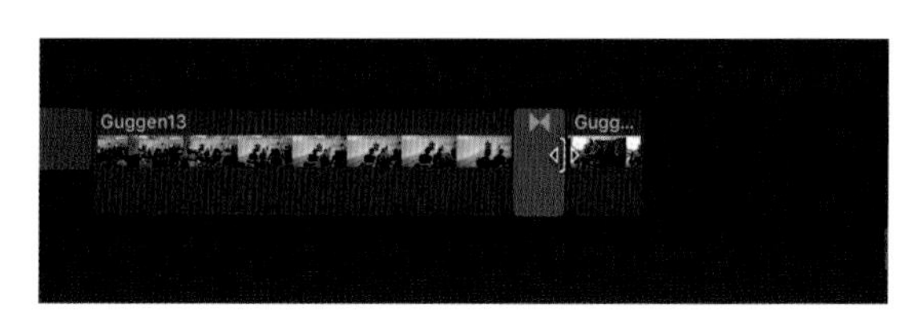

핸들이 없는 두 클립 사이에 강제적으로 트랜지션을 적용하면, 풀 오버랩(Full Overlap)이 적용된다. 편집 포인트를 기본 설정 길이인 1초만큼 오버랩되게 한 후 프로젝트의 전체 길이를 일 초만큼 짧아지게 한다.

트랜지션을 할 때는 기본적으로 사용 가능한 미디어만을 사용하고, 핸들이 없는 클립을 사용해서 풀 오버랩(Full Overlap)을 할 경우 경고창이 뜨게 된다. 풀 오버랩(Full Overlap)을 해야만 할 경우 아래와 같은 팝업창이 뜨면서, 트랜지션을 적용할 충분한 핸들이 없다는 것을 알려주고, 그래도 트랜지션을 진행할 것인지 물어본다.

- **Cancel:** 트랜지션 적용을 취소하고 아무 변화도 생기지 않는다.
- **Create Transition:** 트랜지션을 적용을 계속 진행하는데, 이 때 타임라인에는 트랜지션 길이만큼 두 클립들 간이 오버랩되면서 짧아진다.

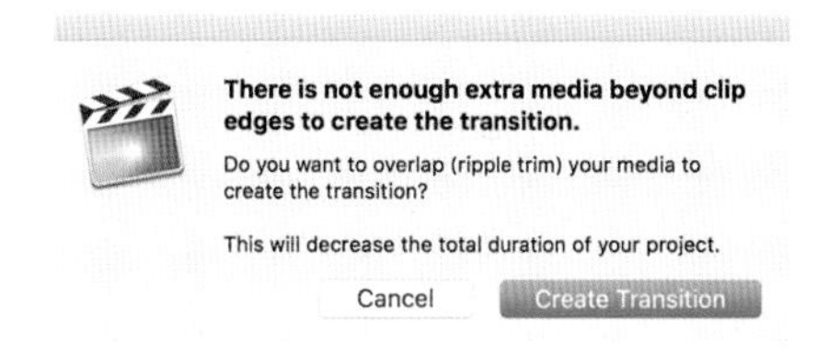

Section 02 트랜지션의 특징과 트랜지션 브라우저 Transitions Browser

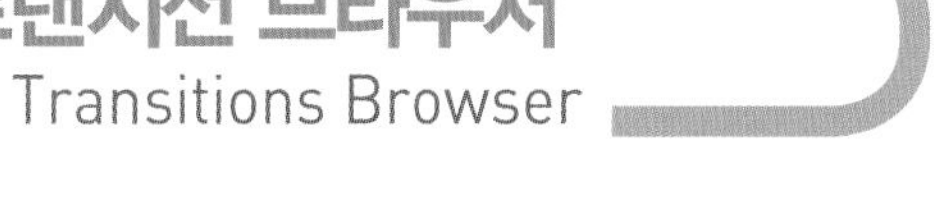

트랜지션은 하나의 클립의 끝과 다음 클립의 시작 부분에 걸쳐있는 만큼, 비디오의 외관과 오디오의 사운드를 좌우한다. 트랜지션은 어색한 오디오나 비디오 편집 부분을 더 자연스럽게 만들어줄 수 있고, 시간의 흐름을 전달해주며 프로젝트 내에 특정한 비쥬얼 스타일을 만들어낸다.
타임라인에 존재하는 클립들 중 두 클립의 사이(Crossfade)나 첫 번째 클립의 시작 부분(Fade-In)에서 또는 마지막 클립의 끝 부분(Fade-Out)에 트랜지션을 만들 수 있다.

페이드 인 크로스 페이드 페이드 아웃

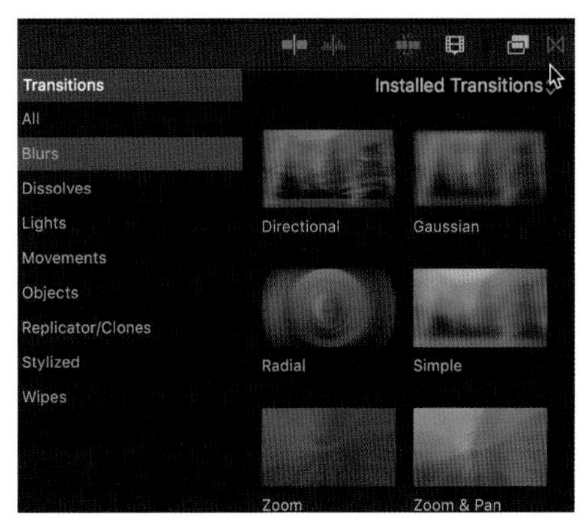

- 트랜지션은 스토리라인(프라이머리 또는 추가적인 스토리라인)에 있는 클립에만 위치시킬 수 있다. 연결된 클립에 트랜지션을 적용하면 이 클립은 자동으로 스토리라인으로 바뀐다.

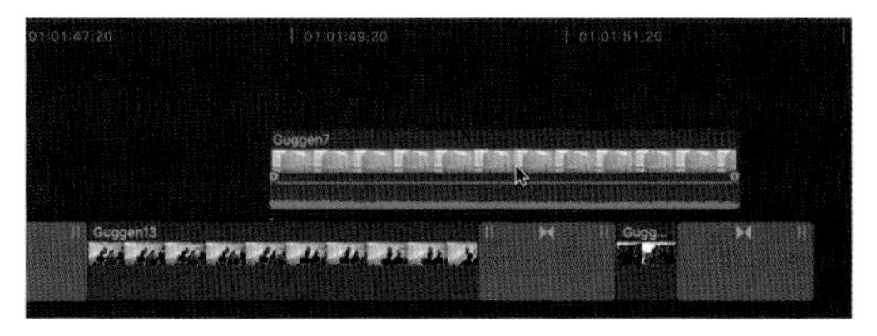

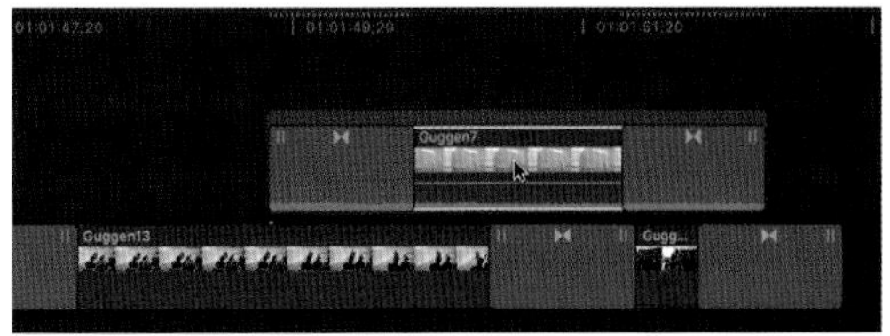

⊙ 트랜지션은 두 클립들 사이 또는 클립의 시작점과 끝 지점에 적용된다.
⊙ "오디오 확장(Expand Audio)" 또는 "오디오 분리(Detach Audio)"를 통해 오디오 트랙만 분리한 경우가 아니면, 트랜지션은 비디오와 오디오 트랙 두 군데 모두에 함께 적용된다.
⊙ 트랜지션은 클립과 같은 속성을 가지고 있다. 편집 포인트를 트림하고, 길이를 변경할 수 있고, 선택해서 삭제 가능하고, 복사할 수 있으며, 인스펙터 창을 통해 역시 조절할 수 있다.

▶트랜지션 브라우저(Transitions Browser)

여러 종류의 트랜지션이 들어있는 트랜지션 브라우저는 툴 바 오른쪽에서 트랜지션 브라우저 열기 버튼을 누르면 타임라인에서 별도의 윈도우로 열린다.

처음 트랜지션 브라우저를 열면, 모든 카테고리(All)가 선택되어져 있다. 이후에 브라우저를 열 때는 이전에 브라우저를 열었을 때 사용하였던 카테고리가 열릴 것이다. All은 모든 카테고리 안의 트랜지션을 보여준다. 다른 여덟 개의 카테고리들은 같은 타입의 트랜지션들이 그룹 별로 모여져 있다.

이 트랜지션 브라우저는 트랜지션 효과를 미리보기 할 수도 있고, 원하는 트랜지션들이 카테고리별로 정리되어 있기 때문에 쉽게 찾을 수 있다.

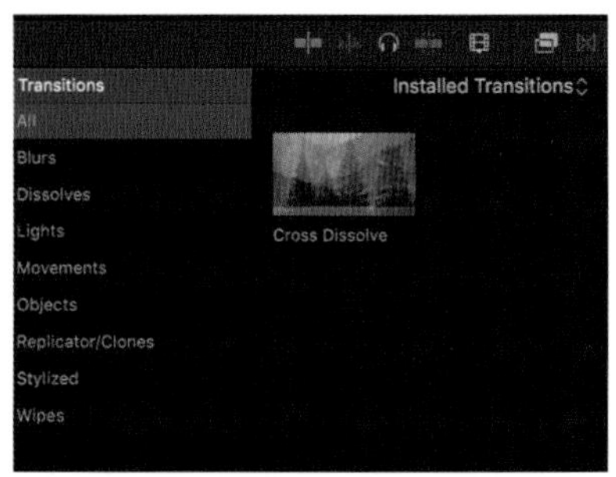

카테고리에서 원하는 카테고리를 선택해 그 카테고리 안의 섬네일들을 스킴하면 트랜지션이 뷰어에 보인다. 트랜지션 썸네일 위로 마우스 포인터를 움직일 때 스키머가 보일때까지 1,2초 정도 기다려야 할 수도 있다.

자신이 원하는 특정한 트랜지션의 이름을 알면 창 아래에 있는 검색창에서 검색해 쉽게 찾을 수 있다.

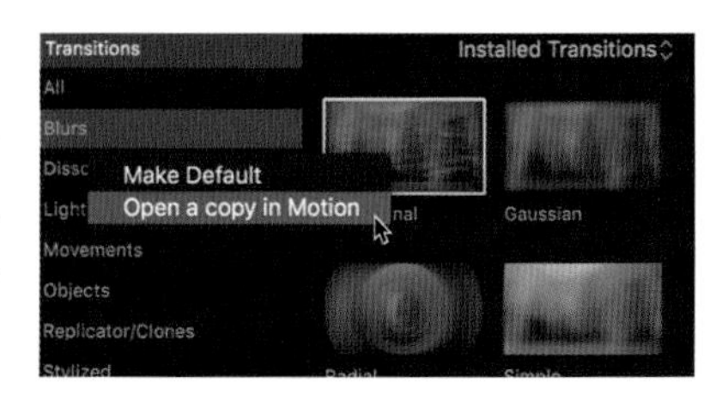

다른 트랜지션을 찾아보기 전, 검색창에 검색어를 지우는 것을 잊지 말자. 파이널 컷 프로 X에는 이전에 없던 새로운 트랜지션이 있다. Stylized 카테고리를 보면 여러 개의 레이어를 이용하는 전문가용 트랜지션이 포함되어 있다. 이 챕터 후반부에서 Stylized 트랜지션을 더 자세히 알아보겠다.

트랜지션 카테고리에 있는 모든 트랜지션은 하나의 모션 그래픽 효과이기 때문에 이 트랜지션 패키지를 모션으로 보내서 원하는 효과를 커스터마이즈(Customize)할 수 있다. Open A Copy In Motion 기능을 이용하면 자동적으로 Motion 프로그램이 연결되어 열리면서 스스로 트랜지션을 다시 만들 수 있다.

Section 03 트랜지션 적용하기

Applying Transitions

Unit 01 트랜지션을 클립에 적용하는 세 가지 방법

편집 포인트에 트랜지션을 적용하는 방법은 여러 가지가 있다. 한 가지는 단순히 트랜지션을 편집 포인트로 드래그하는 방법이다. 그러나 더 간단한 방법은 편집 포인트를 선택한 후, 트랜지션을 몇 번 클릭함으로써 트랜지션을 적용하거나, 키보드의 단축키를 이용해서 적용하는 방법이다.

⊙ 트랜지션 브라우저에서 트랜지션을 클립의 편집 포인트 위로 드래그하기

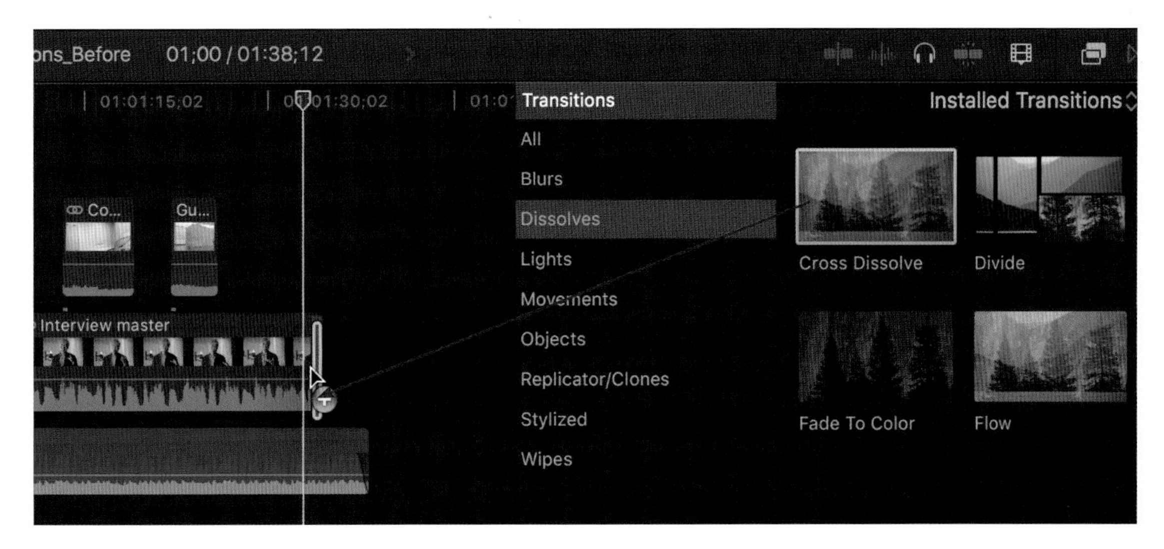

⊙ 클립의 편집 포인트를 선택한 후, 트랜지션 브라우저에서 적용하고 싶은 트랜지션을 더블클릭하기

⊙ 클립의 편집 포인트를 선택한 후, 기본 트렌지션을 적용하기 위해 단축키 ⌘ + T 클릭

주의사항 트랜지션을 적용을 위한 편집 포인트 선택

두 클립들의 사이를 클릭해서 편집 포인트를 선택할 수 있는데, 이때 앞 클립의 편집 포인트가 선택되든, 뒷 클립의 편집 포인트가 선택되든 트랜지션을 적용할 때는 같은 결과를 얻을 수 있다.

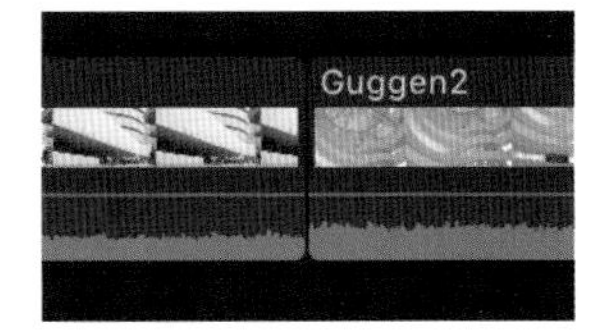

편집 포인트가 선택되지 않은 상태

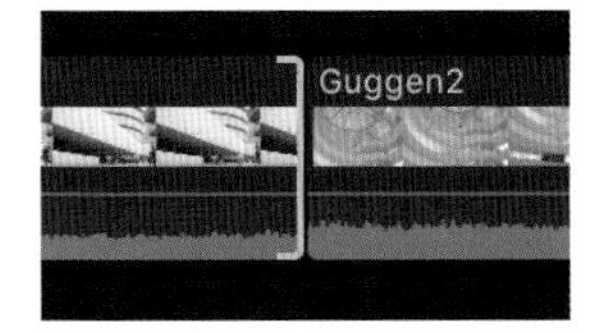

앞 클립의 편집 포인트가 선택된 상태

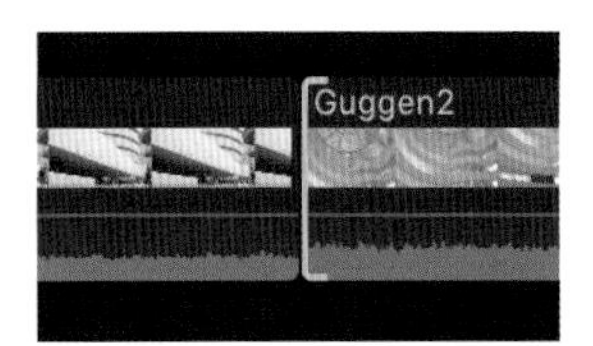

뒷 클립의 편집 포인트가 선택된 상태

Unit 02 트랜지션 브라우저 창을 이용해서 트랜지션 적용하기

01 프로젝트 라이브러리에서 Ch9_Transitions_Before 프로젝트를 선택하자.

02 프로젝트를 더블클릭해서 타임라인에서 연 후, 플레이해서 프로젝트를 리뷰해보자.

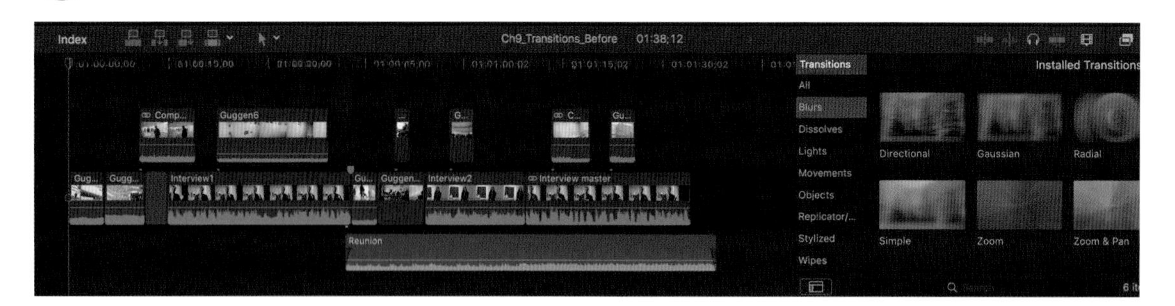

참조사항 타임라인의 클립들이 너무 크거나 작게 보일 경우, 단축키 Shift + Z를 사용해서 타임라인에 있는 클립 보기를 최적화 보기로 바꾸자.

03 트랜지션 브라우저의 Blurs 카테고리에 있는 트랜지션을 확인해보자.

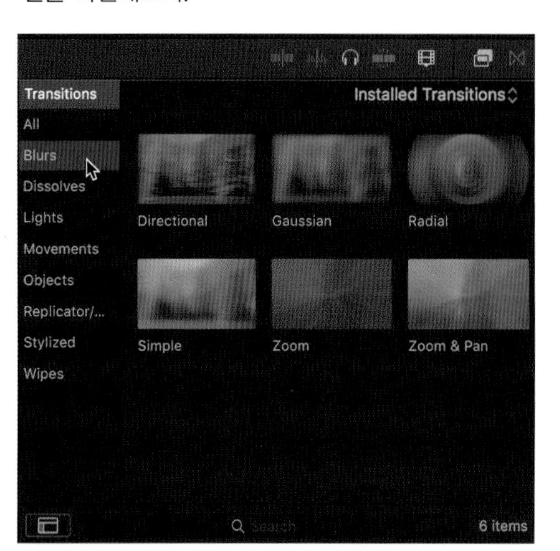

04 Guggen1 클립의 맨 앞을 선택해보자.

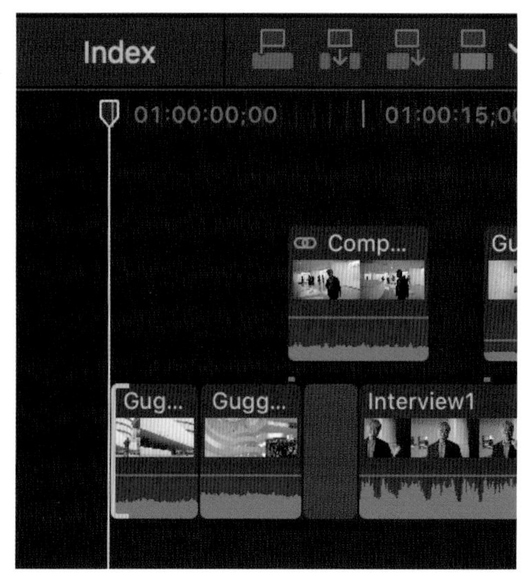

Directional 트랜지션을 더블클릭해보자.

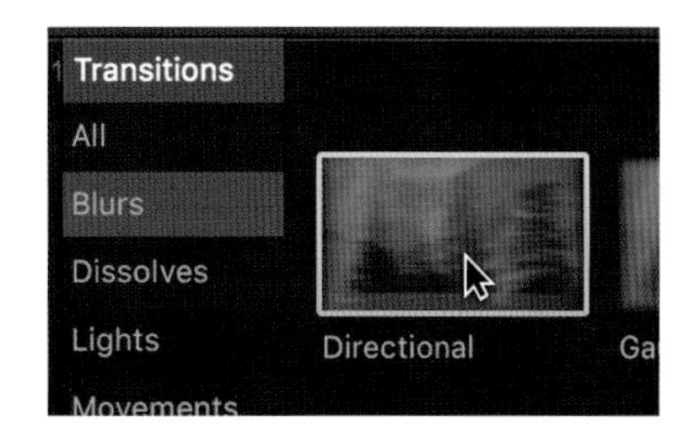

Directional 트랜지션이 적용되었음을 확인해보자.

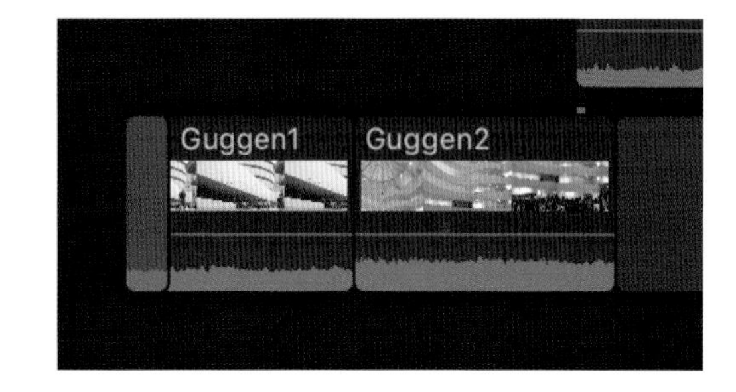

07 Guggen5 클립 전체가 선택되어 있는 것을 확인하자.

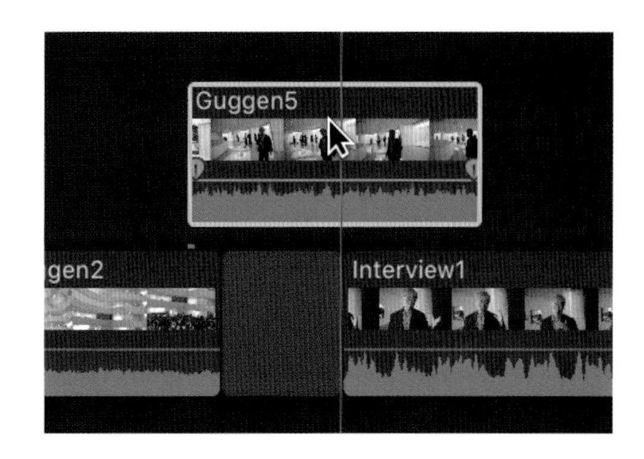

08 트랜지션 창의 디졸브(Dissolves) 카테고리에서 크로스 디졸브(Cross Dissolve)를 찾아서 더블클릭해 보자.

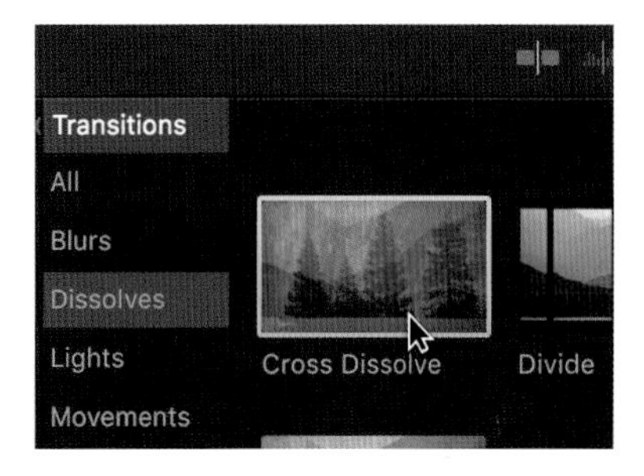

09 크로스 디졸브 트랜지션이 클립 시작과 끝 지점에 적용되었음을 확인해보자.

참조사항 클립 시작 부분이나 끝부분만 클릭해 선택해보면 트랜지션이 선택된 부분에만 적용된다.

적용된 트랜지션이 있는 타임라인 위에 점선이 나타나면 트랜지션을 렌더링할 필요가 있음을 알려주는 것이다.

파이널 컷 프로는 편집자가 작업을 계속 하는 동안에 자동으로 백그라운드에서 렌더링을 진행한다. 설정 창에서 "Start After" 설정을 변경하지 않았다면, 백그라운드 렌더링은 트랜지션이 적용된 이후, 또는 플레이헤드가 움직인 마지막 순간부터 0.3초가 지난 후 시작될 것이다.

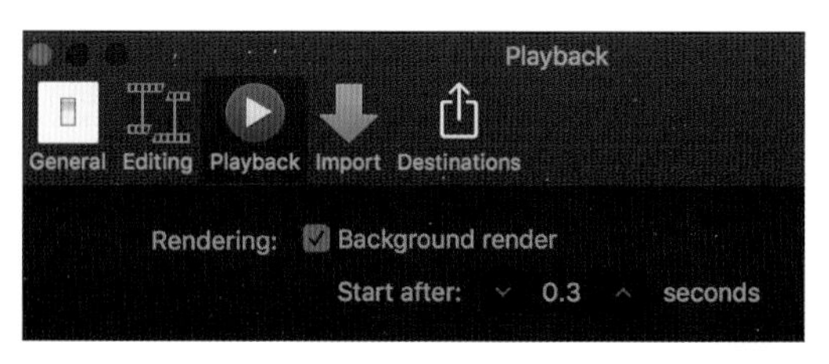

Unit 03 기본 트랜지션 적용하기

파이널 컷 프로는 단축키 ⌘+ T를 이용하여 기본으로 선택된 기본 트랜지션을 손쉽게 적용할 수 있다. 기본 트랜지션을 사용자가 원하는 트랜지션으로 바꾸는 방법도 배워보자.

타임라인에 있는 Guggen1 클립과 Guggen2 클립 사이를 선택하자.

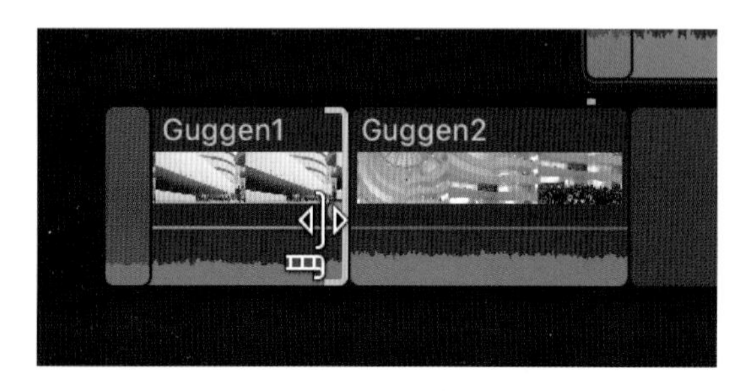

기본 설정 트랜지션인 크로스 디졸브(Cross Dissolve)를 단축키(⌘+ T)를 사용해 적용해보자. 메인 메뉴에서 Edit 〉 Cross Dissolve를 선택해도 된다.

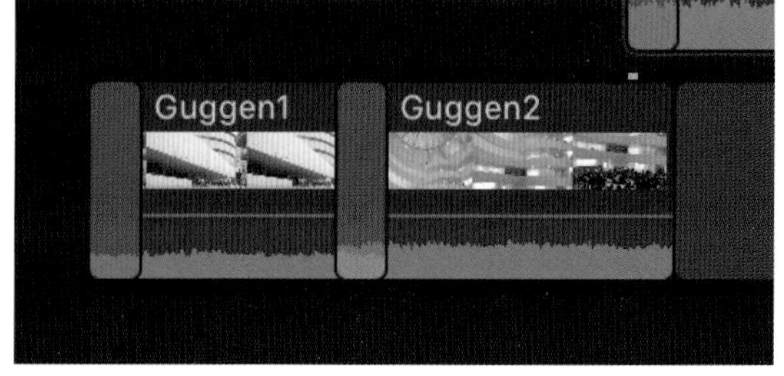

선택한 기본 트랜지션인 크로스 디졸브가 적용되면서 회색 트랜지션 아이콘이 생긴다.

참조사항 기본 설정 트랜지션을 사용자가 원하는 트랜지션으로 바꿀 수 있다. 기본 설정은 크로스 디졸브이지만 트랜지션 브라우저에서 자주 사용할 트랜지션을 선택한 후 Ctrl + Click하면 기본 설정 트랜지션으로 설정할 수 있는 옵션이 뜬다.

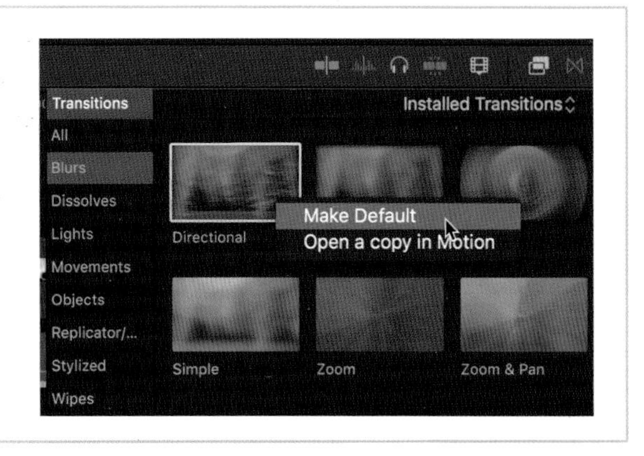

Unit 04 비디오 트랙에만 트랜지션 적용하기

파이널 컷 프로 X에서는 기본적으로 오디오 부분과 비디오 부분을 분리하지 않고 비디오와 오디오를 합쳐서 하나의 클립으로 사용한다. 하지만 오디오 부분이나 비디오 부분에만 따로 트랜지션을 적용해야 할 경우가 종종 발생한다. 이런 경우에는 오디오 트랙과 비디오 트랙을 먼저 분리해서 트랜지션을 적용해야 한다.

01 두 개의 붙어있는 클립, Interview2 클립과 Interview master 클립을 드래그해 둘 다 선택해보자.

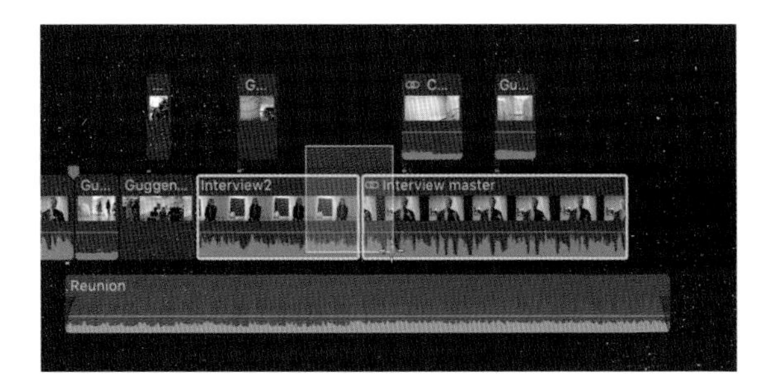

02 클립들을 선택한 후, 메인 메뉴에서 Expand Audio를 선택하거나, 단축키 Ctrl + S를 누르자.

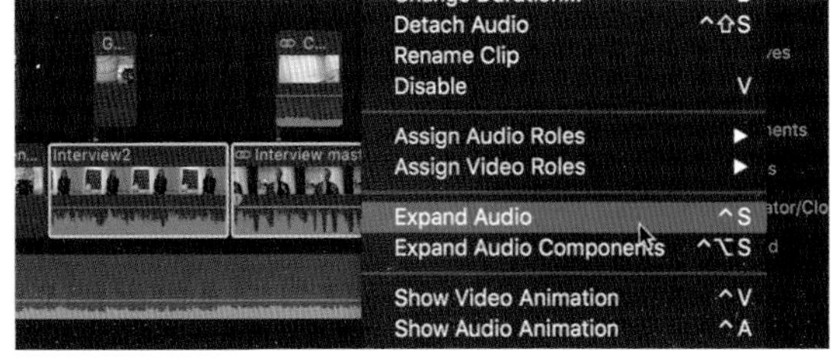

참조사항 비디오로부터 오디오를 따로 확장하는 빠른 방법은 오디오의 웨이브폼 위를 더블클릭하는 것이다. 만약 타임라인에 웨이브폼이 안 보인다면, 타임라인 아래에 위치한 스위치를 클릭해 Clip Appearance 옵션들 중, 왼쪽 네 개의 아이콘 중 하나를 선택한다. 오른쪽 두 개의 아이콘 중 하나를 선택하면, 클립을 확장시키더라도 웨이브폼이 보이지 않는다.

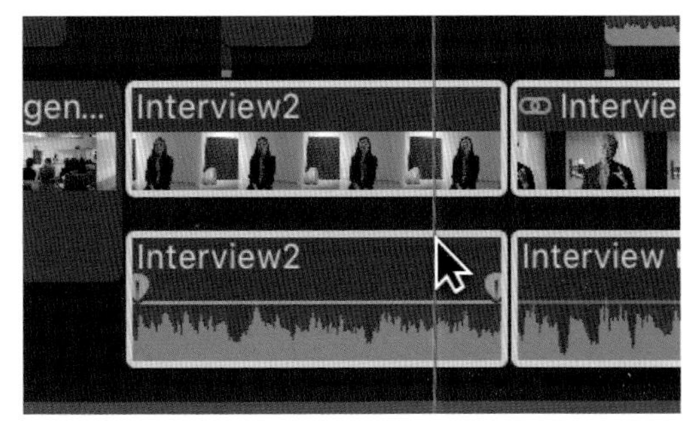

타임라인에서 비디오 썸네일과 오디오 웨이브폼이 따로 확장되어 보인다.

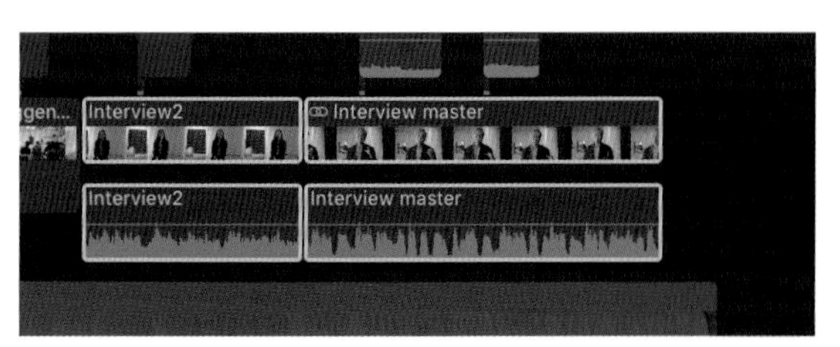

Interview2 클립 끝부분의 비디오 부분만 클릭해 편집점을 선택하자.

주의사항 비디오 트랙을 클릭할 때, 실수로 더블클릭을 하면 정밀 편집기(Precision Editor)가 열린다. 이럴 경우에는 키보드 상의 Esc를 눌러 정밀 편집기 창을 닫아주면 된다.

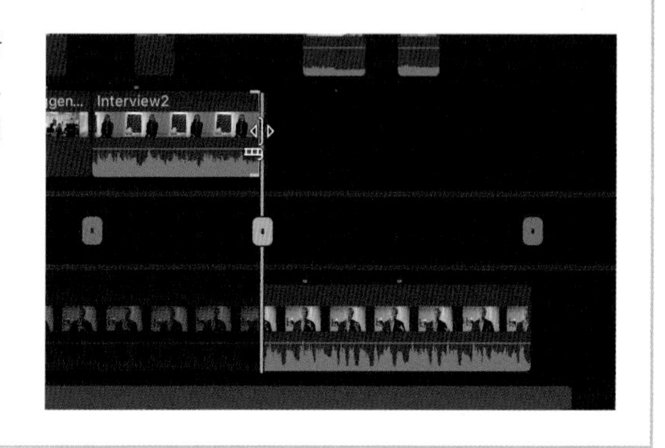

05 ⌘ + T를 눌러 트랜지션을 적용시키자. 선택된 비디오 부분에만 트랜지션이 적용된다.

Unit 05 오디오 트랙에만 트랜지션 적용하기

오디오에만 트랜지션을 적용하는 방법은 두 가지가 있다. 오디오 클립을 분리해서 오디오 부분에만 트랜지션을 적용하는 방법과 분리하지 않고 오디오 트랙에 있는 페이드 핸들을 이용해서 적용하는 방법이다. 먼저 따라하기에서는 페이드 핸들을 이용하는 방법을 설명하겠다.

1 페이드 핸들을 이용해서 오디오 트랙에만 트랜지션 적용하기

타임라인에 있는 Interview1과 Guggen11 클립들을 마우스로 선택해주자.

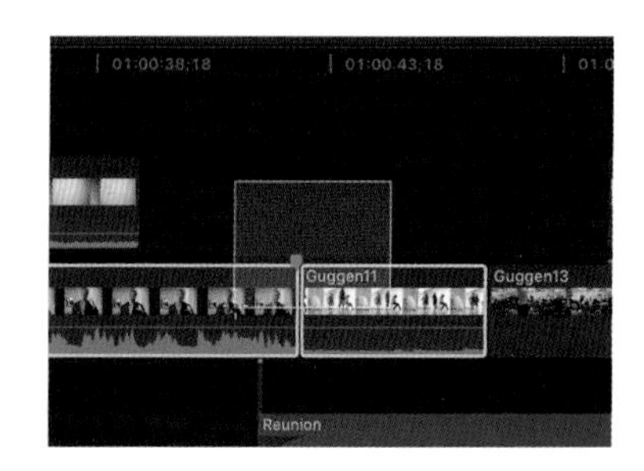

단축키 Ctrl + S를 사용해 오디오 트랙과 비디오 트랙을 확장시켜보자.(팝업 창에서 Expand Audio/Video를 선택해도 된다.) 오디오 트랙과 비디오 트랙을 확장하는 것은 단지 두 구간을 크게 확장해서 따로 보이게 하는 것이지 두 부분으로 분리하는 것은 아니다.

03 Interview1 클립의 오디오 트랙 끝부분을 선택하자.

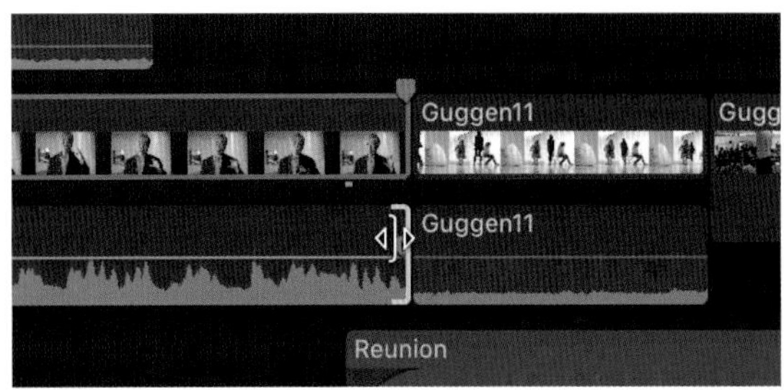

04 Interview1 클립의 오디오 트랙의 끝부분을 오른쪽으로 드래그해, Guggen11 클립과 오버랩시키자.

05 Guggen11 클립의 오디오 트랙의 시작 부분을 선택하자.

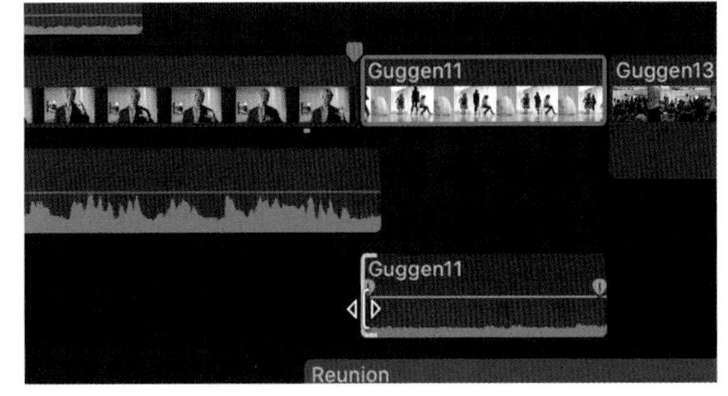

06 Guggen11 클립의 오디오 트랙의 시작부분을 왼쪽으로 드래그해, Interview1 클립과 오버랩시키자.

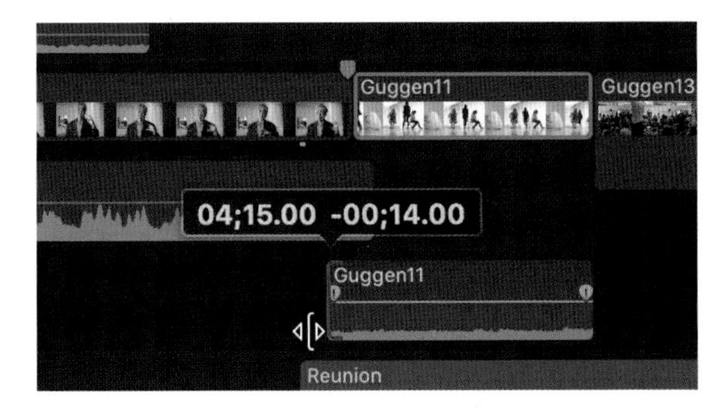

07 Interview1 클립의 오디오 트랙의 오른쪽 위 코너로 마우스를 가져가보자. 오디오 페이드 핸들(Fade Handle) 아이콘이 뜬다.

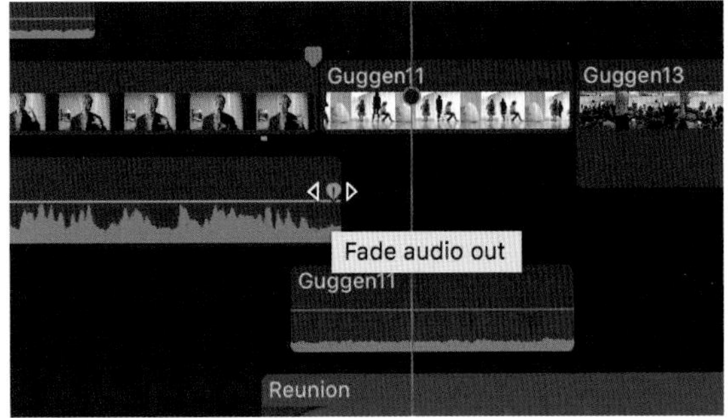

08 오디오 페이드 핸들을 잡아서 Guggen11 클립의 오디오 트랙과 교차하게끔 왼쪽으로 2초 정도 드래그하자.

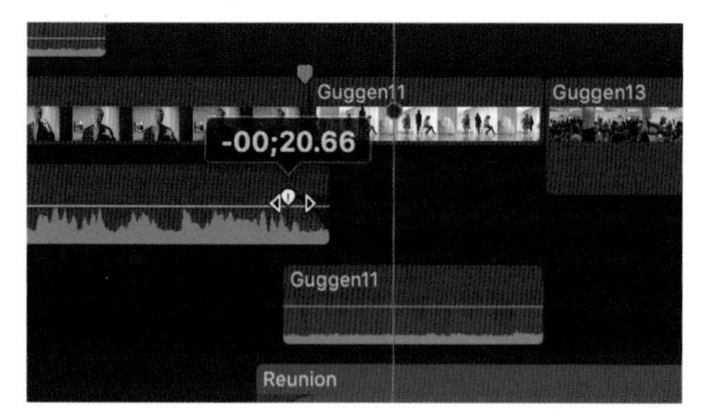

Guggen11 클립의 오디오 트랙의 왼쪽 위 코너로 마우스를 가져간 후 오디오 페이드 핸들을 잡아서 Interview1 클립의 오디오 트랙과 교차하게끔 오른쪽으로 2초 정도 드래그하자.

10 오디오 트랙들이 오버랩되었다. 오버랩된 부분의 소리를 들어보자. 오디오 부분이 자연스럽게 오버랩되었다.

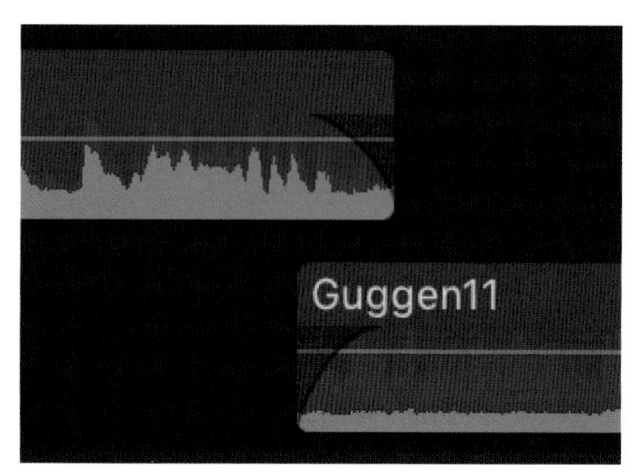

비디오와 오디오 트랙을 따로 보여주는 옵션에서 원래의 보기의 옵션으로 되돌아가자. 먼저, 오디오와 비디오가 분리된 클립을 마우스로 드래그하여 선택하자.

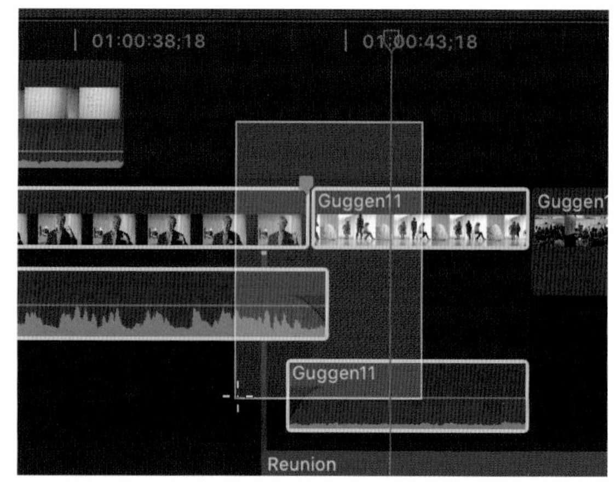

12 그 후 Ctrl + Click이나 팝업 메뉴 창에서 Collapse Audio를 선택하자.

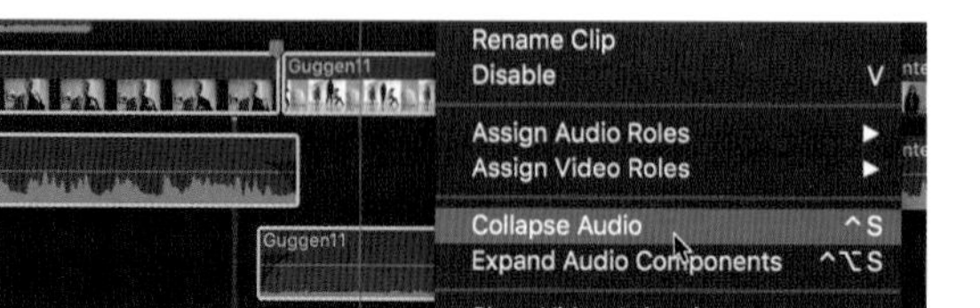

13 분리되었던 오디오와 비디오 트랙이 하나로 합쳐졌다.

두 비디오 클립 사이를 보면 두 클립의 오디오 부분이 오버랩이 된 것을 확인할 수 있다.

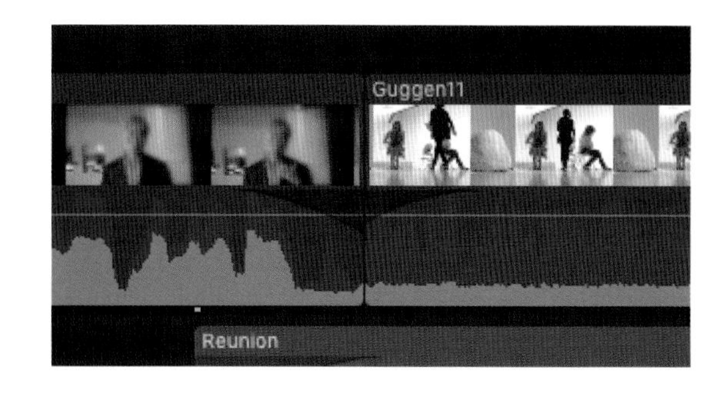

2 오디오와 비디오를 분리(Detach Audio)해서 트랜지션 적용하기

Detach Audio란?

앞에서 배운 Expand Audio와 달리 오디오와 비디오를 각각의 독립된 클립으로 완전히 분리시키는 옵션이다. Expand Audio는 단순히 오디오와 비디오를 연결된 상태에서 분리된 모습으로 보는 것이고 Detach Audio가 적용되면 그 오디와 비디오는 다시 합쳐질 수 없다.

오디오와 비디오를 별개의 클립으로 분리하는 Detach Audio를 한 후 트랜지션을 적용하는 방법은 실수로 오디오 또는 비디오 트랙을 움직여서 두 트랙 간의 싱크(Synchronization: 영상과 음성의 일치)가 깨질 수 있기 때문에 주의해서 사용해야 한다. 따라서 트랜지션 적용 후에는 분리된 두 트랙을 다시 컴파운드 클립으로 만들어줘야 싱크가 깨지는 실수를 방지할 수 있다.

두 클립을 분리하기 위해서는 클립들을 선택해야 한다.

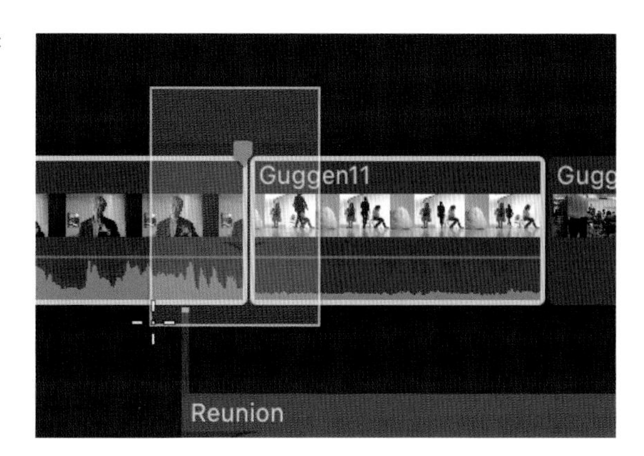

오디오와 비디오를 분리하는 Detach Audio를 선택한다.

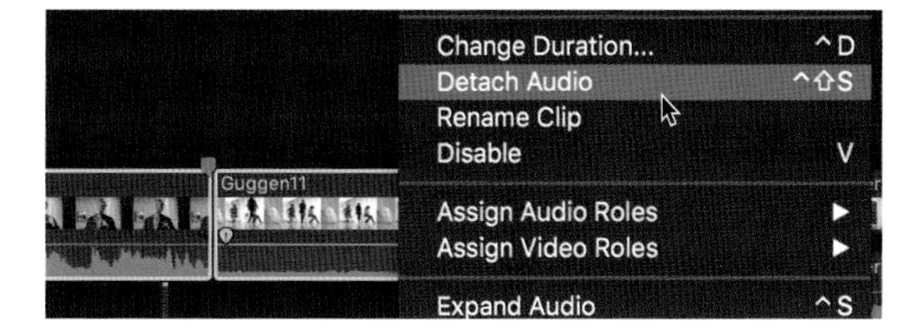

오디오와 비디오가 분리되었다.

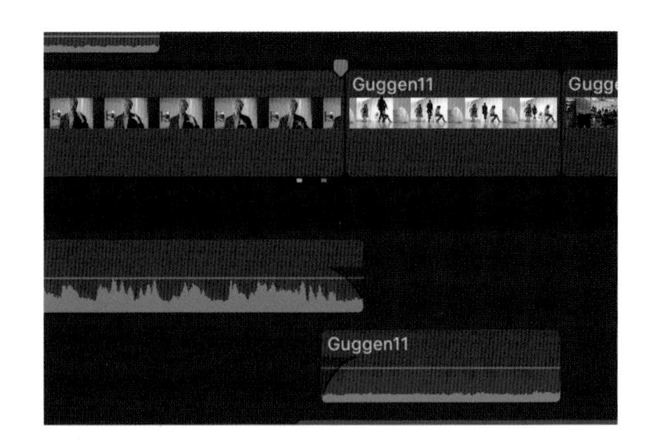

04 트랜지션을 적용할 연결된 오디오의 편집 포인트를 선택하자. Expand Audio와는 달리 분리된 오디오 클립을 선택하면 완전히 독립된 클립임을 알 수 있다.

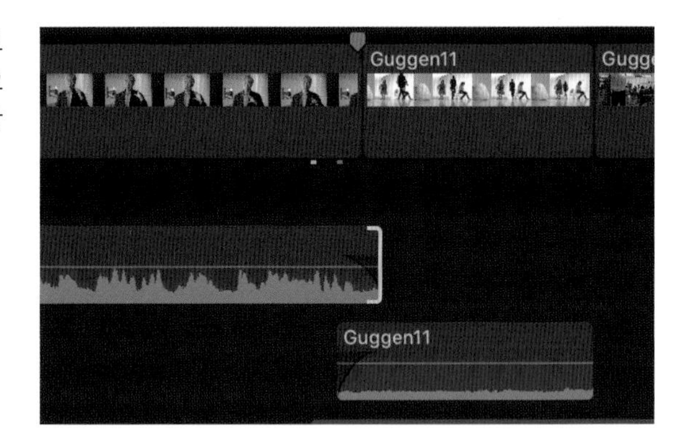

05 ⌘ + T를 누르면 기본 트랜지션인 크로스 디졸브가 적용된다. 분리된 오디오 클립을 실수로 잘못 옮기면 이 두 클립들 간의 오디오 싱크(Sync)가 깨지지만 이를 확인하기가 쉽지 않다.

06 트랜지션이 적용된 이 두 분리된 클립을 하나의 컴파운드 클립으로 만드는 법을 배워보자.
분리된 비디오 트랙들과 트랜지션이 적용된 오디오 트랙들을 드래그를 이용해 모두 선택하자.

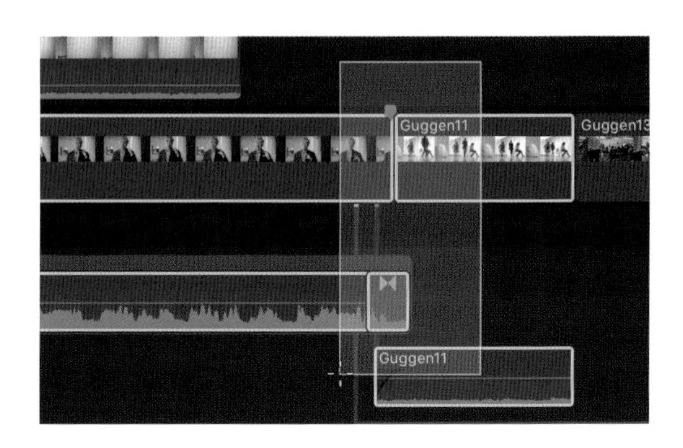

선택된 클립들 위를 Ctrl + Click하면 팝업 창이 뜬다. 이 팝업 창에서 New Compound Clip 옵션을 선택하자(단축키 Option + G).

08 Compound 옵션 창이 뜨면 아래와 같이 입력한 후, OK 버튼을 눌러주자.

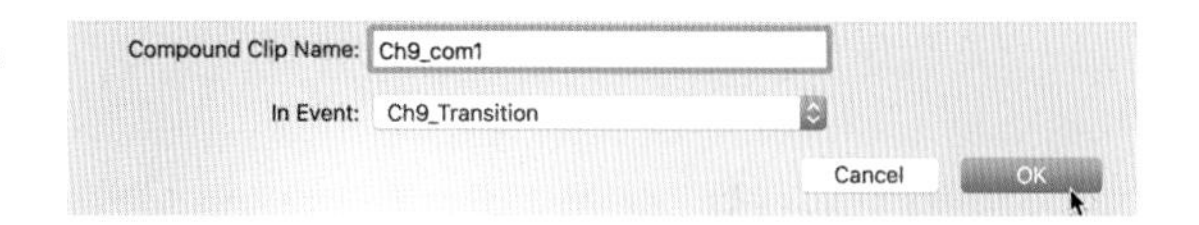

09 다음과 같이 선택된 모든 클립들과 트랜지션이 하나의 컴파운드 클립으로 만들어졌다.

10 이 새로 생긴 컴파운드 클립은 지정된 이벤트에서 확인할 수 있다.

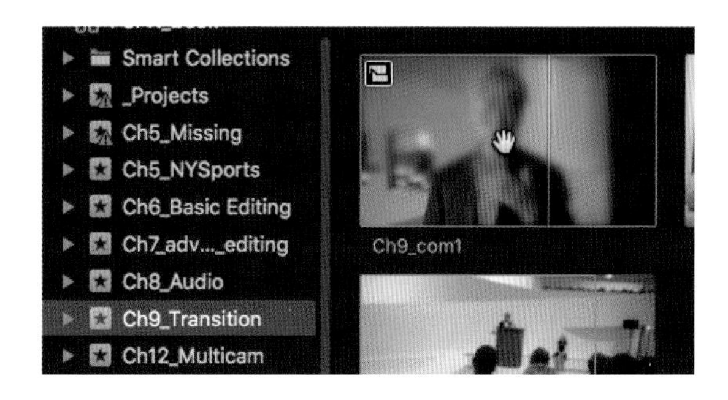

이렇게 클립들과 트랜지션을 하나의 컴파운드 클립으로 만듬으로써 싱크가 깨지는 문제는 방지할 수 있으나, 컴파운드 클립의 특성상 그 안에 적용된 트랜지션을 표시하지 않아 트랜지션을 확인할 수가 없다.

Section 04 트랜지션 수정하기

Modifying Transitions

크로스 디졸브(Cross Dissolve)를 제외한 대부분의 트랜지션은 사용할 때 길이의 변경 이외에 기본 설정값을 조절하기를 권한다. 자신의 프로젝트에 적합하게 다듬어서 사용하기 위해서는 트랜지션의 파라미터 값을 조절할 수 있어야 한다. 타임라인과 뷰어 아래에 있는 컨트롤들을 이용하여 수정할 수 있고 좀 더 세밀한 조절을 원하면 인스펙터(Inspector)창을 통해서도 가능하다.

Unit 01 드래그를 이용해 트랜지션 길이 변경하기

01 Guggen1 클립과 Guggen2 클립 사이에 적용된 트랜지션을 클릭하자.

02 트랜지션 아이콘 양쪽 아무 곳으로나 마우스 커서를 가져가면, 트림(Trim)아이콘이 마우스 커서가 위치한 곳에 뜬다.

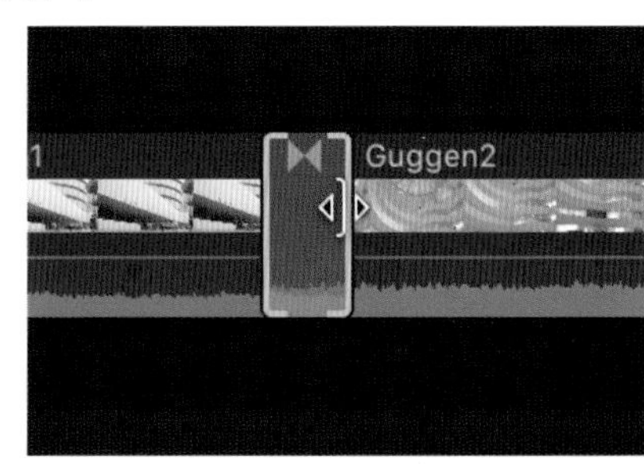

03 트림 아이콘이 뜨면 이를 잡고 약 1초만큼 드래그해 트랜지션의 길이를 2초로 늘려보자. 드래그를 할 때 트랜지션의 위쪽에 작은 정보 창이 뜨며 트랜지션의 길이가 얼마만큼 변경되는지 알려준다.

주의사항

마우스 커서에 트림 툴이 뜨면 트랜지션을 드래그할 때 클립이 트리밍되기 때문에 이 아이콘이 뜨지 않도록 주의한다.

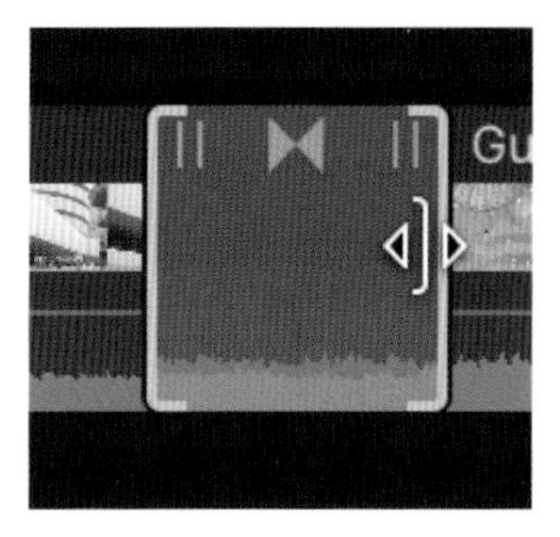

트랜지션 아이콘의 중앙에 보이는 편집 포인트 표시점에서 트랜지션을 드래그하면, 트랜지션 밑에 있는 클립이 롤(Roll)되므로 주의해야 한다.

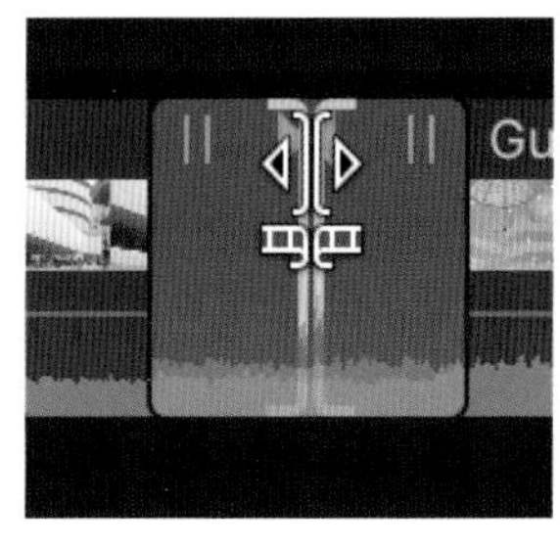

참조사항 트랜지션의 기본 길이 조절

편집 설정 창에 있는 기본 트랜지션의 길이 1초를 더 짧게 또는 더 길게 조절해서 적용할 수 있다

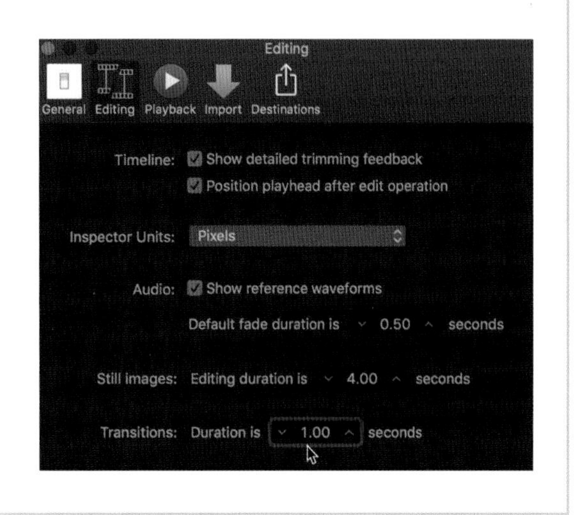

Unit 02 정밀 편집기Precision Editor를 이용해 트랜지션 길이 변경하기

앞에서 드래그를 이용해 길이를 늘린 두 번째 트랜지션의 길이를 이번에는 정밀 편집기를 사용해 다시 한 번 변경해보도록 하자. 정밀 편집기에 익숙해지기 위해서는 많은 시간이 필요하기 때문에 꼭 필요하지 않으면 다음 유닛으로 넘어가도록 하자.

두 번째 트랜지션 위를 Ctrl + Click한 후, 팝업 창에서 Show Precision Editor를 선택하자. 또는 트랜지션 아이콘 위 가운데 보이는 편집 포인트를 더블클릭해도 정밀 편집기가 열린다.

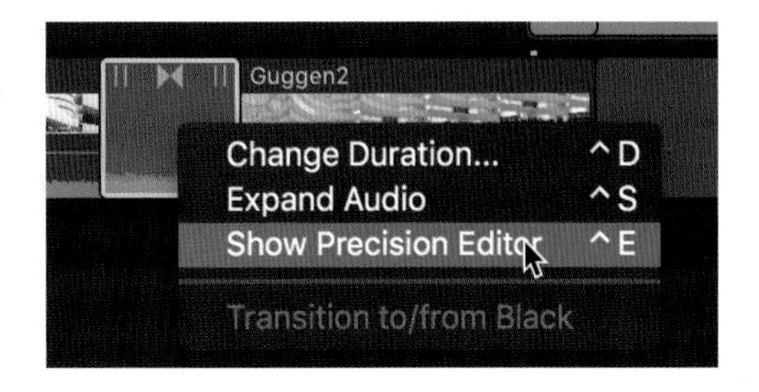

다음과 같이 정밀 편집기가 열렸다.

이 모드는 앞에 위치한 클립을 위로, 편집 핸들을 중앙으로, 그 뒤에 오는 클립을 맨 아래로 위치시키며 스토리라인을 쪼갠다. 앞의 클립과 뒤의 클립의 부분은 그림자가 어둡게 표시되며 이 어두운 부분의 비디오가 트랜지션이 적용되는 부분이다.

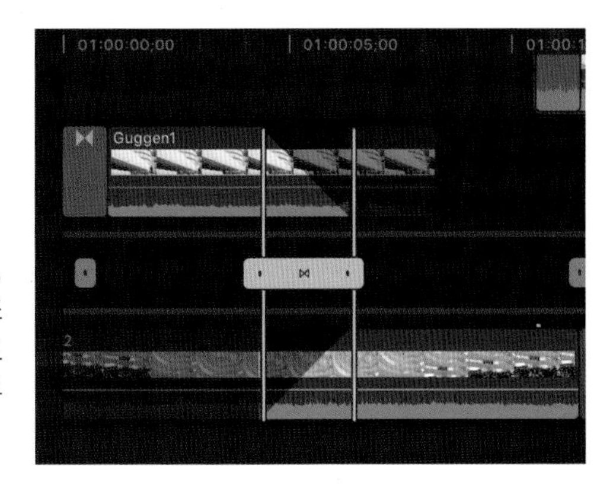

편집 핸들의 양 끝 중 아무 곳이나 잡고, 이를 왼쪽이나 오른쪽으로 드래그해서 트랜지션의 길이를 변경시킬 수 있다. 편집 핸들의 오른쪽 끝을 잡고 이동된 길이를 알려주는 정보 창을 확인하면서 1초만큼 오른쪽으로 드래그해보자.

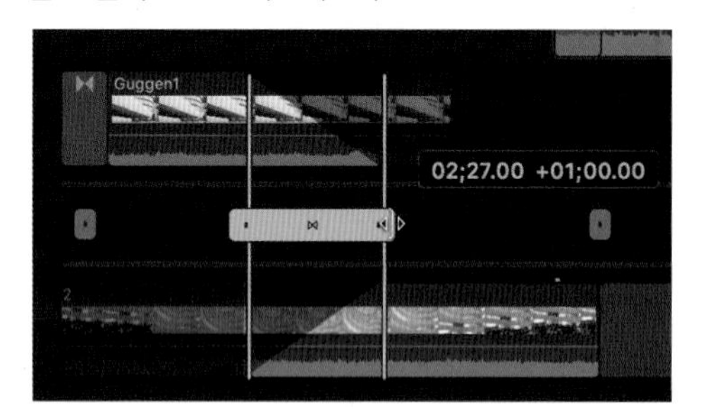

편집 핸들을 드래그하는 동안 뷰어 창에는 앞 클립의 마지막 프레임과 뒷 클립의 첫 프레임, 두 개가 나뉘어져 한 화면에 보일 것이다. 이를 확인하며 편집을 하자.

편집이 다 끝났으면 키보드의 Esc 버튼을 눌러 정밀 편집기를 닫아주자.

주의사항 마우스 커서를 트랜지션 아이콘의 위쪽 중앙에 보이는 편집 포인트 아이콘에 위치시키면, Roll 트림 툴로 변해 트랜지션의 양쪽을 함께 트림할 수 있게 된다. 이를 클릭하고 드래그하면 앞의 클립의 끝 부분과 뒷 클립의 시작 부분이 함께 롤(roll)된다.

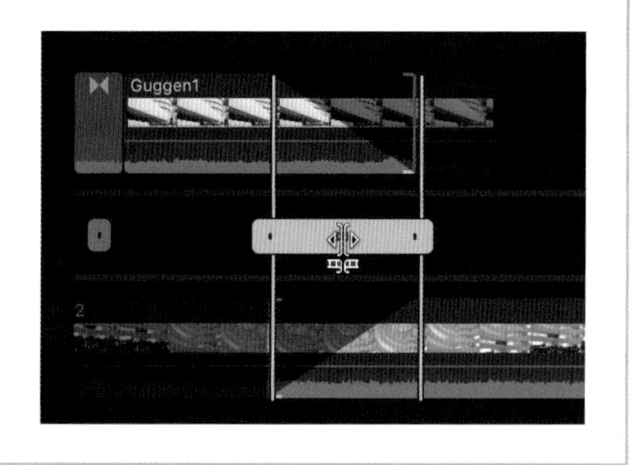

Unit 03 키보드를 이용해 트랜지션 길이 변경하기

이번에는 키보드를 이용해 첫 번째 트랜지션의 길이를 변경해보도록 하자.

첫 번째 트랜지션을 Ctrl + Click 하고 팝업 창에서 Change Duration을 선택한다(단축키 Ctrl + D).

Change Duration 옵션을 선택하면, 타임코드 디스플레이가 트랜지션의 길이를 변경할 수 있는 모드가 된다. 타임코드 디스플레이의 모드가 바뀌며, 타임코드가 트랜지션의 기본 길이인 1초를 보여준다.

타임코드 디스플레이에 있는 타임코드를 클릭하면 트랜지션 길이 편집 모드가 닫히게 되므로 트랜지션의 길이를 변경하기 전에 타임코드 디스플레이를 클릭하지 않도록 주의하자.

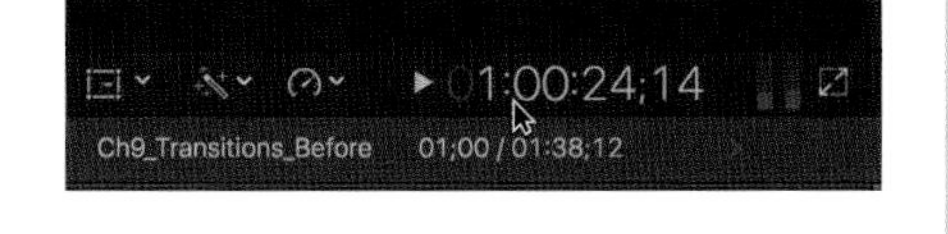

원하는 트랜지션의 길이, 2초를 키보드로 입력 후 Return을 누른다.

다음과 같이 트랜지션의 길이가 변경되었음을 타임라인에서 확인해보자.

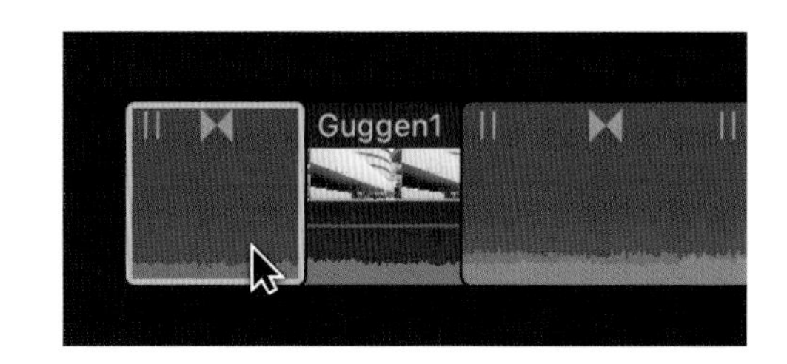

길이가 늘어난 트랜지션을 드래그를 이용해 다시 길이를 줄여보자. 트랜지션 아이콘의 오른쪽 끝을 잡고 왼쪽으로 1초 드래그해 트랜지션의 길이를 다시 1초로 만든다.

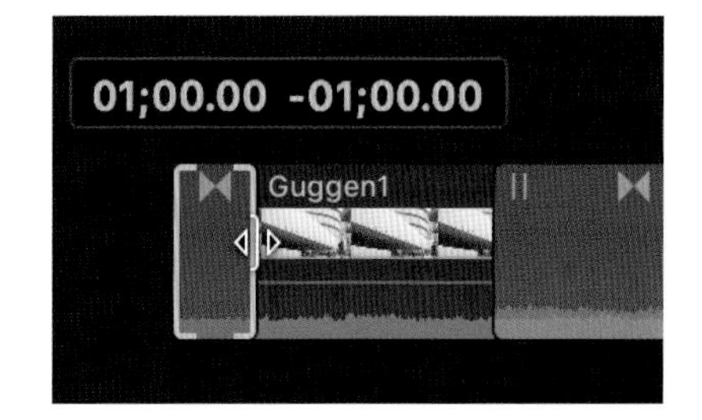

주의사항 트랜지션의 길이를 조절할 때 많이 발생하는 실수가 있다. 트랜지션의 바로 밑에 있는 두 클립의 편집 포인트가 간혹 의도치 않게 조절되는 경우이다.

트랜지션 아이콘을 보면 위아래가 분리되는 검정색 선이 보인다. 이 선을 기준으로 마우스를 위에 가져다 대면 롤이라 리플 기능으로 바뀌고, 밑으로 가져가면 이 트랜지션의 길이를 조절하는 기능으로 바뀐다. 아래의 그림들을 보면서 비교해보자.

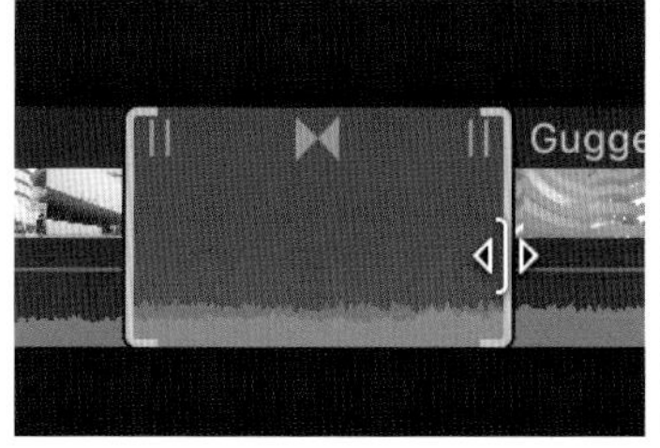

트랜지션 길이 아이콘

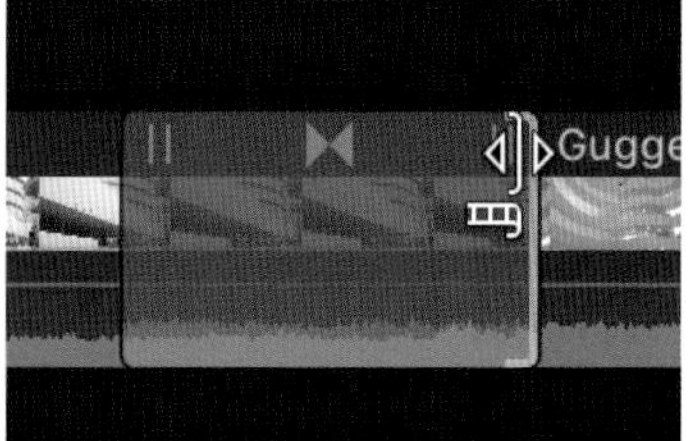

클립 길이 조절 리플 아이콘

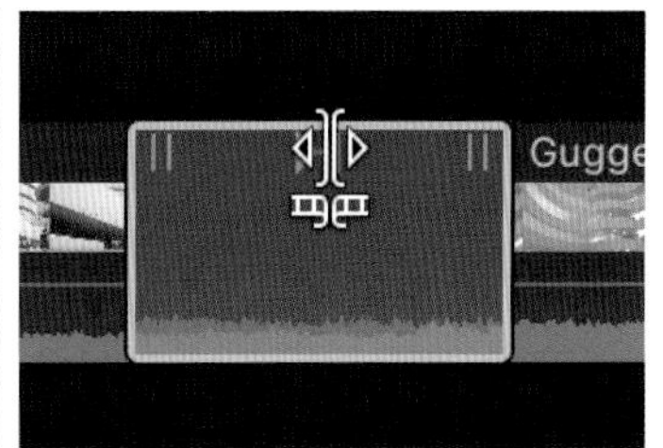

클립 편집 조절 롤 아이콘

트랜지션이 적용된 클립의 편집 포인트를 해당 부분의 트랜지션에는 영향을 미치지 않고 트림할 수 있다. 맨 위 오른쪽과 왼쪽에 보이는 아이콘은 트림 아이콘(핸들)이다. 맨 위 왼쪽에 위치한 트림 아이콘은 뒤에 오는 클립이 처음 시작하는 지점이고, 맨 위 오른쪽에 위치한 트림 아이콘은 앞에 있는 클립이 끝나는 지점이다.

Section 05 트랜지션 교체하기

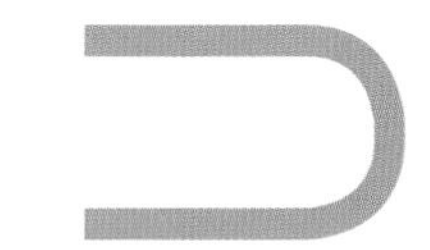

이미 적용되어 있는 트랜지션을 다른 트랜지션으로 쉽게 교체할 수 있다.

타임라인에서 Interview2와 Interview master 사이에 적용되어 있는 트랜지션 Dissolve를 선택한다.

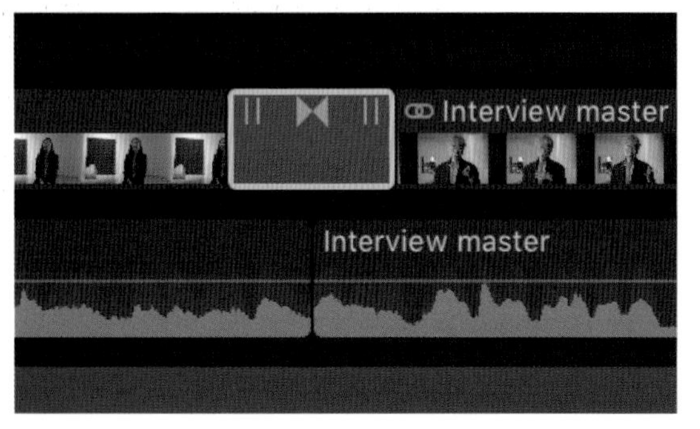

만약 준비된 따라하기 파일에서 해당 트랜지션이 보이지 않으면, Interview2와 Interview master 클립들 사이에 트랜지션 Dissolve를 적용시키고 따라하기를 계속하자.

트랜지션 브라우저에서 새로 교체하고 싶은 트랜지션, Directional을 Blurs 카테고리에서 찾는다. Directional의 섬네일을 더블클릭한다.

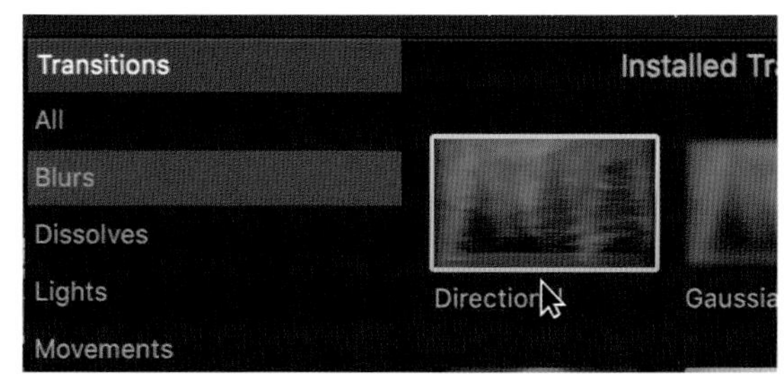

03 새로운 트랜지션, Directional이 기존의 트랜지션, Dissolve를 교체하였다.

참조사항

트랜지션 브라우저에서 기존의 트랜지션과 교체하고 싶은 트랜지션을 선택한 후, 바로 타임라임의 기존의 트랜지션 위로 드래그해도 된다.

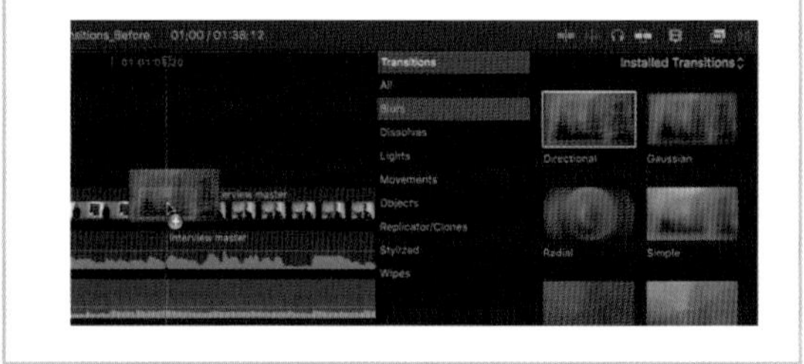

Section 06 트랜지션 복사하기

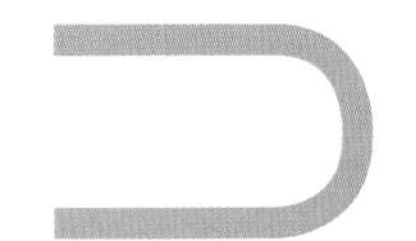

트랜지션을 복사해서 원하는 장소에 적용할 수 있다. 이 방법은 사용자가 사용할 트랜지션을 원하는 대로 변경후 원하는 곳에 반복적으로 적용할 수 있어 편집시간을 단축시킬 수 있다.

Guggen1과 Guggen2 사이에 있는 트랜지션을 선택한 후, 카피 단축키(⌘ + C)를 누르자.

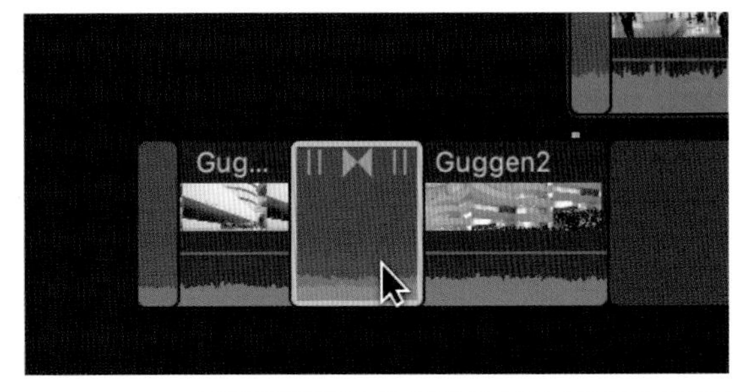

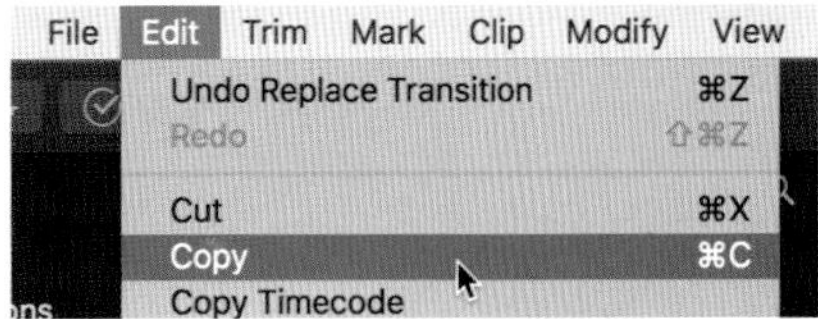

복사된 트랜지션을 Guggen6클립에 적용해보자 Guggen6의 끝점을 선택한 후, 복사 단축키(⌘ + V)를 누른다.

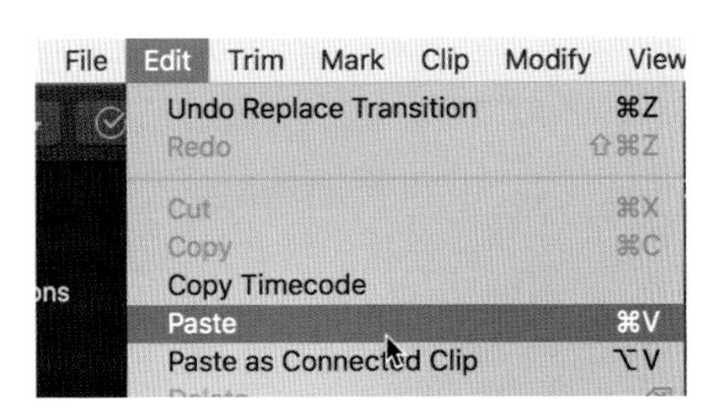

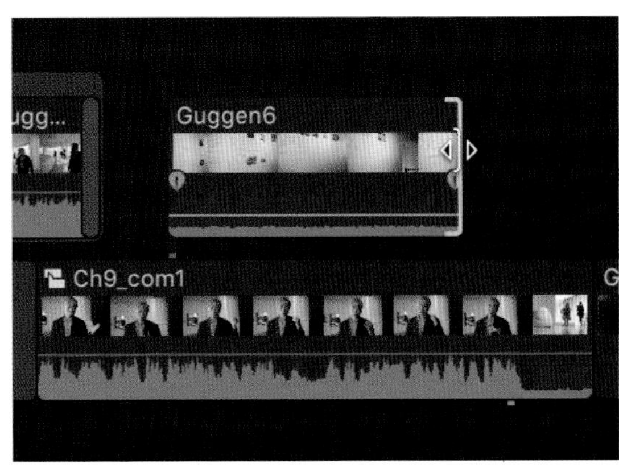

03 복사한 트랜지션이 적용된다.

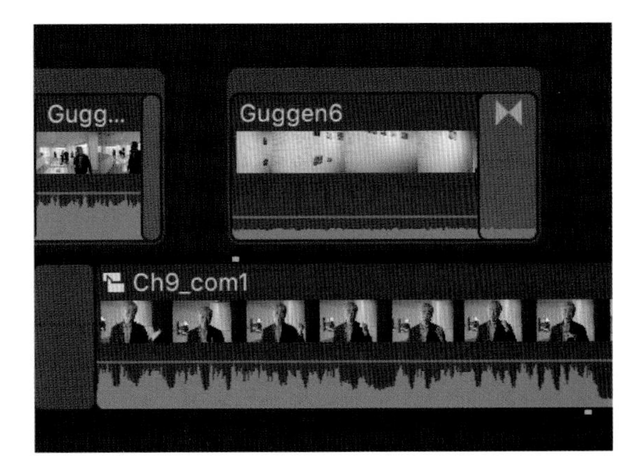

Section 07 트랜지션 지우기

Deleting Transitions

Unit 01 타임라인에서 트랜지션을 선택한 후 Delete 키로 지우기

01 Interview2와 Interview master 클립 사이에 있는 트랜지션을 선택한다.

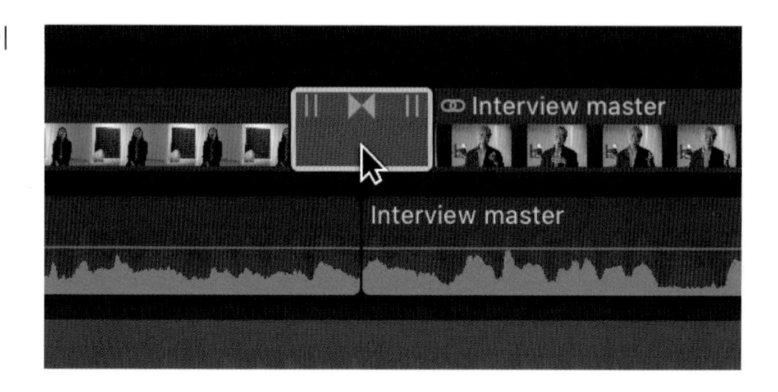

02 키보드에서 Delete 버튼을 클릭하면 선택한 트랜지션이 지워진다.

Unit 02 타임라인 인덱스창에서 트랜지션을 선택해 지우기

01 타임라인 오른쪽 아래에 있는 인덱스 창 열기 버튼을 클릭해서 타임라인 인덱스 창을 열자.

타임라인 인덱스 창에서 맨 위에 있는 Directional 트랜지션 아이콘을 선택하자. 타임라인에 있는 트랜지션이 선택된 것을 확인할 수 있다.

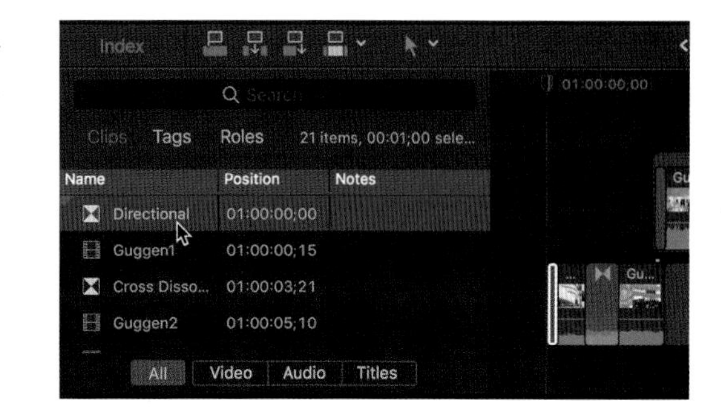

03 Delete 버튼을 누르면 인덱스 창에서 그 트랜지션이 지워지고, 마찬가지로 타임라인에서도 지워진다.

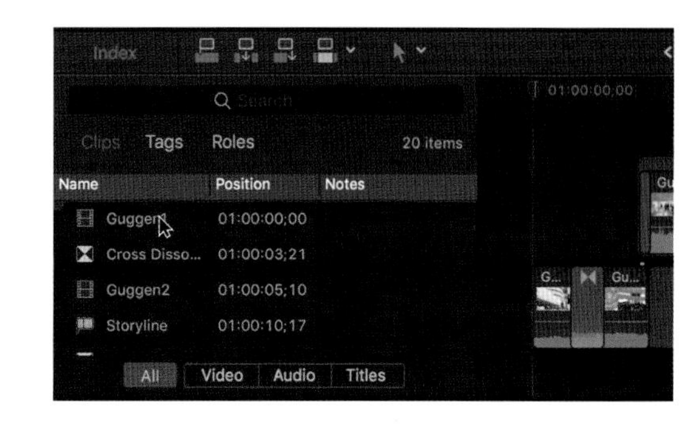

04 타임라인에서 첫 번째와 두 번째 클립 사이에 있는 트랜지션을 선택하자.

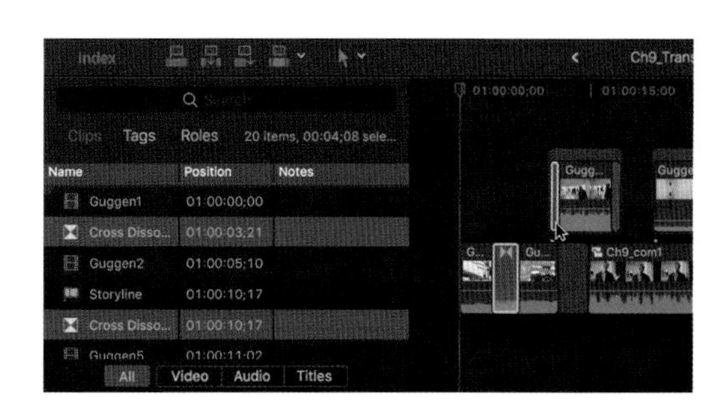

05 Delete 버튼을 눌러서 지우자. 인덱스 창에서 트랜지션이 삭제된 것을 볼 수 있다.

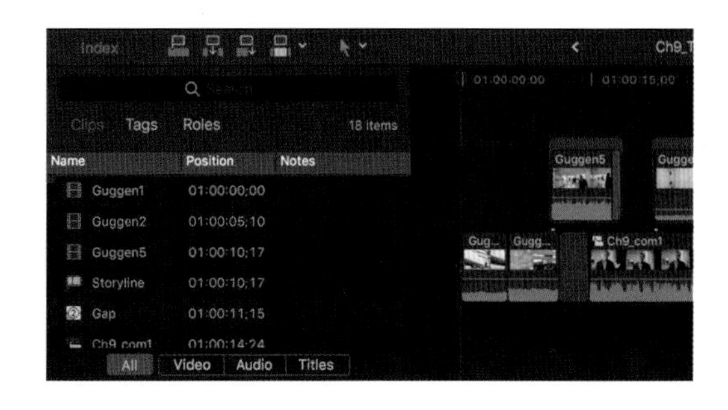

주의사항 인덱스 창이나 타임라인에서 여러 트랜지션을 한꺼번에 선택하여 지울 수도 있다. 인덱스 창은 편집 과정에서 사용된 여러 효과와 클립들을 리스트로 보여주기 때문에 클립을 쉽게 찾을 수 있고, 적용된 효과를 순서적으로 또는 그룹으로 확인한 후 지우기와 그 현 위치를 알 수 있다.

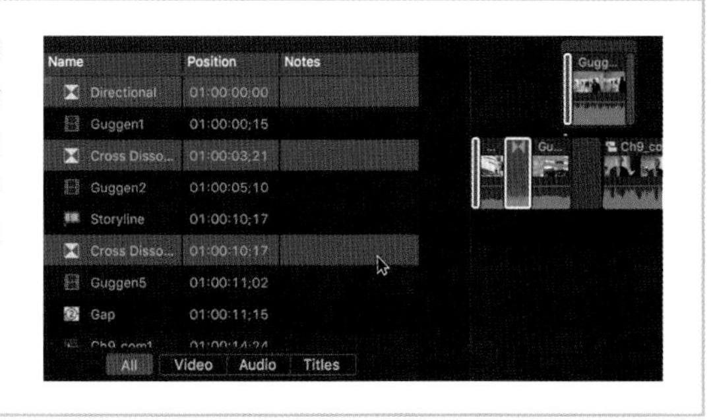

Section 08 트랜지션 수정하기

기본 설정을 가진 적용된 트랜지션을 전체적인 길이뿐만 아니라 방향, 색상, 중심점 등을 바꿀 수 있기 때문에 인스펙터 창(Inspector)이나 뷰어 창(Viewer)을 통해 자신이 원하는 대로 다양한 형태의 트랜지션을 만들 수 있다.

Unit 01 인스펙터 창에서 트랜지션 수정하기

인스펙터(Inspector)창에서는 클립의 다른 설정을 리뷰해보고 파라미터를 통해 이를 변경할 수 있다.
Guggen7 클립 시작점을 선택해서 Wipe 트랜지션을 적용한 후 이를 수정해보자.

01 Guggen7 클립을 선택하자.

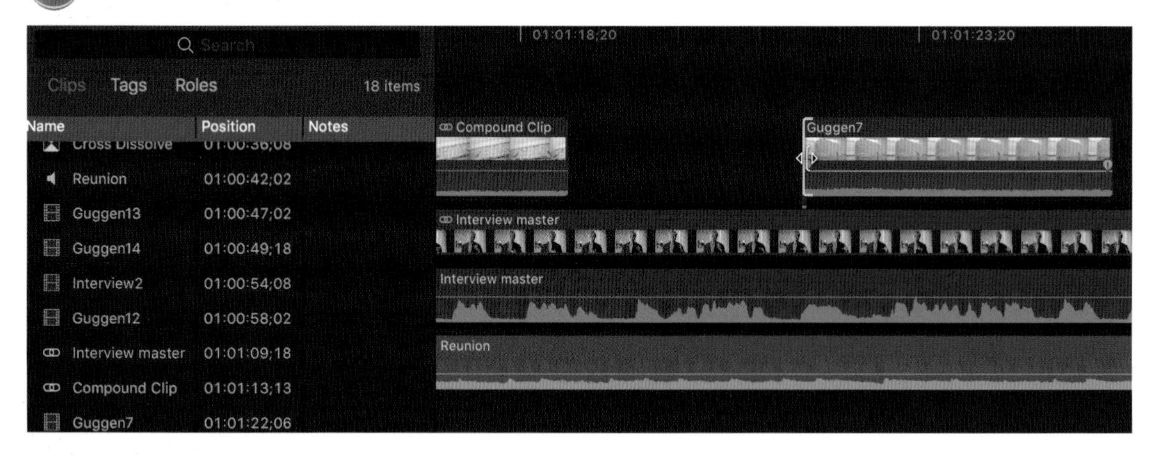

02 트랜지션 브라우저 창에서 Wipe 트랜지션을 더블클릭하자.

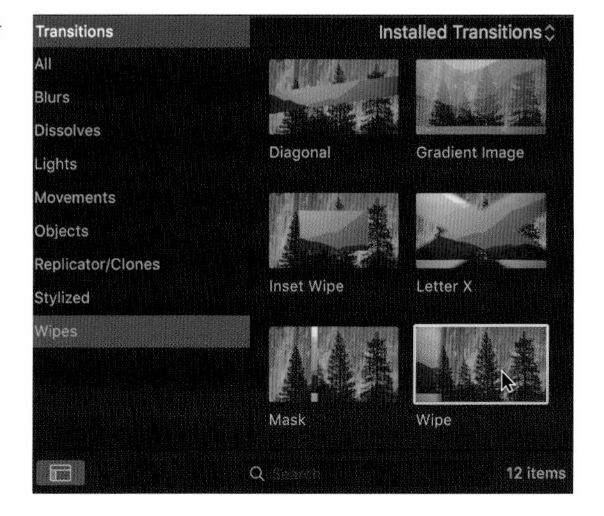

03 타임라인에서 트랜지션, Wipe가 Guggen7 클립의 앞에 추가되었음을 확인해보자.

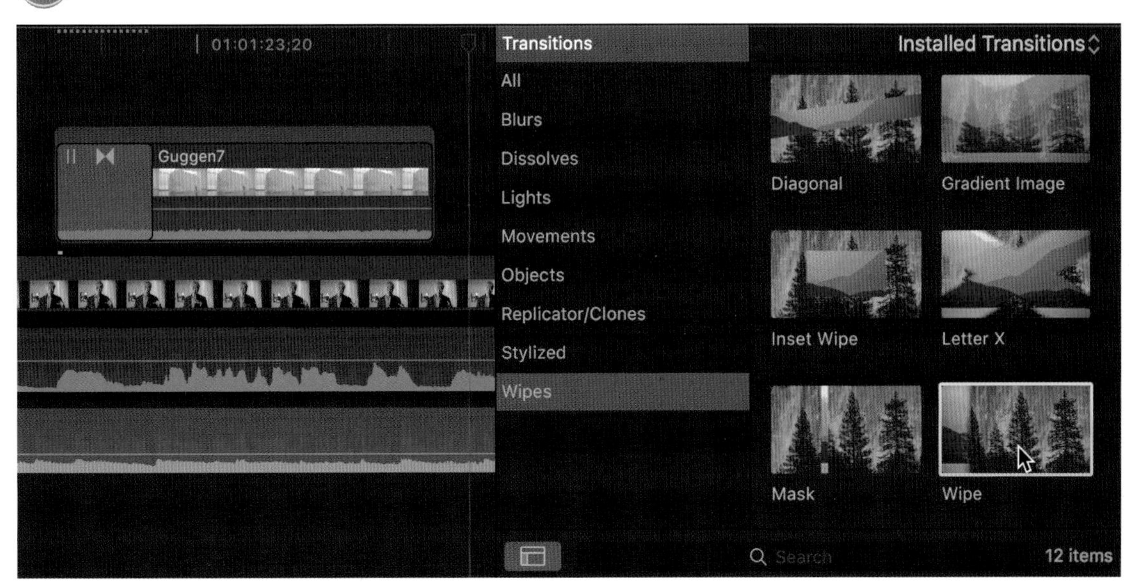

04 적용된 트랜지션을 선택해서 인스펙터 창에서 정보를 확인해보자.

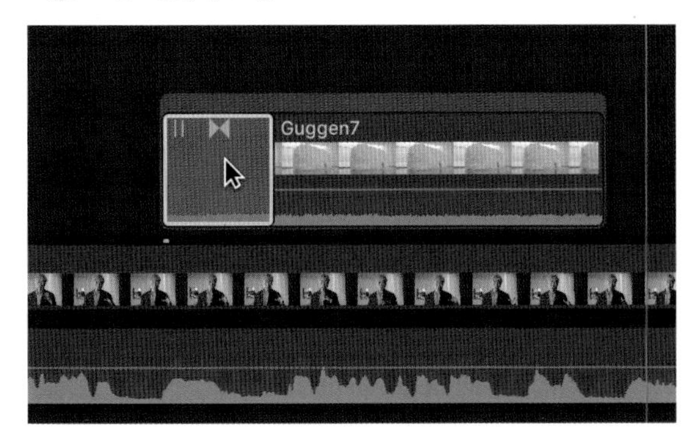

05 툴 바에서 Inspector 버튼을 클릭하거나 단축키 ⌘ + 4를 눌러 인스펙터 창을 연다.

06 인스펙터의 맨 위에는 인스펙터의 이름이 보이는데 이 경우에는 "Transition"이라고 뜬다. 이름의 밑에는 선택된 트랜지션의 이름과 함께 아이콘이 보인다. 오른쪽의 숫자는 트랜지션의 길이를 보여준다.

주의사항 트랜지션이나 클립이 타임라인 상에서 선택되어 있지 않으면, 열린 인스펙터 창에는"Nothing to Inspect"라는 메세지가 뜬다.

트랜지션의 방향조절을 해보자. 트랜지션의 방향이 바뀌는 것을 뷰어에서 확인하면서, Wipe 섹션의 앵글(Angle)아이콘을 마우스 커서를 이용해 돌려보자.

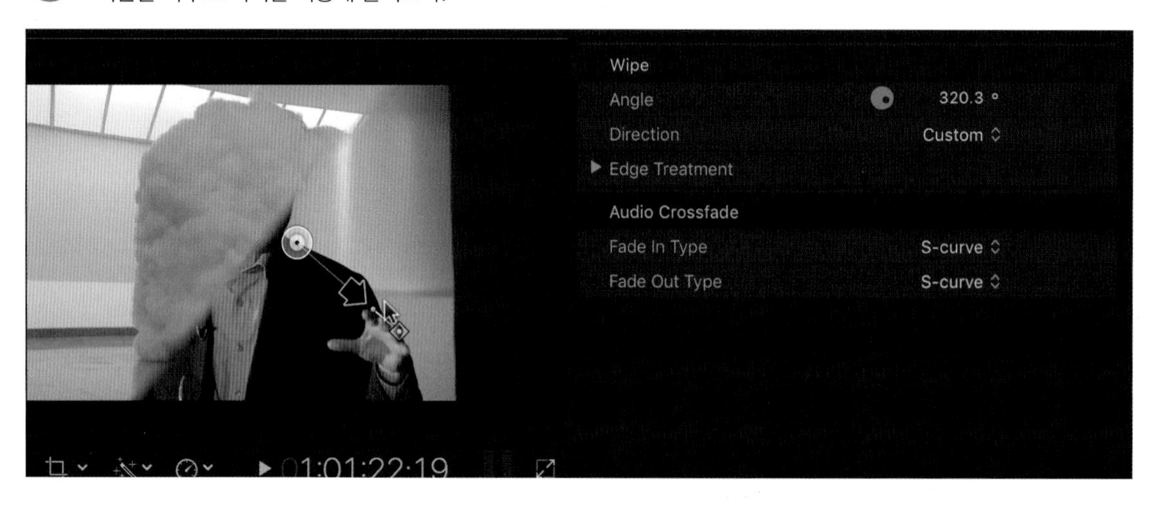

08 이번에는 Edge Treatment 옆에 보이는 삼각형의 아이콘을 눌러 트랜지션의 가장자리를 더 세밀하게 조절할 수 있는 옵션 창을 열어보자. 기본적으로 가장자리(Edge Type) 타입이 깃털(Feather) 형으로 자동 선택되어 있고, 가장자리 색상(Edge Color)은 비활성화되어 있어 변경할 수 없다.

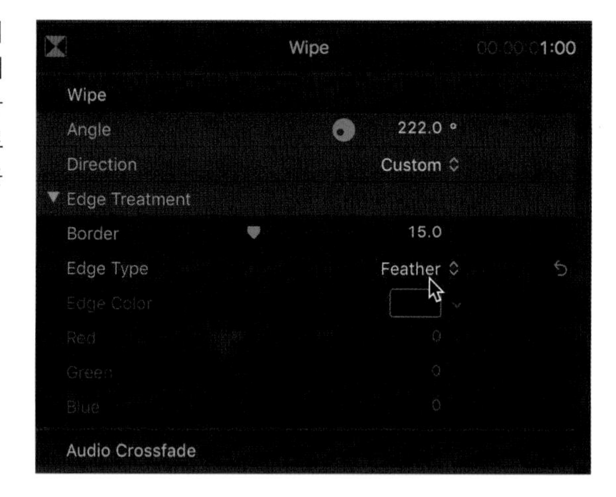

09 가장자리 타입에 보이는 Feather 글자를 클릭해 열리는 옵션창에서, Solid Color를 선택해 가장자리 타입을 색상이 선명하게 보이는 형태로 바꾸어 보자.

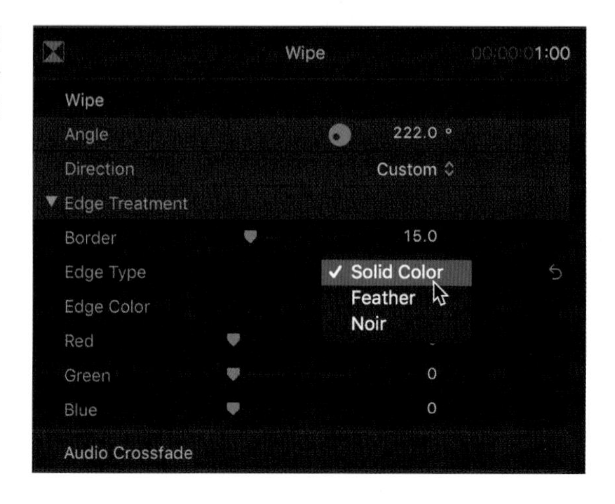

가장자리 타입을 Solid Color형으로 바꾼 후, Edge Color가 활성화되어 Wipe 트랜지션의 색상을 바꿀 수 있다. Edge Color 아이콘을 클릭해 Colors 창을 열고, 트랜지션의 가장자리 색상을 노란색으로 바꿔보자.

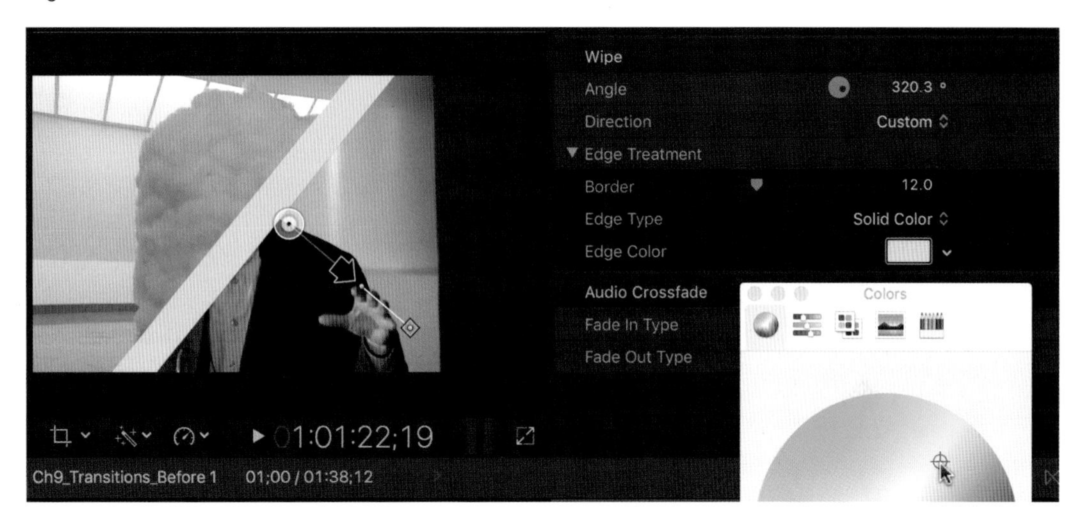

참조사항 만약 색상판이 검정색으로 보이면, 아래에 가로로 놓인 슬라이더를 왼쪽으로 올리면 밝은 색깔들을 볼 수 있을 것이다. 색상들 위로 마우스를 움직이면 해당 색상이 색상판 위에 가로로 보여진다. 이 색상은 트랜지션의 배경 색상이 된다.

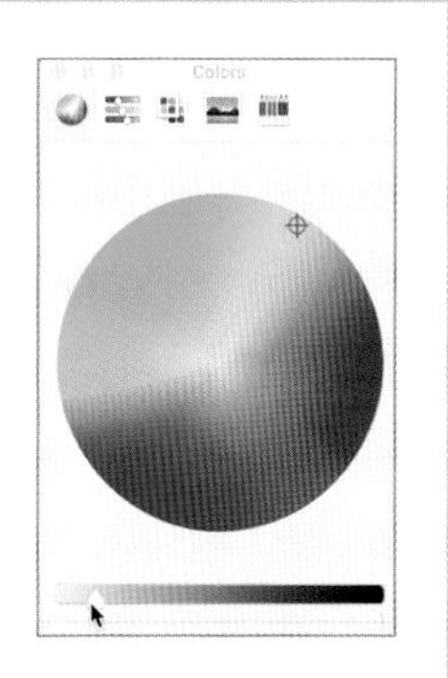

Unit 02 뷰어 창에서 트랜지션 수정하기

뷰어 창에서도 트랜지션을 직접 수정하는 것이 가능하다.

타임라인에 있는 트랜지션을 선택하면 뷰어 창에 트랜지션 조절 아이콘이 뜬다. 슬라이더 두께를 조절하는 사각형의 아이콘을 중심점 안 방향으로 드래그해서 줄여보자.

이번에는 슬라이더 방향을 조절하는 화살표를 선택해서 왼쪽 방향으로 가게 하자.

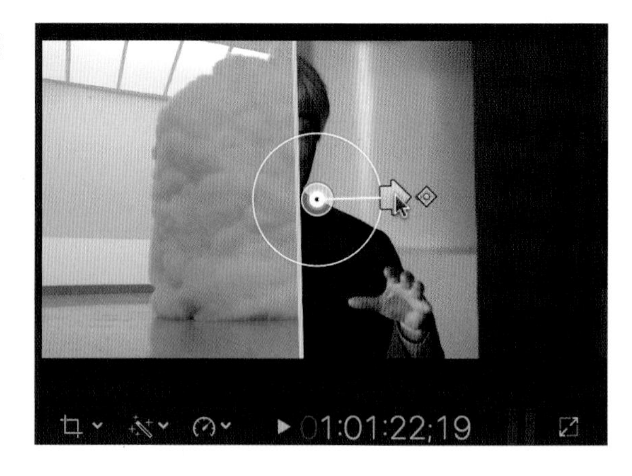

이외에도 사용자가 뷰어 창에서 직접 트랜지션을 자신이 원하는 방향으로 조절해보자. 저자는 기존 디졸브 트랜지션 외에 모든 트랜지션을 사용할 때에, 사용되는 클립의 색감이나 특성에 맞추어서 적용되는 트랜지션을 항상 특성화시켜준다.

Section 08 Stylized 트랜지션

파이널 컷 프로 X는 여러 가지 레이어를 집어넣을 수 있는 43개의 Stylized 트랜지션이 제공된다. 트랜지션에 들어가는 여러 가지 레이어의 이미지를 타임라인에서 직접 선택할 수 있기 때문에 빠른 트랜지션이나 장면전환을 위해서 사용하면 아주 효과적이다.

이전 세션에서 만든 컴파운드 클립인 ch9_com1 클립을 더블클릭해보자. 이 컴파운드 클립이 타임라인에 열린다.

타임라인에서 Interview1 클립의 끝 부분과 Guggen11의 시작하는 부분을 클릭해 선택해주자. 왼쪽이나 오른쪽, 아무 쪽이나 선택해도 상관없다.

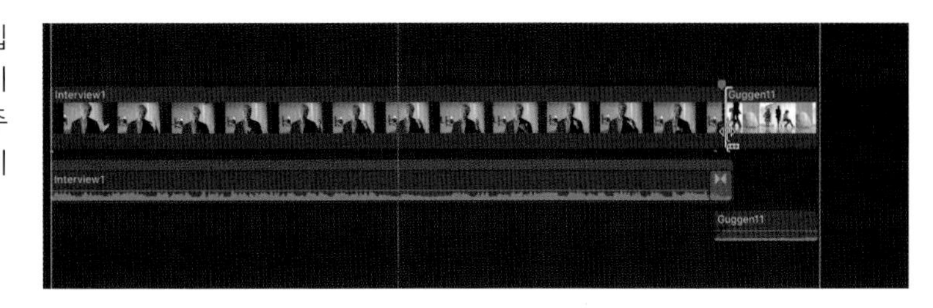

03

트랜지션 브라우저에서 Stylized 카테고리를 클릭하면, 테마별로 트랜지션 아이콘들이 정렬되어있는 것을 볼 수 있다. 이 중 Pan Lower Right를 선택해 이를 더블클릭하면 타임라인에서 선택된 구간에 다음과 같이 트랜지션이 추가된다.

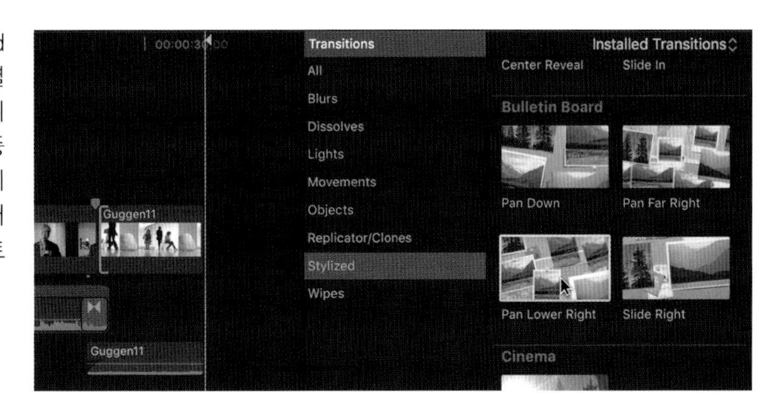

04

트랜지션을 클릭해보자. 다음과 같이 뷰어와 타임라인에 노란색 숫자 표시가 생겼다.

타임라인에서 보이는 각각의 번호는 뷰어에서 보이는 스틸컷들의 번호와 같고, 이 스틸컷들이 위치한 곳을 나타낸다.

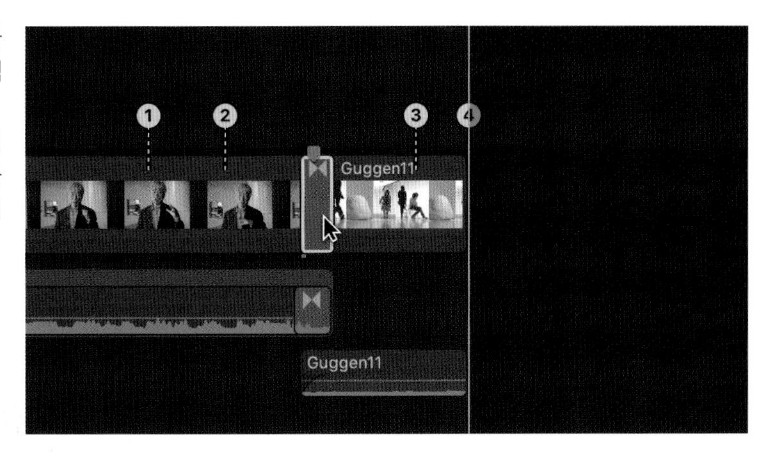

05

타임라인에 있는 1에서 4까지의 마크를 자기가 원하는 위치에 이동시켜 보자.

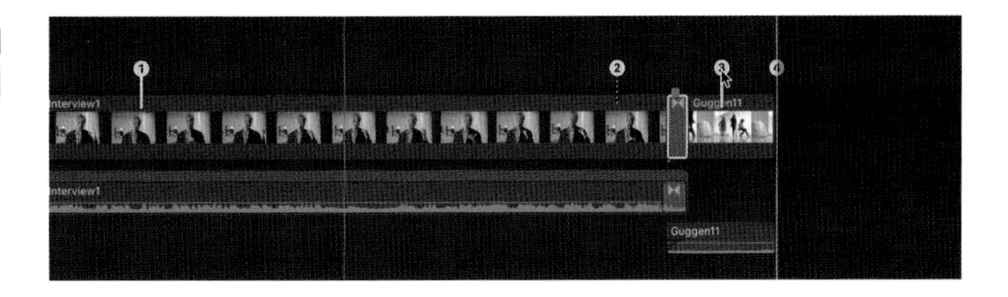

타임라인의 번호들을 드래그하는 위치에 따라 비디오 프레임의 스틸컷이 뷰어에서 실시간으로 업데이트됨을 볼 수 있을 것이다.

이전의 타임라인으로 돌아가기 버튼을 클릭해서 원래의 타임라인으로 돌아가자.

원래의 프로젝트 타임라인이 보이면서 적용된 트랜지션을 뷰어 창에서 확인할 수 있다. 컴파운드 클립은 하나의 폴더 개념이기 때문에 이 안에 적용된 트랜지션을 조절하기 위해서는 이 컴파운드 클립을 더블클릭해서 그 안에서 조절할 수 있다.

Chapter 09 | 요약하기

이번 챕터에서는 전체적인 편집 과정에서 가장 이해하기 쉽고 빠른 결과를 보여주는 트랜지션(Transition)에 관하여 배웠다. 연결된 두 클립 사이를 부드럽게 이어주는 이 장면 전환 효과는 스토리텔링에서 없어서는 안되는 중요한 요소이다. 트랙을 하나만 사용하는 파이널 컷 프로 X의 특성 때문에 오디오 또는 비디오 부분에만 트랜지션을 적용하기가 쉽지 않다. 사용자가 수동으로 몇 단계의 과정을 직접 따라해보고 이 단계를 꼭 기억해두기 바란다.

Memo

Chapter

10

타이틀, 제너레이터, 테마

Titles, Generators, Themes

간단한 개인 프로젝트부터 아주 고난이도의 방송용 프로젝트에 이르기까지 모든 프로젝트들은 일정한 타이틀을 가지고 그 작품의 시작과 끝을 마무리짓는다. 우리가 프로그램 시작 단계에서 보는 오프닝 크레딧은 우리가 보게 될 미디어를 누가 만들었는지, 무엇을 보게 될 것인지, 누가 출연하는지 등에 대한 정확한 정보를 제공한다. 또한 영화 타이틀처럼 필름의 스타일을 보여줄 수도 있다. 아래에 보이는 무채색의 배경에 혼란스럽게 움직이는 검은색 배경의 먹 퍼지는 효과, 그리고 함께 보이는 하얀색의 텍스트는 지금 보이는 프로그램의 성격을 알리는 타이틀이 된다.

이번 챕터에서는 여러 종류의 타이틀과 인터뷰하는 이의 이름을 확인할 수 있는 인물 자막(lower thirds), 필름 메이커들의 이름들을 자세하게 제공해주는 엔딩 크레딧, 그리고 우리가 무엇을 보게 될 것인가를 알려주는 오프닝 타이틀에 대해 배워볼 것이다. 기본으로 제공되는 모션(Motion)에서 만들어진 백그라운드나 모양, 텍스처 등의 제너레이터 및 타이틀을 사용해보자.

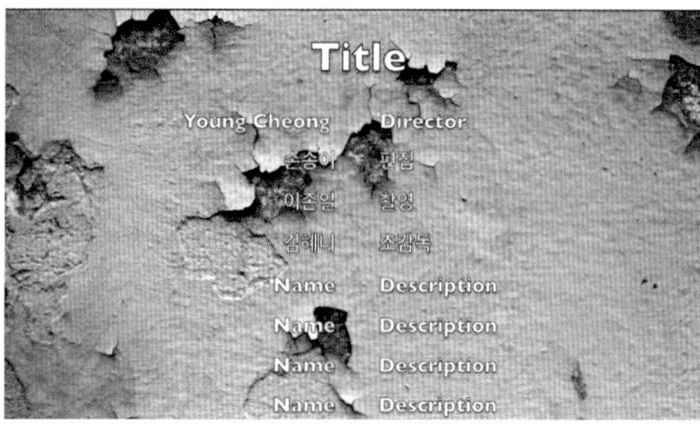

새롭게 제공된 3D 타이틀의 사용법에 대해서도 자세히 알아보겠다. 다른 프로그램에서는 이 3D 타이틀을 만들기 위해 고사양의 컴퓨터나 긴 시간의 렌더링이 요구되지만 64비트 시스템에 최적화되어 있는 FCPX에서는 실시간으로 3D 타이틀에 애니메이션 작업을 적용할 수 있다.

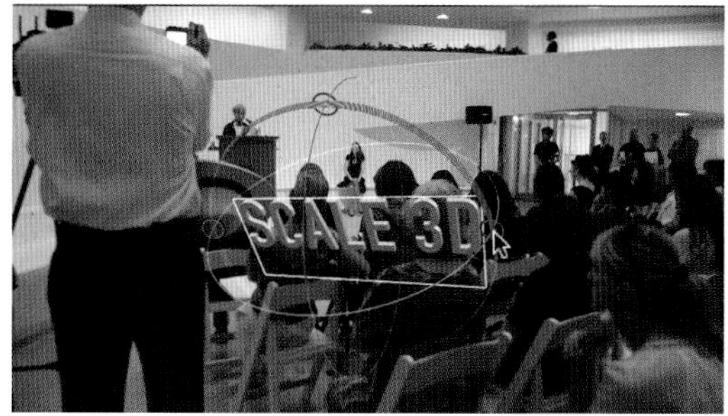

Section 01 타이틀 이해하기 Understanding Titles

Unit 01 타이틀 브라우저 Titles Browser

툴 바에서 Titles Browser 버튼을 클릭하면 열리는 타이틀 브라우저는 총 195개의 타이틀 효과가 7개의 카테고리 별로 정리되어 있다. 카테고리 안의 타이틀들은 알파벳 순으로 정돈되어 있고 오른쪽 아래 코너의 숫자는 총 몇 개의 아이템이 사용 가능한지를 보여준다. 타이틀 브라우저는 모션(Motion)에서 미리 만들어 놓은 애니메이션 타이틀 컬렉션을 가지고 있다. 미리보기 리스트에서 완성된 모양과 타이틀을 보여주는데 이는 사용자가 사용하기 전에 먼저 필요에 맞게 수정할 수도 있다.

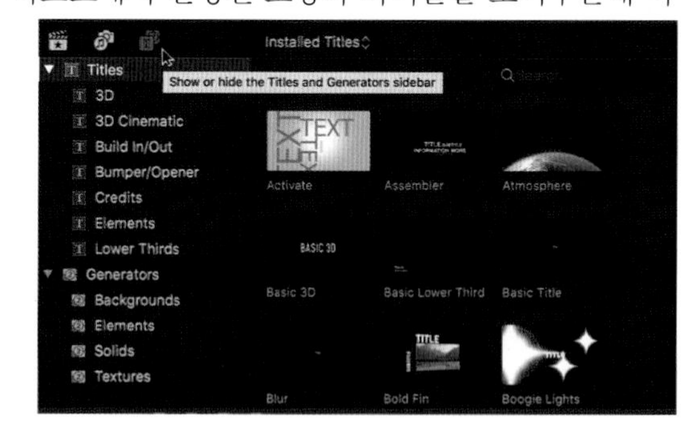

타이틀은 찾기 쉽도록 카테고리와 하위 카테고리로 나뉘어져 있다. 만약 원하는 타이틀의 이름을 알고 있다면, 브라우저의 맨 아래에 위치한 검색창을 이용해 쉽게 이를 찾을 수 있다. 또한 타이틀 클립의 아이콘 위로 마우스 커서를 스키밍하면 해당 타이틀이 뷰어에 시뮬레이션되어 보인다.

Unit 02 타이틀 클립의 특징

타이틀은 스토리라인 클립이나 연결된 클립으로서 기능할 수 있다. 타이틀을 브라우저로부터 드래그함으로써 어떤 클립의 앞으로 인서트하거나 마지막 클립의 뒤로 덧붙일 수 있다. 많은 타이틀들의 디폴트 길이는 4초이나, 어떤 클립들은 이보다 더 길다. 이 길이는 클립의 가장자리를 안쪽이나 바깥쪽으로 드래그함으로써 줄이거나 늘릴 수 있다.

타이틀 클립은 다음과 같이 사용할 수 있다.

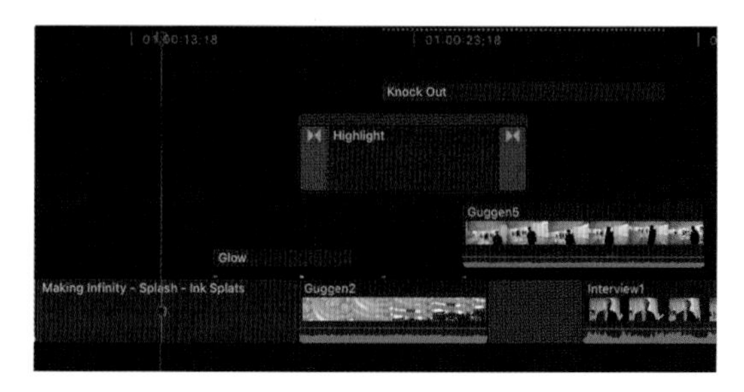

- **프라이머리 스토리라인의 메인 클립:** 기본 설정으로 텍스트 이외에는 투명하게 보이고 배경 화면은 검정색이다.
- **연결된 클립 Connected Clip 또는 두 번째 스토리라인 Secondary Storyline:** 타이틀 아래에 있는 비디오 클립은 백그라운드로 기능한다.
- **여러 개로 쌓여진 타이틀 클립들:** 타이틀 클립에서 쓰인 백그라운드는 투명하게 보이게 되므로, 여러 개의 텍스트 타이틀 클립들을 겹쳐쓰기 할 수 있다.

Unit 03 타이틀 추가하는 방법

원하는 타이틀을 더블클릭하거나 타이틀 브라우저에서 드래그하는 방법 아니면 편집 단축키를 사용해서 하는 방법, 즉 총 세 가지의 타이틀 추가하는 방법이 있다. 타이틀 클립을 타임라인으로 가져오는 세 가지 방법 중 가장 중요한 다른 점은 타이틀 클립을 스토리 타임라인으로 인서트할 수 있느냐 아니냐이다.
예를 들면, 타이틀 브라우저 창에서 타이틀 클립을 더블클릭할 경우, 그 타이틀 클립은 항상 연결된 클립으로 나타난다. 프라이머리 스토리라인으로 타이틀 클립을 인서트해야할 경우, 타이틀 브라우저 창에서 그 타이틀 클립을 타임라인으로 직접 드래그하거나 인서트 단축키(W)를 사용해야 한다. 자세한 방법은 아래와 같다.

1 타이틀 브라우저에서 원하는 타이틀 더블클릭하기

- 타이틀이 플레이헤드가 위치한 곳에 연결된 클립으로써 추가된다.
- 타임라인에서 이미 타이틀이 선택되어 있으면 브라우저에서 더블클릭한 타이틀이 이미 있는 타이틀과 교체된다.

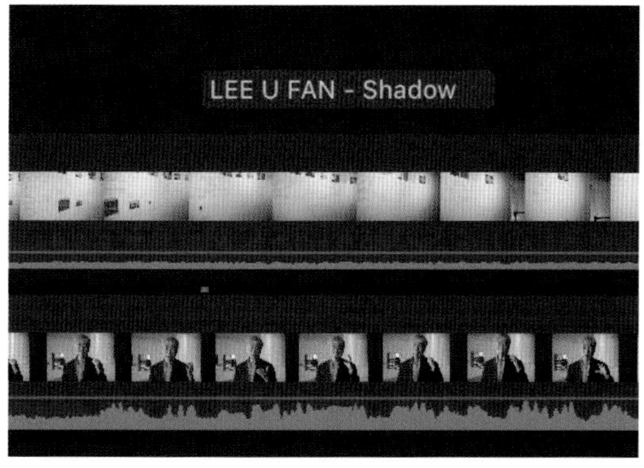

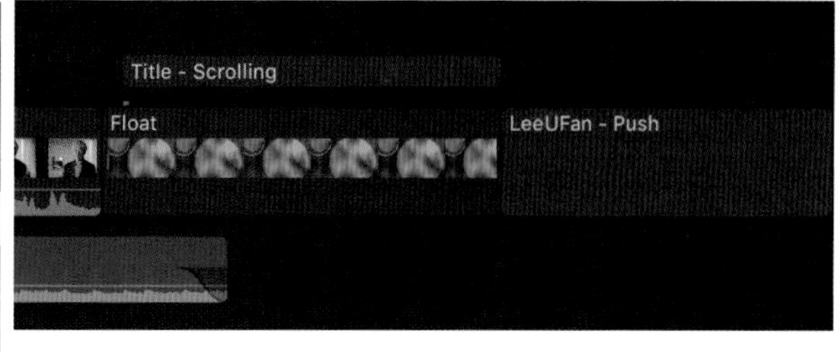

2 타이틀을 브라우저에서 타임라인으로 드래그하기

- 스토리라인 밖으로 드래그하면, 타이틀이 연결된 클립으로서 추가된다.
- 스토리라인의 두 클립들 사이로 드래그하면, 타이틀이 인서트되면서 다른 클립들을 오른쪽으로 이동시킨다.
- 클립 위로 드래그하면 교체하기(Replace) 팝업 메뉴가 뜨는데 팝업 메뉴의 옵션들 중 선택된 명령에 따라 해당 클립이 타이틀로 교체된다.

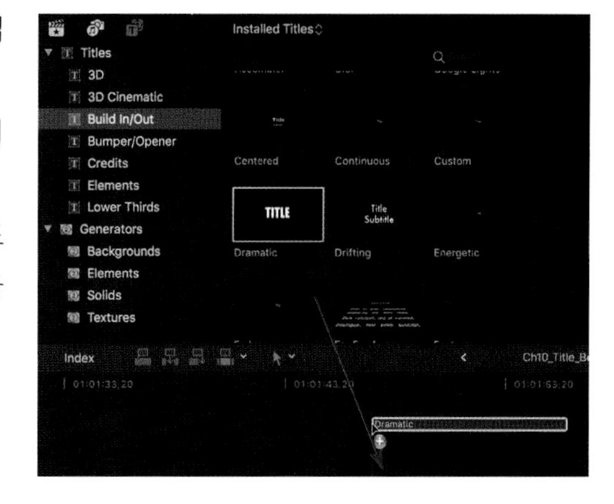

3 타이틀 브라우저에서 사용할 타이틀을 선택한 후 단축키 Q, W, E, D를 이용해 타이틀을 비디오 클립처럼 추가할 수 있다. 타이틀은 플레이헤드를 기준으로 적용된다.

타이틀을 플레이헤드가 위치한 곳에 인서트한 예

Section 02 타이틀 추가하기 Adding Titles

Unit 01 오프닝 타이틀 추가하기

타이틀 브라우저를 살펴보고, 프로젝트의 시작하는 부분에 오프닝 타이틀을 넣어보도록 하자. 타이틀을 브라우저로부터 드래그함으로써 어떤 클립의 앞으로 인서트하거나 마지막 클립 뒤로 덧붙일 수 있다.

01 Ch10_Title_Before 프로젝트를 더블클릭해서 열자.

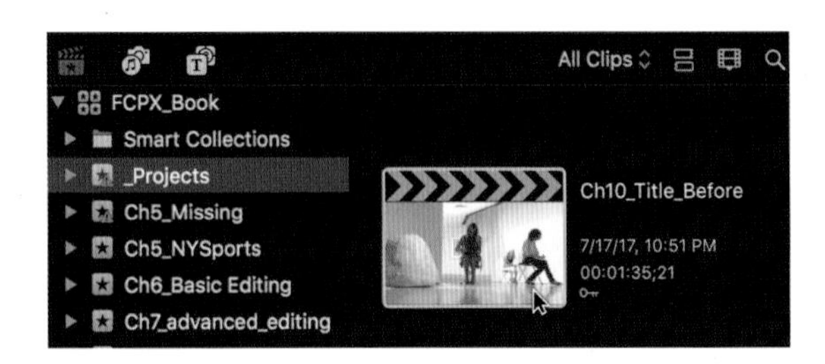

02 Ch10_Title_Before 프로젝트가 타임라인에 열렸다.

03 프로젝트의 시작 부분에 아직 오프닝 타이틀이 없다.

첫 프레임 표시점

타이틀을 넣기 위해 타이틀 사이드 바 버튼을 클릭하면 타이틀과 제너레이터 버튼이 보인다.

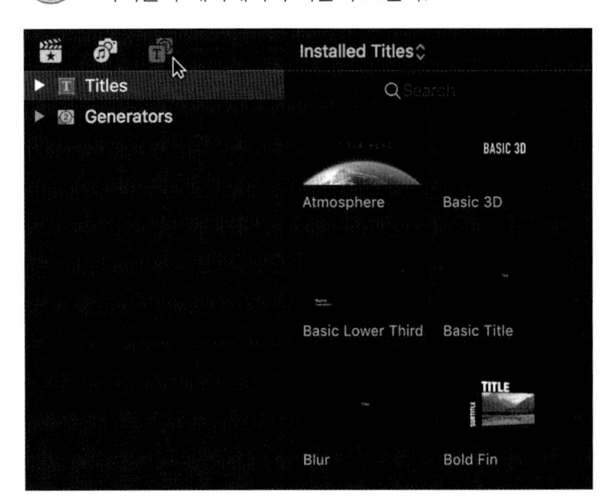

타이틀 브라우저를 열어서 아래와 같은 타이틀을 선택하자. 타이틀 브라우저는 모든 카테고리가 선택(All)된 채 열릴 것이다. Build In/Out 카테고리를 선택하면 그안에 있는 아이템이 보일 것이다. Build In/Out 카테고리에 속한 다양한 타이틀 중 Custom을 선택하자.

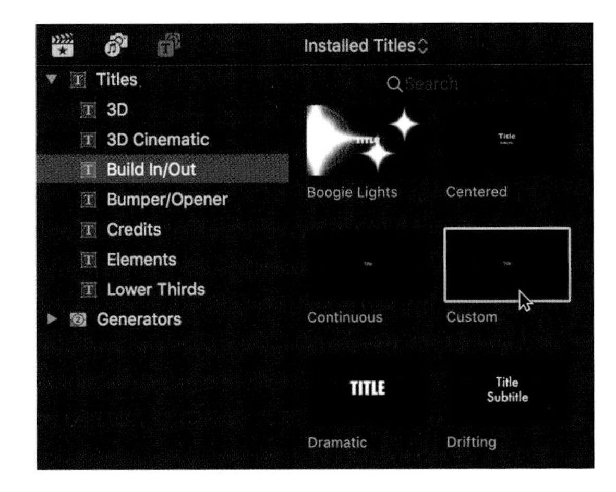

Build In/Out 카테고리에는 검정 배경화면에 텍스트가 있는 알파 채널 타이틀이 모여있다. 이 검정 배경화면 레이어는 투명하게 보이기 때문에 다른 이미지 위로 보내면 텍스트와 함께 다른 이미지 레이어를 보여준다.

06 프로젝트의 오프닝 부분에 선택한 Custom 타이틀을 드래그해보자. 프라이머리 스토리라인으로 드래그해야 한다.

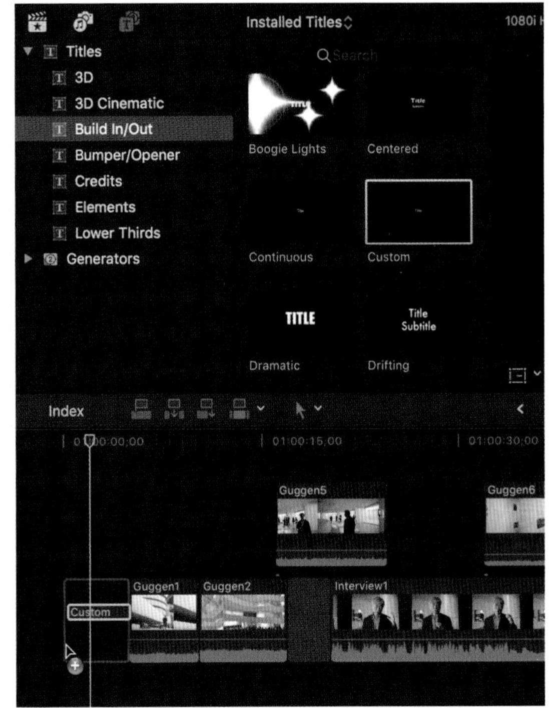

참조사항

스토리라인 위로 타이틀을 드래그하면 인서트가 아닌 연결된 클립으로 바뀐다.

다음과 같이 Custom 타이틀이 프로젝트의 오프닝 부분에 인서트되었다.

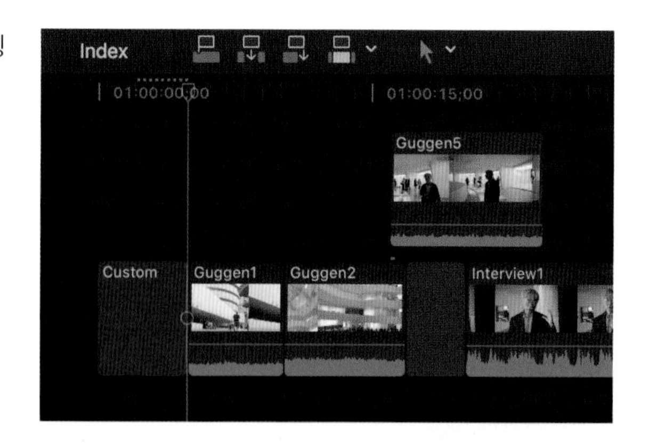

08 타이틀 클립을 플레이 또는 스키밍을 해서 뷰어에서 타이틀을 확인해보자.

참조사항 프라이머리 스토리라인에 타이틀을 인서트하는 또다른 방법은 플레이헤드를 프로젝트의 시작부분에 위치시키고, 브라우저에서 타이틀을 선택한 후, 인서트 단축키 W를 누르면 된다

Unit 02 타이틀 교체하기 Changing Titles

01 앞에서 인서트한 Custom 타이틀 클립 위에 플레이헤드를 위치시키자.

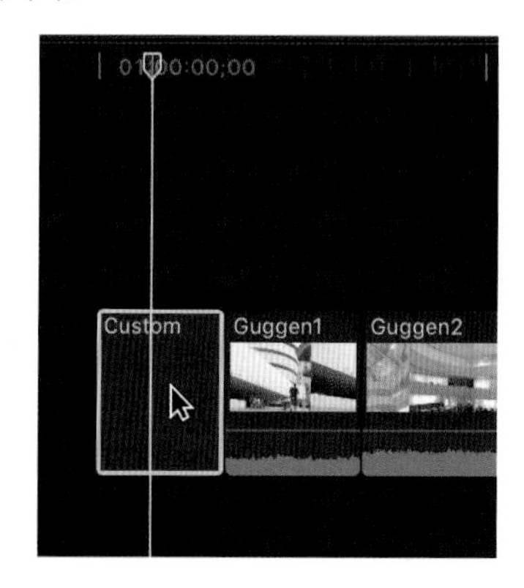

02 타이틀 브라우저의 Build In/Out 카테고리에서 Blur를 더블클릭하자.

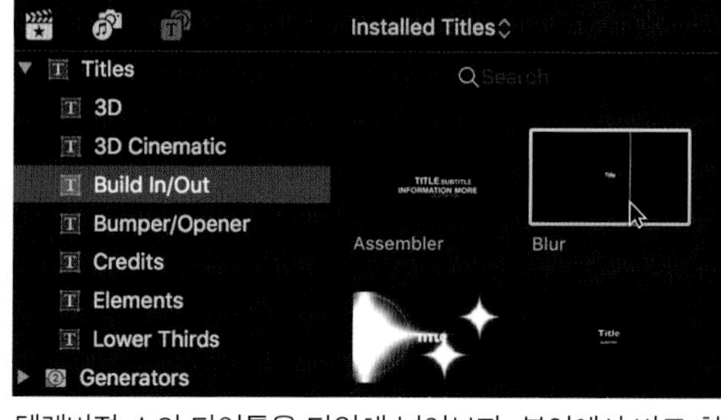

텔레비젼 쇼의 타이틀을 타입해 넣어보자. 뷰어에서 바로 할 수도 있다.

03 플레이헤드가 위치해있던 곳의 Custom 타이틀 클립이 블러(Blur) 타이틀 클립으로 교체되었다.

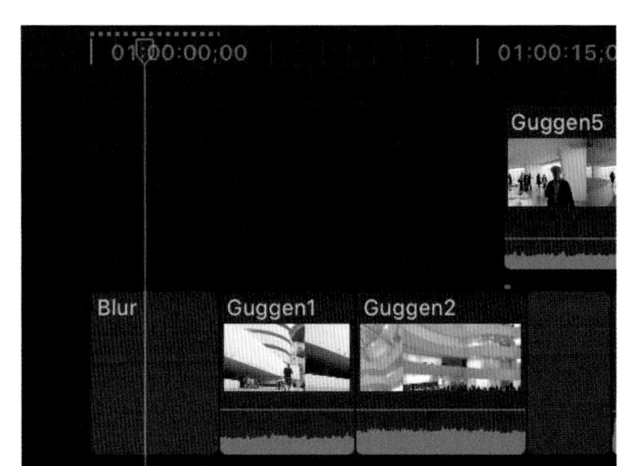

바뀐 블러(Blur) 타이틀 클립을 선택하고 플레이헤드가 타이틀 클립 위에 위치하는 것을 확인하자.

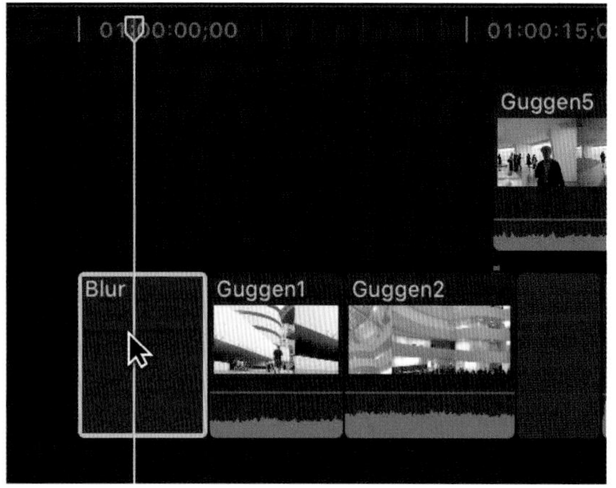

05 뷰어에서 Title을 더블클릭하면 텍스트가 옅은 보라색으로 오버레이되면서 하이라이트된다. 여기에 원하는 타이틀을 타입해 넣으면 된다.

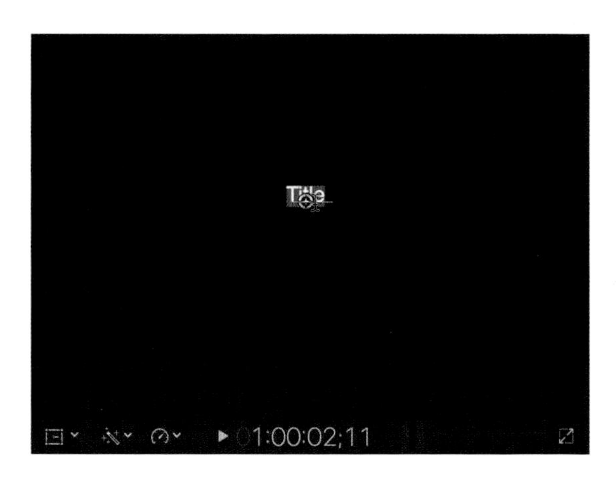

텍스트를 변경하고 싶다면, 타이틀 안에 있는 글자를 단순히 더블클릭해서 옅은 보라색으로 하이라이트가 뜨게 하거나, 글자를 마우스로 드래그한 후 새로운 타이틀을 타입하면 된다.

참조사항 텍스트모드에서 텍스트를 넣는 작업이 끝났으면 Esc를 누르면 된다. Return 키를 누르면 입력하던 텍스트 모드에서 타입을 할 두 번째 선을 추가한다.

텍스트가 하이라이트되면 위치 버튼이 텍스트의 중앙에 보인다. 이 버튼을 드래그해 프레임 안의 어느 곳으로든 텍스트를 위치시킬 수 있다.

08 텍스트의 위치를 이동시킬 때 노란색 선이 중심 위치를 알려준다.

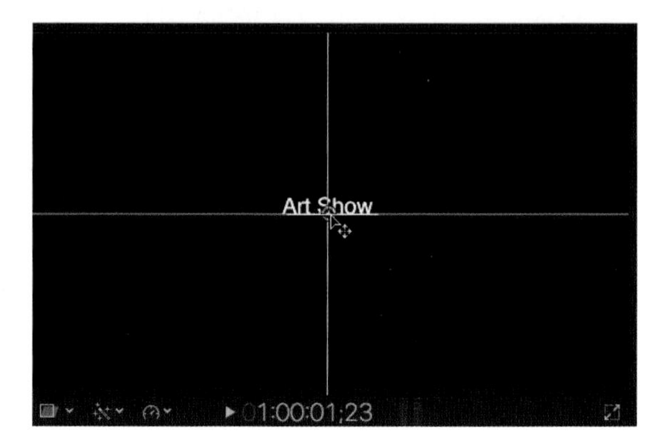

09 지금까지 작업한 Art Show 타이틀을 다시 선택해 클립 위에 플레이헤드를 위치시키자. 타입한 내용은 유지한 채 그 타이틀의 스타일만 업데이트해볼 것이다.

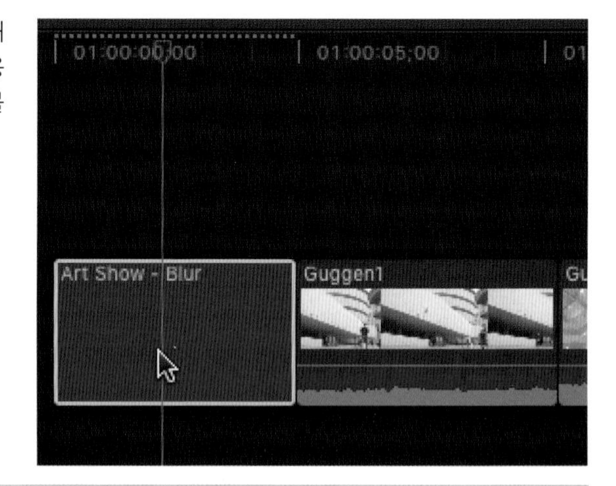

참조사항 스내핑(S)을 비활성화시키며 타임라인에 있는 내용이 뷰어 창에서 업데이트될 때, 플레이헤드가 있는 곳의 위치로 보이는 내용의 위치가 고정된다. 텍스트 작업을 할 때는 스내핑(S)을 비활성화시켜 두자.

10 타이틀 브라우저의 Build In/Out 카테고리에서 Ornate를 더블클릭하자.

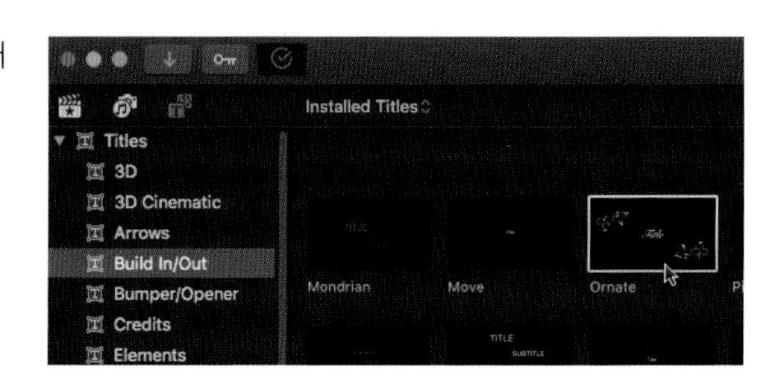

Art Show타이틀 클립이 Ornate 타이틀 클립으로 교체되었다. 이전 단계에서 타입한 "Art Show" 텍스트가 그대로 있다. 내용을 유지하면서 스타일만 바뀐것이다.

뷰어에서, Title을 더블클릭하면 텍스트가 옅은 보라색으로 오버레이되면서 하이라이트된다.

여기에 원하는 타이틀을 한국어로 타입해보자. 새로운 텍스트가 뷰어에 나타나 보인다. 이때 파이널 컷 프로가 렌더링을 하는 몇 초의 시간이 걸릴 수가 있다.

참조사항

한글 텍스트 타입을 위해 한글 입력으로 바꾼 후 다시 영문 입력으로 바뀌는 것을 기억하자. FCPX는 한글 입력으로 될 경우, 단축키가 적용되지 않는다.

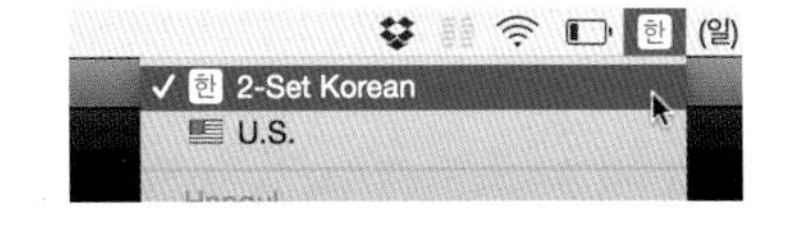

영어를 한국어로 바꾸는 방법(단축키 ⌘ + Space)
시스템 조절 창에서 Spotlight 단축키를 비활성화시키면 ⌘ + Space는 한국말 또는 영어로 선택하는 단축키로 된다. 즉, 스팟라이트 단축키를 한글 입력 교체 단축키로 바꾸는 것이다.

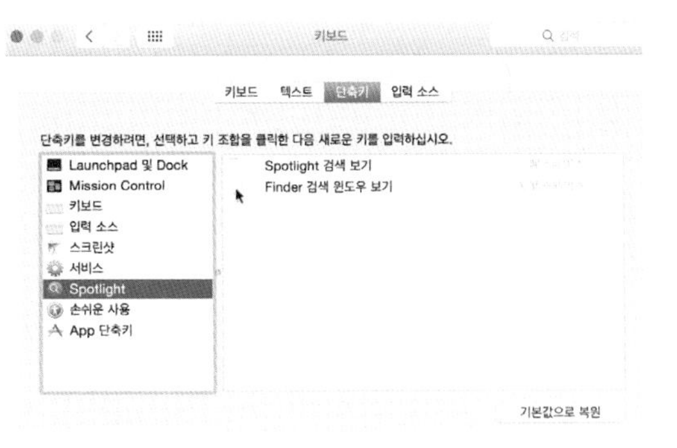

Unit 03 하단자막(Lower Thirds) 추가하기

우리가 프로젝트에 사용하는 가장 흔한 타이틀 중 하나는 lower third 스타일이다. 이는 스크린을 가로로 3등분했을 때 가장 아래 3분의 1 부분에 정보가 보이게 하는 스타일이다. 이때 정보는 화면에 보이지 않는 나래이터가 누군지, 화면에 보이는 리포터가 누군지, 이 장면에 나오는 배우들이 누군지를 알려주는 정보가 포함되어 있을 수 있다. 이러한 하단자막들은 대부분 NLE프로그램에서 하나의 카테고리로 가지고 있다.
Lower Thirds 카테고리를 살펴본 후 자신의 프로젝트에서 가장 적합한 인터뷰 클립 위에 적용해보자.

참조사항 타임라인에서 스키밍을 비활성화시키는 것이 정밀한 타이틀 작업을 할 때 도움이 된다.

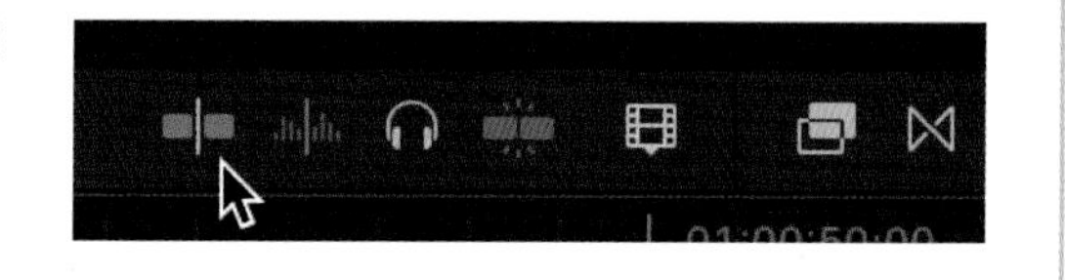

01 타임라인의 Interview2 클립 위 타임코드 01:00:55:08 지점에 플레이헤드를 위치시키자.

02 타이틀 브라우저의 Lower Thirds 카테고리에서 Splash - Left 타이틀을 선택하자.

03 Splash - Left 타이틀 클립이 Interview1 클립에 연결된 클립으로서 타임라인에 추가되었다.

플레이헤드를 새로 들어온 Lower Third 클립으로 가져가면 타이틀 클립이 뷰어 창에 보인다.

타이틀에 등장인물의 이름과 설명을 추가해넣자. Name과 Description의 글자 위를 더블 클릭하면 이를 편집할 수 있는 텍스트 박스가 보인다. 화면에 보이는 인물의 이름 "Irene Kim"을 이름을 넣는 칸에 타입해 넣고, 그의 직업인 "Art Director"를 설명을 넣는 곳에 타입해넣자.

뷰어 창의 오른쪽 위를 보면, 버튼이 보인다. 이를 클릭해 팝업 창을 열어보자. 팝업 창에서 Show Title/Action Safe Zone 옵션을 선택해 타이틀과 액션 세이프 존을 보이게 설정하자.

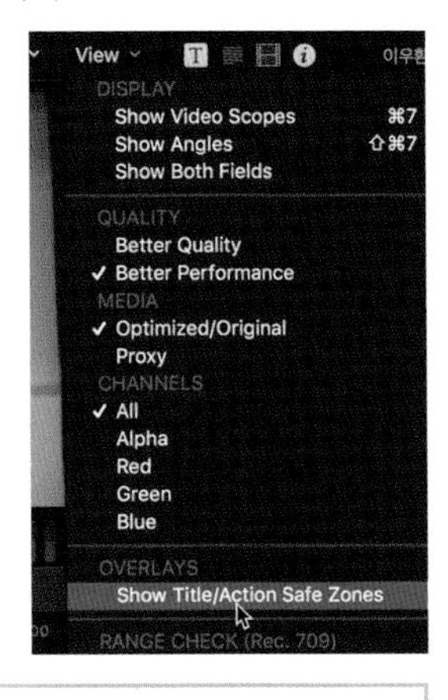

참조사항

적용한 타이틀의 글자 색을 바꾸려면 Text 인스펙터 탭 구간의 Face 구간에서 바꿀 수 있다.

타이틀 세이프 선이 보인다. 타이틀 세이프 선 안에 텍스트를 넣으면, 이 텍스트는 비디오가 방송이 될 때 어떤 경우에도 잘리지 않고, 모니터에 보인다. 글자가 이 선의 바깥으로 나가면 방송에서 그 글자가 잘려 보일 수도 있다.

Unit 04 액션과 타이틀을 안전하게 디스플레이하기 Title Safe/Action Safe

텍스트를 비디오와 함께 사용할 때 발생하는 문제점 중 하나는 그 텍스트가 추가된 이미지의 전체 모습이 늘 일정하게 위치하지 않는다는 것이다. 요즘의 디지털 방송 시스템에서도 이런 문제는 여전히 있기 때문에 전체 TV 화면에서 5%정도를 잘려도 상관없는 지역으로 지정한다. 그리고 바깥 가장자리에서 약 10% 정도를 타이틀 세이프(Title Safe)라고 하는데 모든 텍스트가 그 안에 항상 위치해있어야 한다. 하지만 컴퓨터 모니터로 보는 웹상의 비디오는 가장자리로부터 전체 화면을 다 보여주기 때문에 이런 문제점을 무시해도 된다.

프레임 안에 있는 두 개의 가이드라인

- **액션 세이프 Action Safe:** 모든 가장자리로부터 5퍼센트 안쪽에 있다.
- **타이틀 세이프 Title Safe:** 모든 가장자리로부터 10퍼센트 안쪽에 있다.

이 테두리들을 디스플레이하려면, 뷰어의 오른쪽 위 코너에 있는 스위치 모양 아이콘을 클릭하고, "Show Title/Action Safe Zones" 를 선택한다. 두 개의 박스가 화면에 디스플레이될 것이다. 액션 세이프(Action Safe)는 바깥쪽에 있는 박스이고, 타이틀 세이프(Title Safe)는 안쪽에 있는 박스이다.

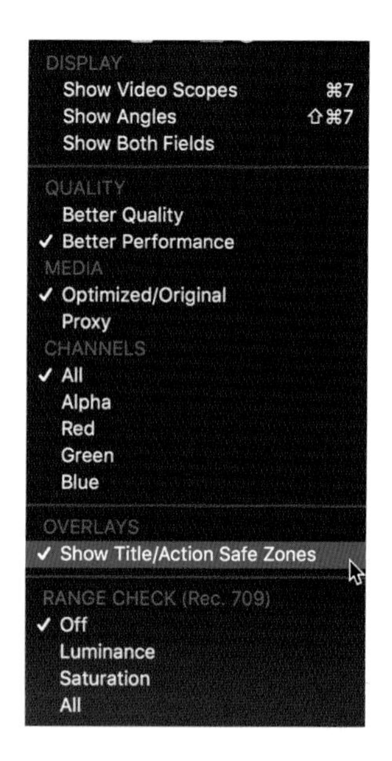

모든 중요한 액션, 연기자들, 세트, 그리고 동선들은 화면 가장자리의 5퍼센트 안쪽에 위치하는 액션 세이프 테두리 안에서 이루어져야 한다. 모든 중요한 그래픽, 로고, 전화번호, 이름, 타이틀 등의 모든 텍스트들은 가장자리의 10퍼센트 안쪽에 위치한 타이틀 세이프 테두리 안에서 위치하여야 한다.

액션 세이프(Action Safe), 타이틀 세이프(Title Safe)

방송 분야에서 이 세이프(Safe) 지역을 지키는 것은 필수이다. 따라서 방송용 프로그램을 타이틀 작업을 할때에는 이 타이틀 세이프(Title Safe)를 꼭 켜놓고 작업해야한다.

Unit 05 타이틀 수정하기 Modifying Titles

타임라인에 lower third를 추가했으면, 이제 이를 인스펙터 창에서 수정해보도록 하자. 인스펙터 창에는 브라우저 내 아이템들의 거의 모든 특성들을 수정하고 조절할 수 있는 숫자와 슬라이더들이 있다. 만약 사용한 텍스트의 사이즈와 컬러를 바꾸고 싶거나 글자와 백그라운드 사이에 그림자를 넣고 싶으면 인스펙터 창을 이용해서 이러한 변화들을 만들 수 있다.

01 타임라인에서 수정할 첫 번째 타이틀을 먼저 선택하자.

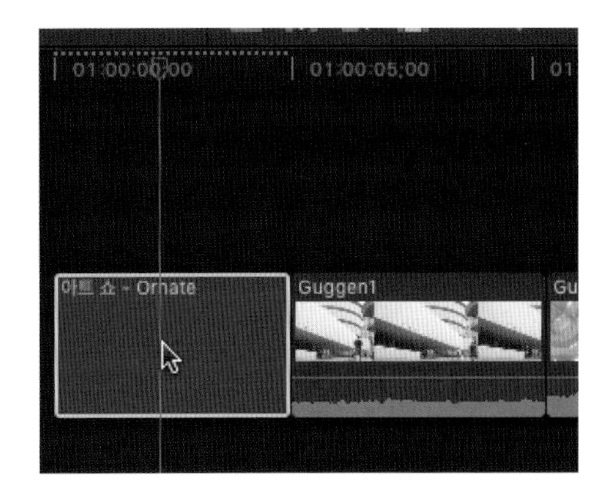

02 툴 바에서 Inspector 버튼을 눌러서 인스펙터 창을 연다. 인스펙터 창을 보면 다음과 같은 4개의 다른 섹션이 있다: 타이틀(Title), 텍스트(Text), 비디오(Video), 인포메이션(Info). 첫 번째 Title 구간을 확인하자. 시작과 끝에 있는 에니메에션 효과를 해제할수 있는 체크 마크가 보인다.

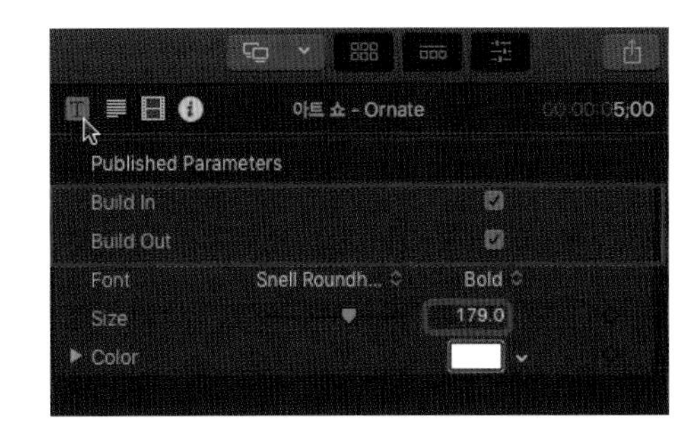

03 다음 구간에서 폰트의 스타일과 크기 그리고 컬러를 바꿀 수 있다. 아래의 셋업으로 바꾸고 결과를 뷰어 창에서 확인하자.

참조사항 타이틀의 글자 색상 바꾸기

타이틀이 글자 색상을 바꾸고 싶다면, 색상아이콘을 클릭하면 색상표가 열린다. 색상표에서 마우스 커서를 움직이면 뷰어 창에 타이틀의 글자 색상이 이에 따라 실시간으로 업데이트되어 보인다. 원하는 컬러를 마우스 커서로 클릭하면 타이틀 색상이 바뀐다.

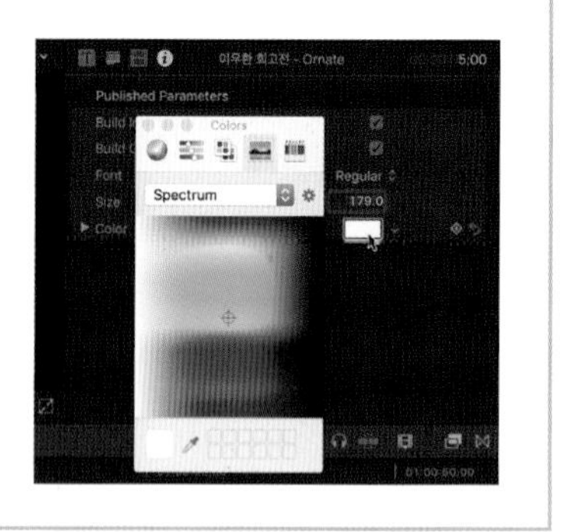

04 Text 구간 버튼을 누르고 좀 더 세밀하게 타이틀을 수정해보자. 다양한 조절 옵션들이 보인다. 첫 번째 란에는 Normal이라는 글자가 보이는데 이는 뷰어에 보이는 텍스트의 색상이다. 이 항목에는 여러가지 스타일이 조합된 폰트 컬렉션이 있다.

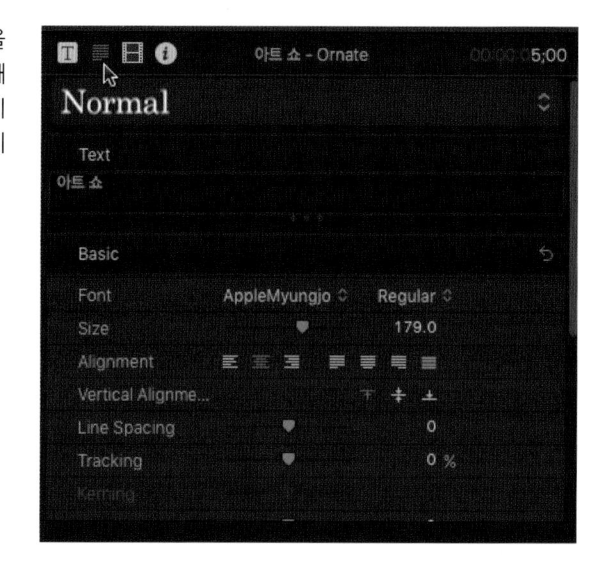

Normal이라 보이는 란을 클릭하면 폰트 스타일의 팝업 창이 뜬다. 다양한 스타일을 폰트들을 살펴보고, 메뉴 바깥의 아무 곳이나 클릭하면 이 메뉴 창은 닫힌다.

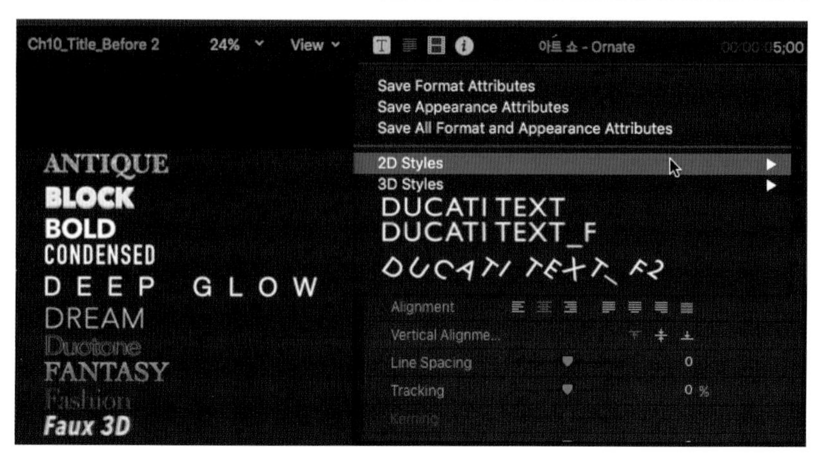

Normal 글자의 아래에 있는 칸은 텍스트를 넣을 수 있는 곳이다. 뷰어에서 텍스트를 바로 타입해서 넣을 수도 있으나 아래의 칸을 이용해서 텍스트를 추가하거나 수정할 수도 있다.

07 문단스타일 수정을 위한 파라미터들을 조절할 수 있다. Basic은 텍스트의 기본적인 구성요소들, 예를 들어, 글씨체(Font), 크기(Size), 베이스라인(Baseline)-클립안의 텍스트의 높이를 부분적으로 조절할 수 있다-등을 담고 있다. 각각의 파라미터의 가장 오른쪽에 위치한 버튼은 리셋(Reset)버튼이다. Reset Parameter를 클릭, 선택해 변경한 내용을 취소하고 디폴트 설정으로 다시 되돌릴 수 있다.

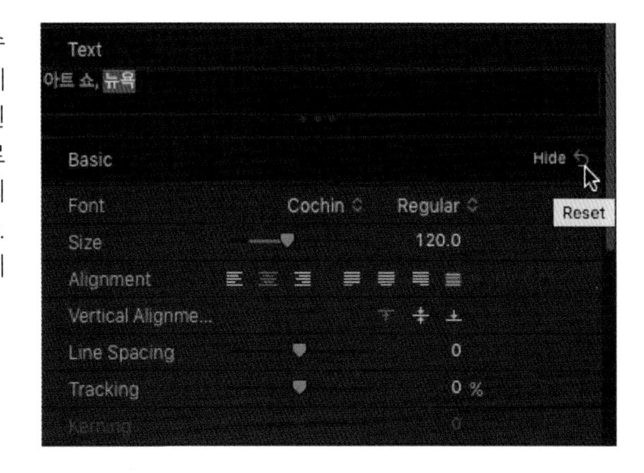

참조사항 나머지 옵션들에는 각각 Show/Hide 버튼들이 있는데 이 버튼들은 마우스 포인터를 파라미터의 이름 오른쪽에 놓으면 나타나 보인다. 글자의 색을 바꿀 때는 Face라는 섹션에서 컬러를 선택해야 글자의 색이 바뀐다.

Unit 06 범퍼 추가하기 Adding Bumpers

타이틀 브라우저는 범퍼(Bumpers)와 오프너(Opener)를 하나의 카테고리로 따로 담고 있다. 범퍼는 텔레비전 흔히 볼 수 있는데, 이는 쇼 시작 전이나 중간에 잠깐 장면전환 효과처럼 사용되는 짧은 텍스트 클립이다.

Guggen1 클립과 Guggen2 클립의 사이에 플레이헤드를 위치시키자.

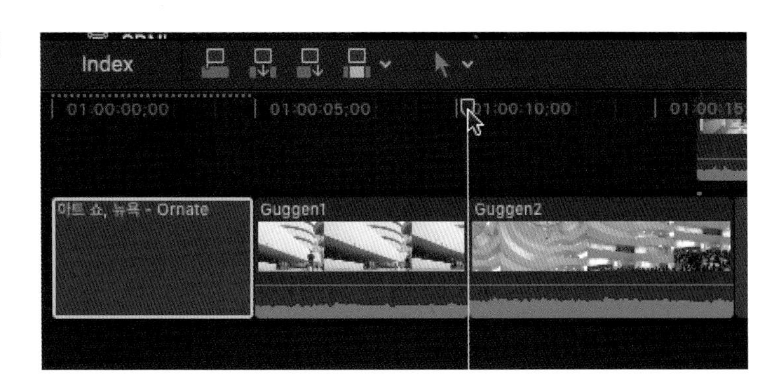

참조사항

뷰어 화면의 ㄴ처럼 생긴 아이콘은 화면에 보이는 프레임이 Guggen2의 첫 프레임을 표시하는 아이콘이다.

클립의 첫 프레임을 찾기가 힘들면 키보드 상의 위로 가기 화살표와 아래로 가기 화살표(클립과 클립 사이 편집점 사이를 이동하는 단축키)를 사용해 쉽게 첫 프레임을 찾을 수 있다.

02 타이틀 브라우저에서 범퍼/오프너(Bumper/Opener) 카테고리를 선택하고 몇개의 클립들을 스킴하면서 뷰어에서 이를 확인해보자. 그런 다음, 스크롤을 내리거나 검색창에서 이름을 검색해서 Splash-Ink Splats 찾아보자. Splash-Ink Splats을 찾았으면, 섬네일을 스킴해 이를 확인해본다.

03 인서트 단축키 W를 눌러 앞에서 선택한 범퍼, Splash-Ink Splats를 플레이헤드가 위치한 곳으로 인서트해보자.

참조사항 실수로 타이틀을 더블클릭하면, 타이틀이 플레이헤드가 위치한 곳에 인서트가 되지 않고, 연결된 클립으로 추가된다.

인서트된 범퍼를 클릭해 선택한다.

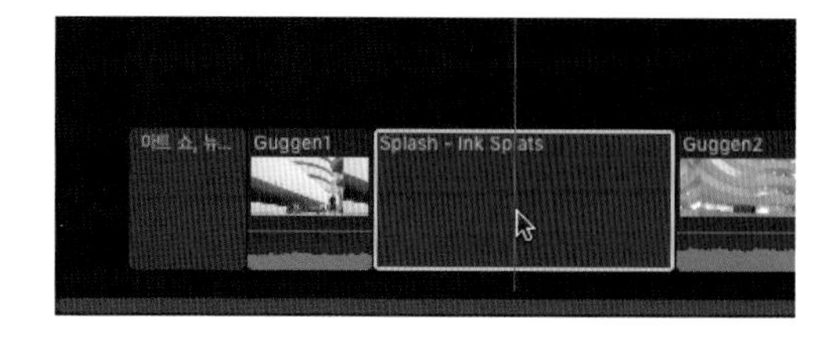

인스펙터 창에서 텍스트(Text) 탭을 클릭해 텍스트 창을 열자.

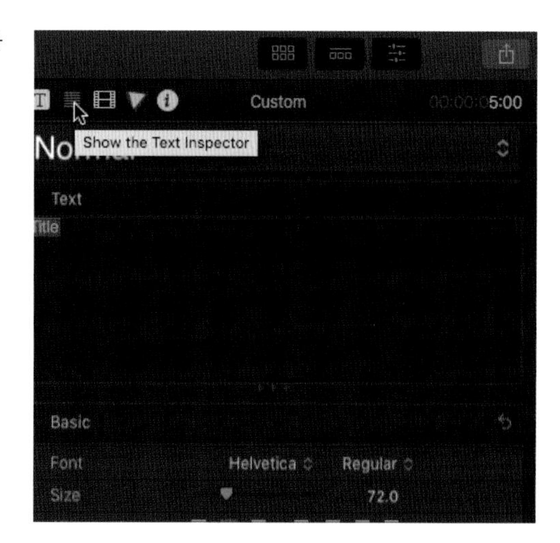

06

텍스트들이 나타날 때까지 Splash-Ink Splats 클립을 스킴해보자. 뷰어에서 Title 글자위를 더블 클릭하면, 글자를 편집할 수 있는 모드가 된다. 뷰어상에서 바로 원하는 타이틀을 타입해 넣거나, 인스펙터 창의 텍스트(Text) 섹션에서 타입해 넣으면 타이틀 글자가 Title에서 타입해 넣은 타이틀로 바뀐다.

인스펙터 창의 Text 섹션에 "Art Show"라는 새 타이틀을 타입해넣자. 이렇게 인스펙터 상의 텍스트 탭에서 새 타이틀을 타입해넣을 때, 뷰어에도 이가 동시에 업데이트되어 바로 확인할 수 있다.

뷰어에서 서브타이틀(Subtitle:부제)을 더블 클릭하고, “In New York” 라고 타입해 넣자.

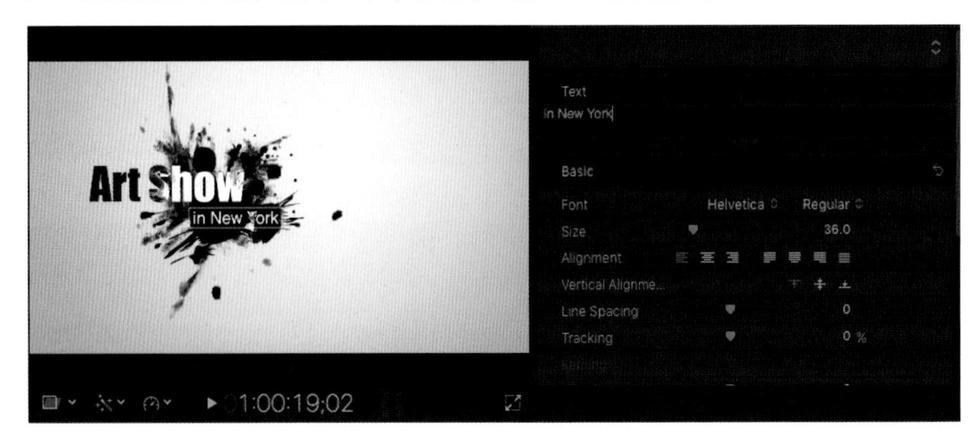

09 서브타이틀 Making Infinity의 글자의 크기를 키워보자. 인스펙터 상의 텍스트(Text) 탭을 보면 크기(Size)를 조절할 수 있는 슬라이더가 보인다. 이를 약 87까지 오른쪽으로 드래그해 글자의 크기를 키워 보자.

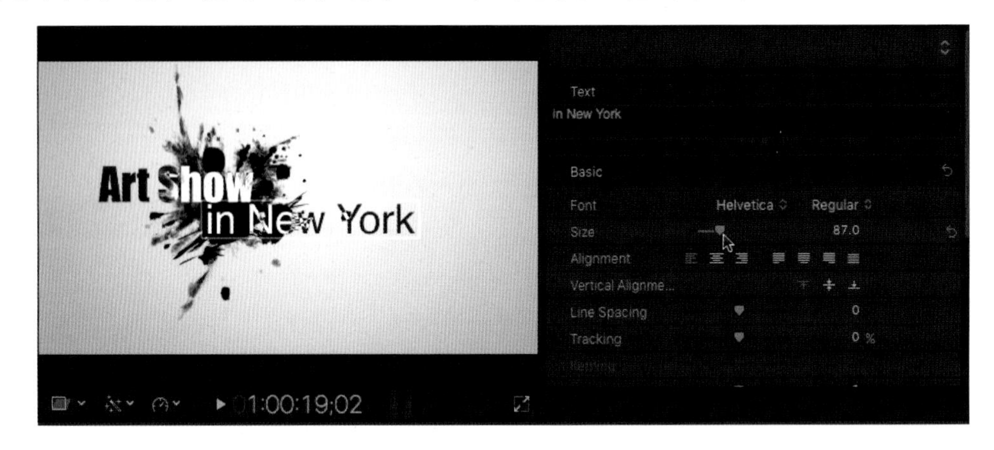

10 이제 서브 타이틀의 위치를 조정해보자. 마우스를 텍스트로 가져가면 흰 박스가 나타난다. 이를 클릭해 잡고 원하는 곳으로 드래그하면 글자가 이동한다.

참조사항 텍스트를 더블클릭하면 원형의 텍스트를 옮길 수 있는 아이콘이 생긴다.

다음과 같이 서브타이틀, "in New York"의 위치를 타이틀, "Art Show"의 오른쪽으로 이동시켜보자.

12 인스펙터에서 타이틀(Title) 탭을 클릭한다. 잉크 컬러(Ink Color) 오른쪽에 색깔이 보이는 곳을 클릭해, 색상 팝업 메뉴 창을 열어서 약간 어두운 푸른색을 선택해보자.

참조사항

비디오 클립들과 같이, 타이틀 클립도 이를 트리밍함으로써 또는 Ctrl + Click하고 팝업메뉴에서 Change Duration를 선택함으로써 타이틀의 길이를 변경할 수 있다. 또는 Ctrl + D를 누르면 된다.

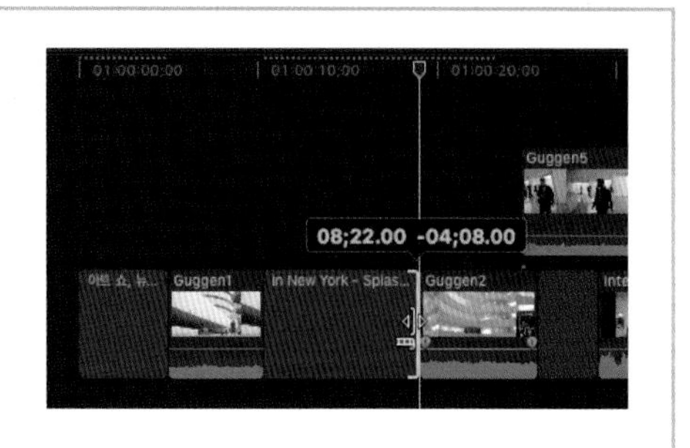

Unit 07 크레딧 추가하기 Adding Credits

타이틀 브라우저에 있는 다른 하나의 카테고리는 크레딧(Credits)이다. 주로 화면 위로 올라가는 엔딩 크레딧처럼 14개의 기본 크레딧 중 대부분이 애니메이션 효과도 같이 가지고 있다.

01 타임라인의 맨 마지막 부분에 플레이헤드를 위치시키자.

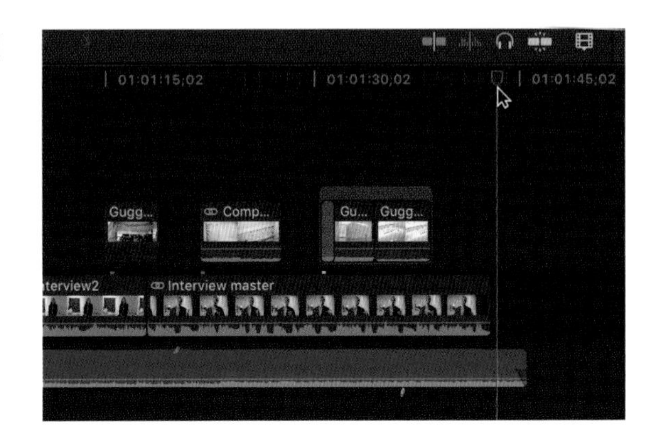

02 타이틀 브라우저의 크레딧(Credits) 카테고리에서 스크롤링(Scrolling) 타이틀을 선택하자. 선택한 스크롤링 타이틀을 더블클릭하자.

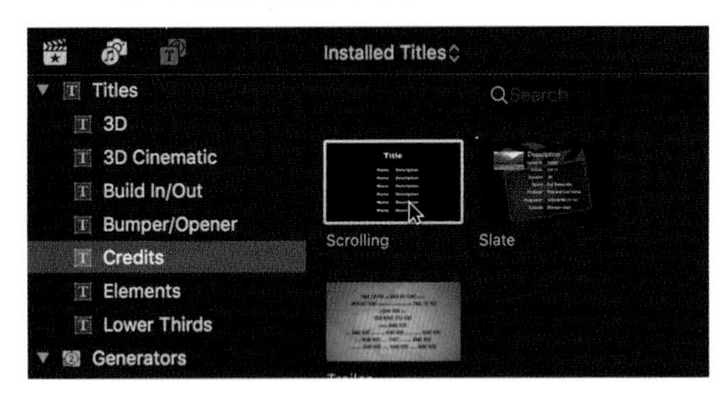

03 스크롤링 크레딧 타이틀이 타임라인의 맨 끝에 연결된 클립으로 추가되었다.

04 연결된 스크롤링 클립의 약간 앞쪽 부분을 클릭해 선택하자. 이유는 롤크레딧의 시작 부분을 뷰어 창에서 보이게 하기 위해서이다.

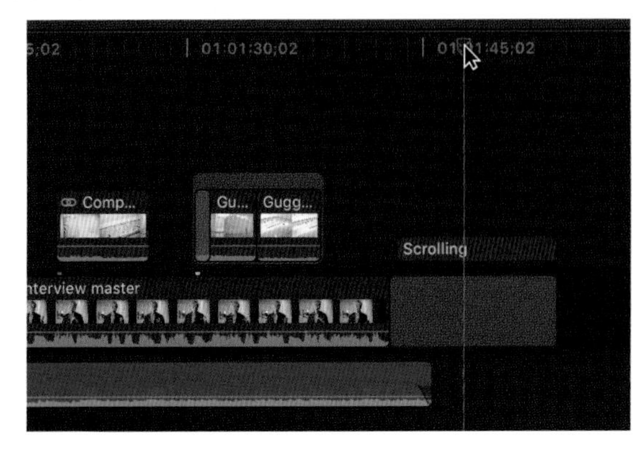

인스펙터 창에서 텍스트(Text) 탭을 연 후 타임라인에서 스크롤링 클립을 선택한 후, 뷰어에서 타이틀을 더블클릭하면 타이틀 글자를 편집할 수 있는 모드가 된다. 크레딧들을 타입해서 넣자. 만약 인스펙터의 텍스트 구간이 작으면 그 구간을 아래로 드래그해서 넓혀주자.

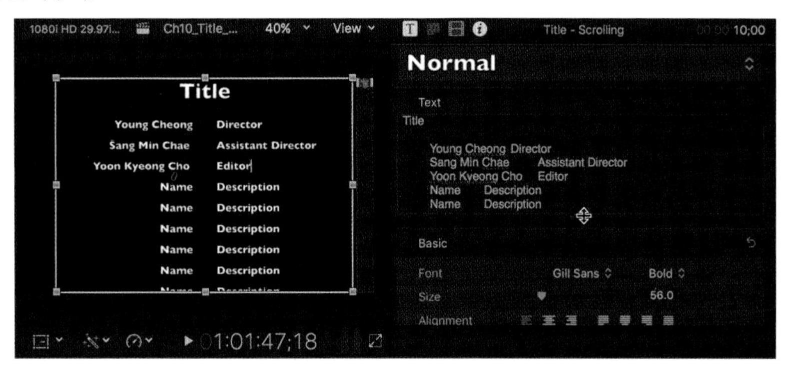

참조사항 **스크롤링에 크레딧 텍스트를 추가하기**

대부분의 파라미터들은 수정 가능하다. 예를 들어 타이틀 인스펙터에서 색상을 조정하고, 텍스트 인스펙터에서 폰트를 선택할 수 있다. 또한 텍스트 탭에서는 크레딧 리스트에 더 많은 라인들을 추가할 수가 있다.

텍스트 인스펙터에서, 크레딧 리스트의 맨 아래까지 스크롤을 내려보자. 마우스 커서를 가장 마지막 단어, Description에 놓고 Return을 누른다. 이 상태에서 키보드에 있는 탭(Tab) 키를 누르면, 마우스 커서가 위에 있는 라인들의 줄에 맞춰 이동한다.

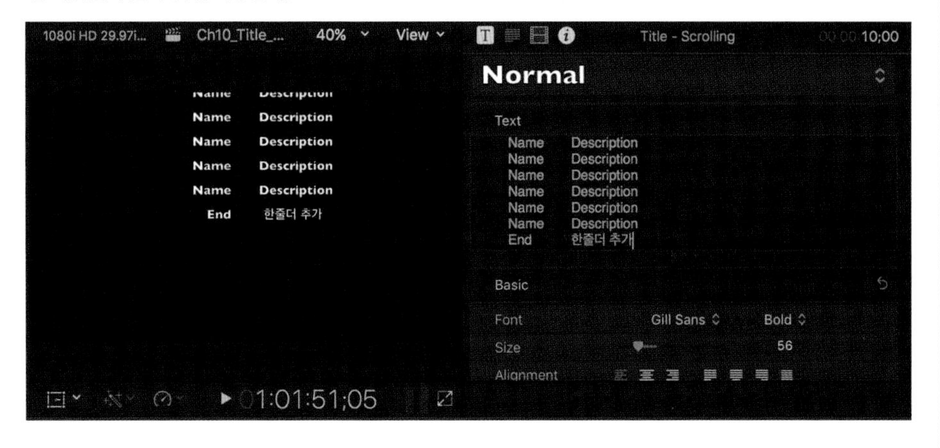

참조사항 **스크롤링에 크레딧 속도 조절하기**

이 스크롤 크레딧 클립의 길이를 조절하면 스크롤링 속도가 바뀐다. 글자의 속도를 빠르게 하고 싶으면 길이를 줄이고, 천천히 하고 싶으면 스크롤 클립의 길이를 늘리면 된다.

Unit 08 인덱스 창에서 타이틀 텍스트 관리하기

파이널 컷 프로 X의 매우 유용한 기능 중 하나는 타이틀 텍스트를 찾아서 안에 있는 내용만 쉽게 변경할 수 있는 것이다. 이 기능은 하나의 개별 타이틀을 대상으로도 가능하고 하나의 프로젝트 안에 존재하는 모든 타이틀을 대상으로도 가능하다.

01 프로젝트 인덱스를 확인해보자.

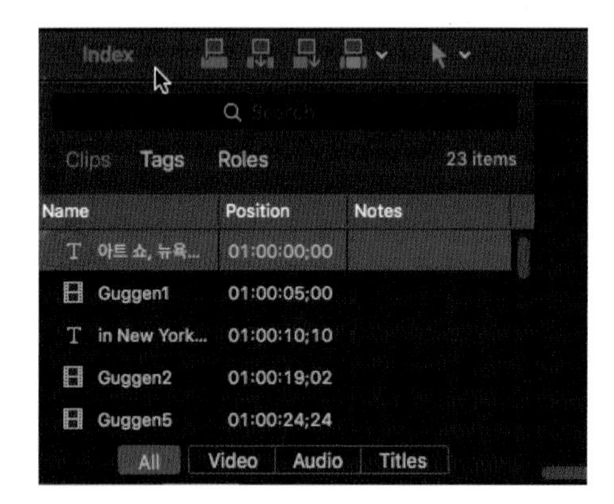

02 인덱스 창 아래에 보이는 Titles 탭을 클릭하자. 인덱스 창 안에 타이틀만 보이게 된다.

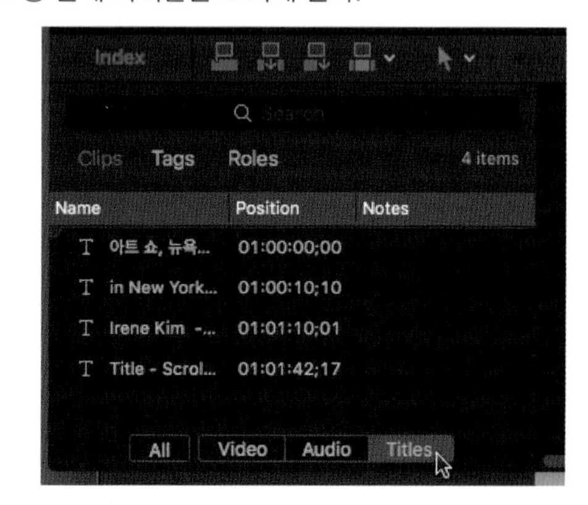

03 세 번째에 보이는 타이틀을 선택하면, 타임라인 상에 맨 마지막에 위치한 타이틀이 밝은 회색으로 하이라이트되어 보인다.

04 키보드 상의 Delete를 누르면 해당 타이틀이 지워진다. 타이틀은 하나의 클립처럼 사용되는 이를 지우는 방법도 일반적인 클립을 지우는 방법과 동일하다. 타이틀 클립을 클릭하고, Delete키를 누르면 타이틀 클립이 삭제된다.

 Undo(⌘ + Z) 해서 지운 타이틀을 되 살리자,

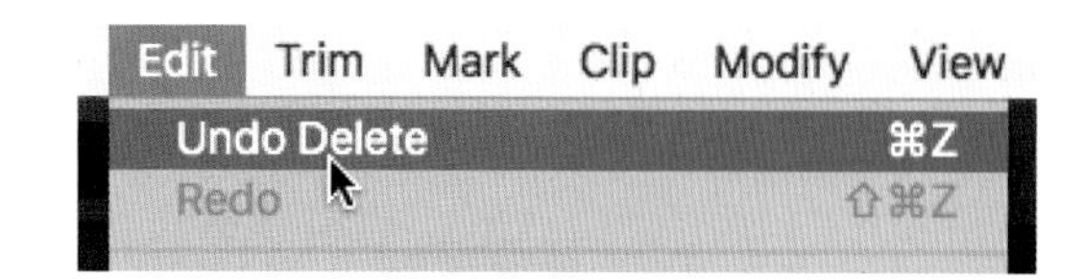

Unit 09 타이틀 텍스트 찾아서 내용만 교체하기

타이틀 클립에 있는 모든 텍스트는 Search 모드를 사용해서 분석하여 찾을 수 있다.

 뷰어 창에서 세번째 타이틀에 있는 'Irene Kim' 글자 부분을 선택한다

 메뉴에서 Edit 〉 Find and Replace Title Text를 선택해준다.

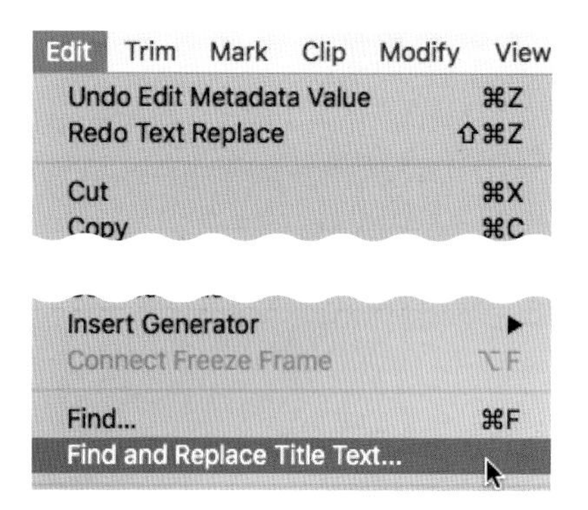

 타이틀 찾기 창에서 아래와 같이 내용을 적용한 후 리플레이스(Replace) 버튼을 누르자.

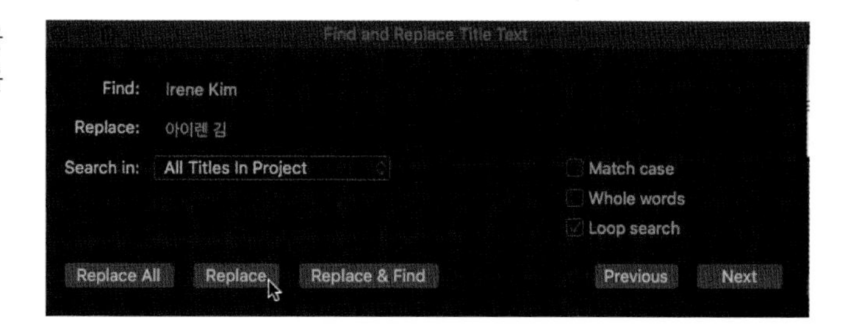

 적용한 것을 확인하고 만약 하나 이상의 같은 타이틀을 모두 바꾸고 싶은 경우 Replace All을 사용하고 하나씩 확인하며 바꾸고 싶은 경우 Previous, Next를 활용하여 하나씩 눈으로 확인하면서 바꿀 수 있다.

Section 03 제너레이터 사용하기

Unit 01 제너레이터 브라우저

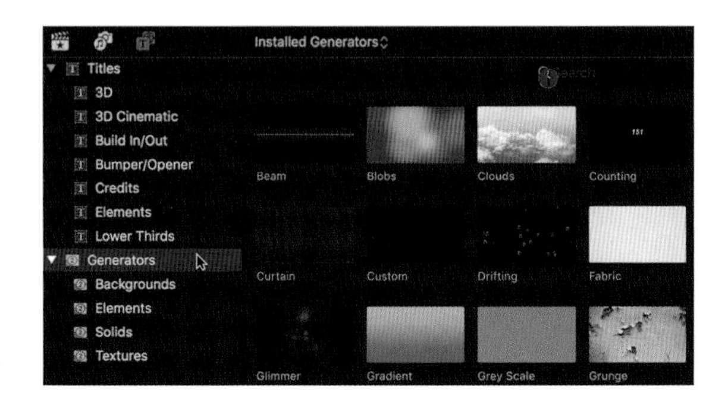

제너레이터(Generators)는 파이널 컷 프로 X 에서 백그라운드 이미지나 이미지 형태(shape)등으로 사용하는 특별한 클립들로서 타이틀과 같이 카테고리로 나누어진 Generators 브라우저에 있다.
미디어 브라우저에 위치한 제너레이터 브라우저는 모든 사용 가능한 제너레이터 클립들을 담고 있다. 이 클립들은 왼쪽의 카테고리들을 이용해서 확인할 수 있고, 브라우저의 맨 아래에 위치한 검색창에서 원하는 제너레이터의 이름을 검색해 찾을 수 있다.
이 아이템들은 아래 Backgrounds, Elements, Solids, Textures 카테고리로 나누어진다.

1 **백그라운드Background:** 배경화면이란 말 그대로 텍스트나 알파 채널 비디오의 효과를 이용해서 백그라운드 이미지로 사용되는 클립들을 일컫는다. 정지화면과 애니메이션이 들어가 있는 백그라운드 이미지가 있다.

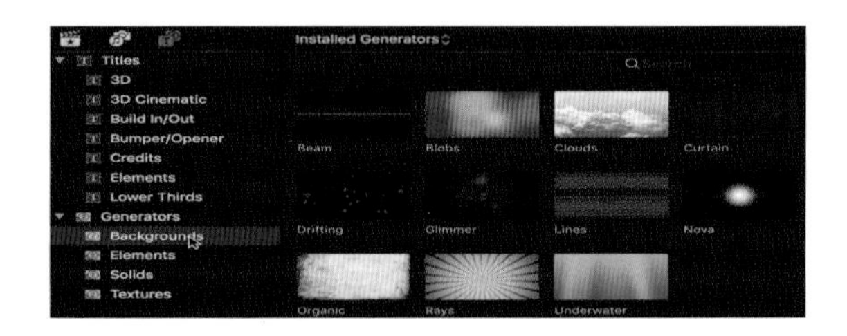

2 **Elements:** 다른 종류의 아이템들을 담고 있다. 플레이스홀더(Placeholder)는 프라이머리 스토리라인이나 다른 스토리라인에서 갭을 메우는 클립처럼 기능한다. 다른 세 개의 아이템들은 클립들의 맨 위에 레이어드를 하거나, 타임라인에서 독립적으로 존재할 수 있는 클립들이다. 예를 들어, 어떤 비디오의 맨 앞에 Counting 클립을 넣으면, 비디오가 시작하기 전 10부터 1까지 카운트다운을 하는 화면을 보여준다.

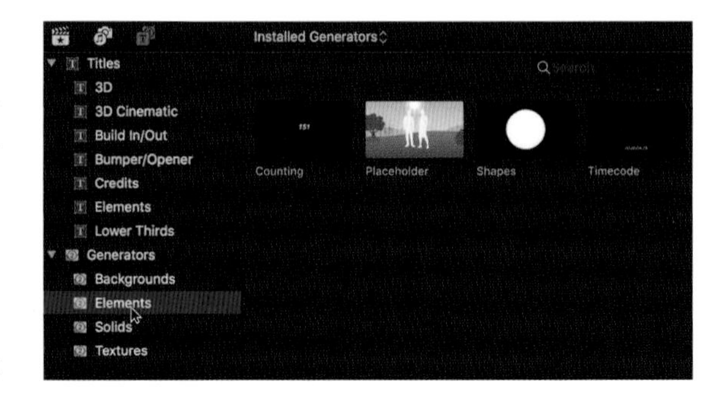

- **Counting:** 카운트 다운을 만드는 클립으로, 숫자를 역으로 셀 수도 있고, 무작위로 셀 수도 있고, 숫자를 세는 스피드도 원하는 대로 조절할 수 있다(소수자리의 숫자는 세지 않음). 이 클립은 또한 어떠한 클립이든, 클립들의 그룹이든 그 위에 겹쳐넣을 수 있다.
- **Placeholder:** 플레이스홀더는 프로젝트의 클립을 아직 넣지 않은, 어떠한 길이든 빈 공간에 들어가 원하는 클립을 채워넣을 때까지 이 공간을 홀드해준다. 이는 대부분의 경우, 원하는 클립을 아직 슈팅하지 못했거나 이펙트 클립을 아직 만드는 중에 있을 때 많이 사용한다. 플레이스홀더 클립은 사람의 숫자나 어떤 타입의 샷인지도 설정 가능하다.
- **Shapes:** 12가지 모양의 옵션이 있어 원하는 모양을 선택할 수 있고, 테두리도 원하는 대로 넣을 수도, 지울 수도 있으며, 어떤 색상이든 원하는 대로 설정할 수 있고, 그림자를 넣을 수도 있고, 넣지 않을 수도 있다.
- **Timecode:** 프로젝트 위에 시간을 알려주는 타임코드를 연결하거나 인서트할 수 있다.

3 **Solids:** 솔리드 카테고리는 매트(matte) 색상들을 포함하고 있다. 이 클립들은 백그라운드와 같이 어떤 것의 아래에 보인다. 이는 텍스쳐 카테고리의 6개의 아이템에도 해당된다.

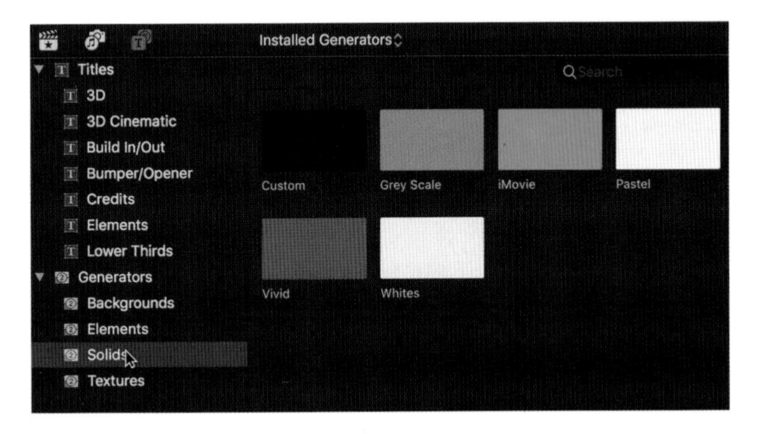

4 **Textures:** 텍스쳐는 12개의 다른 이미지들을 담고 있는데, 각각의 이미지들은 조절 가능한 설정을 가지고 있다. 이 이미지들은 텍스트를 위한 백그라운드로 가장 많이 쓰인다.

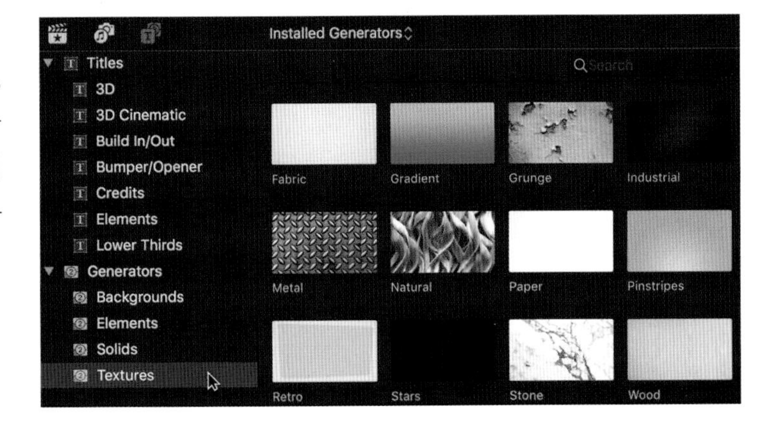

Unit 02 제너레이터 사용방법

제너레이터는 프라이머리 스토리라인의 메인 클립으로 또는 연결된 클립(Connected Clip) 또는 두 번째 스토리라인(Secondary Storyline)으로 사용할 수 있다.
제너레이터를 추가하는 방법은 더블클릭하는 방법과 드래그하는 방법으로 나뉜다.

1 제너레이터를 브라우저에서 더블클릭하는 경우

- 제너레이터를 프라이머리 스토리라인에 플레이헤드가 위치한 곳에 인서트하고, 다른 클립들을 이동시킨다.

2 제너레이터를 브라우저에서 타임라인 클립으로 드래그하기

- 스토리라인의 밖으로 드래그하면, 제너레이터를 연결된 클립으로써 위치시킨다.
- 스토리라인의 두 클립들 사이로 드래그하면, 타이틀을 인서트하면서 다른 클립들을 이동시킨다.
- 클립의 위로 드래그하면, 팝업 메뉴가 뜨는데 팝업 메뉴의 옵션들 중 선택된 명령에 따라 해당 클립은 제너레이터로 교체된다.

01 타임라인 제일 마지막에 있는 제너레이터 브라우저를 열고 텍스쳐(Textures) 카테고리에서 플로트(Float)를 선택하자. 스크롤링 텍스트 밑의 까만 갭을 선택하자. 이 스크롤링 텍스트의 백그라운드는 까만 바탕에 갭 클립이지만, 이 갭 클립을 플로트 백그라운드로 대체해 보겠다.

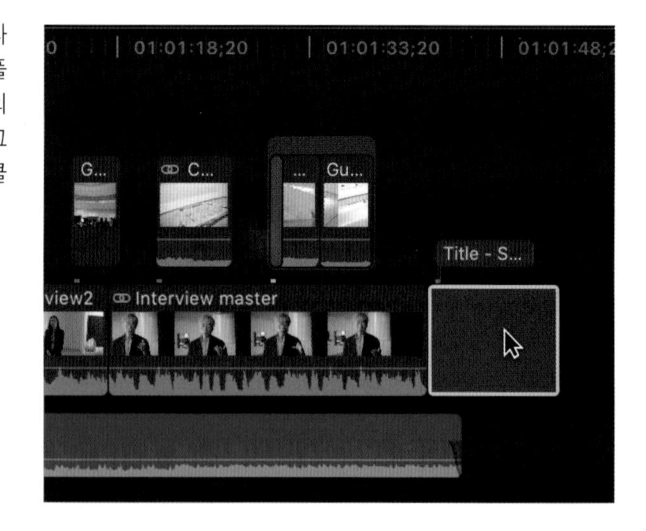

02 플로트 백그라운드를 선택한 후 해당 클립을 타임라인의 갭 클립 위로 드래그 해보자.

03 클립 대체하기 창이 뜨면 구간의 길이를 유지하는 Replace From Start를 선택하자.

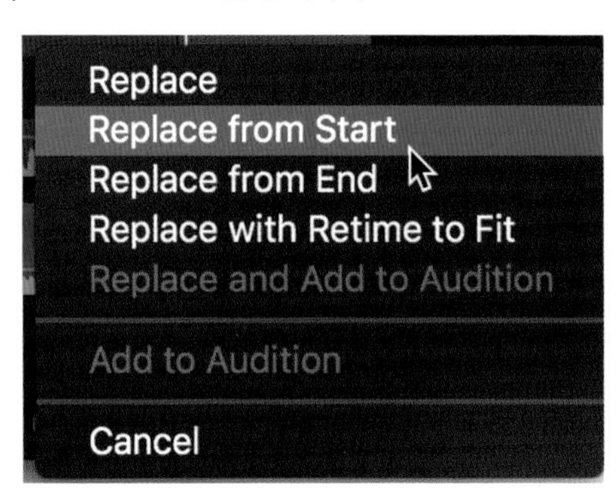

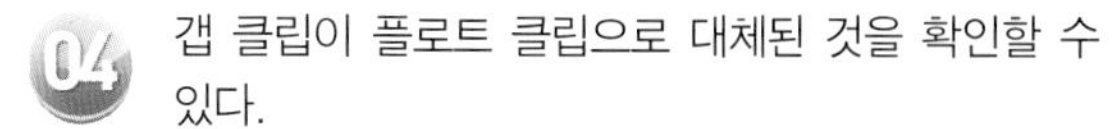

04 갭 클립이 플로트 클립으로 대체된 것을 확인할 수 있다.

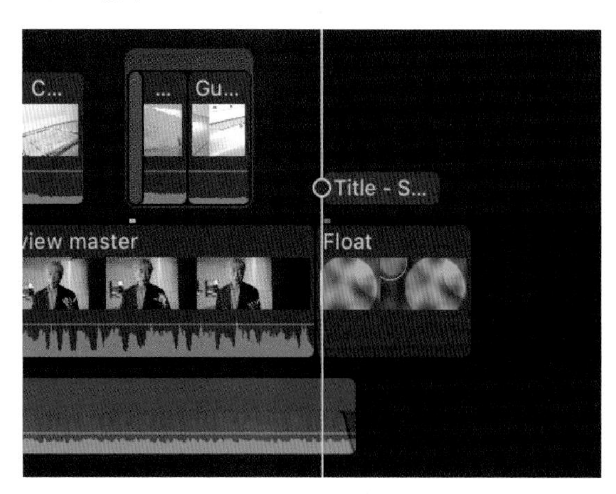

05 플로트 백그라운드 클립을 위에 있는 롤 크레딧 클립의 길이만큼 줄여 주자.

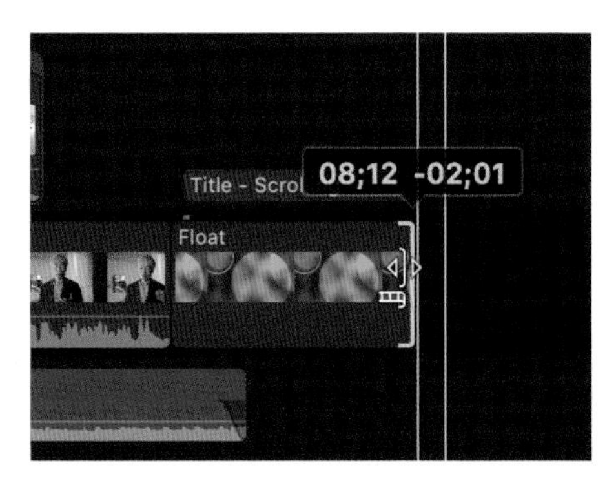

06 뷰어 창을 확인해 보면, 타이틀 뒤 배경화면으로 플로트 백그라운드가 보인다.

주의사항 **더블클릭했을 때 제너레이터 클립과 타이틀 클립의 다른 점**

제너레이터는 주로 백그라운드로 쓰이기 때문에, 제너레이터 클립을 더블클릭하면 프라이머리 스토리라인에 넣어지고 타이틀 클립은 더블클릭하면 프라이머리 클립에 연결이 된다. 참고로 제너레이터를 삭제하고 싶으면 선택한 후 Delete 키를 누르면 된다.

Unit 03 모션 Motion 에서 제너레이터 수정하기

제너레이터나 이펙트, 타이틀은 Motion 5에서 더 세밀하게 수정할 수 있다.
제너레이터를 모션으로 보내려면 Ctrl + Click하고 "Open a copy in Motion"을 메뉴에서 선택해준다. 모션이 열리면, 어떤 변화든 원하는 대로 바꾸고 변화된 내용을 저장한다.

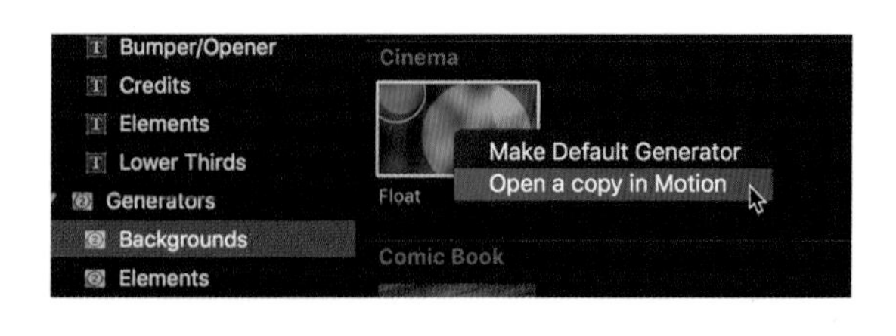

저장된 클립은 자동으로 이 클립을 불러왔던 브라우저에 다시 뜬다. 추가적으로 클립을 더 변경하고 싶으면, 저장된 클립을 다시 모션에서 열고 수정하면 된다. 그러나 이때는 다시 FCPX를 열 때까지 해당 제너레이터가 업데이트되지 않는다.

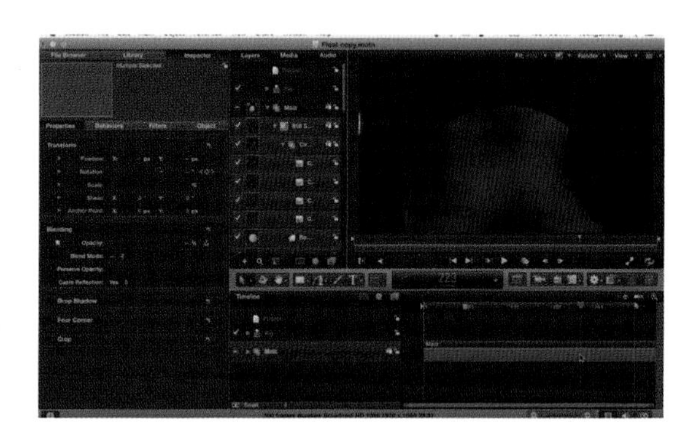

또한, 사용자가 지정한 제너레이터 이펙트를 지우고 싶으면, Reveal in Finder를 통해 하드드라이브의 디렉토리에서 Movies 〉 Motion Templates 〉 Generators 안에서 불필요한 제너레이터를 삭제하면 된다.

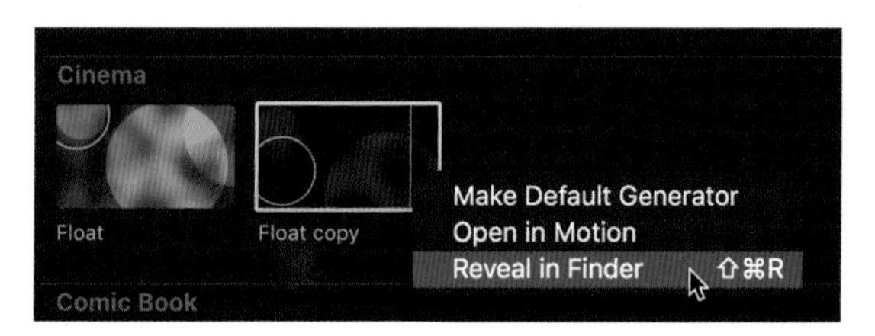

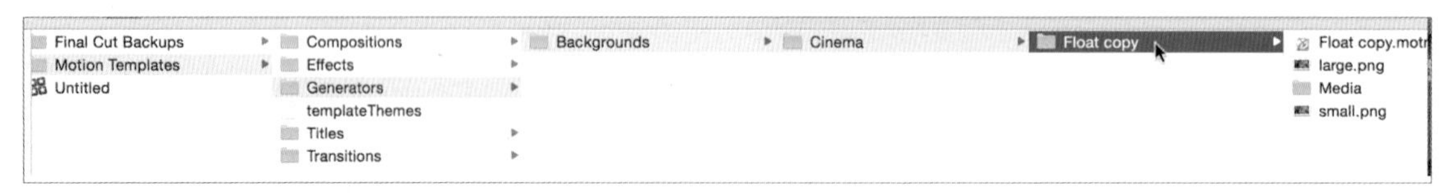

Section 04 제너레이터 안의 타이틀 템플릿

Template

파이널 컷 프로 X에서 한두 개의 클립이 아니라 여러 스타일의 이펙트들과 애니메이션, 타이틀, 필터 효과 등이 복합적으로 하나의 패키지 파일로 구성된 클립들이 있다.
이 클립들을 가장 쉽게 정의하면 여러 개의 레이어가 있는 하나의 템플릿 파일이라고 생각하면 된다. 정해진 효과와 레이아웃 안에서 제한적인 변화를 줄 수 있고, 주로 내용만 업데이트하는 경우가 대부분이다. 다른 이펙트들과 마찬가지로 마우스를 테마 아이콘 위로 가져가면 뷰어 창에서 미리보기할 수 있다.

01 프로젝트의 마지막 부분에 플레이헤드를 위치시키자.

02 Titles 카테고리의 Tribute 섹션의 Push 타이틀을 더블클릭하자. Push 클립이 타임라인에 추가되었다.

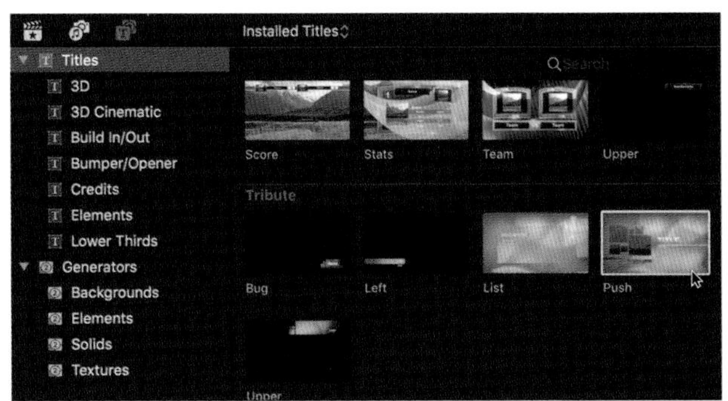

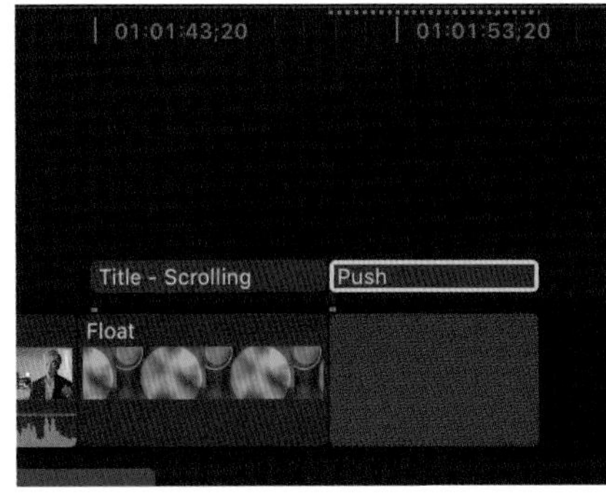

03 추가된 Push 클립을 선택 후 타이틀 인스펙터를 보면 드롭 존(Drop Zone)이 있다. 이미지를 클릭하면 소스 클립을 선택할 수 있다는 글이 드롭 존 아이콘의 옆에 보인다.

04 드롭 존 아이콘을 클릭하면 이미지를 Push 클립에 추가할 수 있는 편집 모드로 바뀌면서 뷰어의 창이 두 개로 보인다.

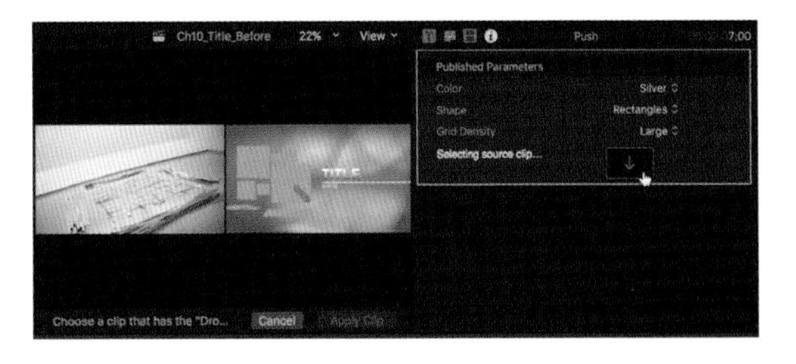

클립이 있는 브라우저 창 또는 타임라인에서 Push 클립에 넣고 싶은 프레임이 있는 Guggen6 클립을 클릭해 프레임을 선택하자.

뷰어 창의 아래에 보이는 Apply Clip 버튼을 클릭하면 선택한 이미지 프레임이 Push 클립에 적용된다.

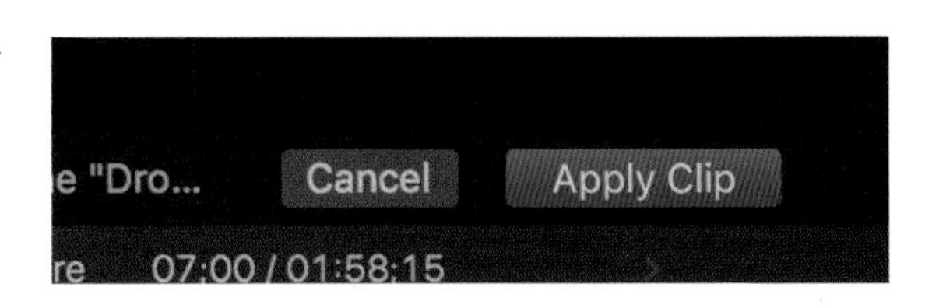

뷰어 창의 아래에 보이는 Apply Clip 버튼을 클릭하면 선택한 이미지 프레임이 Push 클립에 적용된다.

Section 05 3D 타이틀

3D Title

파이널 컷 X의 3D 타이틀은 방송용으로도 사용할 수 있는 상당한 수준의 3D 텍스트 효과를 보여준다. 다른 편집 프로그램에 보통으로 지원되는 저급한 3D 효과가 아닌 실전용 강력한 효과를 거의 실시간으로 플레이하면서 그 효과를 확인할 수 있다. 정지된 3D 타이틀 효과뿐만이 아니라 에니메이션 효과, 그리고 타이틀 표면에 입힐 여러 가지 텍스쳐, 그림자나 특별한 무드를 만들 수 있는 라이팅 효과를 같이 지원하기 때문에 활용법은 무궁무진하다.

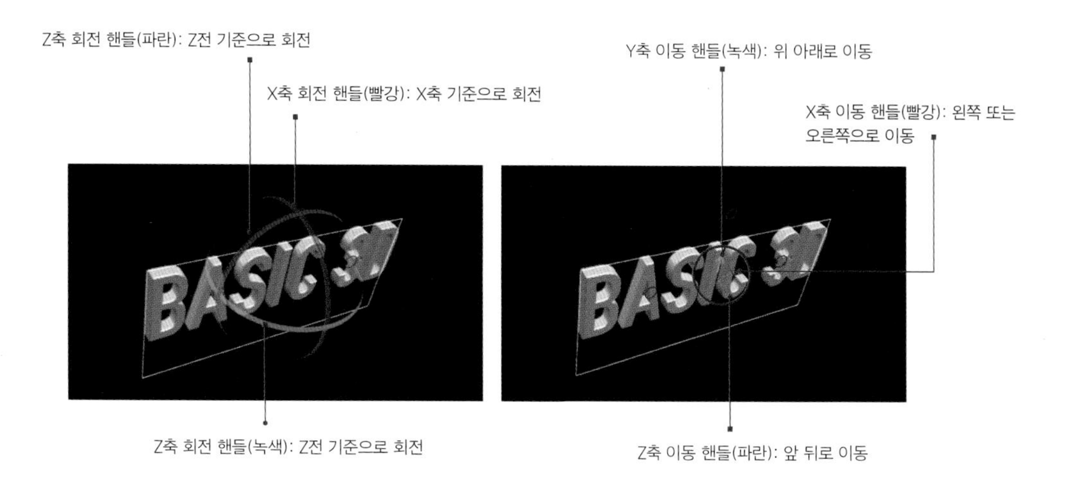

Unit 01 기본 3D 타이틀

01 3D 타이틀 섹션에서 Basic 3D를 더블클릭해서 타임라인에 가져오자.

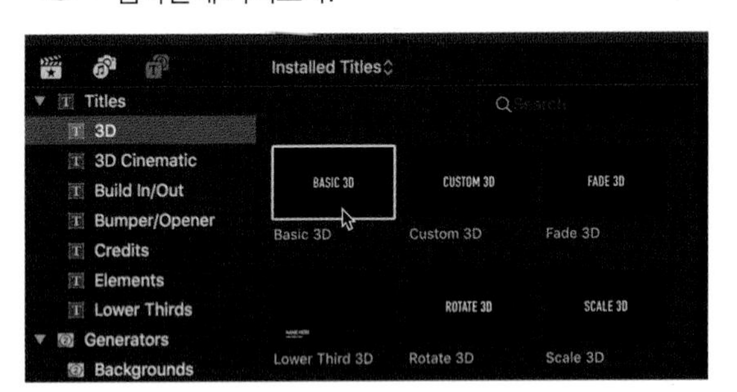

타임라인에서 추가한 Basic 3D를 선택하자.

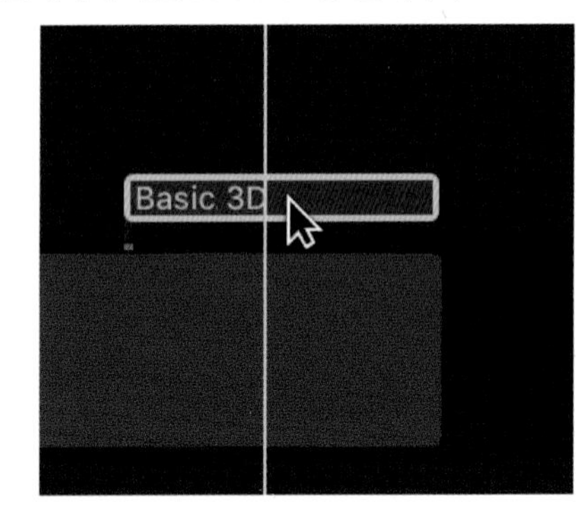

03 텍스트 창에서 내용을 The End로 바꾸자.

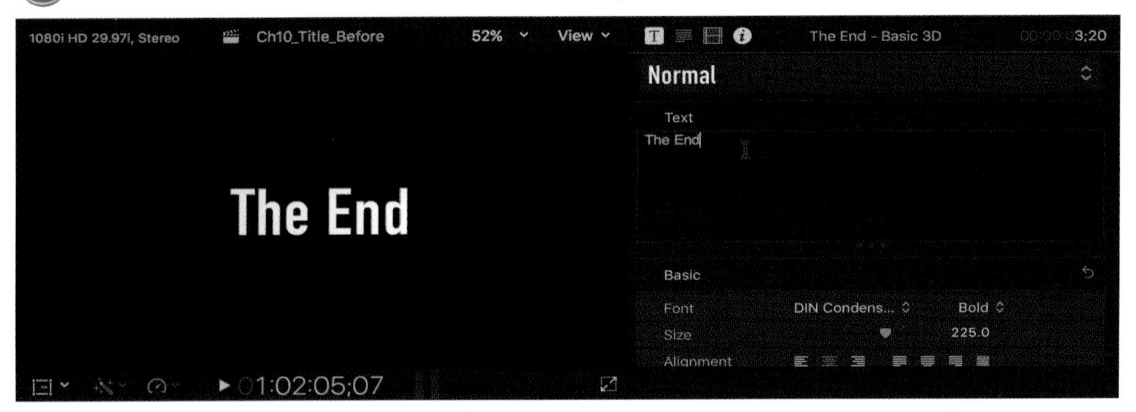

04 Y(Red)축을 잡고 약간 회전시켜보자. 선택된 회전 축은 노란색으로 활성화된다.

회전 축에 마우스를 갖다대면 XYZ 모든 축이 활성화된다. 아래의 그림과 유사하게 타이틀을 회전시켜보자.

인스펙터 창에 있는 3D Text 섹션에서 Depth를 올려서 글자 두께를 두껍게 설정해보자.

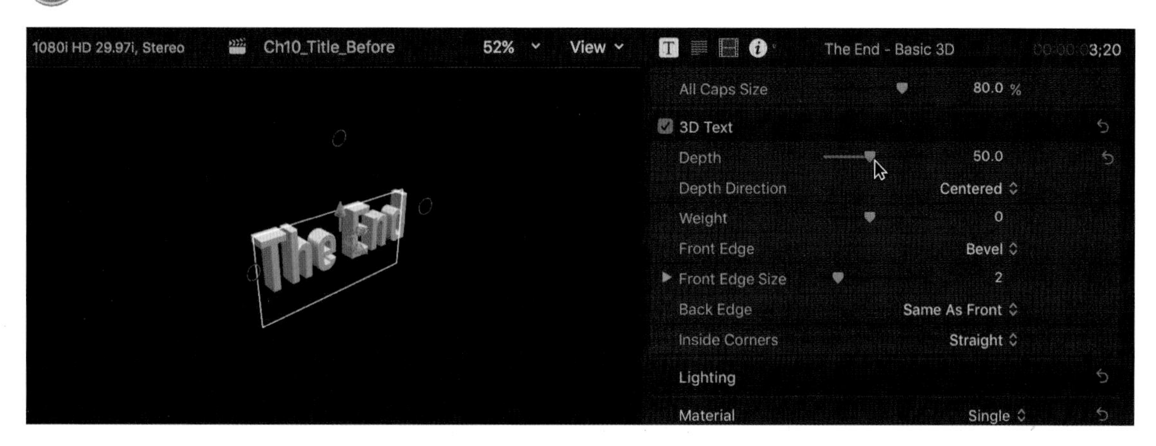

07 Weight 를 통하여 글자를 더 무거운 폰트로 보이게 만들어보자.

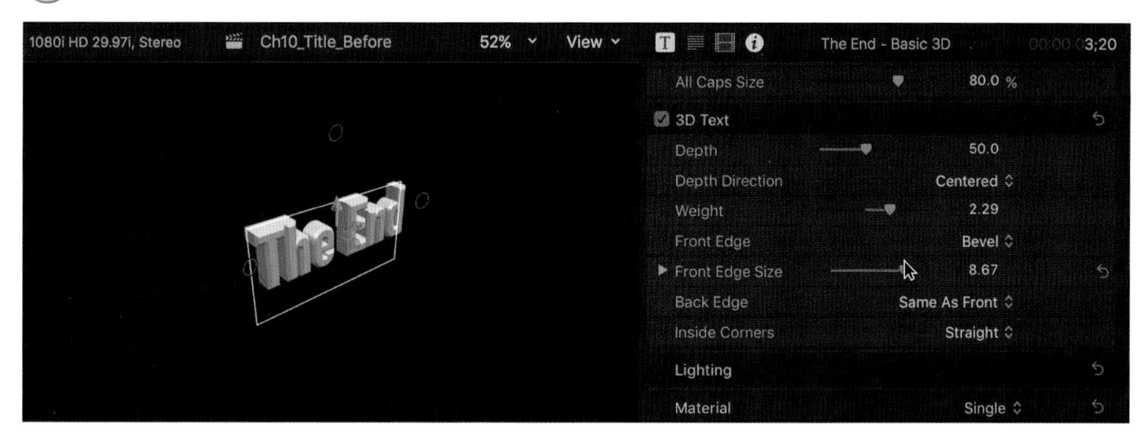

08 마지막으로 Front Edge를 Round로 설정하여 글자 모양을 부드럽게 만들어보자.

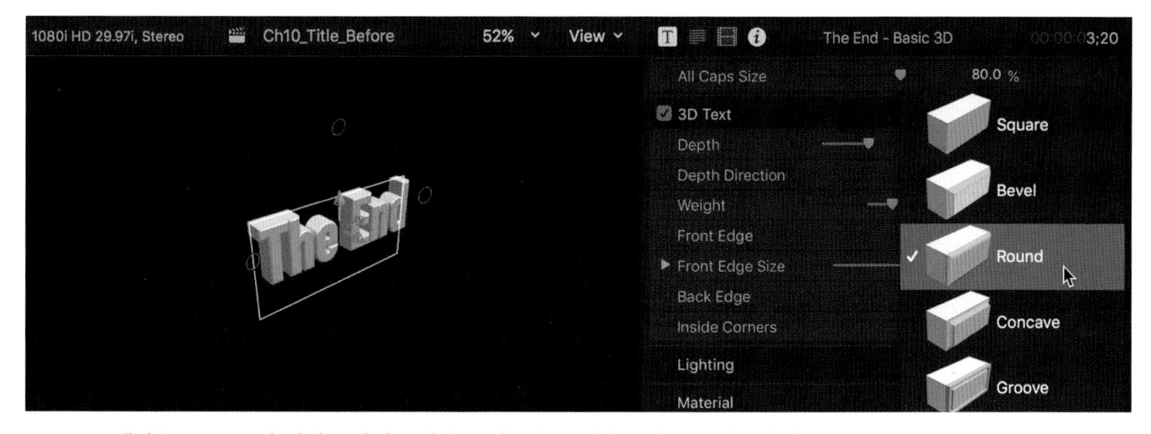

3D Text 섹션은 2D Text와 달리 글자의 모양과 두께 등을 조절하는 기능을 갖고 있다.

Material을 바꿔보자.

10 Material-Wood에서 Ash로 바꿔보자.

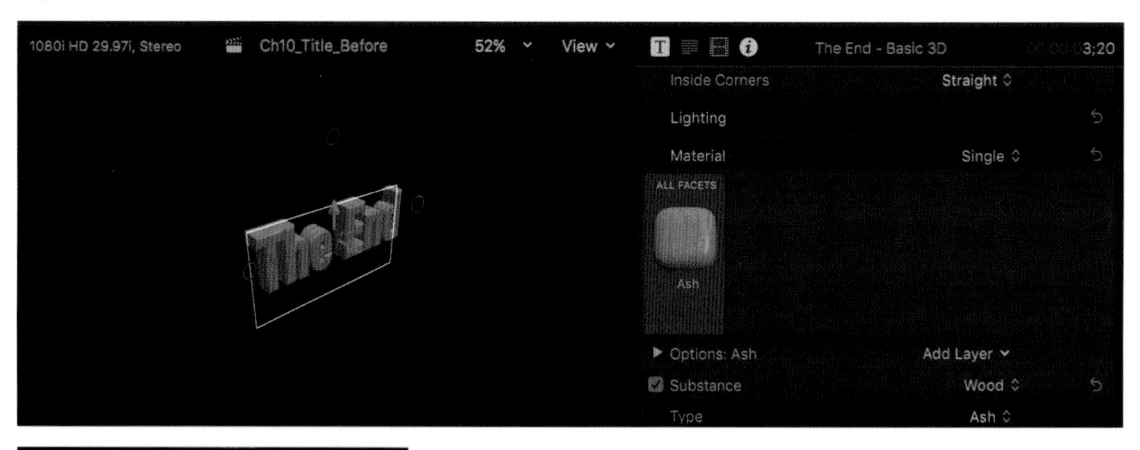

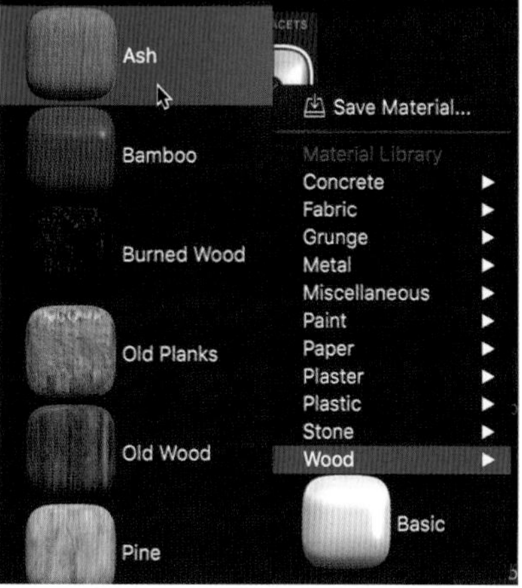

Lighting을 Standard에서 자기가 원하는 소스로 바꿔보자. 여기서 저자는 Above로 설정해보았다.

Unit 02 3D 타이틀 애니메이션

3D 타이틀은 기본적으로 10개의 애니메이션 스타일을 선택할 수 있다. 적용된 애니메이션 스타일도 언제든지 비활성화시킬 수 있다. 또는 시작점과 끝점에서의 애니메이션을 분리해서 적용할 수도 있다.

타이틀 탭을 클릭해서 애니메이션 스타일이 보이게 하자.

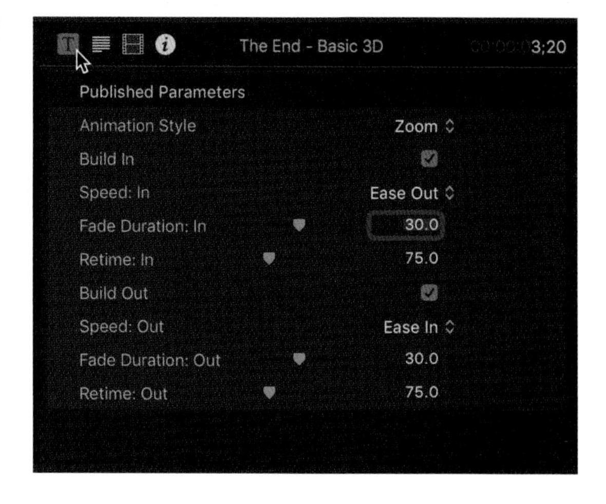

애니메이션 스타일을 Track In and Out으로 바꿔보자.

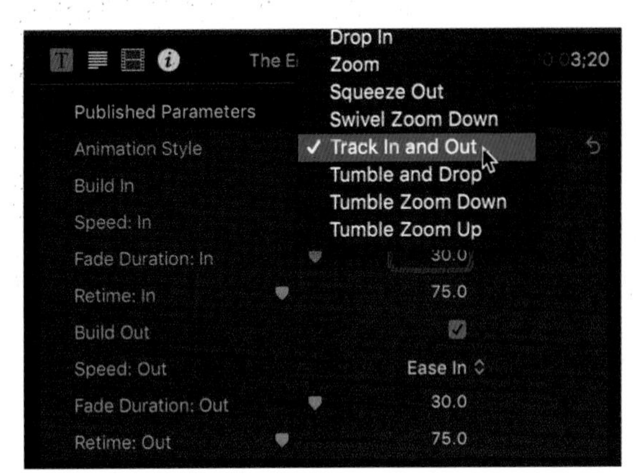

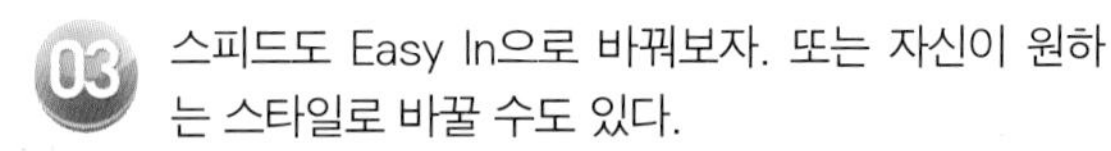

스피드도 Easy In으로 바꿔보자. 또는 자신이 원하는 스타일로 바꿀 수도 있다.

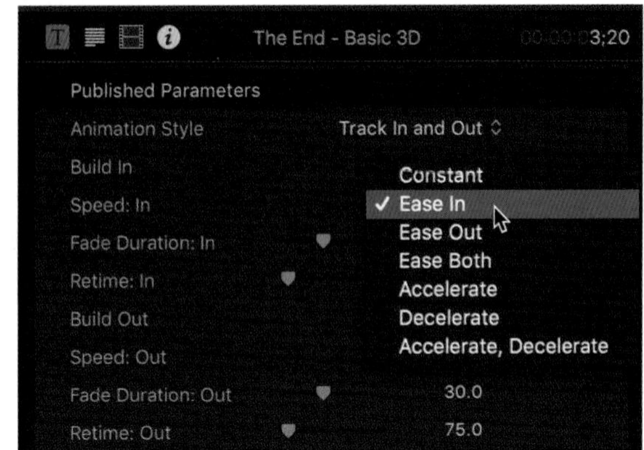

Build Out을 눌러 비활성화시키면 애니메이션을 원하지 않을 때, 애니메이션이 끝에서 사라지는 것을 볼 수 있다.

이외에도 시작 시에 적용되는 페이드 인 시간을 조절해보고 본인이 원하는 애니메이션 효과를 적용해보자.

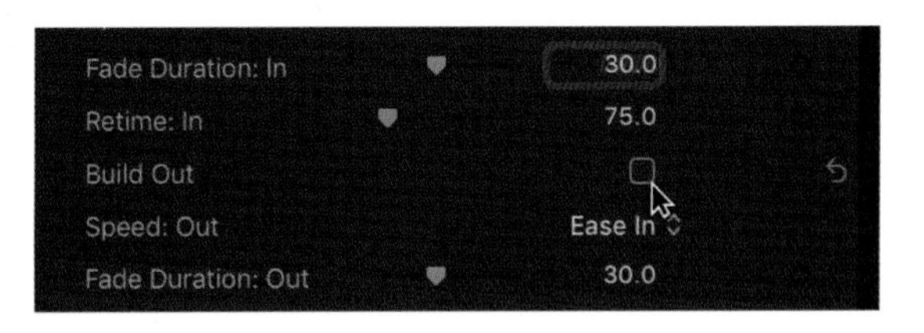

Unit 03 3D 텍스트 스타일 저장하기

3D 텍스트는 여러 가지 애니메이션과 텍스타일 라이팅까지 적용하는 복잡한 구조를 가질 수 있다. 한번 만들어둔 3D 효과는 사용자의 스타일 구간에 저장하여 반복적으로 사용 가능하다. 방금 만든 3D 텍스트 프리셋을 저장하고 사용해보자.

텍스트 인스펙터 창을 선택하자.

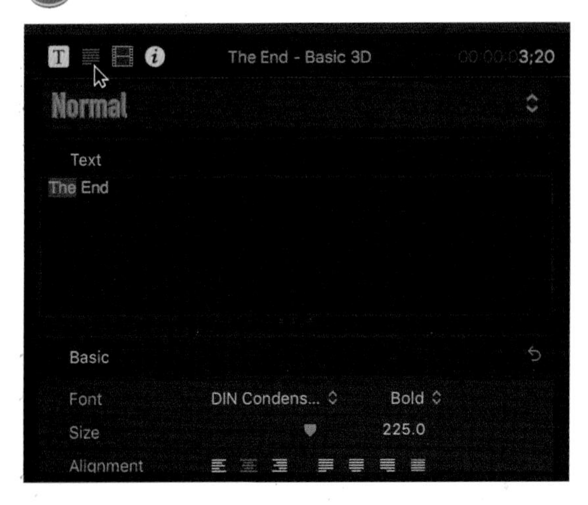

텍스트 스타일 기능인 Save All Format and Appearance Attributes 탭을 선택하자.

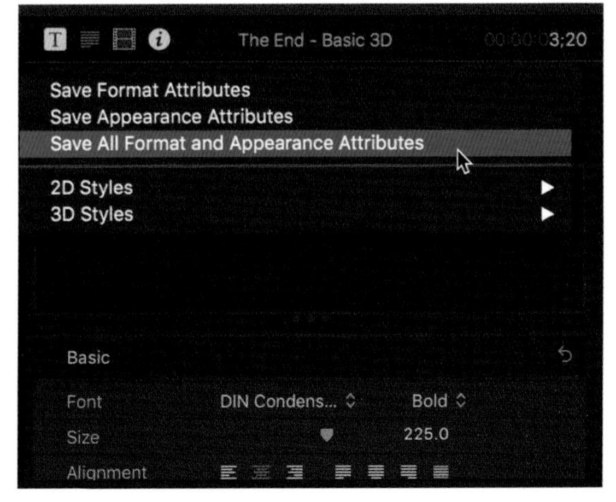

세이브 프리셋 창에서 Young_3D_End로 지정해보자.

Young_3D_End의 이름으로 텍스트 스타일이 저장된 것을 확인할 수 있다.

05

타이틀 브라우저에서 Rotate3D을 선택 후 E를 클릭하여 타임라인에 새로운 3D 타이틀을 집어넣자.

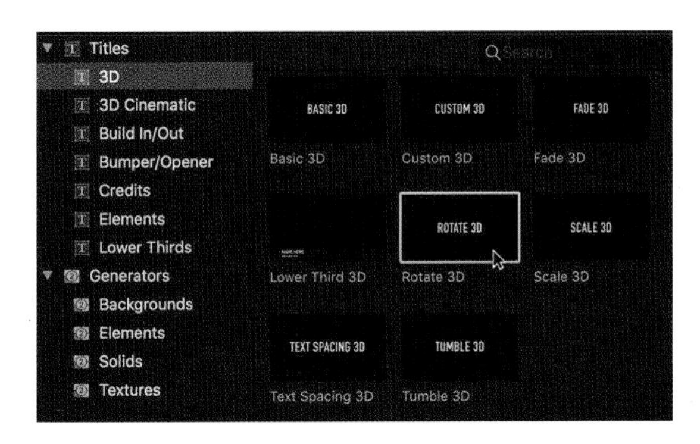

플레이헤드를 Rotate3D 클립에 위치시키면 텍스트 스타일이 기본적으로 Normal인 것을 확인할 수 있다.

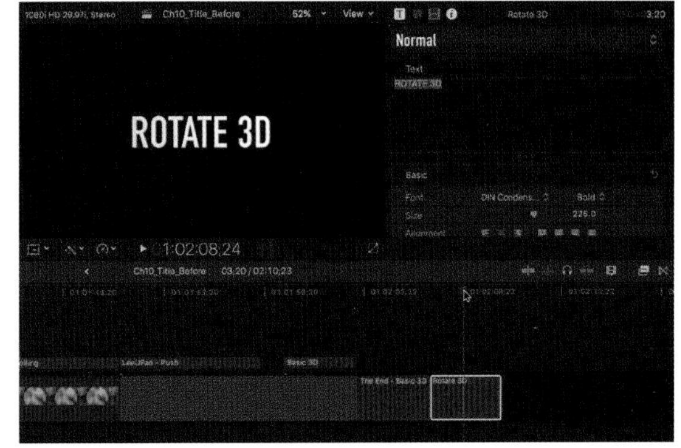

07

텍스트 인스펙터 창에서 방금 전에 저장한 Young_3D_End를 선택해보자. 흰색의 3D 타이틀이 방금 전 저장한 스타일로 바뀌는 것을 확인할 수 있다.

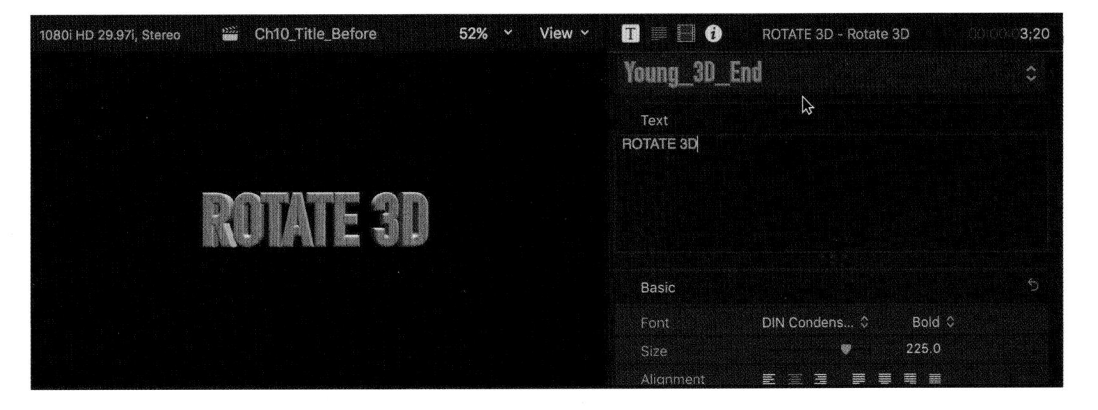

참조사항 스타일 창에는 미리 만들어져있는 20개의 기본 텍스트 스타일이 있기 때문에, 원하는 텍스트 스타일을 선택해서 한번에 스타일을 적용할 수 있다.

Section 06 자막(캡션) 파일 만들기

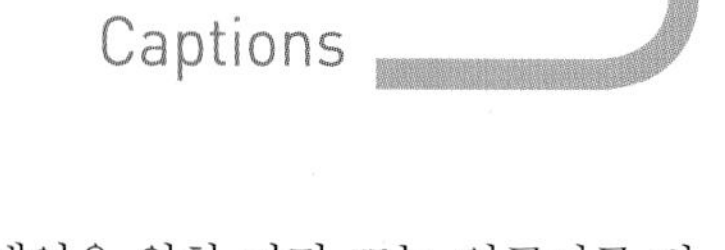

비디오 및 오디오 미디어와 동기화되어 재생되는 텍스트인 캡션은 청각 장애인을 위한 자막 또는 외국어를 번역한 비디오를 재생할때 자국민에게 내용 전달 서비스를 하기 위해 많이 사용된다. 페이스북이나 유튜브같은 소셜 미디어가 발전하면서 많은 사람들이 이 서비스를 이용해 비디오를 볼때 자막을 읽으면서 비디오를 보는 경우가 많아졌다. 실제로 소셜 미디어 동영상 중 80%가량이 소리없이 그냥 재생되기 때문에 영상에서 캡션은 내용전달에 아주 유용한 기능이 된다.

캡션 자막은 두가지 종류가 있다. 시청자가 자막을 필요에 의해 켜고 또는 끌 수 있으면 캡션 자막(Closed Captions)이고 두번째로 비디오 이미지에 함께 붙어서 끌 수가 없으면 섭타이틀, 즉 타이틀 자막(Open Captions)이라고 한다. 편집 과정에서 작업한 영상위의 텍스트는 일반 타이틀이지만 지금 부터 배울 캡션은 필요에 의해 켜고 또는 끌 수 있는 캡션 자막(Closed Captions)을 만드는 것이다.

파이널 컷에서는 두가지 방법으로 캡션 클립을 타임라인에 만들수 있다. 먼저 자막 파일을 임포트하고 롤(Roll) 기능을 이용하여 자막용 파일을 타임라인 최상단에 위치시킨후 일반 클립처럼 편집과 정렬이 가능하게 하는 방식이다. 외부 자막용 소프트웨어에서 만들어진 iTT, SRT, CEA-608 등의 자막용 파일을 인식하고 임포트해서 비디오와 동기화 시킬수도 있기 때문에 많은 캡션이 필요할 경우 파이널 컷에서 오디오 파일만 쉐어해서 이 파일을 SpeedScriber같은 앱을 사용해서 iTT 캡션 클립을 만든다.

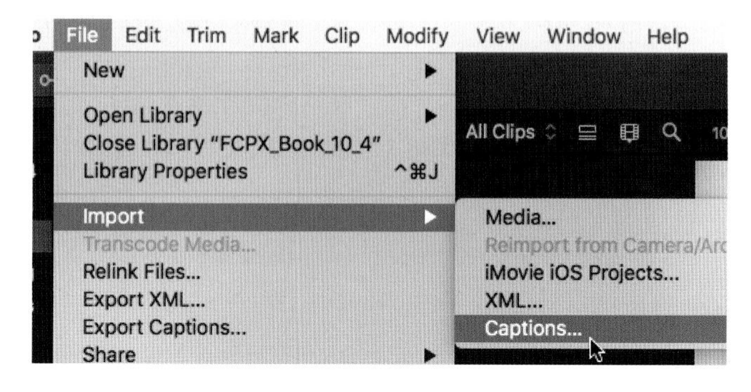

두번째는 타임라인에서 최상단에 캡션 클립을 직접 만들어서 마치 텍스트 파일처럼 편집할 수 있고 편집이 끝난후 비디오의 한 부분에 항상 보이는 형태의 캡션 방식 또는 비디오 파일과 분리된 독자적파일로 엑스포트한 후 나중에 비디오 파일과 함께 유튜브나 페이스북에 올려서 필요 할때 만 캡션을 볼수 있게하는 방법이 있다. 동영상 플레이어에서 자막 파일을 인식하기 때문에 비디오을 플레이 할때 자막 파일도 같이 플레이 되는 방식이다.

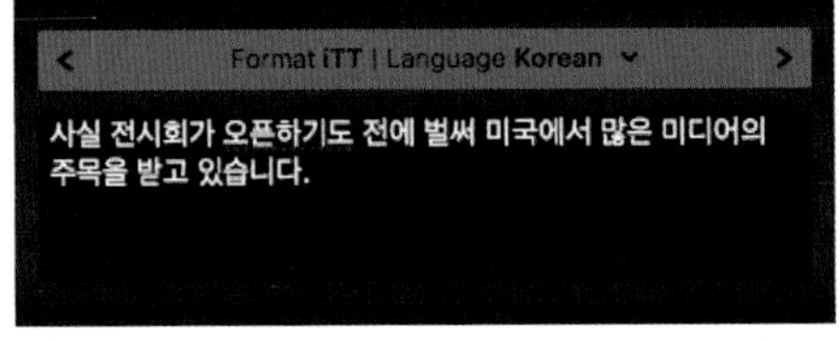

타임라인에 있는 캡션 클립

분리되어서 만들어진 iTT 캡션 파일

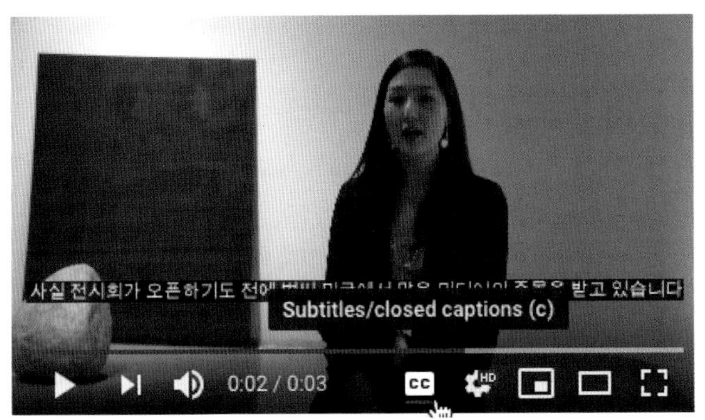

사용된 캡션 클립이 유투브에서 보인다.

참조사항 3가지 캡션용 텍스트 포멧

CEA-608

EIA-6080이라고도 불리고 방송과 웹비디오에 가장 많이 사용되는 캡션용 파일 포멧인데 비디오파일에 포함되어 오디오와 비디오 트랙처럼 사용되기도 하고 따로 분리되어서 필요할때 같이 재생할수도 있다.

SRT 파일

SRT파일은 서브립(SubRip)이라는 자막 추출 프로그램의 텍스트 자막 파일 확장자 이다. 사실상 모든 서브립(SubRip) 파일 포맷의 기본구조이다. 보통 해외에서는 텍스트 자막은 SRT파일로 사용된다. SRT파일의 큰 특징은 높은 호환성이며 용량이 적고 간순함에 있다.

ITT 파일

ITT (iTunes Timed Text)는 iTunes 용으로 개발된 캡션 포멧이다. 기본 텍스트에 여러 색상과 편집 도중 텍스트를 손쉽게 바꿔치기 할수 있는 옵션등을 넣어서 영어이외의 나라말을 캡션으로 만들때 많이 사용되는 포멧이다. 이 파일 포멧은 파이널 컷에서 분리된 하나의 클립으로 임포트와 엑스포트가 가능하다.

Unit 01 자막용 캡션Captions 클립 만들기

Ch10_ Caption_Before 프로젝트를 연다

메뉴에서 캡션클립 추가를 클릭한다. Edit 〉 Captions 〉 Add Caption

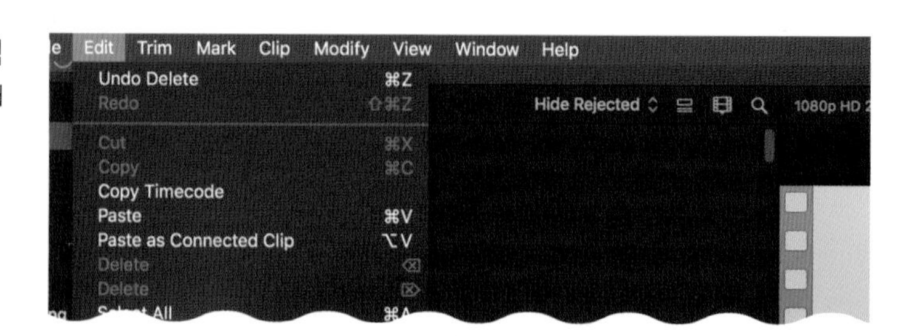

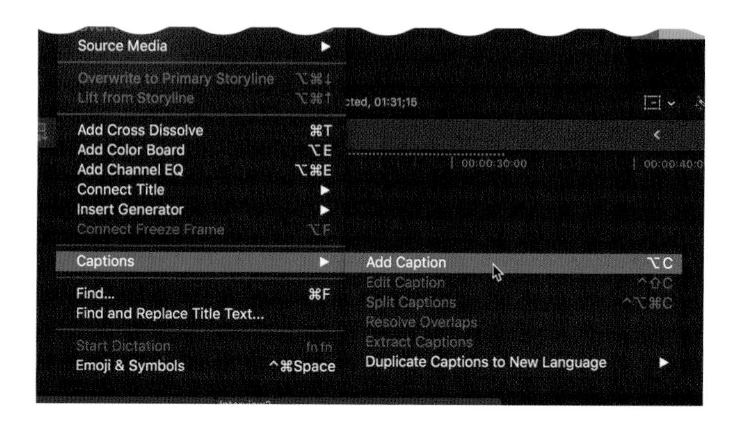

캡션 클립이 타임라인 상단에 생성된다.

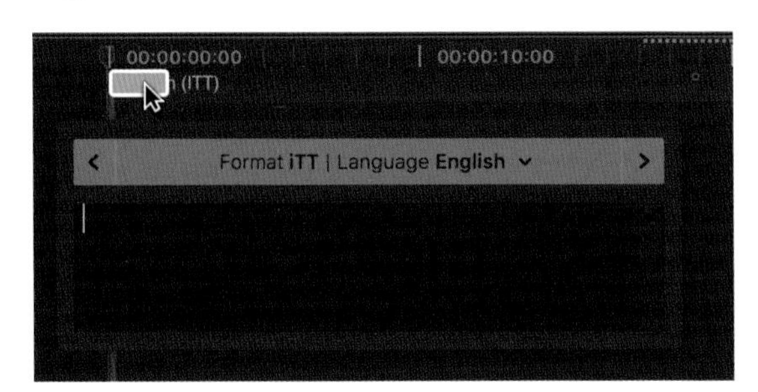

첫번째 클립을 재생해서 말을 이해하고 생성된 캡션 타입창에 아래와 같이 텍스트를 적어준다

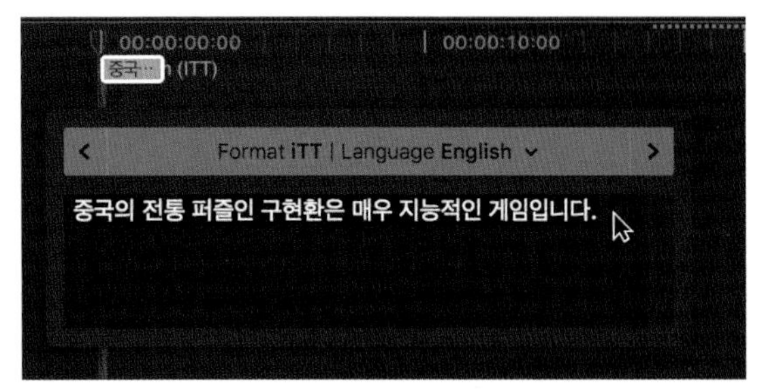

Unit 02 언어 지정해서 추가하기

생선된 캡션의 언어를 기본 설정인 영어에서 한국어를 추가해서 한국어가 기본이 되게 바꿔주자. 한번 언어 추가 설정이 이미 되어있다면 이 순서를 건너띄고 다음 단계로 가도 된다.

01 언어 설정탭을 클릭한다. 영어이외에는 아직 설정된 언어가 없지만 이 언어 설정 추가 이후에는 한국말이 보일 것 이다.

한국어 캡션 Rolls를 만들기 위해 Edit Rolls를 클릭한다.

03 Rolls 편집창의 Captions 탭창 아래에 있는 iTT 캡션의 언어추가 버튼을 클릭한다.

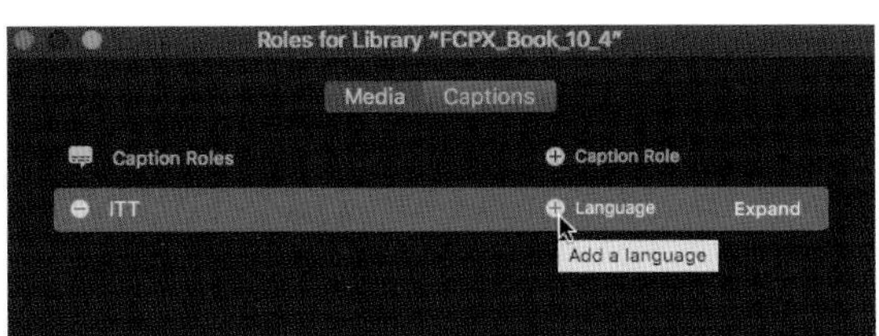

언어 선택 팝업창에서 한국어를 선택한다.

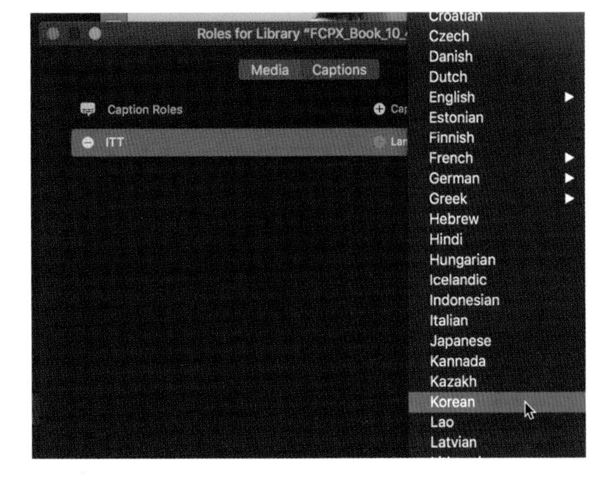

05 Caption Rolls 에 한국어가 추가되어 있는것을 확인하고 Apply 를 클릭하자

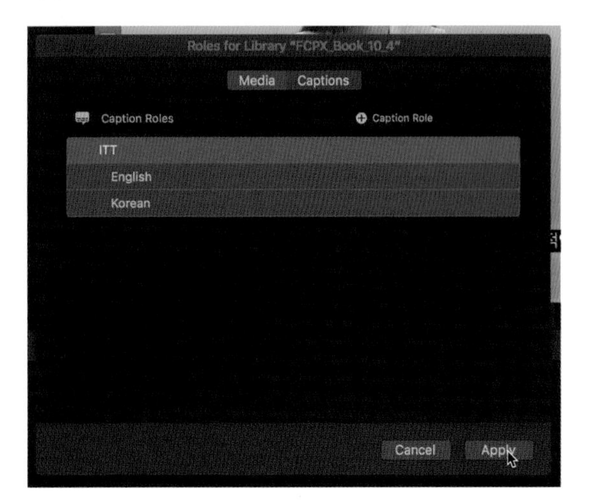

다시 첫번째 캡션클립을 더블클릭해서 열자.

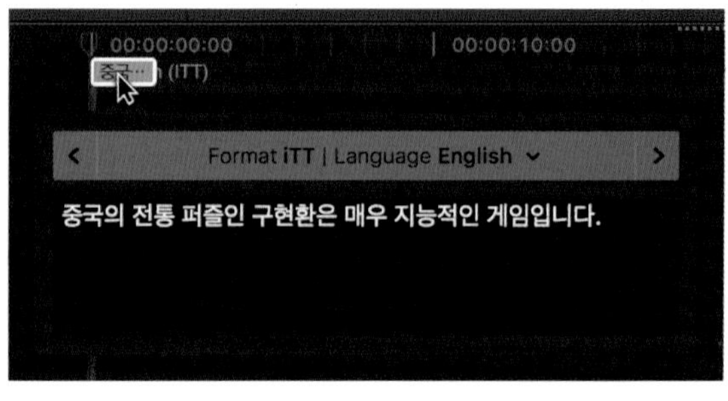

방금전 추가된 한국어로 언어를 설정해준다.

Unit 03 캡션 클립 편집하기

01 캡션 클립의 길이를 아래의 비디오 클립에서 첫번째 문장이끝나는 지점(05:25)까지 늘려준다. 캡션 클립은 일반 텍스트 클립과 사용은 비슷하지만 옆으로 이동시 기존에 위치한 캡션 클립이 있으면 그 캡션 클립을 덮어쓰기 하기 때문에 조심해야한다.

Add Caption 작업을 반복하여 캡션을 아래와 같이 생성해준다. 말하는 문장의 길이에 맞춰어서 총 5개의 캡션 클립을 만들었다. Edit 〉 Captions 〉 Add Caption

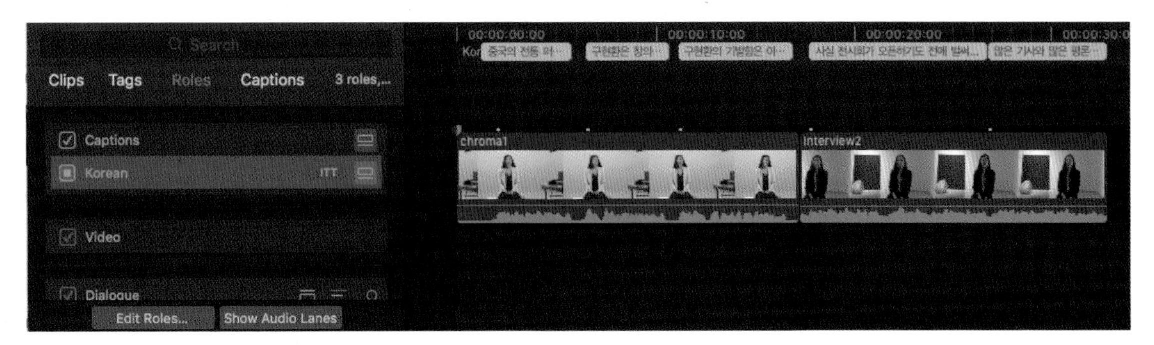

생성된 캡션을 쉽게 활성화/비활성화(On/Off) 하기 위해 타임라인의 인덱스를 클릭해서 열자.

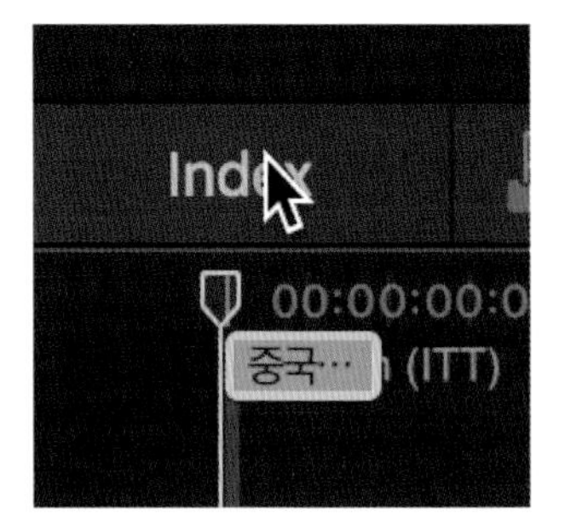

04

타임라인 인덱스 창에서 Rolls 탭 구간에 있는 캡션 구간을 비활성화(Off) 해서 캡션 클립이 어떻게 비활성화 되는지 확인하자. 이 기능은 하나 이상의 언어가 사용될때 원하는 언어를 선책하거나 또는 비활성화 시킬때 아주 유용하다.

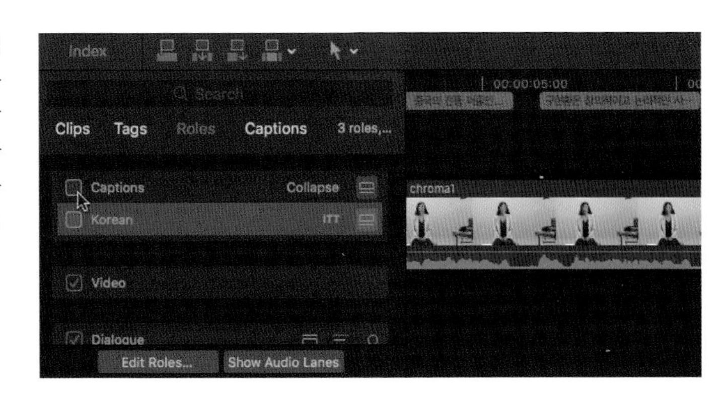

다시 캡션 구간을 활성화(On) 한후 3번째 캡션 클립을 더블클릭하자.

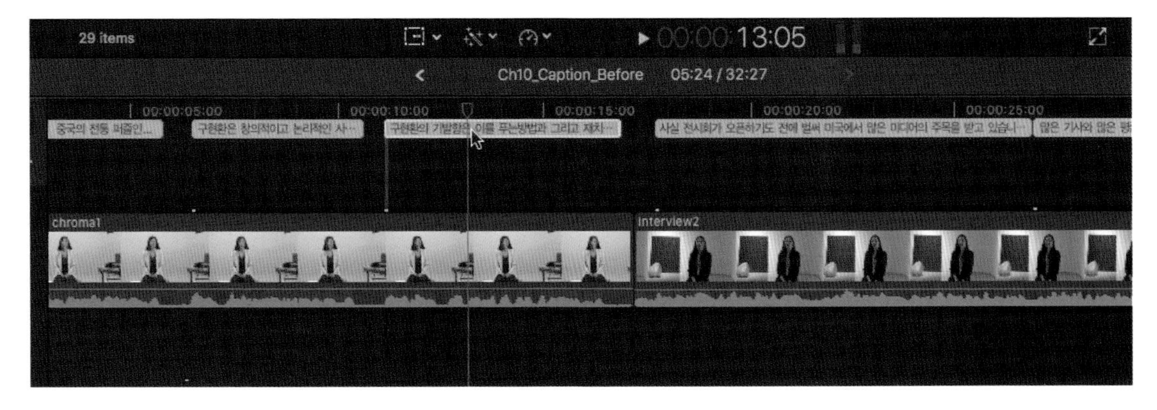

캡션 타입창에서 오른쪽 방향 표시들 클릭하자. 지금 오픈된 캡션 클립 오른쪽옆의 다음 클립이 열린다.

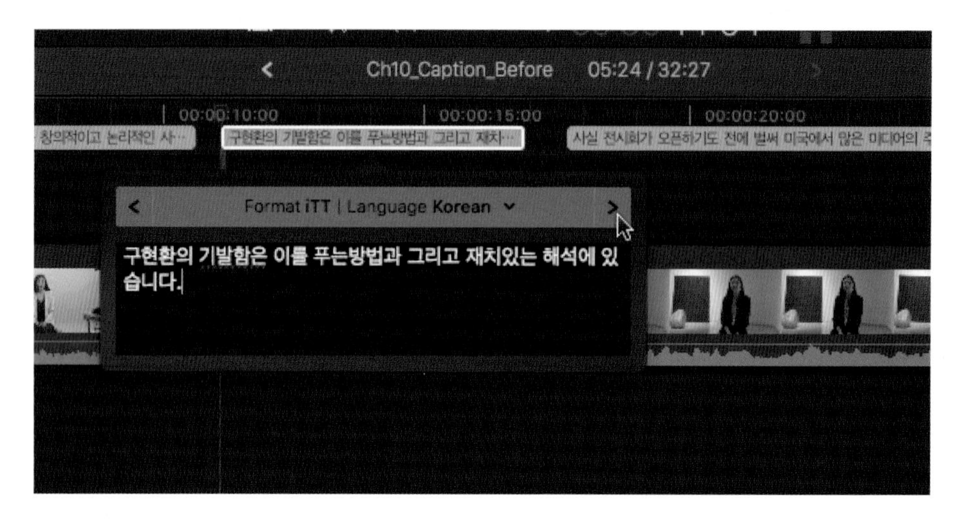

Tip Split Captions는 하나의 캡션클립이 너무 길 경우 두개로 분리시키는 기능이다. 한개의 캡션클립안에 있는 문장이 두줄 이상으로 길어지면 이 기능으로 분리해서 읽기 편하게 해준다.

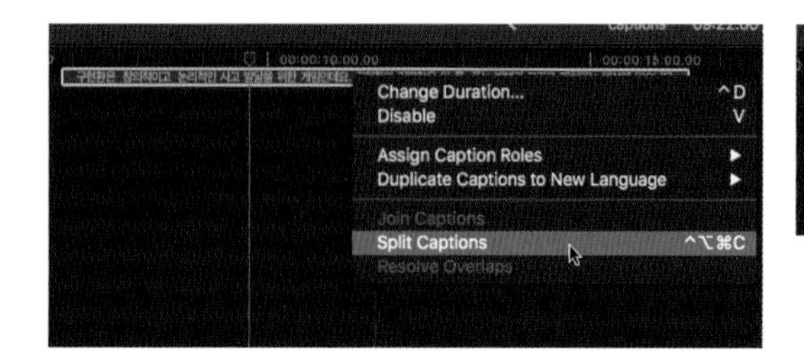

Unit 04 언어 지정해서 추가하기

캡션 인스펙터창은 단순히 문자를 타입하고 언어 설정만 할수 있는 캡션 편집창과는 달리 캡션클립의 위치 조절, 폰트 색, 스타일까지 좀 더 세밀하게 조절할수 있는 창이다.

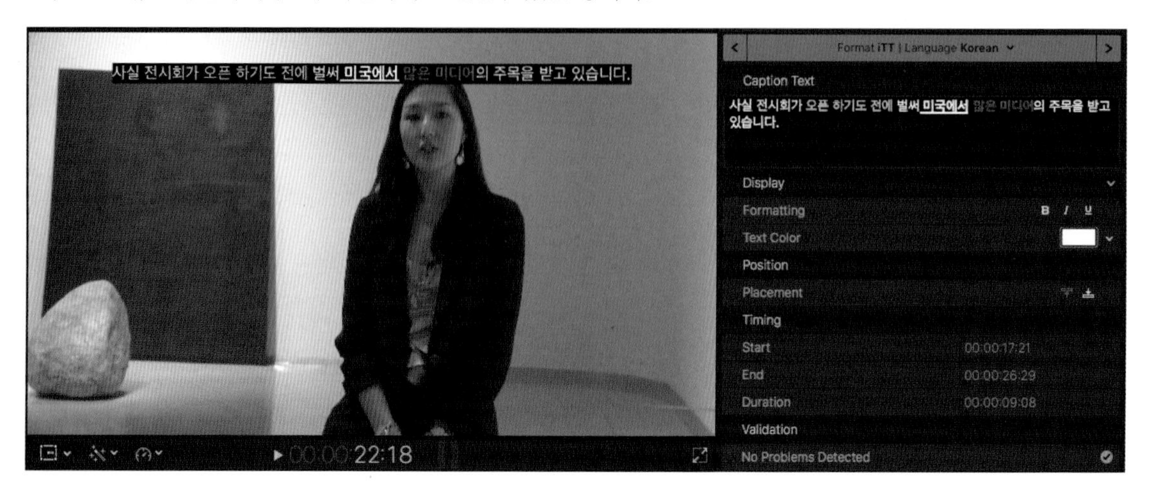

- Formatting : 폰트의 굵기 기울기 밑줄을 선택할 수 있다.
- Text Color : 글자의 색을 지정할 수 있다.
- Placement : 캡션의 위치를 설정할 수 있다. (상, 하)
- Timing : 캡션의 길이를 타임코드로 지정할 수 있다.

Unit 05 캡션 클립 마스터 파일만들기

캡션 파일을 따로 분리해서 출력하기

비디오 파일과 분리된 캡션 파일을 만들어 보관하고 나중에 같이 사용한다.

여기서는 iTT파일로 캡션 파일을 만들지만 YouTube용으로 캡션 파일을 만들때는 SRT포멧 저장하기를 권한다.

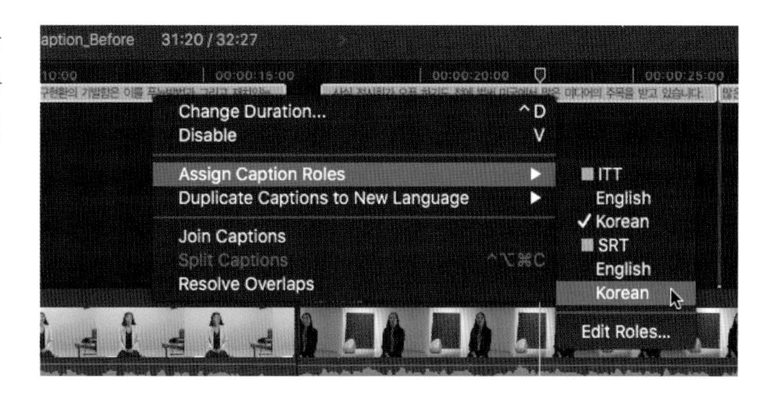

캡션클립위에서 Ctrl+클릭하면 팝업창에서 SRT포멧으로 반환가능하다. 이 변환은 출력전에 미리 해야 한다.

캡션 출력을 위해 Shere > Master File을 클릭한다.

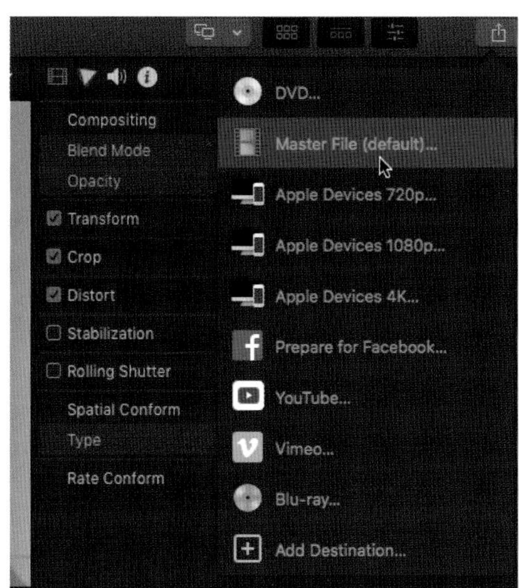

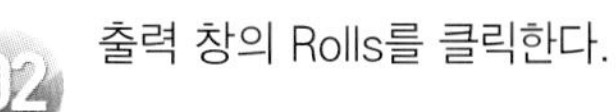

출력 창의 Rolls를 클릭한다.

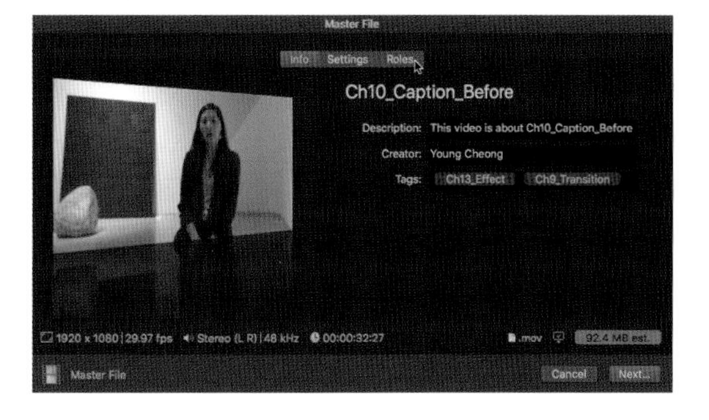

롤셋팅 창에서 Export Each iTT Language as a separate file을 선택한다,

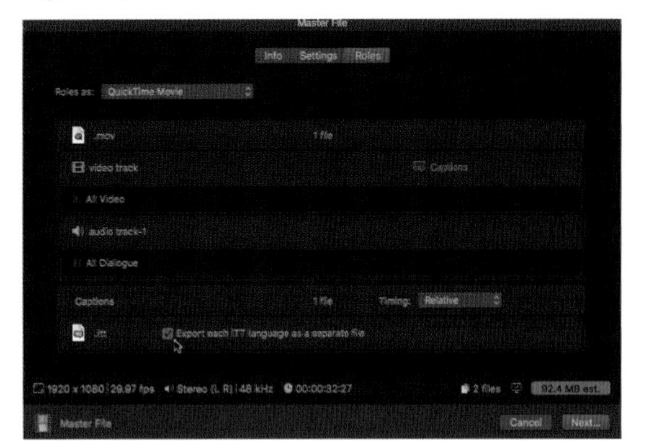

선택한 ITT파일 파일(2 Files)이 생성된다는 것을 확인한 후 next를 클릭한다.

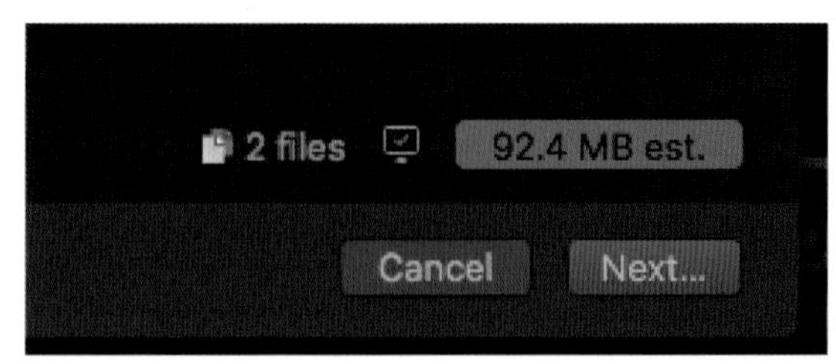

저장위치를 확인한 후 저장한다. 성공적으로 비디오 클립과 캡션 파일이 같이 출력된 것을 확인한다.

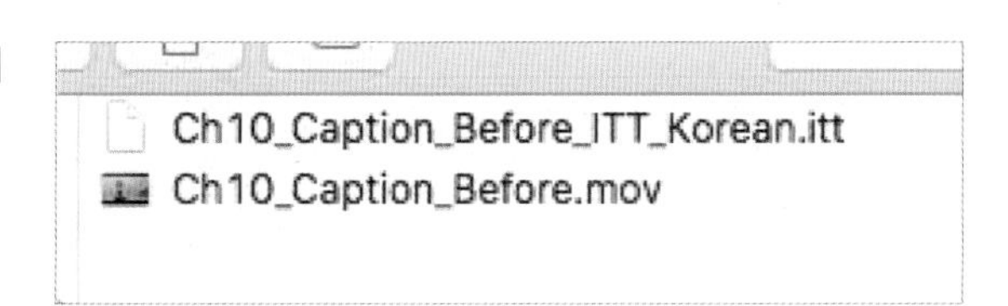

이렇게 분리된 비디오 파일과 캡션 파인은 유투브에 올릴때 비디오를 올린후 그 비디오의 에디터창에서 Add Subtitle을 하면 업로드된 비디오에 이 캡션 파일이 동기화된다.

링크 참조: 캡션 파일이 동기화에 대한 자세한 내용

https://support.google.com/youtube/answer/2734796?hl=en

Unit 06 캡션 클립 Youtube로 바로 올리기

캡션이 있는 비디오를 유투브에 올릴때는 마스터 파일을 만들기 보다 Youtube로 바로 올리기를 선택하면 아주 간편하게 캡션 클립이 동기화된 비디오를 Youtube로 바로 올릴수 있다.

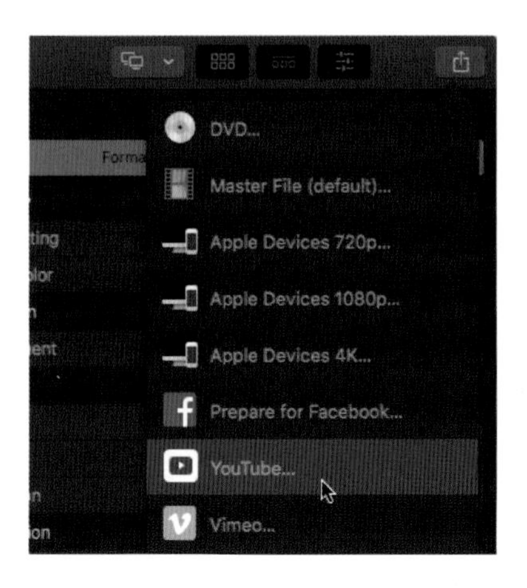

Youtube 출력의 경우 Share창에서 Include Caption 기능을 통해 자동적으로 캡션을 추가 하여 업로드가 가능한다.

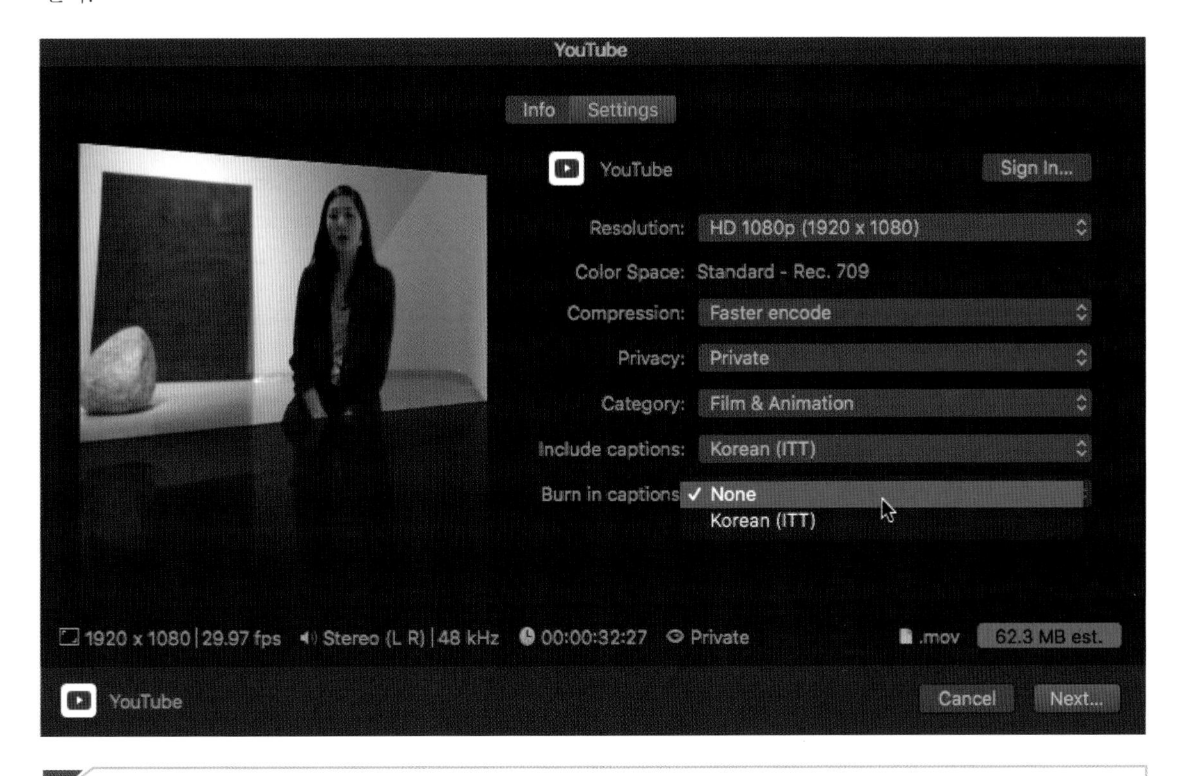

주의사항 Burn in captions이 None으로 해야 비디오와 캡션이 분리되어서 캡션을 끄고 켤수 있는 옵션이 생긴다. 만약 Burn in captions에서 해당 언어를 선택하면 이 캡션이 영상에 항상 보이는 옵션, 즉 하나로 합쳐져 있기 때문에 캡션을 따로 끌수가 없다.

Chapter 10 요약하기

일반적으로 타이틀 작업은 편집 단계에서 후반부에 속한다. 파이널 컷 프로 X에는 다른 편집 프로그램과의 차별화를 위해 많은 종류의 오프닝 크레딧과 모션에서 만들어진 템플릿 등을 제공하기 때문에 간단한 한두 번의 사용으로도 전문가들이 만드는 수준의 타이틀 이펙트를 만들 수 있다. 그 외에 제너레이터 브라우저에 있는 다양한 백그라운드를 확인해보았고 애니메이션, 타이틀, 필터 효과 등이 복합적으로 합쳐져 있는 클립들을 사용해보았다. 이외에도 다양한 회사들이 파이널 컷 X Plug-in을 출시하였기 때문에 타이틀 작업에 익숙한 사용자는 전문가용 Plug-in들을 설치하여 사용해보길 권장한다.

Chapter

11

비디오 기본 이펙트와 애니메이션

Video Effects & Animation

이번 챕터에서는 비디오의 형태와 모양을 바꿀 수 있는 모든 툴과 키프레임을 이용해서 움직이는 에니메이션 효과에 대해서 배워볼 것이다. 이외에도 촬영된 비디오에 있을 수 있는 여러 문제점을 분석한 후 자동으로 고쳐주는 문제 고치기(Fix and Conform)에 관해서도 다루어 보겠다.

기본 비디오 효과는 분류상 클립들의 외형적인 면과 관련이 있는데 예외적으로 클립의 재생속도를 바꿔주는 리타임(Retime) 이펙트는 비디오의 외형에 영향을 주는 것이 아니라 시퀀스와 프레임의 재생속도를 바꿔준다. 이러한 이유로 리타임 이펙트는 인스펙터 창에 있지 않고 따로 분류된다. 비디오 색상(Color)을 고쳐주는 컬러 코렉션 역시 그 내용이 복잡하기 때문에 챕터 15에서 따로 분리해 설명할 것이다.

이 11장에서는 비디오 클립에 줄 수 있는 외형적 효과를 따라하기로 배워보고 비디오 클립 자체에 있을 수 있는 여러 문제점 분석과 고치는 옵션에 대해 정리해보겠다.

1 사용자가 추가한 이펙트 Additional FX

클립에 여러 이펙트를 추가했을 때 이를 조절할 수 있는 옵션이다. 추가된 이펙트는 예전의 필터(Filter)효과를 생각하면 된다.

2 레이어 합성 Compositing

비디오 레이어가 가진 합성모드 조절 구간이다. 불투명도(Opacity)도 여기에서 조절한다.

3 FCPX 이펙트 Built-in FX

인스펙터에서 항상 이용 가능한 기본 모션 효과를 이용해 비디오를 원하는 형태로 바꾸어볼 수 있는 옵션들을 제공한다.

5 포맷 통합시키기 Conform

사용하는 클립이 프로젝트에서 그 프레임 크기와 속도가 맞게 플레이되고 있는지 가장 먼저 확인해야 하는 옵션이다.

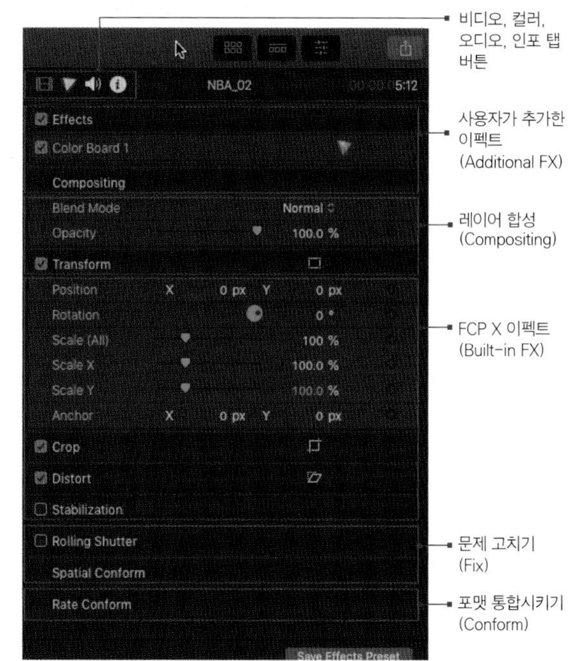

인스펙터 창에 있는 여러 가지 비디오 효과

4 문제 고치기 Fix

비디오의 흔들림이나 DSLR로 촬영할때 발생할 수 있는 셔틀의 문제점들을 고칠 수 있는 옵션이다.

Section 01 뷰어 창과 인스펙터 창에 있는 3가지 기본 모션 효과

뷰어 창에 있는 보이는 컨트롤에는 다음과 같이 세 가지 섹션이 있다.
변형하기(Transform), 잘라내기(Crop), 왜곡하기(Distort).

편집모드에서 클립의 외형을 바꾸는 효과 모드로 바꾸는 가장 쉬운 방법은 뷰어 창 왼쪽 아래 코너에 위치한 세 아이콘들을 이용하는 것이다.

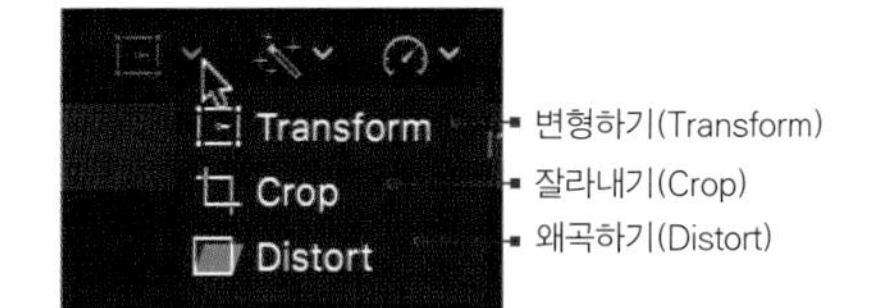

뷰어 창 아래에는 세 가지의 모션 효과 버튼이 있는데, 이를 이용하면 인스펙터 창을 열 필요 없이 스크린 상에서 바로 비디오 클립에 필요한 모션 기능들을 적용할 수가 있다. 이 똑같은 버튼들은 인스펙터 창 내의 컨트롤 구간에서 사용할 수도 있지만 뷰어 창 내의 컨트롤 버튼을 이용하는 것이 보다 직관적으로 변화를 볼 수 있기 때문에 컨트롤하기가 훨씬 쉽다.

Section 02 트랜스폼

Transform

뷰어 창의 왼쪽 아래에 보이는 트랜스폼 버튼을 누르면, 인스펙터를 열 필요 없이 스크린 상에서 바로 이 기능들을 켰다 껐다 할 수가 있다. 뷰어 내의 이펙트(effect)들은 한번에 한 가지만 선택할 수 있다.

Unit 01 인스펙터 내의 트랜스폼

트랜스폼 효과는 다음과 같이 타임라인 클립의 두가지 면을 바꿀 수 있게 해준다.
이미지의 사이즈(클립 프레임), 뷰어 창에 비례한 이미지의 위치(프로젝트 프레임).

- **위치(Position)**: 이 항목은 어떠한 요소의 수평적, 수직적 위치를 결정한다. 이는 클립 이미지의 중앙을 뷰어 창의 중앙과 비례해 움직여준다. X박스에 음수를 넣으면 왼쪽으로 움직이고, 양수를 넣으면 오른쪽으로 움직인다. Y박스에 음수를 넣으면 아래쪽으로 움직이고, 양수를 넣으면 위쪽으로 움직인다.
- **회전(Rotation)**: 이 항목은 선택된 요소의 회전을 컨트롤한다.
- **크기(Scale)**: 이 항목은 선택된 요소의 크기를 컨트롤한다. Scale 글자 옆의 화살표를 클릭하면 수평으로의 크기와 수직으로의 크기를 각각 따로 조절할 수 있는 조절창이 열린다.
- **고정점(Anchor Point)**: 프레임의 중앙에 위치한 고정점으로 선택된 요소의 크기나 회전과 관련한 기준점을 컨트롤할 수 있다. 고정점을 위한 스크린상의 버튼은 존재하지 않기때문에 이 고정점의 위치를 바꾸기 위해서는 인스펙터 창에서 설정을 바꾸어야 한다.

Unit 02 뷰어 창에서 트랜스폼 편집하기

인스펙터 창에서 거의 모든 모션 효과를 변경할 수 있지만 트랜스폼(Transform) 설정들은 뷰어 창을 이용하는 것이 바뀌는 변화를 보면서 조절할 수 있어 사용이 훨씬 쉽다.
뷰어 창에 있는 버튼들 중 먼저 트랜스폼 컨트롤부터 살펴보도록 하자. 이는 이미지의 사이즈와 스케일을 조절할 수 있게 해주고 이미지가 있는 영역에서 이미지의 위치를 변경할 수 있게 해준다.

01 프로젝트 라이브러리의 Ch11_Effect 폴더에 있는 Ch11_Before 프로젝트를 연다.

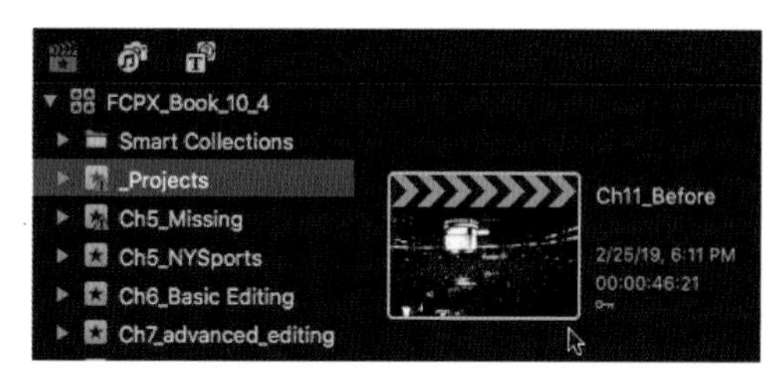

02 타임라인에서 세 번째에 있는 NBA_03 클립을 선택한다.

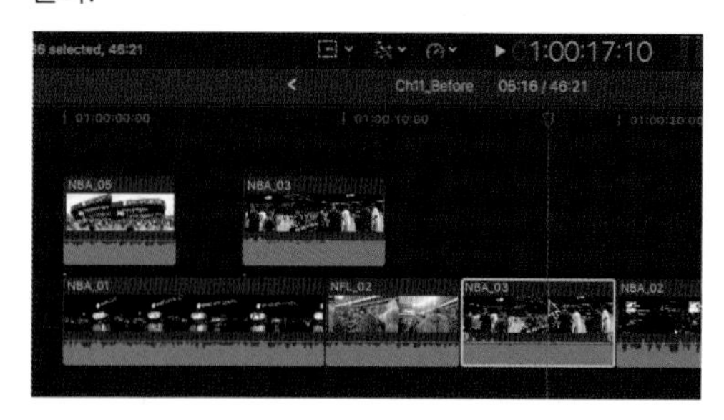

03 뷰어 창에서 트랜스폼(Transform) 버튼을 클릭하자. (단축키 Shift + T)

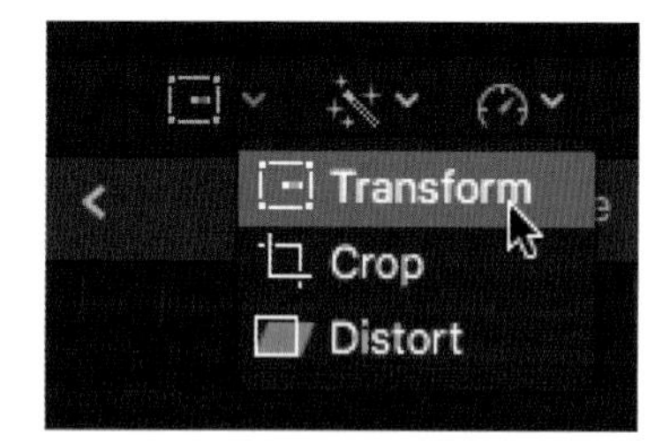

04 트랜스폼 버튼이 선택되면 아이콘이 파란색으로 바뀌고, 뷰어 창이 트랜스폼 모드로 바뀐다. 이제 코너에 있는 어떤 핸들이든 드래그해서 이미지의 사이즈를 변경할 수 있다.

05 마우스 포인터를 뷰어 창 이미지 영역에서 왼쪽 아래의 코너로 이동시켜 대각선 모양의 사이즈 조절 아이콘이 보이면, 이를 중앙으로 드래그해 이미지 사이즈를 반으로 줄여보자.

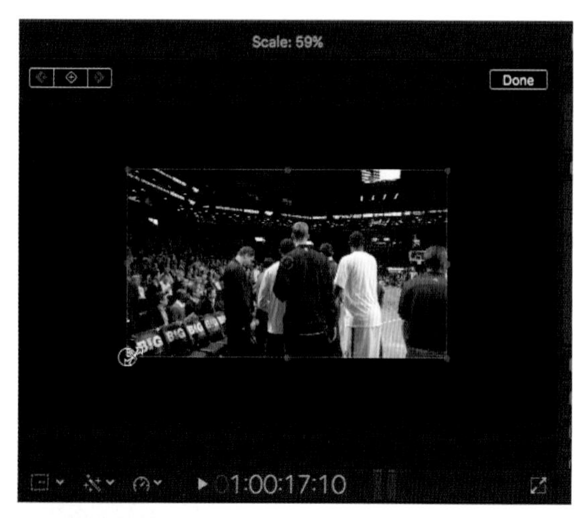

코너에 위치한 사이즈 조절 아이콘을 드래그 함으로써 이미지 사이즈를 조절하면, 비율이 맞게 조절된다.

참조사항

뷰어 창 보기 옵션을 최적화된 보기보다 조금 작게 해서 클립이 뷰어 창에 꽉 차지 않게 설정해주자. 클립 테두리에 있는 핸들을 조절할 때 더 편리하다. 이 보기 조절은 실제 클립의 사이즈가 작아진 게 아니라 단지 클립의 보여주기가 뷰어 창 크기보다 작게 보이는 것이다. 이 예제 사진은 32%의 크기로 최적화되어 있는 화면의 크기를 25%로 줄인 것이다.

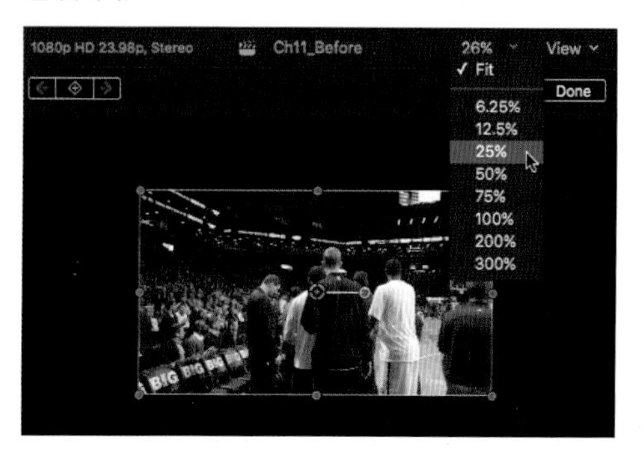

이미지의 사이즈가 줄어들었다. 인스펙터의 비디오(Video) 탭에 있는 트랜스폼(Transform) 섹션을 보자. 이미지의 사이즈가 변경됨에 따라 인스펙터의 정보들이 업데이트된다. 스케일 구간을 50으로 지정해보자.

클립 영역의 아무 곳이나 마우스로 클릭하고 드래그하면 클립의 위치를 움직일 수가 있다. 바뀐 변화를 인스펙터 창의 트랜스폼 섹션에서 확인하자.

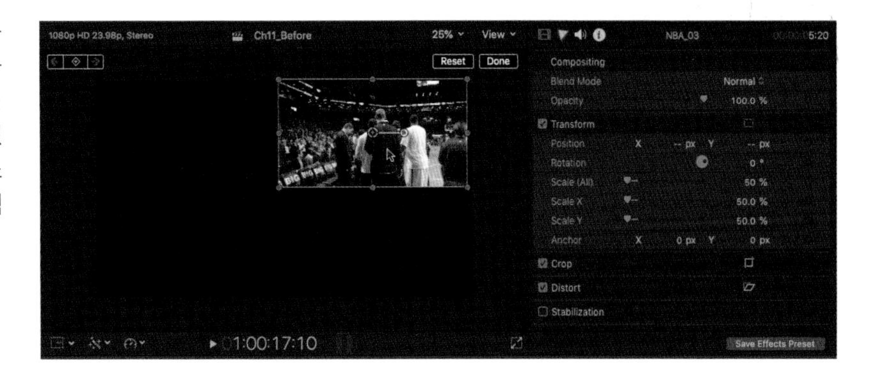

08 보기 옵션에서 Show Title/ Action Safe Zones을 누르면 화면 위에 가이드라인이 보이게 된다.

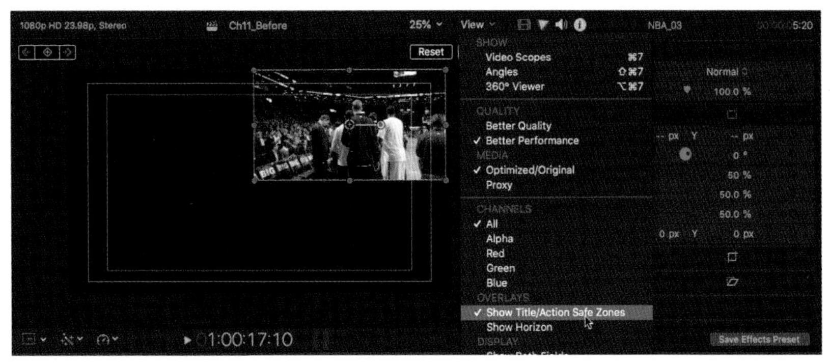

참조사항 만약 트랜스폼 섹션이 열려있지 않으면 트랜드폼 글자 오른쪽에 마우스를 가져가면 Show 글자가 뜬다. 이 Show 글자를 클릭하면 트랜스폼을 수정할 수 있는 섹션이 열릴 것이다.
바뀐 트랜스폼 속성값을 리셋하고 싶으면, 꺾인 화살표 모양의 Reset 버튼을 눌러주면 된다.

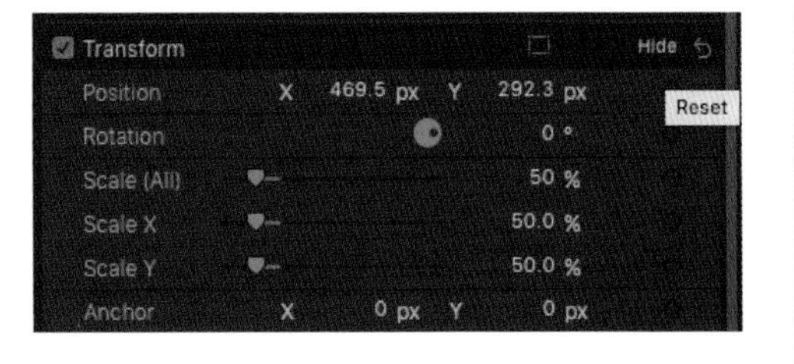

09 작업을 마쳤으면 Done을 클릭해주자. 또는 왼쪽 아래에 있는 Active되어있는 트랜스폼 모드를 클릭하자.

10 트랜스폼 모드가 끝나고 다시 편집 모드로 돌아왔다. 클립 테두리에 있던 선과 파란 점이 사라졌다.

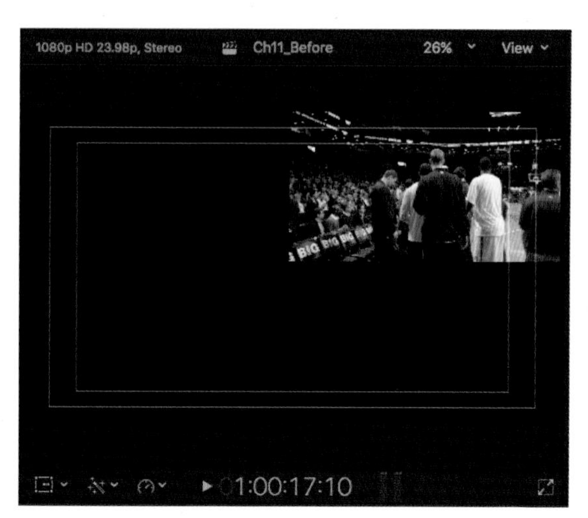

11 만약 다시 클립을 변형시키고 싶으면 트랜스폼 모드 버튼을 클릭하면 된다.

참조사항

- 이미지를 축소하려면, 가장자리 핸들 중 하나를 Option + 드래그하자.
- 영상비를 유지하면서 이미지 사이즈를 재조정하려면, 맨 위에 있는 핸들이나 코너가 아닌 가로나 세로 선에 있는 변형점을 Shift + 드래그하자.
- 이미지를 회전시키려면, 중앙에서 연장되어 나와 있는 핸들을 드래그하자. 더 컨트롤을 하고 싶으면, 핸들을 중앙으로부터 멀리 드래그한 다음 다시 드래그해준다.

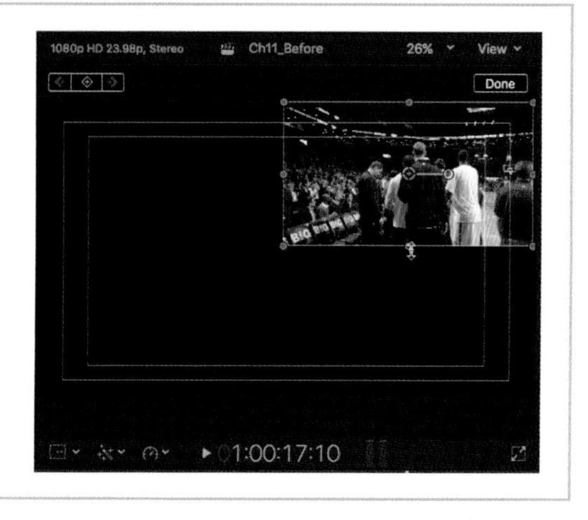

Section 03 화면 잘라내기 Crop

파이널 컷 프로의 세 가지 잘라내기 옵션을 이용해서 우리는 보여주고 싶지 않은 이미지의 부분들을 트리밍하거나 잘라내기해서 없앨 수 있다.

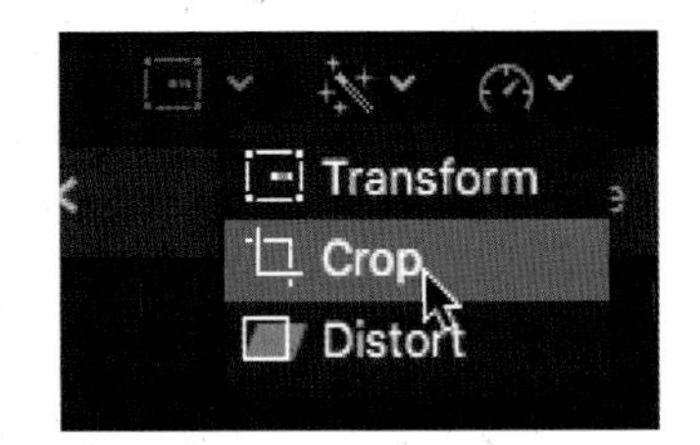

⊙ 잘라내기(Crop) 파라미터는 다음과 같이 세가지 섹션을 포함한다.

⊙ 트림(Trim), 잘라내기(Crop), 켄 번스 이펙트(Ken Burns effect).

잘린 프레임을 리사이즈(Re-Size)해주는 잘라내기(Crop)는 상위 카테고리의 이름과 같아서 명칭을 부를 때 혼돈이 될 수 있으니 주의하기 바란다.

- **트림(Trim)**: 클립을 잘라낸 후 잘라낸 이미지의 부분이 그대로 남아있다. 필요 없는 부분을 잘라낼 때 가장 많이 사용하는 기능이다.
- **잘라내기(Crop)**: 원래 클립의 화면 비율에 맞춰서 클립을 잘라내고, 남은 클립의 이미지 부분이 전체 프레임을 채우게 된다. 이미지의 퀄리티는 이미지를 확장시킬수록 떨어지기 때문에 잘 사용하지 않는 기능이다.
- **켄 번스(Ken Burns) 효과**: 이미지 위에 팬, 틸트, 줌(pans, tilts, zooms) 등의 움직임들을 적용할 수 있게 해준다. 이 이펙트는 주로 스틸 이미지에 쓰이나, 비디오에도 똑같이 좋은 효과를 볼 수 있다. 이런 느린 줌 인 효과는 이런 비주얼 효과를 많이 사용한 다큐멘터리 감독 Ken Burns의 이름을 따서 붙인것이다.

뷰어 창의 잘라내기 모드

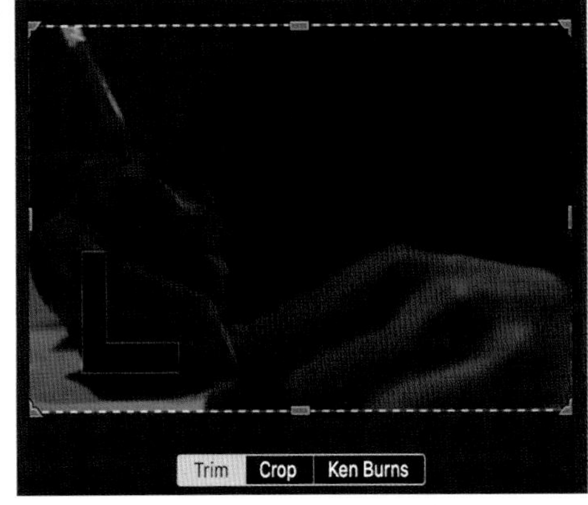

인스펙터 내의 잘라내기 섹션

Unit 01 트림 Trim

이미지의 어떤 부분을 깎아내거나 잘라내고 싶을 때, 잘라내기 옵션들 중 트림(Trim)을 선택하는 것이 좋다. 클립 가장자리들을 드래그함으로써 이미지의 가장자리 부분들을 쉽게 트림할 수 있다.

타임라인에 있는 NBA_02 클립을 선택한 후 잘라내기를 해보자.

뷰어에서 잘라내기 버튼을 클릭하자(단축키 Shift + C) 트림이 선택되어 있는지 확인하자.

03 트림 옵션을 선택하면 뷰어 창에 트림 조절 컨트롤들이 보이며 스크린의 영역을 표시하는 테두리가 점선으로 보인다.

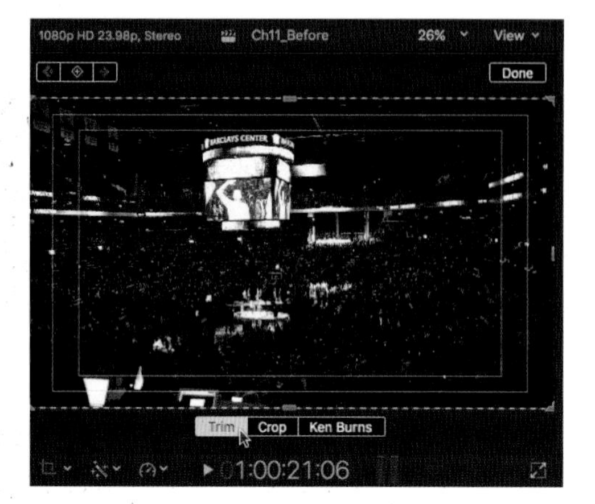

04 코너에 보이는 트림 핸들을 잡고 프레임 이미지를 원하는 만큼 아래의 그림과 같이 트림해 보자.

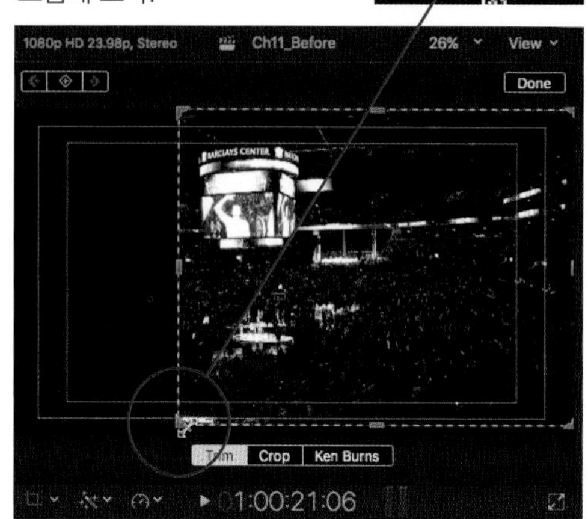

05 핸들을 잡고 트림하는 동안 노란색으로 화면의 중심을 나타내는 선이 보인다.

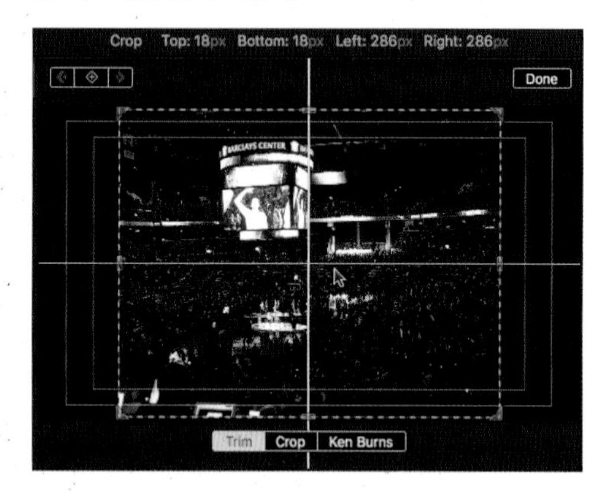

06 트림이 끝났으면, 뷰어 창 왼쪽 위에 보이는 Done 버튼을 눌러 트림 모드를 끝내자.

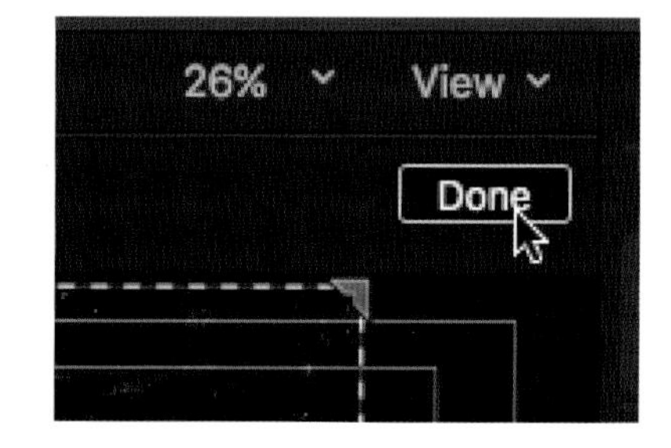

07 다음과 같이 잘린 부분이 사라지고, 자르지 않은 부분은 원래의 이미지 그대로 남아있다.

Unit 02 잘라내기 Crop

상위 카테고리인 잘라내기 모드의 잘라내기와 이름이 같은 하위모드 잘라내기 옵션의 기능은 원하지 않는 클립의 부분을 지운 후에, 남아있는 클립의 영역을 리사이즈(Re-size)해서 원래의 화면의 크기에 맞춰서 채워준다. 따라서 잘라내기 모드에서는 트림과 달리 원래의 화면의 크기에 맞춰야 하기 때문에 자르는 비디오의 가로 세로 화면 비율(Aspect Ratio)을 바꿀 수 없다.

NBA_04클립에 플레이헤드를 위치시킨다.

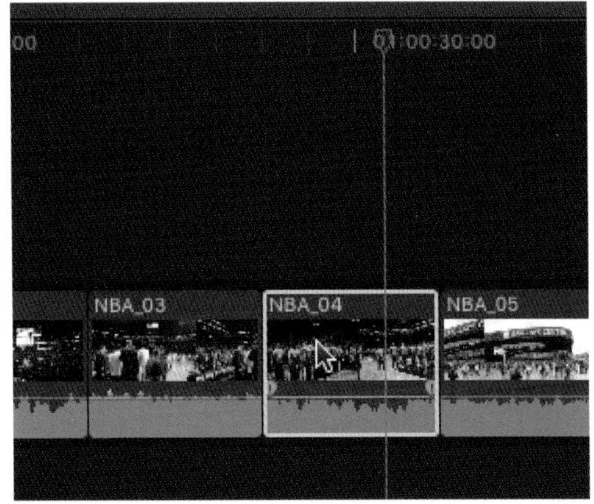

하이라이트를 하지 않더라도 플레이헤드에 보이는 점으로 지금 편집하는 부분이 어디인지 알 수 있다.

뷰어 창의 아래의 버튼들 중 잘라내기(Crop)가 선택되어 있지 않다면, 이를 선택해 잘라내기 모드로 바꾼다.

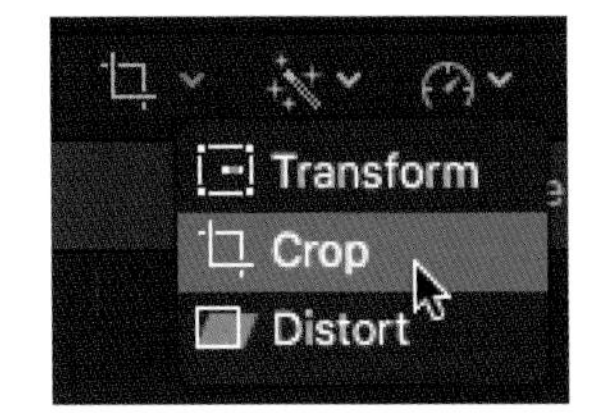

03 뷰어 창이 잘라내기 모드로 바뀌면, 뷰어 창의 중간 아래에 보이는 Crop 버튼을 클릭해 잘라내기 타입으로 선택한다.

04 선택 영역을 드래그하여 이미지에서 원하는 부분만 을 아래와 같이 선택해보자. 화면상에서 어둡게 보이는 부분들은 지워질 것이다.작업이 끝났으면 Done 을 클릭한다.

잘라낸 선택 영역이 원래의 화면 크기에 맞춰서 화면을 채우게끔 자동으로 사이즈가 조절된다.

Unit 03 켄 번스 효과 Ken Burns Effect

세번째 잘라내기 옵션인 켄 번스(Ken Burns) 효과는 잘라내기 기능과 애니메이션의 효율성을 합친 것이라 생각하면 된다. 편집자가 시작점과 끝점을 선택하면, 선택된 영역만큼 줌 인/줌 아웃 한다.

클립에 켄 번스 이펙트를 적용해보도록 하자.

01 NBA_05 클립을 선택하자.

뷰어에서 Crop 모드에서 Ken Burns를 잘라내기 타입으로 선택하면, 두 개의 잘라내기 옵션들이 뜬다. 녹색의 테두리는 첫 프레임(Start)의 테두리이고 빨간색의 테두리는 마지막 프레임(End)의 테두리이다.

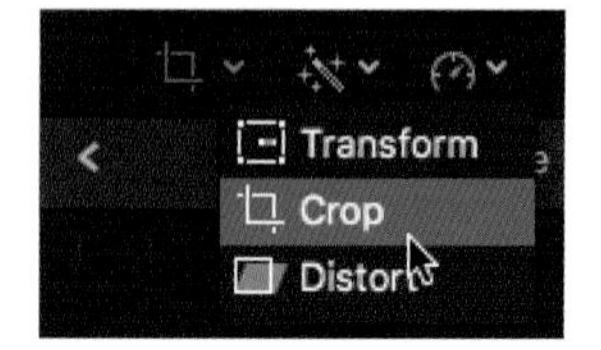

잘라내기의 선택 영역을 드래그함으로써 클립이 시작하는 프레임과 끝나는 프레임의 영역을 지정할 수가 있다.

03 빨간색의 마지막 테두리 핸들을 잡고 드래그해보자.

드래그를 하면 화면에 화살표가 나타나며 카메라 줌 인의 방향이 어떻게 보일지를 알려준다.

뷰어 창의 위쪽에 보이는 돌아가는 화살표 모양의 아이콘이 보이는 버튼을 클릭해보자. 이 버튼을 클릭하면 시작 프레임과 끝 프레임이 서로 바뀌며 카메라 줌 인이 줌 아웃으로 바뀐다.

06 프리뷰 버튼을 눌러 클립을 미리 재생해서 확인해보자.

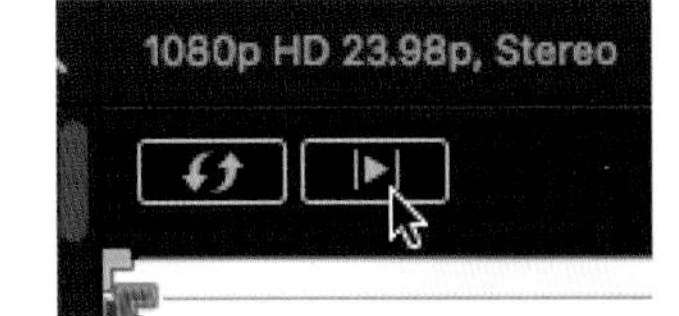

07 켄 번스 효과 편집이 끝났으면 뷰어 창 오른쪽 위에 보이는 Done 버튼을 눌러 잘라내기 모드를 끝내자.

08 다음과 같이 켄 번스 효과 편집이 완성되었다.

시작 프레임과 끝 프레임의 화면 크기 차이에 따라 줌 인/줌아웃의 속도가 조절된다.

Unit 04 이미지 변형하기 Distort

변형하기(Distort) 모드에서는 코너에 있는 꼭지점을 이용하여 클립의 모양을 바꿀 수 있다.

MVI_2058 클립을 선택하자.

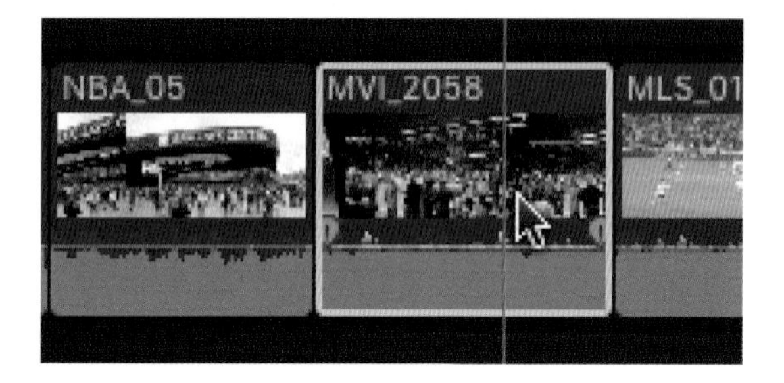

뷰어의 왼쪽 아래 코너에 위치한 왜곡하기(Distort) 버튼을 클릭하면, 스크린 상에 컨트롤들이 켜지며 이미지의 가장자리를 둘러싼 파란색 점들이 나타나 보인다.

03 Distort를 이용해 각각의 코너의 위치를 움직일 수 있다. 파란색 점들을 드래그해서 위치를 바꿔보자.

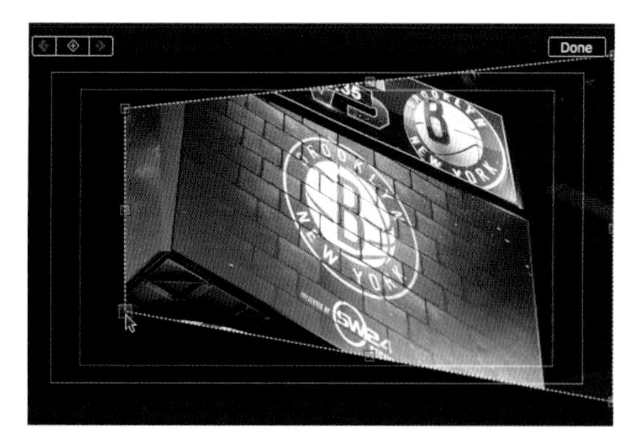

이미지의 가운데를 드래그하면 전체 이미지를 재위치시킬 수 있다.

05 프레임을 창밖으로도 드래그할 수 있다. 뷰어 창 밖으로 나간 이미지 부분은 보이지 않게 된다. 왜곡하기 편집이 끝났으면 뷰어 창의 오른쪽 위에 보이는 Done 버튼을 클릭해 편집 모드를 끝내자.

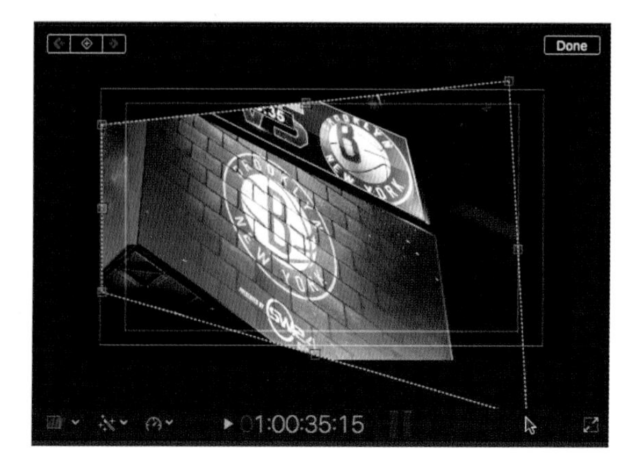

뷰어 창 밖으로 나간 부분은 변형모드가 끝난 후에 가려져서 보이지 않는다.

참조사항 단축키 A를 눌러 선택 툴을 선택하거나, 또는 뷰어의 왼쪽 아래 코너에 파란색으로 보이는 변형하기 버튼을 다시 클릭하면 원래의 편집 모드로 돌아간다.

Section 04 키프레임 Keyframe

키프레임은 비디오 클립에서 어떤 변화가 생기는 지점을 의미한다. 예를 들어, 100% 크기의 클립이 50% 크기로 작아지는 시작 지점을 키프레임으로 표시할 수 있다. 키프레임은 애니메이션 효과, 필터 표과, 사운드 조절 등에서 광범위하게 사용된다.

구성요소(파라미터)가 시간이 지남에 따라 변하길 원할 때 사용한다. 클립에 모션(스크린을 가로질러 움직이는)을 주거나, 클립의 크기, 모양을 바꾸고 클립을 잘라내기, 왜곡하기(distort)가 가능하며, 클립이 스크린에 재생되는 동안 클립을 빙글빙글 돌게 만들 수도 있다. 키프레임은 항상 두 개 이상 있어야 한 키프레임 기준으로 그 다음 키프레임까지 변화를 줄 수 있다.

키프레임을 설정하는 방법은 다음과 같다.

뷰어를 이용하는 방법

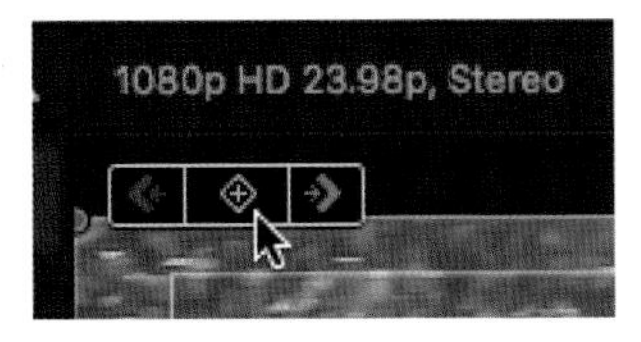

인스펙터를 이용하는 방법

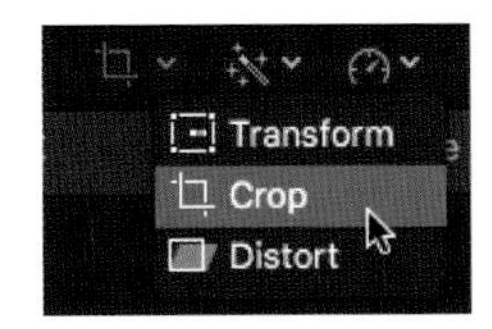

타임라인에서 설정하는 방법

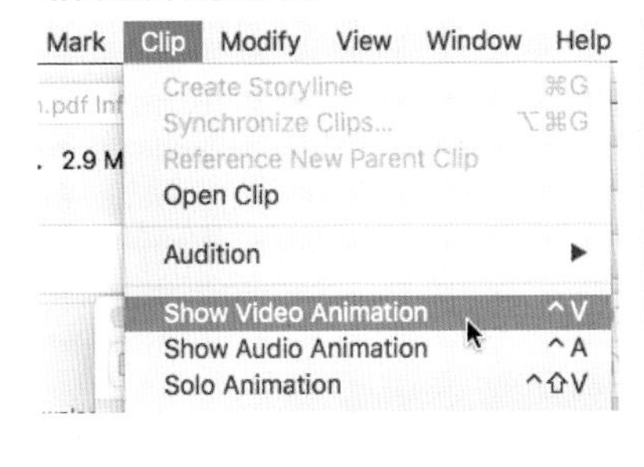

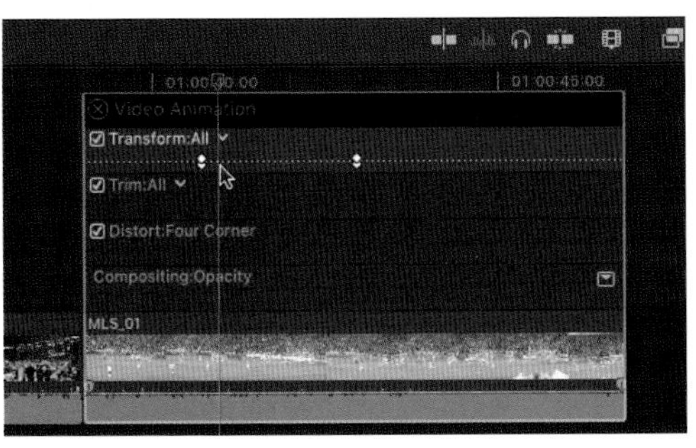

각각의 방법들을 어떻게 이용하는지 알아보도록 하자.

Unit 01 뷰어 창에서 키프레임 설정하기

뷰어 창에서 클립의 크기를 줄이는 작업을 키프레임을 이용해서 해보자. 뷰어 창에서 키프레임을 추가하면 이 키프레임 값을 인스펙터 창에서도 확인할 수 있다.

01 타임라인에서 MLS_01 클립을 선택하자.

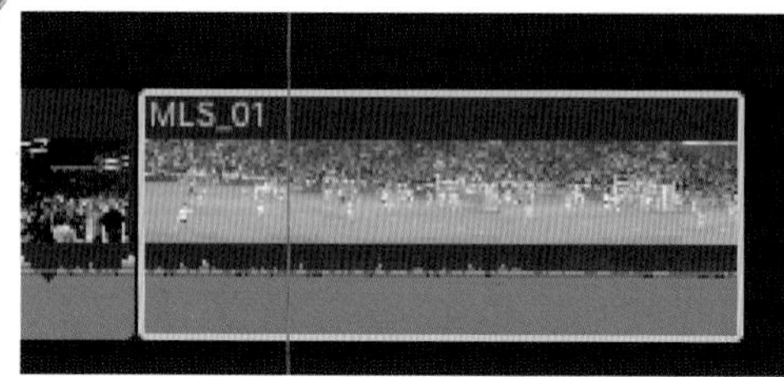

02 플레이헤드를 타임라인 상 클립의 첫 번째 프레임에 놓자. 클립 상에 플레이헤드가 첫 번째 프레임이 아닌 곳에 위치해 있다면, 키보드 상의 위로 가기 화살표를 눌러주면, 플레이헤드가 클립의 첫 프레임으로 이동한다.

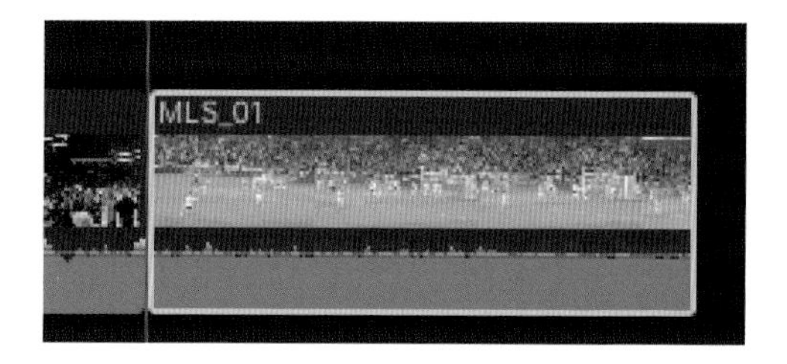

03 뷰어 창의 왼쪽 아래에 위치한 트랜스폼(Transform) 버튼을 클릭하자. 화면 왼쪽 아래에 첫 프레임임을 표시하는 ㄴ 모양이 보인다.

04 뷰어 창의 왼쪽 위에 보이는 키프레임 버튼을 누르면 키프레임이 추가된다. 이 키프레임은 이 클립의 현재 크기를 기억하는 기준점이 된다. 다음 키프레임에서 변형된 값을 지금의 키프레임값과 비교해서 애니메이션 효과가 일어나게 된다. 오른쪽에 인스펙터 창에서 변화를 볼 수 있다.

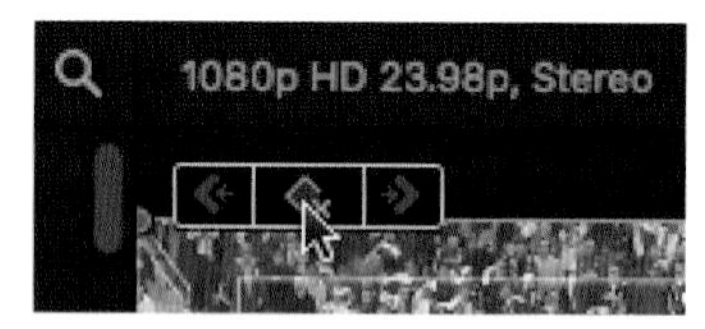

05 MLS_01 클립의 중간 부분에 플레이헤드를 이동시키자.

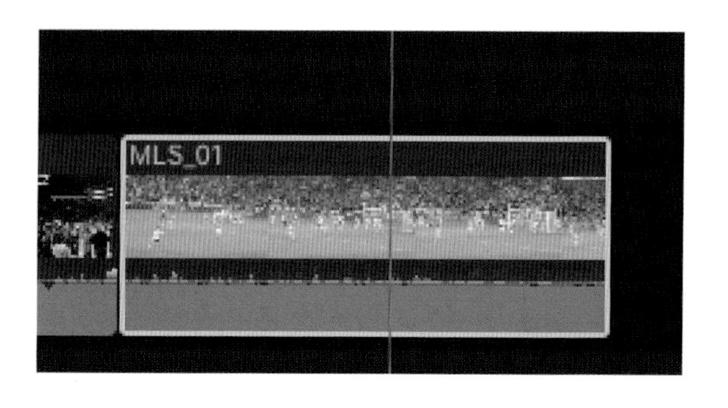

06 키프레임 버튼을 눌러 플레이헤드를 위치한 부분에 또 다른 키프레임을 추가하자.

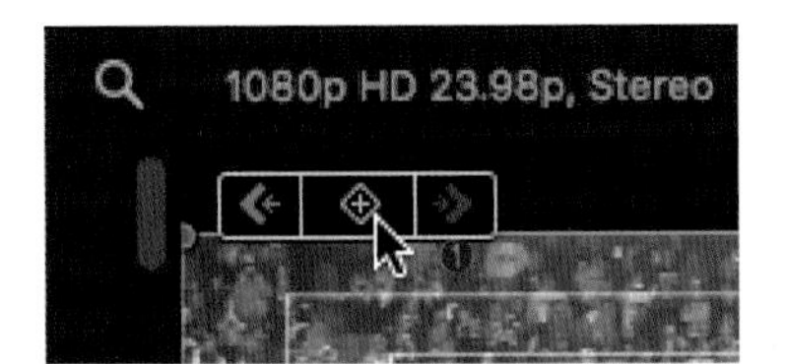

참조사항 첫 번째 키프레임 이후에 만들어지는 두 번째 키프레임은 사용자가 변형하는 비디오 화면의 크기에 의해서 자동적으로 만들어지나 이 따라하기에서는 사용자의 이해를 돕기 위해서 먼저 키프레임을 설정한 후 비디오에 화면 크기를 조절하는 것이다.

07 뷰어 창에 보이는 핸들을 잡고 드래그해 프레임 크기(Scale)를 줄여보자. 크기를 줄이는 동안 뷰어 창의 왼쪽 위에 Scale 크기가 보인다. 이를 55% 정도까지 줄여보자.

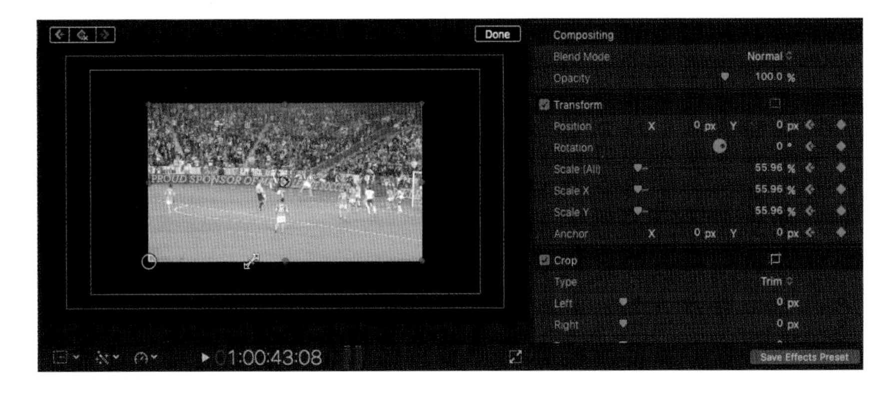

08 키프레임 버튼 왼쪽에 보이는 뒤로 가기 버튼을 눌러 이전 키프레임으로 이동하자. 클립을 시작점부터 재생해보자.

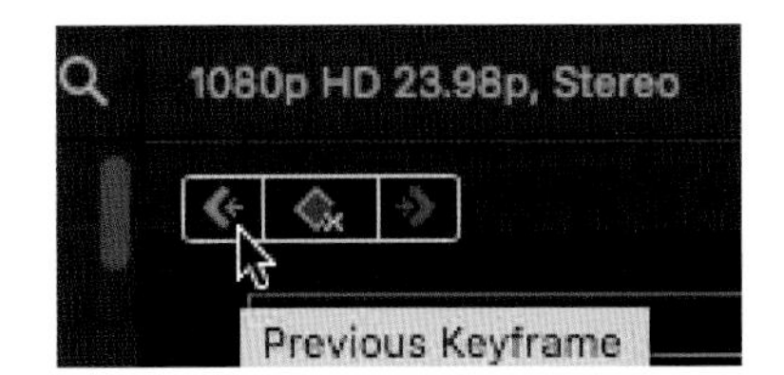

09 클립이 선택된 상태에서 클립의 아무 지점 위로 플레이헤드를 놓자.

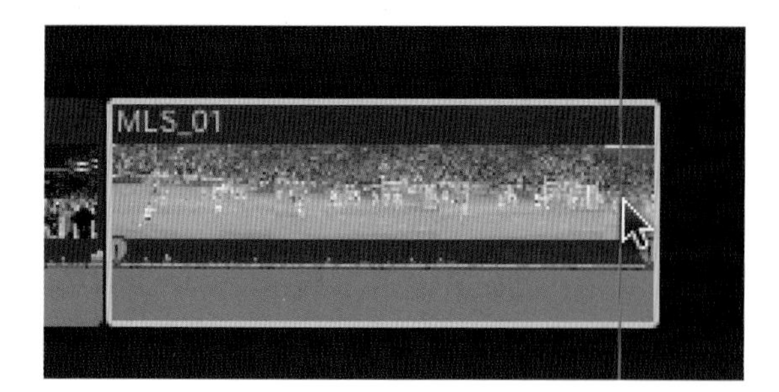

10 클립을 왼쪽 윗 부분으로 옮겨보자. 프레임의 위치를 이동시키는 동안 뷰어 창의 오른쪽 위에 이 위치가 표시된다. 프레임에 보이는 빨간선은 원래의 위치와 이동한 위치와의 거리를 나타낸다.

11 프레임의 중앙에서 연장되어 나와있는 핸들 클릭하면 로테이션 컨트롤이 잘 보인다. 창의 왼쪽 위를 보면 현재의 회전(Rotation) 정도가 0°으로 표시되어 보인다.

12 로테이션 핸들을 잡고 -45°만큼 회전이 되도록 왼쪽으로 돌려보자. 이전 키프레임에서 로테이션이 바뀌었기 때문에 이 지점에 새로운 키프레임이 자동으로 지정된다.

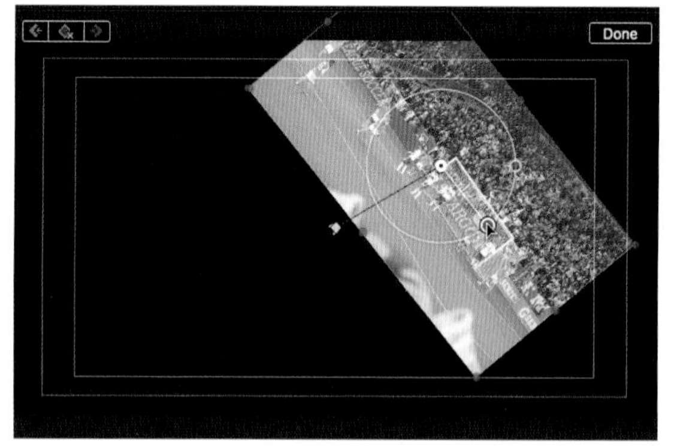

13 인스펙터 창을 보면, 위치(Position), 회전(Rotation), 크기(Scale) 등 수정된 모든 내용들이 업데이트되어 보인다. 작업을 마쳤다면, 뷰어 창의 오른쪽 위에 보이는 Done 버튼을 클릭해주자.

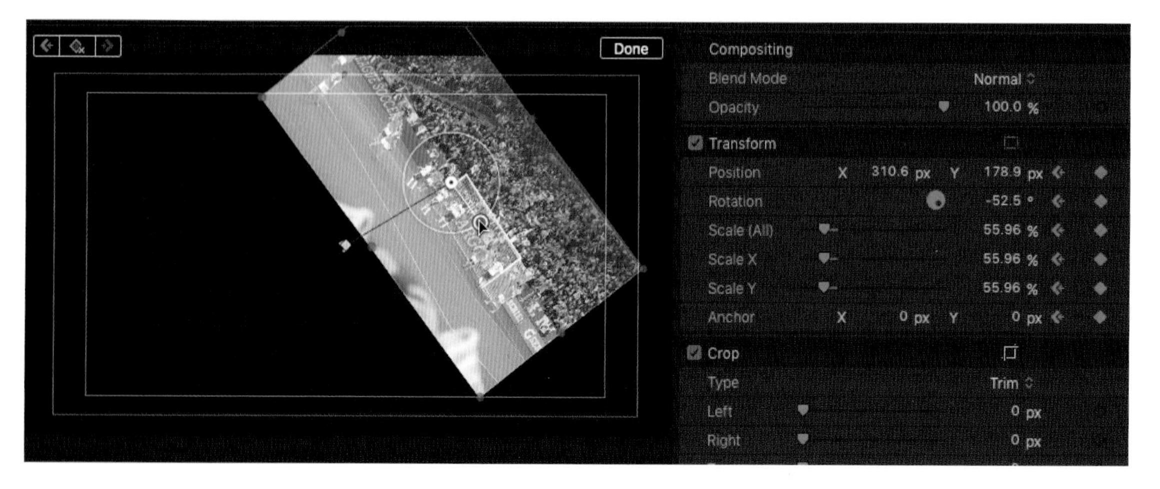

Unit 02 인스펙터를 이용해 키프레임 추가하기

01 타임라인에서 NBA_03를 선택하고 첫 번째 프레임에 플레이헤드를 위치시키자.

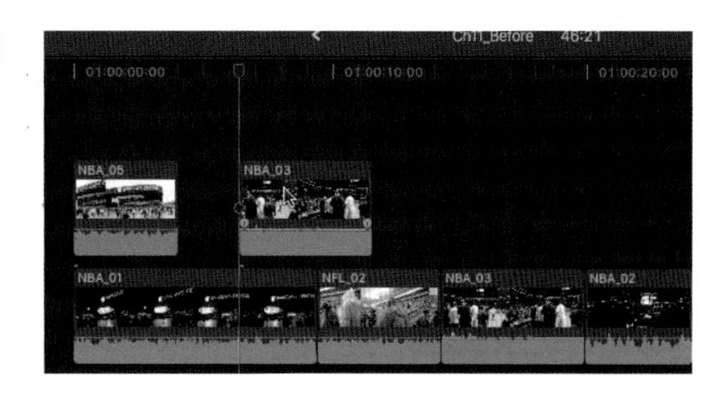

02 인스펙터 상에서 키프레임을 설정하기 위해서 Scale 파라미터의 'Add a keyframe' 버튼을 눌러주자.

03 키프레임을 추가한 후에는 키프레임 아이콘이 +에서 -로 바뀐다.

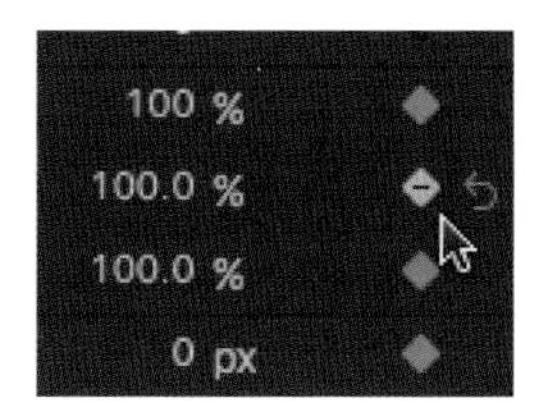

첫 번째 키프레임을 설정할 때, 파라미터 셋팅을 변경한 후 키프레임을 추가할 수도 있고, 또는 키프레임 아이콘을 먼저 클릭한 다음 파라미터를 변경할 수도 있다.

04 키프레임을 추가하면 타임라인 상 클립의 위쪽에 점선이 나타나면서, 백그라운드 렌더링을 요하는 부분임을 알려준다. 참고로 렌더링 단축키는 Ctrl + R 이다.

인스펙터 창에서 프레임의 크기를 바꿔보자. 슬라이더를 50%까지 드래그해 이미지의 크기를 줄여보자. 아래 사진과 같이 크기 슬라이더를 움직이면 오른쪽에 보이는 크기의 값이 이에 따라 변하고, 뷰어 창에 보이는 클립의 사이즈도 변한다.

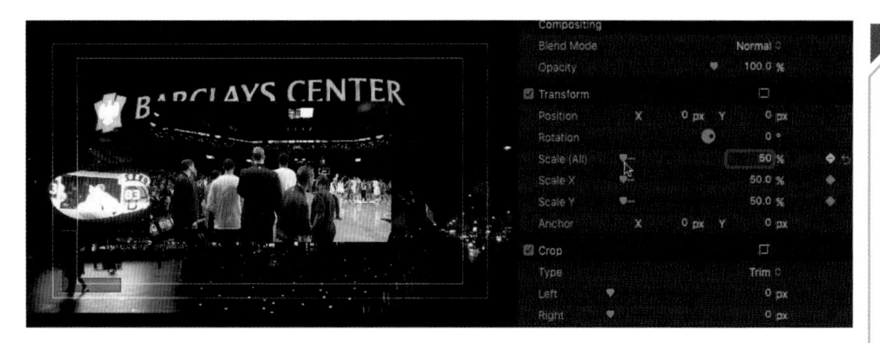

참조사항

크기를 조절하는 슬라이더 옆에 보이는 숫자를 클릭해 직접 원하는 값을 타입해 넣을 수도 있다.

06 아직 클립의 첫 번째 프레임에 플레이헤드가 위치해 있다.
플레이헤드를 클립의 마지막 프레임으로 움직여보자. 키보드 상의 아래 화살표를 누르면 플레이헤드가 편집 포인트인 마지막 프레임 다음 클립의 시작점으로 이동한다.

Tip 타임라인에 있는 클립을 Zoom In 해서 크게 보이게 하자
(단축키: ⌘ + +).

왼쪽 화살표 키를 한번 더 눌러 플레이헤드를 한 프레임 앞으로 옮겨서 클립의 마지막 프레임 위로 이동시켜야 한다. 아래의 사진에서 보이듯 화면의 오른쪽 아래에 보이는 반대로 된 ㄴ 모양이 마지막 프레임 표시 아이콘이다.

플레이헤드가 마지막 프레임에 위치한 상태에서 인스펙터 창의 키프레임 아이콘을 눌러 키프레임을 마지막 프레임에 추가해준다.

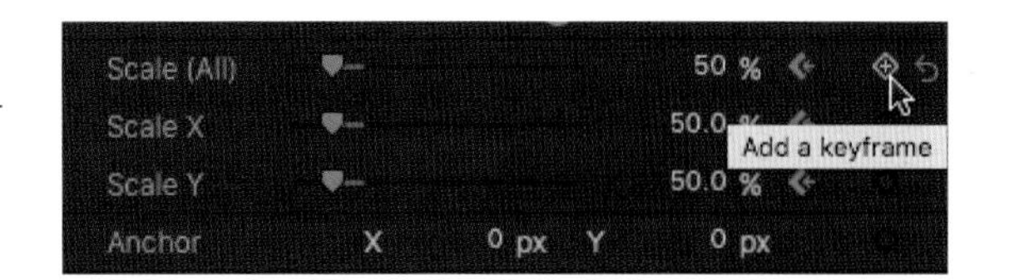

참조사항

키프레임이 놓인 프레임에 플레이헤드가 위치해 있을 때, 마우스 커서를 인스펙터 내의 키프레임 아이콘으로 가져가면 키프레임 아이콘이 화살표 모양의 키프레임 삭제하기(Delete Keyframe)아이콘으로 변한다. 키프레임을 삭제하려면 빨간 X를 클릭하면 된다.

키프레임 아이콘 양 옆에 보이는 뒤로 가기, 앞으로 가기 화살표를 눌러, 이전, 이후에 위치한 키프레임으로 이동할 수 있다.

인스펙터 창에서 이미지 크기(Scale)를 슬라이더로 드래그해 0%로 만들어보자.

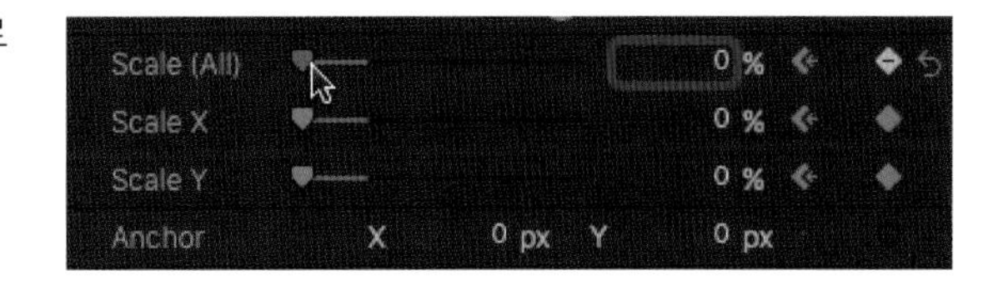

클립을 재생해보자. 첫 번째 프레임부터 마지막 프레임까지 프레임 크기가 점점 작아져서 사라질 것이다. 클립을 확인했으면, 인스펙터의 변형하기 섹션 오른쪽에 보이는 초기화(Reset) 버튼을 누르자.

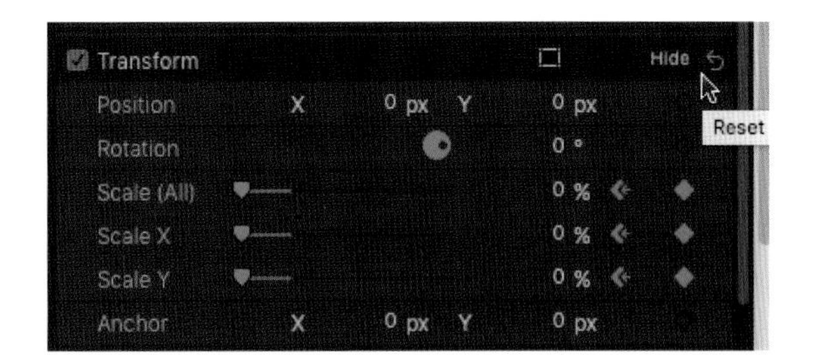

추가되거나 변경된 모든 사항들이 없어지고 기본 설정으로 되돌아갔다.

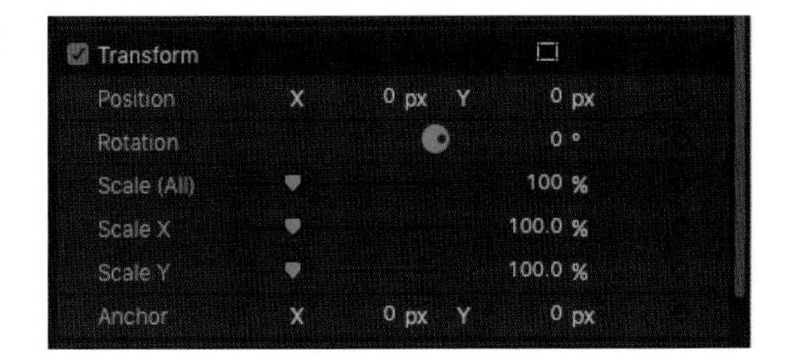

참조사항

각 구간별 파라미터들의 오른쪽에 보이는 버튼을 눌러 팝업 창에서 파라미터 초기화하기(Reset Parameter) 항목을 선택해 각각의 파라미터들을 구간별로 초기화할 수도 있다.

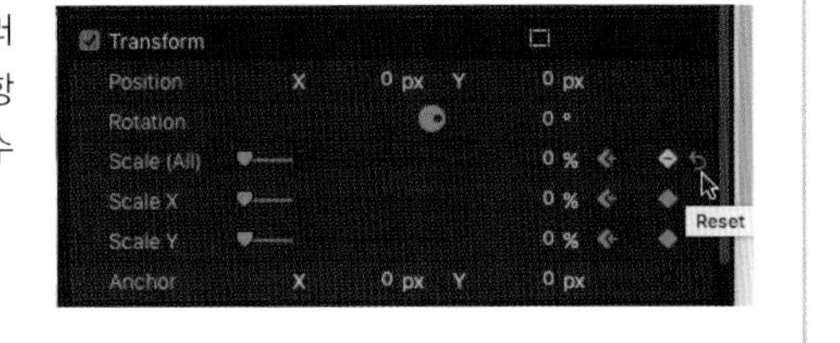

Unit 03 클립에 적용된 효과 복사하기 Paste Attributes

Paste Attributes 기능을 이용해 클립을 복사하면 그 클립에 적용되어 있는 속성들을 복사해서 다른 클립에 적용할 수 있다. 하나의 클립에서 복사된 여러 가지 효과를 한 개 또는 여러 개의 클립들에 동시에 적용할 수 있는 아주 편리한 기능이다. 여러 개의 클립들을 같은 크기의 같은 효과와 키프레임까지 한번에 복사하여 적용할 수 있기 때문에 편집 시 많이 사용되는 중요한 기능이다. 적용된 속성들을 Remove Attributes를 이용해서 간단히 지울 수도 있다.

타임라인에 MVI_2058 클립을 선택하자.

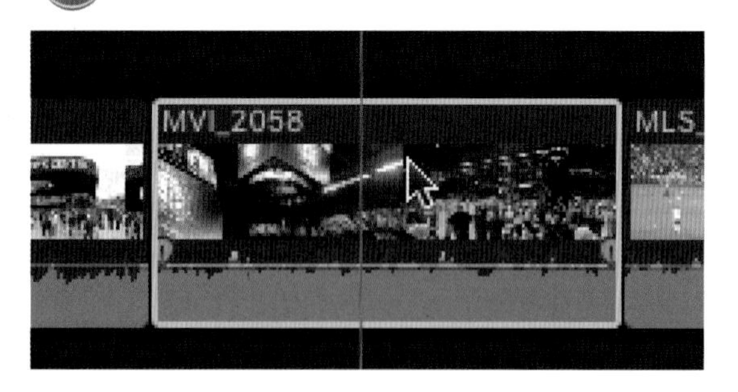

메인 메뉴에서 Edit 〉 Copy 를 선택하자(⌘ + C).

Edit Trim Mark Clip Modify View
Undo Position Change ⌘Z
Redo Transform Change ⇧⌘Z
Cut ⌘X
Copy ⌘C
Copy Timecode
Paste ⌘V

타임라인에서 NBA_03 클립을 선택하자. 복사된 효과를 적용할 타겟 클립을 선택하지 않고 단순히 스키머를 그 클립 위에 가져가도 이 기능이 적용될 수 있지만, 좀 더 직관적인 이해를 위해 타겟 클립을 선택해 두는 것이다.

메뉴에서 Edit 〉 Paste Attributes를 선택한다(Shift + ⌘ + V).

File Edit Trim Mark Clip Modify View
Undo Position Change ⌘Z
Redo ⇧⌘Z
Cut ⌘X
Copy ⌘C
Copy Timecode
Paste ⌘V
Paste as Connected Clip ⌥V
Delete ⌫
Replace with Gap ⌦
Select All ⌘A
Select Clip C
Deselect All ⇧⌘A
Paste Effects ⌥⌘V
Paste Attributes... ⇧⌘V
Remove Effects ⌥⌘X
Remove Attributes... ⇧⌘X

05 Paste Attributes 창이 열리면 소스 클립과 타겟 클립을 확인한 후 그림과 같이 선택하고 Paste를 클릭하자.

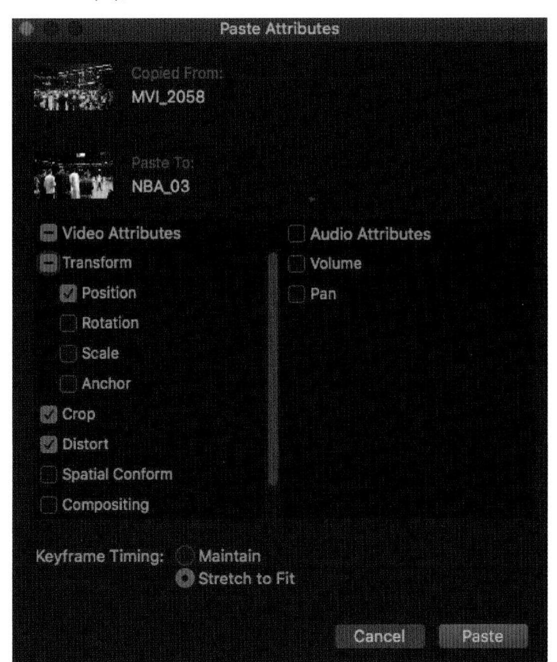

06 NBA_03클립에 MVI_2058 클립에 있던 모션 효과들이 복사되어 적용되었다.

07 복사되어 적용된 효과를 인스펙터(Inspector) 창에서 확인하자.

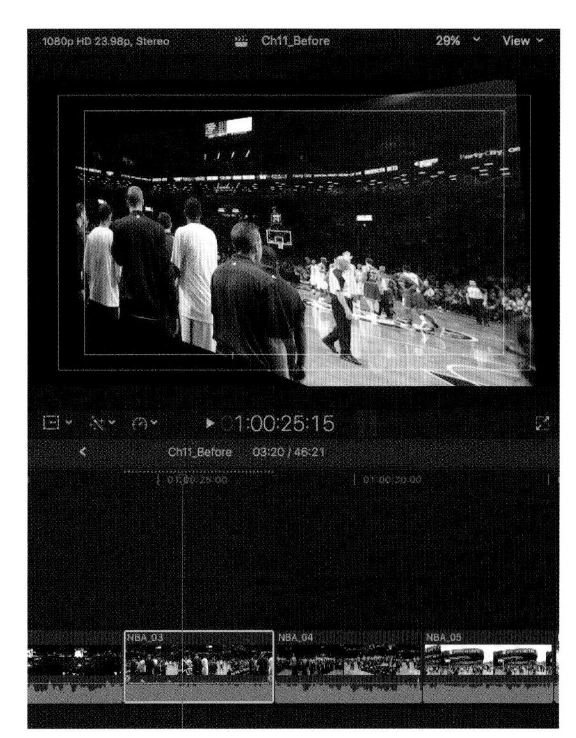

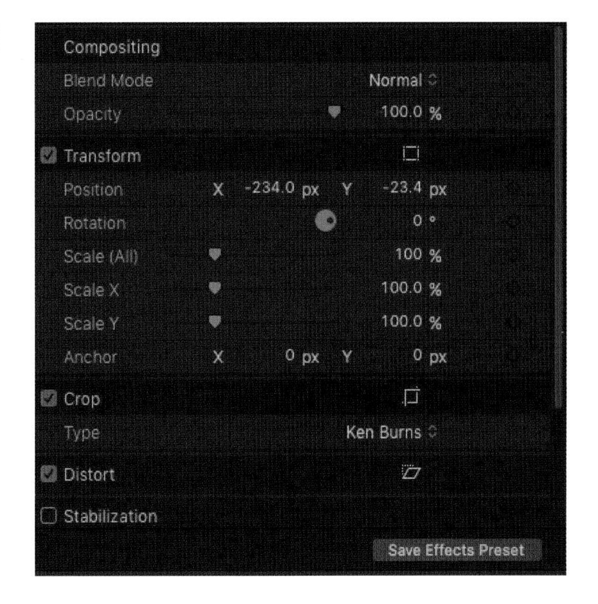

08 적용된 효과를 지우기 위해 메뉴에서 Edit 〉 Remove Attributes를 선택하자. 바꾼 Attributes를 선택해서 지울 수 있는 창이 뜬다.

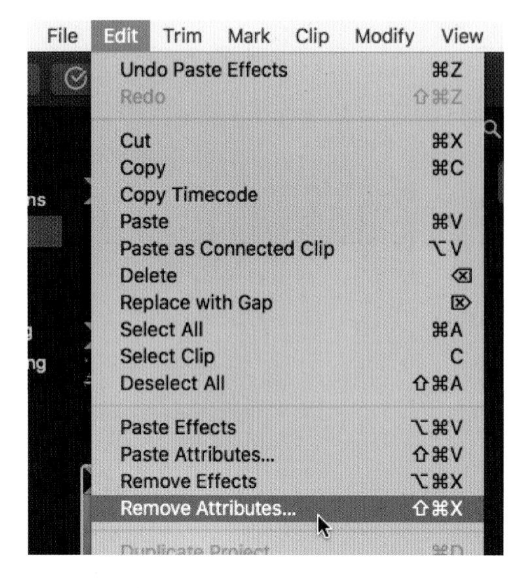

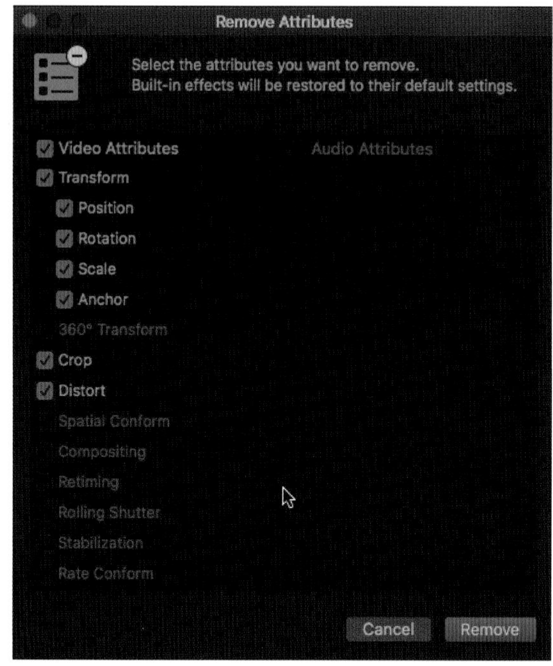

09 적용된 Attributes가 다 지워졌다.

Unit 04 비디오 애니메이션 에디터 Video Animation Editor에서 키프레임 설정하기

비디오 애니메이션 창은 뷰어 창에서 키프레임을 추가할 때, 키프레임이 추가되는 위치를 타임라인에서 보여준다. 타임라인에 있는 클립에는 키프레임이 따로 표시되지 않기 때문에 이 애니메이션 창을 통해 키프레임의 위치와 효과의 강약 정도를 확인하고 조절할 수도 있다.

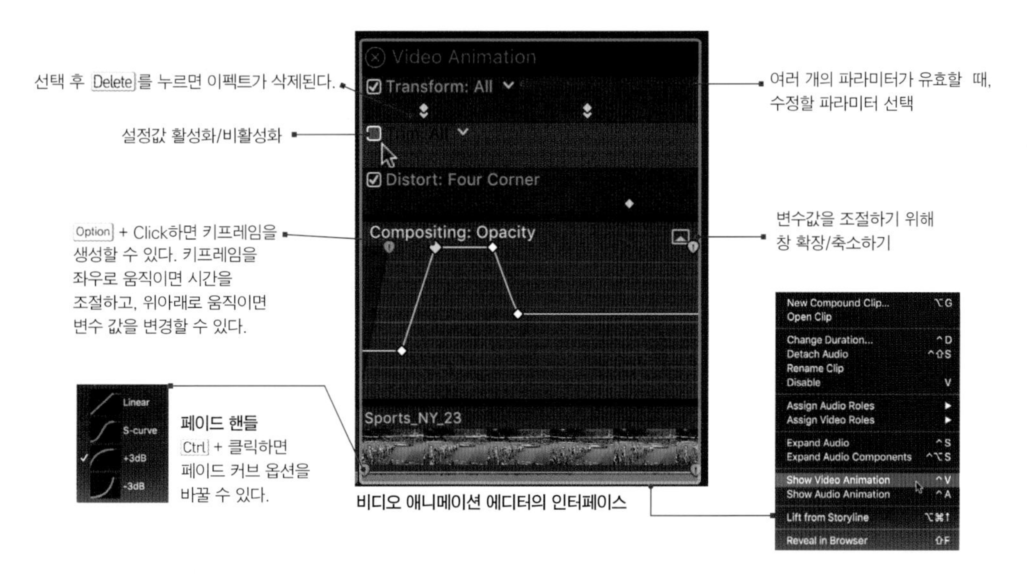

비디오 애니메이션 에디터의 인터페이스

인스펙터에서 키프레임을 설정하는 것은 매우 제한적이고 충분한 기능을 다 갖추고 있지 않다. 예를 들어, 여러 가지 다른 이펙트들의 파라미터들에 키프레임을 적용했다면, 이 다른 이펙트들에 적용된 다른 키프레임들이 어떻게 서로 연결되어 있는지 확인할 방법이 전혀 없기 때문에 이 키프레임들을 적절히 조정하거나 더 미세하게 수정하는 것이 거의 불가능하다고 할 수 있다. 그런 이유로 저자는 타임라인에 있는 비디오 애니메이션 에디터(Video Animation Editor)에서 주로 키프레임 작업을 한다.

1 타임라인 클립의 왼쪽 위 코너를 살펴보면 닫힌 삼각형 모양의 작은 아이콘이 있다. 이를 클릭해서 팝업 메뉴를 열 수 있다.

2 팝업 메뉴는 클립을 다양하게 바꾸어 볼 수 있는 "Show Video Animation" 나 "Show Audio Animation" 등의 여러 가지 명령들을 포함하고 있다.

3 비디오 애니메이션 보이기(Show Video Animation) 명령은 모든 비디오 컨트롤들을 각각 하나의 줄로써 타임라인 클립의 위쪽으로 디스플레이하며 클립을 확장시킨다.

- 비디오 애니메이션 뷰는 단축키 Control + V 또는 메인 메뉴의 Clip 〉 Show Video Animation를 통해서도 열 수 있다.
- 비디오 애니메이션 뷰를 이미 열어놓은 경우, Show Video Animation 명령은 "비디오 애니메이션 숨기기(Hide Video Animation)" 명령으로 바뀔 것이다.

Unit 05 비디오 애니메이션 에디터에서 키프레임 위치를 확인하기

비디오 애니메이션을 만들기 전 스키머를 끄고 시작하자.

비디오 애니메이션 에디터를 열려면, 먼저 타임라인에서 NBA_3 클립을 선택하자. 클립을 선택한 후 뷰어 창에 클립이 보이도록 플레이헤드를 그 클립 위로 놓자.

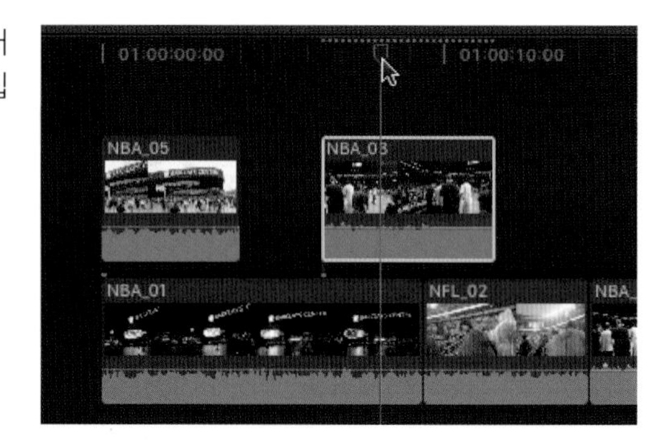

02 팝업 창이 뜨면 'Show Video Animation' 항목을 선택하자(단축키 Ctrl + V).

참조사항 메인 메뉴에서 Clip > Show Video Animation를 선택해도 된다.

비디오 애니메이션 창이 열렸다.

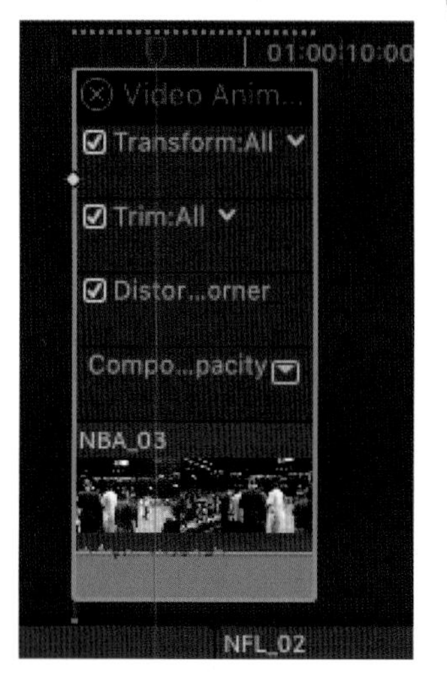

플레이헤드를 다음과 같이 클립의 01:00:10:00 정도에 위치시키자. 클립이 너무 작게 보이면 ⌘ + + 를 이용해서 줌 인(Zoom in) 하자.

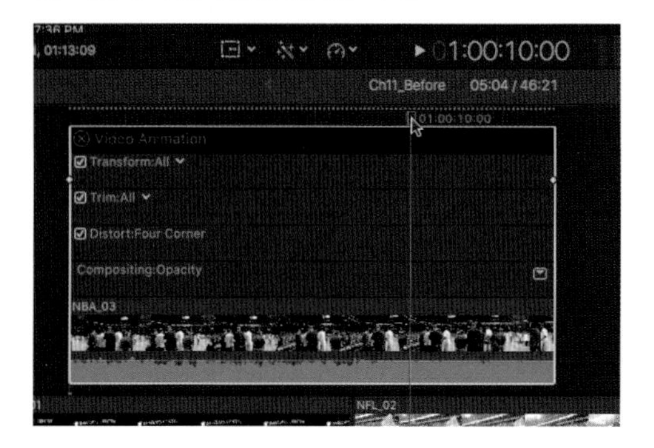

05 크롭 버튼을 클릭해 뷰어 창을 크롭(Crop)모드로 바꾸자.

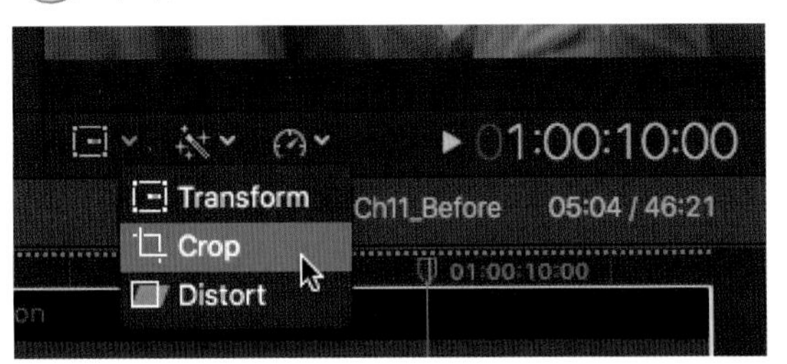

06 뷰어 창의 키프레임 버튼을 눌러 플레이헤드가 위치한 곳에 키프레임을 추가한다.

07 트림 툴을 조절해 이미지를 오른쪽 부분의 반 정도만 남도록 트림해보자.

08 플레이헤드를 클립 위의 01:00:11:10 정도에 위치시키자.

09 키프레임 버튼을 눌러 플레이헤드가 있는 곳에 키프레임을 다시 한번 추가하자.

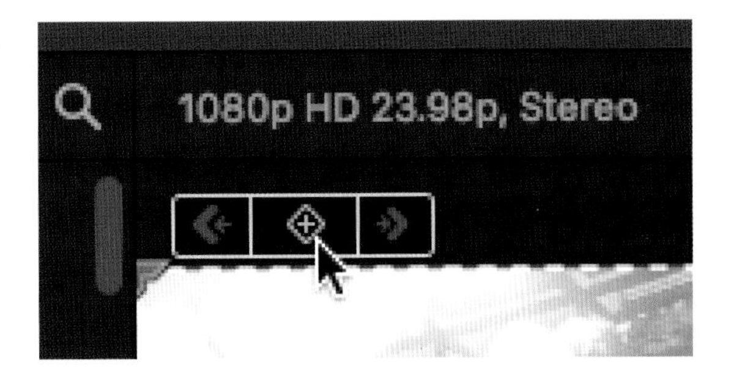

비디오 애니메이션 에디터에서 추가된 키프레임이 보이는지 확인하자. 트림 섹션이 보이는 것과 같이 활성화되어 있어야 한다.

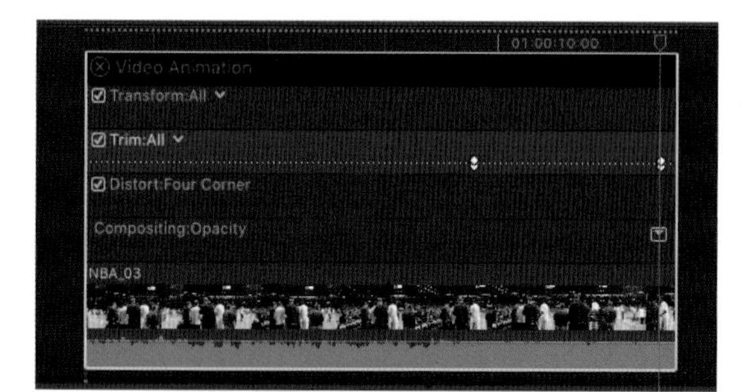

다시 한 번 트림 툴을 잡고 왼쪽으로 이미지를 원래의 크기의 이미지로 늘려주자.

비디오 애니메이션 창에서 키프레임이 된 위치를 확인하며, 클립을 재생해보자. 두 키프레임 사이의 구간에 이미지가 잘라내기 되어 줄어들었다가 다시 늘어나는 애니메이션 효과가 생겼다.

13

타임라인에서 트림 섹션에 있는 두 번째 키프레임을 잡아서 왼쪽으로 드래그해보자. 키프레임 사이가 좁아진 만큼, 키프레임 효과는 빨라진다.

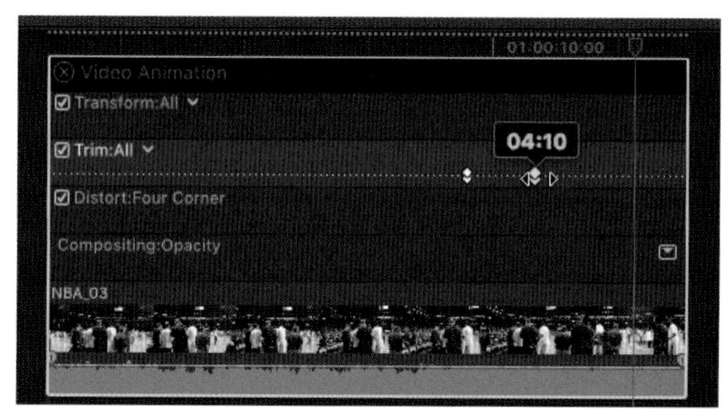

14

편집이 끝났으면 Done 버튼을 눌러 트림 모드를 끝내자.

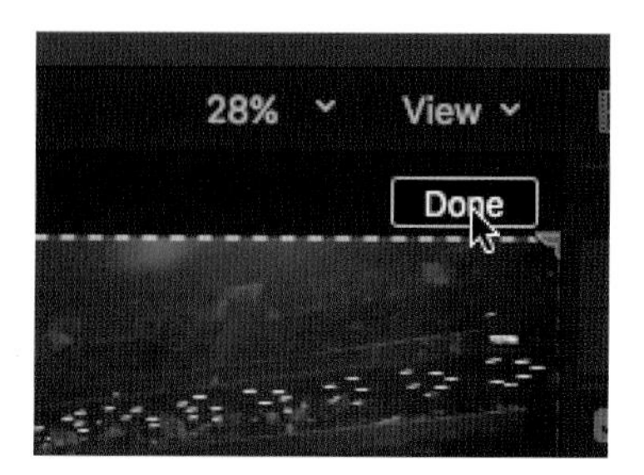

Unit 06 비디오 애니메이션 에디터에서 페이드 인/아웃 만들기

클립을 어두워졌다가 밝아지게 하는 효과인 페이드 인/아웃(fade in/out)은 편집에서 자주 쓰이는 기술이다. 이 효과는 인스펙터보다 비디오 애니메이션 에디터를 이용하는 것이 훨씬 쉬울 것이다.

⊙ **합성하기:** 불투명도(Compositing: Opacity)를 조절해서 페이드 인/아웃을 만들어보자.

01 불투명도(Opacity) 칸의 오른쪽에 보이는 열기 버튼을 눌러보자. 이펙트 칸의 아무 곳이나 더블클릭해도 창이 확장되어 열린다.

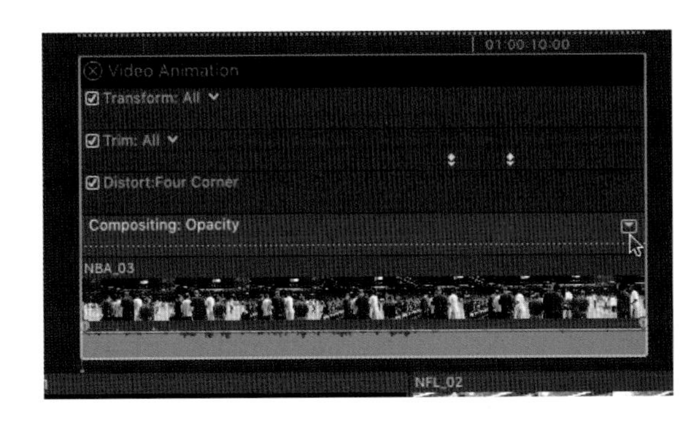

02 이 버튼을 클릭하면, Compositing:Opacity 섹션이 열릴 것이다. 불투명도(Opacity) 섹션 안에서 마우스 커서를 움직여보면, 두 개의 불투명도를 조절할 수 있는 아이콘이 클립의 시작부분과 끝나는 부분의 위쪽에 나타난다.

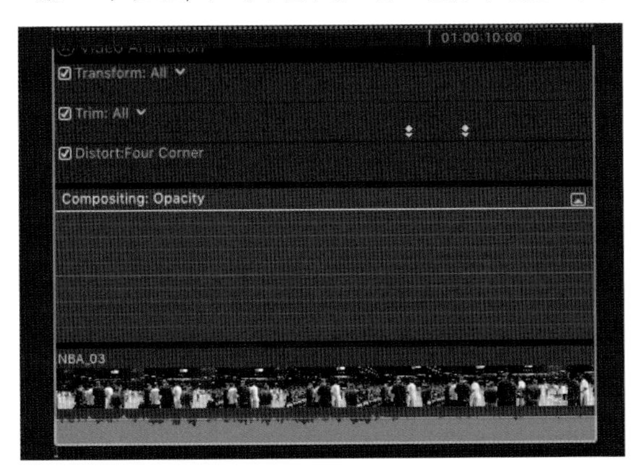

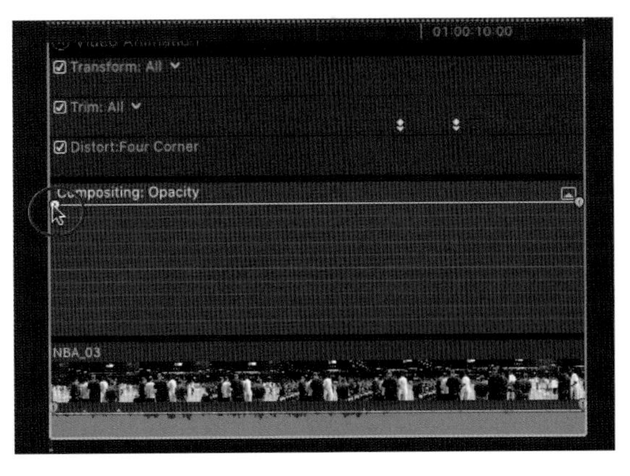

03 클립의 앞부분에 보이는 아이콘에 마우스 커서를 가져가자. 아이콘 위로 마우스 커서를 위치시키면, 아이콘 양쪽으로 작은 삼각형 모양의 아이콘들이 뜬다. 아이콘을 클릭하고 중앙으로 20프레임 정도 드래그해서 페이드 인을 만들고, 클립의 끝부분에 보이는 아이콘도 중앙으로 20프레임 정도 드래그해 페이드 아웃을 만들자.

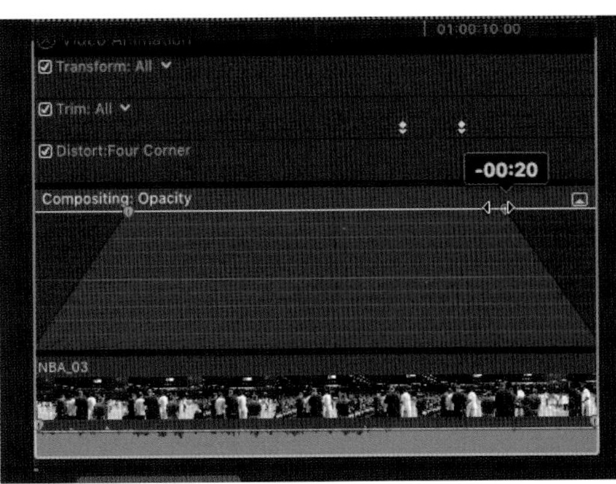

만약 마우스 커서를 그래프의 맨 위에 위치한 얇은 검정색의 수평선 위로 가져가면 위 아래를 향하는 화살표가 뜨는 것을 확인할 수 있을 것이다. 이 선을 클릭하고 아래로 드래그하면 클립이 전체적으로 더 불투명해진다. 이 선을 50% 정도로 낮춰보자. 불투명도가 50%로 내려가면서, 밑에 있는 이미지와 오버랩되어 보여질 것이다.

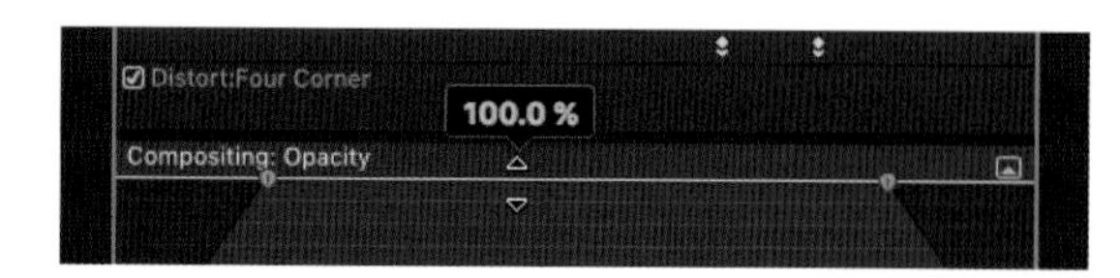

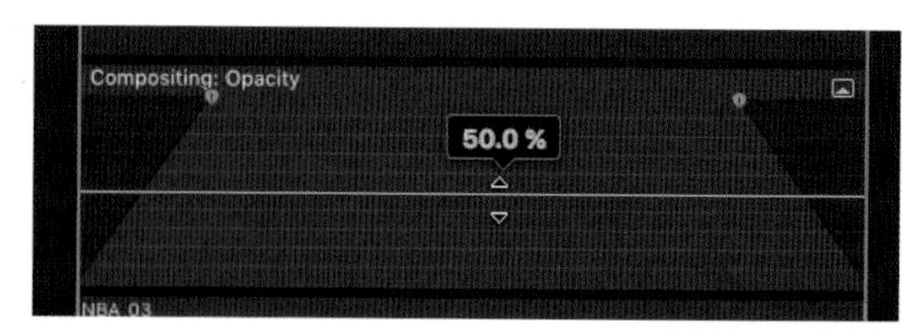

참조사항 투명도/불투명도를 조절하는 선을 0%로 내리면 클립이 완전히 불투명해져 화면이 검게 보인다.

만약 클립에 많은 이펙트들을 적용했을 때 비디오 애니메이션 에디터로 작업할 경우, 비디오 애니메이션 에디터의 높이가 너무 높아져 타임라인 내에 다 보이지 않을 수도 있다. 이때 '솔로(Solo)' 모드를 이용함으로써 이를 깔끔하게 보이게 만들 수 있다. 이펙트의 리스트를 솔로 모드로 깔끔하게 만드려면, 타임라인에서 클립을 선택하고 메인 메뉴의 Clip 〉 Solo Animation을 선택하자(단축키 Shift + Ctrl + V).

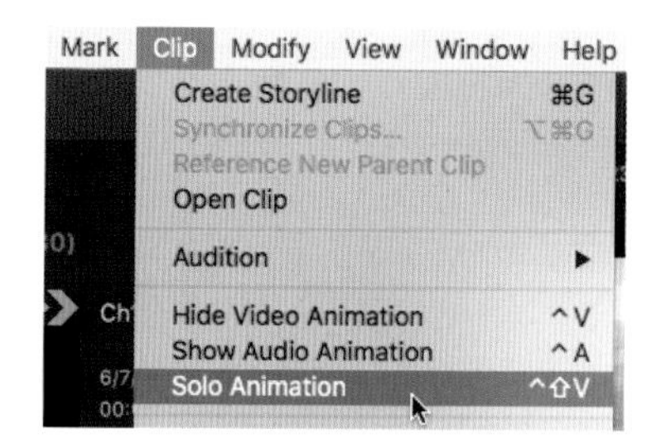

06

Clip메뉴에서 'Solo Animation'를 선택하면 이를 끌 때까지 모든 클립의 비디오 애니메이션 에디터는 솔로 애니메이션 모드로 열린다. 에디터를 더블클릭하면 확장된다.

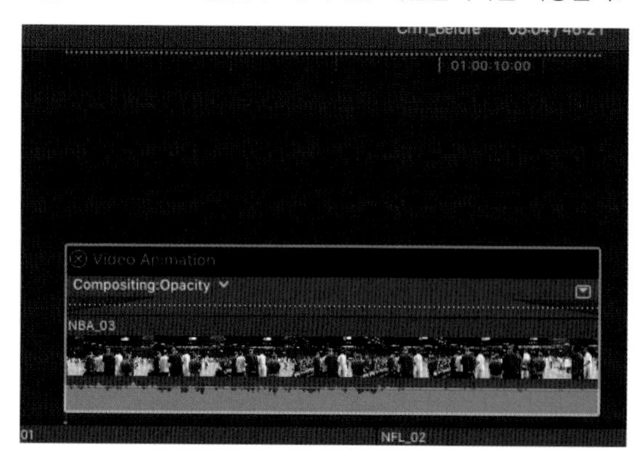

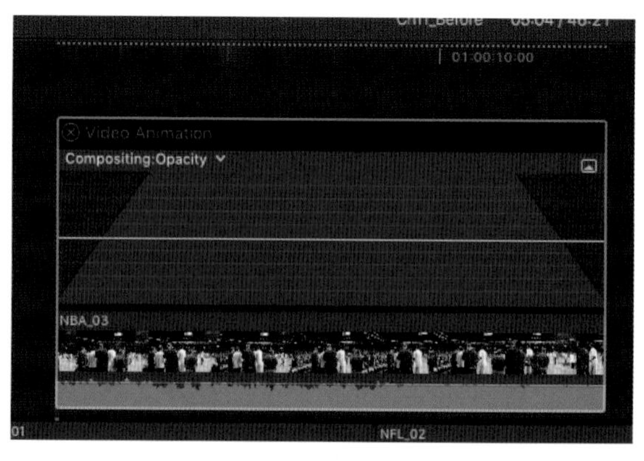

아래에 보이는 바와 같이, 비디오 이펙트의 더미는 없어지고 'Compositing: Opacity'만 옵션으로 보인다. 이 이펙트의 이름 옆에 보이는 닫힌 삼각형 모양의 아이콘을 클릭해보자.

Opacity 글자의 바로 오른쪽에 보이는 열기 버튼을 클릭하면 모든 이펙트들이 리스트된 팝업 창이 밑으로 열릴 것이다. 이 이펙트들 중 잘라내기(Crop)를 선택해 다시 이전에 편집한 내용을 확인해볼 수 있다.

09 선택된 이펙트가 아래와 같이 비디오 애니메이션 에디터에 보인다. 이펙트에 키프레임들이 보인다.

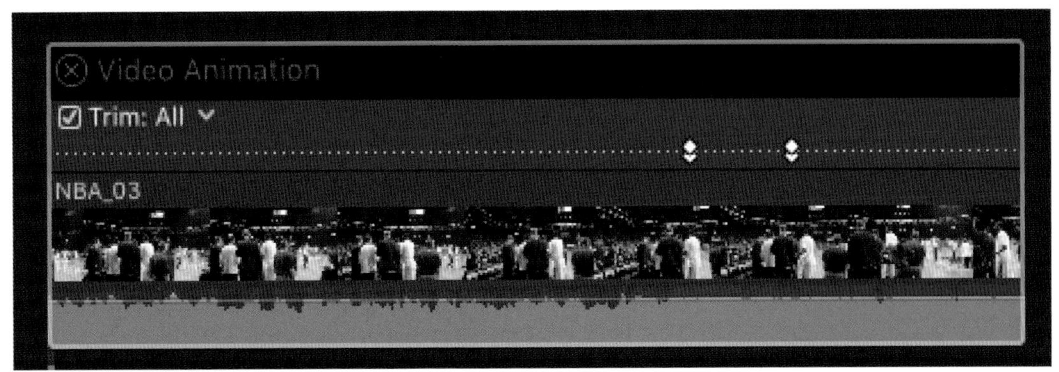

10 비디오 애니메이션 에디터 창 왼쪽 위에 보이는 X를 눌러 비디오 애니메이션 모드를 끝내자.

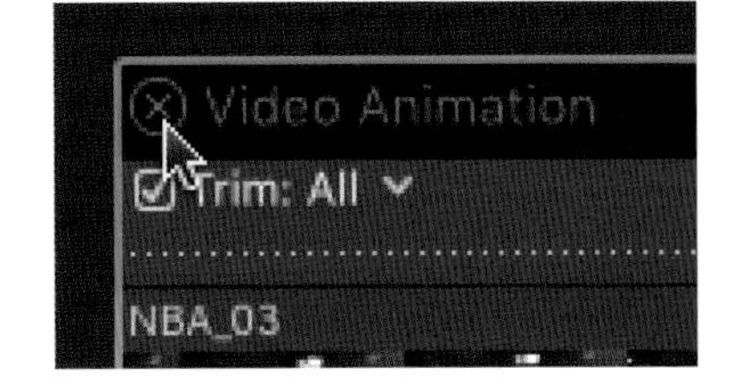

Section 05 인스펙터에 있는 이미지 조절 기능

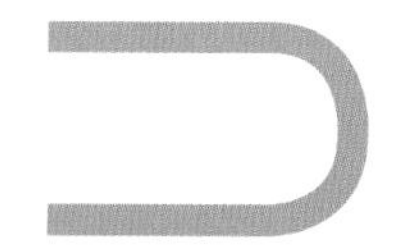

인스펙터 창에는 타임라인에서 사용되는 비디오 클립의 프레임 사이즈, 재생 프레임 레이트 그리고 이미지 안정화 등의 여러 기능들이 있기 때문에 편집 중 이 기능들을 언제든 적용할 수 있다.

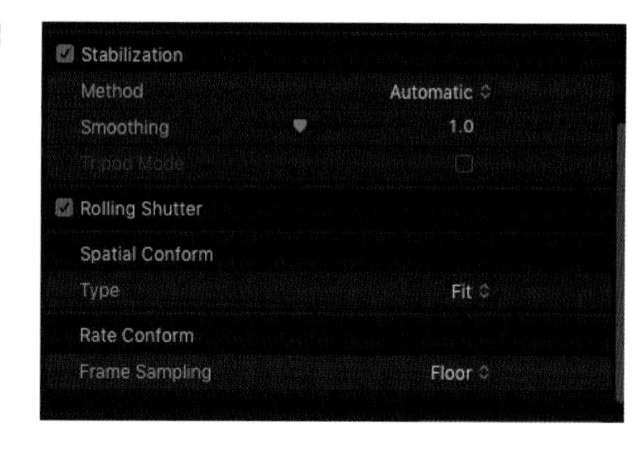

Unit 01 포맷 통합시키기 Conform

파이널 컷 프로 X에서는 프로젝트 타임라인에 여러 가지 포맷의 미디어(비디오와 오디오)를 동시에 사용할 수도 있다. 크기나 프레임 레이트(Frame Rate) 등이 다른 여러 클립들의 포맷을 프로젝트의 포맷으로 맞추어서 사용하기 위한 기본적인 설정들이 있다. 이러한 설정들은 두가지 모듈, Spatial Conform 과 Rate Conform에서 설정 가능하다.

참조사항

프로젝트의 포맷 설정은 쉽게 바꿀 수 있지만, 프레임 레이트(rate)는 여기에서 변경할 수 없다는 점을 주의하자.

이들 셋팅은 다음과 같이 비디오 포맷의 두가지 메인 파라미터들을 나타낸다.

- **프레임 크기(Frame Size)**: 이는 이미지가 얼마나 큰가에 관한 것이다. 다른 말로, 넓이 x 높이로 측정되는 픽셀의 해상도이다.
  예) 1920x1280, 1280x720
- **프레임 속도(Frame Rate)**: 이는 프레임이 얼마나 빨리 재생이 되는가에 관한 것이다. 이는 초당 나타나는 프레임들로 측정한다.
  예) 24fps, 30fps

새로운 프로젝트를 만들 때, 소스 미디어 파일 포맷에 맞춰 설정을 조절할 수 있다. 하지만 여러 비디오 포맷을 사용해야 할 경우 최상의 결과를 위해 기능들을 적절히 셋팅해야 한다.

Unit 02 프레임 크기 맞추기 Spatial Conform

Spatial conform은 가장 일반적인 문제점인 프레임 크기에 맞지 않는 이미지를 프로젝트 셋업에 맞게 고쳐주는 매우 유용한 기능이다. 예를 들면, 720p 비디오나 화면 비율이 4:3인 사진을 16:9의 화면 비율인 1080p 프로젝트에 가져올 때, 이 이미지들을 자동으로 1920×1080 사이즈에 맞춰주는 것이다.

Spatial conform에는 세가지 설정이 있다: Fit, Fill, None. Fit이 디폴트 설정이다.

1 Fit : 기본 설정 옵션으로서, 원래의 클립 화면 비율을 유지하면서 클립의 전체 이미지가 프로젝트 화면에 모두 보일 수 있도록 조절된다. 화면 비율이 4:3인 고화질 사진을 16:9의 화면 비율인 1080p 프로젝트에 가져오면 맞춰진 이미지 옆에 필러박스(Pillar box)가 생긴다.

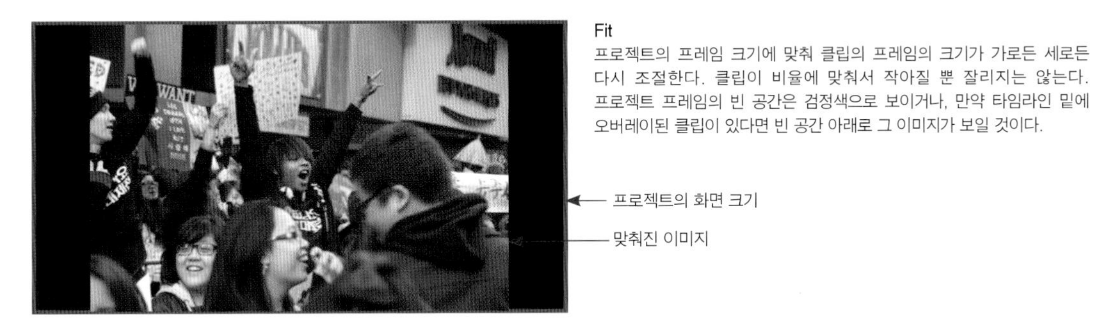

Fit
프로젝트의 프레임 크기에 맞춰 클립의 프레임의 크기가 가로든 세로든 다시 조절한다. 클립이 비율에 맞춰서 작아질 뿐 잘리지는 않는다. 프로젝트 프레임의 빈 공간은 검정색으로 보이거나, 만약 타임라인 밑에 오버레이된 클립이 있다면 빈 공간 아래로 그 이미지가 보일 것이다.

2 Fill: 이미지가 전체 위 아래 그리고 양옆을 모두 채울 수 있도록 크기를 조정해주는 옵션이다. 아래의 예를 보면 알 수 있듯, 화면의 아래와 밑부분을 살펴보면 검정색의 배경화면이 보이지 않는다. 프레임의 모든 면을 채워야 하기 때문에 줌이 된 후 버려지는 부분이 생길 수 있다.

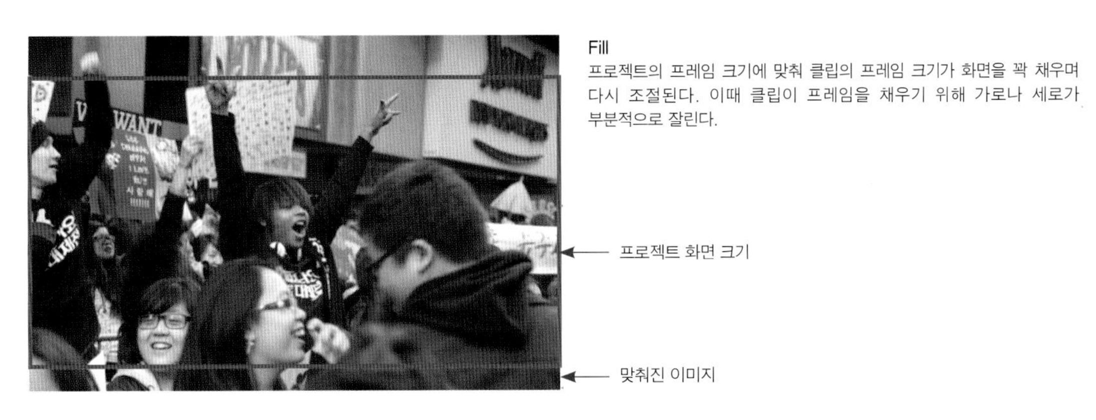

Fill
프로젝트의 프레임 크기에 맞춰 클립의 프레임 크기가 화면을 꽉 채우며 다시 조절된다. 이때 클립이 프레임을 채우기 위해 가로나 세로가 부분적으로 잘린다.

3 None: 이미지가 프레임에 맞든 맞지 않든 이미지를 100퍼센트 사이즈로 보여준다. 이미지에 켄 번스 이펙트를 사용하거나, 프로젝트 프레임 크기보다 작은 이미지를 임포트해서 쓸 때 유용한 기능이다.

아래는 같은 이미지에 None 옵션을 적용했을 때의 프레임 화면의 모습이다. 이미지를 100퍼센트 사이즈로 만들어서 보여준다.

Unit 03 프레임 레이트 맞추기 Rate Conform

프로젝트 타임라인의 프레임 레이트와 사용하는 클립의 프레임 레이트를 비교해서 맞춰주는 기능이다. 예를 들면, 1초당 30프레임의 비디오 클립을 1초당 24프레임 프로젝트에 가져왔을 경우, 그 프레임 레이트에 맞춰주는 기능이다.

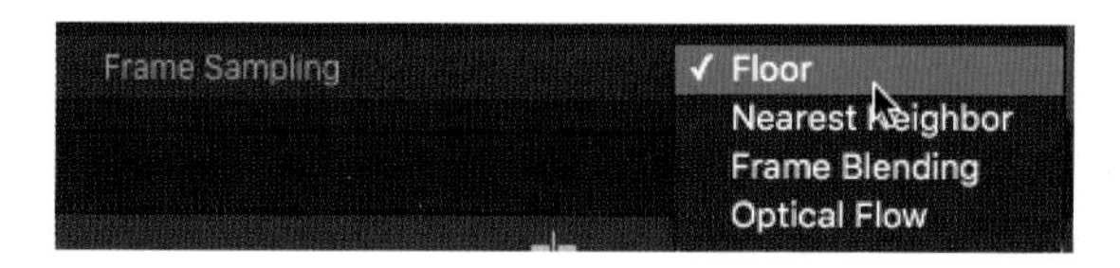

1 Floor: 프로젝트 프레임 레이트를 기준으로 클립의 프레임을 조절한다.

2 Nearest Neighbor: Floor와 같은 방식을 사용하지만 더 정교하게 프레임 레이트를 계산하기 때문에 렌더링이 필요하다.

3 Frame Blending: 프레임 레이트를 계산할 때 하나의 프레임이 아닌 두 개의 프레임을 섞어서 하나의 프레임으로 계산한 후, 부드러운 재생을 하게 한다.

4 Optical Flow: 하나의 프레임이 아닌 사용된 모든 프레임의 화소를 계산한 후, 전체 화소 움직임의 결과를 사용하여 프레임 레이트를 바꿔주는 옵션이다. 가장 부드럽게 프레임을 섞어주는 옵션이지만 렌더링 시간이 오래 걸린다. 렌더링 시간과 상관 없이 선명하고 부드러운 프레임 매치를 원할 경우 사용하면 좋다.

Unit 04 이미지 안정화로 문제 고치기 Image Stabilization

클립을 분석하고 고치는 작업과 관련한 안정화(Stabilization)와 롤링 셔터(Rolling Shutter)를 인스펙터에서 확인해보자. 타임라인에 있는 클립을 선택한 후 Stabilization을 활성화하면 클립 자동 분석이 이루어진다.

파이널 컷 프로 X는 비디오 이미지를 분석하고 눈에 띄는 흔들림을 줄여주는 옵션을 제공한다. 파이널 컷 프로 X는 흔들리는 프레임 안의 화소가 어떻게 움직이는지를 분석하고 그 화소를 너무 많이 움직인 반대의 방향으로 움직여준다. 예를 들어, 어떤 흔들리는 이미지가 촬영 중 아래로 움직였다면, 파이널 컷 프로 X가 이 이미지를 같은 크기만큼 위로 움직여주면서 이미지가 안정되어 보이도록 전체 화소를 안정화시켜준다.

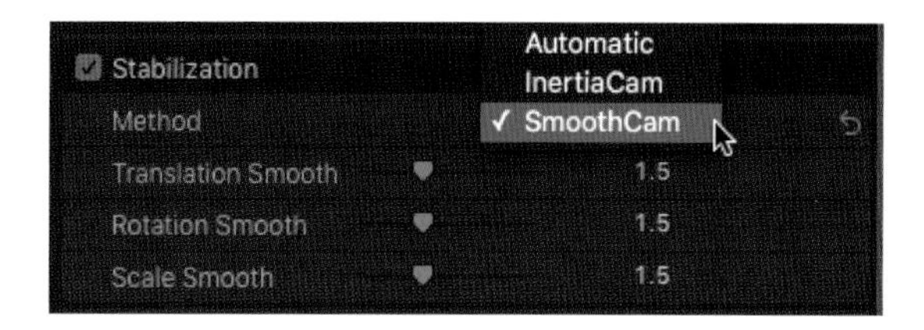

파이널 컷 프로에서는 파일들을 가져오는 동안, 또는 파일을 이벤트 브라우저에 가져온 후 타임라인에서 편집이 끝난 이후에도 이 클립 분석 기능을 사용할 수 있다. 하지만 클립 분석은 그 클립 전체를 모두 분석하기 때문에 시간이 많이 걸릴 수 있다. 분석 시간을 줄이기 위해서 작은 클립으로 나누어서 분석하기를 권한다.
인스펙터(Inspector)에서 Stabilization 글자 왼쪽에 보이는 체크박스를 클릭해 파란색으로 체크박스가 켜지면, 클립이 분석된다.

이미지 안정화 분석이 시작되면 이미지는 즉각적으로 약간 줌 인이 된다. 클립을 재생해보면, 화면이 이전보다 훨씬 덜 움직이는 것을 알아챌 수 있을 것이다.

⊙ 이미지 안정화를 더욱 자연스럽게 만들기 위해 다음과 같이 세가지의 컨트롤들이 존재한다.

- **Translation Smooth:** 가장 많이 사용되는 이 옵션은 수평, 수직적인 움직임을 완화시킨 것을 조정해주는 기능을 한다. 이 효과의 강도를 조절할 수 있는 슬라이더를 0으로 맞추면 움직임을 완화시킨 것이 없어지고, 5.0은 최대로 움직임을 완화시켜준다. 디폴트 설정인 2.5가 일반적으로 가장 적절하게 조절을 시작할 수 있는 포인트이다.
- **Rotation Smooth:** 이 옵션은 프레임의 회전적인 움직임을 조정해주는 기능을 한다. 이 효과의 강도를 조절할 수 있는 슬라이더를 0으로 맞추면 움직임을 완화시킨 것이 없어지고, 5.0은 최대로 움직임을 완화시켜준다. 일반적으로 1.0정도가 알맞을 것이다.

- **Scale Smooth:** 이 옵션은 흔들리는 줌을 조정해주는 기능을 한다. 이 효과의 강도를 조절할 수 있는 슬라이더를 0으로 맞추면 움직임을 완화시킨 것이 없어지고, 5.0은 최대로 움직임을 완화시켜준다. 이 기능은 일반적으로 0으로 설정을 맞춰 꺼놓아도 무난할 것이다.

참조사항

브라우저에 있는 클립 분석하고 고치기

이 기능들은 "분석하고 고치기(Analyze and Fix)" 명령으로 분석을 하는 대상인 데이터를 필요로 한다. 만약 흔들림이나 롤링 셔터 등의 결함이 있는 비디오가 있다면, 이러한 모듈들을 활성화시키고 비디오 퀄리티가 향상되는지를 확인해볼 수 있다. 글자 왼쪽에 보이는 박스를 클릭하면 박스가 파란색으로 바뀌며 활성화된다.

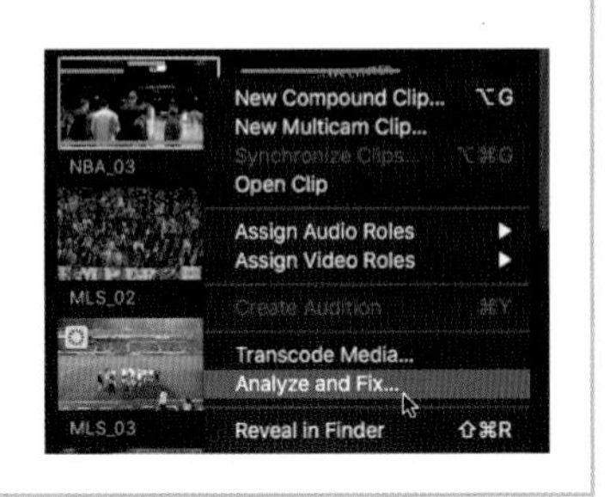

Unit 05 롤링 셔터 Rolling Shutter

롤링 셔터는 DSLR과 같이 비디오 기능을 가졌지만 크고 다소 느린 이미지 센서를 지닌 카메라로 빠르게 움직이며 촬영했을 시에 발생하는 현상이다.

⊙ 아래의 예시 화면을 보면 그 문제점이 어떤가 알 수 있다. 물체들의 수직 가장자리가 한쪽 면으로 기울어져 보인다.

이러한 현상은 이미지 센서보다 더 빠르게 회전하면서 이미지의 움직임을 촬영함으로써 카메라가 이미지를 한번에 모두 캡처하지를 못해서 발생한다. 대신에 카메라는 센서의 맨 위부터 가장 아래의 이미지의 움직임을 캡쳐하게 된다. 이는 이미지의 가장 아랫부분이 이미지의 중앙이나 맨 위부분보다 약간 빨리 녹화가 됨을 의미한다.

⊙ 인스펙터에서 Rolling Shutter 항목을 켜면 분석이 시작된다.

⊙ 분석이 끝난 후, 필요하다면 인스펙터에서 Rolling Shutter 셋팅을 조절해준다.

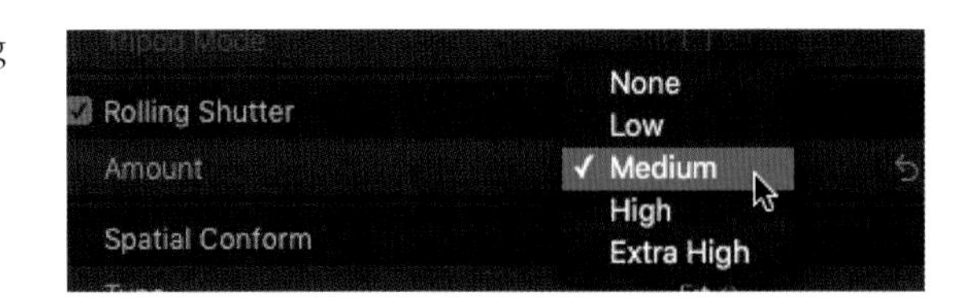

파이널 컷 프로 X는 이미지를 약간 줌 인하고 픽셀들을 균형이 맞도록 이동시키고 한쪽으로 기운 형상을 지워준다. 롤링 셔터의 강도는 미디엄(medium)으로 설정이 되어있다. 만약 이 고침 기능이 클립 안의 한 부분에만 필요하다면 클립을 블레이드(Blade, 단축키 B)로 잘라서 필요한 부분에만 적용하면 된다.

⊙ 롤링셔터 이펙트의 미디엄 셋팅이 적용된 후 모든 가장자리들이 적절히 수직으로 보인다.

Section 06 컴포지트 Compositing: 레이어 합성하기

Unit 01 컴포지트 Composite 란?

컴포지트란 2개 이상의 이미지를 한 프레임으로 합성해 새로운 영상 효과를 만드는 것이다. 파이널 컷 프로에서는 Compositing Mode를 사용해 2개 이상의 비디오 이미지를 합성(Blending)해 각 비디오 레이어의 화소가 가진 밝고 어두움 또는 색의 조합을 이용해 독특한 효과를 만들 수 있다.

한 가지 기억해야 할 것은 컴포지트 모드는 항상 2개 이상의 비디오 레이어가 필요하다는 것이다. 컴포지트 모드를 주려고 하는 비디오 레이어 밑에 다른 비디오 레이어가 없다면 아무런 변화도 일어나지 않는다.

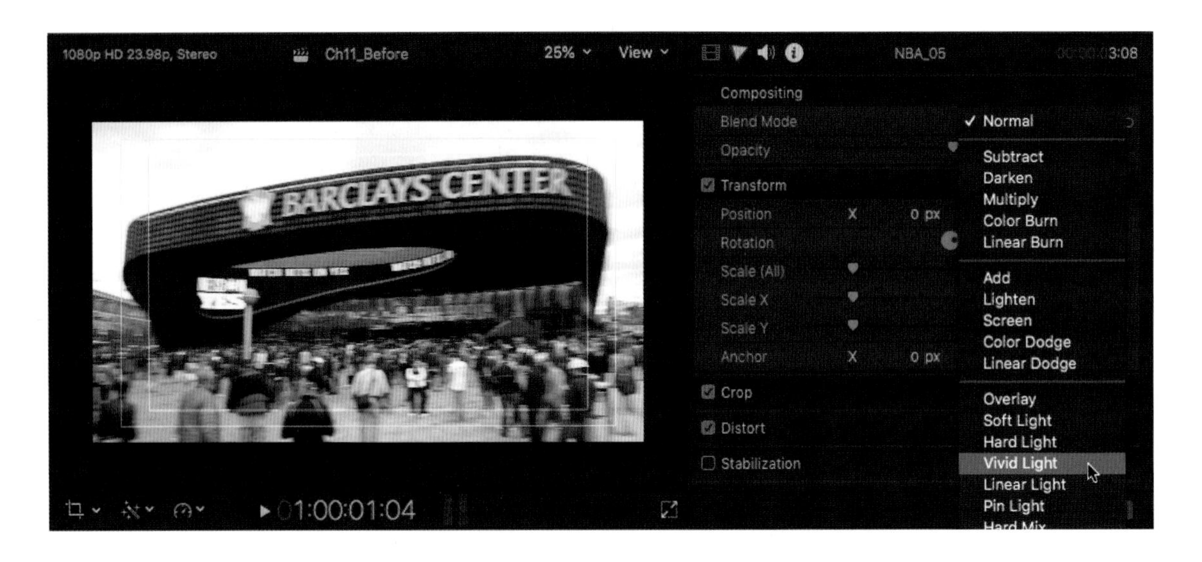

이 모듈은 이펙트 브라우저의 키 이펙트를 적용하는 데 시간을 낭비할 필요 없이 빠르게 하나 또는 여러 개의 클립들을 합치는 데 사용해왔다. "컴포지트(composite)"란 말의 뜻은 비디오 프레임들을 서로 겹쳐씌우거나 합치는 것을 말한다. 설정 가능한 항목들은 어떻게 이 작업이 완성되는지, 결과물의 비디오가 어떻게 보일지에 영향을 미친다.

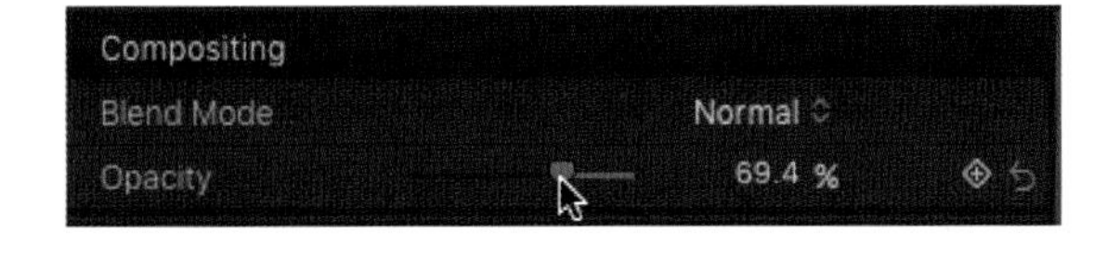

위 아래로 연결된 클립들은 위의 클립이 아래에 있는 클립을 가리기 때문에 아래에 위치한 클립은 보이지 않는다. 즉, 맨 위의 이미지가 항상 아래에 깔린 이미지들을 가려 보이지 않게 만든다. 하지만, 클립의 불투명도를 조절해서 아래에 있는 클립을 보이게 할 수 있다.

⊙ 여기서 우리는 합성하기와 관련해 다음과 같은 특정한 두 가지 방법의 기본 이펙트들에 관해 알아보도록 할 것이다.

- **불투명도 Opacity:** 100% Opacity란 뜻은 완전히 가린다(불투명한 물체)는 뜻이고 50%는 두 비디오의 신호들이 똑같이 믹스된다는 뜻이며, 0%는 완전히 투명하게 보이기 때문에 아래에 위치한 비디오가 비쳐져보이고 위에 위치한 비디오는 전혀 보이지 않는다.
- **블렌드 모드 Blend Mode:** 블렌드 모드를 클릭하면 뜨는 팝업 메뉴는 비디오 시그날의 부분들의 불투명도의 정도에 관한 아주 다양한 옵션들을 제공한다.

Unit 02 불투명도 Opacity

클립을 선택하고 인스펙터에서 이 불투명도를 조절할 수 있는 슬라이더를 왼쪽으로 움직여 두 클립들을 섞어서 보이도록 해보자. 슬라이더 왼쪽에 위치한 숫자가 보이는 곳에 원하는 만큼의 숫자를 입력해 넣어도 되고, 숫자의 상하에 위치한 화살표를 클릭해 이를 크게 또는 작게 조절할 수도 있다. 불투명도가 50일 때 두 개의 클립은 섞여 보이고, 위에 위치한 클립은 반투명한 클립이 된다. 불투명도가 0%일때, 이 위쪽에 놓인 클립은 완전히 투명하게 되어 전혀 보이지 않게 된다.

⊙ 불투명도를 조절해 연결된 두 클립이 함께 섞여서 보이는 경우를 살펴보자.

타임라인에서 클립 NBA_05을 선택한다.

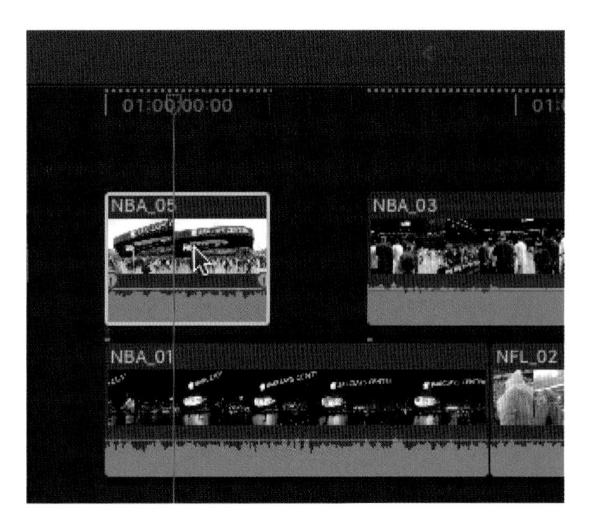

02 현재 선택된 클립의 프레임은 100% 불투명도로 설정되어 있어 아래에 위치한 클립은 가려져 뷰어 창에 보이지 않는다.

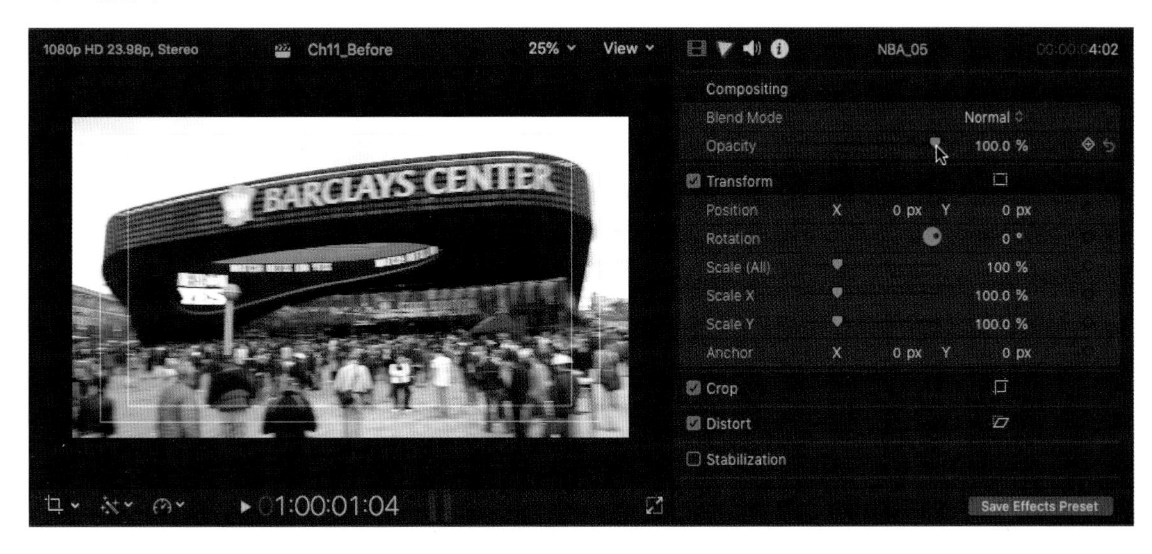

03 인스펙터의 컴포지트 섹션에서 불투명도(Opacity) 슬라이더를 50% 정도로 설정해보자. 위에 위치한 NBA_05 클립이 50%만큼 투명해져 아래에 위치한 연결된 NBA_01 클립과 함께 섞여 아래와 같이 보인다.

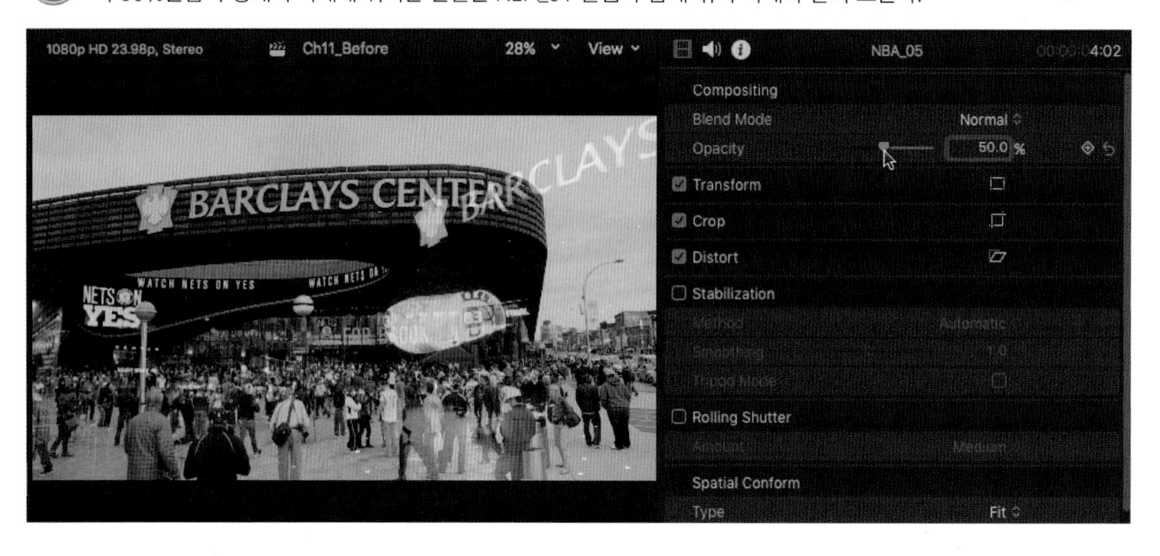

Unit 03 블렌드 모드 Blend Mode

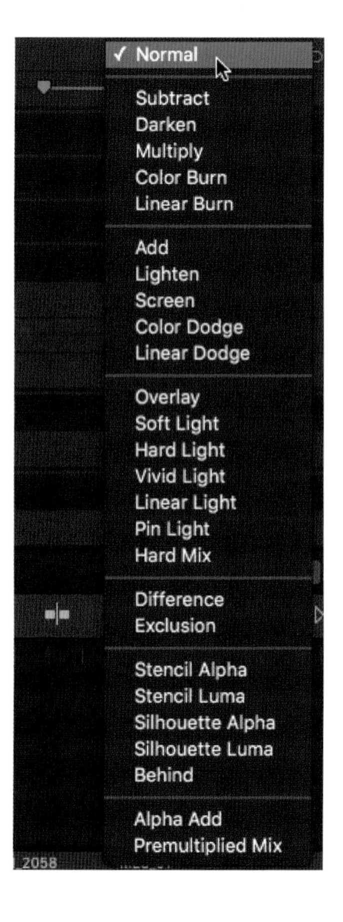

블렌드 모드는 서로 쌓아올려진 두 이미지들(클립 또는 스틸샷)의 텍스처를 합쳐주는 기능을 한다. 블렌드 모드는 이미지들을 픽셀들의 그레이스케일 밸류(grayscale values)에 맞춰서 이미지들을 합쳐준다.
두 레이어를 섞는 블렌드 모드는 텍스트와 함께 매우 많이 사용하는 기능인데 예측 못한 화소들의 결합으로 창조적인 효과들을 만들어 주기도 하고 알파 채널이나 밝기를 이용해서 배경화면에 텍스트를 섞어줄 때 특히 많이 사용된다.

⊙ 블렌드 모드는 여러 개의 주요 카테고리로 나뉘어져 있다.

- **Subtract:** 이 카테고리 내 옵션들은 어두운 픽셀 값(darker pixel values)에 기반해 이미지들을 합쳐주는 기능을 한다.
- **Darken:** 합쳐지는 레이어의 색보다 밝은 픽셀은 어둡게 하고 합쳐지는 레이어색보다 어두운 픽셀은 아무 변화를 주지 않는다.
- **Multiply:** 모든 색을 어둡게 하는 합성을 사용한다. 합쳐지는 레이어의 흰색을 가진 픽셀은 변화를 주지 않고 어두워질수록 하위 레이어의 색을 어둡게 한다. 합쳐지는 레이어의 검은 픽셀은 검정색으로 합성되며, 그 중간색은 단계적으로 어둡게 하기 때문에 Darken 모드에 비해 더 어두워지는 효과를 가져온다.
- **Add:** 이 카테고리 내 옵션들은 밝은 픽셀의 값(lighter pixel values)에 기반해 이미지들을 합쳐주는 기능을 한다(Add옵션은 되도록 사용하지 않는 것이 좋은데, 너무 밝은 white levels들을 만들어내기 때문이다. 대신 Screen을 사용하는 것이 좋을 것이다).
- **Lighten:** Darken 모드의 반대 성질을 가진다.
- **Screen:** Multiply Mode와는 정반대의 기능으로서 Blend 레이어의 검정색은 변화가 없으며, 흰 픽셀을 흰색으로 합성되게 한다. 중간색은 단계적으로 밝게 해준다.
- **Overlay:** 이 카테고리 내 옵션들은 중간 톤의 그레이 밸류(Midtone gray values)에 기반해 이미지들을 합쳐주는 기능을 한다.
- **Soft Light:** 합성된 색이 중간 밝기인 회색보다 밝으면 이미지는 Lighten 모드를 사용한 것처럼 밝아지고, 합성된 색이 중간 밝기인 회색보다 어두워지면 Darken 모드를 사용한 것처럼 어두워진다.
- **Hard Light:** Multiply 모드와 Screen 모드를 반반씩 섞어 놓은 듯한 기능이다.
- **Difference:** 이 카테고리 내 옵션들은 색상 밸류(color values)에 기반해 이미지들을 합쳐주는 기능을 한다.
- **Stencil Alpha:** 이 카테고리 내 옵션들은 투명도, 알파(alpha) 채널 또는 밝기 정보(luma)에 기반해 이미지 픽셀을 합쳐주는 기능을 한다.

블렌드 모드에는 여러 가지 카테고리가 있고 각각의 카테고리에는 다양한 옵션들이 있다.

모든 옵션들이 모든 클립에서 효과적으로 작동하는 것은 아니다. 어떤 클립에서 어떤 옵션들은 드라마틱한 효과를 불러내고, 어떤 옵션들은 미묘하게 작은 효과만을 창출할 뿐이다. 따라서 가능한 한 모든 옵션들을 클립에 적용해보고 어떤 것이 가장 적합할지 확인해보는 것이 좋다. 대부분의 경우 Overlay, Screen, Multiply가 가장 효과적이므로 이를 순서대로 먼저 시도해 본 후 다른 효과들도 시도해보는 것이 좋을 것이다.

⊙ 아래에서 몇 개의 예시들을 살펴보자.

불투명도가 조절된 클립 NBA_05 를 선택해서 초기화시키자.

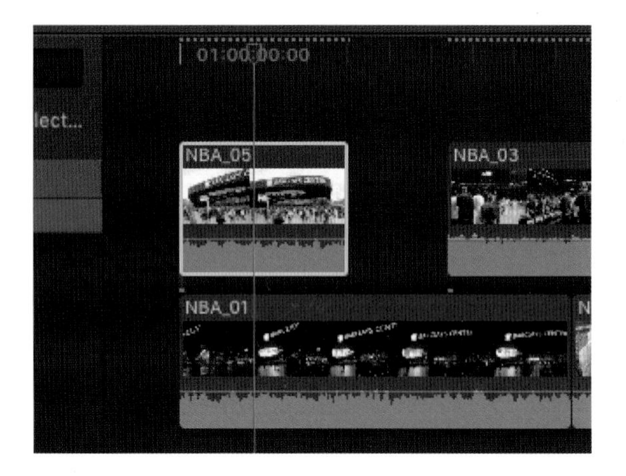

02 인스펙터의 컴포지트 섹션에 위치한 불투명도(Opacity)란의 오른쪽 끝에 마우스 커서를 가져가면 열기 버튼이 뜬다. 이를 클릭하면 팝업 창이 뜨는데 여기에서 Reset Parameter를 선택해 앞에서 변경한 사항을 초기화시키자.

03 다음과 같이 클립의 불투명도가 100%로 다시 돌아갔다.

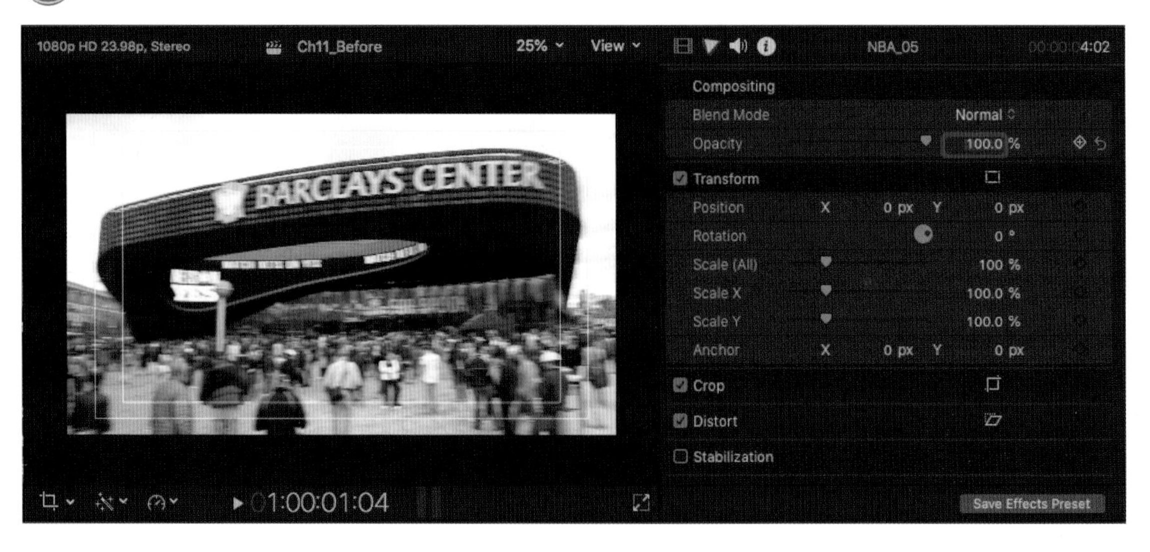

불투명도를 조절하는 칸의 위에 보이는 블렌드 모드(Blend Mode)의 옵션 창에서 Subtract를 선택해보자. 연결된 두 개의 클립이 Subtract 타입으로 블렌드되어 보인다.

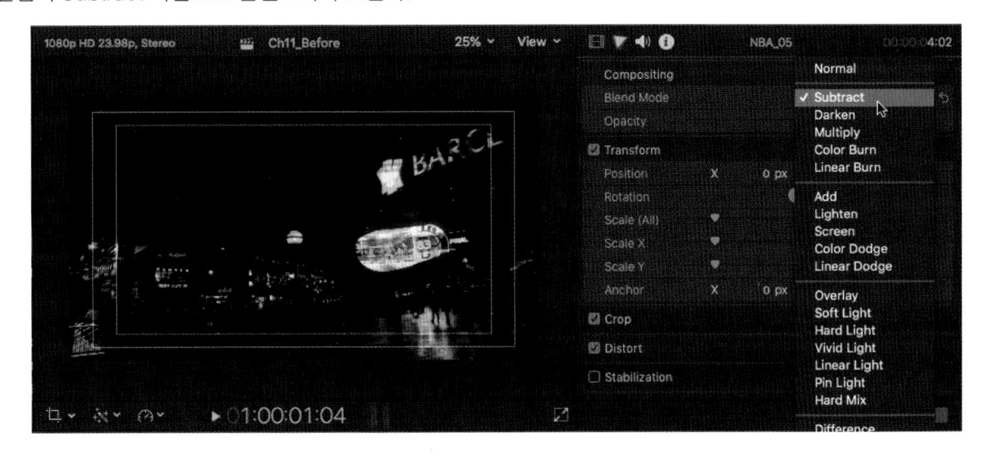

05 블렌드 모드의 옵션 창에서 Hard Light를 선택해보자. 연결된 두 개의 클립이 Hard Light 타입으로 블렌드되어 보인다.

06 블렌드 모드의 옵션 창에서 Screen을 선택해보자. 연결된 두 개의 클립이 Screen 타입으로 블렌드되어 보인다.

블렌딩 믹스는 픽셀(Pixel)의 밝기와 그레이스케일(Grey Scale)에 의해서 자동적으로 믹스되기 때문에 그 결과를 예측하기가 힘들다. 여러 가지 모드를 다양하게 클립에 적용해보고, 자신이 원하는 블렌딩 모드를 찾아보자.

⊙ 텍스트 클립의 컴포지트 기능을 사용해서 블렌딩해보자.

07 NBA_05클립과 NBA_01클립 위로 플레이헤드를 위치시키자.

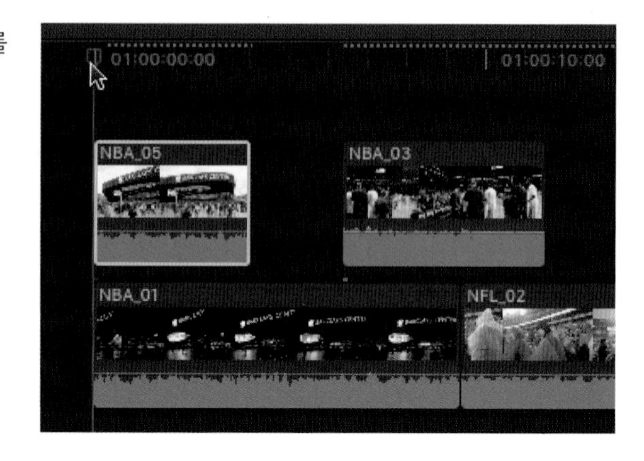

08 타이틀 브라우저의 Build In/Out 카테고리에서 Vertical Drift 타이틀을 더블클릭하자.

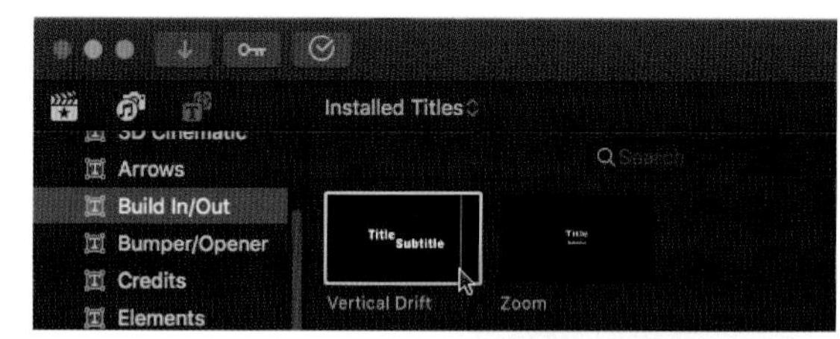

타이틀이 타임라인에 연결된 클립으로 추가되었다.

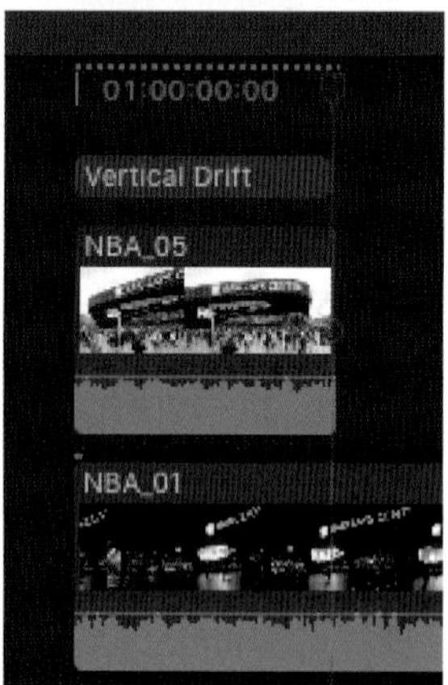

09 타임라인에 추가된 타이틀 클립을 선택하자. 그리고 타이틀이 뷰어 창에서 보일 수 있도록 플레이헤드를 그 타이틀 위에 놓도록 하자.

인스펙터의 컴포지트 섹션의 블렌드 모드가 기본 설정인 Normal로 되어있다. 이 글자를 열어 옵션 창을 팝업시키자.

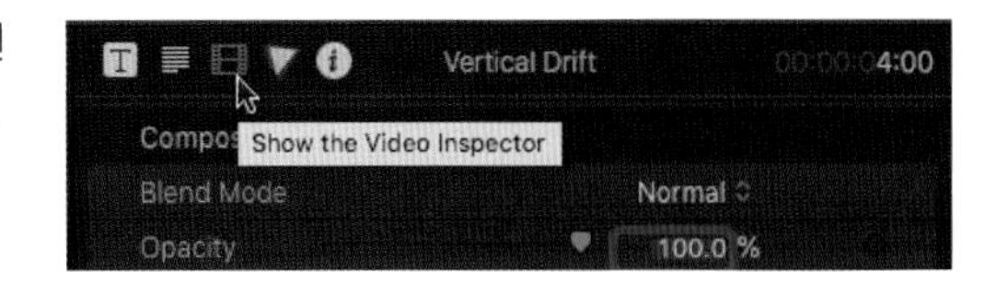

참 조 사 항 인스펙터의 맨 아래에는 블렌드 모드(Blend Mode)와 불투명도(Opacity)에 관한 설정이 위치해있다. 이 설정은 타이틀 클립을 작업할 때에는 인스펙터에서 위쪽으로 이동한다.

옵션들 중 Stencil Luma를 선택해 클립에 적용해보자. Stencil Luma 블렌드 타입이 클립에 적용되어 타이틀의 텍스트 부분이 투명하게 되어 배경화면이 텍스트를 통해 보인다. 다른 블랜드 모드 타입의 선택에 의해 여러 비디오 클립이 다르게 합성되어서 결과물은 하나의 비디오 클립으로 표현할 수 없는 다양한 효과로 나타난다.

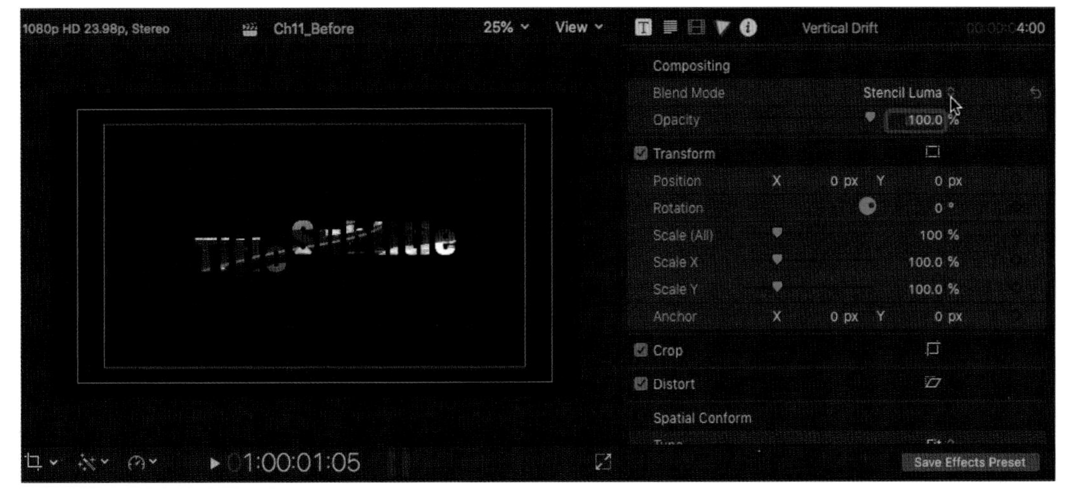

Luma는 Luminance의 줄임말인데 밝기 정보를 의미한다. 흰색의 텍스트는 밝기 100%의 화소이기 때문에 Stencil Luma를 적용하면 텍스트는 투명하게 바뀐다. 그렇기 때문에 아래에 있는 클립이 투명해진 텍스트를 통해서 배경화면으로 보이는 것이다.

Chapter 11 요약하기

11장에서 소개한 에니메이션 이펙트는 자동으로 정지된 이미지에 움직임을 주는 켄 번스(Ken Burns) 효과와 사용자가 키프레임을 이용해서 직접 클립의 각 프레임에 원하는 속성을 설정하는 것을 배워 보았다. 구체적인 사용 방법을 설명만으로 끝내지 않고 좀 더 상급자용의 예를 보여주고 싶었으나 제한된 지면의 관계로 충분한 예를 주지 못한 점을 이해해주기 바란다. 이 장에서는 클립을 분석한 후 자동으로 고쳐주는 문제 고치기(Fix and Conform)와 Compositing Mode를 사용해 2개 이상의 비디오 이미지를 합성(Blending) 하는 효과에 대해서도 설명을 하였다. 특히 이미지 합성의 결과 예측은 사용자가 직접 많은 연습을 해보아야만 알 수 있기 때문에 이 책에서 소개한 방식으로 자신이 가지고 있는 영상 클립에 직접 적용해 보기를 바란다.

Chapter

12

멀티캠 편집
Multicam Editing

두 개 이상의 카메라를 사용하여 촬영하는 것을 다중 촬영(Multi camera production)이라고 한다. 파이널 컷 프로에서는 멀티클립 편집 기능을 사용하여 여러 대의 카메라로 촬영한 영상을 동시에 실시간으로 보면서 편집할 수 있다. 파이널 컷 프로 X에서는 최대 64개의 비디오 클립을 실시간으로 플레이해서 편집할 수 있는 기능을 제공한다.

다중 카메라로 촬영을 할 때에는 같은 브랜드의 카메라로 촬영하는 것이 가장 좋다. 그 이유는 각각의 카메라마다 특정한 색감과 감마를 가지고 있기 때문이다. 여러 종류의 브랜드 카메라로 한 장면을 동시에 촬영할 경우 그 영상물의 색감과 화질이 카메라마다 달라지게 된다. 스포츠, 버라이어티쇼는 촬영을 시작하기 전 시작 포인트인 싱크를 맞추기 위하여 타임코드가 있는 클랩보드(Clapboard)를 쓰기도 하지만 저예산 프로덕션인 결혼식과 이벤트 같은 촬영은 시작 포인트를 맞추기 위해 카메라 플래쉬라이트(Camera Flash)를 시작점으로 사용하기도 한다. 시작점을 맞추기 위해서 타임코드가 있는 클랩보드나 플래쉬라이트를 사용하기도 하지만 타임코드 제너레이터(Timecode Generator)를 카메라에 연결시켜 사용할 수도 있다. 타임코드 제너레이터는 여러 대의 카메라에 똑같은 시작 타임코드 포인트를 주어 동기화시킨다. 타임코드 제너레이터가 같은 시작 포인트를 만들기 때문에 여러 대의 카메라는 항상 같은 타임코드를 가질 수 있다. 하지만 이 방법은 고가의 카메라와 타임코드 제너레이터를 구비해야 되기 때문에 일반적인 촬영에서는 사용하기 어렵다.

파이널 컷 프로에서는 기본적으로 오디오를 이용해서 자동 싱크 포인트를 찾기 때문에 다중카메라 촬영 시 각 카메라에 참조용 오디오를 꼭 녹음해두면 파이널 컷 프로에서 쉽게 싱크 포인트를 맞출 수 있다.

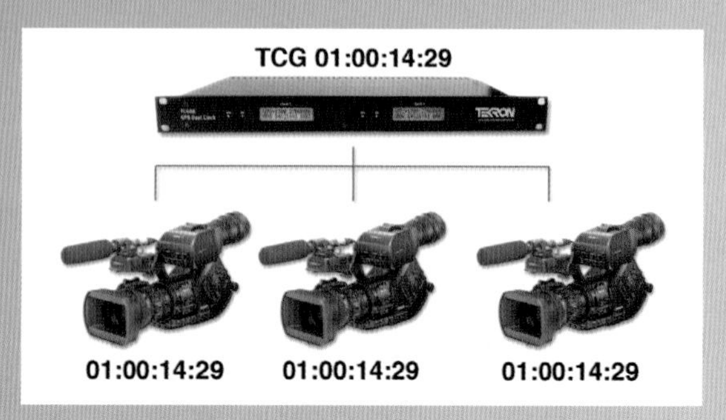

클립에 카메라 앵글 지정하기

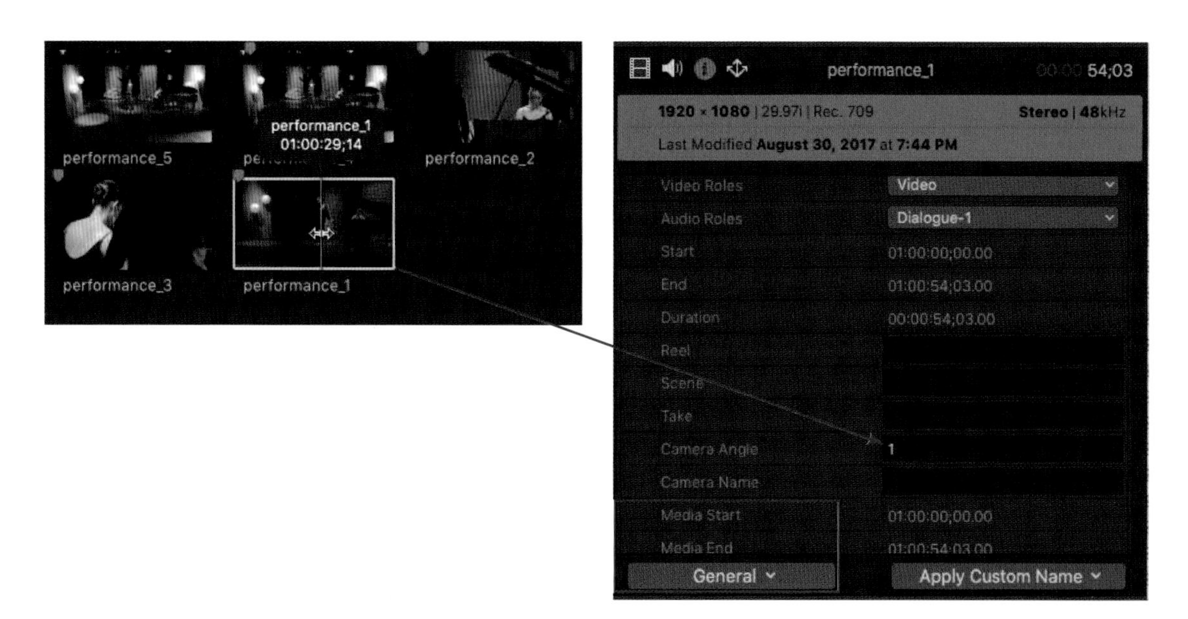

- 멀티캠 클립을 만들기 전 각각의 클립을 브라우저 창에서 선택한 후 인스펙터 창에서 Camera Angle을 지정할 수 있다.
- 인스펙트창 아래에 있는 메타테이타 보기 옵션이 Gereral로 선택되어 있어야 Camera Angle 보기가 생긴다.

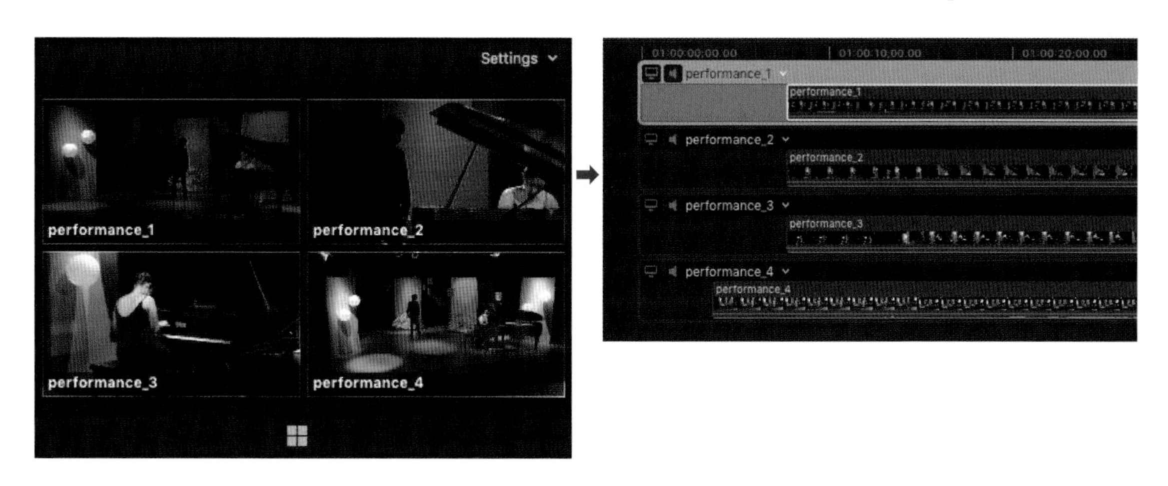

지정된 Camera Angle은 멀티캠 클립이 만들어진 후 타임라인에서 지정된 트랙으로 존재한다. 촬영 중 한 카에라에서 발생한 여러 개의 클립은 같은 숫자의 카메라 앵글을 지정해주면 멀티캠 클립 생성 시 같은 트랙에 있게 된다.

하드드라이브 선택: 다중 카메라 편집을 위해서는 데이터 전송 속도가 빠른 하드드라이브가 필요하다. USB 2 커넥션으로 연결되는 하드드라이브는 전송 속도가 느리기 때문에 여러 개의 비디오 클립을 동시에 편집하기에는 속도가 부족하다. 멀티 클립을 편집하기 위해서는 Thunderbolt, FireWire 800, USB 3.0 커넥션을 사용한 하드드라이브를 사용하기 권한다.

멀티캠 편집 워크 플로우(Work Flow)

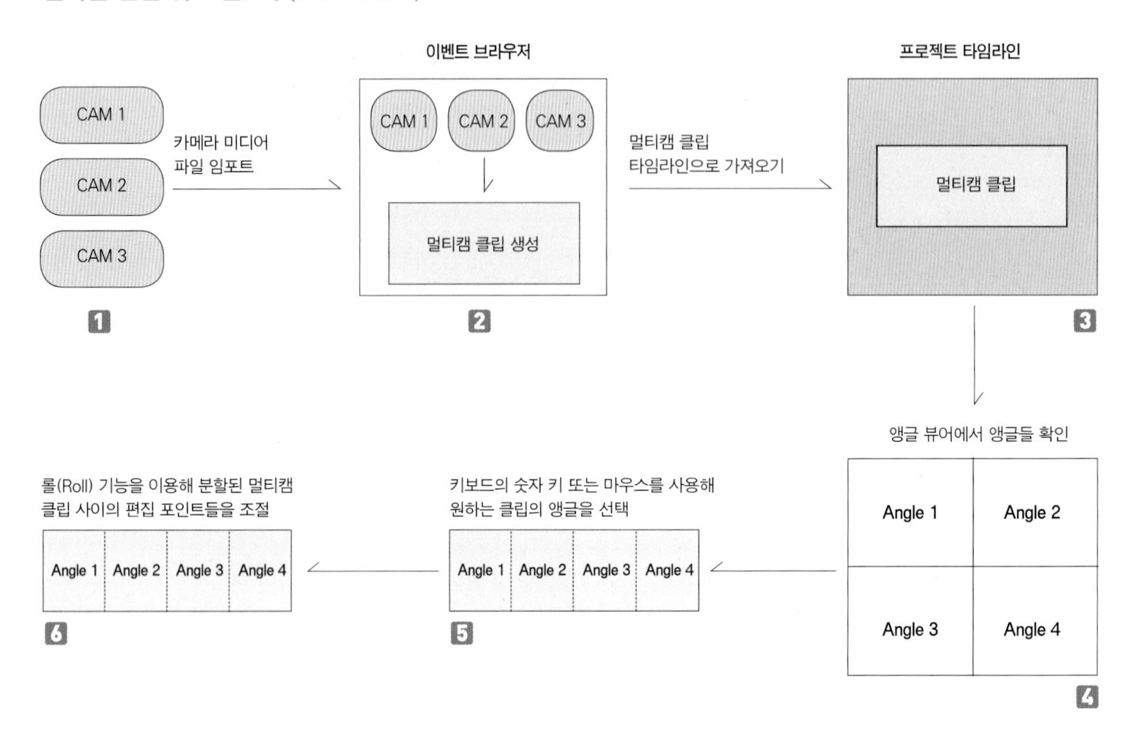

1 여러 대로 촬영한 카메라의 미디어 파일을 파이널 컷 X로 임포트한다. 사용할 클립을 Proxy 파일로 변환한다.

2 임포트된 클립들을 선택해 카메라 앵글을 지정해준 후 New Multicam Clip을 생성한다.

3 생성된 멀티캠 클립을 타임라인으로 드래그한다.

4 앵글 뷰어 창을 열어서 멀티 클립을 확인한다.

5 타임라인에서 클립을 플레이하면서 키보드의 숫자 키 또는 마우스를 이용해 원하는 클립의 앵글을 선택한다.

6 멀티 클립 편집이 끝난 후 롤(Roll) 기능을 이용해 분할된 멀티캠 클립 사이의 편집 포인트들을 다시 조절한다.

Section 01 멀티캠 편집에 필요한 설정들

Unit 01 플레이백 설정 창 Playback Preferences

파이널 컷 프로 X에서는 사용하는 컴퓨터의 성능에 따라 64개까지의 클립 앵글을 동시에 플레이해 실시간으로 볼 수 있다. 하지만 일반적으로 사용하는 하드드라이브에서 64개의 클립을 동시에 불러오기는 거의 불가능에 가까운 데이터 용량을 필요로 한다. 일반적으로 많이 사용하는 USB3.0에서는 4개 정도의 HD클립을 동시에 불러들이는 것이 가능하다. 그보다 많은 클립을 동시에 멀티캠으로 사용할 경우에는 실시간으로 플레이되지 않거나, 드롭 프레임이 발생한다.

메인 메뉴의 Final Cut Pro 〉 Preferences에서 "If frames drop due to disk performance, warn after playback." 옵션을 선택하도록 하자. 드롭 프레임(Drop Frame)이 생기거나 재생이 느리다면, 하드 디스크의 성능을 체크해준다. Background render도 비활성화 시켜서 CPU의 부담을 덜어주자.

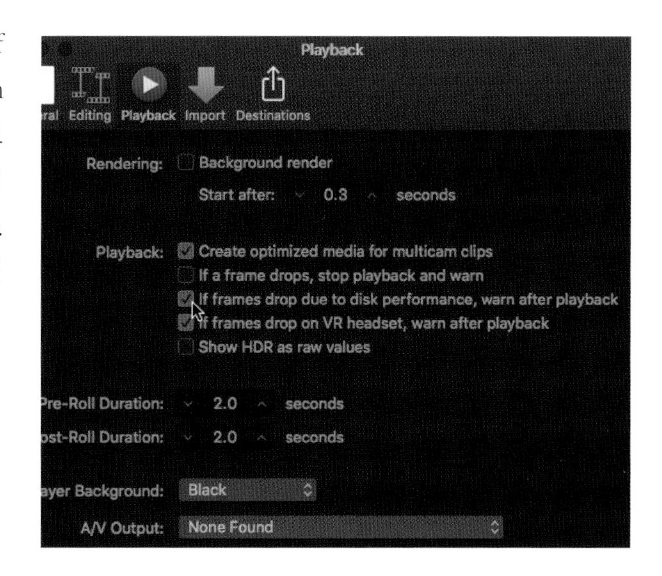

플레이백 퀄리티(Playback Quality) 설정 옵션을 Better Performance로 바꿔주자. 여러 개의 클립을 동시에 플레이하는 멀티캠 편집의 특성상 고화질(High Quality)의 이미지보다는 더 빠른 성능으로 비디오 클립을 동시에 재생할 수 있는 셋업이 필요하다. 파이널 컷 프로 X에서는 최적화된(optimized) 클립을 사용하면 한 앵글당 20MB/s 속으로 플레이한다.

앵글 갯수	MB/s
4	80MB/s 이상
9	180MB/s 이상
16	320MB/s 이상

Tip Media도 Proxy로 만들면 많은 클립을 실시간으로 플레이 할수있다

참조사항 멀티캠 편집을 위해서 클립을 임포트하는 경우 임포트 설정 창에서 미리 트랜스코딩 옵션을 선택해주자. 이렇게 트랜스 코딩 된 클립은 재생 시 최적화된 속도를 보여준다.

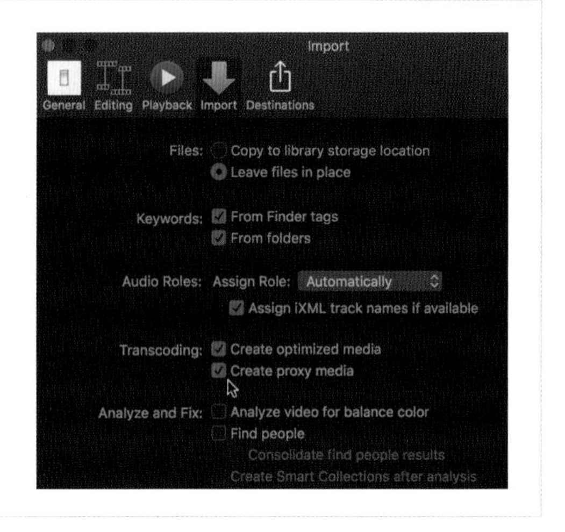

Unit 02 멀티캠 클립 설정 창 이해하기

멀티캠 클립으로 만들 클립들을 이벤트 브라우저에서 드래그해서 선택한 후, Ctrl + Click하면 팝업 창이 뜬다. 팝업 창에서 New Multicam Clip을 선택해주면 멀티캠 클립의 설정 창이 아래와 같이 뜬다.

- **Multicam Clip Name:** 멀티캠 클립의 이름을 지정.
- **In Event:** 멀티캠 클립이 저장되는 이벤트 설정.
- **Angle Assembly 앵글 조합:** 각 앵글들이-줄(lanes)이나 트랙(tracks)-어떻게 만들어질 지 결정한다. 나중에 수정 가능하다.

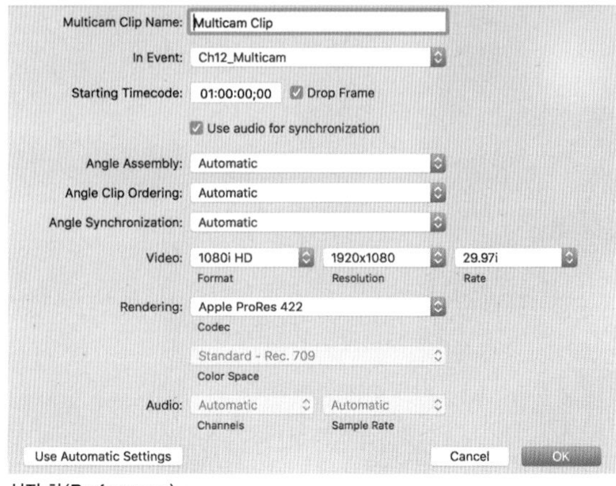

설정 창(Preferences)

Angle Assembly ✓ Automatic
Angle Clip Ordering Camera Angle
Angle Synchronization Camera Name
Clips

- Automatic: 파이널 컷 프로 X가 찾을 수 있는 가장 유효한 데이터(메타데이터)에 기반하여 자동으로 앵글을 생성한다.
- Camera Angle: 클립 내 다른 카메라 앵글 메타데이터에 따라 다른 앵글들을 생성한다.
- Camera Name: 클립 내 다른 카메라 이름 메타데이터에 따라 다른 앵글들을 생성한다.
- Clips: 클립에 따라 다른 앵글들을 생성한다.

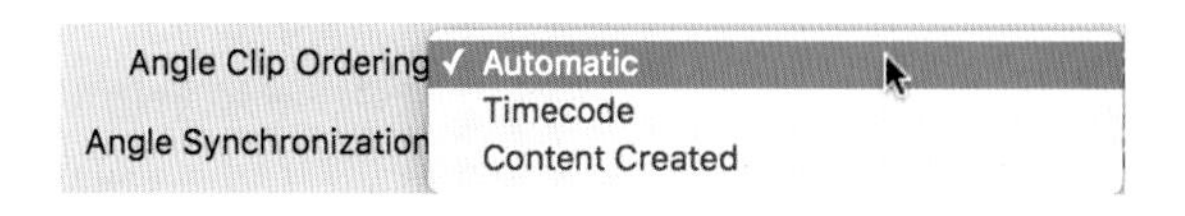

⊙ **Angle Clip Ordering:** 앵글 에디터(Angle Editor) 내에서 앵글들이 어떤 식으로 정렬될지를 결정한다. 이 역시 나중에 수정 가능하다.

- Automatic: 사용가능한 데이터에 기반해 정렬 순서를 자동으로 형성한다.
- Timecode: 각각의 클립들이 시작하는 타임코드에 따라 정렬한다. 클립들이 타임코드를 가지고 있으면 유용한 방법이다.
- Content Created: 카메라에 의해 기록된 데이터와 타임 스탬프(Time stamp)에 따라 정렬한다.

⊙ **Angle Synchronization:** 클립들이 어떤 기준으로 싱크될지를 결정하는 옵션이다.

- Automatic: 사용 가능한 아래의 옵션들 중 최고의 방법을 자동으로 선택한다(오디오 웨이브폼을 분석).
- Timecode: 카메라들 사이에 같은 타임코드가 외부에서 같이 설정되었을 경우 사용하는 방법이다.
- Content Created: 카메라에 의해 생성된 타임 스탬프(만들어진 시간) 메타데이터를 이용한다.
- Start of First Clip: 각각의 클립을 시작하는 첫 프레임에 맞춰 싱크한다.
- First Marker on the Angle: 사용자가 클립에 마커를 해서 이 주변을 기준으로 싱크를 한다.
- Use audio for synchronization(**오디오를 사용해서 싱크로나이즈하기**): 이 기능을 체크하면 오디오 웨이브폼을 분석, 해당 정보를 사용하여 클립들을 싱크로나이즈한다. 파이널 컷 프로가 사용하는 기본방식이다.
  만약 사용하는 클립에 오디오가 없으면 이 기능을 선택할 필요는 없다.

Unit 03 멀티캠 프로젝트 설정 창 이해하기

멀티캠 클립 생성과 관련한 일반적인 설정을 이용할 때 정확히 어떤 비디오와 오디오 설정을 멀티캠 클립에 적용할지를 선택할 수도 있다. 만약 모든 소스파일들이 똑같은 오디오, 비디오 포맷을 가졌다면, 자연스럽게 멀티캠 클립도 똑같은 속성을 가지고 만들어질 것이다. 그러나 파이널 컷 프로 X 에서는 다른 포맷을 가진 클립들을 조합해 하나의 멀티캠 클립으로 만들 수도 있고 사진이나 오디오 클립을 사용하는 것도 가능하다.
각기 다른 포맷의 클립들을 묶어서 멀티캠 클립으로 만들고 싶을때, 다음과 같은 사항들을 고려해서 멀티캠 클립을 설정하자.

1 사용하고 있는 클립 기준 프로젝트의 사용 중인 포맷으로 설정하자.

2 현재 포맷이 설정되어 있지 않다면 다른 포맷의 클립 중 가장 높은 화질의 클립을 기준으로 설정하자. 예를 들어, 1080p 와 720p 그리고 480p 세 개의 클립을 멀티캠 클립으로 만든다면, 가장 해상도가 높은 1080p를 기준으로 하는 것이 좋다.

3 가장 많이 사용되는 포맷을 따라가자. 예를 들어, 5개의 클립 중 4개의 클립이 1080i 클립이고 한 개의 클립만 1080p라면, 가장 많은 1080i를 기준으로 설정하자.

Section 02 멀티캠 클립 만들기

멀티캠 클립은 멀티캠 클립을 만들기 위해 사용된 원본 클립으로부터 독립적으로 존재한다. 따라서 멀티캠 클립을 변경하거나 삭제하는 작업은 그 소스 클립에 아무런 영향을 미치지 않는다.

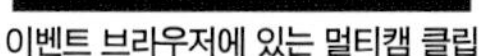
이벤트 브라우저에 있는 멀티캠 클립

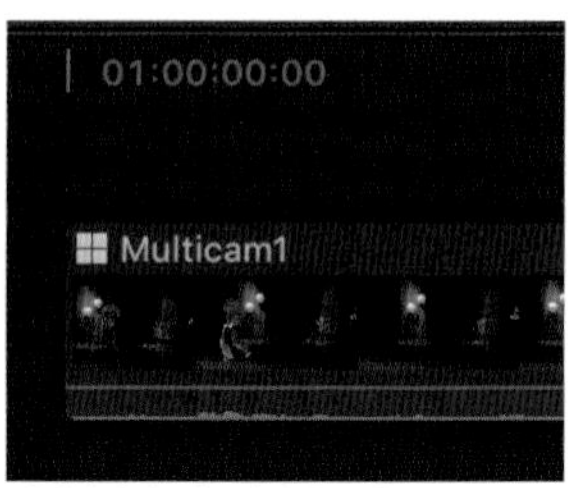

타임라인에 있는 멀티캠 클립

주의사항

그림처럼 클립이 부분만 선택되어 있는 경우 선택된 구간만 멀티캠 생성을 한다. 그러므로 단축키 X를 사용하여 클립을 전체 선택하여 멀티캠을 생성하도록 하자. 마찬가지로 필요한 부분만 선택하여 멀티캠 생성을 할 수 있다.

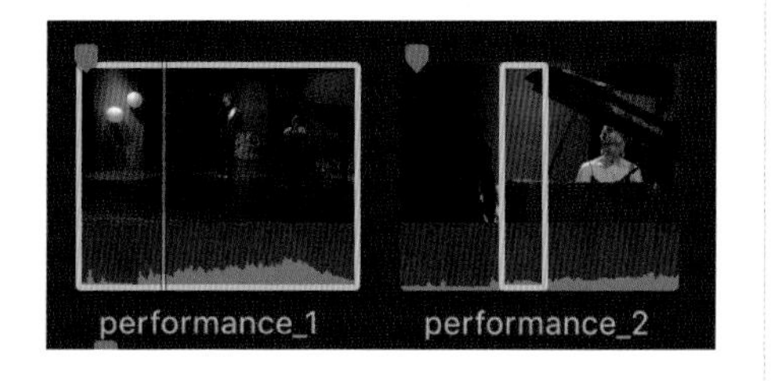

참조사항

Proxy클립 사용하기.

지금 멀티캠 클립 만들기에 사용하는 오리지널 파일은 XDCAM EX 1080-i60 코덱이다. 사용하는 맥의 사양과 하드드라이브의 속도에 따라 여러 개의 클립을 동시에 재생하는 데 무리가 갈 수 있다. 제공된 원본 클립보다는 작은 사이즈로 만들어진 프록시(Proxy) 클립으로 대체해서 사용하면 느린 컴퓨터에서도 여러 개의 클립을 동시에 문제 없이 재생할 수 있다.
원본 클립이 아닌 프록시 클립을 사용하기 위해서는 먼저 사용 중인 클립들을 프록시 포맷으로 바꿔준 후 뷰어 창의 미디어 선택 옵션에서 프록시를 선택해주면 된다.

뷰어 창에서 클립 플레이백 셋업을 바꾸면 연결된 다른 이벤트에 오프라인 클립이 발생한다. 이유는 연결된 이벤트 모두가 Proxy클립을 사용하는 옵션으로 같이 바뀌기 때문에 만들어진 프록시 클립이 없을 경우 오프라인으로 표시된다. 이 경우 다시 뷰어 창에서 Media 옵션을 원래의 설정으로 바꿔주면 간단히 해결되기 때문에 프록시 파일 연결의 문제가 생길 경우 Media 옵션을 뷰어 보기 창에서 설정 창에서 원래대로(Optimized/Original) 바꾸어주는 걸 잊지 말자.

Unit 01 자동으로 멀티캠 클립 만들기

Ch12_Multicam 이벤트에 들어있는 performance_1,2,3,4 클립을 동시에 선택하자. ⌘ + Click을 하면 원하는 클립만 선택할 수 있다.

사용하는 맥이 빠르지 않으면 사용할 클립들을 먼저 Proxy로 만든 후 멀티캠 클립을 생성하자.

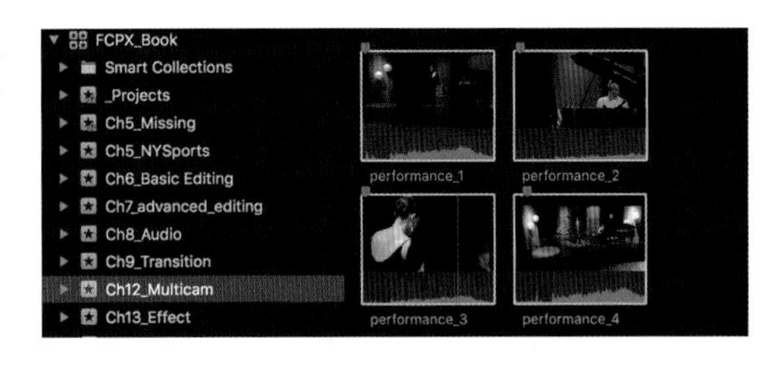

02 메뉴에서 File > New Multicam Clip 선택하자. 또는 Ctrl + Click > New Multicam Clip...을 클릭하자.

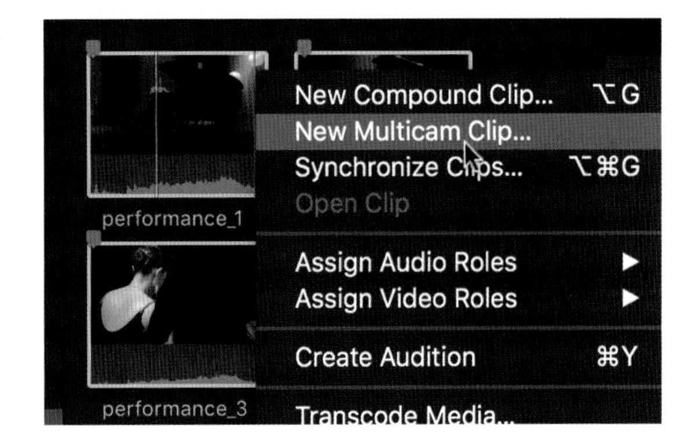

03 다음과 같이 멀티캠 설정 창이 나타난다. Use Custom Setting을 클릭해서 좀 더 자세한 옵션을 보자. 특별하지 않을 경우 Automatic으로 되어있는 아래의 설정을 그대로 따라해도 문제 없이 진행된다. 생성될 멀티캠 클립의 이름을 Multicam1으로 바꾼 후 OK를 클릭하자.

주의사항 따라하기 파일에 제공된 이벤트에는 Multicam1이라는 클립이 이미 존재할 것이다. 사용자는 이름이 겹치지 않게 멀티캠 이름을 다르게 만들어주자.
예) Multicam3

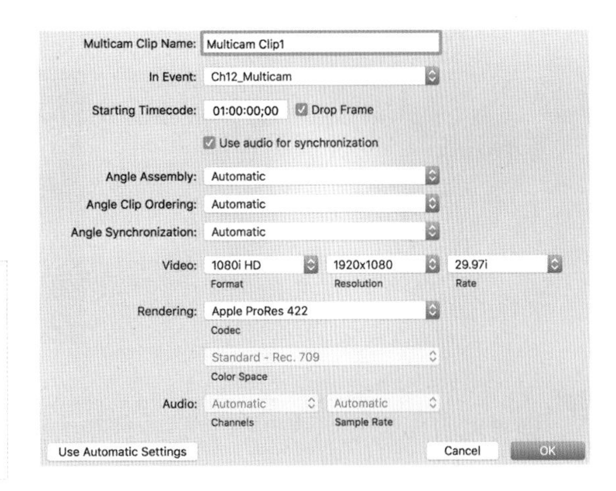

진행 과정을 나타내는 창이 열렸다. 이 작업은 클립의 길이, 앵글의 갯수, 또는 컴퓨터의 성능에 따라 몇 분에서 몇십 분이 걸릴 수도 있다.

Synchronizing Multicam Clip
Synchronizing Angles

05 멀티 클립 싱크 작업이 완료되면, 이벤트 브라우저에 Multicam1이라는 새로운 멀티캠 클립이 생성된다.

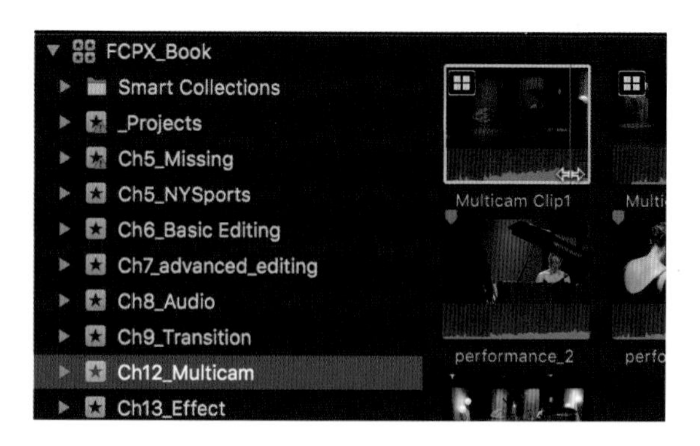

멀티캠 클립은 4개의 작은 회색 네모가 있는 아이콘으로 표시된다.

Unit 02 수동으로 멀티캠 클립 만들기

자동적으로 만들어지는 멀티캠 클립도 큰 문제 없이 작업을 잘 수행하지만, 가끔 수동으로 싱크를 맞춰주어야 하는 경우가 있다.

클립의 생성 날짜나 타임코드 등의 메타데이터를 사용해서 싱크를 맞출 수 없다면, 클립에 마커를 한 후, 이 마커를 기준으로 각각의 클립을 움직여서 싱크를 맞출 수도 있다.

비디오에서 같은 동작을 보고 마커를 추가할 수 있지만, 슬레이트나 플래시 라이트를 통해 클립에 마커를 추가해서 이 지점을 기준으로 멀티캠 클립을 만들어보자.

01 브라우저에서 클립들을 자세히 볼 수 있도록, 보기 옵션을 리스트 뷰(List View)로 바꾸자.

참조사항 브라우저와 뷰어 사이에 있는 경계선을 조절해서 이벤트 브라우저의 공간을 더 크게 보이게 만들 수 있다.

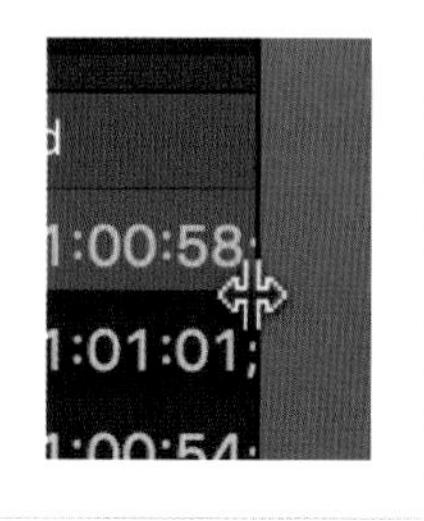

첫 번째 performance_1 클립을 선택하자.

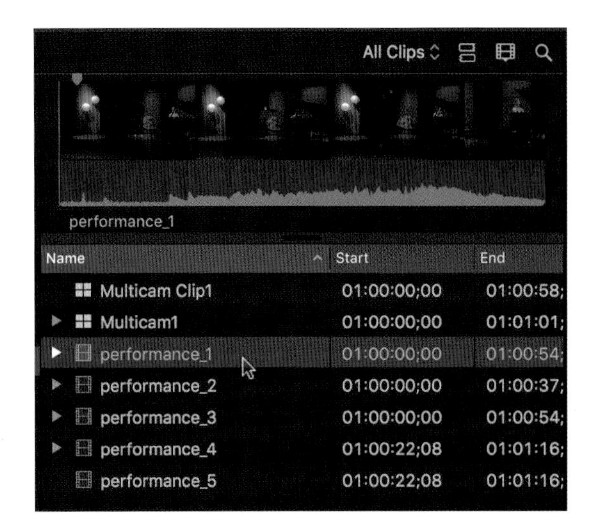

03

영상의 시작점인(타임코드 02:03) 플래시 라이트(Camera Flash)를 찾아보자.

해당 프레임에 플레이헤드나 스키머를 위치시키고, M을 눌러 performance_1 클립에 마커를 추가하자. 클립에 Marker가 생겼다. 이번 챕터에는 쉽게 따라 하기 위해 저자가 마커를 필요한 지점에 미리 지정해 놓았다.

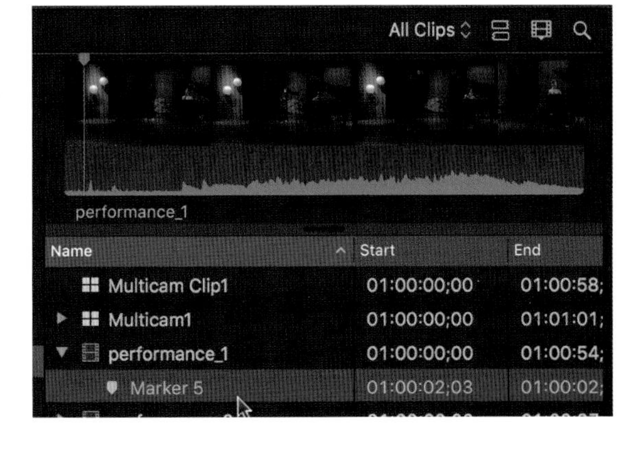

05 두 번째 performance_2 클립을 선택해 영상의 시작점인(타임코드 02:03) 플래시 라이트(Camera Flash)를 찾아보자.

06 M을 눌러 마커를 추가하자. performance_2 클립에 Marker 2가 새로 생겼다.

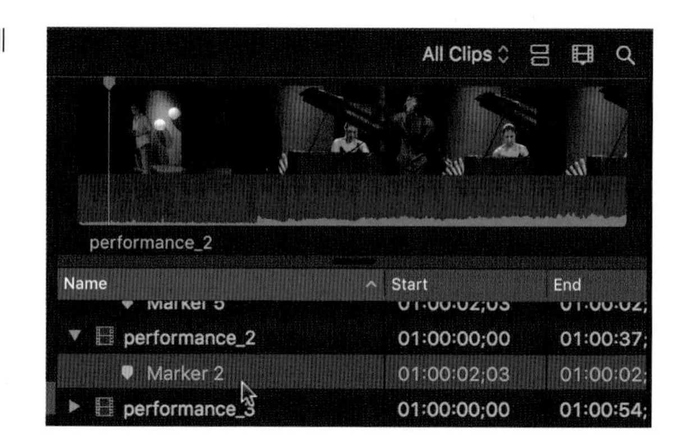

07 performance_3 클립에도 Marker를 지정해주자(타임코드01:00:02:03). 플래시 라이트(Camera Flash)를 찾아보자.

08 performance_4 클립에도 Marker를 지정해주자(타임코드01:00:28:09). 플래시 라이트(Camera Flash)를 찾아보자. Marker를 지정해준 후, 전체의 클립이 노란색으로 선택되어있는지를 꼭 확인하자.

09 마커가 지정된 네개의 클립을 선택한 상태에서 Ctrl + Click한 다음 팝업 메뉴에서 New Multicam Clip을 선택해, 새로운 멀티캠 클립을 만들자. 선택된 클립들은 전체가 선택되어있는지를 꼭 확인하자.

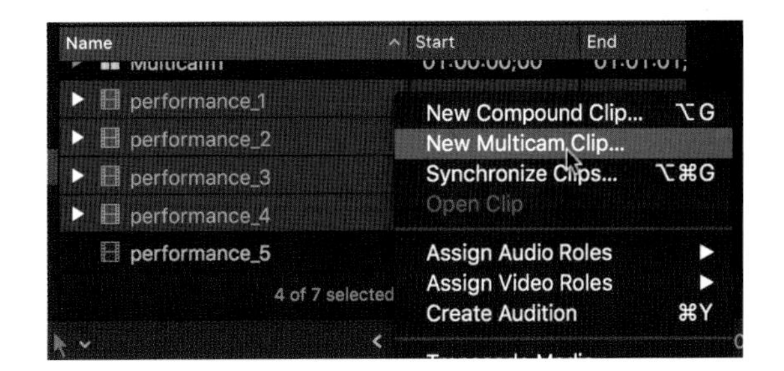

10 새 멀티캠 클립에 관한 창이 뜬다. Use Custom Settings 버튼을 클릭해 설정 창을 열어보자.

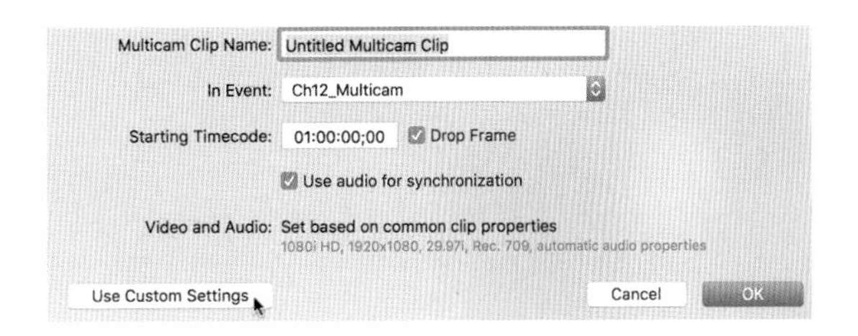

11 Angle Synchronization 팝업 메뉴에서, "First marker on the Angle"를 선택하여 파이널 컷 프로가 위에서 추가한 마커들을 싱크 포인트로 인식하도록 지정해준다.

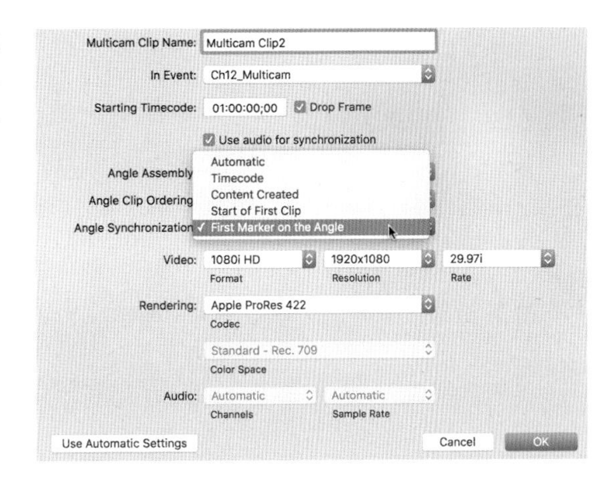

클립 보기 옵션을 아이콘 보기로 바꾸자. 마커를 기준으로 만들어진 새 멀티캠 클립 Multicam clip2 클립이 만들어졌다.

여러 개의 클립에 마커를 하는 방식은 지금 따라하기에서 배운 방식과 동일하기 때문에 사용자가 더 많은 클립을 선택해서 멀티캠 클립을 만들 수도 있을 것이다.

참조사항 오디오 싱크하기 기능(Use audio for synchronization) 끄기

수동으로 클립을 싱크할 때에는 오디오 파일을 분석할 필요가 없다. 수동으로 싱크를 할 때에는 이 기능을 끔으로써 작업 시간을 단축시킬 수 있다.

Section 03 앵글 뷰어 창

Angle Viewer

생성된 멀티캠 클립들은 여러 개의 앵글을 가지고 있는 클립이다. 여러 앵글을 동시에 보기 위해 먼저 멀티캠 클립의 모든 앵글을 보여주는 앵글 뷰어 창을 열자.

01 뷰어 창 오른쪽 위에 있는 뷰어 창 보기 옵션 메뉴에서, Show Angles를 선택하자.

참조사항 메뉴에서 windows〉 viewer display 〉 angles를 선택하면 angles 창이 열린다. 만약 이미 angles 창이 열려있으면 이미 열려있다는 마커표시가 표시된다.

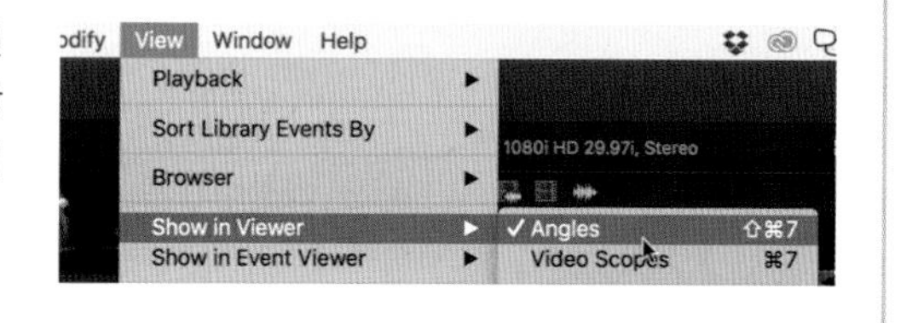

02 멀티캠 클립을 보여주는 앵글 뷰어 창이 뷰어 창 왼쪽에 디스플레이되었다. 브라우저 뷰어 옵션을 리스트 뷰어로 바꾸면 클립 길이 전체를 볼 수 있기 때문에 멀티 클립 편집 시 도움이 된다.

참조사항

멀티캠 클립을 선택할 때 더블클릭하지 않도록 주의한다. 실수로 클립을 더블클릭하면, 클립이 앵글 에디터에 열린다. 이전 화면으로 되돌아가려면, 타임라인 히스토리의 이전 프로젝트로 돌아가는 버튼을 클릭하거나 파이널 컷 프로 X 인터페이스의 왼쪽 아래에 보이는 프로젝트 라이브러리 열기 버튼을 누르자.

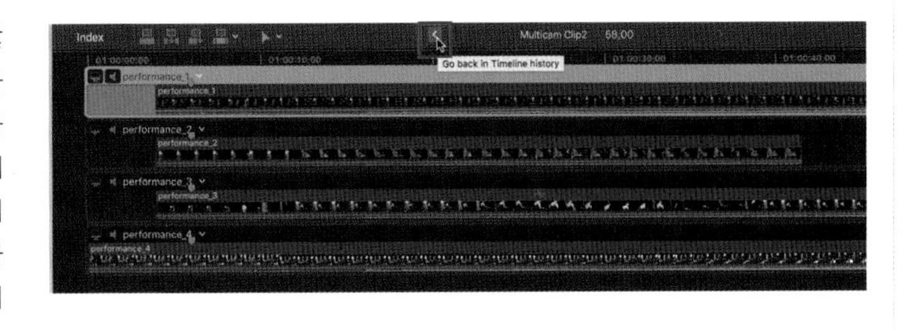

03 브라우저에서 Multicam1 클립을 스킴해보자. 앵글 뷰어에 네 개의 클립들이 스키밍되는 것이 보일 것이다. 현재 메인 뷰어에 플레이되고 있는 활성화된 앵글은 노란색으로 하이라이트되어 보인다.

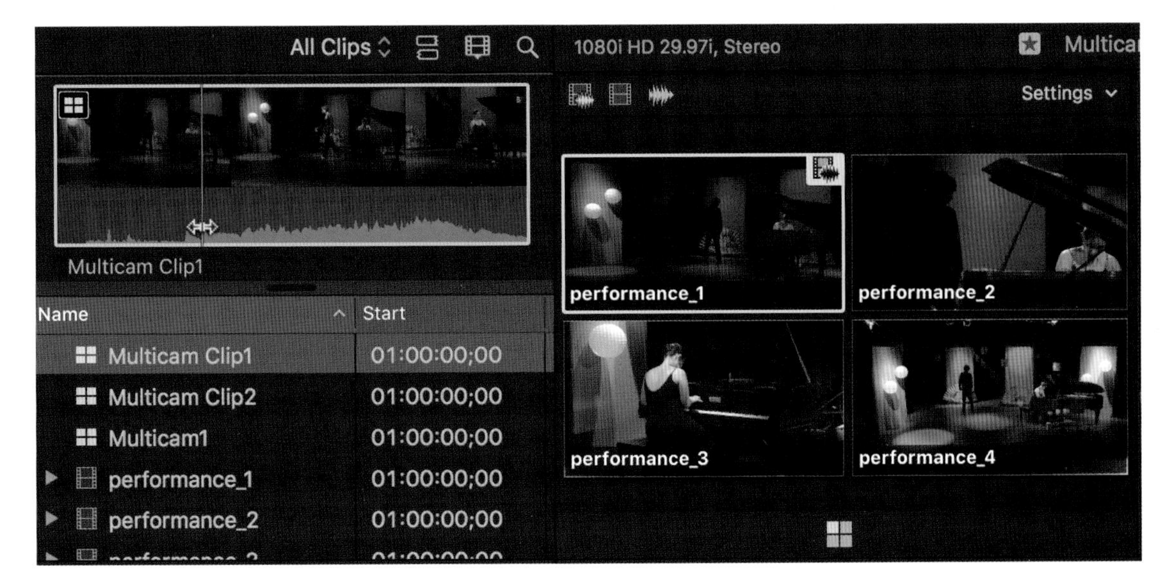

참조사항 앵글 뷰어 창이 작으면 뷰어 창과의 경계선을 마우스로 드래그해서 앵글 뷰어 창을 크게 하자.

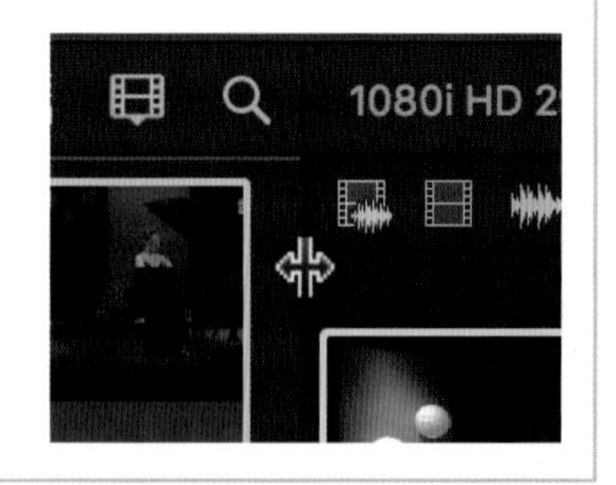

04 만약 4개 이상의 앵글을 멀티캠 클립으로 만들었다면 앵글 뷰어에서는 현재 설정된 4가지 앵글 외의 다른 앵글은 볼 수 없다. 더 많은 앵글을 보고 싶다면, 'Settings'을 클릭한 후 팝업 메뉴에서 9 Angles 옵션을 선택하자. 9 Angles를 선택하면, 9개의 분할된 화면에 9개의 클립을 한번에 보여준다.

05 앵글 뷰어에 9개의 다른 앵글들을 보여주는 9개의 분할된 화면들이 디스플레이된다. 지금 사용하는 멀티캠 클립이라서 4개의 클립만 보이고 나머지는 5개의 검은 화면으로 보인다.

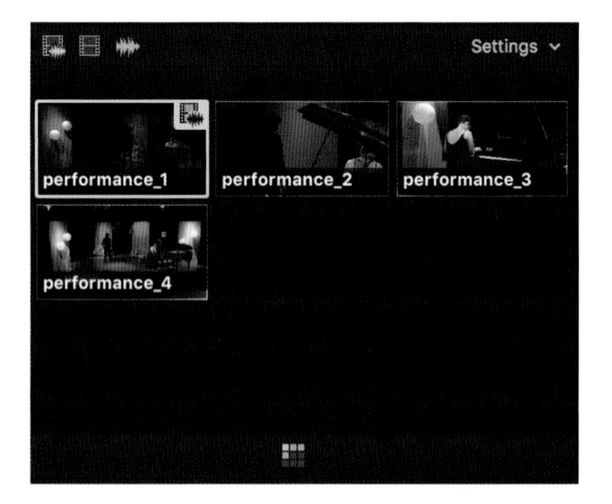

06 현재 활성화된 앵글을 바꾸려면 앵글 뷰어에서 다른 앵글들을 클릭하면 된다. 각각의 앵글을 클릭하는 대로 해당 앵글이 뷰어에 활성화되어 나타난다.

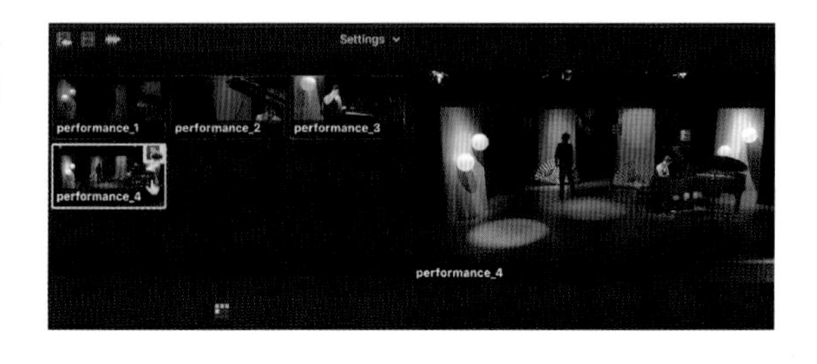

07 지금 사용하는 멀티 클립은 네 개의 앵글만 있기 때문에 다시 설정에서 4 Angles를 선택해 4개의 앵글 뷰어 모드로 돌아가자.

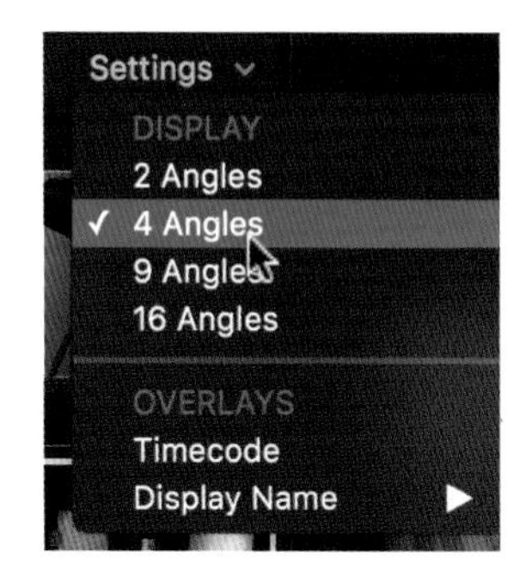

08 설정에서 Timecode를 선택해 화면에 타임코드를 디스플레이하도록 설정하자. 앵글 뷰어 팝업 메뉴에서 앵글의 이름이나 클립의 이름 그리고 각각의 앵글의 타임코드를 보여줄 수 있도록 설정해보자.

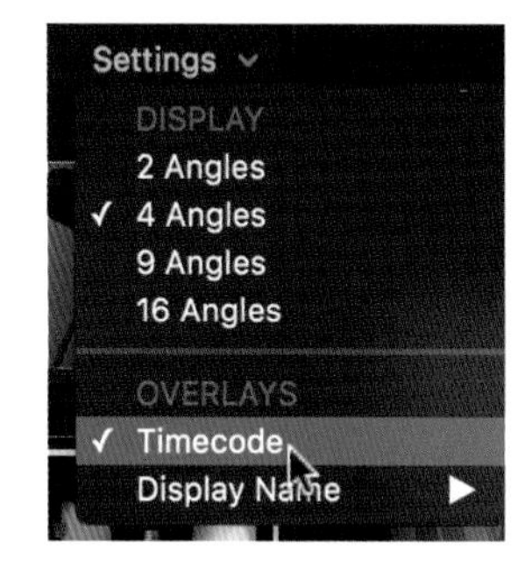

09 클립의 타임코드가 각 클립의 오른쪽 아래 코너에 디스플레이된다.

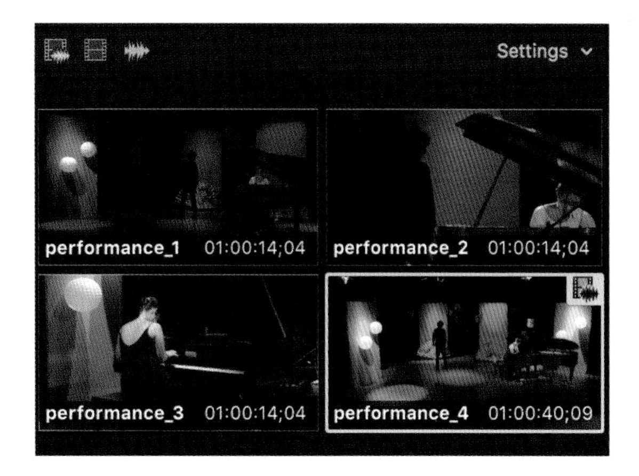

참조사항 뱅크(Bank)로 앵글 뷰어 보이게 하기

멀티캠 클립이 4개보다 더 많은 앵글들을 가지고 있을 경우, 보이는 4개의 앵글 이외에 나머지 앵글들을 모두 다 보이게 할수 있다. 앵글 뷰어의 아래에 보이는 두 개의 아이콘들은 클립들의 다른 뱅크(Bank)를 나타낸다. 노란색으로 하이라이트 된 부분은 현재 활성화된 앵글을 가리킨다.
현재 설정된 앵글 분할 수보다 앵글이 많을 경우 아래 보이는 뱅크가 더 생기게 되는데 다른 뱅크 아이콘을 클릭하면 앵글 뷰어에 나머지 앵글들이 나타나보인다.

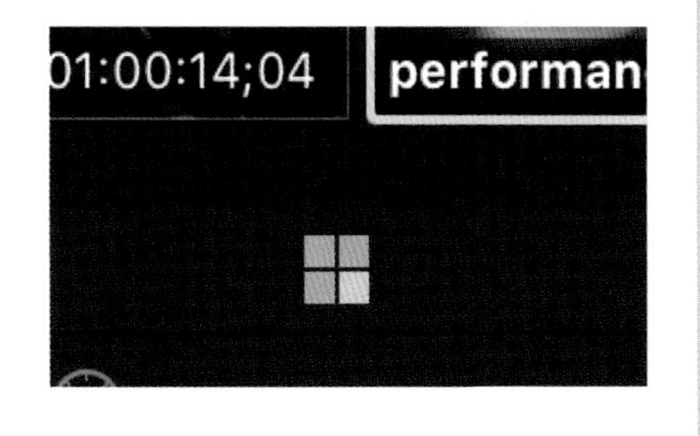

Section 04 멀티캠 클립 편집하기

멀티캠 클립을 프로젝트에서 편집할 때, 앵글 뷰어는 매우 유용하게 쓰인다. 앵글 뷰어 창에서 여러 개의 앵글을 동시에 보면서 키보드의 숫자 패널 또는 마우스를 이용해 원하는 앵글로 컷을 할 수 있다.

Unit 01 멀티캠 클립으로 편집 시작하기

멀티캠 클립은 프로젝트에서 다른 클립들과 마찬가지로 불러오기, 붙여넣기, 연결하기, 교체하기 등의 편집이 가능하다.

01 프로젝트 라이브러리에 있는 Ch12_Multicam 폴더에 이미 만들어져 있는 Multicam 프로젝트를 열자.

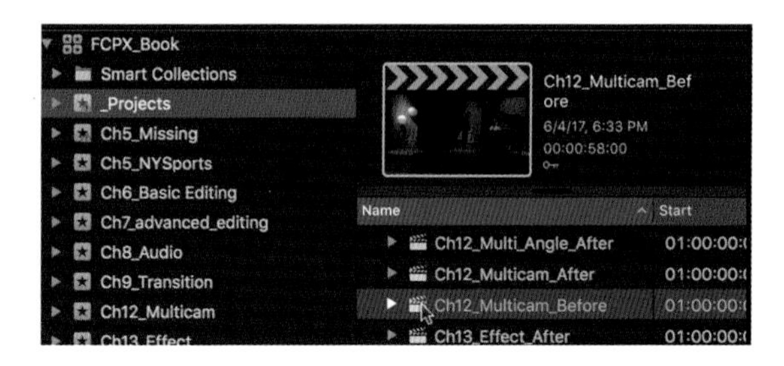

02 이벤트에 있는 Multicam1 클립을 선택해, 타임라인에 추가하자.

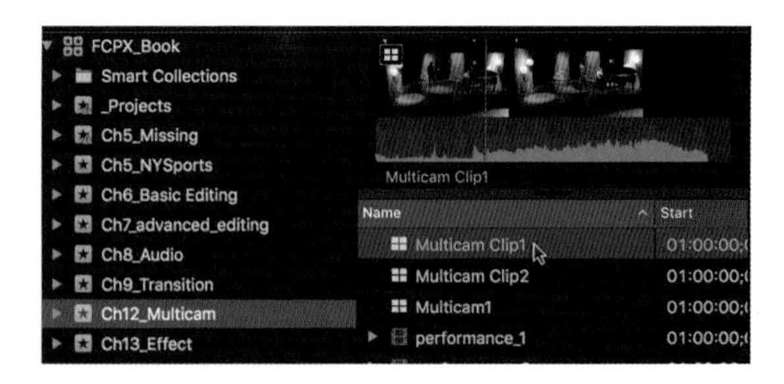

03 편집 아이콘들 중, 클립 덧붙이기(Append) 버튼을 누르자(단축키 E).

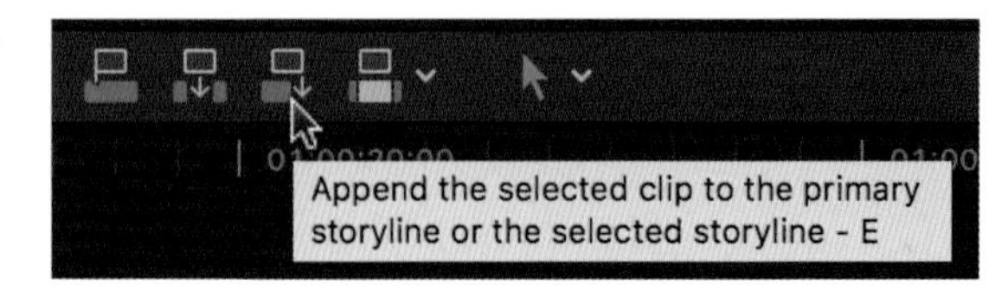

04 타임라인에 덧붙이기한 Multicam Clip1이 추가된 모습을 볼 수 있다.

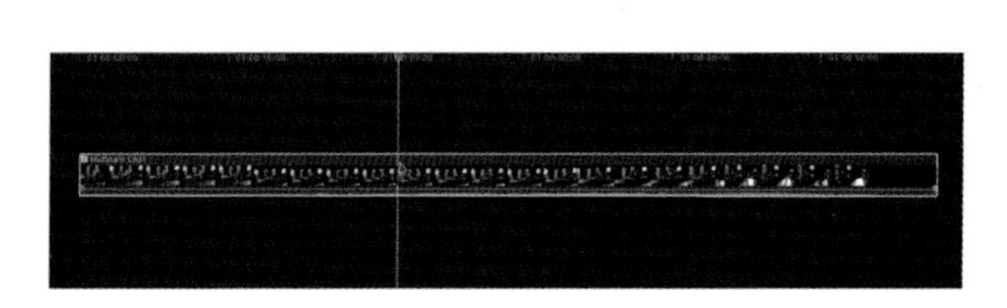

05 프로젝트를 시작부분부터 플레이해 보자. 클립이 플레이되는 대로 앵글 뷰어는 4개의 다른 앵글들을 보여준다.

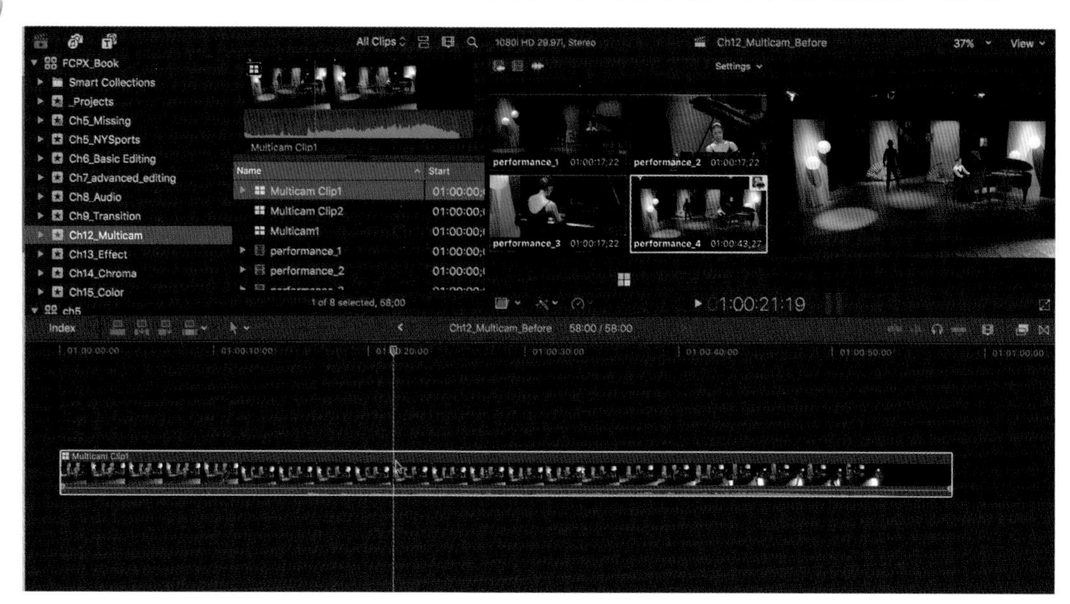

06 키보드에서 1,2,3,4 숫자키를 이용해서 앵글을 바꿀 수 있다. 다시 타임라인에서 플레이헤드를 앞으로 이동시킨 후, 클립을 플레이하면서 키보드의 1,2,3,4 숫자키를 눌러보자.

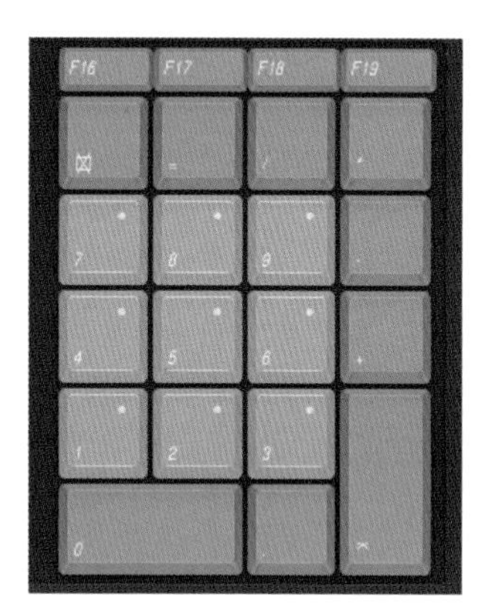

07 키보드의 1,2,3,4를 칠 때마다 타임라인에서는 앵글이 바뀐다. 아래의 그림은 저자가 여러 앵글을 바꾸어본 결과이다.클립이 플레이되는 동안, 새로운 샷으로 컷을 하고 싶다면 다른 앵글을 클릭하자. 새로운 앵글로 컷할 때마다 타임라인에서 앵글이 바뀌는 점이 점선으로 표시된다.

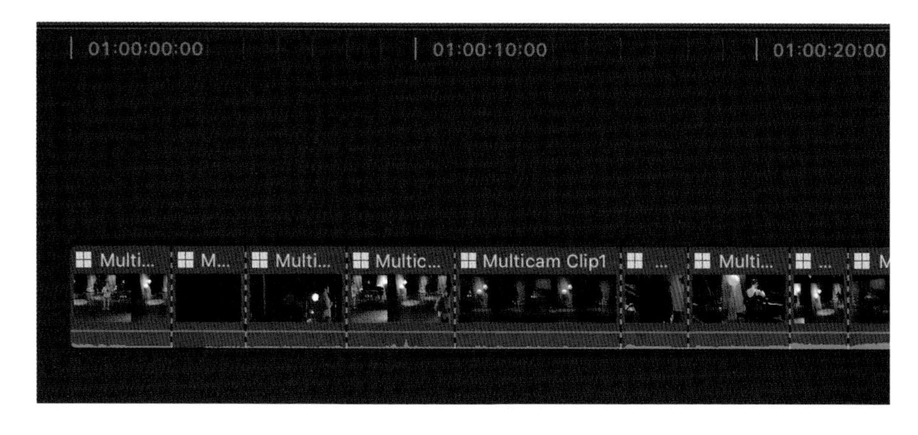

주의사항

타임라인에서 키보드를 이용해서 다른 앵글로 바꾸는 편집방식과 뷰어 창에서 클립을 플레이하면서 원하는 앵글 뷰어 위로 마우스를 올려 놓으면, 포인터는 블레이드(Blade) 툴의 아이콘 모양으로 바뀌며 클립을 자를 수 있게 된다. 원하는 앵들을 클릭하는 순간 타임라인에서는 선택한 앵글로 클립이 바뀌게 된다. 다만 더 직관적인 키보드 사용을 추천한다.

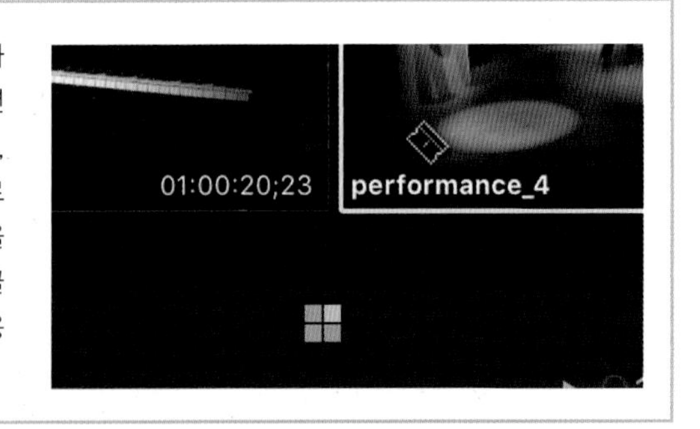

플레이헤드를 프로젝트의 시작부분으로 다시 이동시키고 전체 프로젝트를 재생해보며 작업 결과를 확인하자.

⊙ 비디오와 오디오를 묶어서 동시에 편집한 지금의 멀티캠 편집 결과는 컷이 되는 부분마다 오디오 레벨이 다르게 들리는 문제가 발생한다. 이런 문제를 해결하기 위해서 사용할 오디오 트랙을 미리 정해서 고정시킨 후, 비디오 부분만 컷이 되도록 해보자.

Unit 02 비디오만 컷하기 Video-Only Cuts

동시에 촬영된 여러 앵글의 비디오 클립 중 하나의 클립에만 좋은 음질의 사운드가 있고, 나머지 앵글에 있는 오디오는 단순히 싱크를 하기 위해 있는 좋지 않은 음질의 오디오이다. 이럴 경우, 우리는 좋은 오디오가 있는 비디오 클립을 하나의 기준으로 위치시킨 후, 비디오 부분만 다른 앵글에서 가져올 수 있다. 파이널 컷 프로 X에서는 오디오와 비디오를 각각 따로 편집할 수 있기 때문에, 오디오는 어떤 한 앵글에서부터 찍은 것을 사용하고, 비디오는 다른 앵글에서 찍은 것을 사용해 동시에 편집을 할 수가 있다.

앵글 뷰어의 왼쪽 위에 위치하고 있는 세 개의 스위치 모드(Switch Mode) 버튼들

: 마우스 커서로 컷을 하면 비디오와 오디오를 포함한 전체 앵글을 바꾸어준다(단축키 Shift + Option + 1).

: 마우스 커서로 컷을 하면 비디오만 바꾸어 주고, 오디오는 이전의 앵글의 오디오로 계속 진행이 된다. 멀티캠 작업중 가장 보편적으로 사용되는 방식이다(단축키 Shift + Option + 2).

: 마우스 커서로 컷을 하면 오디오만 바꾸어 주고, 비디오는 이전의 앵글의 비디오로 계속 진행이 된다(단축키 Shift + Option + 3).

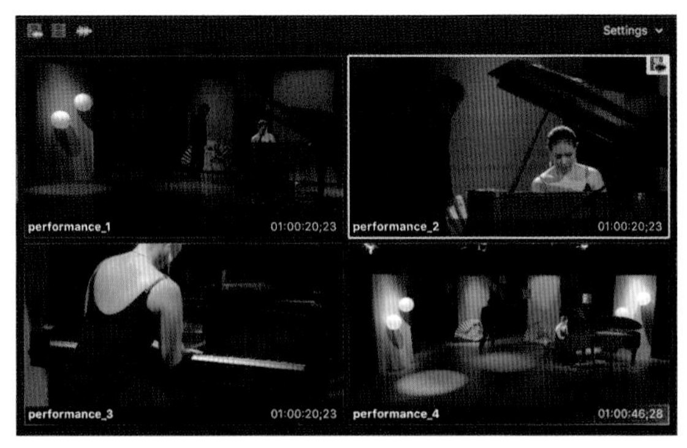

오디오 비디오가 동시에 컷되는 옵션

오디오와 비디오가 분리되어서 컷된 옵션

01 앞에서 컷한 타임라인의 모든 클립들을 드래그해서 선택하자(모든 클립 선택 단축키: ⌘ + A).

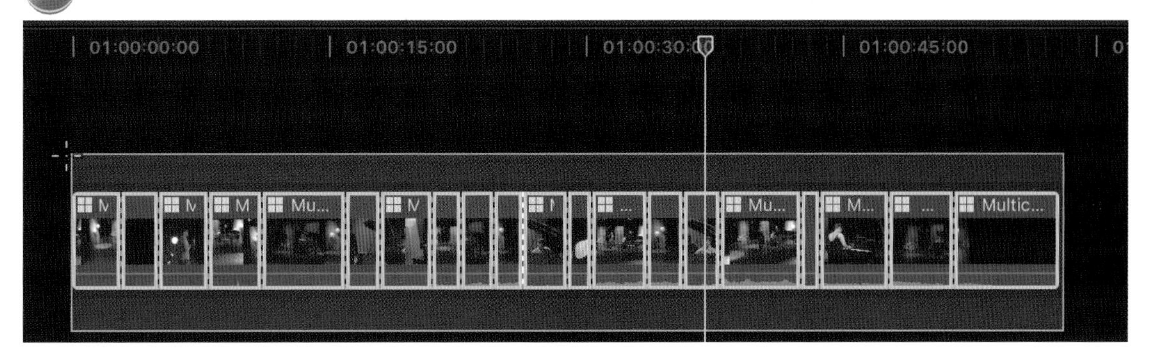

02 키보드에서 Delete 키를 눌러 선택한 모든 클립을 지우자.

03 브라우저에서 멀티캠 클립을 선택하자.

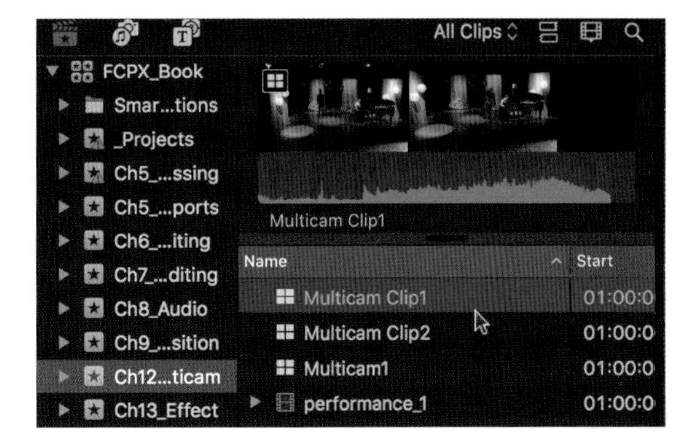

앵글 창에서 Perfomance _1 클립을 클릭하자.

앵글 뷰어 위에 보이는 세가지 아이콘들 중 중앙에 있는 Video-only 아이콘을 선택해 비디오만 컷할 수 있는 모드로 바꾸어보자.

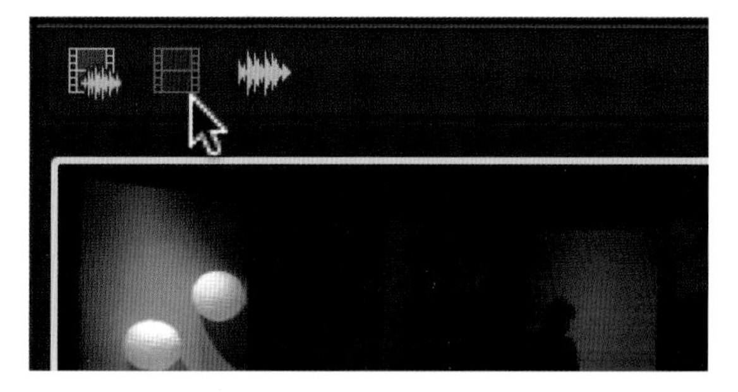

어떤 앵글을 비디오 only 컷 모드로 바꿀 경우 이 앵글은 기본 오디오 채널로 고정이 된다. 이 경우 멀티 앵글 컷을 할 경우 오디오는 계속 performance_1로 고정이 된다. 그러나 이 클립의 사운드의 질이 좋지 않기 때문에 다음 단계에서 performance_4의 좋은 오디오 트랙으로 바꾸어볼 것이다.

오디오는 고정이 되어 있고 비디오만 바뀌는 예. 고정된 오디오는 초록색으로 표시되고 바뀌는 비디오는 파란색으로 표시된다.

Audio-Only 모드로 바꾼 후, performance_4의 오디오만 선택하자. 오디오로 선택된 performance_4 앵글은 녹색 테두리로 하이라이트된다. 파란색으로 하이라이트된 앵글은 비디오만 선택된 앵글이다.

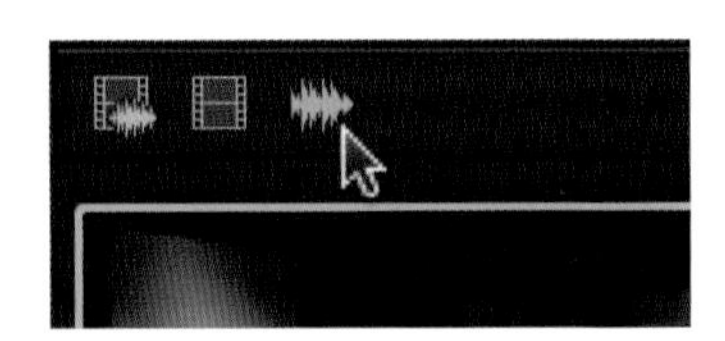

performance_4 클립으로 기준 오디오를 바꾼 이유는 다른 클립에 비해서 이 클립이 좋은 오디오 트랙을 가지고 있기 때문이다. 다음 따라하기에서 비디오가 바뀌더라도 오디오는 performance_4 클립의 오디오로 고정되어 있을 것이다.

다시 Video-only 모드로 돌아가자.

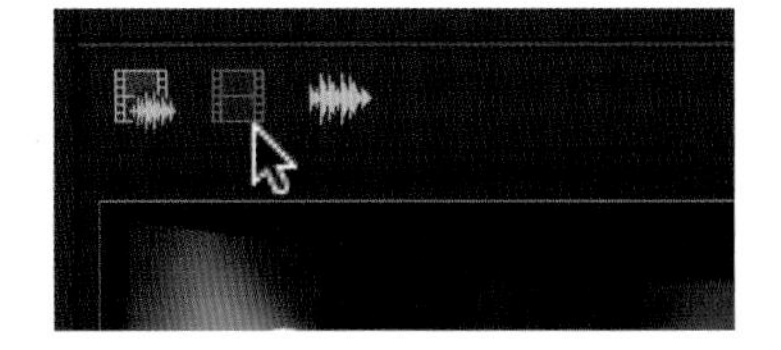

08

Multicam1 클립을 타임라인의 빈 공간으로 드래그해보자.

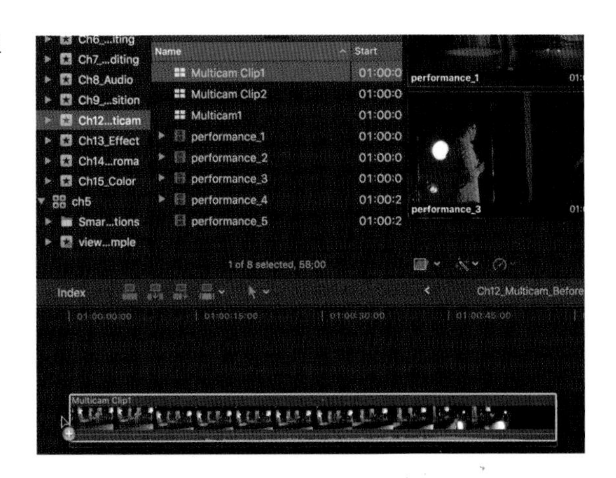

09

타임라인에 있는 클립을 컨트롤 클릭하여 현재 진행 액티브 오디오 앵글이 performance_4인지 확인하자.

비디오를 플레이하면서, 키보드의 숫자패드를 이용해서 원하는 앵글로 바꿔보자. Video-only 모드이기 때문에 오디오는 항상 고정되어 있고 비디오 앵글만 바뀐다.

비디오, 오디오가 같은 앵글에 있을 경우, 노란색 테두리로 해당 앵글이 하이라이트된다.

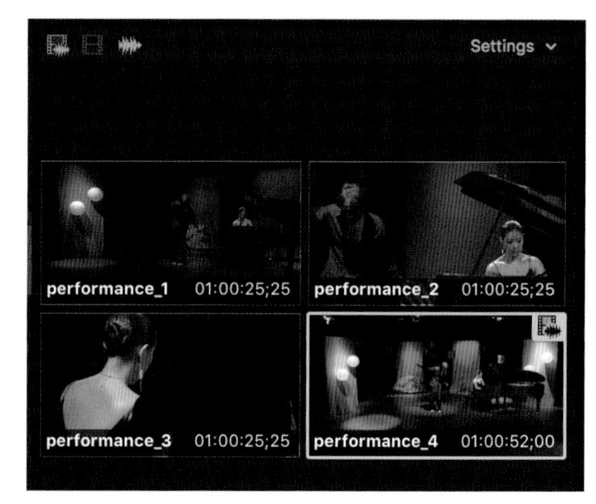

멀티캠 편집이 끝나면 전체를 확인해보자.

비디오는 여러 앵글에서 가져왔지만, 오디오는 처음 지정한 performance_4의 오디오가 처음부터 끝까지 사용되었다.

Section 05 편집 후 타임라인에 있는 멀티캠 클립 앵글 바꾸기 Switching Angles

앵글 바꾸기(Switching Angles)란, 타임라인에서 편집되어 있는 멀티캠 클립들 중 하나의 클립을 다른 앵글의 클립으로 바꾸기 위해 사용하는 기능이다.

액티브 앵글(Active Angle)이란, 선택되어진 클립이 타임라인에 선택된 멀티캠 클립의 앵글이라는 뜻이다.

멀티캠 클립이 여러 개의 다른 클립들로 나눠진 다음은 특정한 파트에 다른 앵글을 적용하고 싶은 경우가 있을 것이다. 이 작업을 앵글 교체라고 하는데, 다양한 방법을 통해 할 수가 있다.저자는 아래의 세 가지 앵글 방법 중 타임라인에서 클립을 선택한 후 바꿔주는 방법을 가장 선호한다. 가장 실수가 적게 발생하고 바꾼 클립을 바로 확인할 수 있기 때문에 직관적인 타임라인에서 앵글 바꾸기를 사용하기를 권한다.

Unit 01 타임라인에서 앵글 바꾸기

앵글 뷰어 창을 이용해서 사용 중인 클립을 바꿀 수도 있지만 타임라인에서 앵글을 바꾸는 것이 훨씬 쉽고, 현재 사용하고 있는 클립과 이를 대체할 클립을 바로 확인할 수 있기 때문에 실수가 발생하지 않는다.

타임라인에 있는 편집되어 있는 앵글 중에서 세 번째 앵글을 다른 앵글로 교체해보자. 단축 메뉴에서 Active Video Angle 이나 Active Audio Angle 에서 원하는 앵글의 비디오와 오디오를 선택해서 교체할 수 있다.

01 Browser에서 Ch12_Multi_Angle 프로젝트를 더블클릭해 타임라인에 열어보자.

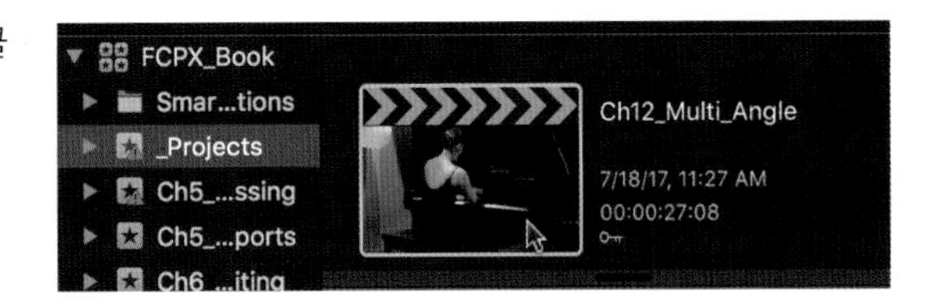

02 타임라인에서 세 번째 클립을 선택하고, Ctrl + Click해보자. 팝업 메뉴가 뜬다.

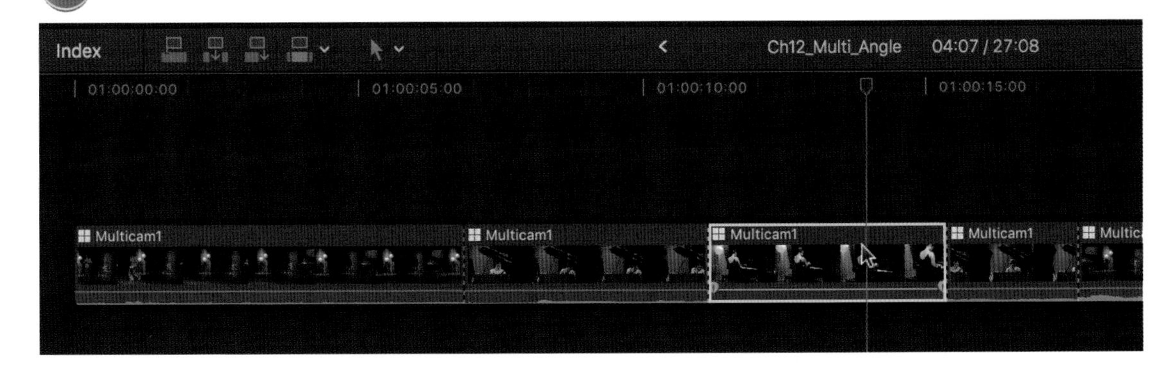

03 Active Video Angle에서 performance 1을 선택하자. Active Video Angle>performance_1을 선택해, 앞에서 선택한 performance_3 앵글을 performance_1로 교체해보자.

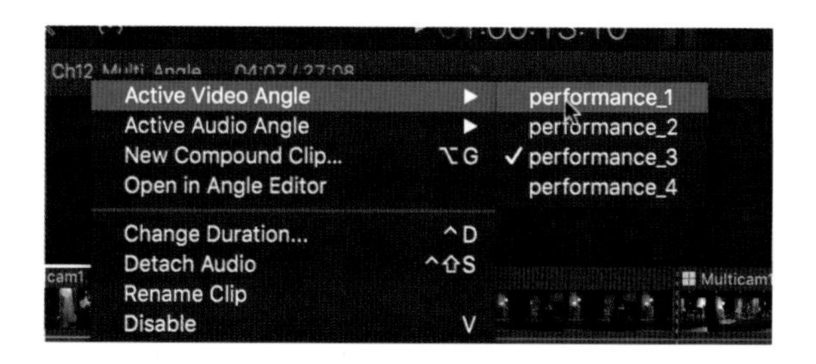

04 타임라인에서 바뀐 카메라 앵글이 보여진다. 앵글뷰어에서도 performance_1 앵글에 비디오 활성 표시가 생겼다. 하지만 비디오 앵글만 교체했기 때문에, 사운드는 여전히 performance_3 앵글의 오디오가 들린다.

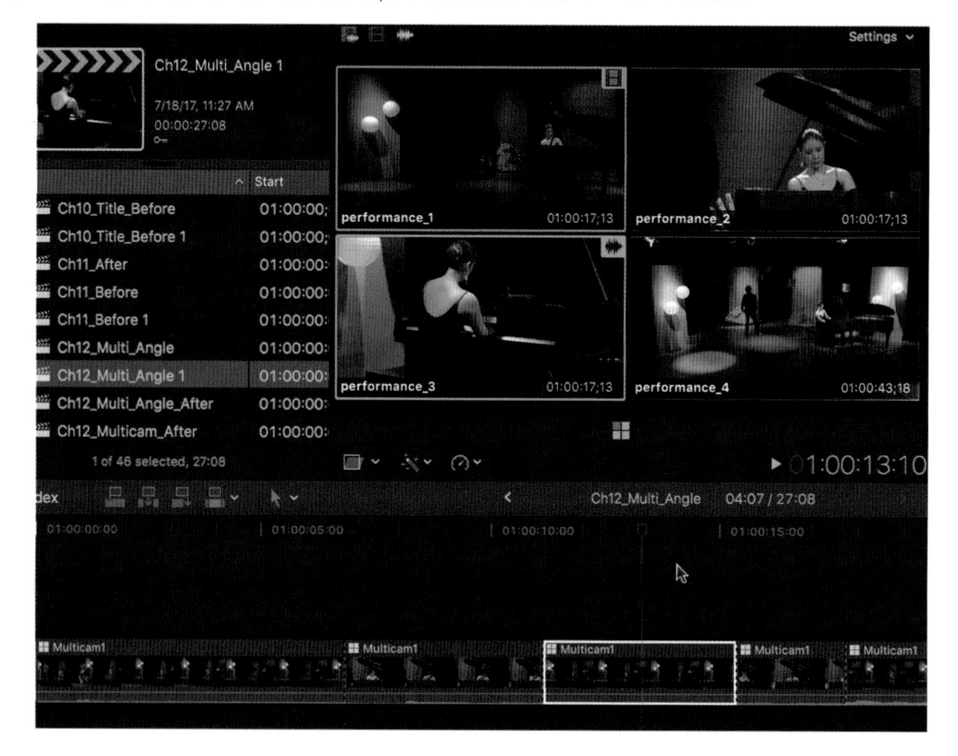

참조사항 현재 사용되고 있는 앵글의 정보를 인스펙터 창의 인포 인스펙터에서도 볼수 있다.

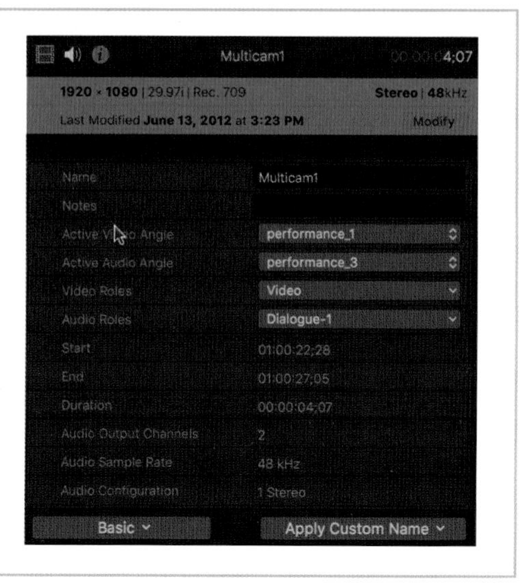

오디오 앵글도 바꿔보자. 타임라인에서 performance_3 클립을 Ctrl + Click해 팝업 메뉴를 띄우자. 팝업 메뉴에서 Active Audio Angle > performance1을 선택하자.

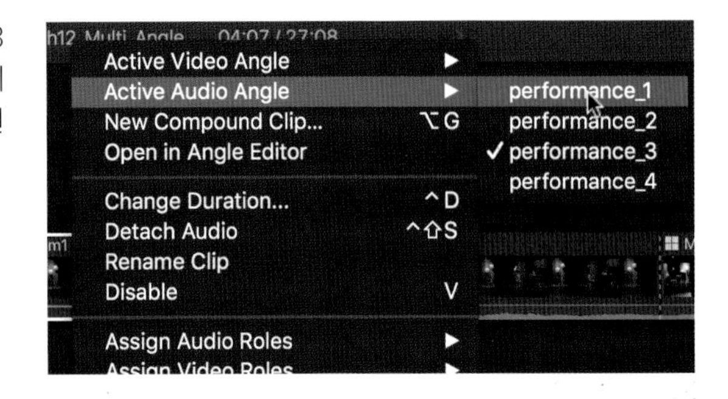

오디오도 performance_1의 오디오로 바뀌었다.

참조사항

클립 사이의 점선의 색깔을 보면, 비디오와 오디오가 다 바뀐 경우와 비디오 또는 오디오만 바뀐 경우의 점선의 색깔이 달라진다.
비디오만 컷되면 비디오/오디오를 같이 컷했을 경우와 다르게, 아래에서 볼 수 있듯이 아래쪽의 점선이 더 밝은 색으로 표시가 된다.

비디오/오디오를 같이 컷했을 경우

비디오만 컷했을 경우

오디오만 컷된 경우

앞뒤가 같은 앵글인 경우

Unit 02 앵글 뷰어에서 앵글 바꾸기

앵글 뷰어 창에서 바꿀 클립 앵글을 Option + 클릭하면 현재 플레이헤드가 위치한 타임라인 위의 클립의 앵글이 변경된다.

Option을 누른 상태에서 앵글위로 커서를 올리면, Blade 툴이 손가락 커서로 바뀌게 된다. 이 상태로 클릭하면 현재 플레이헤드가 위치한 클립의 앵글이 선택된 앵글로 교체된다.

타임라인에있는 첫 번째 클립 performance_1 앵글을 앵글 뷰어 창을 이용해서 performance_4 앵글로 교체해보자.

01 타임라인에서 첫 번째 클립 performance_1 클립을 선택하자. 플레이 헤드가 이 클립위에 있게 하자.

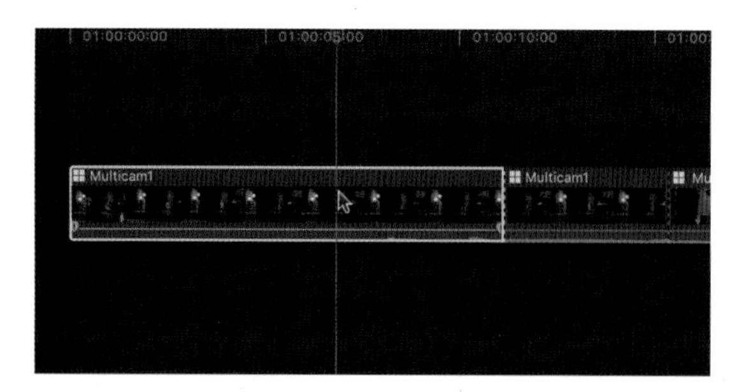

02 앵글뷰어에서 Perfomance_1 클립이 선택된 것을 확인할 수 있다.

03 비디오와 오디오 동시에 바꾸기를 선택하자.

04 앵글 뷰어에서 performance_4 앵글을 Option + Click하자. performance_4 앵글이 performance_1 앵글을 교체하고, 프로젝트의 맨 앞에 원래 performance_1 클립이 위치하던 자리에 교체되었다.

05 타임라인에서 두 번째 클립을 선택하자.

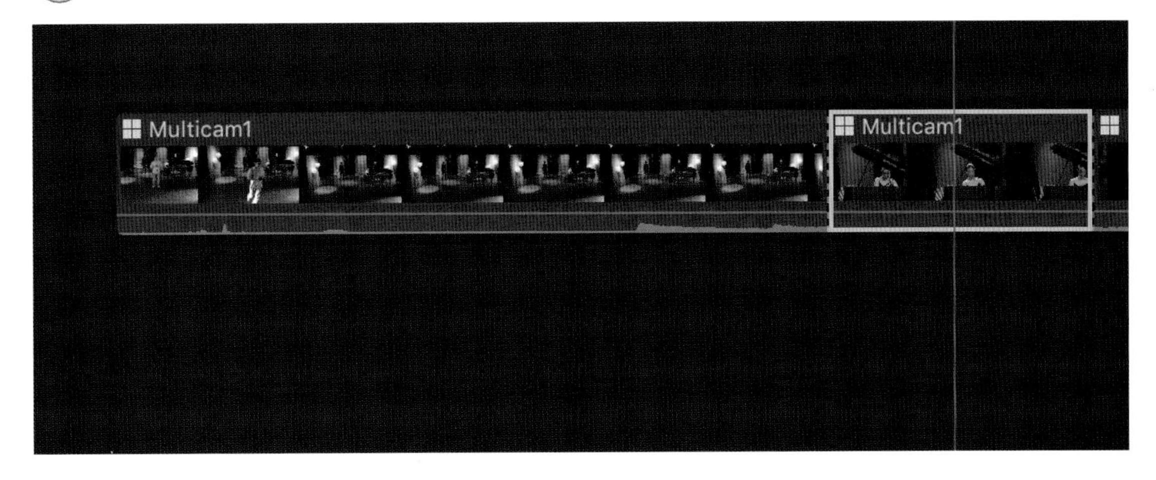

앵글 뷰어에서 performance_1을 Option + Click하자. performance_2앵글이 performance_1 앵글로 교체되고, 타임라인에 두 번째 클립이 있던 자리에 교체된 performance_1 클립이 위치되었다.

Unit 03 인포 인스펙터에서 앵글 바꾸기

타임라인에서 앵글을 바꾸는 방식과 비슷하게 인스펙터 창에서도 타임라인에서 현재 선택된 앵글을 인스펙터 창에 열어서 다른 앵글로 교체할 수가 있다.
타임라인의 멀티캠 클립에서 세 번째 앵글을 다른 앵글로 교체해보자.

01 타임라인에서 세 번째 클립을 클릭하자.

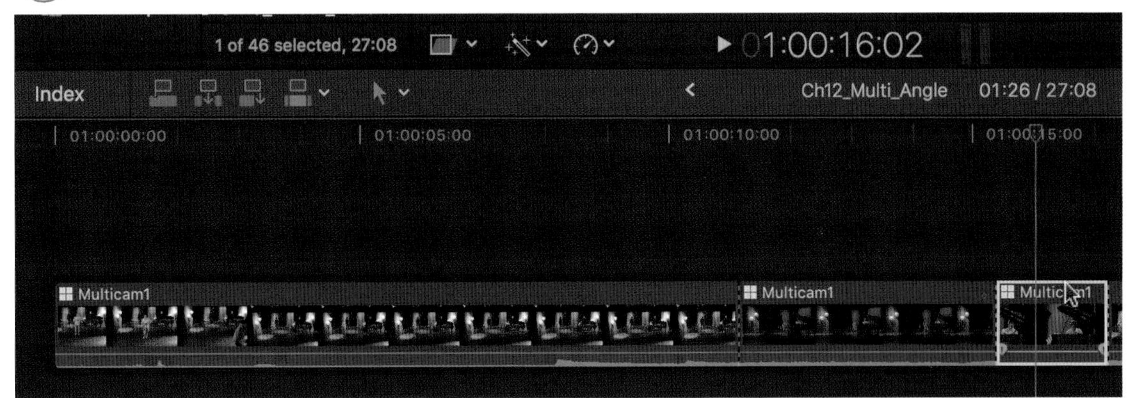

02 인스펙터 아이콘을 클릭하여 인스펙터를 열면(단축키 ⌘ + 4) Info 인스펙터에서 해당 클립의 앵글을 선택할 수 있는 비디오와 오디오 옵션이 다음과 같이 있다.

현재 선택된 앵글의 비디오와 오디오가 performance_2 앵글을 사용하고 있는 것을 확인할 수 있다.

Active Video Angle을 클릭해, 팝업 메뉴에서 Performance_4를 선택하고 비디오 앵글을 performance_2에서 performance_4로 바꾸자.

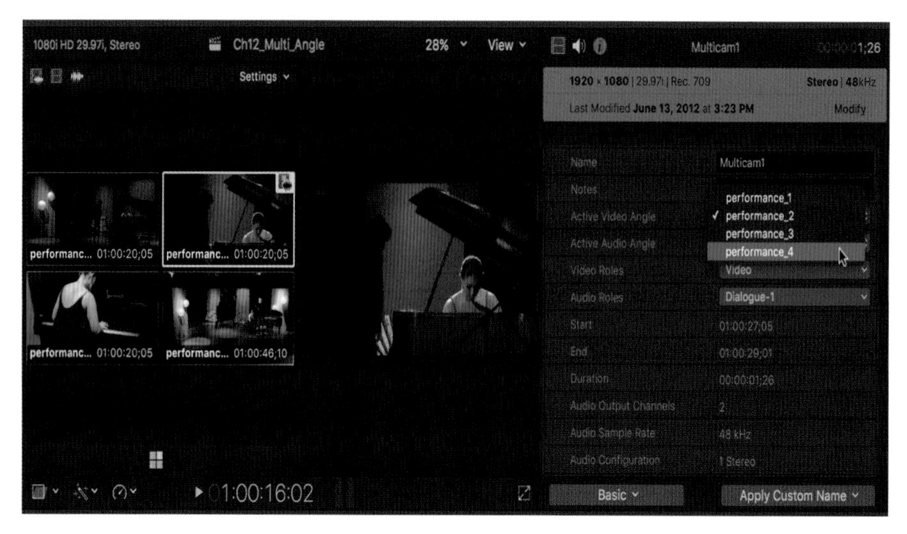

참조사항 앵글들을 바꿔 보는 키보드 단축키

- Ctrl + Shift + ←: 현재 선택되어 있는 앵글의 이전 앵글로 바꾸어준다.
- Ctrl + Shift + →: 현재 선택되어 있는 앵글의 다음 앵글로 바꾸어준다.

Section 06 롤 기능으로 멀티캠 클립 편집하기 Rolling Edits

타임라인에서 편집된 멀티캠 클립의 컷 포인트 중 음악에 맞지 않거나 컷 포인트를 좀 더 앞이나 뒤로 움직이고 싶을 때 롤(Roll) 기능을 사용해 이 편집 포인트를 움직일 수 있다.

멀티캠 편집은 타임라인에 있는 그 클립의 위치를 절대 움직이면 안된다. 왜냐하면 이를 움직이는 순간, 멀티캠 클립의 싱크가 깨지기 때문이다. 따라서 클립을 움직이지 못하는 대신에, 롤 기능을 이용해 편집 포인트를 옮김으로써 음악의 비트나 동작 등을 맞출 수 있다.

플레이헤드를 첫 번째 클립 위로 이동시켜 처음부터 재생해보자. 두 번째 앵글을 피아니스트가 피아노를 강하게 치는 순간에서 두 번째 앵글이 시작하게끔 바꾸어보자. 먼저 블레이드 툴을 선택하자.

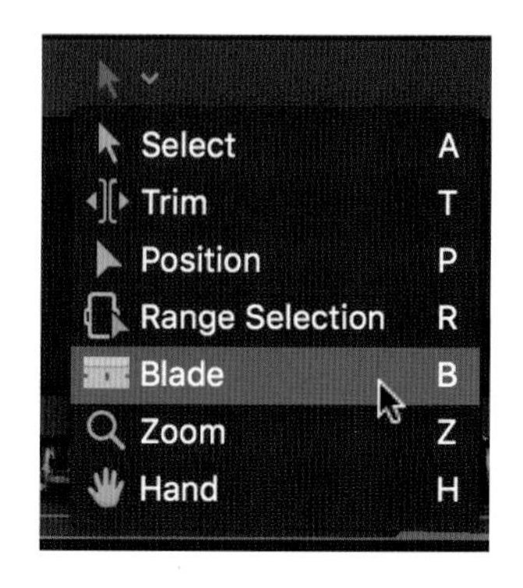

피아노가 시작되는 지점을 찾아서 컷해 주자(Time code 04:15).

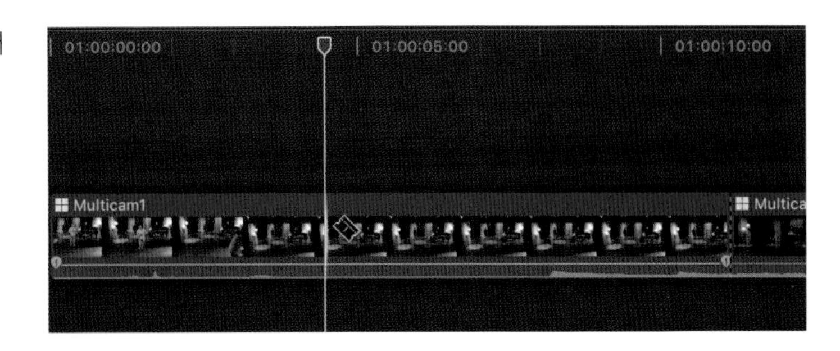

03 단축키 A를 눌러 셀렉션 툴로 바꾼 후 잘린 두 번째 클립을 Ctrl + Click 해서 앵글을 Performance_2로 바꿔 주자.

04 두 번째 클립이 다른 앵글로 바뀐 것을 확인할 수 있다.

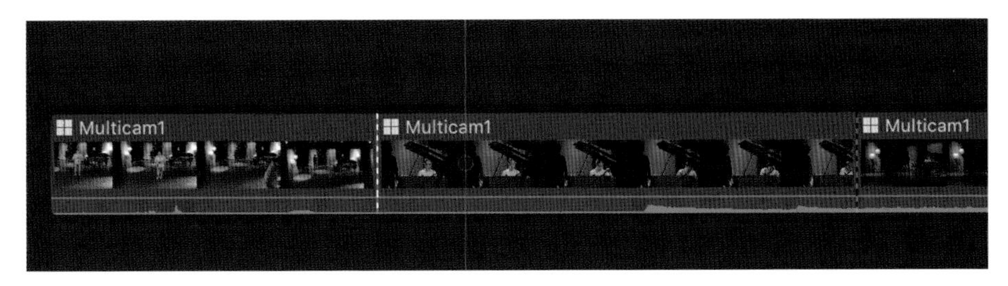

05 타임라인에서 두 번째와 세 번째 클립 사이를 선택하자. 선택 툴이 Roll 아이콘으로 바뀌었다(만약 멀티캠 클립의 경우가 아니라면, 포인터는 Ripple 아이콘으로 바뀐다.

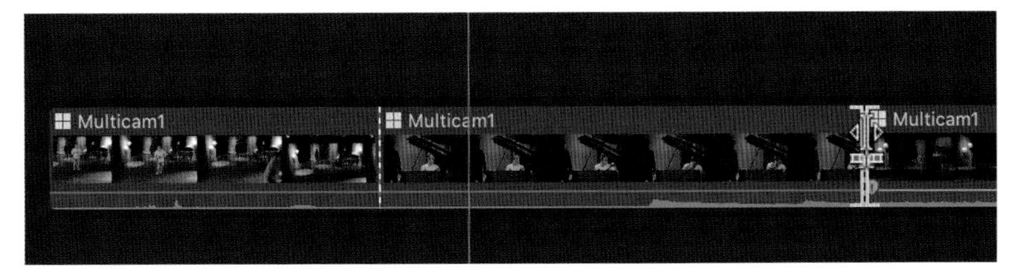

06 편집점을 왼쪽으로 드래그해서 피아니스트가 피아노를 강하게 치는 곳으로 이동시키자.

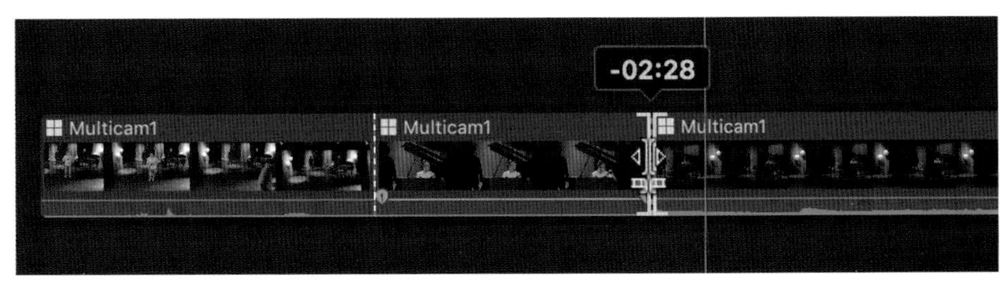

음악의 변화에 따라 비디오 앵글을 바꾸는 것을 연습해보자.

롤 편집은 클립의 위치를 움직이는 것이 아니라 클립 사이의 편집점을 옮기는 것이기 때문에 멀티캠 편집에 사용되는 유일한 트림(Trim)방법이다.

참조사항 분리된 멀티캠 클립 다시 연결하기

멀티캠 클립에서 편집이 된 부분은 다른 앵글들 사이를 컷한 것이지만 잘려진 부분들은 모두 같은 클립의 부분들일 뿐이다. 멀티캠 클립 사이에 편집점을 삭제하여 두 클립을 합칠 수 있다

잘려진 두 클립 사이를 선택한 후, Delete 키를 누르면, 두 클립이 하나로 합쳐지고 편집점이 사라지고 첫 번째 클립의 앵글이 그 다음 편집점까지 확장이 된다.

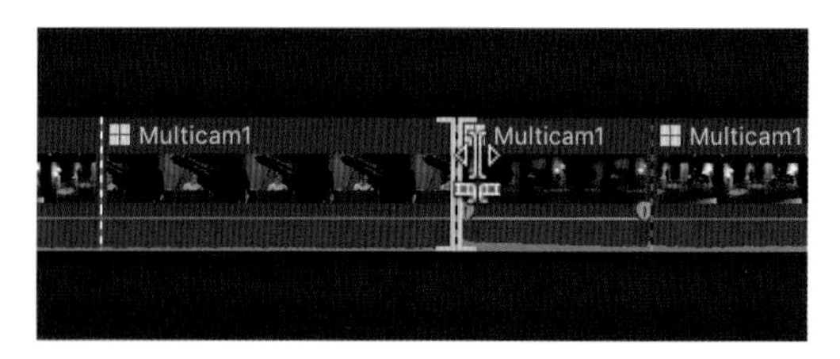

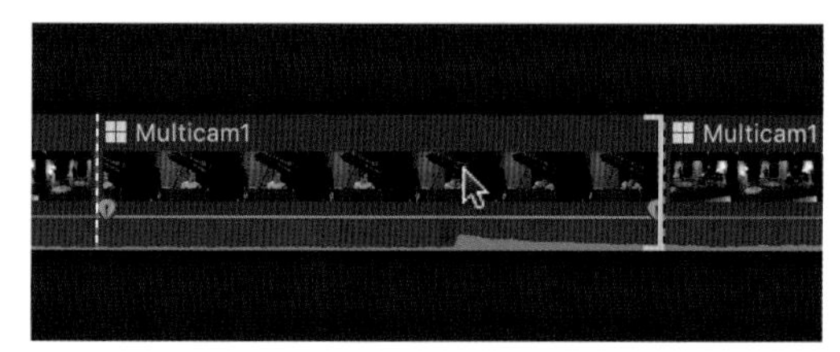

Section 07 앵글 에디터

Angle Editor

멀티캠 클립을 더블클릭하면 타임라인에 열리는 앵글 에디터는 앵글 뷰어에서 바꿀 수 없는 멀티캠 클립의 설정들을 수정하고 싶을 때—예를 들어, 앵글 뷰어에 보이는 앵글들의 순서를 다시 정렬하고 싶을 때는 앵글들 중 하나의 앵글의 싱크를 조절하고 싶을 때, 어떤 앵글을 삭제하고 싶을 때, 또는 새로운 앵글을 추가하고 싶을 때 사용한다.

앵글 에디터는 타임라인과 비슷하게 생겼고, 앵글 에디터를 열면 타임라인이 위치한 자리에 타임라인을 교체하며 열리게 된다. 대부분의 경우, 앵글 에디터는 타임라인과 같이 작동하지만 이는 타임라인과 다르며 멀티캠 클립들의 내용을 편집하는 한 가지의 목적만을 수행한다.

앵글 이름
각각의 앵글을 위한 이름은 자동적으로 만들어지고 만들어진 이름은 언제든지 수정할 수 있다.

비디오 모니터 아이콘
이 아이콘을 클릭하면, 해당 앵글을 현재의 비디오 아웃풋으로 선택할 수 있다. 이를 클릭하면 아이콘이 흰색으로 변하고 전체 앵글은 회색으로 변하게 된다. 삼각형 팝업 메뉴에서 "Set Monitoring Angle" 항목을 선택하는 것과 같은 기능을 한다.

오디오 모니터 아이콘
이 아이콘을 클릭하면 해당 앵글을 위한 오디오를 켜거나 끌 수 있다. 팝업 메뉴에서 "Monitor Audio" 항목을 선택하는 것과 같은 기능을 한다.

앵글 에디터

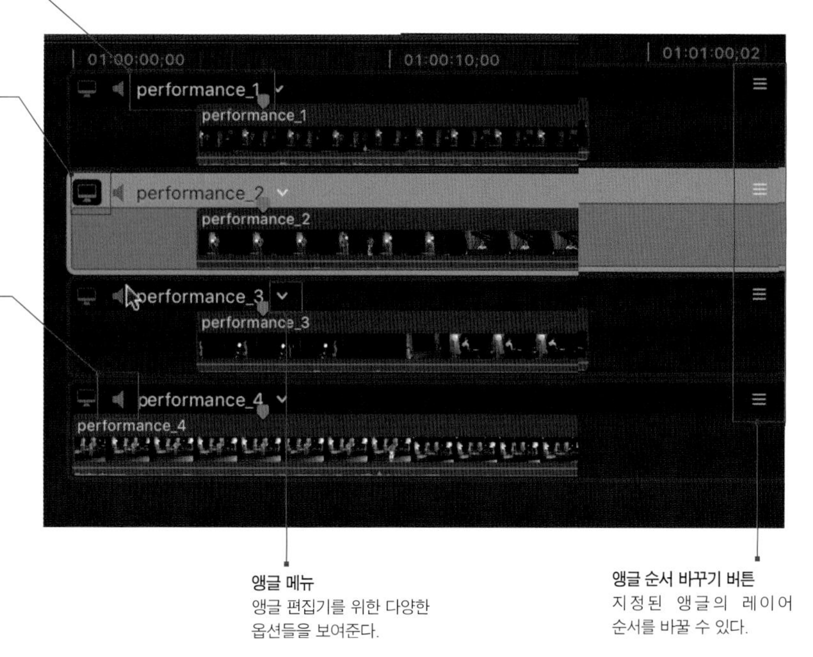

활성화된 앵글

비활성화된 앵글

앵글 메뉴
앵글 편집기를 위한 다양한 옵션들을 보여준다.

앵글 순서 바꾸기 버튼
지정된 앵글의 레이어 순서를 바꿀 수 있다.

⊙ 멀티캠 클립은 컴파운드 클립과 비슷한 기능을 하기 때문에 앵글 에디터에서의 작업은 컴파운드 클립 작업과 비슷하다.

Section 08 멀티캠 클립 수정하기

Unit 01 앵글 뷰어 순서 바꾸기

01 이벤트 브라우저에서 이전에 만든 Multicam1 클립을 더블클릭하면 클립이 앵글 에디터에 열린다.

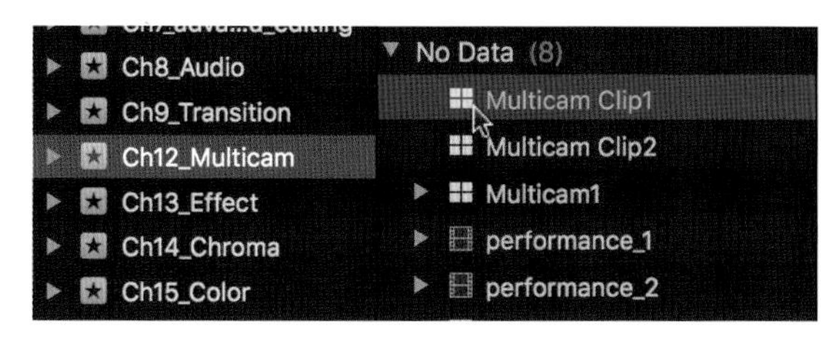

참조사항 클립 위를 Ctrl + Click, 팝업 메뉴에서 Open in Angle Editor를 선택해도 해당 클립이 앵글 에디터에 열린다.

2. 싱크된 클립들을 보여주는 앵글 에디터가 열렸다. 클립들이 최적화 보기로 보이게끔 윈도우 창에 맞추기 단축키인 Shift + Z를 눌러주자. 아래와 같이 앵글 에디터가 보기 좋게 윈도우 창에 맞춰 조절되었다.

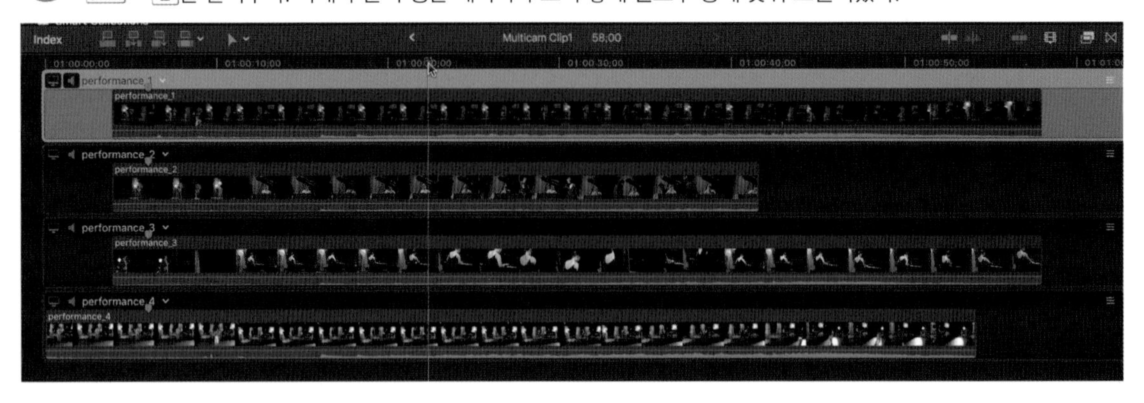

앵글 에디터에는 회색으로 주변이 하이라이트된 앵글이 있는데, 이것은 앵글 에디터가 열려있을 때 뷰어에서 보이는, 즉 모니터하고 있는 앵글이다.

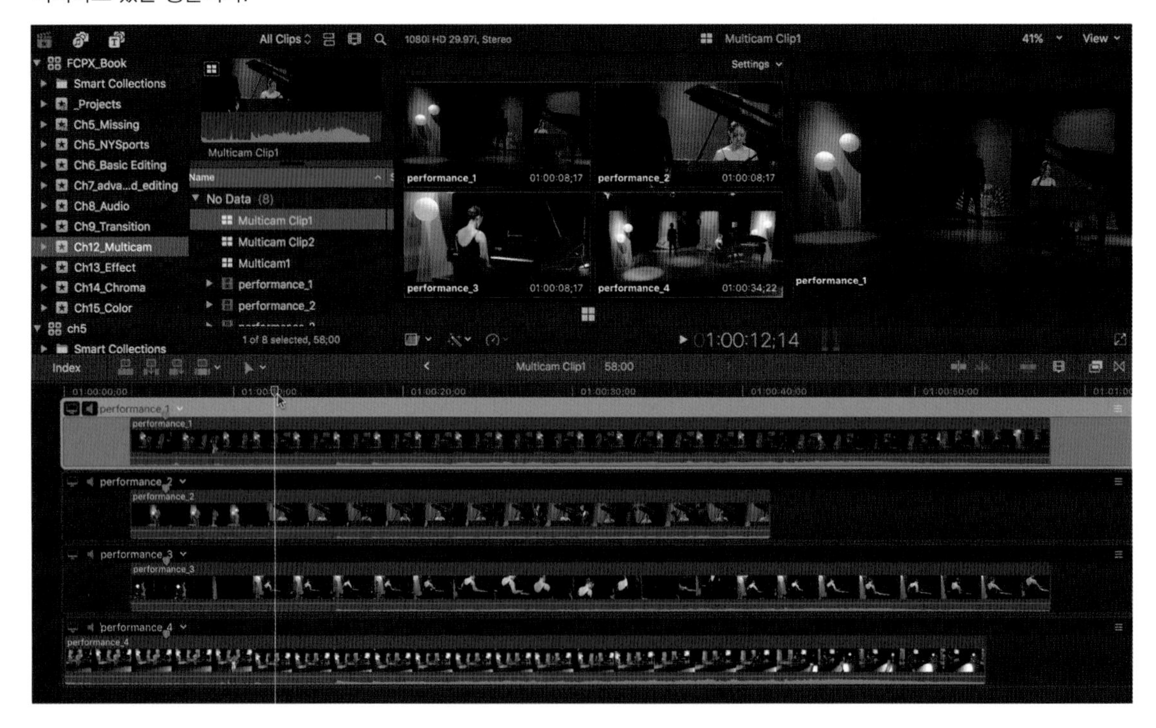

모니터를 하고 있는 앵글은 앵글 에티터가 열렸을 때만 사용 가능하고 클립이 프로젝트에서 쓰일 때에 앵글에는 아무런 영향을 미치지 않는다.

오직 하나의 비디오 앵글만이 모니터링 앵글이 될 수 있다. 하지만 오디오 앵글들은 여러 개를 동시에 모니터할 수 있다. 여러 개의 오디오 앵글들을 동시에 모니터함으로써 싱크와 관련된 문제점을 파악하는데 크게 도움이 된다. 에코, 울리는 소리 등이 들리면 싱크가 맞지 않다.

참조사항

앵글 에디터의 공간이 더 필요하다면, 타임라인과 뷰어 창 사이의 경계선을 마우스로 조절해서 타임라인을 더 키우자.

또는 클립 보기 조절 옵션을 통해서 클립의 형태를 크거나 작게 조절해, 사용하는 모니터의 크기에 최적화시켜서 보자.

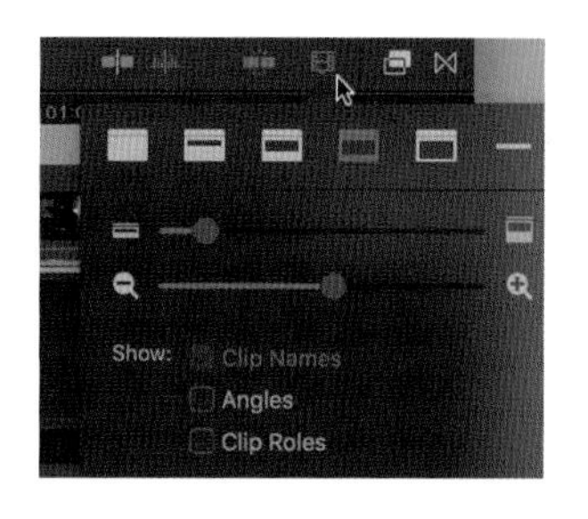

03 Performance_1 클립이 모니터링 앵글인데 이것을 Performance_2앵글로 바꾸자. 앵글의 비디오 모니터 아이콘을 클릭해서 이를 모니터링 앵글로 설정한다. 모니터링 앵글로 설정된 클립은 약간 밝은 회색으로 표시된다.

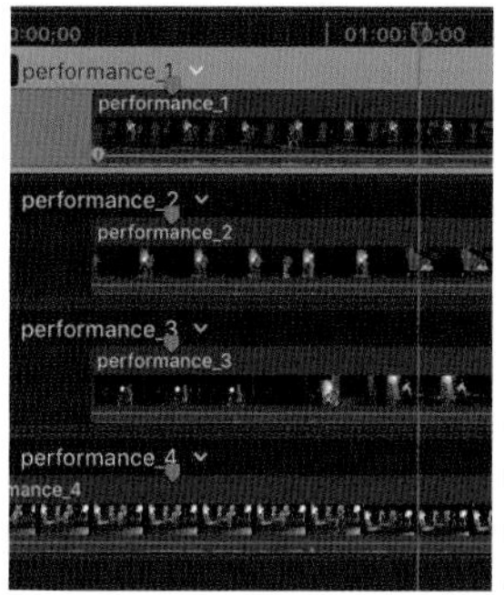
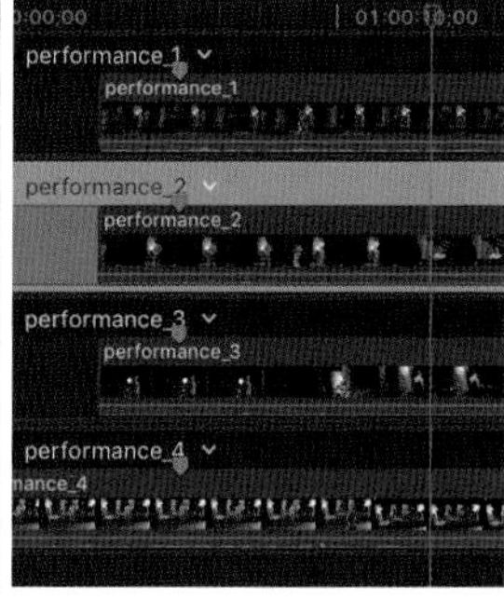

04 모니터 앵글이 performance_2로 바뀌어 뷰어 창에서 performance_2가 보인다.

바꾸기 전

바꾼 후

05 오디오 모니터도 같은 방식으로 설정할 수 있다. 오디오 모니터 아이콘을 클릭, 이를 오디오 모니터링 앵글로 설정한다. 오디오 모니터링은 비디오와 달리 한 개 이상의 트랙을 동시에 선택해서 모니터링 할 수있다.

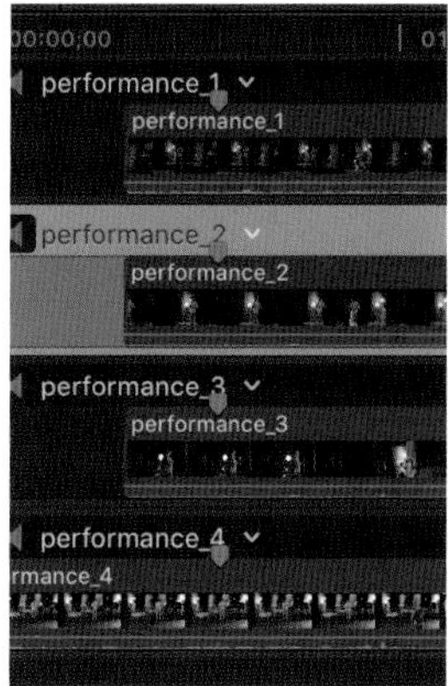

06 첫 번째와 두 번째 클립의 위치를 바꿔서 앵글을 재조정해보자. 두 번째 앵글인 performance_2를 핸들을 마우스 커서로 클릭해 잡아서 제일 위로 옮겨보자.

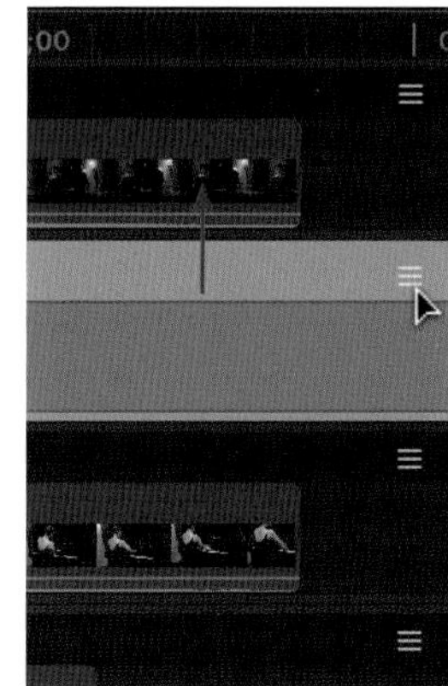

07 앵글 에디터에서 오른쪽 위 코너에 보이는 핸들을 위 아래로 드래그해 원하는 위치에 놓으면 앵글들의 순서를 재정렬할 수 있다.

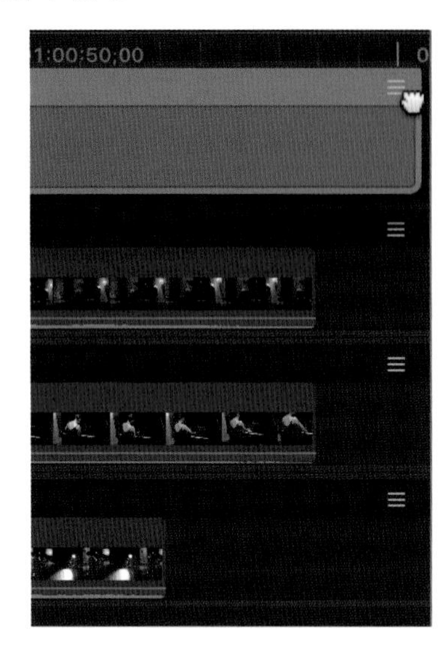

08 앵글 뷰어와 앵글 에디터에 performance_1과 performance_2 앵글의 순서가 바뀌었다.

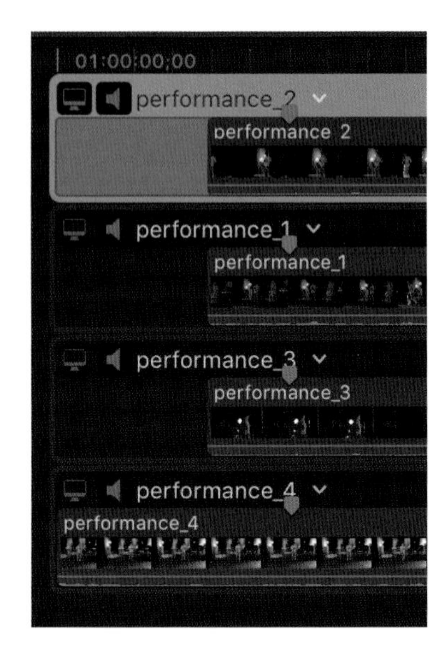

09 앵글 뷰어 창에서 보면 클립들의 위치가 순서대로 바뀌어 있음을 확인할 수 있다.

이전

이후

10 Undo를 활용하여 원래의 클립 순으로 되돌아가자.

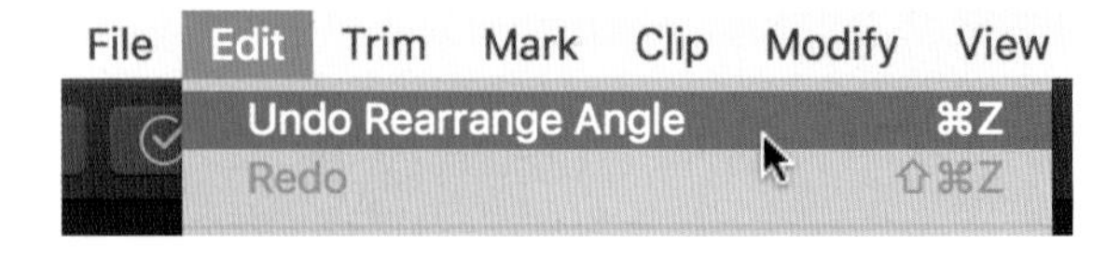

Unit 02 앵글 추가하기

네 개의 클립으로 구성된 멀티캠 클립에 새로운 앵글을 하나 더 추가해 다섯 개의 클립으로 구성된 멀티캠 클립으로 만들어보자.

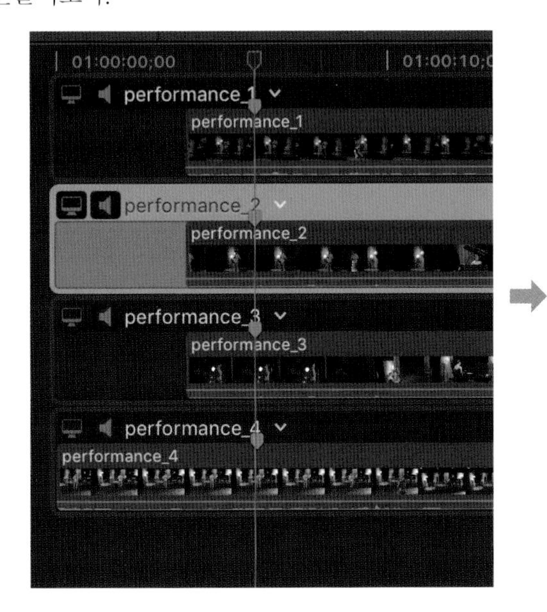

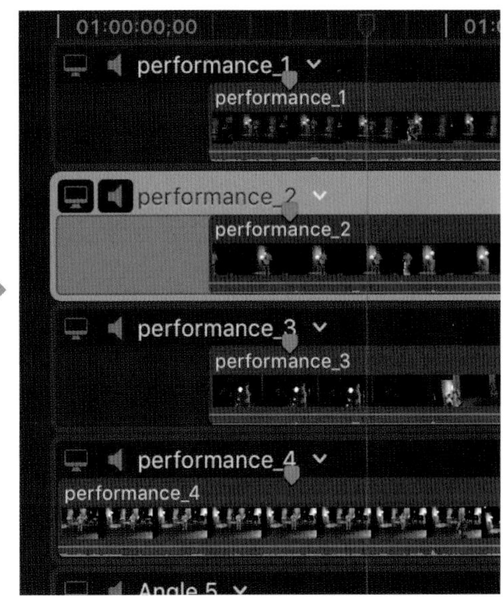

01 performance_2 앵글 이름 옆에 위치한 삼각형 모양의 아이콘을 열고 팝업 메뉴에서 Add Angle을 선택한다.

02 새로운 빈 앵글이 Untitled Angle이 performance_2의 아래쪽에 추가되었다.

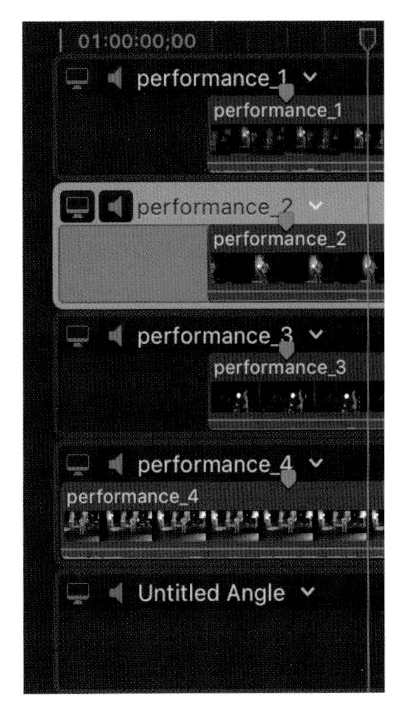

새로 생성된 Untitled Angle에 클립을 넣어보자. 이벤트 브라우저에서 performance_5 클립을 드래그해서 비어있는 새 앵글로 드롭하자.

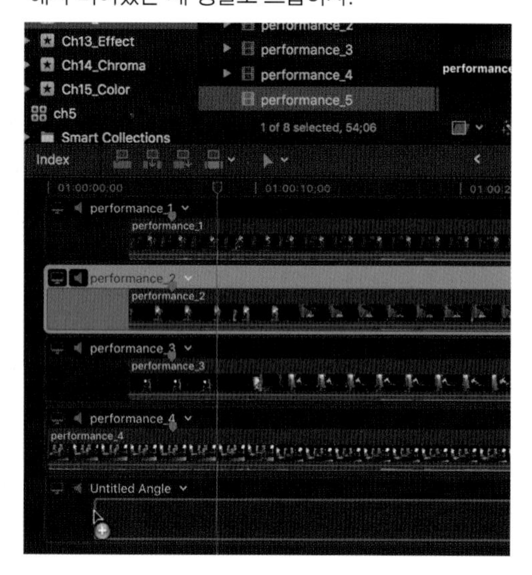

performance_5가 Untitled Angle에 추가되었다.

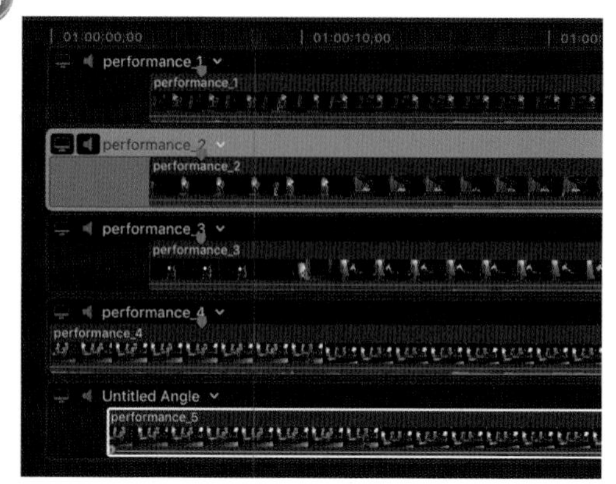

Untitled Angle 글자를 더블클릭해 새 이름 Angle 5를 타입해넣자. 새 앵글의 이름이 Angle 5로 바뀌었다.

06

새로운 앵글 Angle 5가 아직은 앵글 뷰어 창에서 보이지 않는다. 그 이유는 지금 앵글창 뷰어 옵션이 네 개의 앵글까지만 보는 옵션이기 때문이다.

07

앵글 뷰어에서 Settings를 클릭해, 팝업 메뉴에서 9 Angles를 선택하자.

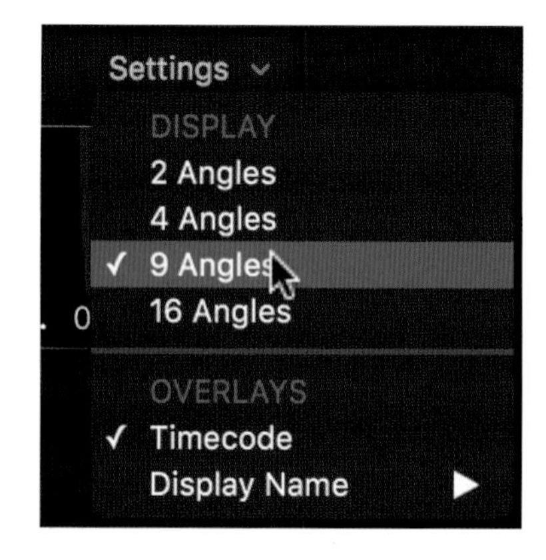

08

다섯 개의 모든 앵글들이 앵글 뷰어 창에 보인다.

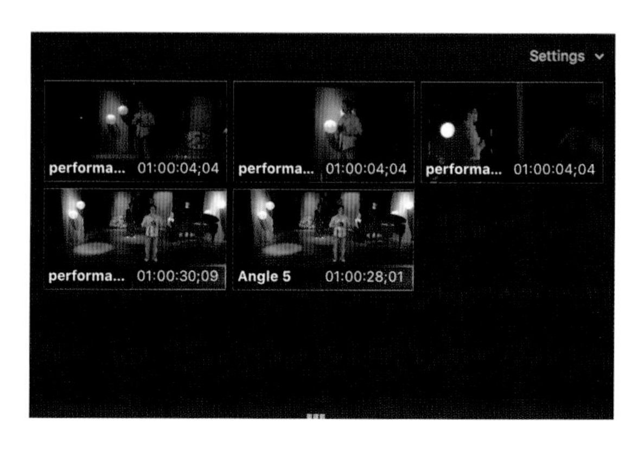

참조사항

만약 앵글 이름이 보이지 않으면 뷰어 설정에서 앵글이 보이게끔 조절하면 클립 이름 대신 각 앵글의 이름이 보이게 된다.

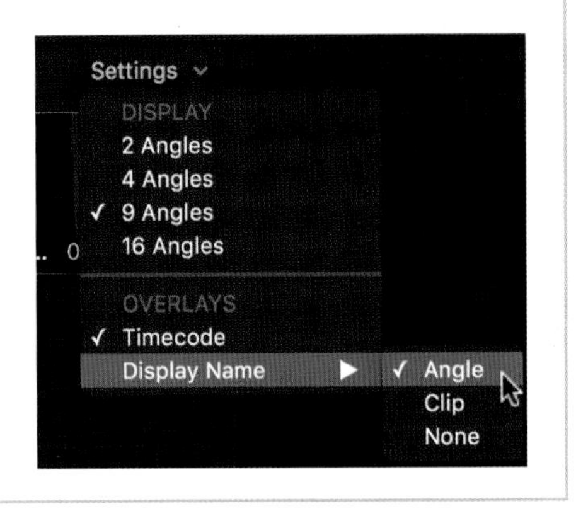

Unit 03 오디오 웨이브를 통해 자동으로 싱크 맞추기 Sync Angle to Monitoring Angle

멀티캠 클립에 클립을 추가하면, 나머지 멀티캠 클립과 새로 추가된 클립이 싱크가 잘 맞지 않는다. 이 경우, 추가된 클립을 마우스로 움직여서 싱크를 맞출 수 있지만 눈대중으로 하는 작업이라 그리 정확하게 되지 않는다. 새로 추가된 Angle5 앵글을 오디오 웨이브 분석을 이용해 모니터링 앵글인 performance1과 자동으로 싱크를 맞춰보고, 프레임을 이용한 수동 싱크하기를 배워보자.

싱크를 맞출 Angle5(위에서 두 번째) 앵글 이름 옆에 있는 삼각형 아이콘을 클릭하자.

02 팝업 메뉴에서 Sync Selection to Monitoring Angle 클릭하자. 이를 선택하면 모니터링 앵글로 지정되어 있는 클립 performance1에 맞춰 Angle5의 싱크가 맞춰진다.

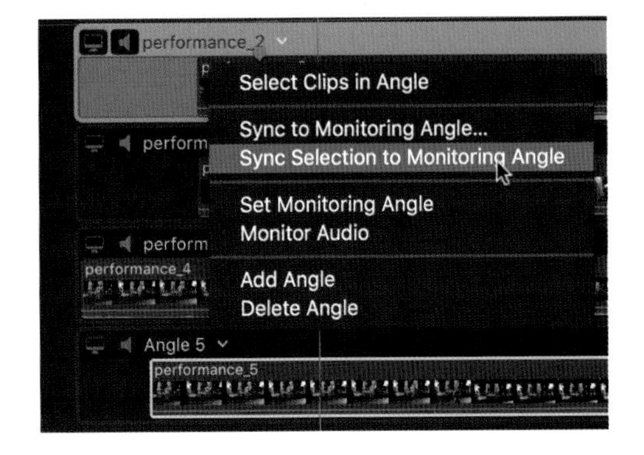

03 다음과 같이 오디오의 웨이브를 분석하여 자동으로 두 앵글이 싱크가 된다.

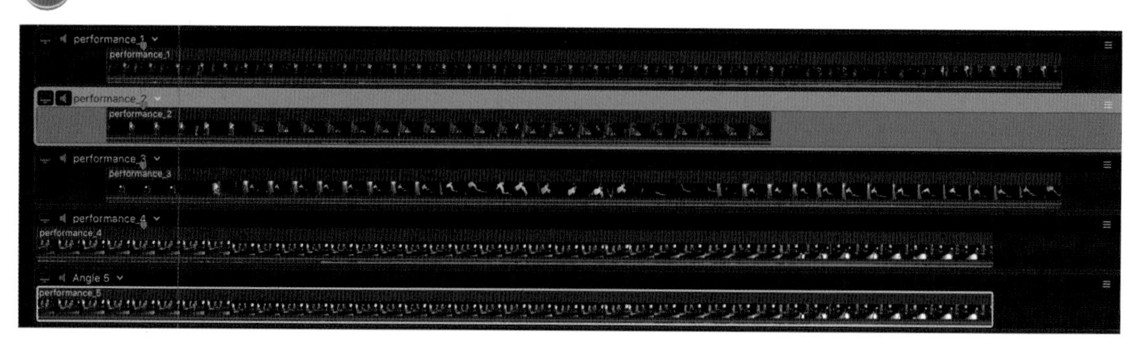

04 되돌아가기를 한 후 수동으로 싱크를 맞춰 보자(되돌리기: ⌘ + Z).

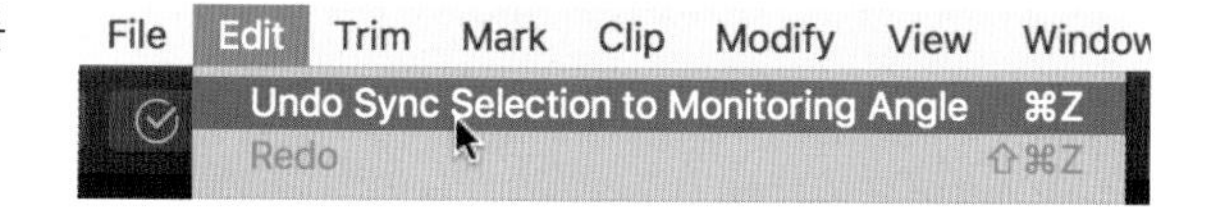

05 싱크가 맞지 않는 원래의 상태로 돌아갔다.

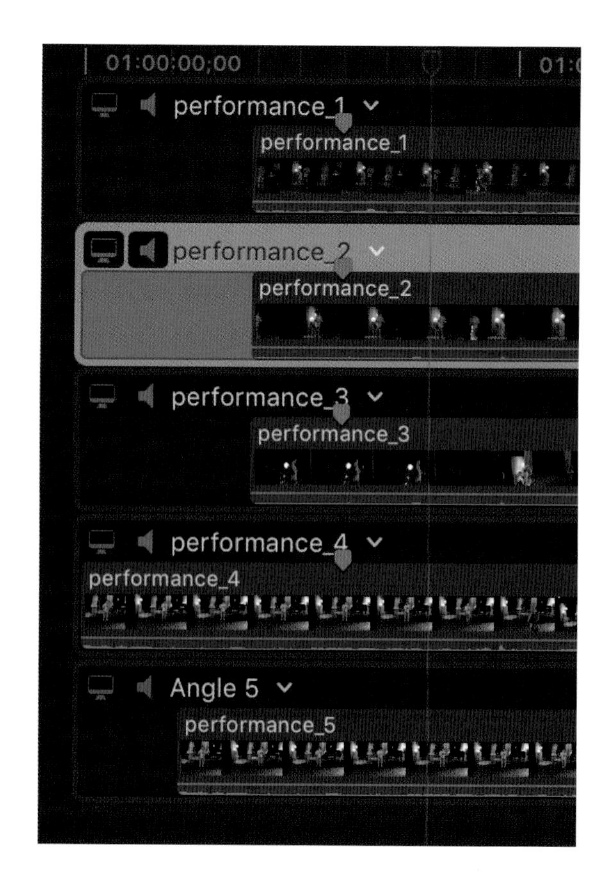

Unit 04 프레임 비교를 통해 수동으로 싱크 맞추기 Sync to Monitoring Angle

01 싱크를 맞춰야 하는 performance_5를 선택하자.

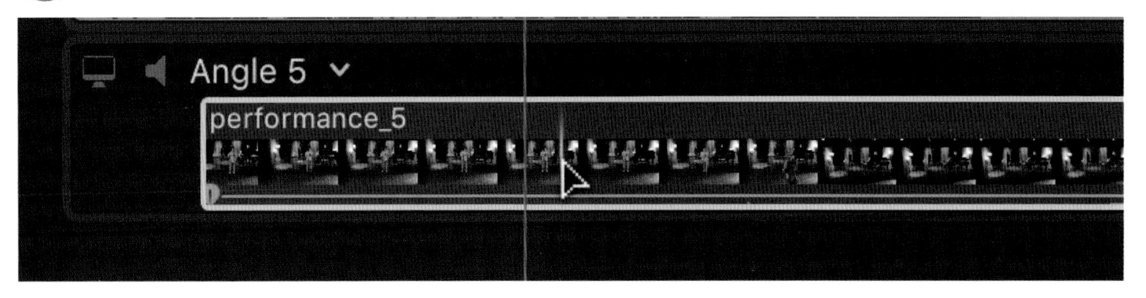

02 Angle5 이름 옆에 있는 삼각형 아이콘을 클릭하자.

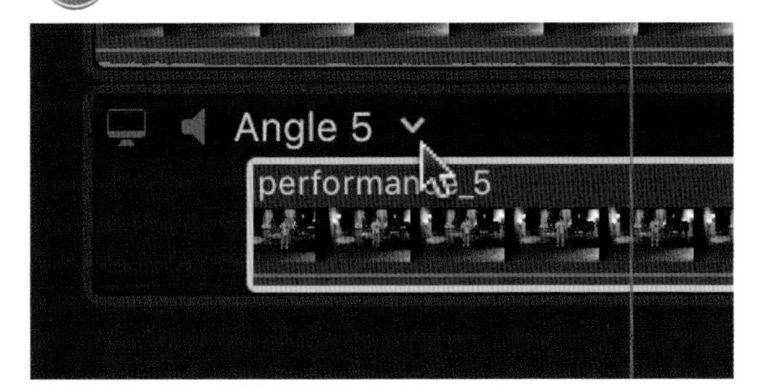

03 Sync to Monitoring Angle을 클릭하자.

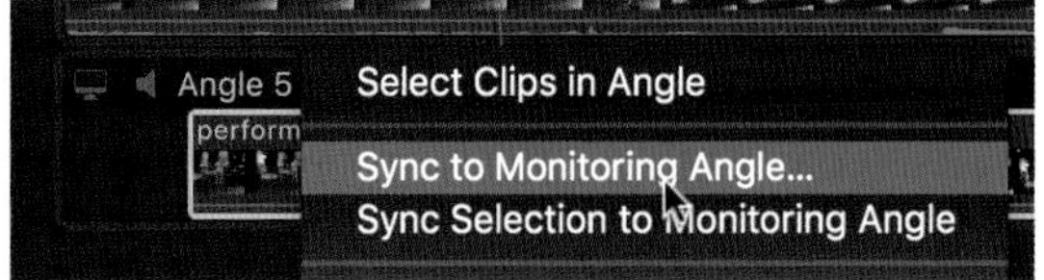

04 모니터링되고 있는 앵글이 오른쪽 뷰어에 나타나고, 싱크를 맞출 앵글이 왼쪽 앵글 뷰어에 나타난다.

05 앵글 에디터에서 기준으로 모니터링되고 있는 performance_2의 기준점을 클릭해서 지정하자.

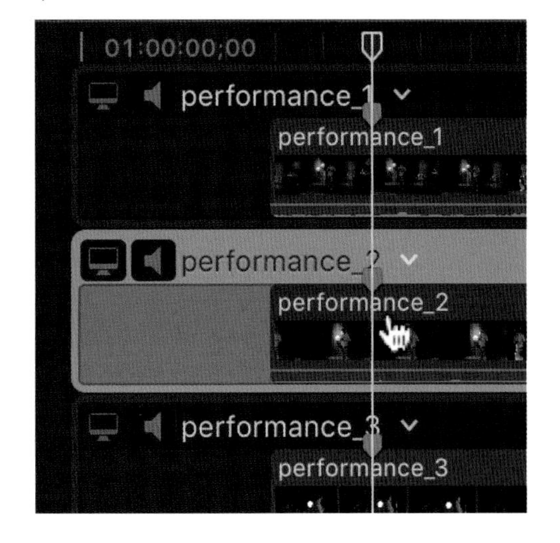

06 performance_2 기준점과 일치되는 performance_5의 시점을 찾아 클릭하자.
이때 싱크의 기준점이 된 performance_2의 프레임은 뷰어에서 정지화면으로 보인다.

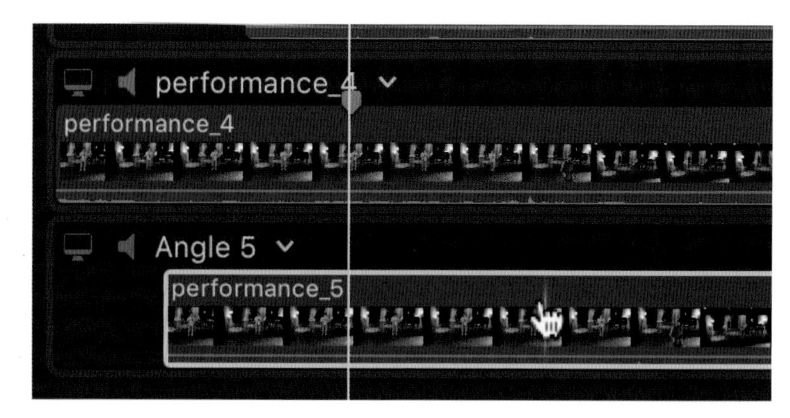

07 뷰어 창 아래에 있는 Done을 클릭하자. performance_5 클립이 움직여 선택된 두 지점을 기준으로 싱크를 맞춘다.

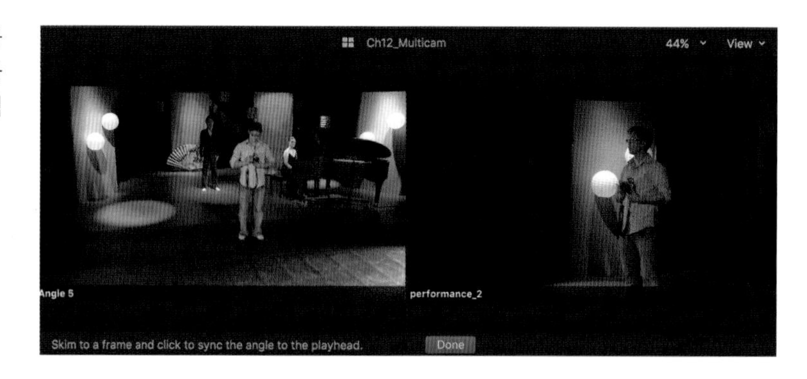

Unit 05 앵글 삭제하기 Deleting Angles

멀티캠 클립에 있는 필요 없는 앵글을 앵글 에디터(Angle Editor)에서 지울 수 있다.

01 지우고자 하는 앵글의 이름의 오른쪽에 위치한 삼각형 모양의 아이콘을 클릭하자.

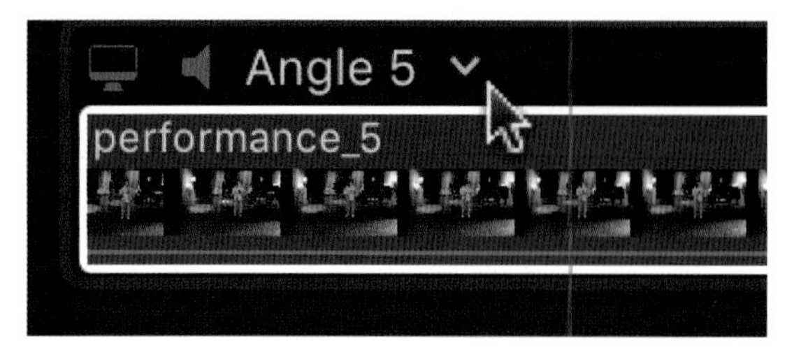

02 팝업 메뉴가 뜨면 Delete Angle을 선택하자.

멀티캠 클립에서 해당 앵글이 삭제되었다.

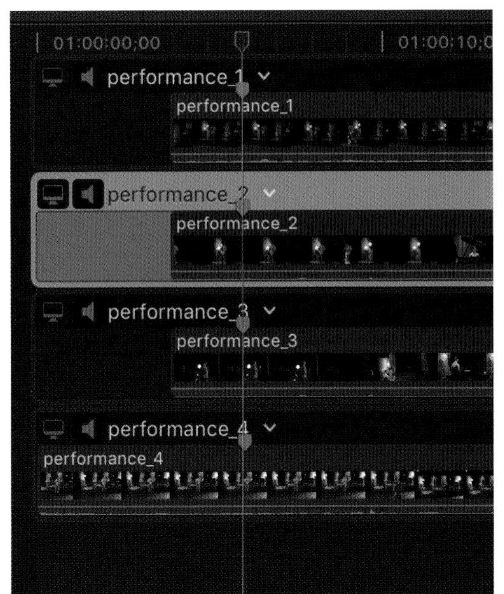

앵글 에디터(Angle Editor) 사용이 끝나면 이전 타임라인으로 돌아가기 버튼을 눌러서 멀티캠 프로젝트로 돌아가자. 다른 프로젝트로 타임라인이 바뀌면 이 앵글 에디터(Angle Editor)는 자동으로 닫힌다. 또는 다른 프로젝트를 브라우저에서 열면 이 앵글 에디터는 닫힌다.

멀티캠 편집이 끝난 후 앵글 뷰어 창이 더 이상 필요 없으면 뷰어 창에서 Hide Angle를 클릭해서 앵글 뷰어 창을 닫아주자.

Chapter 12 요약하기

멀티캠 편집은 파이널 컷 프로가 제공하는 가장 큰 장점이다. 다른 어떤 편집 프로그램에서도 구현할 수 없는 실시간 멀티캠 편집을 활용하기 바란다. 같은 코덱과 포맷을 가진 클립들만 사용해서 하나의 멀티캠 클립을 만들 수 있었던 예전의 멀티캠 편집 방식과는 다르게 파이널 컷 프로 X에서 제공하는 멀티캠 편집 방식은 서로 다른 포맷의 비디오 클립들을 함께 뭉쳐서 사용할수 있는 좀 더 현대화된 멀티캠 편집 방식이다. 오디오를 이용해서 클립들을 싱크(Sync)할 수 있는 자동 싱크옵션과 사용자가 마커를 이용해서 직접 설정하고 조절할 수 있는 수동 방식까지 제공되기 때문에 사용자는 예전처럼 셋업에 많은 시간을 허비하지 않고도 빠른 멀티캠 편집을 시작할 수 있게 되었다.

Chapter

13

필터 이펙트와 리타이밍

Effects & Retiming

파이널 컷 프로 X에서는 기존의 편집 소프트웨어들에서 사용하던 필터(Filter) 효과의 개념을 이펙트(Effect)라는 개념으로 사용한다. 실시간으로 많은 영상 효과와 오디오 효과를 편집하면서 바로 적용해서 확인할 수 있으며, 파이널 컷 프로에 자체적으로 들어있는 이펙트들은 웬만한 전문 영상효과 소프트웨어의 결과물과 견주어도 손색이 없다. 또한 사용 방법이 매우 간단하기 때문에 편집에 집중할 수 있다. 많은 영상 효과 개발자들이 오픈된 파이널 컷 프로 코드를 이용해서 다양한 영상 효과 플러그인을 만들어내고 있다. 파이널 컷 프로 X에서 비디오 이펙트는 컬러인 영상물을 흑백 영상으로 만드는 아주 간단한 기능부터 고난이도의 영상효과 그리고 거친 영화 룩(Film look)을 만드는 것까지 다양한 영상 효과를 쉽게 적용할 수 있는 곳이다. 좀 더 쉬운 비디오 이펙트의 기능 이해를 위해 영화나 텔레비전에서 많이 사용하는 과거 회상씬을 생각해보자. 컬러 영상물에 흑백 필터를 입히면 컬러 색채의 현재 장면과 구분되어 예전의 일을 기억하는 과거회상 장면 느낌을 줄 수 있기 때문에 보는 사람들의 내용 이해를 보다 효과적으로 돕는다.

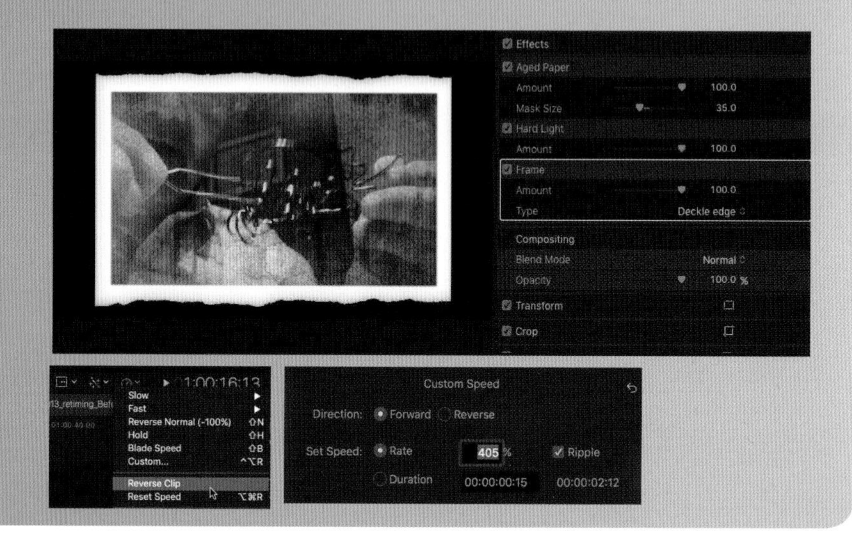

Section 01 필터 이펙트 Effects

필터 이펙트들이 정리되어 있는 이펙트 브라우저에는 이펙트들이 카테고리별로 나누어져 있다. 이러한 카테고리들은 이펙트 창의 왼쪽에서 볼 수 있고, 카테고리를 클릭하면 각각의 카테고리로 분류된 이펙트들을 확인해 볼 수 있다.

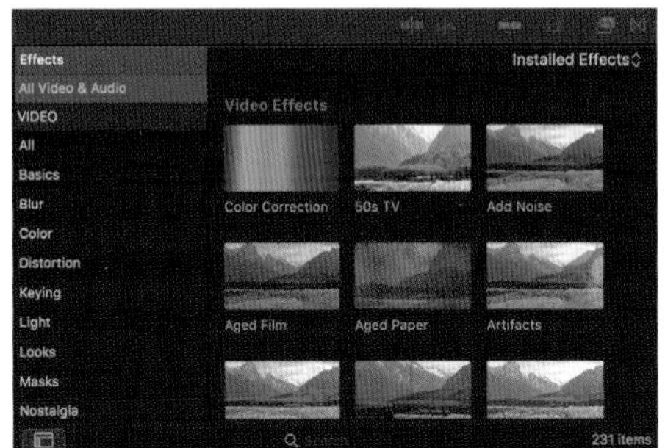

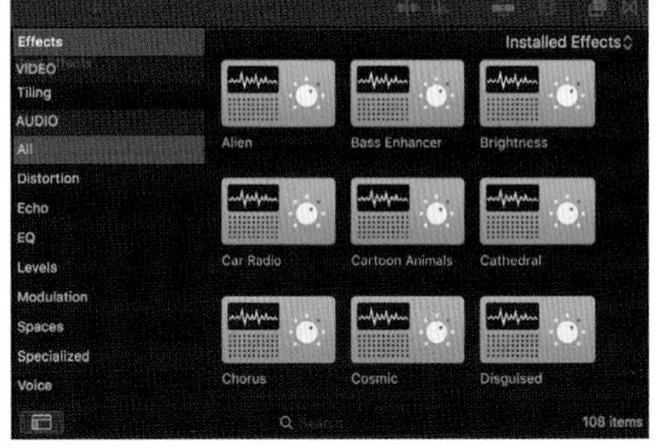

창의 아래에 보이는 검색창에 이펙트의 이름을 타입하여 원하는 이펙트를 빠르게 검색할 수도 있다. 브라우저를 닫더라도 검색결과는 없어지지 않으므로, 항상 검색창에 타입한 내용을 지워줘야 한다. 그러지 않은 경우 타입해서 찾은 이펙트만 브라우저 창에 보이게 된다.

이펙트의 적용 방법 특징

- 만약 타임라인에서 클립들을 선택했다면, 이펙트를 더블클릭함으로써 선택된 모든 클립들에 이펙트를 적용할 수 있다.
- 이펙트를 적용할 클립을 타임라인에서 선택하지 않았다면, 이펙트를 선택한 후 타임라인의 클립 위로 드래그하여 이펙트를 적용할 수 있다.
- 숫자에 관계 없이 원하는 만큼 여러 개의 클립들에 이펙트를 동시에 적용할 수 있다.

적용된 이펙트는 인스펙터 창에서 수정할 수 있다.

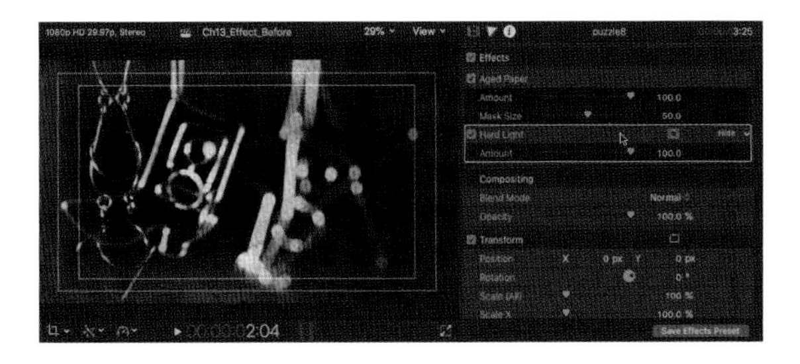

- **이펙트를 조절하기:** 슬라이더를 드래그하거나 원하는 값을 해당 이펙트 설정에 입력.
- **이펙트 비활성화시키기:** 파란색으로 박스를 클릭해, 활성화를 해제(회색 박스).
- **이펙트 순서 바꾸기:** 이펙트 이름을 아래 위로 드래그. 단, 기본 이펙트들의 순서는 바꿀 수 없음.
- **이펙트 초기화하기:** 이펙트 이름의 오른쪽에 있는 되돌리기 화살표(Reset)를 클릭.
- **이펙트 삭제하기:** 인스펙터에서 이펙트 이름을 선택한 후 Delete 버튼을 눌러준다.

Unit 01 비디오 이펙트 적용하기 Applying Video Effects

이전 챕터에서 우리는 파이널 컷 프로의 브라우저를 통해 프로젝트에 트랜지션, 음향 효과, 타이틀 등을 넣어 완성시키는 법을 배워보았다. 이번에는 다른 브라우저를 통한 영상 이펙트들을 살펴보도록 할 것이다.

01 Chapter13_Effect_Before 프로젝트를 더블클릭해 타임라인에 연다.

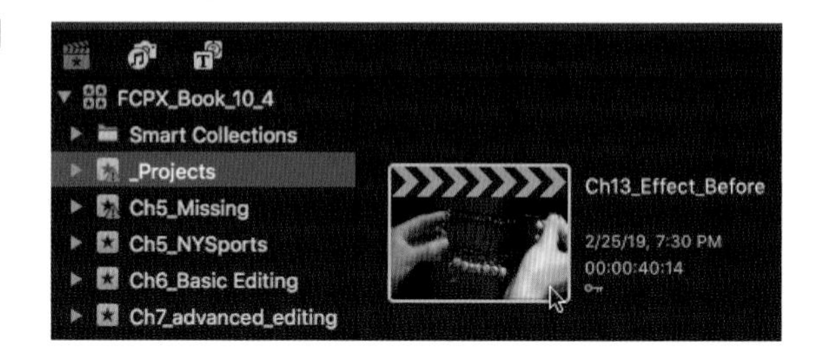

02 프로젝트의 가장 끝에 위치한 puzzle8 클립을 선택하자.

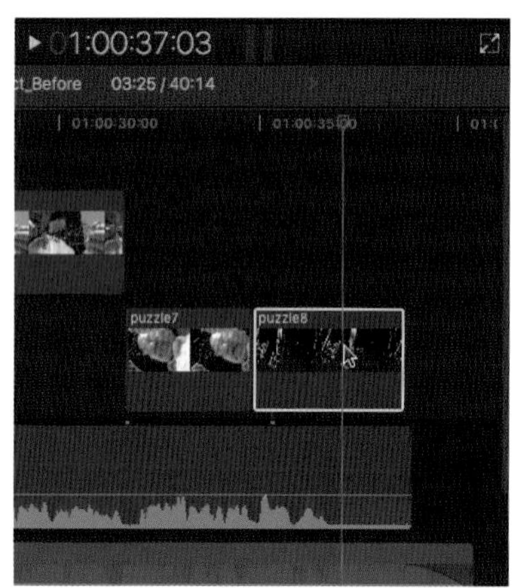

03 이펙트(Effects) 버튼을 눌러 필터 이펙트 브라우저를 열어보자.

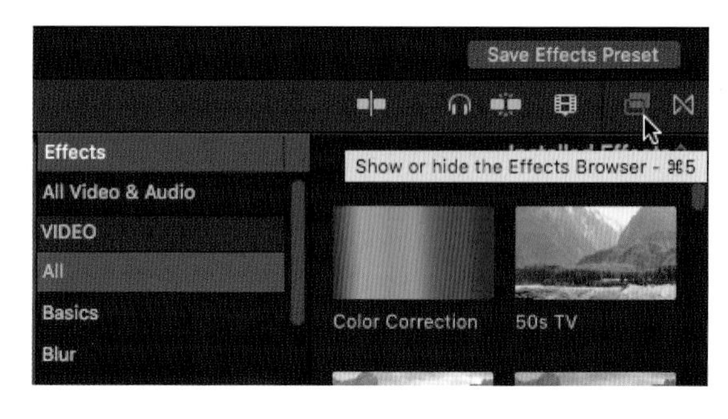

04 Stylize 카테고리에서 Aged Paper를 선택한 클립에 적용해볼 것이다. 이펙트 썸네일 위로 마우스를 가져가면 이펙트 브라우저의 썸네일에서 이펙트가 적용된 클립 미리보기를 할 수 있다. 이때, 뷰어 창에서도 미리보기 화면이 보인다. Aged Paper 이펙트 썸네일을 더블클릭하자.

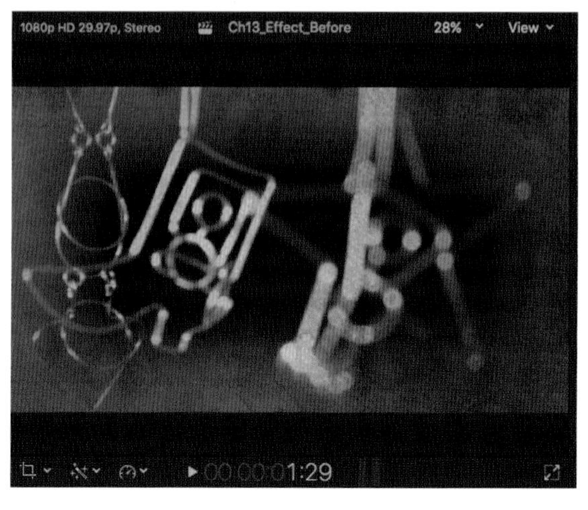

이펙트 브라우저의 섬네일들은 타임라인에서 비디오 클립을 선택하고 이펙트 섬네일을 스킴하면 이펙트가 적용된 모습이 미리보기처럼 보인다. 그리고 이 미리보기가 뷰어에서도 크게 보인다.

Aged Paper 이펙트가 클립에 적용되었다. 인스펙터에 Aged Paper 이펙트가 섹션에 새로 생겼다.

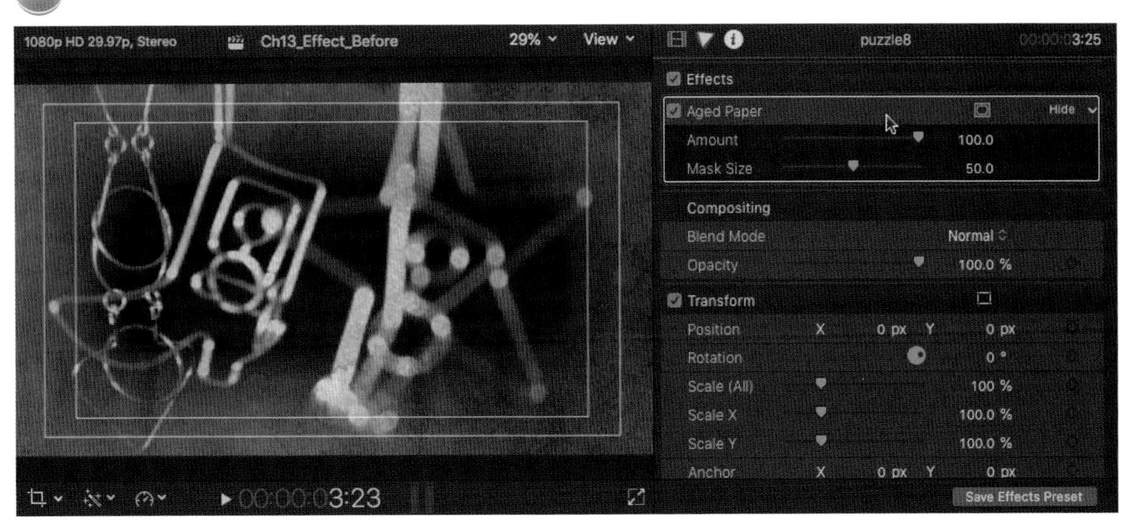

이번에는 Basics 카테고리로 가서 Hard Light 이펙트를 찾아보자.

07 Hard Light를 더블클릭하면, 이펙트가 같은 클립에 또 적용된다. 인스펙터 창의 이펙트 섹션에 Hard Light 이펙트가 Aged Paper 아래로 추가된다.

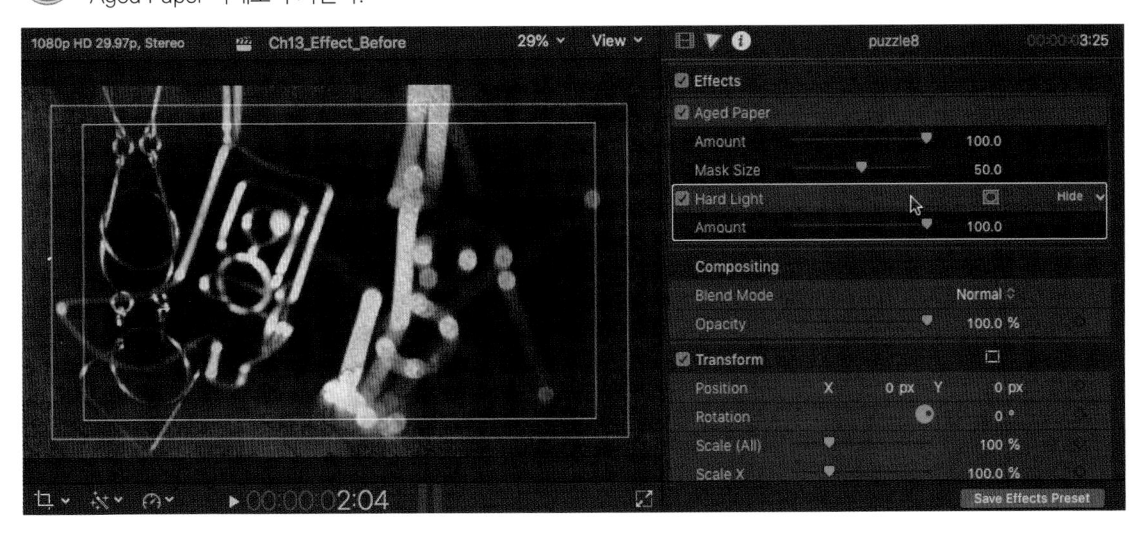

이번에는 이펙트 브라우저 아래에 보이는 검색창에 Frame을 타입해 넣고 Frame 이펙트를 찾아보자. 찾은 Frame 효과를 더블클릭해서 적용시켜보자.

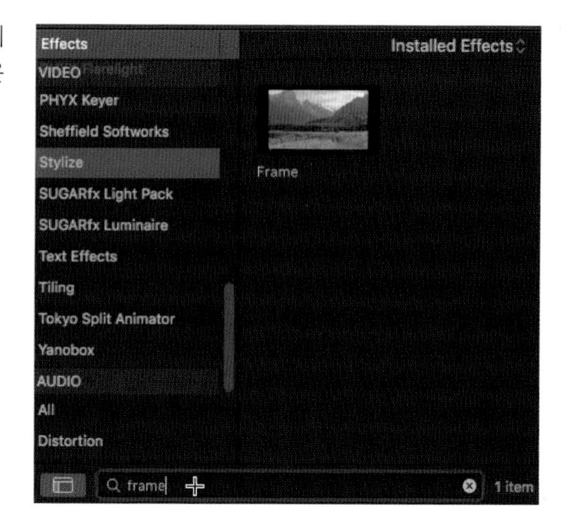

09 Frame 이펙트가 클립에 적용되고, 마찬가지로 인스펙터의 이펙트 섹션에 Frame 이펙트가 추가되었다.

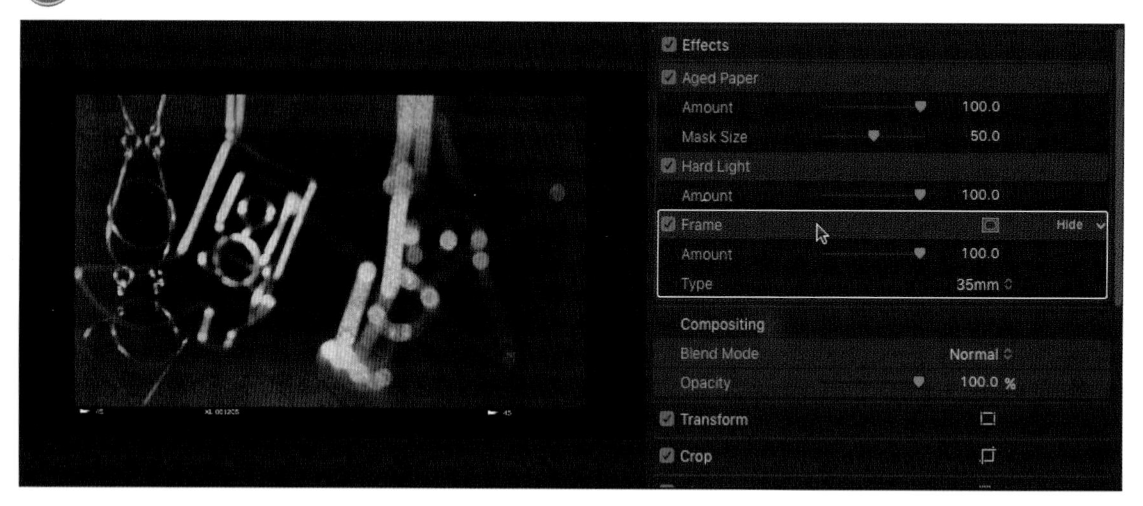

참조사항

타임라인에서 이펙트를 적용할 때, 하드디스크 상의 실제 미디어 파일이나 이벤트 브라우저 안의 클립에는 영향을 주지 않고, 단지 타임라인 상의 클립에만 이펙트가 적용된다. 적용된 이펙트의 기본 속성들이 프로젝트에 잘 어울리지 않을 경우, 이펙트의 속성을 인스펙트 등에서 원하는 결과에 맞추어 조절할 수 있다.

적용된 필터의 속성을 조절하는 세 장소 :

- 인스펙터(Inspector): 여러 가지 슬라이더들과 숫자를 입력하는 칸, 팝업 메뉴의 옵션 등을 이용해 이펙트를 수정할 수 있다.
- 뷰어(Viewer): 그래픽 컨트롤이 가능한 이펙트들을 조절할 수 있다.
- 타임라인(Timeline): 비디오 애니메이션 에디터(Video Animation Editor)를 열어 속성 값들을 조절할 수 있고, 키프레임을 이용해 이를 조절할 수 있다.

Unit 02 적용된 필터 비활성화시키기

필터 비활성화는 적용된 이펙트를 지우는것이 아니라 임시로 그 효과를 보여주지 않는 것이다. 이펙트 적용 전과 적용 후를 비교할 때 자주 사용된다.

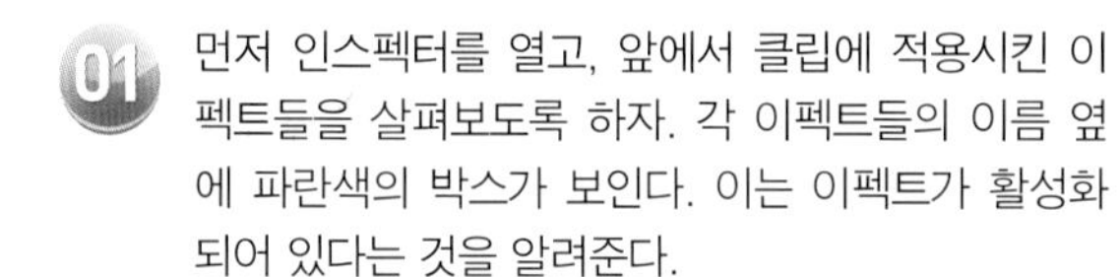

01 먼저 인스펙터를 열고, 앞에서 클립에 적용시킨 이펙트들을 살펴보도록 하자. 각 이펙트들의 이름 옆에 파란색의 박스가 보인다. 이는 이펙트가 활성화되어 있다는 것을 알려준다.

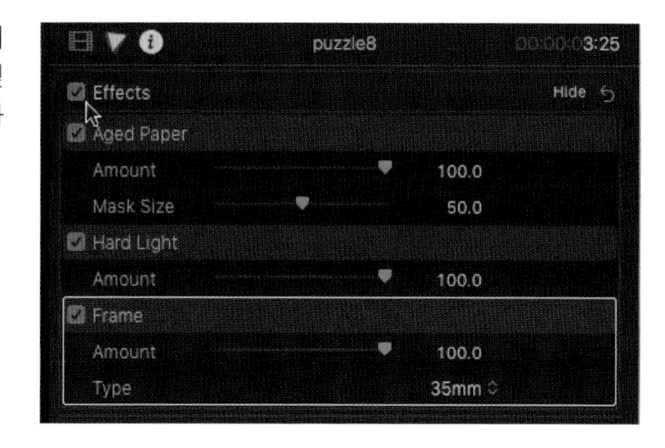

02 이펙트들의 이름 옆에 보이는 파란색 박스를 체크해 적용된 이펙트들을 비활성화 시켜보자. 클립이 다시 이펙트를 적용하기 전 원래의 모습으로 돌아간다.

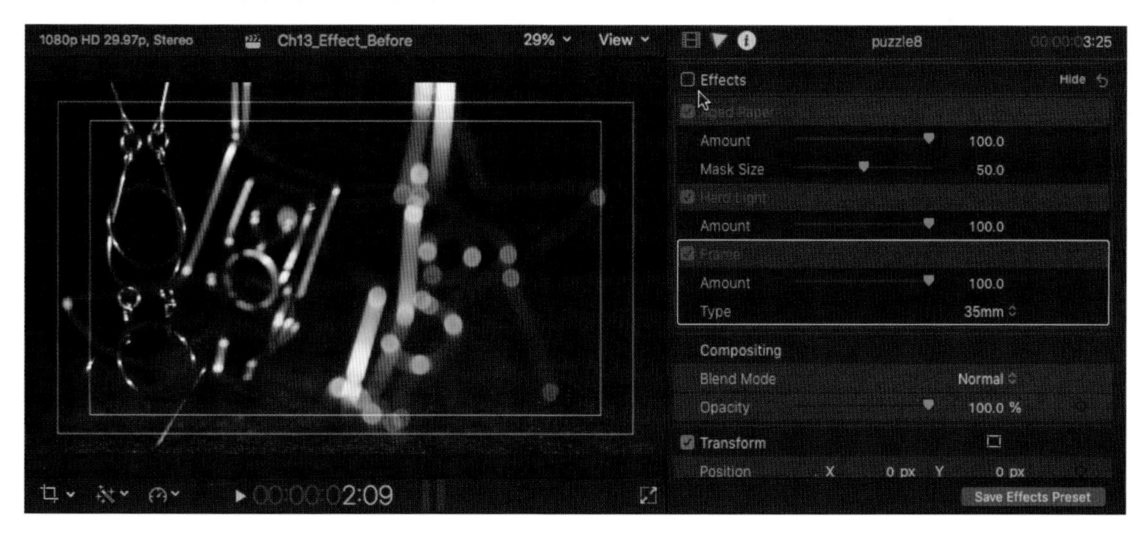

03 활성화 박스를 다시 클릭해 적용된 이펙트들을 다시 활성화하자.

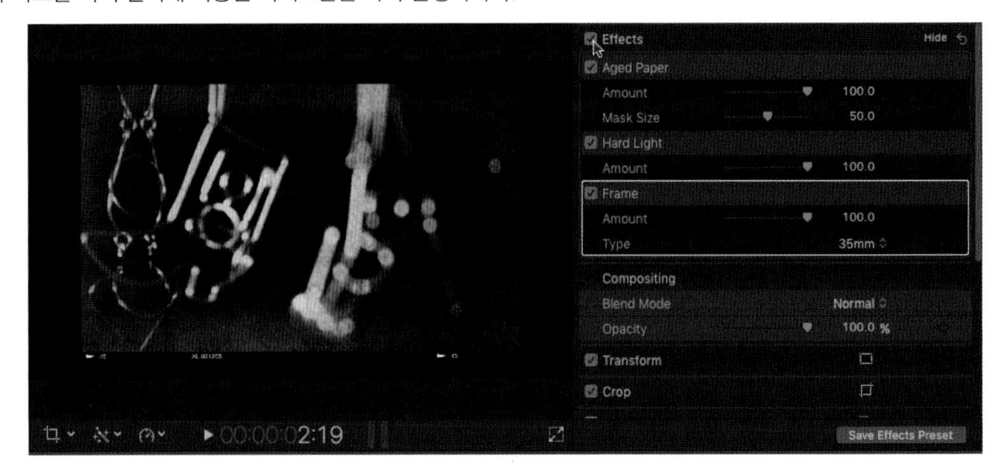

04 인스펙터에 보이는 적용된 프레임 이펙트(Frame) 섹션에서 Frame Type(프레임 종류)을 35mm에서 Deckle edge로 바꿔주자. 테두리의 모양이 찢어진 종이 모양으로 바뀐다.

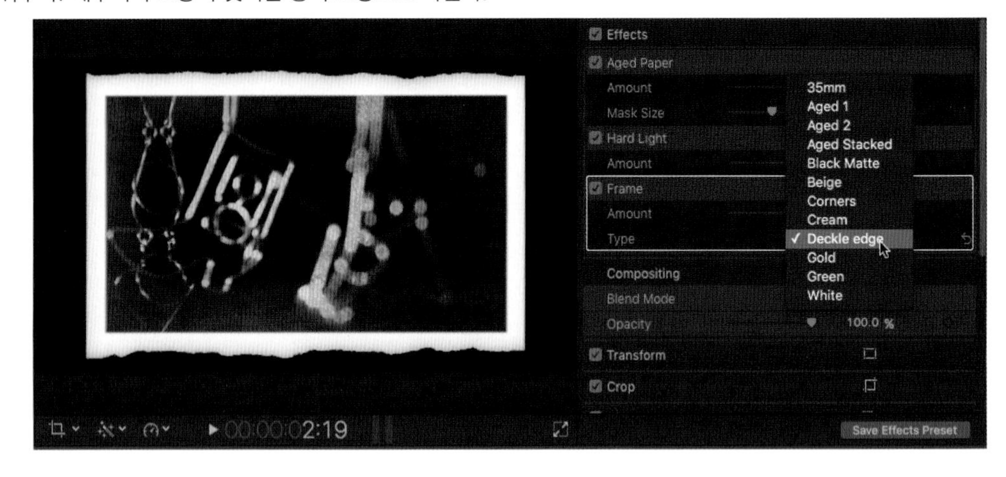

05 Aged Paper 구간의 Mask Size를 35만큼 왼쪽으로 드래그한다. 적용된 효과가 화면 중앙 부분만 더 집중되게 작아졌다.

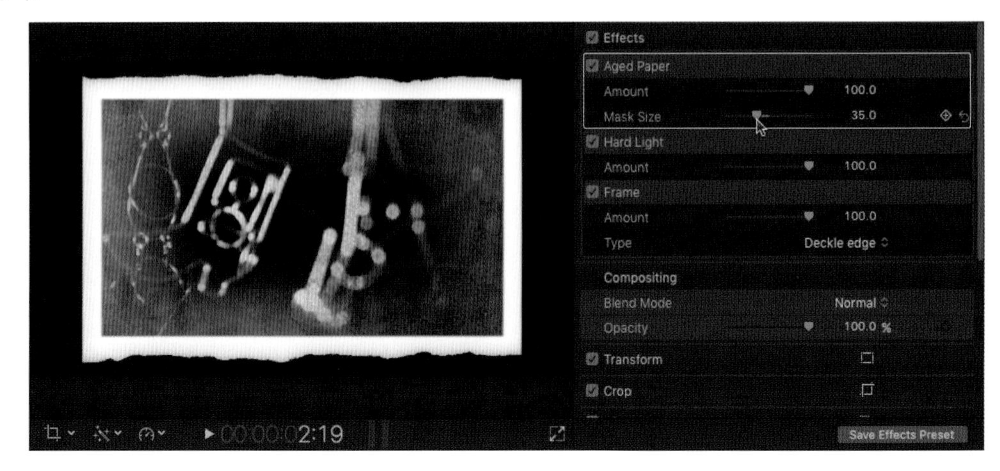

Unit 03 적용된 필터 순서 바꾸기

이펙트들은 인스펙터 창의 맨 위에 위치하고, 하나의 클립에 여러 개의 이펙트를 적용시키면 적용된 순서대로 이펙트가 나타난다. 인스펙터 창에 있는 이펙트들의 순서를 위 아래로 드래그함으로써 적용된 이펙트들의 순서도 바꿀 수 있는데 정렬 순서를 바꿈으로써 다른 결과의 영상효과가 나올 수 있다.

puzzle7 클립을 선택하자.

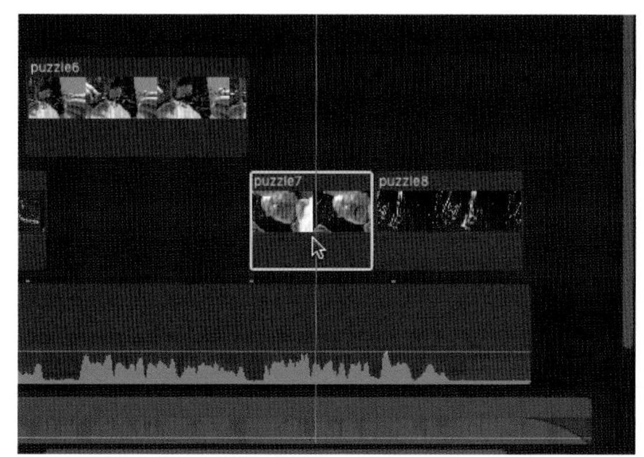

이펙트 브라우저의 Color 카테고리에서 Black & White 찾아서 더블클릭하자.

참조사항

만약 브라우저에 이펙트들이 보이지 않는다면, 필터 검색창에 아무런 검색어가 없도록 해야 한다.

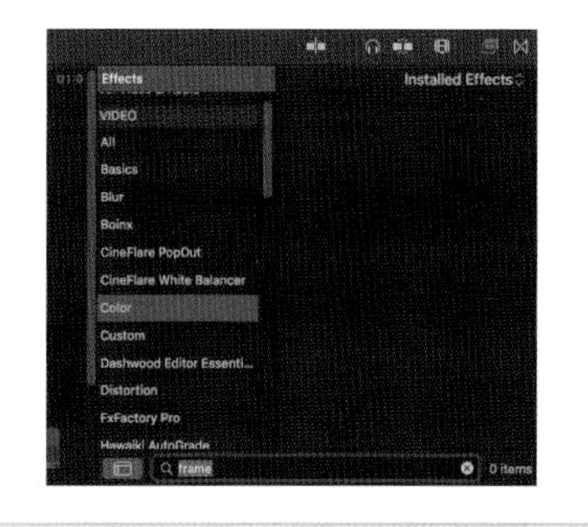

Black & White 효과가 적용되어 뷰어와 인스펙터 창에 보인다.

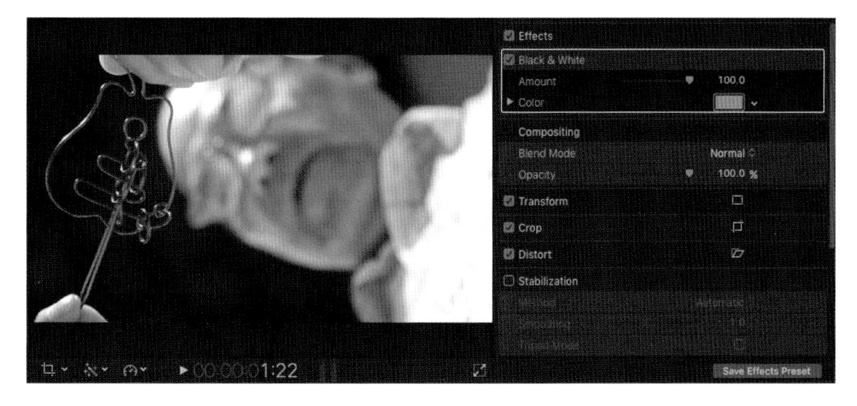

Color 카테고리에서 Sepia 효과를 더블클릭해서 적용시키자.

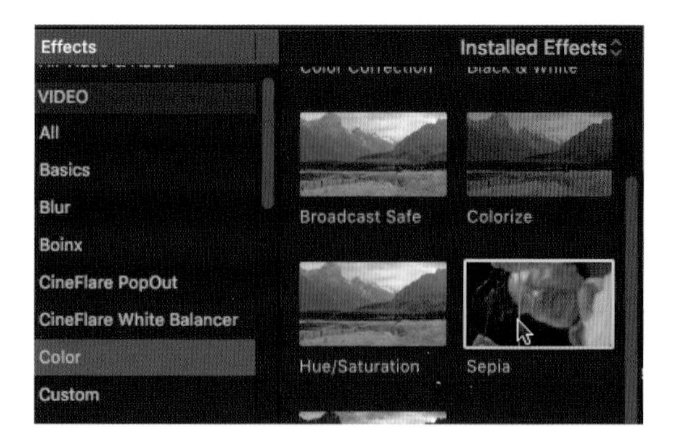

05 Sepia 효과가 클립에 적용된 모습이다. 인스펙터에는 이펙트를 넣은 순서대로 이펙트들이 정렬되어 보인다.

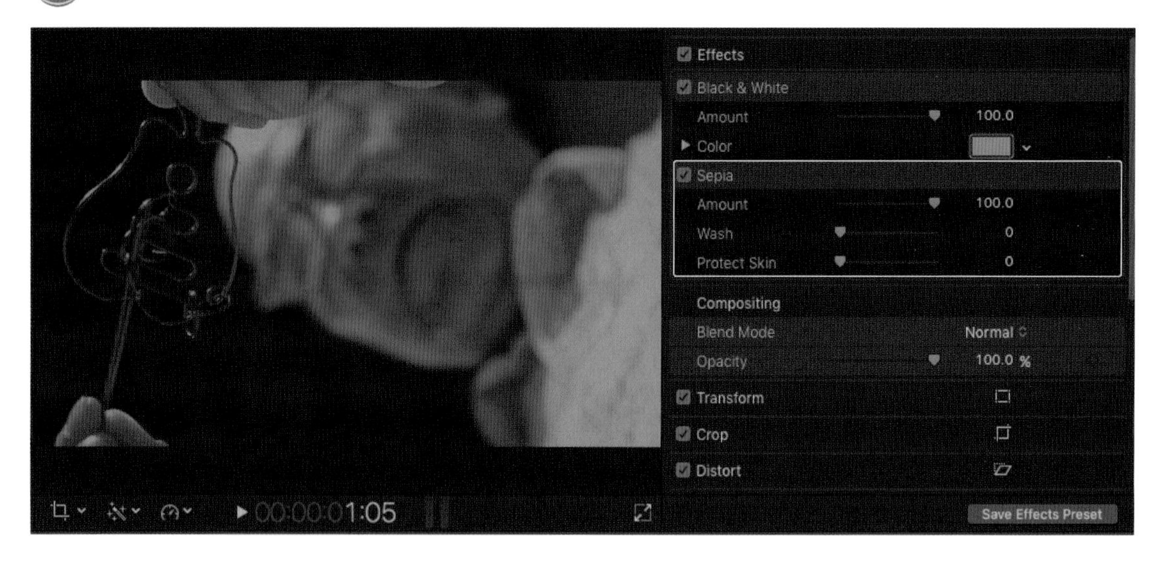

06 Sepia의 Wash 슬라이더를 약 50 정도로 드래그해보자.색상이 더 붉게 바뀌었다.

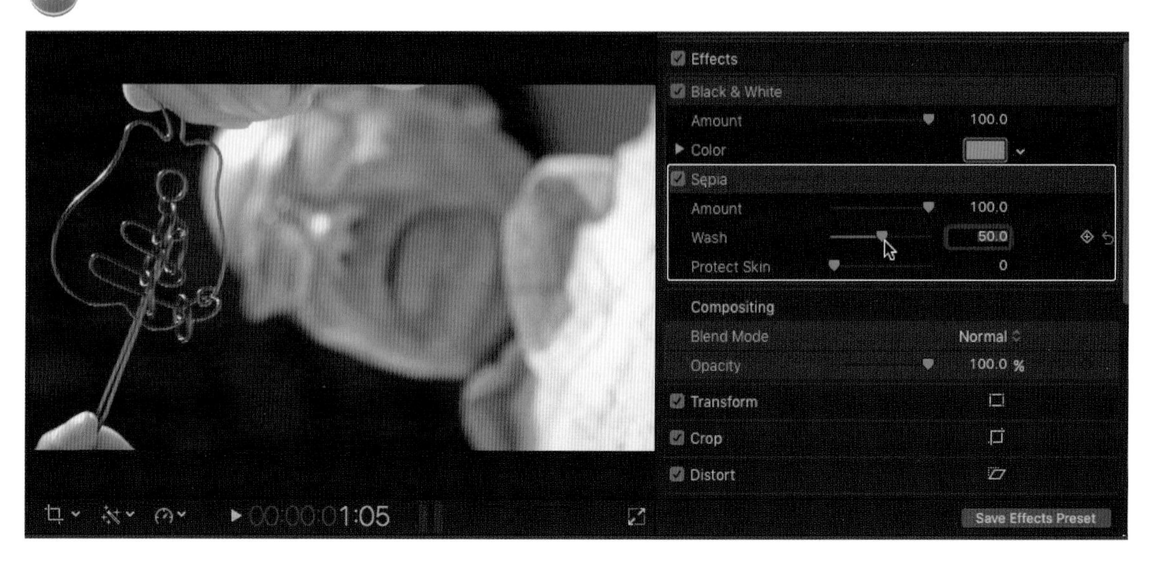

인스펙터에서 세피아 구간을 흑백효과(Black & White) 위로 드래그해서 적용된 이펙트들의 순서를 바꿔보자.

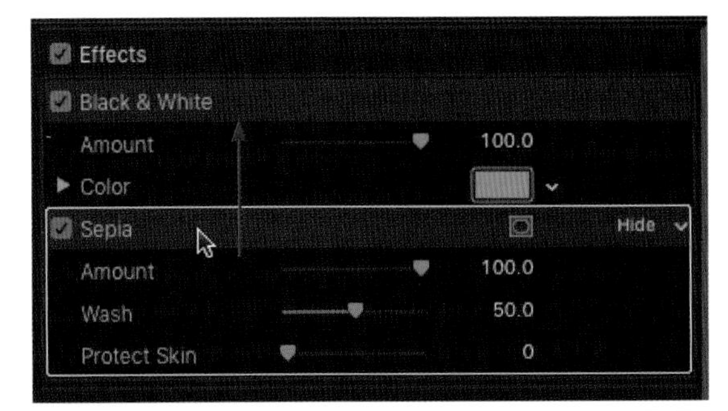

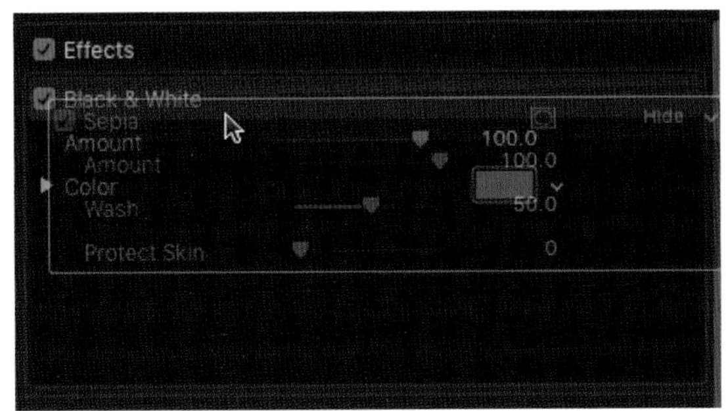

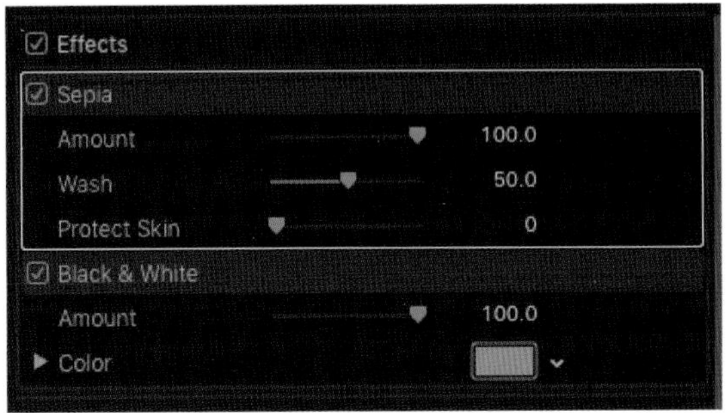

08 적용된 이펙트들의 위치가 바뀌면서 Sepia 효과가 흑백 효과로 바뀌었다.

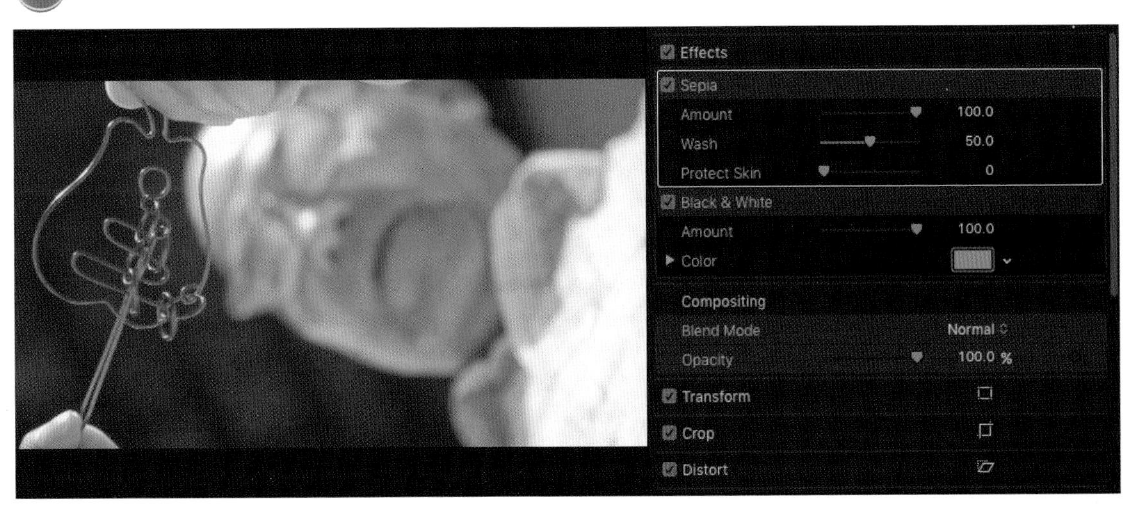

필터 이펙트들은 위에서부터 아래의 순서로 적용되는데, 제일 마지막으로 적용된 필터 이펙트에 따라 클립의 이펙트 결과가 바뀔 수가 있다.

Sepia 필터와 흑백 필터가 똑같이 적용되었지만 필터의 적용 순서에 따라서 다른 결과가 나타난 모습을 비교해서 볼 수 있다.

아래는 흑백 필터가 적용된 후 세피아를 적용했기 때문에 마지막에 사용한 세피아 필터가 흑백 영상물을 갈색 톤으로 바뀐 모습이다.

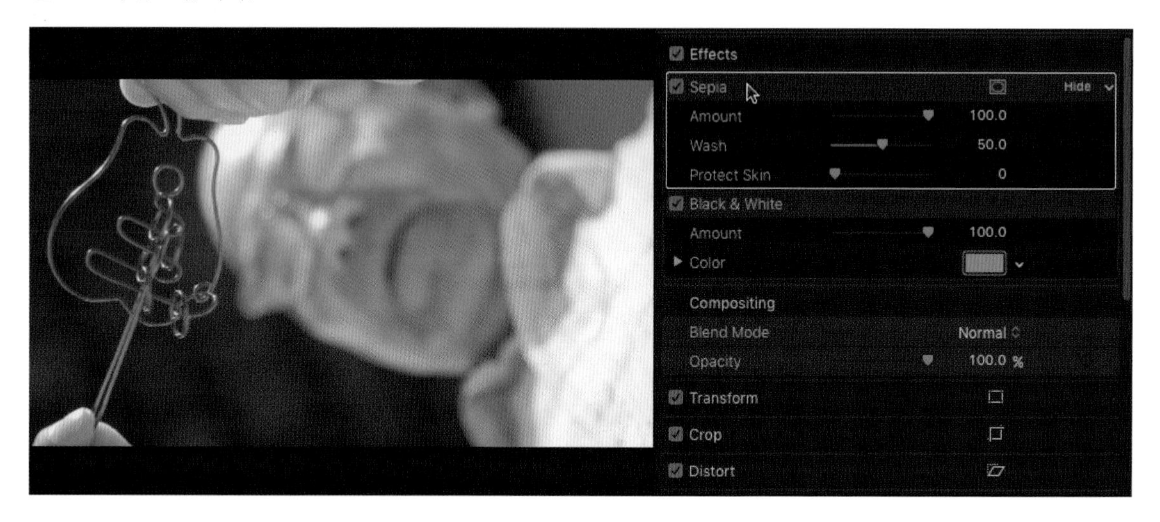

아래는 반대로 세피아를 적용한 후, 흑백 필터를 적용해 마지막에 사용한 흑백 필터 효과가 나타난 모습이다.

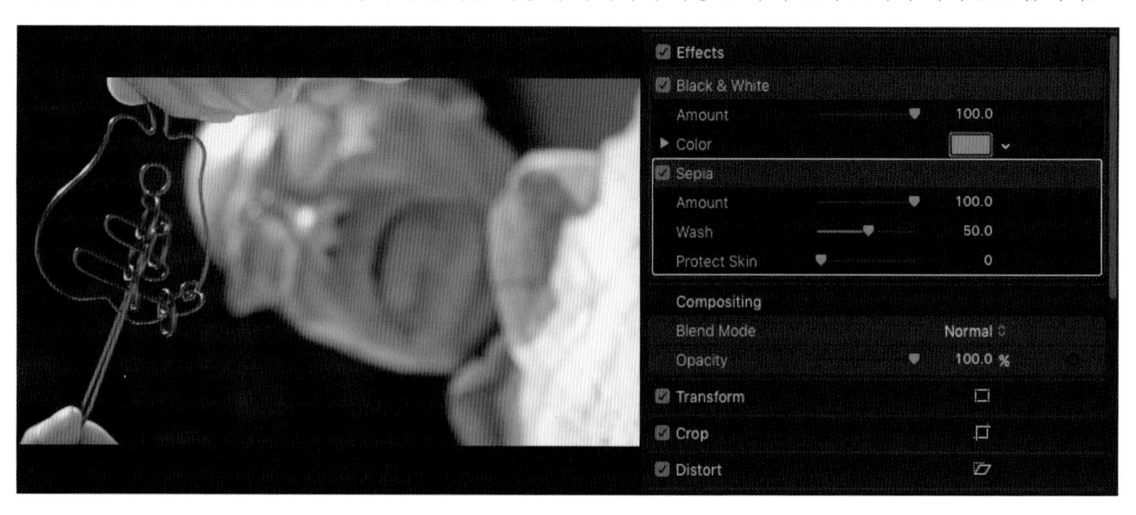

Unit 04 필터 이펙트 복사하기

이제 클립에 적용된 이펙트와 이펙트에 관한 설정들을 복사해서 다른 클립에 적용시켜보자.

01 puzzle8 클립을 선택하자.

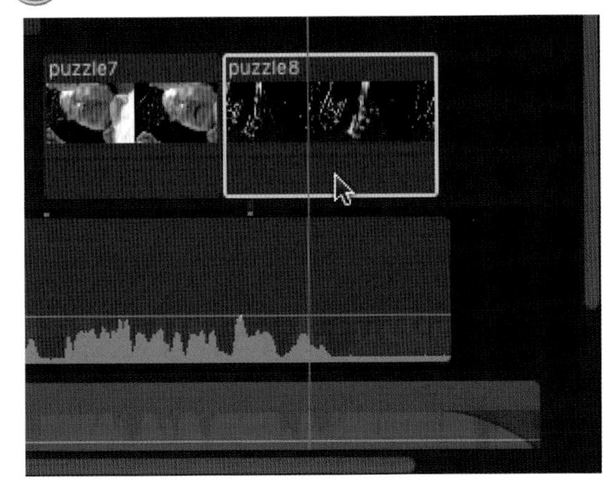

02 클립을 선택한 후, 메인 메뉴에서 Edit 〉 Copy를 선택하면 이펙트가 복사된다(단축키 ⌘ + C).

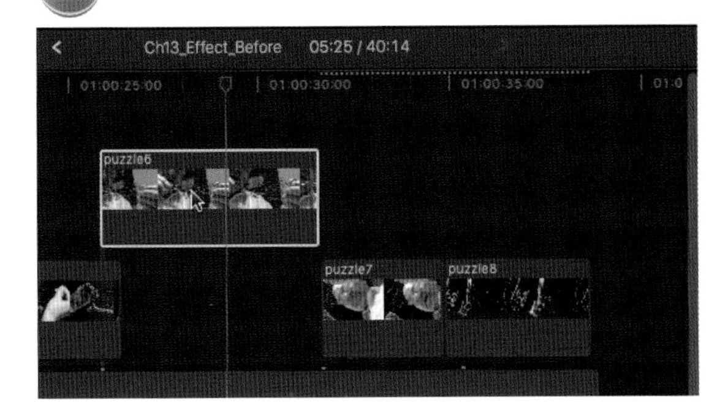

03 puzzle6 클립을 선택하자.

04 클립을 선택한 후 메인 메뉴에서 Edit 〉 Paste Effects를 선택하면 복사한 이펙트만 대상 클립에 붙여넣기된다(단축키 Option + ⌘ + V).

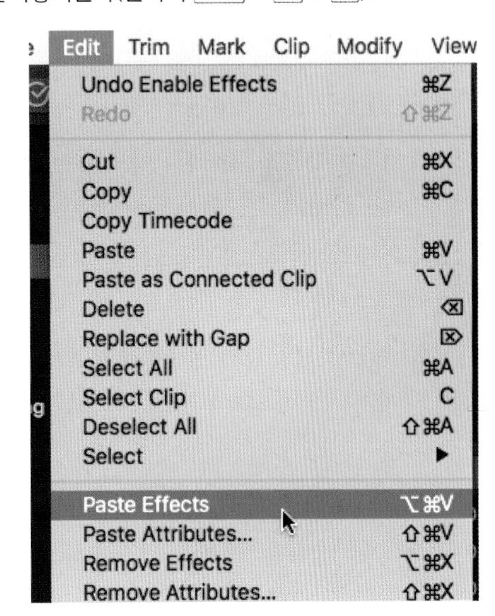

05 puzzle6 클립에 이펙트들이 복사된 것이 보인다.

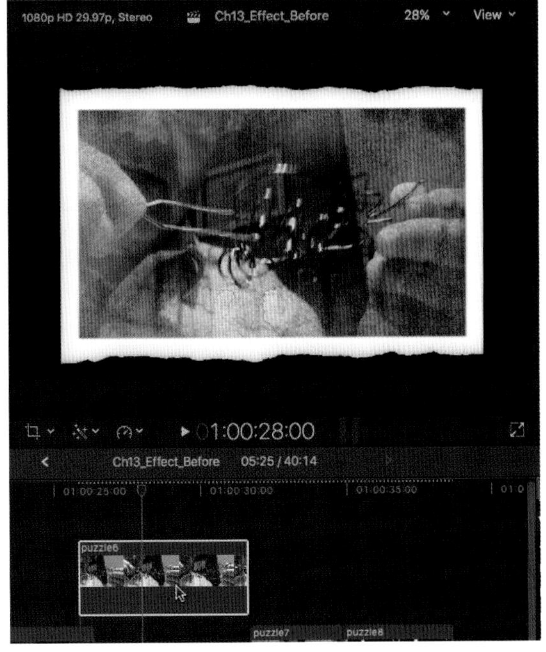

06 인스펙터 창을 보면 puzzle8에 적용되어있던 세 가지의 필터 이펙트가 적용된 것을 리스트로 확인할 수 있다.

참조사항

클립을 복사할 때 복사를 하는 원본 클립에 여러 가지 이펙트들이 적용되어 있다면, 적용된 모든 이펙트들이 새로 만들어진 복사본에 똑같이 붙여넣기된다. 적용된 효과들 중 한 가지만 선택해 복사할 수는 없다. 저자는 Paste Effects 보다는 Paste Attributes 사용을 선호하는데 그 이유는 적용되는 효과를 확인할 수 있기 때문이다. 하지만 단순한 효과를 반복적으로 복사해서 적용하고 싶을 때는 Paste Effects를 사용하면 효과적이다.

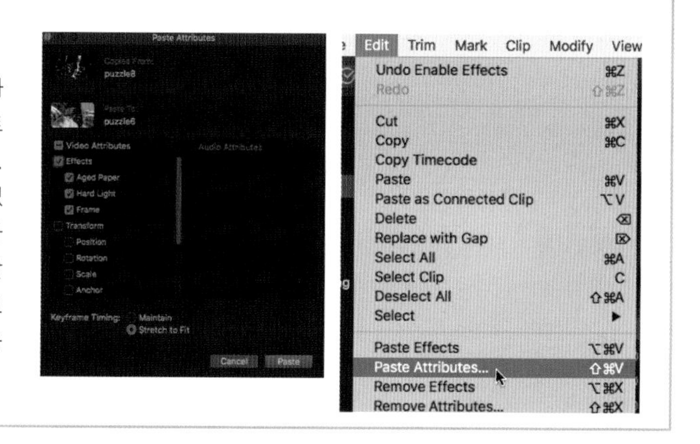

Unit 05 적용된 필터 지우기

01 인스펙터 창에서 Frame 이펙트를 선택한다. 이펙트가 선택되면 해당 이펙트 구간이 하이라이트되어 보인다.

키보드에서 Delete 키를 누르면 적용된 Frame 이펙트가 클립에서 지워지고, 인스펙터에서도 Frame 이펙트 섹션이 사라졌다.

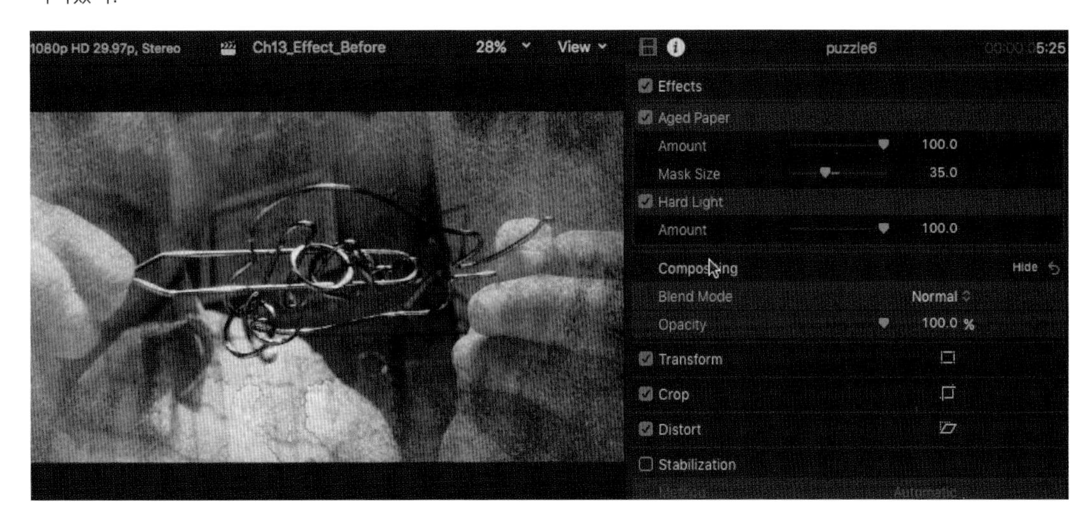

인스펙터에서 Aged Paper와 Hard Light 이펙트를 ⌘ 버튼을 이용해서 둘 다 선택한다. Delete를 눌러 보자.

인스펙터 창을 이용해 적용된 이펙트들을 한 개나 여러 개를 선택해 동시에 삭제할 수 있다. 선택한 두 가지 이펙트가 모두 클립에서 삭제되었다.

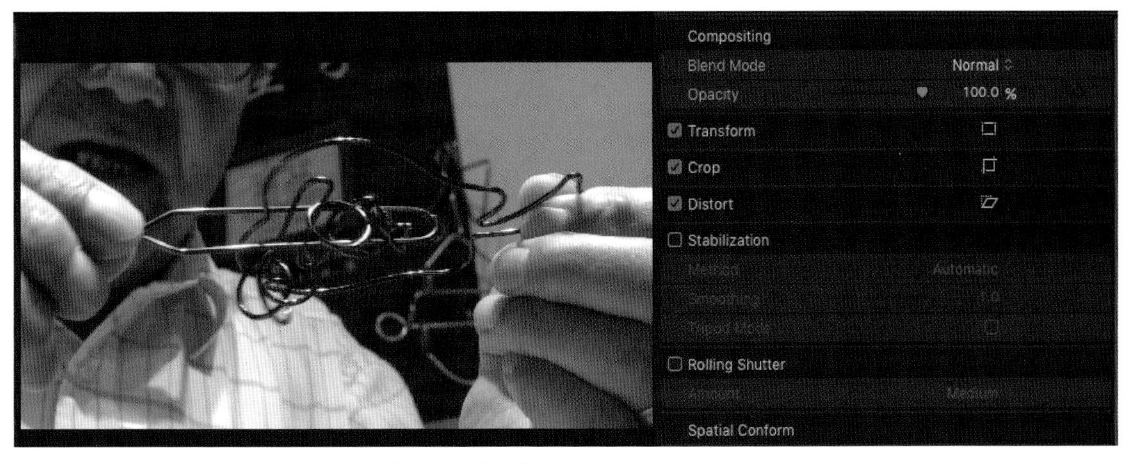

저자는 보통 이펙트 지우기보다는 비활성화하기를 선호한다.

Unit 06 키프레임으로 필터 이펙트 조절하기

이번 섹션에서는 타임라인에 있는 비디오 애니메이션(Video Animation)을 통해, 적용된 이펙트들을 수정하는 법을 배워볼 것이다.

01 타임라인에서 적용된 이펙트가 지워진 puzzle6 클립을 선택하고 재생해 본다.

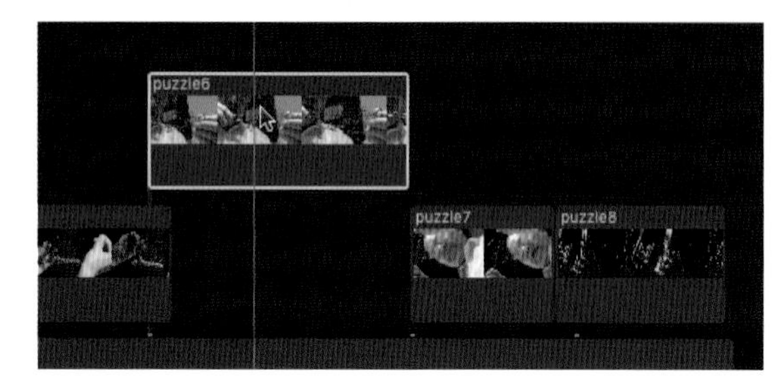

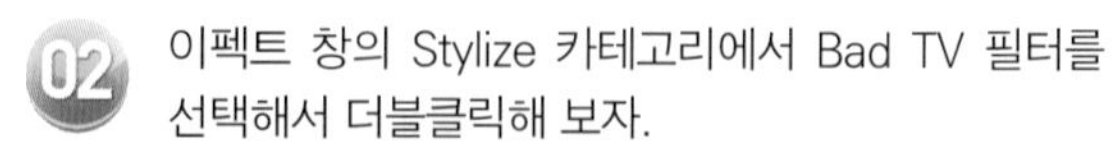

02 이펙트 창의 Stylize 카테고리에서 Bad TV 필터를 선택해서 더블클릭해 보자.

03 Bad TV 효과가 클립에 적용되었다. 이펙트 브라우저로부터 이펙트가 클립에 추가되면 추가된 이펙트는 인스펙터, 비디오 애니메이션 에디터 두 윈도우 모두에 새롭게 나타난다.

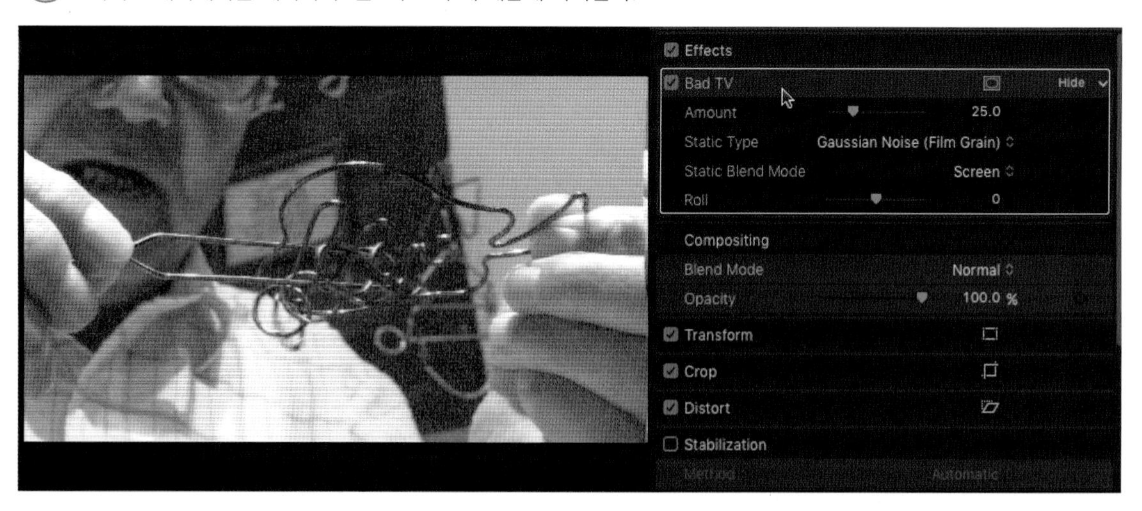

04 타임라인에서 다시 puzzle6 클립을 Ctrl + Click한 후, 팝업 메뉴에서 Show Video Animation을 선택하자.

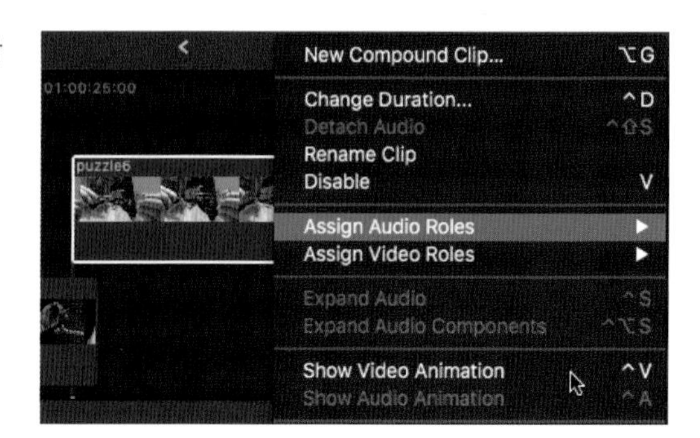

05 비디오 애니메이션 창이 뜬다.

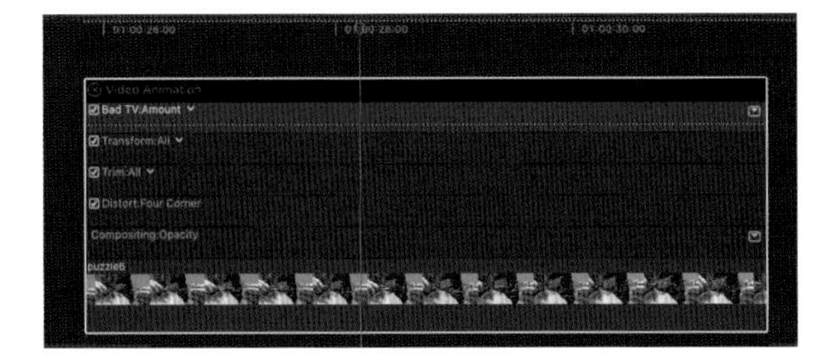

 여러 개의 효과들이 비디오 애니메이션 창에 한꺼번에 보이면 헷갈리기 때문에 이펙트들을 하나씩 볼 수 있는 솔로 모드로 바꾸어주자. 메인 메뉴에서 Clip 〉 Solo Animation을 선택하자.

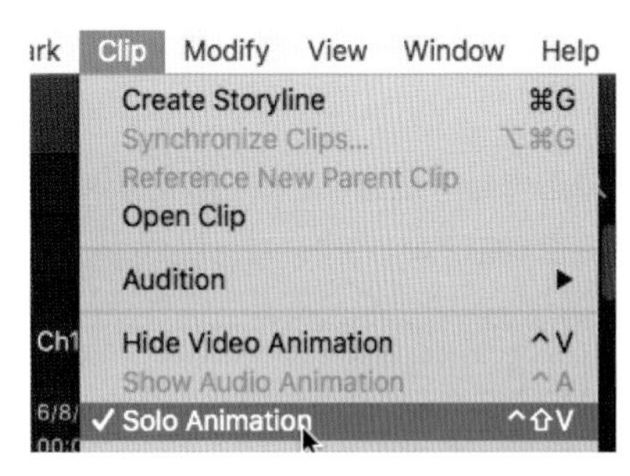

 한 개의 이펙트 구간만 보이는 솔로 모드가 되었다. 숨겨져 있는 애니메이션 효과 구간을 선택해서 적용된 필터 효과인 Bad TV 〉 Amount를 선택하자.

08 Bad TV 이펙트만 비디오 애니메이션 창에 보인다.

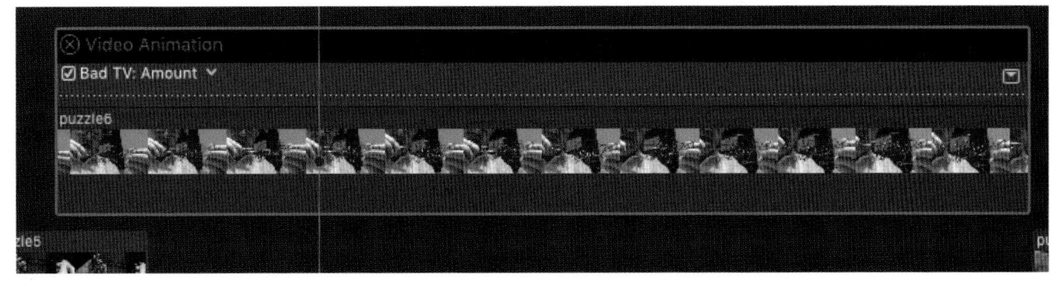

 Bad TV 이펙트 구간을 더블클릭해보자. 이펙트 창이 더 크게 보인다.

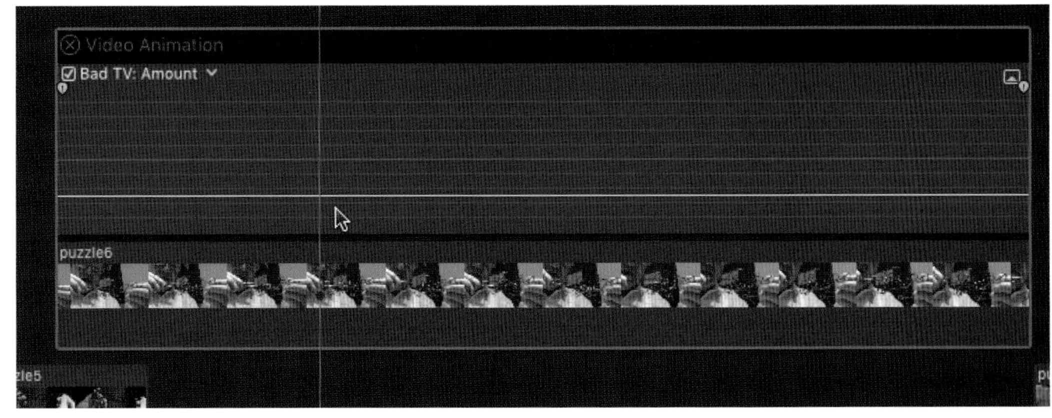

이펙트의 정도를 조절할 수 있는 흰 선 위에 마우스 포인터를 가져가보자. 현재 이펙트 정도의 크기인 100이 뜬다. Option을 누른 상태에서 마우스를 클릭해서 클립이 시작하는 부분에 키프레임을 추가하자.

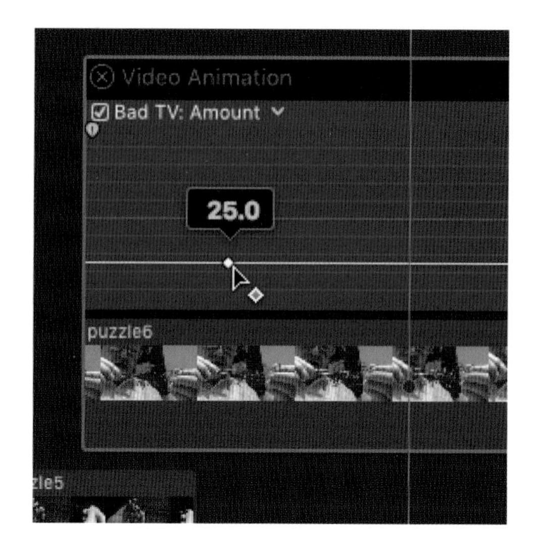

11 클립의 앞 부분에 Option 버튼을 눌러 또 다른 키프레임을 추가한다.

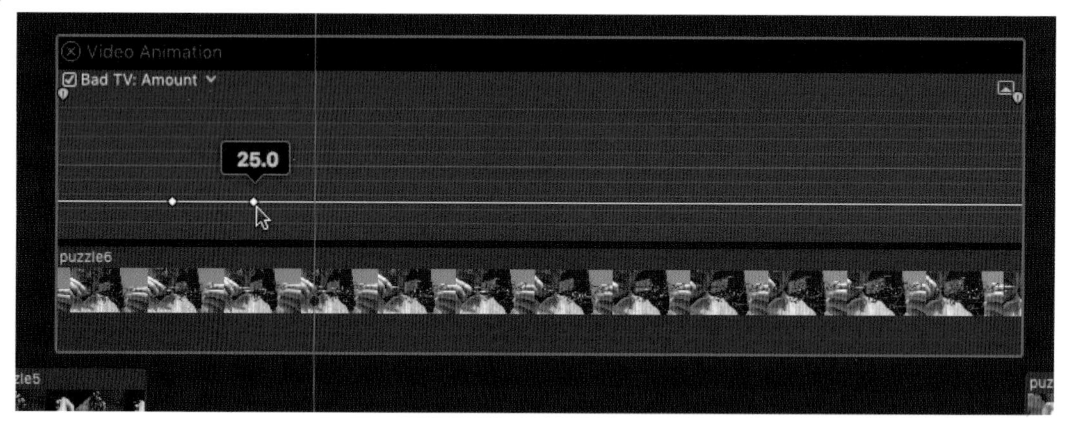

참조사항 Ctrl + Click을 눌러 키프레임을 제거할 수 있다.

12 총 네 개의 키프레임을 추가해보자.

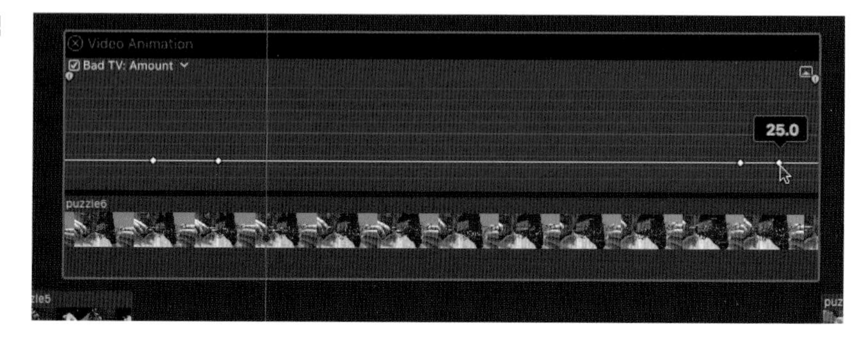

키보드에서 Option + ' 를 누르면 플레이헤드가 다음 키프레임으로 이동한다. Option + ; 을 두 번 눌러 첫 번째 키프레임으로 이동해보자. 첫 번째 키프레임이 선택되며 노란색으로 하이라이트된다. 키프레임의 이동 단축키를 사용하기 위해서는 이 클립이 선택되어 있어야 한다. 이때 클립의 애니메이션 구간이 선택되어 있어야 한다.

참조사항 키프레임 이동하기 단축키

- Option + ; : 이전 키프레임으로 이동
- Option + ' : 다음 키프레임으로 이동

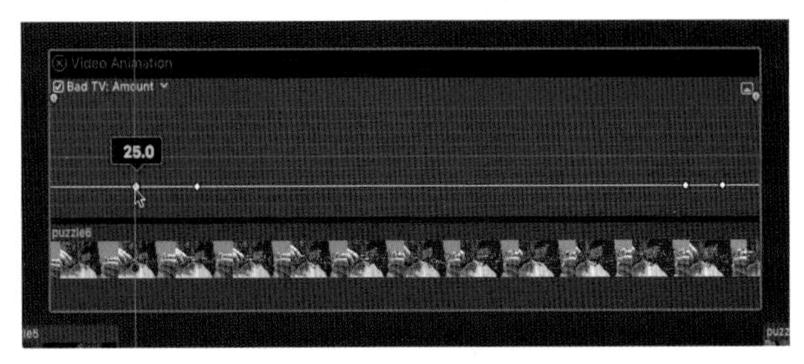

14 키프레임을 클릭하고 아래위로 드래그하면 적용된 이펙트의 퍼센트, 즉 강도를 원하는 대로 조절할 수 있다. 선택된 첫 번째 키프레임을 0까지 드래그해서 이펙트의 정도를 낮추어보자.

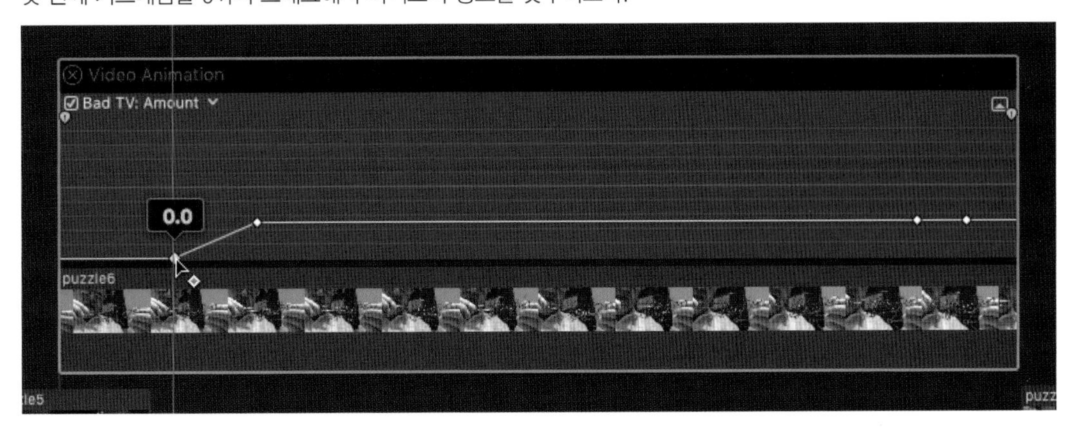

15 클립 끝 지점 쯤에 플레이헤드를 위치시키고 Option 을 누른 상태에서 마우스로 클릭하면 언제든 추가로 키프레임을 넣을 수가 있다. 두 번째, 세 번째 키프레임 사이의 구간을 드래그해서 올려보자. 키프레임 자체뿐만 아니라 이처럼 그 사이 구간도 움직일 수 있다.

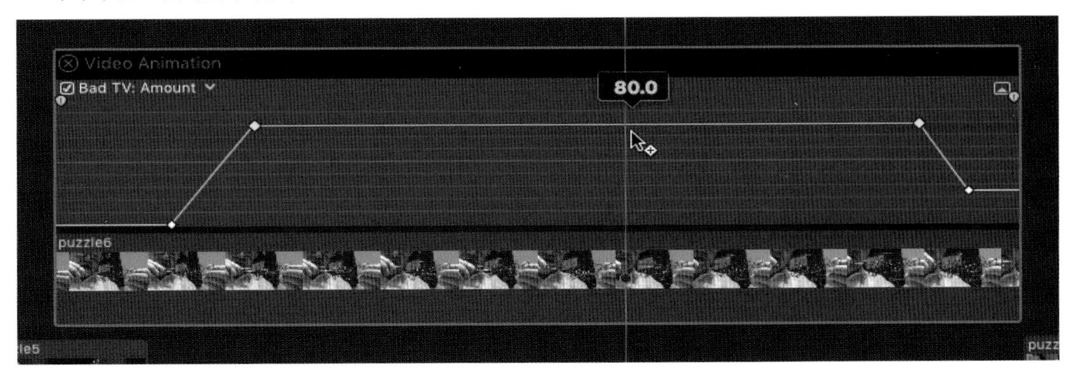

마지막에 추가한 키프레임을 아래로 드래그해 이펙트의 정도를 0까지 줄여보자.

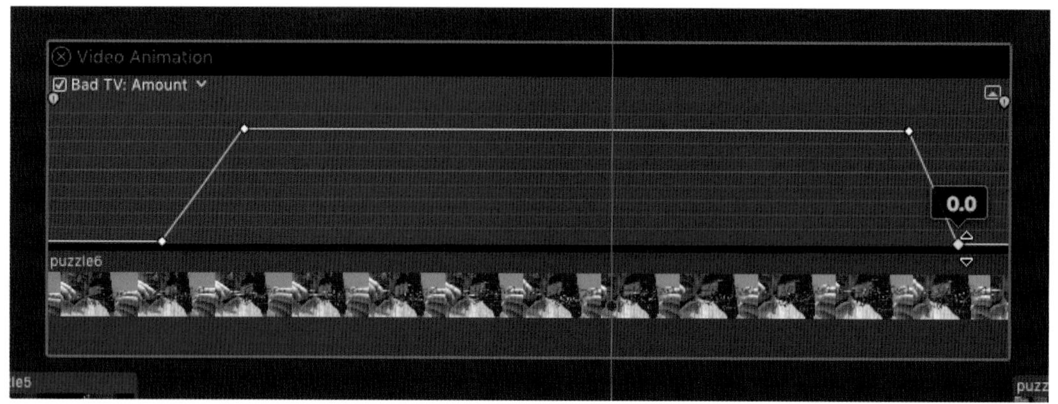

세 번째 키프레임을 마우스 커서를 이용해 클릭한 채 왼쪽으로 조금 드래그해 이동시켜보자.

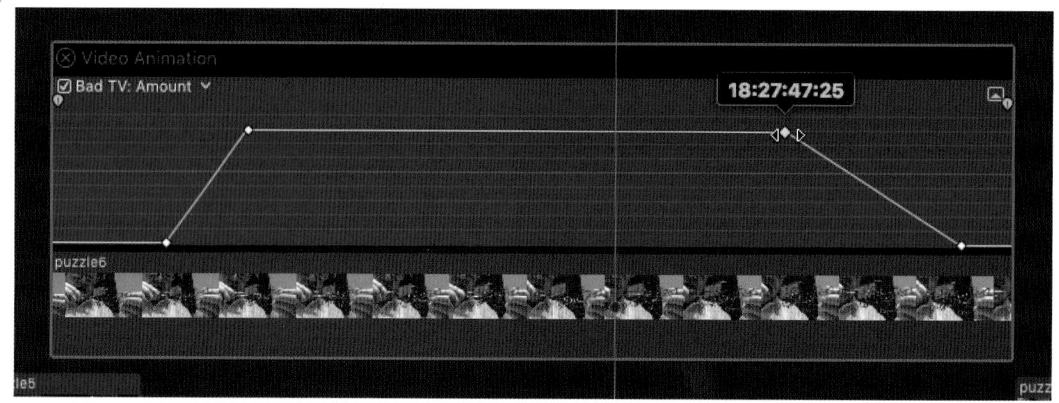

클립을 플레이해보자. 적용된 필터 효과가 비디오 애니메이션에서 만든 키프레임의 형태와 같이 점점 증가하다가 점점 사라지는 것 같은 느낌을 준다.

비디오 애니메이션 창을 닫아주자.

참조사항

키프레임을 클릭하고 왼쪽(클립의 앞쪽)이나 오른쪽(클립의 뒤쪽)으로 드래그해서 타임라인 상의 키프레임의 위치를 변경시킬 수도 있다. 만약 키프레임을 오른쪽 왼쪽으로 드래그하며 위치를 변경하다가 위아래로 움직여 이펙트의 강도를 조절하고 싶다면, 반드시 마우스를 클릭한 것을 놓았다가 다시 클릭해야 위아래로 움직일 수 있다.

Unit 07 여러 가지 필터 이펙트들

하나의 필터 이펙트로 큰 효과를 내기보다는 두 개 이상의 필터 이펙트 또는 다른 효과의 밑거름으로 사용되게 하여 좀 더 다양한 이펙트 결과를 만들어보자.

1 블러 Blur 효과

01 블러(Blur) 효과를 적용할 puzzle5 클립을 선택하자.

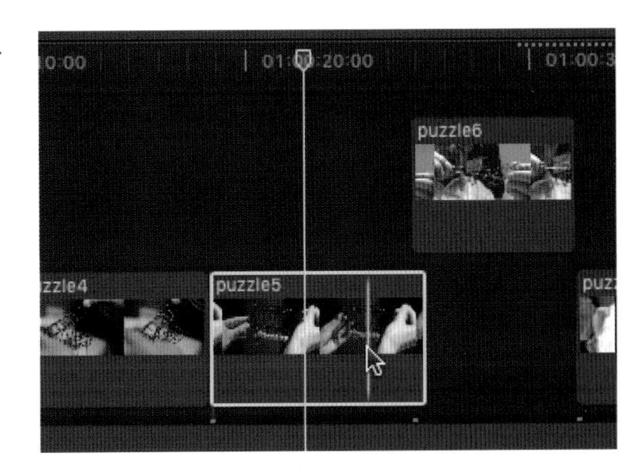

02 비디오 이펙트 창의 블러 카테고리에서 Gaussian 필터를 찾아 더블클릭하자.

03 블러 필터 이펙트가 클립에 적용되고, 인스펙터 이펙트 섹션에 Gaussian 항목이 생겼다. Amount의 슬라이더를 70까지 조절해, 이펙트의 강도를 조금 높여 보자.

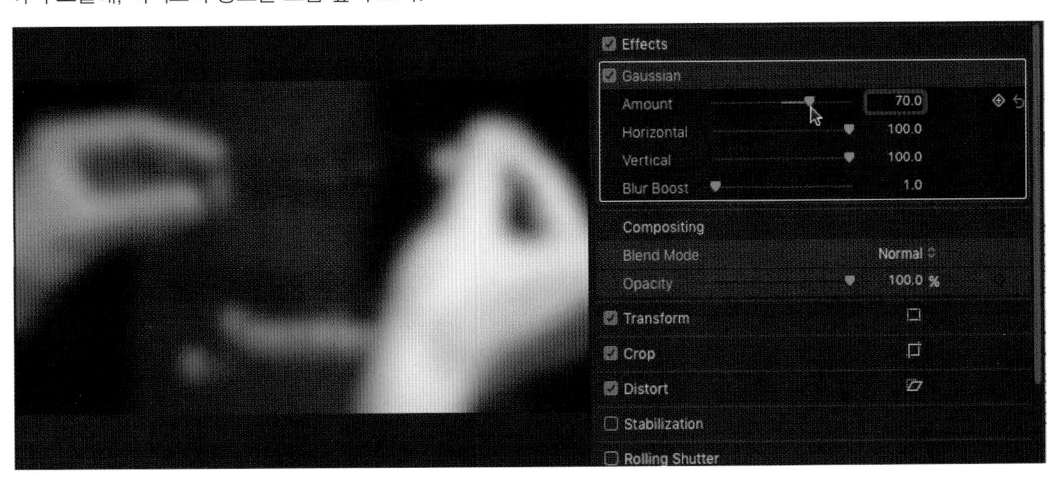

이번에는 블러 효과가 적용된 클립에 텍스트를 추가해볼 것이다. puzzle5 클립이 시작하는 부분에 플레이헤드를 위치시키자.

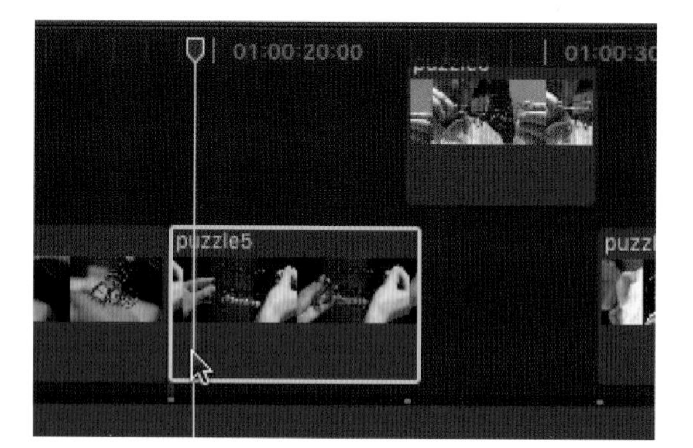

타이틀(Titles) 창의 Build In/Out 카테고리에서 블러 필터를 찾아 더블클릭하자.

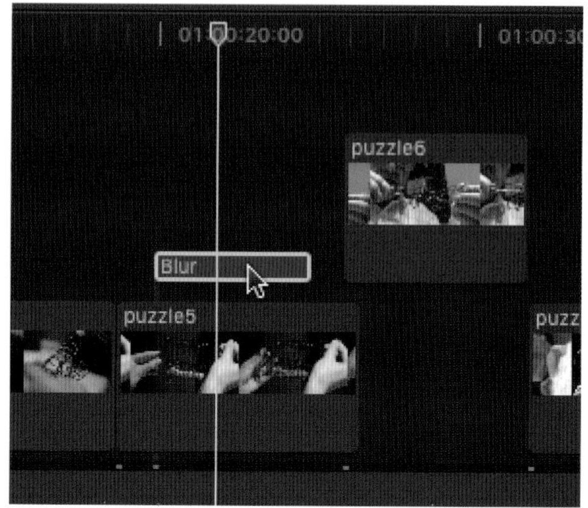

06 타임라인에 타이틀 클립이 puzzle5 클립에 연결된 클립으로 추가되며, puzzle5 클립에 타이틀이 나타나 보인다. 이 연결된 타이틀 클립을 선택해보자.

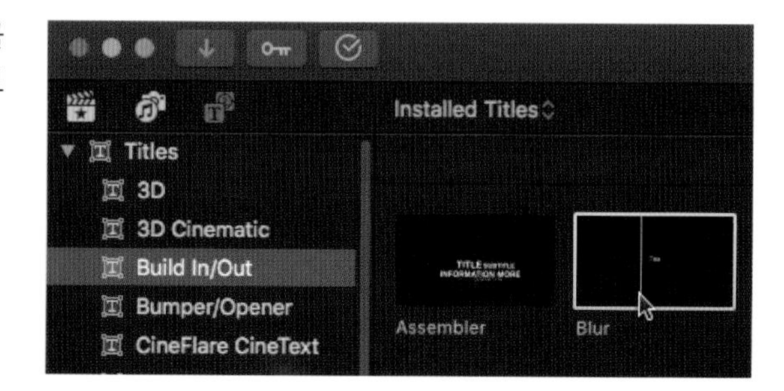

07 타이틀 클립을 선택하고 인스펙터 창을 확인해보자. 인스펙터 창의 텍스트(Text) 탭을 클릭하자. 텍스트를 타입하는 란에 "Puzzle"이란 글자를 입력하자. 텍스트의 크기(Size)를 288으로, 글자 스타일(Font)을 손글씨체(Handwriting)로 바꾸어보자.

아래는 클립에 블러 효과를 적용하지 않았을 때 똑같은 타이틀을 넣은 모습이다. 블러 필터가 적용된 백그라운드 클립에서 타이틀이 더 선명하게 보이는 효과가 나타난다.

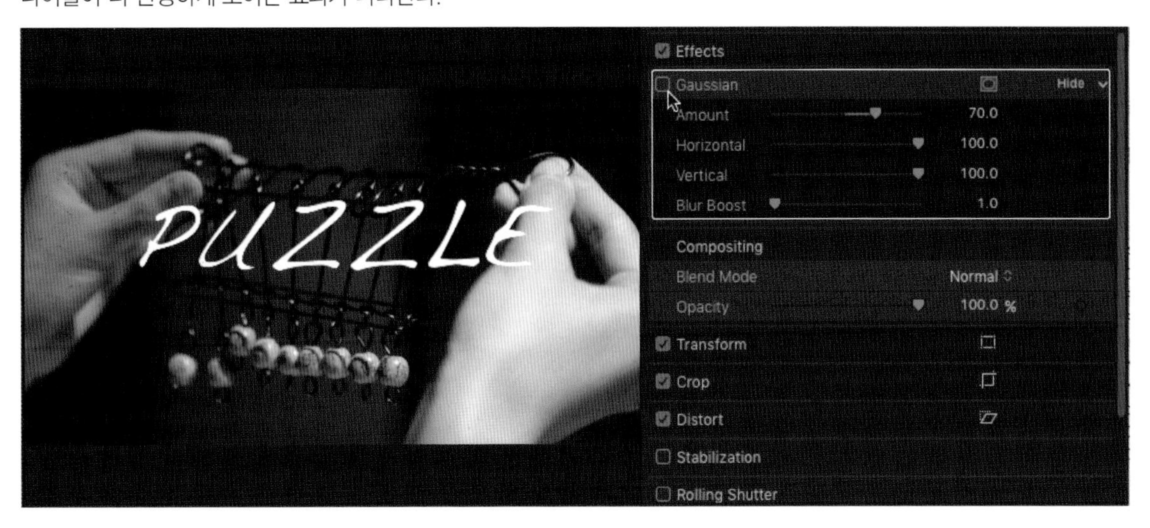

2 Vignette 효과

Vignette 효과는 화면에 보이는 원의 중앙 부분이 하이라이트되어 다른 부분보다 더 밝게 보이는 효과를 연출한다.

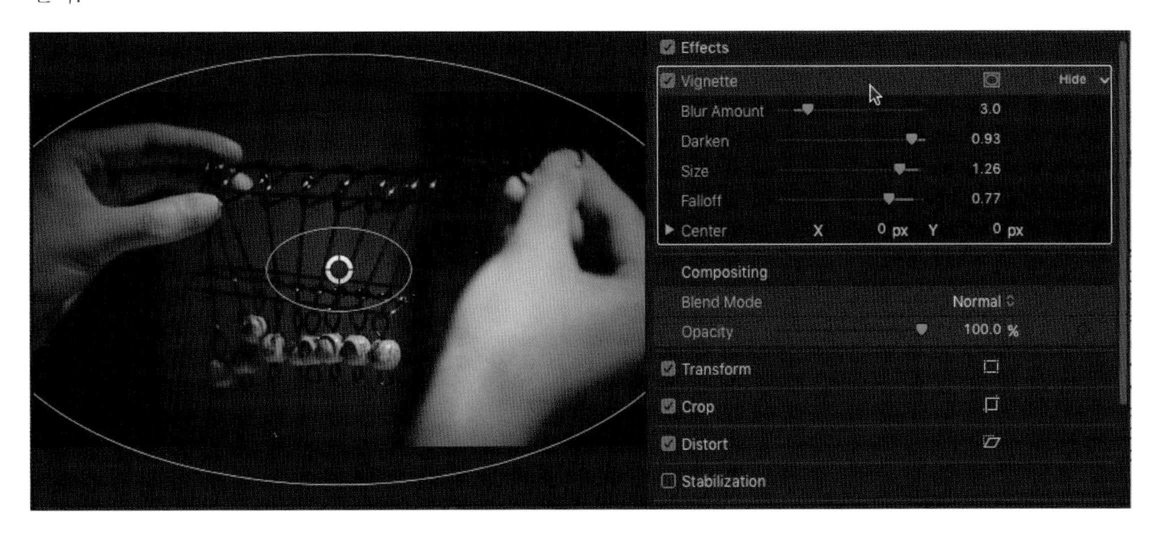

3 시큐리티 카메라 Security Camera 효과

화면에 감시 카메라 효과를 준다.

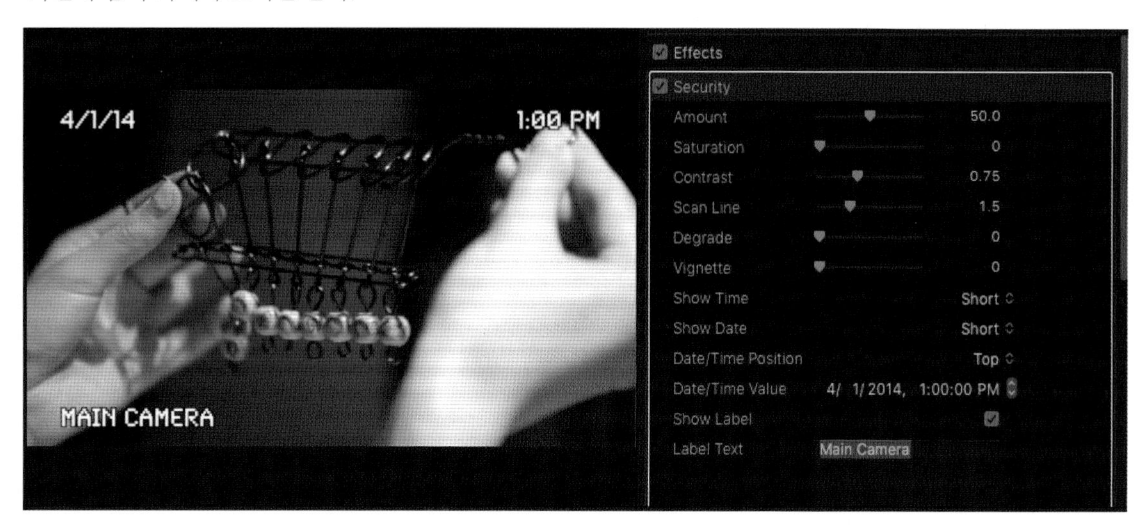

4 필름 룩 효과 Looks

26개의 필름 룩(Flim Look)효과가 있는 Looks는 파이널 컷 프로 X에서 제공하는 가장 간편하면서도 강력한 비디오 영상효과이다. 명암비(Contrast)가 낮은 비디오 클립을 색깔톤과 채도를 카테고리별로 적용시켜 원하는 색감 효과를 드라마틱하게 바꿀 수 있다. 결과를 미리 보면서 있는 그대로 간편하게 적용할 수 있지만 이 효과의 셋업을 원하는 대로 바꾸는 게 매우 제한적이라는 단점이 있다.

Section 02 오디오 필터 적용하기

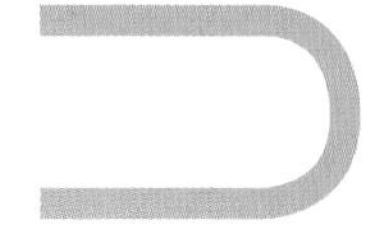

Audio Filters

파이널 컷 프로 X에는 오디오를 향상시키는 자동 오디오 필터와 사운드 효과에 쓰이는 여러 가지 필터들이 카테고리별로 정리되어 있다.
적용된 오디오 이펙트들은 사용자의 용도에 맞게 조절하거나, 이펙트를 특정한 샷에 맞춰 조절할 수 있는 속성을 가지게 된다.
어떤 이펙트들은 인스펙터의 파라미터를 이용해 바로 조절할 수 있고, 어떤 이펙트들은 각각의 독립적인 윈도우를 열어 사용자 지정 인터페이스를 통해 조절할 수 있고, 또 어떤 이펙트들은 이 두 가지의 방법을 모두 사용해서 조절할 수 있다.

Unit 01 이펙트 브라우저Effects Browser 의 오디오 필터

이펙트 브라우저의 오디오 필터들은 다음과 같이 8개의 카테고리로 나뉜다: Distortion, Echo, EQ, Levels, Modulation, Spaces, Specialized, Voices.
각각의 카테고리 안의 이펙트들은 Final Cut, Logic, Mac OS X의 하위 카테고리로 나뉜다.
이펙트 브라우저(Effects Browser) 아이콘을 클릭하거나, 단축키 ⌘ + 5를 누르면 이펙트 브라우저가 열린다.

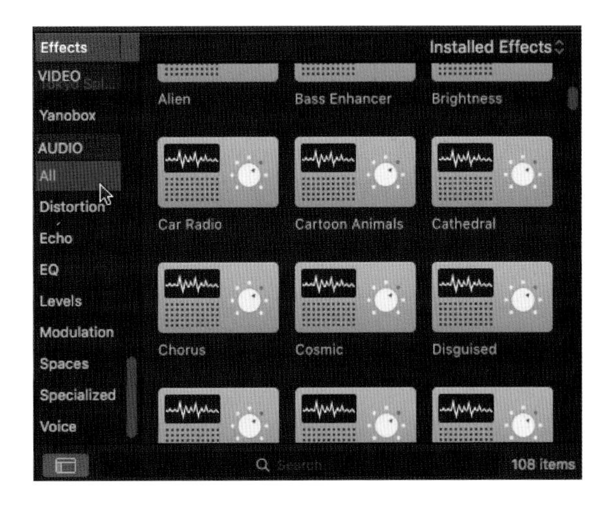

이펙트 브라우저는 사용자가 인스톨한 다른 Logic 플러그인들을 포함해 모든 사용 가능한 이펙트들을 보여준다. 각각의 이펙트들은 썸네일 아이콘과 이를 짧게 설명하는 이름과 함께 디스플레이된다. 이펙트 브라우저는 오디오와 비디오에 적용할 수 있는 효과들을 모두 담고 있다.

이펙트 브라우저는 카테고리의 이름들을 볼 수 있는 사이드 바와 모든 이펙트들의 리스트가 디스플레이되는 장소, 두 파트로 나뉜다.

다양한 카테고리들을 살펴보거나 창 아래에 있는 이펙트 이름으로 검색을 해서 특정한 이펙트를 찾을 수 있다.

오디오 이펙트 적용하는 방법도 비디오 이펙트를 적용하는 방법과 똑같다.

1 이펙트 브라우저에서 원하는 이펙트 더블클릭하기

- 이펙트가 선택된 클립에 적용된다.
- 이미 다른 이펙트가 적용되어 있어도 새로운 이펙트를 계속 추가할 수 있다.

2 이펙트를 이펙트 브라우저에서 클립 위로 드래그하기

- 클립 위로 이펙트를 드래그하면 ⊕ 모양이 보이면서 이펙트가 적용된다.

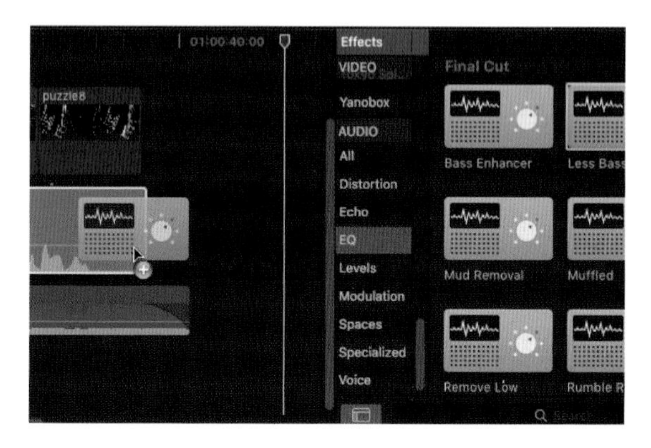

Unit 02 목소리 전화 목소리로 바꾸기(Telephone 필터)

오디오 이펙트의 Distortion 카테고리 안의 필터들 중 하나인 Telephone 필터를 사람의 목소리가 들리는 클립에 적용해 통화를 하는 소리처럼 들리게끔 목소리를 변형시켜보자.

타임라인에서 오디오 이펙트를 적용할 나래이션 클립인 chroma1 오디오 클립을 선택하자.

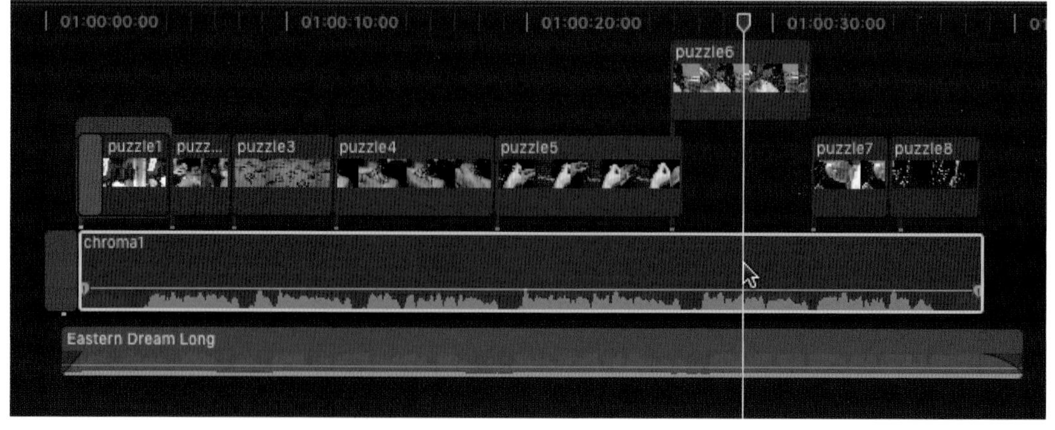

필터 이펙트 창의 오디오의 Distortion 카테고리에서 Telephone 필터를 찾아보자. Telephone 필터를 더블클릭해 이를 선택한 클립에 적용시키자.

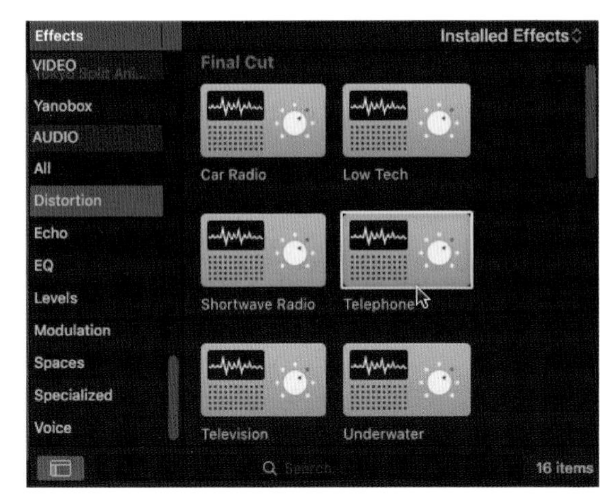

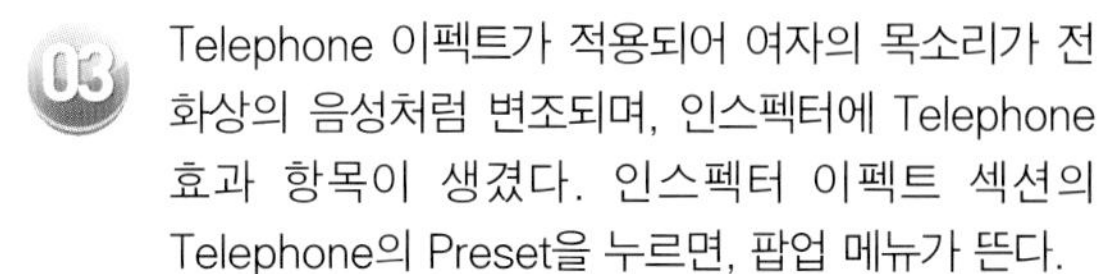

Telephone 이펙트가 적용되어 여자의 목소리가 전화상의 음성처럼 변조되며, 인스펙터에 Telephone 효과 항목이 생겼다. 인스펙터 이펙트 섹션의 Telephone의 Preset을 누르면, 팝업 메뉴가 뜬다.

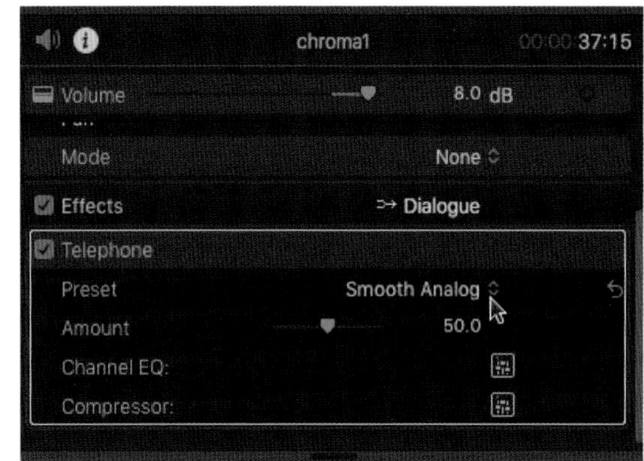

여기에는 전화 목소리가 조금씩 다르게 들리는 다섯 가지의 전화 목소리 버전들이 있다. 이들을 각각 들어보고 가장 적절한 소리를 선택할 수 있다.

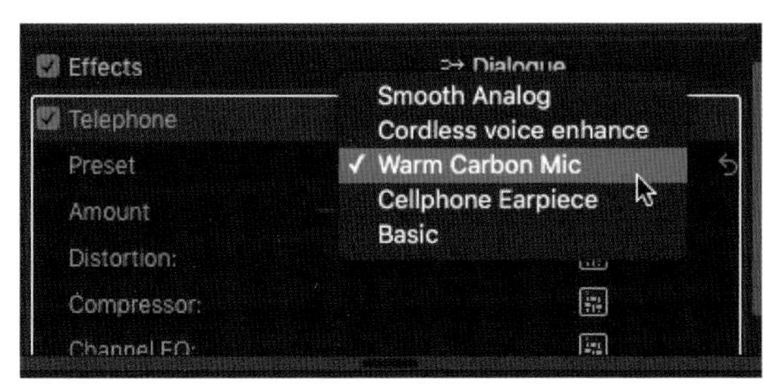

Amount의 슬라이더를 80까지 조절해 이펙트의 강도를 높여보고 소리를 들어보자.

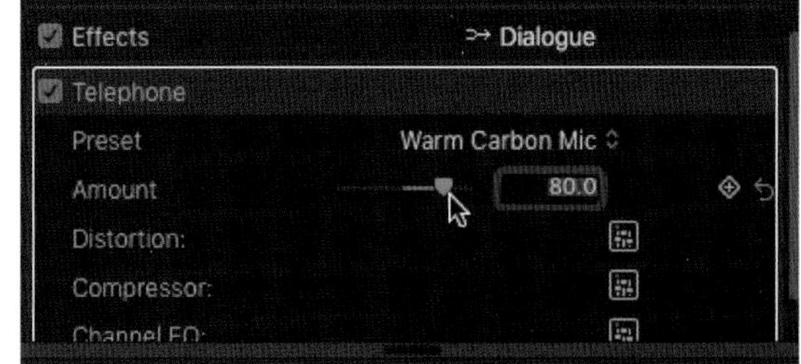

앞에서 적용한 Telephone 필터 이펙트의 박스를 클릭해보자. 클립을 재생해 소리를 들어보면, 적용되었던 이펙트가 비활성화되었음을 확인할 수 있다.

오디오 인스펙터에서 이펙트 이름 왼쪽에 위치한 파란색 액티베이션 체크박스를 클릭하면 이펙트가 적용되고, 파란색 체크를 지우면 오디오 이펙트가 비활성화된다.

Telephone 필터 이펙트를 인스펙터에서 선택한 뒤, 키보드의 Delete 키를 눌러보자. Telephone 이펙트가 클립에서 완전히 삭제되면서 인스펙터에서도 사라진다.

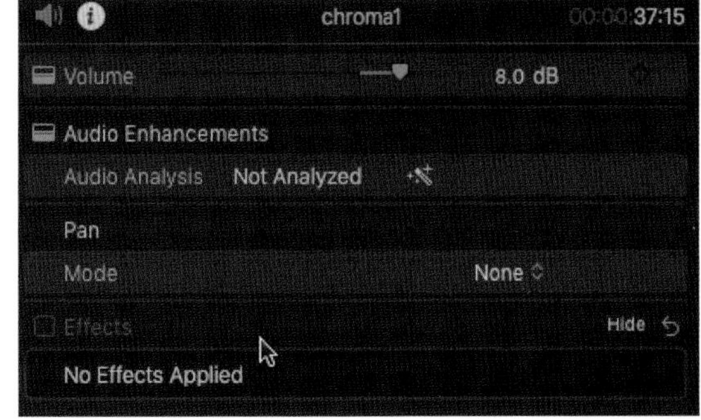

오디오 인스펙터에서 지우고자 하는 이펙트의 이름을 선택하고, 키보드에서 Delete 키를 누르면 이펙트가 지워진다.

Unit 03 목소리 부드럽게 만들기(Fat EQ 필터)

파이널 컷 프로에 있는 다양한 EQ(Equalization)효과들 중 Fat EQ 필터는 사람의 목소리 톤을 바꿀 때 매우 유용한 효과이다. Fat EQ 필터는 특정 구간의 목소리의 파형을 쉽게 파악해서 기존의 소리에 베이스톤을 또는 미드톤을 증폭시켜서 풍부한 목소리 톤으로 바꾸어준다. 특히 이 필터는 카메라에 대고 말하는 인터뷰 소리에 쓰면 사람의 목소리를 부드럽게 만들어주고, 발음을 더 잘 들리게 하는 효과를 낸다.

이 필터는 왼쪽부터 오른쪽으로(1부터 5) 사람이 들을 수 있는 소리를 다섯 개의 밴드, 또는 주파수의 범위로 나뉘었다.

- **밴드1**: 사람의 목소리보다 낮은 주파수/베이스
- **밴드2**: 낮은 주파수를 가진 사람의 목소리
- **밴드3**: 중간 정도의 주파수를 가진 사람의 목소리
- **밴드4**: 높은 주파수를 가진 사람의 목소리
- **밴드5**:사람의 목소리보다 높은 주파수/하이톤

chroma1 오디오 클립의 나래이션 목소리를 조금 더 부드럽게 만들어보자.

01 나래이션이 들어있는 chroma1 오디오 클립을 선택하고, 오디오 이펙트의 EQ 카테고리에서 Fat EQ 필터를 더블클릭하자.

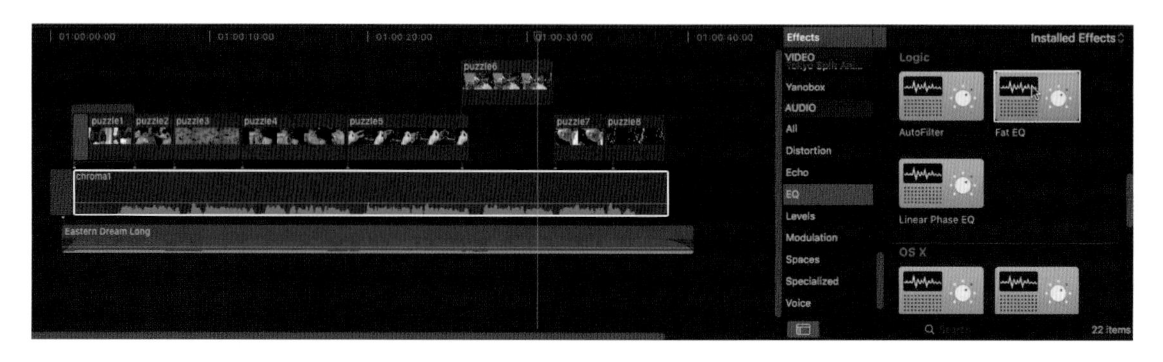

Fat EQ이펙트가 적용되었는지 인스펙터 창을 확인해보자. 인스펙터 창에 Fat EQ 항목이 생겼다. 이펙트 이름의 오른쪽에 보이는 Fat EQ 조절 창을 열 수 있는 아이콘을 클릭해보자.

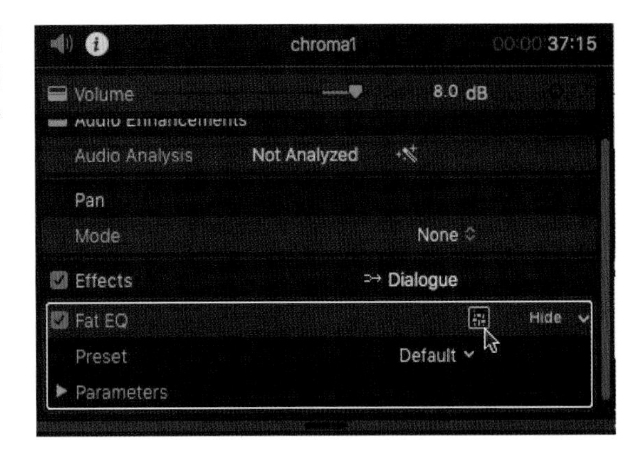

03 Fat EQ 오디오 효과 조절 인터페이스가 열린다. 2번 밴드를 3.5데시벨 정도 올려보자.

만약 목소리를 부드럽게 만들고 싶다면 밴드 1을 높이고, 목소리를 더 또렷하게 하고 싶다면 더 높은 밴드쪽을 높이면 된다.

참조사항

인스펙터의 Fat EQ 이펙트 섹션에서 파라미터를 열면 EQ 오디오 필터 인터페이스와 똑같이 옵션들을 조절할 수 있는 인터페이스가 인스펙터 내에 열린다.

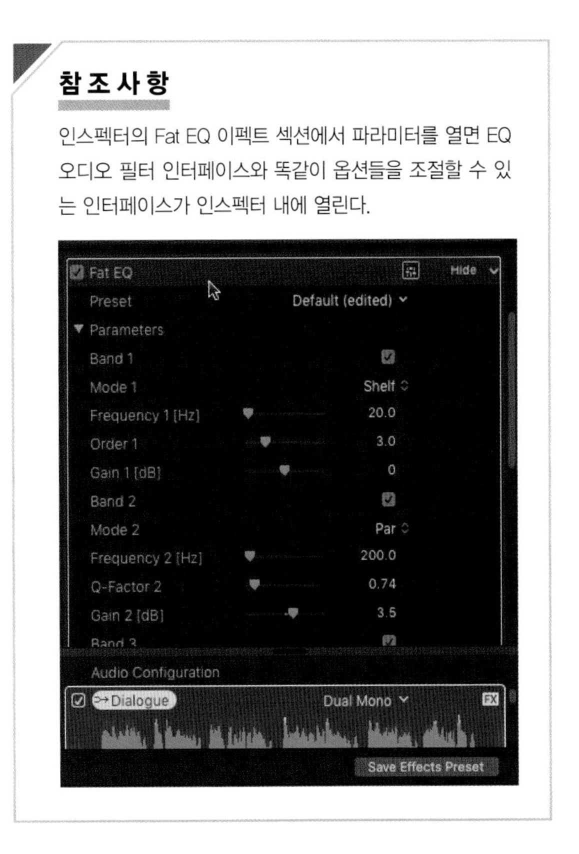

EQ 조절이 끝났으면 조절창의 왼쪽 위에 X 버튼을 눌러 창을 닫자.

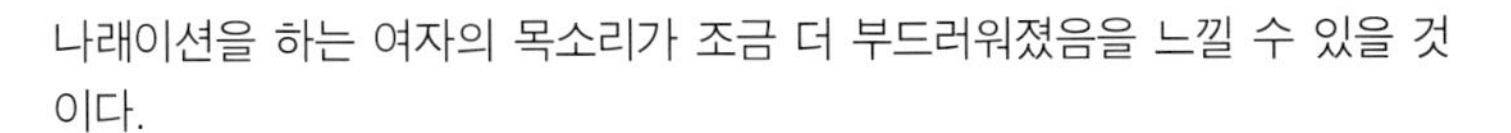

나래이션을 하는 여자의 목소리가 조금 더 부드러워졌음을 느낄 수 있을 것이다.

참조사항 주파수와 목소리 향상

사람의 목소리는 모두 다르지만 이러한 설정들을 참조해 녹음된 목소리를 향상시킬 수 있다.

목적	주파수 영역	데시벨(dB) 증가
남자 목소리 부드럽게 만들기	밴드2: 180HZ~300Hz	2dB~4dB
여자 목소리 부드럽게 만들기	밴드2: 300Hz~500Hz	2dB~4dB
남자 목소리 명료하게 만들기	밴드4: 약 4000Hz	3dB~4dB
여자 목소리 명료하게 만들기	밴드4: 약 5000Hz	3dB~4dB

Unit 04 다른 유용한 오디오 필터들

1 Test Oscillator: 오디오 편집 시 사용된 기준음이다. 일명 삐 소리이다.

2 Helium: 헬륨가스를 흡입한 듯한 소리로 변형되는 재밌는 필터이다.

3 Walkie Talkie: 목소리가 무전기를 통해 말하는 듯한 소리로 변형된다.

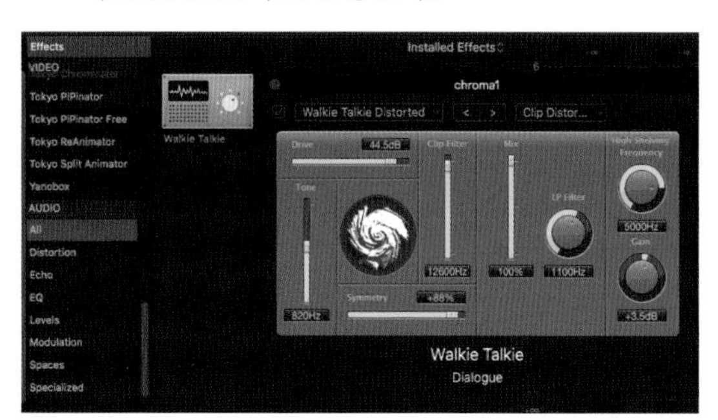

4 Less Bass: 소리가 무거울 때, Bass 사운드를 줄여 소리를 조금 가볍게 만들어준다. Fat EQ 를 기본으로 만들어진 오디오 필터이다.

5 **AULowpass:** 하이톤의 볼륨을 낮춰서 부드러운 톤으로 조절해주는 효과이다.

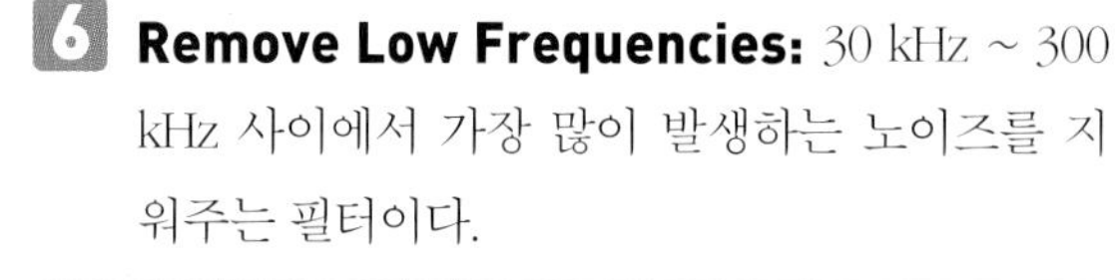

6 **Remove Low Frequencies:** 30 kHz ~ 300 kHz 사이에서 가장 많이 발생하는 노이즈를 지워주는 필터이다.

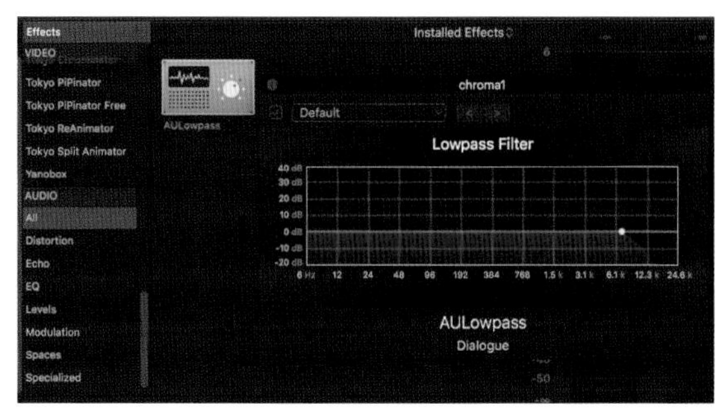

오디오 필터는 직접 사용해 봐야 그 효과를 느낄 수 있기 때문에, 하나씩 적용해서 사용해보길 바란다.

Section 03 리타이밍 Retiming: 재생 속도 조절

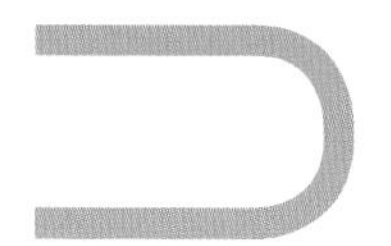

클립의 재생 속도를 조절하는 것은 프로젝트의 페이스를 조절해서 많은 정보를 여러 가지 방법으로 스토리에 적용시키는 유용한 방법이다. 클립의 속도를 조절해줌으로써 짧은 장면전환을 연상시켜 트랜지션처럼 사용할 수도 있고 클립을 천천히 재생하거나 정지 화면 또는 역방향으로 돌아가게 할 수도 있다. 파이널 컷 프로 X에서는 클립의 속도 조절을 하나의 이펙트 모음으로 만들어서 그동안 우리가 많이 보아온 클립 재생 효과를 한 곳에 모아서 쉽게 사용할 수 있게 하였다.

이번 섹션에서는 클립의 재생속도 창인 리타임 에디터(Retime Editor)를 이용해 클립 상에서 직접적으로 속도를 조절하는 법과 수동 또는 자동으로 클립의 속도를 조절하는 법을 배워볼 것이다.

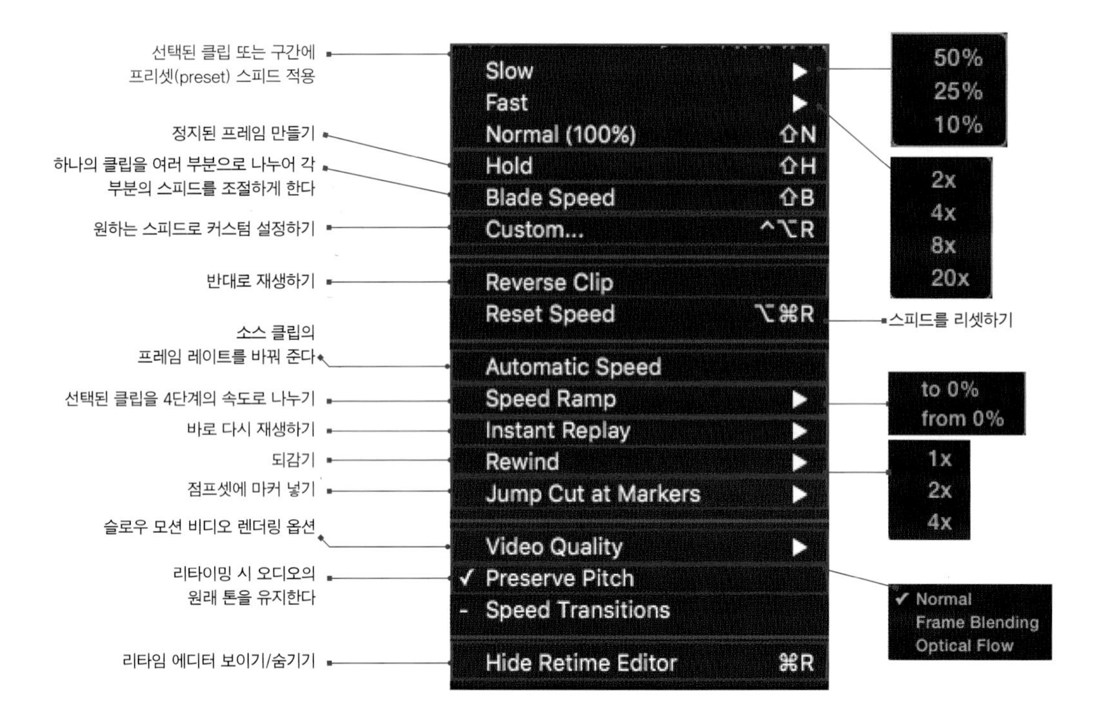

1 리타임 에디터 Retime Editor

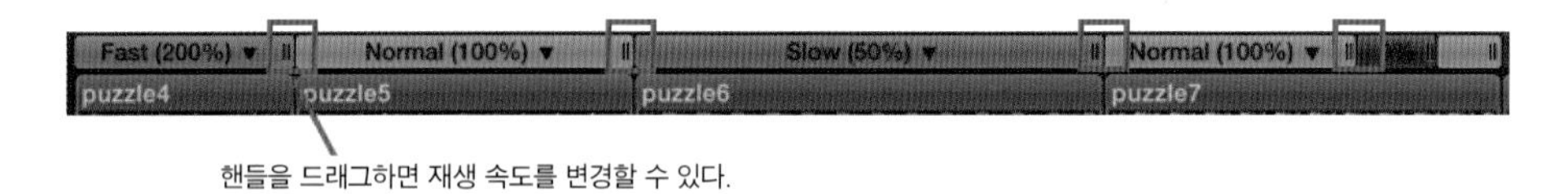

핸들을 드래그하면 재생 속도를 변경할 수 있다.

2 클립 위의 스피드 표시 컬러

클립의 위에 있는 바들은 클립의 스피드의 변화에 따라 네 개의 다른 색으로 나타난다.

- 빨간색: 멈춰 있는(Hold) 프레임
- 주황색: 슬로우 모션(Slow motion)
- 녹색: 정상 속도(Normal), 역으로 재생될때 왼쪽 역방향 표시 확인
- 파란색 : 빠른 모션(Fast motion)

3 스피드가 적용된 클립에는 리타임 에디터 열기 버튼이 보인다.

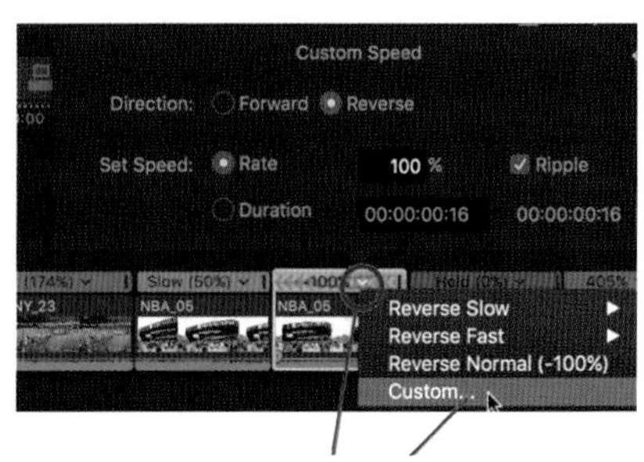

리타임 에디터에서 열기 아이콘을 클릭, 팝업 메뉴에서 Change End Source Frame을 선택

4 슬로우 모션 비디오 렌더링 옵션

- **Normal:** 30%보다 큰 속도를 위해 사용한다.
- **Frame Blending:** 15%-30% 사이의 속도를 위해 사용한다.
- **Optical Flow:** 15%보다 느린 속도를 위해 사용한다. 가장 좋은 렌더링이지만 시간이 많이 걸린다.

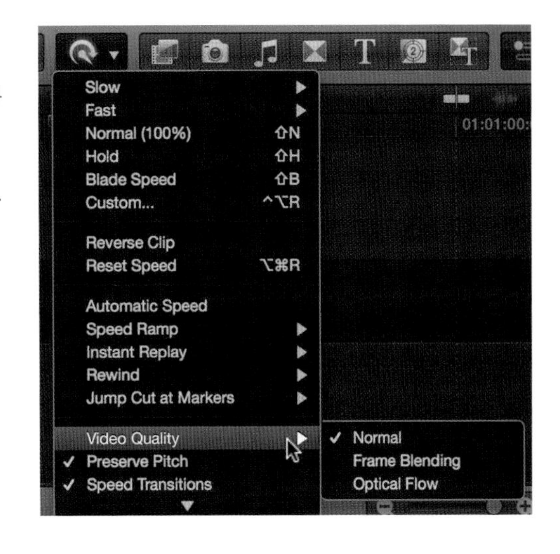

Unit 01 클립 속도 바꾸기

타임라인에서 클립의 속도를 바꾸는 효과는 클립의 길이와 프로젝트 전체에 변화를 줄 수 있기 때문에 항상 주의해서 사용해야 한다. 하나의 클립 또는 여러 개의 클립들 또는 특정 구간의 속도를 변경하는 방법을 배워 보자.

프로젝트 라이브러리에서 Ch13_retiming_Before 프로젝트를 더블클릭해, 타임라인에 이를 열자.

puzzle4 클립을 선택하자.

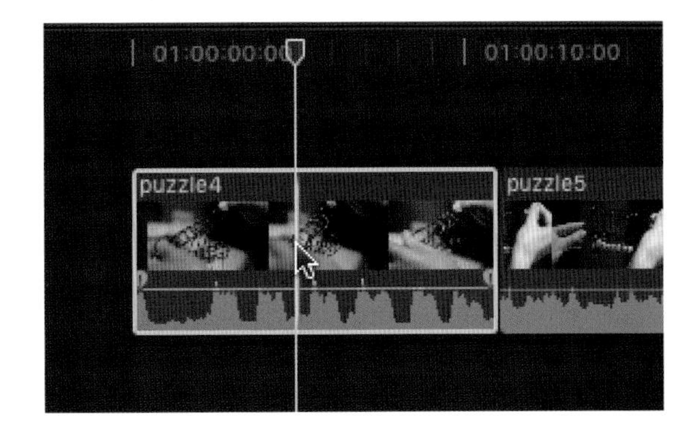

03 클립의 속도를 2배로 빠르게 변경하려면 클립을 선택한 후 메인 메뉴에서 Modify 〉 Retime 〉 Slow 〉 50%를 하면 된다. 클립을 플레이해서 클립의 속도가 변한 것을 확인해보자.

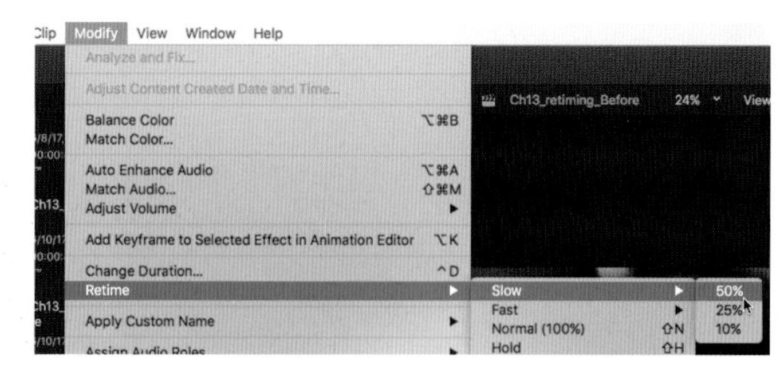

04 클립 재생속도를 두배로 느려지게 만들면, 프로젝트에서 해당 클립의 사이즈가 1.5배로 늘어나는 것을 볼 수 있을 것이다. 클립이 50% 느린 속도로 재생되므로 재생 시간은 두 배로 길어진다. 오렌지색의 스피드를 나타내는 바는 슬로우 모션 이펙트가 적용되었음을 알려준다.

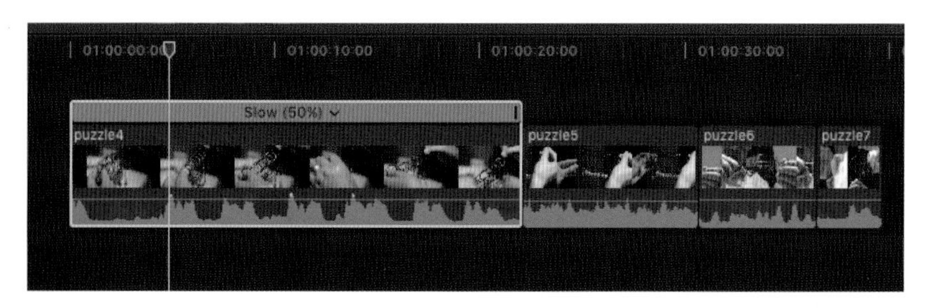

05 puzzle4 클립위 주황색 바의 Slow(50%) 글자 옆에 보이는 열기 아이콘을 클릭해 팝업 메뉴를 열어보자. 팝업 메뉴에서 Fast 〉 2x를 선택하자.

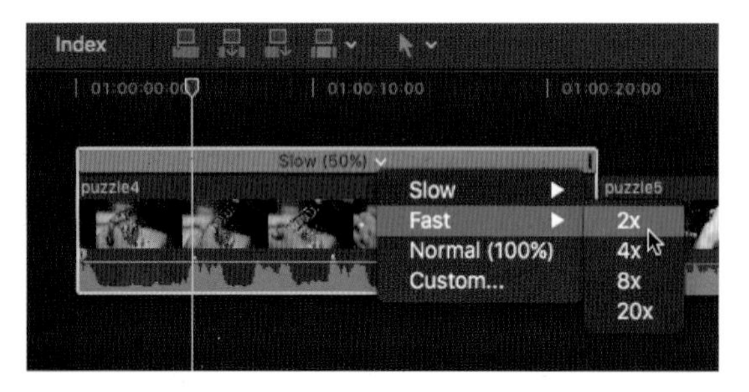

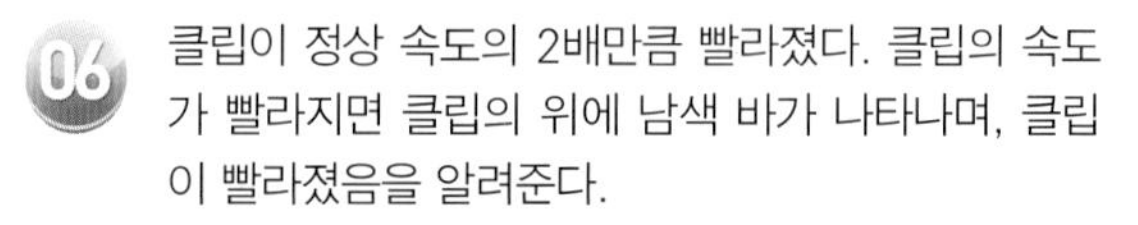

06 클립이 정상 속도의 2배만큼 빨라졌다. 클립의 속도가 빨라지면 클립의 위에 남색 바가 나타나며, 클립이 빨라졌음을 알려준다.

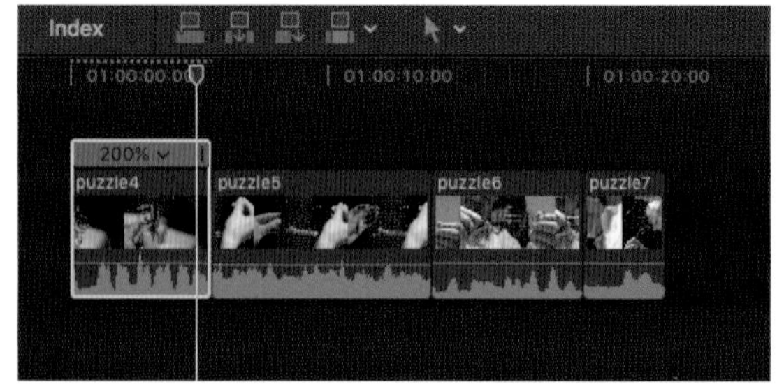

07 다시 팝업 메뉴에서 Normal(100%)를 선택해, 클립의 속도를 원래 속도로 되돌리자.

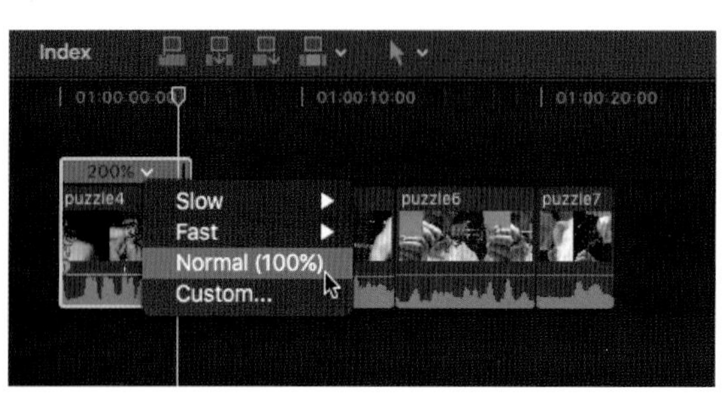

08 클립이 정상 속도로 바뀌며, 클립의 위에 녹색의 바가 보인다. 녹색 바는 클립이 정상속도로 재생됨을 알려준다.

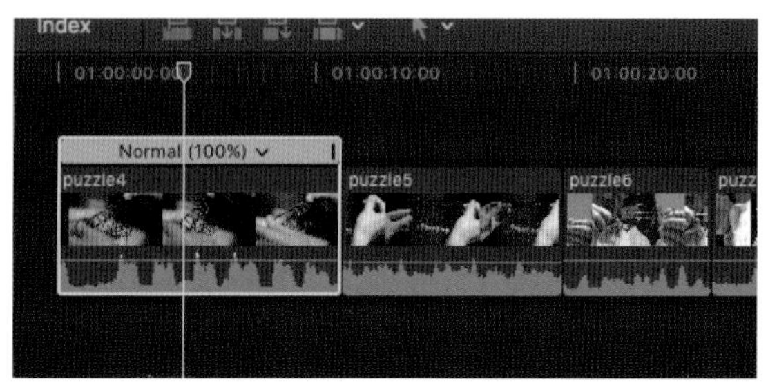

Unit 02 프레임 멈추기 Hold Frame

플레이헤드가 위치해 있는 클립의 한 프레임을 2초짜리 정지 구간으로 만들어주는 기능이다. 즉 이 기능을 사용하면 비디오가 플레이되는 도중 2초 간의 정지 장면이 나오고 다시 플레이된다. 이 유닛 뒤에 나오는 Freeze Frame 기능은 4초 짜리 새로운 분리된 클립을 만들어주는 것이고 Hold Frame은 그 클립 안에서 플레이헤드가 위치해 있는 부분부터 2초짜리 정지 구간을 만든다.

타임라인에서 puzzle6 클립을 선택하자. 플레이헤드가 위치해있는 프레임을 꼭 확인하기 바란다.

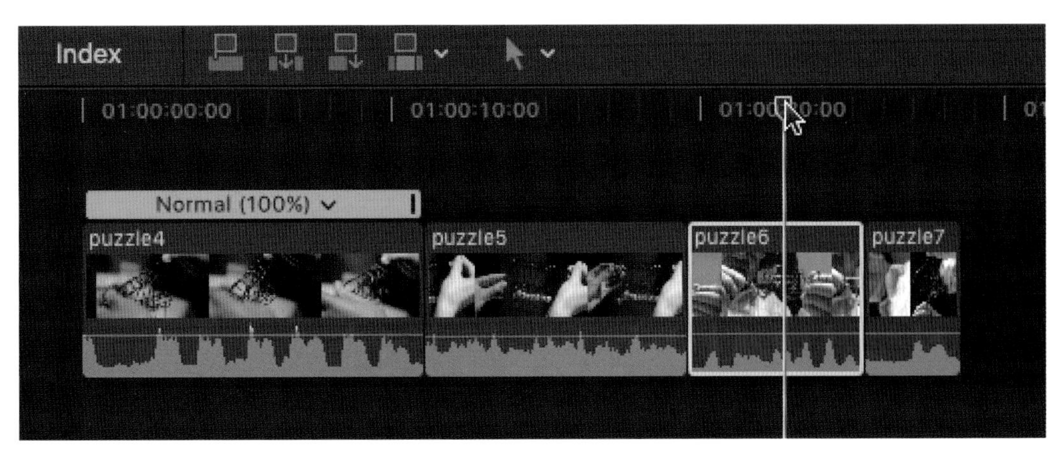

리타임(Retime) 옵션을 선택할 수 있는 리타임 아이콘을 클릭해 팝업 메뉴를 열자. 팝업 메뉴에서 Hold를 선택한다(단축키 Shift + H).

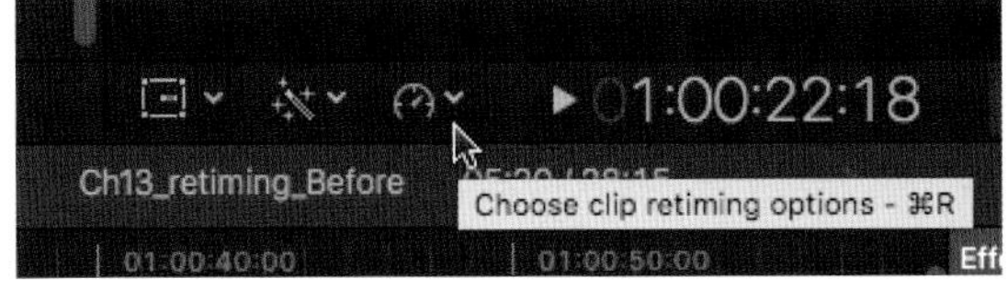

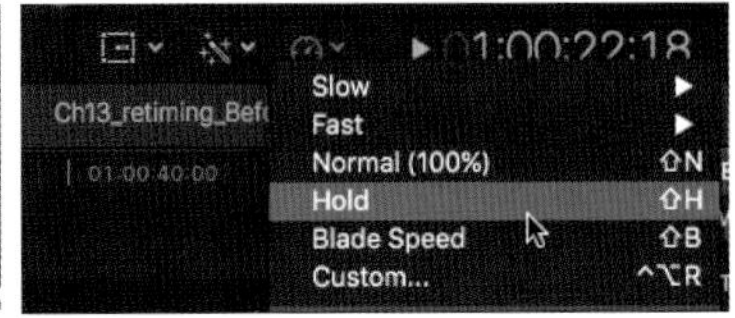

클립 리타임 에디터(Retime Editor)에서 빨간색의 스피드 바는 Hold된 구간의 스피드가 0%, 즉, 장면이 멈춰있다는 것을 알려준다.

puzzle6 클립의 리타임 에디터의 스피드바들을 보면 클립이 원래의 스피드로 시작해서 Hold의 원래의 설정인 2초 동안 잠시 멈추고(Hold) 클립의 나머지 부분이 다시 원래의 스피드로 재생된다는 것을 알 수 있다.

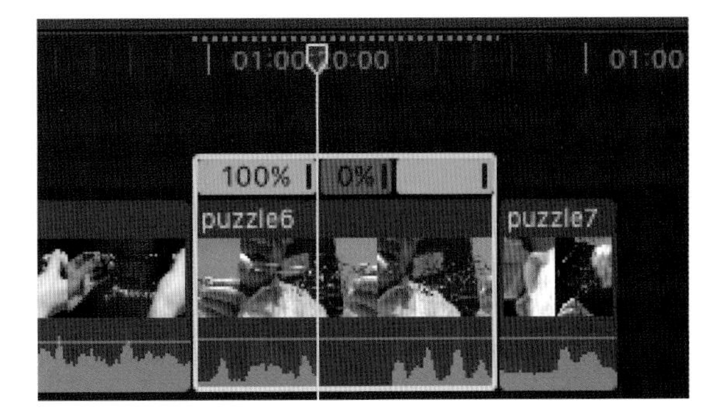

기본이 2초이지만, puzzle6 클립의 Hold 바의 오른쪽을 잡고 오른쪽으로 드래그하면 정지 구간이 늘어난다.

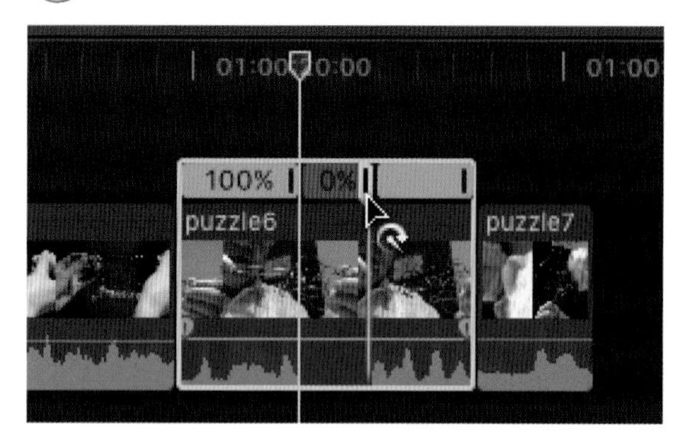

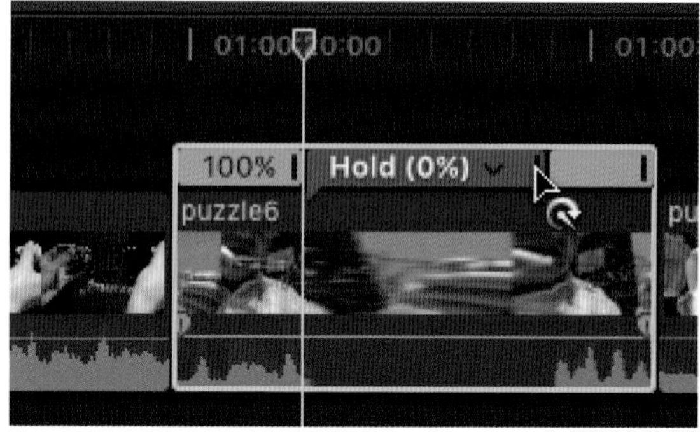

클립 위에 있는 스피드바의 오른쪽 부분을 드래그함으로써 클립의 재생 속도를 조절할 수 있다. 하지만 속도의 변화에 따라 클립의 구간이 같이 줄어들거나 늘어나기 때문에 주의해서 사용해야 한다.

참조사항 아래쪽을 향하고 있는 화살표를 방향과 길이를 조절할 수 있는 커스텀 창이 뜬다.

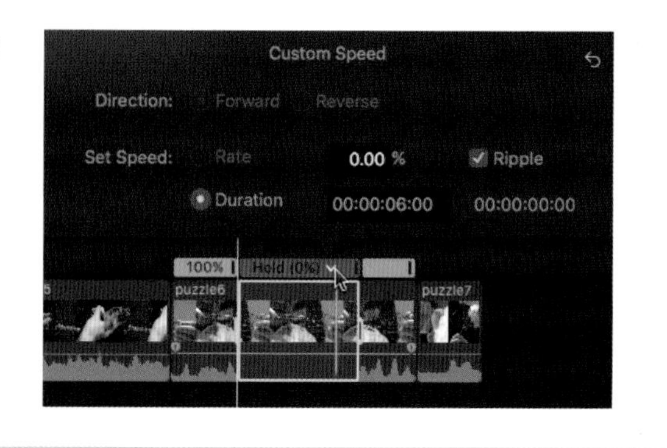

Unit 03 뒤로 플레이하기 Reverse

파이널 컷 프로의 리타이밍 옵션 중의 하나는 클립이 플레이되는 방향을 역으로 뒤집는(Reverse) 기능이다. 플레이 방향을 뒤집는 Reverse기능은 클립의 길이를 변경시키지는 않는다.

01 puzzle5 위로 스키머를 가져가 C를 눌러 puzzle5 클립을 선택하자. 원하는 클립 위로 스키머를 가져가 C를 누르면 해당 클립이 선택되는데 마우스로 클립을 선택해도 되지만 스키머와 단축키 C를 사용하는 게 원하는 클립을 선택하는 데 좀 더 편리하다.

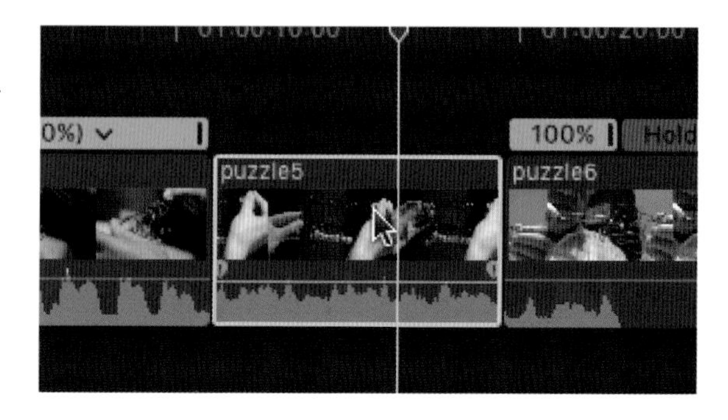

클립을 선택한 후, 툴 바에 보이는 리타이밍 팝업 메뉴 창에서 Reverse Clip을 선택하고 클립을 플레이 해보자.

puzzle5 클립이 뒤에서부터 앞으로, 역으로 재생된다.

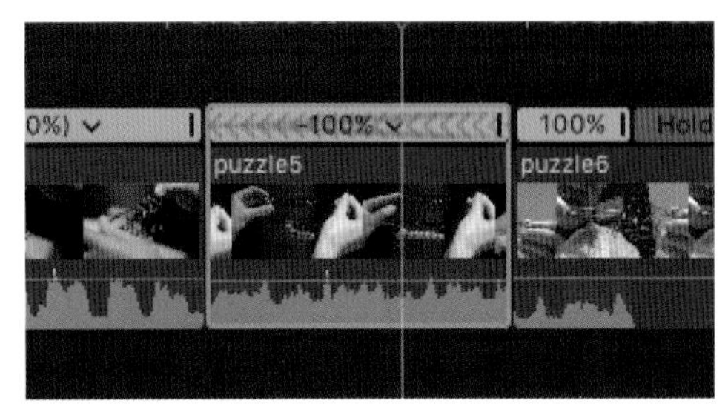

클립의 스피드 바를 보면 -100%라고 표시가 된다. 클립이 거꾸로 재생되므로 -표시가 생겼다.

Unit 04 다양한 속도 변화 Speed Ramp

다양한 속도 변화는 속도가 클립의 길이 내에서 변하는 점을 제외하면, 영구적으로 속도를 변화시키는 것과 비슷하다.

타임라인에서 puzzle4 클립을 선택하자.

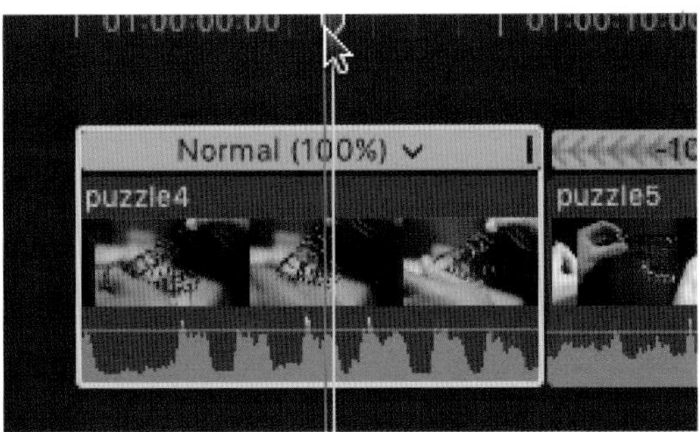

리타임 팝업 창에서 Speed Ramp > from 0%를 하고 스피드 램프(Speed Ramp)를 적용해보자.

클립이 자동으로 네 파트로 분리된다. 각 파트의 속도를 독립적으로 조절하고 변경할 수 있다.

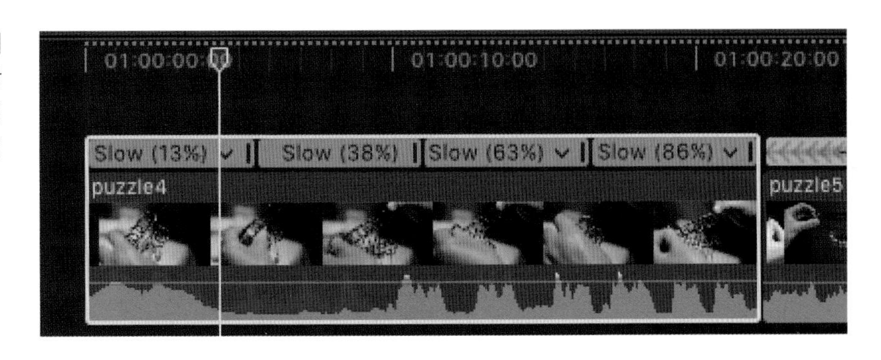

참조사항 리타임 에디터(Retime Editor) 보이기

타임라인의 클립위에 스피드 표시인 리타임 에디터(Retime Editor)가 안 보이면

❶ 클립을 선택한 후

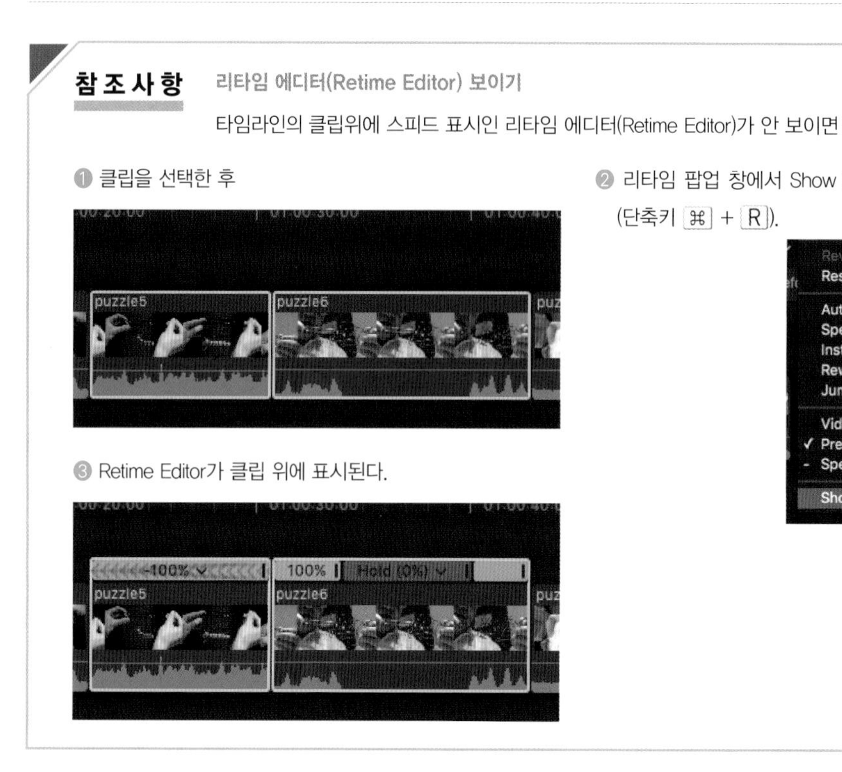

❸ Retime Editor가 클립 위에 표시된다.

❷ 리타임 팝업 창에서 Show Retime Editor를 선택한다 (단축키 ⌘ + R).

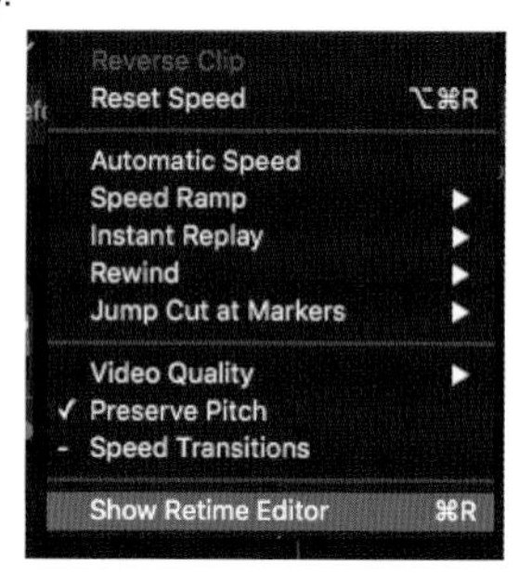

Unit 05 특정 구간의 속도

리타임 에디터(Retime Editor)에서는 클립 전체가 아닌 클립의 한 구간의 속도를 선택해서 조절할 수 있다.

구간 선택 툴(Range Selection)을 선택하려면, 툴 선택 팝업 메뉴에서 구간 선택 툴을 선택하자(단축키 R).

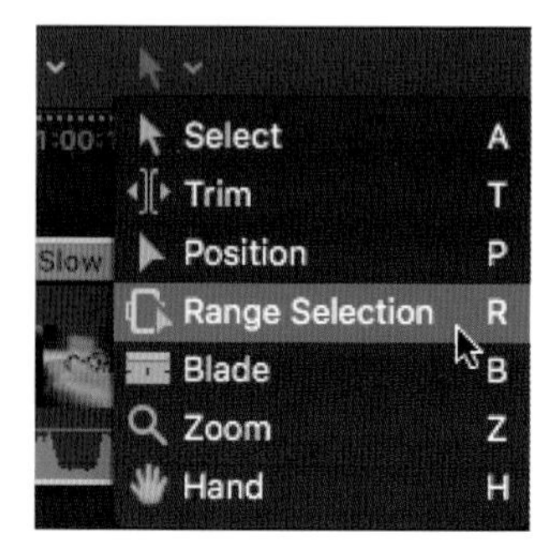

특정한 구간을 선택하려면, 노란색으로 표시된 구간 선택 핸들을 puzzle4 클립의 중간쯤에서 오른쪽으로 드래그하자.

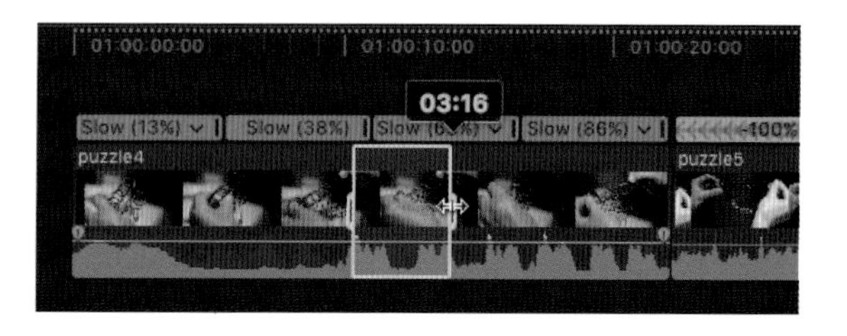

클립의 한 구간이 선택된 후 이 구간의 속도에 변화를 주고 싶으면 리타임 팝업 메뉴에서 Fast 〉 2x를 선택해 클립의 속도를 정상 속도보다 2배 빠르게 바꾸어 보자.

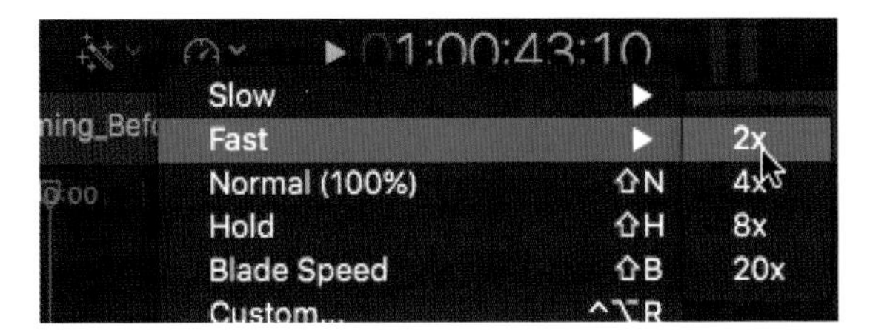

선택한 구간의 속도가 2배로 빨라지며, 해당 구간 위에 남색 바가 뜬다. 편집이 끝나면 단축키 C 를 누르면 구간 선택이 없어지고 클립 선택으로 바뀐다.

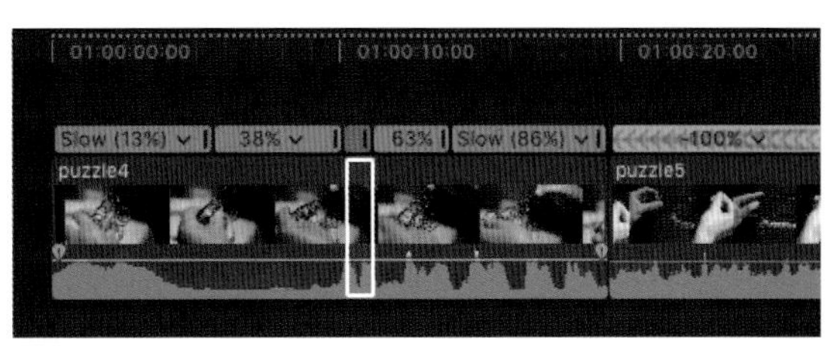

Unit 06 다른 재생 속도 이펙트들 알아보기

툴 바에 위치한 리타임 팝업 메뉴에는 속도에 관한 다양한 옵션들이 있다.

1 Instant Replay: 다시 재생하고 싶은 부분을 선택한 후 Instant Replay 옵션을 리타임 팝업 메뉴에서 선택하면 선택된 구간의 끝 부분에서부터 똑같은 구간이 하나 더 생겨서 선택한 플레이 스피드로 한번 더 재생한다.

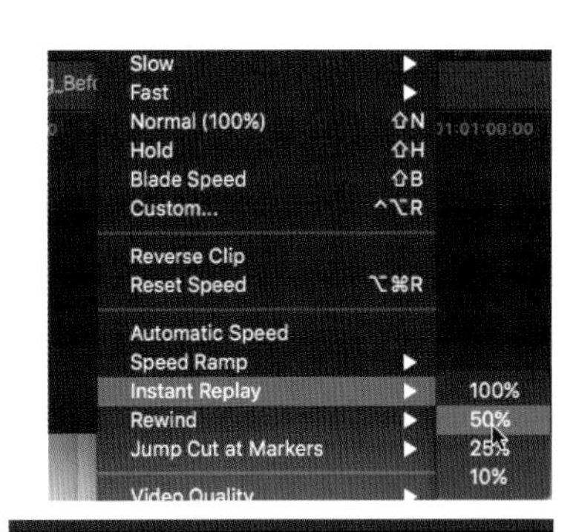

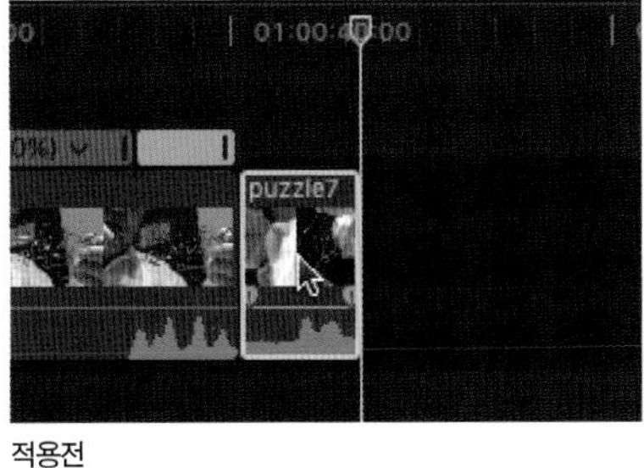

적용전

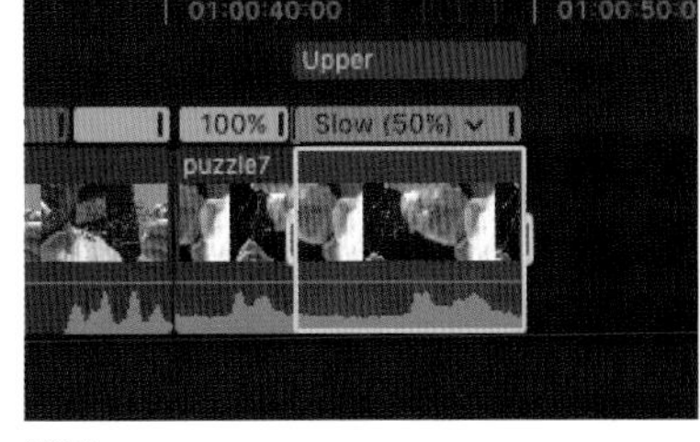

적용후

2 Rewind: 되감기(Rewind) 이펙트 또한 클립을 다시 재생한다. 그러나 클립을 다시 재생하기 전, 이 기능은 말그대로 클립을 되감기부터 한다. Rewind 〉 2x를 선택할 때, 2x의 스피드는 클립의 재생이 다시 시작되기 전, 되감기가 2배만큼 빠르게 된다는 것을 의미한다.

3 Custom Speed: 정밀한 클립 재생 스피드 조절을 위해서 커스텀 스피드 창을 이용할 수 있다.

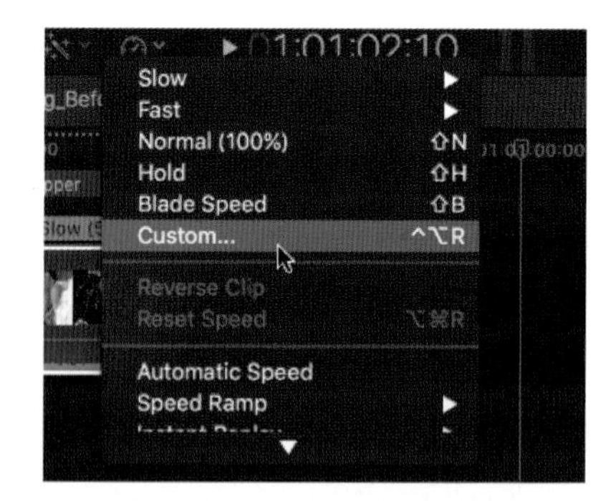

커스텀 스피드 창에서 원하는 스피드를 적용할 수 있다.

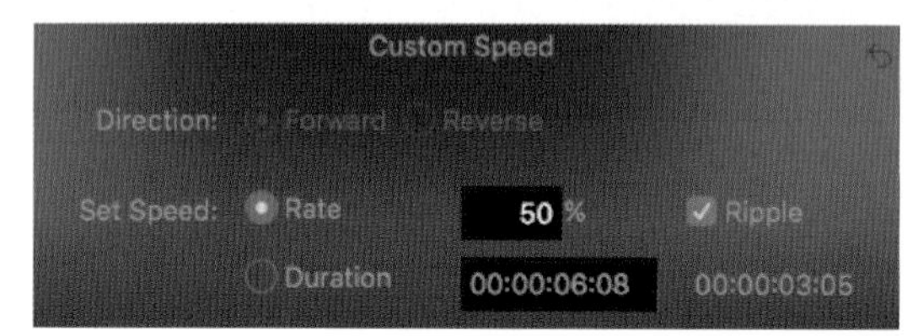

4 Reset Speed: : 적용된 재생 스피드 변화를 초기화시킨다.

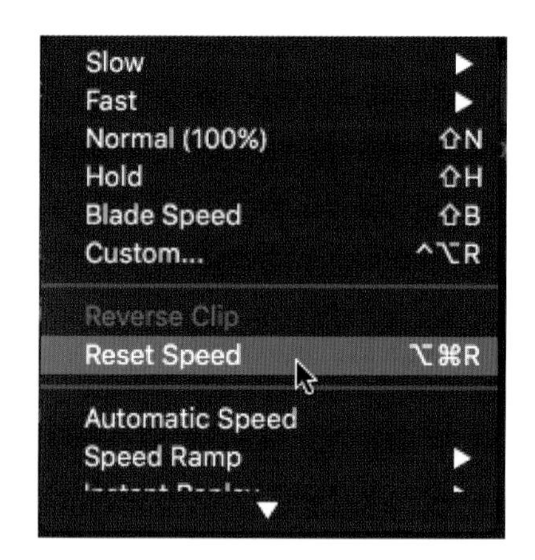

5 Automatic Speed: 원래 비디오 클립의 프레임 레이트를 타임라인의 프레임 레이트로 바꿔준다. 예전에 프레임 레이트를 바꾸는 툴로 Cinema Tool의 대체 기능이다. 예를 들어 60 fps으로 찍은 비디오 클립을 30fps의 타임라인에 가져왔을 경우, 이 기능을 적용하면 숨겨져 있던 모든 프레임들이 원래의 프레임 레이트로 복구되면서 슬로모션을 적용할 때 부드럽게 플레이백이 된다.

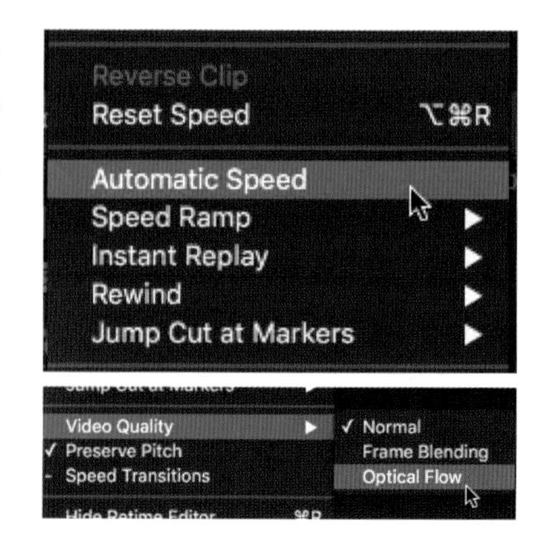

이렇게 바꾼 클립을 렌더링할 때는 Optical Flow로 한다.

50fps 으로 촬영한 클립을 30fps 타임라인에 가져오면 파이널 컷 프로는 자동으로 50fps을 30fps로 바꿔준다. 그래서 50fps 클립이 100스피드로 표시되면서 약 40프로 정도 프레임이 사라진다. 이 클립에 Automatic Speed를 적용하면 원래의 프레임 숫자로 복구되기 때문에 촬영된 모든 프레임을 확인할 수 있다.

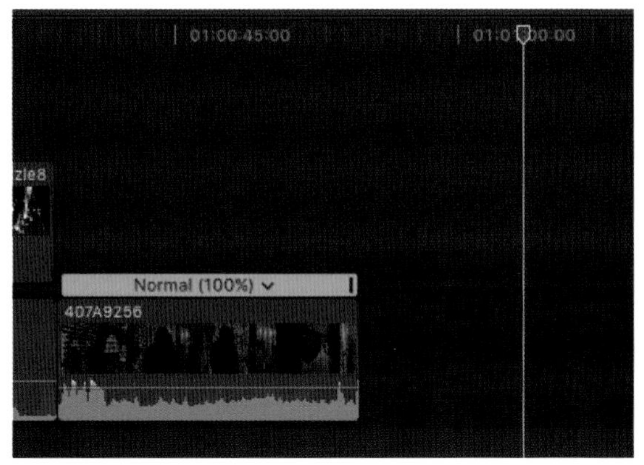

Automatic Speed 적용 전

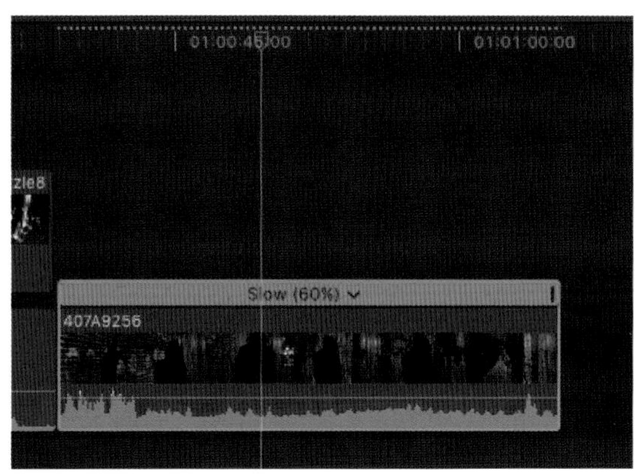

적용 후

Section 04 정지 화면 클립 만들기 Add Freeze Frame

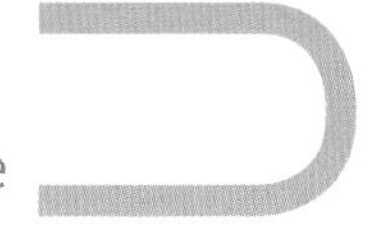

한 프레임을 정지화면으로 만드는 Freeze Frame 기능은 모션그래픽과 다큐멘터리에서 많이 사용되는 매우 중요한 기능이다. 보통은 사용되는 비디오 클립이 마지막 프레임을 정지 화면으로 만들어서 다른 영상 효과와 함께 많이 사용되지만 이 따라하기에서는 인서트되는 구간을 확인하기 위해 클립의 중간 지점을 사용하겠다. 타임라임에 있는 클립을 이용해서 정지화면 클립을 만들 시 저자는 타임라인에 있는 클립을 Reveal in Browser 기능을 이용해서 타임라인에 사용한 클립을 브라우저에서 찾은 후 그 클립을 타임라인에 정지화면으로 붙혀넣기 해야 클립이 밀리는 문제가 발생하지 않기 때문에 선호한다.

Unit 01 정지 화면 클립 만들기

puzzle7 클립 위의 한 지점 위에 플레이헤드를 가져가자. 지금 뷰어 창에 보이는 이 프레임을 정지화면으로 만들 것이다. 클립이 선택되어 있는 것을 확인하자.

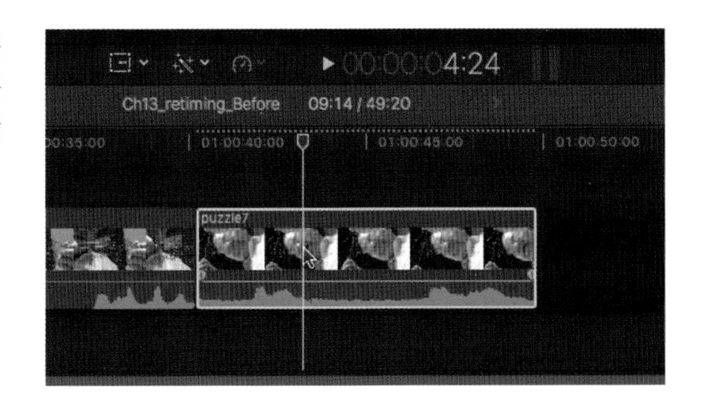

메뉴에서 Edit 〉 Add Freeze Frame 을 선택하자(Option + F).

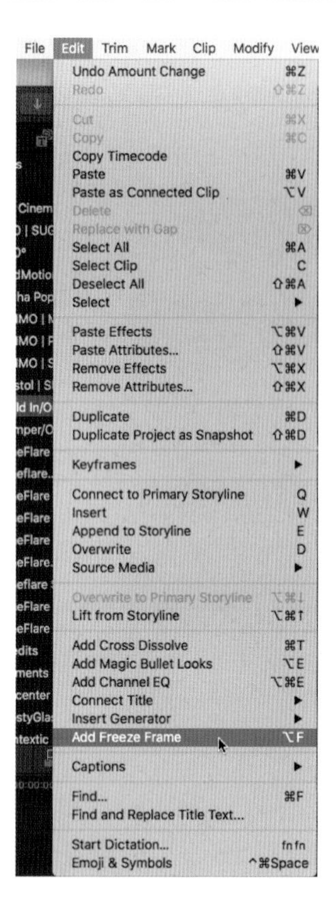

타임라인에 4초 정도 되는 정지화면 클립이 인서트(insert) 된다. 이 클립은 다른 클립과 마찬가지로 필요한 만큼 다시 길이를 조절할 수 있다.

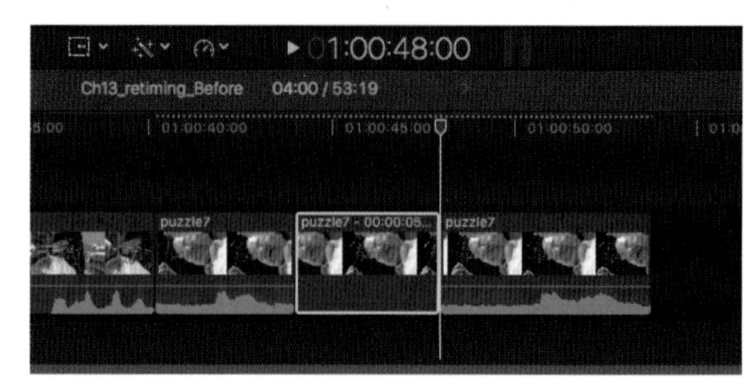

04 정지 클립이 하이라이트된 상태에서 Lens Flare 트랜지션을 더블클릭해서 적용해보자. 동영상에서 사진으로 넘어가는 효과를 줌으로써 중요한 장면을 집중하게 할 때 많이 사용하는 방법이다.

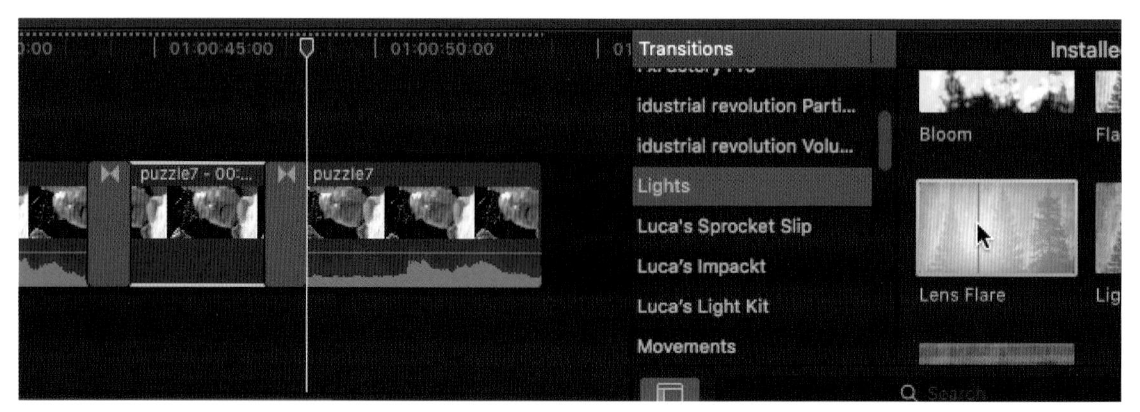

참조사항

만들어진 정지화면 클립은 설정 창에서 4초로 지정되어 있기 때문에 4초 길이의 클립으로 만들어졌다. 생성되는 정지화면 클립을 더 길게 혹은 더 짧게 조절하고 싶으면 설정 창에서 원하는 길이를 미리 지정한 후 정지 화면 클립을 만들면 된다.

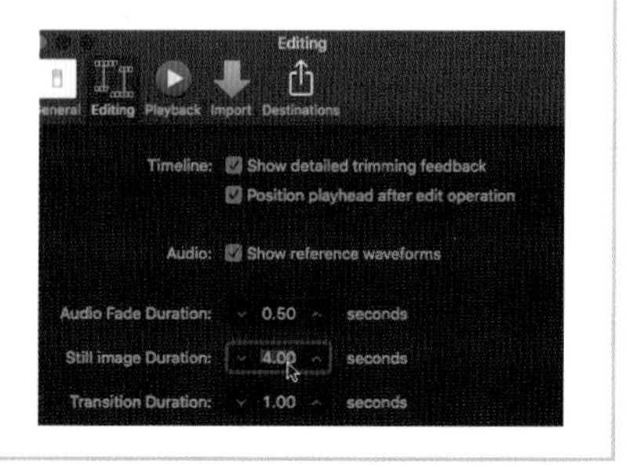

Unit 02 정지 화면 클립을 연결된 클립으로 추가하기

타임라인에 있는 클립을 정지화면으로 만들면 추가된 클립이 인서트되면서 타임라인에 있는 기존의 클립이 잘리는 문제가 있다. 이를 방지하려면 브라우저에 있는 클립을 연결된 클립으로 타임라인에 추가하면 된다.

브라우저에 있는 puzzle8 클립을 선택하자. 전체 클립에서 원하는 프레임이 보이는지 뷰어 창에서 확인하다.

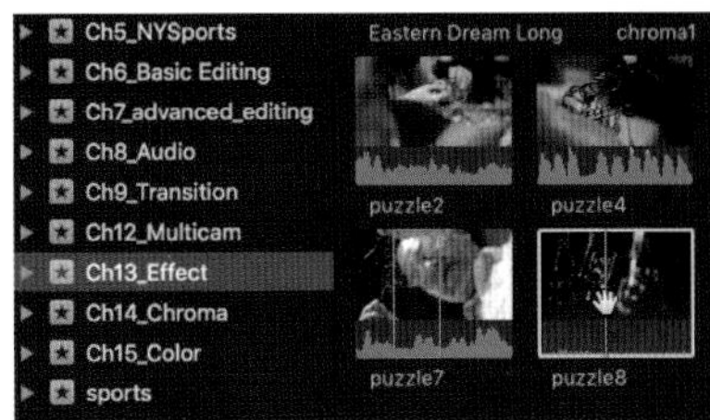

메뉴에서 Edit 〉 Connect Freeze Frame 을 선택하자(Option + F). 같은 단축 메뉴이지만 브라우저에서 클립이 선택되어 있으면 클립 추가에서 클립 연결로 기능이 바뀐다.

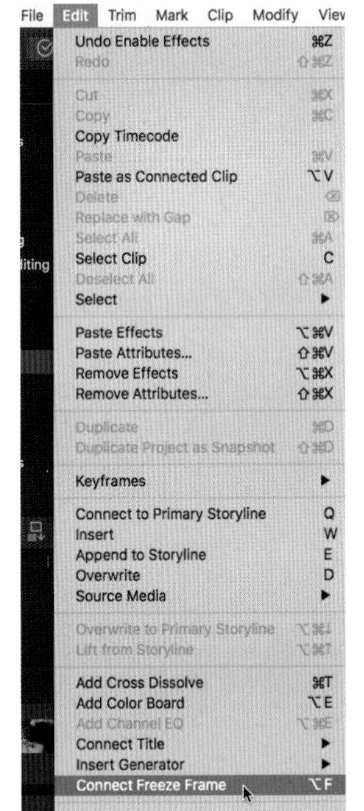

정지화면이 연결된 클립으로 추가되었다. 연결된 클립으로 추가되기 때문에 추가되는 지점에 있는 기존의 클립을 자르지 않고 연결할 수 있다.

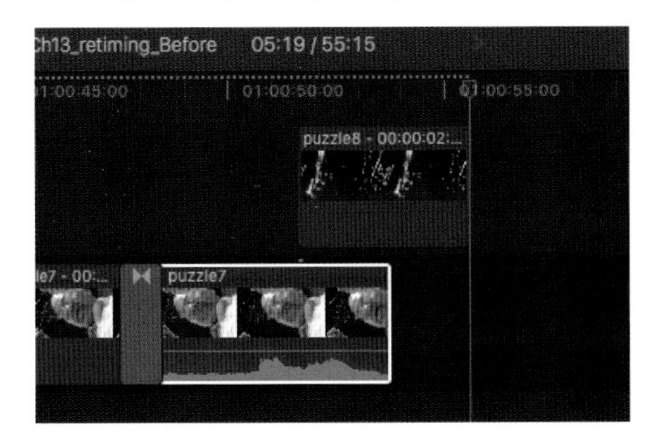

Chapter 13 요약하기

편집 과정에서 재미있게 비주얼 효과를 적용한 후 결과를 바로 즐길수 있는 영상 이펙트 과정은 작은 수고에 비해 그 효과가 상당히 크다. 이런 영상 효과를 이용해 과거 회상장면을 간단히 만들 수도 있고 불필요한 부분을 포커스가 나가게 만드는 블러(Blur) 이펙트 등을 사용해 시청자나 관객이 화면의 한 지점에 집중할 수 있게 도와준다. 이번 파이널 컷 프로 X에 새롭게 제공된 오디오를 향상시키는 자동 오디오 필터는 오디오가 아주 어렵게 느껴졌거나 혼자서 오디오 부분까지 다 고쳐야 했던 편집자들에게는 아주 훌륭한 오디오 클리닝 툴이 될 것이다. 마지막으로 다룬 리타이밍 에디터는 단순하게 하나의 클립의 속도를 바꾸던 기능에서 벗어난 모든 클립 재생 설정을 다루는 하나의 클립 재생 설정 센터라고 할 수 있다.

Chapter

14

크로마 키 효과와 포토샵 파일 사용하기

Chroma Key

키잉(Keying)은 색상이나 밝기의 정보에 따라 비디오나 그래픽의 부분을 지우는 과정이다. 이미지에 키를 넣는 작업은 녹색이나 파란색 등으로 분리할 부분을 백그라운드로 사용한 뒤 이미지의 한 요소인 특정한 색을 투명하게 만들어 하나의 이미지를 다른 이미지 위에 겹쳐 넣을 수 있도록 이펙트를 넣는 것이다. 가장 흔하게 보는 키잉(Keying) 효과는 날씨 뉴스에서 자주 등장한다. 진행자 뒤의 배경을 크로마 키(Chroma Key)효과로 투명하게 만들어 지도 이미지와 합성하는 것이다. 비디오 클립 위에 텍스트를 입히는 과정 또한 일종의 키 작업이라고 할수있다.

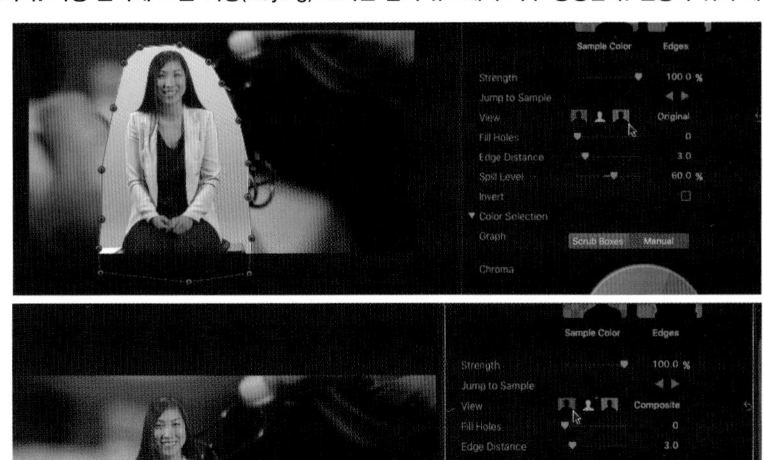

이번 챕터 14장에서 우리는 가장 보편적인 타입의 키 작업인 밝기의 정보를 이용한 루마 키(Luma Key)와 색상의 정보를 사용하는 크로마 키(Chroma Key)를 다뤄보도록 할 것이다. 그리고 가비지 마스크(garbage mask) 이펙트를 같이 적용해서 크로마 키(Chroma Key)로 지워지지 않는 녹색 백그라운드 부분을 강제로 잘라내는 작업을 좀 더 심도있게 배워보겠다.

▶ 레이어(Layer)가 있는 포토샵 파일(Photoshop Files)

여러 층의 레이어가 있는 포토샵 파일(Photoshop Files)을 임포트하면 파이널 컷에서는 각 레이어를 인식해서 레이어별로 편집이 가능하다. 각각의 레이어들은 타임라인 상에서 프라이머리 스토리라인에 붙어있는 연결된 클립으로서 존재하게 된다. 다만 포토샵에서 적용된 필터 효과는 파이널 컷에서는 인식되지 않기 때문에 파일을 가져오기 전 미리 그 효과를 호환 가능하게 Rasterize(특정 속성을 가진 레이어들을 일반 레이어로 전환하는 기능)을 적용해야 한다. 여러 레이어가 있는 포토샵 파일을 임포트하면 클립 아이콘 왼쪽 위에 레이어가 표시된다.

레이어가 있는 그래픽 파일들을 파이널 컷 프로 X로 어떻게 가져오고, 이렇게 임포트된 컴파운드 클립(그래픽 파일)을 어떻게 활용하는지에 대해 이 장의 후반부에서 알아보겠다.

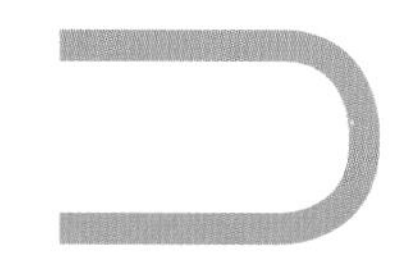

Section 01 키Keying를 위한 컬러 샘플링하기

백그라운드의 색상을 투명하게 만드는 크로마 키(Chroma Key)효과를 위해서 자동으로 또는 매뉴얼로 컬러 샘플링을 하는 법을 먼저 살펴보도록 하자.

Unit 01 크로마 키 Chroma Key 적용하기

01 프로젝트 라이브러리에서 Ch14_Chroma_Before 프로젝트를 더블클릭해 타임라인에 열자.

02 브라우저에서 Ch14_Chroma 이벤트에 있는 chroma1의 마커한 부분만 선택하자. 이는 나중에 타임라인에 추가할 구간이다. 이 크로마 키(Chroma Key)효과를 적용할 chroma1 클립을 연결된 클립으로 타임라인에 보내야 한다.

03 타임라인에서 플레이헤드를 puzzle1의 앞부분에 위치시킨다.

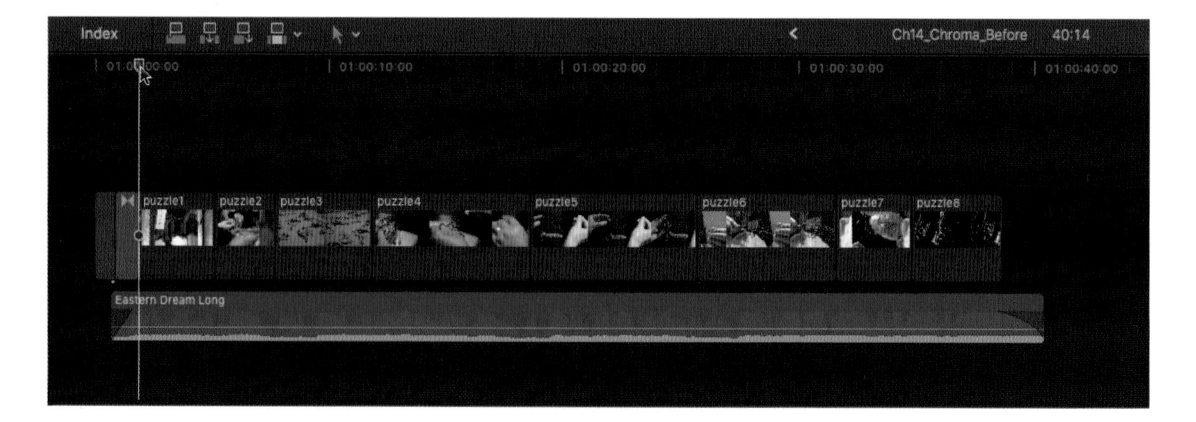

04 툴 바에 보이는 편집 아이콘들 중 프라이머리 스토리라인에 선택한 클립 연결된 클립으로 붙이기 아이콘을 클릭해보자(단축키 Q)

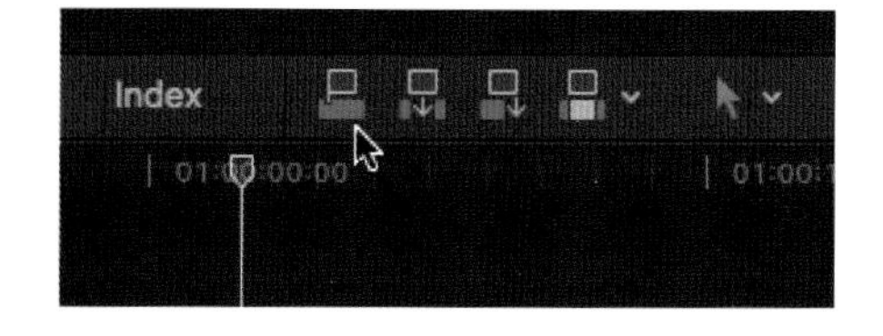

05 선택한 크로마 클립의 구간이 프라이머리 스토리라인의 puzzle1 클립에 연결된 클립으로 타임라인에 추가되었다.

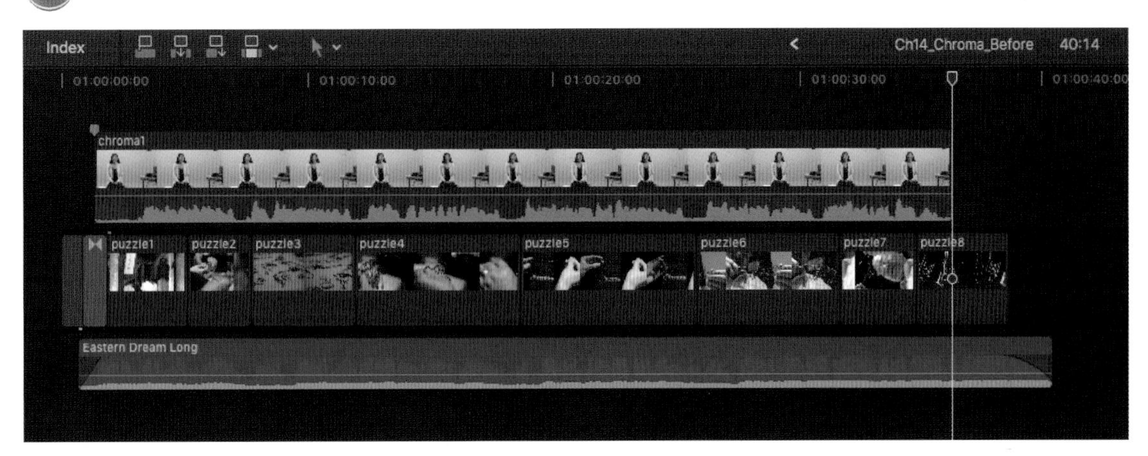

06 연결된 chroma1 클립을 선택한다.

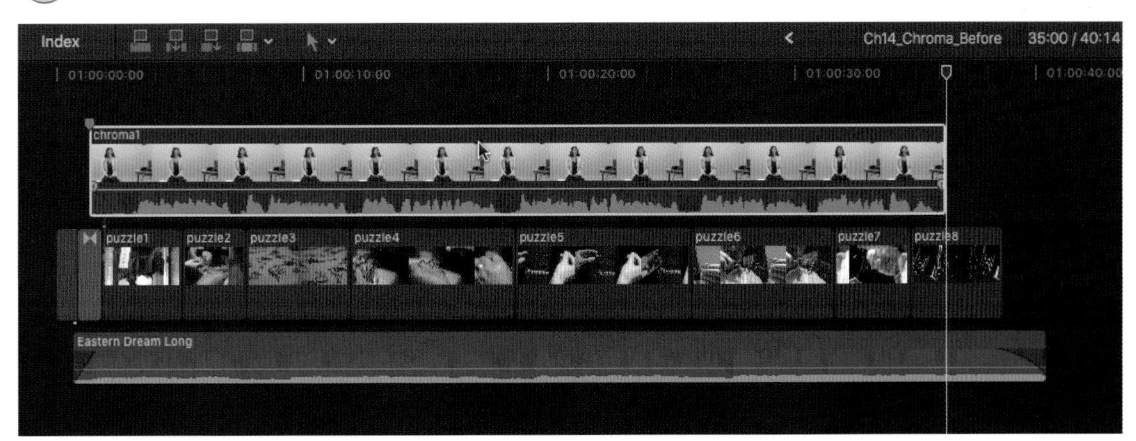

비디오 이펙트 창의 키잉 카테고리에서 키(Keyer) 이펙트를 찾아 더블클릭하자.

Keying 카테고리는 두 가지 이펙트들을 가지고 있는데, 각각의 이펙트들은 비디오 클립의 요소들을 지울 수 있게끔 디자인되어 있다. 키 이펙트는 녹색의 컬러가 있는 배경화면을 키(keyer)를 입혀 투명하게 만든다.

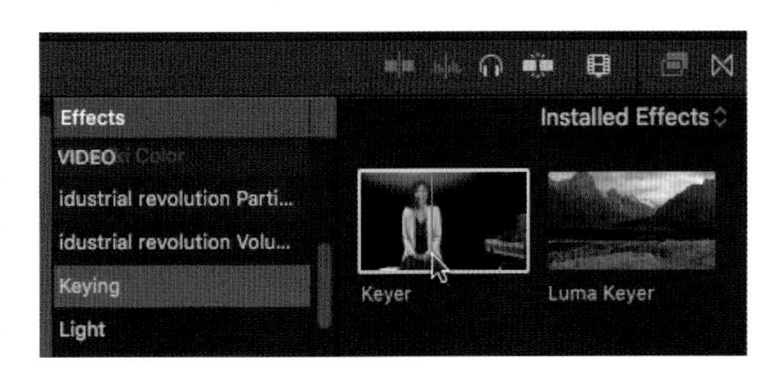

참조사항 Keyer 이펙트 뷰어 창에서 미리보기

마우스를 Keyer 섬네일에 가져가면, 선택된 클립이 이펙트의 섬네일 위로 나타나 보이고 뷰어에도 해당 클립이 검정색 배경화면과 함께 보일 것이다. 이 화면들을 확인함으로써 이펙트를 적용하기 전에 미리보기를 할 수 있다.

08 인스펙터의 이펙트 섹션에 키가 추가되었다. 키 이펙트는 자동으로 녹색 배경화면을 찾아서 없애주는 뛰어난 기능이다.

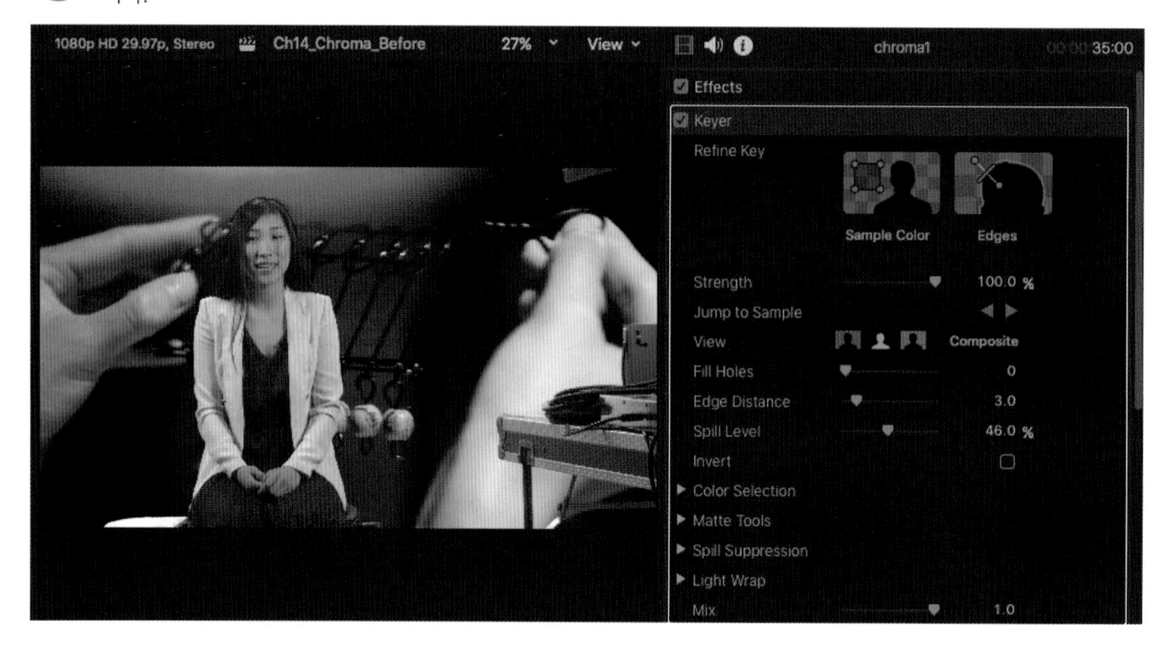

Unit 02 적용된 크로마 키Chroma Key의 인스펙터

인스펙터 내의 비디오 탭에는 적용된 이펙트들에 관한 모든 속성값과 비디오 클립의 컬러 요소들을 직접 수정할 수 있는 옵션이 있다. 이를 확인해보기 위해 더 자세히 이 기능을 살펴보도록 하자. 이 과정에서 매뉴얼로 컬러들을 샘플링함으로써 샷에 키를 어떻게 적용하는지 배우게 될 것이다.

인스펙터 창을 보자.

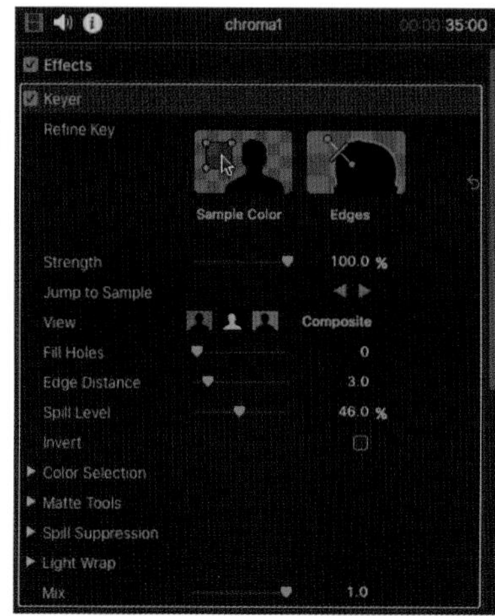

현재 보고 있는 화면은 키 이펙트의 컴포지트(Composite) 뷰이다. 이제 화면의 위쪽이 약간 뿌옇게 보이는 문제를 고쳐보도록 하자.

키를 살펴볼 수 있는 또다른 방법은 흑백으로 키를 보여주는 매트(Matte)뷰로 확인해보는 것이다. 비디오 인스펙터에서 매트를 보려면, 키 섹션의 View의 가장 중앙에 있는 매트라고 뜨는 아이콘을 클릭한다. 화면이 흑백으로 바뀌어보인다.

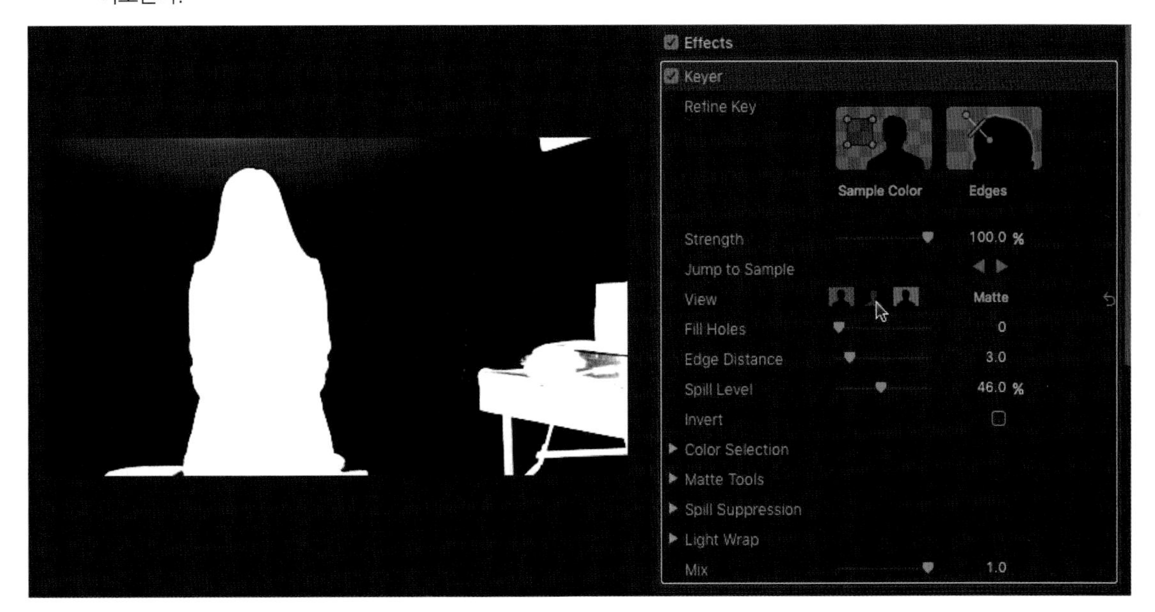

매트 뷰는 이미지 상의 보이지 않는 혹은 투명한 부분들을 표현하기 위해 그레이스케일 값들을 사용한다. 흰색으로 보이는 부분은 완전히 불투명한 부분이고 검정색으로 보이는 부분은 완전히 투명한 부분이다. 좋은 매트, 즉 좋은 키는 선명한 검정색 백그라운드 위에 선명하게 흰색으로 나타나며, 머리카락과 같은 부드러운 물체의 가장자리는 회색으로 보일 것이다.

물체 안에 완전히 흰 부분은 합성을 할 시에 부분적으로 투명하게 보일 것이다. 백그라운드에서 완전히 검은색이 아닌 부분은 합성을 할 시에 녹색 스크린이 보일 수도 있다. 키 작업을 할 때에는 이러한 상황들도 염두에 두어야 한다.

참조사항 3가지 뷰 옵션

View Composite

컴포지트(Composite) 뷰: 두 이미지가 크로마 키가 적용된 후의 모습을 보여준다.
매트(Matte) 뷰: 크로마 키가 적용된 부분은 까맣게, 적용되지 않은 지점은 흰색으로 보여준다.
소스(Original) 뷰: 크로마 키가 적용되기 전의 원래 클립 모습을 보여준다.

Unit 03 크로마 키Chroma Key 수동 샘플링 하기

기본 셋업에 의해 키(Keyer) 이펙트는 자동 컬러 샘플링 모드로 작동한다. 이는 백그라운드 컬러를 샘플로 채취해 매트 어떻게 안쪽에서 나타나 보일 것인지(중심 매트) 혹은 가장자리에서 보일 것인지 결정한다(가장자리 매트).

하지만 자동 샘플링 결과가 별로 좋지 않을 때, 사용자는 컬러를 매뉴얼로 샘플링해서 클립에 키 작업을 할 수도 있다.

다시 첫 번째 보기 옵션인 컴포지트(Composite) 뷰로 바꾸어주자.

키 이펙트 강도(Strength)를 조절할 수 있는 슬라이더를 0%까지 드래그해주자.

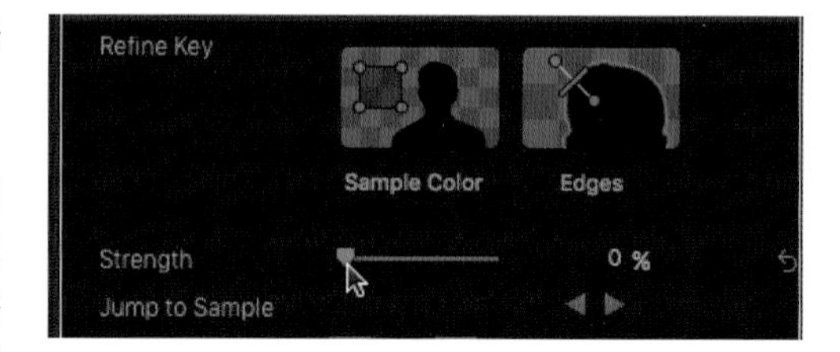

강도(Strength)는 자동으로 샘플링된 컬러가 이펙트에 얼마만큼 쓰일지를 조절해준다. 0%에서는 자동으로 샘플링된 컬러를 전혀 쓰지 않고, 매뉴얼 모드로 바뀐 것이기 때문에 비디오에 키를 입히고 싶은 컬러를 직접 선택하게 해준다. 자동으로 적용된 키가 만족스럽지 않다면, 슬라이더를 0%으로 셋팅하고 매뉴얼로 샘플링하는 것이 좋다.

다음과 같이 화면이 바뀌었다.

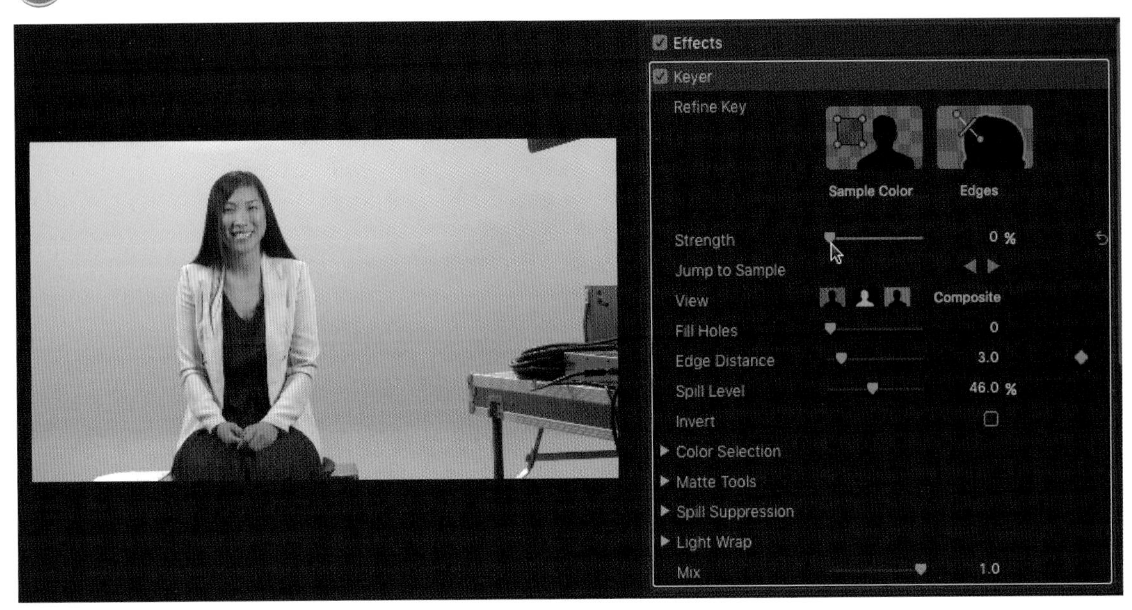

컬러를 샘플링하는 Refine Key 중, Sample Color 섬네일을 선택하자.

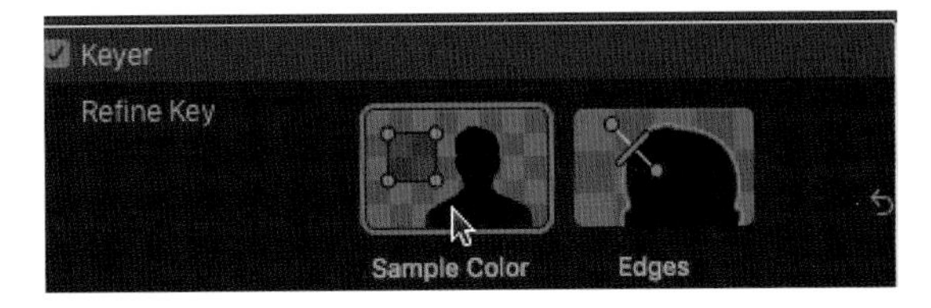

뷰어에서 샘플링된 컬러 구간을 설정해주는 상자를 아나운서가 보이는 주변에 드래그해주자.

참조사항

스크린 상의 여러군데에 추가로 컬러 샘플을 하려면 많은 Sample Color 구간 선택 상자를 그릴 수 있다. 샘플을 여러 개 만들면 클립 안에서 물체가 움직일 때, 또는 빛이 고르지 않을 때 도움이 될 수 있다. 비디오 클립의 다른 프레임들로부터 컬러 샘플을 추출할 수도 있다.

다시 샘플 컬러를 선택하자.

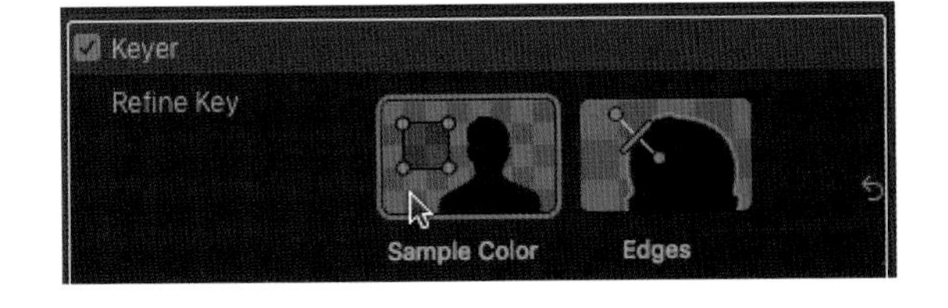

화면 중앙 윗부분의 흰색이 보이는 곳을 선택해주자. 필요하면 한두 번 더 샘플 컬러를 이용하자. 처음보다 훨씬 화면이 깨끗해진다.

08 이번에는 인스펙터에서 샘플 컬러 옆에 보이는 Edges 아이콘을 클릭하자.

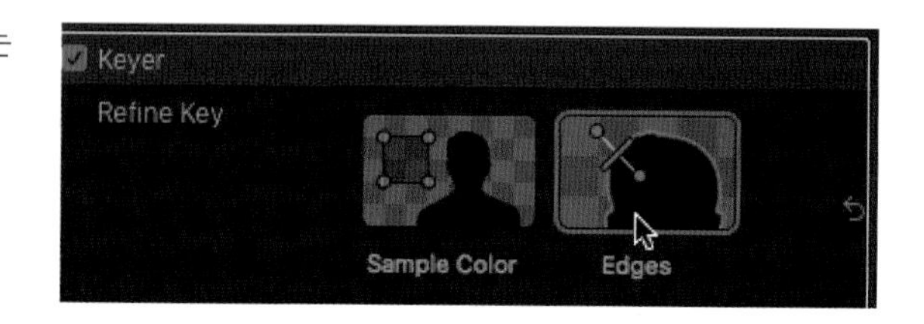

09 아나운서의 머리와 백그라운드 경계선 부분에 Edges 툴을 클릭하면서 드래그해 가장자리 표시를 해주자. 선의 한쪽 끝은 투명하게 비치는 영역에, 다른 한쪽 끝은 불투명한 영역에 걸치도록 그려준다.

10 뷰(View) 옵션에서 매트(Matte) 보기를 선택해, 가장자리 표시가 잘 되었는지 확인해본다.

흑백으로 바뀌면서 선택된 아나운서의 모습이 흰색으로 표시되고, 까만 부분들은 크로마 키 효과에 의해 사라질 부분들이 표시된다.

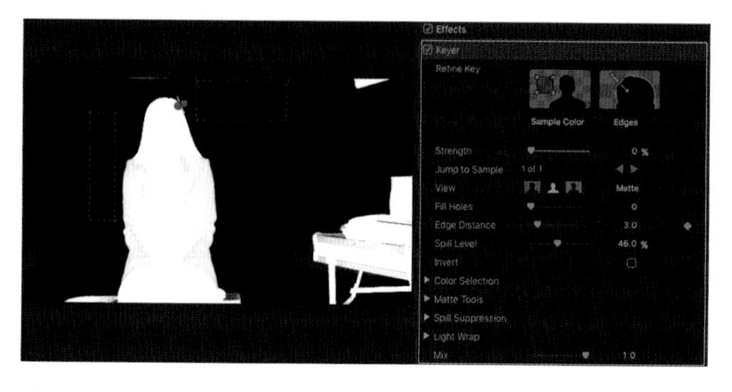

두 선의 끝 점들 사이에 있는 또 다른 선을 드래그해 디테일의 투명도를 조절할 수 있다. 만약 이 라인을 중앙 매트에 너무 가깝게 움직이면, 흰 매트 안쪽이 회색의 그림자가 진 것처럼-투명한 부분을 가리킴-변하기 시작할 것이다. 투명한 영역에서 중심 매트가 다시 흰색으로 돌아올 때까지 라인을 다시 반대 방향의 끝점 쪽으로 드래그해주자. Edges 선을 점들의 위치를 바꿀 수도 있고, 여러 개의 샘플들을 이미지에 추가할 수도 있다.

Unit 04 크로마 키Chroma Key 수정하기

녹색 배경 앞에 사람을 앉히고 촬영을 할 경우 배경색인 녹색이 어느 정도 반사되어 사람 뒤쪽으로 묻어져나온다. 크로마키 용으로 대상물을 촬영할 때에는 백그라운드 컬러가 반사되지 않는 거리에서 촬영해야 색깔을 분리할 때 용이하다. Keyer 이펙트의 Spill Level 파라미터는 자동으로 대상물에 반사된 컬러를 고치는 기능이다. 예를 통해 이런 작업이 어떻게 진행되는지 살펴보도록 하자.

View 섹션에서 Composite 뷰로 보기를 선택하자.

Spill Level 슬라이더를 100%까지 드래그해 올려보자. 클립에 전체적으로 약간 자홍색(마젠타) 톤이 입혀진다.

다시 Spill Level을 여자의 피부색이 자연스러워질 때까지 (현재 클립에서는 약 60% 정도-각 클립의 상태에 따라 이는 달라진다) 조절해주자.

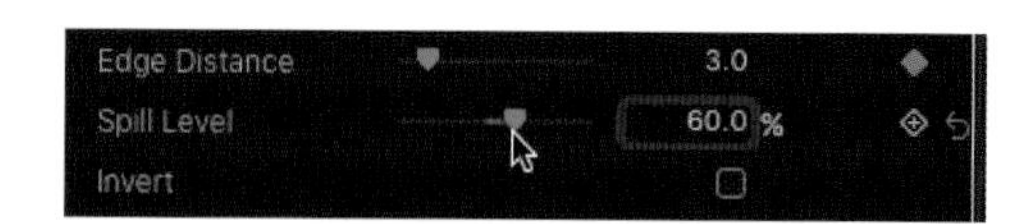

Spill Suppressor 창을 열어보자. 이 창에서는 명암(Contrast), 색상(Tint), 그리고 채도(Saturation)를 조절할 수 있다.

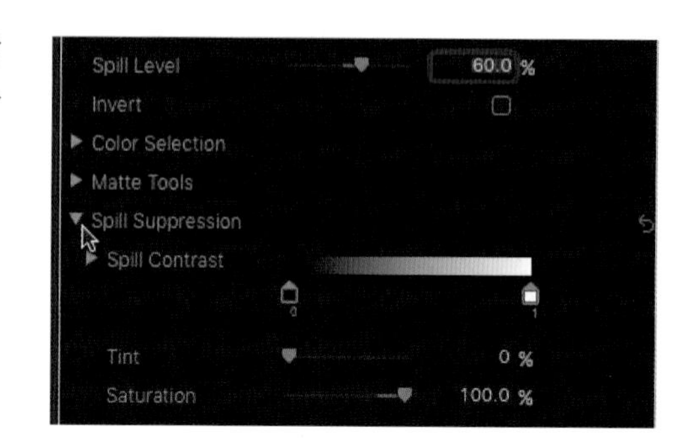

참조사항 Spill Level 옵션

Spill 명암(Contrast)은 키가 된 적용된 대상의 가장자리를 둘러싼 회색 부분을 더 어둡게 하거나 밝게 만듦으로써 없앨 수 있다. Spill Contrast의 오른쪽 밑에 위치한 흰 화살표 아이콘을 왼쪽으로 드래그하면, 가장자리의 회색 부분을 감소시켜주고, 더 많은 디테일을 보여준다.
틴트(Tint)와 채도(Saturation)를 조절하면 Spill Suppressor의 영향을 받은 비디오의 원래의 컬러를 복원하는데 도움이 된다.
고급 기능인 Spill Suppressior은 합성된 이미지를 볼 때 가장 효과적으로 쓸 수 있다.

채도를 약 65% 정도로 드래그해서 조절하자.

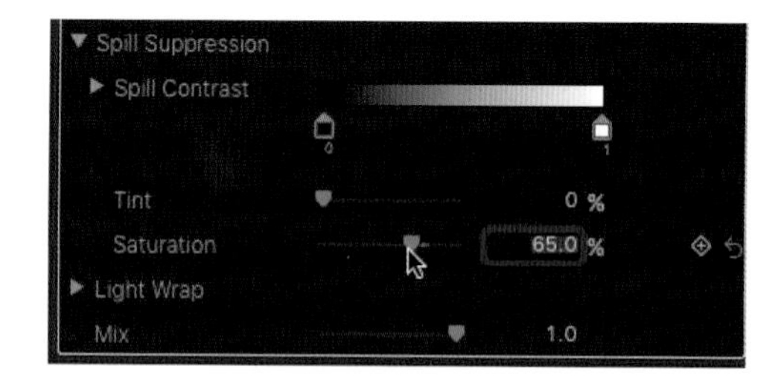

06 붉은 빛이 더 많이 없어져서 사람의 피부색이 더 부드럽고 자연스럽게 보인다. 타임라인의 빈 공간을 마우스로 클릭하면, 화면에 보이던 컨트롤들이 사라진다.

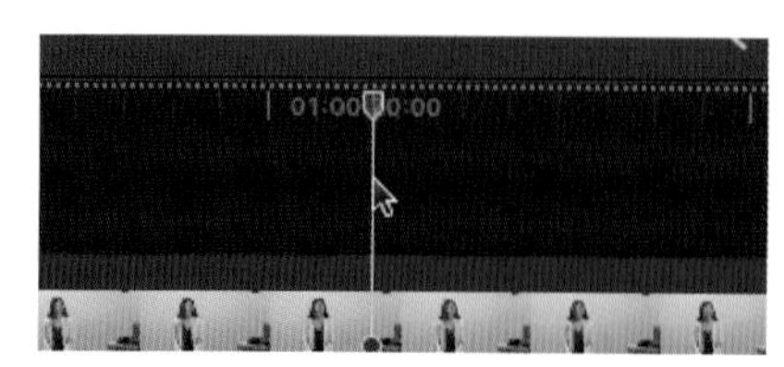

녹색이 드리워진 현상을 고치기 위해 키 이펙트는 보색관계인 자홍색(마젠타 컬러)을 이미지에 추가해 넣었다. 그러나 만약 자홍색(마젠타 컬러)가 너무 많이 추가되면, 사람의 피부색이 분홍색으로 보이는 문제가 있기 때문에 항상 기준을 사람의 피부색으로 한 후, 보색인 자홍색을 필요한 만큼 입힌다.

Section 02 고급 키(색상) 기능 사용하기

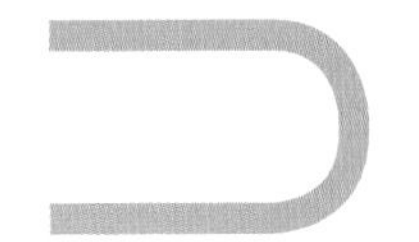

앞에서 배운 기본적인 키 작업 방식으로도 색상을 조절하고 이미지를 분리하는 게 어렵지 않지만, 키 이펙트는 더 어려운 상황에서 쓰일 수 있는 여러 가지 고급 컨트롤들을 가지고 있다. 이러한 고급 키 기능들이 어떤 식으로 쓰이는지 함께 살펴보도록 하자.

01 인스펙터 창에서 키의 강도를 다시 100%로 올려보자. 매뉴얼로 조절했던 내용들이 다시 자동 모드로 돌아가면서 전체 화면에 다시 뿌연 부분들이 보인다.

컬러 셀렉션(Color Selection)을 클릭해 열어보자.

보통은 파이널 컷 프로 X가 자동으로 선택하는 샘플 컬러 키를 이용해서 시작하지만, 상급자는 컬러 셀렉션 툴을 사용하여 컬러 키나 매트의 가장자리 정보를 이용해서 직접 샘플한 컬러를 선택하여 시작한다. 컬러 셀렉션 컨트롤 툴을 효과적으로 사용하려면 반드시 Strength 파라미터는 항상 0보다 높아야 한다.

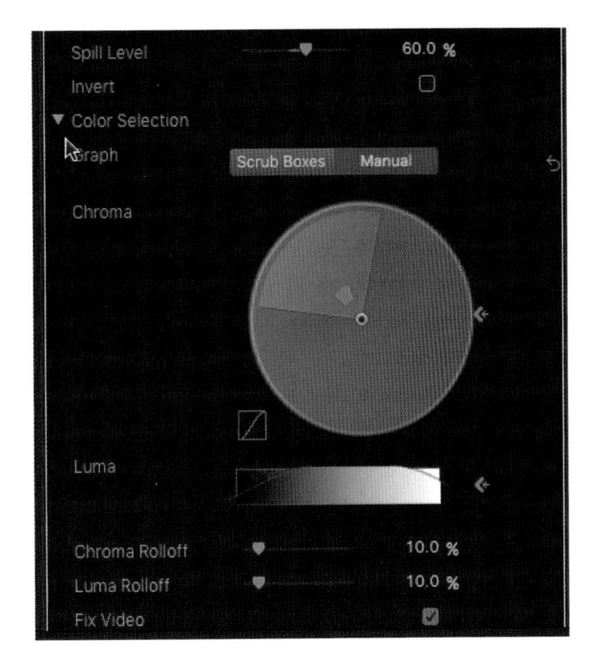

컬러 셀렉션 컨트롤에서 가장 중요한 부분은 크로마(Chroma) 컬러 휠이다. 이는 키의 색조(hue)와 채도(saturation)의 영역을 지정할 수 있게 해준다.

자신이 선택한 그래프에 따라 두 가지 모드로 이 휠을 사용할 수 있다. 디폴트로 설정되어 있는 스크럽 박스(Scrub Boxes)는 가장자리의 투명도만 조절할 수 있게 해주고, 중심부의 투명도에는 영향을 미치지 않는다. 가장자리 투명도는 휠 위에 한 조각의 파이 모양으로 하이라이트된 부분으로 표시된다.
크로마 컬러 휠의 중심점을 약간 왼쪽 밑으로 드래그해서 색조의 영역을 바꿔주자.

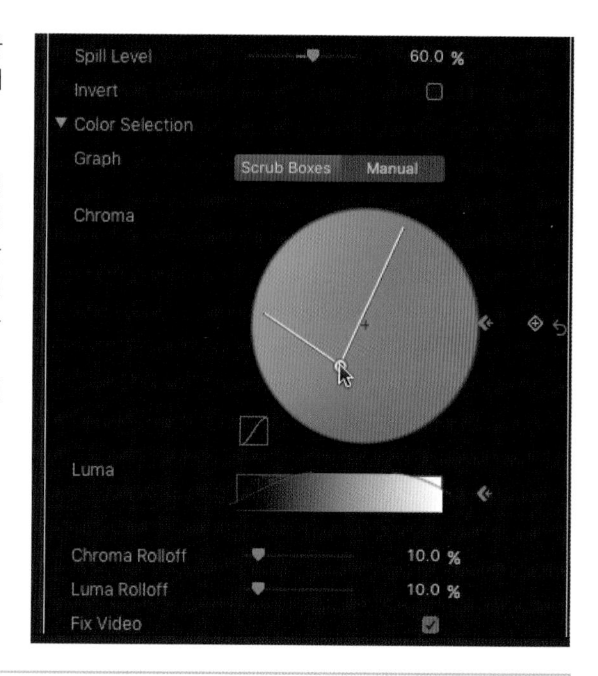

참조사항 조금 더 많은 디테일을 원한다면 중심의 투명도를 조절해줘야 할 것이다. 크로마 휠의 파이 모양의 영역 중 작은 부분, 즉 안에 있는 그래프로 조절할 수 있다. 이는 크로마 휠 위에 보이는 그래프(Graph)의 설정을 매뉴얼(Manual)로 설정한 상태에서만 수정이 가능하다.
메뉴얼을 선택한 후에 스크럽 박스로 바꾸고 싶다면, 원하지 않는 컬러 샘플들의 조합을 피하기 위해 꺾인 화살표 모양의 아이콘을 클릭, 컬러 셀렉션을 반드시 리셋해줘야 한다.

화면의 색상이 약간 더 짙게 보인다.

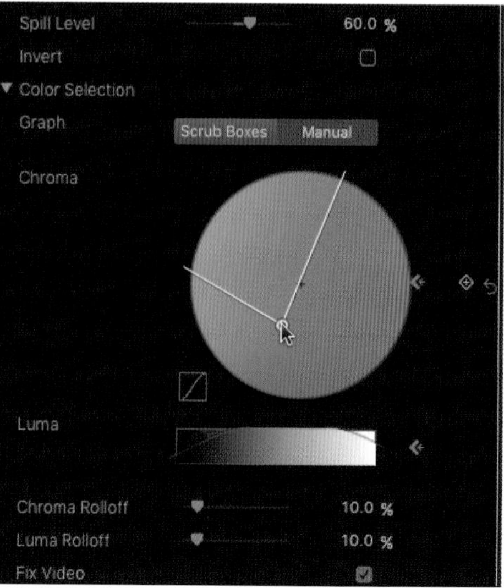

크로마 컬러 휠을 조절함으로써 변하는 모습은 대부분의 경우 매트 뷰에서 더 확실하게 확인할 수 있다. 다시 매트 뷰를 통해 사람과 물체가 어떻게 변했나 확인해보자. 색조의 영역이 확장된 이후, 자동으로 색상을 선택했을 때보다 섞여있는 다른 색상이 함께 키(크로마 키)가 되면서 남아있는 이미지의 디테일(흰색으로 보이는 부분들)이 조금 더 강해졌다.

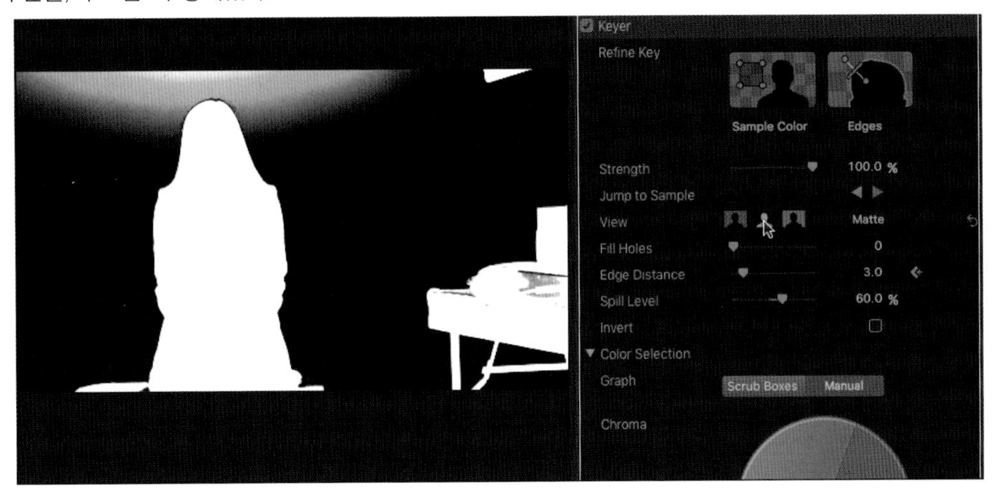

06 색조와 채도의 영역을 수정하려면 크로마 롤오프(Chroma Rolloff)를 조절하면 된다. 크로마 롤오프는 키가 적용되거나 적용되지 않은 컬러들 사이의 트랜지션을 보다 부드럽게 만들어줌으로써 가장자리가 더 부드러워 보인다.

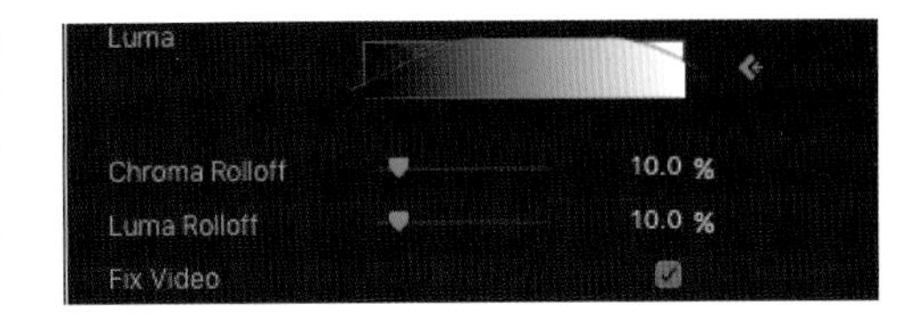

크로마 휠 밑에 보이는 루마(Luma) 커브는 키가 적용된 픽셀들의 밝기를 나타내며, 키의 픽셀들의 영역을 수정할 수 있게 해준다. 그러나 이는 특정한 키를 향상시키거나 하진 않을 것이다. 루마 롤오프(Luma Rolloff)는 크로마 롤오프와 비슷하다. 이는 키가 적용된 픽셀과 적용되지 않은 픽셀의 사이의 트랜지션의 부드러움 정도를, 컬러가 아닌 빛의 밝기의 정도에 기반해 조절해준다.

루마 롤오프(Luma Rolloff)를 약 50%이 넘는 정도로 조절해 화면상에 뿌옇게 보이던 부분들을 없애고 매트 안의 더 많은 디테일들을 살려보자. 매트의 가장자리가 더 얇아지며 디테일을 더 잘 살려주고 키된 부분이 더 투명해진다. 화면의 흑과 백이 아주 선명하게 보인다.

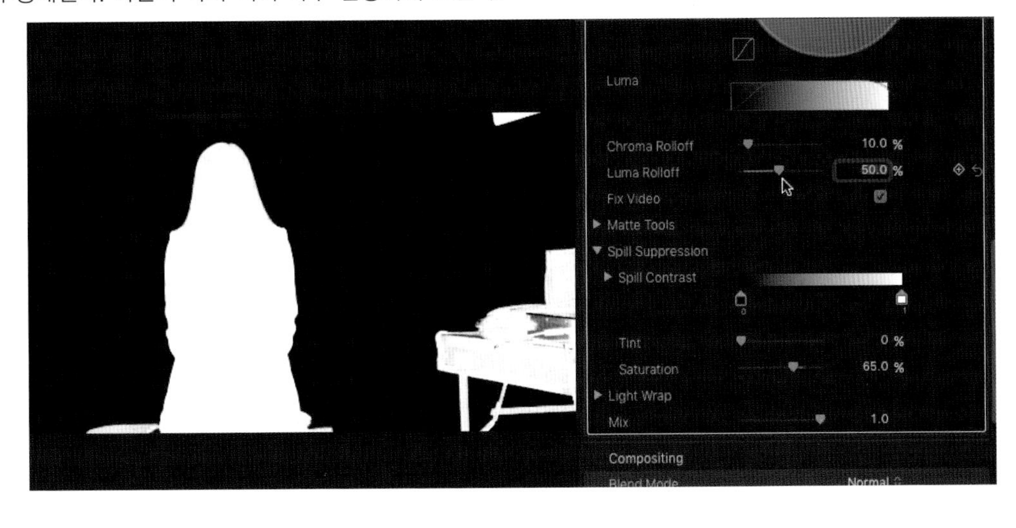

다시 컴포지트 뷰로 돌아가자.

매트 툴을 이용해 매트를 더 정교하게 수정할 수도 있다. 매트 툴 창을 열어보자.

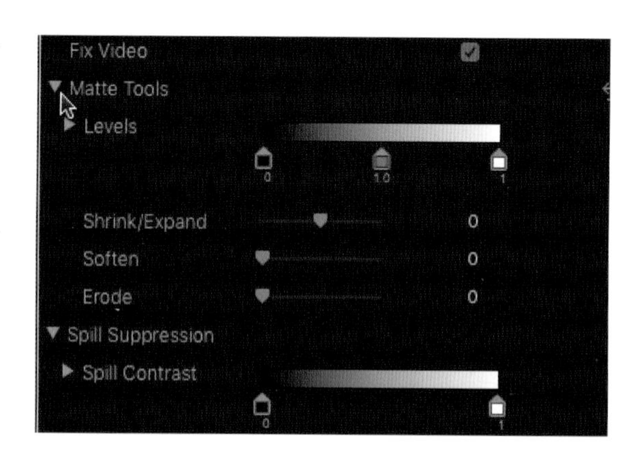

매트 툴 섹션에서 대조(Contrast), 줄이기/확장하기(Shrink/Expand), 부드럽게 하기(Soften), 그리고 매트 약화(Erode)를 사용할 수 있다. 이 툴들은 많이 사용하지 않는 것이 좋다. 만약 사용을 한다면, 이미 작업한 이미지에 데미지를 주지 않도록 조심해서 다루도록 한다.

10

Shrink 값을 −1로, Erode 값을 약 1 정도로 조절해주자.

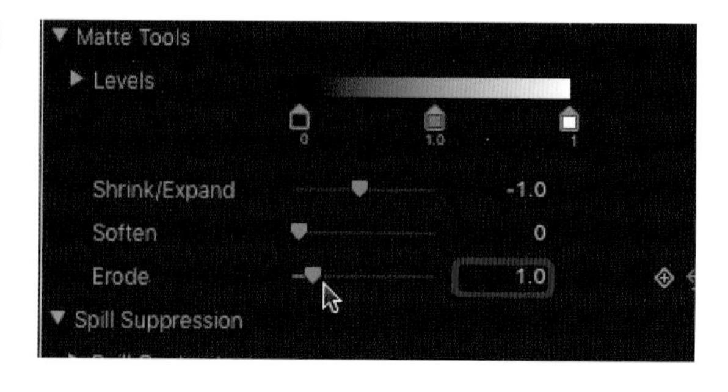

화면 상단에 뿌옇게 보이던 부분이 거의 없어졌다.

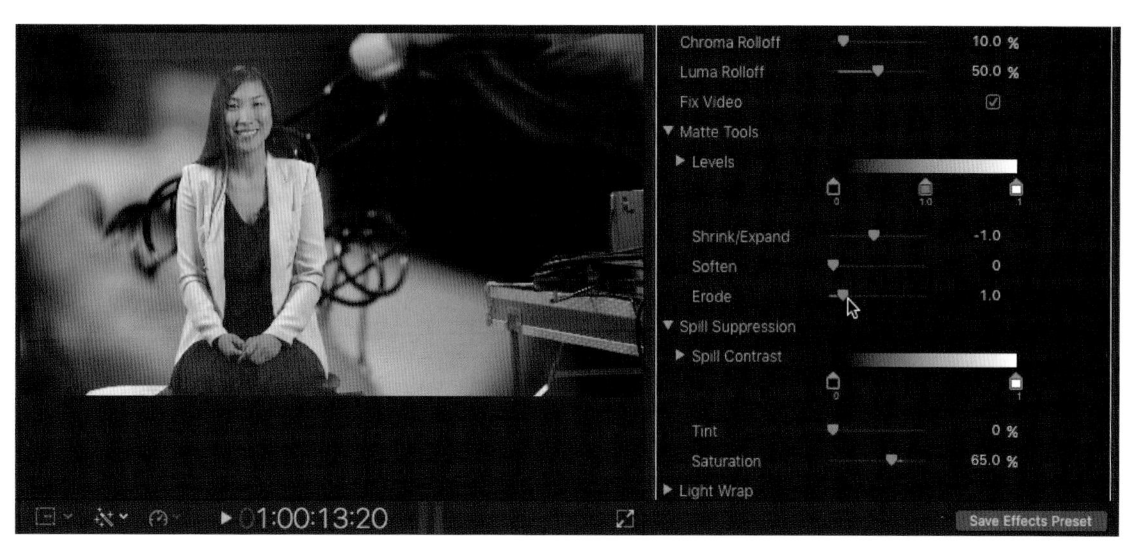

다시 Spill Suppress에서 Spill Contrast를 왼쪽으로 드래그해서 약 0.90 정도의 값으로 조절해 주자.

명암이 조절되면서 사람과 배경화면의 색상이 자연스럽게 잘 어우러져 보인다. 배우의 이미지는 깨끗하게 분리되었지만 아직 화면 오른쪽에는 필요 없는 장비들이 어지럽게 보이고 있다. 마스크 이펙트를 이용해서 화면에서 필요 없는 부분을 잘라주자.

Section 03 마스크 효과

Mask Effects

크로마 키 촬영 시 배우 주변에 필요 없는 부분들이 많이 있을 수 있다. 화면에서 필요한 부분만 선택해서 남겨두고 그 외 부분은 마스크 필터로 지워보자. 예를 들면 촬영 시 배우 주변의 필요 없는 화면 끝 부분을 가려서 지워주는 것이다. 포토샵 등에서 사용되던 마스크 이펙트가 새로 업데이트된 파이널 컷 프로에서 지원이 된다. 영상에서 필요한 부분을 펜 툴을 이용해서 선택한 후 원하는 모양대로 영상을 자를 수 있다. 이전에는 가비지 마스크(Garbage Mask) 또는 가비지 매트(Garbage Matte)로 불렸지만 업데이트된 파이널 컷 프로에는 드로우 마스크(Draw mask)라는 펜 툴 모양의 마스크 이펙트가 있다.

Unit 01 드로우 마스크 Draw Mask 사용하기

배우가 앉아있는 곳 오른쪽 옆에 보이는 테이블과 촬영 장비들 등, 필요 없는 부분을 마스크 필터를 이용해 지워보도록 하자.

타임라인에서 Chroma 1 클립이 선택된 것을 확인하자.

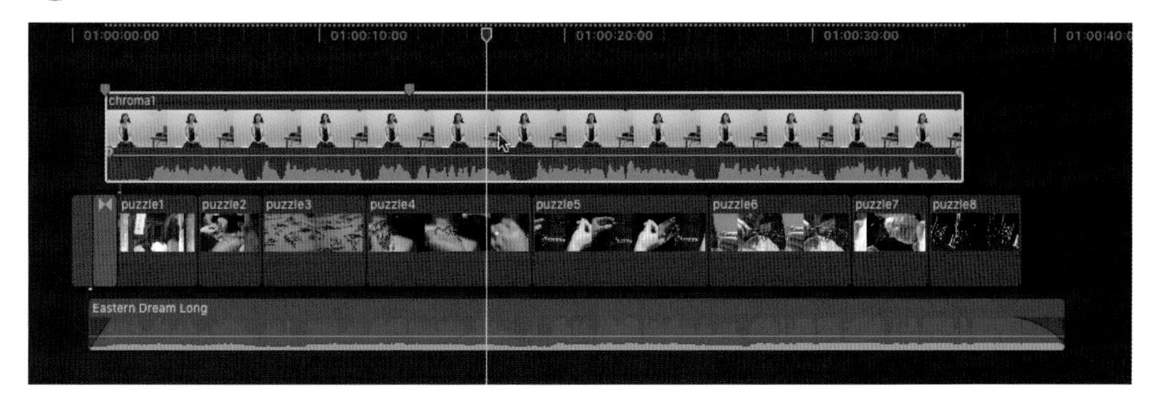

클립이 선택된 상태로, 이펙트 브라우저에서 드로우 마스크(Draw Mask) 이펙트를 더블클릭해 클립에 마스크 이펙트를 적용시키자.

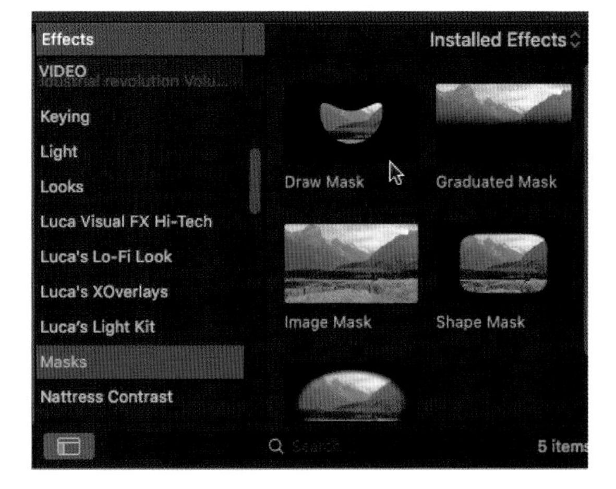

03 드로우 마스크를 적용한 후 뷰어에서 보이는 화면이다. 펜 모양의 툴이 화면에 보이고 이 툴을 이용해서 컨트롤 포인트를 지정한 후 여자만 선택하여 화면의 오른쪽에 있는 필요 없는 부분을 없애자.

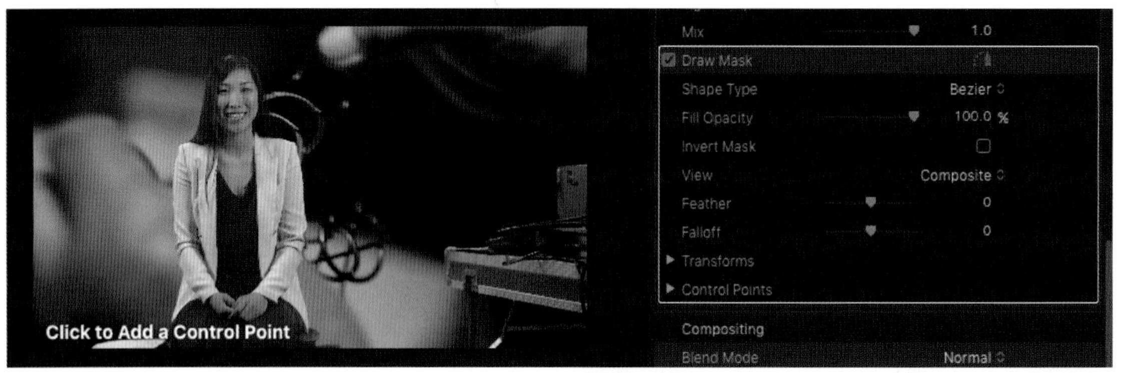

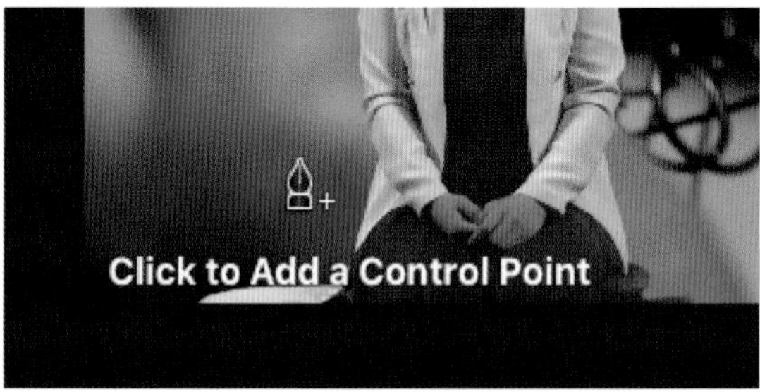

04 여자 주변을 펜 툴로 포인트를 찍어서 아래의 그림과 같이 선택해보자. 드로우 마스크 툴로 선택된 부분은 남아있고 그 밖의 부분은 모두 지워진다. 화면상에 보이는 네 개의 마스크 영역 컨트롤들을 조절해 필요 없는 부분은 숨기고, 여자만 화면에 보이게 만들자.

참조사항 펜 툴을 이용해서 어떤 모양을 완성할 때에는 반드시 첫 컨트롤 포인트를 마지막으로 다시 찍어야 그 쉐입이 완성된다. 아래의 예는 아직 시작 포인트를 선택하지 않은 경우이다.

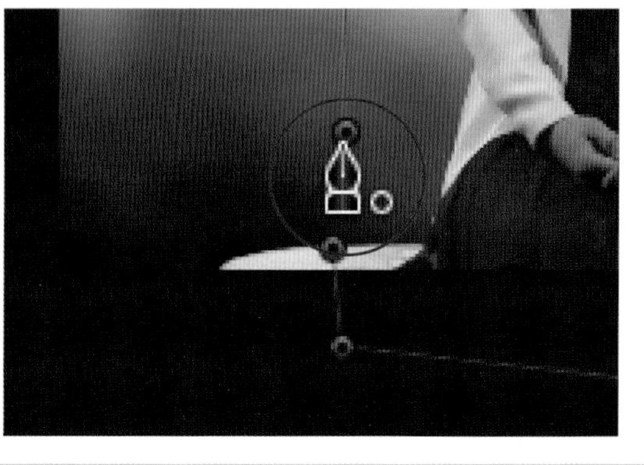

인스펙터에서 뷰어를 Original로 바꿔주자. 마스크 이펙트로 선택된 영역이 보일 것이다.

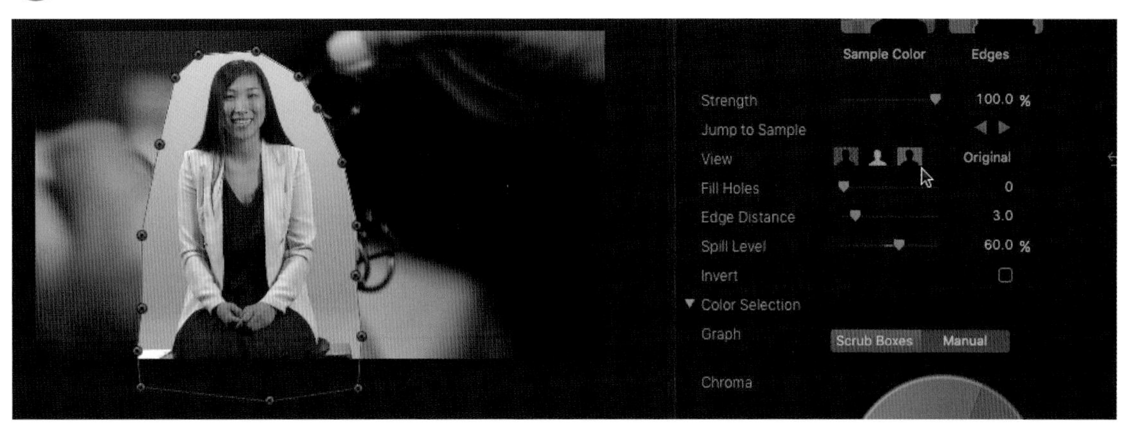

06 그림에서 보면 알 수 있듯이 여자의 머리 윗부분 위의 공간이 조금 더 필요하다. 컨트롤 포인트를 추가한 후 이 쉐입을 변형시켜보자. 컨트롤 포인트 사이에 있는 빨간 선 위로 마우스를 가져간 후 Option + Click하면 컨트롤 포인트를 추가할 수 있다. Option 키를 누른 상태에서 마우스를 빨간 선 위로 가져가면 + 싸인이 보인다.

07 추가된 컨트롤 포인트를 위로 드래그해서 좀 더 여유있는 공간을 만들어보자.

참조사항 컨트롤 포인트를 지우는 방법

컨트롤 포인트를 Ctrl + Click하면 단축메뉴가 뜬다. 여기에서 delete 포인트를 지정하면 지워진다.

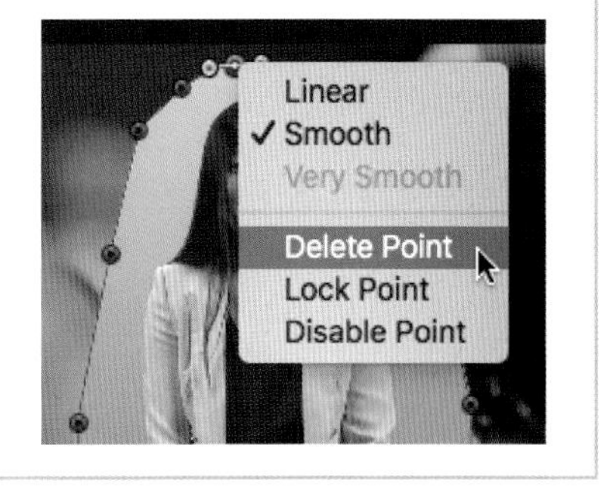

08 인스펙터 창에서 뷰어를 합성 모드로 바꿔보자.

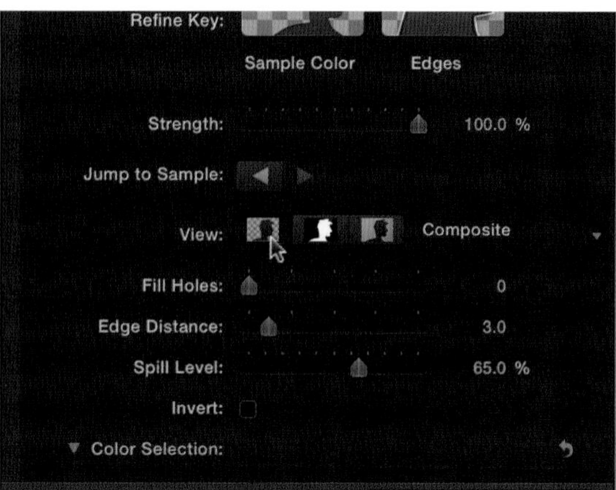

09 이제 크로마 키가 어느정도 완성되었으면 변경하기(Transform)를 이용해서 배우를 원하는 위치로 옮겨보자. 뷰어 아래에 있는 변형하기 이펙트 아이콘을 클릭해 변형하기 툴을 화면에 나타나게 하자.

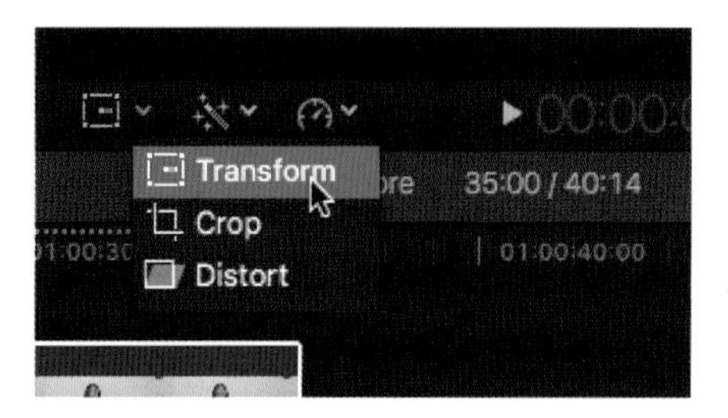

10 변형하기 툴의 중심점을 잡아 화면 왼쪽으로 드래그해서 배우의 위치를 조절해주자.

참조사항

변형하기 툴을 이용하면 화면의 보기 크기를 최적화 사이즈보다 약간 작은 크기로 줄이면 툴의 핸들과 영역을 뷰어에서 다 볼 수 있어 작업이 용이하다.

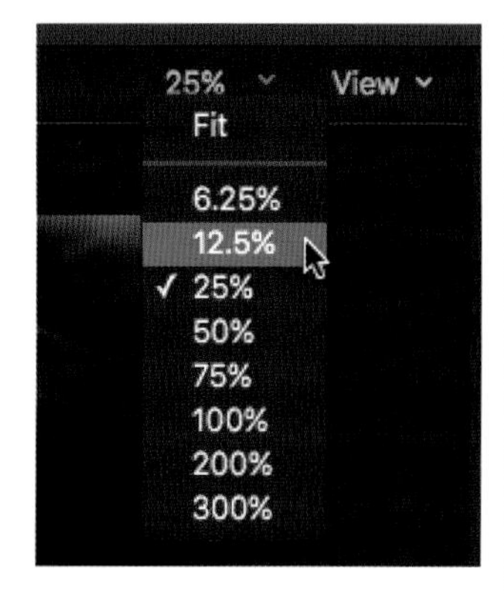

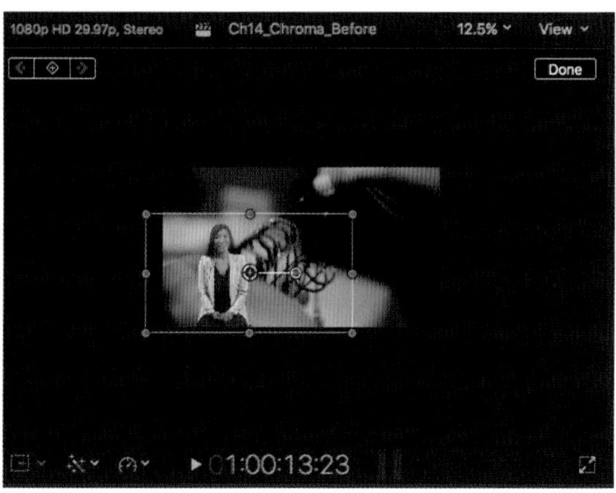

변형하기 툴의 가장자리 핸들을 드래그해서 화면상의 배우 크기를 작게 조절해주자.

Transform툴 사용이 끝났으면, 뷰어의 오른쪽 위에 보이는 Done 버튼을 눌러 변형하기 모드를 끝내자.

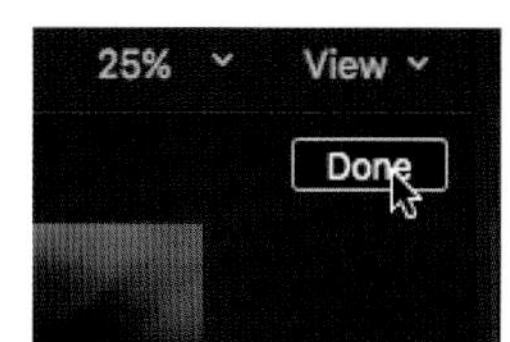

완성된 모습이다. 아직 배우 주변에 마스크 포인트가 보인다면 이 클립을 타임라인에서 선택하고 있기 때문이다. 다른 클립을 클릭하면 마스크 쉐입(shape)은 더 이상 보이지 않는다.

참조사항

펜 툴 선 숨기기 버튼을 누르면 여자 주변에 있던 마스크 선이 없어진다.

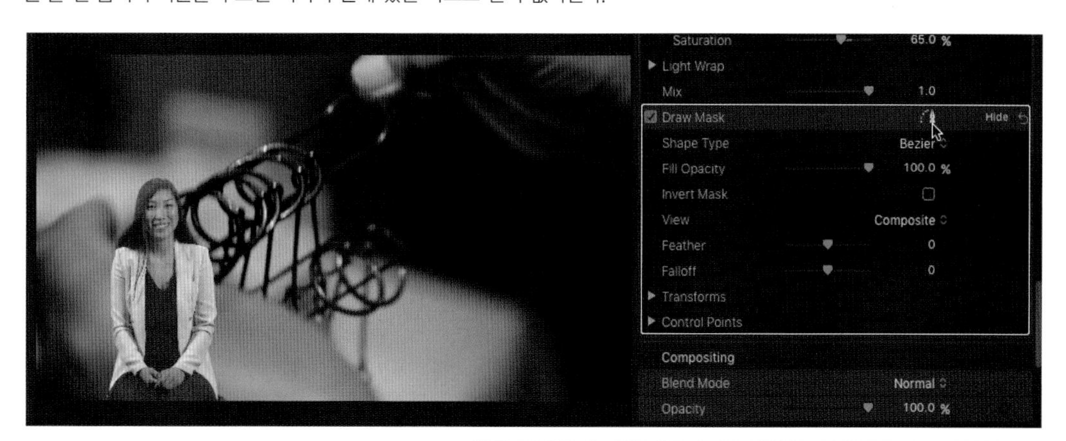

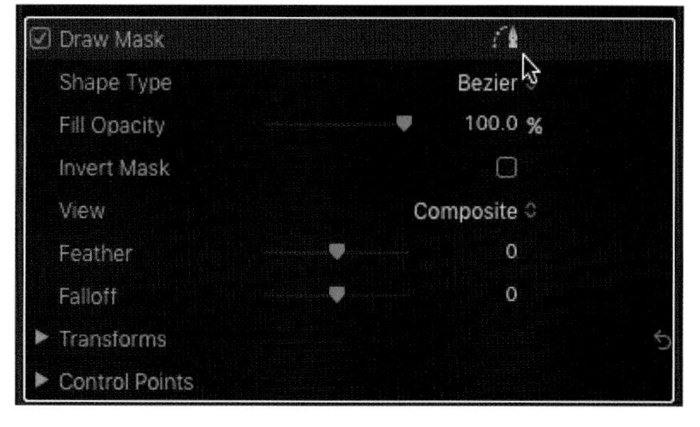

Unit 02 크로마 키 효과를 여러 백그라운드와 함께 확인하기

크로마 키로 백그라운드를 제거했을 경우 합성되는 바탕에 다른 비디오 클립에 따라서 완성도에 차이가 날 수 있다. 예제 파일에서는 여덟 개의 다른 비디오 백그라운드가 사용되었다. 각 클립에 따라서 이 배우가 얼만큼 자연스럽게 합성되어 있는지 확인해보자. 크로마 키 이펙트는 키프레임을 이용해서 원하는 구간만큼 따로 조절할 수 있지만 클립을 잘라서 조금 다른 크로마 키 효과값을 각 클립별로 재지정할 수도 있다.

플레이 헤드를 Puzzle06 클립이 백그라운드로 있는 지점 위로 가져가서 합성된 크로마 키 효과를 확인해보자.

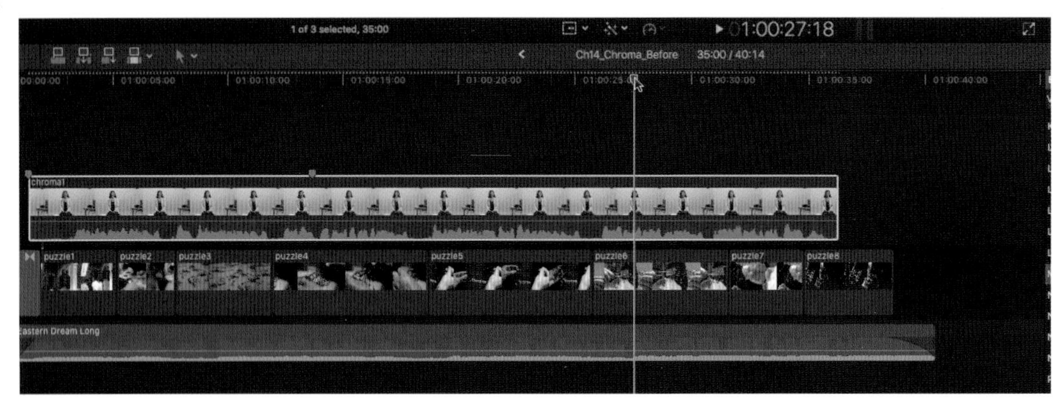

여자의 머리 위쪽에 색상과 농도가 아직도 약간 부자연스러운 부분이 보인다. 이전 작업에서는 같은 컬러와 밝기의 백그라운드를 사용했기 때문에 보이지 않던 문제가 어두운 비디오 클립을 백그라운드로 사용하니 보인 것이다.

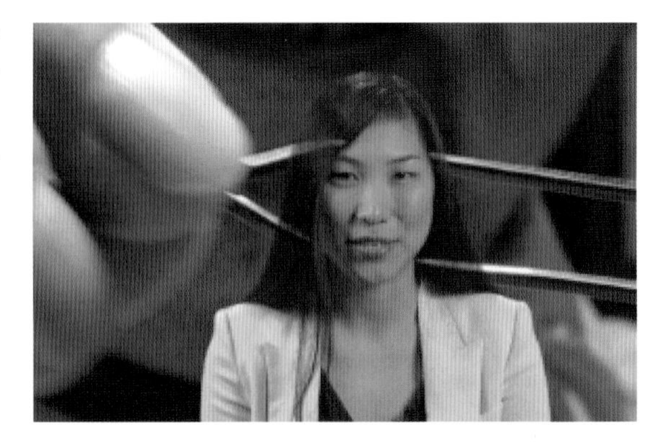

03

Chroma 01 클립을 선택한 상태에서 인스펙터 창에 있는 컬러 셀렉션 구간을 열자.

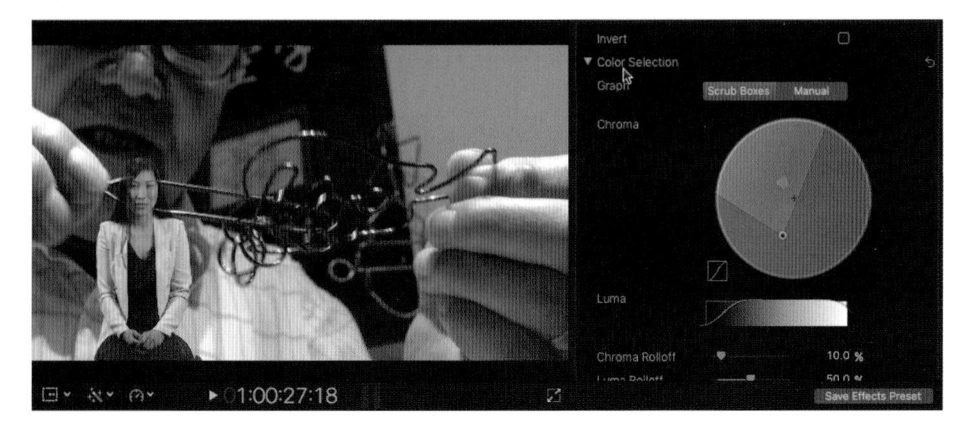

04 크로마 롤오프를 62%, 루마 롤오프를 50%로 조절하자.

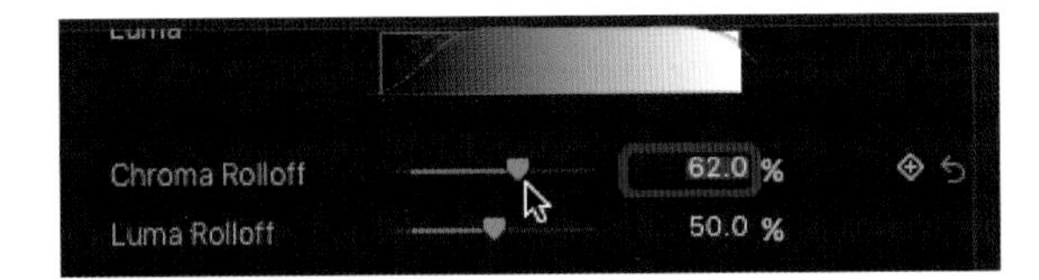

05 타임라인에서 Puzzle06 클립을 선택하면 Chroma 01이 있던 마스크효과 표지선이 사라지고 크로마 키 효과 결과물을 확인할 수 있다. 백그라운드와 자연스럽게 합성된 배우의 비디오 레이어를 확인해보자.

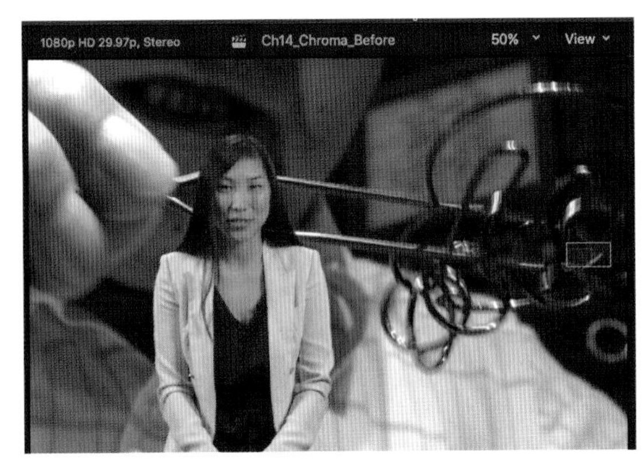

Section 04 포토샵 파일 사용하기

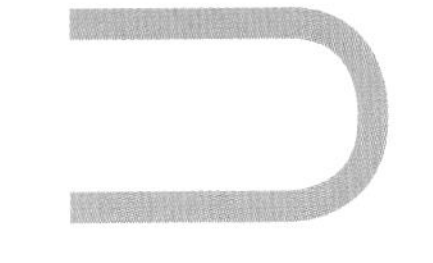

레이어가 있는 그래픽 파일인 Adobe Photoshop(PSD) 파일들을 파이널 컷 프로 X에서 컴파운드 클립(Compound Clip)으로 가져와서 각 레이어들을 독립적으로 편집할 수 있다. 각각의 레이어들은 타임라인 상에 하나의 연결된 클립으로서 존재하게 되는데 이 레이어는 하나의 클립처럼 사용 가능하다.

레이어가 4개인 포토샵 파일

파이널 컷 프로 X에서 사용할 포토샵 파일의 특징

- 8bit RGB 색상 모드로 만들자.
- 가능하다면 자신의 프로젝트와 같은 TV 필름 픽셀 크기와 호환이 가능한 프레임 사이즈로 만들자. 포토샵의 대부분의 버전들은 보통의 비디오와 필름 픽셀 크기의 프리셋을 가지고 있다.
- 파이널 컷 프로 X에서 포토샵 파일의 레이어들을 비활성화시키거나 또는 활성화시키려면, 해당 레이어를 선택하고, V를 눌러 이 레이어를 켰다 껐다 할 수 있다.
- CMYK 색상, Lab 색상, Bitmap 등의 다른 색상 모드로 만든 그래픽 파일들의 레이어는 FCPX에서 지원하지 않는다. 오직 RGB 색상 모드에서 만들어진 레이어만이 FCPX에서 인식이 된다. 포토샵에서 만든 레이어들을 FCPX에서 사용하고 싶으면 이 이미지 파일은 항상 RGB 모드로 저장해야 한다.
- 레이어드된 그래픽 파일들은 FCPX 컴파운드 클립으로 나타난다. 레이어가 있는 포토샵 파일을 어떻게 사용하는지에 대해 알아보도록 하자.

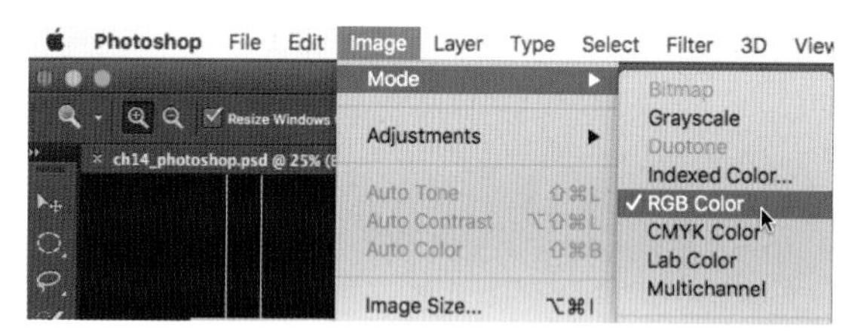

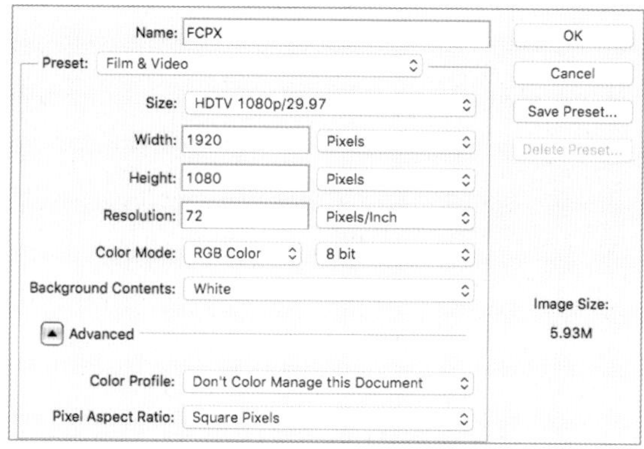

01 브라우저에 있는 포토샵 파일을 확인한 후 타임라인으로 가져오자. 파일이 컴파운드 클립(Compound Clip)으로 나타난다.

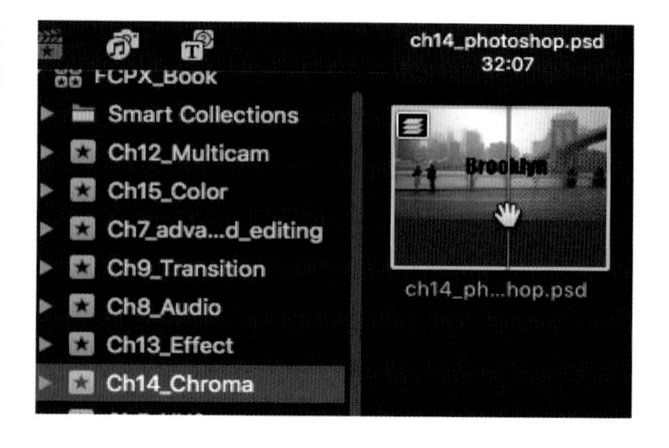

컴파운드 클립을 선택한 후 단축키 E를 눌러 클립을 타임라인으로 가져오자. 레이어가 있는 컴파운드 클립은 마치 하나의 폴드처럼 그 안에 레이어가 있고 편집 시에는 일반 클립처럼 사용 가능하다.

03

컴파운드 클립을 더블클릭해서 새로운 타임라인으로 열자. 포토샵 클립이 4개의 스토리 라인으로 분리되어 각각의 레이어로 보인다.

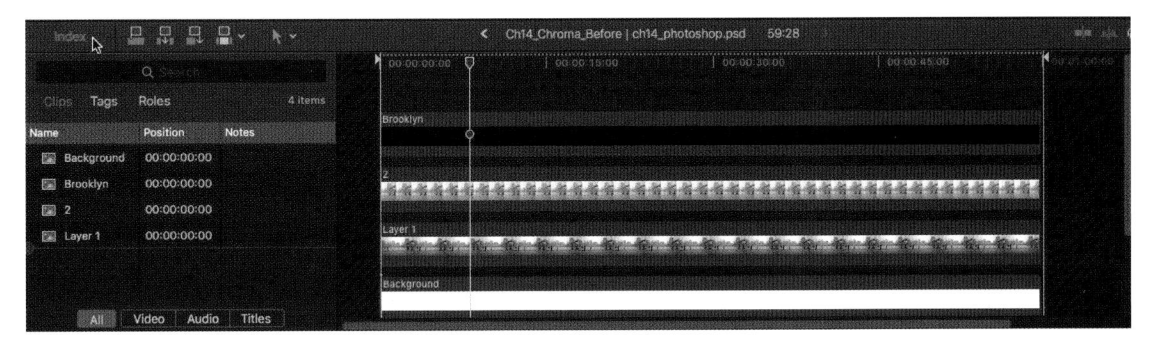

분리된 레이어 중 필요 없는 레이어를 비활성화시켜 꺼도 된다. 두 번째 레이어인 “2”를 선택해 단축키 V를 눌러보자. 2 레이어가 비활성화되면서 컴파운드 클립 전체 이미지에서 해당 레이어가 사라진 것을 뷰어에서 확인할 수 있다.

05 이번에는 Brooklyn 글자의 위치를 바꿔볼 것이다. 먼저 Brooklyn 레이어를 클립에서 선택해보자.

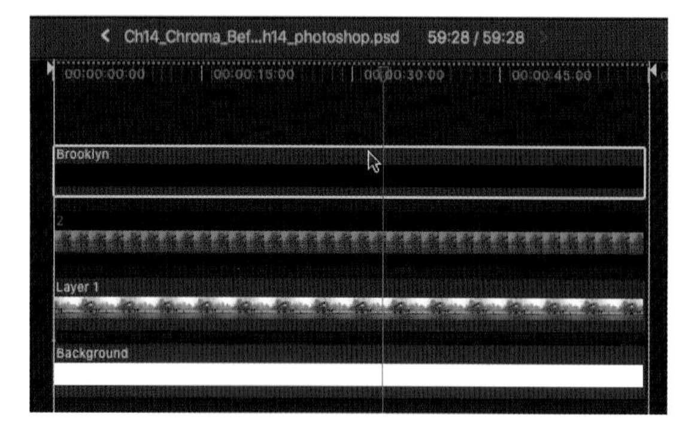

06 뷰어 창에 보이는 트랜스폼(Transform) 버튼을 눌러보자. 뷰어에 트랜스폼 컨트롤들이 보인다.

트랜스폼 컨트롤을 드래그함으로써 뷰어 창의 중간에 위치한 글자 레이어의 위치를 조절할 수 있다. 위치 조절이 끝났으면 창의 위쪽에 보이는 Done 버튼을 누르자.

다음과 같이 글자의 위치가 바뀌었다.

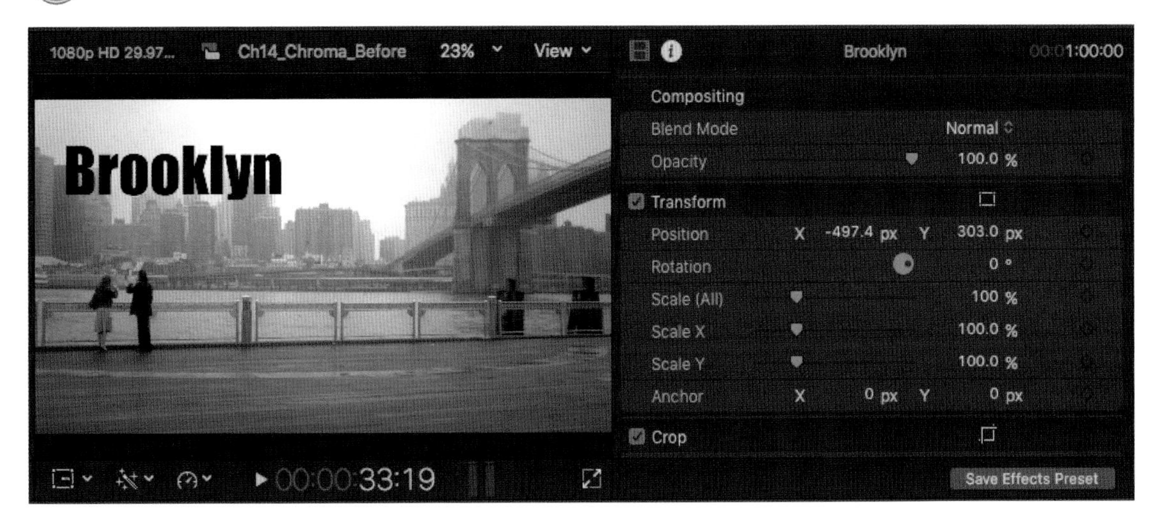

Brooklyn 클립의 시작점을 잡고 클립의 길이를 줄여보자.

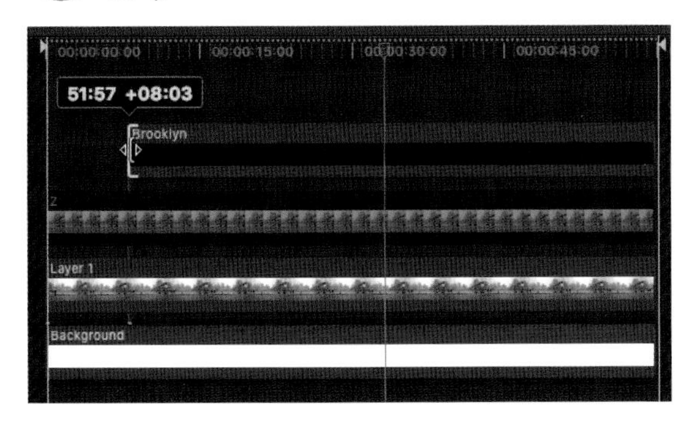

Brooklyn 클립의 길이를 줄인 후, 클립의 시작 부분이 선택되어 있는 것을 확인하자.

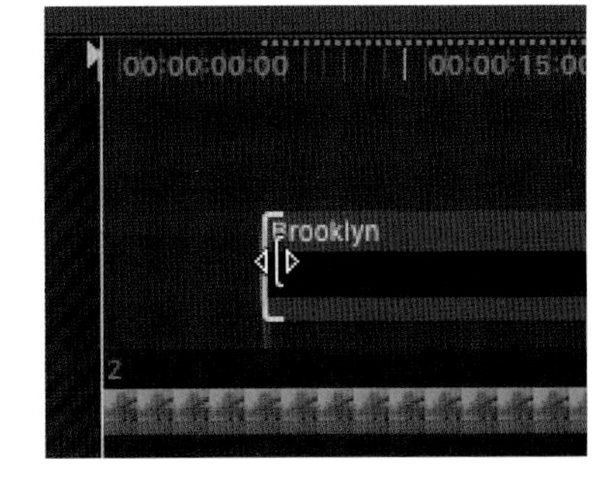

단축키 ⌘ + T를 누르면 기본으로 설정된 디졸브 트랜지션이 추가된다. 클립의 시작에 페이드 인이 적용된 것을 확인할 수 있다.

컴파운드 클립(Compound Clip) 사용이 끝났으면 타임라인 히스토리의 이전으로 가기 버튼을 눌러 컴파운드 클립 타임라인에서 원래의 프로젝트 타임라인으로 돌아가자.

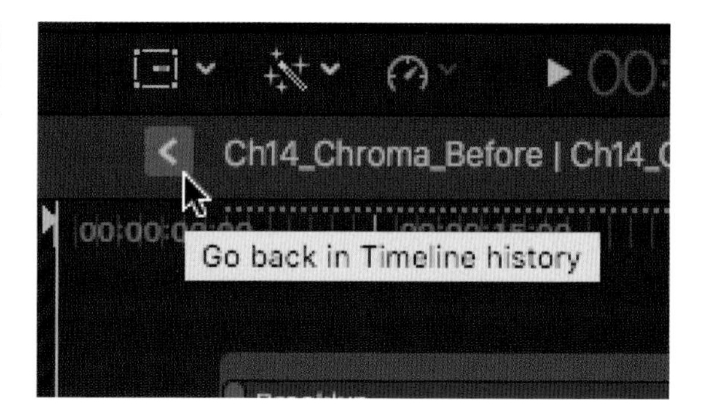

13 컴파운드 클립의 끝을 잡고 길이를 줄여주자. 컴파운드 클립이 타임라인에서 일반 클립처럼 사용되는 것을 확인할 수 있다.

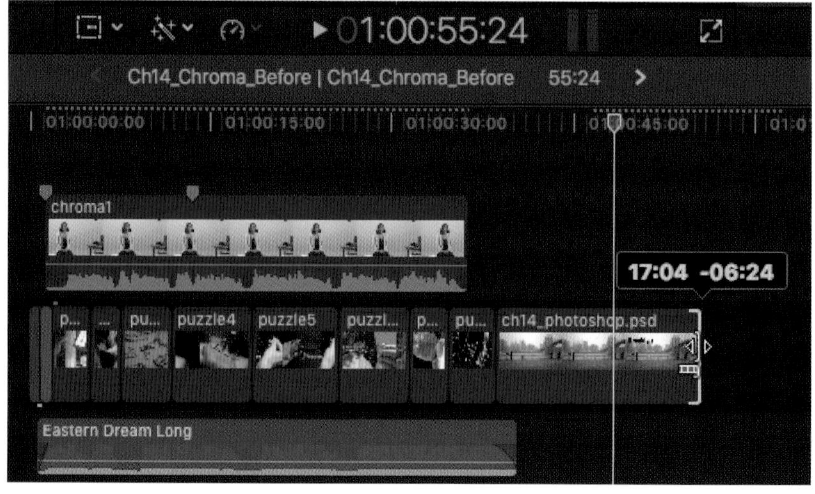

컴파운드 클립을 플레이해 보면 그 안에 적용된 트랜지션이 시간의 순서에 따라 보일 것이다. 이 컴파운드 클립에 적용된 모든 효과나 변형은 꼭 그 컴파운드 클립을 열어서 그 안에서 바꿔야 한다는 것을 잊지 말자.

레이어가 변형된 포토샵 파일은 더 이상 컴파운드 클립 기능을 하지 않는다. 변형된 포토샵 파일을 열기 위해서는 Ctrl + Click해서 뜬 단축메뉴에서 Open Clip을 눌러야 다시 그 레이어들을 볼 수 있다.

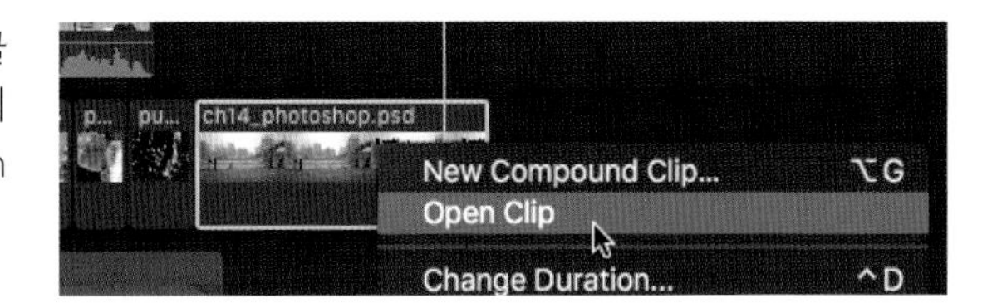

Section 05 360VR 비디오 편집 이해하기

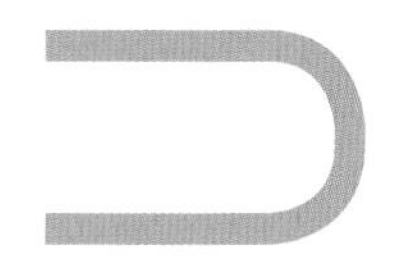

Final Cut Pro에서는 360도 전용 뷰어 또는 연결된 VR(가상현실) 헤드셋을 이용해서 실시간으로 360도 Vutual Reality(VR) 클립을 보면서 손쉽게 편집할 수 있다. 복잡한 다른 VR 편집 소프트웨어와는 달리 가장 핵심적인 VR 편집 기능들만을 이용해 클립을 임포트한 후 많은 렌더링 없이 편집을 한 후 타이틀을 넣고 VR클립에 있는 바닥 또는 상단의 카메라 마운트 자국을 지워서 Facebook 또는 YouTube로 출력을 해보자.

Unit 01 360VR 편집 인터페이스

360VR 편집창

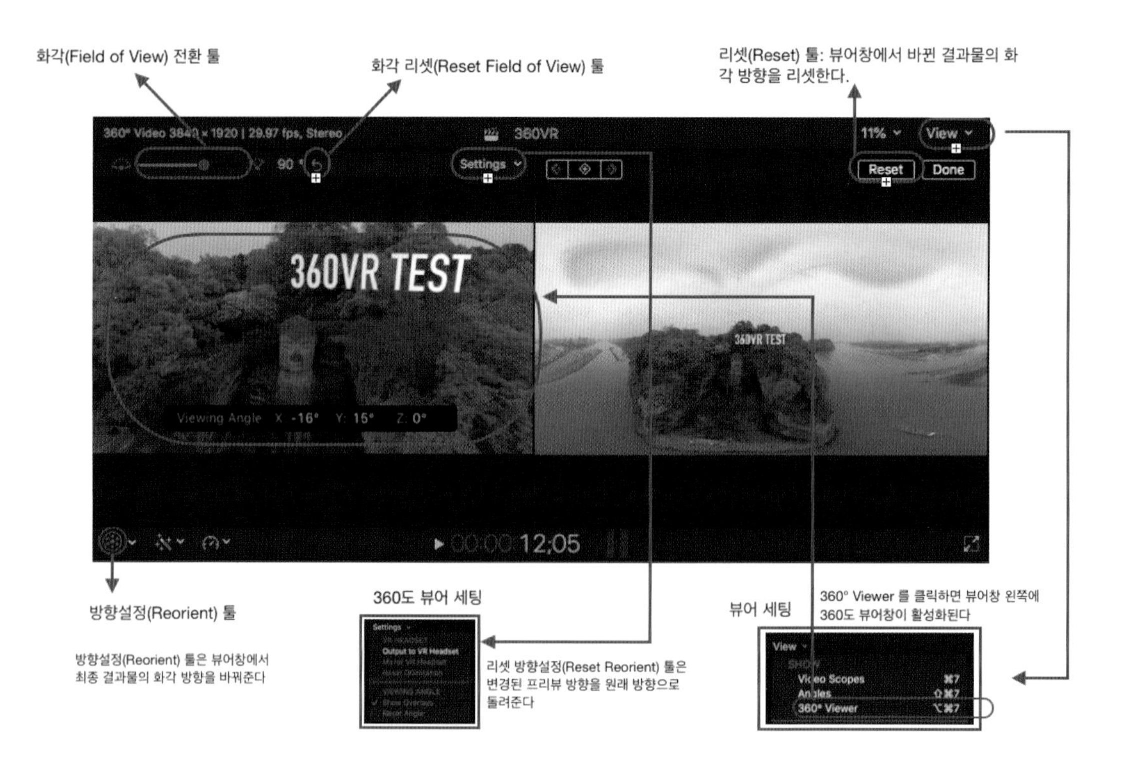

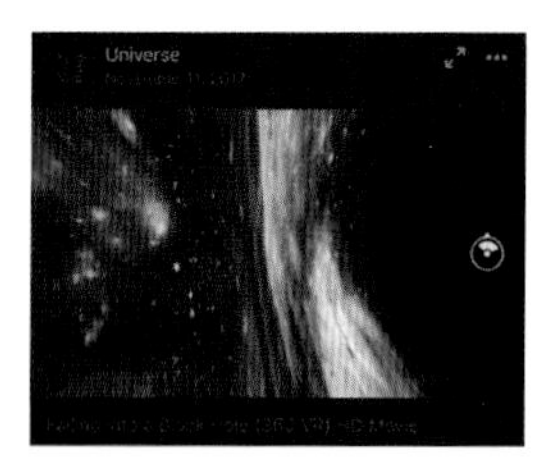

FaceBook 360 VR

YouTube 360 VR

VimeoVR

InstaVR

교재에서 제공하는 360 VR 파일은 촬영된 6개의 클립을 스티칭 소프트웨어를 이용해서 하나로 만든 파일이다. 만약 자신이 가지고 있는 VR클립을 파이널 컷에서 사용하려면 아래의 링크를 참조해서 스티칭 소프트웨어가 필요한지 먼저 확인하자. 편집을 시작하기 전에 촬영된 카메라 제조업체의 스티칭 소프트웨어를 사용하여 해당 클립들을 equirectangular projectio(등각 투영) 클립으로 변환해서 파이널 컷 프로에서 사용해야한다. 하나의 VR카메라로 제작된 VR클립은 스티치를 할 필요가 없다. 하지만 많이 사용되는 고 화질 VR촬영 방식인 6개의 GoPro로 촬영된 분리된 VR클립들은 사용전 스티칭 과정이 필수적이다.

https://support.apple.com/ko-kr/HT204203#360

Unit 02 360VR 클립 프리뷰

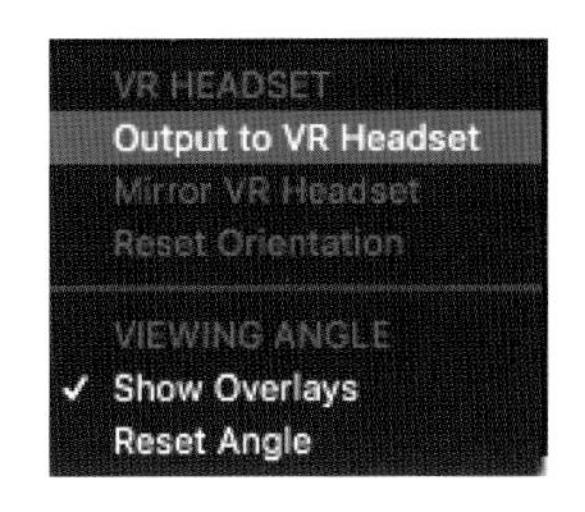

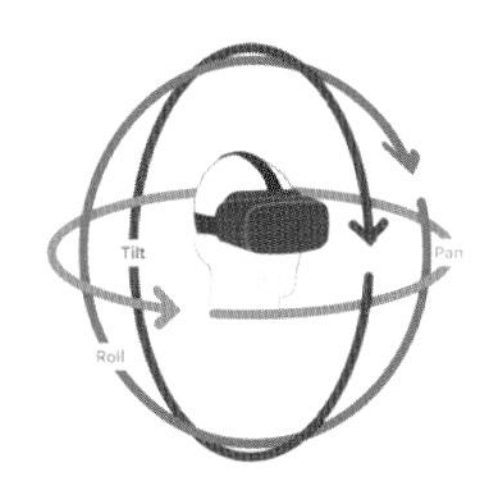

Vive VR Headset

360VR 클립 편집시 가장 좋은 방법은 기본 셋업시에 VR 헤드셋을 연결해서 실시간으로 클립을 보면서 하는게 좋은 방법이다. SteamVR을 설치한후 시판중인 헤드셋을 연결할수 있다. 헤드셋 없이 모니터에서 구현되는 360VR의 모습은 마치 지구본을 펼친 평면적 세계지도의 모습이 되기 때문에 실제 VR클립을 볼때 평면에서 360도 입체감을 이해하기 위해서는 어느정도의 훈련이 필요하다. 전문가용 360VR 편집을 위해서는 360VR 헤드셋 사용이 360VR 클립 편집시 몰입감을 구현하는 가장 좋은 뷰 방식이기 때문에 꼭 사용하기를 추천한다.

해드셋 연결 방법은 아래의 링크를 참조하길 바란다.
https://support.apple.com/en-us/HT207943

Section 06 일반 클립을 360VR 클립으로 변환하는 방법:

360 모드로 사용할 클립은 인스펙터창의 360 Projection mode에서 설정을 equirectangular projectio(등각 투영) 모드로 바꾸어줘야 이 임포트된 클립에 360 모드가 적용된다.

360 모드로 전환되기 전의 평면적 클립

360 모드로 전환된 입체적 클립

Unit 01 360도 모드 설정 방식 이해하기

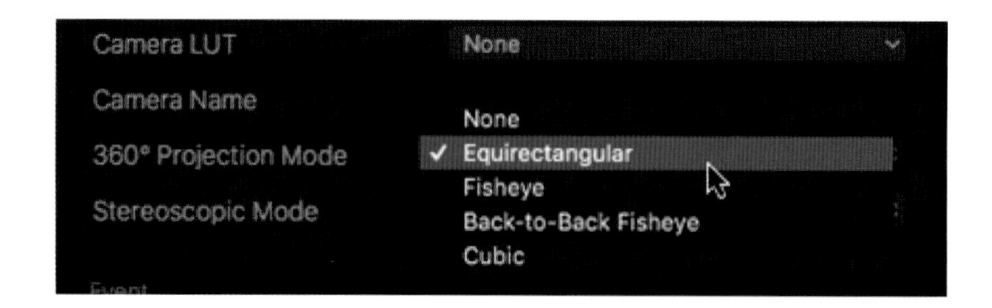

360도 모드 설정 방식

여러 방식으로 촬영된 360VR 클립은 360도 모드 설정창에서 뷰어 및 360도 뷰어창에서 클립을 표시하는 데 사용되는 투영 방식을 설정할 수 있다.

- **None**: 표준 클립으로 설정(360VR 특성 없음)
- **Equirectangular(등각)**: 지구 전체를 2차원 직사각형으로 묘사한 세계지도와 유사하게 비디오 틀에 납작하게 만든 3차원 구의 모든 부분을 보여주는 360도 영상 표시
- **FishEye(물고기 눈)**: 180도 피쉬아이 렌즈로 촬영한 클립.
- **Back-to-Back Fisheye(백투백 물고기 눈)**: 180도 피쉬아이 렌즈 두 개가 반대 방향을 향하여 촬영된 360° 비디오 클립. 안으로 들어간 느낌으로 원의 안쪽을 본 형태이다.
- **Cubic(6각형 모드)**: 뷰어를 둘러싸고 있는 6개의 면들이 6각형 큐브처럼 펼쳐지는 360도 투사. 직사각형 투

영으로 납작해진 각각의 면은 90 x 90도의 시야를 가진 직사각형 형태로 납작해진다. 6개의 분리된 사각 형태 또는 모든 면이 펼쳐지는 하나의 형태로 저장된다.

Unit 02 Stereoscopic Mode settings(입체모드 설정)

입체영상은 두 눈을 뜨고 있을 때 사람들이 실제 세계에서 경험하는 공간지각 인식(3차원)을 시뮬레이션해주는데, 연결된 VR 헤드셋에 따라 파이널컷 프로에서는 실시간으로 VR을 볼 수 있는 입체 모드를 설정할 수 있다. 기본 설정은 입체모드가 아닌 단면 모드이기 때문에 연결된 VR 헤드셋이 없으면 그냥 Monoscopic 모드로 나두고 진행한다.

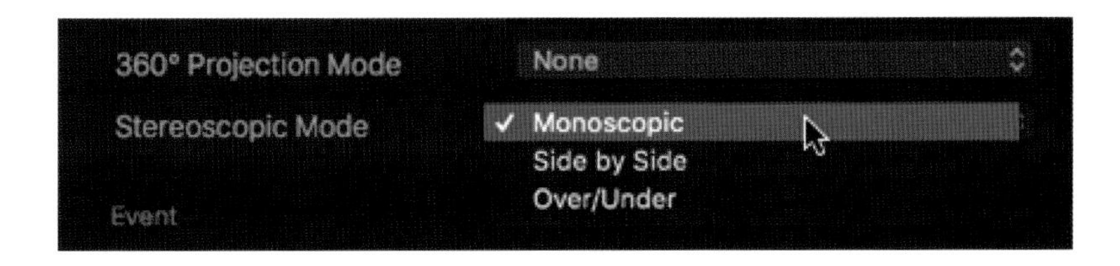

투영 방식으로 편집시 입체감 없이 클립을 본다.

- **Side by Side**: 좌우 눈에 보이는 각각의 영상을 입체감을 주기위해 옆으로 나란히 놓고 본다.
- **Over/Under**: 좌우 눈에 보이는 각각의 영상을 입체감을 주기위해 영상 프레임을 수직으로 쌓아서 본다.

Section 07 360VR 편집

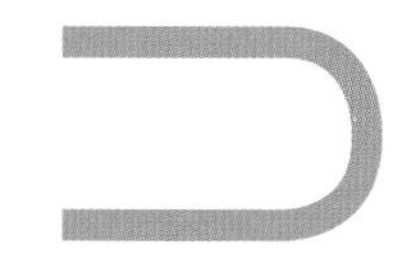

Unit 01 360VR 프로젝트 생성 및 편집

01 Ch14_ 360VR 이벤트안에 360VR 프로젝트를 먼저 만들자.
File>New>Projects(⌘ + N)

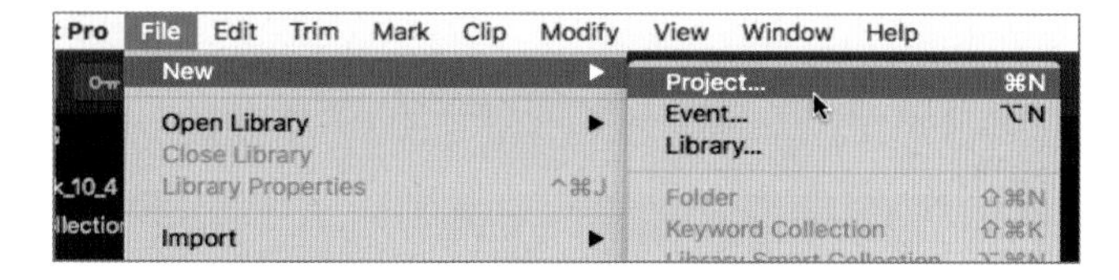

02 프로젝트 지정창이 뜨면 Video 구간에서 Format을 360° 비디오로 지정하자.

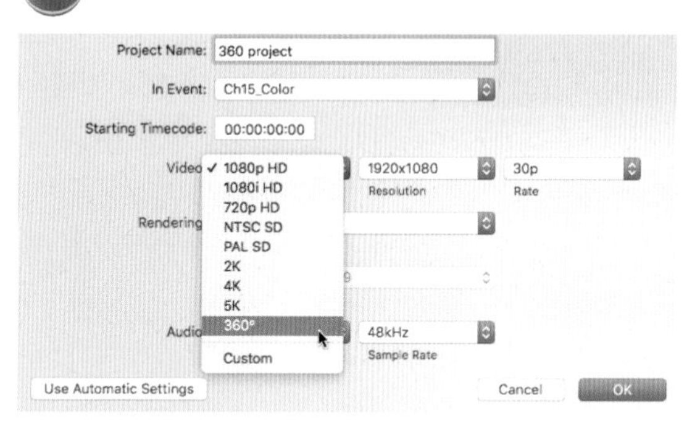

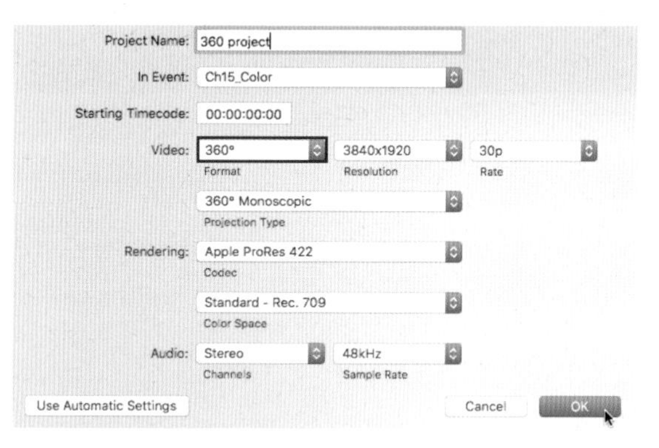

03 제공된 VR 클립 두개를 이벤트로 드래그해서 가져오자

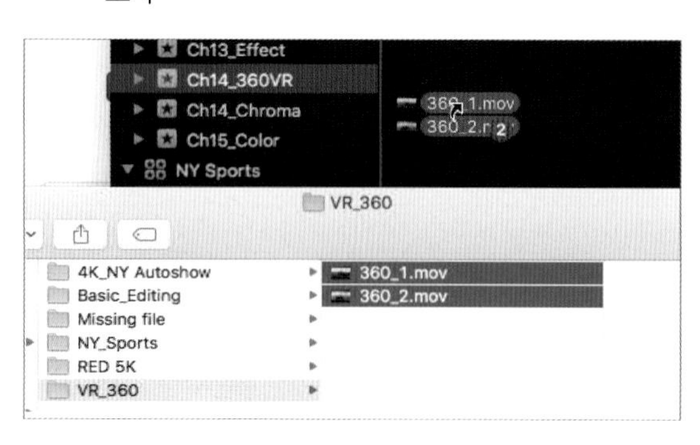

04 클립 두개를 선택해서 속성을 360클립으로 바꿔주자. 클립 뷰 옵션을 Film Strip 뷰로 바꿔서 클립이 아이콘으로 보이게 하자.

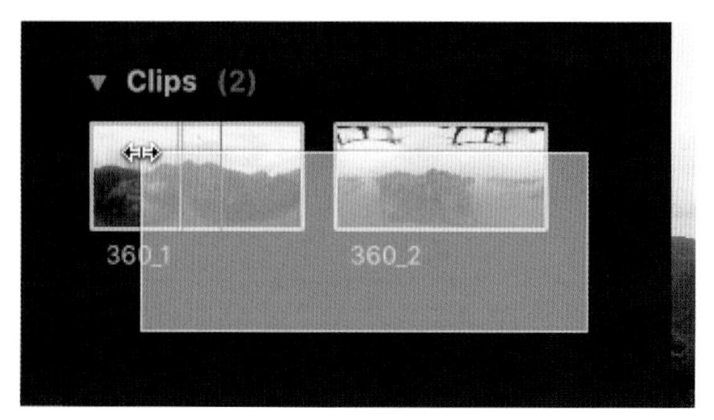

인포 인스펙트창에서 360 Projection Mode를 None 에서 Equiretangular 모드로 바꾸자.

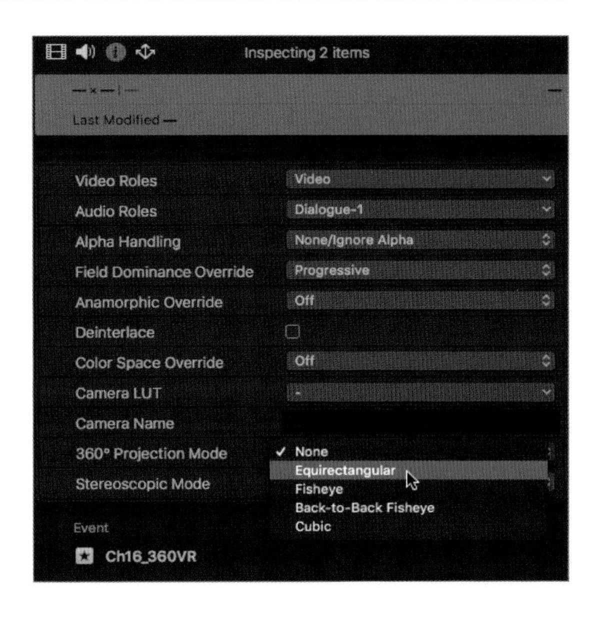

06 존의 클립위에 360VR클립 표시가 생긴다. 360VR클립 표시 아이콘이 안보이면 브라우저 창위에 있는 클립 뷰 옵션을 클릭하면 브라우저 안에 있는 클립위의 아이콘이 업데이트된다.

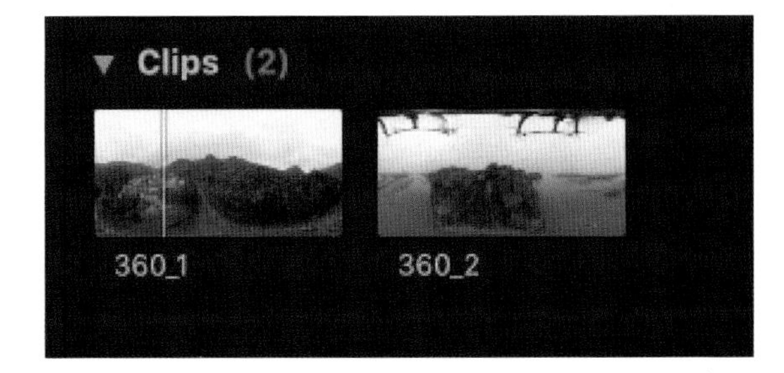

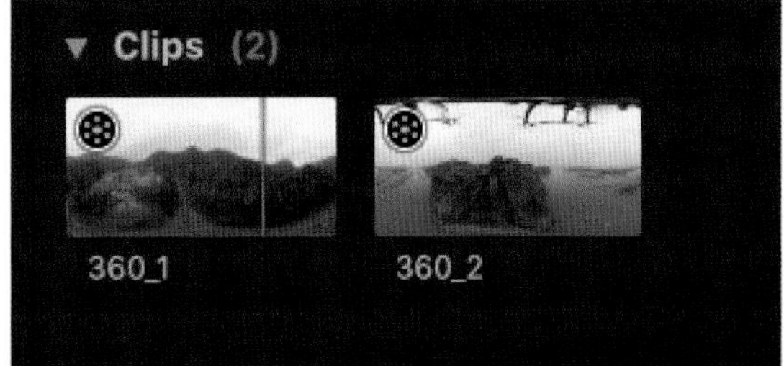

07 360_1을 360VR 타임라인으로 가져오자.

08 뷰어창에서 360° Viewer를 활성화 시켜 360° 비디오창을 만들자.

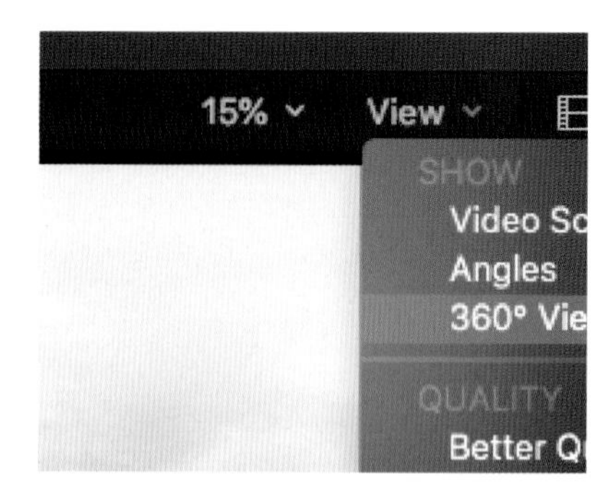

09 360° Viewer창이 뷰어창 왼쪽에 생긴다.

10 뷰어창에서 360° Viewer를 활성화 시켜 360° 비디오창을 만들자.

 360° Viewer창에서 클립을 보고 싶은 방향으로 드래그하자.

12 Setting에서 리셋 앵글 (Reset Angle)을 선택하면 바뀐 뷰가 원래의 뷰 방향으로 돌아온다.

참조사항 왼쪽에 있는 360° 비디오 클립뷰어창 내에서 파일을 움직인것은 360° 프로젝트에서 내보내는 미디어 파일의 뷰어 방향에 영향을 주지 않는다. 출력 미디어 파일의 뷰어 방향을 변경하려면 오른쪽 뷰어창에서 360° 비디오 클립의 방향 변경을 해야한다.

이번에는 화각(Field of View)을 조절해서 클립을 전체 또는 부분으로 자세히 보자.

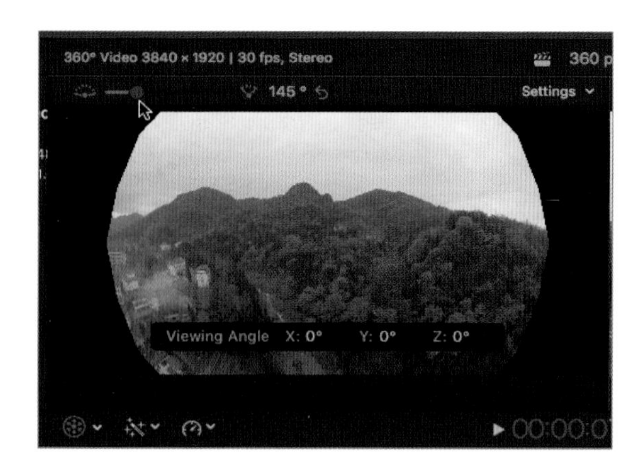

14 클립을 확인한 후 바뀐 화각 (Field of view)을 리셋하면 원래의 화각으로 되돌아온다.

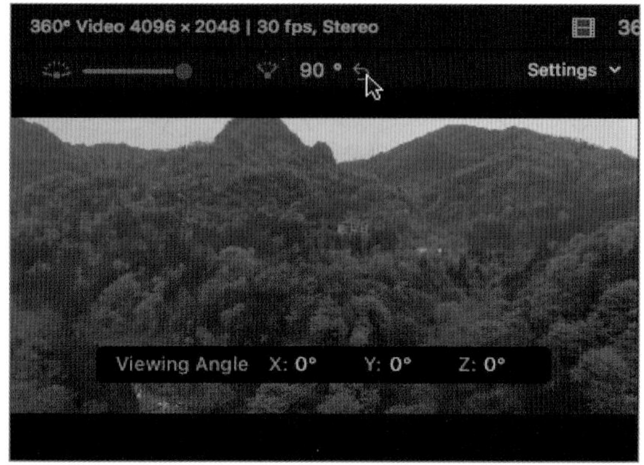

15 360_2 클립을 타임라인으로 추가하자.

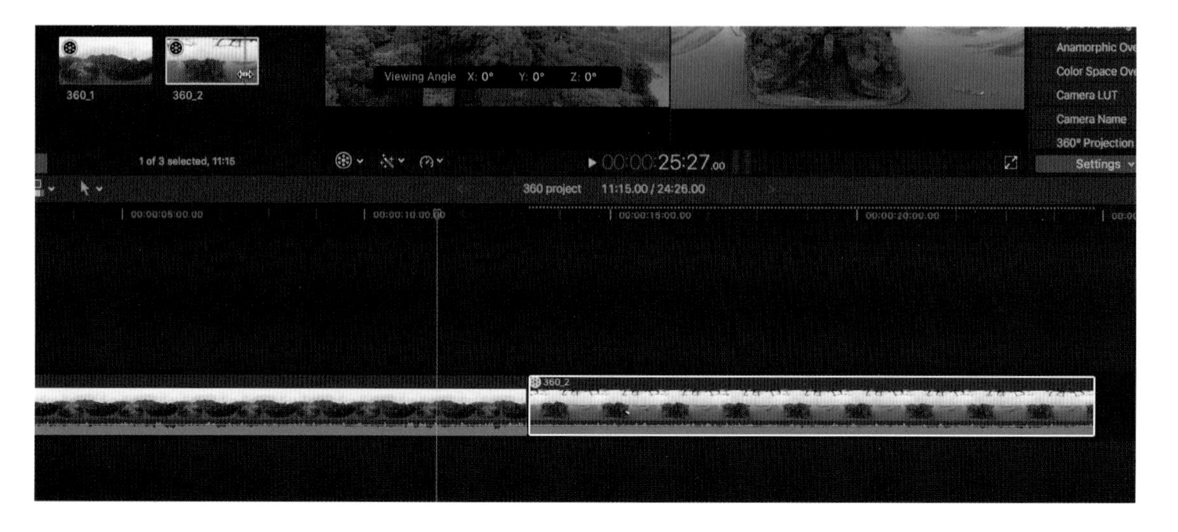

16 360° Viewer창 아래에 있는 방향전환(Reorient) 툴을 활성화 시키자.

17 방향전환(Reorient) 툴을 이용해서 뷰어창에 있는 360_2클립의 방향 변경을 해보자. 뷰어창에서 바뀐 클립의 뷰어 방향은 실제 출력되는 결과물의 방향이 된다. 즉 사용자가 보는 방향은 뷰어창에서 지정해줘야 하는 것이다.

18 뷰어창에서 바뀐 360_2클립의 방향 변경을 리셋시키자.

Unit 02 360VR Patch 효과

360˚ Patch 효과를 적용해서 360_2 클립 상단에 있는 비행기 자국을 지워보자. 360˚ Patch 를 360_2 클립에 드래그해서 효과를 적용한다.

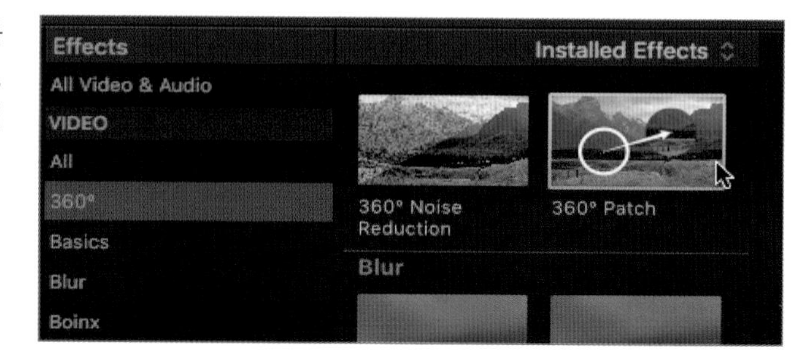

02 비디오 인포창에서 적용된 360˚ Patch 효과를 확인한 후 Setup Mode를 활성화 시키자. 기본 Setup Mode는 촬영된 클립의 바닥을 보여준다. 지금 공 안에서 공 밖을 본다고 생각하면 이 뷰어 옵션이 이해되기 쉬울 것이다.

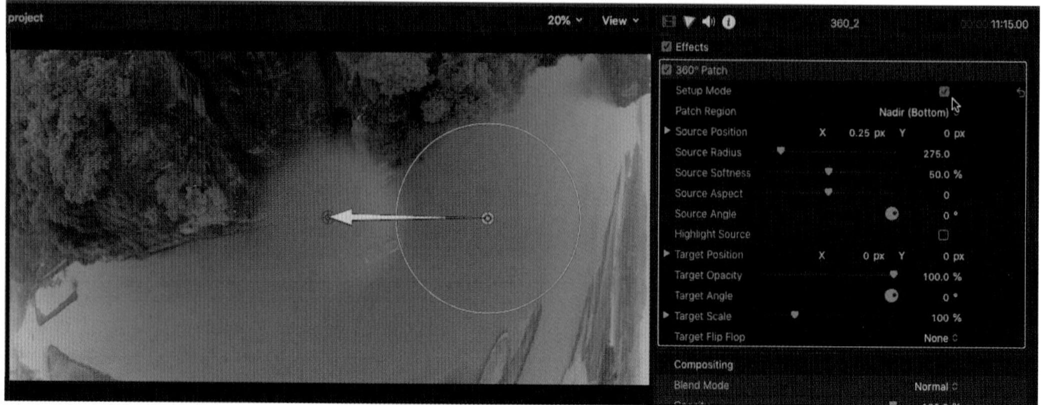

참조사항 방향전환(Reorient) 툴이 켜져 있으면 360˚ Patch 를 적용해도 뷰어창에 방향과 포지션 표시가 나타나지 않는다.

03 상층뷰로 바꿔야 밑에서 위로 보는 방형이 되어서 상단의 날개들이 보일 것이다.

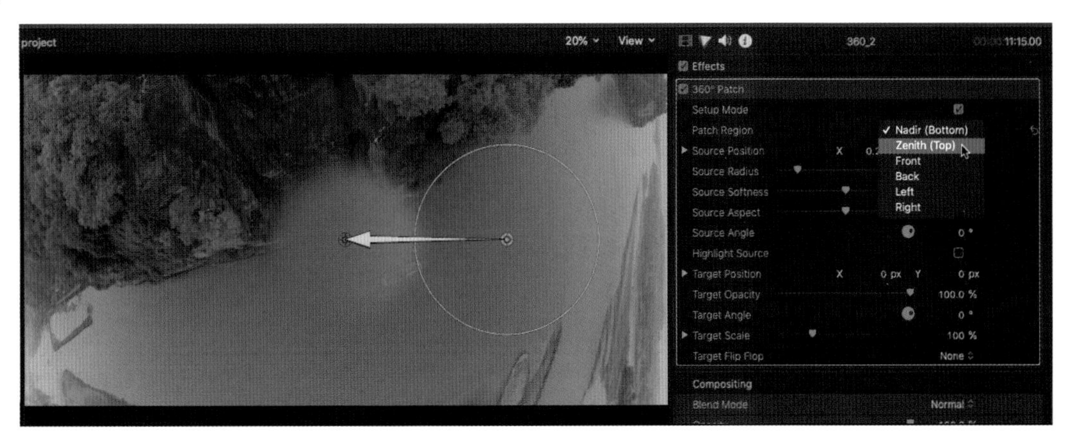

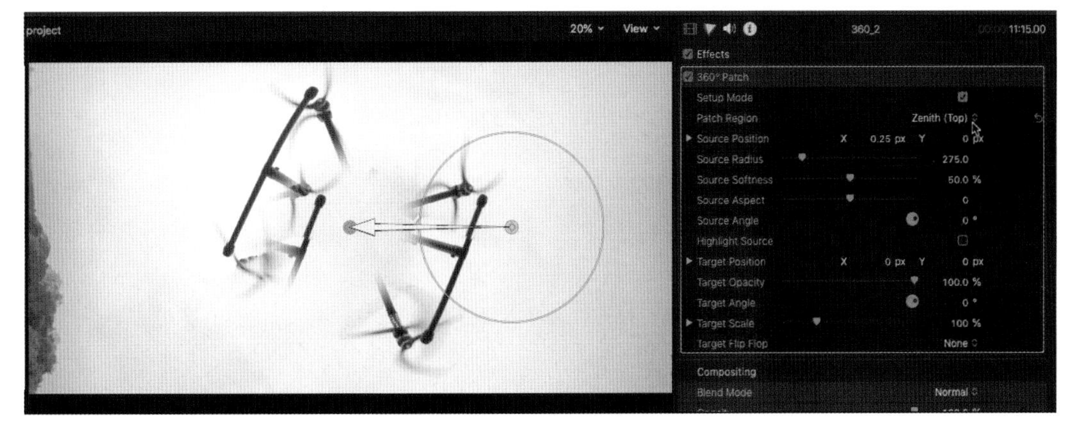

360° Patch 효과에서 나타난 빨간 타겟지역 지정과 녹색의 소스지역을 움직여서 원하지 않는 부분을 덮어씌워보자.

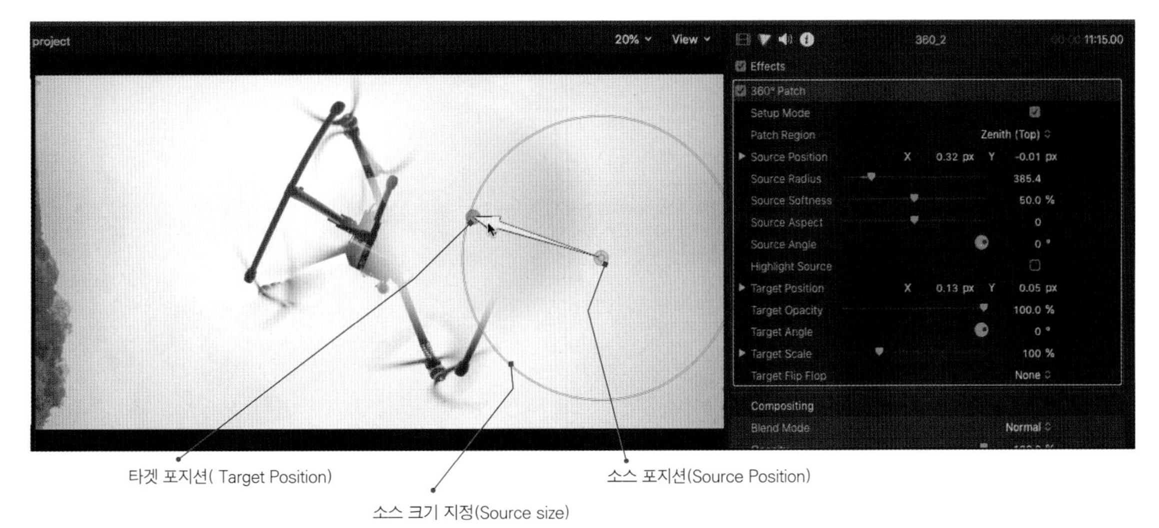

360° Patch 효과를 여러 번 적용해서 날개가 안 보일 때까지 지워보자.

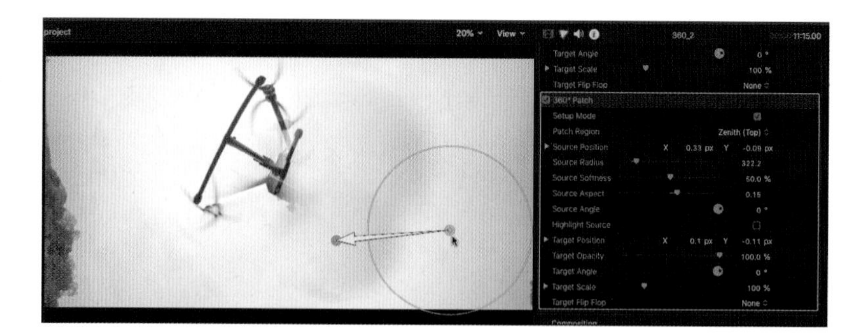

참조사항 여러 번 적용된 최종 결과물을 보려면 360° Patch 안에 있는 Setup Mode를 비 활성화 시켜야 볼 수 있다.

Unit 03 360VR 타이틀 만들기

타이틀 브라우저창에서 360° 기본 타이틀을 360_2 클립위로 가지고 오자.

02 왼쪽의 360° 뷰어창에서 적용된 타이틀을 확인하자.

360° 뷰어창에서 바뀐 클립의 구도는 최종 결과물에 영향을 미치지 않기때문에 여러각도에서 확인하기 편할것이다. 오른쪽 뷰어창에서 구도를 바꾸면 바뀐 그 구도가 최종 결과물로 출력된다.

Unit 04 360VR 클립 내보내기 Share

360VR 프로젝트 클립을 일반 마스터 파일로 출력할 경우 출력한 클립에 동영상 공유 플랫폼에서 제공하는 패치를 넣어줘야 하는 경우가 있다. 그래서 VR클립은 마스터 파일로 출력하지 말고 유투브 포멧이나 그 외 최종 목적 플랫폼에 맞춰 바로 출력하는 것을 권한다. 아래의 예는 유튜브 VR 포멧 설정 방식인데 해상도(Resolution)를 4K로 지정하고 또 화면 왼쪽 아래에 있는 VR 방향 표시 아이콘을 꼭 확인한 후 출력하자. 파일 내보내기(Share)에 대한 자세한 설명은 Ch16을 참조하기 바란다.

Chapter 14 요약하기

어떻게 보면 이 14장에서 배운 크로마 키 효과와 포토샵 파일 사용하기는 좀 더 전문적인 편집을 익힌 이후에 사용해야 하는 부가적인 기술이라고 할 수 있다. 하지만 누구나 하는 단순한 동영상 편집과 촬영보다는 이런 그래픽 기술을 파이널 컷 프로 X에서 쉽지만 강력하게 사용할 수 있다는 것을 미리 안다면 촬영 전부터 머리 속에 원하는 효과를 그리고 그 결과를 미리보기하면서 자신이 원하는 스타일의 영상을 구현할 수 있다. 저자의 경험으로 보건대 이 파이널 컷 프로 X에서 제공하는 크로마 키 효과는 시중에 나와 있는 다른 많은 편집 소프트웨어에서는 감히 구현할 수 없는 효과의 실시간 플레이를 구현하고, 깨끗한 자동 키(Keyer) 샘플링을 바탕으로 구성된 가장 효과적인 크로마 키(Chroma Key) 툴이라고 말할 수 있다.

Chapter

15

컬러 코렉션
Color Correction

이전에는 컬러 코렉션이 영상물의 명도나 채도를 정확히 이해한 후 전문 색채 보정 소프트웨어를 사용할 수 있는 컬러리스트만의 전문영역으로 받아들여졌지만, 최근에는 쉽게 사용할 수 있는 컬러 코렉션 필터(Color Correction Filter)의 보급으로 많은 편집자들이 편집 툴인 파이널 컷 프로 안에서도 색보정 작업을 전문가 수준으로 할 수 있게 되었다.

기본적인 컬러코렉션(Color Correction, 색보정) 기능을 이해하고, 간단하게 명도와 채도를 이용한 이미지의 색보정 작업에 대해 알아보도록 하자. 물론 전문 colorlist의 프로페셔널한 색보정을 이 한 Chapter를 통해서 마스터 할 수는 없지만 이번 Chapter에서 컬러코렉션의 기본적인 사용법과 용도를 충분히 이해함으로서 촬영 과정에서 실수가 있었던 영상물을 수정하는 방법 그리고 자신이 원하는 영상물의 색감을 만들기 위한 가장 효과적인 방법이 무엇인지 알아보자. 파이널 컷 프로에서 제공하는 4가지 비디오 스코프를 이용해서 편집된 결과물 영상이 방송규격에 맞는 영상물인지 확인해보는 법을 배워보자.

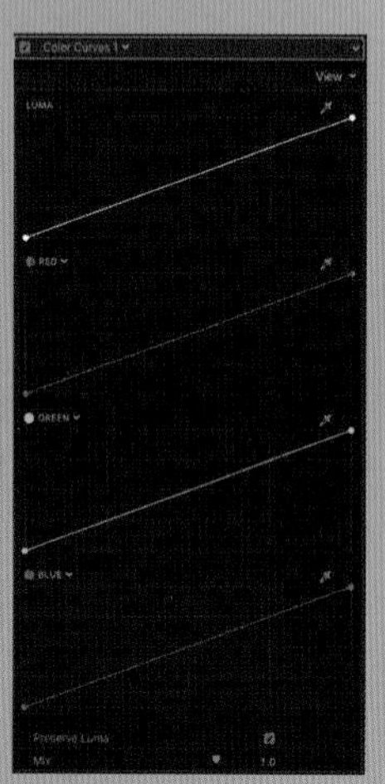
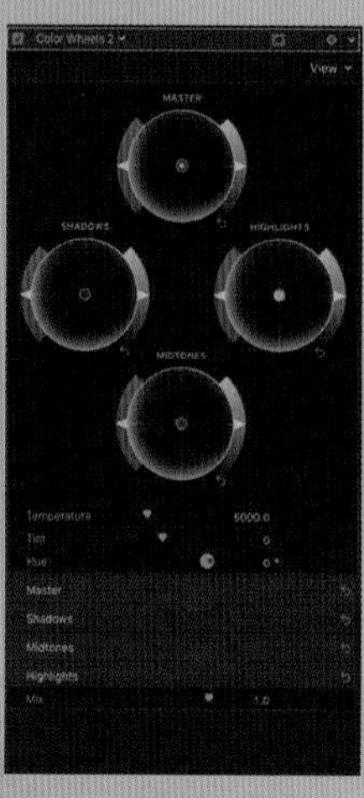
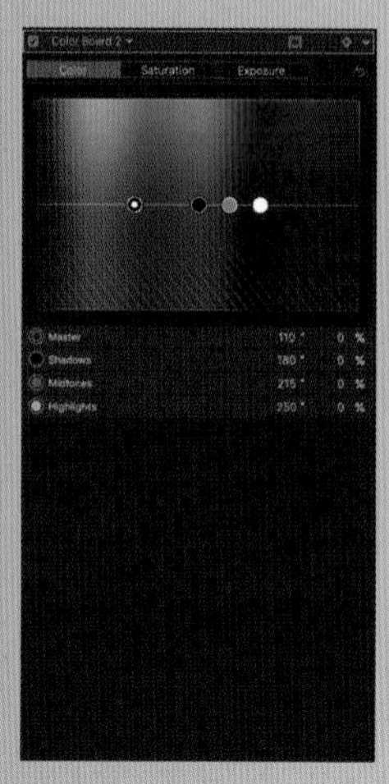
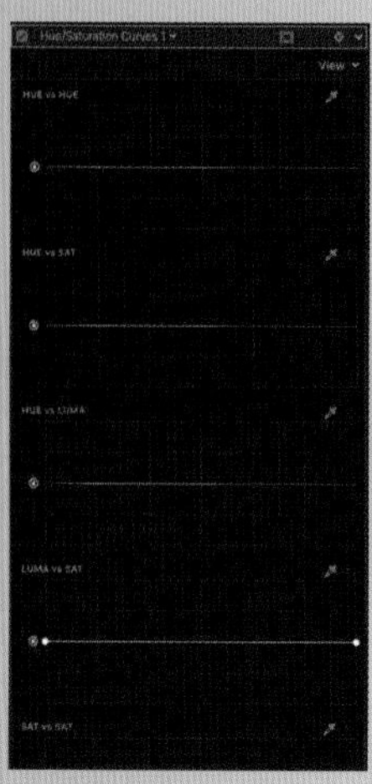

4가지 컬러 코렉션 툴

Section 01 컬러 코렉션 이해하기

Unit 01 명도 Brightness 채도 Saturation 색 Hue

TV 모니터에서 보이는 색(Color)은 빛의 삼원색인 Red, Green, Blue의 합성이다. 바로 이 3가지 RGB색의 혼합이 각각의 화소들을 여러 가지 다양한 색깔로 보이게 하며 그 화소들이 모여 눈으로 구별할 수 있는 색영역으로 보여지는 것이다.

컬러 바(Color Bar)는 3가지 RGB(Red, Green , Blue) 컬러의 혼합과 밝기를 이용해 TV에서 보이는 기본색과 명도를 보여주는 표준 영상이다.

컬러 코렉션의 과정을 이해하기 위해서는 색의 3속성인 명도(Brightness), 채도(Saturation), 색(Hue) 이 3가지의 기본 원리를 이해해야 한다.

명도(Brightness). 명도는 색이 지니는 밝고 어두움을 나타낸다. 색이 밝으면 명도가 높아지고 어두우면 명도가 낮아진다. 빛은 합쳐질수록 빛의 양이 증가되어 더 밝아지는데 비디오에서는 이 가산되는 빛의 양을 가산혼합이라 하며 빛의 양이 증가되면 명도(밝기)가 올라간다고 표현한다.

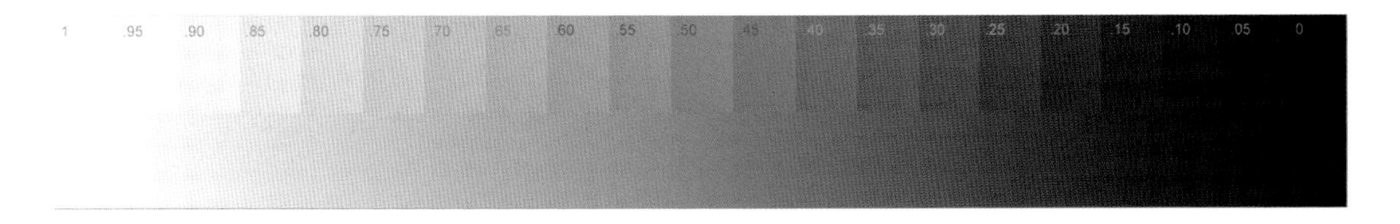

채도(Saturation). 채도는 색의 선명함을 나타낸다. 아무 것도 섞지 않아 맑고 깨끗하며 원색에 가까운 것을 채도가 높다고 표현한다. 흰색, 회색, 검정색은 채도가 없기 때문에 무채색이라고 한다.

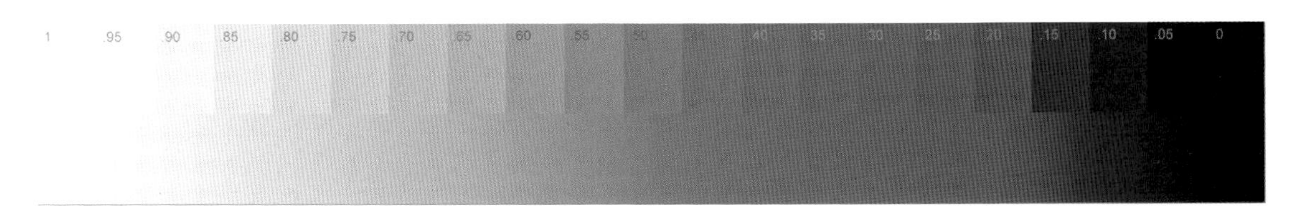

색(Hue). 빛의 파장으로 표현되어 사람의 눈으로 인지되는 기본 3색(빨강, 녹색, 파랑)과 그 이외의 다른 혼합된 색을 의미한다. 방송에서 보이는 영상물의 색의 범위는 다른 디지털 영상물과 비교해 많이 제한되어 있다.

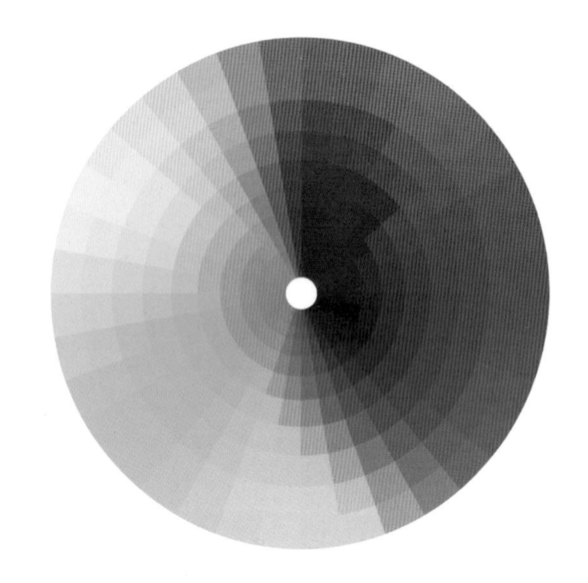

참조사항 비디오 영상의 기본 삼색과 보조 삼색

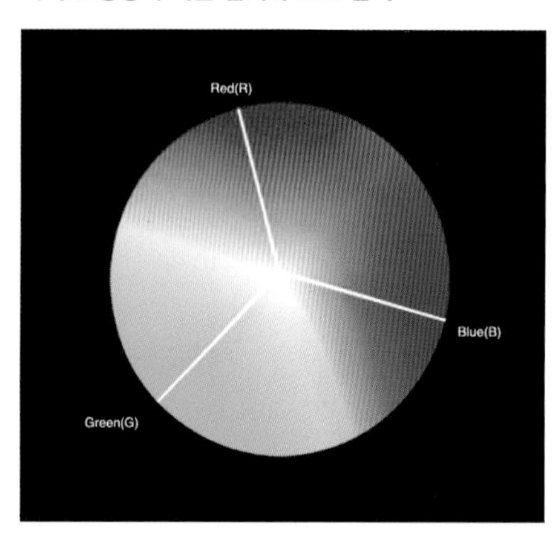

기본 삼색 색상표(Color Wheel) : 비디오 영상에서는 Red, Green, Blue 등 3가지 색으로 영상의 색을 표현하는데 이 3가지 색이 모두 합쳐지는 중앙점은 흰색으로 표현된다.

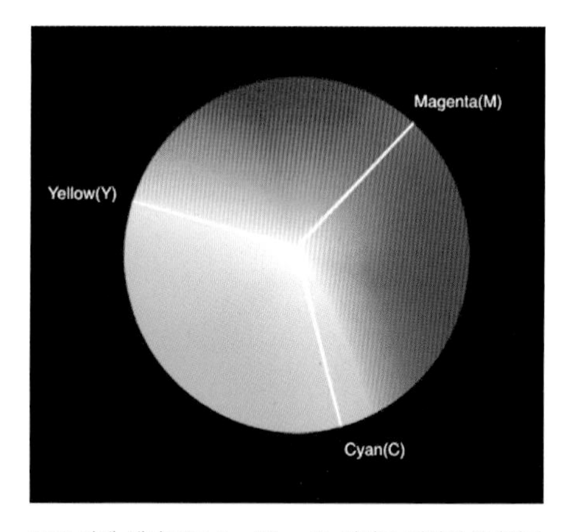

보조 삼색 색상표(Color Wheel): 비디오 영상에 2가지의 기본색이 혼합되어 만들어지는 중간색을 보조 삼색(Magenta, Cyan, Yellow)이라고 한다. Magneta는 Red와 Blue의 혼합이고, Cyan은 Blue와 Green의 혼합이며, Yellow는 Green과 Red의 혼합이다.

각각의 보조색은 기본색과 반대되는 개념으로 이해하면 된다. 예를 들어 보조색인 Cyan은 기본색인 Red의 반대색 즉 보색관계이며 Red에 Cyan이 합쳐지면 흰색, 즉 중립된 농도의 색깔로 바뀐다. 컬러 코렉션에서는 이 보색관계를 이용해서 이미지에 Red가 많은 경우 Cyan의 컬러를 가산 혼합시켜 중립적인 색으로 화이트밸런스를 맞춰준다.

참조사항 비디오 색상에서의 보색관계

기본 삼색 RGB 컬러와 보조 삼색 CMY 컬러는 각각 빛과 색의 삼원색으로서 서로 보색 관계를 가진다.

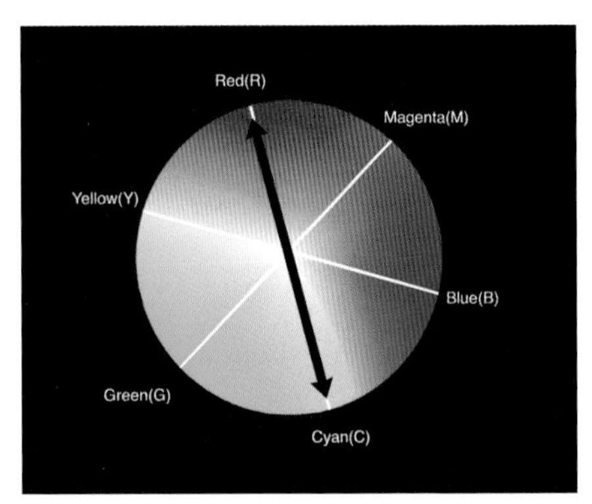

기본 삼색과 보조 삼색의 관계: RED vs. CYAN, GREEN vs. MAGENTA, BLUE vs. YELLOW.

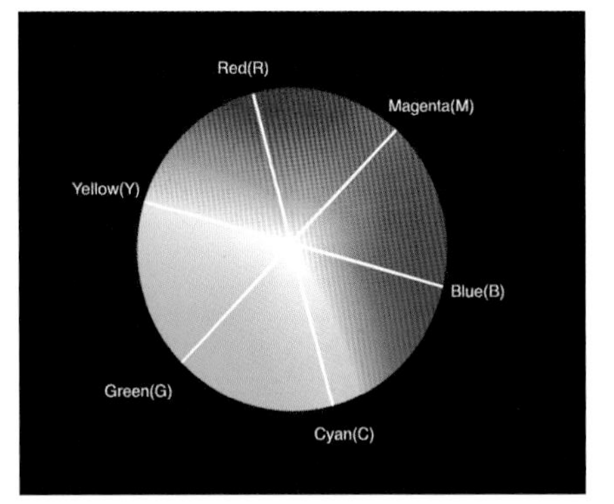

원형 색상표: 위의 그림에서 보듯이 원형 색상표의 중심은 백색으로 표현된다. 이론적으로는 기본 삼색 RGB 컬러를 동일하게 섞으면 흰색이 된다.

원형 색상표(Color Wheel)와 벡터스코프는 색깔과 채도에 대한 정보를 다른 방법으로 표현한 것이라고 생각하면 된다. 원형 색상표는 색을 이용하고 벡터스코프는 트레이스를 사용하여 색상의 차이와 채도를 표현한다. 2가지 모두 기본 삼색(Red, Green, Blue)과 보조 삼색(Magenta, Cyan, Yellow)을 사용한다. 보조색은 기본 색이 겹쳐지면서 만들어지는 색으로서 벡터스코프는 웨이브폼 모니터와 마찬가지로 실시간으로 결과치를 보여준다.

Unit 02 컬러 코렉션의 목적

편집 과정에서 중요한 후반 작업인 컬러 코렉션은 다음과 같은 4가지 경우에 주로 사용된다.

첫째, 동일한 장면을 다양한 장소와 시간대에서 촬영했을 때 이미지가 다소간 차이를 보일 수 있다. 장면과 장면의 밝기와 색깔의 매치(match)가 될 수 있도록 색상을 보정할 때 컬러 코렉션을 사용한다. 파이널 컷 프로 X에서는 사용하는 모든 클립에 컬러 코렉션 옵션이 같이 제공된다. 이 컬러 코렉션 옵션은 인스펙터에서 언제든지 활성화시켜 적용할 수 있다.

둘째, 촬영 중에 발생한 실수를 보완하기 위해 컬러 코렉션을 사용한다. 예를 들어, 촬영 과정에서 창문을 통해 빛이 너무 많이 들어와 화면이 overexpose(빛에 의한 과다 노출)되었거나, 서로 다른 color temperature(색온도)가 동일한 화면 내에서 나타날 경우 이를 컬러 코렉션으로 수정할 수 있다. 파이널 컷 프로 X에서 제공하는 새로운 효과인 "Balance Color"를 툴 바에서 선택해서 자동으로 이런 문제를 고칠 수 있다.

셋째, 촬영한 영상을 부분적으로 수정하고 싶을 때 원하는 부분만 선택해서 고칠 수 있다. 영화 '쉰들러 리스트'에서처럼 전체적으로 흑백 영상을 만든 후, 필요한 부분만 컬러로 바꿀 수도 있다. 컬러 마스크(Color Mask)나 드로우 마스크(Draw Mask)를 이용해 제한된 구역이나 지정한 색감만을 선택해서 바꿀 수 있다.

넷째, 원하는 화면에 특별한 효과를 주기 위해 색감을 입히고 명도(Brightness)를 변형할 때 컬러 코렉션을 사용한다. 예를 들어, TV 프로그램 'CSI 마이애미' 에서처럼 높은 명암비(High Contrast)와 더불어 진한 황색이 많이 첨가된 더운 이미지를 만들고 싶을 때나 영화 '라이언 일병 구하기'와 같이 강하고 거친 느낌의 이미지를 표현하고 싶을 때 역시 컬러 코렉션을 사용한다. 이 경우 파이널 컷 프로 X에서는 이펙트에 있는 새로운 효과인 "Looks"를 사용하여 한번에 쉽게 원하는 색감을 구현할 수 있다.

컬러 코렉션의 큰 목적 중의 하나는 영상 안에서 흰색은 흰색이어야 하고 파란색은 파란색이어야 한다는 아주 단순한 이론에서 출발한다. 영상의 밝기 수정 또한 방송 모니터가 제대로 표현해낼 수 있는 적절한 밝기로 이미지를 수정해주는 것이다. 결론적으로 컬러 코렉션의 의미를 크게 두 가지로 나눌 수 있는데 각각의 화소들이 가지고 있는 색과 밝기의 정보를 방송 규격에 맞추는 것과 비주얼 효과를 위해 원하는 색감으로 바꾸는 것이다.

Section 02 비디오 스코프 이해하기

TV 방송은 인터넷이나 극장 영화와는 다르게 영상물의 밝기와 색채 등에 엄격한 제한을 둔다. 유투브 등의 인터넷이나 휴대폰 등 방송 이외의 다른 결과물일 때는 예전의 엄격한 방송 적합 규격 여부를 따를 필요는 없다. 하지만 DVD나 블루레이로 영상물을 제작해야 할 때 또는 엄격한 영상 시그널 규정을 준수해야 하는 TV 포맷으로 결과물을 만들 때는 필히 방송 적합 규격 여부를 따라야 한다. 왜냐하면 DVD나 방송용 시그널로 변환되는 영상물에 만약 과도한 밝기나 색채가 있다면 영상 시그널을 압축 시 원하지 않는 색이나 디지털 노이즈가 생기거나 오디오에 잡음이 발생하기 때문이다. 방송 엔지니어는 이런 부분을 감지해야 하기 때문에 편집자는 편집의 마지막 단계에서 꼭 컬러 코렉션을 사용해서 기본적인 문제점은 꼭 고쳐야 한다. 편집본의 최종 포맷이 꼭 방송용이 아니더라도 영상물의 밝기와 색채를 어느정도 규격화시켜두는 것이 전문 편집자의 자세라 생각된다.

파이널 컷 프로는 기본으로 웨이브폼 모니터(Waveform Monitor), 벡터스코프(Vectorscope), 히스토그램(Histogram)을 제공하고 RGB 퍼레이드(RGB Parade)를 채널(Channel)옵션에서 선택하게 해준다. 이 네 가지 스코프는 비디오 클립의 밝기와 색감 그리고 영상의 방송 적합 여부를 객관적인 수치로 판단하는 데 필요하다. 육안으로 영상의 색과 밝기를 객관적으로 판단할 수 없기 때문에 TV에 방영할 영상을 제작할 때는 항상 벡터스코프와 웨이브폼 모니터 등을 사용하여 영상이 방송에 적합한지를 확인해야 한다.

파이널 컷 프로에서 제공하는 4가지 비디오 스코프에 대해 간략하게 알아보자.

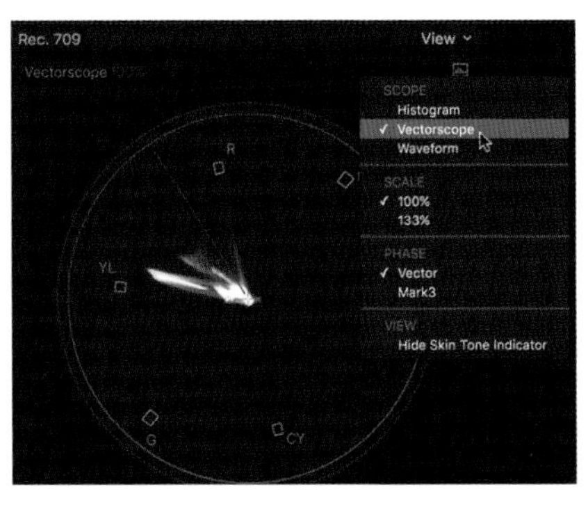

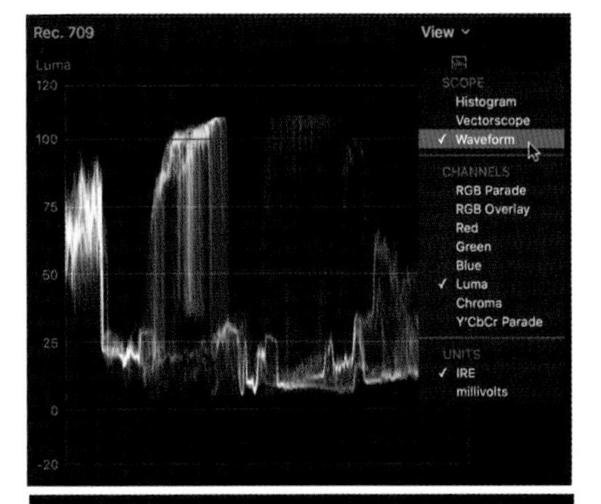

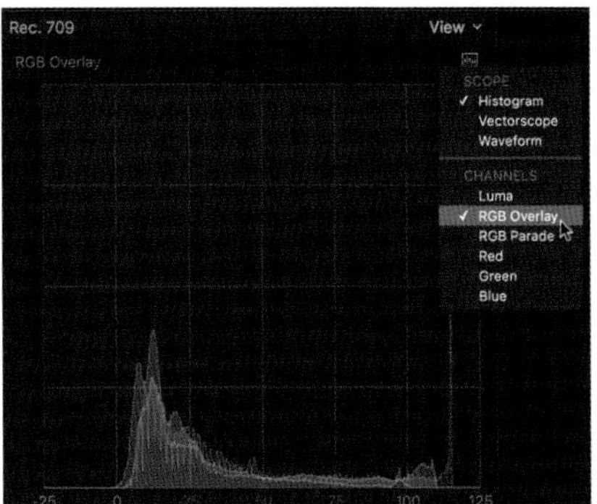

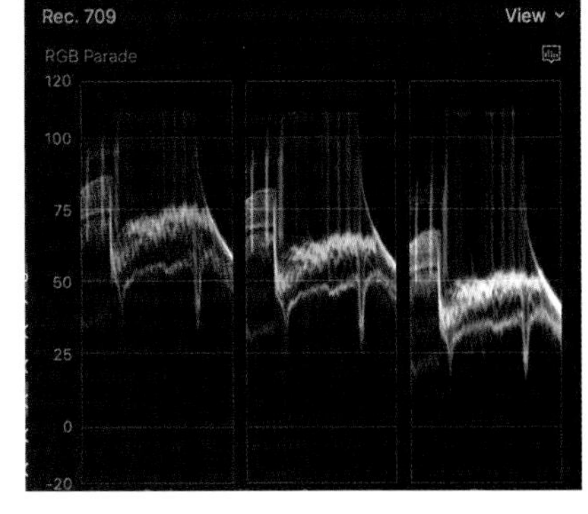

Unit 01 비디오 스코프 Video Scope 디스플레이하기

비디오 스코프는 현재 뷰어에 보이는 프레임을 분석한 결과를 보여주며, 세심하게 컬러를 수정하기 위해서 꼭 필요하다. 비디오 스코프 창은 뷰어 창 오른쪽 위의 View를 클릭한후 Show Video Scopes를 선택해주면 열린다.

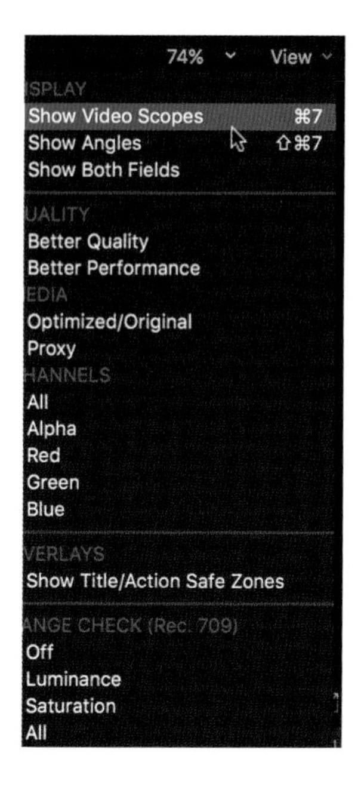

비디오 스코프가 디스플레이되면, View의 아래에 위치한 Settings를 열고 어떤 스코프를 디스플레이할 것인지 선택한다.

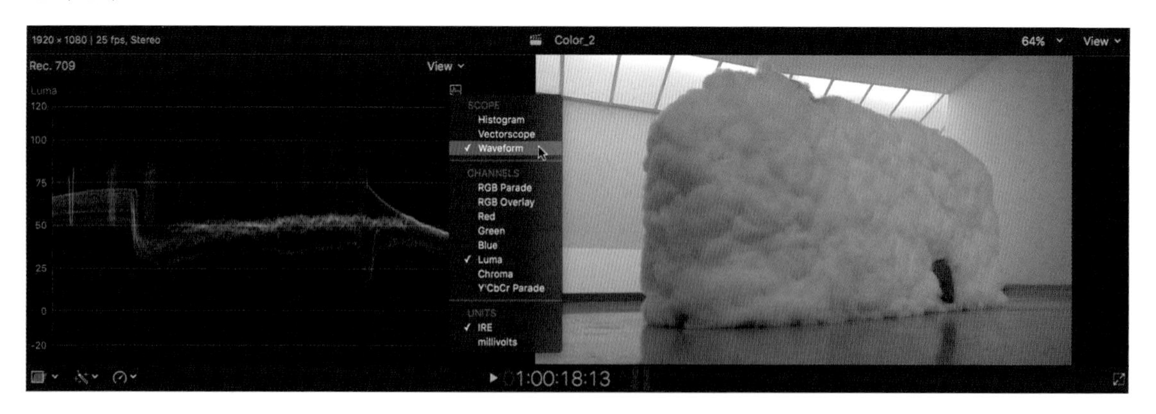

비디오 스코프는 타임라인 상의 플레이헤드가 위치해있는 프레임뿐만 아니라 브라우저에 있는 클립의 프레임도 분석해서 보여준다.

스코프를 이용해 클립을 분석할 때, 다음과 같이 두 가지의 다른 요소를 보게된다. 밝기 그레이스케일을 먼저 확인한 다음 색상들을 분석하는 것이 가장 좋은 방법이다.

- **그레이스케일 Grayscale:** 대비(contrast), 루마(luma)라고도 불리는 그레이스케일은 이미지의 어둡고 밝은 부분의 차이를 말한다.
- **컬러 Color:** 컬러는 이미지의 색상이 있는 부분을 일컫는다.

참조사항 비디오 스코프 창은 View 〉 Show in Viewer 〉 Video Scopes를 선택, 또는 단축키 ⌘ + 7를 이용해 열 수 있다.

Unit 02 컬러 코렉션 작업 인터페이스

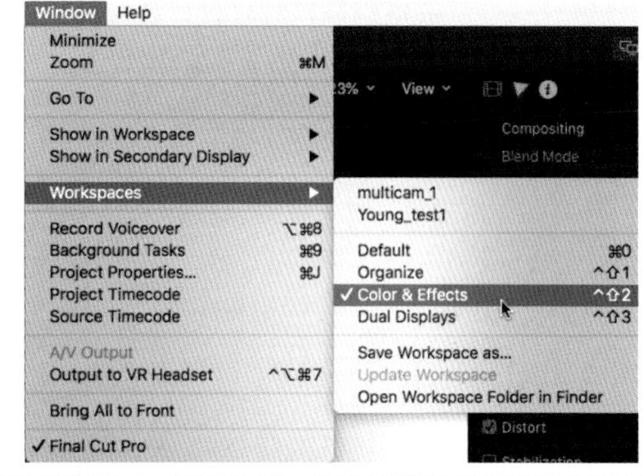

메뉴에서 Windows〉 Workspaces 〉 Color & Effects를 선택하면 편집시 간편하게 컬러 코렉션 작업용 인터페이스로 변환이 가능하다.(단축키: Ctrl+Shift+2)

컬러 코렉션 작업용 인터페이스는 비디오 스코프를 보여주기위해 브라우저를 숨겨서 좀 더 많은 공간을 컬러를 분석하게 하는 용도로 만든다.

• Color & Effects 작업환경으로 바뀐 파이널컷 인터페이스

Unit 03 벡터스코프 Vectorscope

영상의 밝기를 표현하는 웨이브폼 모니터와 함께 영상의 색상 및 채도를 보여주는 벡터스코프는 방송 규격색을 구분하는데 사용되는 중요한 도구이다. 만일 영상의 채도가 심하게 낮거나 높으면 이 또한 방송물로 적합하지 않다.

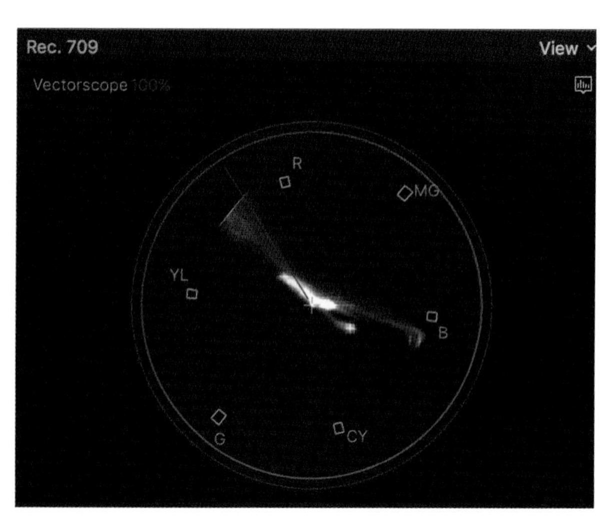

• 벡터스코프: 벡터스코프의 중심은 색상 유무와 채도의 정도를 나타낸다.
• R: Red, G: Green, B: Blue, MG: Magenta, CY: Cyan, YL: Yellow

많은 그래픽 디자이너들이 타이틀이나 이미지를 만들 때 실수로 포토샵에서 방송에 부적격한 색을 사용해 파일을 만든 후 파이널 컷 프로에서 작업하는 경우가 있다. 이렇게 방송 송출 규정에 벗어난 색을 사용한 그래픽 이미지는 앞에서 말했듯이 영상이나 오디오트랙에 문제를 발생시키기도 한다.

벡터스코프는 원형 그래프를 사용하여 영상의 색상 및 채도를 확인시켜주며 색상을 보정하는 기준으로 사용된다.

벡터스코프는 총 6개의 타겟 박스와 각각의 색 이름을 이니셜로 표기해 놓았다.
보라색 점들은 그 색상이 무엇인지 이니셜로 옆에 기재되어 있다. 각 타겟 중앙의 점들은 그 색상이 나타내는 최고조의 채도를 나타내는 방송 적합의 한계선이라 할 수 있다. 색깔마다 중심에서 떨어져 있는 거리는 약간씩 차이를 보이는데 이는 이미지 안의 각각의 색상의 채도 또는 강렬함의 정도를 나타낸다. 중앙의 기준점에서 멀어질수록 채도가 높다는 뜻이고, 그 어떤 색상도 정해진 타겟 이상으로 넘어가서는 안 된다.

아래의 세 그림을 비교해서 피부톤 표시 보라색 선에 대해 살펴보자.

1 색상과 채도가 정상인 화면

중심에서부터 11시 방향에 있는 직선으로 된 보라색이 보인다. 이 직선은 피부톤을 표현하는 데 사용된다. 벡터스코프를 보면 채도가 정상이고 웨이브폼 트레이스(trace)가 피부색이 표시되어 있는 보라색선을 따라가기 때문에 이영상에서는 사람의 피부톤이 정상적인 색임을 알 수 있다.

2 색상과 채도가 흑백인 화면

벡터스코프의 최중심으로 트레이스들이 몰려있으면 채도가 없는 흑백화면을 의미한다. 흑백으로 된 영상물은 밝기와 상관 없이 트레이스들이 중심에 몰려있다. 색이 다 사라진 흑백 이미지이기 때문에 벡터스코프에는 어떠한 색 정보도 나타나지 않는다. 무채색 영상은 벡터스코프 중심에 흰 점만으로 표시된다.

3 색상이 과다하게 추가된 화면

벡터스코프를 보면 과도하게 채도가 높고 빨간색이 보라색 직선보다 더 오른쪽으로 향하고 있는 트레이스를 볼 수 있다. 여자 배우의 얼굴 톤이 첫 번째 그림과 비교했을 때 빨간색이 더 많다는 것을 의미한다. 결과적으로 이 이미지는 방송 적합 한계치를 벗어난 이미지이다.

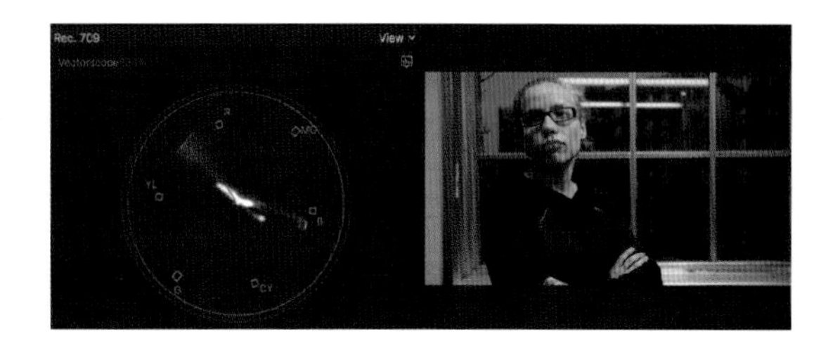

노란색 원은 방송 표현 색깔 한계치를 보여주는 선으로 흰 트레이스가 이 원 밖으로 보이는 것은 과도한 채도 사용을 의미하며 방송 시 문제를 일으킬 수 있는 비디오 영상이 된다.

Unit 04 웨이브폼 모니터 Waveform monitor

파이널 컷 프로 X 에서 컬러 코렉션을 시작할때 밝기를 보여주는 웨이브폼(Waveform)을 먼저 사용하는 것이 좋다. 웨이브폼 모니터는 비디오를 분석하는 데 있어서 가장 도움이 되는 스코프이고 이미지의 그레이스케일에 관해 알아야 할 모든 것을 알려준다.

웨이브폼은 방송에 적합한 밝기(luminance)를 흑색(Black)에서 백색(White)까지를 웨이브폼으로 보여준다. 예를 들어 웨이브폼 모니터에서 100을 넘어서는 super white 시그널은 송출 과정에서 검은 점으로 변형되어 나타날 수도 있고 음향에도 영향을 미칠 수 있다.

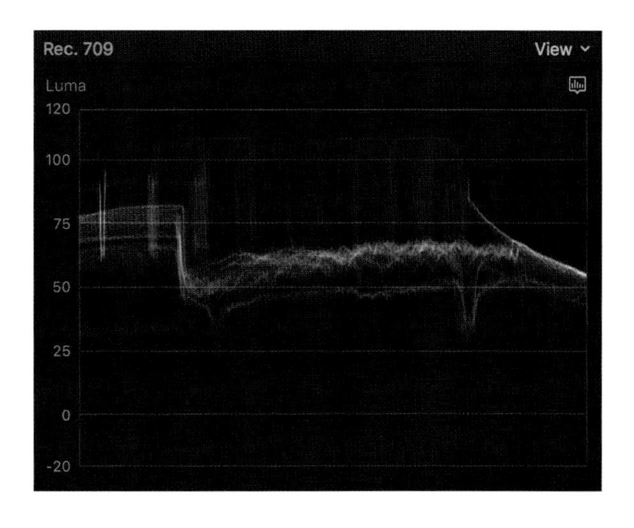

웨이브폼 모니터는 영상 이미지의 밝기 정도를 나타내준다. 영상 이미지를 색상화소를 통해 보이는 캔버스 윈도우와는 달리 웨이브폼 모니터는 비디오의 밝기정도를 아주 작은 백색 점들(White waveform)로 표현한다. 이러한 뭉쳐진 웨이브폼을 트레이스(trace)라고 한다.

웨이브폼 모니터 좌측은 하단 0%(black)부터 상단 100%(White)까지 표시하는데 이미지가 상단에 위치할수록 매칭 부위의 영상이 더 밝다는 의미이다. 영상이 100% 흰색을 넘어가게 되면 Superwhite이라고 불리어 방송에 부적합한 시그널이 된다. 이 같은 경우 웨이브폼 모니터를 사용하여 영상의 밝기를 실시간으로 확인하며 컬러 코렉션 필터를 사용해 밝기를 조절해주어야 한다.

웨이브폼 모니터를 가로로 3등분하였을 경우 중앙 부분은 미드톤(Mid-Tone: 40~70 사이)이라 부른다. 하단은(0~40 사이) 검정 또는 그림자 부위를 나타낸다. 그러므로 웨이브폼을 보면 이미지가 밝을수록 웨이브폼이 상단에, 이미지가 어두울수록 웨이브폼이 하단에 위치한다고 보면 된다.

정확히 캔버스에 있는 영상의 어떤 부분이 웨이브폼 모니터에 나타나는지 확인하기 위해서 밑에 있는 이미지를 왼쪽에서 오른쪽으로 분석해 보겠다.

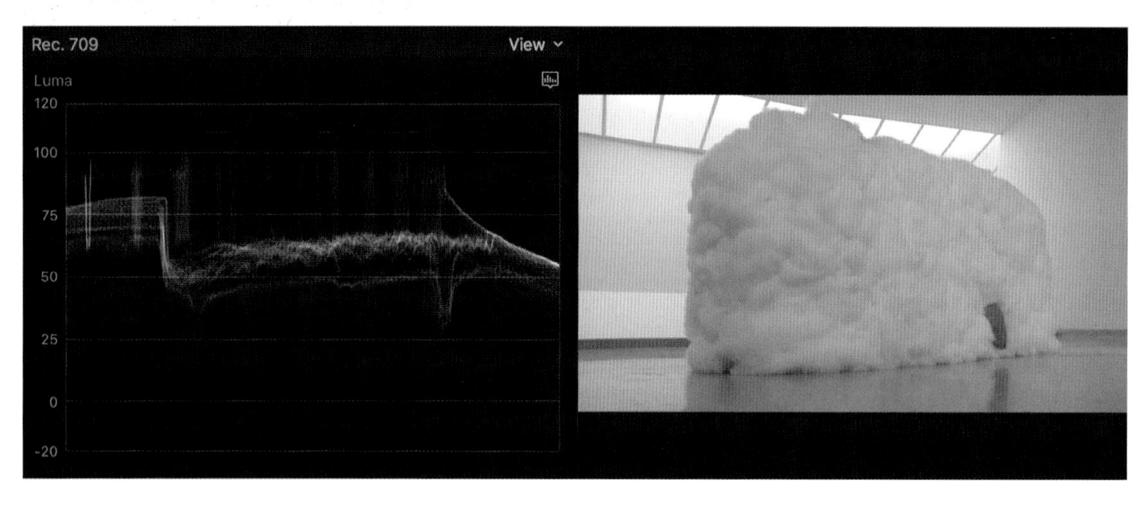

뷰어 창에 있는 이미지를 보면 윗쪽에 있는 지붕 창문이 가장 밝고 화면 중간에 있는 작품이 그보다 덜 밝음을 볼 수 있다. 웨이브폼 모니터에서 좌측에 있는 100(White)이란 의미는 방송에서 보여질 수 있는 최대치의 밝기를 의미한다. 이 100%을 벗어나는 트레이스는 Superwhite 즉, 방송 부적격 이미지를 의미한다. 이미지의 윗쪽에 박스 형태의 8개 이상의 창틀을 확인할 수 있는데 노출이 오버된 것을 눈으로도 확인할 수 있다.

작품의 왼쪽에 있는 벽은 천장에서 내려오는 빛의 영향으로 중간에 있는 작품보다 약간 더 밝다. 이 선을 따라 수직으로 올라가면 웨이브폼 모니터 최상단에 4개의 웨이브폼이 밝기 100%를 넘어선 것을 확인할 수 있을 것이다. 지붕 창 밖이 과다 노출로 완전 하얗게 오버되면서 벽보다 더 밝은 것을 알 수 있다.

우측에 있는 벽 부분을 자세히 보면 왼쪽에 있는 창문 부위보다 약간 더 어두운 것을 알 수 있다. 이제 이 노란색 벽의 밝기를 웨이브폼 모니터를 통해서 보면 밝기가 40~60 %임을 확인할 수 있다.
뷰어 하단에 이미지가 반사된 바닥을 보면 보면 다른 곳보다 조금 어둡지만 이 부분을 웨이브폼 모니터를 통해서 보면 밝기가 여전히 미드톤인 50% 선상에서 위치하고 있음을 확인할 수 있다. 그리고 작품의 오른쪽에 있는 구멍 같은 부분이 가장 어두운 부분인데 바닥의 반사된 이미지와 함께 약 25% 정도를 기록한다. 이 그림 전체에서 이 부분이 가장 어두운 부분인 것을 확인할 수 있다.

결론적으로 이 비디오 영상은 전체적으로 미드톤만 많이 있고 명암 대비가 많이 부족한 이미지임을 알 수 있다. 그림자 부분을 담당하는 Shadow를 더 내려서 명암 대비를 살려주고 노출이 오버된 지붕창 부분을 100 이하로 만들어야 한다.

Color Correction 이전　　Color Correction 이후

참조사항 파이널 컷 프로에서 컬러 코렉션 작업을 처음 하는 사람들은 웨이브폼 모니터를 캔버스 윈도우 밑에 위치시키고 사용해서 어느 정도 웨이브폼이나 벡터스코프 읽는 방법을 숙지한 후에 컬러 코렉션을 시작하자.

Unit 05 히스토그램 Histogram 과 RGB 퍼레이드 Parade

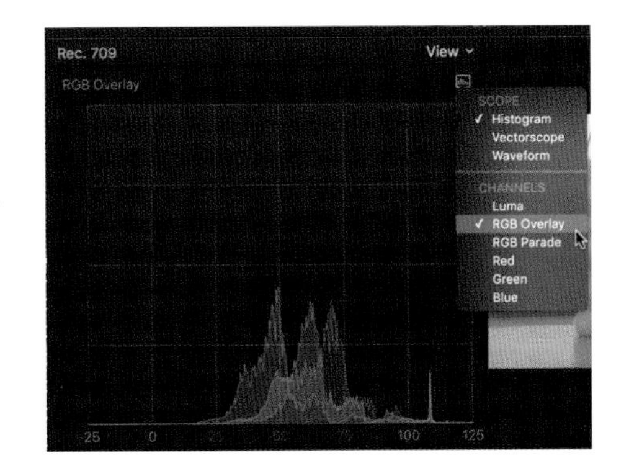

이미지에 있는 밝기의 양을 백분율로 좌에서 우측으로 보여준다. FCP의 히스토그램은 포토샵의 히스토그램과 같은 원리이다. 픽셀들의 영역을 왼쪽의 검정색부터 오른쪽으로 흰색까지를 디스플레이한다. 웨이브폼을 오른쪽으로 90도 회전시켜 놓은 것이라고 생각하면 쉽다.

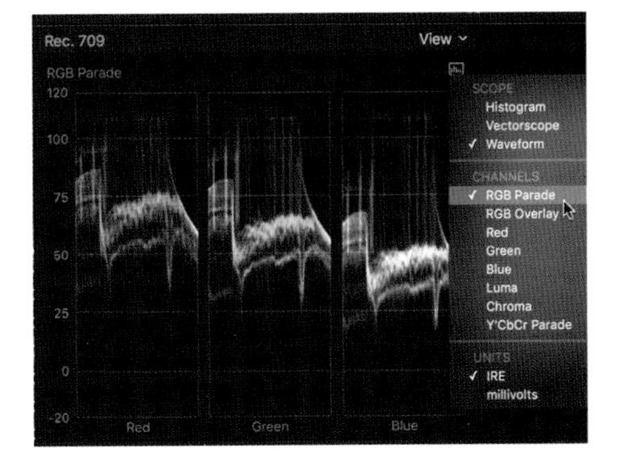

기본적으로 웨이브폼 비디오 스코프 아래에서 RGB 퍼레이드를 따로 선택해야 디스플레이된다. RGB 퍼레이드는 이미지를 분석한 결과를 빨간색, 녹색, 파란색으로 분리해 보여준다. 이 세 가지 색깔 채널의 분석들은 서로 오버레이되어 있어, 이미지의 전반적인 색조 영역에서 각각의 색깔들이 상대적으로 어떻게 분포되어 있는지 비교할 수가 있다.

최종 영상물이 방송에 적합한지를 판단하기 위해서는 두 가지 요소를 꼭 확인해야 하는데 웨이브폼 모니터에 나타나는 밝기와 벡터스코프에 나타나는 색상 채도율이다.

참조사항 비디오 스코프를 좀 더 밝게 보는 방법

- 비디오 스코프에서 흰색 웨이브폼이 잘 보이지 않을 때, 웨이브폼을 더 밝게 하고 싶으면 비디오 스코프 설정 창에서 Brightness 레벨을 조절할 수 있는 슬라이더를 오른쪽으로 높여주면 된다.

- 경우에 따라 흰색 웨이브폼의 색을 흑백으로 바꾸고 싶을 때 비디오 스코프 설정 창에서 Monochrome을 선택하면 된다.

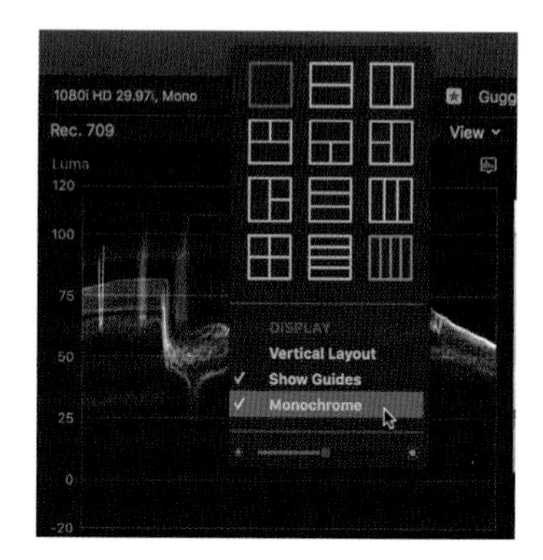

- 큰 모니터를 사용할 경우 비디오 스코프 창에 두 개 이상의 비디오 스코프를 켜서 여러 가지 이미지 정보를 동시에 확인할 수도 있다.

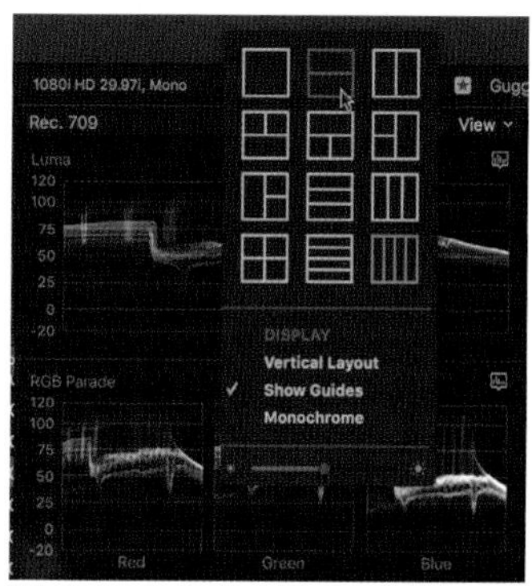

참조사항 스키밍(Skimming) 기능 끄기

스키밍을 켜놓으면 마우스 포인터를 움직일 때마다 플레이헤드의 위치가 끊임없이 바뀌기 때문에 어떤 특정한 하나의 프레임을 분석하고 싶을 때 방해가 된다. 컬러 코렉션을 할때는 이 스키밍 기능을 꺼두는게 더 편리하다.

❶ View 〉 Skimming을 비활성화로 선택(단축키 S)한다.

❷ 타임라인 위의 스키밍 버튼을 비활성화시켜 스키밍 기능을 꺼주자.

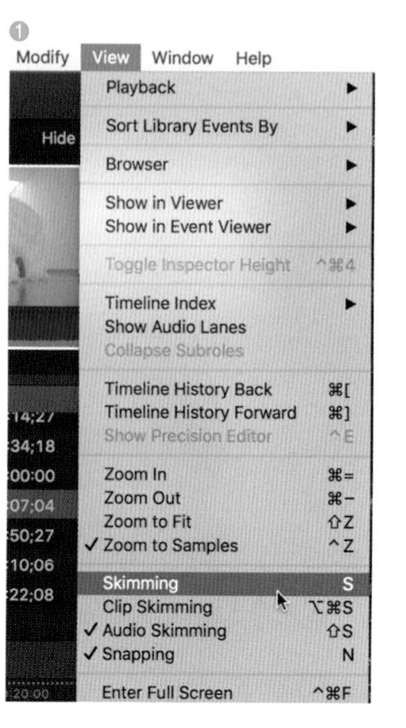

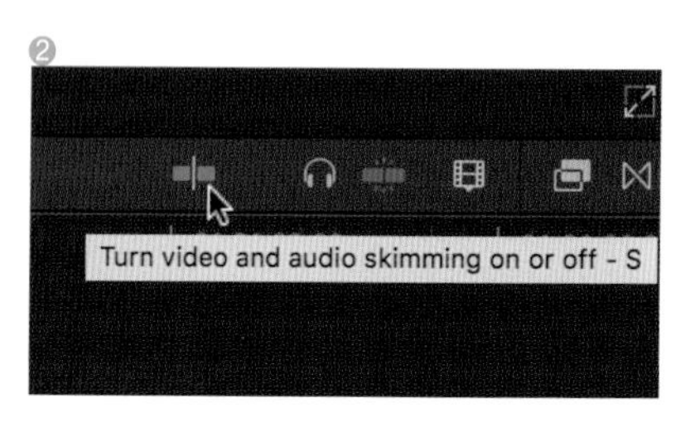

Section 03 컬러 코렉션 시작하기

Final Cut Pro X의 모든 세분화된 매뉴얼 컬러 조절은 컬러 보드에서 이루어진다. 컬러 보드는 컬러 코렉션 전용 인터페이스로서, 오버랩된 이미지 영역들의 대비(Contrast), 컬러(Color), 그리고 채도(Saturation)에 관한 컨트롤들이 위치해 있다. 여기에서 그림자나 하이라이트, 그리고 이미지의 미드톤을 독립적으로 또는 오버랩해서 조절할 수가 있다.

이번 섹션에서 수정하는 컬러 코렉션 내용들은 모두 주요 컬러 코렉션들(Primary Color Corrections)로 이루어질 것이다. 컬러의 잘못된 부분을 고친 경우이든, 컬러를 임의로 바꾼 경우이든 컬러 코렉션들은 전체적인 이미지에 영향을 준다. 이 섹션에서는 이러한 효과적인 컬러 코렉션을 위해 각 부분별로 나누어서 컬러 보드 컨트롤의 사용법을 배우게 될 것이다. 컬러 보드를 사용하여 클립의 색조, 채도 및 노출을 정확하게 조정할 수 있다. 컬러보드는 비디오 전체 그림을 펼쳐서 컬러 보드와 일치하게 맞춘후 색과 밝기를 수정한다. 즉 비디오와 이 컬러 보드 툴이 같은 이미지라고 이해하면 된다.

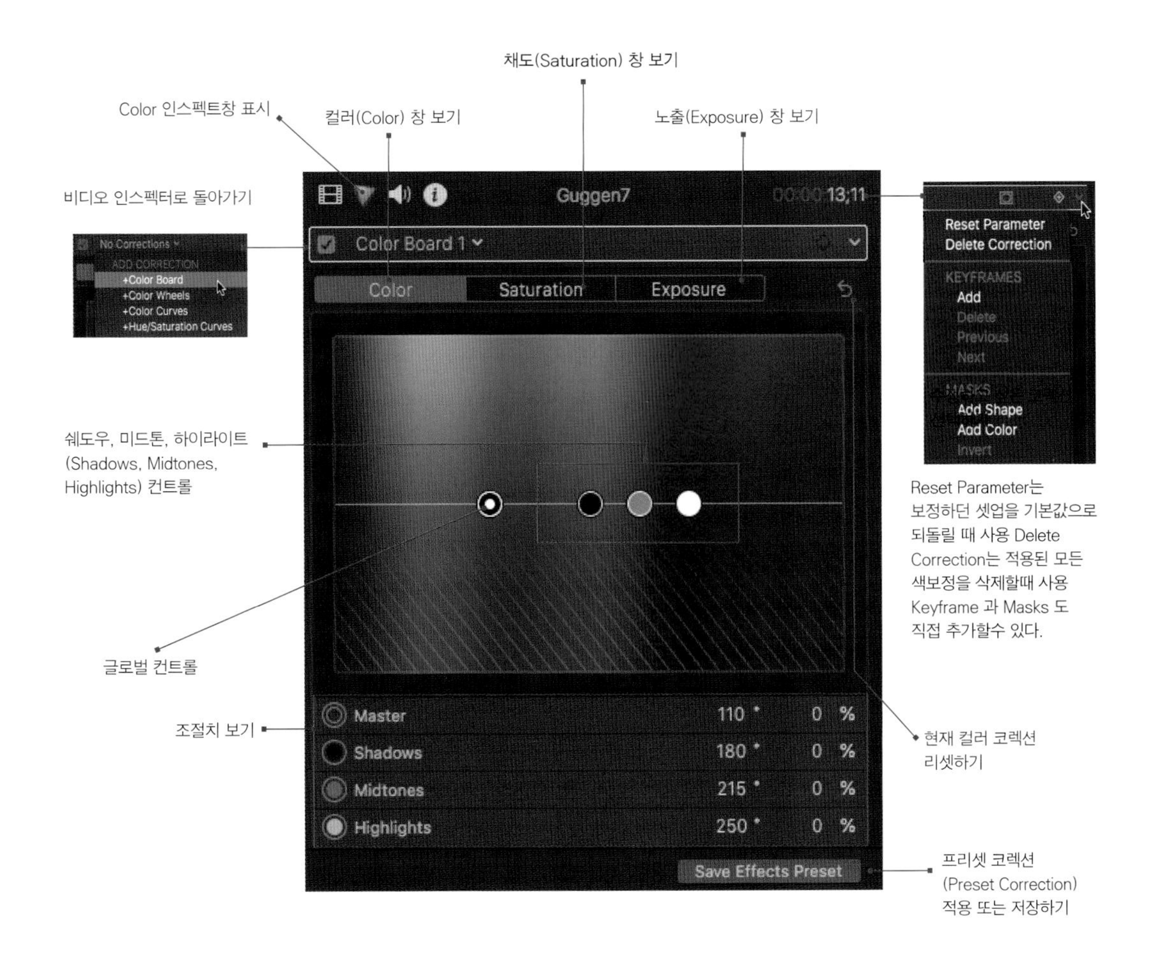

참조사항

최고 화질의 미디어 사용하기

컬러 코렉션 과정은 프로젝트를 내보내기 전에 화질을 체크할 수 있는 마지막 기회이다. 편집 시 어떤 미디어 포맷을 사용하든, 최종 프로젝트를 내보낼 때에 가능한 한 최고의 화질을 가진 미디어를 사용하는 것이 좋다. 특히, 편집을 할 때 프록시 미디어를 사용했는데 부주의로 인해 프로젝트를 프록시 미디어로 끝내는 일이 없도록 해야 한다.

미디어 재생 시 화질과 성능의 균형을 유지하는 것은 뷰어 창의 보기 옵션에서 선택할 수 있다.

❶ 보기 팝업 메뉴에서 Better Quality를 선택한다.

❷ 항상 미디어 선택에서 Optimized/Original를 선택해준다.

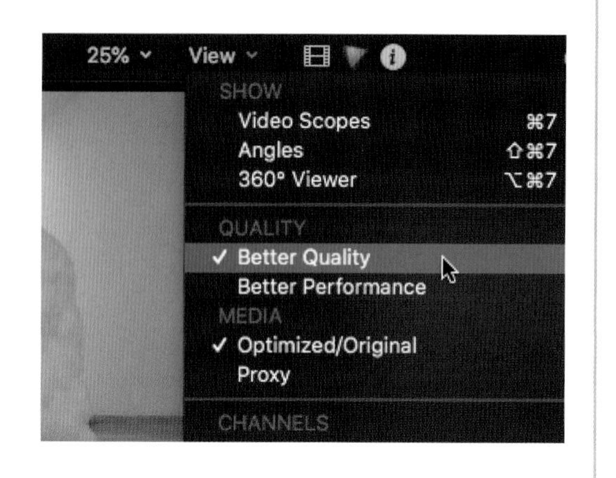

Unit 01 컬러 조절 창 이해하기

4개로 분류되어 있는 밝기의 구간을 조절했을 때 어떤 결과가 나오는지 그리고 그 결과를 웨이브폼(Waveform)을 통해 어떻게 확인하는지를 배워보겠다.

CH15_Color_Before 프로젝트 클립을 열자.

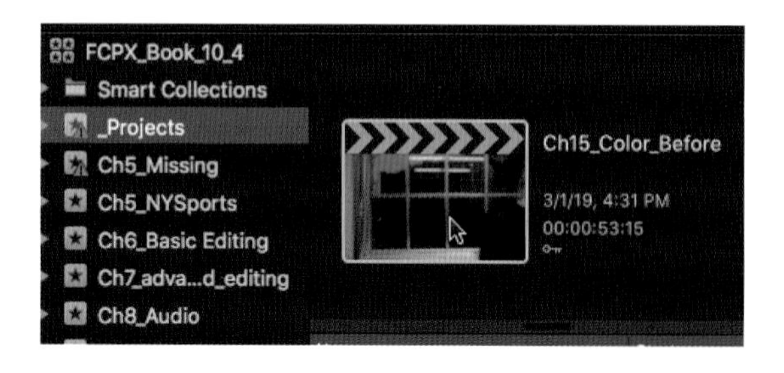

프로젝트가 타임라인에 열리면 첫 번째 클립인 Gradient 클립을 선택하자.

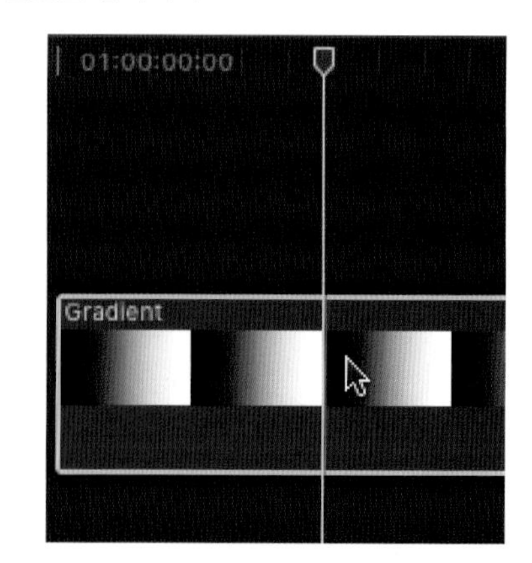

뷰어 창 보기 메뉴에서 Show Video Scopes를 선택해 비디오 스코프 창을 열자(단축키 ⌘ + 7).

비디오 스코프 창이 뷰어의 왼쪽에 열렸다. 이 클립은 그래디언트(Gradient) 이미지인데 100에서부터 0까지의 밝기를 가진 이미지이다.

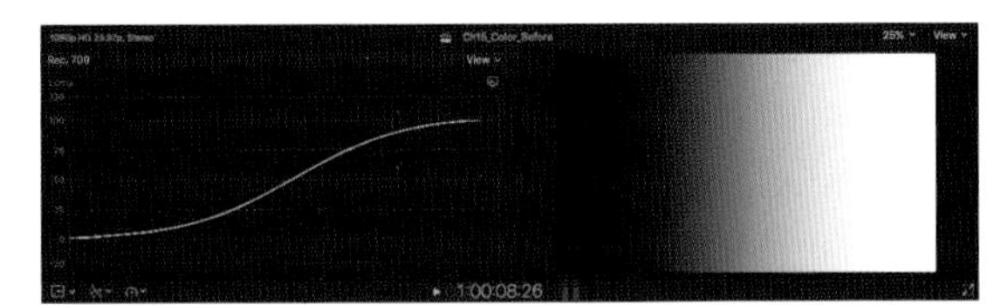

참조사항

만약 비디오 스코프 창에 웨이버폼(Waveform)이 아닌 다른 비디오 스코프가 보이면 비디오 스코프 창의 오른쪽에 보이는 설정(Settings) 팝업 메뉴에서 웨이브폼(Waveform)과 그 밝기를 보여주는 Luma를 선택하자.

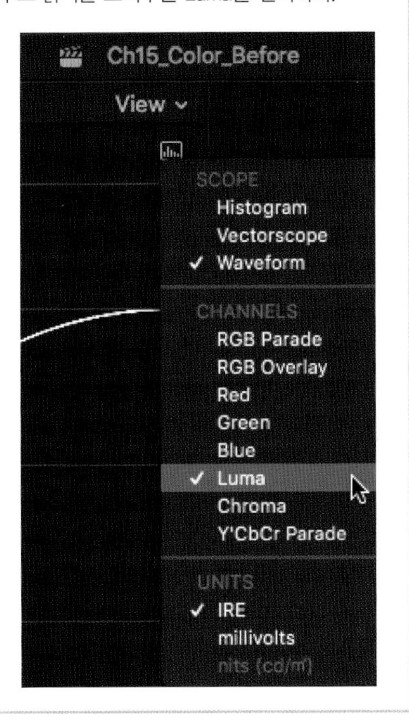

컬러 인스펙터 창을 클릭해서 Color Correction 툴이 보이게하자.

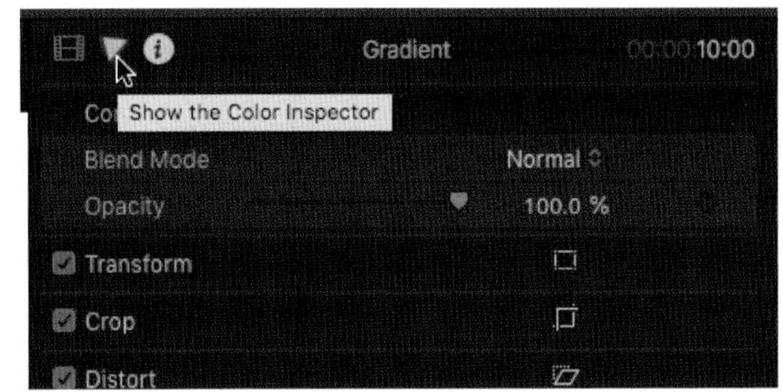

컬러 코렉션 추가 옵션을 확인하면 4가지 툴을 확인할수 있다. 컬러 코렉션 기본 툴인 컬러 보드 툴을 먼저 사용하겠다. 컬러 보드창에는 네가지의 컨트롤구간을 가진 Color가 보인다: 글로벌(Global), 그림자(Shadows), 미드톤(Midtones), 하이라이트(Highlights).

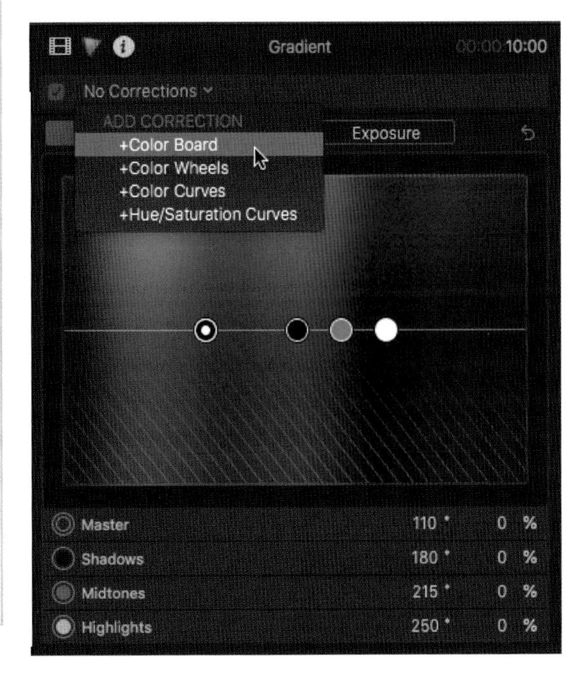

브라우저를 숨기기 기능을 사용해서 좀 더 많은 공간을 확보해서 비디오 스코프창과 뷰어창이 크게 잘 보이게하자.

컬러 보드의 위쪽에 보이는 세가지 탭 중에 빛의 노출 정도를 조절할 수 있는 Exposure(밝기조절) 탭을 클릭하자. 이 툴을 이용해서 글로벌(Global), 그림자(Shadows), 미드톤(Midtones), 하이라이트(Highlights) 구간의 개념을 이해하자.

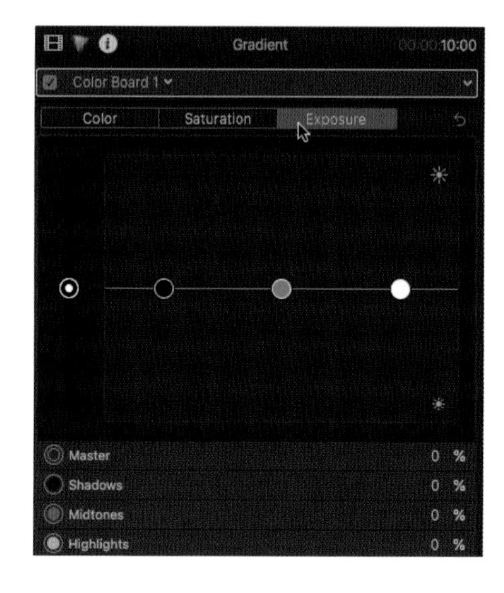

09 하이라이트를 조절하기 전의 비디오 스코프 창과 뷰어, 컬러 보드의 모습이다.

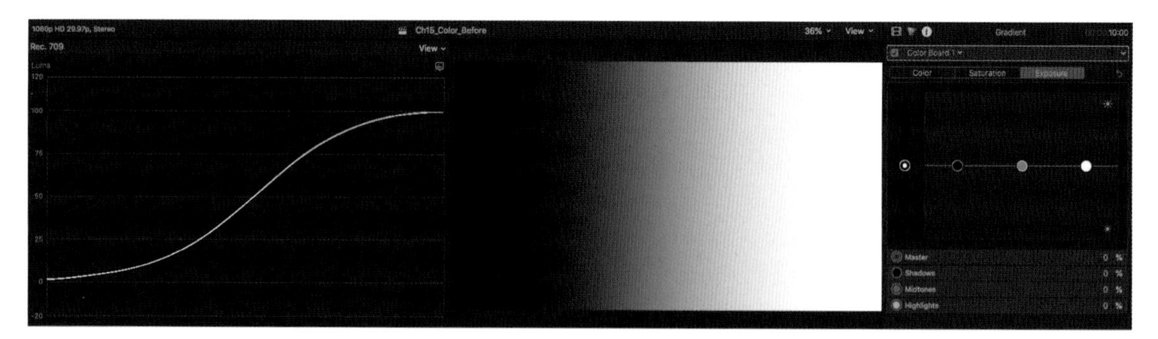

10 컬러코렉션 창의 노출 조절 섹션에서 하이라이트(Highlights)를 선택, 하이라이트 버튼을 아래로 드래그해 -25%까지 조절해보자. 제일 밝은 부분만 조절되고 다른 밝기 지역은 큰 변화가 없다.

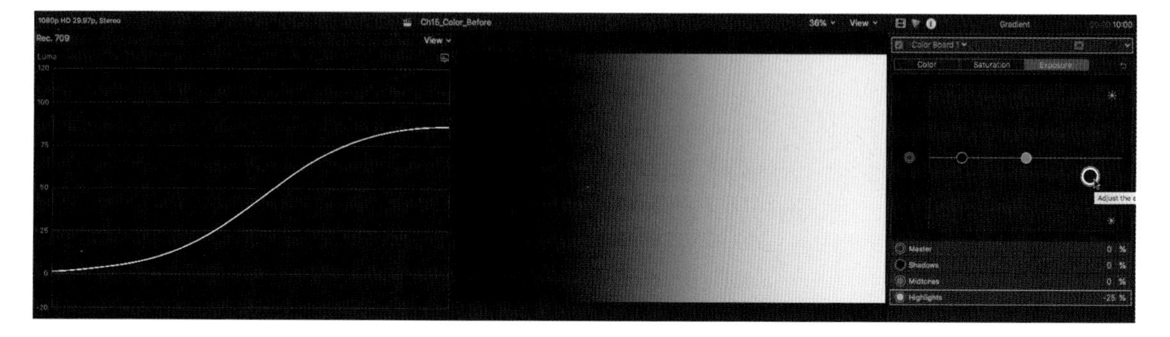

이번에는 쉐도우(Shadow)를 선택해 25%까지 올려주자. 어두운 부분만 조절되고 다른 밝기 지역은 역시 큰 변화가 없다.

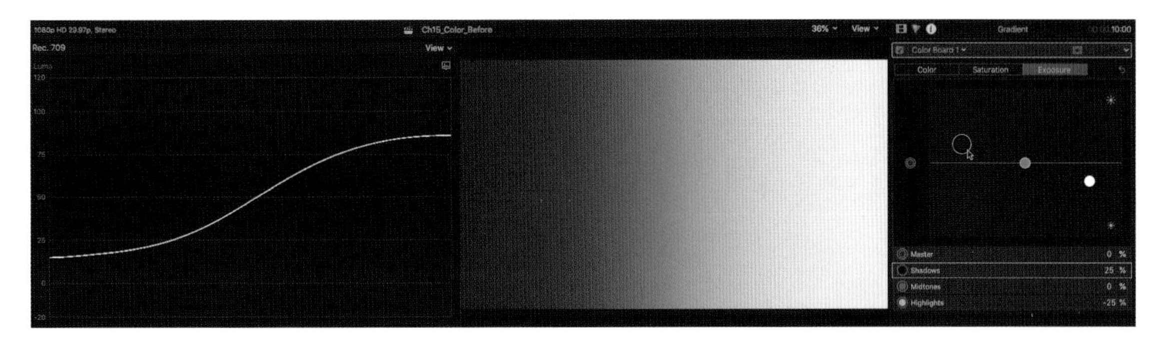

12 글로벌(Global)을 선택해 20% 올려보자. 뷰어창 옆에 보이는 웨이브폼의 그래프의 모양이 유지되면서 그래프가 전체적으로 다 위로 올라간다.

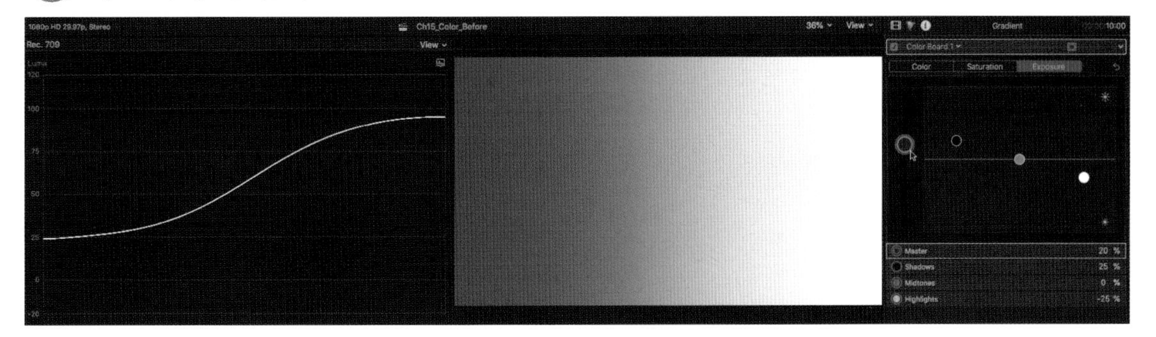

13 컬러 코렉션 창의 왼쪽 위에 꺾여진 화살표(Reset)를 누르면 변경되었던 모든 내용이 초기화된다. 변경되었던 내용들이 초기화되어 원래의 상태로 돌아갔다.

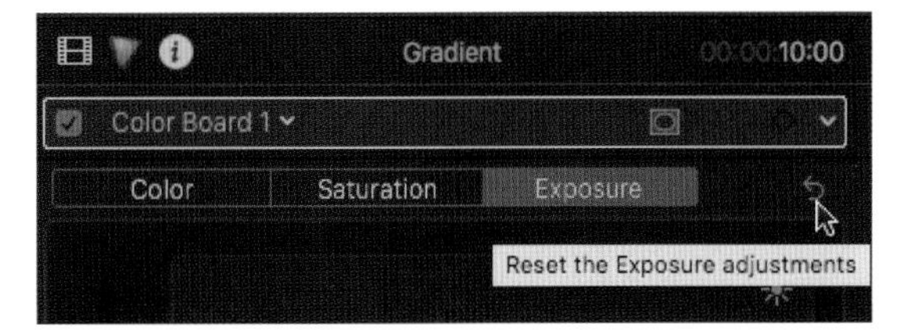

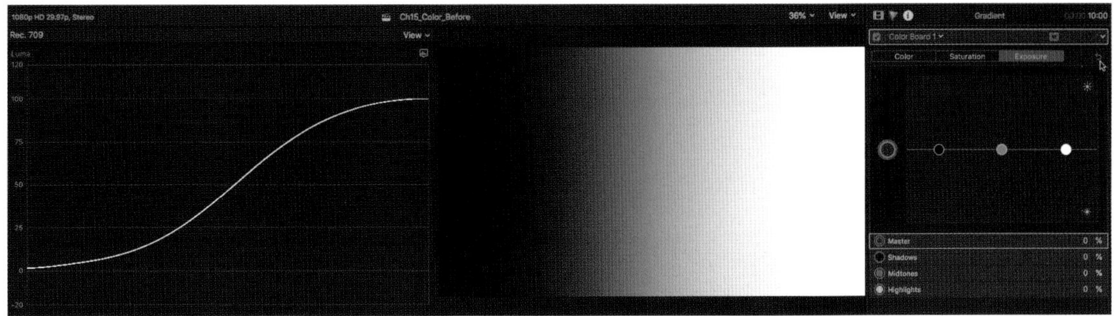

Unit 02 컬러 휠 사용하기

컬러휠은 전문가용 컬러 수정 프로그램에서 사용하는 작동방식이라 좀더 직관적으로 색상과 채도, 밝기를 조절할수 있다. 기본 삼색과 보색의 관계, 즉 노란색이 많으면 반대편에 있는 파란색을 추가해서 내추럴한 색상을 만들수 있는것이다.

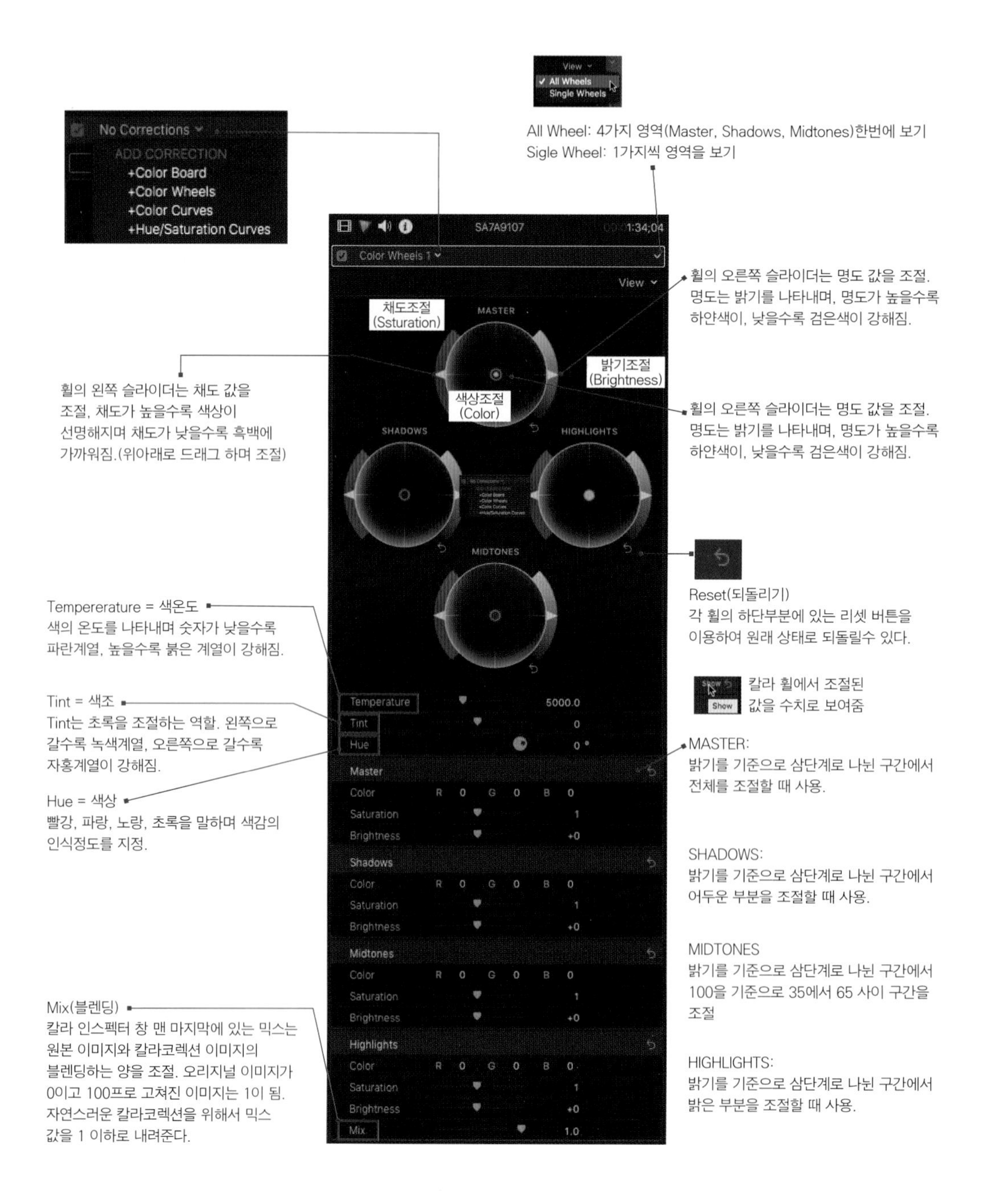

컬러 코렉션 추가창에서 Color Wheels를 선택하자.

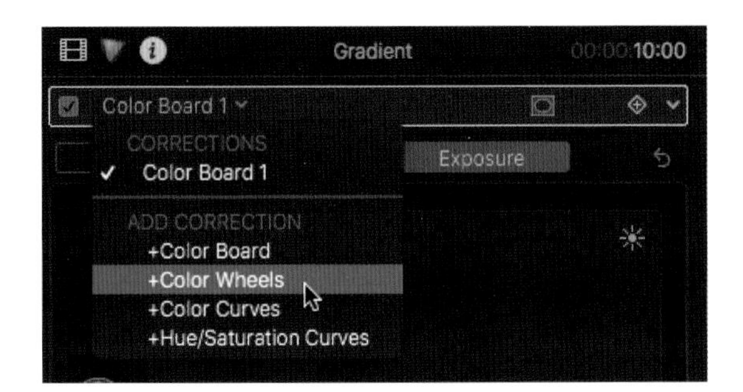

참조사항

컬러 코렉션 창 하단의 조절치 부분이 보이지 않으면 창 상단 Color Wheel 탭 부분을 더블 클릭하면 창이 아래로 확장된다.

색상을 수정 할것이기때문에 색상을 계산하여 판단하게 해주는 벡터스코프(Vectorscope)를 사용하자. 뷰어버큰 아래에 보이는 비디오 스코프 창의 세팅을 벡터스코프(Vectorscope) 옵션으로 선택해보자.

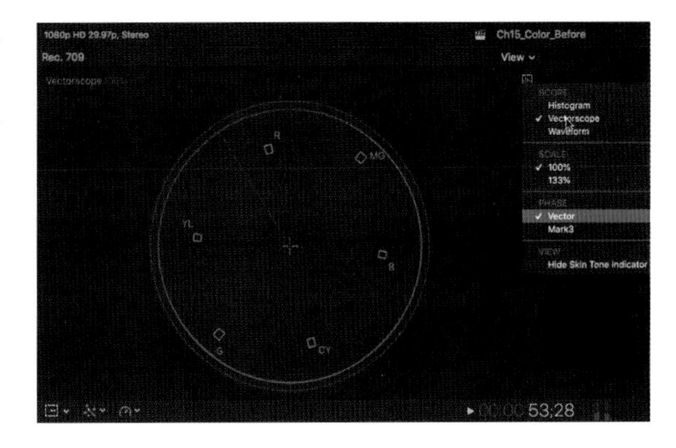

인스펙터의 컬러코렉션 창에서 하이라이트(Highlights) 버튼을 선택하자.

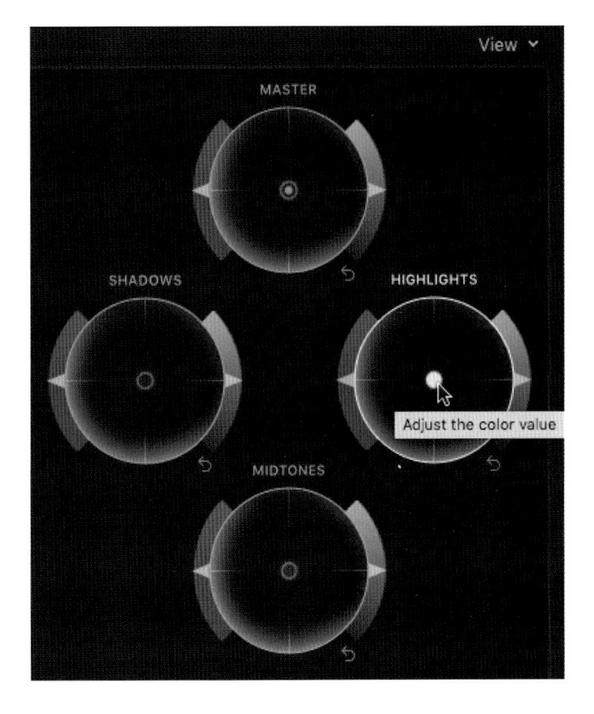

하이라이트 휠에서 중간에 있는 컬러버튼을 위쪽 빨간색방향으로 드래그하면, 클립의 하이라이트 부분에만 무채색이였던 이미지에 빨간색이 입혀지면서 벡터 스코프에도 변화가 생겼다. (어두운 지역에는 큰 변화가 없지만 근접한 중간톤 지역은 변화가 생긴다.)

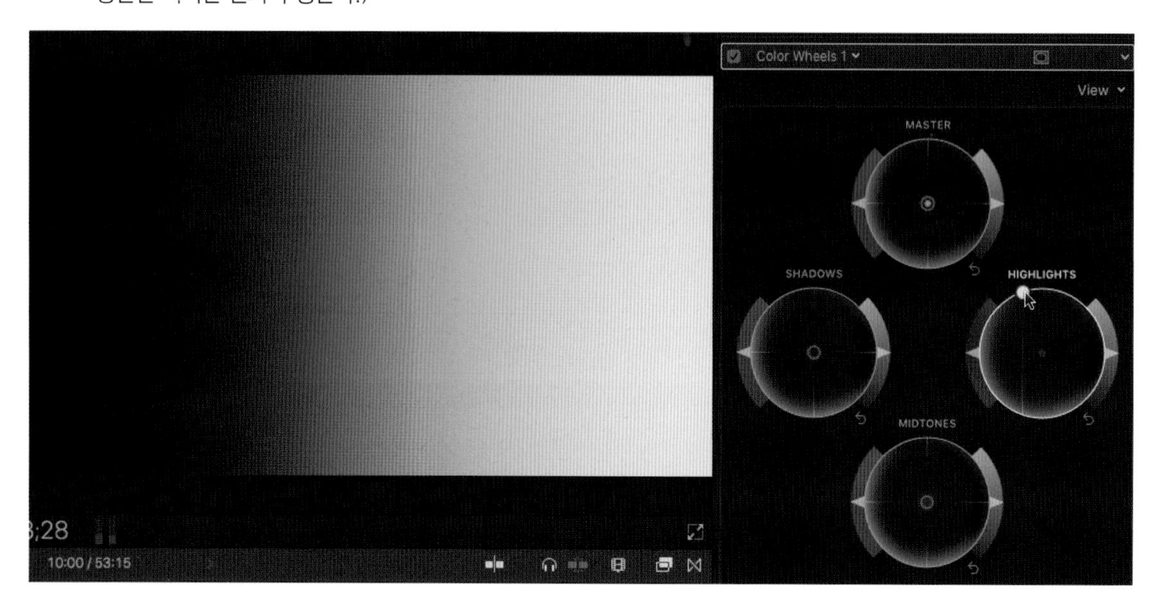

05 이번에는 쉐도우(Shadows) 버튼을 클릭하고, 드래그해 녹색이 보이는 위쪽으로 43%만큼 이동시켜보자. 밝기가 어두운 지역에만 녹색이 입혀졌다.

06 미드톤(Midtones) 버튼을 파란색 지역까지 드래그해보자. 이미지의 중간의 색상이 약간 푸른색으로 나타난다.

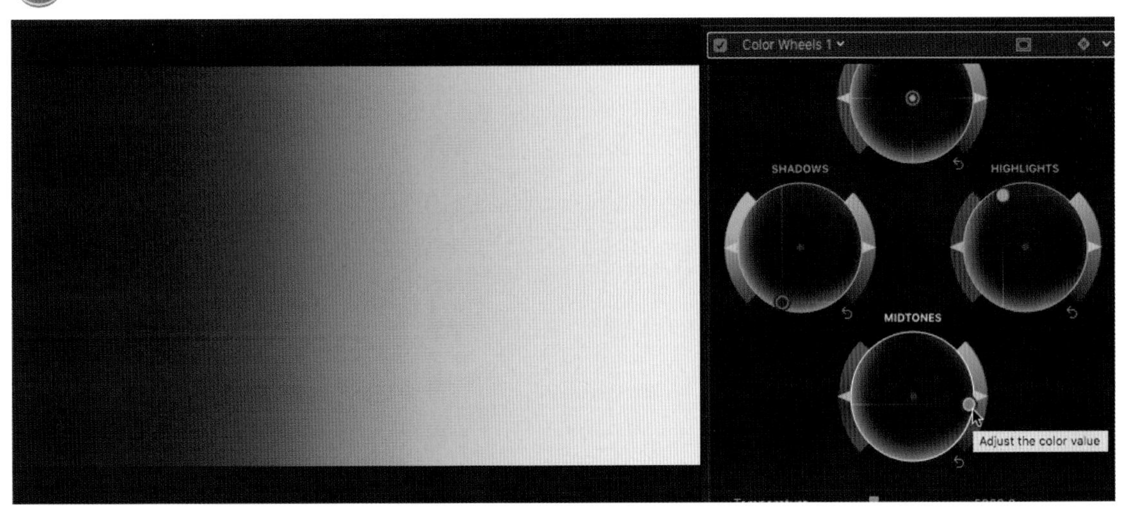

07 하이라이트 휠에서 왼쪽의 채도를 위로 올려서 색감이 더 강하게 하고 오른쪽 밝기 조절버튼을 아래로 내려 화면에서 보이는 3가지 밝기 구간이 좀 더 확실하게 구분 되게 해보자.

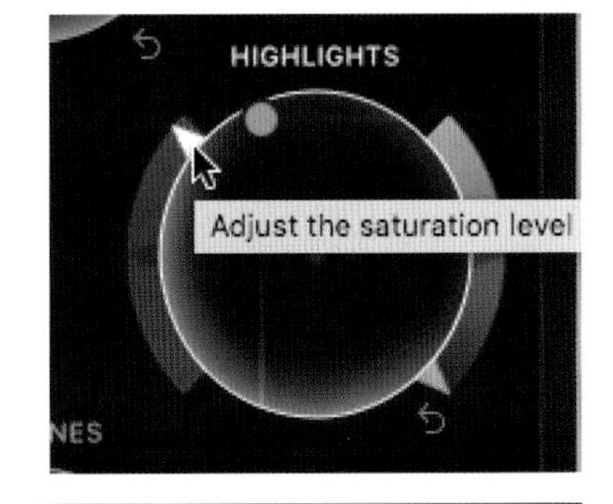

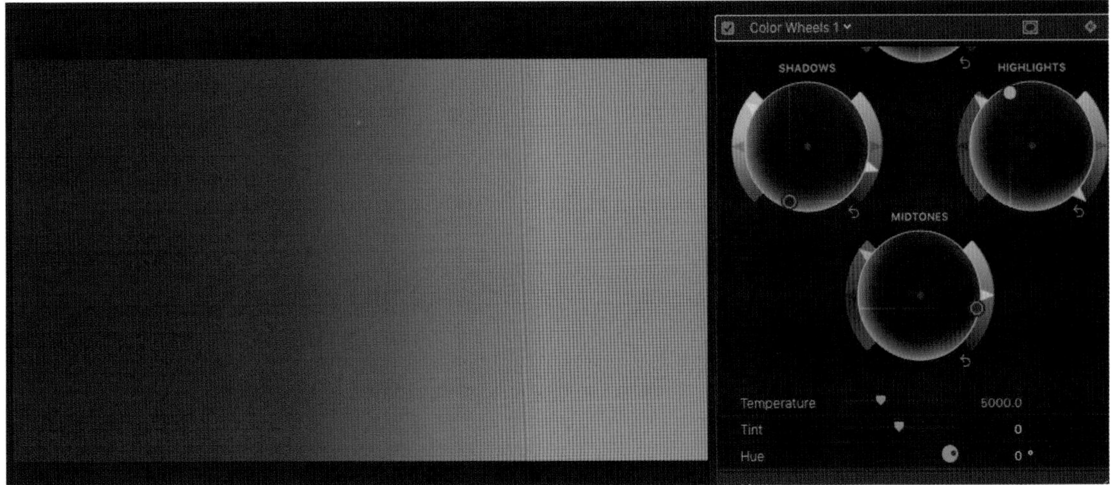

가장 기본적인 비디오의 색과 밝기를 이해하기 위해서 비디오 클립을 세 구간으로 나누어 각 밝기의 세 지점(Highlights, Shadows, Midtones)에 다른색을 입혀 보았고 명암비를 조절해 보았다. 이 연습은 전체 이미지의 색을 고치기전 먼저 밝기의 세 지점이 어떻게 구성되었는지를 이해해야하기 때문에 그 결과를 예측하면서 좀 더 정확한 컬러 조절을 연습하는것이다.

Unit 03 컬러 커버 Color Curve 툴로 비디오 밝기 조절하기

포토 에서 가장 많이 사용되는 컬러 수정 툴인Curve 툴과 사용방법이 아주 비슷하다. 컬러 커버(Color Curve) 툴로 밝기(Exposure)조절을 해서 비디오 클립에 있는 가장 어두운 부분과 가장 밝은 부분 그리고 중간톤부분을 수정해보자. 다이내믹 레인지(밝기 구간)를 좀 더 넓게 만들고 너무 어둡거나 밝은 부분을 손쉽게 수정 해보자.

대비(Contrast)는 이미지의 가장 어두운 부분과 가장 밝은 부분의 구간을 나타내는데 사용자가 클립을 수정할 때 가장 기본적으로 먼저 대비(Contrast)를 수정 한후 그이후에 컬러를 수정해야하는 순서이기 때문에 컬러를 고칠때 가장 먼저 확인해야한다.

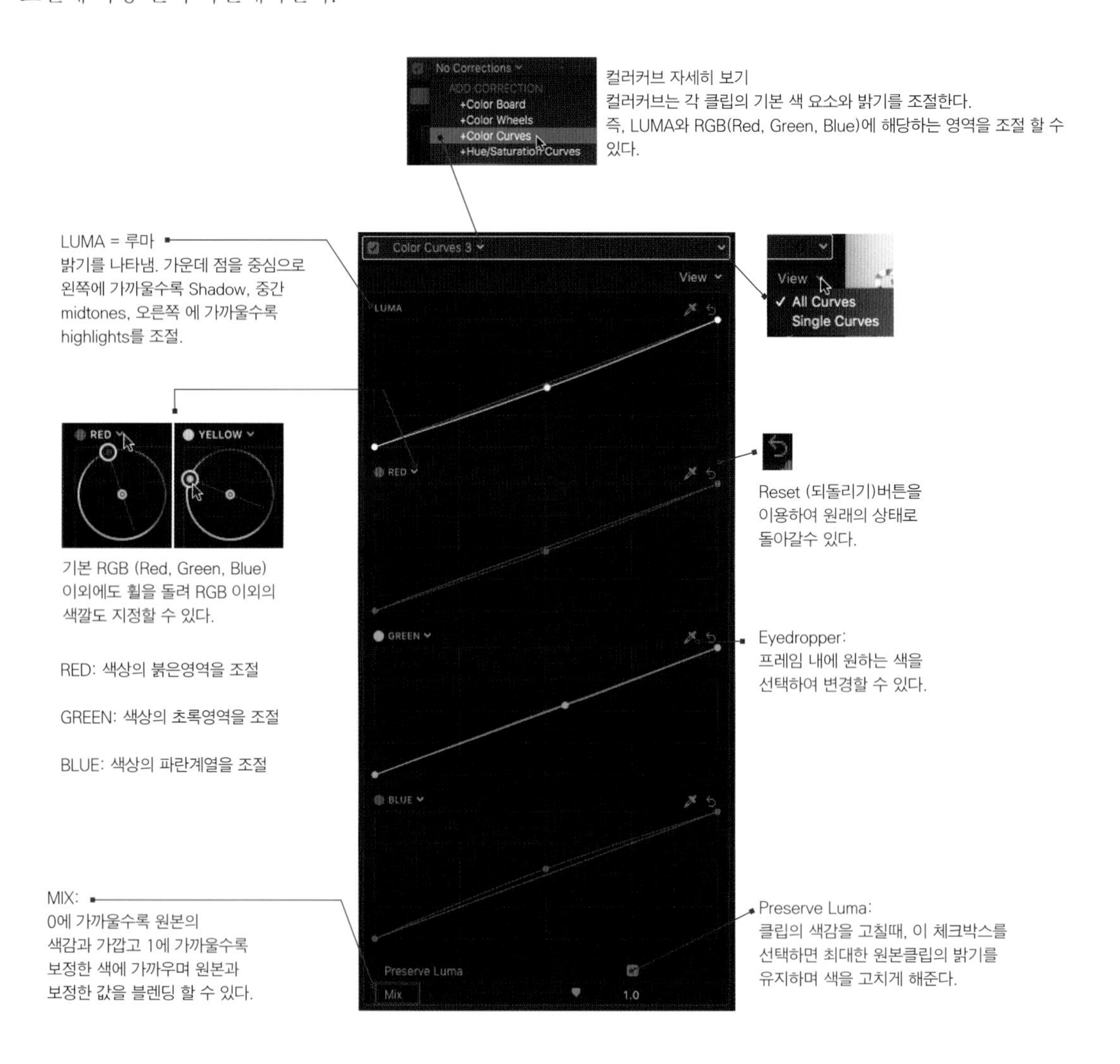

타임라인에 있는 두번째 클립(Guggen7)을 선택하자.

참조사항 두번째 클립을 선택하면 인스펙터창에서 Color Board에 컬러를 조절할 수 있는 기본 컨트롤들이 보인다. 타임라인에서 어떤클립을 선택하고 있는지에 따라 인스펙터 창의 Color Board 정보가 달라진다. 첫번째 클립이 선택된 상태에는 인스펙터창에서 사용된 컬러휠이 보이지만 두번째클립에는 아직 컬러 수정을 하지 않았기 때문에 기본 컬러수정 구간이 나타난다.

밝기를 확인해야하기 때문에 비디오 스코프 세팅을 Waveform/Luma 옵션으로 바꿔보자. 루마(Luma) 웨이브폼은 클립의 명암 대비 정도를 알아내는데 가장 적합한 보기 옵션이다.

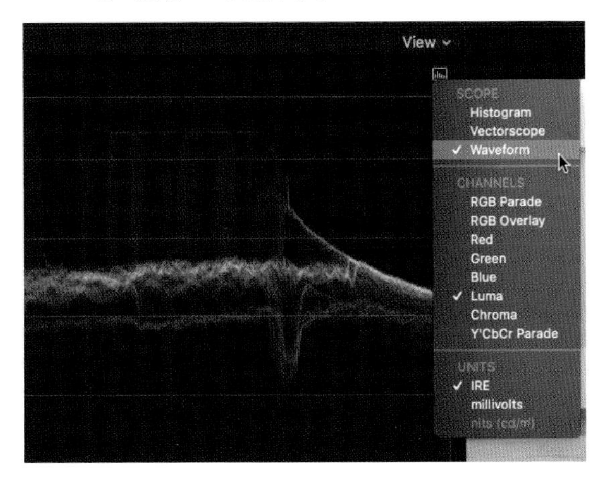

웨이브 폼의 trace 라인이 더 잘 보이게 뷰 옵션을 클릭해서 아래에 있는 웨이브 폼에 뜨는 트래이스 라인을 좀 더 밝게 해보자. 이 루마 웨이브폼창은 클립이 얼마나 밝은지 또는 어두운지 보여주지만 여기서 실제 명암을 조절하지는 않고 그 결과만 보여주는 기능만을 한다.

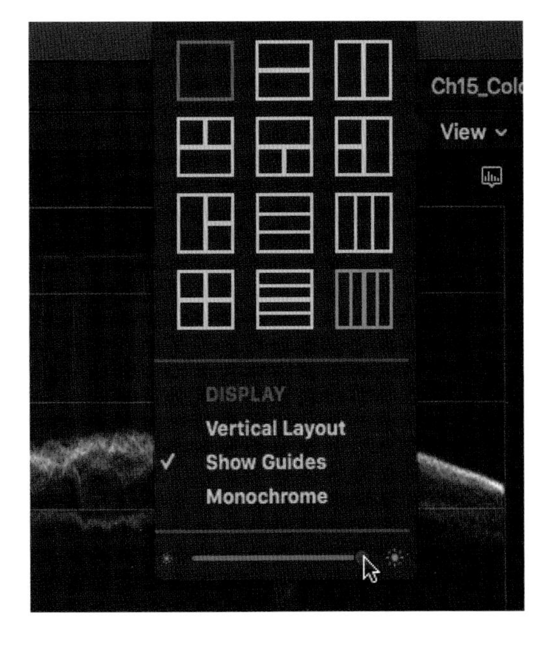

04 컬러 인스펙터 창에서 Color Curves를 선택해준다.

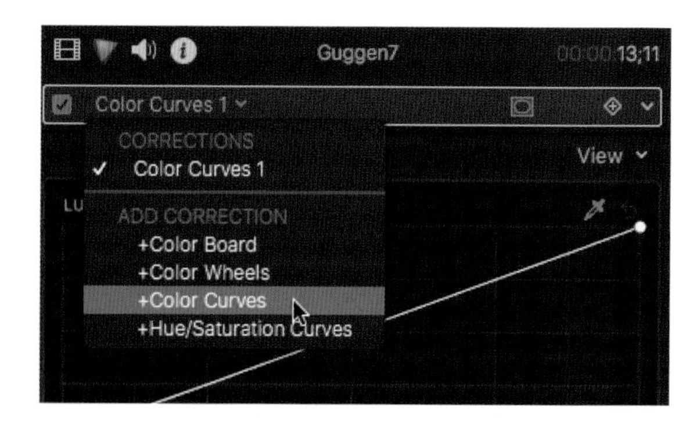

05 화면 중앙 밑에 있는 빛이 천장 창문을 통해 들어와 벽쪽으로 반사 되었다. 웨이브 모니터 폼을 통해서 확인해 보면 천장 창문 부분이 너무 밝아 웨이브 폼의 trace가 방송 적합 최고치인 100%를 초과한것을 확인할 수 있다. 밝기 100%를 넘어가는 이 클립은 방송 부적격 클립임을 알수있다. 또한 가장 어두운 부분인 Black Level 이 0이 아니고 25쯤에서 시작 되는걸 알수있다.

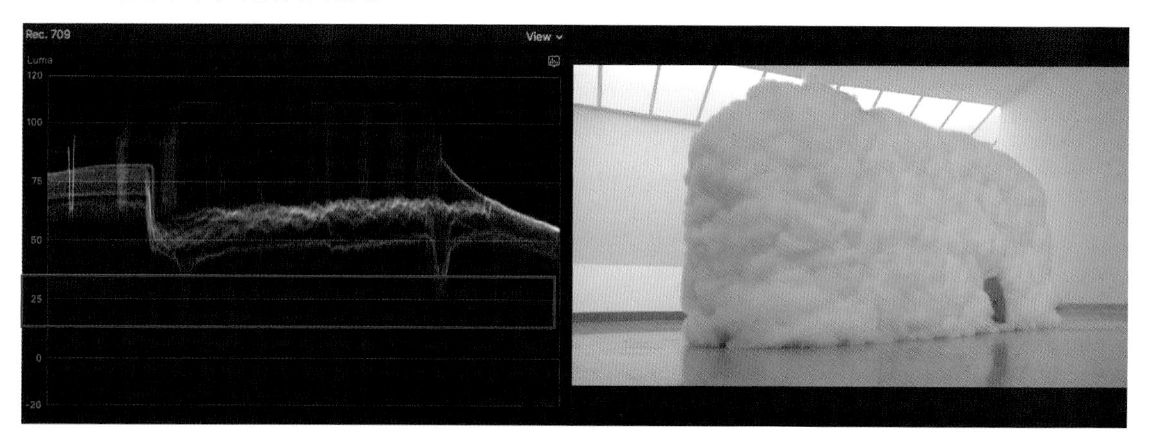

06 루마 커버(Luma Curves)에서 하이라이트 버튼을 아래로 드래그해 하이라이트 부분을 조절하자. 방송용 프로그램에서는 가장 밝은 부분이 절대100%을 넘어가면 안되기 때문에 보통 저자는 가장 밝은 지역을 안전하게 웨이브 폼에서 볼때 97% 정도가 되게 설정한다.

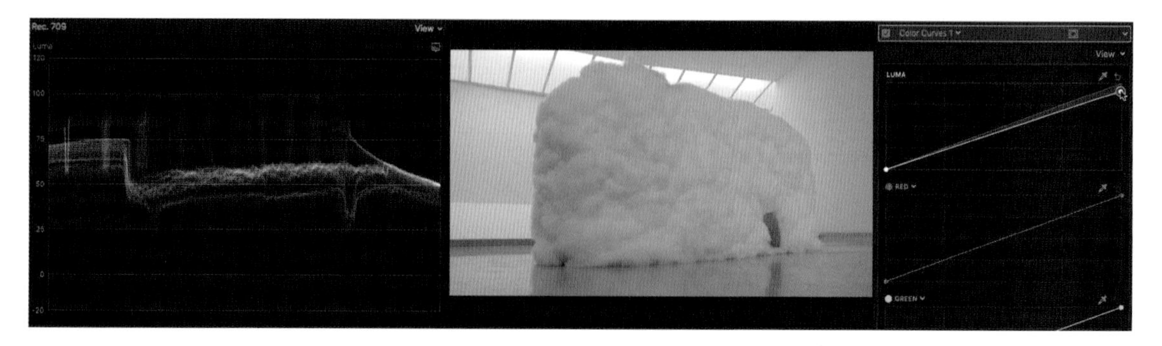

쉐도우 버튼을 클릭해서 오른쪽으로 드래그해보자. 바닥의 그림자가 조금 더 어두워진 것을 느낄 수 있을 것이다. 어두운 부분을 더 많이 만들어서 전체적으로 좀 더 많은 명암대비가 생겼다.

쉐도우 버튼을 드래그할 때, 조절되는 정도에 따라 웨이브폼의 다른 지역도 조금 변함을 볼 수 있다. 쉐도우 퍼센트의 값 또한 다른 톤의 변화에 따라 그 영향을 조금 받는다.
웨이브폼의 가장 아랫 부분은 이미지 내의 가장 어두운 그림자 부분을 나타내기 때문에, 이는 쉐도우 컨트롤을 0 이하로 낮게 내려가지 않게 주의하자.

08 중간 구간 약간 위쪽에 있는 미드톤 구간을 클릭하면 컨트롤 포인트가 생기는데 이걸 위로 올리면 중간톤 이상 부분이 넓게 퍼진다. 개인적 취향이기 때문에 각자 원하는 구간을 포인트해서 대비(Contrast)를 조절해보자

Unit 04 색조와 채도 Hue & Saturation Curves 커버툴 사용하기

채도(saturation)는 특정한 색상이나 색상들의 진함과 연함을 구분지을때 사용한다. 예를 들면 똑같은 색조(hue)의 붉은색이라도 진한 강렬한 선홍색이 덜 진한 옅은 붉은색보다 더 선명하고 강하게 보인다. 채도의 조절은 그 영상물의 성격을 표현하고 또한 바꿀수 있을만큼 그 활용도가 상당히 높다. 예를들면 영화 라이언 일병 구하기에 나오는 거칠고 연한 색감의 겨울톤 또는 미국 드라마 CSI 마이애미에 나오는 강한색감의 여름톤 같은 영상은 채도의 조절을 통한 색감의 변화로 그 프로그램의 성격을 표현한 것이다.
Final Cut Pro X에 새롭게 추가된 색조와 채도 커버툴은 총 6개의 컨트롤을 사용해 필요한 수정을 더욱 쉽고 세밀하게 분리해서 조절할 수 있는 옵션들을 제공한다. 이툴은 프로젝트 전체의 모든 색상의 색상, 채도 및 밝기를 조정할 수 있고 또한 한 클립에서 지정된 밝기 범위 또는 채도 범위에 맞게 채도를 조정할 수 있다. 또한 선택된 색의 밝기 범위 내의 임의 지점에서 특정 색상의 채도를 조정할 수도 있다. 예를 들면 특정한 색상의 옷을 입고 있는 배우가 있을때 그 색을 컬러 선택툴로 지정해서 그 색만을 다른색으로 바꿀수 있고 또는 채도를 변화시킬수도 있다.

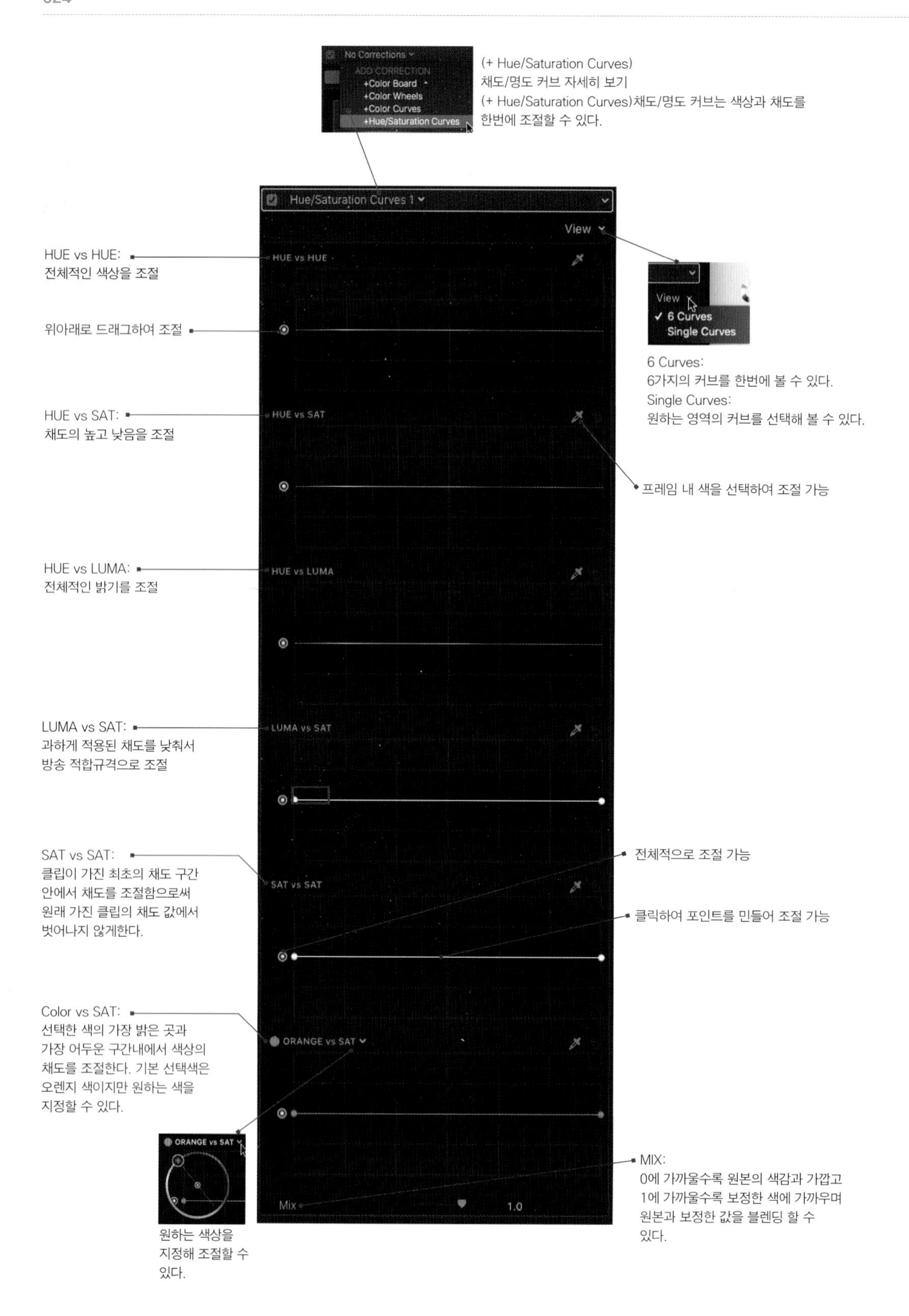
No Corrections
ADD CORRECTION
+Color Board
+Color Wheels
+Color Curves
+Hue/Saturation Curves
(+ Hue/Saturation Curves)
채도/명도 커브 자세히 보기
(+ Hue/Saturation Curves)채도/명도 커브는 색상과 채도를
한번에 조절할 수 있다.
Hue/Saturation Curves 1
View
View
✓ 6 Curves
Single Curves
6 Curves:
6가지의 커브를 한번에 볼 수 있다.
Single Curves:
원하는 영역의 커브를 선택해 볼 수 있다.
HUE vs HUE:
전체적인 색상을 조절
HUE vs HUE
위아래로 드래그하여 조절
HUE vs SAT:
채도의 높고 낮음을 조절
HUE vs SAT
프레임 내 색을 선택하여 조절 가능
HUE vs LUMA:
전체적인 밝기를 조절
HUE vs LUMA
LUMA vs SAT:
과하게 적용된 채도를 낮춰서
방송 적합규격으로 조절
LUMA vs SAT
SAT vs SAT:
클립이 가진 최초의 채도 구간
안에서 채도를 조절함으로써
원래 가진 클립의 채도 값에서
벗어나지 않게한다.
SAT vs SAT
전체적으로 조절 가능
클릭하여 포인트를 민들어 조절 가능
Color vs SAT:
선택한 색의 가장 밝은 곳과
가장 어두운 구간내에서 색상의
채도를 조절한다. 기본 선택색은
오렌지 색이지만 원하는 색을
지정할 수 있다.
ORANGE vs SAT
ORANGE vs SAT
원하는 색상을
지정해 조절할 수
있다.
Mix
1.0
MIX:
0에 가까울수록 원본의 색감과 가깝고
1에 가까울수록 보정한 색에 가까우며
원본과 보정한 값을 블렌딩 할 수
있다.

01 타임라인에 있는 세번째 클립, YB_MCU_RAISA 클립을 선택하자. 웨이버폼을 통해 이미지를 보면 밝기는 0에서 부터 85정도까지 아무런 문제없는 이미지인 것을 알수있다.

참조사항

컬러 인스펙?트 창 위에서는 컬러보드가 기본컬러 코렉션 툴이기 때문에 선택한 클립에 컬러 코렉션을 적용하지 않은 상태에서는 기본 컬러 코렉션 툴인 컬러보드가 자동으로 보인다.

02 컬러 인스펙터 창에서 컬러보드를 색조와 채도(Hue & Saturation Curves)커버툴로 바꾸자.

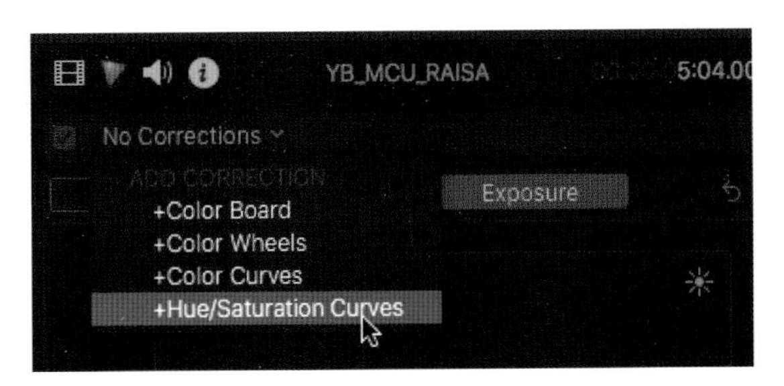

03 비디오 스코프 창의 셋팅에서 웨이브폼을 벡터스코프로 바꿔주자. 채도(Saturation) 탭을 클릭하자.

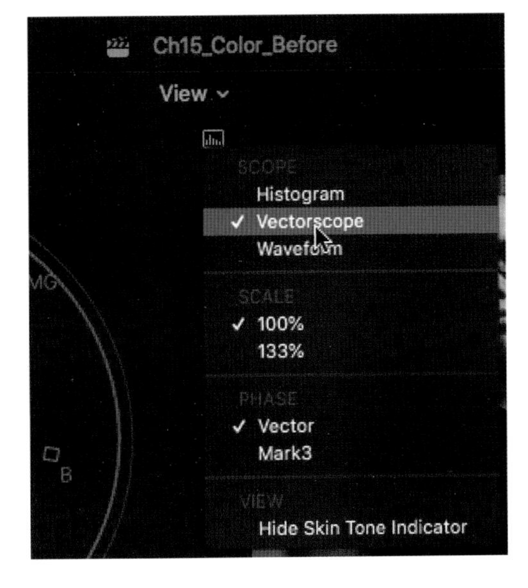

첫번째 구간인 HUE & HUE 에서 색상(Hue) 선택툴을 클릭하자.

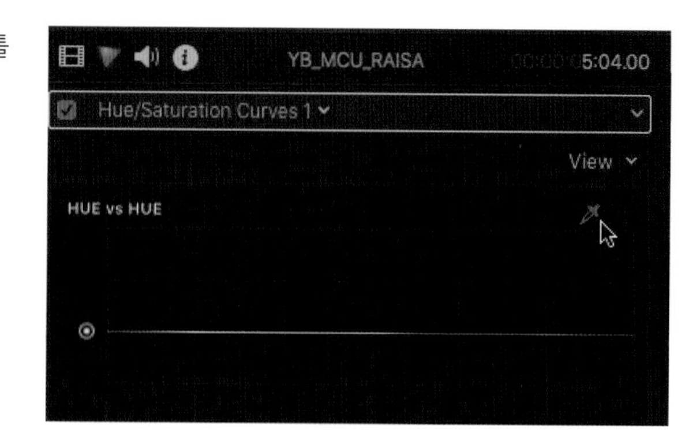

05 색상(Hue) 선택툴로 배우의 얼굴을 선택해서 사용된 컬러를 선택 지정하자. 약한 오렌지 색이 지정된게 확인할수 있다.

06 선택된 컨트롤 포인트를 위로 올리면 선택된 얼굴 색만 바뀌는걸 확인할수 있다.

리셋 버튼을 눌러 바뀐 얼굴색을 원래색으로 돌아가게 하자.

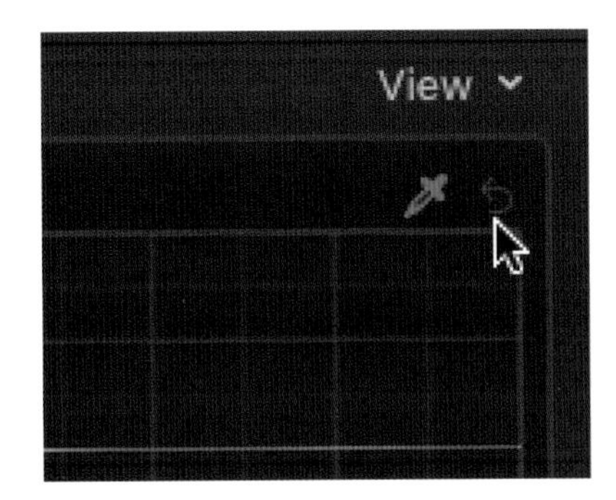

두번째 구간인 HUE & SAT에서 채도(Saturation) 선택툴을 클릭하자. 채도(Saturation) 선택툴이 파란색으로 활성화되면 이전의 색상(Hue) 선택툴이 자동으로 비활성화된다.

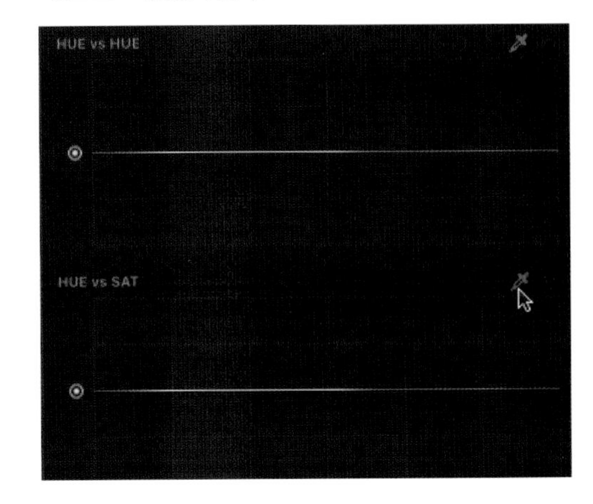

09 채도(Saturation) 선택툴로 배우의 얼굴을 선택해서 사용된 채도를 선택 지정하자.

10 선택된 채도 컨트롤 포인트를 아래로 내리면 선택된 얼굴 색은 그대로 있고 채도만 바뀌는걸 확인할수 있다.

전체 채도 컨트롤 버튼을 위로 올려서 클립 전체의 채도를 올리고 선택된 배우의 얼굴색만 더 창백하게 채도를 내려보자. 간단한 방법이지만 다음과 같이 배우의 얼굴과 뒤 배경에 보이는 창들의 채도가 대비되면서 영상의 느낌이 많이 바뀌었다.

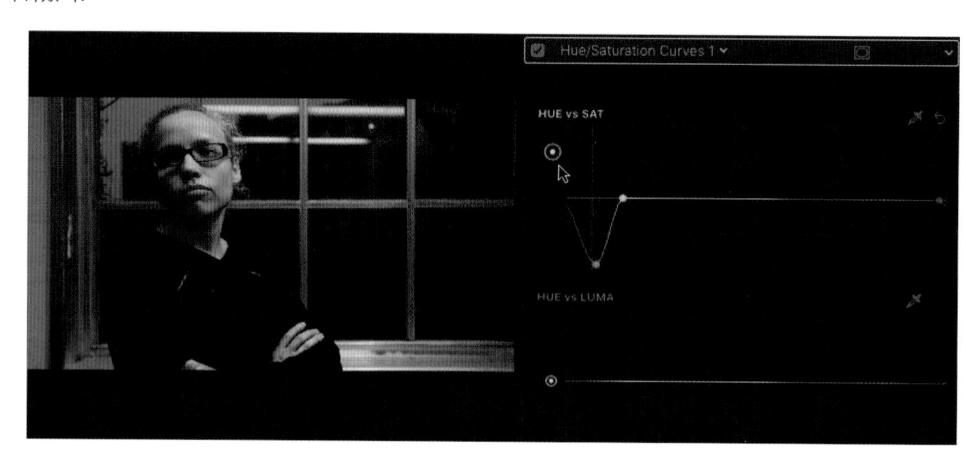

12 네번째 구간인 Luma & SAT 에서 전체 채도(SAT) 선택툴을 클릭해서 아래로 내리자. 선택된 한구간이 아니라 클립 전체에 채도의 변화가 생긴다. 많은 스릴러 영화에서 사용하는 낮은 채도의 조금 차갑고 밋밋한 느낌으로 채도를 내려줌으로 약간의 우울한 이미지가 만들어진다.

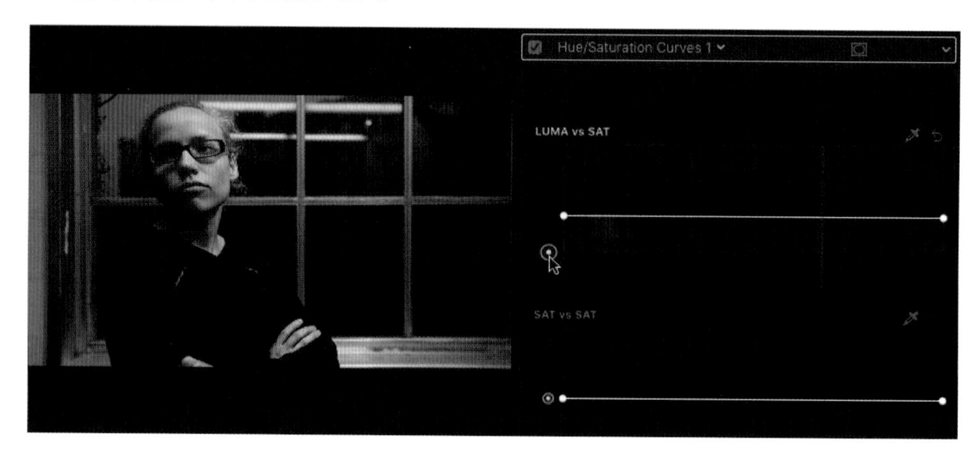

Unit 05 채도 Saturation 와 컬러 Color 의 관계

이번에는 rhapsody1클립을 선택해보자.

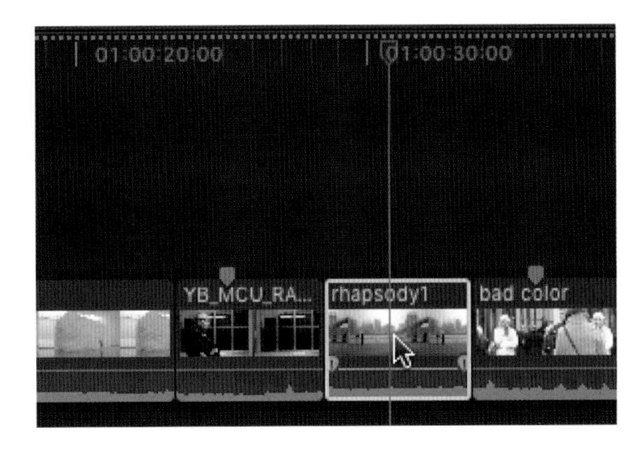

기본 컬러 코렉션 툴인 컬러보드에서 두번째 구간인 Saturation을 선택하자. 전체 조절기(Global)을 가장 아래까지 드래그해 채도를 -100%로 낮춰보자. 영상이 색을 잃고 흑백으로 바뀌면서 벡터 스코프에서 채도를 표시하는 trace가 사라졌다.

벡터스코프에서 색상의 정도를 표시해주는 Trace는 클립에서 색깔을 없애버리면, 같이 사라져버린다. 왜냐하면 이미지에 있는 색상이 더이상 분석할 수 없는 0로 바뀌었기 때문이다.

03 채도를 조절하는 Shadows, Midtones, Highlights를 움직여서 부분별로 색상을 넣어보자.

클립의 색상에 별다른 변화가 없을 것이다. 이는 전체 값을 0으로 고정해두었기 때문에 부분적인 색감을 올리더라도 전체적인 색감에는 변함이 없다.

전체 채도 조절기를 위로 올리면, 벡터스코프 안의 그래프가 다시 커진다. 클립에 다시 색감이 나타나기 때문에 이를 표시하는 그래프도 같이 커지는 것이다.

05 상단에서 Color 탭을 클릭해, 색상을 조절할 수 있는 컬러 섹션을 열어보자.

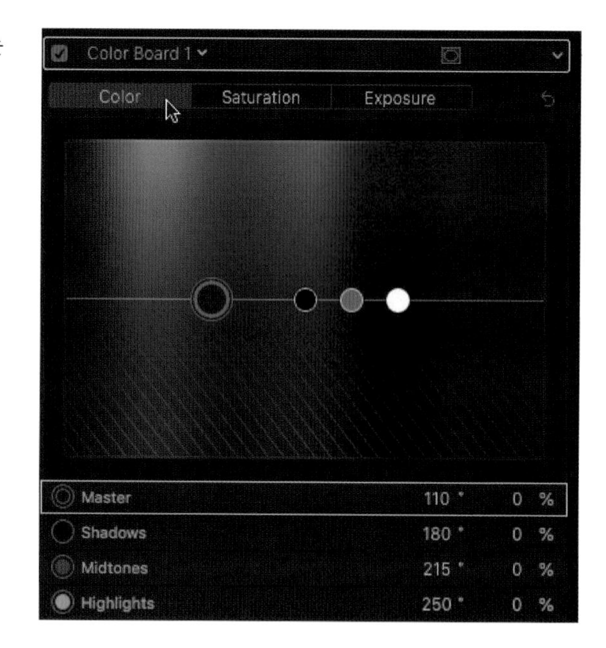

06 색상을 조절할 수 있는 버튼들을 아래로 드래그해 영상이 Sepia 느낌이 나도록 갈색톤을 입혀보자.

07 적용된 컬러 보드를 비 활성화 시켜서 원래 이미지를 확인하자

08 컬러 보드를 다시 활성화 시키면 컬러 코렉션된 이미지가 다시 보인다.

참조사항 컬러 코렉션 창에서 적용된 컬러 코렉션을 확인 또는 추가, 삭제 하고 싶으면 컬러 코렉션 탭을 클릭해서 확인할수있다.

Unit 06 자동 컬러 밸런스로 잘못된 화이트 밸런스 고치기

앞에서 매뉴얼로 컬러를 수정했다면, 이제 자동 컬러 밸런스(Color Balance) 컨트롤들에 대해 알아보도록 하자. 카메라는 일반적으로 육안으로 알 수 없는 자외선을 인식을 하기 때문에 사용하는 빛의 종류에 따라 다른 색감을 가진다. 모든 방송용 카메라에는 이런 빛의 파장에 따라 달라지는 색감을 화이트 밸런스 기능으로 어떤 색온도 아래에서 촬영하는 것인지에 대한 셋업 즉 색온도 설정을 해야한다. 이렇게 촬영장소의 광원에 맞춰 카메라에 그 빛의 파장에 대한 정보를 셋업하는것을 화이트 밸런스라 한다. 예를들면 낮에 야외에서 촬영할 경우에는 태양 광선의 색 온도인 5600K(캘빈)으로, 실내촬영일 경우에는 텅스텐 라이트 색 온도인 3200K(캘빈)정도로 세팅해줘야 한다. 만약 텅스텐 라이트 색 온도 셋업으로 대낮에 야외에서 촬영을 하면 이미지들은 태양빛의 파장에 따라 그 반대인 심한 파란색을 띄게 된다. 이렇게 잘못된 화이트 밸런스를 통해 촬영된 영상들을 파이널 컷 프로에서는 자동 컬러 밸런스를 사용해서 간단하게 보정할수 있다.

자동 컬러 밸런스(Auto Color Balance)기능은 클립의 컬러가 최대한 자연스럽게 보이도록 만들어준다. 자동 컬러 밸런스 기능은 또한 클립의 대비(contrast)를 조절하여 그림자가 더 깊어보이고 하이라이트된 부분이 더 선명해 보이도록 만든다.

01 타임라인의 다섯번째에 위치한 bad color 클립을 선택하자. 뷰어창에서 보이는 이미지의 색이 파란색을 띄고 있고 백터 스코프에서도 trace들이 파란부분으로 치우쳐 있다.

툴 바의 색상과 오디오 향상 팝업 메뉴에서 Balance Color를 선택해서 자동 컬러 밸런스 조절 기능을 적용하자.

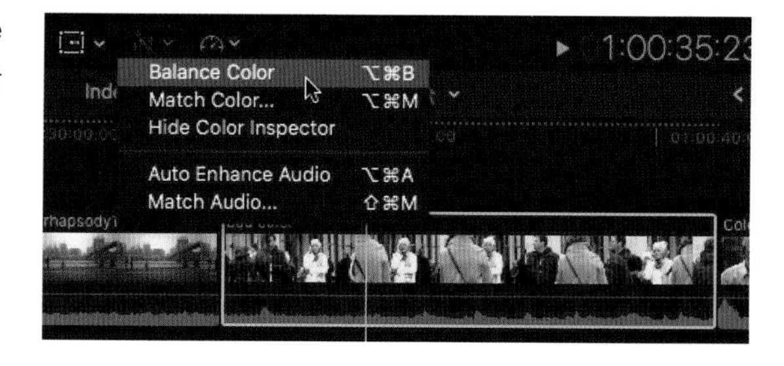

이 클립에 자동 컬러 밸런스 조절 기능이 적용되면 파란색이었던 전체 영상이 조금 자연스러운 색상으로 바뀐 것을 확인할 수 있다. 자동으로 만들어진 결과에 좀 더 자신이 원하는 컬러를 더 추가하고 싶다면 인스펙트창에서 비디오 탭을 클릭하자.

밸런스 컬러(Balance Color)를 옵션을 자동에서 White Balance로 바꾸자. 자동 기능으로 다 고치지 못한 색감은 다시 사용자가 이 옵션에서 수동으로 더 고칠수있다.

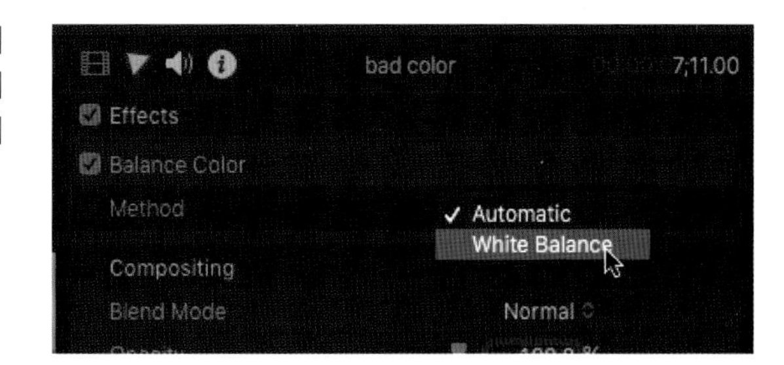

White Balance 선택 툴로 흰색이라고 보여지는 배우의 흰색 자켓을 선택하자.

비디오 스코프의 레리아웃을 두개가 보이는 방식으로 바꾸자.

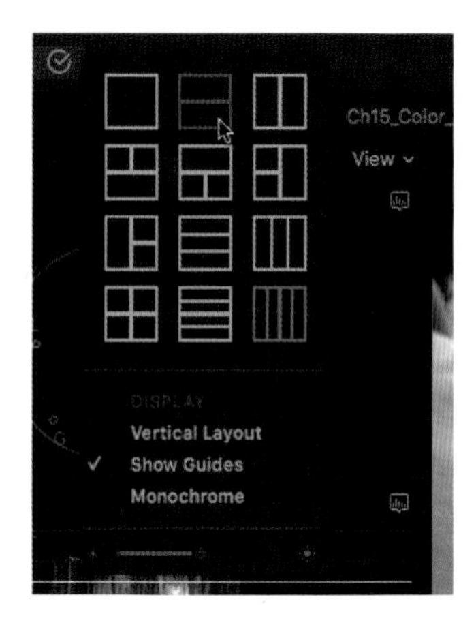

07 위에는 Waveform의 Luma, 아래에는 Waveform의 RGB Parade로 바꾸자.

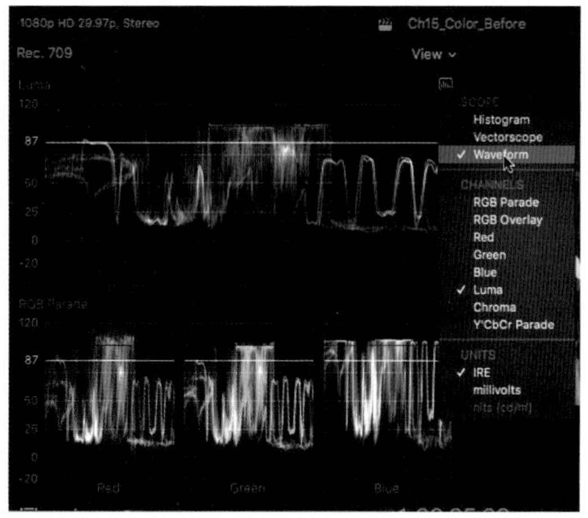

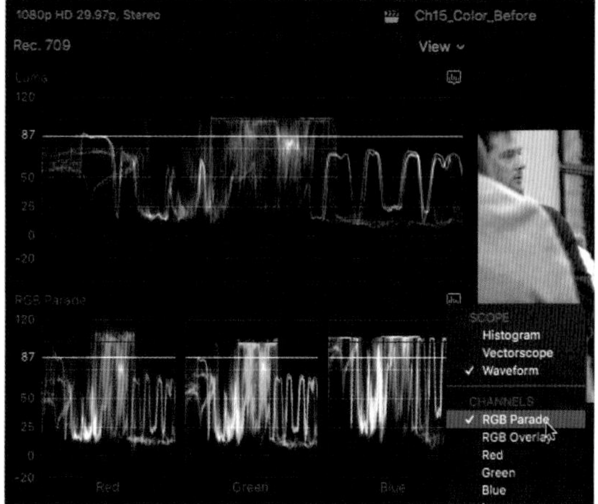

08 컬러 인스펙트를 열어서 Color Wheels를 선택하자.

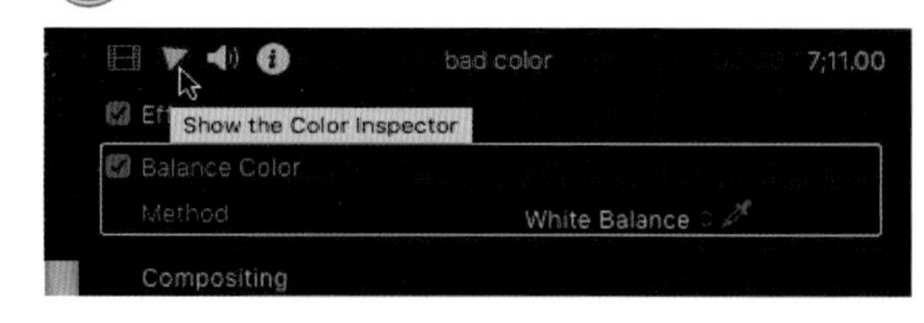

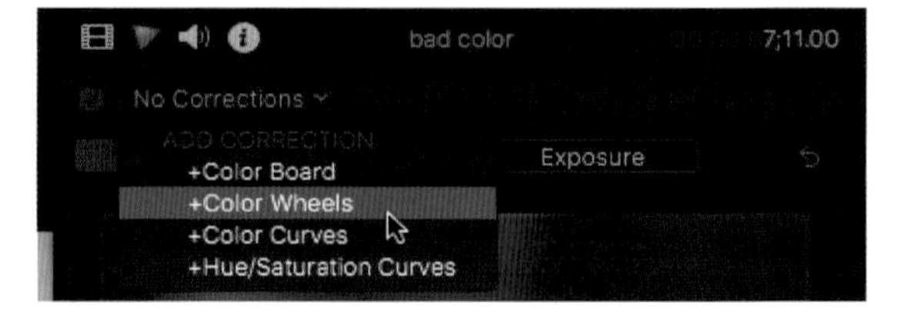

이 두 비디오 스코프를 보면서 먼저 Exposure 에서 Global 과 Highlights 의 밝기도 조금 내려주자.

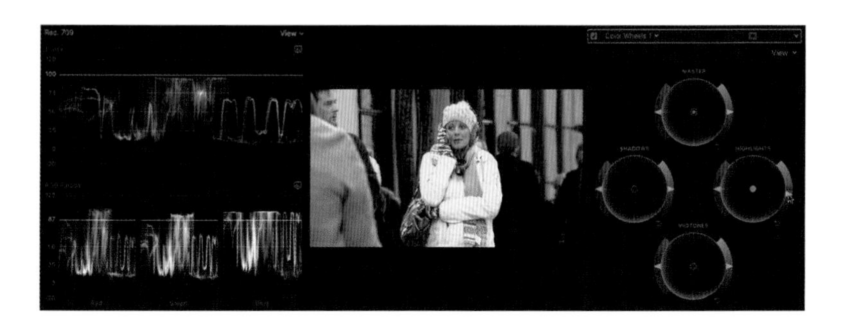

10 아래 그림과 같이 Color Wheel을 이용하여 파란색을 좀 더 빼고 빨간색감의 균형을 맞춰주자.

편집 과정에서 간단하게 자동 컬러 밸런스 조절 기능을 적용해서 잘못 촬영된 클립의 색상을 신속하게 고칠수 있다. 하지만 사용자가 더욱 세밀한 White Balance 를 원하면 사용자가 비디오 스코프를 보면서 밸런스 컬러(Balance Color)를 옵션을 자동에서 수동 White Balance로 바꾸후 정밀한 컬러 코렉션을 할수있다.

참조사항

파일을 임포트하는 옵션중 "Analyze for Balance Color" 기능을 선택해서 임포트하는 동안 각 클립의 잘못된 색상을 자동으로 고칠수도 있다. 이 옵션은 FCP X가 파일을 이벤트로 가져오는 동안 각 클립의 컬러 밸런스를 자동으로 분석하고 고쳐주지만 시간이 많이 걸리기 때문에 어느정도 편집이 완성된 후 필요한 클립만 타임라인에서 선택해서 자동 밸런스 맞추기를 적용후 잘못된 색상을 수정하기를 권한다.

Section 04 색상 맞추기

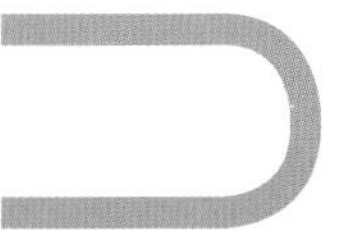

Match Color

일반적으로 많이 하는 컬러 코렉션 작업 중 하나는 하나의 샷 색상을 다른 샷과 맞추어 바꿔주는 것이다. 이 매치 컬러 작업을 통해 하나의 시퀀스를 더 통일되어 보이게 만들 수 있고, 만약 그 두 씬을 다른 장소에서 각기 촬영했다 하더라도 시청자들이 보기에 똑같은 셋팅으로 촬영된 것처럼 보이게 만들 수 있다.

Match Color 창

매치 컬러가 활성화되면 마우스가 카메라 아이콘으로 나타난다. 이때 매치하고 싶은 클립위로 카메라 아이콘을 가져가서 선택하면 된다.

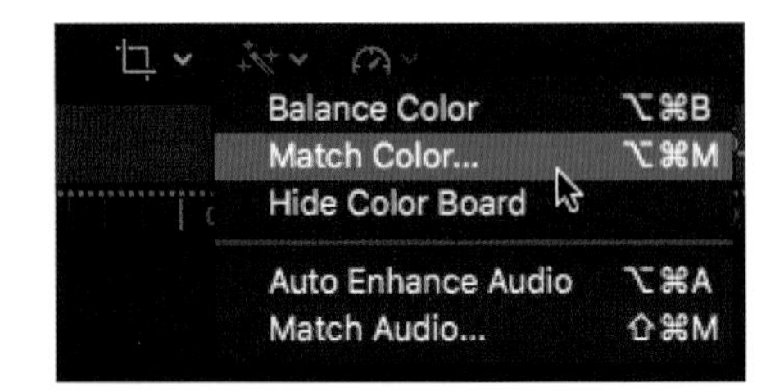

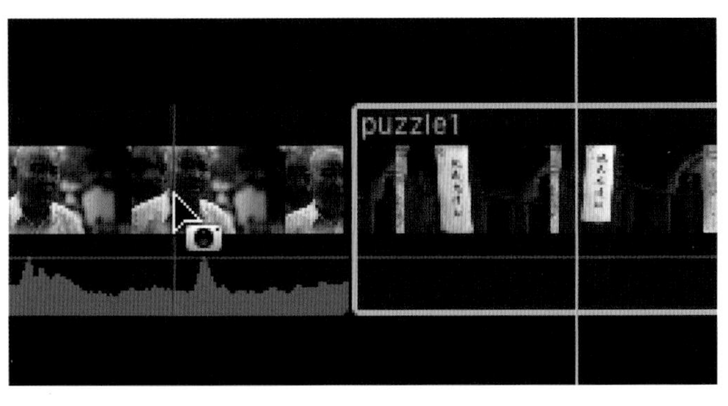

Unit 01 매치 컬러 Match Colors 적용하기

매치 컬러(Match Color: 색상 맞추기)를 통해 타임라인에 있는 서로 다른 색감의 마지막 두 클립을 같은 톤으로 맞춰보자.

Color_2 클립

Puzzle1 클립

타임라인에서 마지막 두 클립을 비교해보자. Color_2 클립에 비해서 Puzzle1클립에는 너무 많은 노란색이 들어있어서 Color_2클립과 같은 장소에서 찍은 것처럼 보이지 않는다.

02 Puzzle1클립을 선택한후 플레이헤드를 색상을 바꾸고자 하는 Puzzle1클립위로 위치시켜서 실시간으로 클립의 색상을 뷰어창에서 볼수 있게하자.

03 이 클립을 선택하고 툴 바의 색상과 오디오 향상 팝업 메뉴에서 매치 컬러를 선택하자.

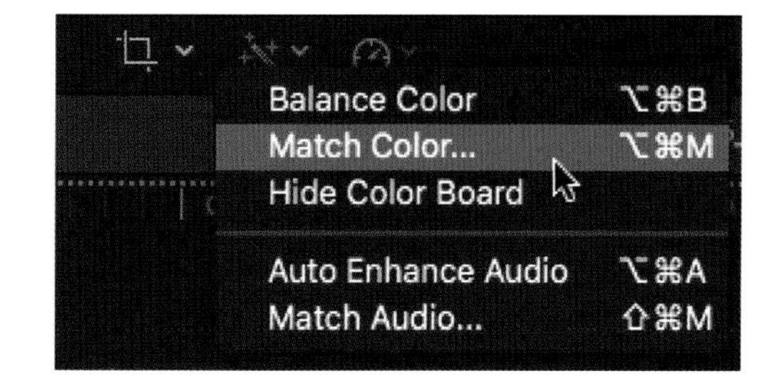

매치 컬러 창이 뷰어에 열린다. 뷰어는 두 개의 창, 현재 샷을 오른쪽에 보이고 기준이 될 클립은 왼쪽에 위치시킨다. 매치할 기준 클립이 선택되지 않았을 때에는 지금 현재 클립이 왼쪽에 보일 수도 있다.

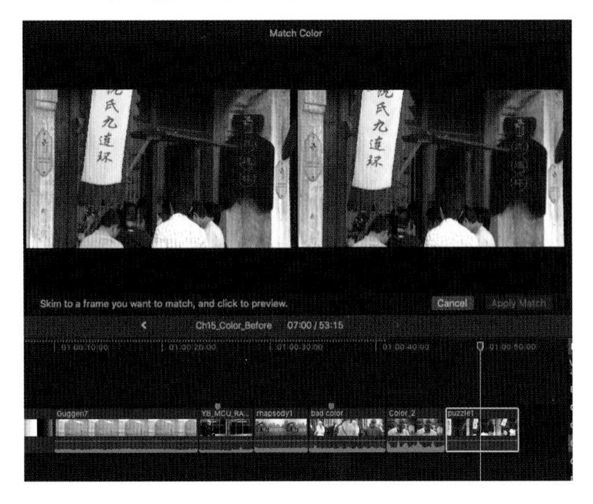

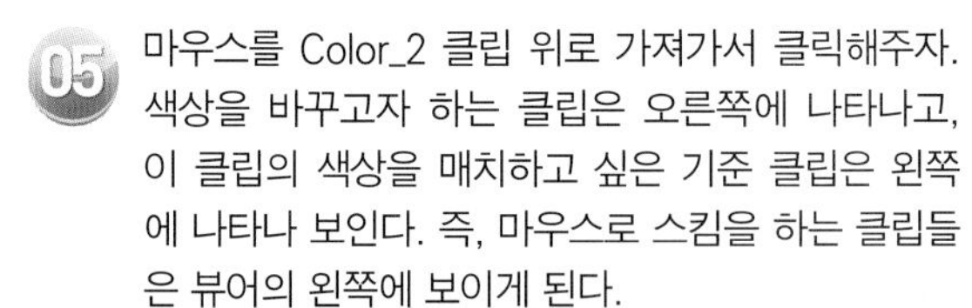

05 마우스를 Color_2 클립 위로 가져가서 클릭해주자. 색상을 바꾸고자 하는 클립은 오른쪽에 나타나고, 이 클립의 색상을 매치하고 싶은 기준 클립은 왼쪽에 나타나 보인다. 즉, 마우스로 스킴을 하는 클립들은 뷰어의 왼쪽에 보이게 된다.

06 Color_2 클립을 클릭하면 Puzzle1클립의 색상이 Color_2 클립을 기준으로 바뀐다. Color_2 클립을 클릭할 때 두 클립이 비슷한 색상이 될 때까지 Color_2 클립의 여러 지점을 클릭해서 확인한다.

07 새로운 컬러 설정이 적용된 클립을 확인한 후 뷰어 아래 매치 컬러 창에 보이는 Apply Match 버튼을 눌러준다.

08 Color_2 클립과 매치되는 새로운 컬러 설정이 Puzzle1클립에 적용되었다. 인스펙터 창에는 매치 컬러 섹션이 생겼다.

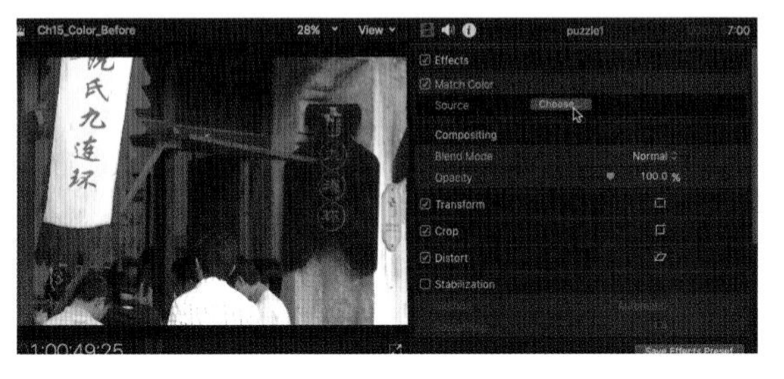

Unit 02 매치 컬러 비활성화

인스펙터의 Effect 구간에서 매치 컬러의 파란색 체크박스의 선택을 취소하자. 매치 컬러 이펙트가 비활성화되고 원래의 색상으로 돌아간다.

다시 활성화시키면 마지막 셋팅을 기억하고 그 셋팅이 다시 적용된다.

참조사항

Match Color 재 선택

다른 Match Color 세팅을 위해 Match Color 구간에서 Choose를 다시 클릭한후 새로운 클립을 선택할 수도 있다.

Match Color 선정 모드에서는 타임라인뿐만 아니라 브라우저에 있는 클립도 선택할 수 있다.

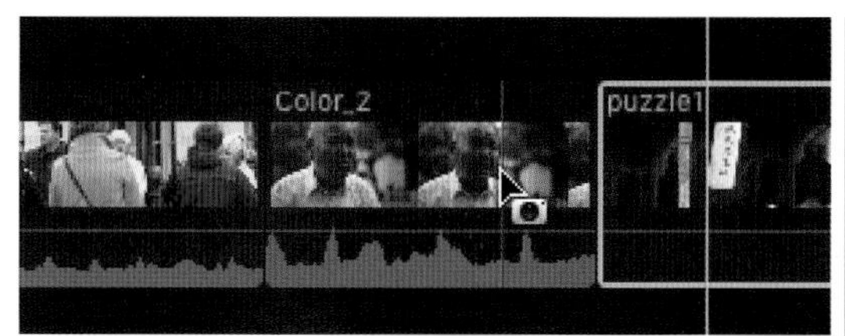

타임라인에 있는 클립 선택

브라우저에 있는 클립 선택

Esc 버튼이나 Cancel 버튼을 누르면 매칭컬러 모드가 해제된다. 원하지 않는 클립이 선택된 경우 언제든 매칭컬러 모드를 비활성화시킬 수 있다.

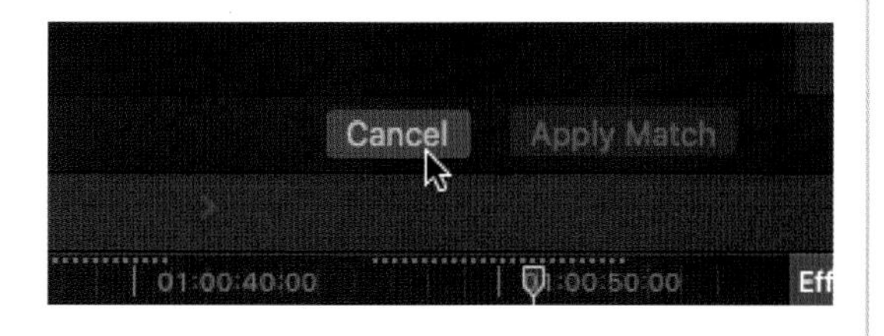

03 자동으로 매치된 클립의 색상에 좀 더 자연스러운 화이트 컬러 발란스 옵션인 컬러휠(Color Wheels)을 추가해서 촬영 색온도를 말하는 Temperture를 조금 조절해서 조금 더 비슷하게 두클립의 색상을 매치하자.

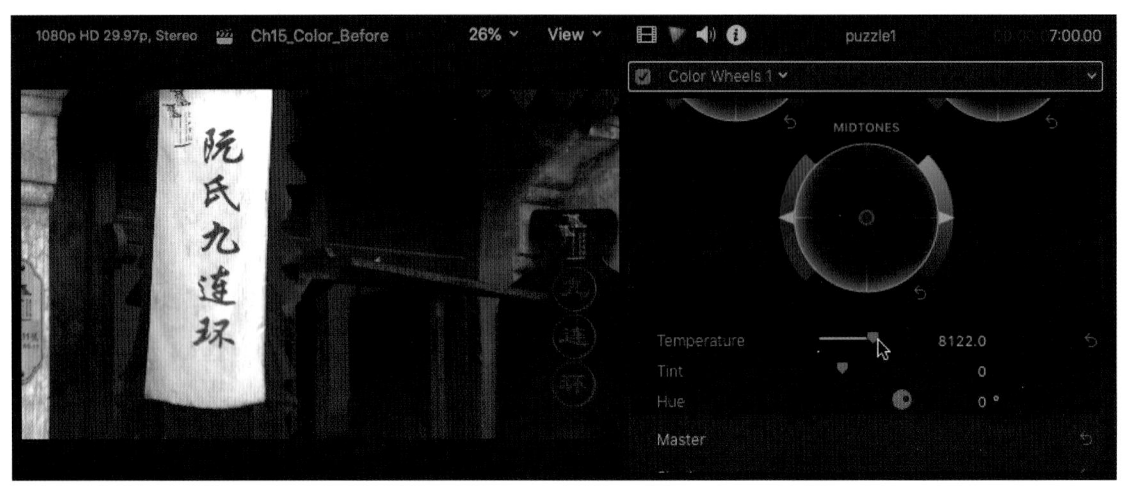

Section 05 이벤트 뷰어 창 Event Viewer 활용하기

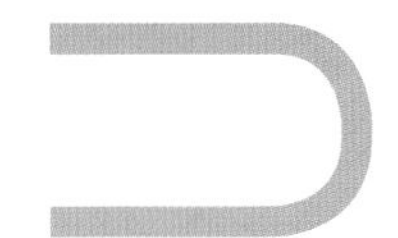

이벤트 뷰어 창을 이용해서 컬러 매치나 또는 컬러 코렉션의 이전과 이후를 자세히 비교해볼 수 있다. 이벤트 뷰어 창에는 컬러 보정 전의 클립을 브라우저에서 열어두고 뷰어 창에는 컬러 보정 후의 클립을 타임라인에서 열어서 아래의 그림과 같이 서로 비교해볼 수 있다.

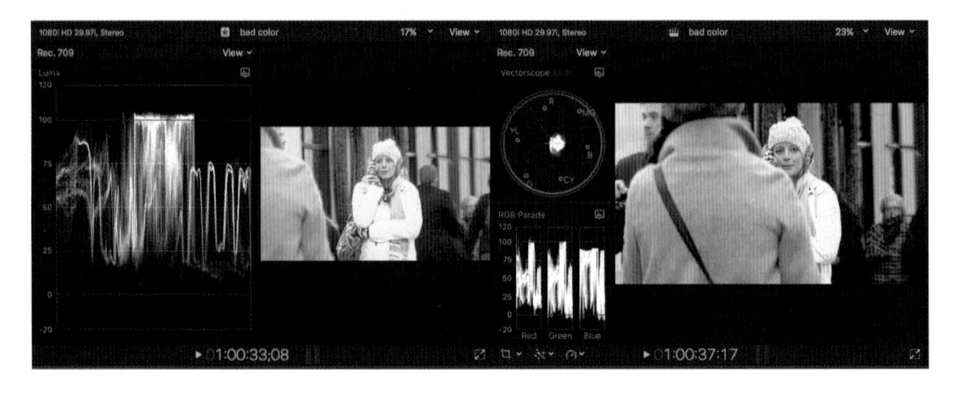

01 메뉴에서 Window〉 Show Event Viewer를 선택한다.

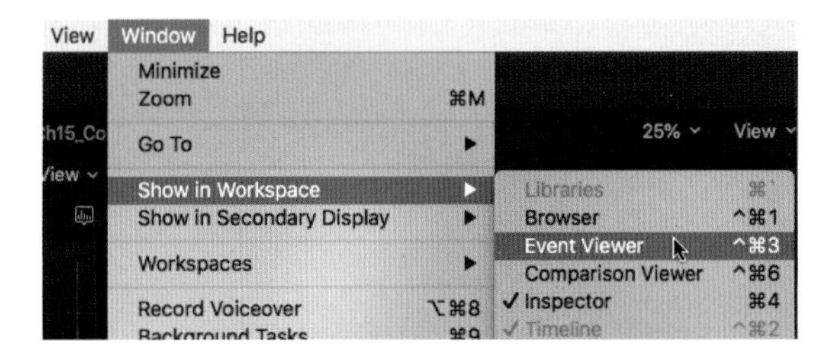

참조사항 브라우저 리스트 숨기는 방법

이벤트 창이나 그 옆의 브라우저 리스트를 열고 컬러 코렉션 작업을 하면 전체 인터페이스 공간이 좁은 느낌이 들 수 있다. 브라우저 왼쪽 상단에 있는 아이콘을 한 번 클릭하면 리스트가 사라진다. 마찬가지로 다시 한 번 클릭하면 사라진 리스트가 다시 나타난다. 이는 라이브러리 리스트, 사진 & 음악 사이드바, 타이틀 & 제너레이터 사이드바 모두에 해당된다.

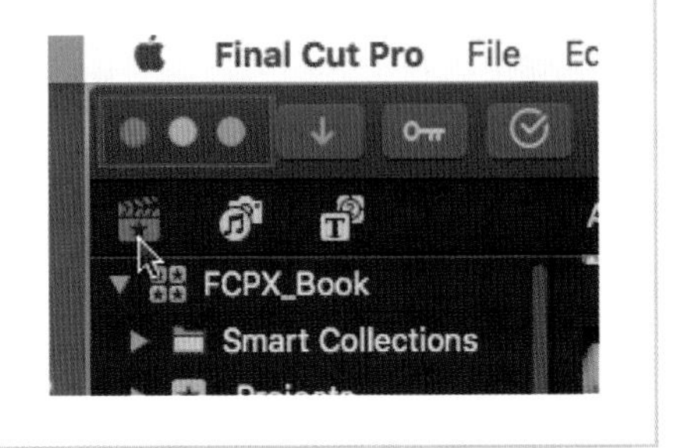

02 브라우저 숨기기 버튼을 사용해서 브라우저창 다시 보이게 하자.

03 브러우저 창이 보이면 CH15_Color 이벤트안에 있는 Color_2 클립을 선택하자.

04 브라우저 왼쪽 상단에 있는 비디오 아이콘을 한 번 클릭해서 브라우저 리스트가 사라지게 하자.

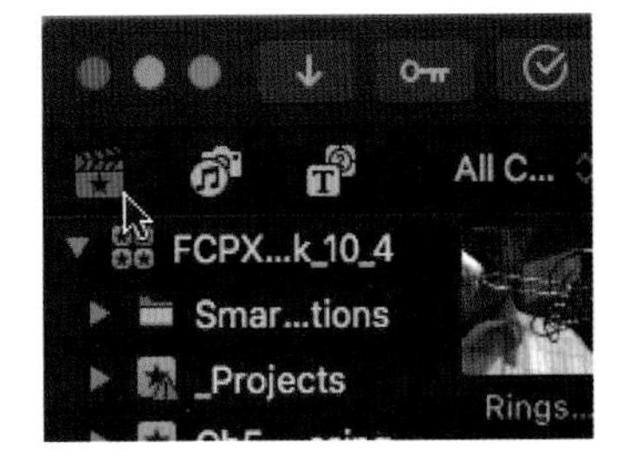

05 브라우저 리스트가 사라지고 이벤트 창만 보인다.

06 뷰어 옵션에서 Video Scopes를 비활성화 시키자.

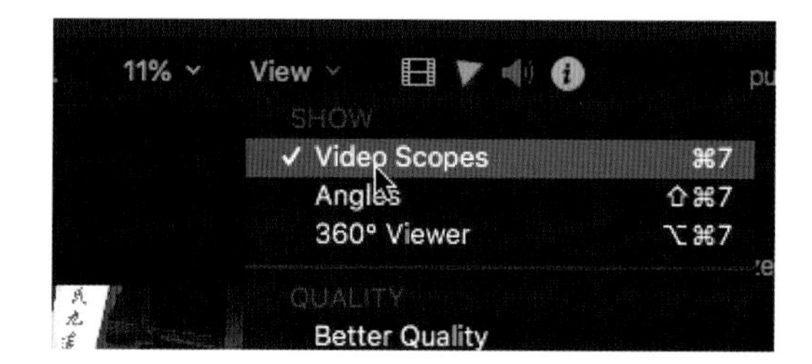

07 이벤트 뷰어창에 Color_2 클립이 보이고 지금 메치 컬러를 한 타임라인의 puzzle1 클립과 색감을 비교해볼수 있다. 매치된 칼라는 하나의 필터처럼 작용하기때문에 언제든지 비활성화시킬 수 있다. 컬러가 다를 경우, 매치 컬러가 활성화되어 있는지 확인해보자.

08 다른 클립을 다시 비교해보자. 타임라인에 있는 bad color 클립을 선택하자.

브라우저에서 bad color 클립을 선택하자.

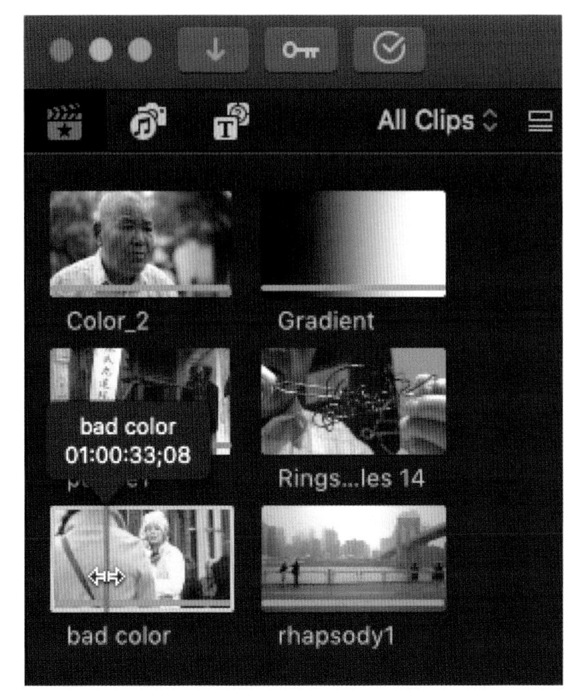

컬러 보정 전과 후의 차이를 비교해볼 수 있다.

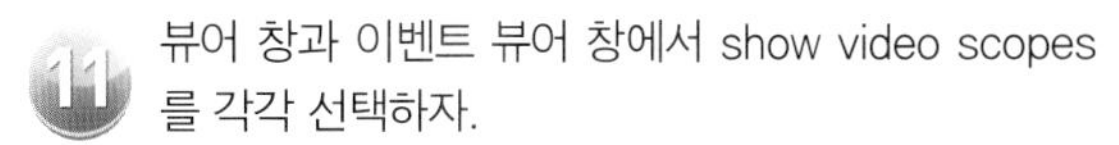

뷰어 창과 이벤트 뷰어 창에서 show video scopes를 각각 선택하자.

12 컬러보정 전후의 이미지를 비디오 스코프를 통해 더 자세히 비교해볼 수 있다. 이벤트 뷰어 창에서의 비디오 스코프 셋업은 뷰어 창과 동일하다.

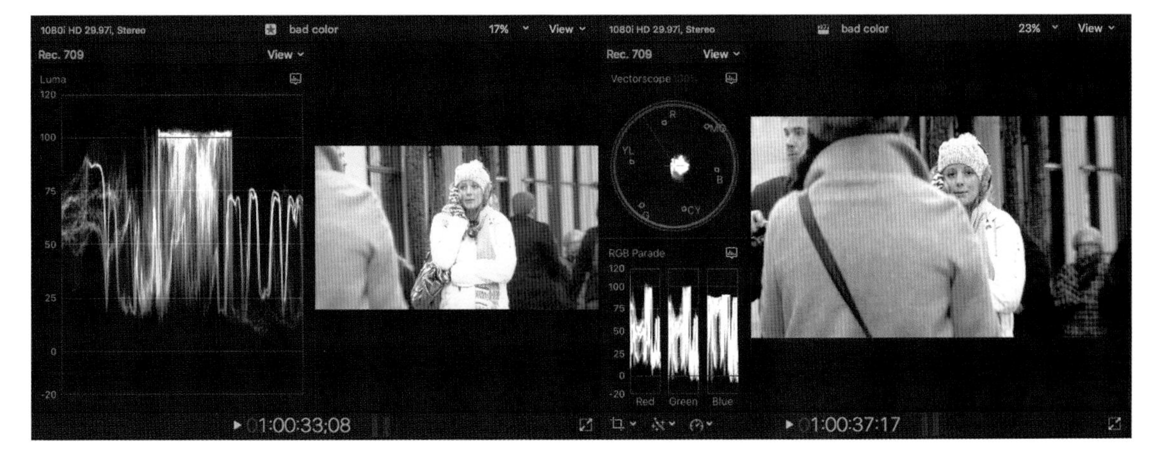

참조사항

필요 없는 창들은 언제든지 닫을 수 있지만 Window 〉 Workspaces 〉 Default을 선택하면 파이널 컷 프로 초기 레이아웃으로 한번에 돌아갈 수 있다.

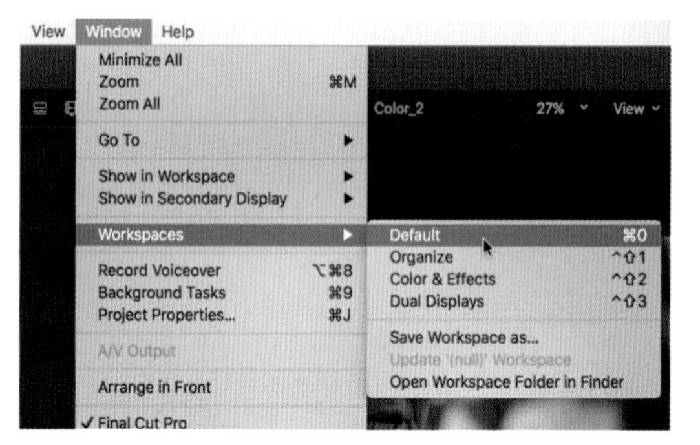

혹은 자기만의 레이아웃을 설정해서 저장할 수도 있다. 메뉴에서 Window 〉 Workspaces 〉 Save Workspace as…로 들어가 원하는 이름을 넣고 저장하면 된다.

Section 06 마스크 Mask 를 사용해 컬러 코렉션하기

파이널 컷 프로 X에서 하는 영상 보정의 장점은 마스크를 추가해서 프레임의 한 부분에만 제한된 색상 조절 효과를 줄 수 있는 부분 영상 보정 기능이다. 컬러 코렉션에 있는 두 가지 마스크 이외에 이펙트에서 제공하는 드로우 마스크(Draw Mask)를 적용해서 원하는 모양으로 영상의 한 부분만을 선택한 후 그 부분에만 컬러 코렉션을 해 줄 수 있다.

⊙ 컬러 코렉션 안에 있는 두가지 종류의 마스크

- **쉐입 마스크 shape mask:** 간단하게 원하는 부분을 선택해서 이미지의 부분에만 분리된 컬러 코렉션을 해줄 수 있다.
- **컬러 마스크 color mask:** 영상에 있는 어떤 색상 부분을 선택해서 그 색상 지역만 분리된 컬러 코렉션을 해줄 수 있다.

⊙ 다음의 따라하기에서는 인터뷰하는 사람의 얼굴과 배경화면을 분리시켜 각각 영상 효과를 주고, 이미 주어진 컬러 코렉션 옵션 외에 추가로 컬러 코렉션을 적용한 후, 영상효과를 적용시켜 보겠다. 따라하기를 시작하기 전 비디오 스코프와 이벤트 뷰어 창을 닫아주자.

Unit 01 쉐입 마스크 Shape Mask 추가해서 컬러 효과 적용하기

01 Color_2 클립을 선택하자.

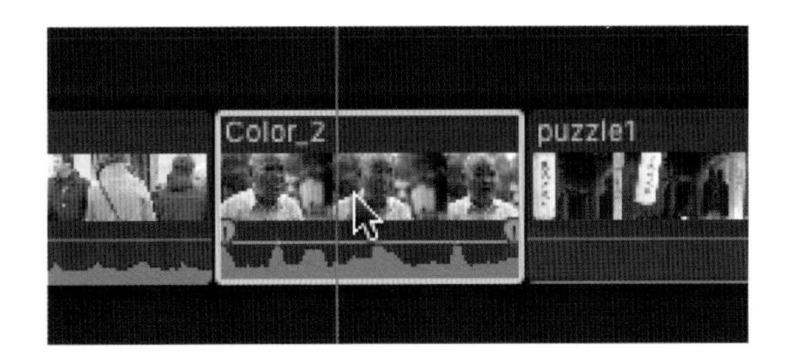

02 컬러 인스펙트창에서 Color Board 를 선택하자.

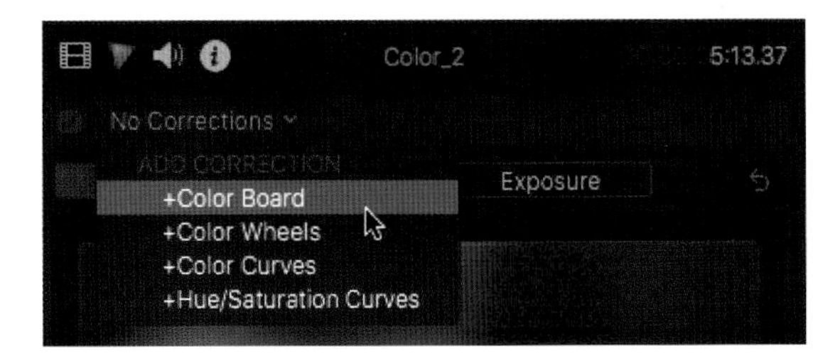

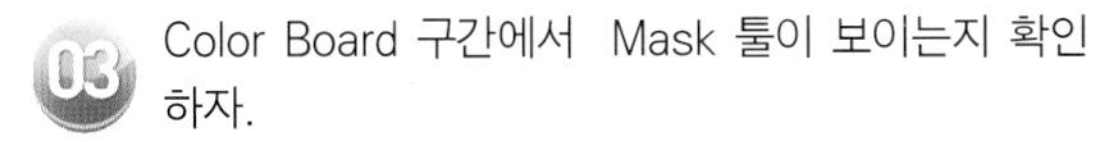

03 Color Board 구간에서 Mask 툴이 보이는지 확인하자.

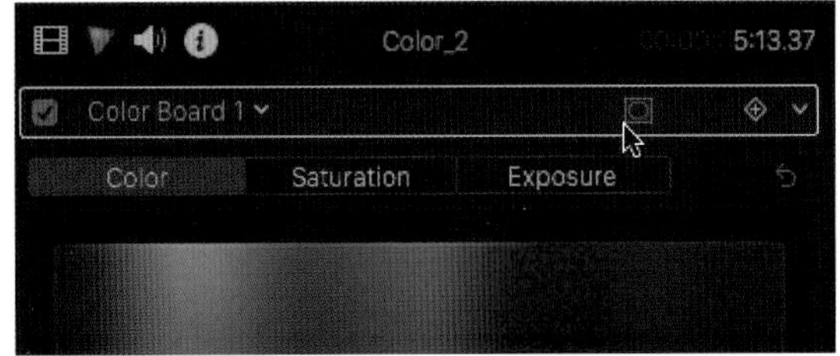

04 Add Shape Mask 버튼을 클릭하자.

비디오 인스펙트창에서 적용된 Add Shape Mask 버튼을 클릭하면 원하는 형태로 조절할 수 있는 마스크가 보인다. 이 스크린 상의 마스크 컨트롤들을 이용해 원들의 모양과 크기를 조절할 수 있다.

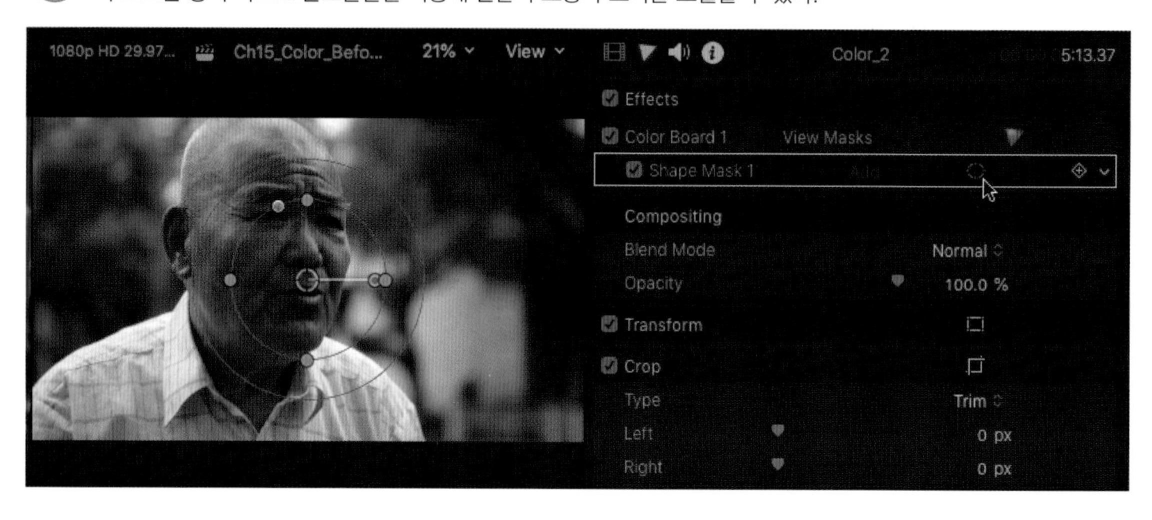

- 가장 중심에 위치한 작은 원은 마스크의 위치를 컨트롤한다.
- 중심에서 확장되어 나온 선의 오른쪽 끝에 위치한 점을 이용해 마스크를 회전시킬 수 있다.
- 안쪽에 위치한 초록색 점은 마스크의 모양을 컨트롤한다.
- 왼쪽 윗부분에 위치한 하얀색 점은 마스크를 원 모양에서 정사각형 모양으로 만들 수 있게 조절해준다.
- 바깥의 원은 테두리의 부드러움(feathering)을 컨트롤한다.
- 원의 모양 형태를 조절하려면 네개의 초록색 점을 각각 드래그하면 된다.

모양을 조절해보자. Shape Mask의 모양이 얼굴을 가리게 조절해보자.

마스크를 원하는 위치에 위치시켰다면, 컬러 인스펙터 버튼을 클릭해서 컬러 보드를 열자(단축키 ⌘ + 6).

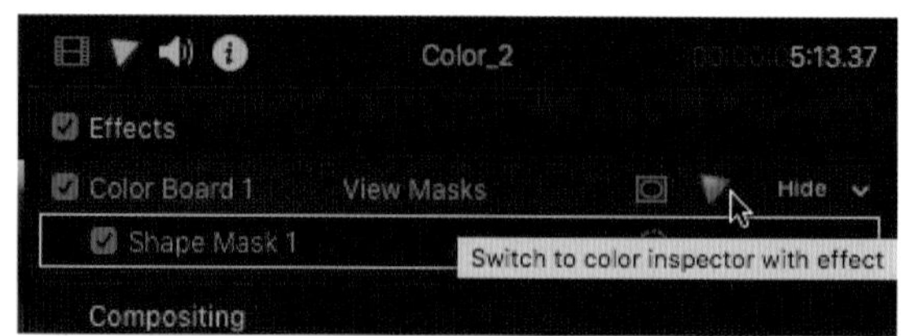

마스크가 적용된 컬러 보드 창이 열렸다. 채도 조절 탭을 클릭해보자.

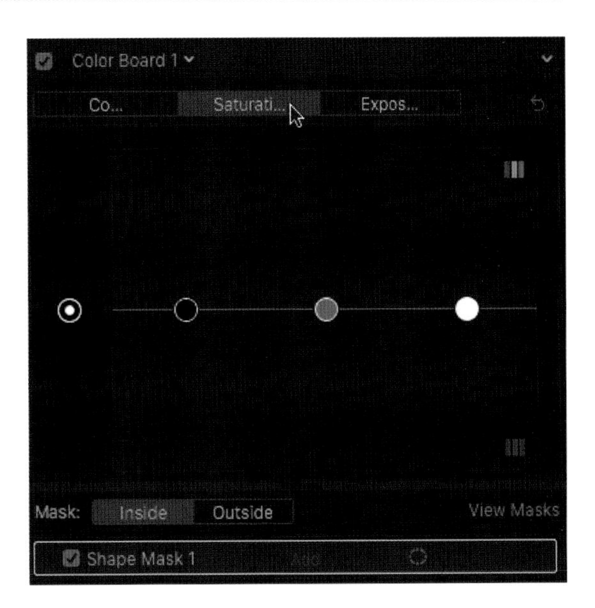

창 아래에는 두 개의 텍스트로 된 버튼들이 있다. 마스크의 안과 밖으로 분리해서 선택할 수 있다.

- **Inside Mask**: 선택된 마스크 영역 내의 컬러를 조절한다.
- **Outside Mask**: 선택된 마스크 영역을 제외한 바깥의 컬러를 조절한다.

09 이 예의 경우, 마스크의 안쪽 부분을 조절해야 하기 때문에 안쪽의 마스크가 선택되어 있어야 한다. 쉐도우쪽과 미드톤의 채도를 높이자. 주변의 색채 변화 없이 마스크로 선택된 얼굴 부분만 채도가 진해진다.

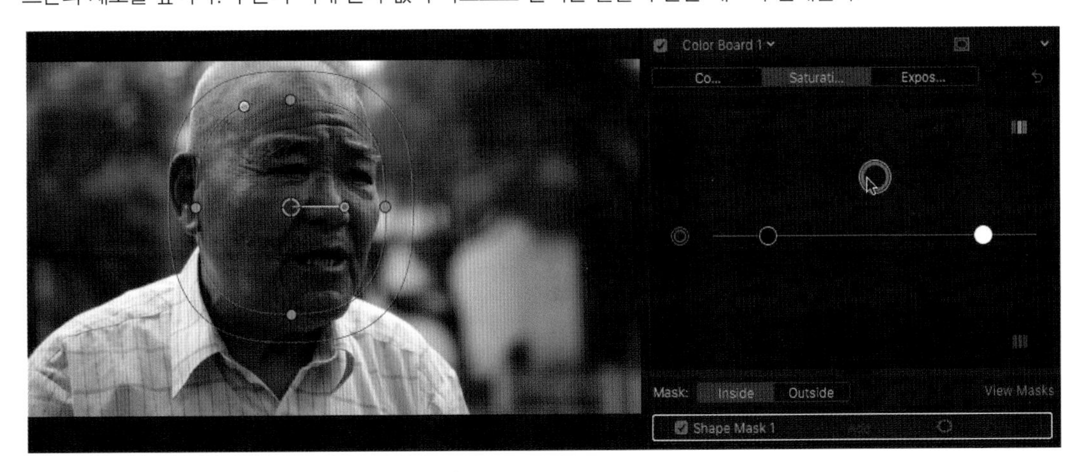

Unit 02 쉐입 마스크 Shape Mask 로 배경 흑백화하기

컬러보드 구간 왼쪽에 보이는 Mask 추가하기(Add Shape Mask) 버튼을 누르자.

컬러보드 인스펙터창 아래에 추가 된 Shape Mask 2 가 보인다.

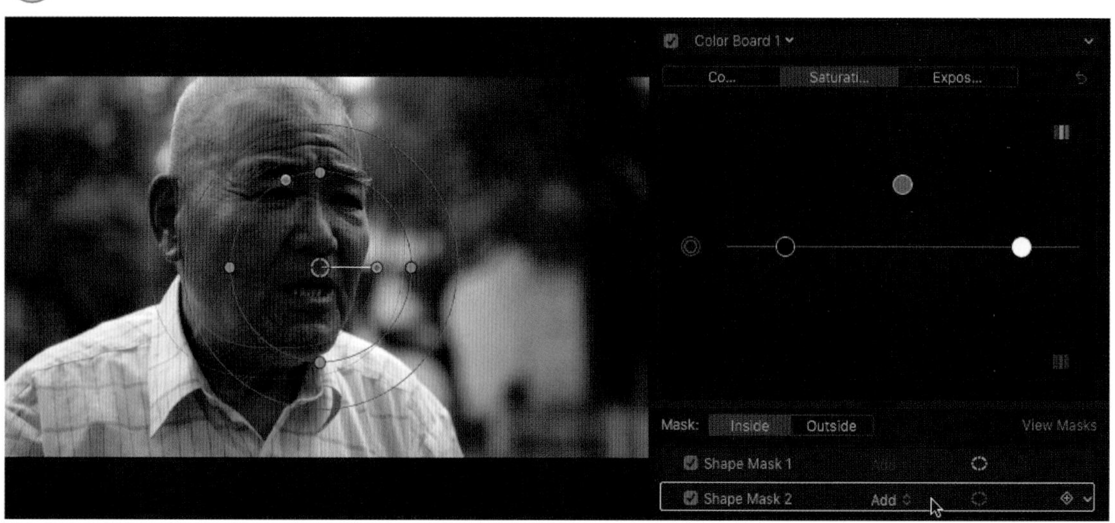

03 뷰어창에서 두번째 마스크(Shape Mask)를 얼굴위로 옮기자.

참조사항 Color Board 구간 끝에 있는 추가 옵션 버튼을 클릭하면 키프레임과 마스크를 더 추가 또는 삭제할 수 있다.

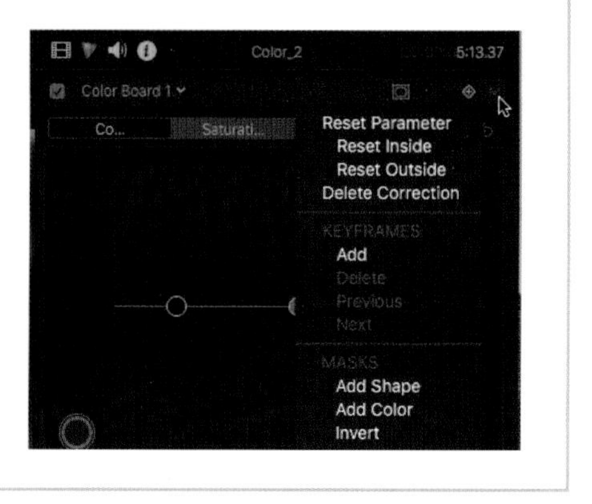

컬러보드창 아래에 있는 Outside 버튼을 클릭하자. 선택된 Mask 2 밖이 선택이 되어서 컬러 효과가 이 부분에 나타날것이다.

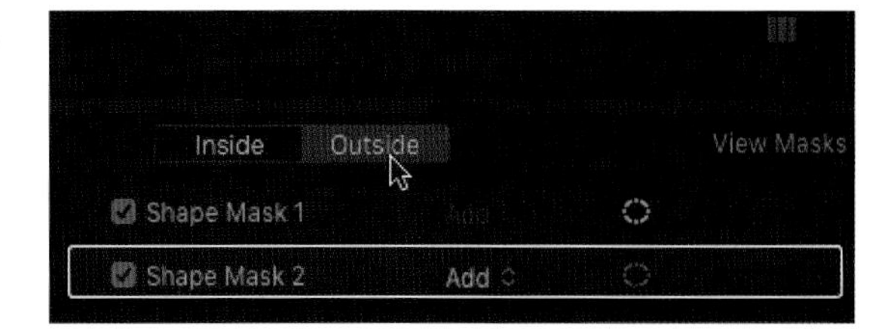

05 글로벌(Global) 슬라이더를 가장 아래까지 드래그해 마스크의 외부 지역 부분을 흑백화하자. 얼굴을 제외한 배경을 흑백으로 만들때, 얼굴위에 있는 두번째 마스크를 적용된 채도를 보면서 조금 더 옮겨주면 더 자연스럽게 배경을 바꿀수 있다.

참조사항 클립에 적용할 수 있는 컬러 코렉션의 수나 클립에 씌울 수 있는 마스크의 수에는 한계가 없다. 또한 각각의 마스크는 마스크의 안과 밖에 각각 다른 셋팅을 적용할 수 있다.

Unit 03 쉐입 마스크 Shape Mask 로 키프레임 설정하기

설정된 마스크의 위치는 화면에서 고정되어 있지만 만약 배우가 움직일 경우 배우가 움직인만큼 따라서 같이 옮겨주어야 한다. 그러지 않을 경우 처음에 지정된 마스크의 위치와 그동안 움직인 배경 때문에 몇 프레임 후에는 더 이상 의미 없는 작업으로 전락한다.

지금 만든 마스크의 위치를 첫 키프레임으로 설정해서 첫 지점으로 지정 시키자. 타임코드를 보면서 위치를 확인하자.

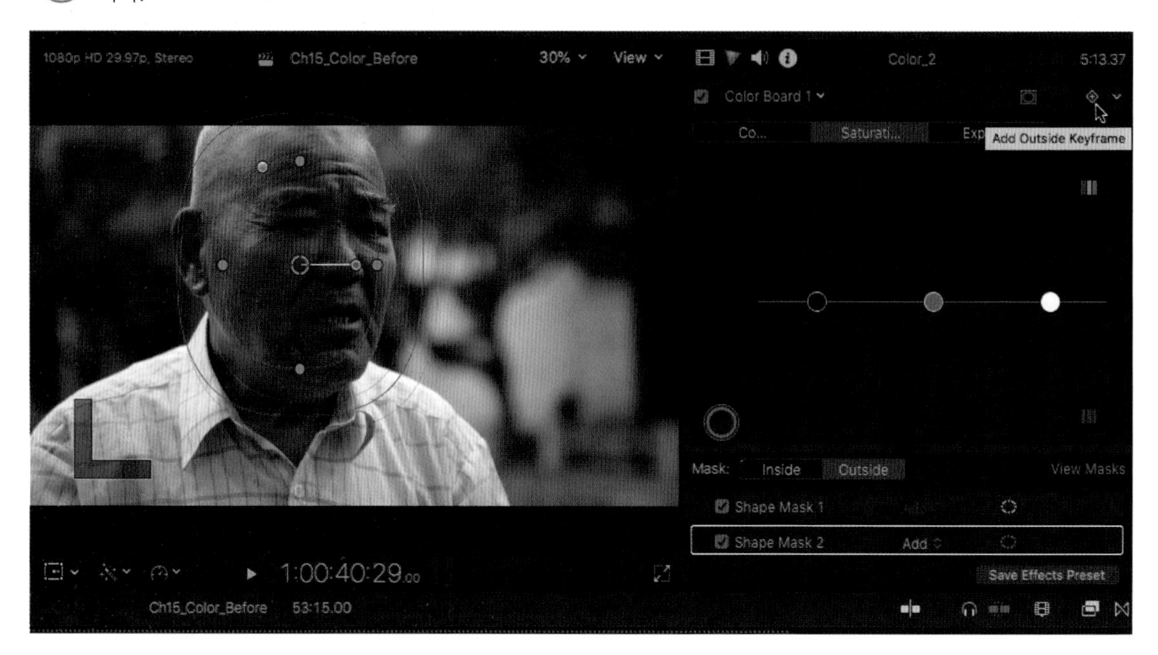

02 먼저 타임라인에서 Color_2 가 선택되어 있어야 한다. Control + 클릭해서, 클립의 단축메뉴에서 Show Video Animation을 선택하자. 또는 메뉴에서 Clip 〉 Show Video Animation을 선택하자.

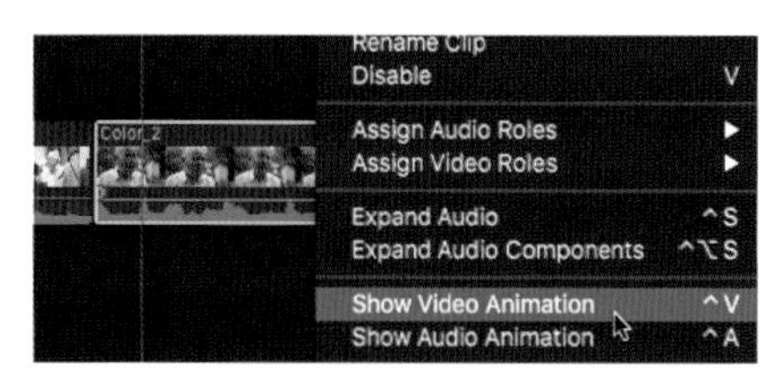

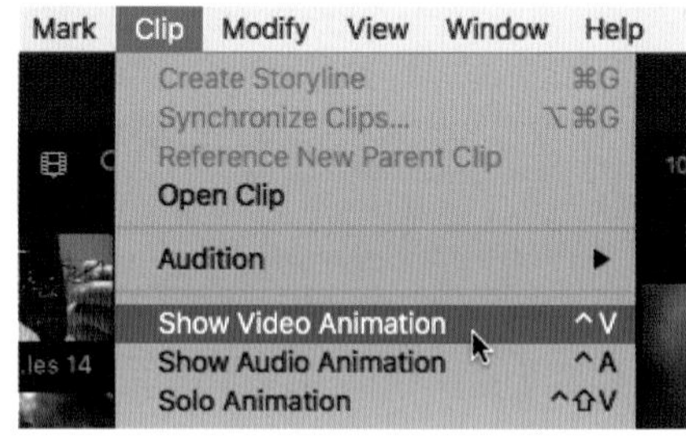

03 타임라인에 애니메이션 창이 보인다. 아래와 같이 적용된 Color Board 1의 Outside Correction 과 함께 적용된 여러가지 효과가 보이게된다.

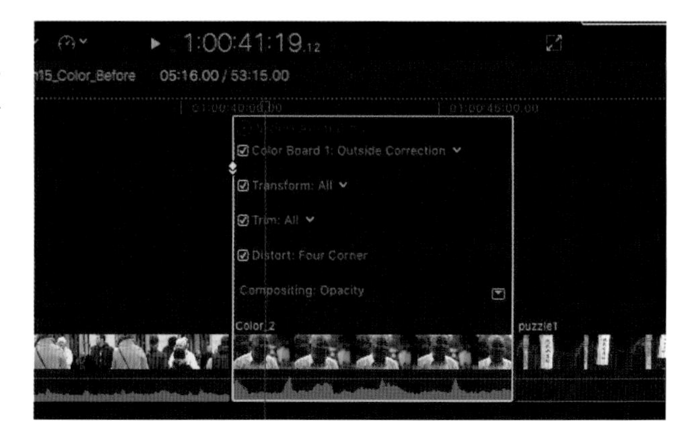

타임라인에 애니메이션 창이 보인다. 아래와 같이 적용된 Color Board 1의 Outside Correction 과 함께 적용된 여러가지 효과가 보이게된다.

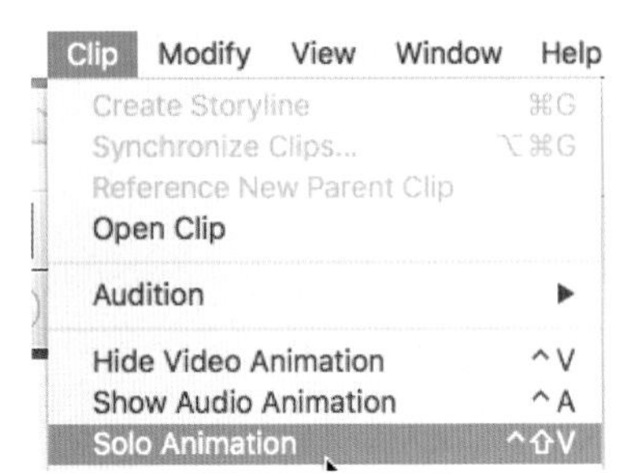

타임라인의 클립위에 하나의 애니메이션 구간이 표시된다.

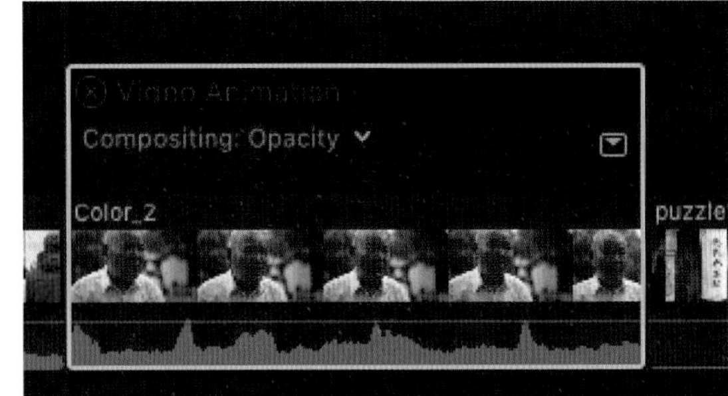

적용된 Color Board> Shape Mask2를 선택하면 이 구간만 보인다.

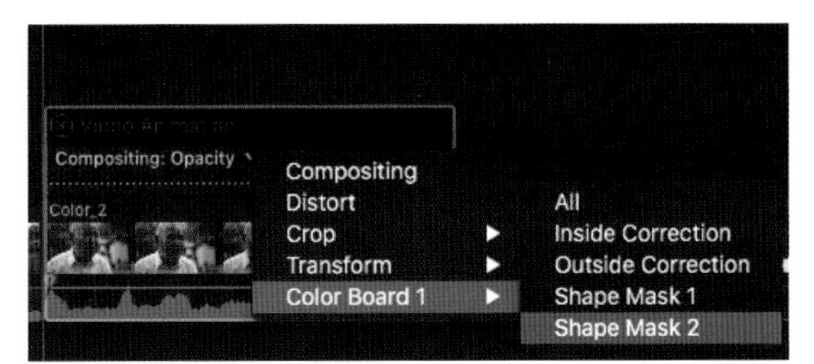

Solo Animation에 Shape Mask2만 보인다.

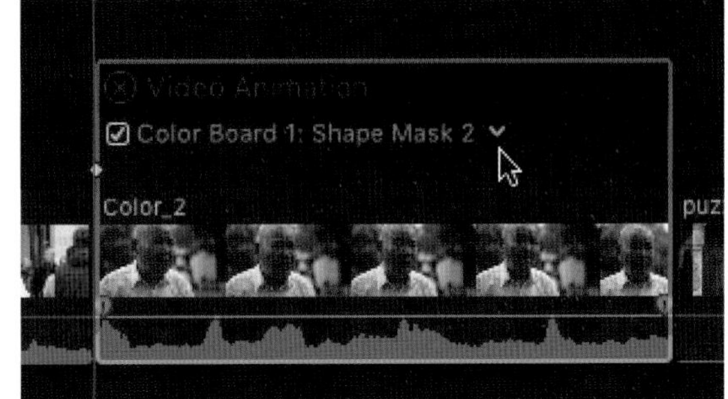

클립 중간 이후로 움직여보면 이 마스크쉐입이 지정해준 첫번째 지점의 얼굴에서 위치가 벗어난걸 확인할수있다.

09 마스크 위치를 다시 배우 얼굴위로 옮겨주자. 자동으로 두번째 키프레임이 지정된다. 첫번째 키프레임과 두번째 키프레임 사이의 위치는 자동으로 연결되어 있어서 배우가 움직여도 지정된 키프레임에 의해서 마스크가 재위치된다.

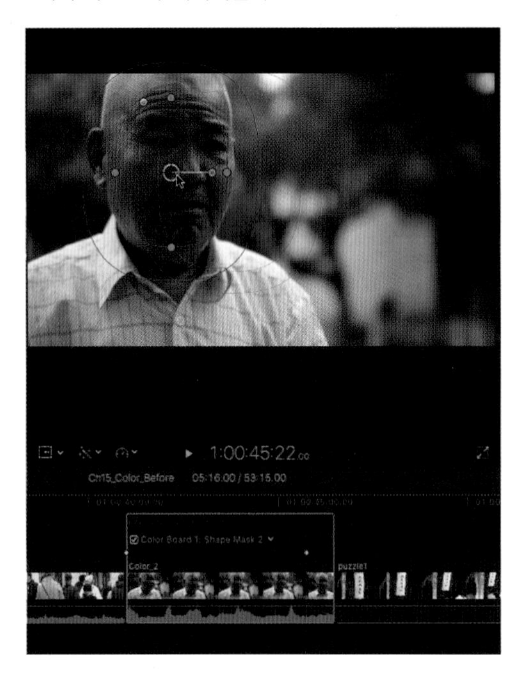

참조사항

키프레임이 많을수록 더 세밀한 작업이 이루어지기 때문에 1초가 아닌 각 10 프레임사이에 마스크 위치를 재지정해서 키프레임을 넣어주면 좀 더 부드럽게 애니메이션 효과가 일어난다. 정밀한 작업을 할 경우 각 프레임별로 키프레임을 수동으로 넣어주는 때도 있다.

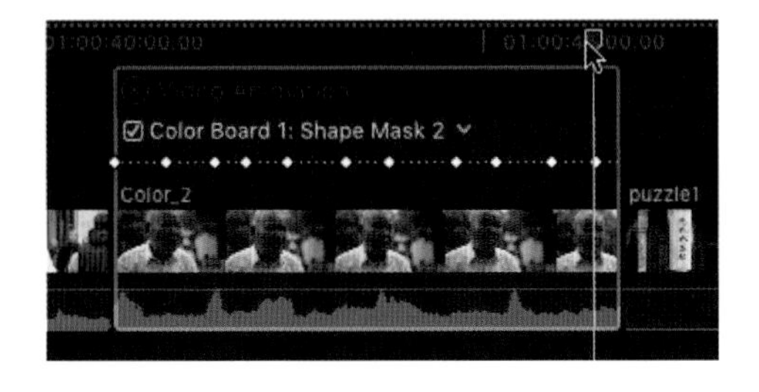

Section 07 이펙트 프리셋 Effects Preset과 이펙트 저장하기

미리 저장되어 있는 컬러 조절값을 이용해서 클립을 원하는 스타일의 색상으로 한번에 바꿀 수 있는 컬러 보드(Color Board)는 자신이 만든 컬러 조절치를 하나의 이펙트로 저장할 수도 있기 때문에 여러 번의 반복된 컬러 조절에 아주 유용하게 사용된다. 미리 조절된 여러 색상 효과를 클립에 바로 적용할수도 있도 또는 자신이 만든 여러번의 Effect 조합을 하나의 효과로 저장해서 계속 사용할수 있다.

Effects 브라우저에서 Color Presets의 Cold CCD 효과를 Color_2 클립에 적용하자.

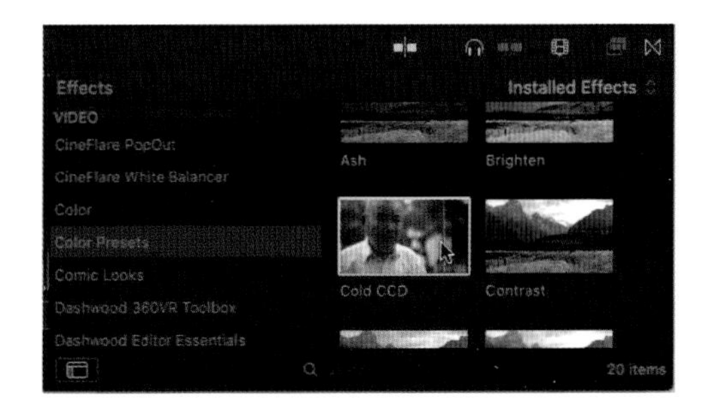

02 Cold CCD효과가 Color Board 2로 인스펙터창에 적용된것이 보인다. 배경이 블루톤이 보이며 조금 차가운 느낌을 주는 Cold CCD스타일로 바뀐다.

03 Effects 브라우저에서 Color Presets의 Spring Sun 효과를 Color_2 클립에 적용하자. 다음과 같이 클립의 배경이 조금 더 초록색을 많이 띠는 느낌의 Spring Sun 모드로 바뀌었다. Spring Sun 효과와 Spring Sun 효과가 믹스된 효과가 나온다.

04 Save Effects Preset 버튼을 클릭해서 Effects 저장하기 창을 띄우자.

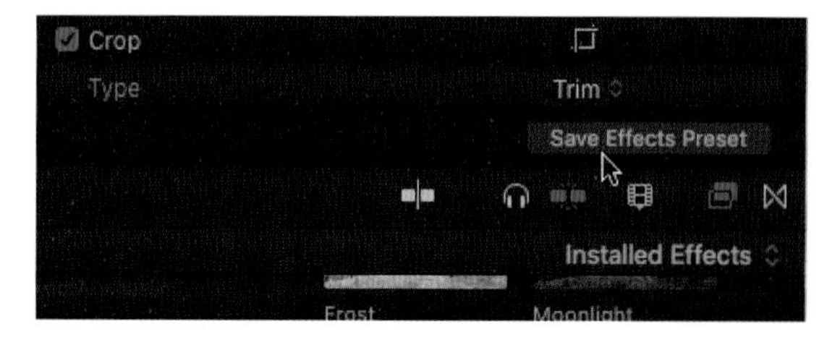

설정창이 뜨면 아래와 같이 이름을 넣고 이 컬러 보정 이펙트 조합을 Save하자.

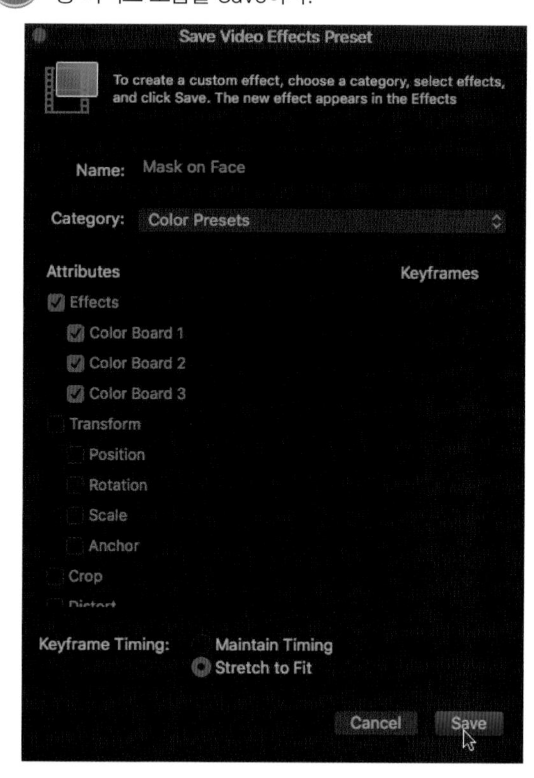

06 방금전에 저장한 컬러 이펙트 효과가 이펙트 카테고리에 보인다.

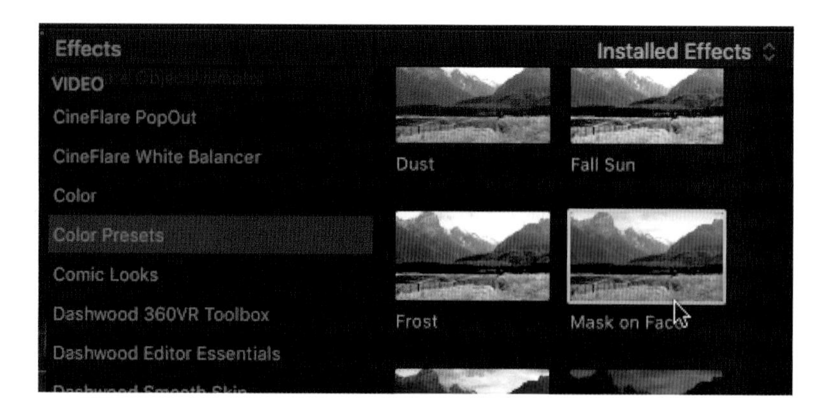

07 만든 이펙트를 지우고 싶다면 Ctrl + 클릭으로 Reveal in Finder 해서 그 파일을 선택해서 쓰레기통에 버리면 된다.

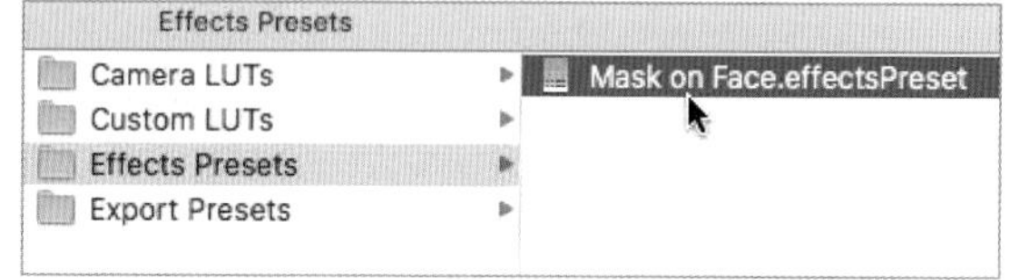

Section 08 드로우 마스크 Draw Mask 사용해서 컬러 보정하기

방금 전 사용한 컬러 코렉션 안의 마스크 쉐입(Mask Shape)은 조절점이 몇 개 되지 않기 때문에 만들고 표현할 수 있는 형태가 매우 한정되어 있다. 업데이트된 새 버전의 파이널 컷에서는 원하는 모든 형태를 정밀하게 분리해낼 수 있는 드로우 마스크(Draw Mask) 이펙트가 있는데 이 효과를 사용해서 배우의 얼굴을 정밀하게 분리한 후 선택된 부위에만 원하는 컬러 효과를 지정해보자.

드로우 마스크(Draw Mask) 이펙트가 적용되면 마스크가 지정된 부분만 남거나 사라지기 때문에 같은 클립을 타임라인에서 같이 연결해서 백그라운드로 사용해야 한다.

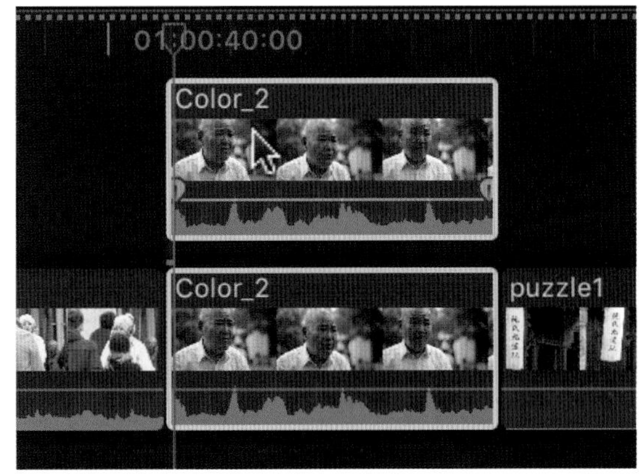

01 타임라인에서 Color_2 클립을 선택하자.

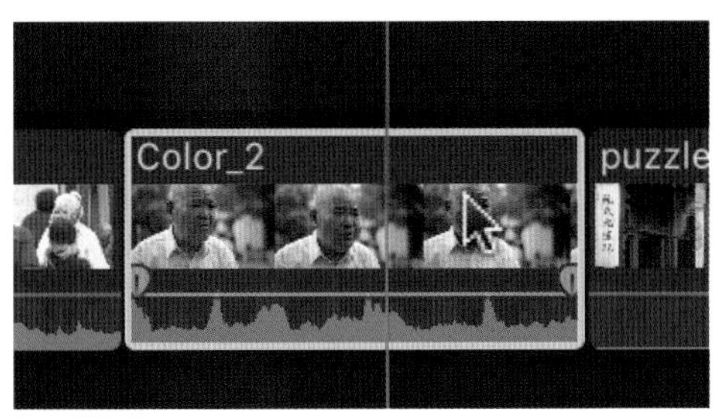

02 Color_2 클립을 먼저 복사하자(⌘ + C).

File Edit Trim Mark Clip Modify View
Undo Modify Color ⌘Z
Redo
Cut ⌘X
Copy ⌘C

03 Color_2 클립 바로 위에 연결된 클립으로 복사하자(Option + V).

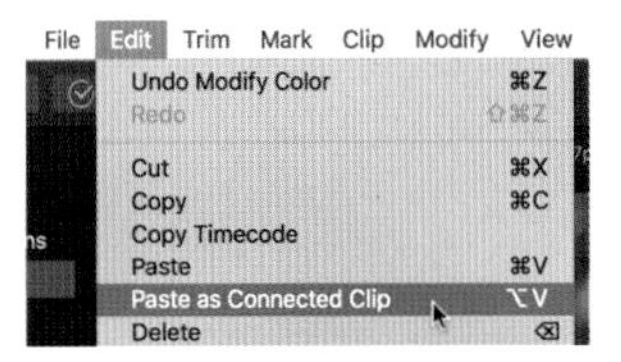

연결된 클립으로 복사하기를 하면 타임라인에서 플레이헤드가 있는 지점의 클립 위에 연결된 클립으로 복사된다.

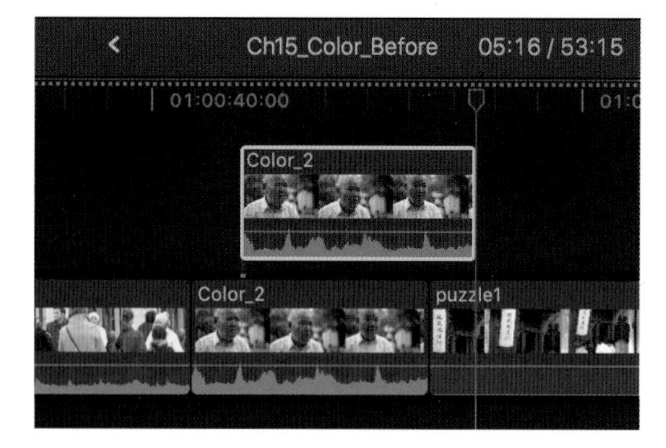

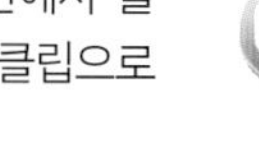
복사된 클립을 아래의 클립과 같이 일치되게 잘 옮겨보자. 스내핑(N)이 켜져 있어야 편집점을 쉽게 찾을 수 있다.

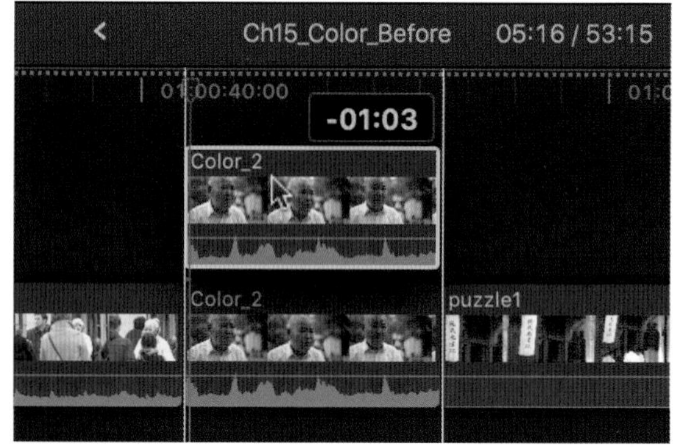

06 연결된 클립을 선택한 후 이펙트 브라우저에서 Mask 〉 Draw Mask를 더블클릭해서 적용하자.

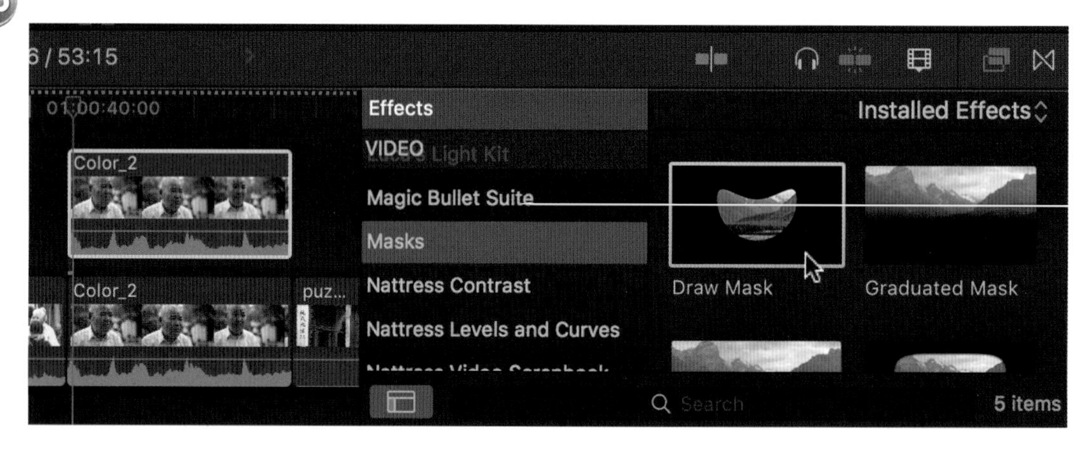

07 인스펙터 창에서 이전에 준 컬러 코렉션 효과 두 개 모두를 비활성화시켜주자. 드로우 마스크만 활성화 되어 있다.

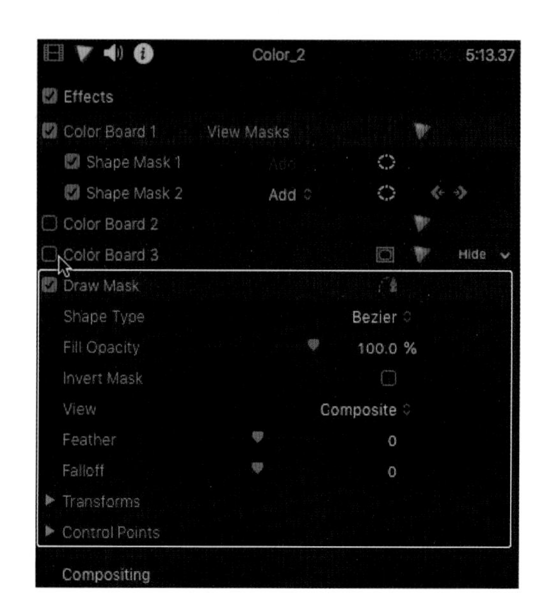

08 펜 툴로 컨트롤 포인트를 찍어서 인터뷰하는 노인만 선택해보자. 시작점을 마지막으로 다시 클릭해야 드로우 마스크 형태가 완성된다.

참조사항 컨트롤 포인트 사용하기

Option 키를 누른 상태에서 컨트롤 포인트 사이를 클릭하면 새로운 컨트롤 포인트가 추가된다.

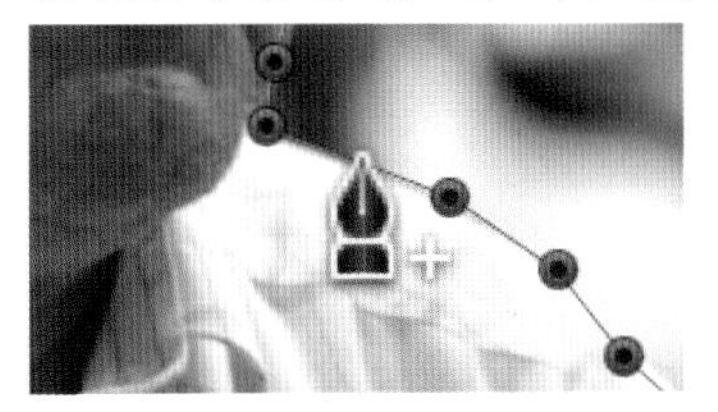

Ctrl 키를 누른 상태에서 컨트롤 포인트를 클릭하면 컨트롤 포인트를 지울 수 있는 단축 메뉴가 뜬다.

⌘ 키를 누른 상태에서 컨트롤 포인트를 클릭하면 마스크 선을 곡선(Courve)화시켜서 조절할 수 있는 Bezier splines 형태나 한 점을 조절하는 B-splines 형태로 사용할 수 있다.

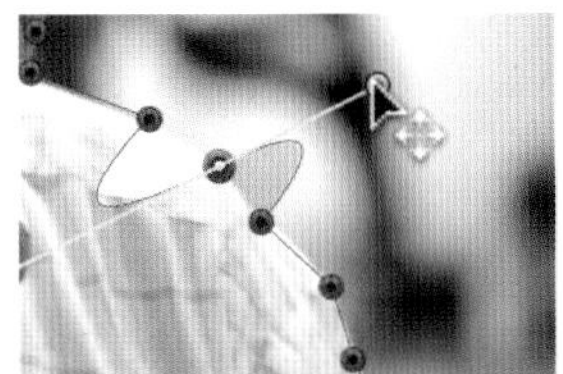

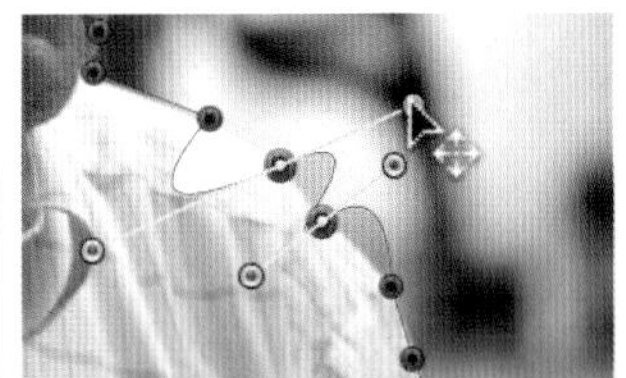

09 Invert Mask를 선택해서 선택된 마스크 밖의 구간에 효과가 적용되게 하자.

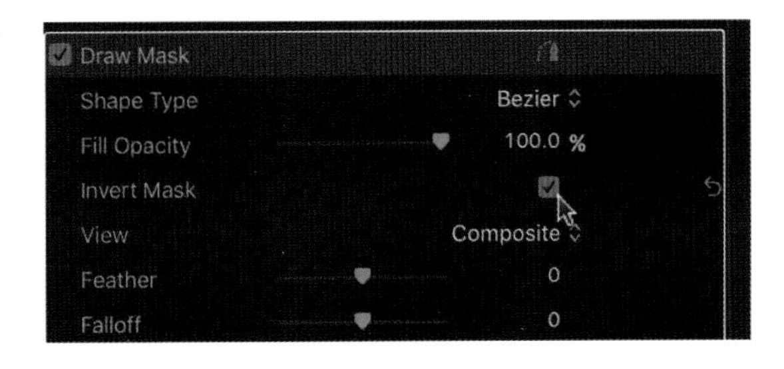

기존에 만들어준 컬러 코렉션을 다시 활성화시켜주자. 드로우 마스크 쉐입 밖의 구간에만 효과가 적용된다.

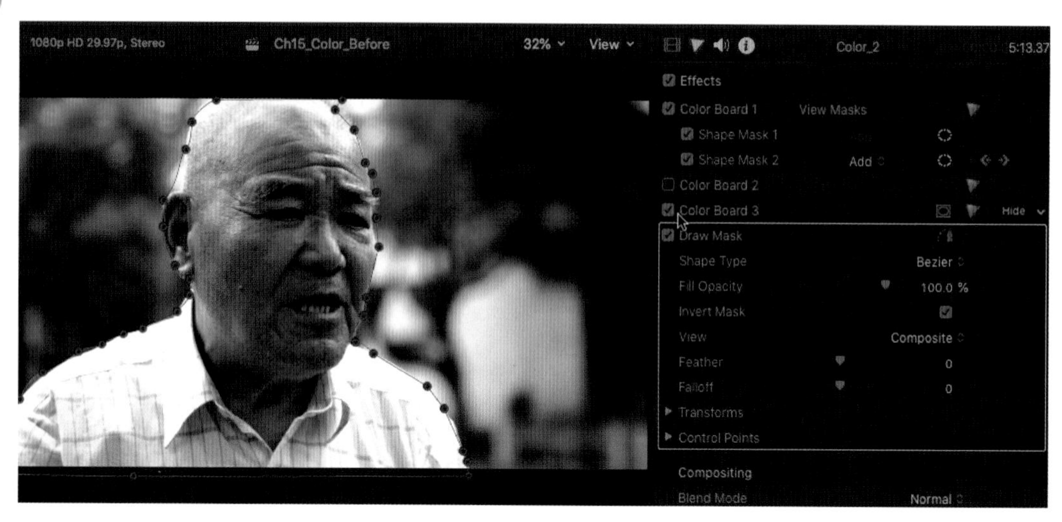

움직이는 영상물에서는 어떤 쉐입의 마스크를 지정하더라도 클립이 플레이되면서 그 형태가 계속 바뀐다. 방금 전에 배운 키프레임을 이용해서 변화가 일어나는 지점마다 조금씩 드로우 마스크의 컨트롤 포인트를 재설정해주면 좀 더 정밀하게 원하는 효과를 지정된 구역에만 입힐 수 있을 것이다.

Section 09 방송 규격 적합 Broadcast Safe 이펙트 효과

비디오 이펙트의 컬러 카테고리 안에 Broadcast Safe 이펙트가 있다. 웹용 비디오를 만들 때는 방송규격을 크게 신경쓰지 않아도 되지만, 수많은 사람들에게 표준 규격의 영상 전파를 송출해야 TV 방송에서는 사용되는 비디오 파일이 방송 적합 레벨로 클립의 밝기와 색상을 유지하는 것이 매우 중요하다.

Broadcast Safe 이펙트 효과를 클립에 적용하면 클립이 방송에 적합하도록 너무 밝거나 어두운 부분의 레벨을 자동으로 표준 규격 안에 있게끔 조절해준다. 하지만 이 자동 조절은 기술적으로 안전하게 만드는 것에 초점을 맞추기 때문에 가끔은 원치 않는 결과를 가져오기도 한다. 기술적으로는 방송용으로 안전하게 바뀐 영상이지만 명암비나 블랙 레벨(Black Level)을 너무 많이 조절해서 약간 흐릿하게 보일 수도 있다. 또는 그래픽에 사용된 진한 빨간색의 색감이 NTSC 컬러로 처리되면서 핑크색으로 바뀌기도 한다.

Broadcast Safe 이펙트 효과는 시간이 없거나 급하게 클립을 방송용으로 처리해야 하는 경우에 훌륭하게 사용될수 있다. 이 효과를 지정한 후 꼭 육안으로 효과가 적용된 비디오를 다시 한 번 확인하는 습관을 가지자. Broadcast Safe 이펙트 사용방법은 챕터 13. 비디오 이펙트를 참조하기 바란다.

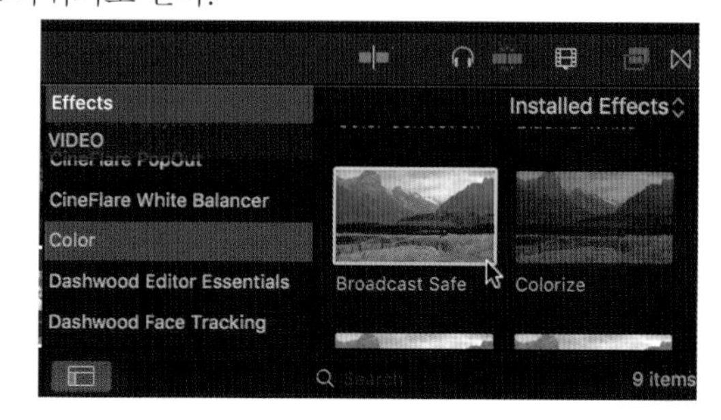

Broadcast Safe 이펙트 적용 이전

Broadcast Safe 이펙트 적용 이후

Broadcast Safe 이펙트가 적용된 이미지의 웨이브폼(Waveform)을 보면 이미지는 그전과 큰 차이가 없지만 밝기가 100% 이하로 조절되어 있어서 방송규격에 맞춰진 것을 확인할 수 있다.

Chapter 15 요약하기

지금까지 편집의 마지막 단계에서 해야 하는 컬러 코렉션에 대해서 배워보았다. 모든 방송용 프로그램은 정해진 방송규격을 따라서 비디오 레벨을 조절해야 하는데 영상 레벨이 조절되지 않은 프로그램이 방송으로 나갈 경우 색상과 오디오에 문제가 생기기 때문에 방송 송출에 지장을 초래한다.

Chapter

16

파일 내보내기 Share

파이널 컷 프로 x는 여러 가지 포맷의 비디오, 사진, 텍스트, 음악 파일 등을 타임라인에서 편집한 후 그 프로젝트를 원하는 포맷으로 익스포트(Export)할 수 있게 해준다. 그리고 이 여러 가지 익스포트(Export) 옵션을 Share라는 통합된 메뉴 옵션으로 한 곳에서 처리하게 해준다.

Share에서는 파일을 3가지로 분류해서 내보내고 더 고난이도의 파일 압축을 위해서 컴프레서(Compressor)로 파일을 바로 보내기도한다.

첫 번째 내보내기 방법은 편집된 영상을 최종 파일로 보관하고 싶을 때 프로젝트를 QuickTime Movie 파일로 만들어 마스터 파일로 보관하는 방법이다. 두 번째 내보내기 방법은 프로젝트를 압축해서 YouTube나 Vimeo 용의 웹용 무비파일로 변환한 후 해당 웹사이트로 바로 올리는 방법이다. 세 번째 내보내기 방법은 간단한 단계를 이용해서 DVD 또는 블루레이 디스크를 만드는 것이다.

이번 16장에서는 파이널 컷 프로 X 안에 있는 Share 기능 중 QuickTime Movie 만들기 기능을 자세히 알아보고 간단하게 웹용 비디오 파일을 만들고 DVD를 제작하는 방법에 관해서 알아보도록 하겠다.

타임라인 전체인 프로젝트를 하나의 파일로 익스포트할 수 있고 또한 타임라인에서 필요한 부분만을 시작점(In)과 끝점(Out)으로 지정해서 그 부분만을 퀵타임 파일로 만들 수 있다. 저자가 생각하는 가장 좋은 압축 방법은 항상 모든 프로젝트 파일을 Quicktime 마스터 파일로 먼저 만든 후 그 이후 compressr나 그 외의 압축 소프트웨어를 사용하여 원하는 파일 변환을 하고 그 이후에 파일을 유투브나 그 외의 공유 사이트를 통해 쉐어하는 방법이다. 마스터 파일을 만들었을 경우 이 비압축파일을 가지고 원하는 어떠한 형태로든 직관적으로 변환할 수 있기 때문에 항상 먼저 Quicktime 마스터 파일을 만들 것을 권한다.

편집이 끝난 프로젝트

Share Media
파일 내보내기

다양한 미디어 포맷으로 출력

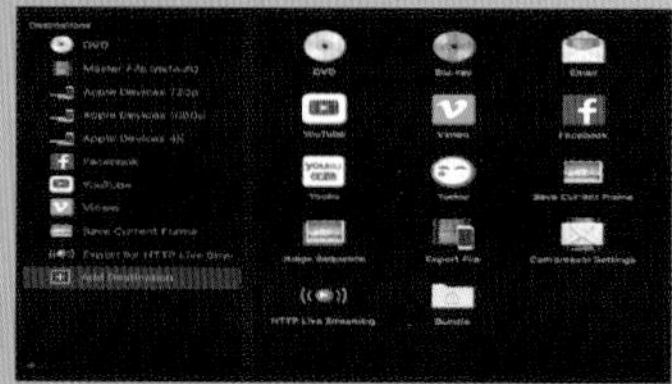

Section 01 내보내기 메뉴 Share Menu 의 다양한 옵션들

내보내기(Share) 메뉴에서 다양한 내보내기 옵션들을 찾아볼 수 있다. 대부분의 옵션들은 그 이름으로 어떤 기능을 하는지 짐작할 수 있으나, 몇몇의 옵션들을 조금 더 자세하게 알아보도록 하자.
프로젝트 라이브러리에서 내보내고자 하는 프로젝트를 선택하고 Share 메뉴에서 다음의 옵션 중 한 가지를 선택한다.

- **DVD:** 이 옵션은 간단한 메뉴 템플릿을 이용해 프로젝트를 DVD로 구울 수 있게 해준다. 자신이 원하는 메뉴의 배경화면 그래픽을 가져올 수도 있다.
- **Master File (default):** 최종 파일인 마스터 파일을 만들게 해준다.
- **YouTube, Vimeo, Facebook:** 이 네 가지 옵션들은 프로젝트를 압축한 후 해당 사이트로 바로 업로드할 수 있게 해준다.
- **Apple Devices 720p or 1080p:** iPod, Mac, PC, Apple TV, or all the above. 이 옵션은 무비들을 iPhone등의 다양한 애플 기기의 파일 저장 용량에 최적화시켜 파일을 내보낼 수 있게 해준다. 비디오를 MPEG-4 (H.264)를 사용하여 압축시킨다.
- **Save Current Frame:** 타임라인에서 선택한 프레임을 스틸 이미지로 저장해준다.
- **Add Destination...:** 다양한 형태의 비디오 포맷을 사용자가 지정해서 단축메뉴로 만들게 해준다.

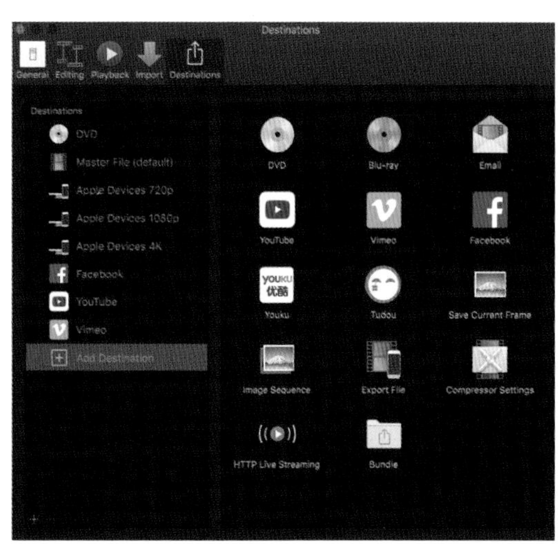

- **블루레이 디스크 Blu-ray Disc:** DVD 옵션과 같이 간단한 메뉴 템플릿을 이용해 프로젝트를 블루레이 디스크로 구울 수 있게 해준다. 자신이 원하는 메뉴의 배경화면 그래픽 뿐만 아니라 로고와 그래픽 또한 가져올 수 있다.
- **Export Image Sequence:** 프로젝트 파일을 연속된 스틸 이미지로 바꿔준다.
- **Send Compressor:** 파이널 컷 프로 X 에서 고난이도의 파일 압축 프로그램인 컴프레서로 프로젝트 파일을 바로 보내준다. 개인적으로 선호하지 않는 방법인데 컴프레서를 사용해야 하는 경우 저자는 파이널 컷 프로 X에서 마스터 파일을 먼저 만든 후 이 파일을 컴프레서에서 따로 여는 방법을 이용한다.

Section 02 마스터 파일 만들기 Master File

파이널 컷 프로 X는 QuickTime Movie 파일을 기본 영상 포맷으로 이용해 편집하며 출력해서 마스터 파일로 저장한다. 편집이 끝난 프로젝트는 항상 원본의 포맷으로 익스포트해서 저장해두어야 한다.
작업이 다 끝난 영상물을 다시 편집해야 하는 경우가 가끔 있는데 원본 파일을 압축한 형태인 DVD나 Blue-ray Disk로부터 캡쳐받게 되면 원본 영상파일에 비해 화질이 떨어지게 된다. 이런 상황을 방지하고자 한다면 편집본을 QuickTime Movie로 만들어 보관하면 되는데, QuickTime Movie로 보관할 경우 원본 화질 그대로 보관할 수 있다. 이 원본 파일들을 사용해 필요한 경우 웹용이나 DVD등의 다른 포맷으로 만들 수 있다.

참조사항 프로젝트 라이브러리에서 프로젝트를 선택해서 Share창을 바로 열 수 있지만 아래의 따라하기는 좀 더 직관적인 설명을 위해 프로젝트를 타임라인으로 열어서 진행해도 상관없다. 프로젝트 라이브러리에서 프로젝트를 선택해서 Export를 바로 사용할 수도 있다.

▶ Sharing 설정 창

마스터 파일 만들기(Master File) Sharing 설정창은 3가지 탭으로 구성되어있다.

- **Info**: 간략한 파일 정보와 태그 등을 볼수 있는 탭
- **Setting**: 만들어지는 파일의 자세한 설정을 하는 탭
- **Roles**: 사용된 파일을 종류별로 분리해서 각각의 파일을 만드는 옵션을 주는 탭

⊙ **Format:** Mastering part, 마지막으로 내보내는 파일에 비디오와 오디오를 포함할지, 비디오만 또는 오디오만 포함할지를 선택한다. 또한 웹용이나 애플 기기 등, 어떤 용도로 파일을 만들 것인지도 결정할 수 있다.

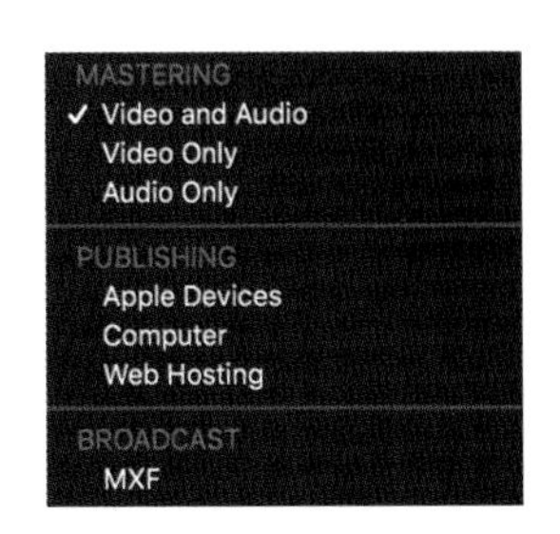

⊙ **비디오 코덱 Video Codec:** Current Settings는 디폴트로 설정되어 있는 옵션이다. 내보내는 비디오에 맞는 다른 코덱들을 선택할 수 있다. Apple ProRes를 포함한 일반적인 FCP 프로덕션 비디오 코덱들의 리스트에서 코덱을 선택할 수 있다.

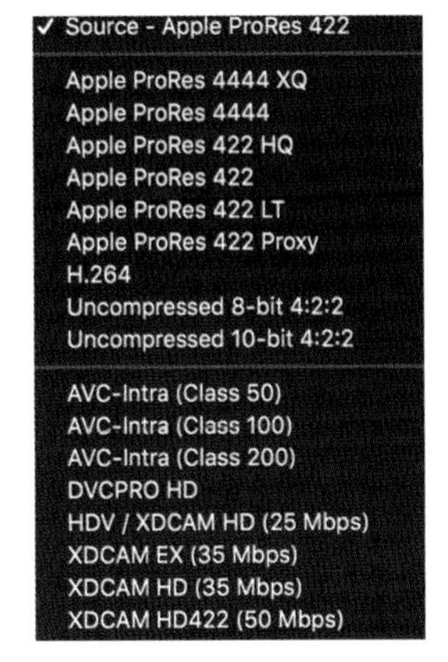

⊙ **Resolution:** 프로젝트에서 사용된 파일들을 바탕으로 해상도를 결정한다.

⊙ **오디오 파일 포맷 Audio File Format:** 기본 셋팅은 비압축 오디오 포맷인 Linear PCM이다.

⊙ **파일을 내보낸 후 열어보기 Open with:** 내보낸 파일을 QuickTime 또는 Compressor 등으로 열어보기를 선택하거나 아무 작업도 하지 않기(None)를 선택할 수 있다.

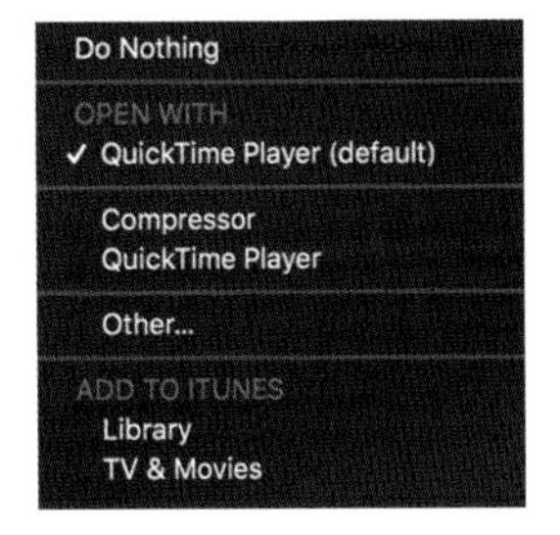

⊙ **Roles as:** 여러 개의 분리된 파일로 만들지 합쳐진 하나의 파일로 만들지를 결정한다.

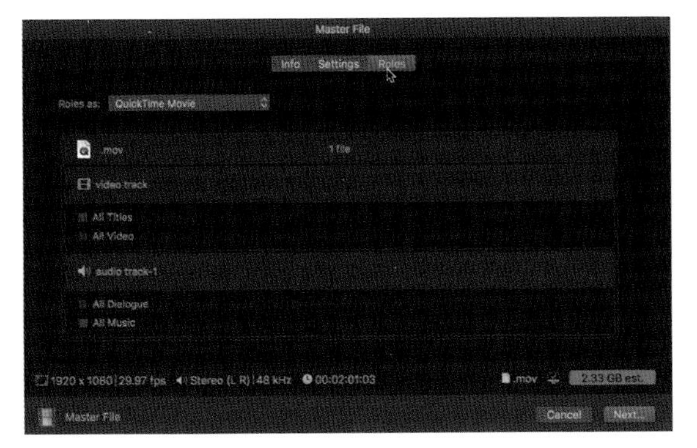

Unit 01 마스터 파일 Master File 만들기

프로젝트 라이브러리에서 프로젝트를 선택해서 Export를 바로 사용할 수 있다. 프로젝트를 활성화하거나, 프로젝트 라이브러리에서 Ch16_Share 프로젝트를 선택하자.

Master File로 만들 때 코덱은 ProRes 422 이상을 선택해야 하지만, 이 따라하기에서는 압축용인 H.264 코덱으로 진행하겠다. 자기가 원하는 비디오 코덱을 지정해서 파일을 만들어도 상관 없다.

참조사항 만약 프로젝트가 타임라인으로 열려있다면, 내보내기 기능을 사용하기 위해 타임라인을 클릭해서 타임라인 창을 활성화해야 한다. 브라우저 창에서 다른 파일이 선택되어 있으면 다른 파일이 쉐어되기 때문에 어떤 파일을 선택하고 있는지 확인해야 한다.

툴 바 우측 끝에 위치한 Show Share Destinations를 클릭한다. 내보내기의 단축메뉴가 나타난다.

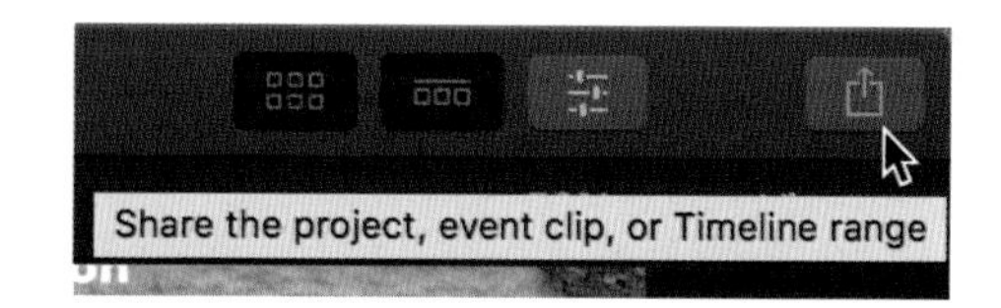

03 팝업 메뉴에서 마스터 파일(Master File)을 선택한다.

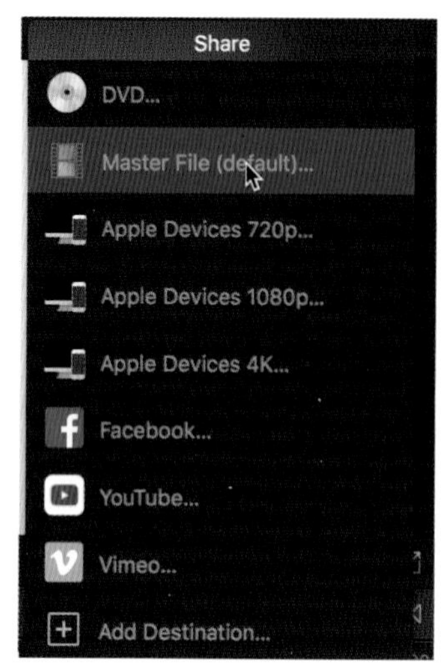

마스터 파일 내보내기 창에서는 내보내기할 파일을 간략하게 리뷰할 수 있다. 메타데이터 및 디스크립션, 크리에이터, 태그와 비디오와 오디오 파일 셋팅, 길이, 포맷 등을 확인하고 수정할 수 있다.

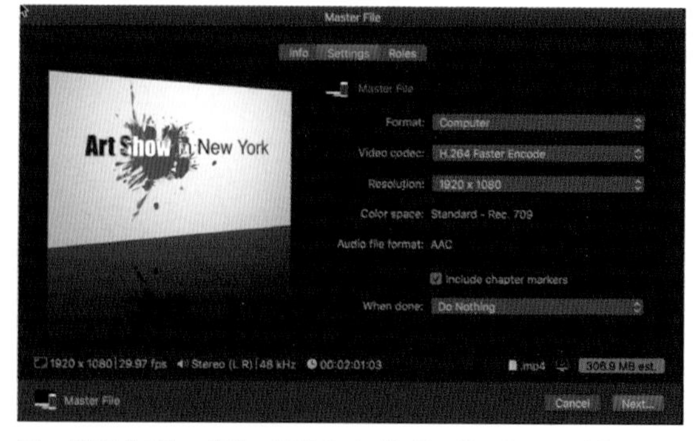

Tip 단축키 ⌘ + E는 내보내기 메뉴를 여는 용도로 사용되지 않지만, 마스터 파일 내보내기 창이 열린다.

05 디스크립션 창에서 프로젝트에 대한 정보를 수정할 수 있다.

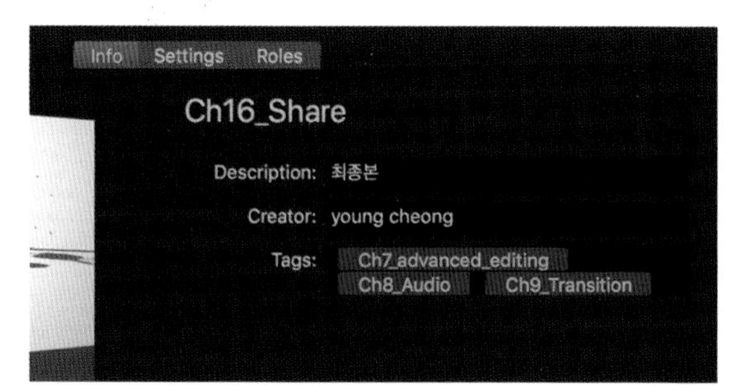

06 설정(Setting)을 선택하면 내보내기 설정을 변경할 수 있다. 기본 설정은 작업을 한 프로젝트의 셋업 그대로의 파일을 만드는 것이다. 다른 포맷의 마스터 파일을 원할 경우 비디오 코덱 구간에서 원하는 포맷을 지정할 수 있다. 아래의 사진은 H.264지만 마스터 파일일 경우 최소한 ProRes 422를 사용하기를 권한다.

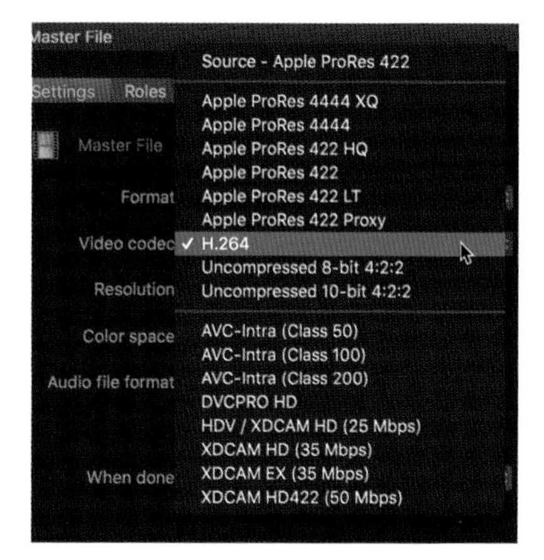

07 마스터 파일 내보내기 창 아래에 위치한 정보 요약 부분(Summary Bar)으로 파일의 길이와 크기 등을 예상할 수 있다.

08 파일 사이즈 옆에 있는 파일호환(Compatibility icon) 버튼은 만들어지는 파일을 어떤 기기에서 재생할 수 있는지를 알려준다.

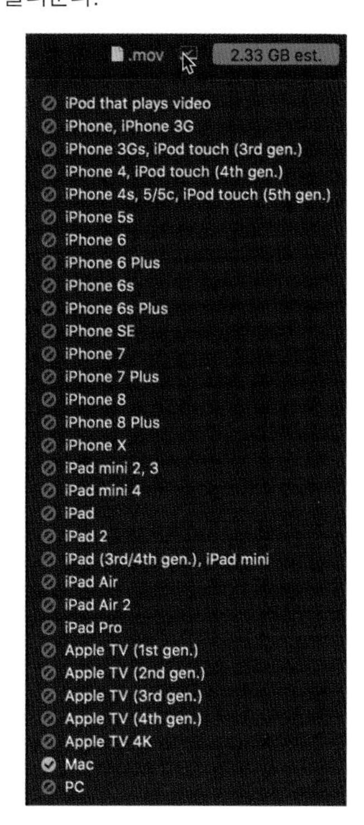

09 Next를 클릭하면 뜨는 Save As 창에서 내보내기할 위치와 파일의 이름을 설정하고, 창의 아래에 보이는 Save 버튼을 클릭하자.

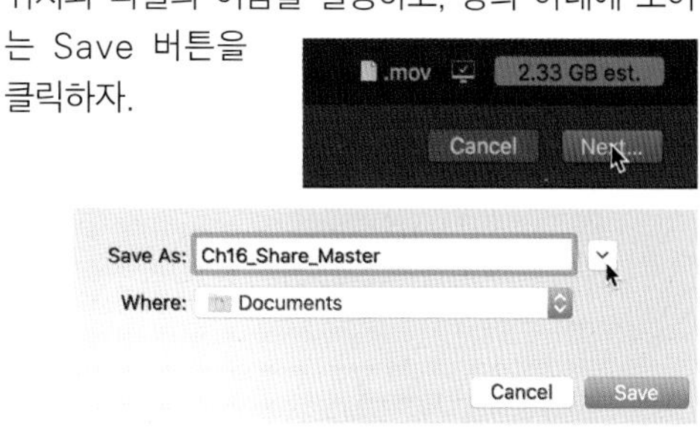

10 백그라운드 테스크 창 열기 버튼을 클릭하자.

백그라운드 테스크 창이 열린다. 파일을 내보내기 할 때 파일이 백그라운드 테스크로 지정되어 파일을 내보내는 중에도 작업 프로젝트를 편집하거나 FCPX의 다른 작업을 할 수 있다.

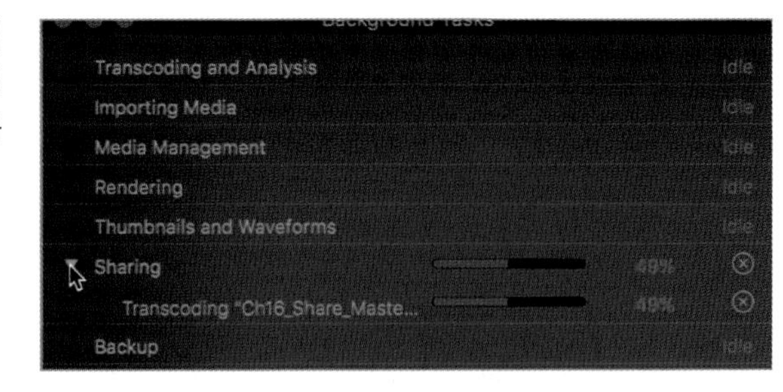

익스포트가 끝나면 파일 쉐어가 끝났다는 표시창이 뜬다. close를 누르면 이 창이 닫히고 show를 누르면 저장된 파일 폴더가 열린다. 열린 퀵 타임 파일을 확인한 후 Close를 클릭한다.

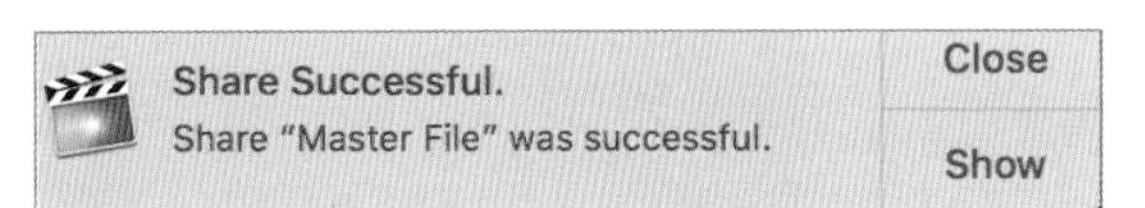

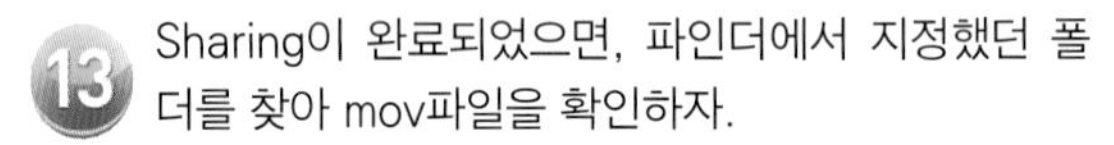

Sharing이 완료되었으면, 파인더에서 지정했던 폴더를 찾아 mov파일을 확인하자.

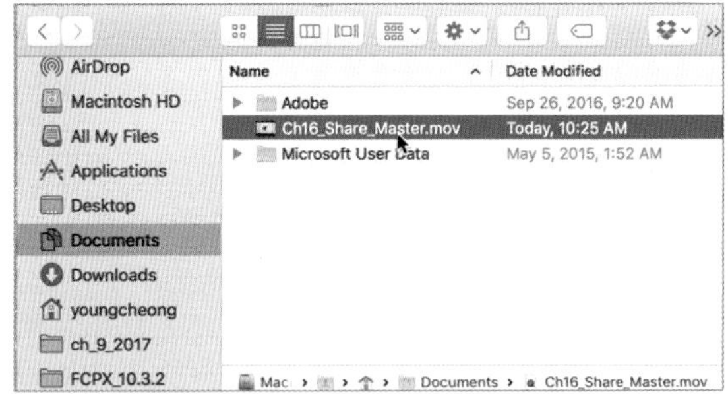

Unit 02 만든 마스터 파일 찾기

Export된 비디오 파일의 위치를 잊어버렸을 경우 쉽게 찾을 수 있다. 프로젝트 파일에서 쉐어된 모든 클립은 메타데이터로 저장이 되어 있다. 같은 프로그램에서 여러 번 반복적으로 파일을 만든 후 언제 어떤 파일을 쉐어했는지 쉽게 찾을 수 있다.

브라우져에서 방금전 사용한 Ch16_Share 프로젝트를 선택하자.

인스펙터(Inspector)를 열자.

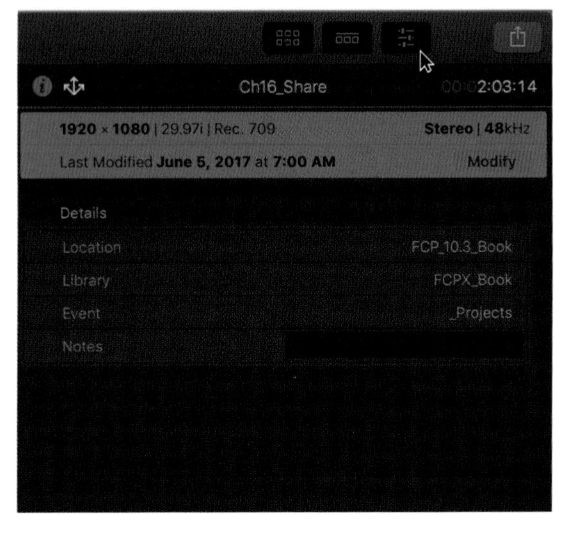

Share 탭을 선택하자.

Exported Files에서 파일이 언제 내보내기(Export) 되었는지 확인할 수 있다. Exported Files 오른쪽에서 더 보이게 클릭을 한 후 돋보기 아이콘을 클릭하자.

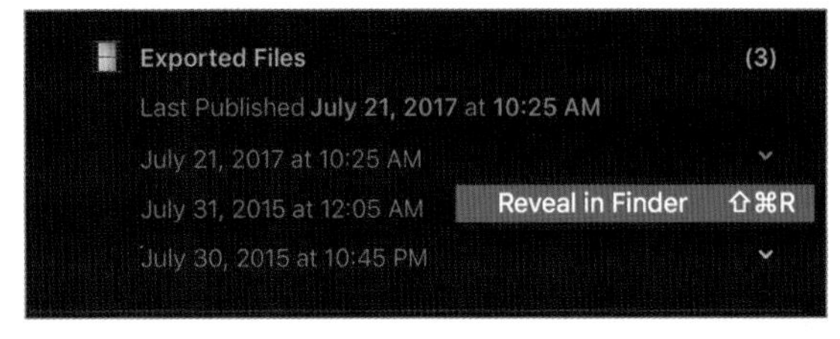

선택된 프로젝트가 내보내기한 폴더가 파인더에서 열리고 그 파일이 보인다.

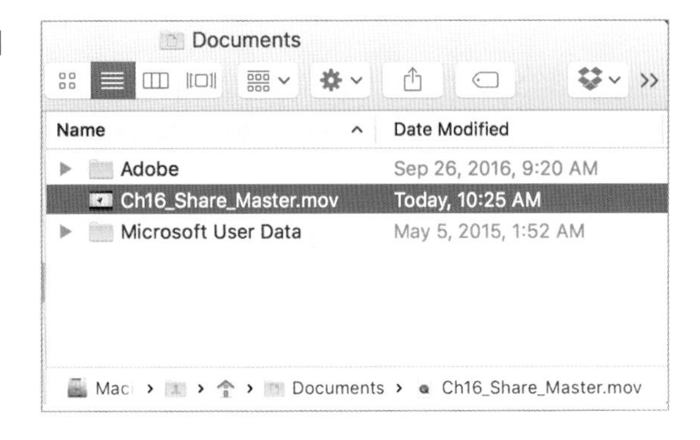

Section 03 프로젝트의 한 구간만 압축해서 내보내기

프로젝트를 열어서 필요한 구간을 시작점(In)과 끝점(Out)으로 지정한 후 그 부분을 퀵타임 파일로 만들 수 있다. 선택된 구간을 마스터 파일로도 만들 수 있지만 또한 압축시켜 간단하게 미리보기할 수도 있다.

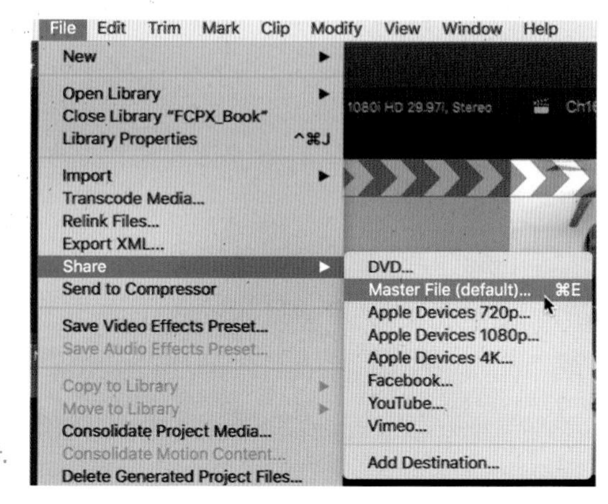

Tip 파일 내보내기는 File〉Share〉Export File로도 내보내기 할 수 있다.

프로젝트가 타인라인에 열려있는지 확인하자.

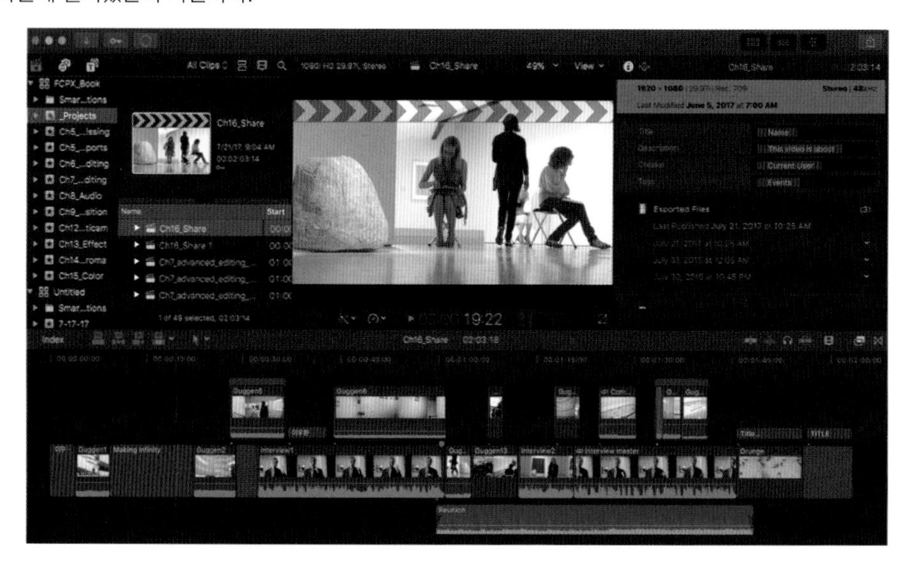

02 시작점(In: I)과 끝점(Out: O)을 이용해서 필요한 구간을 선택하자. 프라이머리 스토리라인 구간이 지정된 만큼 노란색 박스로 하이라이트 된다. 구간으로 지정된 프라이머리 스토리라인에 연결된 모든 클립들도 함께 내보내기 파일로 만들어진다.

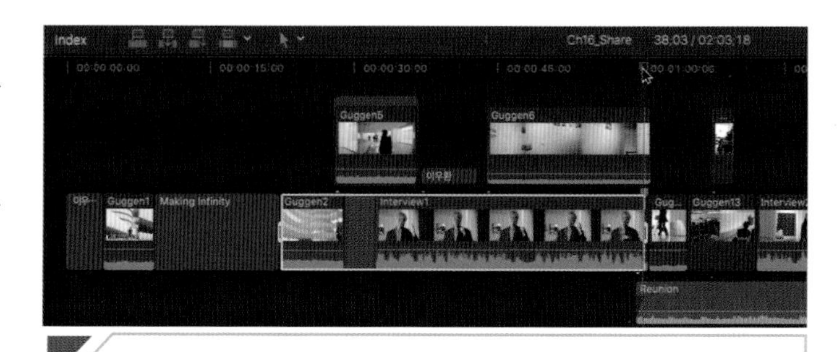

참조사항 선택된 구간을 해제한후 다시 구간을 재설정하고 싶을 때는 Option + X를 누르면 선택된 구간이 간단하게 해제된다.

툴 바에 있는 내보내기 메뉴를 클릭하면 Share Timeline Range 창이 뜬다. Export File을 선택하자. Export File 옵션이 보이지 않으면 아래에 있는 Add Destination..에서 설정 단축키를 추가할 수 있다.

마스터 파일 창이 뜬다. 창 오른쪽 아래를 확인해보면 파일이 작아진 걸 확인할 수 있다.

05

Settings를 클릭하여 비디오 코덱을 압축 방식인 H.264로 지정하자.

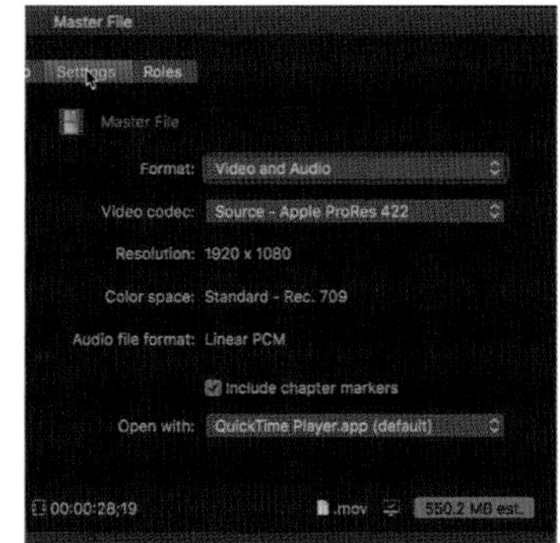

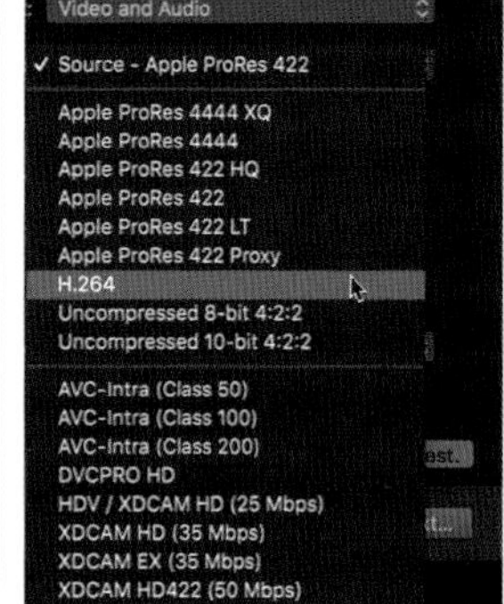

06

Master File을 만들때와는 다르게 비디오 코덱이 압축방식인 H.264로 지정되어 있다. 창 아래에 쓰여진 간략한 정보 구간을 보면 파일 크기가 훨씬 작음을 알 수 있다.

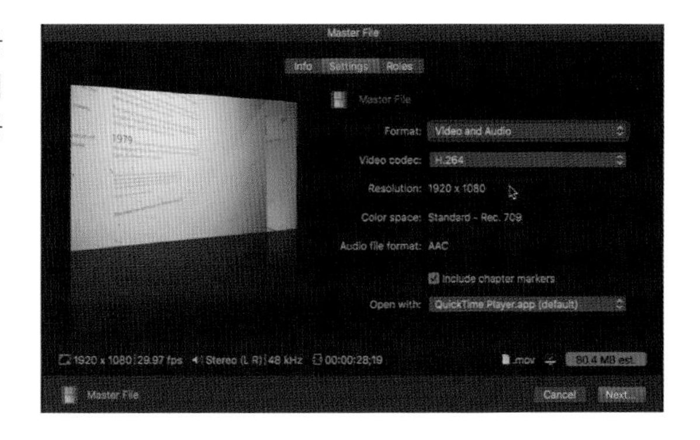

Next를 누르면 파일 저장 지정 장소 옵션 창이 뜬다. save를 누른다.

Section 04 애플 기기용 파일 출력하기

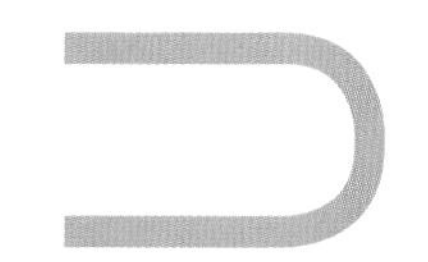

완성된 프로젝트를 모바일 기기인 아이폰과 아이패드에서 플레이되는 파일로 쉽게 만들 수 있다. 자신의 프로젝트를 애플 기기에 내보냄으로써 iPad, iPhone, Mac, PC등에서 완성된 무비를 공유할 수 있고, 만들어진 파일 역시 iTunes에 데이터 베이스로 저장이 되어 나중에 쉽게 찾을 수 있다. 내보내기 옵션 중 애플 기기 하나 또는 여러 애플 기기들을 동시에 선택할 때, 파이널 컷 프로는 자동적으로 프로젝트를 각각의 기기에 맞춰 최적의 파일 사이즈와 포맷으로 변형시킨다.

프로젝트를 활성화하거나, 프로젝트 라이브러리에서 애플 기기로 출력할 Ch16_Share 프로젝트를 선택하자.

툴 바에서 Sharing메뉴를 클릭한다. 사용하게 될 애플 기기의 프레임 사이즈를 숙지하고 Apple Device 720p 또는 Apple Device 1080p를 선택하여 자신이 사용하는 iPhone 또는 iPad 등에 만들어지는 파일의 프레임의 크기가 최적화될 수 있게 해보자.

03 다음과 같이 Sharing 설정 창이 열렸다. 마스터 파일을 만들 때와 같이 파일호환(Compatibility)을 클릭하여 애플 기기의 리스트를 확인하자. 앞서 언급한 것과 같이 Apple Device 720p와 Apple Device 1080p에 따라 적용되는 애플 기기가 다름을 기억하자.

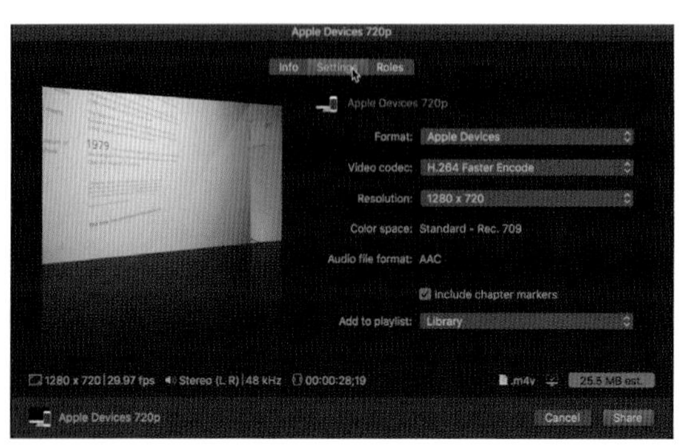

참조사항 선택한 포맷에 따라 호환되는 기기가 달라진다.

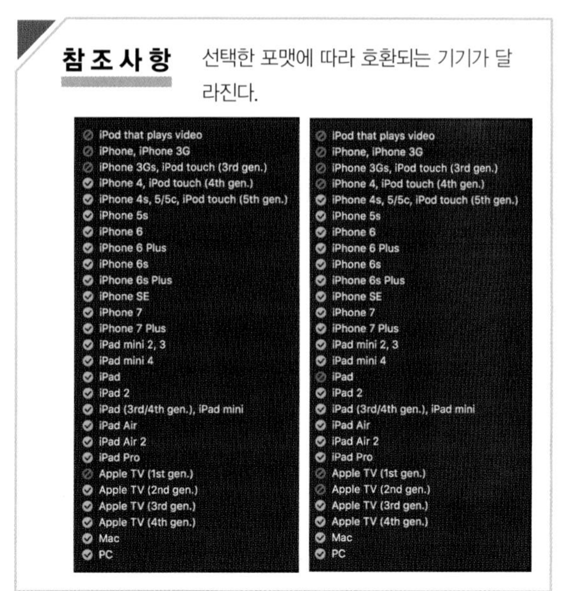

Share 창에서 Settings 버튼을 클릭하자. 비디오 코덱, 해상도, 포맷 등을 교체할 수 있다.

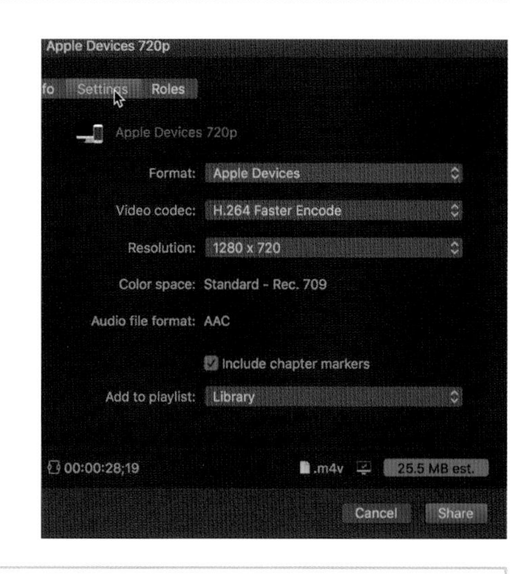

참조사항 Apple 기기용 파일 만들기 셋업 창

- **Video Codec: 2가지 옵션이 있다.**
  H.264 Faster encode (single–pass): 압축된 파일의 화질보다 파일 만들기 속도가 더 중요할 때.
  H.264 Better Quality (multi–pass): 압축속도가 많이 걸리지만 좋은 화질로 업로드 하고싶을 때.

- **Resolution:** 기본 설정인 720P 이외의 파일 사이즈를 원하면 여기에서 바꿀 수 있다.

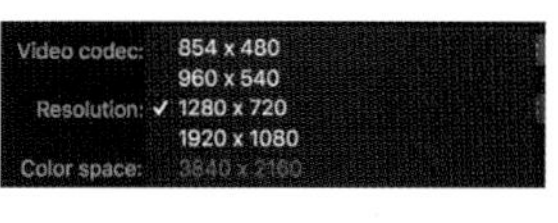

- **Add to playlist**: 파일이 만들어진 후의 액션을 설정하는곳이다. 만들어진 파일이 단순히 파일이 지정된 플레이어에서 열리게 할지 아니면 iTunes의 라이브러리에 플레이리스트로 저장할지를 설정한다.

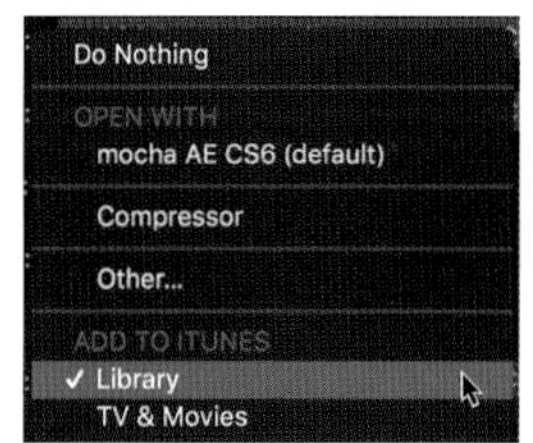

When Done 구간에서 파일이 만들어진 후 사용자의 iTunes의 라이브러리에 자동으로 추가되는 것이 기본 설정이지만, 아무런 액션을 취하지 않는 옵션을 선택하자. 저자는 만들어진 파일을 다른 어플리케이션에서 따로 확인하는 것보다 직접 그 폴더에서 눈으로 확인하는 방법을 선호한다.

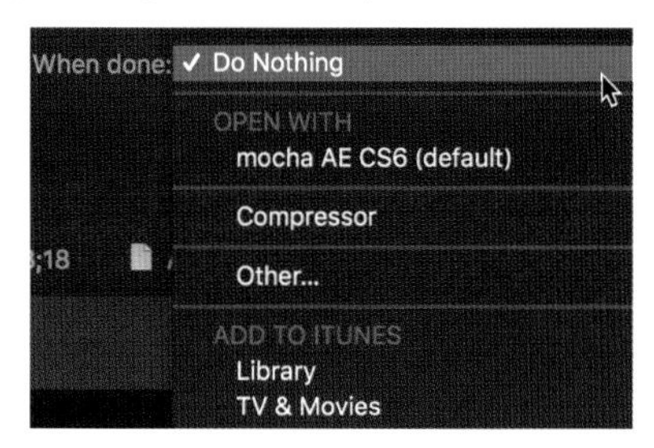

아래에 있는 Next 버튼을 클릭해서 파일을 저장해 보자.

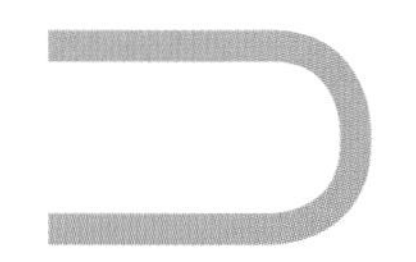

Section 05 웹사이트에 프로젝트 공유하기

비디오 공유 사이트는 완성된 프로젝트를 다른 사람들에게 보여줄 수 있는 가장 손쉽고 편리한 방법이다. Share 메뉴에 있는 세 가지의 비디오 공유 사이트인 유투브(YouTube), 페이스북(Facebook), 비메오(Vimeo)로 만든 비디오를 공유하는 법을 함께 살펴보도록 하자.

Unit 01 유투브YouTube에 프로젝트 업로드 하기

이번챕터에서는 유투브에 프로젝트를 올려보도록하자. 유투브의 계정이 없다면, www.youtube.com에서 계정을 먼저 만들자. 하지만 이 따라하기는 유투브의 계정이 없어도 자신의 컴퓨터에 저장할수 있기때문에 먼저 웹용의 압축 파일을 만든 후 나중에 따로 파일을 업로드 해도된다.

01 프로젝트 창을 활성화하거나 유투브에 올릴 프로젝트를 프로젝트 라이브러리에서 선택하자.

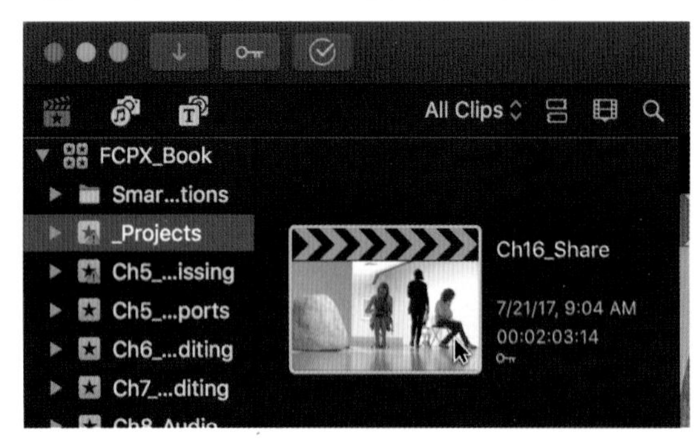

02 툴 바에 있는 내보내기 메뉴를 클릭하여 Youtube 구간을 클릭하자.

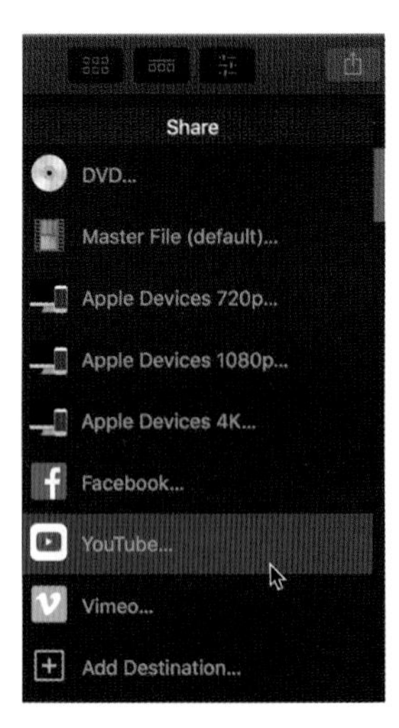

03 다음과 같이 YouTube용 파일 만들기 설정 창이 열렸다. Settings 버튼을 클릭하자.

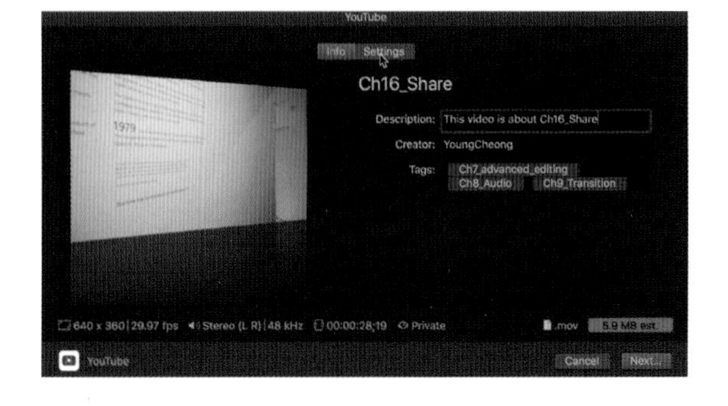

settings 탭을 눌러서 유투브용 파일 셋업을 조절하자.

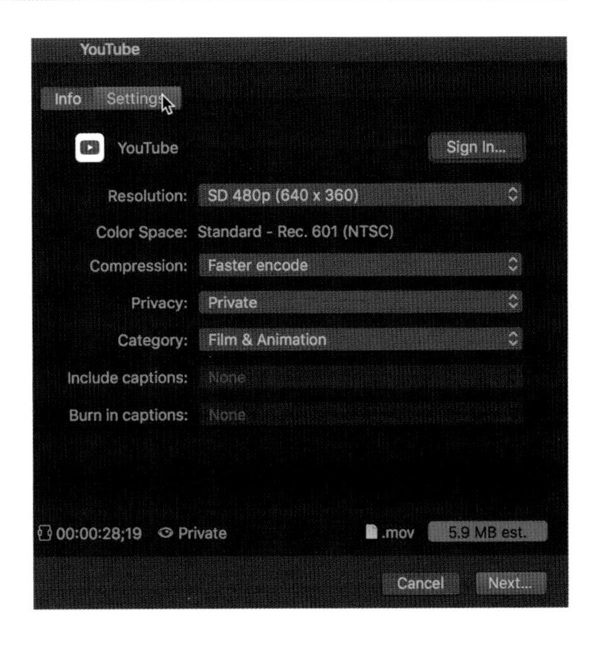

Sign in 버튼을 클릭해서 Youtube 계정의 ID와 Password를 입력한 후 OK를 클릭하자.

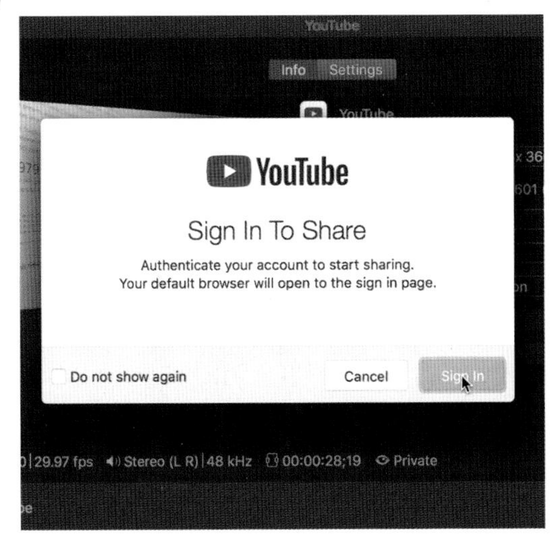

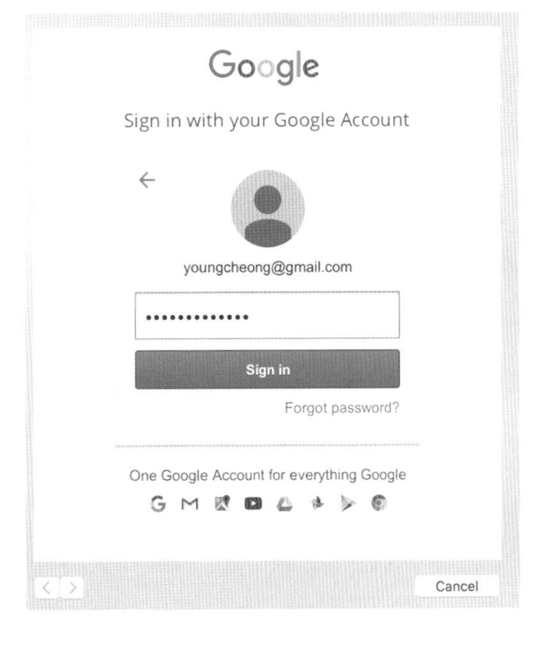

해상도(Resolution):Size 팝업 메뉴에서 변경 가능한 사이즈들만 활성화된다. 원하는 사이즈를 선택하자. HD1080p로 설정해보자.

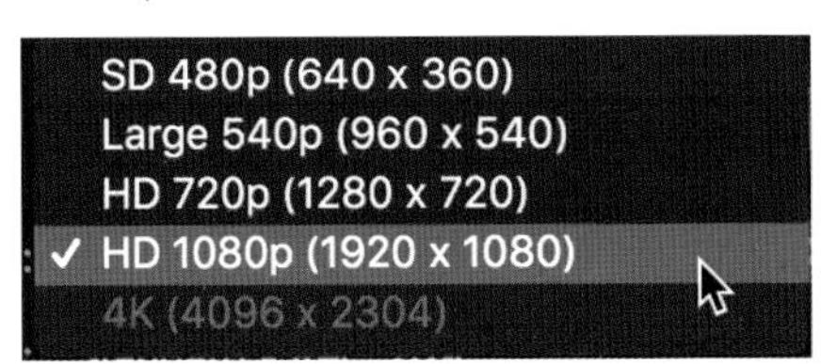

좋은 화질로 업로드하고 싶다면 Compression를 팝업 메뉴에서 Better Quality를 선택하고, 이미지 화질보다 속도가 더 중요하다면 Faster encode 선택해서 업로드를 빨리 진행하게 하자.

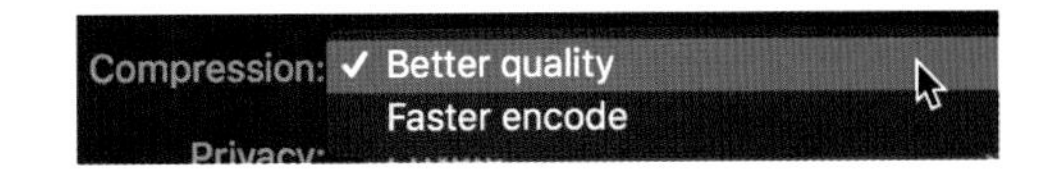

08 Privacy 셋업 중 자신이 원하는 셋업을 선택한다. 보통은 Public을 선택해야 다른 사람과 공유하는 데 문제가 없다.

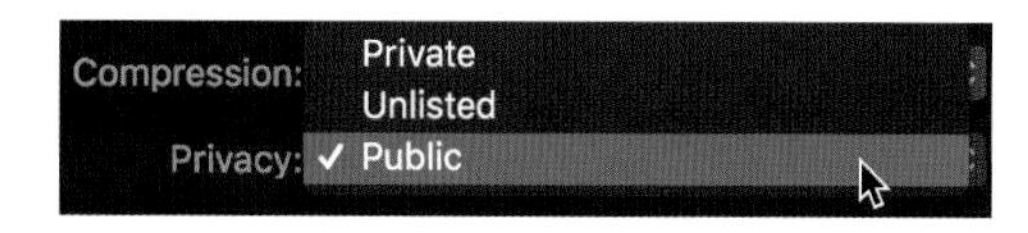

09 비디오의 카테고리를 선택하자.

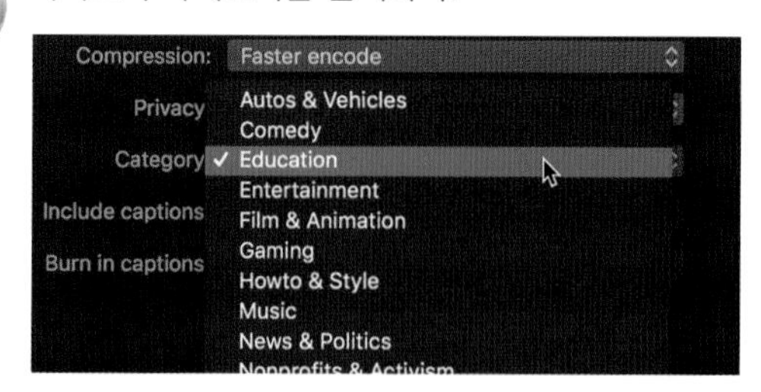

10 확인이 끝났으면 Next를 클릭하자. 이때, 유투브 계정 아이디와 비밀번호를 입력하지 않고서는 다음 단계로 이동할 수가 없다.

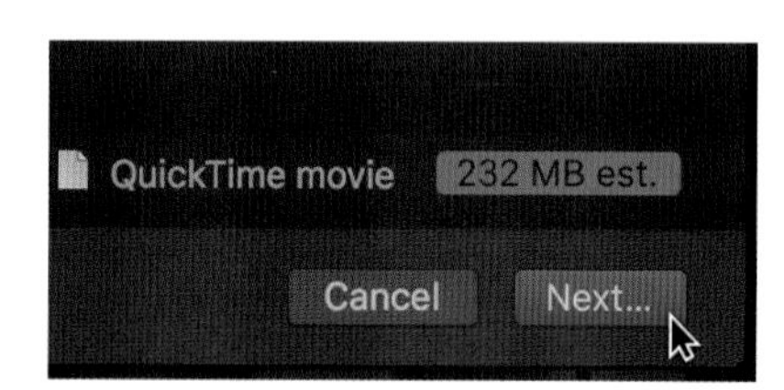

11 사이트의 이용 약관에 관한 글의 창이 떴다. 확인 후 Publish 버튼을 클릭하자.

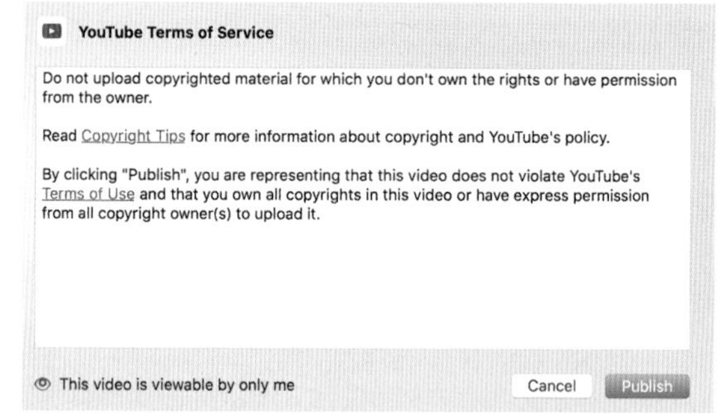

12 Publish를 클릭함으로써, 파일 내보내기가 시작되고, 자동적으로 무비가 유투브로 업로드된다.

참조사항 Facebook에 포스팅하는 방법은 유투브 방식과 비슷하지만 다른점은 페이스북용으로 파일 사이즈를 조절해서 업로드할수 있는 Facebook 용 마스터 파일을 만들어주는 것 이다. 이렇게 만들 어진 파일을 다시 다시 웹 즈라우즈를 통해 업로드해야 한다. Facebook 파일의 사이즈는 720P이다.

Section 06 스틸 이미지 만들기

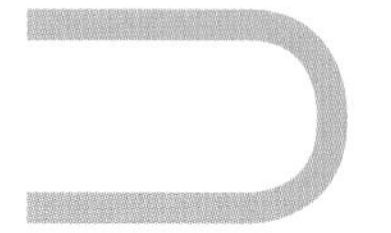

Save Current Frame

프로젝트에서 하나의 이미지를 따서 저장해야 할 경우엔 어떻게 하는지 알아보도록 하자. HD로 촬영된 비디오에서 스틸 이미지를 만들면 예전과 다르게 좋은 화질의 이미지를 만들 수 있기 때문에 이 스틸 이미지를 DVD 메뉴 또는 웹사이트, 프린트 용으로 사용할 수 있다.

파이널 컷 프로는 기본 스틸 이미지 포맷으로 PNG를 사용하지만 그외 JPEG 이나 TIFF등의 여러 가지 포맷으로 사용목적에 따라 내보낼 수 있다. 저자는 비압축 방식의 PNG 포맷 또는 호환이 좋은 압축방식의 JPEG을 주로 사용한다.

01 프로젝트 Ch16_Share를 타임라인에서 열자.

타임라인에서 저장할 프레임에 플레이헤드를 올려놓자. 구겐하임 박물관이 보이게 하자.

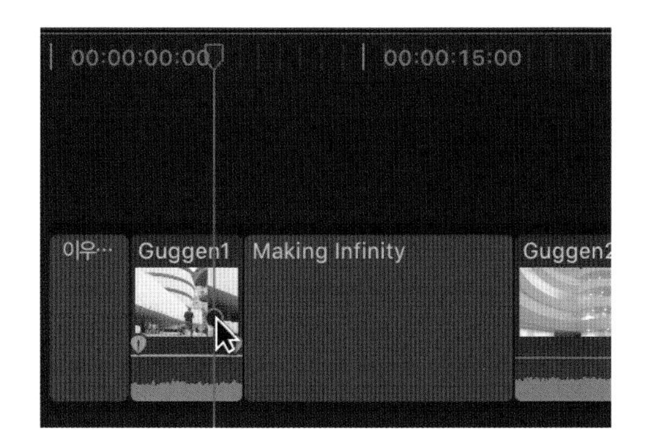

툴 바에 위치한 Share 메뉴를 클릭하자. Share Project 창에서 스틸 이미지로 만들기(Save Current frame) 옵션이 아직 없으면 먼저 Add Destination...을 클릭해서 이 단축키를 만들자.

04 다음과 같이 팝업 메뉴가 열렸다. 다양한 종류의 옵션 메뉴가 보일 것이다. 이 창에서 현재 선택된 이미지의 추가, 삭제 및 수정 등의 간단한 편집을 할 수 있다.

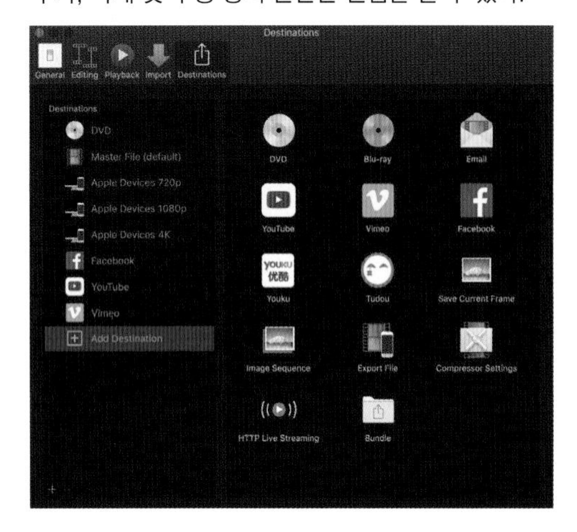

05 세이브 커렌트 프레임(Save Current Frame)을 선택하자. 마우스로 아이콘을 클릭하여 Add Destination...으로 드래그 하자. 파란색의 삽입 표시가 보이며 추가된다.

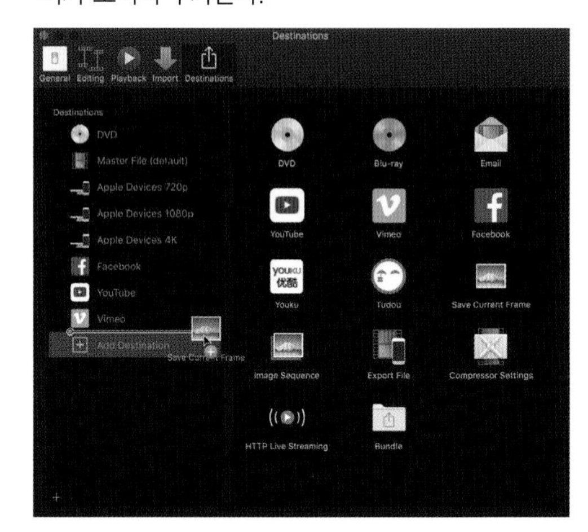

06 세이브 커렌트 프레임이 리스트에 추가되면 Destination's Parameter창이 열린다.

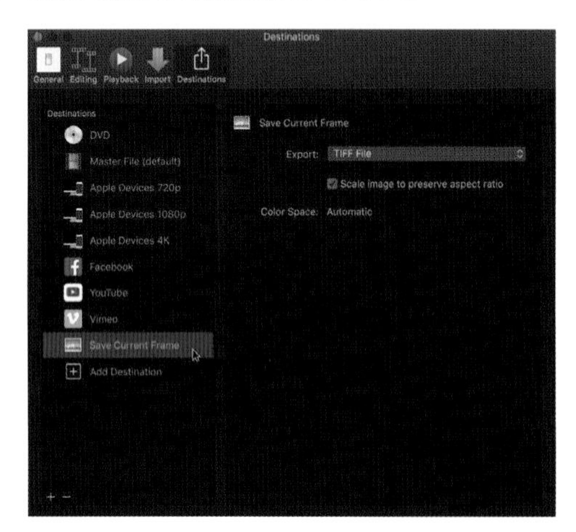

07 Export라고 적힌 팝업 메뉴에서 원하는 파일 포맷을 선택하자.

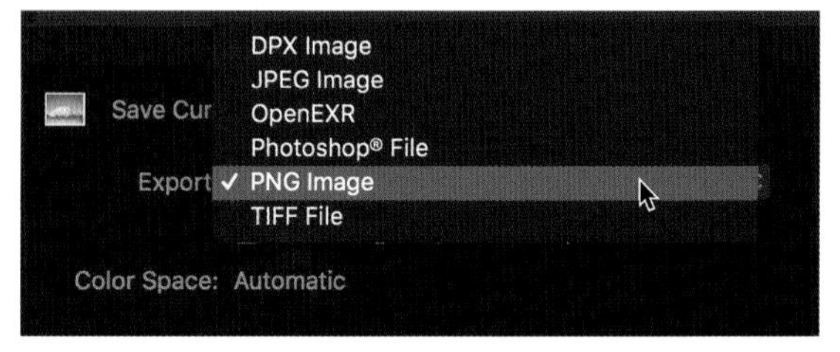

저자는 개인적으로 PNG파일을 주로 사용하는데, PNG파일은 비압축 포맷이므로 화질이 JPEG보다 훨씬 좋다.

08 내보내기 할 파일의 크기와 비율을 설정을 위해 아래의 그림처럼 메뉴를 선택하자.

☑ Scale image to preserve aspect ratio

09 이제 Add Destination창을 닫자.

다시 내보내기 창을 열어보자. 세이브 커렌트 프레임 메뉴가 오른쪽에 생성되었을 것이다.

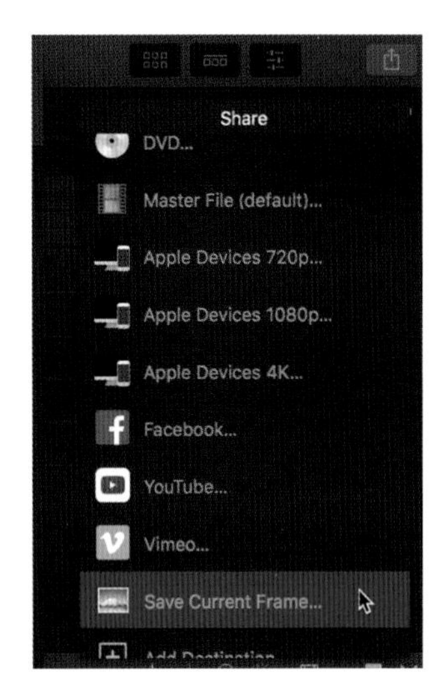

내보내기 할 이미지를 선택하자.

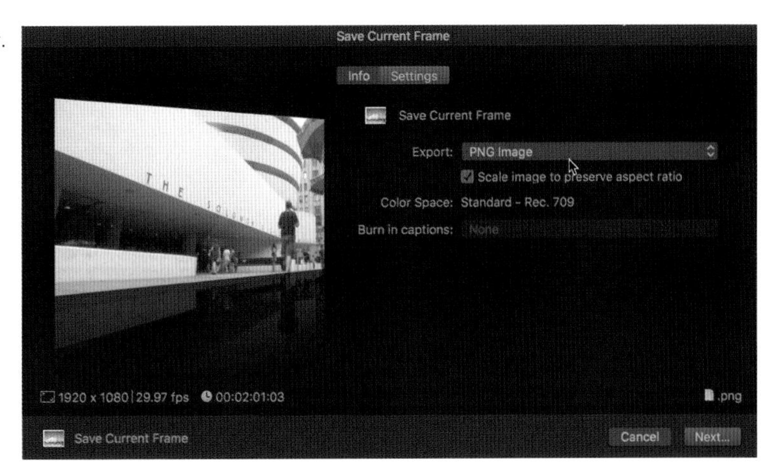

파일이 저장될 위치를 선택하고, 파일의 이름을 입력한 후 Save 버튼을 클릭하자.

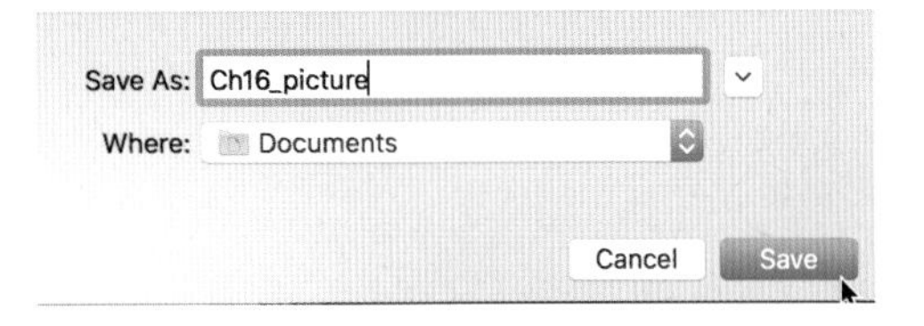

백그라운드 렌더링이 끝나면, 파인더에서 저장된 이미지 파일이 보인다.

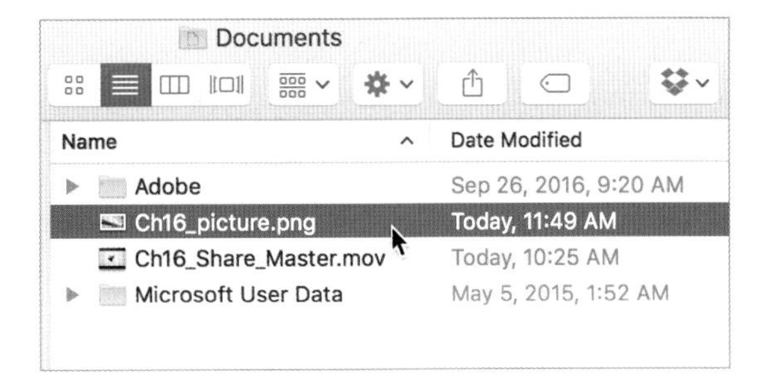

Section 07 블루레이 Blu-ray 디스크나 DVD 디스크 만들기

이번 Section에서는 블루레이 디스크나 DVD를 만드는 방법을 알아보도록 하겠다. 파이널 컷 프로에서 이 두 가지 포맷을 만드는 방법은 거의 동일하다. 내보내기 메뉴에서 레코딩 버너 선택 시 내장 DVD 버너(Internal DVD Burner)를 선택하면 DVD 가 만들어지고, 외장 블루레이 버너를 선택하면 블루레이 디스크가 만들어진다.
표준 DVD 디스크를 만들고 싶으면 블루레이 버너가 아닌 DVD 버너를 선택함으로써 일반 DVD를 구울 수 있다.

Unit 01 디스크 만들기

01 프로젝트 라이브러리에서 DVD로 내보내기할 Ch16_Share 프로젝트를 선택하자.

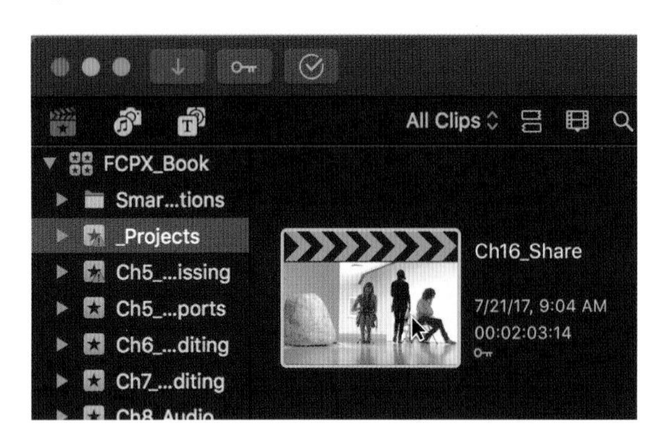

02 Share Project 창에서 DVD 버튼을 클릭하자.

03 설정 창이 뜨면 Settings 버튼을 클릭하자.

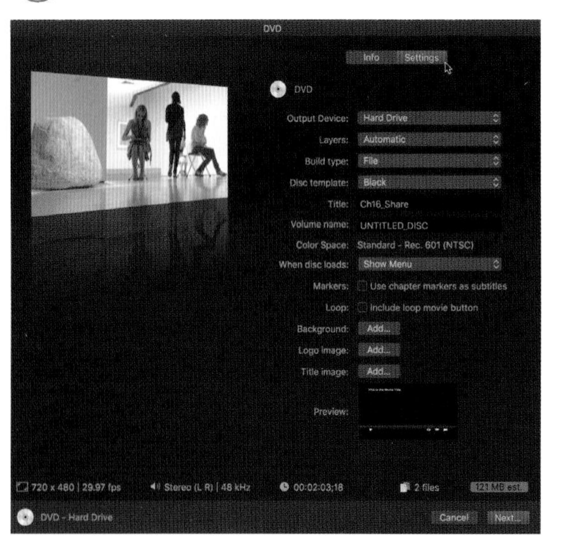

04 Output device에서 연결된 기기를 선택하자. 연결된 기기가 없을 경우 이런 창이 뜬다. 이번 따라하기에서는 DVD 파일이 없기 때문에 DVD 디스크 이미지를 만들 것이다. 저자의 랩탑에는 DVD 내장 버너가 없기 때문에 따라하기에서 DVD 내장버너를 선택할 수 없다. 외장 DVD나 블루레이버너가 연결되어야만 Output Device에서 선택할 수 있다.

참조사항 외장 또는 내장 DVD 버너가 있을 경우 이와 같은 창이 뜬다.

✓ OPTIARC DVD RW AD-7170A (AVCHD)
OPTIARC DVD RW AD-7170A (AVCHD)
Hard Drive (Blu-ray)

디스크 템플릿(Disk Templates) 팝업 메뉴에서 다섯 개 템플릿 중 첫 번째 템플릿을 선택하자.

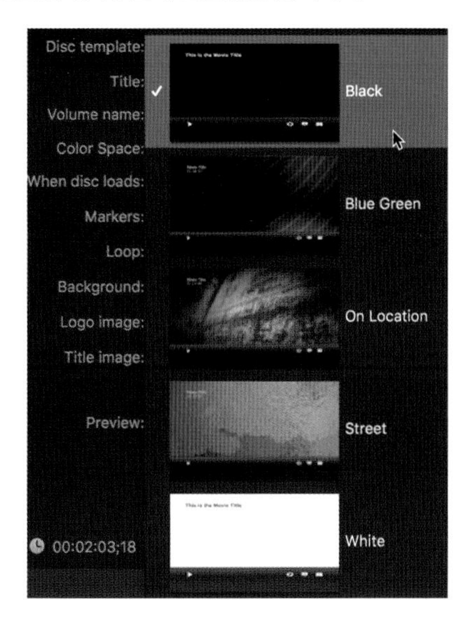

Markers and Loop을 비워둔다.

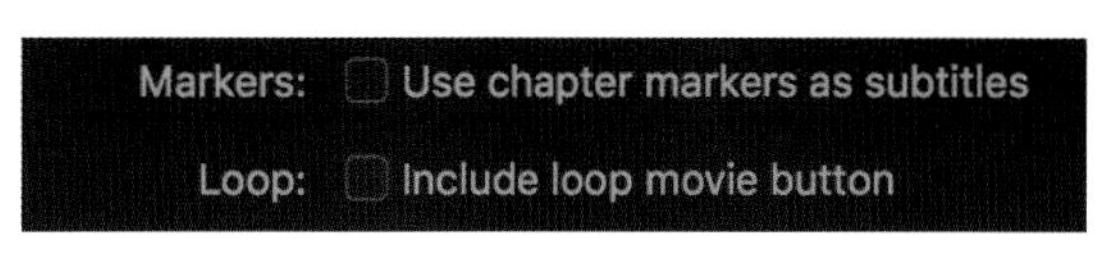

배경화면 이미지를 바꾸려면, Background-Add를 클릭해서 원하는 이미지를 선택하면 된다.

08 배경 이미지 선택 창에서 이전에 만들었던 Still image 파일을 선택한다.

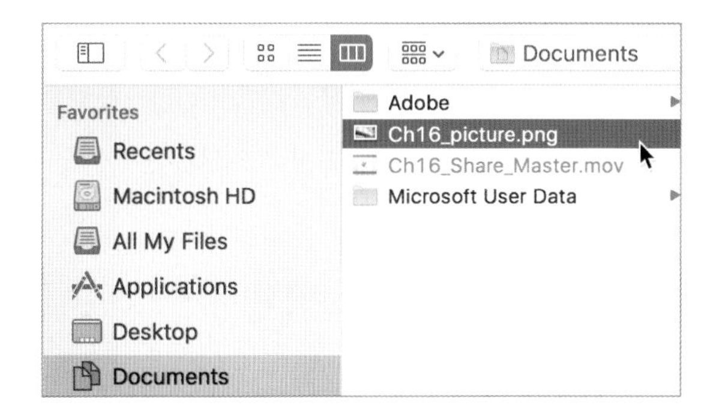

09 다음과 같이 배경화면에 선택한 스틸 이미지가 보인다. DVD 디스크 셋업이 확인되었으면 Next 버튼을 눌러서 DVD 디스크를 만들자.

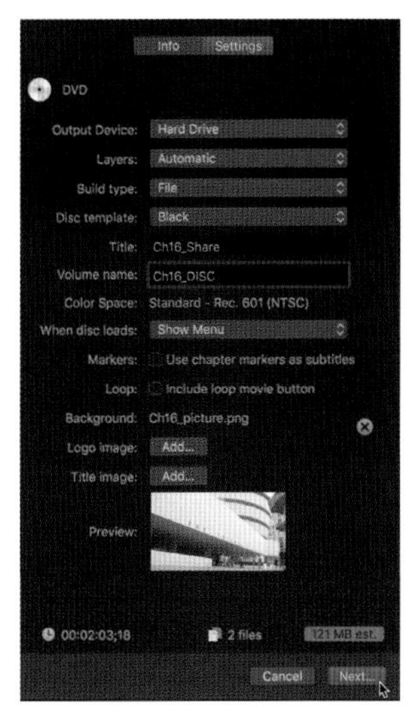

참조사항

연결된 DVD나 Blu-Ray 버너가 없을 경우 저장될 Blu-Ray 포맷의 디스크 이름을 입력한 다음 하드드라이브에 이미지 파일로 저장하면 된다.

저장된 디스크 이미지

Section 08 롤 Roles 기능을 사용하여 프로젝트 내보내기

사용되는 모든 클립에는 롤이 지정되어 있고 이 지정된 롤을 인스펙터 창에서 바꿀 수 있다.

프로젝트 타임라인을 보면 사용된 모든 클립에는 각각 지정된 롤이 있다. 예를 들면 사용된 클립들은 비디오 클립, 오디오 클립, 그리고 음악 클립 그리고 타이틀 등으로 여러 가지 다른 롤이 지정되어 카테고리로 구분되어 있다. 파이널 컷 프로 X에서는 이렇게 여러 가지 종류의 클립들이 한 타임라인에 있지만 자신이 필요한 클립들만을 모아서 여러 개의 독립된 파일들로 내보내거나 뭉쳐서 하나의 마스터 파일로 만들 수도 있다.

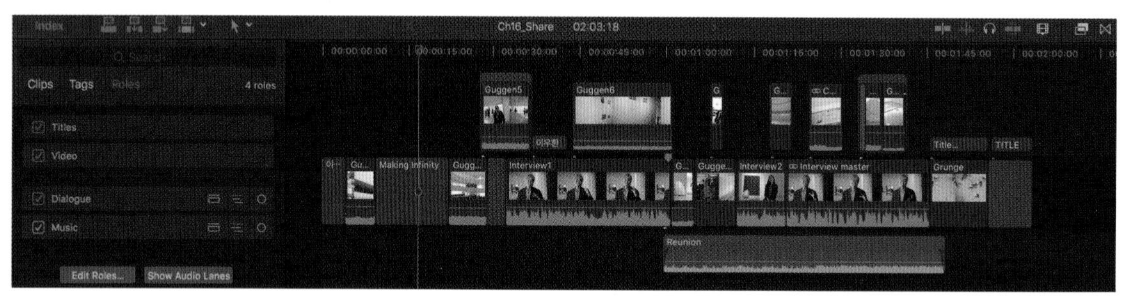

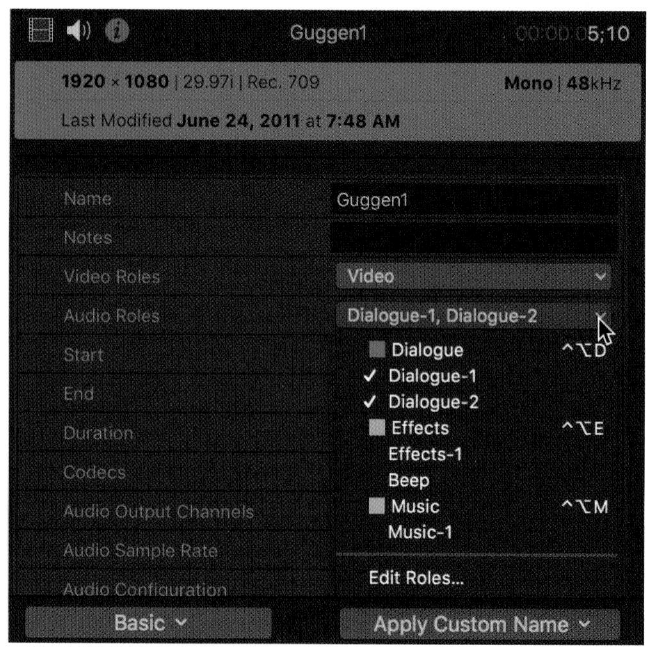

모든 클립들에 하나의 롤에 태그되어 있기 때문에, 파이널 컷 프로 X에서는 롤 기능을 이용해서 원하는 클립들을 그룹지을 수 있다. 필요한 클립만 선택하는 롤 기능을 이용하면 같은 프로젝트를 다른 버전들로 한꺼번에 내보낼 수 있다.

다음은 롤 기능을 이용해 작업할 수 있는 여러 가지 경우이다.

- 타임라인에서 사용된 오디오 클립만 빼서 하나의 마스터 파일로 만들 수 있다.
- 사용된 오디오 클립들 중 다이얼로그나 음악만을 따로 분리해 더 세분화시켜 클립을 만들 수 있다; 다이얼로그 클립만(dialogue-only), 효과 클립만(effects-only), 음악 클립만(music-only).
- 영어와 한국어가 있는 프로젝트에서 원하는 언어만 각각의 롤로 지정해서 하나의 특정한 언어만 있는 마스터 파일을 만들 수가 있다.
- 클립 중 타이틀이나 이펙트등과 같이 필요한 부분만 롤로 지정해서 마스터 파일을 만들 수가 있다.
- 오디오가 없는 비디오 부분만을 하나의 독립된 파일로 내보낼 수 있다.

▶선택된 롤들을 각각의 분리된 여러 개의 파일로 내보내기

여러 종류의 오디오 파일이 있는 프로젝트에서 특정 오디오만을 가진 파일을 내보내고 싶을 경우 또는 각각의 롤로 지정된 클립들을 분리해서 여러 개의 파일로 내보내고 싶을 경우에 필요한 롤만 선택해서 해당 롤로 지정된 클립으로 내보내기해 보자.

01 프로젝트 라이브러리에서 DVD로 내보내기할 Ch16_Share 프로젝트를 선택하자.

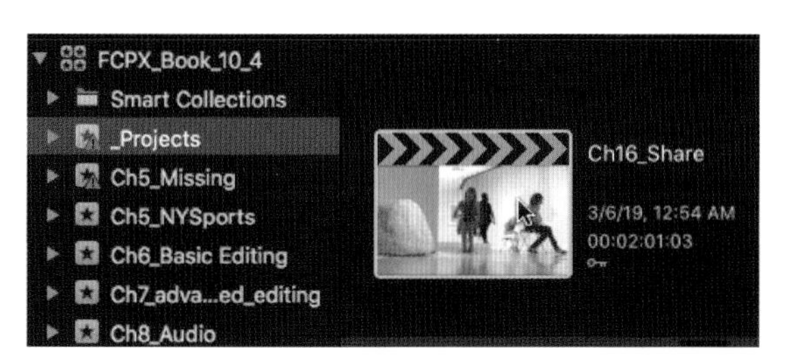

02 내보내기 창에서 마스터 파일을 선택하자.

03 Media File 창이 뜨면 Settings를 클릭해서 셋업을 바꿔보자.

04 Roles as 구간을 선택해서 팝업 메뉴에서 Separate Files 옵션을 선택해주자. 프로젝트에 지정한 모두 다른 롤들을 숫자에 제약없이 출력할 수 있다.

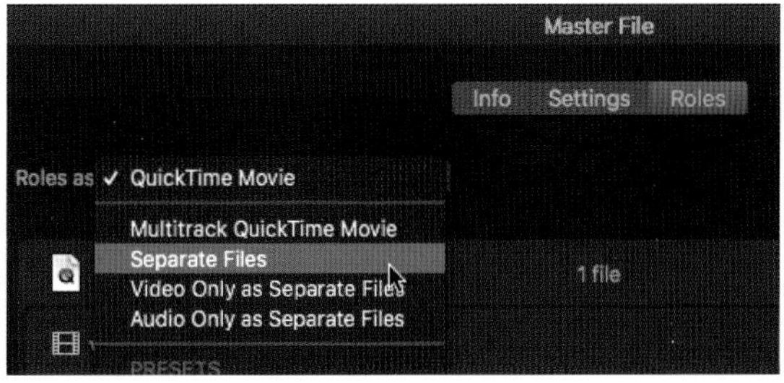

Roles 옵션 탭 구간이 생긴다.

06 출력되는 여러 롤중 원하지 않는 롤을 지울수 있다. 마우스를 각 롤의 카타고리 왼쪽 끝에 있는 Remove를 클릭하면 이 롤은 지워지고 익스포트 되지 않는다. Music은 원본클립이기때문에 따로 저장할 필요가 없다.

참조사항 내보내기할 롤을 하나 더 추가하려면 Add Role 을 클릭한후 원하는 파일 카타고리중 하나를 선택하면 된다.

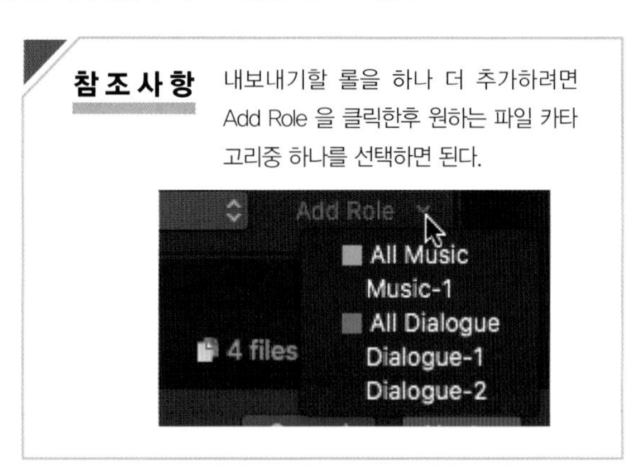

아래 그림과 같이 어떤 롤들을 그룹지어서 내보내는 파일로 만들지 지정하자.

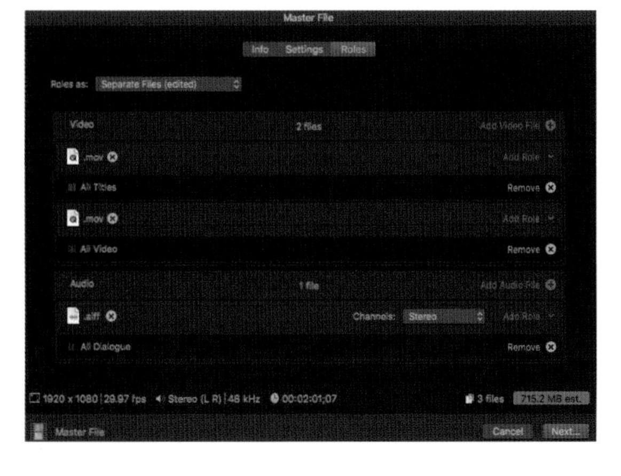

이 창의 설정을 통해 총 3개의 파일로 내보낼 수 있다.
첫 번째로 내보내는 파일은 비디오(Video)롤을 가진 클립들만으로 된 파일이다.
두 번째로 내보내는 파일은 모든 타이틀들(Titles)이 합쳐진 파일이다.
세 번째로 내보내는 파일은 오디오 파일인데 음악과 대화(Dialogue)가 합쳐져서 스테레오 믹스로 내보내질 것이다.

롤 지정을 끝냈으면 Next 버튼을 클릭하여 파일들을 분리해서 저장하자.

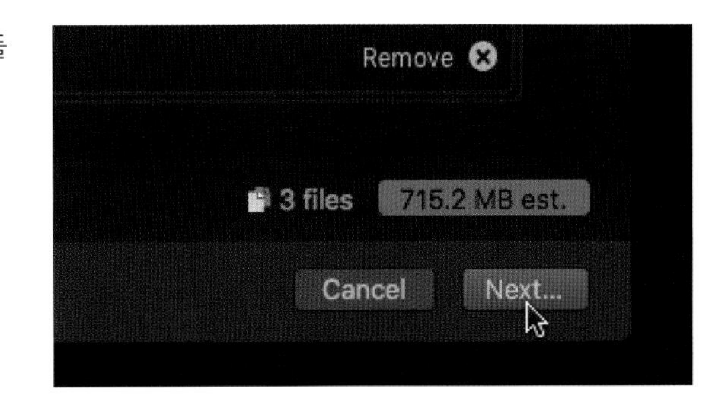

지정된 장소에 3개의 독립된 파일이 생길 것이다.

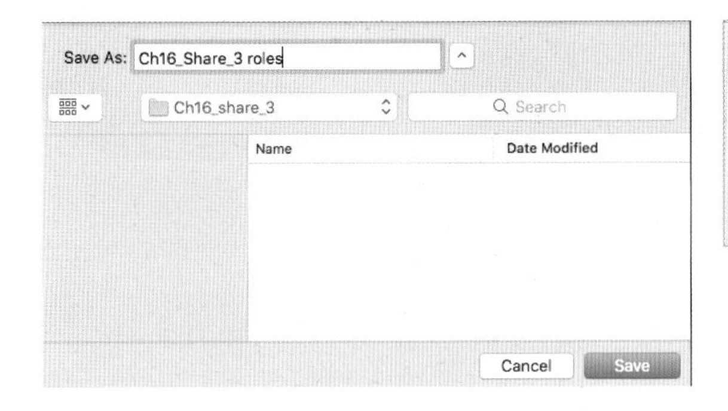

롤(Role)을 이용해서 멀티트랙과 분리된 파일 그리고 비디오와 오디오까지 원하는 형태로 필요한 부분만을 각각의 파일로 저장한 후 보관할 수 있다.

Section 09 컴프레서 Compressor로 보내기

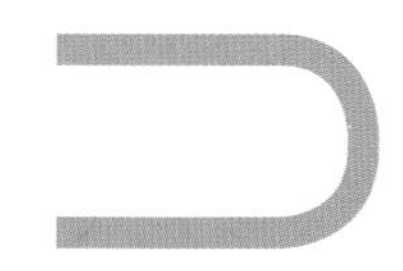

파이널 컷 프로 사용시 무조건 사용되어야 하는 컴프레서는 작업이 끝난 마스터 파일을 다른 파일로 변환시킬 때 필수적으로 사용되어야 하는 응용프로그램이다. 파이널 컷 X에서 파일을 변환할 수 있지만, 정밀한 파일 변환 작업은 인코딩 전용 프로그램 컴프레서를 사용하는것이 전문가들이 선호하는 방식이다.

컴프레서에서 작업을 수행하기 위해 셋업을 어떻게 하고, 다양한 목적에 맞춰 미디어를 여러 가지 포맷으로 만들기 위해 어떻게 사용자 지정 셋팅을 해야 하는지 배워보자.

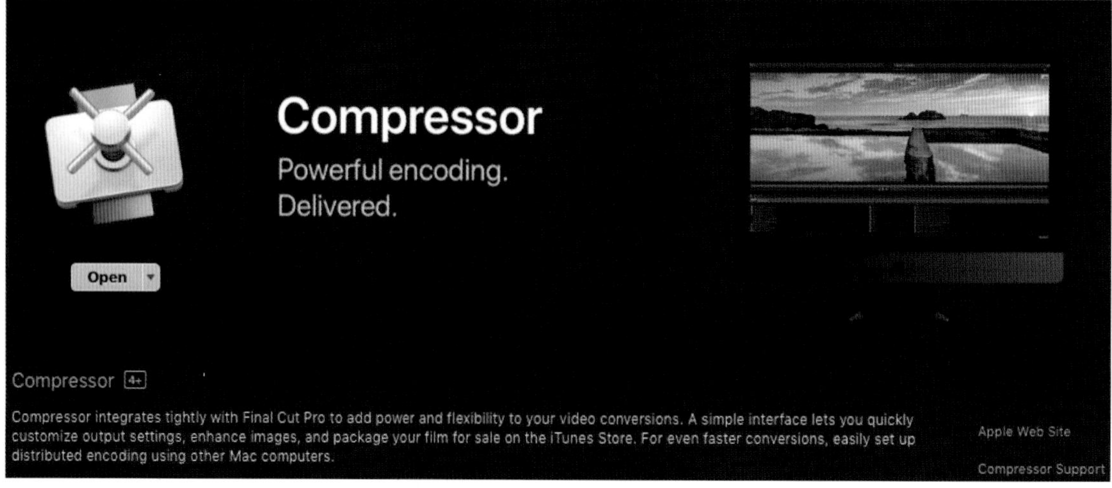

앱스토어에 접속하여 컴프레서를 설치하자.

Unit 01 컴프레서 Compressor의 인터페이스

여러 개의 창으로 이루어진 컴프레서 인터페이스는 미리 지정된 압축 셋업을 이용한 아주 단순한 작업에서부터 사용자가 세밀하게 셋업을 조절할 수 있는 복잡한 작업까지 가능하다.

컴프레서 인터페이스는 네 개의 메인 창으로 이루어져 있고, 이 중 몇은 여러 개의 다른 기능을 가진 탭들을 포함하고 있다.

Settings/Locations Pane 창
세팅창은 Compressor의 프리셋 세팅과 사용자가 만들고 저장할 수 있는 사용자 설정 프리셋을 가지고 있다. Locations에서는 원하는 저장장소를 지정할수있다.

Preview Pane 창
Batch 창에서 현재 선택된 작업을 보여주고, 얼마만큼의 작업을 렌더링할 것인지를 설정해주는 시작과 끝 포인트를 지정할 수 있는 인터페이스가 있다. 클립에 압축이 적용되기 이전/이후를 프리뷰해 볼 수도 있다.

Batch Pane 창
Batch 창은 압축하고싶은 프로젝트나 미디어 파일을 추가하는 장소이다. 추가된 각 파일은 하나 이상의 프리셋을 포함하고 있고, 이러한 각각의 프리셋은 각각의 독립된 파일들을 만들어낸다

Inspector Pane 창
인스펙터는 Settings나 Batch창에서 현재 선택된 세팅을 보여준다. 인스펙터는 Settings창에서 복사한 세팅과 Batch 창에서 선택한 세팅을 사용자가 지정할 수 있다.

Unit 02 컴프레서 Compressor 사용하기

프로젝트를 파이널 컷 프로로부터 컴프레서로 보내는 작업은 매우 간단하다. 아래의 따라하기에서, 프로젝트에 두 가지의 프리셋 설정을 적용하고, 이를 프로세서함과 동시에 프로젝트를 컴프레서로 보내는 작업을 통해 컴프레서의 기본적인 기능을 살펴볼 것이다.

01 프로젝트 라이브러리에서 컴프레서로 내보내기할 Ch16_Share 프로젝트를 선택하자.

02 메인 메뉴에서 Share 〉 Send to Compressor를 선택해 컴프레서를 열어준다.

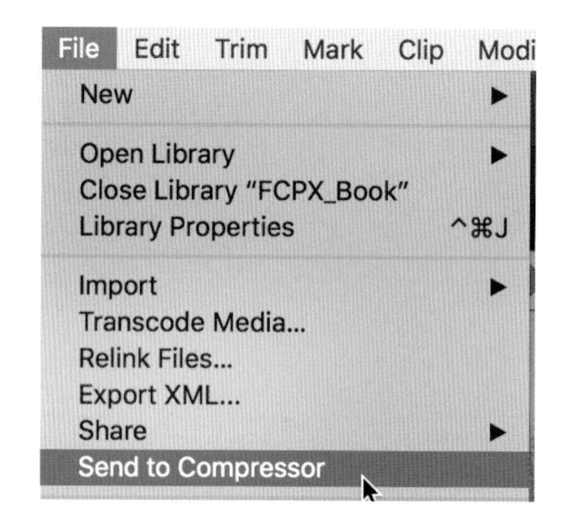

03 컴프레서(Compressor 4)가 열리고, 보낸 프로젝트가 Preview된다. Batch list에 있는 것을 확인할 수 있다.

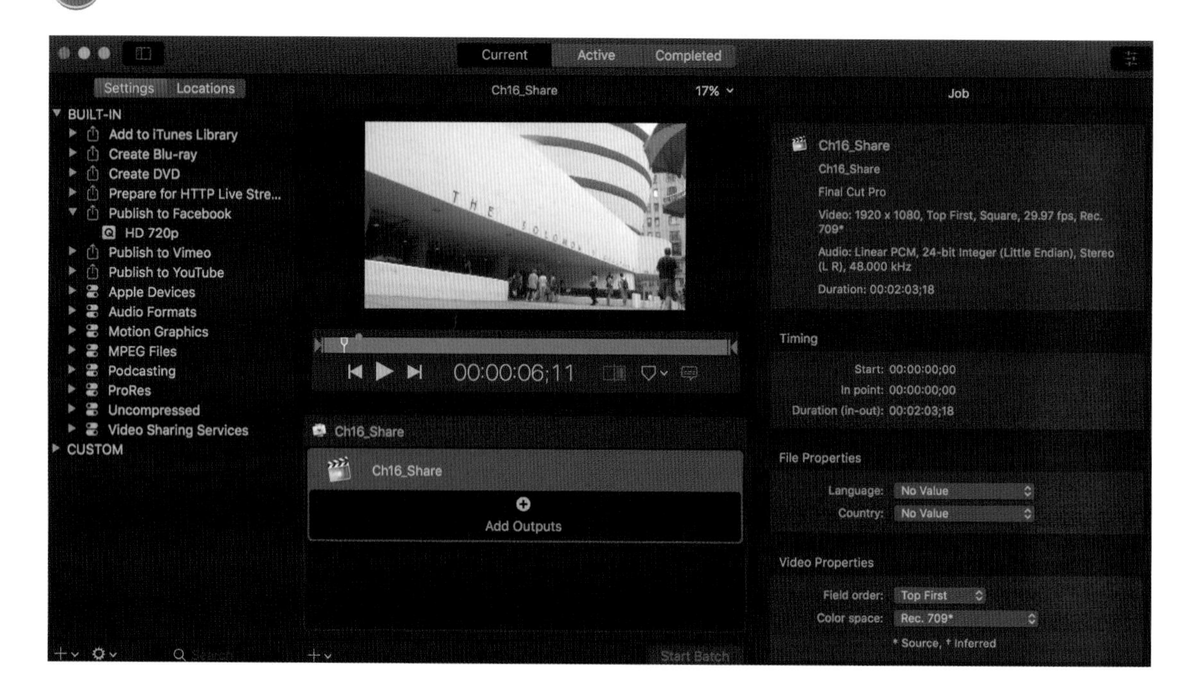

참조사항 만약 세팅 창과 인스펙터 창이 보이지 않으면 상단에 있는 보여주기 버튼을 눌러서 아래의 그림과 같이 네 개의 기본 window창이 보이게 하자.

설정에서 Publish to YouTube를 선택하자. 기본 설정은 Up to 4K인데 사용자의 선택에 의해서 더 많은 기본 설정을 추가할 수 있다.

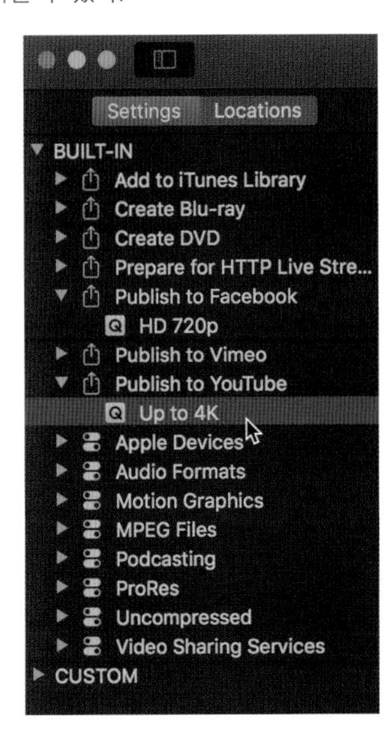

설정 창의 Settings 탭은 Compressor 안의 모든 프리셋을 위한 브라우저다. 대부분의 셋업에 어떤 타입의 미디어 변환인지를 설명하는 이름이 붙어있다.

05 Up to 4K 프리셋을 설정 창으로부터 Batch 창의 안에 있는 Ch16_Share 아이콘 위로 드래그하자.

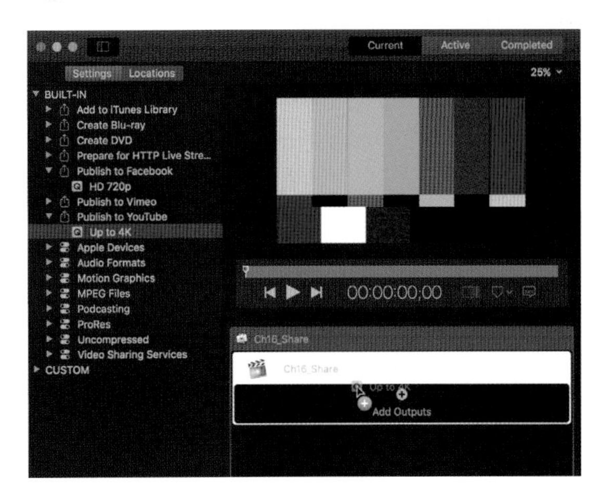

06 셋업이 적용된 Batch 창에서 셋업을 클릭하면 인스펙터 창에서 자세한 압축 방식이 표시된다.

적용된 셋팅을 선택하면 인스펙터 창에서는 자세한 압축 방식을 표시해준다.

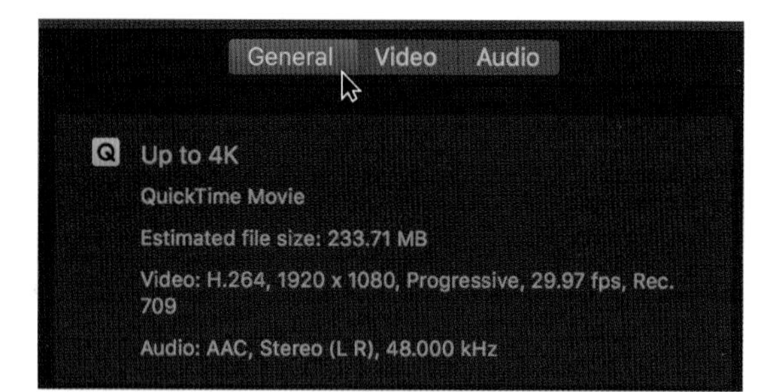

참조사항

컴프레서의 장점인 Batch기능을 활용해서 한번에 두 가지 이상의 압축파일을 만들수 있다.

이제 압축할 파일들을 어디에 저장하고 싶은지를 지정해주어야 한다. 저장하고자 하는 압축 셋업을 선택한 다음 Location 구간에서 Ctrl + Click한 후 Desktop 또는 자기가 원하는 장소로 설정하자.

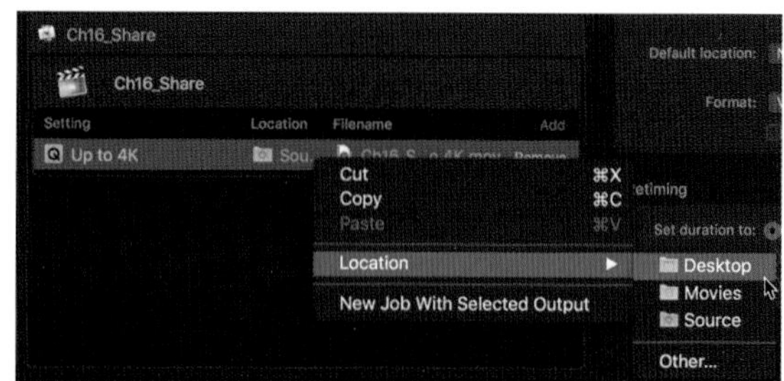

참조사항

미리보기 화면에서 압축될 이미지를 이전과 이후로 구분해서 비교할 수 있다. 화면을 중심으로 왼쪽은 원본 이미지이고 오른쪽은 압축 후의 이미지이다.

설정 적용 이전 화면(왼쪽)　　설정 적용 이후 화면(오른쪽)

09 Start Batch 버튼을 클릭하자. 셋업 확인 창이 뜬다.

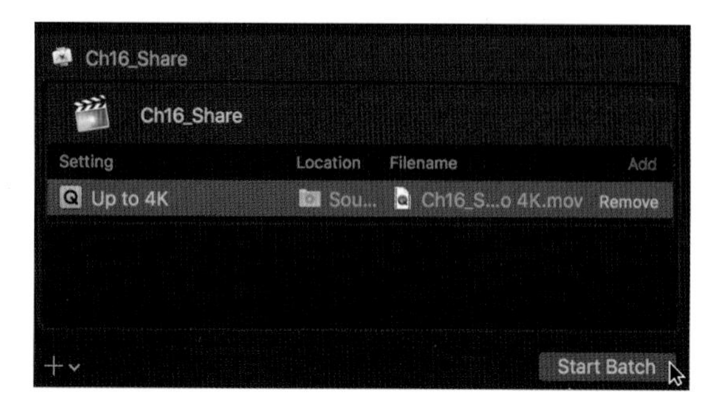

작업의 진행상황을 알리는 창이 뜬다.

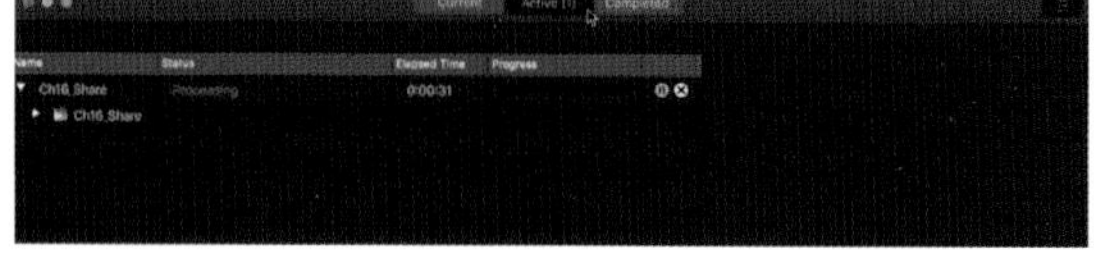

파일 압축이 종료되었으면 메인 메뉴에서 Compressor 〉 Quit Compressor를 선택해 컴프레서를 닫아주자.

컴프레서에서 압축해서 저장한 파일들이 데스크톱에 있는지 확인해보자.

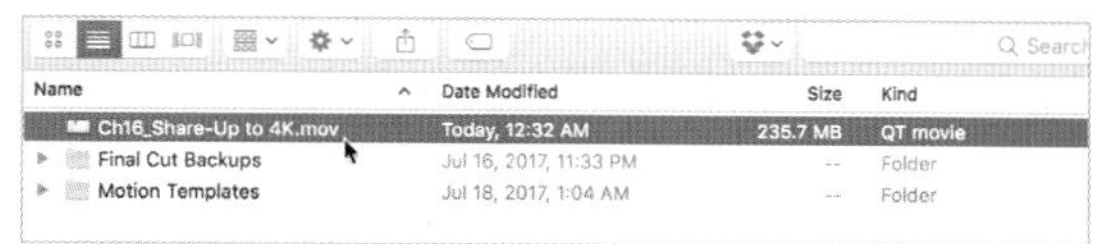

컴프레서 사용이 익숙해지면 파이널 컷 프로에서 파일을 바로 압축하지 말고 항상 마스터 파일을 먼저 만든 후 이 파일들을 컴프레서로 가져와서 다시 압축하는 방식을 이용하자.

참조사항 바꾼 컴프레서 설정을 Setting List에 저장할수 있다.

인스펙터 창에서 바꾼 기존의 Compressor Setting을 새로운 이름의 설정 드롭렛(Droplet)으로 셋팅 리스트에 넣어 사용할 수도 있다.

또한 좌측 하단의 설정 버튼을 클릭하여 새로운 셋팅을 저장할 수도 있다.

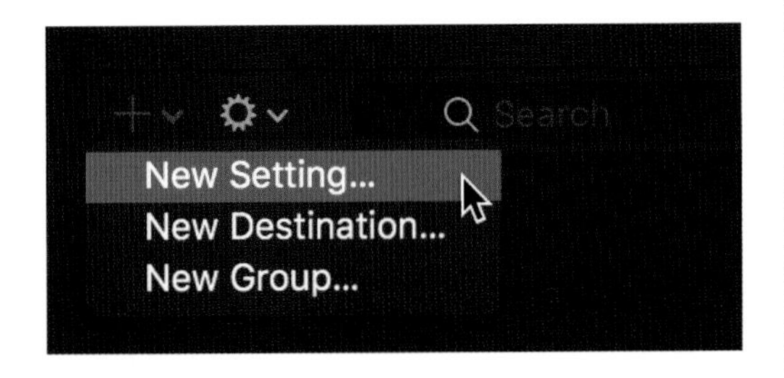

배치(Batch)창에서 원하는 프리셋을 선택한 다음, 인스펙터 창에서 오디오 비디오 설정을 사용자가 직접 지정할 수 있다.

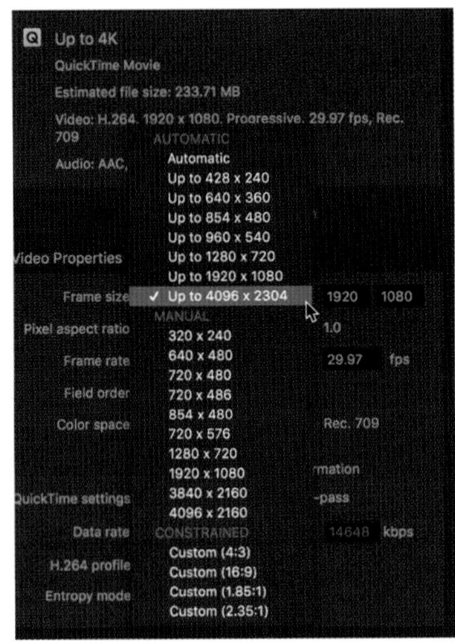

프레임사이즈 바꾸기 옵션

프레임 레이트 조절하기 옵션

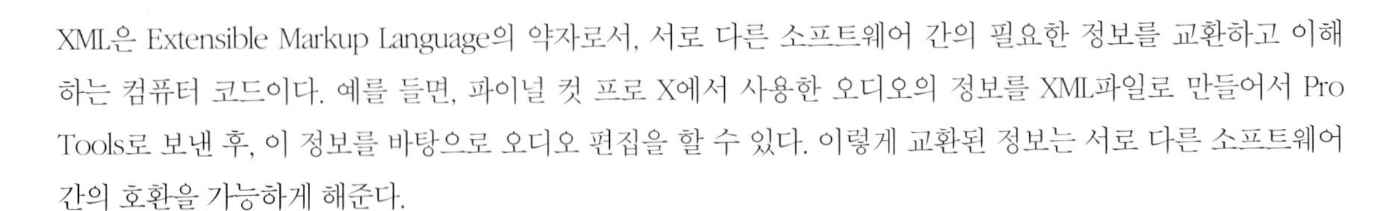

Section 10 XML 파일로 내보내기

XML은 Extensible Markup Language의 약자로서, 서로 다른 소프트웨어 간의 필요한 정보를 교환하고 이해하는 컴퓨터 코드이다. 예를 들면, 파이널 컷 프로 X에서 사용한 오디오의 정보를 XML파일로 만들어서 Pro Tools로 보낸 후, 이 정보를 바탕으로 오디오 편집을 할 수 있다. 이렇게 교환된 정보는 서로 다른 소프트웨어 간의 호환을 가능하게 해준다.

파이널 컷 프로 X의 새로운 기능 중 하나는 XML 형식의 파일을 불러오고 내보낼 수 있는 것이다. XML 파일은 타임라인이 아닌 라이브러리나 프로젝트 타임라인을 클릭한 후에 내보낼 수 있다. 또한 파이널 컷의 XML은 블랙매직디자인 사의 다빈치 리졸브와 호환이 잘된다. 다빈치 리졸브와의 호환을 위해 한 단계 낮은 버전의 XML 사용을 권장한다.

XML을 내보내는 방법

⊙ 프로젝트 라이브러리에서 내보내고 싶은 프로젝트 또는 이벤트 라이브러리에서 내보내고 싶은 이벤트를 선택한 후,(내보내기를 할 때, 한번에 하나씩만 선택할 수 있다.) 메인 메뉴에서 File 〉 Export XML을 선택한다.

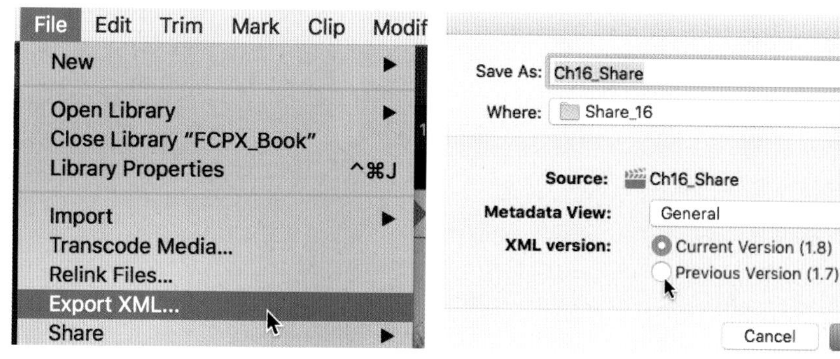

Section 11 플러그인Plug-in 사용하기

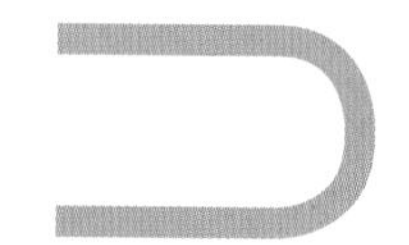

Unit 01 7toX for Final Cut Pro

파이널 컷 7 프로젝트나 프리미어 프로젝트를 파이널 컷 X 프로젝트로 변환 시켜주는 플러그인(Plug-In)이다.

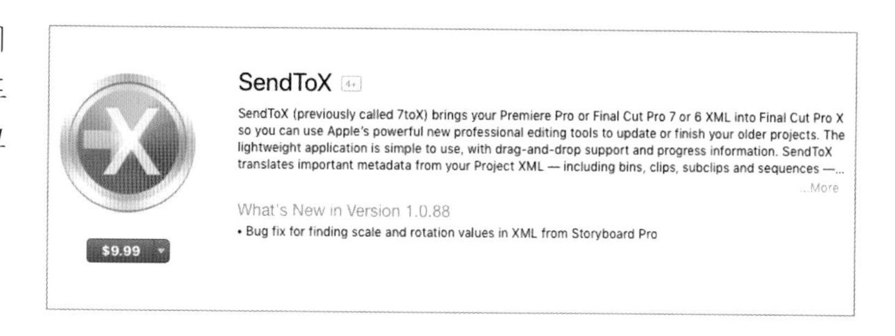

엑스포트된 XML 파일을 사용해서 7toX for Final Cut Pro는 파이널컷 7 프로젝트를 파이널컷 X 프로젝트로 변환시켜주는 어플리케이션이다. 파이널컷 7 프로젝트를 파이널컷 X에서 열수있게 해주기 때문에 보관하고 있는 예전의 파이널컷 7 프로젝트를 파이널컷 X에서 불러오면 편집되어있는 타임라인의 모든 구조를 볼수 있고 사용된 미디어 파일 역시 이벤트안으로 저장할수 있다. 반대의 경우로 Xto7 for Final Cut Pro 어플리케이션은 파이널컷 X 프로젝트를 파이널컷 7에서 열리게 해준다. 이 모든 변환과정은 엑스포트된 XML 파일을 사용해서 가능하게 된다.

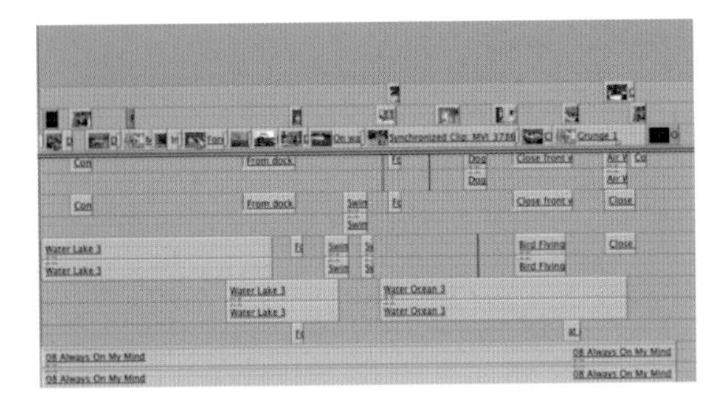

파이널 컷 프로 7 프로젝트

파이널 컷 프로 X 프로젝트

7toX for Final Cut Pro

⦿ 7toX for Final Cut Pro는 XML 파일을 만들어서 어도비 프리미어 프로젝트를 FCPX 프로젝트로 변환시켜준다. 프리미어 프로젝트를 변환한 FCPX 타임라인: 프리미어에서 기본 트랙 이외의 모든 위아래에 있는 트랙들은 FCPX 타임라인에서 연결된 클립으로 바뀌어져 있다. FCP7 프로젝트나 프리미어 프로젝트를 손쉽게 XML로 바꿔 FCPX 프로젝트로 만들어준다.

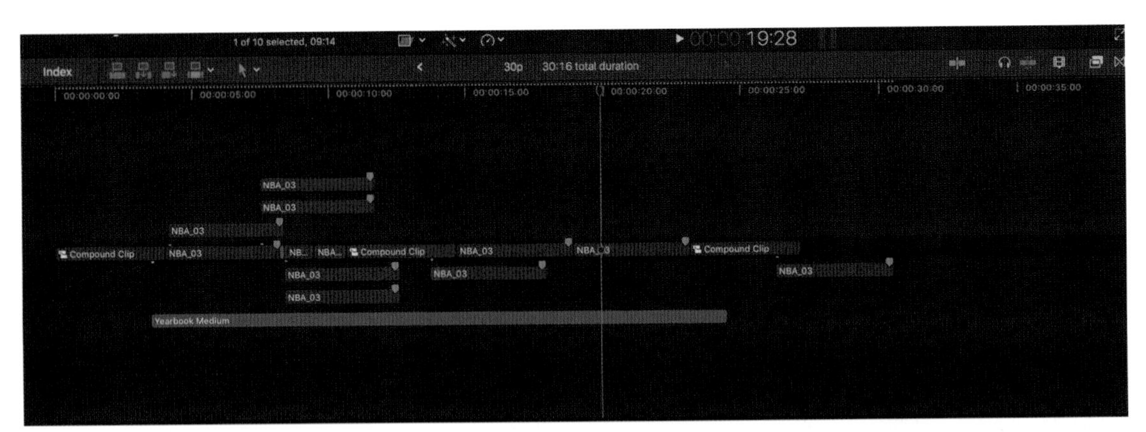

FCPX 프로젝트 타임라인

프리미어 프로젝트 타임라인

Unit 02 X2Pro 오디오 컨버트

Final Cut Pro X 프로젝트를 XML 파일로 만든 후 AIF 오디오파일로 변화시켜 Avid Pro Tools로 보낼때 사용하는 플러그인이다.

http://www.x2pro.net/

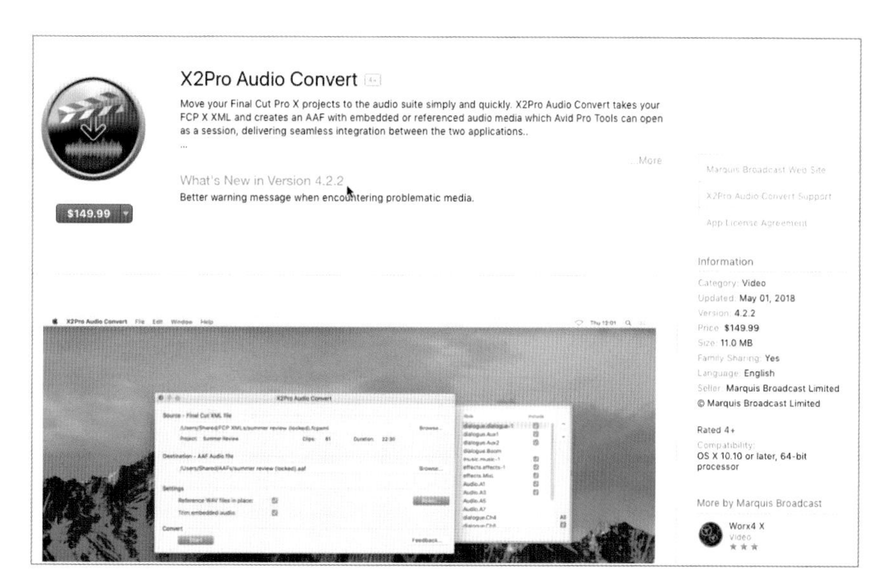

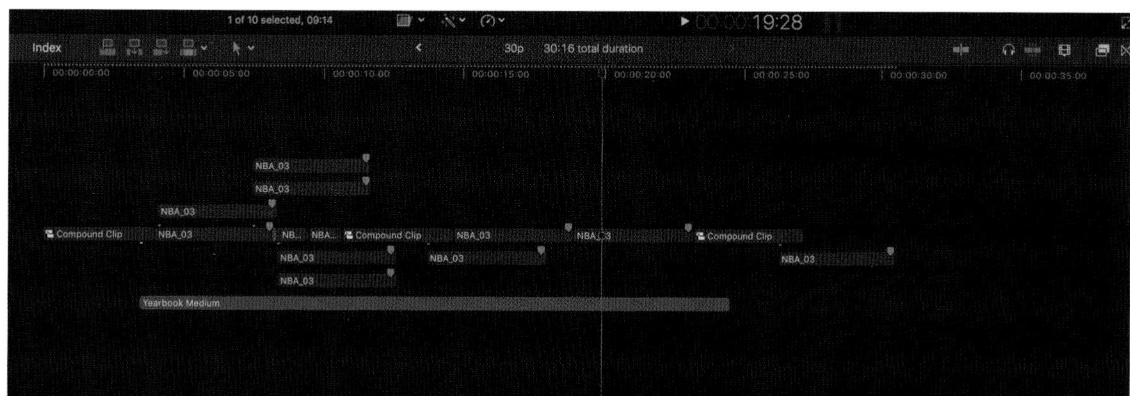

FCPX 프로젝트 타임라인

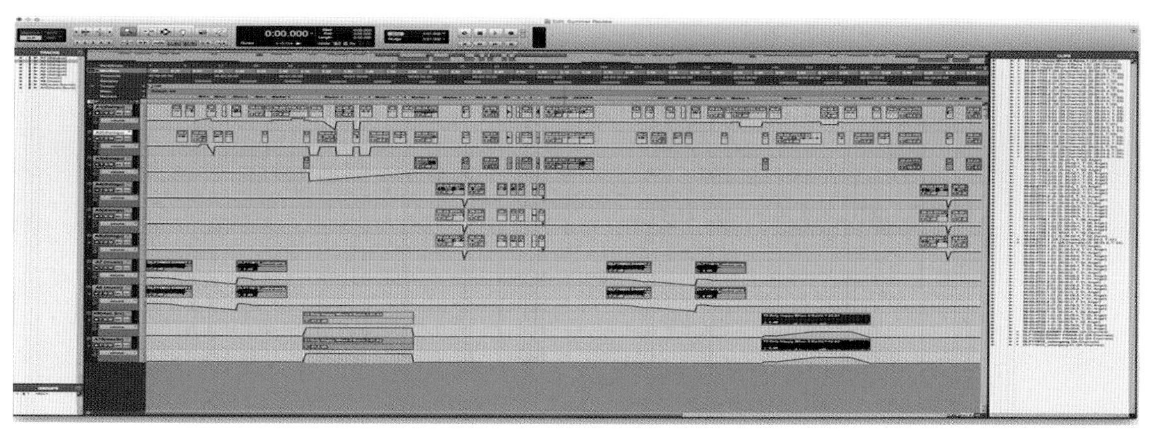

ProTools 프로젝트 타임라인

Unit 03 Fxfactory에서 제공하는 무료 플러그인

필터, 트랜지션, 타이틀 그리고 제너레이트로 구성된 비주얼 이펙트 플러그인 패키지이다. 가격 대비 가장 훌륭한 플러그인들이 통합되어 있으며, 설치하면 이펙트 브라우저에 넣어 쉽게 사용할 수 있다. 또한 쓸만한 무료 플러그인을 제공하기 때문에 꼭 Fxfactory를 구입하지 않더라도 먼저 설치해서 꼭 사용해보기를 권한다.

http://fxfactory.com/free/

이펙트 브라우저에 설치된 Fxfactory

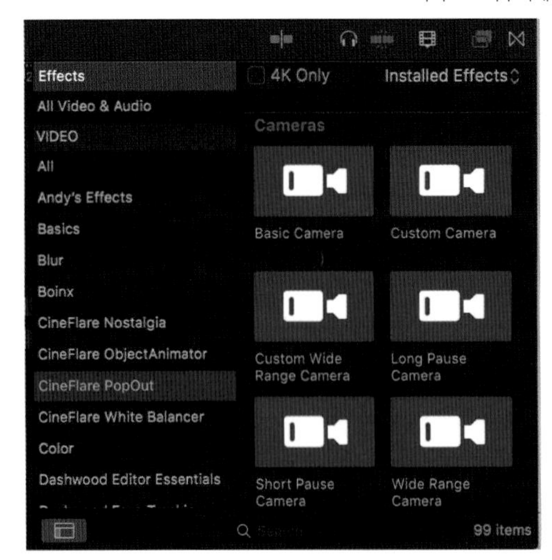

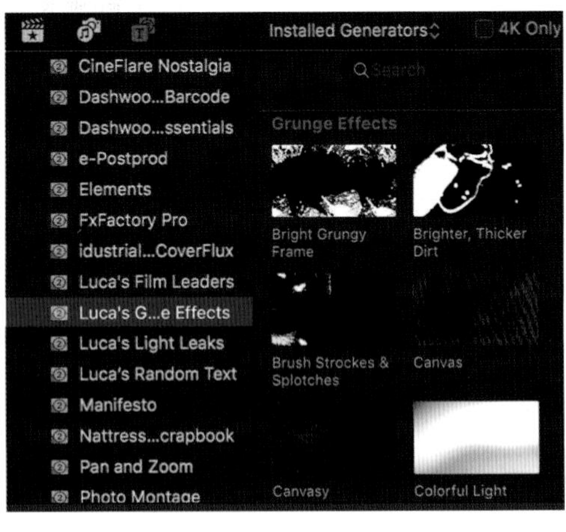

Chapter 16 요약하기

이제 편집의 마지막 정리라고 할수 있는 파일 내보내기(Share)를 이 마지막 챕터 16을 통해 배워보았다. 파일 사용에 기초한 새로운 편집 워크플로우를 지양하는 파이널 컷 프로 X에서는 그동안 많이 바뀐 방송 환경과 일반적인 최종 결과물의 사용 방식에 따라 YouTube 등의 인터넷용 압축 비디오를 쉽게 만들 수 있고 그 방식까지를 Export가 아닌 Share라고 이름지었다. 하지만 편집이 끝난 후엔 그 어떠한 경우라도 최종 편집본을 마스터 퀵타임 무비파일로 만들어서 보관해야 하는 것을 잊지 말자. 변환이 끝난 최종 파일은 첫 프레임부터 마지막 프레임까지 꼭 플레이해보면서 문제가 없다는 것을 자신의 눈으로 반드시 확인하기를 권한다.

저자협의
인지생략

5판 1쇄 인쇄 2019년 4월 10일 5판 1쇄 발행 2019년 4월 15일
5판 2쇄 인쇄 2020년 11월 5일 5판 2쇄 발행 2020년 11월 10일

—

지 은 이 정영헌
발 행 인 이미옥
발 행 처 디지털북스
정 가 48,000원
등 록 일 1999년 9월 3일
등록번호 220-90-18139
주 소 (03979) 서울 마포구 성미산로 23길 72 (연남동)
전화번호 (02)447-3157~8
팩스번호 (02)447-3159

—

ISBN 978-89-6088-253-9 (93560)
D-19-07